代表的な官能基

官能基†	分　類	例	章
R—X: (X＝Cl, Br または I)	ハロゲン化アルキル	塩化プロピル (1-クロロプロパン)	7
$R_2C{=}CR_2$	アルケン	1-ブテン	8, 9
R—C≡C—R	アルキン	1-ブチン	10
R—OH	アルコール	1-ブタノール	13
R—O—R	エーテル	ジエチルエーテル	14
R—SH	チオール	1-ブタンチオール	14
R—S—R	スルフィド	ジエチルスルフィド	14
(ベンゼン環)	芳香族化合物 (または アレーン)	メチルベンゼン	18, 19
R—C(=O)—R	ケトン	2-ブタノン	20
R—C(=O)—H	アルデヒド	ブタナール	20
R—C(=O)—O—H	カルボン酸	ペンタン酸	21
R—C(=O)—X	ハロゲン化アシル	塩化アセチル	21
R—C(=O)—O—C(=O)—R	無水物	無水酢酸	21
R—C(=O)—O—R	エステル	酢酸エチル	21
R—C(=O)—NR—R	アミド	ブタンアミド	21
R_3N	アミン	ジエチルアミン	23

† R は化合物の残りの部分を意味し，ふつう炭素原子と水素原子からなる．

クライン 有機化学（上）

David R. Klein 著

岩澤伸治 監訳

秋山隆彦・市川淳士・金井　求
後藤　敬・豊田真司・林　高史 訳

東京化学同人

Organic Chemistry
Second Edition

DAVID R. KLEIN
Johns Hopkins University

献　　辞

Larry 先生へ
有機化学の教育者としてのキャリアを積み重ねることを後押ししていただいたことから，本書の企画に関するひらめきが生まれました．先生には，どのような科目（有機化学でさえも！）も熟練した教員に教われば魅力的になりうることを教えていただきました．先生が私のよき指導者であり，よき友人であったことが私の歩む人生を形づくってくれました．本書が常に先生の誇りの源になり，そして先生が学生に与えた影響の大きさを思い出させるものとなることを願っています．

妻 Vered へ
本書はあなたの支えなしには決して出来上がらなかったでしょう．私が数年間原稿を書いている間，あなたは私たちの５人の素晴らしい子供たちの世話をすることも含め，私たちの人生における責任のすべてを負ってくれました．本書は私たちの集大成であり，あなたが私の生活のすべてをいつも支えてくれたことの証となるでしょう．あなたは私のよりどころであり，パートナーであり，最高の友人です．*I love you.*

まえがき

本書執筆の動機

有機化学の試験でよい成績がとれない学生も，多くの場合長い時間を勉強に費やしている．それにもかかわらず，なぜ多くの学生が有機化学の試験に十分に備えることができないのだろうか．この問いには，勉強方法が非効率であるなどいくつかの答があるが，おそらく最も主要な問題は，学生が講義で学ぶ内容と試験で求められる内容に根本的な“断絶”があるためであろう．この断絶を説明するために，次のようなたとえ話をしよう．

ある有名大学で“Bike-riding 101”という講義が開講されたとしよう．講義を通して，物理や工学の教授が自転車に乗ることに関して多くの概念や原理を説明する（たとえば，自転車はどのように空気抵抗を最小化しているのか，など）．学生たちは教わった内容を学ぶことに多大な時間をかけるが，講義の最終日に課される試験には“30 メートル自転車に乗ること”というものがある．おそらく一人か二人は，生まれつきの才能で一度も転ぶことなく試験をクリアできるだろうが，大半の学生は何回か転び，すり傷だらけになりながらも，自転車に乗って最後にはゴールラインにたどり着くだろう．しかし残りの学生は 1 秒と自転車に乗っていられずに転んでしまう．なぜだろうか．それは，学生が学んだことと試験で求められていることに“断絶”があるためである．

何年も前に，私はこのような断絶が有機化学の教え方にも存在することに気がついた．すなわち，有機化学を学ぶことは自転車乗りのようなものである．たとえ話のなかの学生が，講義を受けた後に自転車に乗れるようになると期待されたように，有機化学を学ぶ学生も，問題を解くために必要なスキルを自分で身につけることを求められている．一人か二人の学生は生まれつきの才能で自分でスキルを身につけることができる一方で，多くの学生には手助けが必要である．この問題を解くためのスキルは，有機化学の教科書において一貫して記述に含まれているとは言えず，それが本書の初版執筆の動機となった．本書の主要な目標は，理論や概念と実際の問題を解くスキルの間のギャップの橋渡しをするような，スキルに基づいたアプローチを用いることである．初版は驚くべき成功を収めることができ，これは私のスキルに基づいたアプローチが上述のギャップに橋渡しをするのに実際に効果的であることを示すものと考えている．

有機化学という学問は，単に原理や法則の寄せ集めではなく，むしろ，考え方や分析のしかたを習得する方法であると私は強く信じている．確かに，学生は概念や原理を理解する必要があるが，より重要なのは有機化学者のように考えること，すなわち一連のスキルに基づいて，系統的に新しい状況に取組むことができるようになることである．それが有機化学の真の本質である．

スキルに基づいたアプローチ

有機化学の講義と実際の問題の間の断絶を埋めるために，私は教え方に**スキルに基づいたアプローチ**を導入した．本書は，有機化学の教科書が通常扱っている内容をすべてカバーしている．“チェックポイント”によって概念の定着を図っているだけでなく，これらの概念を補強するため“スキルビルダー”によるスキル増強法を重要視している．スキルビルダーはそれぞれ三つの部分からなっている．

スキルを学ぶ：スキルを説明するための問題とその解答.

スキルの演習："スキルを学ぶ" で扱ったものに近い多くの問題があり，スキルの練習とその習得に役立つ.

スキルの応用：一つか二つの，よりむずかしい問題があり，ここでは習得したスキルをやや異なった状況で活用する必要がある．これらの問題は，概念的なものやスキルを組合わせて活用するもの，そして応用的なものなどがあり，学生に範囲外のことを考えてもらえるようになっている．後の章で学ぶ事項に関連するような問題が含まれることもある.

スキルビルダーの最後には，学生がスキルの練習をするための章末問題の番号を示してある.

このようにスキルの上達を強調することにより，学生は有機化学を修得するために必須な，鍵となるスキルに熟達することができるだろう．必須なスキルがすべてカバーされているわけではないことは確かだが，ほかのすべての基礎となるスキルは網羅している.

たとえば，共鳴構造は本書を通して繰返し使われるため，学生は早いうちに共鳴構造を理解しなければならない．そのため２章の大部分を，共鳴構造を書くためのパターン認識にあてた．ただ共鳴構造の書き方の一覧を示して二,三の練習問題を用意するのではなく，スキルに基づいたアプローチでは，一連のスキルが示され，それらを順次習得しなければならない．そのスキルの流れは，共鳴構造を書くことを学び，習熟するように組立てられている.

スキルに基づいたアプローチのもう一つの例として，置換反応について書いた７章では，S_N2 反応と S_N1 反応のすべての段階の機構を書くために必須なスキルを特に強調している．S_N1 反応の機構は 4～5 段階（プロトン移動，カルボカチオン転位など）からなっているが，それを見て混乱してしまう学生は多い．このような，置換反応に必要な段階数を認識しやすくなるような新しいアプローチが７章ではとられている．学生たちはここで多くの例にふれ，反応機構を書くたくさんの機会が与えられている.

有機化学の教え方において，スキルに基づいたアプローチは本書独自のものである．確かに他の教科書でも問題を解くためのコツが述べられているが，教え方の第一歩として一貫してスキルの習得に焦点を当てているのは本書だけである.

新版で新しくなった部分

初版の完成には，査読がとても重要な役割を果たした．実際，初版は 500 人近い教員と，5000 人以上の学生に原稿を査読してもらった．２版を執筆するにあたっても同様に，査読は重要な役割を果たした．アンケート調査や実際の授業での使用，日々の感想，電話でのインタビューなど市場から大量の情報を得て，これらの情報のすべてを注意深く精査し，２版で焦点を当てるべきものを明確にすることができた.

文献に基づいた挑戦問題

本書の初版は理論や概念と問題を解くスキルやその練習とのギャップを埋めるために執筆した．この２版では，理論と実践の間に存在するもう一つのギャップを埋めることに努めた．すなわち，有機化学をまるまる１年間学んできた学生がしばしば感じるのは，有機化学の分野におけるダイナミックでわくわくするような世界的研究との大きな隔たりである．学生は世界中の有機化学者が行っている実際の研究にふれることができていないのである．このギャップを埋める問題を増やすことが求められているという市場の声に応えるため，2 版では文献に基づいた挑戦問題を作成した．これらの問題を解くことにより，有機化学がグローバルな課題に正面から取組む，活発で進展しつつある科学の一分野である，ということを実感することができるだろう．

文献に基づいた挑戦問題を解くには，学生は“範囲外”のことを考えたり，予期しない結果を予想もしくは説明したりすることが求められるため，スキルビルダーの問題に比べて難易度が高くなっている．2 版では文献に基づいた挑戦問題を新しく 225 問以上追加した．これらの問題はすべて化学の文献に基づいていて，参考文献が記されている．問題はすべて難易度が高いが，本書で習得した原理やスキルを用いて熟考することにより解くことができるようにつくられている．文献に基づいた問題を解くことによって，実際の研究室で行われている最先端の化学研究の例にふれることができる．これにより学生は，有機化学が無尽蔵の可能性をもった，世界に直接的に役に立つ活気にみちた学問領域であることを理解できるだろう．

コラムと章頭

文献に基づいた挑戦問題が有機化学とその最先端の研究との関連性を強調しているのと同様に，“医薬の話題”と“役立つ知識”の 2 種類のコラムでは有機化学の基本原理がどのように臨床医や日々の生活を支える化学製品に関連しているかを紹介している．1 版のコラムについてはとても前向きなフィードバックを受けた．いくつかの話題が他のものよりもより多くの興味をひくことがわかったので，話題を 10％ほど入れ替え，より適切で興味をひくものとした．各章の初めでこれらのコラムの内容の多くにふれているので，この章頭にも修正を加えてある．

付　録

多官能化合物の命名法を付録として収録し，pK_a の値を表にまとめたものを見返し部分に掲載した．さらに，初版で見つかった記述のまちがいや，不明確だった点は 2 版では修正してある．

本書の構成

本書の構成は他の教科書と大きく違っているわけではない．実際，伝統的な順番で，官能基ごと（たとえばアルケン，アルキン，アルコール，エーテル，アルデヒド，ケトン，カルボン酸誘導体など）に紹介している．順番こそ大きく変わらないが，あまり関連のないようにみえる反応どうしでも類似している反応機構（たとえばアセタールの生成とエナミンの生成は機構のうえで非常に似ている）の形式が認識できるように強調してある．どの反応機構についてもひとつの省略もせず，すべてのプロトン移動までをも明確に示してある．

6 章と 12 章はほとんどをスキルの発展に割いてあり，これは他の教科書にはない特徴である．6 章“化学反応性と反応機構”では反応機構を書く際に必要なスキルに力点をおいており，12 章“合成”では学生が合成経路を提案できるようにしている．これら二つの章は上述のような伝統的な順番のなかで戦略的に学生の自学自習に役立つように配置している．したがって，これら二つの章は，やむをえない場合は貴重な講義の時間を割かなくてもよい．

伝統的な順番に沿っていることで，教員は講義ノートや方法を変更することなくスキルに基づいたアプローチを取入れることができる．このような理由から，分光学を扱う 15，16 章は教員の必要に応じた順序で扱えるように独立して記述した．実際，15，16 章に先立つ 2，3，7，13，14 章においても，分光学を先に学んだ学生用に，分光学の問題を章末に収録している．分光学については，18 章（芳香族化合物），20 章（アルデヒドとケトン），21 章（カルボン酸とその誘導体），23 章（アミン），24 章（糖質），25 章（アミノ酸，ペプチド，タンパク質）など，後の官能基を扱う章でも扱う．

補助教材

Student Study Guide and Solutions Manual（ISBN9781118700815） D. Klein 著

以下のような内容で，本書と併用して使える構成になっている．

- すべての問題のより詳しい解説
- 考え方のまとめの演習
- スキルビルダーのまとめの演習
- 反応のまとめの演習
- 各章の新出反応剤とその機能の解説をまとめた表
- 各章の“避けるべきよくあるまちがい”をまとめた表

謝　辞

本書の初版，2 版の企画から完成までに多くの教員や学生からいただいたフィードバックは大いに役立った．本書の完成を支えた有益なコメントを寄せて下さった同僚の皆さん，そしてその学生たちに心から感謝申し上げる．

2 版製作にあたって，熱心かつ創造的に力を貸して下さった方々に御礼申し上げる．新しく追加した文献に基づいた挑戦問題の多くは，James Madison University の Kevin Caran，Rider University の Danielle Jacob，New Mexico State University, Las Cruces の William Maio，California State University, Long Beach の Kensaku Nakayama，College of Charleston の Justin Wyatt の諸先生方に，新しく追加した多くのコラムは，University of Missouri, Columbia の Susan Lever，University of Tampa の Glenroy Martin，University of Manitoba の John Sorensen，Oregon Institute of Technology の Ron Swisher に執筆いただいた．

第 2 版

査読して下さった方々

ALABAMA

Marco Bonizzoni, The University of Alabama
Richard Rogers, University of South Alabama
Kevin Shaughnessy, The University of Alabama
Timothy Snowden, The University of Alabama

ARIZONA

Satinder Bains, Paradise Valley Community College
Cindy Browder, Northern Arizona University
John Pollard, University of Arizona

CALIFORNIA

Dianne A. Bennett, Sacramento City College
Megan Bolitho, University of San Francisco
Elaine Carter, Los Angeles City College
Carl Hoeger, University of California, San Diego
Ling Huang, Sacramento City College
Marlon Jones, Long Beach City College
Jens Kuhn, Santa Barbara City College
Barbara Mayer, California State University, Fresno
Hasan Palandoken, California Polytechnic State University
Teresa Speakman, Golden West College
Linda Waldman, Cerritos College

COLORADO

Kenneth Miller, Fort Lewis College

FLORIDA

Eric Ballard, University of Tampa
Mapi Cuevas, Santa Fe College

Donovan Dixon, University of Central Florida
Andrew Frazer, University of Central Florida
Randy Goff, University of West Florida
Harpreet Malhotra, Florida State College, Kent Campus
Glenroy Martin, University of Tampa
Tchao Podona, Miami Dade College
Bobby Roberson, Pensacola State College

GEORGIA
Vivian Mativo, Georgia Perimeter College
Michele Smith, Georgia Southwestern State University

INDIANA
Hal Pinnick, Purdue University Calumet

KANSAS
Cynthia Lamberty, Cloud County Community College

KENTUCKY
Lili Ma, Northern Kentucky University
Tanea Reed, Eastern Kentucky University
Chad Snyder, Western Kentucky University

LOUISIANA
Kathleen Morgan, Xavier University of Louisiana
Sarah Weaver, Xavier University of Louisiana

MAINE
Amy Keirstead, University of New England

MARYLAND
Jesse More, Loyola University Maryland
Benjamin Norris, Frostburg State University

MASSACHUSETTS
Rich Gurney, Simmons College

MICHIGAN
Dalia Kovacs, Grand Valley State University

MISSOURI
Eike Bauer, University of Missouri, St. Louis
Alexei Demchenko, University of Missouri, St. Louis
Donna Friedman, St. Louis Community College at Florissant Valley
Jack Lee Hayes, State Fair Community College
Vidyullata Waghulde, St. Louis Community College, Meramec

NEBRASKA
James Fletcher, Creighton University

NEVADA
Pradip Bhowmik, University of Nevada, Las Vegas

NEW JERSEY
Thomas Berke, Brookdale Community College
Danielle Jacobs, Rider University

NEW YORK
Michael Aldersley, Rensselaer Polytechnic Institute
Brahmadeo Dewprashad, Borough of Manhattan Community College
Eric Helms, SUNY Geneseo
Ruben Savizky, Cooper Union

NORTH CAROLINA
Deborah Pritchard, Forsyth Technical Community College

OHIO
James Beil, Lorain County Community College
Adam Keller, Columbus State Community College
Mike Rennekamp, Columbus State Community College

OKLAHOMA
Steven Meier, University of Central Oklahoma

OREGON
Gary Spessard, University of Oregon

PENNSYLVANIA
Rodrigo Andrade, Temple University
Geneive Henry, Susquehanna University
Michael Leonard, Washington & Jefferson College
William Loffredo, East Stroudsburg University
Gloria Silva, Carnegie Mellon University
Marcus Thomsen, Franklin & Marshall College
Eric Tillman, Bucknell University
William Wuest, Temple University

SOUTH CAROLINA
Rick Heldrich, College of Charleston

SOUTH DAKOTA
Grigoriy Sereda, University of South Dakota

TENNESSEE
Phillip Cook, East Tennessee State University
Scott Handy, Middle Tennessee State University

TEXAS
Frank Foss, University of Texas at Arlington
Carl Lovely, University of Texas at Arlington
Javier Macossay, The University of Texas-Pan American
Patricio Santander, Texas A&M University
Claudia Taenzler, University of Texas, Dallas

VIRGINIA
Joyce Easter, Virginia Wesleyan College
Christine Hermann, Radford University

CANADA
Ashley Causton, University of Calgary
Michael Chong, University of Waterloo
Isabelle Dionne, Dawson College
Paul Harrison, McMaster University
Edward Lee-Ruff, York University
R. Scott Murphy, University of Regina
John Sorensen, University of Manitoba
Jackie Stewart, The University of British Columbia

授業で試しに使って下さった方々
Steve Gentemann, Southwestern Illinois College
Laurel Habgood, Rollins College
Shane Lamos, St. Michael's College
Brian Love, East Carolina University
James Mackay, Elizabethtown College
Tom Russo, Florida State College, Kent Campus
Ethan Tsui, Metropolitan State Univeristy of Denver

図版やレイアウトに意見を下さった方々
Beverly Clement, Blinn College
Greg Crouch, Washington State University
Ishan Erden, San Francisco State University
Henry Forman, University of California, Merced
Chammi Gamage-Miller, Blinn College
Randy Goff, University of West Florida
Jonathan Gough, Long Island University
Thomas Hughes, Siena College
Willian Jenks, Iowa State University
Paul Jones, Wake Forest University
Phillip Lukeman, St. John's University
Andrew Morehead, East Carolina University
Joan Muyanyatta-Comar, Georgia State University
Christine Pruis, Arizona State University
Laurie Starkey, California Polytechnic University at Pomona
Don Warner, Boise State University

原稿段階でのまちがいを指摘して下さった方々

Eric Ballard, University of Tampa
Kevin Caran, James Madison University
James Fletcher, Creighton University
Michael Leonard, Washington and Jefferson College
Kevin Minbiole, Villanova University
John Sorenson, University of Manitoba

第 1 版 査読者

Philip Albiniak, Ball State University
Thomas Albright, University of Houston
Michael Aldersley, Rensselaer Polytechnic Institute
David Anderson, University of Colorado, Colorado Springs
Merritt Andrus, Brigham Young University
Laura Anna, Millersville University
Ivan Aprahamian, Dartmouth College
Yiyan Bai, Houston Community College
Satinder Bains, Paradise Valley Community College
C. Eric Ballard, University of Tampa
Edie Banner, Richmond University
James Beil, Lorain County Community College
Peter Bell, Tarleton State University
Dianne Bennet, Sacramento City College
Thomas Berke, Brookdale Community College
Daniel Bernier, Riverside Community College
Narayan Bhat, University of Texas Pan American
Gautam Bhattacharyya, Clemson University
Silas Blackstock, University of Alabama
Lea Blau, Yeshiva University
Megan Bolitho, University of San Francisco
Matthias Brewer, The University of Vermont
David Brook, San Jose State University
Cindy Browder, Northern Arizona University
Pradip Browmik, University of Nevada, Las Vegas
Banita Brown, University of North Carolina Charlotte
Kathleen Brunke, Christopher Newport University
Timothy Brunker, Towson University
Jared Butcher, Ohio University
Arthur Cammers, University of Kentucky, Lexington
Kevin Cannon, Penn State University, Abington
Kevin Caran, James Madison University
Jeffrey Carney, Christopher Newport University
David Cartrette, South Dakota State University
Steven Castle, Brigham Young University
Brad Chamberlain, Luther College
Paul Chamberlain, George Fox University
Seveda Chamras, Glendale Community College
Tom Chang, Utah State University
Dana Chatellier, University of Delaware
Sarah Chavez, Washington University
Emma Chow, Palm Beach Community College
Jason Chruma, University of Virginia
Phillip Chung, Montefiore Medical Center
Steven Chung, Bowling Green State University
Nagash Clarke, Washtenaw Community College
Adiel Coca, Southern Connecticut State University
Jeremy Cody, Rochester Institute of Technology
Phillip Cook, East Tennessee State University
Jeff Corkill, Eastern Washington University
Sergio Cortes, University of Texas at Dallas
Philip J. Costanzo, California Polytechnic State University, San Luis Obispo
Wyatt Cotton, Cincinnati State College
Marilyn Cox, Louisiana Tech University
David Crich, University of Illinois at Chicago
Mapi Cuevas, Santa Fe Community College
Scott Davis, Mercer University, Macon
Frank Day, North Shore Community College
Peter de Lijser, California State University, Fullerton
Roman Dembinski, Oakland University
Brahmadeo Dewprashad, Borough of Manhattan Community College
Preeti Dhar, SUNY New Paltz
Bonnie Dixon, University of Maryland, College Park
Theodore Dolter, Southwestern Illinois College
Norma Dunlap, Middle Tennessee State University
Joyce Easter, Virginia Wesleyan College
Jeffrey Elbert, University of Northern Iowa
J. Derek Elgin, Coastal Carolina University
Cory Emal, Eastern Michigan University
Susan Ensel, Hood College
David Flanigan, Hillsborough Community College
James T. Fletcher, Creighton University
Francis Flores, California Polytechnic State University, Pomona
John Flygare, Stanford University
Frantz Folmer-Andersen, SUNY New Paltz
Raymond Fong, City College of San Francisco
Mark Forman, Saint Joseph's University
Frank Foss, University of Texas at Arlington
Annaliese Franz, University of California, Davis
Andrew Frazer, University of Central Florida
Lee Friedman, University of Maryland, College Park
Steve Gentemann, Southwestern Illinois College
Tiffany Gierasch, University of Maryland, Baltimore County
Scott Grayson, Tulane University
Thomas Green, University of Alaska, Fairbanks
Kimberly Greve, Kalamazoo Valley Community College
Gordon Gribble, Dartmouth College
Ray A. Gross, Jr., Prince George's Community College
Nathaniel Grove, University of North Carolina, Wilmington
Yi Guo, Montefiore Medical Center
Sapna Gupta, Palm Beach State College
Kevin Gwaltney, Kennesaw State University
Asif Habib, University of Wisconsin, Waukesha
Donovan Haines, Sam Houston State University
Robert Hammer, Louisiana State University
Scott Handy, Middle Tennessee State University
Christopher Hansen, Midwestern State University
Kenn Harding, Texas A&M University
Matthew Hart, Grand Valley State University
Jack Hayes, State Fair Community College
Eric Helms, SUNY Geneseo

Maged Henary, Georgia State University, Langate
Amanda Henry, Fresno City College
Christine Hermann, Radford University
Patricia Hill, Millersville University
Ling Huang, Sacramento City College
John Hubbard, Marshall University
Roxanne Hulet, Skagit Valley College
Christopher Hyland, California State University, Fullerton
Danielle Jacobs, Rider University
Christopher S. Jeffrey, University of Nevada, Reno
Dell Jensen, Augustana College
Yu Lin Jiang, East Tennessee State University
Richard Johnson, University of New Hampshire
Marlon Jones, Long Beach City College
Reni Joseph, St. Louis Community College, Meramec Campus
Cynthia Judd, Palm Beach State College
Eric Kantorowski, California Polytechnic State University, San Luis Obispo
Andrew Karatjas, Southern Connecticut State University
Adam Keller, Columbus State Community College
Mushtaq Khan, Union County College
James Kiddle, Western Michigan University
Kevin Kittredge, Siena College
Silvia Kolchens, Pima Community College
Dalila Kovacs, Grand Valley State University
Jennifer Koviach-Côté, Bates College
Paul J. Kropp, University of North Carolina, Chapel Hill
Jens-Uwe Kuhn, Santa Barbara City College
Silvia Kölchens, Pima County Community College
Massimiliano Lamberto, Monmouth University
Cindy Lamberty, Cloud County Community College, Geary County Campus
Kathleen Laurenzo, Florida State College
William Lavell, Camden County College
Iyun Lazik, San Jose City College
Michael Leonard, Washington & Jefferson College
Sam Leung, Washburn University
Michael Lewis, Saint Louis University
Scott Lewis, James Madison University
Deborah Lieberman, University of Cincinnati
Harriet Lindsay, Eastern Michigan University
Jason Locklin, University of Georgia
William Loffredo, East Stroudsburg University
Robert Long, Eastern New Mexico University
Rena Lou, Cerritos College
Brian Love, East Carolina University
Douglas Loy, University of Arizona
Frederick A. Luzzio, University of Louisville
Lili Ma, Northern Kentucky University
Javier Macossay-Torres, University of Texas Pan American
Kirk Manfredi, University of Northern Iowa
Ned Martin, University of North Carolina, Wilmington
Vivian Mativo, Georgia Perimeter College, Clarkston
Barbara Mayer, California State University, Fresno
Dominic McGrath, University of Arizona
Steven Meier, University of Central Oklahoma
Dina Merrer, Barnard College
Stephen Milczanowski, Florida State College
Nancy Mills, Trinity University
Kevin Minbiole, James Madison University
Thomas Minehan, California State University, Northridge
James Miranda, California State University, Sacramento
Shizue Mito, University of Texas at El Paso
David Modarelli, University of Akron
Jesse More, Loyola College
Andrew Morehead, East Carolina University
Sarah Mounter, Columbia College of Missouri
Barbara Murray, University of Redlands
Kensaku Nakayama, California State University, Long Beach
Thomas Nalli, Winona State University
Richard Narske, Augustana College
Donna Nelson, University of Oklahoma
Nasri Nesnas, Florida Institute of Technology
William Nguyen, Santa Ana College
James Nowick, University of California, Irvine
Edmond J. O'Connell, Fairfield University
Asmik Oganesyan, Glendale Community College
Kyungsoo Oh, Indiana University, Purdue University Indianapolis
Greg O'Neil, Western Washington University
Edith Onyeozili, Florida Agricultural & Mechanical University
Catherine Owens Welder, Dartmouth College
Anne B. Padias, University of Arizona
Hasan Palandoken, California Polytechnic State University, San Luis Obispo
Chandrakant Panse, Massachusetts Bay Community College
Sapan Parikh, Manhattanville College
James Parise Jr., Duke University
Edward Parish, Auburn University
Keith O. Pascoe, Georgia State University
Michael Pelter, Purdue University, Calumet
Libbie Pelter, Purdue University, Calumet
H. Mark Perks, University of Maryland, Baltimore County
John Picione, Daytona State College
Chris Pigge, University of Iowa
Harold Pinnick, Purdue University, Calumet
Tchao Podona, Miami Dade College
John Pollard, University of Arizona
Owen Priest, Northwestern University, Evanston
Paul Primrose, Baylor University
Christine Pruis, Arizona State University
Martin Pulver, Bronx Community College
Shanthi Rajaraman, Richard Stockton College of New Jersey
Sivappa Rasapalli, University of Massachusetts, Dartmouth
Cathrine Reck, Indiana University, Bloomington
Ron Reese, Victoria College
Mike Rennekamp, Columbus State Community College
Olga Rinco, Luther College
Melinda Ripper, Butler County Community College
Harold Rogers, California State University, Fullerton
Mary Roslonowski, Brevard Community College
Robert D. Rossi, Gloucester County College
Eriks Rozners, Northeastern University
Gillian Rudd, Northwestern State University
Thomas Russo, Florida State College—Kent Campus
Lev Ryzhkov, Towson University
Preet-Pal S. Saluja, Triton College
Steve Samuel, SUNY Old Westbury
Patricio Santander, Texas A&M University
Gita Sathianathan, California State University, Fullerton
Sergey Savinov, Purdue University, West Lafayette
Amber Schaefer, Texas A&M University
Kirk Schanze, University of Florida
Paul Schueler, Raritan Valley Community College
Alan Schwabacher, University of Wisconsin, Milwaukee
Pamela Seaton, University of North Carolina, Wilmington
Jason Serin, Glendale Community College
Gary Shankweiler, California State University, Long Beach
Kevin Shaughnessy, The University of Alabama

Emery Shier, Amarillo College
Richard Shreve, Palm Beach State College
John Shugart, Coastal Carolina University
Edward Skibo, Arizona State University
Douglas Smith, California State University, San Bernadino
Michelle Smith, Georgia Southwestern State University
Rhett Smith, Clemson University
Irina Smoliakova, University of North Dakota
Timothy Snowden, University of Alabama
Chad Snyder, Western Kentucky University
Scott Snyder, Columbia University
Vadim Soloshonok, University of Oklahoma
John Sowa, Seton Hall University
Laurie Starkey, California Polytechnic State University, Pomona
Mackay Steffensen, Southern Utah University
Richard Steiner, University of Utah
Corey Stephenson, Boston University
Nhu Y Stessman, California State University, Stanislaus
Erland Stevens, Davidson College
James Stickler, Allegany College of Maryland
Robert Stockland, Bucknell University
Jennifer Swift, Georgetown University
Ron Swisher, Oregon Institute of Technology
Carole Szpunar, Loyola University Chicago
Claudia Taenzler, University of Texas at Dallas
John Taylor, Rutgers University, New Brunswick
Richard Taylor, Miami University
Cynthia Tidwell, University of Montevallo
Eric Tillman, Bucknell University
Bruce Toder, University of Rochester
Ana Tontcheva, El Camino College
Jennifer Tripp, San Francisco State University
Adam Urbach, Trinity University
Melissa Van Alstine, Adelphi University
Christopher Vanderwal, University of California, Irvine
Aleskey Vasiliev, East Tennessee State University
Heidi Vollmer-Snarr, Brigham Young University
Edmir Wade, University of Southern Indiana
Vidyullata Waghulde, St. Louis Community College
Linda Waldman, Cerritos College
Kenneth Walsh, University of Southern Indiana
Reuben Walter, Tarleton State University
Matthew Weinschenk, Emory University
Andrew Wells, Chabot College
Peter Wepplo, Monmouth University
Lisa Whalen, University of New Mexico
Ronald Wikholm, University of Connecticut, Storrs
Anne Wilson, Butler University
Michael Wilson, Temple University
Leyte Winfield, Spelman College
Angela Winstead, Morgan State University
Penny Workman, University of Wisconsin, Marathon County
Stephen Woski, University of Alabama
Stephen Wuerz, Highland Community College
Linfeng Xie, University of Wisconsin, Oshkosh
Hanying Xu, Kingsborough Community College of CUNY
Jinsong Zhang, California State University, Chico
Regina Zibuck, Wayne State University

CANADA

Ashley Causton, University of Calgary
Michael Chong, University of Waterloo
Andrew Dicks, University of Toronto
Torsten Hegmann, University of Manitoba
Ian Hunt, University of Calgary
Norman Hunter, University of Manitoba
Michael Pollard, York University
Stanislaw Skonieczny, University of Toronto
Jackie Stewart, University of British Columbia
Shirley Wacowich-Sgarbi, Langara College

本書は，John & Wiley 社の以下の方々の多大な努力なしには完成しえなかった．

写真編集者の Lisa Gee は素晴らしい写真を準備してくれた．Maureen Eide とデザイナーの Anne DeMarinis は視覚的にすっきりとして魅力的なページデザインとカバーを作製してくれた．製作部長の Elizabeth Swain は本書を計画通りに出版し，高品質な書物にするのに重要な役割を果たしてくれた．担当編集者の Joan Kalkut は本書の製作に多大な寄与をしてくれた．Joan の絶え間ない努力と，日々のアドバイスのおかげでこの企画が実現した．製品デザイナーの Geraldine Osnato と副編集長の Veronica Armour は説得力のある WileyPLUS の構想と製作を担ってくれた．営業部長の Kristine Ruff は本書のすばらしい宣伝文を熱心に準備してくれた．編集補助の Mallory Fryc，Susan Tsui には見直しなどの補足的な作業を手伝ってもらった．企画編集者の Jenifer Yee は2版の解答集の製作を担当してくれた．発行者の Petra Recter は本書の販売に関して明確なビジョンと方向づけを行ってくれた．

私や，査読者，校正者は全力を尽くしたつもりではあるが，まだまちがいはあるかもしれない．そのようなまちがいに関しては私がすべての責任を負う．もしもまちがいが見つかった場合は，私まで連絡をいただけると幸いである．

David R. Klein, Ph.D.
Johns Hopkins University
klein@jhu.edu

訳者まえがき

本書は David R. Klein による “Organic Chemistry, 2nd Edition” の邦訳である．本書は有機化学の基本を非常にていねいに説明しており，有機化学を初めて学ぶ学生に最適の教科書になるものと思われる．特に有機化学を学ぶ際に必ず身につけなくてはならない基本的で，かつ重要な概念を含む事項について，重複を恐れずに何度も繰返して記述し，時には言い回しを変えてわかりやすく説明しており，読むだけでも十分に理解できるように工夫されている．

本書の一番の特徴は，著者のまえがきにもあるように，スキルビルダーという取組みを取入れた点にある．有機化学の基本概念や反応などをただ学ぶだけでは，なかなかそれらの知識を使いこなせるようにならない．少し問題が形を変えて現れるととたんにわからなくなるというのは，われわれが有機化学を教える際によく直面する問題である．本書ではこの課題に対し，それら重要な概念や反応などを説明した後，それを実際の問題の形で具体的に取上げ，応用可能な知識として習得できるように“スキルビルダー”という項を設けて工夫している．もう一つの重要な特徴は，反応にかかわる電子の流れの矢印をとことんていねいに説明していることである．プロトン移動の矢印までこだわって解説している教科書は他にはないのではないだろうか．有機反応をまる覚えするのではなく，理解することに重点をおき，最小限の基本的な事項を習得するだけで，応用可能な生きた知識として身につけることができることを意識して書かれた教科書として，本書は非常に優れたものである．さらに本書では，各章に“医薬の話題”と“役立つ知識”の 2 種類のコラムが記載され，それぞれの章で学ぶことと医薬品やわれわれの生活を支える化学製品との関連がトピックとして取上げられ，学生の興味を持続させるように工夫されている．

本書は米国では非常に好評で，翻訳を進めているうちに改訂版が次つぎと出され，すでに第 3 版が出版されている．本質的な部分での変更はなく，細かい点での改訂ではあるが，追って改訂版を出すことができればと思っている．

なお，本書の 27 章合成ポリマーは，第 1 版では本体に含まれていたが，第 2 版では Web 版でのみ取上げられるように変更された．本書では，合成ポリマーについても記述することが望ましいと考え，本体に含めることにした．また，本書には多くの問題が掲載されている．多くの基本的な問題に加え，各章の問題の最後にやや難易度の高い問題がいくつか取上げられている．さらに原著では，このあとにより応用的な挑戦問題が記載されているが，本書では紙面の都合もあり割愛した．これらについては，東京化学同人のホームページに掲載予定である．

本書の出版にあたり，各章の翻訳担当の先生方にはお忙しいなか，貴重な時間をおとりいただいたことにまず感謝したい．特に豊田真司教授には，翻訳のみならず最終原稿すべてに目を通していただき，誤りの指摘や多くの貴重なコメントをいただいた．ここに厚く御礼申し上げる．また，東京化学同人編集部の橋本純子氏および武石良平氏には大変お世話になった．度重なる原稿の遅延でご迷惑をおかけしたことをお詫びするとともに，ここに深く感謝の意を表したい．

2017 年 3 月　　　岩 澤 伸 治

要約目次

目　次

9. アルケンへの付加反応……343

10. アルキン……397

11. ラジカル反応……429

12. 合　成……469

13. アルコールとフェノール……493

1

一般化学の概説：電子，結合，分子の性質

なぜ雷が起こるのだろうか．

信じられないかもしれないが，この問に対する明確な答は未だに得られていない．しかし確かなことが一つある．雷は電子の流れである．電子の性質を学び，電子がどのように流れるかを知ることにより，雷が落ちる場所をコントロールすることが可能である．高層建築物は建物の上に高い金属製の避雷針を立てることにより，雷が落ちるのを防ぐことができる．これは雷の稲妻を引寄せて建物に直接雷が落ちるのを防いでくれる．米国ニューヨークのエンパイアステートビルの上に立つ避雷針は毎年 100 回以上も雷に打たれている．

科学者が稲妻の電子の流れをコントロールする方法を発見したのと同様に，化学者は化学反応での電子の流れをコントロールする方法を見いだした．有機化学は文字どおり炭素原子を含む化合物に関する学問であるが，その本質は原子ではなく，電子についての学問である．原子の動きにより反応を考えるのではなく，電子の動きの結果，反応が起こることを理解しなければならない．たとえば，次の反応では巻矢印は電子の動き（あるいは流れ）を表す．この電子の流れが化学反応をひき起こす．

$$:\ddot{Cl}:^- \;+\; H_3C\text{—}\ddot{Br}: \;\longrightarrow\; :\ddot{Cl}\text{—}CH_3 \;+\; :\ddot{Br}:^-$$

本書を通じて，反応の際に電子がどのように，いつ，そしてなぜ移動するか，電子の流れを妨げる障壁，またこの障壁をどのようにして乗り越えるかについて学ぶ．すなわち，電子の流れの一般的なパターンについて学び，化学反応の結果を予想できるように，さらにはこれを制御できるようになることをめざす．

本章では，すでに一般化学で学んだ本書と関連する重要な概念について復習する．特に結合生成と分子の性質に影響を与える電子の中心的役割に焦点を当てる．

1・1　有機化学とは

19 世紀初頭，科学者はすべての既知化合物を，植物や動物などの生命体に由来する**有機化合物**（organic compound）と，鉱物や気体などの非生命体に由来する**無機化合物**（inorganic compound）の 2 種類に分類した．この区別は，有機化合物と無機化合物が異なる性質をもつようにみえることからも支持された．有機化合物はしばしば単離・精製が困難で，加熱すると無機化合物よりも簡単に分解した．このような奇

妙な現象を説明するために，多くの科学者が，生命体から得られる化合物は無機化合物にはない特別な“生命力”をもつという考え方をしていた．“生気説”とよばれるこの考え方は，外から生命力を注入しないと，無機化合物を有機化合物に変換することができないとしていた．しかし，1828年ドイツの化学者である Friedrich Wöhler（ウェーラー）は無機塩であるシアン酸アンモニウムが尿中に存在する有機化合物である尿素に変換できることを示し，この生気説は徐々に受け入れられなくなっていった．

炭素原子を含むが慣例で有機化合物には分類されない化合物がいくつかある．たとえば，シアン酸アンモニウムは炭素原子を含むが現在でも無機化合物に分類されている．ほかにも，炭酸ナトリウム Na_2CO_3 やシアン化カリウム KCN はいずれも無機化合物に分類されている．

$$\mathrm{NH_4OCN} \xrightarrow{\text{加熱}} \mathrm{H_2N{-}C({=}O){-}NH_2}$$

シアン酸アンモニウム（無機化合物）　→　尿素（有機化合物）

生気説の衰退とともに有機化合物と無機化合物の当初の区別も受け入れられなくなり，新たに有機化合物は炭素原子を含む化合物，また，無機化合物は炭素原子を含まない化合物と定義されるようになった．

われわれは有機化合物に囲まれており，有機化学はわれわれの身のまわりの世界で中心的な役割を果たしている．食料や衣料は有機化合物でできている．嗅覚や視覚も有機化合物の働きの結果である．医薬，農薬，塗料，接着剤やプラスチックはすべて有機化合物である．われわれの身体も多くは有機化合物（DNA, RNA, タンパク質など）でできており，その挙動や作用は有機化合物の反応として理解することができる．医薬品に対するわれわれの身体の応答は有機化合物の反応の結果起こっている．これらの反応性を深く理解することにより，病気と闘い，生活の質と寿命を向上させる新薬の設計が可能となる．したがって有機化学が健康にかかわる職業に就く人にとって必須の知識となっているのは当然のことである．

1・2　物質の構造論

19世紀中ごろ，3人の科学者がそれぞれ独自に物質の構造論の基礎を築いた．August Kekulé（ケクレ），Archibald S. Couper（クーパー），Alexander M. Butlerov（ブトレロフ）はそれぞれ，物質はそれに特有な原子の並び方で定義されると提唱した．たとえば，左の二つの化合物を考えてみよう．

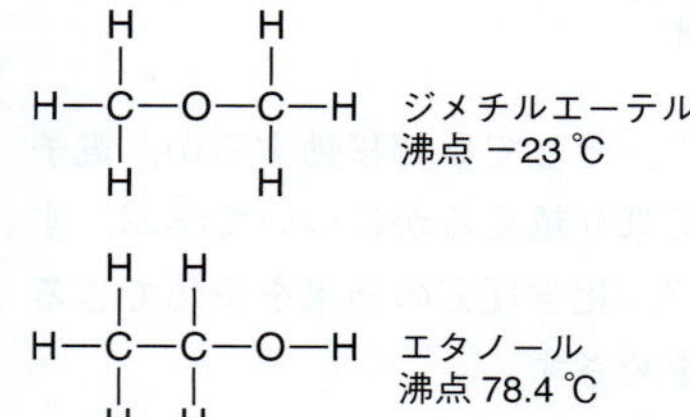

これらの化合物は同一の分子式 C_2H_6O であるが，原子の結びつき方が異なっている．すなわち，この二つの化合物はその構造が異なっている．そのためこれらは**構造異性体**（constitutional isomer）とよばれる．構造異性体は物理的性質が異なり，異なる化合物名をもつ．上の化合物は無色の気体でエアロゾルスプレーの噴射剤として用いられるのに対し，下の化合物は無色透明な液体で，一般に“アルコール”とよばれ，アルコール飲料に含まれている．

元素は一般にそれぞれに特有の数の結合を形成する．たとえば炭素は通常四つの結合を生成するので**4価**（tetravalent）であるという．窒素は三つの結合を生成するので**3価**（trivalent），酸素は二つの結合を生成するので**2価**（divalent），そして水素や

4価	3価	2価	1価
—C— (4本の結合)	—N— (3本の結合)	—O—	H—　X— (X = F, Cl, Br, または I)
炭素は結合を四つつくる	窒素は結合を三つつくる	酸素は結合を二つつくる	水素とハロゲンは結合を一つつくる

図 1・1　有機化学でよくみられる元素の一般的な原子価

ハロゲンは結合を一つ生成するので **1 価**（monovalent）であるという（図 1・1）．

スキルビルダー 1・1 小さな分子の構造を明らかにする

スキルを学ぶ

分子式 C_2H_5Cl の化合物は一つしか存在しない．この化合物の構造を書け．

解 答

分子式は化合物にどのような原子が含まれているかを示している．この例では，化合物には炭素原子二つ，水素原子五つ，そして塩素原子一つがある．化合物に存在する原子それぞれの原子価をまず明らかにする．炭素原子は 4 価であるが，塩素原子と水素原子は 1 価である．

ステップ 1
化合物中のそれぞれの原子の原子価を明らかにする．

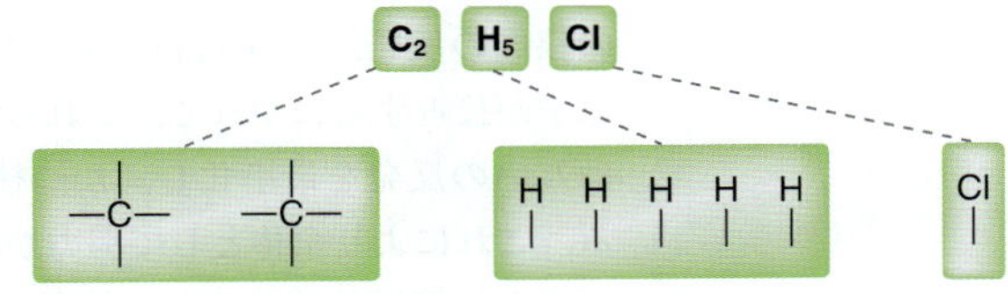

ステップ 2
原子がどのように結合しているかを明らかにする．最も原子価の大きい原子を中央に置き，1 価の原子は周辺部に置かなければならない．

それではこれらの原子はどのように結合しているだろうか．最も結合を多くもつ原子（炭素原子）は，化合物の中心に存在するものと考えられる．それに対し塩素原子と水素原子はそれぞれ一つしか結合をつくることができないので，これらの原子は周辺部に置かなければならない．この例では，塩素原子をどこに置いても問題ない．六つの可能な場所はすべて等価である．

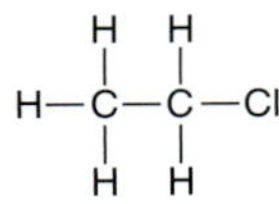

スキルの演習

1・1 次の分子式をもつ化合物の構造を示せ．

(a) CH_4O (b) CH_3Cl (c) C_2H_6 (d) CH_5N
(e) C_2F_6 (f) C_2H_5Br (g) C_3H_8

スキルの応用

1・2 分子式 C_3H_7Cl の化合物には塩素原子の置換可能な位置が 2 箇所あり，二つの構造異性体がある．すなわち，塩素原子は中央の炭素原子か残りの等価な二つの炭素原子のどちらかに結合できる．二つの構造異性体を示せ．

1・3 分子式 C_3H_8O の化合物の三つの構造異性体を示せ．

1・4 分子式 $C_4H_{10}O$ の化合物のすべての構造異性体を示せ．

問題 1・34，1・46，1・47，1・54 を解いてみよう．

1・3 電子，結合，そして Lewis 構造式

結合とは何か

すでに述べたように，原子と原子は結合により結びつけられている．すなわち結合は原子と原子をつなぎとめる“糊”のようなものである．しかし，この不思議な糊の実体はどのようなもので，どのように働くのだろうか．この問に答えるには電子に注目しなければならない．

電子の存在は 1874 年に George J. Stoney（ストーニー）（アイルランド国立大学）によって初めて提唱された．彼はある電気素量（電荷の単位量）をもった粒子の存在を想定するこ

とで電気化学的な現象を説明しようと試みた．Stoney はこの粒子を**電子**（electron）と名づけた．1897 年 J. J. Thomson（英国ケンブリッジ大学）は Stoney の電子の存在を支持する証拠を示し，電子の発見者としての栄誉を得た．1916 年 Gilbert Lewis（米国カリフォルニア大学バークレー校）は，**共有結合**（covalent bond）を二つの原子が 1 対の電子を共有することにより生じると定義した．単純な例として二つの水素原子の間の結合を考えてみよう．水素原子はそれぞれ電子を一つずつもつ．これらの電子が結合を生成するために共有されると，ΔH が負となりエネルギーの低下が起こる．図 1・2 に示すエネルギー図は，二つの水素原子間の距離の関数として系全体のエネルギーをプロットしたものである．二つの水素原子が離れた状態を表している図の右側に注目してほしい．図中を徐々に左側に移動すると水素原子は互いに接近し，いくつかの力が働き始める．1) 負電荷をもつ二つの電子間の反発，2) 正電荷をもつ二つの核間の反発，3) 正電荷をもつ核と負電荷をもつ電子間の引力である．二つの水素原子が接近するにつれて，これらすべての力が強くなる．このような状況では，電子は互いの反発を最小化し，かつ核との引力を最大にするように運動することができる．これにより全体として引力が働き，系全体のエネルギーを低下させる．水素原子がさらに接近し続けると，核間距離が 0.074 nm になるまでエネルギーも低下し続ける．この時点で核間の反発が引力を上まわり始め，系のエネルギーは上昇し始める．曲線の底がエネルギーの最も低い，最も安定な状態である．この状態により結合距離（0.074 nm）と結合エネルギー（436 kJ/mol）が定まる．

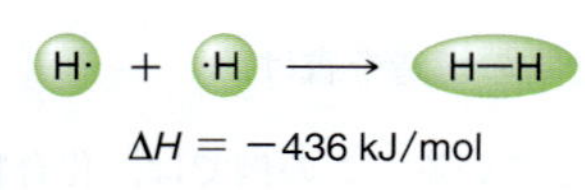

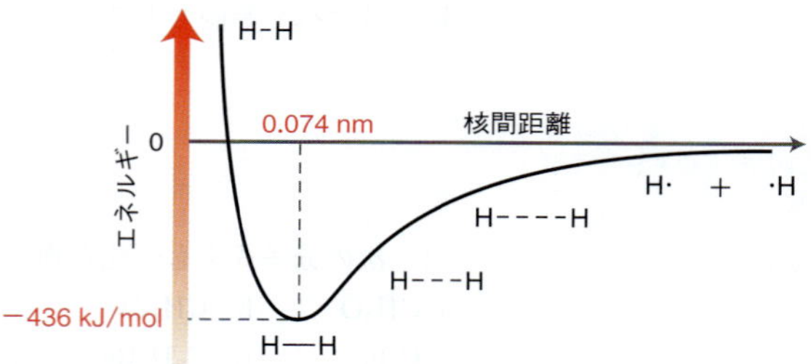

図 1・2　二つの水素原子の核間距離の関数として表した全エネルギーのエネルギー図

原子の Lewis 構造式を書く

結合は 1 対の電子を共有することにより生じるという考えに基づき，Lewis は構造式を書く方法を考案した．この **Lewis 構造式**（Lewis structure）とよばれる表記法では，電子が中心的な役割を果たしている．まず個々の原子を書くことから始め，次に小さい分子の Lewis 構造式を書いてみよう．その前にまず原子構造の基本的な特徴を復習しよう．

- 原子核は陽子と中性子からなる．陽子は +1 の電荷をもち，中性子は電気的には中性である．
- 中性の原子では，陽子の数と電子の数は等しく，電子は −1 の電荷をもち，殻に存在する．核に最も近い第一の殻は二つの電子が存在でき，第二の殻は最大八つの電子を受け入れることができる．
- 原子の最外殻の電子は**原子価電子**（valence electron，価電子ともいう）とよばれる．原子の原子価電子の数は周期表の族番号の 1 の位と一致する（図 1・3）．

それぞれの原子の Lewis 点構造式は，原子の元素記号（炭素は C で，酸素は O）のまわりに，原子価電子をその数に相当する点で書く．この点の書き方について，練習しよう．

図 1・3 族番号を示した周期表

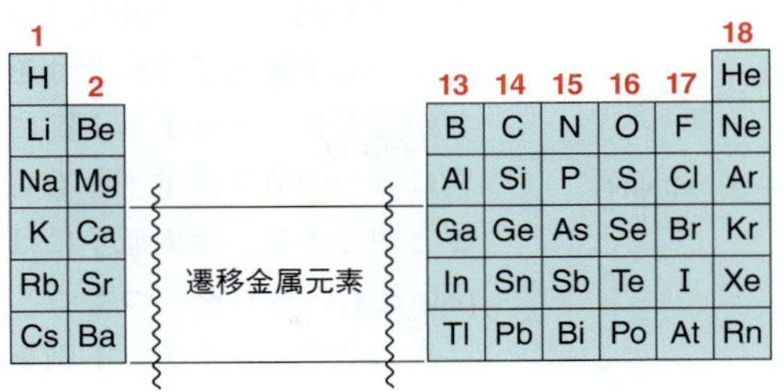

スキルビルダー 1・2 原子の Lewis 点構造式を書く

スキルを学ぶ

ホウ素原子 (a) と窒素原子 (b) の Lewis 点構造式を書け．

解 答

ステップ 1
価電子数を明らかにする．

(a) Lewis 点構造式では原子価電子のみを書くので，まずその数を明らかにする．ホウ素は周期表の 13 族に属するので原子価電子を三つもつ．ホウ素の元素記号 B を書き，三つの電子それぞれ単独で（対をつくらずに）B の三つの側面に書く．

·Ḃ·

ステップ 2
原子の各側面に電子を一つずつ書く．

(b) 窒素は周期表の 15 族に属するので原子価電子を五つもつ．窒素の元素記号 N を書き，まずその四つの側面に電子を一つずつ対をつくらずに書く．

·Ṅ·

ステップ 3
原子が四つ以上の価電子をもつ場合，残りの電子はすでに書いた電子と対をつくるように書く．

残った電子はすでに書いた電子と対をつくらなければならない．窒素の場合，残りの電子はあと一つなので，対をつくっていない四つの電子の一つと対をつくる．四つの電子のうちのどれを選んでもかまわない．

·N̈·

スキルの演習

1・5 次の原子の Lewis 点構造式を書け．

(a) 炭素 (b) 酸素 (c) フッ素 (d) 水素
(e) 臭素 (f) 硫黄 (g) 塩素 (h) ヨウ素

スキルの応用

1・6 窒素とリンの Lewis 点構造式を比べ，これら二つの原子が結合生成の際に似た挙動を示す理由を説明せよ．

1・7 結合生成の際にホウ素と似た挙動を示すと考えられる元素を一つあげ，その理由を説明せよ．

1・8 原子価電子が一つ不足し，正電荷をもつ炭素原子の Lewis 点構造式を書け．この炭素原子はどの第 2 周期の元素と原子価電子の数が同じか．

1・9 原子価電子が一つ多い，負電荷をもつ炭素原子の Lewis 点構造式を書け．この炭素原子はどの第 2 周期の元素と原子価電子の数が同じか．

小さな分子の Lewis 構造式を書く

個々の原子の Lewis 点構造式を結びつけ，小さな分子の Lewis 構造式がつくられる．これらの書き方は，原子が貴ガスの電子配置をとるように結合をつくる傾向があるという事実に基づいている．たとえば，水素原子はヘリウムの電子配置（原子価電子二つ）をとるように結合を一つつくる．一方，第 2 周期の元素（C, N, O, F）は，

H· ·N· ·H ⟶ H:N:H
　　H　　　　　H

ネオンの電子配置（原子価電子八つ）をとるのに必要な数の結合をつくる．これは**オクテット則**（octet rule）とよばれ，これによりなぜ炭素が4価であるか説明できる．四つの原子価電子それぞれを使って結合をつくることによりオクテット構造をとることができる．オクテット則により窒素が3価であることも説明できる．すなわち，窒素は五つの原子価電子をもち，三つの結合をつくることによりオクテット構造をとることができる．窒素原子には**非共有電子対**（unshared electron pair，**孤立電子対** lone pair ともいう）を一つもつことに注意しよう．

次の章で，オクテット則をより詳しく説明する．特にどのような場合にこの規則が破られ，どのような場合に破ることができないかについて述べる．ここでは Lewis 構造式を書く練習をしよう．

スキルビルダー 1・3　小さな分子の Lewis 構造式を書く

スキルを学ぶ

CH_2O の Lewis 構造式を書け．

解 答

Lewis 構造式を書くには四つの段階がある．まず初めに，それぞれの原子の原子価電子の数を明らかにする．

ステップ 1
個々の原子をすべて書く．

·C·　H·　H·　:O:

ステップ 2
二つ以上の結合をつくる原子を結びつける．

次に二つ以上結合をつくる原子を結びつける．水素原子はそれぞれ結合を一つしかつくらないので，これらは最後にとっておく．ここでは C と O を結びつける．

·C:O:

ステップ 3
水素原子を結合させる．

次に，水素原子をすべて結合させる．炭素原子は酸素原子よりも不対電子を多くもっているので，水素原子を炭素原子と結合をつくるように置く．

H:C:O:
　H

ステップ 4
それぞれの原子がオクテット構造をとるように不対電子どうしで対をつくる．

最後に水素原子以外のそれぞれの原子がオクテット則をみたしているか確認する．この状態では炭素原子も酸素原子もオクテット則をみたしていない．このような場合は，不対電子どうしを共有させ，炭素と酸素間で二重結合をつくる．

H:C:O: ⟶ H:C::O:
　H　　　　　H

これですべての原子がオクテット則をみたしている．Lewis 構造式を書くときには，勝手に電子を加えてはいけない．それぞれの原子がオクテット則をみたすために，原子が初めからもっている電子を共有しなければならない．Lewis 構造式を書いたら，原子価電子の総数を確認しよう．この例では，炭素原子一つ，水素原子二つ，酸素原子一つからなるので，原子価電子の総数は 12（4＋2＋6）である．ここで書いた構造式にはちょうど 12 個の価電子がなければならない．

スキルの演習

1・10　次の化合物の Lewis 構造式を書け．

(a) C_2H_6　(b) C_2H_4　(c) C_2H_2　(d) C_3H_8　(e) C_3H_6　(f) CH_3OH

スキルの応用

1・11　ボラン BH_3 は，非常に不安定で反応性に富む．ボランの Lewis 構造式を書き，その理由を説明せよ．

1・12　分子式 C_3H_9N の化合物には四つの構造異性体が存在する．それぞれ Lewis 構造式を書き，窒素原子の非共有電子対の数を示せ．

問題 1・38，1・40，1・41 を解いてみよう．

1・4　形式電荷を明らかにする

形式電荷（formal charge）は，その原子のもつ電子数が原子本来の価電子数に一致しないときに存在する．そのような原子が Lewis 構造式中に存在する場合には，形式電荷を書かなければならない．そのために二つの作業が必要である．

1. 原子本来の価電子数を明確にする．
2. その原子が適切な数の電子をもっているかどうか確かめる．

一つ目は，周期表を見ればわかる．すでに述べたように族の数の 1 の位はそれぞれの原子の価電子数そのものである．たとえば 14 族元素の炭素は価電子を四つもつ．酸素は 16 族で価電子を六つもつ．

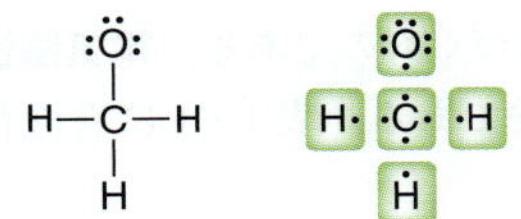

Lewis 構造式中のそれぞれの原子の電子数がわかれば，次はこれとは異なる電子数をもつ原子がないかどうかを明らかにする．たとえば，左の構造をみてみよう．それぞれの結合は電子二つを共有している．ここではそれぞれの結合を均等に切断し，それぞれ一つずつ電子をもつとして各原子の電子数を数える．

予想どおり水素原子はいずれも価電子を一つもつ．炭素原子も適切な数の価電子（四つ）をもつが，この構造中の酸素原子は本来六つのはずの価電子を七つもっている．この場合，酸素原子は電子を一つ余分にもち，したがって左に示すように負の形式電荷をもつ．

スキルビルダー 1・4　形式電荷を求める

スキルを学ぶ

次に示す構造式中の窒素原子は形式電荷をもつか．

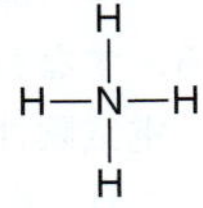

解 答

ステップ 1
原子の価電子数を明らかにする．

ステップ 2
ここでの価電子の数を明らかにする．

ステップ 3
形式電荷を割当てる．

まず窒素原子本来の価電子数を明らかにする．窒素原子は周期表の 15 族に属するので，原子価電子を五つもつ．

次にここで示した構造式中の窒素原子がいくつ価電子をもつか数える．この場合，窒素原子は四つしか価電子をもたない．一つ電子を失っているので正電荷をもち，下の右のように表すことができる．

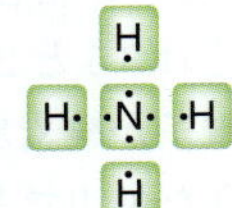

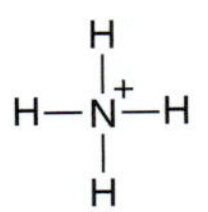

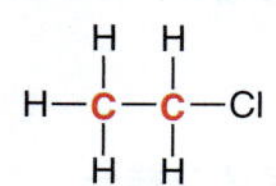

スキルの演習

1・13　次の構造式中に形式電荷を示せ.

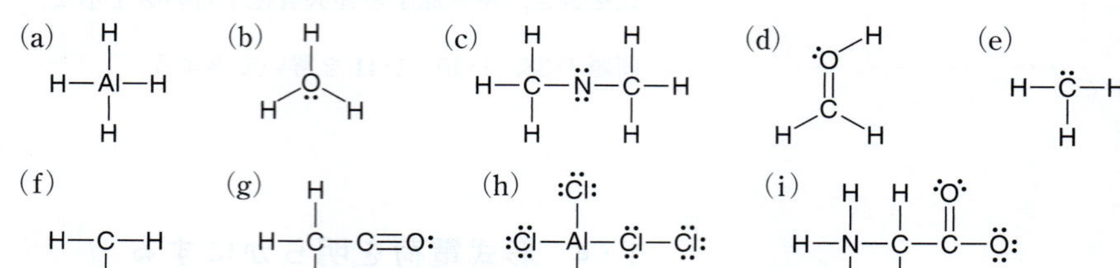

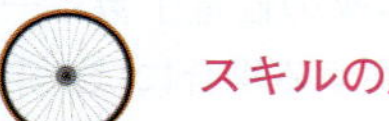

スキルの応用

1・14　次のイオンの Lewis 構造式を書き，どの原子が形式電荷をもつか示せ.

(a) BH_4^-　(b) NH_2^-　(c) $C_2H_5^+$

問題 1·41 を解いてみよう.

1・5　誘起効果と分極した共有結合

結合には，1) 共有結合，2) 分極した共有結合，3) イオン結合の三つの種類がある.この分類は，結合を生成する原子の電気陰性度の値に基づくものである.**電気陰性度**（electronegativity）は，原子が電子を引寄せる力の目安である.表 1・1 に有機化学でよく目にする元素の電気陰性度の値を示す.

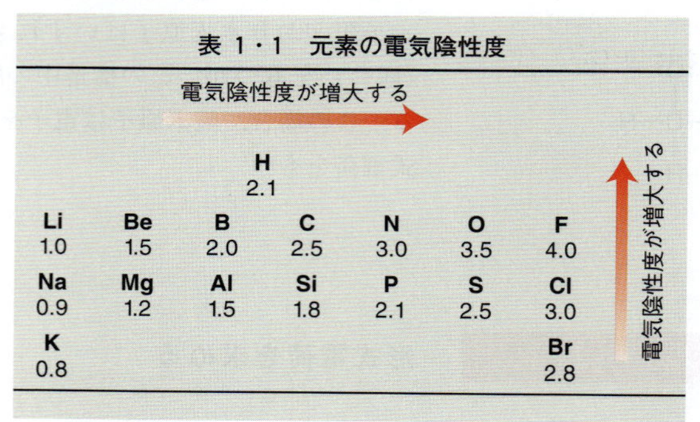

表 1・1　元素の電気陰性度

電気陰性度が増大する →（横方向）；電気陰性度が増大する ↑（縦方向）

			H 2.1			
Li 1.0	Be 1.5	B 2.0	C 2.5	N 3.0	O 3.5	F 4.0
Na 0.9	Mg 1.2	Al 1.5	Si 1.8	P 2.1	S 2.5	Cl 3.0
K 0.8						Br 2.8

二つの原子が結合を生成するとき，その結合を分類するための重要なポイントがある.すなわち，二つの原子の電気陰性度の違いである.次におおまかな指針を示す.

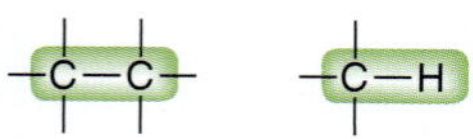

電気陰性度の差が 0.5 未満であれば，電子は二つの原子間に等しく共有されると考えられ，共有結合を生成する.たとえば C−C 結合や C−H 結合がこれに分類される.C−C 結合は結合を生成する二つの原子間に電気陰性度の差がないので共有結合であることは明らかである.C−H 結合も炭素原子と水素原子の電気陰性度の差は 0.5 未満なので共有結合と考えられる.

電気陰性度の差が 0.5～1.7 の場合には，電子は二つの原子間で等分には共有されず，**分極した共有結合**（polar covalent bond）を生じる.たとえば炭素原子と酸素原子間の結合（C−O 結合）を考えてみよう.酸素原子は炭素原子より電気陰性度が大きく（それぞれ 3.5 と 2.5），酸素原子のほうが結合を生成している電子をより強くひきつける.電子が酸素原子にひきつけられることを**誘起効果**（inductive effect）とよび，左のような矢印で表すことが多い.

C—O

$\delta+$ $\delta-$
C—O

誘起効果により，部分的な正電荷と負電荷が生じ，ギリシャ文字のδで表す．誘起効果により生じる部分電荷は後の章で非常に重要となる．

Na⁺ :Ö̤H（Na^+ $^-$:ÖH）

電気陰性度の差が 1.7 以上の場合は，電子は全く共有されない．たとえば水酸化ナトリウム NaOH のナトリウムと酸素の結合を考えてみよう．O と Na の電気陰性度の差は非常に大きく，結合にかかわる二つの電子はいずれも酸素原子によってのみ保有され，酸素原子は負電荷をもちナトリウム原子は正電荷をもつようになる．酸素原子とナトリウム原子間の結合は，**イオン結合**（ionic bond）とよばれ，正電荷と負電荷をもつイオン間の静電引力の結果生じる．

0.5 と 1.7 という値は，目安の数字と考えてほしい．これらの値は絶対的なものではなく，いろいろな種類の結合を明確な区切りのない連続的なものとしてみるべきである（図 1・4）．

図 1・4　有機化学でよくみられる結合の性質

共有結合　分極した共有結合　イオン結合
C—C　C—H　N—H　C—O　Li—C　Li—N　Na—Cl
電気陰性度にほとんど差がない　電気陰性度が大きく異なる

この一連の結合には両端がある．左端が共有結合であり右端がイオン結合である．この二つの両極端の間に分極した共有結合が存在する．いくつかの結合は三つの分類のうちの一つにぴったり適合する．すなわち，C−C 結合は共有結合，C−O 結合は分極した共有結合，Na−Cl 結合はイオン結合である．

—C—Li または —C:⁻ ⁺Li

しかし，これほど明確に分類できないことも多い．たとえば C−Li 結合は電気陰性度の差は 1.5 であるが，この結合は分極した共有結合のように書いたり，あるいはイオン結合のように書いたりすることがある．いずれの書き方でもよい．

電気陰性度の値を比べるときに絶対的な値の設定を避けるもう一つの理由として，上記の電気陰性度の値が Linus Pauling（ポーリング）の開発した方法によって得られたものであることがあげられる．しかし電気陰性度の値の求め方には少なくともほかに七つの方法があり，それぞれ少しずつ値が異なる．Pauling の値に基づくと，C−Br 結合も C−I 結合も共有結合であるが，これらの結合は本書では分極した共有結合として扱う．

スキルビルダー 1・5　誘起効果による部分電荷を表す

スキルを学ぶ

メタノールの構造を考えてみよう．分極した共有結合をすべて示し，誘起効果による部分電荷を示せ．

H—C(H)(H)—Ö—H　メタノール

解答

まず分極したすべての共有結合を明らかにする．C−H 結合は C と H の電気陰性度の値が比較的近いので共有結合である．炭素原子のほうが水素原子よりも電気陰性度が高いので，C−H 結合には弱い誘起効果がある．しかし通常 C−H 結合のこの効果は無視できるほど小さい．

ステップ 1
すべての分極した共有結合を明らかにする．

C−O 結合と O−H 結合はともに分極した共有結合である．

分極した共有結合

ステップ 2
それぞれの双極子の向きを明らかにする．

ここで誘起効果の向きを決める．酸素原子は炭素原子や水素原子よりもより電気陰性度が大きいので，誘起効果は次のように表す．

ステップ 3
部分電荷の位置を明らかにする．

この誘起効果により部分電荷の存在する場所が明らかになる．

δ+　δ−　δ+

スキルの演習

1・15　次の化合物の分極した共有結合を，部分電荷の生じる原子に δ+ と δ− を書き入れて示せ．

(a)　(b)　(c)

(d)　(e)　(f)

スキルの応用

1・16　化合物中で δ+ となる部位は，水酸化物イオンのようなアニオンによって攻撃されやすい．次の化合物で水酸化物イオンに攻撃されやすい炭素原子を二つ示せ．

問題 1・36，1・37，1・48，1・57 を解いてみよう．

1・6 原 子 軌 道

量 子 力 学

1920 年代までには生気説は過去のものとなっていた．化学者は構造異性体の存在を認識するようになり，化学構造論を発展させた．電子が発見され，結合を生成する源であるとみなされ，共有された電子や非共有電子の様子を表すのに Lewis 構造式が使われた．しかし電子に対する理解は大きく変化しようとしていた．

1924 年フランスの物理学者の Louis de Broglie（ド ブロイ）が，これまで粒子と考えられていた電子が波としての性質を示すことを提唱した．この主張に基づいて新しい物質論が誕生した．1926 年，Erwin Schrödinger（シュレーディンガー），Werner Heisenberg（ハイゼンベルグ），Paul Dirac（ディラック）がそれぞれ別

役立つ知識　静電ポテンシャル図

部分電荷は，**静電ポテンシャル図**（electrostatic potential map）とよばれる三次元のフルカラーの図で可視化できる．たとえばクロロメタンの静電ポテンシャル図を見てみよう．

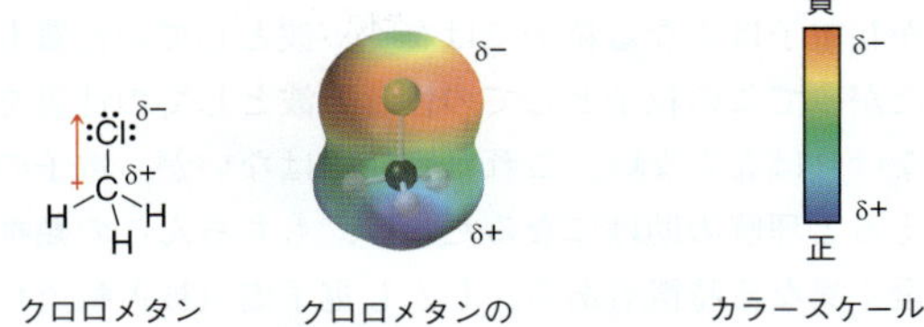

ここではδ+とδ−の領域を表すのに色の違いを利用する．この図で，赤の領域はδ−，青の領域はδ+となっていることを示す．実際には静電ポテンシャル図は有機化学者が互いに情報を伝達する際にほとんど用いられていない．しかし，これらの表し方は，有機化学を学んでいる学生には有益である．静電ポテンシャル図は一連の計算を行うことによってつくり出すことができる．すなわち，仮想的な正の点電荷をいろいろな位置に置いて，それぞれの場所でその正の点電荷と周囲の電子との間の引力が大きいところはδ−，小さいところはδ+となる．この結果を色を用いて表すと図のようになる．

二つの静電ポテンシャル図を比較する場合には，両者を同じカラースケールで作成する必要がある．本書では，二つのポテンシャル図を直接比べる場合には同じカラースケールを用いるようにしている．しかし，異なるページ（あるいは異なる本）のポテンシャル図と比較するときはカラースケールが異なっているので注意が必要である．

べつに，波としての性質を取入れた電子の数学的な記述法を提案した．この**波動力学**あるいは**量子力学**（quantum mechanics）とよばれる新しい理論は，物質の性質の見方を根本的に変え，現在のわれわれの電子や結合に関する理解の基礎を築いた．

量子力学は数学に根ざしており，全体像をそれだけで表す．その理解に必要となる数学は，本書の範囲を超えるので，ここでは述べない．しかし，電子の性質を理解するためには，量子力学の重要な点を理解しておくことが大切である．

- 水素原子（すなわち陽子一つと電子一つ）の全エネルギーを記述するために方程式をたてる．この**波動方程式**（wave equation）とよばれる式は，陽子のつくる電場のなかに存在する電子の波としてのふるまいを考慮したものである．
- 波動方程式を解くと，一連の**波動関数**（wavefunction）が解として得られる．ギリシャ文字のプサイ ψ を用いてそれぞれの波動関数（ψ_1, ψ_2, ψ_3 など）を表す．これらの波動関数はそれぞれ，電子に許容された一つのエネルギー準位が対応する．この結果は，原子中の電子がとびとびのエネルギー準位にのみ存在できることを示しており，きわめて重要である．これを，電子のエネルギーは**量子化**（quantization）されているという．
- それぞれの波動関数は，空間の位置の関数である．この関数は，核を中心とした三次元空間のそれぞれの位置に対応してある数値を割り当てることができる．その数値の二乗（どの位置に対しても ψ^2）は特別な意味がある．それはその位置で電子を見いだす確率を表す．したがって ψ^2 を三次元空間にプロットすることにより，原子軌道のようすを表すことができる（図1・5）．

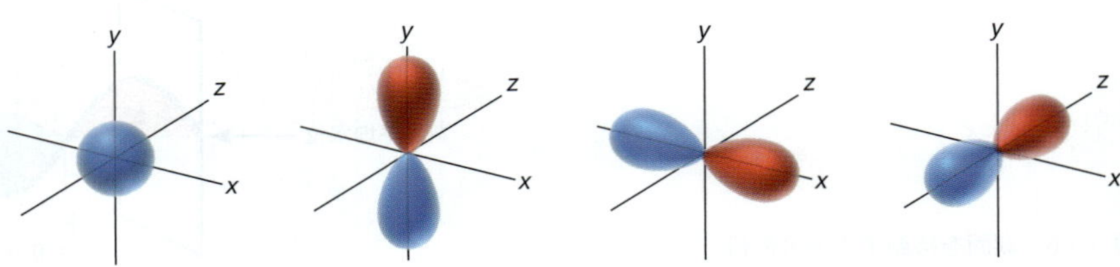

図1・5　s軌道と三つのp軌道の図

電子密度と原子軌道

軌道（orbital）とは電子が存在することのできる空間領域のことである．しかしこれを目に見える形で表すときには注意が必要である．前節で“ψ^2 はある位置で電子を見いだす確率を表す”と述べたが，これは誤解を与える可能性があるので注意しなければならない．この記述は，電子をある特定の空間領域を飛び回る粒子のように取扱っている印象を与える．しかし電子は単なる粒子ではなく，波としての性質ももつことを思い出してほしい．したがってこの粒子としての性質と波としての性質をあわせもつようなイメージをもたなければならない．これは容易ではないが，電子の存在する軌道を空の雲のように考えると理解の助けになるだろう．もちろんこの類推も完全ではなく，雲と軌道とでは全く異なる特徴もある．しかし電子雲（被占軌道）と実際の雲の違いに注目することで，軌道のなかの電子のよりよいイメージを描くことができる．

- 空の雲はどのような形，大きさでもとることができる．しかし電子雲は軌道関数により定められたいくつかの特定の形と大きさしかとれない．
- 空の雲は非常に多くの水分子からなるが，電子雲は非常に多くの粒子からなっているのではない．電子雲はある場所では厚く，ほかの場所では薄いが，全体で一つの存在として考えなければならない．この考えは重要で，反応を説明するために本書を通じて頻繁に用いる．
- 空の雲には端があり，その境界線は明確である．一方，電子雲は明確な境界がない．**電子密度**（electron density）という用語をしばしば用いるが，これはある特定の空間領域で電子を見いだす確率と関係している．軌道の形は 90〜95% の電子密度を含む空間領域を表す．この領域を越えて残りの 5〜10% の電子密度がだんだん減少していくが，0 になることはない．電子密度を 100% 含む空間を考えるには全宇宙を考えなければならない．

以上まとめると，電子密度により占有される空間領域として軌道を考える必要がある．電子の存在する軌道は電子密度の雲のようなものとして扱わなければならない．この空間領域は単一の原子核により定められたものなので**原子軌道**（atomic orbital）とよばれる．原子軌道の例として，一般化学で学んだ s, p, d, f 軌道があげられる．

原子軌道の位相

電子と軌道に関するここまでの説明は，電子が波のような性質をもつという前提に基づいたものであった．そこでまず軌道の性質を理解するために単純な波の性質を知る必要がある．

湖の水面を移動する波を考えてみよう（図 1・6）．波動関数 ψ によりこの波を数学的に表すことができ，波動関数の値は位置に依存する．湖の平均水位より上の位置では ψ は正の値（赤で示す）をとり，平均水位より下の位置では ψ は負の値（青で示

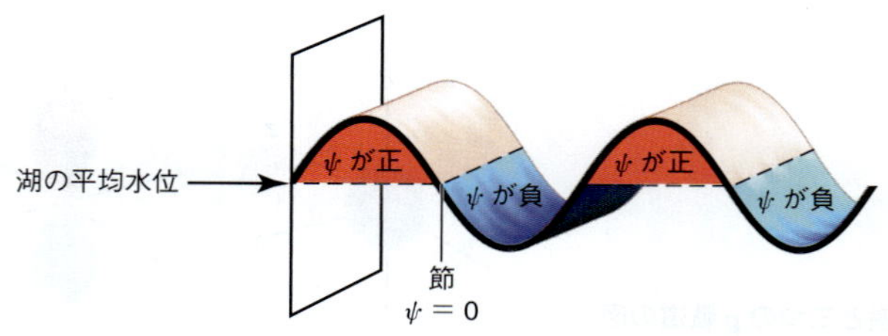

図 1・6　湖面を移動する波の位相

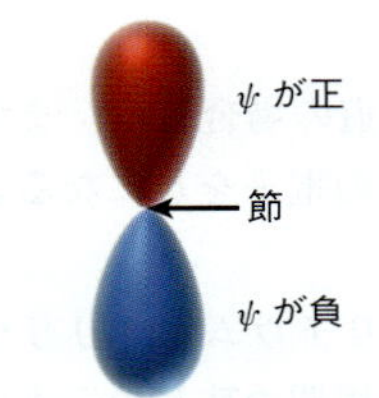

図 1・7 p軌道の位相

す）をとる．ψの値が0の位置を**節**（node）とよぶ．

同様に軌道にはψの値が正，負，そして0の領域がある．たとえばp軌道を考えてみよう（図1・7）．p軌道には二つのローブがあり，上のローブはψの値が正の領域であり，下のローブはψの値が負の領域である．二つのローブの間には$\psi = 0$の場所がある．これが節である．

ψの符号と，電荷とを混同してはならない．ψが正の値をとることは，正電荷をもつことを意味しない．ψの正負は，波の位相を表す数学的なきまりである．ψは正の値も負の値もとるが，位置の関数として電子密度を表すψ^2は常に正の値をとる．$\psi = 0$となる節では電子密度ψ^2も0である．すなわち節には電子密度は存在しない．

ここからあとは，空間領域でのψの位相を明確に示すため，軌道のローブに色（赤か青）をつけて表す．

原子軌道に電子をみたす

電子のエネルギーはその占有する軌道の種類によって異なる．これから述べるほとんどの有機化合物は第1および第2周期の元素（H, C, N, O）からなっている．これらの元素は1s軌道，2s軌道，そして三つの2p軌道を利用している．したがって本書の説明も主としてこれらの軌道に焦点を絞る（図1・8）．1s軌道は核に最も近く節をもたないので（軌道は節の数が多いほどエネルギーは高くなる）電子は1s軌道を占有するとき，最もエネルギーが低い．2s軌道は節を一つもち，核から離れているので，1s軌道よりエネルギーが高い．2s軌道の次には，エネルギーの等しい三つの2p軌道がある．同じエネルギー準位の軌道は**縮退**（degeneracy，縮重ともいう）しているという．

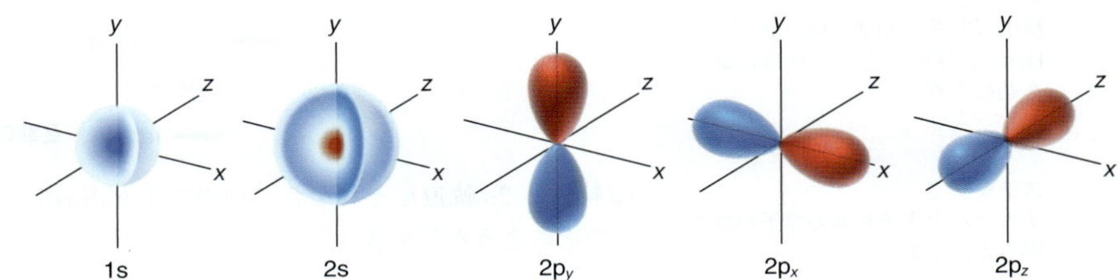

図 1・8 s軌道と三つのp軌道の図

水素から始めて周期表を順にみていくと，元素のもつ電子は順に一つずつ増えていくことがわかる（図1・9）．軌道が電子によりみたされていく順序は三つの簡単な原理に従う．

1. **構成原理**（Aufbau principle）．電子はエネルギーの低い軌道から入る．
2. **Pauli**（パウリ）**の排他原理**（Pauli exclusion principle）．一つの軌道はスピンの向きの異なる最大二つの電子を収容することができる．“スピン（spin）”を理解するためには，単純化しすぎた比喩であるが，電子が空間で回転しているようすを想像するとよい．本書の範囲を超えた理由により，電子は二つのスピンの状態（↓あるいは↑で表す）しかとることができない．軌道に電子を二つ収容するためには，電子のスピンは逆向き

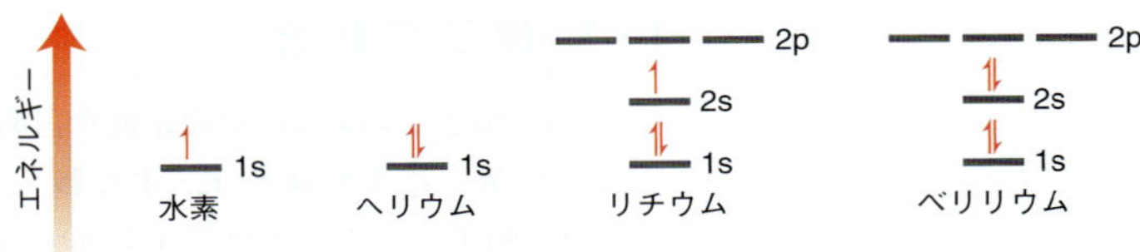

図 1・9 H，He，Li，Beの電子配置を示すエネルギー図

の状態でなければならない．

3. **Hund の規則**（Hund's rule）．p 軌道のように縮退した軌道の場合には，まずそれぞれの縮退した軌道に一つずつ電子を収容し，ついで二つ目の電子を対になるようにして収容する（図 1・10）．

初めの二つの原理は，図 1・9 に示した水素，ヘリウム，リチウム，ベリリウムの電子配置に適用されている．三つ目の原理の適用例は，第 2 周期の残りの元素の電子配置でみることができる（図 1・10）．

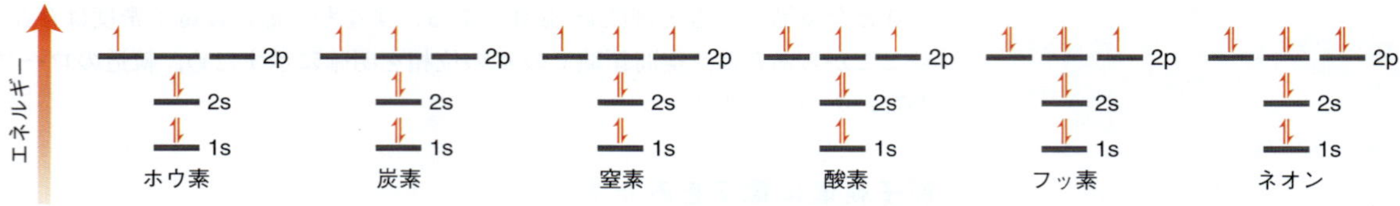

図 1・10　**B, C, N, O, F, Ne の電子配置を示すエネルギー図**

スキルビルダー 1・6　電子配置を明らかにする

スキルを学ぶ

窒素原子の電子配置を書け．

解　答

電子配置はどの原子軌道を電子が占有しているかを表す．窒素は七つの電子をもち，エネルギーの低い軌道から二つずつ電子が占有していく．

ステップ 1
構成原理，Pauli の排他原理，Hund の規則に従って軌道に電子を割当てる．

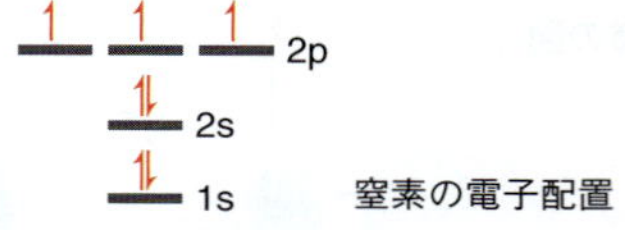

ステップ 2
それぞれの原子軌道の電子の数を明らかにする．

1s 軌道と 2s 軌道をそれぞれ二つの電子が占有し，三つの電子が p 軌道を占有する．これを次のような形で表す．

$$1s^22s^22p^3$$

スキルの演習

1・17　次の原子の電子配置を書け．
(a) 炭素　(b) 酸素　(c) ホウ素　(d) フッ素　(e) ナトリウム
(f) アルミニウム

スキルの応用

1・18　次のイオンの電子配置を書け．
(a) 負電荷をもつ炭素原子　(b) 正電荷をもつ窒素原子
(c) 正電荷をもつ炭素原子　(d) 負電荷をもつ酸素原子

問題 1・44 を解いてみよう．

1・7　原子価結合法

電子は軌道とよばれる空間領域を占有することを説明したので，次に共有結合についてより深く考えてみよう．すなわち，共有結合は原子軌道の重なりにより生成する．原子軌道の重なりの性質を記述するのによく用いられる二つの理論がある．原子

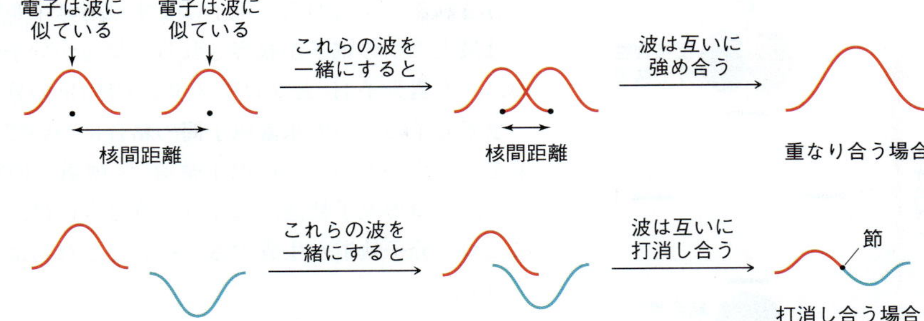

図 1・11　二つの電子の相互作用が重なり合う場合

図 1・12　二つの電子の相互作用が打消し合う場合

価結合法と分子軌道法（MO 法）である．原子価結合法のほうが，結合の取扱いがより単純なので，まずこれについて説明しよう．

電子を波として取扱おうとするには，まず二つの波が干渉するときにどのようなことが起こるかを復習する必要がある．二つの接近する波が相互作用する際，重なり合う場合と打消し合う場合の 2 通りがある．同様に原子軌道の重なり合いについても，重なり合う場合（図 1・11）と打消し合う場合（図 1・12）のいずれかの相互作用が可能である．重なり合う場合には波はより大きくなる．一方，打消し合う場合には互いに波は打消し合って節を生じる（図 1・12）．

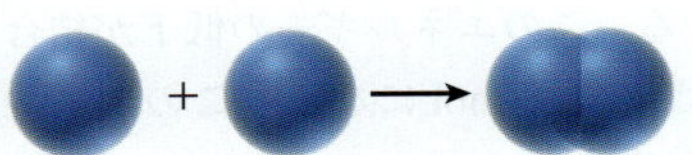

図 1・13　二つの水素原子の 1s 原子軌道の重なりにより，水素分子 H_2 を形成する

原子価結合法（valence bond theory）の考え方では，結合は，原子軌道の重なり合うタイプの相互作用の結果，二つの原子間で電子密度を共有することにより生成する．たとえば水素分子 H_2 の二つの水素原子間の結合について考えてみよう．この結合はそれぞれの水素原子の 1s 軌道の重なり合いによって生成する（図 1・13）．

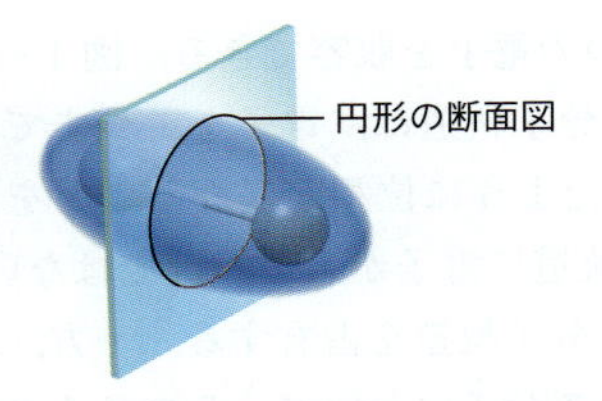

図 1・14　結合軸に関して円対称性を示す σ 結合

この結合の電子密度は主として結合軸上（二つの水素原子を結ぶ直線上）に存在する．このタイプの結合は **σ 結合**（σ bond）とよばれ，結合軸に関して円対称である．この意味を視覚化するために，結合軸に垂直な平面を考えてほしい．この面は円形となる（図 1・14）．これが σ 結合の定義であり，すべての単結合に成り立つ．したがってすべての単結合は σ 結合である．

1・8　分子軌道法

本書を理解するためにはほとんどの場合原子価結合法で十分である．しかし，後の章で原子価結合法では事実を説明するのに適さない場合がある．そのような場合，結合の性質を理解するより高度な方法である分子軌道法を利用する．

原子価結合法と同様，**分子軌道法**（molecular orbital theory，**MO 法**）も二つの原子軌道の重なり合いの相互作用という観点から記述する．しかし分子軌道法ではもう一歩進んで，原子軌道の重なりの結果を解明する手段として数学を用いる．この数学的な方法を原子軌道の**線形結合法**（linear combination of atomic orbitals: **LCAO**）とよぶ．この理論によると，原子軌道は線形結合して**分子軌道**（molecular orbital: **MO**）とよばれる新しい軌道をつくる．

原子軌道と分子軌道の違いを理解することは大切である．いずれの軌道も電子を収容するのに使われるが，原子軌道は個々の原子についての空間領域であるのに対し，分子軌道は分子全体がかかわる空間領域を表す．すなわち，分子はたくさんの電子雲によって結びつけられた一つの集合体であり，そのうちのいくつかは実際分子全体に広がっている．これらの分子軌道は原子軌道の場合とほぼ同じように，特定の順序で

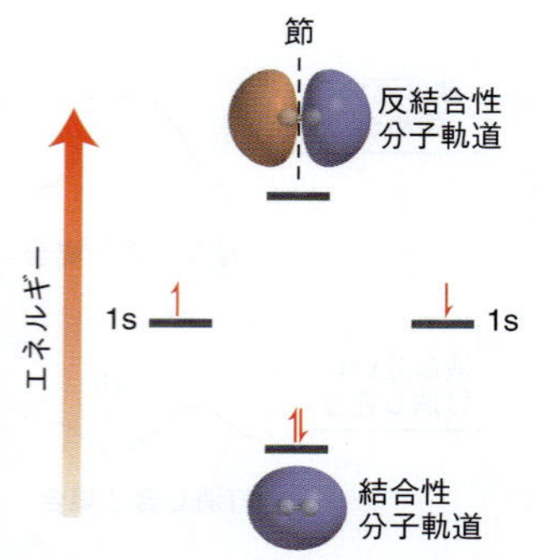

図 1・15　結合性および反結合性分子軌道の相対的エネルギー準位を示すエネルギー図

占有される．すなわち，電子はまず最もエネルギーの低い軌道を占有し，一つの軌道には最大二つの電子が収容される．軌道が分子全体に広がっていることを理解するために，水素分子 H_2 とブロモメタン CH_3Br の分子軌道をみてみよう．

水素分子の二つの水素原子間の結合について考えてみよう．この結合はそれぞれ電子を一つずつもつ二つの原子軌道（s 軌道）の重なりの結果生じる．分子軌道法によると，二つの原子軌道が重なり合うときには，それらは存在しなくなり，その代わりに二つの分子軌道が生成する．そしてこれらはそれぞれ分子全体に広がっている（図 1・15）．

図 1・15 のエネルギー図では，電子を一つずつもつ個々の原子軌道は左右に示されている．この二つの原子軌道は LCAO 法により結合され，二つの分子軌道をつくる．エネルギーの低い分子軌道は**結合性分子軌道**（bonding MO）とよばれ，二つの原子軌道の重なり合う相互作用により生じる．エネルギーの高い分子軌道は**反結合性分子軌道**（antibonding MO）とよばれ，打消し合う相互作用の結果生成する．反結合性分子軌道は節を一つもち，そのためエネルギーが高い．二つの電子はエネルギーの低い状態をとるためいずれも結合性分子軌道に存在する．このエネルギーの低下が結合の本質である．H－H 結合ではエネルギーの低下は 436 kJ/mol になる．このエネルギーが図 1・2 に示した H－H 結合の結合の強さに対応する．

次に複数の結合をもつ CH_3Br のような分子をみてみよう．原子価結合法では結合は二つの原子軌道の重なりにより生じると考えるのでそれぞれの結合を別べつに扱うのに対し，分子軌道法では結合にかかわる電子は分子全体に広がっているように扱う．分子には多数の分子軌道が存在し，それぞれ二つの電子を収容できる．図 1・16 に CH_3Br の多くの分子軌道のうち一つを示す．この分子軌道は，電子を二つまで収容することができる．赤と青の領域は§1・6 で述べたように位相が異なることを示している．水素分子で述べたように，すべての分子軌道に電子が入るわけではない．結合電子は図 1・16 に示したようなエネルギーの低い分子軌道を占有する．一方，エネルギーの高い分子軌道には電子は入らない．あらゆる分子において，その多くの分子軌道のうち二つの軌道が特に重要である．すなわち，1) 電子が存在する軌道のなかで最もエネルギーの高い軌道である**最高被占軌道**（highest occupied molecular orbital: **HOMO**）と，2) 電子の入っていない軌道のなかで最もエネルギーの低い軌道である**最低空軌道**（lowest unoccupied molecular orbital: **LUMO**）である．たとえば 7 章で CH_3Br が水酸化物イオン HO^- に攻撃される反応を説明する．この反応が起こるためには，水酸化物イオンはその電子を CH_3Br の最もエネルギーの低い空の分子軌道，すなわち LUMO に与えなければならない（図 1・17）．節の数や軌道の広がりなどの LUMO の性質は，水酸化物イオンが攻撃する方向を説明するのに有用である．

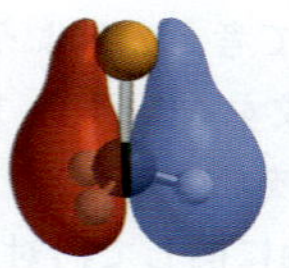

図 1・16　CH_3Br のエネルギーの低い分子軌道． §1・6 で述べたように，赤と青の領域は位相が異なることを示している．分子軌道は二つのそれぞれの原子に存在するのではなく，分子全体に広がっていることに注意．

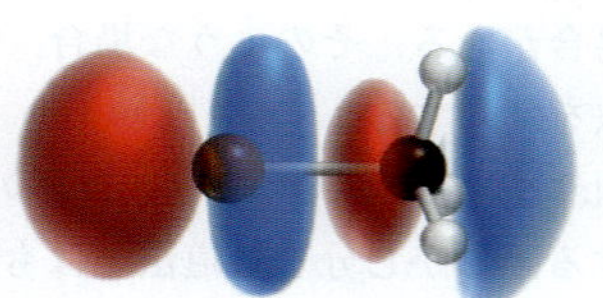

図 1・17　CH_3Br の LUMO

このあとのいくつかの章で，分子軌道法を用いる．最も重要なのは 17 章で，二重結合を複数含む化合物の構造について説明するときである．これらの化合物には原子価結合法は不適当であり，結合構造を適切に理解するために，分子軌道法が必要になる．本書を通じて，原子価結合法と分子軌道法をともに展開させていく．

1・9　原子の混成軌道

メタンと sp^3 混成軌道

原子価結合法をメタンの結合に適用してみよう．炭素の電子配置を思い出そう（図

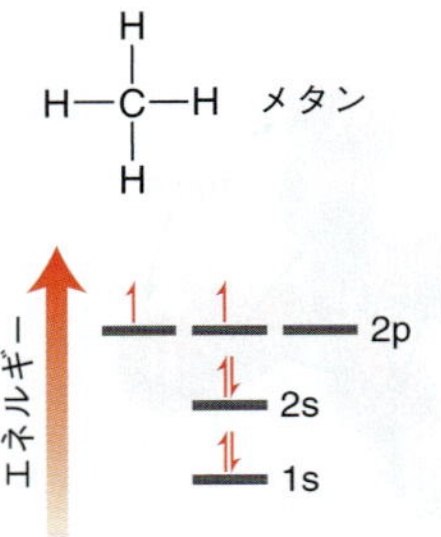

図 1・18　炭素の電子配置を示すエネルギー図

1・18)．この電子配置では，炭素原子が四つの C−H 結合をもつメタン CH_4 の結合構造を満足に説明できない．なぜならば，この電子配置では二つの原子軌道しか結合に関与できないからである（結合に関与するためには軌道に電子を一つもつ必要がある)．しかし実際には炭素原子は四つ結合をつくる．この問題は 2s 軌道の電子が一つ，よりエネルギーの高い 2p 軌道に昇位した炭素の励起状態を考えることで説明できる（図 1・19)．これにより炭素原子は結合生成に関与することのできる原子軌道を四つもつことになる．しかしこれでもまだ一つ問題が残る．2s 軌道と三つの 2p 軌道の幾何配置ではメタンの三次元構造を満足のいくように説明できないということである（図 1・20)．すべての結合角は 109.5° で，四つの結合は互いに遠ざかるように正四面体の頂点方向に向いている．s 軌道と三つの p 軌道は正四面体の方向を向かないので，この構造は炭素の励起状態では説明できない．図 1・5 に示したように p 軌道間の角度は互いに 109.5° ではなく 90° である．

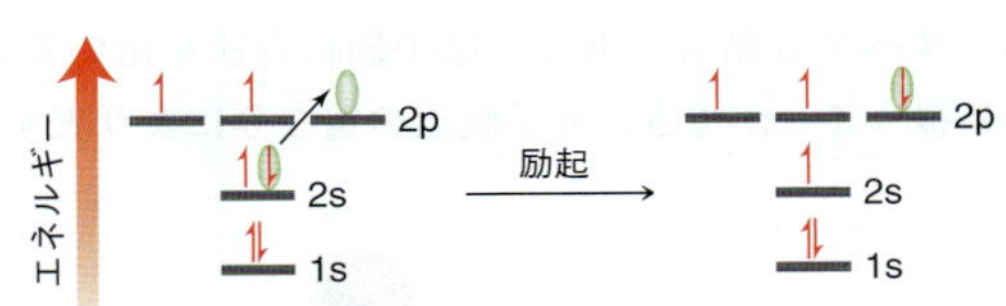

図 1・19　炭素原子の電子の励起を示すエネルギー図

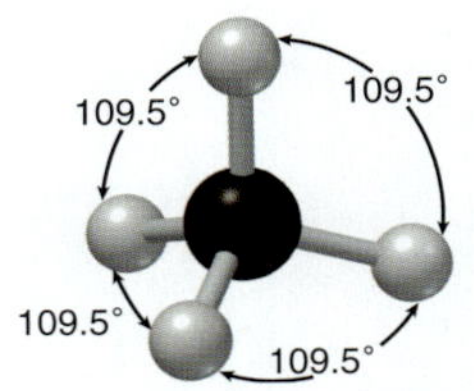

図 1・20　メタンの正四面体構造．すべての結合角は 109.5°．

この問題は 1931 年 L. Pauling が，メタン中の炭素原子の電子配置は炭素原子そのものの電子配置と同一である必要はないと提唱し，解決された．すなわち Pauling は数学的に 2s 軌道と三つの 2p 軌道を平均化，すなわち**混成**（hybridization）し，四つの縮退した**混成原子軌道**（hybridized atomic orbital）をつくった（図 1・21)．図 1・21 の混成の過程は，実際に軌道が起こす現象を表しているわけではない．むしろ，

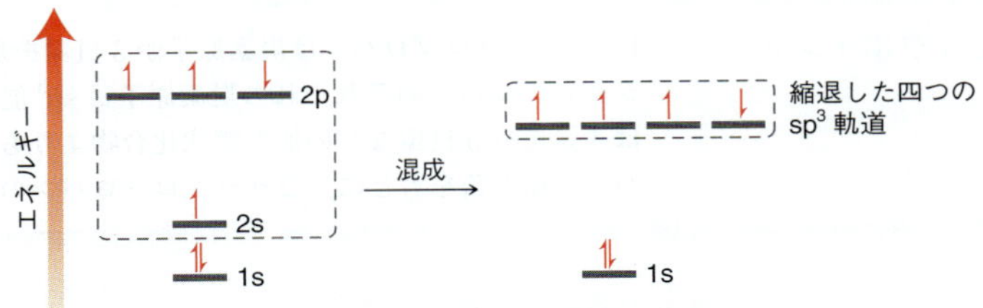

図 1・21　縮退した四つの原子軌道を示すエネルギー図

実際の結合を満足のいくように記述するために用いられる数学的な方法である．この方法により s 軌道一つと p 軌道三つを平均化した四つの軌道が得られるので，これらの原子軌道を **sp^3 混成軌道**（sp^3 hybridized orbital）とよぶ．図 1・22 に sp^3 混成軌道を示す．この混成原子軌道を用いてメタンの結合を記述することにより，結合の実際の幾何配置を説明できる．四つの sp^3 混成軌道はエネルギーが等しく縮退しており，できる限り互いが遠ざかるような位置をとろうとするため正四面体の構造をとる．もう一つ重要な点として混成原子軌道は非対称である．すなわち，混成原子軌道は前面に大きなローブをもち（図 1・22 に赤で示す)，背面に小さなローブをもつ（青で示す)．前面の大きなローブにより混成軌道は p 軌道よりも効率よく結合をつくること

図 1・22　sp^3 混成原子軌道

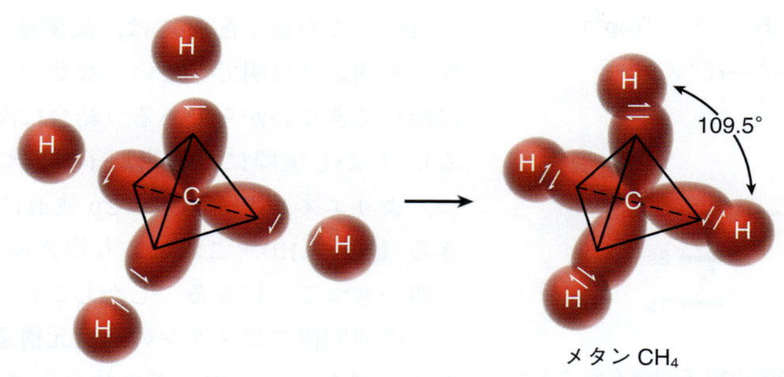

図 1・23　四つの sp^3 混成軌道それぞれを用いて結合を生成する四面体形炭素原子

ができる．原子価結合法ではメタンの四つの結合はそれぞれ炭素の sp^3 混成軌道と水素の s 軌道との重なりにより表される（図 1・23）．わかりやすくするため，背面の青のローブはこの図から省いている．

エタンの結合も同様に扱うことができる．エタンの結合はすべて単結合であり，したがってすべて σ 結合である．原子価結合法を用いることによりエタンの各結合は別べつに扱うことができ，原子軌道の重なりにより表すことができる（図 1・24）．

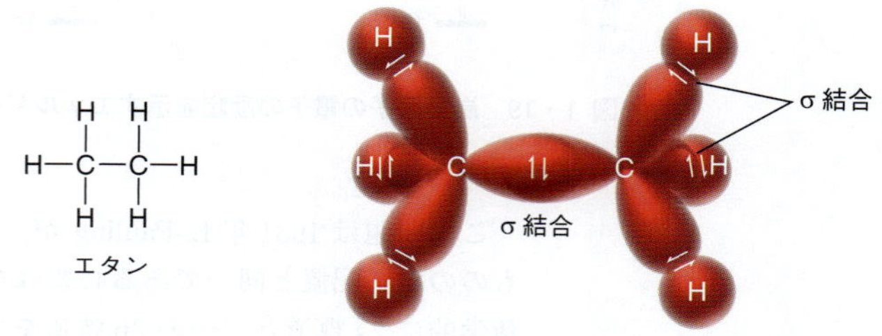

図 1・24　原子価結合法によるエタンの結合

チェックポイント

1・19　シクロプロパンは炭素原子が 3 員環を形成している化合物である．シクロプロパンのそれぞれの炭素原子は sp^3 混成である．シクロプロパンは 4 員環や 5 員環などの他の環状化合物よりも反応性が高い．シクロプロパンの結合角をもとに，なぜシクロプロパンの反応性が高いか説明せよ．

シクロプロパン

二重結合と sp^2 混成軌道

エチレン

次に二重結合をもつ化合物の構造を考えてみよう．最も単純な例はエチレンである．エチレンは平面構造をとる（図 1・25）．この構造を十分に説明できるモデルは，数学的な処理により炭素原子の s 軌道と p 軌道から混成軌道をつくることにより得られる．前にメタンの結合を説明するときに用いた方法では，s 軌道と三つの p 軌道すべてを混成し，四つの等価な sp^3 混成軌道をつくった．しかしエチレンの場合には，それぞれの炭素原子は四つでなく三つの原子と結合をつくるだけでよい．したがって炭素原子は混成軌道が三つあれば十分である．そこでこの場合に s 軌道と三つのうちの二つの p 軌道を数学的に平均化する（図 1・26）．残った p 軌道はこの数学的な方法では変わらずそのまま残る．

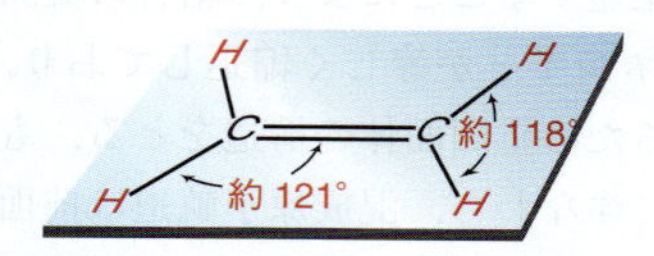

図 1・25　エチレンの六つの原子はすべて同一平面上に存在する

図 1・26 縮退した三つの sp^2 混成原子軌道のエネルギー図

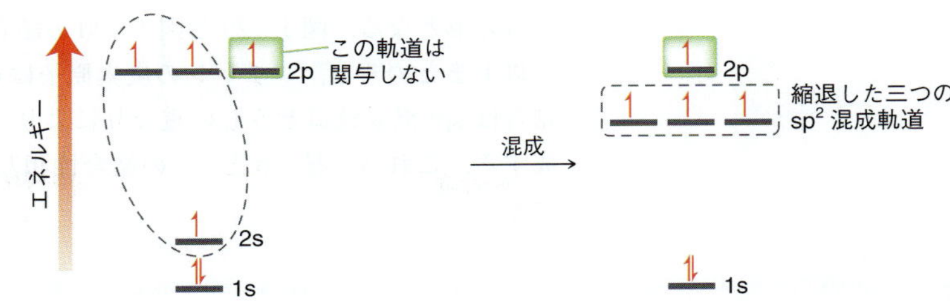

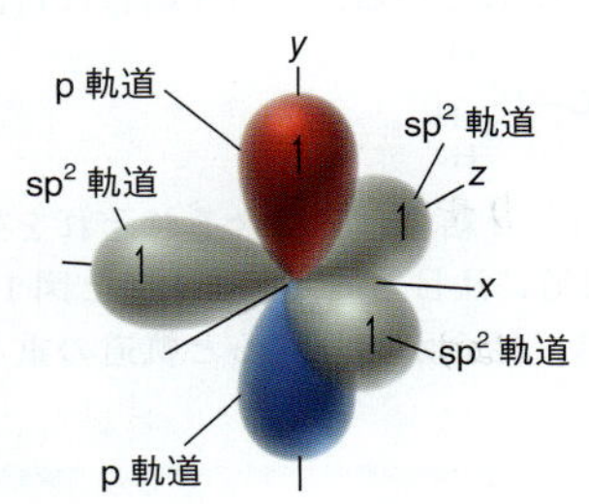

図 1・27 sp^2 混成の炭素原子

この数学的な処理の結果，炭素原子はp軌道一つと三つの **sp^2 混成軌道**（sp^2 hybridized orbital）をもつ（図1・27）．図1・27ではp軌道は赤と青で示し，混成軌道は灰色で示している（わかりやすくするため，混成軌道の前面のローブのみ示す）．これらはs軌道一つとp軌道二つを平均化することにより得られることを示すため，sp^2 混成軌道とよばれる．図1・27に示すように，エチレンの二つの炭素原子は sp^2 混成であり，これによりエチレンの結合構造を説明できる．エチレンのそれぞれの炭素原子は三つの sp^2 混成軌道をσ結合を形成するのに用いることができる（図1・28）．σ結合の一つは二つの炭素原子間の結合で，これに加えそれぞれの炭素原子は隣接する水素原子二つとσ結合をつくる．

さらにそれぞれの炭素原子はp軌道を一つもち（図1・28に青と赤のローブで示した），この二つのp軌道どうしも重なり合う．これは **π 結合**（π bond）とよばれ，σ結合とは異なる結合性相互作用である（図1・29）．この種の結合の性質に混乱しないでほしい．p軌道間の重なりは，分子のつくる面の上側（赤）と下側（青）の2箇所で起こる．この2箇所での重なりをあわせてπ結合とよぶ．

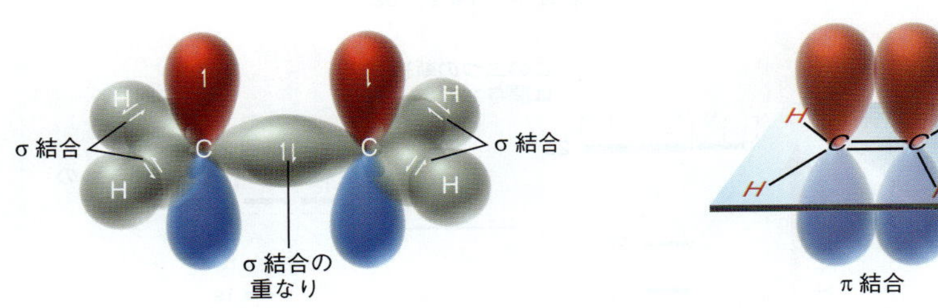

図 1・28 エチレンのσ結合

図 1・29 エチレンのπ結合

図1・29に示したπ結合の図は，原子価結合法に基づくものである．すなわち，p軌道は単に互いに重なり合うように書かれている．分子軌道法では比較的よく似たπ

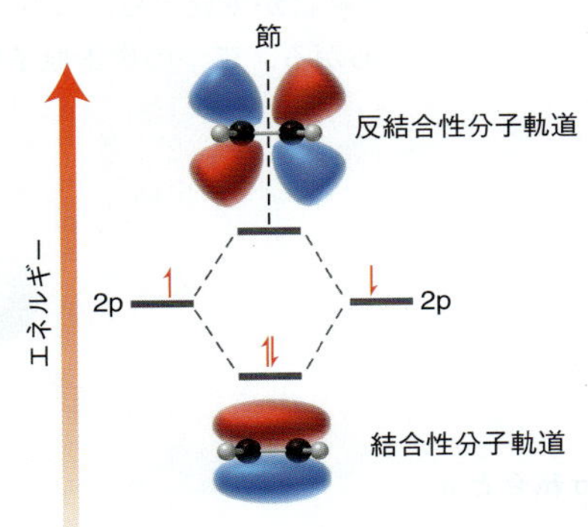

図 1・30 エチレンの二つの **p** 軌道から生成する結合性および反結合性分子軌道のイメージを示すエネルギー図

結合の形となる．図1・29と図1・30の結合性分子軌道を比べてみてほしい．

以上まとめると，エチレンの炭素原子はσ結合とπ結合で結びつけられている．σ結合は sp^2 混成軌道どうしの重なりにより，π結合はp軌道どうしの重なりにより生成する．これら2種（σとπ）の結合性相互作用により，エチレンの二重結合が生成する．

チェックポイント

1・20　ホルムアルデヒドの構造を考えてみよう．

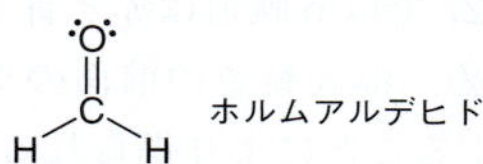

(a) C=O結合を生成する結合の種類を示せ．
(b) それぞれのC−H結合を生成する原子軌道を示せ．
(c) 非共有電子対はどの種類の原子軌道を占有しているか．

1・21　σ結合は室温で自由回転している．一方π結合は自由

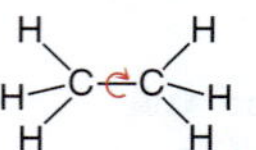

回転しない．なぜか．［ヒント：σ結合とπ結合それぞれを生成するのに用いられる原子軌道に注目して，図1・24と図1・29を比べよ．それぞれの場合，結合が回転すると軌道の重なりはどうなるだろうか．］

三重結合とsp混成軌道

H—C≡C—H
アセチレン

次にアセチレンのような三重結合をもつ化合物の構造を考えてみよう．三重結合は**sp混成**（sp hybridization）の炭素原子によりつくられる．sp混成するためには，s軌道一つとp軌道一つを数学的に平均化する（図1・31）．これにより二つのp軌道がそのまま変わらずに残る．その結果，sp混成の炭素は，sp軌道二つとp軌道二つをもつ（図1・32）．

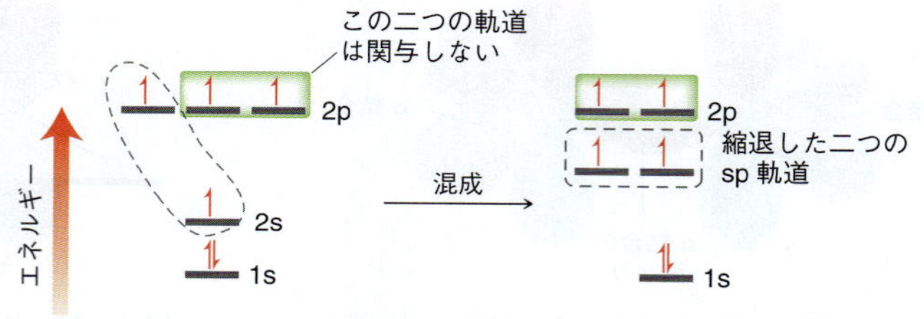

図1・31　縮退した二つのsp混成原子軌道のエネルギー図

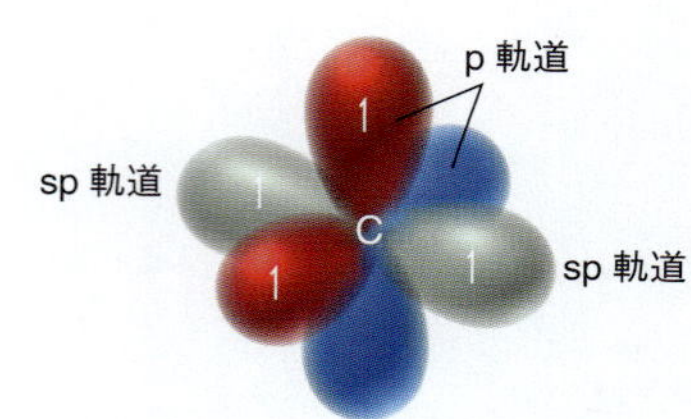

図1・32　sp混成の炭素原子． sp混成軌道を灰色で示す．

二つのsp混成軌道の重なりによりσ結合が生成し，二つのp軌道の重なりによりπ結合が生成する．これにより，図1・33に示すようなアセチレンの結合構造ができあがる．二つの炭素原子間の三重結合は，σ結合一つとπ結合二つの合わせて三つの

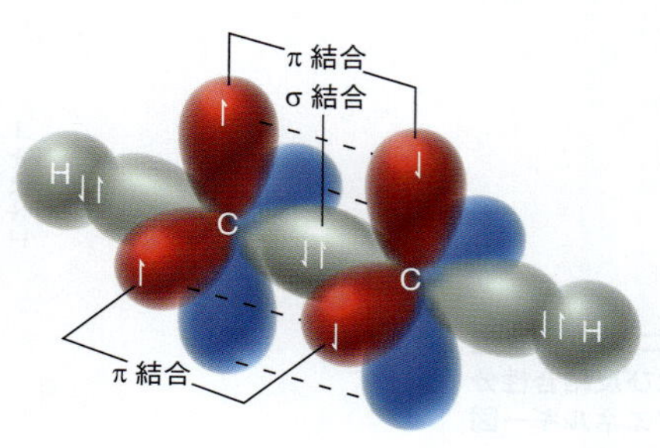

図1・33　アセチレンのσ結合とπ結合

別べつの結合性相互作用の結果である．sp 軌道の重なりにより σ 結合が生成し，二つの π 結合はそれぞれ p 軌道どうしの重なりにより生成する．図 1・33 に示すように，三重結合は直線構造をとる．

スキルビルダー 1・7 混成状態を明らかにする

スキルを学ぶ

次の化合物のそれぞれの炭素原子の混成状態を明らかにせよ．

解答

電荷をもたない炭素原子の混成状態を明らかにするためには，σ 結合と π 結合の数を数えるだけでよい．

四つの単結合（四つの σ 結合）をもつ炭素原子は sp^3 混成である．σ 結合三つと π 結合一つをもつ炭素原子は sp^2 混成，σ 結合二つと π 結合二つをもつ炭素原子は sp 混成である．正あるいは負電荷をもつ炭素原子については後の章で詳しく扱う．この単純な方法で，ほとんどの炭素原子の混成状態を簡単に明らかにすることができる．

スキルの演習

1・22 次に示す二つの化合物はよく用いられる鎮痛薬である．これらの化合物中の炭素原子の混成状態を明らかにせよ．

(a) アセチルサリチル酸　(b) イブプロフェン

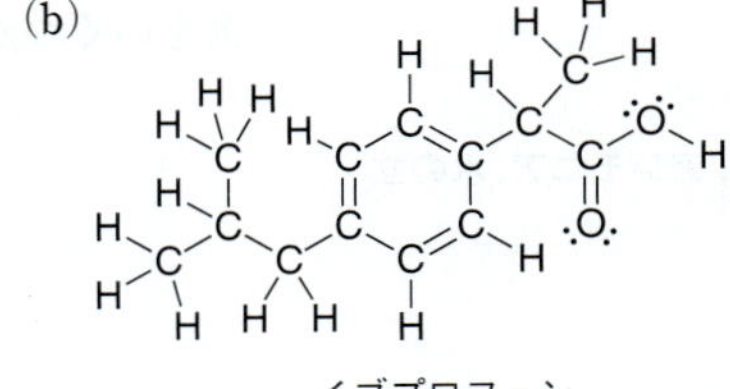

スキルの応用

1・23 次の化合物中の炭素原子の混成状態を明らかにせよ．

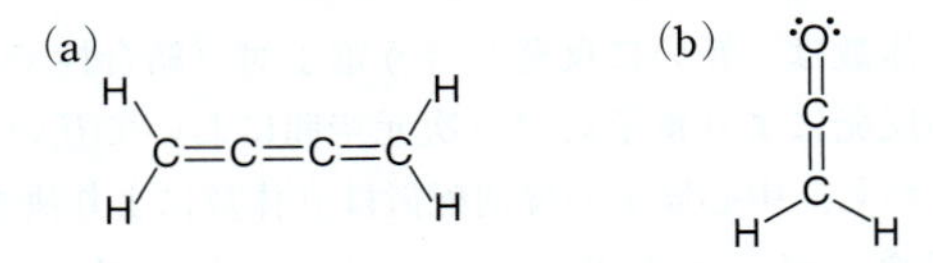

(a)　(b)

問題 1・55，1・56，1・58 を解いてみよう．

結合の強さと結合長

本節で説明したことをもとに，単結合，二重結合，三重結合を比較することができる．単結合には結合性相互作用は一つしかない（σ結合）のに対し，二重結合には二つの（σ結合一つとπ結合一つ），三重結合には三つの（σ結合一つとπ結合二つ）結合性相互作用がある．したがって三重結合のほうが二重結合より，そして二重結合のほうが単結合よりも強いことは明らかである．エタン，エチレン，アセチレンの C−C 結合の強さと長さを比べてみよう（表 1・2）．

オングストローム Å
1 Å = 10^{-1} nm = 100 pm

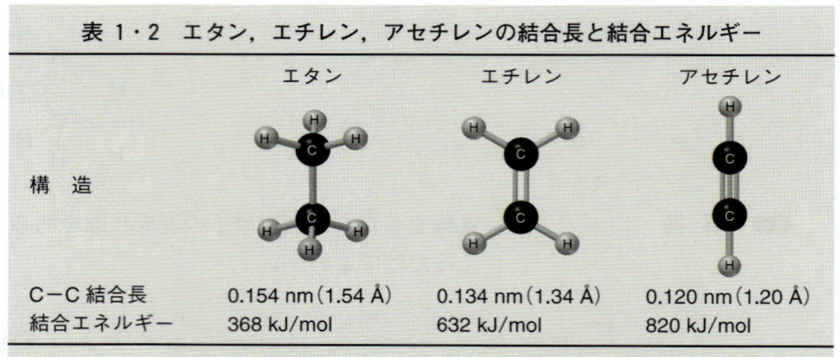

表 1・2　エタン，エチレン，アセチレンの結合長と結合エネルギー

	エタン	エチレン	アセチレン
構　造			
C−C 結合長	0.154 nm (1.54 Å)	0.134 nm (1.34 Å)	0.120 nm (1.20 Å)
結合エネルギー	368 kJ/mol	632 kJ/mol	820 kJ/mol

チェックポイント

1・24　矢印で示す結合を結合長が長い順に示せ．

1・10　VSEPR 理論：幾何配置を予想する

小分子の構造を予想するために，中心原子に注目し，σ結合と非共有電子対の数を数える．その合計数は**立体数**（steric number）とよばれる．図 1・34 に立体数が 4 の例をいくつか示す．

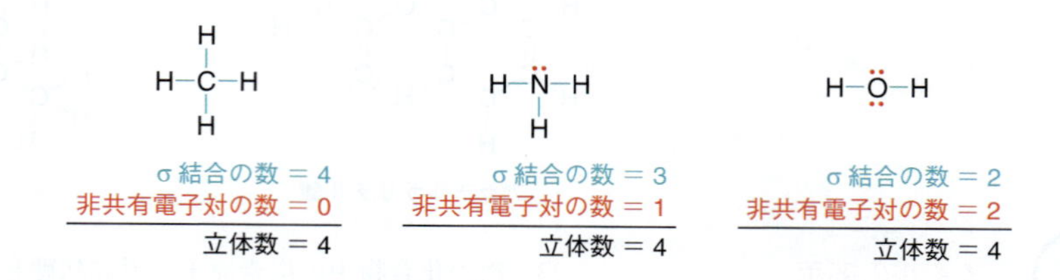

図 1・34　メタン，アンモニア，水の立体数の計算

σ結合の数 = 4　非共有電子対の数 = 0　立体数 = 4
σ結合の数 = 3　非共有電子対の数 = 1　立体数 = 4
σ結合の数 = 2　非共有電子対の数 = 2　立体数 = 4

立体数は，互いに反発し合う電子対（結合性であれ非結合性であれ）の数である．この反発により電子対は三次元空間において互いに最も遠ざかるような位置をとる．すなわち，中心原子の幾何配置は立体数により決まる．この原理は**原子価殻電子対反発理論**（valence shell electron pair repulsion theory，**VSEPR 理論**）とよばれる．上記の化合物それぞれの構造を詳しくみてみよう．

sp^3 混成により生じる構造

図 1・34 の例ではすべて立体数 4，すなわち電子対が四つあった．原子が四つの電子対を収容するためには四つの軌道が必要であり，したがって sp^3 混成である必要がある．メタンは**正四面体構造**（tetrahedral structure）をとることを思い出そう（図 1・35）．実際どのような sp^3 混成の原子も四つの sp^3 混成軌道を四面体に近い形でもっている．このことは，アンモニアの窒素原子にもあてはまる（図 1・36）．窒素原子は四つの軌道をもち，sp^3 混成である．したがってその軌道は図 1・36 の左側に示すように四面体形をとっている．しかし，アンモニアとメタンには一つ重要な違いがある．アンモニアの場合には，四つの軌道のうちの一つは非結合性の電子対（非共有電子対）を収容している．この非共有電子対は他の三つの N−H 結合とより強く反発し，そのため結合角は 109.5° より小さくなる．アンモニアの結合角は 107° である．

図 1・35 メタンの正四面体構造

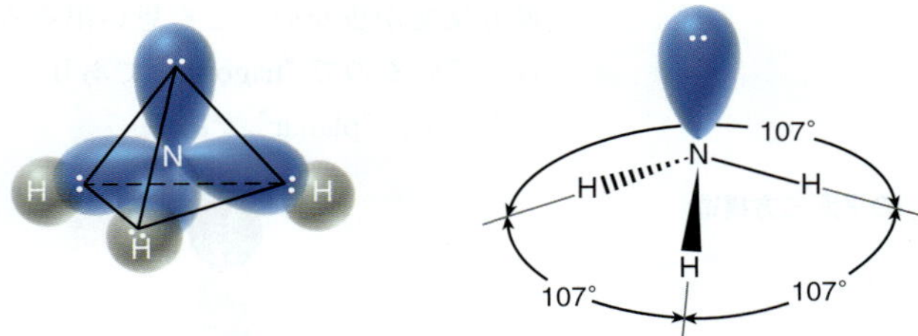

図 1・36 四面体形のアンモニアの軌道

"幾何配置" という用語は電子対の配置についてのものではなく，原子の配置についてのものである．非共有電子対を無視して原子の位置だけを示すと，アンモニアは図 1・37 のように表される．この幾何配置は**三角錐形**（trigonal pyramidal）とよばれる．"trigonal" は窒素原子が他の三つの原子と結合していることを示し，"pyramidal" はこの化合物が，窒素原子が頂点のピラミッド形をしていることを示している．

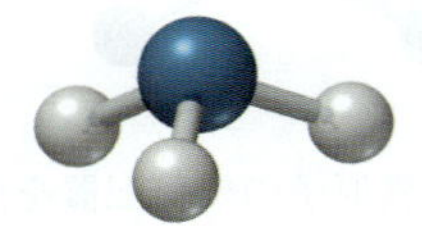

図 1・37 アンモニアの三角錐構造

sp^3 混成のもう一つの例が水 H_2O である．酸素原子の立体数は 4 であり，四つの軌道を用いている．したがって酸素原子は sp^3 混成でなければならず四つの軌道は四面体形の構造をとっている（図 1・38）．非共有電子対は結合よりも強く反発し合うので，二つの O−H 結合の結合角は 105° とアンモニアの結合角よりさらに小さくなる．

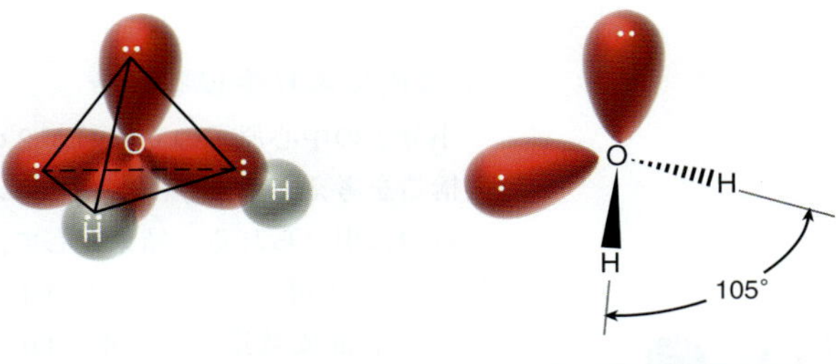

図 1・38 四面体形の水の軌道

表 1・3 sp^3 混成により生じる幾何配置

例	立体数	混成状態	電子の配列	原子の配列（幾何配置）
CH_4	4	sp^3	四面体形	四面体形
NH_3	4	sp^3	四面体形	三角錐形
H_2O	4	sp^3	四面体形	折れ線形

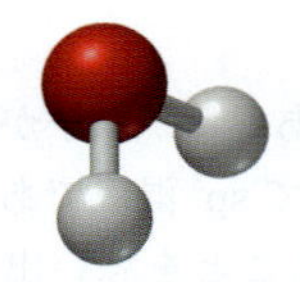
図 1・39　水の折れ線構造

非共有電子対は無視して原子の配置にのみ注目するので，この場合，幾何配置は**折れ線形**（bent）である（図 1・39）．まとめると sp^3 混成の原子には 3 種類の構造しかない．四面体形，三角錐形そして折れ線形である．いずれの場合も電子は四面体構造であり，非共有電子対は幾何配置の記述の際には無視される．表 1・3 にこれをまとめる．

sp^2 混成により生じる構造

小分子の中心原子の立体数が 3 の場合，その原子は sp^2 混成である．たとえば，BF_3 の構造を考えてみよう．ホウ素は三つの原子価電子をもち，それぞれが結合を生成するために使われる．この結果，結合が三つでき非共有電子対はないので，立体数は 3 となる．したがって中心のホウ素原子は四つではなく三つの軌道を必要とし，sp^2 混成でなければならない．sp^2 混成軌道は**平面三方形**（trigonal planar）の場合に最も反発が少ないことを思い出そう（図 1・40）．ホウ素原子が他の三つの原子と結合しているので "trigonal" であり，三角錐形とは異なりすべての原子が同一平面上にあるので，"planar" である．

図 1・40　BF_3 の平面三方構造

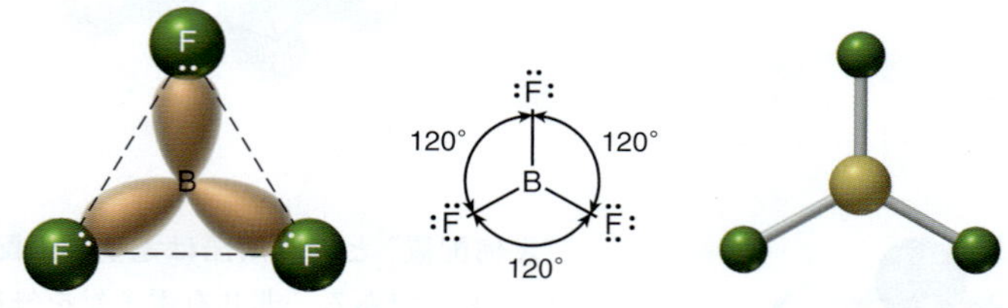

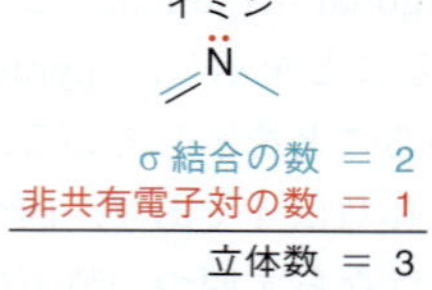

図 1・41　イミンの窒素原子の立体数

イミンについては 20 章で詳しく取上げる．

もう一つの例としてイミンの窒素原子をみてみよう．窒素原子の幾何配置を決めるため，まず π 結合の存在に影響されない立体数を考えてみよう．なぜ影響されないのだろうか．π 結合は p 軌道の重なりにより生じることを思い出そう．原子の立体数には p 軌道の数は含まれておらず，必要な混成軌道の数を示すのに使われる．この場合の立体数は 3 である（図 1・41）．したがって窒素原子は sp^2 混成でなければならない．sp^2 混成の状態では電子対はいつも平面三方形をとるが，その幾何配置を示す場合には電子対は無視して原子のみに注目する．したがってこの窒素原子の幾何配置は折れ線形である．

sp 混成により生じる構造

小分子の中心原子の立体数が 2 の場合，中心原子は sp 混成である．たとえば BeH_2 の構造を考えてみよう．ベリリウムは二つの原子価電子をもち，それぞれが結合をつくるのに用いられる．結果として，結合が二つで非共有電子対はないので，立体数は 2 となる．中心のベリリウム原子は二つの軌道が必要であり sp 混成でなければならない．sp 混成軌道は**直線形**（linear）のときに最も反発が小さいことを思い出そう（図 1・42）．

図 1・42　BeH_2 の直線構造

sp 混成のもう一つの例として CO_2 の構造を考えてみよう．

ここでも同様に π 結合は立体数の計算には影響しないので立体数は 2 である．炭素原子は sp 混成であり直線構造である．

図 1・43 にまとめたように，3 種の混成状態があり，五つの幾何配置が存在する．

図 1・43 幾何配置の決定法

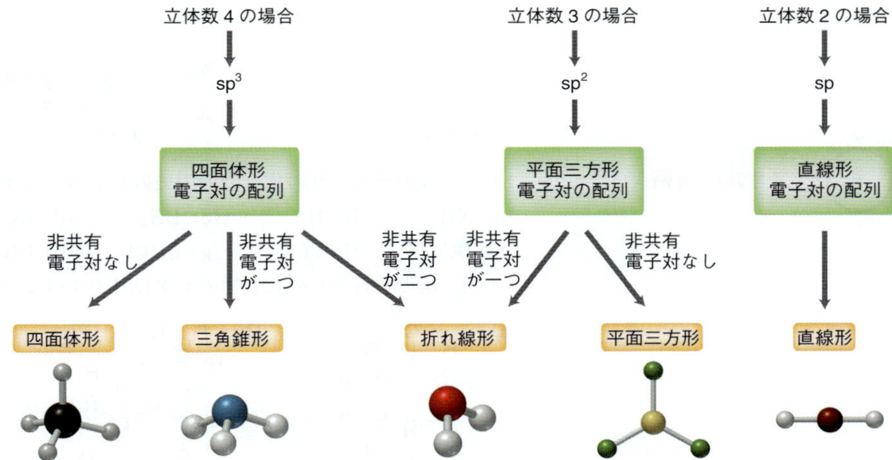

スキルビルダー 1・8 幾何配置を予想する

スキルを学ぶ

次の化合物の水素以外のすべての原子の幾何配置を予想せよ．

解 答

ステップ 1
立体数を明らかにする．

ステップ 2
混成状態と電子の幾何配置を明らかにする．

ステップ 3
非共有電子対を無視して原子の幾何配置を表す．

それぞれの原子について次の三つの段階が必要である．

1. 非共有電子対と σ 結合の数を数え，立体数を明らかにする．
2. 立体数を用いて混成状態と電子の配列を明らかにする．
   - 立体数が 4 の場合，原子は sp^3 混成で電子の配列は四面体形である．
   - 立体数が 3 の場合，原子は sp^2 混成で電子の配列は平面三方形である．
   - 立体数が 2 の場合，原子は sp 混成で電子の配列は直線形である．
3. 非共有電子対を無視し，原子の配置のみに基づいて幾何配置を明らかにする．

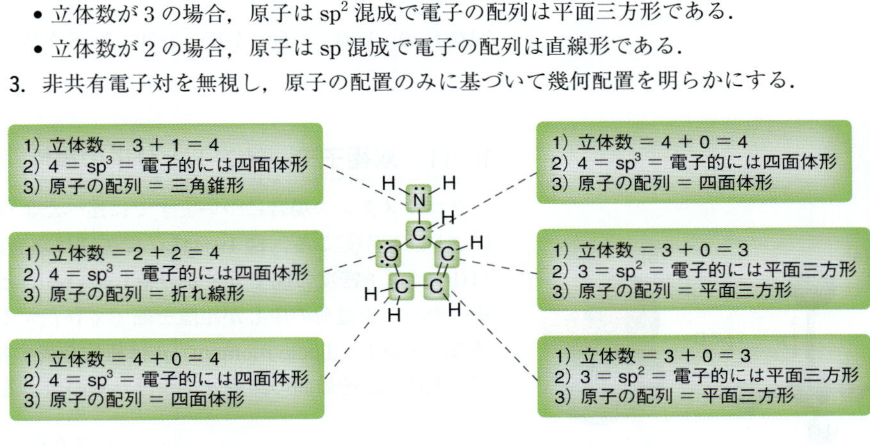

水素原子の幾何配置を記述する必要はない．それぞれの水素原子は 1 価であり幾何配置とは無関係である．幾何配置は原子が少なくとも二つの原子と結合しているときにのみ意味をもつ．C=O 結合の酸素原子も一つの原子としか結合していないので幾何配置を

考える必要はない．

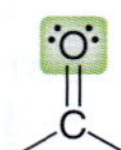

この酸素原子の幾何配置
は無視できる

スキルの演習

1・25　次のそれぞれの化合物の中央の原子の幾何配置を予想せよ．

(a) NH_3　(b) H_3O^+　(c) BH_4^-　(d) BCl_3
(e) BCl_4^-　(f) CCl_4　(g) $CHCl_3$　(h) CH_2Cl_2

1・26　次のそれぞれの化合物の水素以外のすべての原子の幾何配置を予想せよ．

(a) 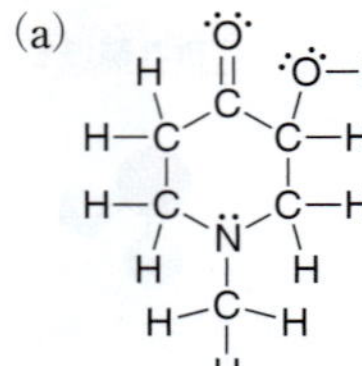
(b) 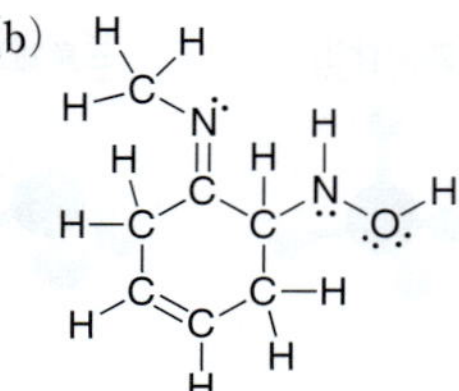
(c) 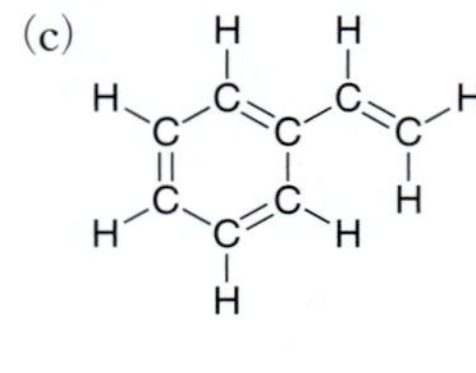

スキルの応用

1・27　カルボカチオンとカルボアニオンの構造を比較せよ．

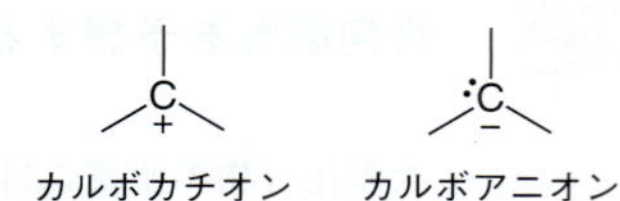

これらイオンの一方は中心炭素原子は平面三方形で他方は三角錐形である．それぞれ正しい幾何配置を示せ．

1・28　ベンゼンのそれぞれの炭素の混成状態と幾何配置を示せ．その結果を用いて，分子全体の構造を書け．

ベンゼン

問題 1･39〜1･41，1･50，1･55，1･56，1･58 を解いてみよう．

1・11　双極子モーメントと分子の極性

クロロメタンの場合についてすでに述べたように，電気陰性度の大きい原子の存在により誘起が起こる．図 1・44(a) で矢印は塩素原子の誘起効果を示している．図 1・44(b) は電子密度の図で分子が分極していることを示している．クロロメタンは負電荷の中心と正電荷の中心が距離を隔てて存在するので双極子モーメントをもつ．**双極子モーメント** (dipole moment) μ は極性を表すのに用いられ，μ は双極子の両端上の部分電荷 δ とその間の距離 d をかけたものである．

$$\mu = \delta \times d$$

部分電荷 $\delta+$ と $\delta-$ はふつう 10^{-10} esu（静電単位）程度の大きさであり，その間の距離は 10^{-8} cm 程度である．したがって，ふつう極性化合物の双極子モーメントは

(a) μ = 1.87 D　(b) δ− δ+

図 1・44　クロロメタン． (a) 双極子モーメントを表す球棒モデル．(b) 静電ポテンシャル図．

10^{-18} esu・cm 程度の大きさである．たとえばクロロメタンの双極子モーメントは 1.87 $\times 10^{-18}$ esu・cm である．多くの化合物がこの程度の大きさ（10^{-18}）の双極子モーメントをもつので，新しい単位として**デバイ**（debye）D を用いるのがより便利である．

$$1\,\mathrm{D} = 10^{-18}\,\mathrm{esu \cdot cm}$$

この単位を用いるとクロロメタンの双極子モーメントは 1.87 D である．デバイ単位はオランダの科学者である Peter Debye（デバイ）の名前からとられたものであり，Debye はその化学と物理の分野に対する貢献により 1936 年のノーベル賞を受賞している．

ある結合の双極子モーメントを測ることにより，その結合のパーセント**イオン性**（ionic character）を求めることができる．たとえば C−Cl 結合をみてみよう．この結合の結合長は 1.772×10^{-8} cm であり，電子は 4.80×10^{-10} esu の電荷をもつ．この結合が 100％イオン性だとすると双極子モーメントは

$$\begin{aligned} \mu &= e \times d \\ &= (4.80 \times 10^{-10}\,\mathrm{esu}) \times (1.772 \times 10^{-8}\,\mathrm{cm}) \\ &= 8.51 \times 10^{-18}\,\mathrm{esu \cdot cm} = 8.51\,\mathrm{D} \end{aligned}$$

となる．実際にはこの結合は 100％イオン性ではなく，実験により測定された双極子モーメントは 1.87 D である．この値を用いて C−Cl 結合のパーセントイオン性を求めることができる．

$$\frac{1.87\,\mathrm{D}}{8.51\,\mathrm{D}} \times 100\% = 22\%$$

表 1・4 に本書でよく目にする結合のパーセントイオン性を示す．特に C=O 結合に注目してほしい．かなり高いイオン性を有しており，非常に高い反応性をもつ．20〜22 章で C=O 結合を含む化合物の反応性について詳しく述べる．

表 1・4 結合のパーセントイオン性

結合	結合長 (×10^{-8} cm)	実測双極子モーメント μ(D)	パーセントイオン性
C−O	1.41	0.7 D	$\frac{(0.7 \times 10^{-18}\,\mathrm{esu \cdot cm})}{(4.80 \times 10^{-10}\,\mathrm{esu}) \times (1.41 \times 10^{-8}\,\mathrm{cm})} \times 100\% = 10\%$
C−H	0.96	1.5 D	$\frac{(1.5 \times 10^{-18}\,\mathrm{esu \cdot cm})}{(4.80 \times 10^{-10}\,\mathrm{esu}) \times (0.96 \times 10^{-8}\,\mathrm{cm})} \times 100\% = 33\%$
C=O	1.227	2.4 D	$\frac{(2.4 \times 10^{-18}\,\mathrm{esu \cdot cm})}{(4.80 \times 10^{-10}\,\mathrm{esu}) \times (1.23 \times 10^{-8}\,\mathrm{cm})} \times 100\% = 41\%$

クロロメタンは分極した結合を一つしかもたない単純な例である．二つ以上の分極した結合をもつ化合物を取扱うときは，個々の双極子モーメントのベクトル和を求める必要がある．ベクトル和は**分子双極子モーメント**（molecular dipole moment）とよばれ，個々の双極子モーメントの大きさと方向の両方を考慮したものである．たとえばジクロロメタンの構造を考えてみよう（図 1・45）．それぞれの双極子モーメント

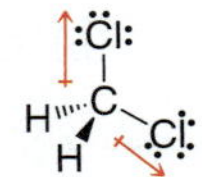

個々の双極子モーメントのベクトル和により

分子双極子モーメントが生じる

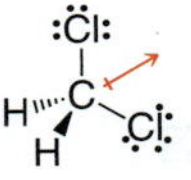

図 1・45 ジクロロメタンの分子双極子モーメントは化合物中のすべての双極子モーメントの総和である

は部分的に打消し合う．ベクトル和により 1.14 D の双極子モーメントを生じる．これは二つの双極子モーメントが部分的に打消し合うためで，クロロメタンの双極子モーメントよりも明らかに小さい．

非共有電子対の存在は分子双極子モーメントに大きな影響を与える．非共有電子対の二つの電子は，核の二つの正電荷と釣合う．しかし非共有電子対は核からある程度離れている．したがってそれぞれの非共有電子対は双極子モーメントを伴う．代表的な例としてアンモニアと水を示す（図 1・46）．

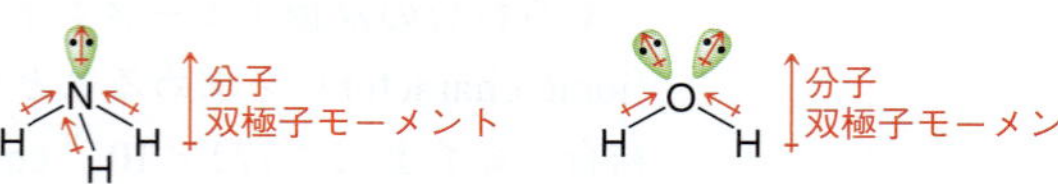

図 1・46　アンモニアと水の分子双極子モーメント

このように非共有電子対は分子双極子モーメントの大きさに大きな影響を与えるが，その方向には影響しない．すなわち，分子双極子モーメントの方向は，非共有電子対の寄与があってもなくても変わらない．

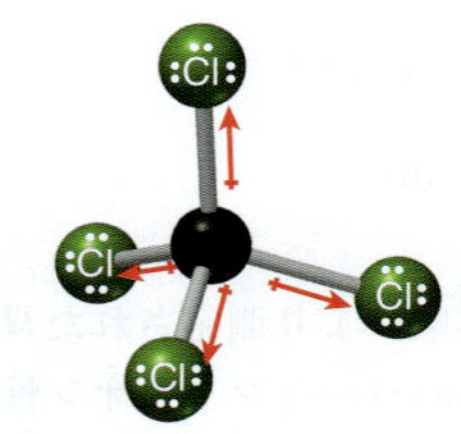

図 1・47　四塩化炭素の球棒モデル．個々の双極子モーメントが打消し合い，分子双極子モーメントは0となる．

表 1・5 にいくつかの代表的な溶媒の実験的に測定された分子双極子モーメント（20 °C における）を示す．四塩化炭素 CCl_4 は分子双極子モーメントをもたないことに注意してほしい．この場合，個々の C−Cl 結合の双極子モーメントが完全に打消し合い，分子双極子モーメントは 0 となる（$\mu = 0$）．この例（図 1・47）は，分子双極子モーメントを求める場合には幾何配置を考慮しなければならないことを示している．

表 1・5　代表的な溶媒の双極子モーメント（20 °C）

化合物	構　造	双極子モーメント	化合物	構　造	双極子モーメント
アセトン	$(CH_3)_2C{=}\ddot{O}$:	2.69 D	アンモニア	$:NH_3$	1.47 D
クロロメタン	CH_3Cl	1.87 D	ジエチルエーテル	$CH_3CH_2\ddot{O}CH_2CH_3$	1.15 D
水	H_2O	1.85 D	ジクロロメタン	CH_2Cl_2	1.14 D
メタノール	CH_3OH	1.69 D	ペンタン	$CH_3CH_2CH_2CH_2CH_3$	0 D
エタノール	$CH_3CH_2\ddot{O}H$	1.66 D	四塩化炭素	CCl_4	0 D

スキルビルダー 1・9　分子双極子モーメントの存在を確かめる

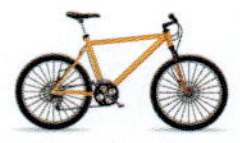

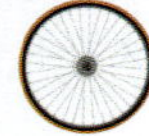

スキルを学ぶ

次の化合物が分子双極子モーメントをもつか明らかにせよ．分子双極子モーメントをもつ場合，その方向を示せ．

(a) $CH_3CH_2OCH_2CH_3$　　(b) CO_2

解　答

(a) 個々の結合の双極子モーメントが互いに完全に打消し合うかを明らかにするために，まず分子の幾何配置を明らかにしなければならない．すなわち酸素原子まわりの幾

ステップ 1
幾何配置を明らかにする．

何配置が直線形か折れ線形かを知る必要がある．

直線形　　折れ線形

これを知るために前節で述べた3段階の方法を用いる．

1. 酸素原子の立体数は4である．
2. したがって混成状態は sp^3 でなければならず，電子対は四面体形をとる必要がある．
3. 非共有電子対を無視すると酸素原子は折れ線形をとる．

ステップ 2
すべての双極子モーメントの方向を明らかにする．

ステップ 3
分子の双極子モーメントを書く．

分子の幾何配置が明らかになったら，次にすべての双極子モーメントを書き，互いに打消し合うかどうかを明らかにする．この場合，互いに完全には打消し合わない．

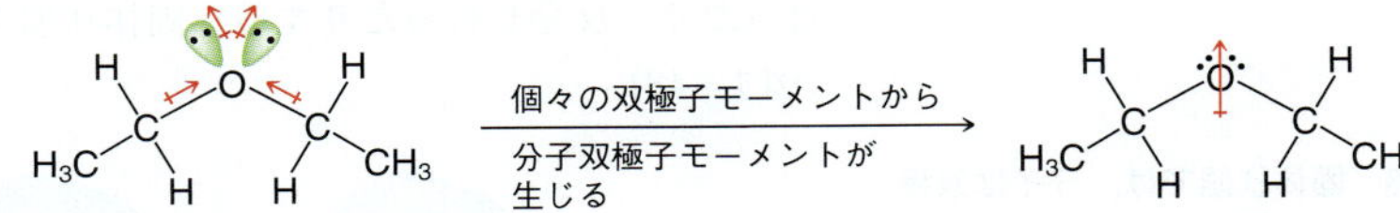
個々の双極子モーメントから
分子双極子モーメントが
生じる

実際この化合物は分子双極子モーメントをもち，その方向を上図に示す．

(b) 二酸化炭素 CO_2 はC=O結合を二つもち，それぞれ双極子モーメントをもつ．それぞれの双極子モーメントが完全に打消し合うかどうか知るために，まず分子の幾何配置を明らかにしなければならない．3段階の方法を適用しよう．立体数は2で混成状態は sp であり，この化合物は直線構造をとる．したがって双極子モーメントは完全に打消し合う．

同様に非共有電子対に伴う双極子モーメントも打消し合うので，CO_2 は分子双極子モーメントをもたない．

スキルの演習

1・29 次のそれぞれの化合物は分子双極子モーメントをもつか．またもつ場合，分子双極子モーメントの方向を示せ．

(a) $CHCl_3$　(b) CH_3OCH_3　(c) NH_3　(d) CCl_2Br_2

(e)　(f)　(g)　(h)

(i)　(j)　(k)　(l)

スキルの応用

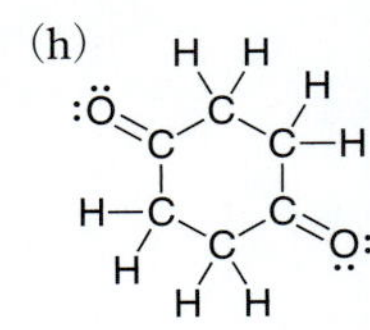

1・30 次の化合物のうちどちらが双極子モーメントがより大きいか．理由も述べよ．

$CHCl_3$　または　$CBrCl_3$

1・31 炭素と酸素の結合C−Oは硫黄と酸素の結合S−Oより分極している．それにもかかわらず二酸化硫黄 SO_2 は双極子モーメントをもつが，二酸化炭素 CO_2 はもたない．この違いを説明せよ．

問題1･37，1･40，1･43，1･61，1･62を解いてみよう．

1・12　分子間力と物理的性質

化合物の物理的性質は，**分子間力**（intermolecular force）とよばれる，それぞれの分子間に働くひきつけ合う力によって決まる．分子の構造だけから正確な融点や沸点を予想することはむずかしい．しかしいくつかの単純な傾向を知るだけで化合物を比較し，たとえばどちらがより沸点が高いかを予想することができる．

すべての分子間力は静電的なものである．すなわち，正と負の電荷間の引力の結果生じる．電荷をもたない中性分子に働く静電相互作用は，1）**双極子–双極子相互作用**（dipole–dipole interaction），2）水素結合，3）一時的な双極子–双極子相互作用の三つに分類される．

双極子–双極子相互作用

分子双極子モーメントをもつ化合物は，どのように互いに近づくかによりひきつけ合ったり，反発し合ったりする．固体状態では分子は互いにひきつけ合うように並ぶ（図1・48）．

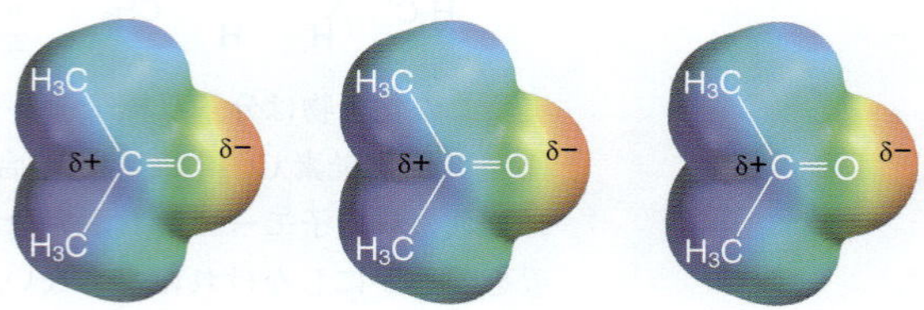

図 1・48　固体状態では，分子は双極子モーメントが互いに引き合うように配列する

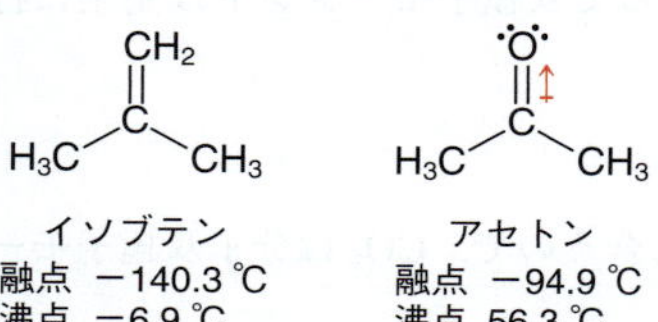

溶液状態では，分子は自由に動き回るが，互いに反発し合うよりは，ひきつけ合うように動く傾向がある．その結果生じる分子間に働く引力により，融点や沸点が高くなる．これを示す例として，イソブテンとアセトンの物理的性質を比べてみよう．イソブテンの双極子モーメントは小さいが，アセトンは比較的大きい双極子モーメントをもつ．そのためアセトン分子はイソブテン分子よりも互いにひきつけ合う力が強く働き，その結果，アセトンはイソブテンよりも高い融点と高い沸点をもつ．

水素結合

水素結合（hydrogen bond）という用語は誤解を与えやすい．水素結合は実際には“結合”ではなく，特殊なタイプの双極子–双極子相互作用である．水素原子が電気陰性度の大きい原子と結合していると，水素原子は誘起効果により部分的な正電荷（δ+）を帯びるようになる．このδ+は別の分子の電気陰性度の大きい原子の非共有電子対と相互作用することができる．例として水とアンモニアの水素結合を示す（図1・49）．このひきつけ合う相互作用は，プロトン性の化合物，すなわち電気陰性度の大きい原子に結合した水素原子をもつ化合物全般に生じる．たとえば，エタノールではこのような水素結合に基づくひきつけ合う相互作用が生じる（図1・49c）．

水素原子は比較的小さい原子なので，この種の相互作用は非常に強い．そしてその

図 1・49　水素結合．（a）水分子，（b）アンモニア分子，（c）エタノール分子．

結果，部分的な電荷は互いに非常に接近しやすくなる．実際水素結合の物理的性質に及ぼす効果は非常に大きい．本章の初めに次の二つの構造異性体の性質の違いについて簡単に述べた．

$H_3C{-}CH_2{-}\ddot{O}{-}H$
エタノール
沸点 78.4 ℃

$H_3C{-}\ddot{O}{-}CH_3$
メトキシメタン
沸点 −23 ℃

これらの化合物は同じ分子式をもつが，その沸点は大きく異なる．エタノールは分子間で水素結合するため沸点が非常に高くなる．メトキシメタンは分子間で水素結合できないので，比較的低沸点である．同じような傾向が次に示すアミンの比較でもみられる．

$H_3C{-}\ddot{N}(CH_3){-}CH_3$
トリメチルアミン
沸点 3.5 ℃

$CH_3CH_2{-}\ddot{N}(CH_3){-}H$
エチルメチルアミン
沸点 37 ℃

$CH_3CH_2CH_2{-}\ddot{N}(H){-}H$
プロピルアミン
沸点 49 ℃

ここでも三つの化合物は同じ分子式 C_3H_9N をもつが，水素結合の度合によって非常に異なった性質を示す．トリメチルアミンは水素結合できないので，比較的低沸点である．エチルメチルアミンは水素結合でき，したがって沸点は高くなる．最後のプロピルアミンは，二つの N−H 結合をもち，より強い水素結合による分子間相互作用をもつため，最も沸点が高い．

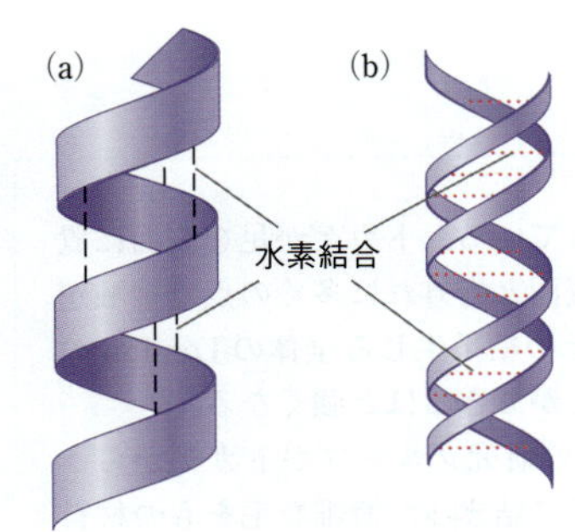

図 1・50　タンパク質の α ヘリックス (a) と DNA の二重らせん (b)

水素結合は生体内で重要な化合物の形と相互作用を決めるのにきわめて重要な役割を果たしている．25 章では，水素結合の影響により特定の形を形成する長鎖の分子であるタンパク質に焦点を当てる（図 1・50a）．これらの分子の形は最終的にはその生物学的な機能を決定する．また水素結合は DNA のそれぞれの鎖をつなぎ合わせ有名な二重らせん構造を形成する．

DNA の構造については § 24・9 で詳しく説明する．

すでに述べたように，水素結合は実際には結合ではない．これを明らかにするために，実際の結合のエネルギーと水素結合のエネルギーを比べてみよう．典型的な単結合（C−H, N−H, O−H）はおよそ 400 kJ/mol の結合エネルギーをもつ．一方，水素結合はおよそ 20 kJ/mol 程度の強さである．それではなぜ水素相互作用ではなく，水素結合とよぶのだろうか．この問に答えるために，DNA の二重らせん構造を考えてみよう（図 1・50b）．二つの鎖は水素結合により結びつけられており，これは非常に長いねじれたはしごの横木のように働く．これらの相互作用が多数働くことが二重らせん構造を形成する重要な要因となる．ここでは水素結合は実際の結合のようにみえる．しかし，二重らせんをほどいて個々の鎖を回復するのは比較的簡単である．

一時的な双極子–双極子相互作用

炭化水素については 4, 17, 18 章で詳しく説明する．

化合物のなかには双極子モーメントをもたないものもある．しかし沸点を調べると比較的強い分子間相互作用が働いていることがわかる．この点を明確にするため，次の化合物をみてみよう．これら三つの化合物は炭素と水素原子のみをもつ炭化水素である．この三つの炭化水素の性質を比べてみると重要な傾向が明らかとなる．すなわ

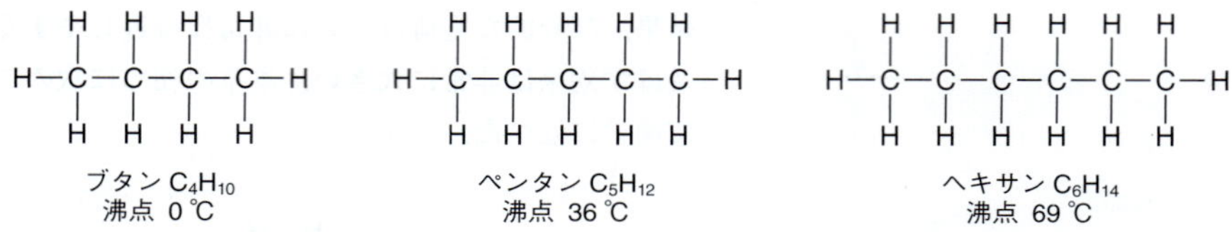

ち，沸点は分子量が大きくなると高くなる．この傾向はより長鎖の炭化水素のほうが一時的な双極子モーメントが大きいと考えることで説明できる．この一時的な双極子モーメントの原因を理解するために，電子は常に運動しており，したがって負電荷の中心も分子内を常に動いていると考える．平均化すると負電荷の中心と正電荷の中心は一致して，分子双極子モーメントは0になる．しかしある時点では負電荷の中心と正電荷の中心は必ずしも一致するとは限らない．その結果生じる一時的な双極子モーメントは隣接する分子に別の一時的な双極子モーメントを誘起し，二つの分子間に一時的な引力を生じる（図1・51）．これらの引き合う力は物理学者 Fritz London にちなんで **London**（ロンドン）**の分散力**（London dispersion force）とよばれる．分子量の大きい炭化水素は小さい分子よりも表面積が広く，そのためこれらの引力がより強く働く．

図 1・51　ペンタン 2 分子間の一時的な双極子−双極子相互作用

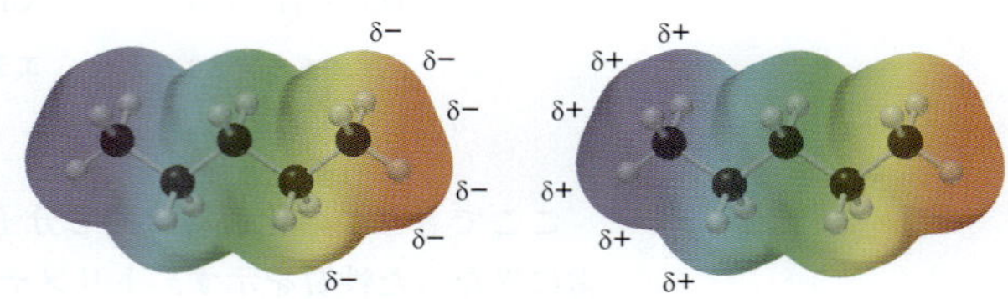

London の分散力は分子量の大きい炭化水素ほど相互作用をする表面積がより大きいのでより強く働く．したがって，分子量の大きい化合物ほど一般的に沸点は高い．

役立つ知識　自然の模倣とトカゲの足

バイオミミクリー（biomimicry，生体模倣ともいう）という用語は，科学者が自然界を学ぶことにより創造的なインスピレーションを得ることを表す．自然界の現象を調べることにより，このような現象をまねて新しいテクノロジーを発展させることができる．そのような例のひとつに，トカゲが壁を駆け上がったり，天井をちょこちょこ走ったりする方法に基づいたものがある．最近まで科学者は，トカゲが磨かれたガラスのような非常に滑らかな表面でさえ，逆さになって歩くことができるという不思議な能力に説明をつけられずにいた．

この能力はトカゲが化学的な接着剤を用いたり吸引力を用いたりしているためではなく，足に存在する分子と彼らが歩く表面上に存在する分子との間に働く分子間力によるものであることがわかった．ヒトの手を表面に置くと，手と表面の分子の間に分子間引力が働くが，手の微細構造は非常にでこぼこしている．そのため，ヒトの手が表面と接触しているのはおそらく数千点だけである．これに対しトカゲの足はおよそ50万もの微細なしなやかな毛で覆われており，それぞれの毛がさらに小さい毛をもっている．トカゲが足を表面に置くと，しなやかな毛により表面と桁外れに多くの点で接触ができるようになる．そしてその結果生じる全体の London の分散力はトカゲを支えることができるほど強くなる．

この10年ほどの間，多くの研究グループがトカゲからインスピレーションを得て，密に詰まった微細な毛をもつ材料を生み出した．たとえば，科学者は，手術創の治療に用いる接着ガーゼ包帯や，人間が壁を登ったり（あるいは天井を逆さまに歩いたり）することのできる特殊な手袋やブーツをつくり出そうとしている．いつの日か，壁や天井をスパイダーマンのように歩くことができるようになるかもしれない．

これらの材料が本当にその有用性を示すにはまだ多くの問題を解決しなければならない．たとえばどのような表面にもくっつくことができるほどしなやかな毛を絡み合わないようにデザインするのは技術的には大変むずかしい．たくさんの研究者がこういった問題は解決可能であると考えており，それが正しければ10年以内に世界が文字どおり上下逆さまになるのを目にすることができるかもしれない．

表 1・6 炭化水素の分子量の増加と沸点の関係

構 造	沸点(℃)	構 造	沸点(℃)	構 造	沸点(℃)
H—C—H	−164	H—C—C—C—C—C—H	36	H—C—C—C—C—C—C—C—C—C—H	151
H—C—C—H	−89	H—C—C—C—C—C—C—H	69	H—C—C—C—C—C—C—C—C—C—C—H	174
H—C—C—C—H	−42	H—C—C—C—C—C—C—C—H	98		
H—C—C—C—C—H	0	H—C—C—C—C—C—C—C—C—H	126		

表 1・6 にこの傾向をまとめて示す．

分枝した炭化水素は直鎖のものと比べ一般に表面積は小さくなるので，沸点は低くなる．この傾向は次に示す C_5H_{12} の構造異性体の沸点を比較するとよくわかる．

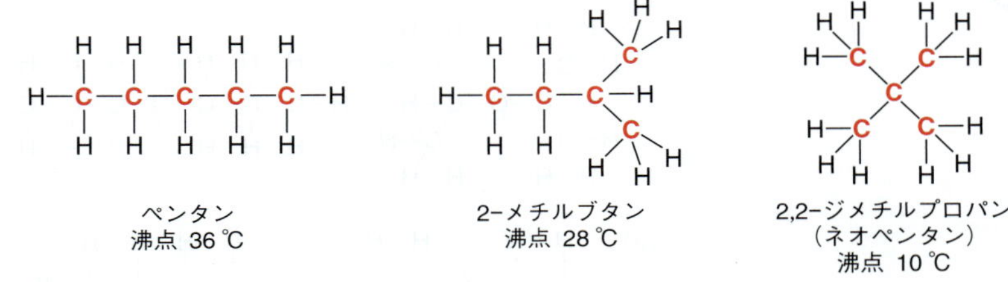

スキルビルダー 1・10　分子構造に基づいて化合物の物理的性質を予想する

スキルを学ぶ

ネオペンタンと 3–ヘキサノールのどちらの化合物が沸点がより高いか予想せよ．

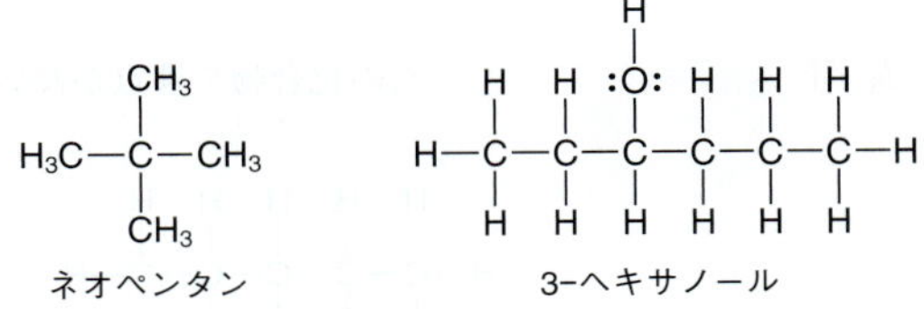

解 答

ステップ 1
双極子–双極子相互作用を明らかにする．
ステップ 2
水素結合を明らかにする．
ステップ 3
炭素原子の数と分枝の度合を明らかにする．

化合物の沸点を比較する際には，次の要因を考慮する．

1. 化合物に双極子–双極子相互作用が存在するか．
2. 化合物は水素結合を生成するか．

3a. 化合物に炭素はいくつあるか．
3b. 化合物の分枝の程度はどうか．

上記の右の化合物（3–ヘキサノール）はこれらすべての項目でまさっている．3–ヘキサノールは双極子モーメントをもつがネオペンタンはもたない．水素結合に関してもネオペンタンは生成しないが3-ヘキサノールは生成する．ネオペンタンは五つしか炭素をもたないが，3-ヘキサノールは六つもつ．そしてネオペンタンは高度に分枝しているが3-ヘキサノールは直鎖状である．これらの要因はどれか一つだけでも3-ヘキサノールのほうが高沸点であることを示しているが，これらすべてを考慮すると3-ヘキサノールの沸点はネオペンタンよりもかなり高いものと予想される．

二つの化合物を比べる場合には，これらの四つの要因をすべて考慮することが大切である．しかし，競合する要因がある場合には，はっきりと予想するのがむずかしいこともある．たとえばエタノールとヘプタンを比べてみよう．

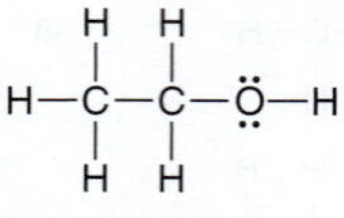

エタノール 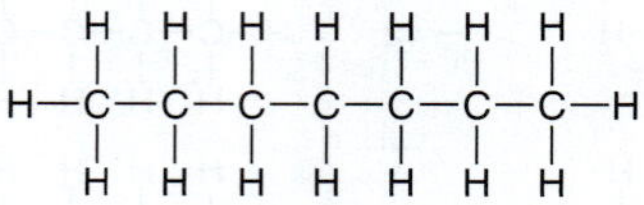　　ヘプタン

エタノールには水素結合があるが，ヘプタンのほうが炭素数が多い．どちらの要因が優位だろうか．これを予想することは容易ではない．この場合にはヘプタンのほうが沸点が高く，おそらく予想とは異なるのではないだろうか．この傾向に基づいて予想するには，明確な差がなければならない．

スキルの演習

1・32　次の二つの化合物の組のうち，どちらの沸点がより高いか，理由も述べよ．

(a)

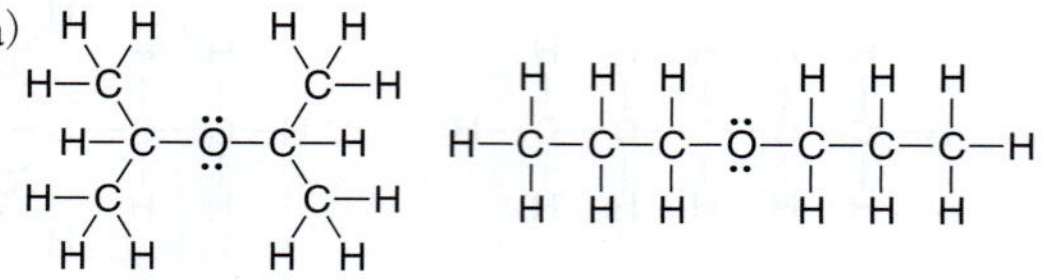

(b)

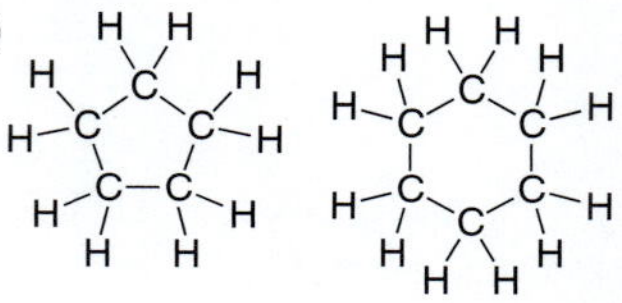

(c)

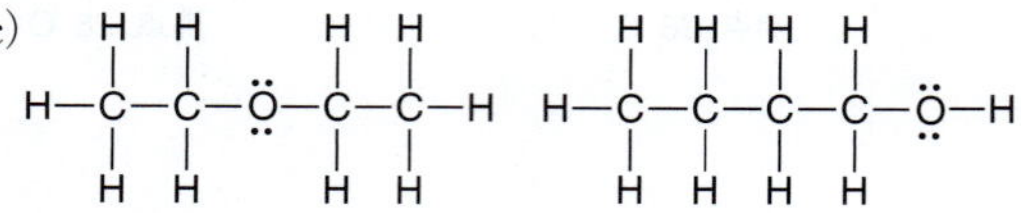

(d)

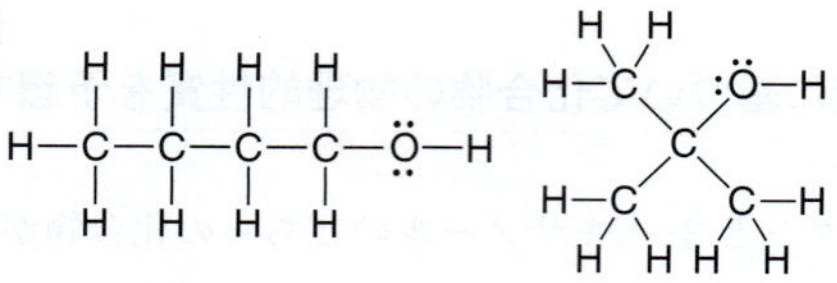

スキルの応用

1・33　次の化合物を沸点が高い順に並べよ．

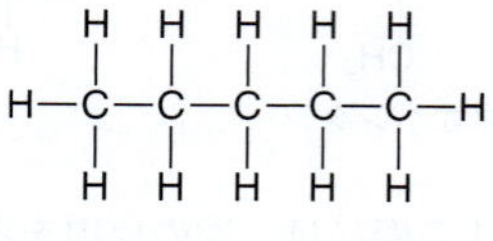

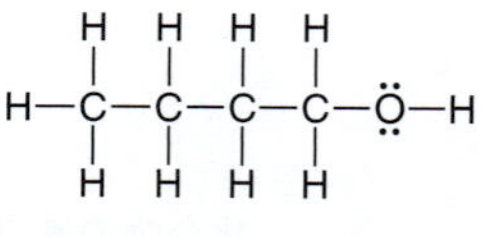

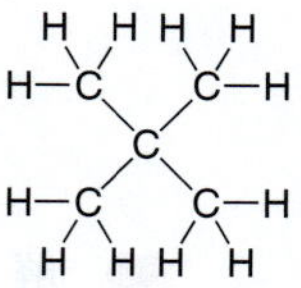

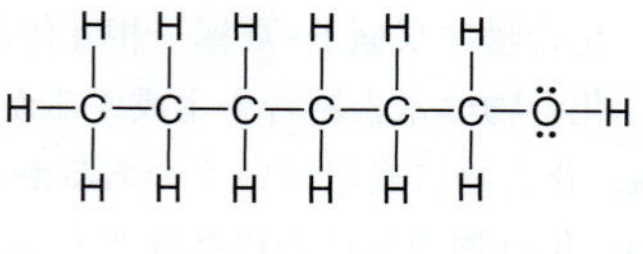

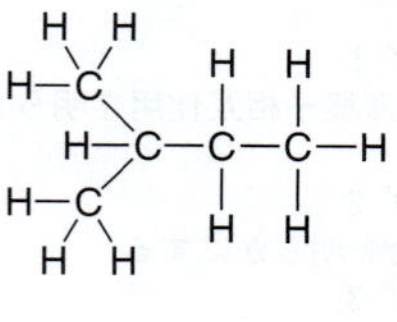

問題1･52，1･53，1･60を解いてみよう．

医薬の話題 薬物受容体の相互作用

ほとんどの場合，薬によってひき起こされる生理的な応答は，薬とその受容部位との相互作用による．**受容体**（receptor）は，薬分子がうまくはまるポケットのように働くことのできる生体巨大分子内の領域を表す．

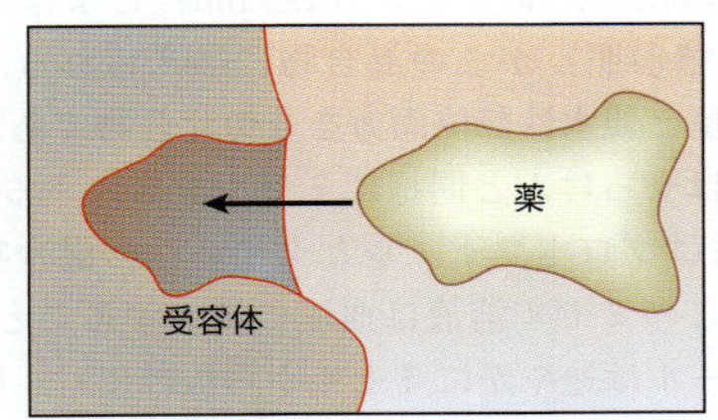

初め，この機構は鍵と鍵穴のように働くと考えられていた．すなわち，薬分子はある特定の受容体にうまくはまるかはまらないかによって鍵として作用する．薬と受容体との相互作用について広範囲な研究が行われた結果，この単純な鍵と鍵穴説は変更せざるをえなくなった．現在では薬と受容体はいずれも柔軟であり，常にその形を変化させていると考えられている．そのためある薬はより強く，また他の薬は弱く結びつくというようにさまざまな効率で受容体に結合する．

薬はどのようにして受容体と結びつくのだろうか．ある場合には薬分子は受容体と共有結合をつくる．このような場合，結合は一つの共有結合当たりおよそ 400 kJ/mol と非常に強く，したがって非可逆的に生成する．このような非可逆的な結合の例として，ナイトロジェンマスタードとよばれる抗がん剤を 7 章で紹介する．しかし大部分の薬では，生理的応答は一時的であることが望ましく，これは目的の受容体と可逆的に結びつくことのできる薬のときにのみ実現可能である．そのためには薬と受容体との間に少なくとも共有結合よりも弱い相互作用が必要であり，そのような例として水素結合（20 kJ/mol）や London の分散力（相互作用に関係する炭素一つにつきそれぞれおよそ 4 kJ/mol）がある．たとえば多くの薬に含まれるベンゼン環の構造を考えてみよう．ベンゼン環のそれぞれの炭素は sp^2 混成であり，したがって平面三方形である．そのためベンゼン環は平面構造をとる．

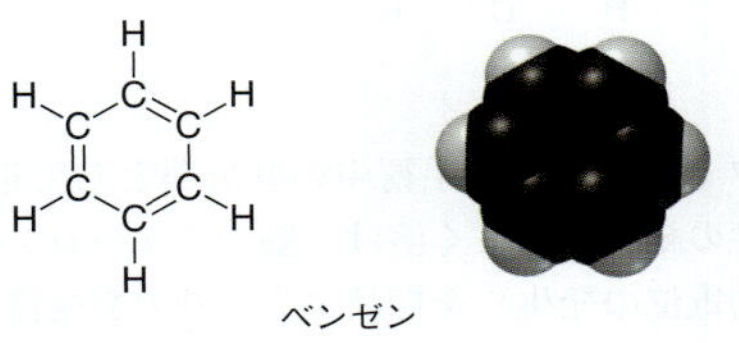

受容体も平面構造をもつと，その結果生じる London の分散力は薬が受容体と可逆的に結びつくのに寄与できる．

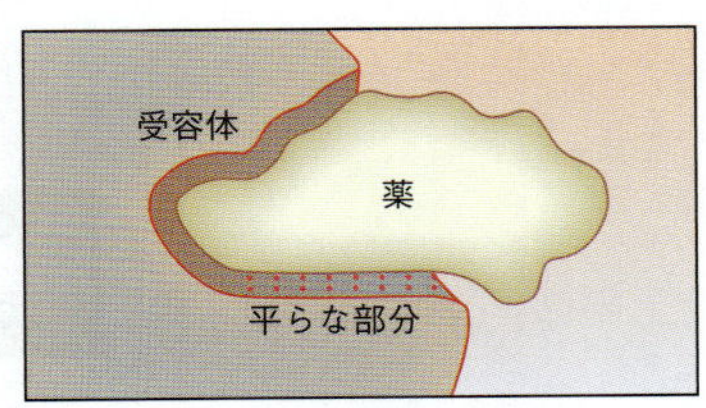

この相互作用は，おおよそ水素結合一つと同等の大きさである．薬が受容体と結びつくのは薬の一部と受容部位との分子間相互作用の総和の結果である．薬と受容体についてはこのあとの章でも取上げる．特に薬がどのようにして受容体にたどりつくか，そして，薬が受容体と相互作用するときにどのように形を適応させるかについて説明する．

1・13 溶 解 性

溶解性は“似た者どうしはよく溶ける”という原則に従う．いいかえると，極性の高い化合物は極性溶媒によく溶け，非極性な化合物は非極性溶媒によく溶ける．なぜそうなるのだろうか．極性の高い化合物は極性溶媒分子と双極子–双極子相互作用するので，溶媒に溶けるようになる．同様に非極性化合物は非極性溶媒分子と London の分散力による相互作用をする．そのため，衣服が極性化合物でしみになったら，そのしみはふつう水で（似た者どうしで）洗い流せる．しかし，油やグリースなどの非極性化合物でしみのついた衣服を洗濯するには水では不十分である．このような場合には，衣服は洗剤やドライクリーニングできれいにする．

せっけん

せっけんは分子の一端に極性基，他端に非極性基をもつ化合物である（図 1・52）．極性基は分子の**親水性**（hydrophilic，文字どおり，“水を好む”）部位であり，非極

医薬の話題　プロポフォール：薬の溶解度の重要性

2009年プロポフォール（propofol）は Michael Jackson の死にかかわった薬のひとつとして注目を集めた．

プロポフォール

プロポフォールは通常手術中の麻酔薬として用いられる．脳の疎水性の細胞膜によく溶け，脳のニューロンの興奮（あるいは活動電位の発生）を抑制する．効力を発揮するためには，静脈注射によって処置されなければならない．しかしここで溶解性の問題が生じる．すなわち，この薬の疎水性部位は親水性部位よりずっと大きく，その結果，薬は水（あるいは血液）にすぐには溶けない．プロポフォールはダイズ油（§26・3で述べるように疎水性化合物の複雑な混合物）には非常によく溶ける．しかしダイズ油を少量血流中に注入しようとすると油滴が生じ，これは致命的となりうる．この問題を克服するため，レシチン（lecithin）とよばれる一連の化合物（26章参照）がこの混合物に加えられる．レシチンは疎水性部位と親水性部位両方をもつ化合物である．そのためレシチンはせっけんと同様にミセルを形成する（図1・53参照）．これはプロポフォールとダイズ油の混合物をカプセル化する．このミセル溶液は血流に注入することができる．プロポフォールは速やかにミセルから抜け出し，脳の疎水性の細胞膜を通過し，目的のニューロンに到達する．

高濃度のミセルは一見ミルクによく似た溶液を生じるため，プロポフォールのアンプルは時として“麻酔のミルク”とよばれることがある．

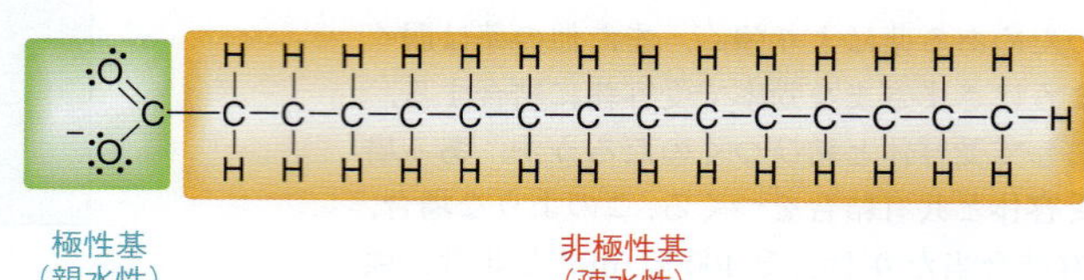

図 1・52　せっけん分子の親水性および疎水性末端

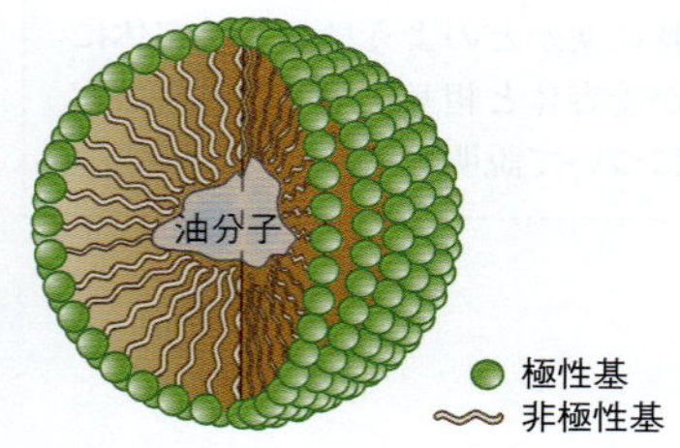

図 1・53　せっけん分子の疎水性末端が非極性な油分子を囲んで生じるミセル

性基は，**疎水性**（hydrophobic，文字どおり，“水を嫌う”）部位である．油分子はせっけん分子の疎水性末端に囲まれ，**ミセル**（micelle）を生成する（図1・53）．ミセル表面は全体的に極性基で覆われており，そのためミセルは水溶性となる．これは油成分を水に溶けるようにする優れた方法であるが，この方法は水とせっけんを使うことのできる衣服にしか適用できない．せっけん水で傷んでしまう衣服は，ドライクリーニングするのがよい．

ドライクリーニング

テトラクロロエチレン

非極性な化合物をミセルで取囲み水に溶けるようにする方法よりも，非極性溶媒を使うほうが考え方としては単純である．これも“似た者どうしはよく溶ける”という原則の一例である．ドライクリーニングはテトラクロロエチレンのような非極性溶媒を用いて非極性化合物を溶かす．この化合物は不燃性で，溶媒としては最適である．ドライクリーニングにより水やせっけんに触れずに衣服を洗浄できる．

考え方と用語のまとめ

1・1　有機化学とは

- **有機化合物**は炭素原子を含む．

1・2　物質の構造論

- **構造異性体**は，同じ分子式をもつが原子の結びつき方が異なり物理的性質の異なる化合物である．

- 一般に元素が結合をつくる数は決まっている．炭素はふつう **4 価**，窒素は **3 価**，酸素は **2 価**，水素やハロゲンは **1 価**である．

1・3 電子，結合，そして Lewis 構造式

- **共有結合**は，原子二つが電子対を共有するときに生成する．
- 共有結合は **Lewis 構造式**を用いて表す．ここでは電子は点で表す．
- 第 2 周期元素は一般に，貴ガスの電子配置をとるように結合を生成する，**オクテット則**に従う．
- 共有されていない電子対は**非共有電子対**とよばれる．

1・4 形式電荷を明らかにする

- **形式電荷**は，原子が適切な価電子数をもたないときに生じる．形式電荷は Lewis 構造式中に書かなければならない．

1・5 誘起効果と分極した共有結合

- 結合は，1) **共有結合**，2) **分極した共有結合**，3) **イオン結合**に分類される．
- 分極した共有結合は**誘起効果**により，部分的な**正電荷**（δ+）と部分的な**負電荷**（δ−）をもつ．**静電ポテンシャル図**は部分電荷を視覚的に表したものである．

1・6 原子軌道

- **量子力学**は電子を波動性の観点から記述したものである．
- **波動方程式**は，陽子の近傍に存在するときの電子の全エネルギーを記述する．波動方程式の解を**波動関数** ψ とよび，ψ^2 はある特定の位置に電子を見いだす確率を表す．
- **原子軌道**は，ψ^2 を三次元空間にプロットすることにより視覚化して表すことができる．節は ψ が 0 であることを示す．
- 被占軌道は**電子密度**の雲のようなものと考えることができる．
- 電子は次の三つの原理に基づいて軌道をみたす．1) **構成原理**，2) **Pauli の排他原理**，3) **Hund の規則**である．同じエネルギー準位の複数の軌道は，縮退しているといわれる．

1・7 原子価結合法

- **原子価結合法**は，原子軌道の同符号の重なり合いの結果生じる二つの原子間での電子密度の共有として結合を扱う．**σ 結合**は電子密度がおもに結合軸上に存在するときに生成する．

1・8 分子軌道法

- **分子軌道法**は，原子軌道の**線形結合法**（LCAO）とよばれる数学的な方法を用いて分子軌道を生成する．それぞれの分子軌道は二つの原子だけではなく分子全体が関連する．
- 水素分子の結合性分子軌道は二つの原子軌道の重なり合いによる相互作用により生成する．反結合性分子軌道は，打消し合う場合に生成する．
- **原子軌道**は個々の原子についての空間領域を表し，**分子軌道**は分子全体がかかわる．
- **最高被占軌道**（**HOMO**）と，**最低空軌道**（**LUMO**）の二つの分子軌道が重要である．

1・9 原子の混成軌道

- メタンの四面体構造は四つの単結合を生成するため四つの縮退した **sp^3 混成軌道**を用いて説明することができる．
- エチレンの平面構造は，三つの縮退した **sp^2 混成軌道**を用いて説明することができる．残った p 軌道は重なり合って **π 結合**とよばれる別の結合性相互作用をする．エチレンの二つの炭素原子は sp^2 混成の原子軌道の重なりにより生じる σ 結合と，p 軌道の重なりにより生じる π 結合により結合し，両者で二重結合を形成している．
- アセチレンの直線構造は **sp 混成**の炭素原子により説明することができる．sp 混成軌道の重なりにより生じる σ 結合一つと，p 軌道の重なりにより生じる π 結合二つの結合性相互作用の結果，三重結合が生成する．
- 三重結合は二重結合よりも強くそして短く，二重結合は単結合よりも強く短い．

1・10 VSEPR 理論：幾何配置を予想する

- 小分子の幾何配置は，**原子価殻電子対反発理論**（**VSEPR 理論**）により予想することができる．ここではそれぞれの原子の σ 結合と非共有電子対の数に焦点を当て，立体数とよばれるその総数が，互いに反発する電子対の数を表す．
- 四面体形の構造をとる立体数 4 の軌道は，**sp^3 混成**である．化合物の幾何配置は，非共有電子対の数に依存し，四面体形，三角錐形，そして折れ線形のいずれかである．
- 平面三方形の構造をとる立体数 3 の軌道は，**sp^2 混成**である．化合物の幾何配置は，非共有電子対の数に依存し，折れ線形のこともある．
- 直線構造をとる立体数 2 の軌道は，**sp 混成**である．

1・11 双極子モーメントと分子の極性

- **双極子モーメント μ** は，負電荷の中心と正電荷の中心がある距離をおいて隔てた位置に存在する場合に生じる．双極子モーメントは極性の大きさを（デバイ単位で）表すのに用いられる．
- 結合のパーセントイオン性はその双極子モーメントを測ることにより決定できる．化合物中の個々の双極子モーメントのベクトル和により**分子双極子モーメント**が定まる．

1・12 分子間力と物理的性質

- 化合物の物理的性質は分子間力，すなわち分子間のひき合う力によって決まる．
- **双極子–双極子相互作用**は，永久双極子モーメントをもつ二つの分子間に働く．双極子–双極子相互作用の特殊なものである水素結合は，電気陰性度の大きい原子の非共有電子対が，電子不足な水素原子と相互作用するときに生じる．水素

結合する化合物は水素結合のない類似の化合物よりも沸点が高い．

- **London の分散力**は一時的に生じる双極子モーメント間の相互作用の結果生じ，大きいアルカンほど表面積が大きく，より多くの相互作用を起こすことができるので，その相互作用は大きい．

1・13 溶解性

- 極性化合物は極性溶媒に溶け，非極性化合物は非極性溶媒に溶ける．
- せっけんは**親水性**基と**疎水性**基を両方含む化合物であり，疎水性末端が非極性化合物を取囲み，水溶性のミセルを生成する．

スキルビルダーのまとめ

1・1 小さな分子の構造を明らかにする

ステップ 1 化合物中のそれぞれの原子の原子価を明らかにする．

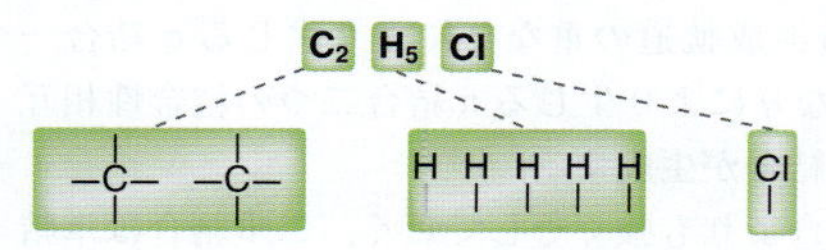

ステップ 2 原子がどのように結合しているかを明らかにする．最も原子価の大きい原子を中央に置き，1 価の原子は周辺部に置かなければならない．

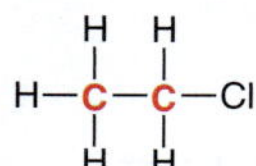

1・2 原子の Lewis 点構造式を書く

ステップ 1 価電子数を明らかにする．

N ⟶ 15 族 (5 電子)

ステップ 2 原子の各側面に電子を一つずつ置く．

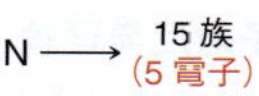

ステップ 3 原子が四つ以上の価電子をもつ場合，残りの電子はすでに書いた電子と対をつくるように書く．

1・3 小さな分子の Lewis 構造式を書く

ステップ 1 個々の原子をすべて書く．

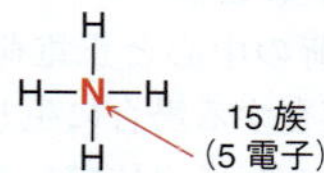

ステップ 2 二つ以上の結合をつくる原子を結びつける．

ステップ 3 水素原子を結合させる．

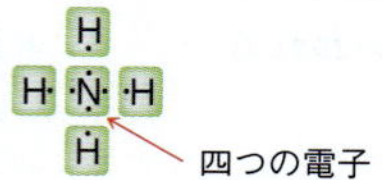

ステップ 4 それぞれの原子がオクテットをとるように不対電子どうしで対をつくる．

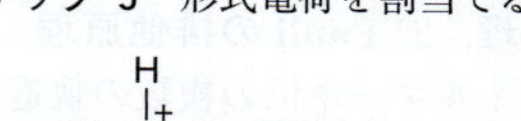

1・4 形式電荷を求める

ステップ 1 原子の価電子数を明らかにする．

15 族 (5 電子)

ステップ 2 ここでの価電子の数を明らかにする．

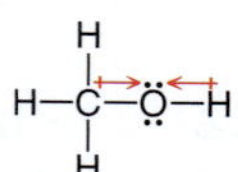

ステップ 3 形式電荷を割当てる．

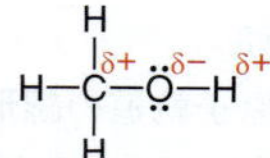

1・5 誘起効果による部分電荷を表す

ステップ 1 すべての分極した共有結合を明らかにする．

分極した共有結合

ステップ 2 それぞれの双極子の向きを明らかにする．

ステップ 3 部分電荷の位置を明らかにする．

δ+　δ−　δ+

1・6 電子配置を明らかにする

ステップ 1 構成原理，Pauli の排他原理，Hund の規則に従って軌道に電子を割当てる．

窒素 ⟶ 1s, 2s, 2p

ステップ 2 次の表記法でまとめる．

$1s^2 2s^2 2p^3$

1・7　混成状態を明らかにする

四つの単結合 ｜ 二重結合 ｜ 三重結合

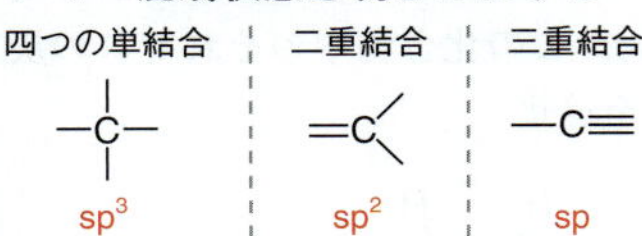

1・8　幾何配置を予想する

ステップ 1　σ結合と非共有電子対の数を足し合わせることにより立体数を決める．

σ結合の数 ＝ 3
非共有電子対の数 ＝ 1
立体数 ＝ 4

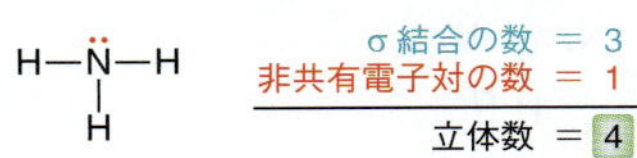

ステップ 2　立体数を用いて混成状態を決定し，電子の幾何配置を決定する．

4 ⟶ sp^3 ⟶ 四面体形
3 ⟶ sp^2 ⟶ 三角錐形
2 ⟶ sp ⟶ 直線形

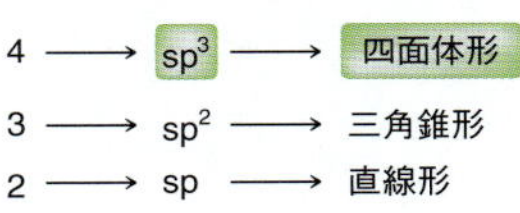

ステップ 3　非共有電子対を無視して原子の幾何配置を表す．

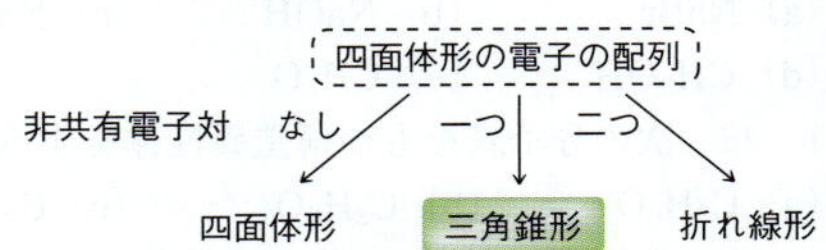

1・9　分子双極子モーメントの存在を確かめる

ステップ 1　幾何配置を明らかにする．

折れ線形

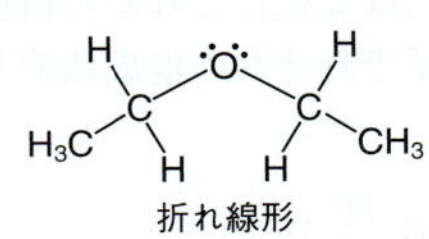

ステップ 2　すべての双極子モーメントの方向を明らかにする．

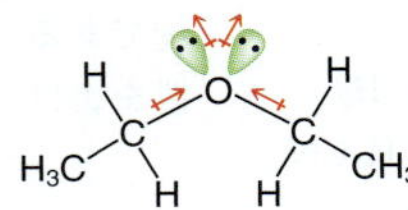

ステップ 3　分子の双極子モーメントを書く．

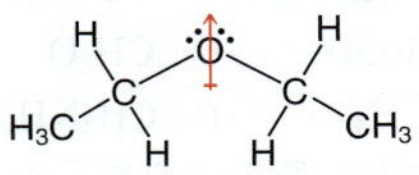

1・10　分子構造に基づいて化合物の物理的性質を予想する

ステップ 1　双極子–双極子相互作用を明らかにする．

より高沸点

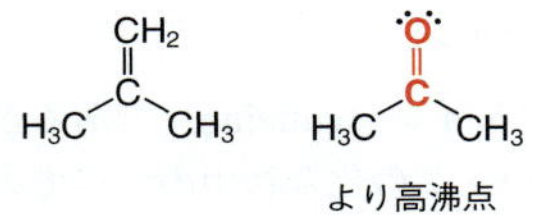

ステップ 2　水素結合を明らかにする．

より高沸点

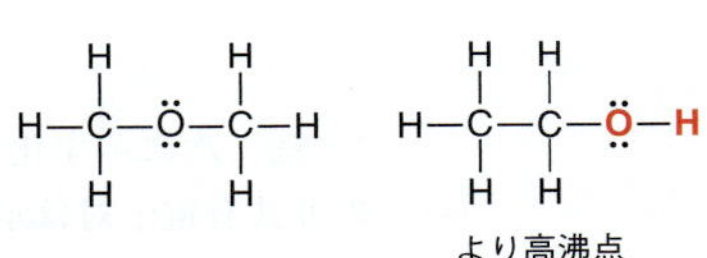

ステップ 3　炭素原子の数と分枝の度合を明らかにする．

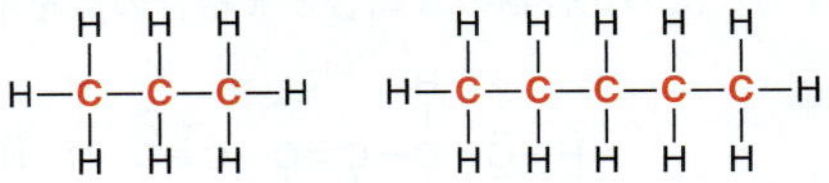

より高沸点

練 習 問 題

1・34　次の分子式をもつ化合物のすべての構造異性体の構造を書け．

(a) C_4H_{10}　(b) C_5H_{12}　(c) C_6H_{14}
(d) C_2H_5Cl　(e) $C_2H_4Cl_2$　(f) $C_2H_3Cl_3$

1・35　分子式が C_4H_8 で，次の条件をみたすすべての構造異性体の構造を書け．

(a) 単結合のみもつもの
(b) 二重結合を一つもつもの

1・36　次の化合物について，分極した共有結合を示し，δ+ と δ− を用いて双極子モーメントの向きを書け．

(a) HBr　(b) HCl　(c) H_2O　(d) CH_4O

1・37　次の化合物の組について，イオン性がより高いと考えられるものを選び，その理由を述べよ．

(a) NaBr または HBr　(b) BrCl または FCl

1・38　次の化合物の Lewis 構造式を書け．

(a) CH_3CH_2OH　(b) CH_3CN

1・39　次の化合物の水素以外の原子の幾何配置を予想せよ．

(a)

(b)

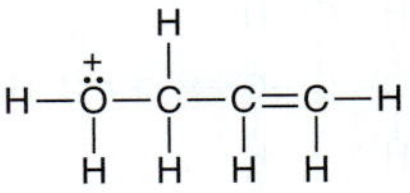

(c)

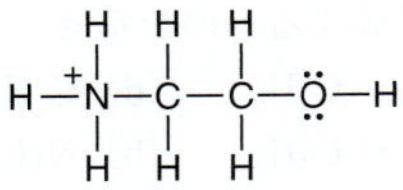

(d)

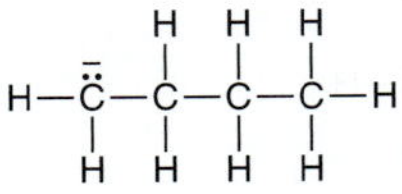

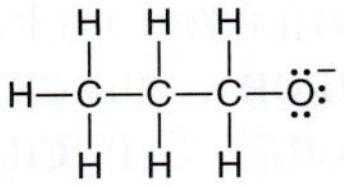

1・40　分子式が $C_4H_{11}N$ で，窒素原子に炭素原子が三つ結合している化合物の Lewis 構造式を書け．この化合物中の窒素原子の幾何配置は何か．この化合物は分子双極子モーメントをもつか．もつ場合は双極子モーメントの向きを書け．

1・41　$AlBr_4^-$ の Lewis 構造式を書き，幾何配置を決定せよ．

1・42　シクロプロパンの唯一の構造異性体の構造式を書け．

シクロプロパン

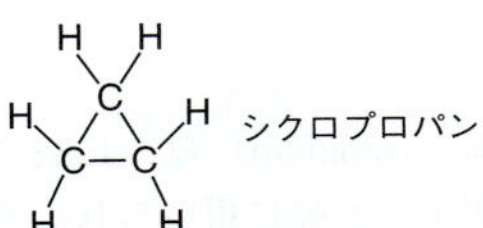

1・43　次の化合物は分子双極子モーメントをもつか．

(a) CH_4　(b) NH_3　(c) H_2O
(d) CO_2　(e) CCl_4　(f) CH_2Br_2

1・44　次のそれぞれの電子配置をもつ中性の元素を書け．

(a) $1s^22s^22p^4$　(b) $1s^22s^22p^5$　(c) $1s^22s^22p^2$
(d) $1s^22s^22p^3$　(e) $1s^22s^22p^63s^23p^5$

1・45　次の化合物のそれぞれの結合を，共有結合，分極した共有結合，イオン結合に分類せよ．

(a) NaBr　(b) NaOH　(c) $NaOCH_3$
(d) CH_3OH　(e) CH_2O

1・46　次の分子式をもつ構造異性体をすべて書け．

(a) C_2H_6O　(b) $C_2H_6O_2$　(c) $C_2H_4Br_2$

1・47　分子式 $C_2H_6O_3$ の構造異性体を五つ書け．

1・48　次の結合の双極子モーメントの向きを示せ．

(a) C−O　(b) C−Mg　(c) C−N　(d) C−Li
(e) C−Cl　(f) C−H　(g) O−H　(h) N−H

1・49　次の化合物のすべての結合の結合角を予想せよ．

(a) CH_3CH_2OH　(b) CH_2O　(c) C_2H_4　(d) C_2H_2
(e) CH_3OCH_3　(f) CH_3NH_2　(g) C_3H_8　(h) CH_3CN

1・50　次の化合物の中心原子の混成状態と幾何配置を示せ．

(a)　(b)　(c)　(d)　(e)

1・51　次の化合物のσ結合とπ結合の数を示せ．

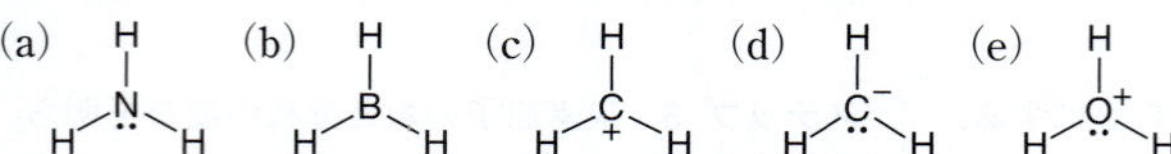

1・52　次の化合物の組合わせについて，どちらの化合物の沸点が高いか，理由とともに示せ．

(a) $CH_3CH_2CH_2OCH_3$ または $CH_3CH_2CH_2CH_2OH$
(b) $CH_3CH_2CH_2CH_3$ または $CH_3CH_2CH_2CH_2CH_3$
(c) または

1・53　次の化合物のうち水素結合を生成するものを示せ．

(a) CH_3CH_2OH　(b) CH_2O　(c) C_2H_4　(d) C_2H_2
(e) CH_3OCH_3　(f) CH_3NH_2　(g) C_3H_8　(h) NH_3

1・54　次の化合物について最も適した x の数を書け．

(a) BH_x　(b) CH_x　(c) NH_x　(d) CH_2Cl_x

1・55　次の化合物のそれぞれの炭素原子の混成状態と幾何配置を書け．

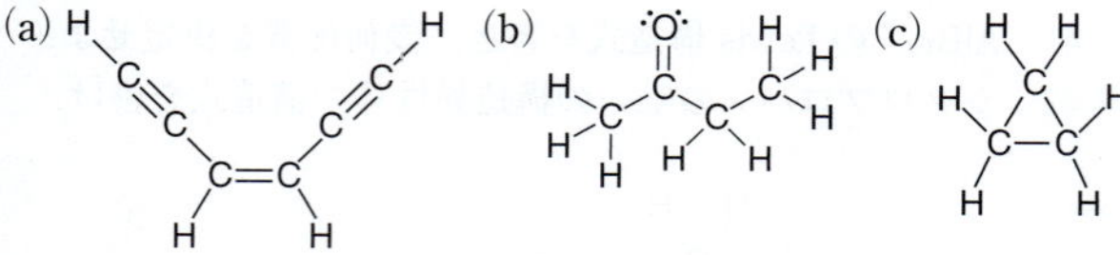

1・56　ゾルピデム（zolpidem）は，1982 年に発見され 1992 年に販売された不眠症の治療に用いられる鎮静薬である〔新薬が米国食品医薬品局（FDA）の承認を得るには膨大な治験を行う必要があり長期間かかる〕．この化合物中のそれぞれの炭素原子の混成状態と幾何配置を示せ．

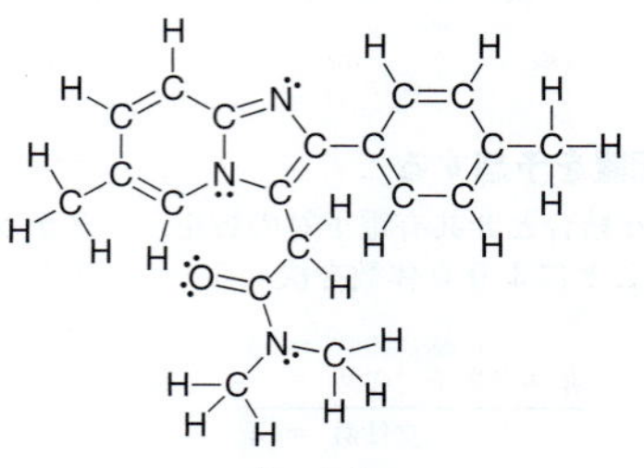

ゾルピデム

1・57　次の化合物のなかで最も電気陰性度の大きい元素はどれか．

(a) $CH_3OCH_2CH_2NH_2$　(b) CH_2ClCH_2F　(c) CH_3Li

1・58　ニコチン（nicotine）はたばこに含まれる習慣性の化合物である．ニコチン中の窒素原子それぞれの混成状態と幾何配置を書け．

ニコチン

1・59　次に示す化合物はカフェイン（caffeine）であるが，その非共有電子対は示していない．この化合物中のすべての非共有電子対の位置を示せ．

カフェイン

1・60　分子式 C_2H_6O の化合物は二つ存在する．一方の化合物のほうが他方よりずっと沸点が高い．なぜか．

1・61　次のどの化合物が分子双極子モーメントをもつか．また，その双極子モーメントの向きを書け．

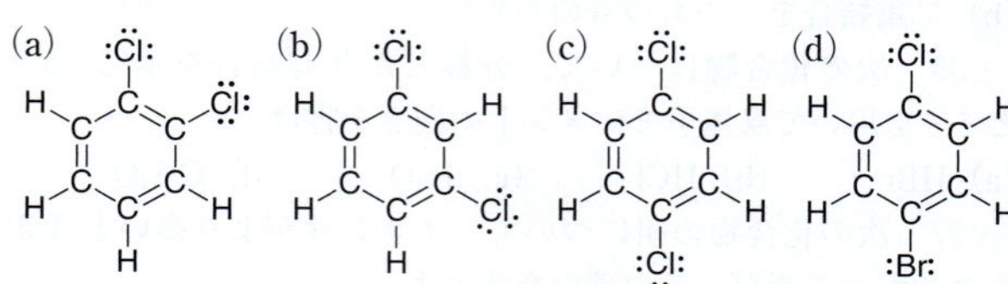

1・62　ジクロロメタン CH_2Cl_2 はクロロホルム $CHCl_3$ より塩素原子の数が少ない．それにもかかわらず，ジクロロメタンはクロロホルムよりも分子双極子モーメントは大きい．その理由を述べよ．

発 展 問 題

1・63　次の三つの化合物に関する次の問に答えよ．

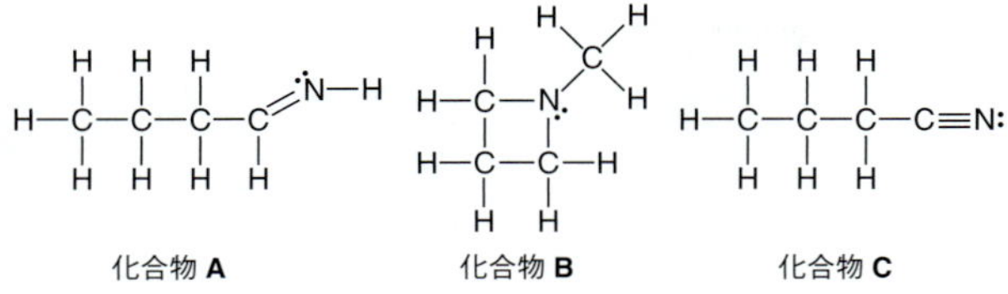

化合物 **A**　　化合物 **B**　　化合物 **C**

(a) 互いに構造異性体となる二つの化合物はどれか．

(b) 三角錐形の窒素原子を含む化合物はどれか．

(c) σ 結合を最も多くもつ化合物はどれか．

(d) σ 結合の最も少ない化合物はどれか．

(e) π 結合を複数もつ化合物はどれか．

(f) sp^2 混成の炭素原子を一つもつ化合物はどれか．

(g) 水素原子と sp^3 混成の炭素原子のみをもつ化合物はどれか．

(h) 最も沸点の高い化合物はどれか．理由とともに示せ．

1・64　次の特徴をもつ炭素数 6 の化合物を少なくとも二つ書け．炭素と水素以外の元素を含んでもよい．

(a) 六つすべての炭素原子が sp^2 混成であるもの．

(b) 一つの炭素原子が sp 混成で，残りの五つがすべて sp^3 混成であるもの．

(c) 環構造があり，炭素原子がすべて sp^3 混成のもの．

(d) 六つすべての炭素原子が sp 混成であり，水素原子をもたないもの．三重結合は直線構造をとるので 6 炭素からなる環状化合物中には存在しえないことに注意すること．

1・65　分子式 C_5H_{10} で π 結合を一つもつすべての構造異性体を書け．

1・66　15，16 章で述べる最新の分光法を用いることにより，未知化合物の構造を通常 1 日で決定することができる．これらの方法は 20〜30 年ほど前から利用できるようになったものである．20 世紀前半では，構造決定は化合物をさまざまな化学反応に付す非常に時間と労力がかかる仕事であった．これらの反応の結果により，化合物の構造に関する手掛かりが入手できた．十分な手掛かりが得られると，その構造を時には（いつもではない）決定することができた．たとえば，次の手掛かりを用いて未知化合物の構造を決定してみよう．

- 分子式は $C_4H_{10}N_2$
- π 結合は存在しない
- 分子双極子モーメントをもたない
- 非常に強い水素結合をもつ

これらの手掛かりと矛盾しない構造異性体を二つ書け［ヒント：環構造を考えてみよう］．

1・67　分子式 $C_5H_{11}N$ の化合物は π 結合をもたない．炭素原子はすべて水素原子二つと結合している．この化合物の構造を決定せよ．

1・68　イソニトリル **A** は，有用な反応性を示す重要な化合物であり，さまざまな新規化合物や天然物の合成に利用されている．イソニトリルはジハロゲン化物 **B** に変換でき，これは一時的にイソニトリルとしての反応性を抑える有用な方法である［*Tetrahedron Lett.*, 53, 4536(2012)］．

(a) 化合物 **A** の印をつけた原子の混成状態を示せ．

(b) **A** の炭素原子の一つは非共有電子対をもつ．この非共有電子対の占める原子軌道の混成状態を示せ．

(c) 化合物 **A** の C−N−C 結合角を予想せよ．

(d) 化合物 **B** の印をつけたそれぞれの原子の混成状態を示せ．

(e) **B** の窒素原子は非共有電子対をもつ．この非共有電子対の占める原子軌道の混成状態を示せ．

(f) 化合物 **B** の C−N−C 結合角を予想せよ．

1・69　§1・12 で分枝が化合物の沸点に与える効果について述べた．また分枝が，分子が別の分子とどのように反応するかに影響することもある．分子が反応性に影響を与えることを表すのに“立体障害”という用語を用いる．たとえば，立体的な込み合いが大きいほど C=C π 結合の反応性は低下することがある［*Org. Lett.*, 1, 1123(1999)］．次の分子の π 結合のどちらがより込み合いが大きいか明らかにせよ．［注意：これは“立体数”とは別のものである．］

2

分子の表記法

本章の復習事項

- 電子，結合，Lewis 構造式 §1·3
- 形式電荷を明らかにする §1·4
- 分子軌道法 §1·8

新薬はどのようにしてつくられるのだろうか．

新薬を設計（デザイン）するために用いる手法のひとつにリード化合物の最適化とよばれる方法がある．これは化合物中の薬理活性を示す部位を明らかにし，より優れた活性を示す類似化合物を設計する方法である．一例として，モルヒネの発見がコデイン，ヘロイン，メタドンなどの一連の鎮痛薬の開発へと展開した例を紹介する．

化合物の構造を比較するためには，有機化合物の構造を書く，より簡便な方法が必要である．Lewis 構造式は前章で述べたような小さな分子を書く場合にのみ有用である．本章の目的は，有機化学者や生化学者が最も一般的に用いている化合物の表記法を用いたり解釈したりするのに必要なスキルを習得することである．線結合構造式とよばれるこの表記法は，すばやく書き，かつ簡単に読取ることができ，化合物中の反応中心に焦点を絞ることができる．本章の後半では線結合構造式が不適切な場合に化学者が用いる方法についても解説する．

2·1 分子の表記法

分子の表記法にはさまざまなものがある．抗菌スポンジ中の殺菌剤に用いられている2-プロパノール（イソプロピルアルコール）の構造を考えてみよう．左にこの化合物をさまざまな方法で表したものを示す．

Lewis 構造式 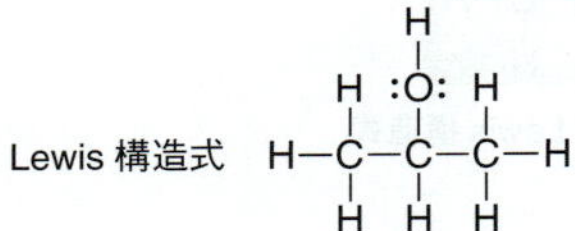

部分示性式 $H_3C-\overset{\ddot{O}H}{C}-CH_3$（C に H が結合）

示性式 $(CH_3)_2CHOH$

分子式 C_3H_8O

Lewis 構造式（Lewis structure）については前章で説明した．Lewis 構造式の利点は，すべての原子と結合がはっきりと書かれていることである．しかし，Lewis 構造式は小さな分子にしか実用的ではない．大きな分子のすべての原子と結合を書くのは非常に手間がかかる．

部分示性式（partially condensed structure）では，C−H 結合を部分的にしか書かない．たとえば，左の例では，CH_3 は三つの水素原子と結合している炭素原子を表す．この表記法も大きな分子を書くのには適さない．

示性式（condensed structure）では，単結合は書かない．そして可能な場合には原子の集団を一つにまとめる．たとえば，2-プロパノールは CH_3 を二つもち，いずれも中央の炭素に結合しているので $(CH_3)_2CHOH$ のように表す．この表記法も比較的簡単な構造の小分子の場合にしか実用的でない．

分子式（molecular formula）C_3H_8O は分子中のそれぞれの原子の数を表すだけである．構造についての情報は含まれていない．事実，分子式 C_3H_8O の化合物には三つの構造異性体が存在する．

C_3H_8O

2-プロパノール　　1-プロパノール　　エチルメチルエーテル

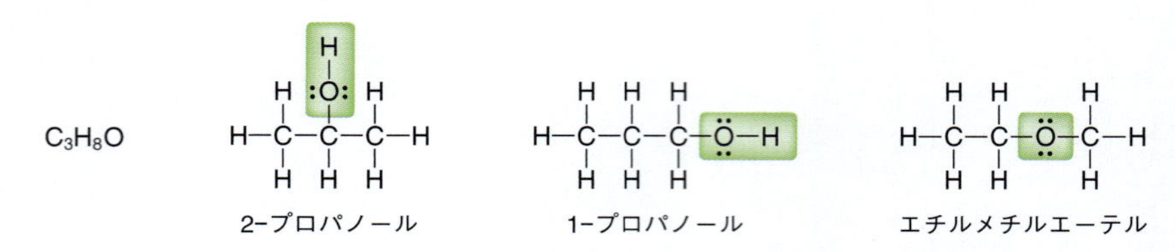

分子を書く方法をいくつか示してきたが，いずれも大きな分子を書くには不便なものばかりである．分子式だけでは構造について十分な情報が得られない．Lewis 構造式は書くには手間がかかりすぎるし，示性式は比較的簡単な分子にしか用いることはできない．次の節では有機化学者が最もよく用いる方法である線結合構造式の書き方を説明する．ここではその前に，本書でも小さな分子を書くのに用いる上記の表記法を習得しよう．

スキルビルダー 2・1　さまざまな表記法で分子を表す

スキルを学ぶ

次の化合物の Lewis 構造式を書け．

$$(CH_3)_2CH\ddot{O}CH_2CH_3$$

解 答

ステップ 1
それぞれの基を別べつに書く．

この化合物は示性式で書かれている．Lewis 構造式を書くには，まずそれぞれの基を別べつに書いて部分示性式を書く．

$(CH_3)_2CH\ddot{O}CH_2CH_3$ ------> $H_3C-CH(CH_3)-\ddot{O}-CH_2CH_3$

示性式　　部分示性式

ステップ 2
C−H 結合をすべて書く．

ついで C−H 結合をすべて書く．

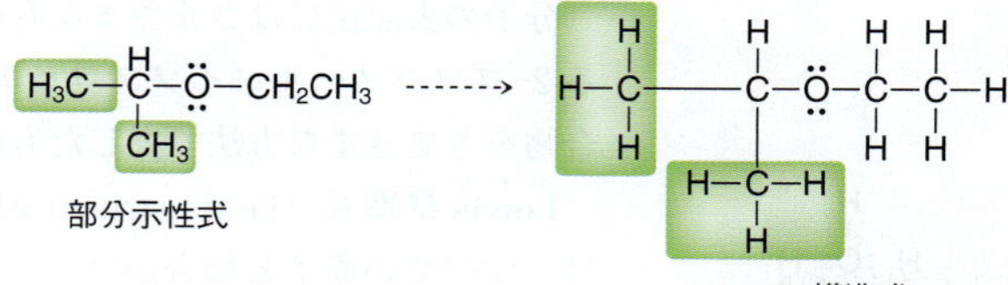

スキルの演習

2・1　次の化合物の Lewis 構造式を書け．

(a) $CH_2{=}CHOCH_2CH(CH_3)_2$　(b) $(CH_3CH_2)_2CHCH_2CH_2OH$　(c) $(CH_3CH_2)_3COH$

(d) $(CH_3)_2C{=}CHCH_2CH_3$　(e) $CH_2{=}CHCH_2OCH_2CH(CH_3)_2$　(f) $(CH_3CH_2)_2C{=}CH_2$

(g) $(CH_3)_3CCH_2CH_2OH$　(h) $CH_3CH_2CH_2CH_2CH_2CH_3$　(i) $CH_3CH_2CH_2OCH_3$

(j) $(CH_3CH_2CH_2)_2CHOH$　(k) $(CH_3CH_2)_2CHCH_2OCH_3$　(l) $(CH_3)_2CHCH_2OH$

スキルの応用

2・2　次の化合物で構造異性体はどれか．

$$(CH_3)_3C\ddot{O}CH_3 \qquad (CH_3)_2CH\ddot{O}CH_3 \qquad (CH_3)_2CH\ddot{O}CH_2CH_3$$

2・3　次の化合物中に sp^3 混成炭素原子はいくつあるか．

$$(CH_3)_2C{=}CHC(CH_3)_3$$

2・4 次のシクロプロパンは構造異性体が一つ存在する．その異性体の示性式を書け．

問題 2・49，2・50 を解いてみよう．

2・2 線結合構造式

過去には致命的だった感染症がこれらの抗生物質によって治療可能となった．

化合物，特に大きい化合物を Lewis 構造式で書くのは現実的でない．たとえば，ペニシリン類で最もよく用いられている抗生物質のひとつであるアモキシシリン (amoxicillin) の構造式を考えてみよう．アモキシシリンは大きな化合物ではないが，それでもこの化合物を書くには時間がかかる．この問題に対処するため，有機化学者は分子の構造をすばやく書く効率のよい方法を考案した．**線結合構造式** (bond-line structure) は構造を簡単に書くことができるだけでなく，構造をみてとることも簡単になった．

アモキシシリン

アモキシシリンの線結合構造式

ほとんどの原子は省略されているが，慣れるとこの表記法は非常に便利である．本書を通じてほとんどの化合物は線結合構造式で書かれている．したがってこの表記法を絶対に習得しなければならない．次のいくつかの項を通してこの表記法を習得していく．

数種類の分子模型が市販されている．それらのほとんどはプラスチック製の部品からなり，それらを接続して小分子の模型を作製する．どの種類の分子模型を用いても，分子の構造とそれを表す表記法の関係を視覚化するのに有用である．

線結合構造式の読取り方

線結合構造式はジグザグで書き ( )，それぞれの角や末端は炭素原子を表す．たとえば次に示す化合物はそれぞれ炭素原子を 6 個もつ．数えてみよう．

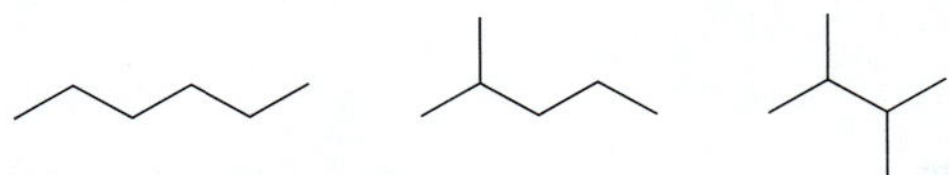

二重結合は二重線で，三重結合は三重線で表す．

三重結合はジグザグではなく直線的に書くことに注意しよう．三重結合は sp 混成の炭素原子からなり，これは直線構造をとるからである (§1・9 参照)．すなわち，三重結合の二つの炭素原子とこれに結合している二つの炭素原子は直線的に書く．ほかのすべての結合はジグザグに書く．たとえば次の化合物は炭素原子を八つもつ．

それぞれの炭素原子は計四つの結合をつくるように水素原子と結合をつくるので，炭素原子に結合している水素原子は線結合構造式では書かない．たとえば，下図で四角く囲んだ炭素原子は結合を二つしかもたないように見える．

線結合構造式では，この炭素原子には
結合は二つしか書かない

しかし実際には計四つの結合をつくるため，書かれてはいないが水素原子との結合が二つ存在する．このようにしてすべての水素原子の存在を推測できる．

少し練習すれば結合を数える必要がなくなるだろう．線結合構造式に慣れれば，書かれていなくても水素原子の存在がわかるようになる．この程度の慣れは絶対に必要なので，もう少し練習してみよう．

スキルビルダー 2・2　線結合構造式を読取る

スキルを学ぶ

不安症や不眠症，てんかんなどに処方される鎮静薬，そして筋弛緩薬であるジアゼパム（diazepam）の構造中の炭素原子の数を明らかにし，構造式からその存在が推定されるすべての水素原子を書け．

ジアゼパム

解答

すべての角や末端は炭素原子を表すことを思い出そう．この化合物は次に示すように16個の炭素原子をもつ．

ステップ 1
角や末端で示された炭素原子の数を数える．

炭素原子はそれぞれ結合を四つもたなければならない．そこでそれぞれの炭素原子が計四つ結合をもつように水素原子を書き加える．すでに結合を四つもつ炭素原子は水素原子をもたない．

ステップ 2
水素原子の数を数える．炭素原子はそれぞれ正確に結合を四つもつように水素原子と結合している．

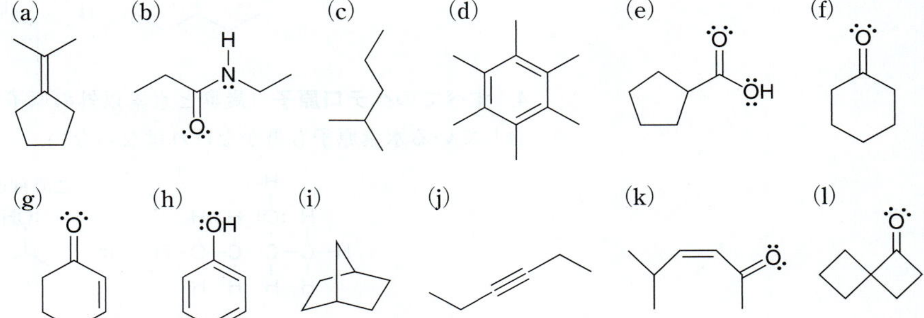

スキルの演習

2・5 次の分子について，炭素原子の数を明らかにし，それぞれの炭素原子に結合している水素原子の数を示せ．

(a) (b) (c) (d) (e) (f)

(g) (h) (i) (j) (k) (l)

スキルの応用

2・6 次の反応では出発物と生成物を示している（必要な反応剤は示していない）．それぞれの反応において生成物の炭素数は出発物より多いか少ないか，あるいは同数か．すなわち，それぞれの反応で炭素数は増えるか，減るか，あるいは変化しないか．

(a) (b)

(c) (d)

2・7 次の反応では，水素原子の数は増えるか，減るか，あるいは変化しないか．

(a) (b)

問題 2・39，2・49，2・52 を解いてみよう．

線結合構造式の書き方

線結合構造式を見て，速やかにその構造がわかるようになることは大切であるが，同じく重要なことは，これを書くことに熟練することである．線結合構造式を書くときには，次の規則に従う．

注意
一つ目の構造はそれぞれの炭素と水素にCとHが書いてあるのに対し，二つ目の構造はCとHは書かれていないことに注意してほしい．いずれも正しい表記法であるが，水素原子は書かずに炭素原子だけ書くのは誤りである(たとえばC–C–C–C)．一つ目のようにすべてのCとHを書くか，2番目のようにいずれも全く書かないかが正しい表記法である．

1. 直鎖状の炭素原子はジグザグに書く．

は　　のように書く

2. 二重結合を書くときは，すべての結合ができるだけ互いに遠くなるように書く．

のほうが　よくない　よりずっとよい

3. 単結合を書くときは結合の方向は任意である．次の二つの化合物は構造異性体ではない．同一の化合物で書き方が異なるだけである．いずれも全く問題ない．

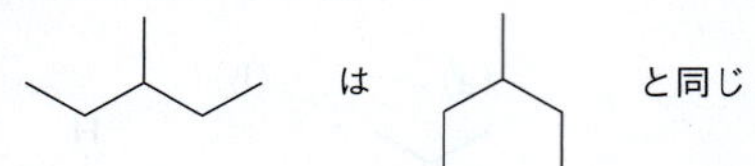

4. すべての**ヘテロ原子**（炭素と水素以外の原子）は必ず書くこと．ヘテロ原子に結合している水素原子も書かなければならない．

は　このHは書かなければならない　のように書く

5. 炭素原子から結合を五つ以上書いてはならない．炭素原子は原子価殻には四つしか軌道をもたないので，結合も四つしか形成できない．

スキルビルダー 2・3　線結合構造式を書く

スキルを学ぶ

次の化合物の線結合構造式を書け．

解答

線結合構造式を書くには二，三の段階が必要なだけである．まず，ヘテロ原子に結合しているもの以外のすべての水素原子を消去する．ついで，炭素骨格をジグザグの形で書き，三重結合は直線構造となるようにする．最後に炭素原子をすべて消去する．

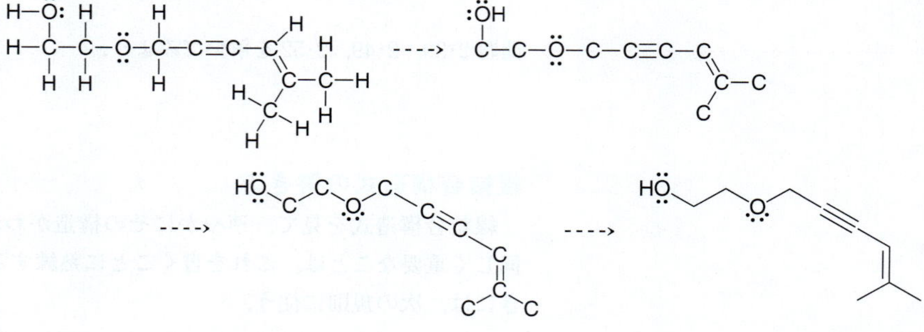

ステップ 1
ヘテロ原子に結合しているもの以外のすべての水素原子を消去する．

ステップ 2
炭素骨格をジグザグの形に書き，三重結合は直線となるようにする．

ステップ 3
炭素原子を消去する．

スキルの演習

2・8　次の化合物の線結合構造式を書け．

(a)

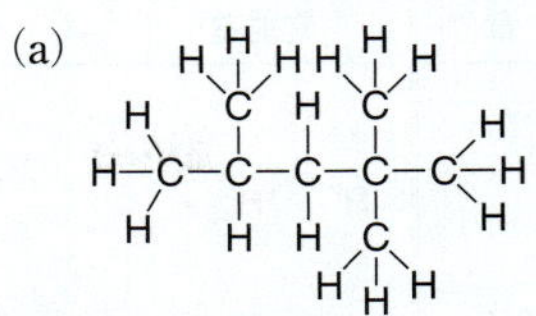

(b)

(c)

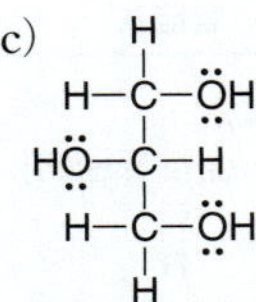

(d)　$(CH_3)_3C-C(CH_3)_3$

(e)　$CH_3CH_2CH(CH_3)_2$

(f)　$(CH_3CH_2)_3COH$

(g)　$(CH_3)_2CHCH_2OH$

(h)　$CH_3CH_2CH_2OCH_3$

(i)　$(CH_3CH_2)_2C=CH_2$

(j)　$CH_2=CHOCH_2CH(CH_3)_2$

(k)　$(CH_3CH_2)_2CHCH_2CH_2NH_2$

(l)　$CH_2=CHCH_2OCH_2CH(CH_3)_2$

(m)　$CH_3CH_2CH_2CH_2CH_2CH_3$

(n)　$(CH_3CH_2CH_2)_2CHCl$

(o)　$(CH_3)_2C=CHCH_2CH_3$

(p)　$(CH_3CH_2)_2CHCH_2OCH_3$

(q)　$(CH_3)_3CCH_2CH_2OH$

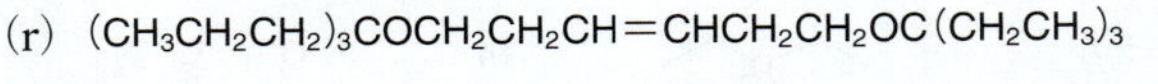

(r)　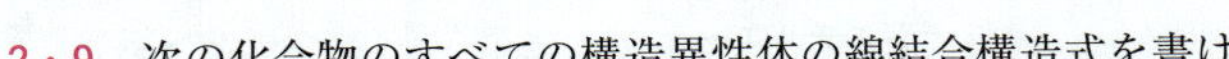
$(CH_3CH_2CH_2)_3COCH_2CH_2CH=CHCH_2CH_2OC(CH_2CH_3)_3$

スキルの応用

2・9　次の化合物のすべての構造異性体の線結合構造式を書け．

$$CH_3CH_2CH(CH_3)_2$$

2・10　次の化合物において，電子密度が低い（δ+）と考えられる炭素原子をすべて示せ．必要であれば，§1・5 を参照せよ．

(a)

(b)

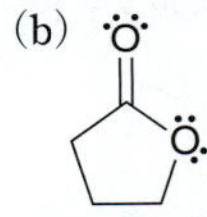

(c)

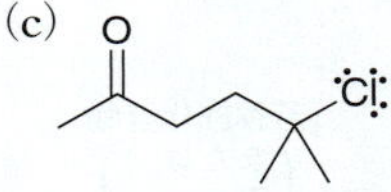

問題 2・40，2・41，2・54，2・58 を解いてみよう．

2・3　官能基を明らかにする

線結合構造式は有機化学者が好んで用いる表記法である．効率がよいことに加え，線結合構造式は見てわかりやすい．たとえば，次の反応をみてみよう．

$$(CH_3)_2CHCH=C(CH_3)_2 \xrightarrow[Pt]{H_2} (CH_3)_2CHCH_2CH(CH_3)_2$$

反応をこのように書くと，何が起こっているかややわかりにくい．示されている情報を理解するのに時間が必要である．しかし同じ反応を線結合構造式を用いて書き直すと，どのような変換が起こっているか容易にわかるようになる．

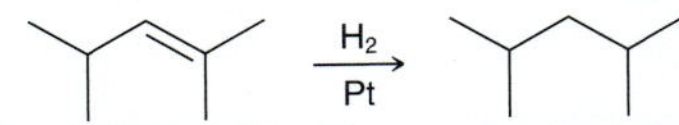

すなわち，二重結合が単結合に変換されていることがすぐにわかる．線結合構造式では官能基とその位置を見分けるのが容易である．**官能基**（functional group）は特有の化学的反応性を示す原子や結合の特徴的な集団である．次に示すそれぞれの反応では，出発物は炭素－炭素二重結合をもち，これが官能基である．炭素－炭素二重結合をもつ化合物は通常白金のような触媒存在下水素分子 H_2 と反応する．次の二つの反応の出発物はいずれも炭素－炭素二重結合をもち，同じような化学的な挙動を示す．

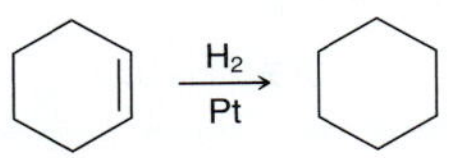

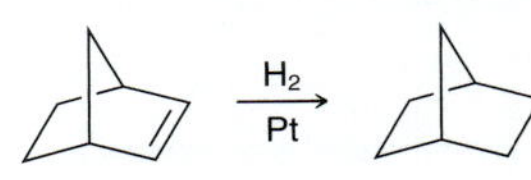

表 2・1 代表的な官能基

官能基[†]	分 類	例	章	官能基[†]	分 類	例	章
R−X: (X＝Cl, Br または I)	ハロゲン化アルキル	塩化プロピル (1-クロロプロパン)	7	RCHO	アルデヒド	ブタナール	20
R₂C＝CR₂	アルケン	1-ブテン	8, 9	RCOOH	カルボン酸	ペンタン酸	21
R−C≡C−R	アルキン	1-ブチン	10	RCOX	ハロゲン化アシル	塩化アセチル	21
R−OH	アルコール	1-ブタノール	13	RCOOCOR	無水物	無水酢酸	21
R−O−R	エーテル	ジエチルエーテル	14	RCOOR	エステル	酢酸エチル	21
R−SH	チオール	1-ブタンチオール	14	RCONR₂	アミド	ブタンアミド	21
R−S−R	スルフィド	ジエチルスルフィド	14	R₃N	アミン	ジエチルアミン	23
(ベンゼン環)	芳香族化合物 (または アレーン)	メチルベンゼン	18, 19				
RCOR	ケトン	2-ブタノン	20				

† R は化合物の残りの部分を意味し，ふつう炭素原子と水素原子からなる.

あらゆる有機化合物の性質はその化合物中の官能基によって決まる．そのため有機化合物の分類は官能基に基づいて行われる．たとえば炭素−炭素二重結合をもつ化合物は**アルケン**（alkene）に分類され，OH 基をもつ化合物は**アルコール**（alcohol）に分類されている．本書の多くの章は官能基によって構成されている．表 2・1 に代表的な官能基と，それを扱う章を示している．

チェックポイント

2・11 アテノロール（atenolol）とエナラプリル（enalapril）は，心臓病に対する処方薬として用いられる．異なる作用機作であるが両者とも血圧を下げ，心臓発作を起こす危険を低減させる．表 2・1 を用いて，これら二つの化合物に存在する官能基をすべて示せ．

アテノロール

エナラプリル

2・4 形式電荷をもつ炭素原子

§1・4で原子価電子数とは異なる数の価電子をもつ原子は形式電荷をもつことを述べた．形式電荷は非常に重要であり，線結合構造式中に示さなければならない．形式電荷を示さないと，線結合構造式は不正確となり，したがって役に立たなくなる．そのため，線結合構造式中の形式電荷を明らかにする方法を練習しよう．

チェックポイント

2・12 次の化合物の窒素原子は形式電荷をもつか．

(a) 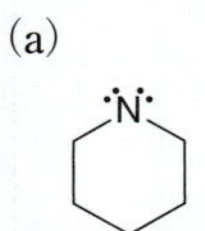
(b) 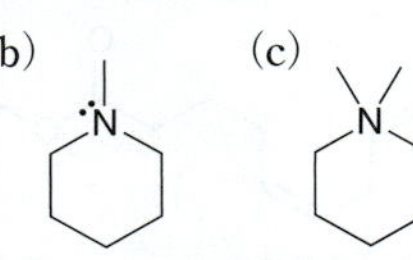
(c) 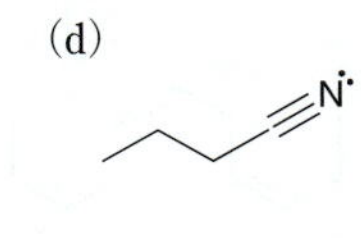
(d) 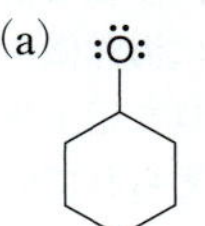

2・13 次の化合物の酸素原子は形式電荷をもつか．

(a) 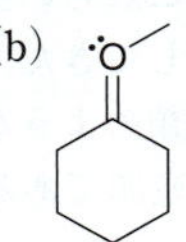
(b) 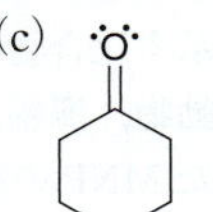
(c) 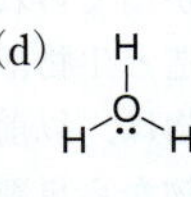
(d) 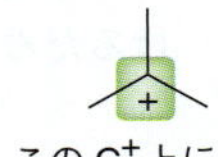

次に，炭素原子の形式電荷を考えてみよう．通常炭素原子は四つの結合をもち，線結合構造式中にははっきりとは示されないが，すべての水素原子がわかるようになっていることを述べた．ここで規則を次のように変更しなければならない．すなわち，**炭素原子は形式電荷をもたないときのみ結合を四つもつ**．炭素原子が正であれ負であれ形式電荷をもつ場合には，四つではなく三つ結合をもつ．その理由を理解するため，まず C^+ を，次に C^- を考えてみよう．

炭素原子の適切な原子価電子の数は4である．正の形式電荷をもつためには，炭素原子は電子を一つ失わなければならない．いいかえると，三つしか価電子をもたないことになる．このような炭素原子は三つしか結合を生成できない．水素原子を数える際にはこのことを考慮しなければならない．

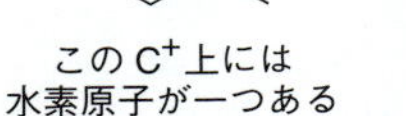

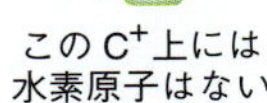

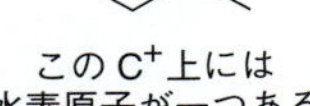

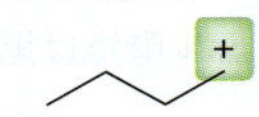

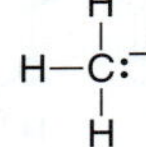

次に負電荷をもった炭素原子を考えてみよう．負の形式電荷をもつためには，炭素原子は一つ余分に電子をもたなければならない．いいかえると，価電子を五つもたなければならない．このうち二つは非共有電子対を形成し，残りの三つの電子が結合生成に用いられる．

以上まとめると，C^+ も C^- も結合を三つしかもたない．両者の違いは四つ目の軌道の性質である．C^+ では四つ目の軌道は空軌道だが，C^- の場合，四つ目の軌道には非共有電子対が存在する．

2・5 非共有電子対を明らかにする

原子の形式電荷を決定するためには，非共有電子対をいくつもっているかを明らかにしなければならない．逆に，原子の非共有電子対の数を決定するためには形式電荷を知らなければならない．これを理解するために，非共有電子対も形式電荷も書かれ

医薬の話題　海洋産天然物

海洋産天然物（marine natural product: MNP）の分野は，研究者が新しい医薬品を求めて海洋の豊富な生物多様性を開拓するとともに急速に発展し続けている．これは天然物化学の一分野となっており，最近になって新薬の開発につながったものもある．スキューバダイビングが普及する前では，海洋産医薬品を発見しようとする努力は紅藻類，海綿，軟体サンゴなどの海岸からあまり離れていない容易に入手可能な海洋生物に向けられた．

その後，対象は，それまでみすごされてきた深海の生物や海洋の沈殿物やマクロな生物と関係のある海洋微生物に焦点が当てられるようになってきた．これらの生物は，多様な構造と生物活性を示す化合物を生産してきた．さらに海洋微生物は，以前軟体動物，海綿，被嚢類（ひのう）のようなマクロな宿主生物から単離されたMNPの真の生産源であると考えられている．

MNPからの医薬品探索の初期のころは，試料の量が限られ少量の生物活性天然物しか得られなかったため，供給量の問題があった．この問題は水産養殖（水生生物の養殖），全合成，そして生合成などの革新的な方法によって解決された．遺伝学（生物のDNA塩基配列の決定）やプロテオミクス（タンパク質の構造や機能の研究）を用いることにより，これらの天然物の生産と分布に新しい知見が得られた．

本書執筆時点で知られているすべてのMNPおよびMNP由来の医薬候補品のうち，米国食品医薬品局(FDA)により一般認可されたものが7，そして少なくとも13が臨床試験のさまざまな段階にある．FDAの認可を受けた医薬品の例として，エリブリンメシル酸塩（eribulin mesylate：E7389），ω-3酸エチルエステル，そしてトラベクテジン（trabectedin: ET-743）がある（構造参照）．

エリブリンメシル酸塩は黒色海綿 *Halichondria okadai* から単離された海洋産天然物であるハリコンドリンB(halichondrin B）の合成類縁体である．これは乳がんが他の臓器に転移したがんの治療に用いられるポリエーテル類縁体であり，細胞の成長を阻害する作用によりがん細胞が死滅する．

ω-3酸エチルエステルは，魚油から単離された長鎖不飽和カルボン酸（ω-3脂肪酸）誘導体を含んでいる．これらはおもにエイコサペンタエン酸（EPA）やドコサヘキサエン酸（DHA）のエチルエステルからなっている．この医薬品は心臓病や脳卒中になりやすい血中の脂肪が高濃度の人に対する治療薬である．

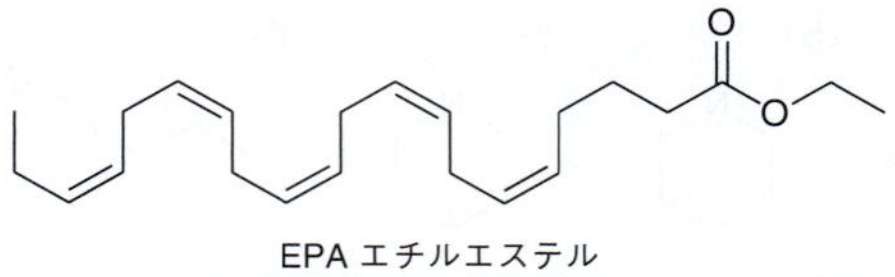

EPA エチルエステル

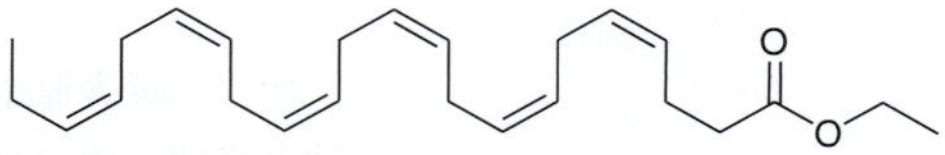

DHA エチルエステル

トラベクテジン（ET-743）は海洋被嚢類 *Ecteinascidia turbinata* から単離され，軟部組織肉腫（STS）の患者や卵巣がんの再発患者の治療に用いられる．トラベクテジンはDNAの副溝に結びつき，細胞死をもたらす．

MNPの未来は非常に明るい．ハイスループットスクリーニング（HTS），化合物ライブラリー，質量分析（MS），核磁気共鳴（NMR）分光法，ゲノム解析，化合物の生合成などの技術的な進歩とともに科学者は将来の医薬品候補となるこれら重要な海洋産の天然物の発見をめざして限界に挑み続けるだろう．

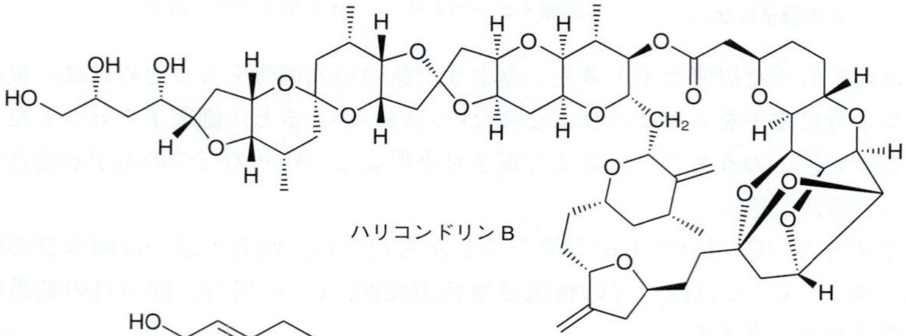

ハリコンドリンB

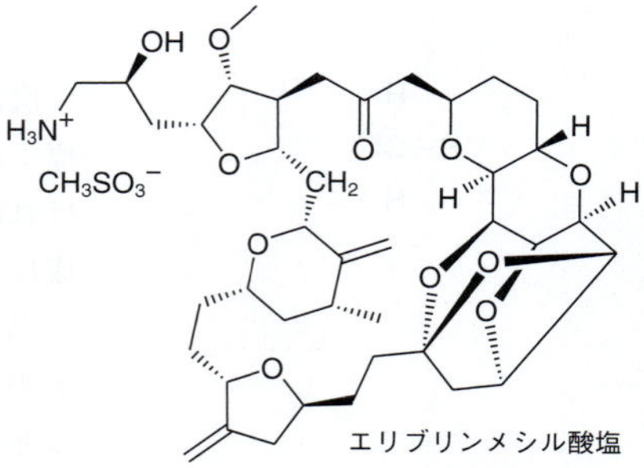

エリブリンメシル酸塩

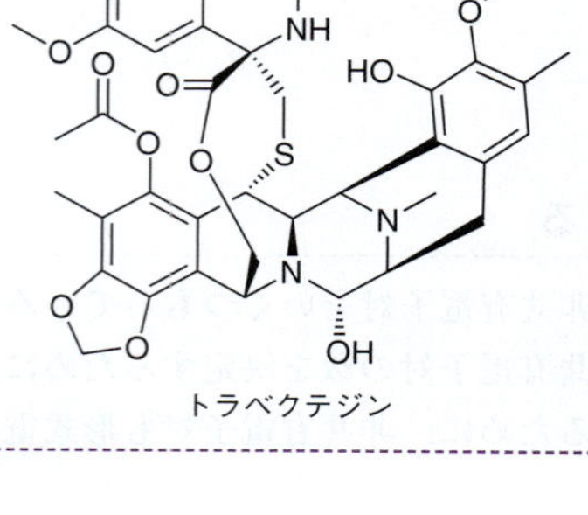

トラベクテジン

ていない次の場合を考えてみよう．

は　あるいは　のいずれの可能性もある

非共有電子対が示されていれば，電荷を決定することができる．非共有電子対が二つあれば負電荷をもち，一つの場合は正電荷をもつ．逆に形式電荷がわかれば，非共有電子対の数がわかる．負電荷をもっていれば非共有電子対を二つ，正電荷をもっていれば非共有電子対を一つもつことを意味する．

注 意
非共有電子対は線結合構造式から省略してもよいが，形式電荷は必ず書き，省いてはならない．

したがって線結合構造式は，すべての非共有電子対かすべての形式電荷のいずれかが示されていなければならない．一般に構造式では形式電荷よりも非共有電子対のほうが多いので，化学者は形式電荷を書き，非共有電子対は書かないのが慣習である．

では，非共有電子対が書かれていない場合にその存在を明確にする方法を説明しよう．次の例は考え方の過程を示している．酸素原子の非共有電子対の数を決定するために，§1・4 で形式電荷を計算するために述べたのと同じ 2 段階の方法を用いる．

1. **原子の原子価電子の数を決定する．** 酸素原子は周期表中で 16 族に属するので原子価電子の数は 6 である．
2. **原子が実際に適切な数の電子をもっているか決定する．** この酸素原子は負の形式電荷をもち，電子を一つ余分にもっている．すなわち，この酸素原子は 6 + 1 = 7 個の価電子をもっている．このうちの一つは C−O 結合を生成するのに用いられている．したがって六つの電子が非共有電子対を形成する．すなわち，この酸素原子は三つの非共有電子対をもつ．

は　と同じ

上記の方法は重要である．しかし，よりいっそう重要なのは，この方法が不必要になるほど原子に慣れることである．識別しなければならない場合はさほど多くはない．酸素原子から始めて系統的に説明しよう．表 2・2 に酸素原子に関する重要なパターンをまとめた．

- 負電荷をもつ酸素原子は結合一つと非共有電子対三つをもつ．
- 電荷をもたない酸素原子は結合二つと非共有電子対二つをもつ．
- 正電荷をもつ酸素原子は結合三つと非共有電子対一つをもつ．

表 2・2　特定の数の結合と非共有電子対に伴う酸素原子の形式電荷

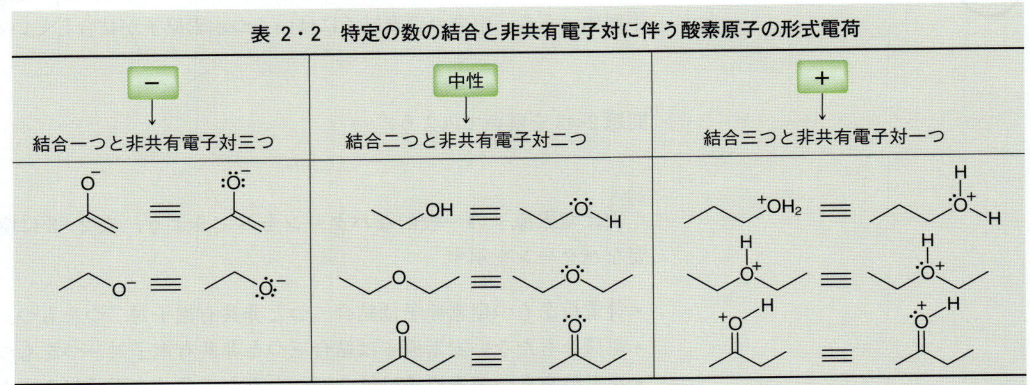

スキルビルダー 2・4　酸素原子の非共有電子対を明らかにする

スキルを学ぶ

次の化合物の酸素原子の非共有電子対をすべて書け．

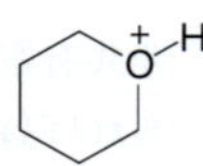

解答

ステップ 1
その原子の原子価電子数を決定する．

ステップ 2
形式電荷を明らかにし，実際の価電子数を決定する．

ステップ 3
結合の数を数え，実際の価電子のうちのいくつが非共有電子対であるかを決定する．

この酸素原子は正の形式電荷と三つの結合をもつ．このパターンを識別してほしい．正電荷と三つの結合をもつ場合，酸素原子は非共有電子対を一つもつ．

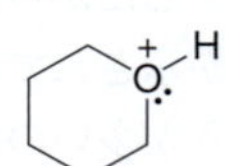

別法として，あまり好ましくないが，次の２段階の方法で非共有電子対の数を計算することもできる．まず，その原子の原子価電子数を決定する．酸素原子は周期表中では16族の元素なので原子価電子を六つもつ．次にその原子が適切な数の電子をもっているかを確認する．この酸素原子は正電荷をもつので，電子を一つ失っている．すなわち6－1＝5個の価電子をもつ．このうち三つの電子が結合を生成するのに用いられるので，二つ電子が残り非共有電子対を形成している．したがってこの酸素原子は非共有電子対を一つだけもつ．

スキルの演習

2・14　次の化合物のそれぞれの酸素原子の非共有電子対をすべて書け．まず表2・2を復習し，それから解いてみよう．電子の数を数えずにすべての非共有電子対を明らかにしてみよう．それから答が正しいか電子数を数えてみよう．

(a) 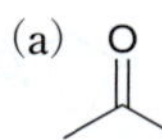
(b)
(c) 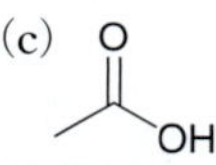
(d)

(e)
(f) 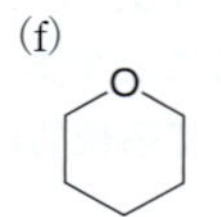
(g)
(h) 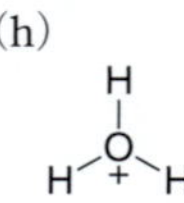

(i)
(j) 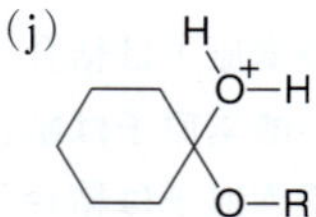

スキルの応用

2・15　カルベンは炭素原子が非共有電子対を一つもち，かつ電荷をもたない高反応性中間体である．中央の炭素原子にはいくつ水素原子が結合しているか．

問題 2・43 を解いてみよう．

次に窒素原子の一般的なパターンをみてみよう．表2・3に窒素原子でよくみる重要なパターンを示す．

- 負電荷をもつ窒素原子は結合二つと非共有電子対二つをもつ．
- 電荷をもたない窒素原子は結合三つと非共有電子対一つをもつ．
- 正電荷をもつ窒素原子は結合四つをもち，非共有電子対をもたない．

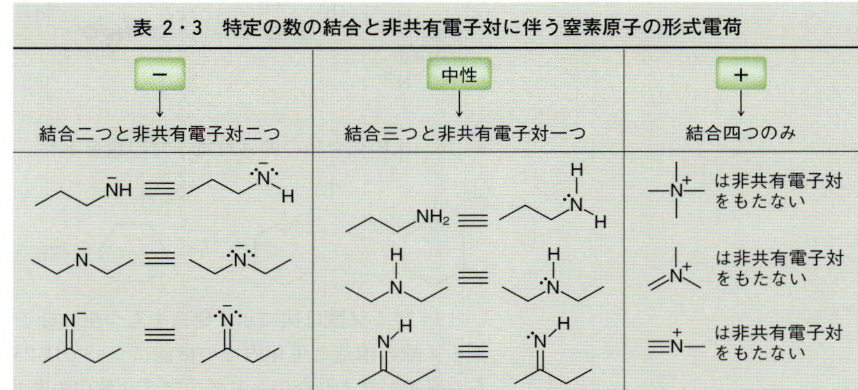

スキルビルダー 2・5　窒素原子の非共有電子対を明らかにする

スキルを学ぶ

次の化合物の窒素原子の非共有電子対をすべて書け．

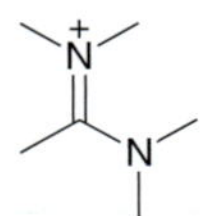

解答

ステップ 1
その原子の原子価電子数を決定する．

ステップ 2
形式電荷を明らかにし，実際の価電子数を決定する．

ステップ 3
結合の数を数え，実際の価電子のうちのいくつが非共有電子対であるかを決定する．

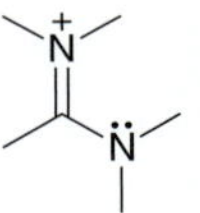

上の窒素原子は正の形式電荷と四つの結合をもつ．下の窒素原子は結合を三つもち電荷をもたない．これより上の窒素原子は非共有電子対をもたず，下の窒素原子は一つもつことをすぐに見分けてほしい（右図）．

別法として，あまり好ましくないが，次の2段階の方法で非共有電子対の数を求めることができる．まず，その原子の原子価電子を決定する．窒素原子は原子価電子を五つもつ．次にそれぞれの原子が適切な数の電子をもっているかを確認する．上の窒素原子は正電荷をもっているので，電子を一つ失っている．すなわち，この窒素原子は価電子を四つもつ．この窒素原子は結合を四つもっているので，四つの価電子すべてを結合生成に用いている．したがってこの窒素原子は非共有電子対をもたない．下の窒素原子は，電荷をもたないので価電子を五つもつ．結合を三つもっているので，2電子残っており，したがって非共有電子対を一つ形成している．

スキルの演習

2・16　次の化合物の窒素原子の非共有電子対をすべて書け．問題を解く前にまず表2・3を復習し，それから解いてみよう．電子の数を数えずにすべての非共有電子対を明らかにしてみよう．それから答が正しいか電子数を数えてみよう．

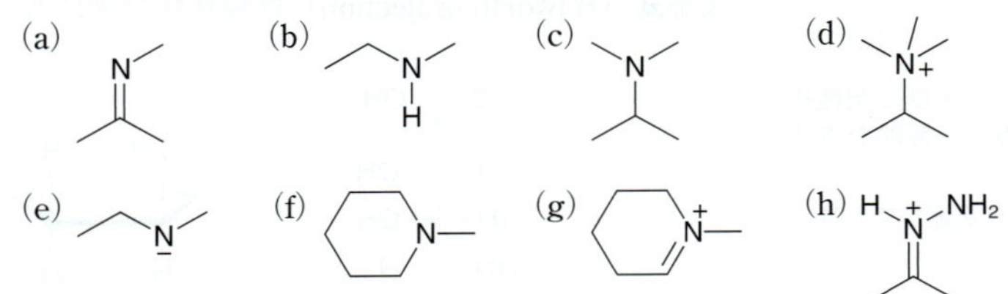

スキルの応用

2・17　次の化合物はいずれも酸素原子と窒素原子を含んでいる．これらの原子の非共有電子対をすべて書け．

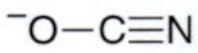

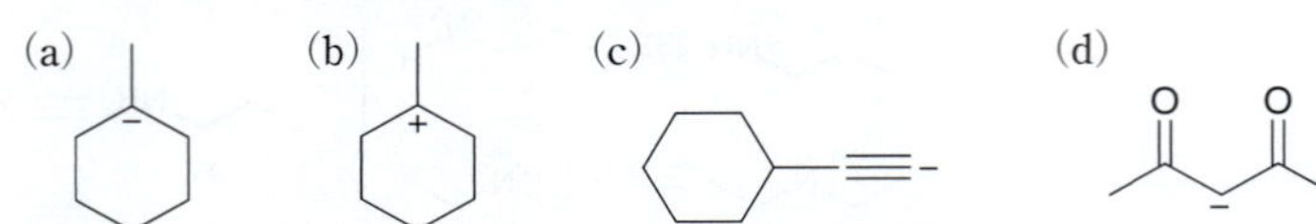

2・18　次の化合物の非共有電子対の数を示せ．

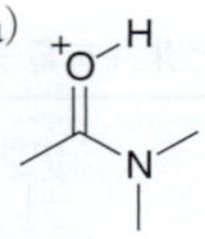

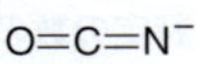

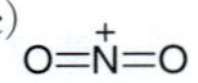

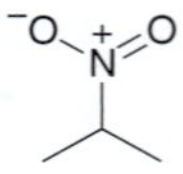

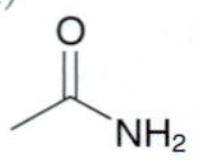

(a)　(b)　(c)　(d)

2・19　アミノ酸は次に示す構造をもつ生体分子であり，Rがいろいろな基に変化する．アミノ酸の構造と生体内での機能については25章で説明する．Rには非共有電子対をもつ原子が含まれないとして，アミノ酸中の非共有電子対の総数はいくつか．

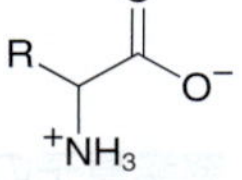

アミノ酸

問題2·39を解いてみよう．

2・6　三次元線結合構造式

本書を通して，化合物の三次元構造を表すのにいろいろな表記法を用いる．最も一般的な方法は，三次元的構造を表すために**くさび**（wedge）と**破線**（dash）を用いる線結合構造式である．この方法は鎖状，環状，二環性化合物を含め，あらゆる種類の化合物に用いられる（図2・1）．図2・1の化合物では，くさびは紙面手前に，破線は紙面奥に結合が向いていることを表す．このくさびと破線を5章およびそれ以降，広範に用いる．

図 2・1　くさびと破線で三次元構造を示した線結合構造式

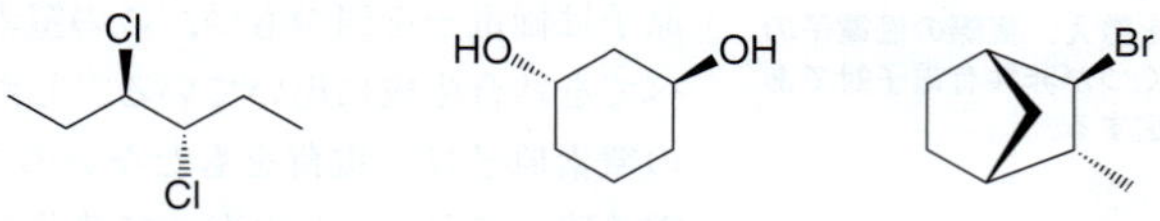

鎖状　環状　二環性

場合によっては，別の方法が用いられることがある．いずれも三次元構造を示す（図2・2）．**Fischer（フィッシャー）投影式**（Fischer projection）は鎖状化合物に用いられ，**Haworth（ハース）投影式**（Haworth projection）は環状化合物にもっぱら用いられる．

図 2・2　鎖状，環状，および二環性化合物の三次元構造を表す一般的な方法

これらの表記法は，本書を通じて，特に5, 9, 24章で用いる．

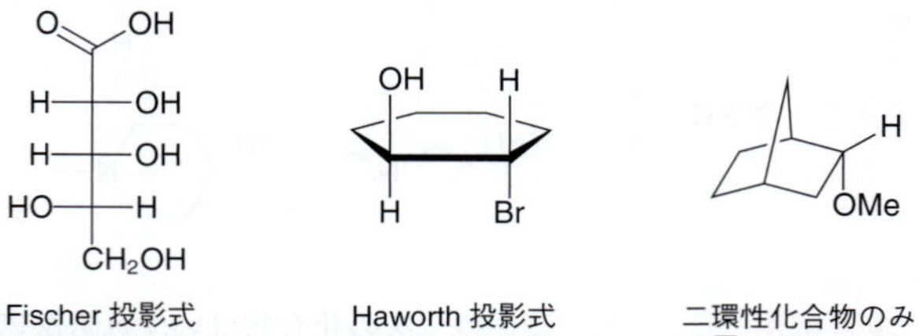

Fischer 投影式
鎖状化合物のみに用いる

Haworth 投影式
環状化合物のみに用いる

二環性化合物のみに用いる

2・7 共鳴についての基礎

線結合構造式が適切でない場合

線結合構造式が有機化合物の構造を表記するのに，最も効率のよい，よく用いられている方法であることを述べた．しかし，線結合構造式には重大な欠点が一つある．すなわち，結合を生成する 1 対の電子は常に二つの原子間の直線で表される点である．いいかえると結合電子は二つの原子間に限定されて存在するように示される．左の例のように，一般にはこの考え方は妥当である．この場合 π 電子は書かれている中央の二つの炭素間部位に存在する．

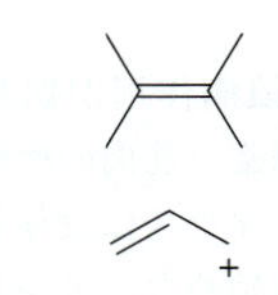

しかし電子密度が分子のより広い領域に広がっていることもある．たとえば**アリルカルボカチオン**（allyl carbocation）とよばれる左に示すイオンを考えてみよう．この化合物の構造からは，左側に二つの π 電子（π 結合をつくる p 軌道の電子）が，右側に正電荷が存在するようにみえる．しかしこれはこの化合物の真の姿ではなく，この書き方は不適切である．この化合物をより詳しく理解するため，まずその混成状態を解析してみよう．三つの炭素原子はそれぞれ sp^2 混成である．なぜだろうか．左側の二つの炭素原子はそれぞれの炭素原子が p 軌道を利用して π 結合を形成しているので，いずれも sp^2 混成である（§1・9）．三つ目の炭素原子は正電荷をもち，空の p 軌道をもつので，これも sp^2 混成である．図 2・3 にアリルカルボカチオンの三つの p 軌道を示す．

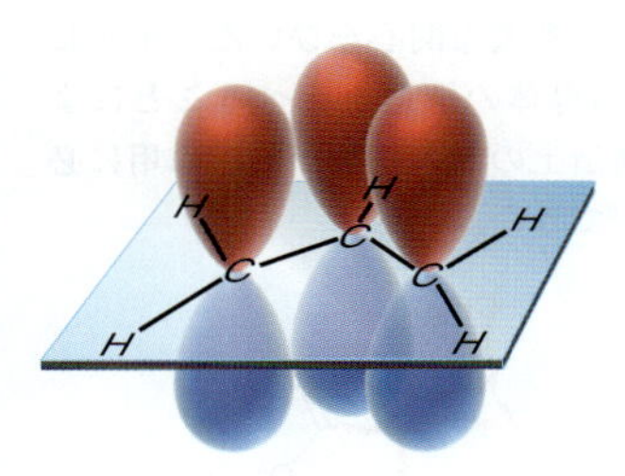

図 2・3　アリルカルボカチオンの p 軌道の重なり

この図を見ると p 軌道が連続していることがわかるだろう．これらが“導水路*”として働き，二つの π 電子が三つの炭素原子上に広がる．原子価結合法では，電子は二つの原子の間に局在しているように扱うので，この系を解析するには不適切である．アリルカチオンを解析するよりよい方法は分子軌道（MO）法である（§1・8）．ここでは電子は個々の原子ではなく分子全体に広がっていると考える．すなわち MO 法では，分子全体を一つの存在として扱い，分子のすべての電子はそれぞれ分子軌道とよばれる空間領域を占有する．一つの軌道には二つの電子が存在し，最もエネルギー準位の低い軌道から始めて，すべての電子が順次軌道を占有する．

* 訳注：ここでは p 軌道が並んで連なっている様子を“導水路”と表している．

MO 法に基づくと，図 2・3 に示した三つの p 軌道はもはや存在しない．その代わりに図 2・4 に示すようにエネルギーが増加する順に三つの分子軌道が生じる．**結合性分子軌道**（bonding molecular orbital）とよばれる最もエネルギーの低い MO は節をもたない．これよりエネルギーの高い次の MO は**非結合性分子軌道**（nonbonding molecular orbital）とよばれ，節を一つもつ．最もエネルギーの高い MO は**反結合性分子軌道**（antibonding molecular orbital）とよばれ，節を二つもつ．アリル系の π 電子は，最もエネルギーの低い MO から順にこれらの分子軌道を占有する．それではいくつの π 電子がこれらの MO を占有するだろうか．アリルカルボカチオンは炭素原子の一つが正の形式電荷をもち，1 電子不足しているので，π 電子を二つしかもたない．したがってアリル系の二つの π 電子は最もエネルギーの低い MO（結合性 MO）を占有する．一つ不足した電子を加えようとすると，この電子はこれよりエネルギーの高い次の MO，すなわち非結合性 MO を占有する．ではこの非結合性 MO をみてみよう．

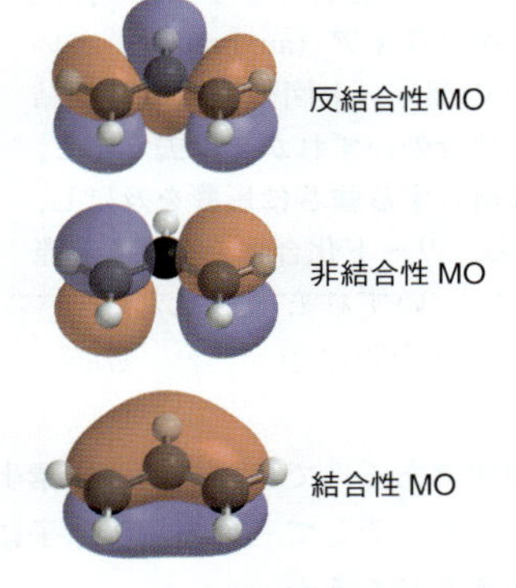

図 2・4　アリル系の π 電子にかかわる分子軌道

この非結合性 MO を占有する電子が存在しなければならないが，その電子が失われている．したがって色のついたローブは空であり，電子不足となっている領域を表す．すなわち MO 法によれば，アリルカルボカチオンの正電荷は系の一方の端ではなく，その両端に存在していることが示唆される．

医薬の話題　ファーマコフォアを同定する

本章の冒頭で述べたように，新しい薬を設計(ドラッグデザイン)する方法のひとつに，望みの薬効を示すことが知られている化合物の構造を変化させる**リード化合物の最適化**(lead modification)とよばれる方法がある．既知化合物が他の類似した化合物の開発につながるので，**リード化合物**(lead compound)とよばれる．モルヒネの物語はこのよい例である．

モルヒネ（morphine）は中枢神経系の抑制薬（鎮静作用および呼吸機能の抑制作用）および刺激薬（不安症の兆候をやわらげ多幸症の状態をもたらす）として作用する非常に強力な鎮痛薬である．習慣性があるので，おもに強い痛みに対する短期間の治療や激しい痛みをもつ末期患者に対して用いられる．モルヒネの鎮痛作用は1000年以上も前から利用されてきた．モルヒネはケシの一種 *Papaver somniferum* の未成熟の種子のさやから得られるアヘンの主成分である．1803年にアヘンから初めて単離され，1800年代中ごろまでには外科手術時や，術後の痛みを抑えるために広く使われた．1800年代の終わりにはモルヒネの習慣性が明らかとなり，習慣性のない鎮痛薬の探索が盛んになった．

1925年，モルヒネの構造が明らかとなった．この構造がリード化合物となり，鎮痛作用をもつ他の化合物が生み出された．初期の修飾ではヒドロキシ基 OH を他の官能基に変換することに焦点が絞られた．ヘロイン（heroin）やコデイン（codeine）がその例である．ヘロインはモルヒネよりも活性が高くかつ習慣性も非常に高かった．コデインは逆にモルヒネより活性も習慣性も低かった．コデインは現在，鎮痛薬や咳止めとして用いられている．

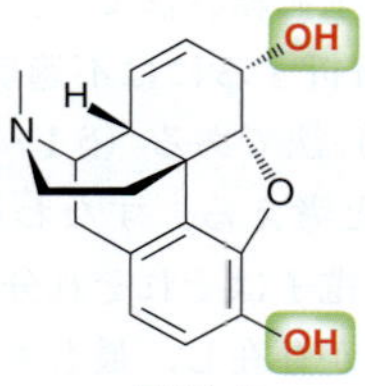

モルヒネ 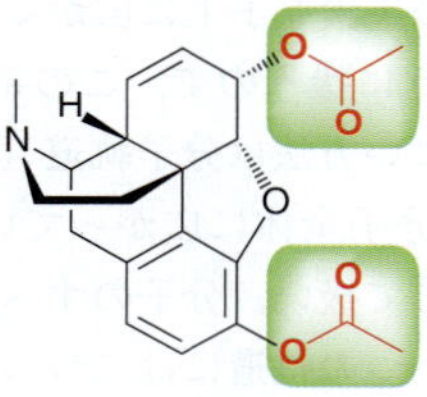　ヘロイン 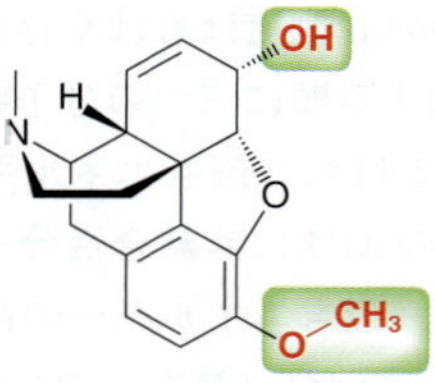　コデイン

1938年メペリジン（meperidine）の鎮痛作用が偶然見つかった．メペリジンはもともとは抗痙攣(けいれん)薬（筋肉の痙攣を抑える）として合成された化合物である．マウスに投与したところ，興味深いことにそのしっぽが立ち始めた．モルヒネやその関連化合物がマウスに同じような作用を及ぼすことがすでに知られていたので，メペリジンもさらに試験され，鎮痛作用を示すことが明らかとなった．この発見は他の鎮痛薬を探索する際の新たな識見として多大な関心をひいた．モルヒネとメペリジンおよびその誘導体の構造を比べることにより，図中に赤で示すように構造上のどの特徴が鎮痛作用に必須であるかを決定することができた．

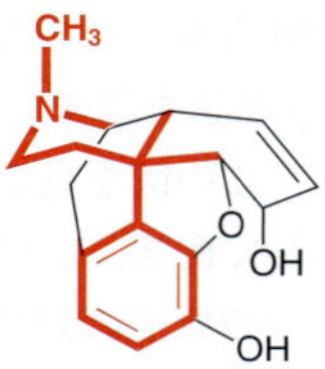

モルヒネ 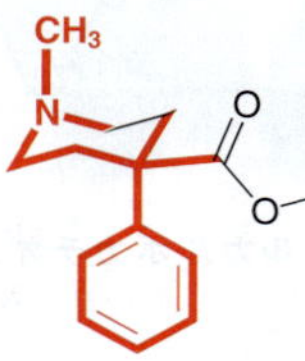　メペリジン

モルヒネをこのように書くと，メペリジンとの構造的な類似が明らかにみてとれる．すなわち，赤で示した結合が鎮痛作用を発現するのに必要な部分である．この部分は**ファーマコフォア**（pharmacophore, 薬理作用団）とよばれる．ファーマコフォアのどの一部でも除去したり変化させたりすると，その化合物は適切な受容体に効果的に結合できなくなり，鎮痛作用を示さなくなる．**オーキソフォア**（auxophore）という言葉は，その化合物の残りの部分（上図の黒で示した結合）のことをさす．これらの結合のいずれかを除去すると，ファーマコフォアが受容体に結合する強さに影響を及ぼし，化合物の鎮痛作用を変化させる．リード化合物を修飾する際

この状態を単一の線結合構造式で表記するのは不適切である．では，二つの炭素上に広がった正電荷をどのように表すことができるだろうか．そして三つの炭素原子に広がっている二つの π 電子をどのように表すことができるだろうか．

共　鳴

線結合構造式で書くのが不適切な場合に用いる方法は**共鳴**（resonance）とよばれる．この方法では，二つ以上の線結合構造式を書き，それらを頭の中で融合させる．

これらの構造を**共鳴構造式**（resonance structure）とよび，正電荷が二つの場所にには，オーキソフォアが修飾する対象となる部位である．たとえば，モルヒネのオーキソフォアが修飾されてメタドン（methadone）やエトルフィン（etorphine）が開発された．

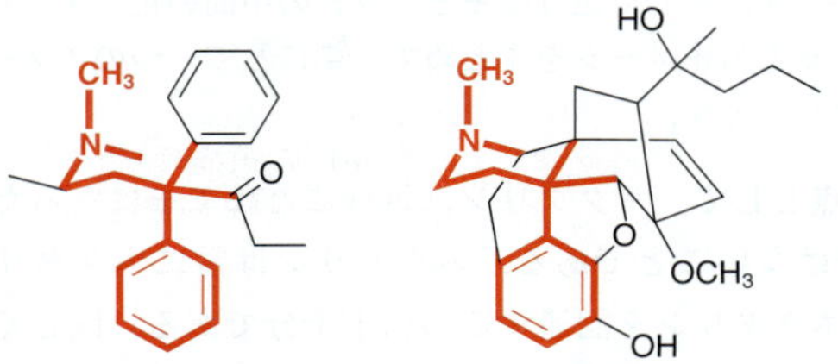

メタドン　　エトルフィン

メタドンは第二次世界大戦中にドイツで開発され，禁断症状に苦しむヘロイン中毒患者に対する治療薬として用いられている．メタドンはヘロインと同じ受容体に結合するが，体内でより長い間保持されるので，通常では禁断症状を生じるような薬の減少に人体が対応できるようになる．エトルフィンはモルヒネより3000倍も活性が高く，獣医学ではゾウや他の巨大な哺乳類を動かなくするのにもっぱら用いられる．

科学者は常に新しいリード化合物を探し求めている．1992年に米国メリーランド州ベセスダの米国立衛生研究所（National Institutes of Health: NIH）の研究者が，エクアドル産のカエル *Epipedobates tricolor* の皮膚からエピバチジン

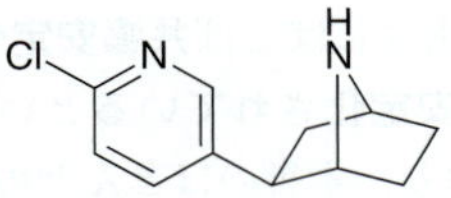

エピバチジン

（epibatidine）を単離した．エピバチジンはモルヒネより200倍も活性の高い鎮痛作用を示す．さらにエピバチジンとモルヒネの受容体は異なることもわかった．この発見は，エピバチジンが新しいリード化合物となりうることを示す画期的な発見だった．この化合物は臨床に用いるには毒性が高すぎたが，多くの研究者が現在，このファーマコフォアを明らかにして毒性のない誘導体を開発しようと研究に取組んでいる．この分野の研究は大変有望と考えられる．

チェックポイント

2・20 トログリタゾン，ロシグリタゾン，ピオグリタゾンはすべて1990年代後半に売り出された糖尿病治療薬で，同じ受容体に作用すると考えられている．

(a) これらの化合物の構造から，抗糖尿病活性を示すのに必須のファーマコフォアと考えられる部位を示せ．

(b) リボグリタゾンの構造を考えてみよう．これは現在開発研究中の抗糖尿病活性をもつ化合物である．ファーマコフォアと考えられる部位を解析し，リボグリタゾンが抗糖尿病活性を示すか推察せよ．

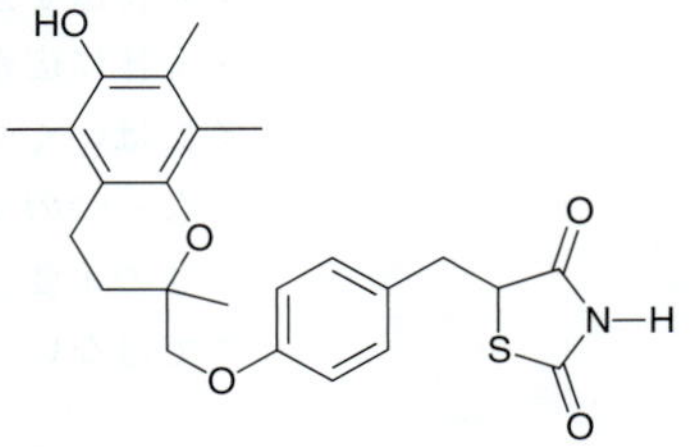

トログリタゾン
troglitazone

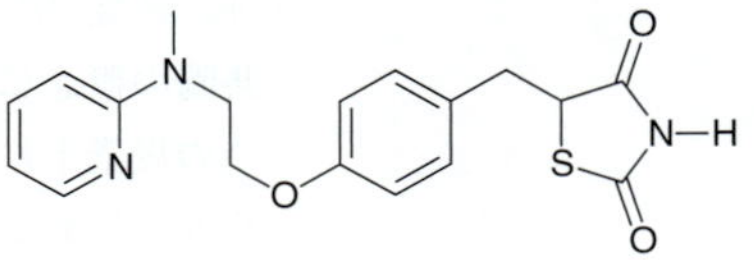

ロシグリタゾン
rosiglitazone

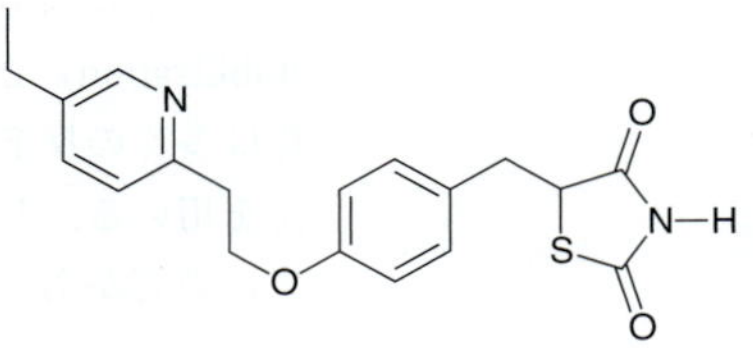

ピオグリタゾン
pioglitazone

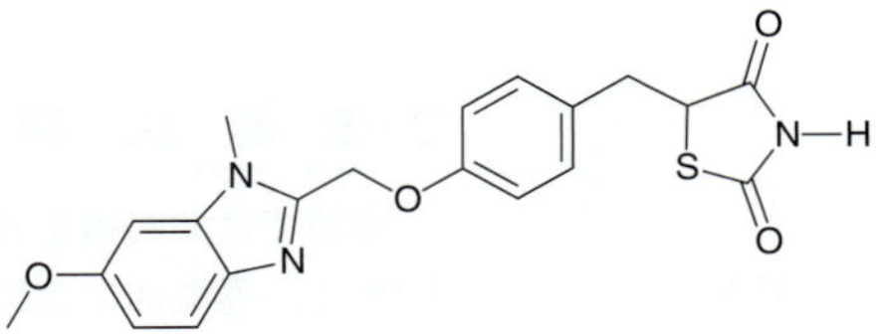

リボグリタゾン
rivoglitazone

広がっていることを示している．

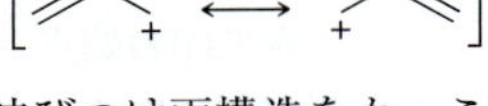

共鳴構造式を直線の両矢印で結びつけ両構造をかっこ [ ] で囲んでいることに注意してほしい．この矢印とかっこは，書かれている構造式が一つの化合物の共鳴構造であることを示している．この二つの共鳴構造式で表された化合物は，**共鳴混成体**（resonance hybrid）とよばれる．これは二つの共鳴構造の間を行ったり来たりしているのではなく，二つの構造の性質をあわせもつ単一の化合物である．このことをよ

りよく理解するため，次のたとえを考えてみよう．ネクタリンを見たことのない人が農夫にネクタリンとはどんなものかと尋ねた．すると農夫は次のように答えた．

> まずモモを心に思い描いてください．次にプラムを思い描いてください．ネクタリンはこの二つの果物の両方の特徴をもっています．内部はモモのような味であり，外側はプラムのようになめらかです．そして色はモモとプラムの中間の色です．ということで，モモのイメージとプラムのイメージをまとめて一緒にして一つのイメージにしてください．それがネクタリンです．

ここでこのたとえの重要な点として，ネクタリンは毎秒ごとにモモになったりプラムになったりしているわけではないことである．ネクタリンは常にネクタリンである．モモのイメージだけではネクタリンを記述するのに不十分である．同じくプラムだけでも不十分である．しかしモモの特徴とプラムの特徴を結び合わせるとネクタリンの特徴を想像することができる．同様に共鳴構造式では，一つの構造式だけでは分子全体に広がった電子密度のようすを適切に表すことはできない．この問題に対処するにはいくつかの構造式を書き，それらを頭の中で一つに融合させ，ネクタリンのような一つのイメージあるいは混成体を得る必要がある．

この重要な点に混乱しないでほしい．共鳴という用語は，動的な状態を表しているのではない．一つの線結合構造式で表すのが困難な場合の対処法を述べた用語である．

共鳴安定化

共鳴の概念についてアリルカチオンを例として説明し，アリルカチオンの正電荷が二つの炭素上に広がっていることを述べた．この電荷の広がりは，**非局在化**（delocalization）とよばれ，安定化に寄与する．すなわち，正電荷あるいは負電荷を非局在化することにより分子は安定化される．この安定化はしばしば**共鳴安定化**（resonance stabilization）とよばれ，アリルカチオンは**共鳴安定化されている**という．共鳴安定化は多くの反応の結果に大きな役割を果たしており，本書のほとんどの章で共鳴の概念を用いる．したがって有機化学を学習するためには共鳴構造の書き方を完全に習得する必要があり，次の数節においてそのために必要なスキルを身につける．

2・8 巻矢印

始点 ⌒ 終点

本節では共鳴構造式を正しく書くために必要な**巻矢印**（curved arrow）について説明する．巻矢印には始点と終点がある．共鳴構造式を書くのに用いられる巻矢印は電子の動きを表しているのではない．単に共鳴構造式を簡単に書くための方法である．この方法では電子は実際には動いていないにもかかわらず，あたかも動いているかのように扱う．3章で実際に電子の流れを表す巻矢印について説明する．本章で出てくる巻矢印はみな共鳴構造を表すための方法であり，電子の流れを表しているのではないことを覚えておこう．

巻矢印の始点と終点を正確に正しい位置に書くことが非常に重要である．始点は電子が流れ出るもとを示し，終点は電子が流れ込む先を示す．ただし，電子が実際にどこかに動いていくのではなく，ここでは共鳴構造式を書くためにあたかも電子が動いているかのように扱っていることを忘れないでほしい．すぐに正しい巻矢印の書き方を説明する．しかしまず，巻矢印を書いてはいけない場所について知る必要がある．共鳴構造式に用いる巻矢印を書くときには次の二つの規則を守らなければならない．

1. 単結合を切断してはならない
2. 第2周期の元素に関してはオクテットを超えてはならない

それぞれをより詳しくみてみよう.

1. 共鳴構造式を書くときに単結合を切断してはならない. 定義では, 共鳴構造式では同じ原子が同じ順序に結合していなければならない. 単結合を切断してしまうとこの規則が守られなくなる.

単結合を切断してはいけない

この規則にはほとんど例外はない. 本書では2回だけ (いずれも9章で) この規則が破られる. それぞれなぜそれが許されるか説明する. それ以外のすべての場合において, 巻矢印の始点を単結合上に置いてはならない.

2. 第2周期の元素に関してはオクテットを超えてはならない. 第2周期の元素 (C, N, O, F) は, その原子価殻に四つしか軌道をもたない. それぞれの軌道は, 結合をつくるか非共有電子対を収容することができる. したがって, 第2周期の元素は結合の数と非共有電子対の数の和は決して4を超えることができない. 結合を五つや六つもつことはできない. 最大で四つである. 同様に結合四つと非共有電子対をもつことも, 軌道が五つ必要となるのでできない. 同じ理由で, 結合三つと非共有電子対二つをもつことはできない. この第二の規則に反する巻矢印の例をいくつかみてみよう. これらの例においては, 中心原子は五つ目の軌道をもたないので, 結合を生成することはできない.

誤った巻矢印

は と同じ

誤った巻矢印　誤った巻矢印

上の例ではそれぞれの誤りは明らかである. しかし左に示す線結合構造式では水素原子や非共有電子対が書かれていないので, 誤りを見つけるのはよりむずかしくなる. 書かれていない水素原子を"見る"ようにしなければならない. 一目見ただけでは左の構造式の巻矢印が二つ目の規則を破っていることを見てとるのはむずかしい. しかし, 水素原子の数を数えると, 巻矢印により結合を五つもつ炭素原子が生じることがわかる.

これ以降, 二つ目の規則を**オクテット則** (octet rule) とよぶ. しかし注意してほしい. 共鳴構造式を書く際に, 第2周期の元素が九つ以上の電子をもつ場合にこの規則が破られたと考えるだけである. 第2周期の元素が八つ未満しか電子をもたない場合には規則を破っているわけではない.

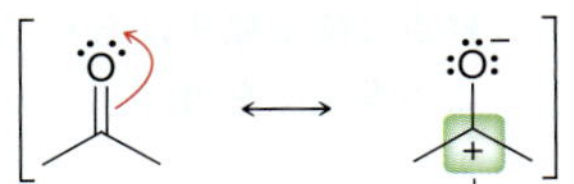

この炭素原子は
オクテット則をみたしていない

上記の右側の図は, 中央の炭素原子は6電子しかもたないが, なんら問題はない. オクテット則は八つを超える電子をもつ場合にのみ破られたと考える．

この二つの規則（単結合を切断してはいけない．そして，第2周期の元素はオクテットを超えてはならない）は，巻矢印の終点と始点の二つの特徴を反映している．始点の位置が正しくないと第一の規則が破られ，終点の位置が正しくないと第二の規則が破られる．

スキルビルダー 2・6　共鳴の矢印が正しいか確認する

スキルを学ぶ

次の構造式に書いてある矢印を見て，巻矢印を書く際の二つの規則のいずれかが破られていないか確認せよ．

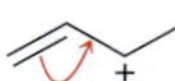

解答

ステップ 1
巻矢印の始点が単結合上に置かれていないことを確認する．

ステップ 2
巻矢印の終点がオクテット則を破っていないかを確認する．

二つの規則が守られているかを確認するためには，巻矢印の始点と終点を注意して見なければならない．始点は二重結合にあるので，この巻矢印は単結合を切断しない．したがって第一の規則は破られていない．

次に矢印の終点をみてみよう．オクテット則は守られているだろうか．五つ目の結合が生成しつつあるだろうか．カルボカチオン C^+ は結合を四つではなく，三つしかもたないことを思い出そう．ここには結合が二つ示されている．すなわち，この C^+ は水素原子一つだけと結合している．したがってこの巻矢印により炭素原子は四つ目の結合をつくり，これはオクテット則に反していない．

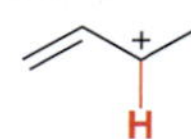

二つの規則が破られていないので，この巻矢印は正しい．矢印の始点と終点の位置は正しい．

スキルの演習

2・21　次のそれぞれについて，巻矢印が二つの規則を守っているかどうか確認せよ．もし守られていなければどちらの規則に反するか述べよ．水素原子と非共有電子対すべてを数えることを忘れてはならない．

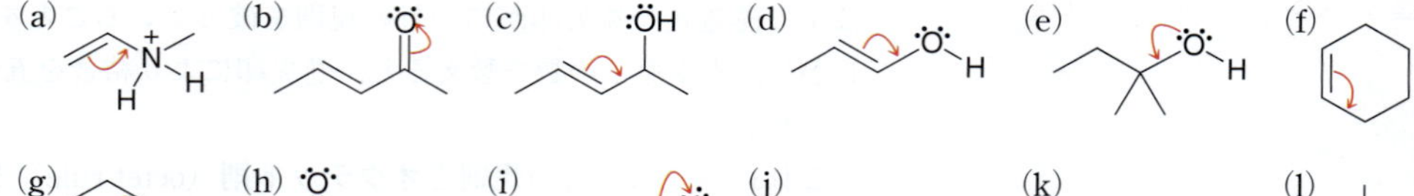

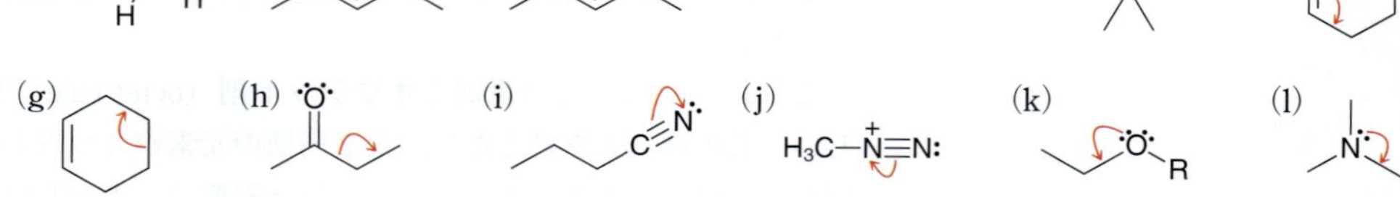

スキルの応用

2・22　次の化合物の共鳴構造式を書くには，巻矢印が一つ必要である．この巻矢印の終点は酸素原子にあり，巻矢印の規則を守ることのできる始点の位置は1箇所しかない．この巻矢印を書け．

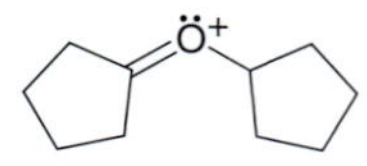

問題 2·51 を解いてみよう．

二つ以上の巻矢印を用いるときは，すべての巻矢印で規則が守られているか確認しなければならない．たとえば，次の巻矢印はオクテット則に反する．

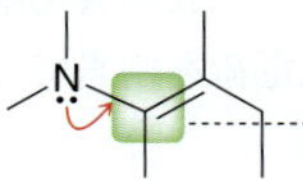

この炭素原子は五つ目の結合をつくることはできない

巻矢印を書くのは自転車乗りのようなものである．他人が乗るのを見ても自転車に乗ることができるようにならない．これには練習が必要である．ときどき転ぶことも学習の過程で必要である．同じことが巻矢印にも当てはまる．これを身につけるには練習しかない．本章は共鳴構造式を練習し習得するために十分な機会が与えられるよう企図されている．

しかし，巻矢印をもう一つ加えることによってこの問題を解決できる．

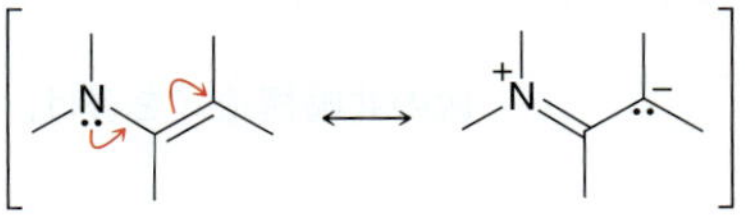

二つ目の巻矢印は，一つ目の巻矢印の問題を取除く．この例では二つの巻矢印を合わせると規則が守られているので，両方の巻矢印ともに問題ない．

2・9 共鳴構造式の形式電荷

§1・4で形式電荷の求め方を説明した．共鳴構造式中にはしばしば形式電荷が含まれ，それらを正しく書くことが非常に重要である．次の例を考えてみよう．

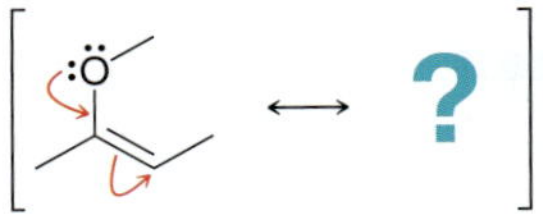

?

この例では，巻矢印が二つある．一つ目の巻矢印は酸素の非共有電子対の一つから電子を押出して結合を生成し，二つ目の矢印はπ結合から電子を押出して炭素原子に非共有電子対を形成する．この二つの矢印に従って同時に電子を押出すことにより，二つの規則は守られる．それでは巻矢印の与える指示に従って共鳴構造式を書く方法に焦点を絞ろう．酸素原子から非共有電子対を一つ取去り，炭素と酸素原子の間にπ結合を生成する．そしてC=Cπ結合から電子を押出し，炭素原子に非共有電子対をおく．

注 意
電子が実際に動いているわけではない．あたかも動いているかのように扱っているだけである．

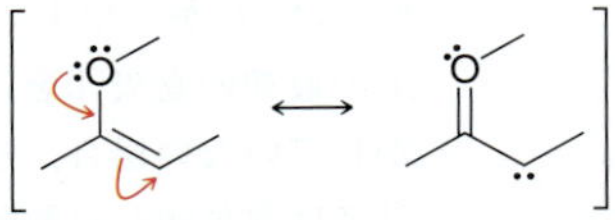

矢印はまさに言語のようなものであり，何をなすべきかを教えてくれる．しかし構造式は形式電荷を書かないと完全ではない．形式電荷を割当てる規則を適用すると，酸素原子は正電荷を，炭素原子は負電荷をもつことがわかる．

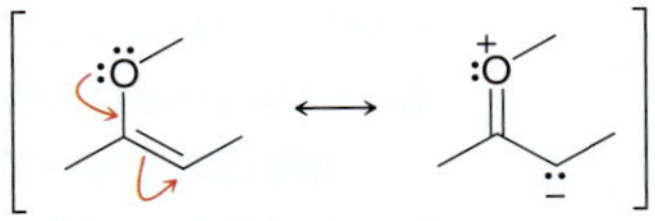

形式電荷を知る別の方法は，巻矢印が何を意味するかを理解することである．この場合，巻矢印は酸素原子が非共有電子対を一つ失い，結合を一つ得ていることを示している．いいかえると，電子を二つ失って一つだけ取戻していることになる．その結

果，酸素原子は電子を一つ失い，共鳴構造式中では正電荷をもたなければならない．同様の解析を右下の炭素原子に対して行うと，負電荷をもたなければならないことがわかる．それぞれの共鳴構造で総電荷は同じであることに注意してほしい．共鳴構造式中に形式電荷を割当てる練習をしよう．

スキルビルダー 2・7　共鳴構造式中に形式電荷を割当てる

スキルを学ぶ

次の共鳴構造式を書け．形式電荷も忘れずに書くこと．

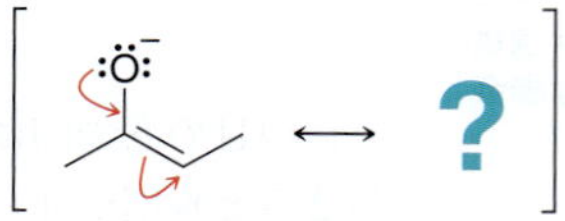

解 答

巻矢印が示すように酸素原子の非共有電子対の一つから電子が流れ込んで結合をつくり，C=C π 結合から電子が押出され炭素原子に非共有電子対ができる．この例は先の例と非常によく似ている．巻矢印は酸素原子の非共有電子対が一つなくなり，炭素原子と酸素原子の間に二重結合が生成し，炭素－炭素二重結合を単結合にして炭素原子に非共有電子対を形成することを示している．

ステップ 1
巻矢印の示していることを注意深く読取る．

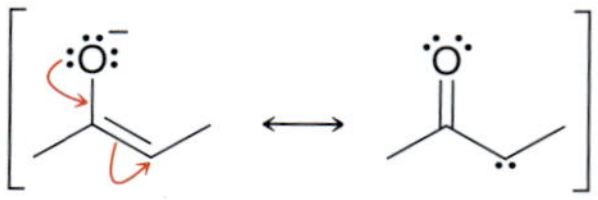

最後に形式電荷を割当てなければならない．この場合，出発物には酸素原子に負電荷があるがこの電荷は矢印が示すように押出されて炭素へと流れ込む．したがって炭素原子が負電荷をもたなければならない．

ステップ 2
形式電荷を割当てる．

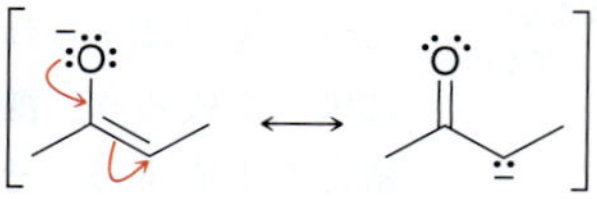

本章の初めのほうで，線結合構造式には非共有電子対を書く必要はないと述べた．上の例では，わかりやすくするために非共有電子対を書いている．ここで一つ問題が生じる．上の最初の巻矢印をみてほしい．矢印の始点は非共有電子対にある．非共有電子対が書かれていない場合，巻矢印をどのように書けばよいだろうか．このような場合，有機化学者は巻矢印が負電荷から出ているように書くことがある．

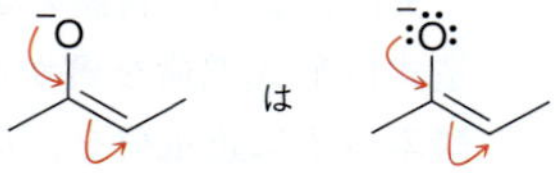

は　　と同じ

しかしこの習慣はときに誤りにつながるので避けたほうがよい．非共有電子対を書いて巻矢印の始点を負電荷からではなく非共有電子対から始めることが望ましい．

共鳴構造式を書いて形式電荷を割当ててから共鳴構造式の全体の電荷を数えるのはよいことである．電荷の総和はもとの構造と同じでなければならない（電荷の保存）．最初の構造が負電荷をもつならば，共鳴構造も負電荷をもたなければならない．そうでない場合，その共鳴構造は誤りである．ある化合物の電荷の総和はすべての共鳴構造で同じでなければならない．この規則に例外はない．

スキルの演習

2・23　次の構造について，巻矢印により生じる共鳴構造を書け．形式電荷を忘れずに書くこと．

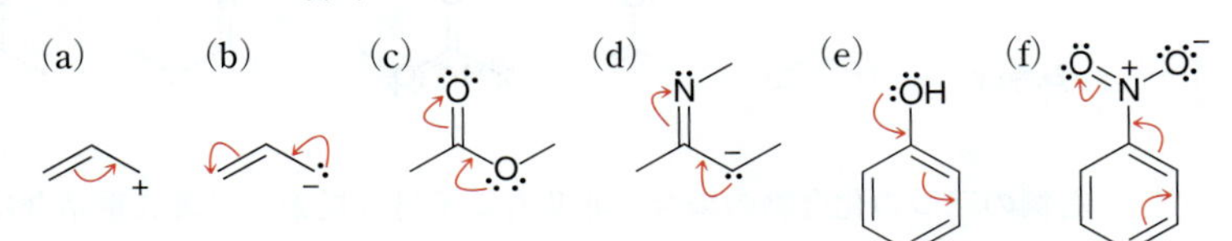

スキルの応用

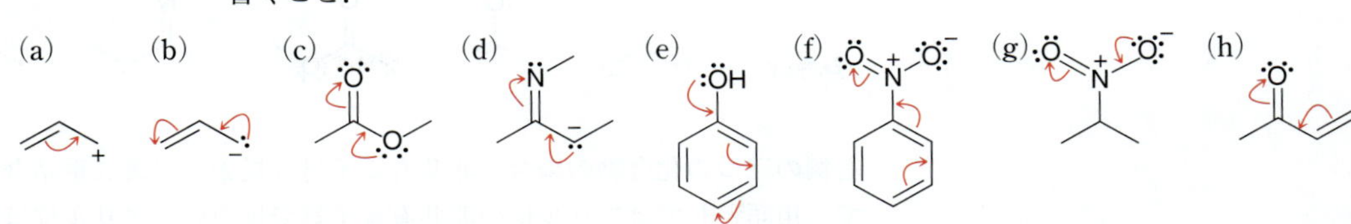

2・24　左側の共鳴構造を右側の共鳴構造に変換するのに必要な巻矢印を書け．まず非共有電子対をすべて書き，次に形式電荷を考慮すること．

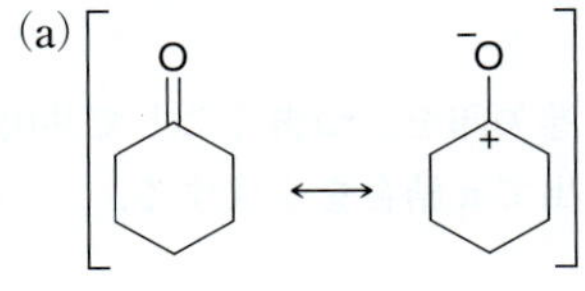

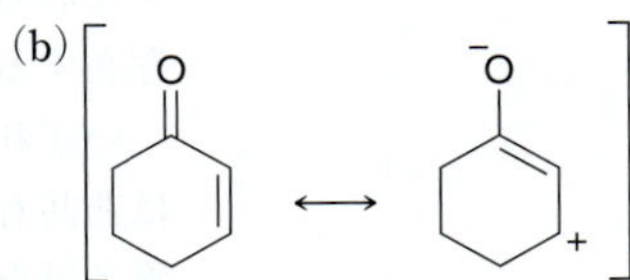

問題 2・44，2・53 を解いてみよう．

2・10　パターンを識別して共鳴構造式を書く

共鳴構造式の書き方に十分熟練するためには，次の五つのパターンを識別する必要がある．1) アリル位の非共有電子対，2) アリル位の正電荷，3) 正電荷に隣接する非共有電子対，4) 電気陰性度の異なる二つの原子間のπ結合，5) 環内の共役したπ結合，である．

これら五つのパターンについて順次，例や練習問題とともに詳しくみてみよう．

1. アリル位の非共有電子対．まず初めに，本書を通じて頻繁に用いる重要語句について説明しよう．ある化合物が炭素−炭素二重結合をもつとき，二重結合を形成する二つの炭素原子は**ビニル位**（vinylic position）とよばれ，ビニル位の炭素と直接結合している原子は**アリル位**（allylic position）とよばれる．

ここではアリル位の非共有電子対について注目する．たとえば二つの非共有電子対をもつ次の化合物をみてみよう．

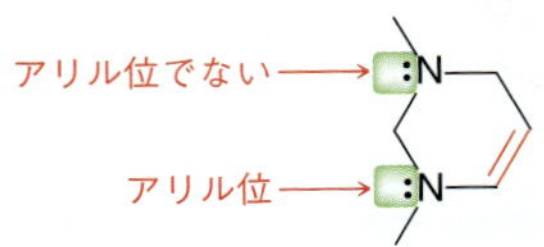

どれがアリル位の非共有電子対か，見分ける必要がある．いくつか例を示す．

右側の三つの化合物の場合，非共有電子対は炭素－炭素二重結合に隣接していないので，用語としてはアリル位の非共有電子対ではない（アリル位は炭素－炭素二重結合の隣の位置を示し，ほかの原子からなる二重結合の場合には用いない）．しかし，共鳴構造式を書くために，これらの非共有電子対をアリル位の場合と同じように扱う．すなわち上の例すべてにおいて，二重結合に隣接して少なくとも非共有電子対が一つ存在する．

いずれの場合も，巻矢印を二つ書くことで共鳴構造式が得られる．一つ目の巻矢印は非共有電子対から出てπ結合を生成する．二つ目の巻矢印はπ結合から出て非共有電子対を形成する．

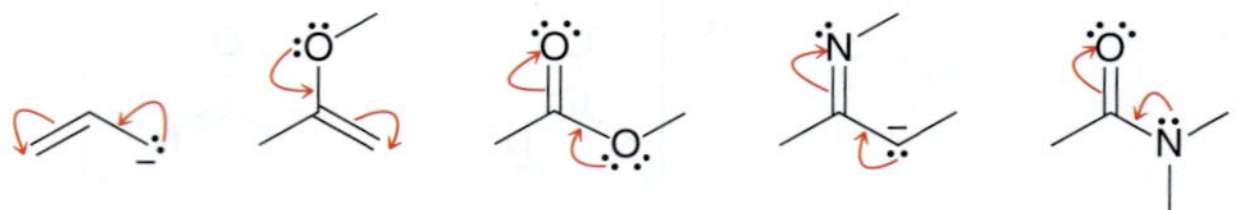

それぞれの場合に生じる形式電荷を注意して考えてみよう．非共有電子対をもつ原子が負電荷をもつ場合，その負電荷は最後に非共有電子対を受け入れる原子に移動する．

非共有電子対をもつ原子が負電荷をもたない場合，その原子は正電荷をもつようになり，非共有電子対を受け入れる原子は負電荷をもつ．

このパターン（二重結合に隣接する非共有電子対）が識別できると，形式電荷を計算し，オクテット則が守られているか確認する手間が省ける．

チェックポイント

2・25　次の化合物のそれぞれについて，上記で学んだパターン（二重結合に隣接する非共有電子対）の存在を明らかにし，適切な共鳴構造式を書け．

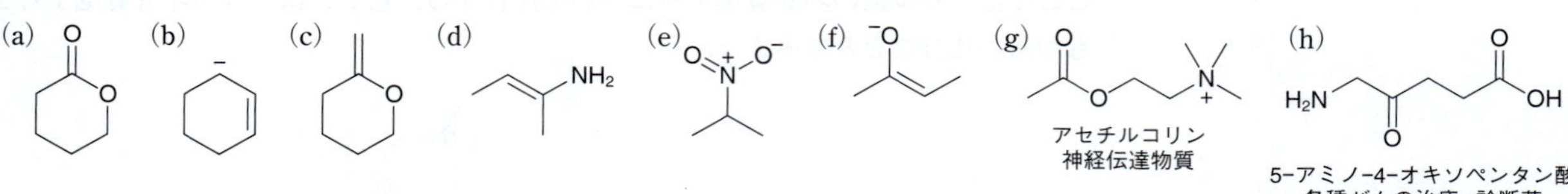

2. アリル位の正電荷. もう一度アリル位に注目してみよう．ただし，今度はアリル位の正電荷に着目する．

アリル位の正電荷

アリル位に正電荷がある場合，巻矢印は一つで足りる．この矢印は π 結合から出て，新しい π 結合を形成する．

この過程で形式電荷がどうなるのかみてみよう．正電荷は系の反対側の端に移動する．上記の例では正電荷は二重結合一つに隣接している．次の例では二重結合が二つあり，π 結合がちょうど σ 結合一つで隔てられているため**共役**（conjugation）しているという．（共役 π 電子系については 17 章で詳しく述べる.）

この場合には，π 結合それぞれから一度に一つずつ電子を押出す．

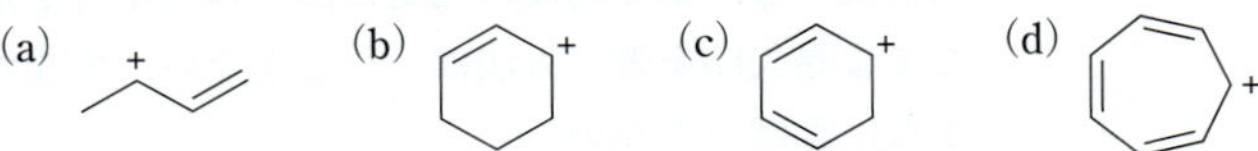

矢印は何が起こっているかを示しているので，それぞれの共鳴構造式の形式電荷を再計算して時間を無駄にするのはやめよう．正電荷を電子密度の空孔（電子の不足している場所）と考えよう．この空孔を埋めるために π 電子を押込むと，近くに新しい電子密度の空孔が生じる．このようにして，空孔は一つの場所から別の場所へ移動する．上記の構造中では巻矢印の始点は正電荷ではなく，π 結合にある．巻矢印の始点を正電荷に置いてはいけない（よくみられる誤りである）．

チェックポイント

2・26　次の化合物の共鳴構造式を書け．

(a)　(b)　(c)　(d)

3. 正電荷に隣接する非共有電子対. 次の例を考えてみよう．

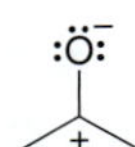

酸素原子には非共有電子対は三つあり，すべて正電荷に隣接している．このパターンでは巻矢印は一つだけ必要である．巻矢印の始点を非共有電子対に置き，終点は非共有電子対と正電荷の間に置いて π 結合を生成する．

ここでは形式電荷はどうなっているだろうか．非共有電子対をもつ原子はこの場合負電荷をもち，したがって電荷は互いに打消し合う．非共有電子対をもつ原子が負電荷をもたない場合，形式電荷がどうなるか考えてみよう．たとえば次の例を考えてみよう．

この場合も，正電荷に隣接して非共有電子対が存在する．したがって巻矢印は一つだけ必要である．始点は非共有電子対に置き，終点はπ結合を生成する．この場合，酸素原子は負電荷をもっていない．したがって共鳴構造式では酸素原子は正電荷をもつ（電荷の保存を思い出そう）．

チェックポイント

2・27　次の化合物について，正電荷に隣接する非共有電子対の存在を明らかにし，共鳴構造式を書け．

(a)　(b)　(c)

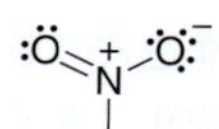

問題 2・27 の一つでは，負電荷と正電荷が打消し合って二重結合を生成する．しかし，電荷を結びつけてもπ結合を生成することができない場合が一つある．それはニトロ基である．ニトロ基の構造は左のとおりである．

この場合，正電荷に隣接して非共有電子対が存在するが，巻矢印を一つ書いてこの電荷を打消すことができない．

有効な共鳴構造ではない

なぜだろうか．上記の巻矢印は窒素原子が五つ結合をもつことになるのでオクテット則に反する．第 2 周期の元素は四つ以上結合を形成できない．オクテット則をみたしたまま巻矢印を書く方法は一つしかない．すなわち，もう一つ巻矢印を次のように書かなければならない．

よくみてほしい．この二つの巻矢印は，まさに第一のパターン（二重結合に隣接する非共有電子対）である．電荷は打消し合っていないことに注意してほしい．負電荷の位置が一方の酸素原子から他方へと移動している．この二つの共鳴構造だけがニトロ基において有効な共鳴構造である．いいかえると，ニトロ基は全体として電荷をもたないが，常に電荷を分離して書かなければならない．ニトロ基の構造は電荷なしに書くことはできない．

4. 電気陰性度の異なる 2 原子間のπ結合． 電気陰性度は原子が電子をひきつける力の尺度である．表 1・1 に電気陰性度を示した．このパターンを識別するために C=O と C=N 結合に注目しよう．この場合，π結合の電子を電気陰性度の大きい原子に移動させて非共有電子対を生じさせる．

形式電荷に注目してみよう．二重結合が正電荷と負電荷に分離している．これは電荷が一つになって二重結合を生成する第二のパターンの逆である．

チェックポイント

2・28　次の化合物の共鳴構造式を書け．

(a)　(b)　(c)

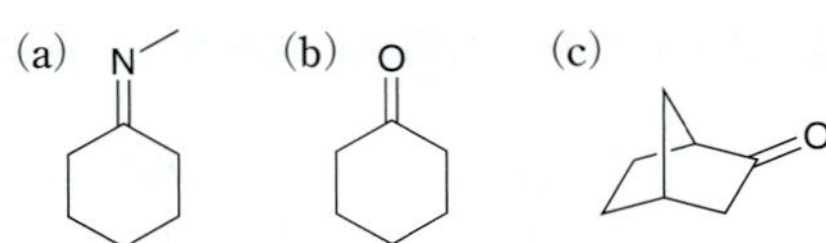

2・29　ブラジルの在来植物である *Ocotea corymbosa* の果実から単離された右に示す化合物の共鳴構造式を書け．

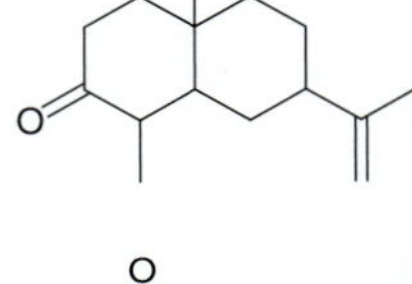

2・30　右に示す 2-ヘプタノンの共鳴構造式を書け．

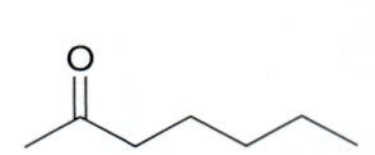

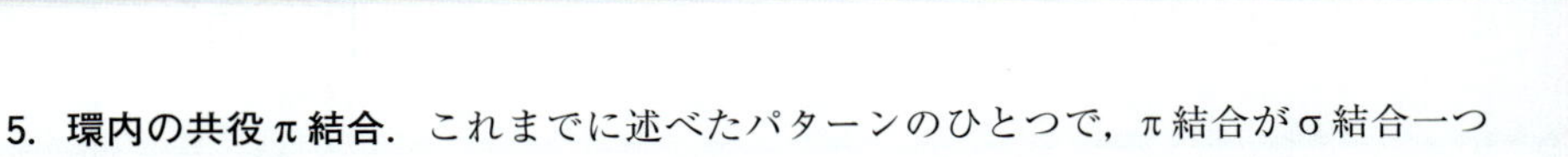

ベンゼンとよばれるこの分子では，電子は非局在化している．その結果，ベンゼンは大きな共鳴安定化を受ける．ベンゼンの顕著な安定性については 18 章で説明する．

5. 環内の共役 π 結合． これまでに述べたパターンのひとつで，π 結合が σ 結合一つで隔てられているとき（すなわち C=C−C=C），π 結合は共役していると述べた．

共役した π 結合が環を形成して二重結合と単結合が交互に存在している場合，すべての π 結合を一つずつ隣に移動する．

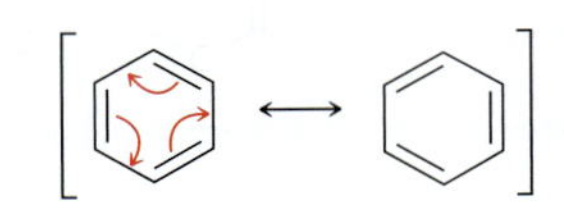

上のような共鳴構造式を書く際には，すべての π 結合を時計回りに，あるいはすべてを反時計回りに移動することができる．どちら回りにしても同じ結果が得られる．

チェックポイント

2・31　フィンゴリモド（fingolimod）は多発性硬化症の新しい薬である．2008 年 4 月，研究者たちはフィンゴリモドの第 Ⅲ 相の治験結果を報告した．すなわち 3 年間この薬を毎日摂取した患者の 70% が再発しなかった．これは 30% しか患者の再発を防げなかった以前の薬と比べると驚異的な改善である．フィンゴリモドの共鳴構造式を書け．

フィンゴリモド fingolimod

図 2・5 に共鳴構造式を書く五つのパターンをまとめた．それぞれのパターンで用

いられている巻矢印の数に十分に注意してほしい．共鳴構造式を書くときには巻矢印を一つだけ用いるパターンをまず探そう．さもないと共鳴構造を見逃してしまうことがある．

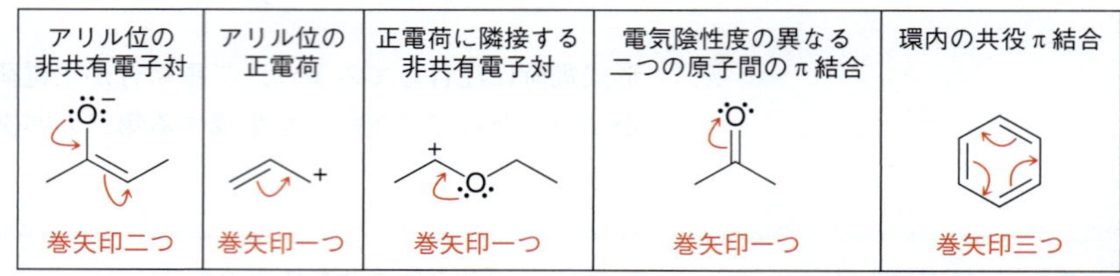

図 2・5　共鳴構造式を書く際の五つのパターンのまとめ

たとえば，次の化合物の共鳴構造式を考えてみよう．

この例で用いられているパターンそれぞれは巻矢印を一つしか用いていない．π結合に隣接する非共有電子対に注目することから始めると（この場合，巻矢印が二つ必要となる），上記の中央の共鳴構造を書き忘れてしまうおそれがある．

チェックポイント

2・32　次の化合物の共鳴構造式を書け．

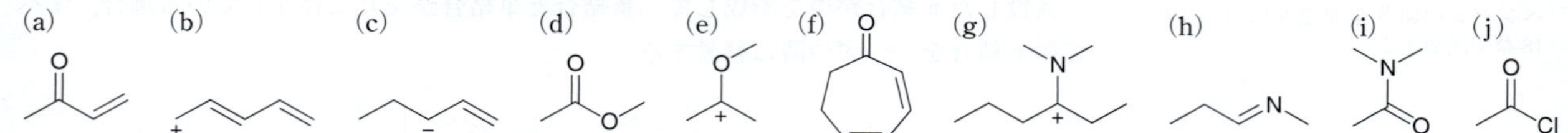

2・11　共鳴構造式の相対的な寄与の大きさを評価する

すべての共鳴構造式が同等の重要性をもつわけではない．二つの規則を破っていない共鳴構造式が多く存在する場合でも，そのうちのいくつかの構造は寄与が小さいことがある．ここで“寄与が小さい”というのが何を意味するのか理解するため，共鳴の概念を説明するために用いたたとえをもう一度考えてみよう．

共鳴の概念を説明するために用いた，モモとプラムの混成体であるネクタリンを思い出してほしい．では，モモとプラムとキウイの三つの果物の混成体である新しい果物をつくりだしてみよう．ここでこの新しい果物は，モモ 65%，プラム 34%，キウイ 1%の性質をもつとしよう．新しい果物が実際には三つの果物の混成体であるとしても，見た目には二つの果物の混成体のように見えるだろう．なぜならばキウイの性質の“寄与が小さい”からである．

同様のことが共鳴構造を比べるときに存在する．たとえば，ある化合物には三つの共鳴構造が存在するが，この三つの構造が同等に共鳴混成体に寄与するとは限らない．一つの共鳴構造が（モモのように）おもに寄与する共鳴構造で，別の共鳴構造は（キウイのように）寄与が小さいかもしれない．化合物の真の性質を理解するためには共鳴構造を比べて，どの構造の寄与が大きく，どの構造の寄与が小さいかを決められなければならない．

共鳴構造の寄与の大小を決定するのに役に立つ三つの規則がある．

1．電荷を最小にする．最も寄与の大きい構造は電荷を全くもたないものである．一つあるいは二つ電荷をもつ構造は許容されるが，三つ以上電荷をもつ構造はできるだけ避けなければならない．次の二つの場合を比べてみよう．

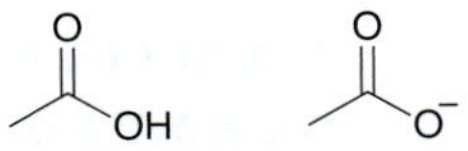

いずれもC=O 結合に隣接して非共有電子対をもつ．したがって，これら二つの化合物には同数の寄与の大きい共鳴構造が存在すると考えるかもしれない．しかし実際はそうではない．なぜだろうか．まず一つ目の化合物の共鳴構造式を考えてみよう．

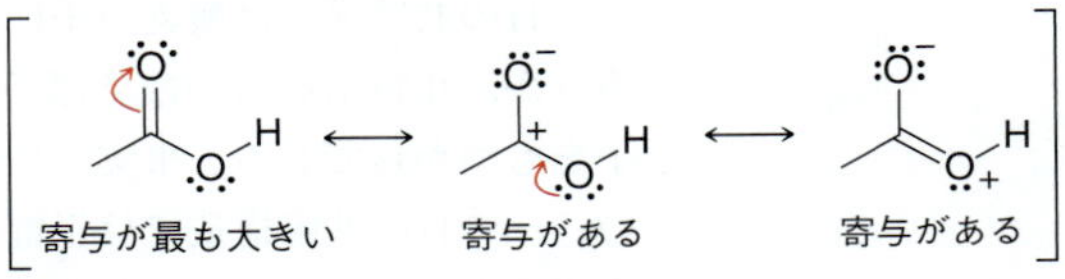

寄与が最も大きい　寄与がある　寄与がある

一つ目の共鳴構造は電荷の分離がないので，共鳴混成体全体に対し最も寄与が大きい．残りの二つは電荷が分離しているが，いずれも電荷は二つだけである．したがって，この二つはともに寄与の大きな共鳴構造である．一つ目の共鳴構造ほど寄与は大きくはないかもしれないが，それでも重要な共鳴構造である．したがってこの化合物には三つの寄与の大きい共鳴構造が存在する．

ではもう一つの化合物について同様にみてみよう．

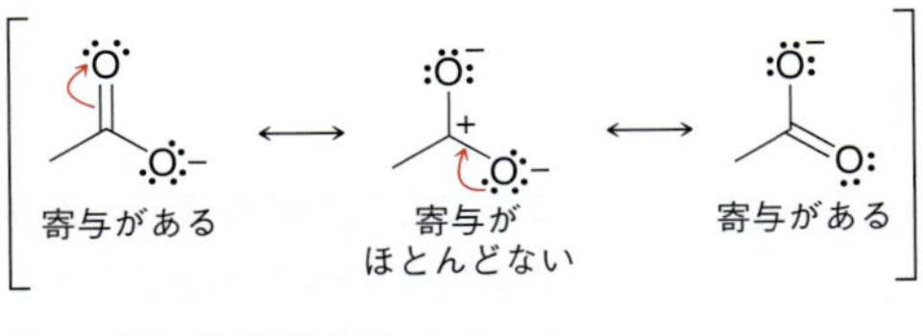

寄与がある　寄与がほとんどない　寄与がある

最初と最後の構造はどちらも電荷を一つもつだけなので問題ない．しかし中央の共鳴構造は電荷が多すぎる．この共鳴構造は寄与が小さい．そのため共鳴混成体全体への寄与はほとんどない．この化合物には寄与の大きな共鳴構造は二つしかない．

この規則に対する重要な例外は，三つ以上の電荷をもつ共鳴構造が存在する，ニトロ基 NO_2 を含む化合物である．なぜだろうか．すでにニトロ基の構造をオクテット則を破ることなく書くには電荷を分離して書かなければならないことを述べた．

したがって，ニトロ基の二つの電荷は電荷を数えるときに数に入れなくてよい．たと

えば，次の場合を考えてみよう．

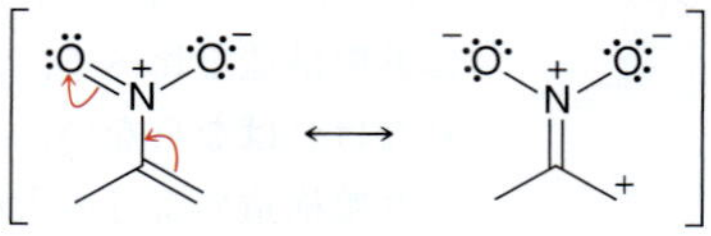

三つ以上の電荷が別べつに存在してはいけないという規則に従うと，二つ目の共鳴構造の電荷は多すぎるため，寄与が小さいことになる．しかし実際には，ニトロ基に関与する二つの電荷は数に入れないので，この構造の寄与は大きい．この共鳴構造には電荷が二つしかないと考え，したがって共鳴混成体に寄与する．

2. N, O, Cl などの電気陰性度の大きい原子は電子を 8 個もつ場合にのみ正電荷をもつことができる． たとえば次の例を考えてみよう．

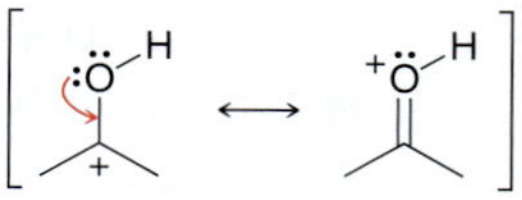

二つ目の共鳴構造は酸素原子に正電荷があるにもかかわらず，寄与が大きい．なぜだろうか．正電荷をもつ酸素原子が三つの結合と非共有電子対一つで 6＋2＝8 個の電子をもつからである．事実，二つ目の共鳴構造のほうが一つ目のものより寄与が大きい．一つ目の共鳴構造では正電荷が炭素原子にあり，電気陰性度の大きい酸素原子に正電荷をもつよりずっと有利であると考えたかもしれない．しかし，二つ目の共鳴構造ではすべての原子がオクテット則をみたしているので，より寄与が大きい．一つ目の構造では酸素原子は電子を八つもつが，炭素原子は電子を六つしかもたない．一方，二つ目の共鳴構造では酸素原子も炭素原子もオクテット則をみたしており，そのためこの構造が正電荷を酸素原子にもつにもかかわらず寄与が大きくなる．

次に正電荷が窒素原子にある例をみてみよう．

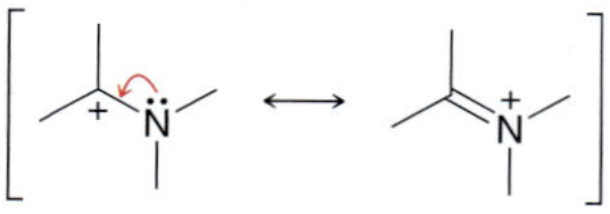

ここでも二つ目の構造の寄与がより大きい．まとめると，最も寄与の大きい共鳴構造はふつうすべての原子がオクテット則をみたしている．

3. 二つの炭素原子が異なる電荷をもつ共鳴構造は書かない． このような構造の寄与は一般に小さい．

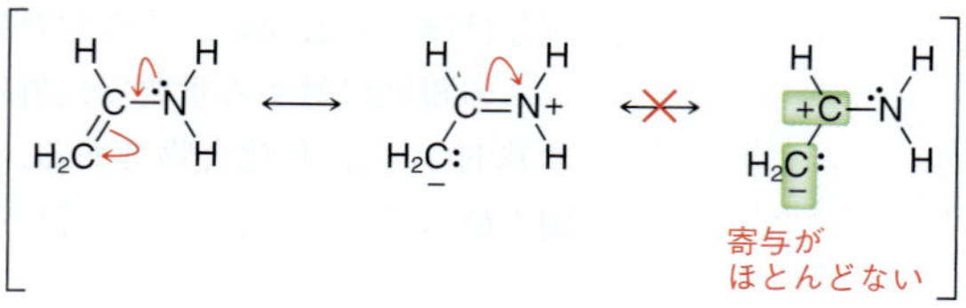

寄与がほとんどない

この場合，三つ目の共鳴構造は C^+ と C^- をともにもつので寄与は小さい．異なる電荷をもつ二つの炭素原子が存在すると，上の例のように隣接していても，あるいは離れて存在していても，その構造の寄与は小さい．本書を通じてこの規則の例外を一つだけ問題 18・54 で紹介している．

スキルビルダー 2・8　寄与の大きい共鳴構造を書く

スキルを学ぶ

次の化合物の寄与の大きい共鳴構造をすべて書け．

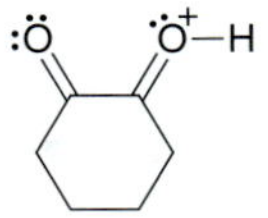

解答

ステップ 1
五つのパターンを用いて共鳴構造を明確にする．

まず，五つのパターンのどれが存在するかを探すことから始める．この化合物は電気陰性度の異なる二つの原子間のπ結合であるC=O結合をもつので，次の共鳴構造式を書くことができる．

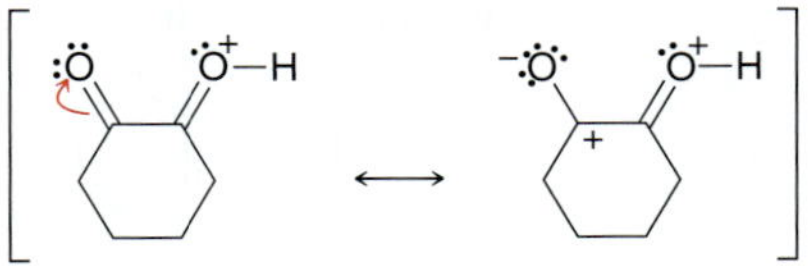

この共鳴構造式は五つのパターンの一つを用いて書いたものなので，妥当である．しかし，電荷の数が多すぎるのでその寄与は小さい．一般に三つ以上の電荷をもつ共鳴構造を書くのは避けなければならない．

次にもう一方のC=O結合についても同じパターンを用いてみよう．

ステップ 2
電荷の数とヘテロ原子の電子の数を調べてその共鳴構造の寄与が大きいかどうかを明らかにする．

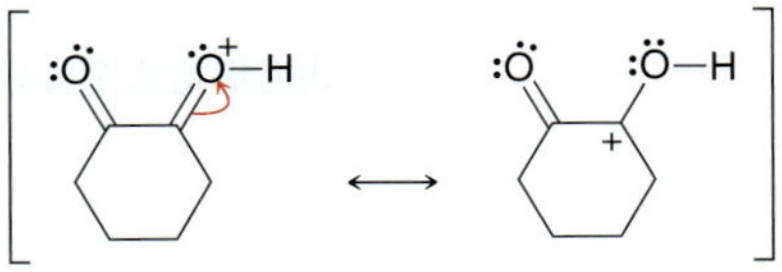

この共鳴構造の寄与が大きいかどうかを決めるには，次の三つの点を明らかにする必要がある．

1. この構造の電荷の数は妥当か：電荷を炭素原子に一つもつだけなので全く問題ない．
2. すべての電気陰性度の大きい原子はオクテット則をみたしているか：酸素原子は二つとも電子を8個もっている．
3. 異なる電荷をもつ二つの炭素原子が存在する構造をとっていないか：とっていない．

この共鳴構造は三つの点をみたしており，したがって共鳴混成体に寄与する共鳴構造である．

寄与の大きい共鳴構造が明らかとなったので，次に五つのパターンのどれかにより別の共鳴構造が書けるかどうかを調べてみよう．この場合，二重結合に隣接する正電荷が存在する．そこで巻矢印を一つ書いて次の共鳴構造式を書くことができる．

ステップ 3
ステップ1と2を繰返して，ほかの寄与の大きい共鳴構造を明らかにする．

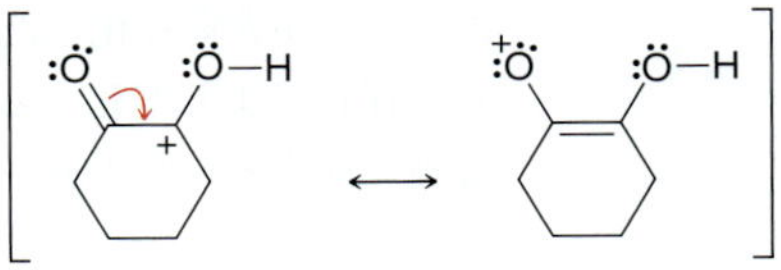

この構造の寄与が大きいかどうかを決めるため，まず電荷の数が妥当かどうかみてみよう．電荷は一つしかないので問題はない．次にすべての電気陰性度の大きい原子がオクテット則をみたしているか確認しよう．正電荷をもっている酸素原子は電子を八つもっておらず，これは問題であり，この共鳴構造の寄与は大きくないことを意味する．すな

わち，この化合物では次の二つの共鳴構造の寄与が大きい．

スキルの演習

2・33　次の化合物に対し，寄与の大きい共鳴構造をすべて書け．

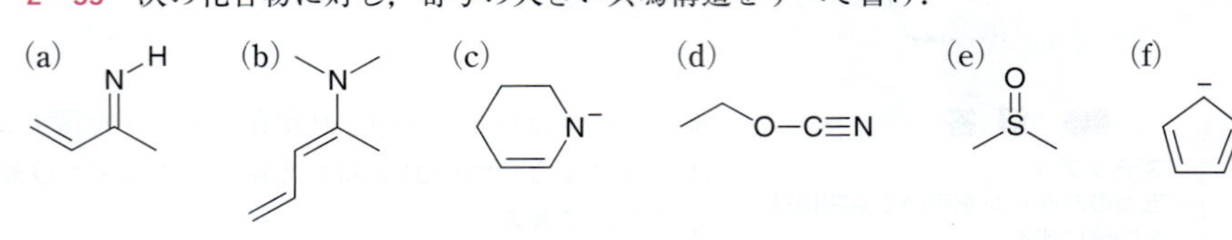

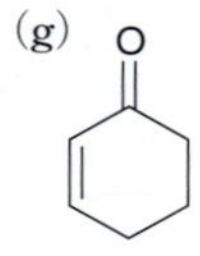

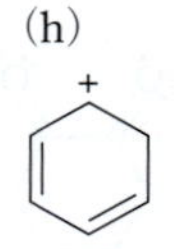

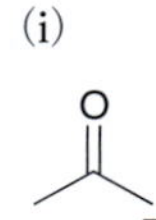

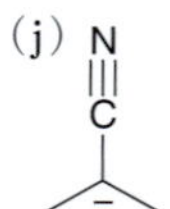

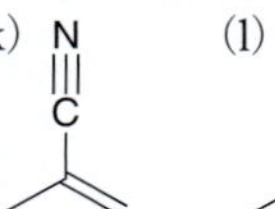

スキルの応用

2・34　共鳴構造式を書いて，次の化合物中で電子密度の低い部分（δ+）をすべて示せ．

2・35　共鳴構造式を書いて，次の化合物中で電子密度の高い部分（δ−）をすべて示せ．

問題 2･45，2･48，2･59，2･60，2･62，2･65，2･66 を解いてみよう．

2・12　非局在化および局在化した非共有電子対

本節では，共鳴にかかわる非共有電子対とかかわらない非共有電子対とのいくつかの重要な違いについて説明する．

非局在化した非共有電子対

五つのパターンのうちの一つは π 結合に隣接する非共有電子対であることを思い出してほしい．このような非共有電子対は共鳴に関与し**非局在化**（delocalization）する．ある原子が非局在化した非共有電子対をもつ場合，その原子の幾何配置は非共有電子対の存在により変化する．たとえばアミドの構造を考えてみよう．§1・10 で述べた規則に従うと，窒素原子は sp^3 混成で三角錐形でなければならないが，これは正しく

アミド

ない．実際には窒素原子は sp^2 混成で平面三方形である．なぜだろうか．非共有電子対が共鳴にかかわり，非局在化しているからである．

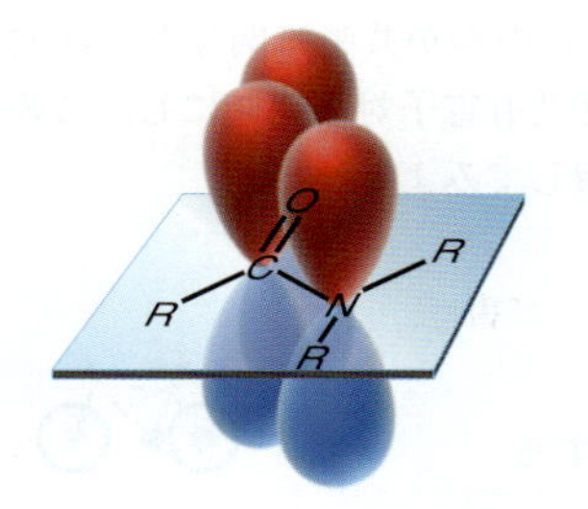
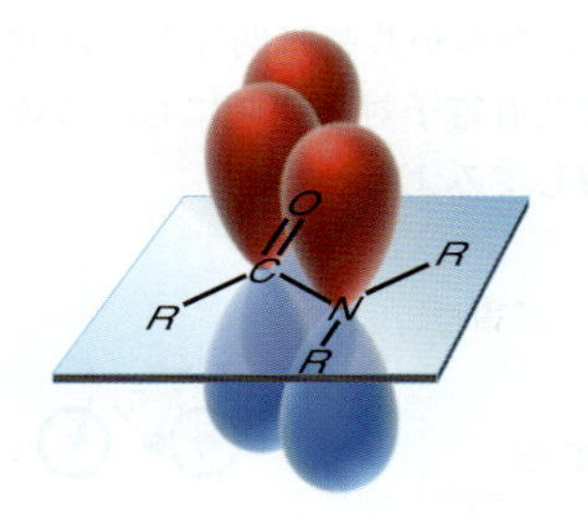

図 2・6　アミドの **p** 軌道の重なりを示した図

前ページの共鳴構造式の二つ目の共鳴構造では，窒素原子は非共有電子対をもっていない．代わりに窒素原子は p 軌道を有し π 結合を生成するのに用いている．この共鳴構造では窒素原子は明らかに sp^2 混成である．ここで矛盾が生じる．アミドの窒素原子はどのようにしてある共鳴構造では sp^3 混成をとり，もう一方の共鳴構造では sp^2 混成をとることができるのだろうか．窒素原子の構造が三角錐形と平面三方形を行ったり来たりしているのだろうか．共鳴は実際に起こる変換過程ではないので，これは誤りである．窒素原子はいずれの共鳴構造においても sp^2 混成で，平面三方形をとっている．窒素原子は非局在化した非共有電子対をもっており，これが p 軌道を占有する．そのため π 結合の p 軌道と重なり合うことができる（図 2・6）．

非共有電子対が共鳴構造式に関与するときには必ず混成軌道ではなく p 軌道を占有する．分子の構造を予想する際にはこのことを考慮しなければならない．このことはタンパク質の三次元構造について説明する 25 章で非常に重要となる．

局在化した非共有電子対

局在化している　非局在化している

局在化（localization）した非共有電子対とは共役に関与しない非共有電子対のことである．いいかえると，π 結合に隣接しない非共有電子対のことをさす．

ときには，実際には局在化しているにもかかわらず，非局在化しているようにみえる非共有電子対が存在する．たとえば，ピリジンの構造を考えてみよう．ピリジンの非共有電子対は π 結合に隣接しているようにみえ，次のような共鳴構造式が書けるように思うかもしれない．

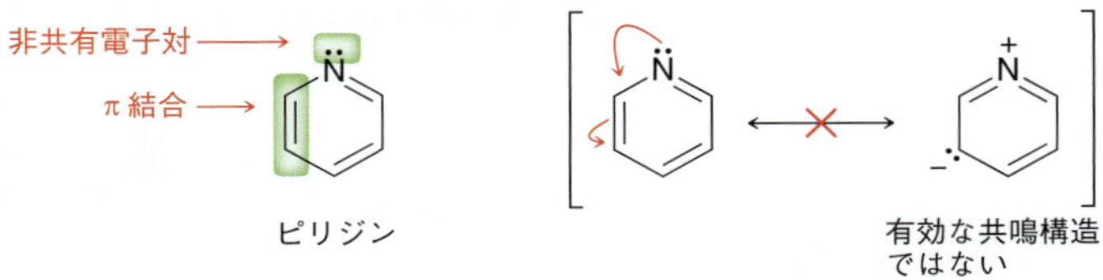

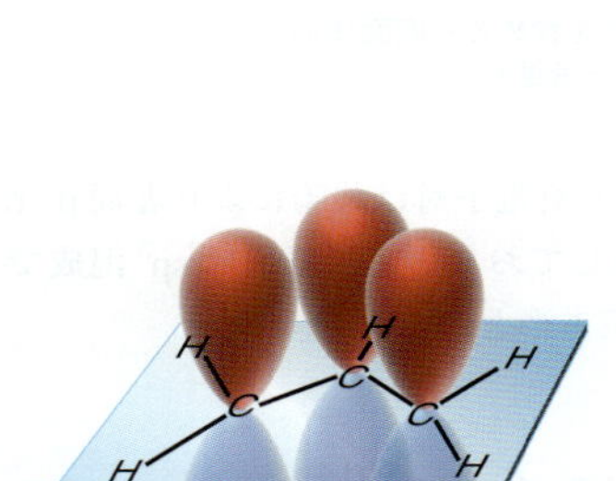

図 2・7　共鳴は，**p** 軌道の重なりにより “導水路” を形成するような系に起こる

しかし，この共鳴構造式は有効ではない．なぜだろうか．この場合，窒素原子の非共有電子対は π 結合に隣接しているにもかかわらず，実際には共役に関与していない．非共有電子対が共鳴に関与するためには，隣接する p 軌道と重なり合うことのできる p 軌道を占有して “導水路” を形づくらなければならない（図 2・7）．

ピリジンの場合，窒素原子は π 結合の形成に p 軌道をすでに用いている（図 2・8）．窒素原子は図 2・8 に示すような “導水路” に加わるために p 軌道を一つ用いなければならないが，その p 軌道はすでに π 結合生成に用いられている．したがって，非共有電子対は導水路の形成に加わることはできず，共鳴に関与することはできない．この

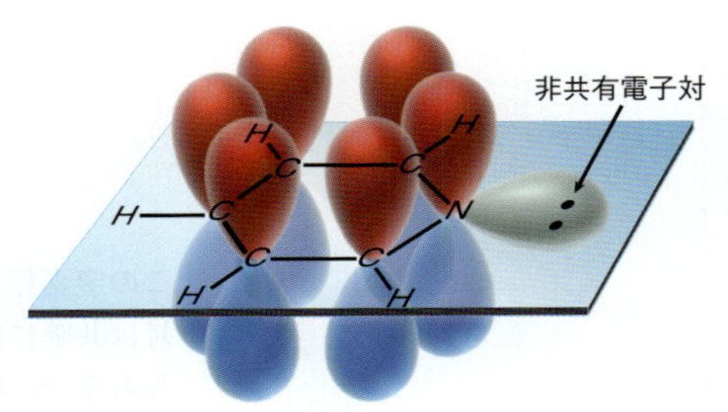

図 2・8　ピリジンの **p** 軌道の重なり

場合，非共有電子対は sp^2 混成軌道を占有し，これは環の平面上に存在する．

最も重要な点は次のとおりである．“ある原子がπ結合と非共有電子対をもつ場合，両方ともに共鳴に関与することはない”．一般にπ結合のみが共鳴に関与し，非共有電子対は関与しない．非局在化，および局在化した非共有電子対を明確にし，この知見に基づいて分子の構造を決定する方法について練習してみよう．

スキルビルダー 2・9　非局在化および局在化した非共有電子対を明確にする

スキルを学ぶ

ヒスタミン（histamine）は多くの生理作用において重要な役割を果たしている化合物である．最も重要な役割として免疫の応答に関与しており，アレルギー反応の症状をひき起こす働きをする．

ヒスタミン

窒素原子はそれぞれ非共有電子対をもつ．それぞれ非共有電子対が局在化しているか非局在化しているかを明らかにし，その知見をもとにヒスタミン中のそれぞれの窒素原子の混成状態と幾何配置を明らかにせよ．

解答

まず右側の窒素原子から始める．この非共有電子対は局在化しており，したがって§1・10で述べた方法により混成軌道と幾何配置を決定することができる．この非共有電子対は共鳴に関与しておらず，したがってその構造は三角錐形である．

三つの結合と非共有電子対が一つあるので．
1）立体数 ＝ 3 ＋ 1 ＝ 4
2）4 ＝ sp^3 ＝ 電子を含めると四面体形
3）原子の配置 ＝ 三角錐形

次に左側の窒素原子を考えてみる．この窒素原子の非共有電子対は共鳴により非局在化している．したがって，非共有電子対は p 軌道を占有しており，窒素原子は sp^3 混成ではなく，sp^2 混成をとる．その結果，幾何配置は平面三方形となる．

最後に残りの窒素原子を考えてみる．

この窒素原子はすでに共鳴に関与しているπ結合をもっている．したがって非共有電子対は共鳴に関与することはできない．この場合，非共有電子対は局在化していなければならない．窒素原子は sp^2 混成であり，折れ線形の構造をとっている．

以上まとめると，ヒスタミンのそれぞれの窒素原子は異なる幾何配置をとっている．

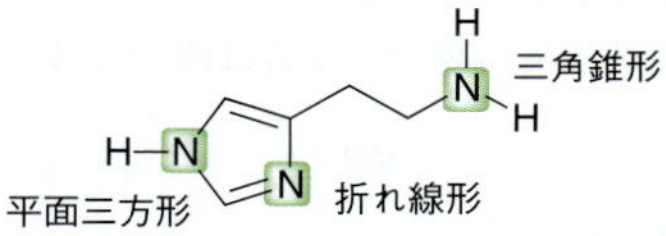

スキルの演習

2・36 次の化合物について，非共有電子対をすべて示し，局在化しているか否かを答えよ．ついでその答をもとに非共有電子対をもつ原子の混成状態と幾何配置を明らかにせよ．

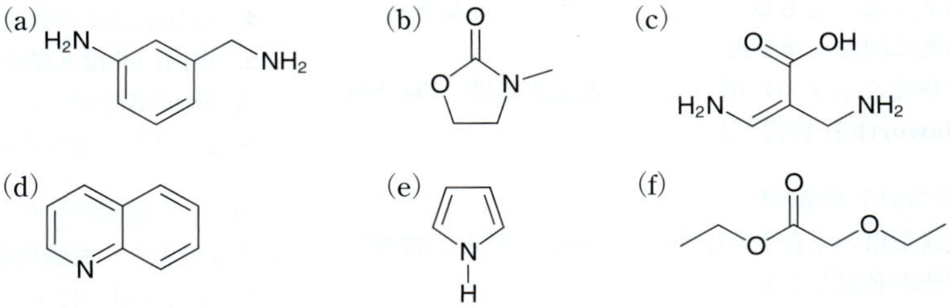

(a) (b) (c)

(d) (e) (f)

スキルの応用

2・37 ニコチン（nicotine）はタバコの葉に含まれる毒物である．ニコチンには非共有電子対が二つ存在する．一般に局在化した非共有電子対は非局在化したものよりずっと反応性が高い．この知見を踏まえ，ニコチンの二つの非共有電子対はそれぞれ高い反応性を示すかどうか，理由とともに答えよ．

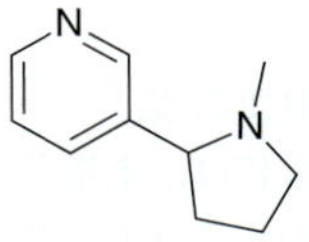

2・38 イソニアジド（isoniazid）は結核や多発性硬化症に用いられる．分子中の非共有電子対はそれぞれ局在化しているか非局在化しているか，理由とともに答えよ．

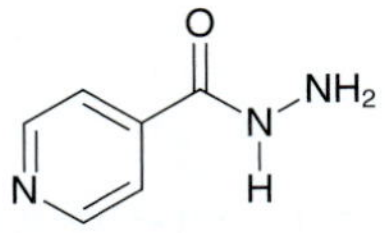

問題 2·47，2·61 を解いてみよう．

考え方と用語のまとめ

2・1 分子の表記法

- 化学者は構造に関する情報を伝えるためにさまざまな構造の表記法を用いる．その代表的なものとして **Lewis 構造式**，**部分示性式**，そして**示性式**がある．
- 分子式は構造に関する情報を含まない．

2・2 線結合構造式

- **線結合構造式**では炭素原子とほとんどの水素原子は省略する．
- 線結合構造式は他の構造式よりも速く書くことができ，わかりやすい．

2・3 官能基を明らかにする

- **官能基**は，予測可能な化学的挙動を示す特有の原子と結合の集団である．
- あらゆる有機化合物の性質は，その化合物に含まれる官能基によって決定される．

2・4　形式電荷をもつ炭素原子

- 形式電荷は適切な数の価電子をもたない原子がもつ.
- 炭素原子が正あるいは負電荷をもつ場合，結合は四つではなく三つだけである.

2・5　非共有電子対を明らかにする

- 非共有電子対は，線結合構造式ではしばしば省かれる．これらの非共有電子対の存在を認識することは重要である.

2・6　三次元線結合構造式

- 線結合構造式では，**くさび**は紙面手前に出ている基を表し，**破線**は紙面奥に向かう基を表す.
- 三次元的な構造を示すのに用いられる表記法には，**Fischer 投影式**と **Haworth 投影式**がある.

2・7　共鳴についての基礎

- 線結合構造式を用いて表すのに適さない場合があり，**共鳴**とよばれる方法が必要となる.
- **共鳴構造式**は，両矢印で別べつに表し，かっこ［　］で囲む.

$$\left[\ \text{(アリルカチオン)}^{+} \longleftrightarrow \text{(アリルカチオン)}^{+}\ \right]$$

- **共鳴安定化**とは，正あるいは負電荷が共鳴により**非局在化**することを意味する.

2・8　巻 矢 印

- **巻矢印**は共鳴構造式を書くのに用いる道具である.
- 共鳴構造式を書くのに巻矢印を用いる場合には，単結合を切断したり第 2 周期の元素がオクテットを超えて電子をもってはならない.

2・9　共鳴構造式の形式電荷

- 共鳴構造式を書く場合には，形式電荷をすべて書かなければならない.

2・10　パターンを識別して共鳴構造式を書く

- 共鳴構造式は，次の五つのパターンを識別することにより最も容易に書くことができる.
  1. **アリル位**の非共有電子対
  2. アリル位の正電荷
  3. 正電荷に隣接する非共有電子対
  4. 電気陰性度の異なる二つの原子間の π 結合
  5. 環内の**共役 π 結合**
- 共鳴構造式を書く際には，巻矢印を一つだけ用いるパターンを見つけることから始めること.

2・11　共鳴構造式の相対的な寄与の大きさを評価する

- 寄与の大きい**共鳴構造**を明確にする三つの規則がある.
  1. 電荷を最小にする.
  2. 電気陰性度の大きい原子（N, O, Cl など）は，電子を 8 個もつ場合にのみ正電荷をもつことができる.
  3. 二つの炭素原子が正および負電荷をそれぞれもつ共鳴構造を書いてはならない.

2・12　非局在化および局在化した非共有電子対

- **非局在化した非共有電子対**は共鳴に関与して p 軌道を占有する.
- **局在化した非共有電子対**は共鳴に関与しない.
- 原子が π 結合と非共有電子対をもつ場合，両者がともに共鳴に関与することはない.

スキルビルダーのまとめ

2・1　さまざまな表記法で分子を表す

この化合物の Lewis 構造式を書け.

$(CH_3)_3C\ddot{\underset{..}{O}}CH_3$

ステップ 1　それぞれの基を別べつに書く.

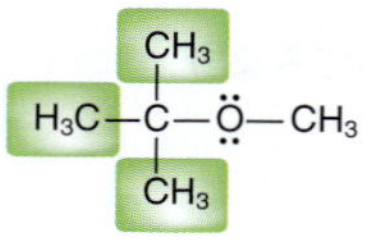

ステップ 2　C−H 結合をすべて書く.

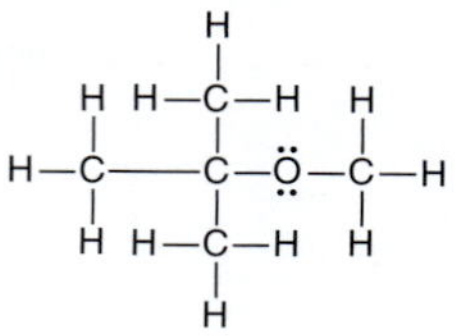

2・2　線結合構造式を読取る

すべての炭素原子と水素原子を明確にせよ.

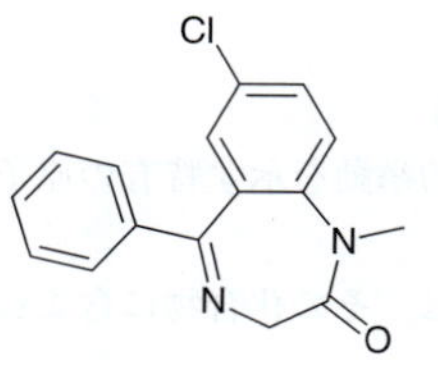

ステップ 1　すべての線の末端は炭素原子を表す.

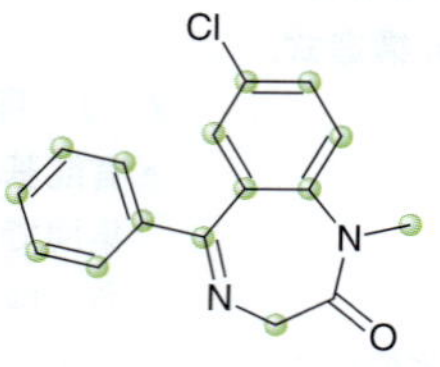

ステップ 2　それぞれの炭素原子は四つの結合をもつように水素原子と結合する.

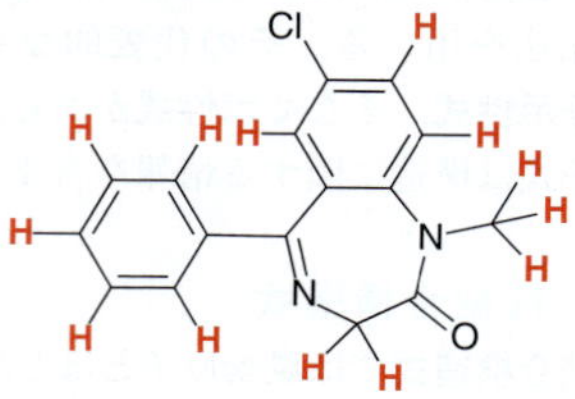

2・3 線結合構造式を書く

この化合物の線結合構造式を書け．

ステップ 1 ヘテロ原子に結合しているもの以外のすべての水素原子を消去する．

ステップ 2 炭素骨格をジグザグの形に書き，三重結合は直線となるようにする．

ステップ 3 炭素原子を消去する．

2・4 酸素原子の非共有電子対を明らかにする

負電荷をもつ酸素原子は非共有電子対を三つもつ．

電荷をもたない酸素原子は非共有電子対を二つもつ．

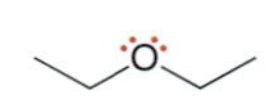

正電荷をもつ酸素原子は非共有電子対を一つもつ．

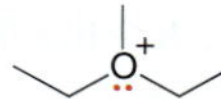

2・5 窒素原子の非共有電子対を明らかにする

負電荷をもつ窒素原子は非共有電子対を二つもつ．

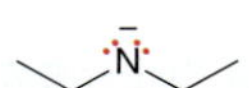

電荷をもたない窒素原子は非共有電子対を一つもつ．

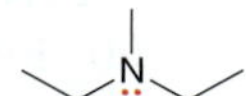

正電荷をもつ窒素原子は非共有電子対をもたない．

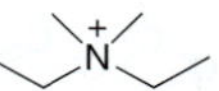

2・6 共鳴の矢印が正しいか確認する

規則 1 巻矢印の始点を単結合に置いてはいけない．

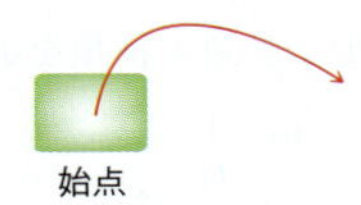

始点

規則 2 巻矢印の終点は第 2 周期の元素がオクテットを超えるような結合を生成してはならない．

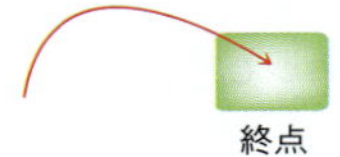

終点

2・7 共鳴構造式中に形式電荷を割当てる

巻矢印を読取る

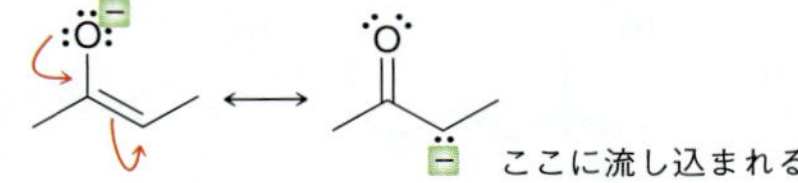

2・8 寄与の大きい共鳴構造を書く

電荷が多すぎる

酸素原子がオクテット則をみたしていない

寄与が大きい　寄与が小さい　寄与が大きい　寄与が小さい

2・9 非局在化および局在化した非共有電子対を明確にする

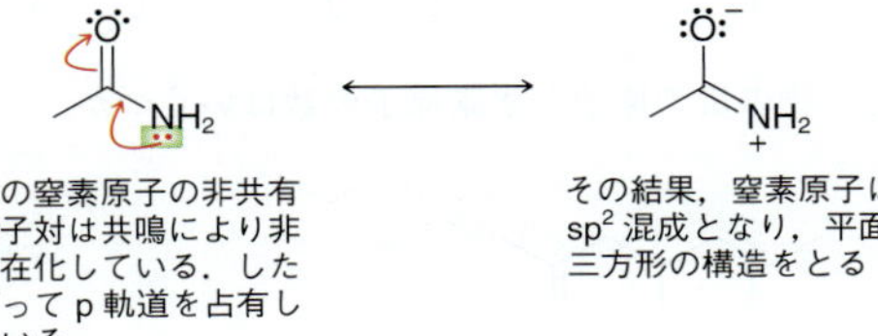

その結果，窒素原子は sp^2 混成となり，平面三方形の構造をとる

練 習 問 題

2・39　次の化合物の炭素原子，水素原子そして非共有電子対をすべて書け．

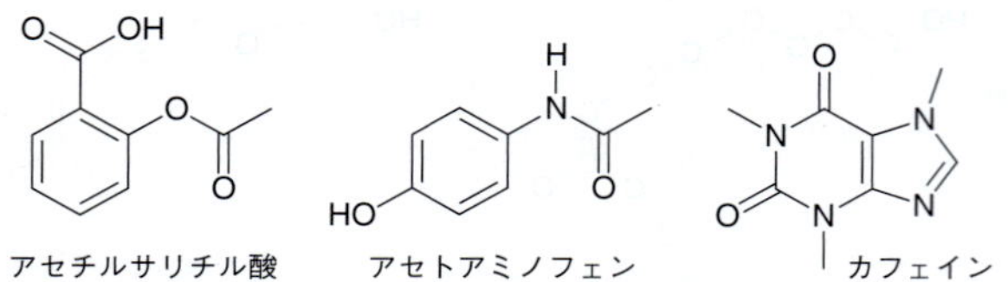

アセチルサリチル酸　　アセトアミノフェン　　カフェイン

2・40　分子式 C_4H_{10} をもつ化合物のすべての構造異性体を線結合構造式で書け．

2・41　分子式 C_5H_{12} をもつ化合物のすべての構造異性体を線結合構造式で書け．

2・42　ビタミン A とビタミン C の線結合構造式を書け．

ビタミン A

ビタミン C

2・43　ビタミン C に非共有電子対はいくつあるか．

2・44　次のそれぞれの場合の形式電荷を示せ．

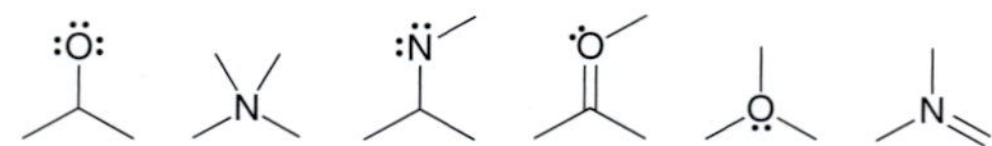

2・45　次の化合物の寄与の大きい共鳴構造を書け．

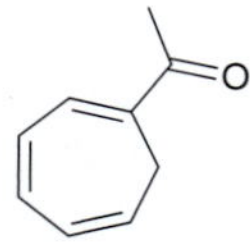

2・46　分子式から構造に関する情報を得る方法を練習する．

(a) 次の化合物の分子式を書け．

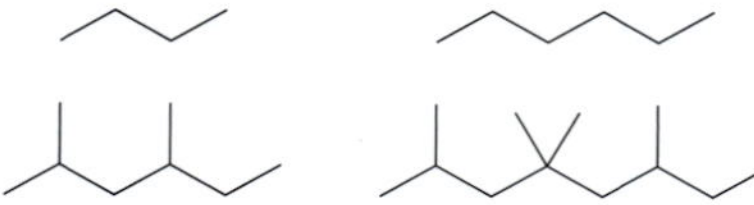

これらの化合物の分子式を比べ，次の文章の空欄に数字を入れよ．

水素原子の数は炭素原子の数の ＿ 倍に ＿ を加えたものである．

(b) 次の化合物の分子式を書け．

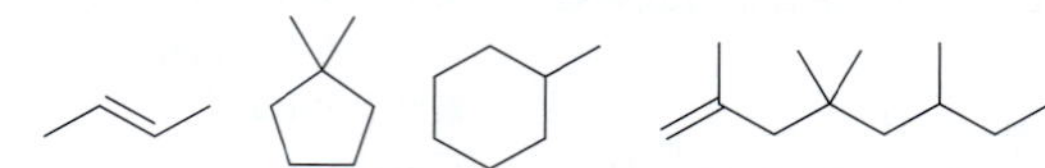

これらの化合物はいずれも二重結合か環構造を一つもつ．これらの化合物の分子式を比べ，次の文章の空欄に数字を入れよ．

いずれの場合も水素原子の数は炭素原子の数の ＿ 倍である．

(c) 次の化合物の分子式を書け．

これらの化合物は三重結合を一つ，二重結合を二つ，環を二つ，環を一つと二重結合を一つ，のいずれかをもつ．これらの化合物の分子式を比べ，次の文章の空欄に数字を入れよ．

いずれの場合も水素原子の数は炭素原子の数の ＿ 倍から ＿ を引いたものである．

(d) 上の結果に基づいて分子式 $C_{24}H_{48}$ の化合物の構造に関する次の問に答えよ．この化合物は三重結合をもつことができるか．この化合物は二重結合をもつことができるか．

(e) 分子式 C_4H_8 の化合物のすべての構造異性体を書け．

2・47　次の化合物はいずれも非共有電子対を一つもつ．それぞれ非共有電子対が占有する原子軌道の種類を示せ．

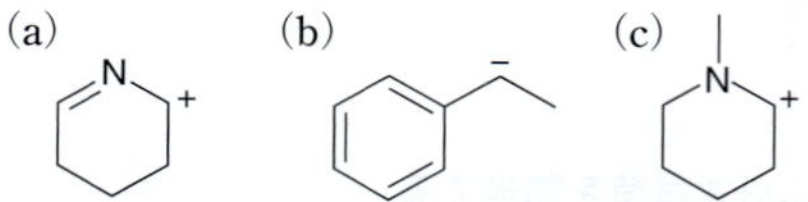

2・48　次の化合物の寄与の大きい共鳴構造をすべて書け．

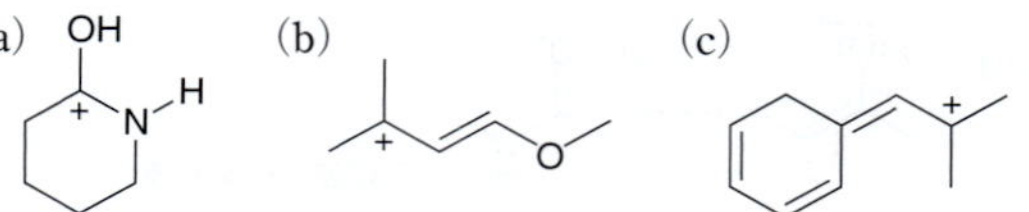

2・49　次の化合物の示性式を書け．

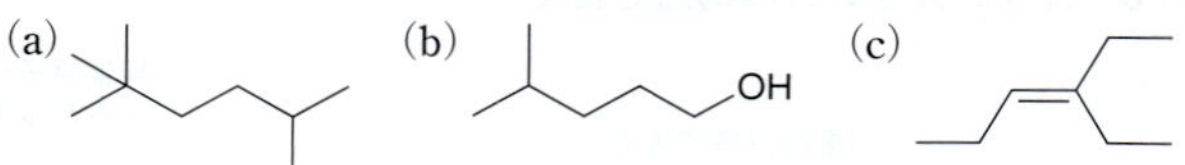

2・50　問題 2・49 の化合物の分子式を書け．

2・51　次の四つの構造式のうち 1-ニトロシクロヘキセンの共鳴構造でないのはどれか，理由も述べよ．

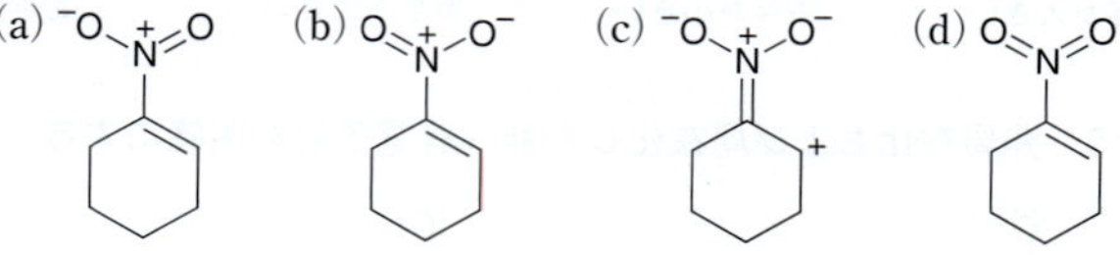

2・52　次の化合物の炭素原子と水素原子の数はいくつか．

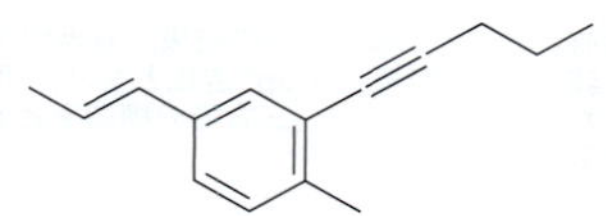

2・53　次の構造の形式電荷をすべて示せ．

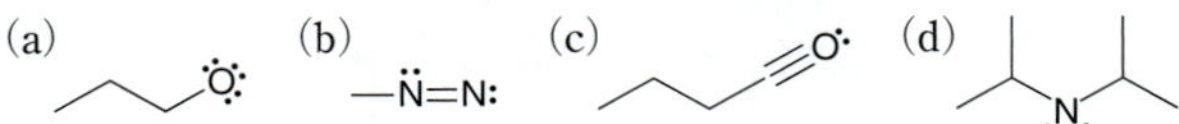

2・54　分子式 C_4H_9Cl をもつ化合物のすべての構造異性体を線結合構造式で書け．

2・55　次の化合物の共鳴構造式を書け．

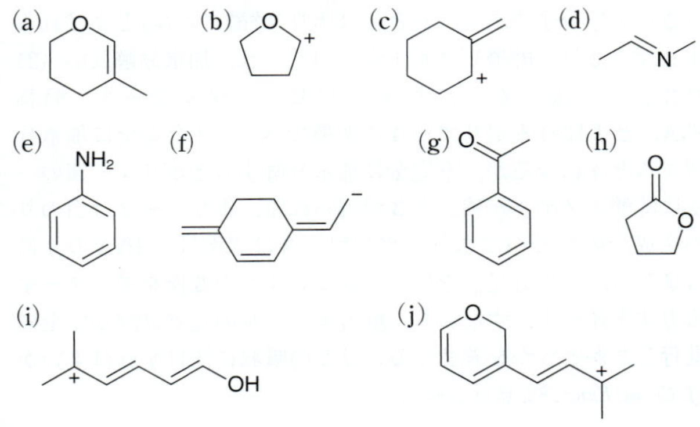

2・56　次の二つの構造は共鳴構造体，構造異性体いずれの関係にあるか．

2・57　次の二つの化合物の組合わせについて，それぞれ同じ化合物か，構造異性体か，異性体でない異なる化合物か明らかにせよ．

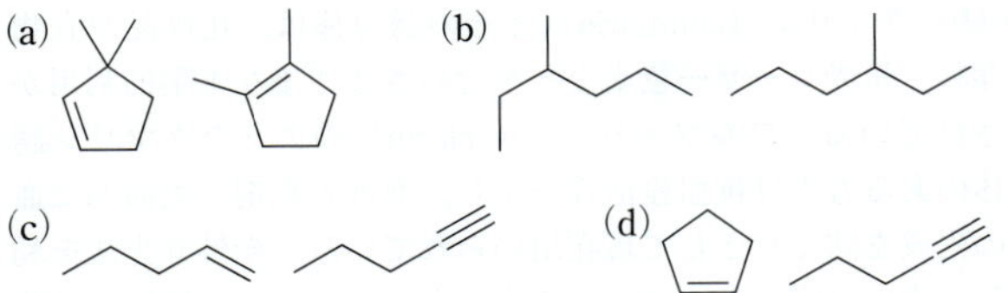

2・58　次の化合物の線結合構造式を書け．

(a)　$CH_2{=}CHCH_2C(CH_3)_3$　　(b)　$(CH_3CH_2)_2CHCH_2CH_2OH$

(c)　$HC{\equiv}COCH_2CH(CH_3)_2$　　(d)　$CH_3CH_2OCH_2CH_2OCH_2CH_3$

(e)　$(CH_3CH_2)_3CBr$　　(f)　$(CH_3)_2C{=}CHCH_3$

2・59　硫酸と硝酸を混ぜると少量のニトロニウムイオン NO_2^+ が生成する．このニトロニウムイオンは寄与の大きい共鳴構造が存在するか，理由とともに答えよ．

$$:\ddot{O}{=}\overset{+}{N}{=}\ddot{O}:$$

2・60　オゾンの構造を考えてみよう．

オゾンは大気上空に存在し，太陽が発する短波長の紫外線を吸収し，われわれを害のある放射から守っている．オゾンの寄与の大きい共鳴構造をすべて書け．［ヒント：非共有電子対をすべて書くことから始めよう．］

2・61　メラトニン（melatonin）は睡眠サイクルを制御する役割をもつ動物ホルモンである．メラトニンの構造には窒素原子が二つ含まれている．それぞれの窒素原子の混成状態と幾何配置はどのようになっているか，理由とともに答えよ．

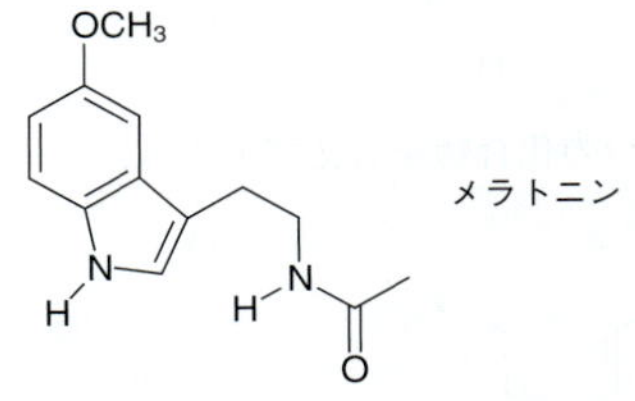

メラトニン

2・62　次の化合物の寄与の大きい共鳴構造をすべて書け．

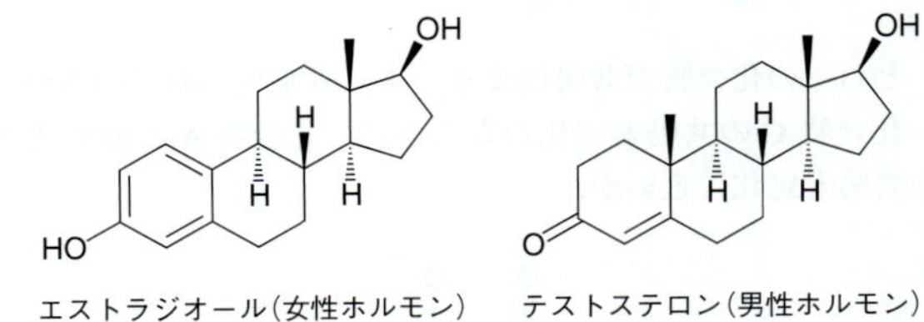

エストラジオール（女性ホルモン）　テストステロン（男性ホルモン）

発 展 問 題

2・63　シクロセリン（cycloserine）は放線菌 *Streptomyces orchidaceous* から単離された抗生物質である．結核の治療に，他の薬と一緒に用いられる．

シクロセリン

(a)　この化合物の分子式を書け．

(b)　この化合物に sp^3 混成の炭素原子はいくつあるか．

(c)　この化合物に sp^2 混成の炭素原子はいくつあるか．

(d)　この化合物に sp 混成の炭素原子はいくつあるか．

(e)　この化合物には非共有電子対はいくつあるか．

(f)　それぞれの非共有電子対は局在化しているか非局在化しているか．

(g)　水素原子を除くすべての原子の幾何配置を示せ．

(h)　シクロセリンの寄与の大きい共鳴構造をすべて書け．

2・64　ラメルテオン（ramelteon）は不眠症の治療に用いられる催眠薬である．

ラメルテオン

(a) この化合物の分子式を書け．
(b) この化合物に sp^3 混成の炭素原子はいくつあるか．
(c) この化合物に sp^2 混成の炭素原子はいくつあるか．
(d) この化合物に sp 混成の炭素原子はいくつあるか．
(e) この化合物には非共有電子対はいくつあるか．
(f) それぞれの非共有電子対は局在化しているか非局在化しているか．
(g) 水素原子を除くすべての原子の幾何配置を示せ．

2・65　次の化合物で電子不足な（δ+）炭素原子と電子豊富な（δ−）炭素原子をすべて示せ．共鳴構造式を用いてその理由を説明せよ．

2・66　次の二つの化合物を考えてみよう．

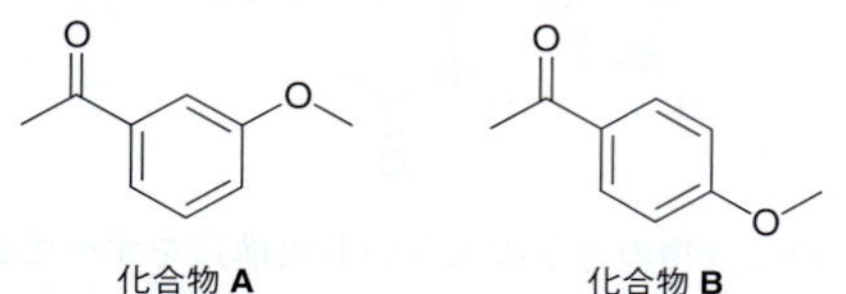

化合物 A　　化合物 B

(a) どちらの化合物が共鳴により，より安定化されているか．
(b) 化合物 **C** の共鳴安定化の大きさは，化合物 **A** と **B** のどちらの共鳴安定化に近いか．

化合物 C

2・67　単結合は一般に室温で自由回転している（これについては 4 章で詳しく述べる）．

単結合の自由回転

しかし，下記の“単結合”は大きな回転障壁をもつ．すなわち系のエネルギーは結合が回転すると大きく増大する．この回転障壁の原因を説明せよ．［ヒント：“導水路”を形成するのに用いられる原子軌道について考えてみよう．］

問題 2・68，問題 2・69 はすでに分光法（15，16 章）を学んだ学生のための問題である．

2・68　ポリマーはモノマーとよばれる小さい単位から合成される巨大な分子である．たとえばポリ(酢酸ビニル)とよばれるポリマー **2** は，酢酸ビニル **1** からつくられ，加水分解反応（21 章で詳しく述べる）によりポリ(ビニルアルコール)(略称 PVA）とよばれるポリマー **4** に変換できる．**2** を完全に加水分解すると **4** になるが，不完全に加水分解するとポリマー鎖の一部に酢酸エステルが残った **3** が得られる．ポリマー **2** は白のりの主成分のひとつであり，ポリマー **3** は水溶性の PVA のりに含まれる．赤外分光法を用いて **3** から **4** への変換をモニターする方法を述べよ．すなわち，酢酸エステルの加水分解が完全に進行したかどうかを確認するにはどの吸収に注目すればよいか［*J. Chem. Educ.*, 83, 1534(2006)］．

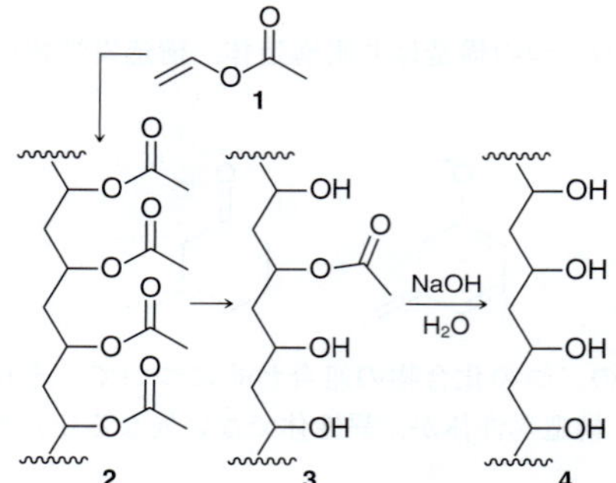

2・69　クマリン（coumarin）とその誘導体は，化粧品や食物保存料，蛍光レーザー色素などを含めさまざまな工業的利用がなされている．ワルファリン（warfarin）のようなクマリン誘導体のあるものは抗血栓活性を示し，血液希釈剤（致命的な血栓の生成を防ぐ）として現在用いられている．赤外分光法を利用して次の反応をモニターする方法を述べよ．この反応では化合物 **1** はクマリン誘導体 **2** に変換される．**1** から **2** への変換の確認に利用できる吸収を少なくとも三つ述べよ［*J. Chem. Educ.*, 83, 287(2006)］．

ピペリジン

3

酸と塩基

本章の復習事項
- 線結合構造式 §2·2
- 形式電荷 §1·4, §2·4
- 非共有電子対 §2·5
- 共鳴構造 §2·7〜§2·10

パン生地から柔らかく膨らんだロールパンができるのはなぜだろうか.

パン生地は酵母やふくらし粉，重曹などの膨張剤によりかなりの速さで膨らむ．これらの膨張剤から二酸化炭素 CO_2 の泡が生じ，これを含んだパン生地をオーブンで加熱するとガス泡が膨らみ，パン生地に穴ができる．膨張剤はどれも同じように働くが，酵母は代謝過程の副生物として，重曹やふくらし粉は酸塩基反応の副生物として，CO_2 を放出する．本章でこれに関連する酸塩基反応について詳しく説明し，重曹とふくらし粉の違いについて述べる．これらの反応を理解することにより食物の化学をより深く理解できるようになるだろう．

本章で酸と塩基について説明するが，これは**イオン反応**（ionic reaction）での電子の役割を理解するのに重要である．イオン反応はイオンが反応剤，中間体，あるいは生成物として関与する反応である．これらの反応は本書で扱う反応の 95% を占める．イオン反応について学ぶために，酸と塩基をしっかりと識別できるようになることが大切である．どのように酸塩基反応を書き，化合物の酸性や塩基性を比較するかについての手法を学ぶことにより，いつ酸塩基反応が起こるかを予想したり，ある酸塩基反応を行うのに適した反応剤を選択できるようになる．

3・1 Brønsted-Lowry の酸と塩基とは

本章ではおもに Brønsted-Lowry の酸と塩基に焦点を当てる．Lewis の酸と塩基についても簡単にふれる節があるが，これについては 6 章とそれに続く章で再度取上げる．

Brønsted-Lowry の酸と塩基（ブレンステッド ローリー）（Brønsted-Lowry acid and base）の定義は，プロトン H^+ の移動に基づいている．**酸**（acid）はプロトン供与体と，また**塩基**（base）はプロトン受容体と定義される．たとえば，次の酸塩基反応を考えてみよう．

$$H{-}\ddot{Cl}: \;+\; H{-}\ddot{O}{-}H \;\rightleftharpoons\; :\ddot{Cl}:^- \;+\; H_3O^+$$

酸（プロトン供与体）　塩基（プロトン受容体）

この反応では，HCl は H^+ を H_2O に与えているので酸として作用し，H_2O は HCl から H^+ を受取るので塩基として作用している．プロトン移動により生成する化合物はそれぞれ**共役酸**（conjugate acid）および**共役塩基**（conjugate base）とよばれる．

共役酸，共役塩基の用語は本章を通じて用いるので，十分に理解しておこう．

$$\underset{\text{酸}}{HCl} + \underset{\text{塩基}}{H_2O} \rightleftharpoons \underset{\text{共役塩基}}{Cl^-} + \underset{\text{共役酸}}{H_3O^+}$$

この反応では，Cl^- が HCl の共役塩基である．すなわち，共役塩基とは酸が脱プロトンされて生じるものである．同様に上記の反応では，H_3O^+ が H_2O の共役酸である．

上記の例では，H_2O は H^+ を受取ることで塩基として働いたが，H^+ を供与し酸として働く場合もある．

塩基　酸　共役酸　共役塩基

この場合，水は塩基としてではなく酸として働いている．本章を通じて水が酸あるいは塩基として働く例が無数に出てくる．両者が可能で非常によくみられることを理解しておこう．上記の反応のように水が酸として働く場合には，共役塩基は ^{-}OH である．

3・2 電子の流れ：巻矢印表記

すべての反応は，電子の流れ（電子の動き）により起こる．酸塩基反応も例外ではない．電子の流れは巻矢印を用いて次のように示される．

$$B^{-} + H{-}A \rightleftharpoons B{-}H + A^{-}$$

これらの巻矢印は共鳴構造を書くのに用いたのと同じものであるが，重要な違いがひとつある．共鳴構造を書くときには巻矢印は単に共鳴を表す手段として用いられ，実際の反応過程を表すものではなかった．しかし上記の場合では，巻矢印は実際に起こっている反応を表している．電子の流れが起こり，H^+ がある反応剤から別の反応剤へと移動する．巻矢印はこの電子の動きを表している．この矢印は**反応機構**（reaction mechanism）を示す．すなわち電子の動きの視点から反応がどのように起こるのかを示している．

プロトン移動の反応機構は，塩基に由来する電子が酸を脱プロトンする過程を含んでいることに注意してほしい．酸は塩基なしでは H^+ を失わないので，これは重要な点である．塩基が H^+ を引抜くことが必要である．以下にその一例を示す．

塩基　酸　共役酸　共役塩基

この例では水酸化物イオン HO^- が塩基として働き，酸から H^+ を引抜く．巻矢印が二つあることに注意してほしい．プロトン移動の反応機構には常に巻矢印が二つ以上必要である．

6章で，反応機構についてより詳しく紹介する．反応機構は有機化学の中核を占め，反応機構を提唱し比較することにより，電子の挙動を規定する基本的な反応形式を見いだすことができる．これらの基本的な反応形式を修得することにより，電子がどのように流れるかを予想し，新しい反応を説明することができるようになる．本章に登場するほぼすべての反応について，反応機構を示し，それを詳しく説明する．

ほとんどの反応機構に，一つかそれ以上のプロトン移動の段階が含まれる．たとえば，最初に扱う反応のひとつ（8章）は脱離反応とよばれ，次に示すような反応機構で進行すると考えられている．この反応機構には多くの段階が含まれており，それぞれの段階が巻矢印を用いて示されている．最初と最後の段階は単純なプロトン移動で

医薬の話題 制酸薬と胸やけ

われわれはときどき，たとえばピザを食べた後などに胸やけを経験する．胸やけは過剰の胃酸（おもに HCl）が蓄積することにより起こる．この酸は食べたものの消化に利用されるが，しばしば食道に逆流し，胸やけとよばれるやけるような感覚をひき起こす．胸やけの症状は弱い塩基を用いて過剰の塩酸を中和することで治すことができる．いろいろな種類の制酸薬（胃薬）が売られており，処方箋なしで買うことができる．次に示すのはその代表的な成分である．

炭酸水素ナトリウム　炭酸カルシウム　次サリチル酸ビスマス　水酸化アルミニウム　水酸化マグネシウム

これらはすべて同じように作用する．いずれも弱い塩基で HCl をプロトン移動により中和できる．たとえば炭酸水素ナトリウムは HCl を脱プロトンして炭酸を生じる．炭酸は速やかに二酸化炭素と水に分解する．これについては後ほど本章で再度取扱う．

炭酸水素ナトリウム　炭酸　$CO_2 + H_2O$

もし胸やけがするけれども制酸薬が手に入らない場合には，台所に代用品がある．重曹は炭酸水素ナトリウムである．重曹を茶さじ 1 杯ほど取り，コップ 1 杯の水によくかき混ぜて溶かしそれを飲むとよい．塩辛い味がするが胸のやけるような感覚を和らげてくれる．げっぷし始めることにより，それが作用していることがわかる．上記の酸塩基反応の副生物である二酸化炭素ガスを放出しているのである．

ある．最初の段階では H_3O^+ が酸として働き，最後の段階では水が塩基として作用している．

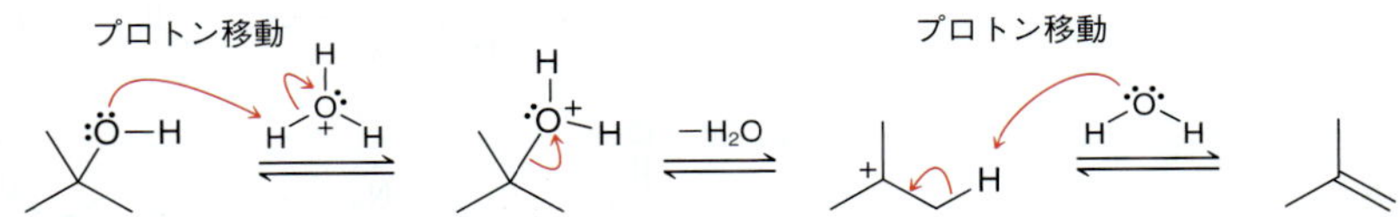

プロトン移動は反応機構のなかで不可欠な役割を果たしている．したがって反応機構を書くことに熟達するためには，プロトン移動を習得することが必須である．習得すべき重要な技法としては，巻矢印を正しく書くこと，プロトン移動が起こりそうか否かを予想できること，反応に適した酸あるいは塩基を選択できるようになること，である．プロトン移動の反応機構を書く練習をしてみよう．

スキルビルダー 3・1　プロトン移動の反応機構を書く

スキルを学ぶ

次の酸塩基反応の機構を書け．酸，塩基，共役酸，共役塩基を示せ．

$$H_2O + CH_3O^- \rightleftharpoons HO^- + CH_3OH$$

水　メトキシドイオン　水酸化物イオン　メタノール

解答

ステップ 1
酸と塩基を明確にする．

まずどれが酸と塩基か見きわめる．水は H^+ を失って水酸化物イオンとなっている．したがって水はプロトン供与体，すなわち酸として作用している．メトキシドイオン CH_3O^- は H^+ を受取ってメタノール CH_3OH となっている．したがってメトキシドイオンが塩基である．

ステップ 2
一つ目の巻矢印を書く.

ステップ 3
二つ目の巻矢印を書く.

反応機構を正しく書くためには二つの巻矢印が必要であることを覚えておこう．一つ目の巻矢印は塩基の非共有電子対から出て，その先は酸のHに向かう．この一つ目の巻矢印は塩基がHを引抜く様子を示している．次の巻矢印は常に切断されるH−X結合から出て，その先はHが結合している原子へ向かう．それぞれの矢印の始点と終点が正しい位置に置かれていることを確かめよう．この位置が誤っていると，その反応機構はまちがいである．

$$\underset{\text{酸}}{H\ddot{O}H} + \underset{\text{塩基}}{CH_3\ddot{O}^-} \rightleftharpoons H\ddot{O}^- + CH_3\ddot{O}H$$

水がH^+を失うと水酸化物イオンが生成する．したがって水酸化物イオンは水の共役塩基である．メトキシドイオンがH^+を受取るとメタノールが生成する．したがって，メタノールはメトキシドイオンの共役酸である．

$$\underset{\text{酸}}{HOH} + \underset{\text{塩基}}{CH_3O^-} \rightleftharpoons \underset{\text{共役塩基}}{HO^-} + \underset{\text{共役酸}}{CH_3OH}$$

スキルの演習

3・1 次の酸塩基反応の機構を書き，どれが酸，塩基，共役酸，共役塩基か示せ．(これらの反応は後の章ででてくる)

(a) フェノール + ^-OH ⇌ フェノキシドイオン + H_2O

(b) アセトン + H_3O^+ ⇌ プロトン化アセトン + H_2O

(c) 3-メチル-2-ブタノン + $(i\text{-}Pr)_2N^-$ ⇌ エノラートイオン + $(i\text{-}Pr)_2NH$

(d) 安息香酸 + ^-OH ⇌ 安息香酸イオン + H_2O

スキルの応用

3・2 次の反応機構には一つ以上の誤りがある．すなわち，巻矢印が正しくないものがある．それぞれ誤りを特定し，どのように修正すれば正しい巻矢印となるか示せ．修正した理由も説明せよ．これらはよく見られる誤りの例なので，これらの誤りを認識し，まちがえないようにしよう．

(a) $(CH_3)_3N + H\text{–}\ddot{C}l: \rightleftharpoons (CH_3)_3N^+\text{–}H + {}^-:\ddot{C}l:$

(b) $H_2\ddot{N}^- + HOH \rightleftharpoons NH_3 + {}^-\ddot{O}H$

(c) $HOCO_2^-\ Na^+ + CH_3CO_2H \rightleftharpoons HOCOOH + Na^+\ {}^-OCOCH_3$

3・3 分子内プロトン移動反応では酸性部位と塩基性部位が同一分子内に存在し，次の例のように H^+ が分子の酸性部位から塩基性部位に移動する．この反応の機構を示せ．

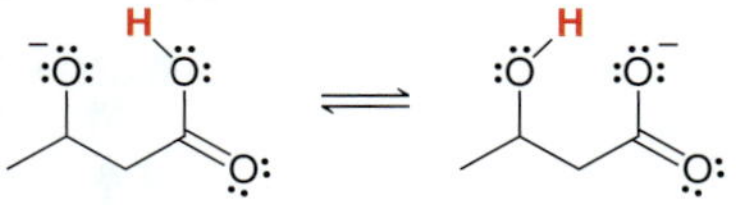

問題 3·44 を解いてみよう．

3・3 Brønsted-Lowry の酸：定量的な考え方

プロトン移動反応がどのようなときに起こるのかを予想する方法として，1) 定量的方法（pK_a を比較），2) 定性的方法（酸の構造を解析）の二つがある．この二つの方法をともに修得することが大切である．本節ではまず 1)の方法に焦点を当て，後節で 2)の方法について述べる．

pK_a を用いて酸の強さを比較する

K_a と pK_a の定義は一般化学で習っただろうが，簡単に復習しておく．次に示す HA（酸）と H_2O（この場合塩基として働く）との酸塩基反応を考えてみよう．

$$\mathrm{HA} + \mathrm{H_2O} \rightleftharpoons \mathrm{A^-} + \mathrm{H_3O^+}$$

反応は出発物と生成物の濃度に変化がなくなったとき，**平衡**（equilibrium）に達したという．平衡状態では，正反応と逆反応の反応速度が完全に等しく，上記のように逆に向いた二つの矢印により示される．平衡の位置は $\boldsymbol{K_{eq}}$ で表され，次のように定義される．

$$K_{eq} = \frac{[\mathrm{H_3O^+}][\mathrm{A^-}]}{[\mathrm{HA}][\mathrm{H_2O}]}$$

これは，生成物の平衡状態での濃度の積を出発物の平衡状態での濃度の積で割ったものである．酸塩基反応を薄い水溶液中で行うと，溶媒（水）の活量は 1.0 なので，水の濃度はこの式から除くことができる．これにより新たに $\boldsymbol{K_a}$ が定義される．

$$K_a = K_{eq}[\mathrm{H_2O}] = \frac{[\mathrm{H_3O^+}][\mathrm{A^-}]}{[\mathrm{HA}]}$$

K_a の値は酸の強さを表す．非常に強い酸は 10^{10} の K_a をもつ．一方，非常に弱い酸は 10^{-50} の K_a をもつ．このように K_a はしばしば非常に小さい値や非常に大きい値をとることがある．この問題に対処するため，化学者は K_a ではなく pK_a で酸の強さを表す．ここで pK_a は次のように定義される．

$$pK_a = -\log K_a$$

pK_a を酸の強さの尺度として用いる場合，その値は通常 −10 から 50 の間の値をとり，本章を通じて pK_a を用いて説明する．ここで次の二つのことを注意してほしい．1) 強酸は pK_a が小さく，弱酸は pK_a が大きい．たとえば pK_a 10 の酸は pK_a 16 の酸よりも酸性が強い．2) pK_a 1 の違いは K_a の 10 倍の違いを表す．pK_a 10 の酸は pK_a 16 の酸よりも 10^6 倍（100 万倍）酸性が強い．表 3・1 に本書でよく出てくる化合物の pK_a を示す．

本書の表紙の裏にさらに詳しい pK_a の表がある．

表 3・1　代表的な化合物の pK_a とその共役塩基

	酸	pK_a	共役塩基	
最も強い酸	$H-O-SO_2-O-H$	−9	$H-O-SO_2-O^-$	最も弱い塩基
	$(CH_3)_2C=O^+-H$	−7.3	$(CH_3)_2C=O$	
	Cl−H	−7	Cl^-	
	H_3O^+	−1.74	H_2O	
	CH_3COOH	4.75	CH_3COO^-	
	$CH_3COCH_2COCH_3$	9.0	$CH_3CO\overset{-}{C}HCOCH_3$	
	C_6H_5OH	9.9	$C_6H_5O^-$	
	$H-O-H$	15.7	HO^-	
	CH_3CH_2OH	16	$CH_3CH_2O^-$	
	$(CH_3)_3COH$	18	$(CH_3)_3CO^-$	
	CH_3COCH_3	19.2	$CH_3CO\overset{-}{C}H_2$	
	H−C≡C−H	25	$H-C\equiv C^-$	
	NH_3	38	NH_2^-	
	$H_2C=CH_2$	44	$H_2C=\overset{-}{C}H$	
最も弱い酸	CH_3-CH_3	50	$CH_3-\overset{-}{C}H_2$	最も強い塩基

スキルビルダー 3・2　pK_a を用いて酸の強さを比較する

スキルを学ぶ

酢酸は酢の主成分であり，アセトンはマニュキュア落としによく用いられる溶媒である．表 3・1 の pK_a を用いて，どちらの化合物がより酸性が強いか示せ．

酢酸　CH_3COOH　　アセトン　CH_3COCH_3

解 答 酢酸の pK_a は 4.75，アセトンは 19.2 である．pK_a の小さい化合物のほうが酸性が強いので，酢酸のほうがより強酸である．事実，pK_a を比べると酢酸のほうがアセトンよりもおよそ 10^{14} 倍酸性が強い．この理由については本章の後節で説明する．

スキルの演習

3・4 次の化合物の組で，より酸性の強い化合物はどちらか．

(a) (b)

(c) (d)

(e) (f)

スキルの応用

3・5 プロプラノロール（propranolol）は抗高血圧薬である．表 3・1 を用いてこの化合物の酸性の強い水素を二つ示し，それぞれのおおよその pK_a を予想せよ．

プロプラノロール

3・6 L-ドーパ（L-dopa）はパーキンソン病の治療に用いられる．表 3・1 を用いてこの化合物の酸性の強い水素を四つ示し，酸性が強くなる順に並べよ．ただし，そのうち二つの水素はほぼ同程度の酸性を示し，現時点では区別するのがむずかしい．

L-ドーパ

問題 3·38 を解いてみよう．

pK_a を用いて塩基の強さを比較する

ここまで pK_a を用いて酸性を比べる方法について述べたが，同様に pK_a を用いて塩基性を比べることも可能である．pK_b を示す別の表を用いる必要はない．次の練習問題は pK_a を用いてどのように塩基性を比べるかを示している．

スキルビルダー 3・3 pK_a を用いて塩基の強さを比較する

スキルを学ぶ

表 3・1 の pK_a を用いて，どちらのアニオンの塩基性がより強いか示せ．

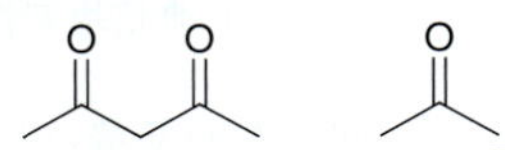

解答

ステップ 1
pK_a を比べる.

これらの塩基はそれぞれある酸の共役塩基と考えることができる. したがって必要なことは, これらの酸の pK_a を比較することである. そのためにそれぞれの塩基をプロトン化し, 対応する共役酸を生成させる. そしてこれらの酸の pK_a を調べ比較する.

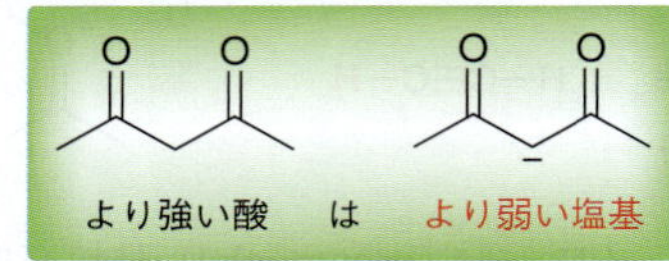

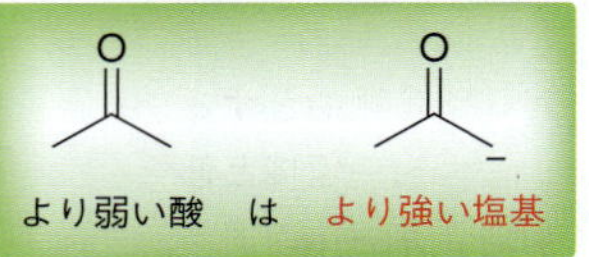

ステップ 2
どちらがより強い塩基か明確にする.

左の化合物のほうが右の化合物より pK_a が小さいのでより強い酸である. より強い酸は常により弱い塩基を生じることを覚えておこう. したがって, 左の化合物の共役塩基は右の共役塩基よりも塩基性が弱い.

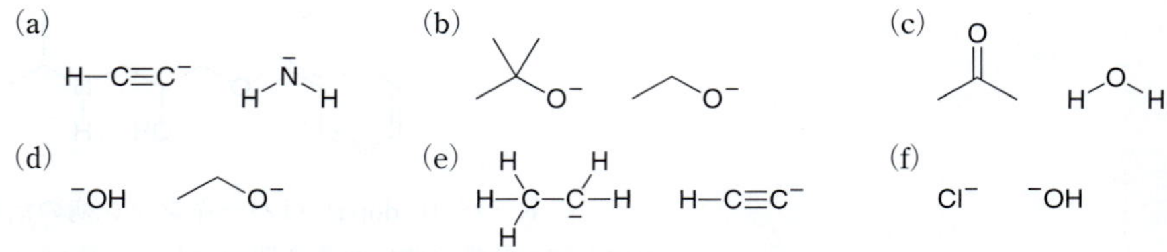

スキルの演習

3・7 次の化合物で, より強い塩基はどちらか.

(a) $H-C\equiv C^-$, $^-NH_2$ (H–N̄–H)

(b) $(CH_3)_3C-O^-$, $CH_3CH_2-O^-$

(c) アセトン , H–O–H

(d) ^-OH , $CH_3CH_2-O^-$

(e) $CH_3-CH_2^-$ (H–C(H)(H)–C̄(H)–H) , $H-C\equiv C^-$

(f) Cl^- , ^-OH

スキルの応用

3・8 下左の化合物は窒素原子を三つもつ. それぞれの窒素原子の非共有電子対は塩基として働く (酸から H^+ を引抜く). これらの三つの窒素原子について以下の情報に基づき, 塩基性が増大する順に並べよ.

ピリジニウムイオン pK_a 3.4　　アニリニウムイオン ($C_6H_5NH_3^+$) pK_a 3.8　　$H_3C-NH_3^+$ pK_a 10.5

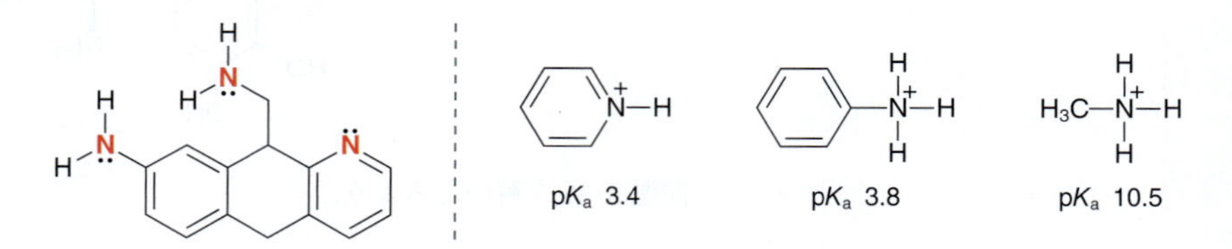

3・9 次に示す pK_a を参考にして以下の問いに答えよ.

$H_3C-\overset{+}{O}H_2$ pK_a −2.2　　$H_3C-\overset{+}{N}H_3$ pK_a 10.5

(a) 次の化合物で, 窒素原子の非共有電子対は酸素原子の非共有電子対と比べて塩基性が強いか弱いか.

$H_2N-CH_2CH_2CH_2-OH$

(b) 空欄を埋めよ. (　) 原子の非共有電子対は (　) 原子の非共有電子対と比べ, 10 の (　) 乗倍塩基性が強い.

問題 3·50 を解いてみよう.

pK_a を用いて平衡の位置を予想する

pK_a の表を用いることにより，どのような酸塩基反応でもその平衡の位置を予想することができる．平衡は常により弱い酸（より大きい pK_a）を生成するほうに偏る．たとえば，次の酸塩基反応の平衡はより弱い酸を生成する右辺に偏る．

塩基 + 酸 (pK_a 15.7) ⇌ 共役酸 (pK_a 18) + 共役塩基 (HO^-)

医薬の話題　薬物分布と pK_a

ほとんどの薬は標的とする部位（作用する部位）に到達するまでに極性の高い環境と低い環境の間を何度か行き来する必要がある．薬がこの 2 種の環境の間を行き来する能力は，ほとんどの場合，その酸塩基性に直接依存する．すなわち，今日用いられているほとんどの薬は酸や塩基であり，そのため電荷をもった形ともたない形との間に平衡が存在する．たとえば，アスピリンとその共役塩基の構造を考えてみよう．

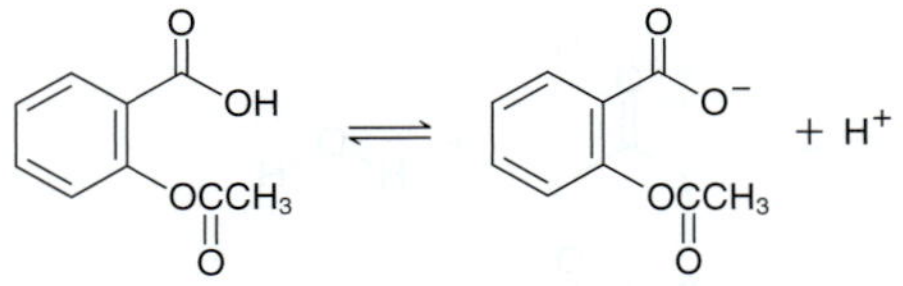

アスピリン　中性形　⇌　共役塩基　イオン形　+ H^+

上記の平衡では，左辺ではアスピリンは電荷をもたず，右辺では電荷をもった共役塩基の形をとっている．この平衡の位置，いいかえるとイオン化の割合は，溶液の pH に依存する．アスピリンの pK_a はおよそ 3.0 である．pH 3.0 すなわち pH = pK_a のとき，アスピリンとその共役塩基は等量ずつ存在する，すなわち 50％がイオン化している．pH が 3 以下では，電荷をもたない形が主となり，pH が 3 以上では電荷をもった形が多くなる．

このことを念頭において，アスピリンを摂取したあとどのような経路をとるかを考えてみよう．まず胃の中から始まる．ここでは pH は 2 程度まで下がる．このような強酸性条件ではアスピリンはほぼ電荷をもたない形で存在する．すなわち，共役塩基はほとんど存在しない．電荷をもたない形は，胃の粘膜と腸管の腸粘膜の非極性な環境で吸収される．これらの非極性な環境を通過するとアスピリン分子は血中に入り，ここでは pH およそ 7.4 の極性の高い水溶性の環境となる．この pH ではおもに電荷をもった共役塩基の形で存在し，この形で循環系全体に分散される．ついで血液脳関門や細胞膜を通過するため，分子は再度非極性な環境を通過できるように電荷をもたない形に戻る必要がある．この薬は二つの異なる形（電荷をもつ形ともたない形）で存在することができるため，標的部位に到達できる．この性質により，極性の高い環境でも非極性の環境でも通過できる．

アスピリンの場合は，H^+ を失い極性分子となることができるので体内への分布が可能である．一方，薬のなかには塩基性のものもあり，これらは H^+ を受取る能力をもつため体内分布が可能になる．たとえば，前章で述べたコデインは塩基として作用し，H^+ を受取ることができる．

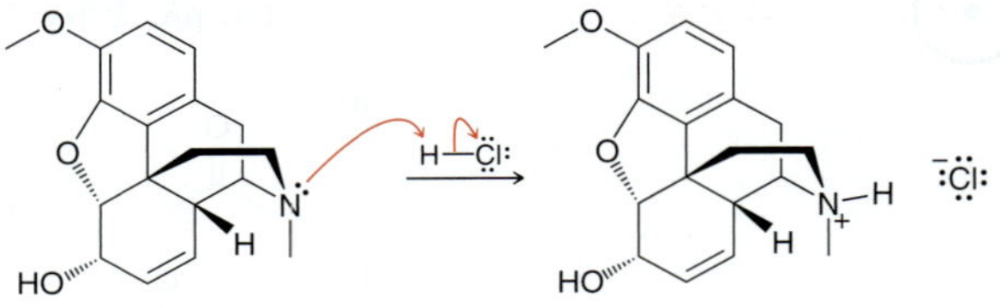

コデイン　中性形　—(H—Cl)→　コデイン　イオン形

ここでも薬は電荷をもった形ともたない形の二つの形で存在できる．しかしこの場合，低い pH では電荷をもたない形よりももった形のほうが有利となる．コデインを摂取したあと，どのような経路をとるか考えてみよう．まず胃の酸性条件の環境ではプロトン化され，電荷をもった形で存在する．

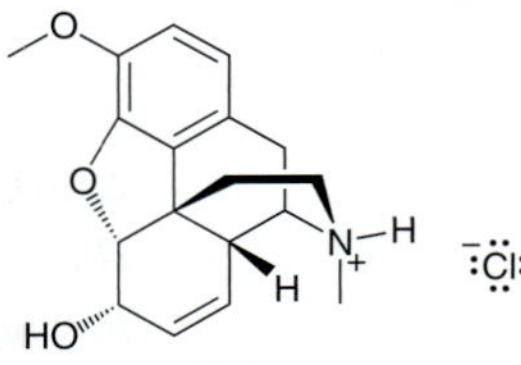

pK_a 8.2

pK_a 8.2 なので，低い pH では電荷をもった形が主となる．この形では非極性な環境を通過することができないので胃の粘膜で吸収されない．薬が塩基性条件の腸に達すると，脱プロトンされ，電荷をもたない形が主となる．ここで初めて非極性な環境へとかなりの速度で移動できるようになる．

このように薬の効能はその酸塩基性に大きく依存している．このことは新薬を設計する際に考慮しなければならない．薬が標的受容体に結びつくことは確かに重要であるが，同様に重要なのはその酸塩基としての性質を利用して受容体部位に効率よく到達することである．

$\mathrm{p}K_\mathrm{a}$ の値が非常に異なる場合，実際的な問題として反応は平衡反応としてではなく完全に進行する反応として取扱われる．たとえば次の例をみてみよう．

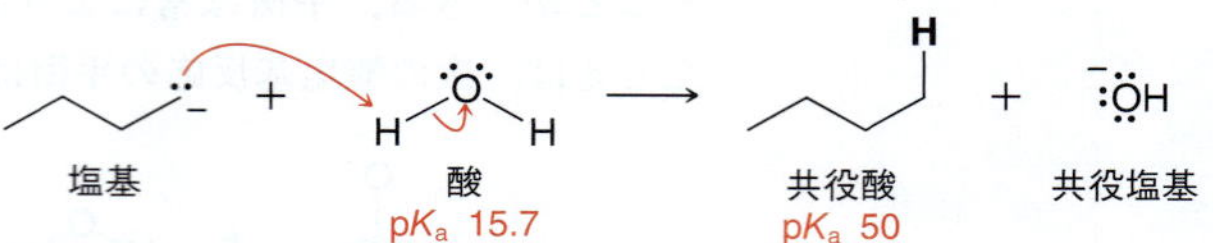

この逆反応は無視することができ，このような場合有機化学者は，出発物と生成物を平衡の矢印ではなく不可逆反応を示す矢印で結びつける．厳密にはすべてのプロトン移動は平衡反応であるが，上記のような例では $\mathrm{p}K_\mathrm{a}$ の値が非常に異なる（10^{34}）ので逆反応を事実上無視することができる．

スキルビルダー 3・4　$\mathrm{p}K_\mathrm{a}$ を用いて平衡の位置を予想する

スキルを学ぶ

表 3・1 の $\mathrm{p}K_\mathrm{a}$ を用いて次の二つのプロトン移動の平衡はどちらに偏るか予想せよ．

(a)

(b)

解 答

(a) まず反応のそれぞれの側で酸として働くものを特定し，次にその $\mathrm{p}K_\mathrm{a}$ を比べる．

ステップ 1
平衡の両辺の酸を明確にする．

pK_a −1.74　　pK_a −7.3

ステップ 2
$\mathrm{p}K_\mathrm{a}$ を比べる．

この反応では，C=O 結合が H^+ を受取る（C=O 結合のプロトン化については 20 章で詳しく述べる）．平衡は常に $\mathrm{p}K_\mathrm{a}$ がより大きい，より弱い酸が生成する方向に偏る．上記の $\mathrm{p}K_\mathrm{a}$ の値はともに負であり，どちらがより大きい $\mathrm{p}K_\mathrm{a}$ か，わかりづらいかもしれない．−1.74 のほうが −7.3 よりも大きい値である．したがって平衡は左辺に偏り，次のように書くことができる．

この $\mathrm{p}K_\mathrm{a}$ の値の差は酸性度でおよそ 10^6 の違いである．これは，ある瞬間においておよそ 100 万個の C=O 結合のうち一つがプロトン化されていることを意味する．あとでこの反応について述べる際，C=O 結合のプロトン化によりさまざまな反応が触媒されることを説明する．触媒反応を行うには，ごく一部の C=O 結合がプロトン化されるだけで十分である．

ステップ 1
平衡の両辺の酸を明確にする．

(b) まず反応のそれぞれの側で酸として働くものを特定し，その pK_a を比べる．

pK_a 9.0　　pK_a 15.7

ステップ 2
pK_a を比べる．

この反応はβ-ジケトン（二つの C=O 結合が炭素原子一つにより隔てられている化合物）の脱プロトンを示している．これもプロトン移動であり，あとで詳しく述べる．平衡はより弱い酸を生じる側（pK_a が大きい方）に偏る．したがって平衡は右辺に偏る．

この場合の pK_a の値の差は酸性度でおよそ 10^6 の違いである．すなわち水酸化物イオンをβ-ジケトンの脱プロトンに用いると，ジケトンのほとんどが脱プロトンされる（100 万個につき 1 個が脱プロトンされずに残る）ことになる．これより水酸化物イオンはこの脱プロトンを行うのに適した塩基であると結論できる．

スキルの演習

3・10　次の酸塩基反応の平衡はどちらに偏るか予想せよ．

(a)

(b)

(c)

(d) $H-C\equiv C-H + {}^{-}NH_2 \rightleftharpoons H-C\equiv C:^{-} + NH_3$

スキルの応用

3・11　水酸化物イオンはアセチレンを脱プロトンするのに適した塩基ではない．なぜ適さないか，その理由を説明せよ．また適切な塩基は何か．

アセチレン　水酸化物イオン

問題 3・48 を解いてみよう．

チェックポイント

3・12　グリシンのようなアミノ酸は，タンパク質の重要な構成分子であり，25 章で詳しく述べる．胃内の pH ではグリシンはおもにプロトン化された形で存在し，そこでは二つの酸性水素がある．この二つの水素の pK_a をもとに生理学的条件である pH 7.4 でおもに存在するグリシンの形を書け．

pK_a 9.87　　pK_a 2.35

グリシン

3・4　Brønsted–Lowry の酸：定性的な考え方

前節では pK_a の値で酸や塩基の強さを比べることを述べた．本節では pK_a を用いずに，構造を解析することにより酸塩基の強さの比較を行う方法について説明する．

共役塩基の安定性

pK_a を用いずに酸の強さを比較するには，対応する共役塩基を比較する必要がある．A^- が非常に安定（弱い塩基）であれば，HA は強い酸でなければならない．一方，A^- が非常に不安定（強い塩基）であれば，HA は弱い酸である．この点を示す一例として，HCl の脱プロトンを考えてみよう．塩素は電気陰性度の大きい原子であり，したがって負電荷を安定化できる．塩化物イオン Cl^- は事実非常に安定であり，HCl は強酸である．残された共役塩基が安定化されているので HCl はプロトン供与体として働く．

§22・2で例外的に炭素原子に安定に負電荷が存在する例を述べる．それまではほとんどの場合 C^- は非常に不安定であると考えてよい．

もう一つ例をみてみよう．ブタンの構造を考えてみよう．ブタンが脱プロトンされると負電荷は炭素原子に生じる．炭素はあまり電気陰性度が高くなく，一般に負電荷を安定化することはできない．この C^- はとても不安定なのでブタンはあまり酸性を示さないと結論できる．

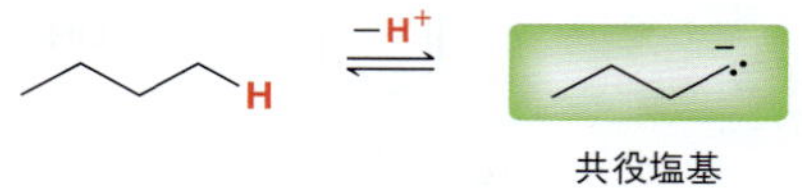

HA $\overset{-H^+}{\rightleftharpoons}$ A:
HB $\overset{-H^+}{\rightleftharpoons}$ B:
この二つの共役塩基を比べる

この方法は二つの化合物 HA と HB の酸性を比較するのに利用できる．その共役塩基 A^- と B^- をみて，二つを比較すればよい．どちらがより安定な共役塩基かを決定することにより，より強い酸を明らかにできる．たとえば，A^- のほうが B^- より安定であるならば，HA のほうが HB よりも酸性が強い．この方法では正確な pK_a を予測することはできないが，二つの化合物のどちらが酸性が強いかを pK_a の表を用いずに簡単に予想することができる．

負電荷の安定性に影響を与える要因

酸性度を定性的に比較するには，負電荷の安定性を比較する必要がある．以下に述べるのは，負電荷の安定性を比較するための方法である．具体的には次の四つの要因を考慮する．1) 電荷の存在する原子，2) 共鳴効果，3) 誘起効果，そして 4) 軌道である．

1. どの原子に電荷が存在するか． 第一の要因は，それぞれの共役塩基において負電荷がどの原子に存在するかを比較することである．たとえば，ブタンとプロパノールの構造を比較してみよう．二つの化合物の相対的な酸性度を比較するために，まずこれらの化合物を脱プロトンし共役塩基を書く．

次にそれぞれ負電荷がどこに存在するかを明らかにすることにより，この二つの共

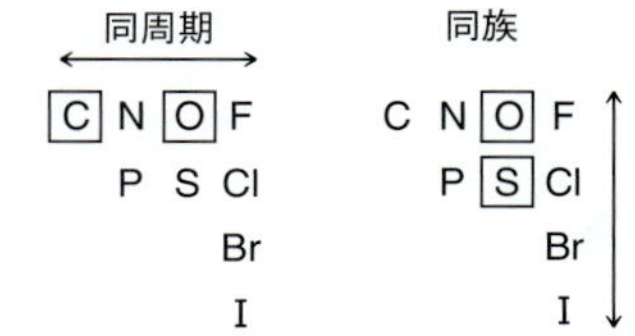

図 3・1 周期表の同周期および同族の元素の例

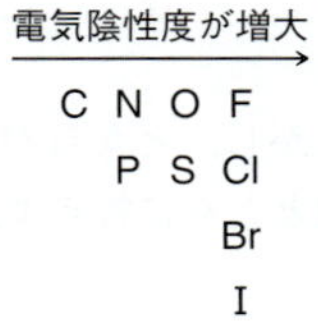

図 3・2 周期表における電気陰性度の傾向

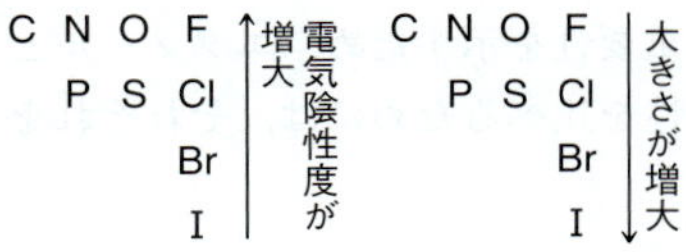

図 3・3 周期表における競合する傾向：原子の大きさと電気陰性度

役塩基を比較する．左の共役塩基では負電荷は炭素原子にある．右の共役塩基では負電荷は酸素原子にある．どちらがより安定であるかを決定するには，これらの元素が周期表の同じ周期か同じ族に属するかを考慮しなければならない（図3・1）．

たとえば，C^- と O^- は周期表の同じ周期にある．二つの原子が同じ周期に存在する場合，共役塩基の安定性の違いは電気陰性度が主たる要因となる．電気陰性度は原子の電子に対する親和力（電子の受け入れやすさの度合）を表しており，右側にいくほど増大することを思い出そう（図3・2）．酸素は炭素よりも電気陰性度が大きいので，酸素のほうが負電荷をより安定化する．したがって酸素に結合した水素のほうが炭素に結合した水素よりも酸性が強い．

周期表の同族の原子を比べる場合は話は異なる．たとえば，水と硫化水素の酸性を比べてみよう．これら二つの化合物の相対的な酸性度を比べるために，それぞれ脱プロトンし，その共役塩基を比較してみよう．

この例では，O^- と S^- を比較することになり，これらは周期表の同族である．このような場合，電気陰性度は主たる要因とならない．代わりに重要となるのは，原子の大きさである（図3・3）．硫黄は酸素よりも大きく，したがって負電荷をより広い空間に広げることにより安定化することができる．そのため HS^- は HO^- よりも安定であり，したがって H_2S は H_2O よりも強酸である．pK_a をみると H_2S の pK_a は 7.0，H_2O の pK_a は 15.7 で，確かにこの予想が正しいことがわかる．

以上まとめると，負電荷の安定性を比較する際に二つの重要な尺度がある．同周期の原子を比べる際に有用な電気陰性度の大きさと，同族の原子を比べる際に有用な原子の大きさである．

スキルビルダー 3・5 相対的な安定性を評価する：要因1 原子

スキルを学ぶ

次の化合物の二つの水素のうち，どちらがより酸性が強いか．

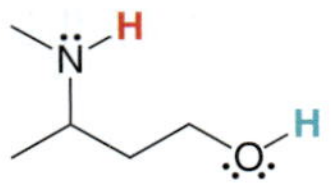

解答

まず，それぞれを脱プロトンし，対応する共役塩基を書く．

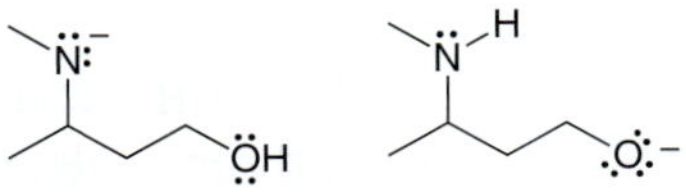

ステップ 1
共役塩基を書く．

次にこの二つの共役塩基を比べ，どちらがより安定かを決定する．左の共役塩基は負電荷が窒素にあり，右は酸素にある．窒素と酸素は周期表の同周期に属するので電気陰性度が重要な要因である．酸素のほうが窒素より電気陰性度が大きいので負電荷をより安定化できる．したがって酸素に結合した水素のほうが窒素に結合した水素よりもずっと

ステップ 2
負電荷の存在する原子の周期と族を比べる．

ステップ 3
共役塩基が安定なほうが酸性が強い．

容易に取去ることができる．

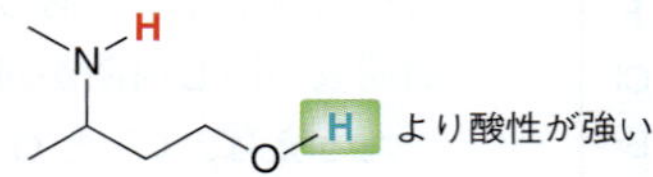

スキルの演習

3・13　次の化合物の二つの水素のうち，どちらがより酸性が強いか．

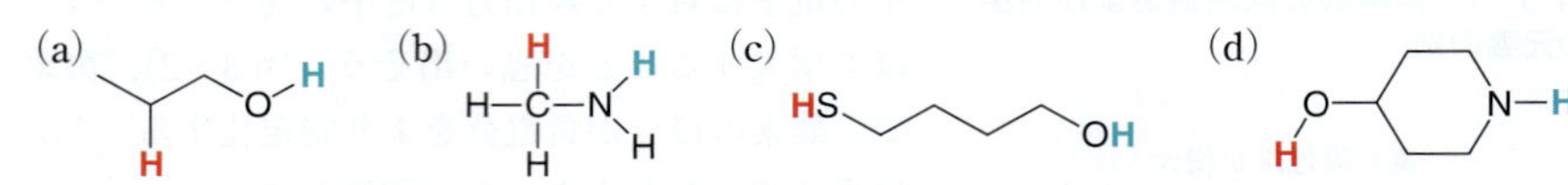

スキルの応用

3・14　窒素と硫黄は周期表中で同周期でも同族でもない．しかし，どちらがより酸性が強いか予想できるはずである．いずれが酸性が強いか，理由とともに答えよ．

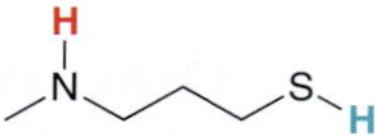

問題 3·45(b)，3·47(h)，3·51(b), (h)，3·53 を解いてみよう．

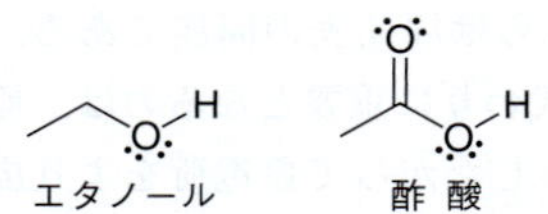

2. 共鳴効果（resonance effect）．共役塩基の安定性を比較する際の二つ目の要因は共鳴効果である．電荷の安定性に対する共鳴効果の重要性を示すため，エタノールと酢酸の構造を考えてみよう．この二つの化合物の酸性を比べるためには，それぞれを脱プロトンし共役塩基を書く必要がある．

いずれの場合も負電荷は酸素原子にある．したがって要因 1 ではどちらがより酸性が強いかを明らかにすることはできない．しかしこの二つの負電荷には重要な違いがある．左の共役塩基は共鳴構造が存在しないが，右には共鳴構造が存在する．

この場合，電荷は二つの酸素原子に非局在化する．このような負電荷は一つの酸素原子に局在化した負電荷よりも安定である．

電荷が局在化（より不安定）　　電荷が非局在化（より安定）

このため，OH 基に直接結合した C=O 結合を含む化合物はその共役塩基が共鳴安定化されるので，一般に弱酸性を示す．

$-H^+$

カルボン酸　　共鳴安定化された共役塩基

これらの化合物は**カルボン酸**（carboxylic acid）とよばれる．上記の R 基は省略された分子の残りの部分を表しているだけである．カルボン酸は無機酸である H_2SO_4 や HCl と比べると実際にはそれほど強い酸ではない．カルボン酸は他の有機化合物と比べた場合にのみ，酸性を示す化合物と考えることができる．カルボン酸の“酸性”は**酸性度**というものが相対的なものであることを示している．

スキルビルダー 3・6　相対的な安定性を評価する：要因 2 共鳴効果

スキルを学ぶ

次の化合物の二つの水素のうち，どちらがより酸性が強いか．

解 答

まずそれぞれの共役塩基を書く．

ステップ 1
共役塩基を書く．

ステップ 2
共鳴安定化しているか調べる．

左の共役塩基では負電荷は窒素原子に局在化しているが，右の共役塩基では負電荷は共鳴により非局在化している．

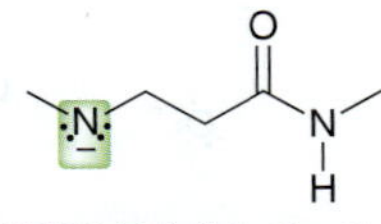

電荷は局在化している
共鳴安定化されていない

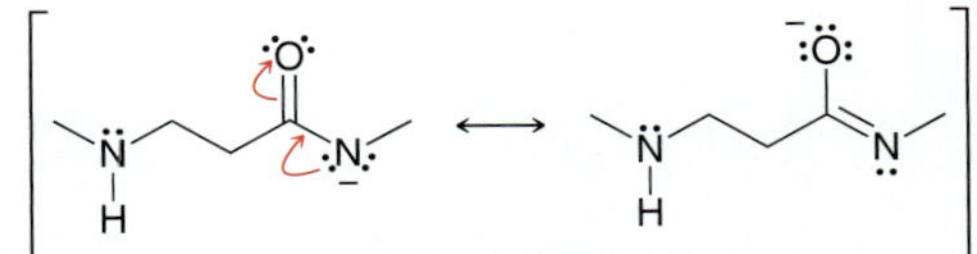

電荷は共鳴安定化されている

ステップ 3
共役塩基が安定なほうが酸性が強い．

負電荷は N と O の二つの原子に非局在化する．電荷の非局在化により共役塩基はより安定となり，したがってこの水素はより酸性が強い．

スキルの演習

3・15　次の化合物の二つの水素のうち，どちらがより酸性が強いか．

(a)　(b)　(c)

(d)　(e)　(f)

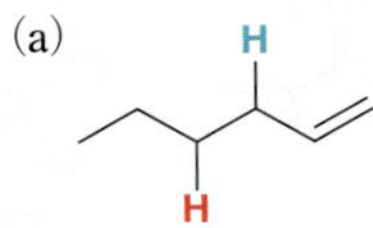

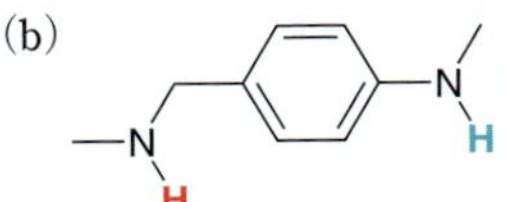

スキルの応用

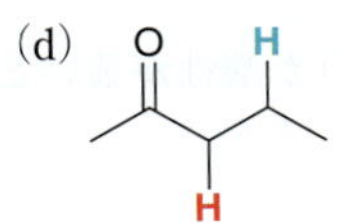

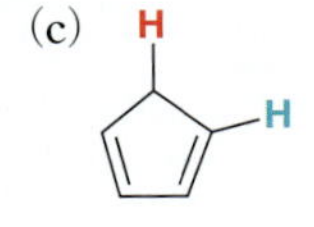

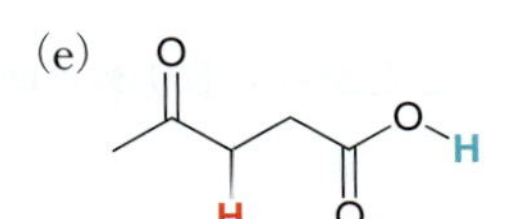

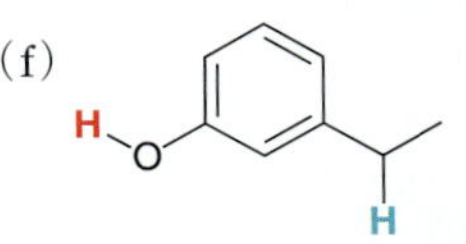

3・16　アスコルビン酸（ビタミン C）はカルボン酸部位をもたないが，かなり強い酸性（pK_a 4.2）を示す．酸性を示す水素を同定し，必要であれば共鳴構造を用いて選

んだ理由を説明せよ.

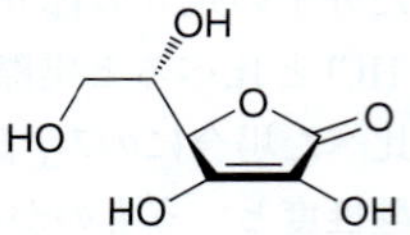

アスコルビン酸（ビタミンC）

3・17　次の化合物の二つの水素のうち，どちらがより酸性が強いか．共役塩基を比較し，次の点を明確にせよ．負電荷は酸素原子一つと炭素原子三つに広がるのと二つの酸素原子に広がるのとどちらがより安定か．それぞれの共役塩基の共鳴構造をすべて書き，表3・1の pK_a を見てみよう．

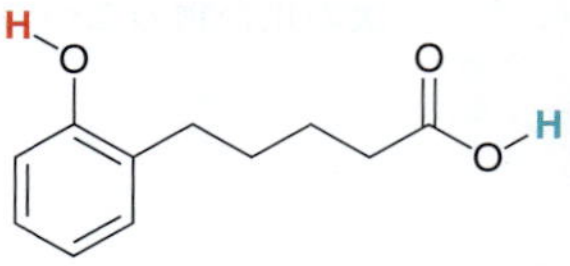

問題 3･45(a)，3･46(a)，3･47(b), (e)～(g)，3･51(c)～(f) を解いてみよう．

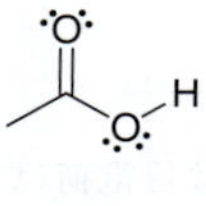

酢酸 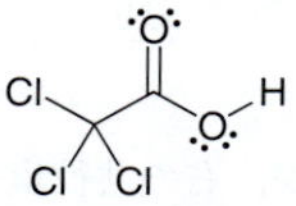　トリクロロ酢酸

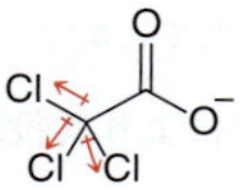

3. 誘起効果（inductive effect）．ここまでに述べた二つの要因では，酢酸とトリクロロ酢酸の酸性度の違いは説明できない．どちらがより酸性が強いだろうか．pK_a の表を見ないでこの問いに答えるために，二つの化合物の共役塩基を書いて比べてみよう．

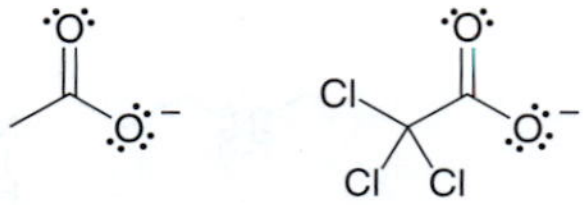

要因1の観点からは，いずれも酸素原子に負電荷が存在するのでこの問いに答えることができない．同じく要因2の観点からも，いずれも負電荷は二つの酸素原子に非局在化する共鳴構造が存在するのでこの問いに答えることができない．これらの共役塩基の明らかな違いは塩素原子の存在である．塩素原子は誘起効果により電子をひきつけることを思い出してほしい．

塩素原子は化合物の負電荷をもつ部分から電子をひきつけることにより，負電荷を安定化できる．したがってトリクロロ酢酸の共役塩基は酢酸の共役塩基よりも安定である．

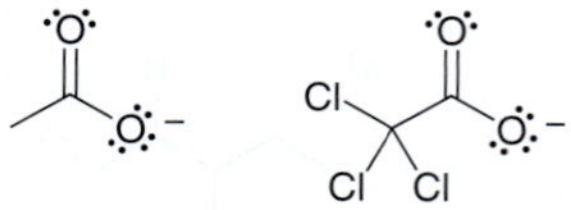

より安定

したがってトリクロロ酢酸のほうが酸性が強いと結論できる．

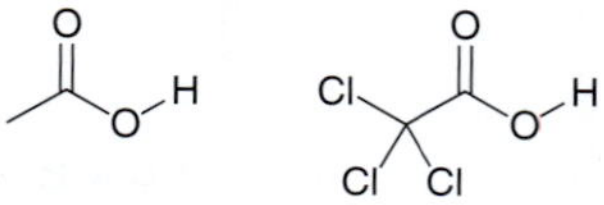

より酸性が強い

pK_a を調べてこれを確かめてみよう．実際の塩素原子一つひとつの効果を pK_a を用いて確かめることができる．pK_a の傾向がわかるだろうか．塩素原子の数が増えるにつれて，化合物の酸性はより強くなる．

pK_a 4.75　　pK_a 2.87　　pK_a 1.25　　pK_a 0.70

スキルビルダー 3・7　相対的な安定性を評価する：要因 3 誘起効果

スキルを学ぶ

次の化合物の二つの水素のうち，どちらがより酸性が強いか．

解答

まずそれぞれ共役塩基を書く．

ステップ 1
共役塩基を書く．

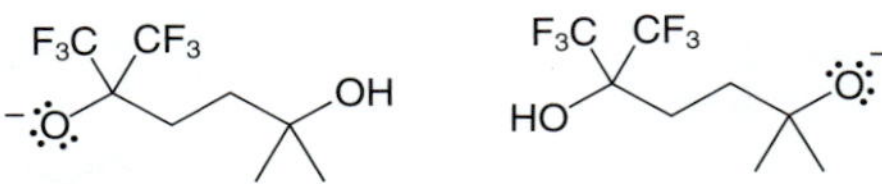

ステップ 2
誘起効果の有無について調べる．

ステップ 3
共役塩基が安定なほうが酸性が強い．

左の共役塩基では，電荷は近傍のフッ素原子の誘起効果により安定化されている．一方，右の共役塩基にはこの安定化効果はない．したがって左の共役塩基のほうがより安定であると予想される．これよりフッ素原子に近い水素原子のほうがより酸性が強いと結論できる．

スキルの演習

3・18　次の化合物で，最も酸性の強い水素はどれか．理由も述べよ．

(a)　(b)

3・19　次の化合物の組で，どちらの化合物がより酸性が強いか．理由も述べよ．

(a)　(b)

スキルの応用

3・20　2,3-ジクロロプロパン酸の構造を考えてみよう．この化合物には構造異性体が多く存在する．

(a) この化合物より少し酸性の強い構造異性体を書き，そう考えた理由を説明せよ．
(b) この化合物より少し酸性の弱い構造異性体を書き，そう考えた理由を説明せよ．
(c) この化合物より少なくとも 10^{10} 倍酸性の弱い構造異性体を書き，そう考えた理由を説明せよ．

3・21　次の化合物の太字で示した二つの水素について考えてみよう．この二つの水素は等価であるか，あるいは一方の水素が他方よりも酸性が強いか．理由も述べよ．［ヒント：中央の炭素原子の幾何配置を注意深く考えてみよう．］

問題 3·46(b)，3·47(c)，3·51(g) を解いてみよう．

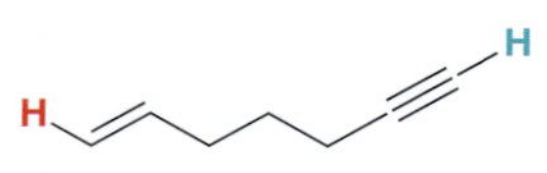

4. 軌道 (orbital).　ここまでに述べた三つの要因だけでは，左の化合物中に示す二つの水素の酸性の違いを説明することはできない．この二つを比較するため，それぞれの共役塩基を書いてみよう．

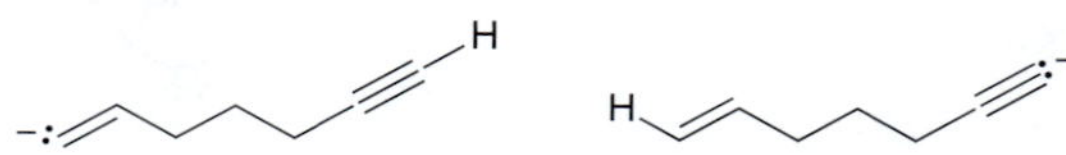

いずれの場合も，負電荷は炭素原子にあり，したがって要因 1 では酸性の違いを説明できない．またいずれの場合も電荷は共鳴安定化されていないので要因 2 でも説明できない．さらにいずれの場合も考慮すべき誘起効果は存在しないので要因 3 も同様である．ここでの答は，電荷を収容している軌道の混成状態を考えることによって得られる．1 章で三重結合の炭素原子は sp 混成を，二重結合の炭素原子は sp^2 混成を，単結合の炭素原子は sp^3 混成をとることを述べた．左側の共役塩基は負電荷が sp^2 混成の炭素原子にあり，右側の共役塩基は負電荷が sp 混成の炭素原子にある．これによりどのような違いが生じるだろうか．混成軌道の形を簡単に復習しておこう（図 3・4）．

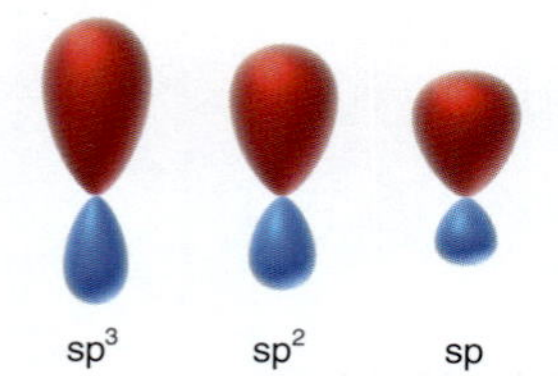

図 3・4　混成軌道の形の比較

sp 混成軌道の電子対は sp^2 や sp^3 混成軌道の電子対よりも核の近くに存在する．その結果 sp 軌道の電子は核に近いため安定化されている．したがって sp 混成の炭素原子の負電荷は sp^2 混成の炭素原子の負電荷よりもより安定である．

これより三重結合の炭素に結合した水素のほうが二重結合の炭素に結合した水素よりも，そして二重結合の炭素に結合した水素のほうが単結合の炭素に結合した水素よりも酸性が強いと結論できる．この傾向は図 3・5 の pK_a をみると確かめることができる．この pK_a をみると，この効果は非常に重要であることがわかる．アセチレンはエチレンよりも 10^{19} 倍酸性が強い．

図 3・5 エタン，エチレン，アセチレンの pK_a

エタン pK_a 50　エチレン pK_a 44　アセチレン pK_a 25

スキルビルダー 3・8 相対的な安定性を評価する：要因 4 軌道

スキルを学ぶ

次の化合物の二つの水素のうち，どちらがより酸性が強いか．

1-ペンテン

解 答

まずそれぞれの共役塩基を書くことから始める．

ステップ 1
共役塩基を書く．

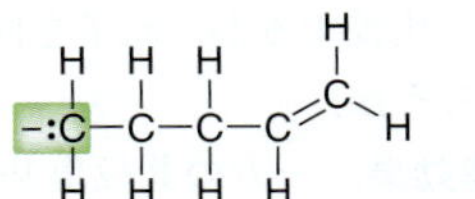
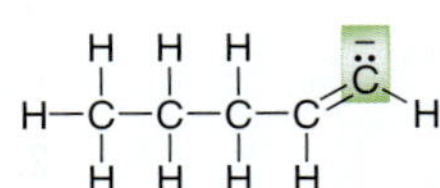

ステップ 2
軌道を考える．

ステップ 3
共役塩基が安定なほうが酸性が強い．

いずれも負電荷は炭素原子にあるので要因 1 は利用できない．いずれも電荷は共鳴安定化されていないので要因 2 でも説明できない．いずれも考慮すべき誘起効果は存在しないので要因 3 も同様である．答は電荷が収容されている軌道の混成状態を考えることによって得ることができる．左の共役塩基は負電荷が sp^3 混成軌道に，右の共役塩基は sp^2 混成軌道に負電荷がある．sp^2 混成軌道のほうが sp^3 混成軌道よりも核に近いので，負電荷をより安定化できる．したがってビニル位の水素のほうが酸性が強いと結論できる．

スキルの演習

3・22 次の化合物の二つの水素のうち，どちらがより酸性が強いか．理由も述べよ．

3・23 次の化合物について，最も酸性の強い水素を示せ．

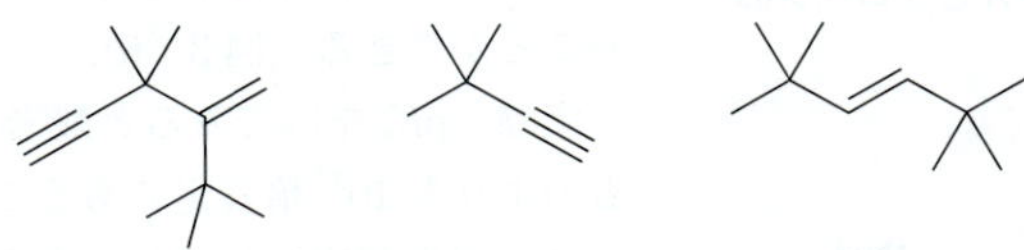

スキルの応用

3・24 アミンは C−N 単結合をもち，イミンは C=N 二重結合をもつ．最も単純なアミンの pK_a は 35 から 45 の間である．この情報に基づいて，次のどの記述が正しいと考えられるか，理由とともに答えよ．

(a) ほとんどのイミンの pK_a は 35 より小さい．

(b) ほとんどのイミンの pK_a は 45 より大きい．
(c) ほとんどのイミンの pK_a は 35 から 45 の間である．

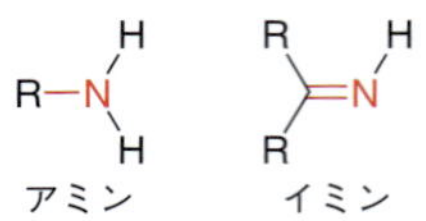

問題 3·45(c) を解いてみよう．

負電荷の安定性に影響を与える要因の優先順位

ここまで負電荷の安定性に影響を与える四つの要因それぞれについて考えてきた．ここでは，その優先順位，すなわち二つ以上の要因が存在する場合，どの要因がまず重要になるかを考えてみよう．

一般的には，四つの要因の優先順位は述べてきた順となる．

1. **原子**．負電荷はどの原子に存在するか．原子を電気陰性度と大きさの観点からどのように比較するか．原子を同周期で，あるいは同族で比較する際の違いを理解しているだろうか．
2. **共鳴効果**．一方の共役塩基が他方よりも安定化されるような共鳴効果は存在するか．
3. **誘起効果**．共役塩基のいずれか一つを安定化する誘起効果は存在するか．
4. **軌道**．それぞれの共役塩基の負電荷はどの軌道に存在するか．

たとえば，次の二つの化合物の太字で示した水素を比較してみよう．

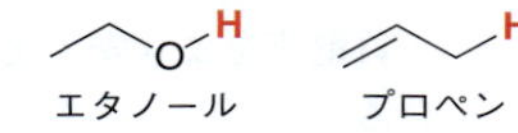

それぞれ共役塩基を書いて比べてみよう．

要因 1 からは炭素ではなく酸素に負電荷のある左側の共役塩基のほうがより安定である．しかし要因 2 からは右側の共役塩基のほうが共鳴安定化されているのでより安定である．ここで重要な問題が生じる．負電荷は酸素原子一つに局在化しているときと，二つの炭素に非局在化しているときと，どちらがより安定だろうか．答は，一般に要因 1 のほうが要因 2 より重要なので，負電荷は二つの炭素原子に存在するよりも酸素原子一つに存在するほうが安定である．この結論は pK_a を比較することで確かめることができる（図 3・6）．

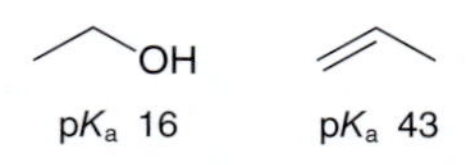

図 3・6　エタノールとプロペンの pK_a

実際，pK_a をみてみると酸素原子の負電荷のほうが二つの炭素原子に非局在化したものよりも 10^{27} 倍安定であることがわかる．

この優先順位はしばしば有用であるが，これに基づく予想は時に誤ることがある．たとえば，アセチレンとアンモニアの構造を比べてみよう．どちらの化合物がより酸性が強いか決めるため共役塩基を書いてみよう．

H—C≡C—H　アセチレン　　:NH_3　アンモニア

H—C≡C:⁻　より安定　　⁻:$\ddot{N}H_2$

左の構造の二つの負電荷を比べてみると二つの競合する要因が存在する．要因 1 からは C^- よりも N^- のほうが安定なので右側の共役塩基がより安定である．しかし要因 4 からは，sp^3 混成軌道よりも sp 混成軌道のほうが負電荷をより安定化できるので，左側の共役塩基のほうが安定である．一般に要因 1 が最も支配的である．しかしこの場合は例外であり，要因 4（軌道）が重要となる．ここでは窒素原子のほうが炭素原子よりも電気陰性度は大きいが，実際には負電荷は炭素にあるほうがより安定である．

$$\underset{pK_a\ 25}{H-C\equiv C-H} + {}^{-}:\ddot{N}H_2 \longrightarrow H-C\equiv C:^{-} + \underset{pK_a\ 38}{:NH_3}$$

pK_a からアセチレンはアンモニアよりも 10^{13} 倍酸性が強いことがわかる．このため H_2N^- はアセチレンを脱プロトンするのに適した塩基である．

実際このため，H_2N^- は末端アルキンの水素を脱プロトンする塩基としてしばしば用いられる．

もちろん優先順位の例外はほかにも存在するが，上記の例外はその代表的なものである．多くの場合，前述の順に四つの要因に基づいて優先順位をつけて酸性についての定性的な予測をしてまちがいない．しかし，念のために pK_a の値を調べて予測が正しいかを確認しておくことが最善である．

スキルビルダー 3・9 相対的な安定性を評価する：四つの要因

スキルを学ぶ

次の化合物の二つの水素のうち，どちらがより酸性が強いか．理由も述べよ．

H–O–C(=O)–CH₂–CH₂–C(=O)–CH(CCl₃)–O–H

解答

いつものようにそれぞれの共役塩基を書くことから始める．

ステップ 1
共役塩基を書く．

ステップ 2
四つの要因を考える．

次にこの負電荷の安定性を比べるため，四つの要因について考える．

1. **原子**．いずれも負電荷は酸素原子にあるので，この要因では決まらない．
2. **共鳴効果**．左の共役塩基は共鳴安定化されているが右の共役塩基はされていない．この要因のみに基づくと左の共役塩基のほうが安定である．
3. **誘起効果**．右の共役塩基には負電荷を安定化する誘起効果が存在するが，右の共役塩基には存在しない．この要因のみに基づくと右の共役塩基のほうが安定である．
4. **軌道**．これは二つとも同じである．

ステップ 3
共役塩基が安定なほうが酸性が強い．

以上の考察より二つの要因が競合していることがわかる．一般に共鳴効果のほうが誘起効果よりも支配的である．これより左の共役塩基のほうがより安定であると予想される．したがって左側の水素のほうが酸性が強いと結論できる．

スキルの演習

3・25　次の化合物の二つの水素のうち，どちらがより酸性が強いか．

(a)

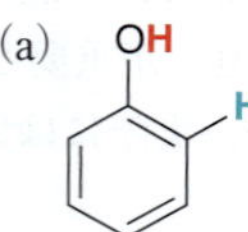

(b) 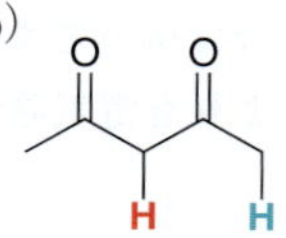　(c)

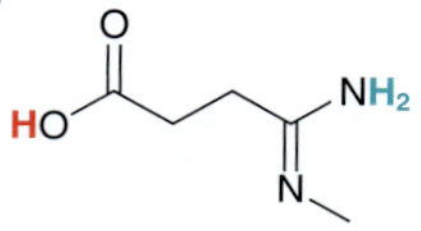

(d) 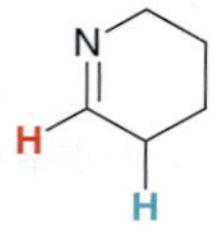　(e) 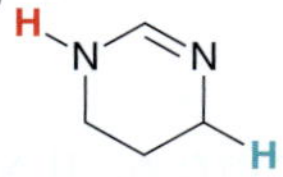　(f)

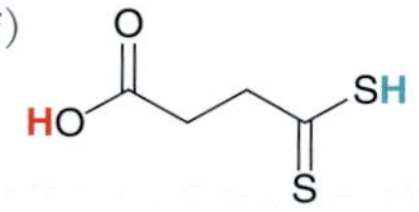

(g) 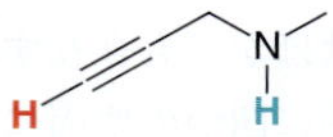　(h) 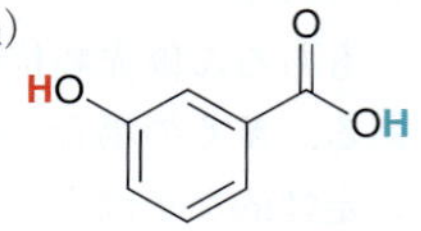　(i)

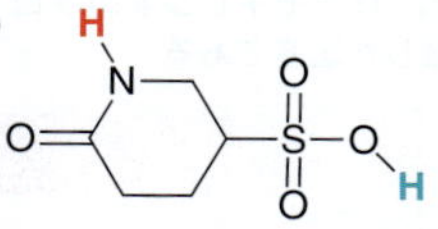

3・26　次の化合物の組で，どちらがより酸性が強いか．

(a) HCl　HBr　(b) H_2O　H_2S　(c) NH_3　CH_4

(d) H—≡—H　$H_2C{=}CH_2$　(e) Cl_3C–CH(OH)–CCl_3　(CH₃)₂CHOH

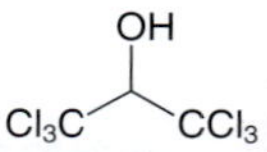

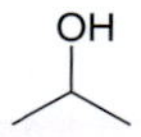

スキルの応用

3・27　次の化合物はこれまで知られている最も強い酸のひとつである．

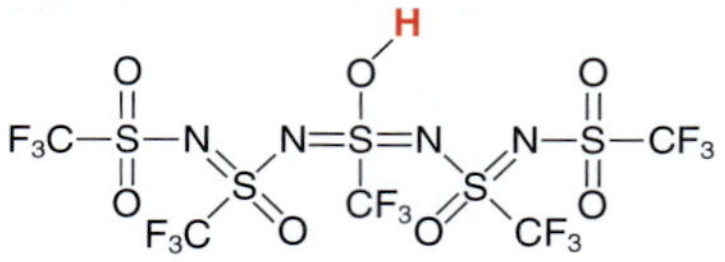

(a) なぜそのように強い酸であるか説明せよ．
(b) この化合物の酸性をより強くするには，この構造をどのように修正すればよいか．

3・28　アンホテリシンB（amphotericin B）は重度の真菌感染の輸液に用いられる強力な抗菌薬である．この化合物の最も酸性の強い水素を示せ．

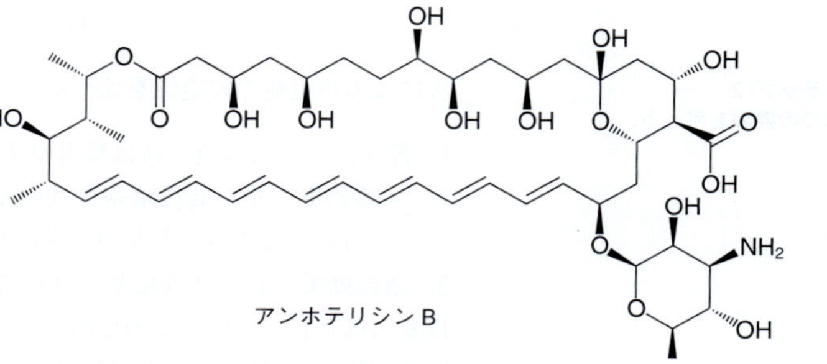

アンホテリシンB

問題 3·47(d)，3·51(a)，3·57〜3·61 を解いてみよう．

3・5　平衡の位置と反応剤の選択

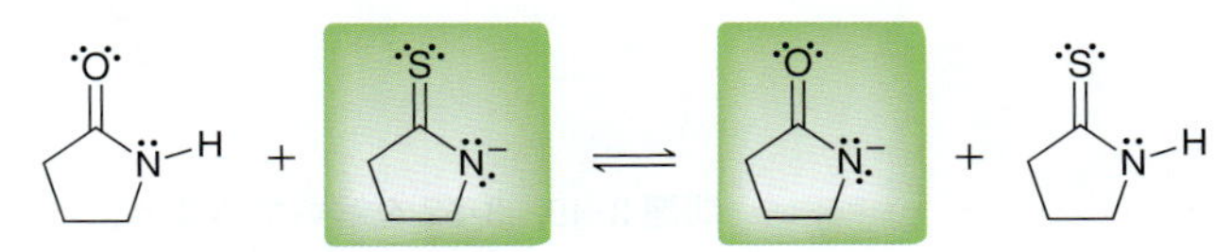

本章初めのほうで pK_a を用いて平衡の位置を決定する方法を述べた．本節では，pK_a を用いずに共役塩基を比べるだけで平衡の位置を予想する方法を説明する．これ

がどのように役に立つか，まずは一般的な酸塩基反応をみてみよう．

$$\text{H—A} + \text{B}^- \rightleftharpoons \text{A}^- + \text{HB}$$

この平衡反応は二つの塩基（A^- と B^-）間の H^+ に対する競争反応と考えることができる．問題となるのは A^- と B^- とどちらがより負電荷を安定化できるかである．平衡は常により安定な負電荷を生じるほうが有利となる．A^- がより安定であるならば，平衡は A^- の生成のほうに偏る．B^- がより安定であるならば，平衡は B^- の生成のほうに偏る．したがって平衡の位置は A^- と B^- の安定性を比較すれば予想できる．練習してみよう．

スキルビルダー 3・10 pK_a を用いずに平衡の位置を予想する

スキルを学ぶ

次の反応の平衡はどちらに偏るか予想せよ．

解答

平衡反応の左辺と右辺を見て，それぞれの側の共役塩基の安定性を比べる．

ステップ 1
平衡の両辺の塩基を明確にする．

どちらの塩基がより安定かを決めるため，四つの要因を調べる．

ステップ 2
四つの要因すべてを考えてこれらの共役塩基の安定性を比較する．

1. **原子**．いずれも負電荷は窒素原子に存在しているのでこの要因は重要ではない．
2. **共鳴効果**．いずれの塩基も共鳴安定化されているが，一方がより安定であると考えられる．

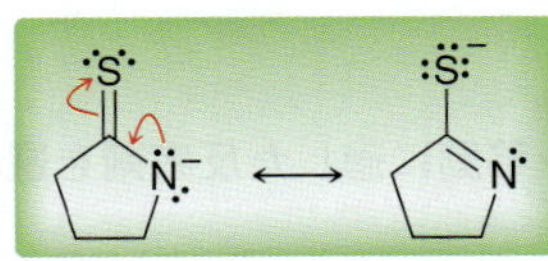

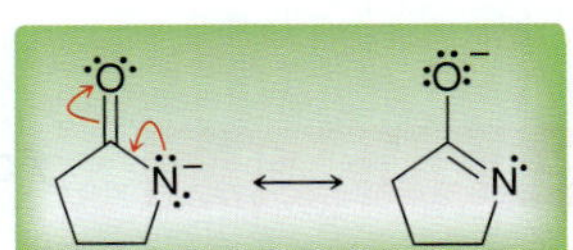

左の塩基は負電荷が N と S に非局在化しており，右の塩基は N と O に非局在化している．その原子の大きさのため，硫黄原子は酸素原子よりもより効果的に負電荷を安定化できる．したがって左の塩基のほうが安定と考えられる．

3. **誘起効果**．いずれの塩基も誘起効果により安定化されていない．
4. **軌道**．この場合重要な要因ではない．

ステップ 3
平衡はより安定な塩基が生じるほうに偏る．

要因 2 に基づき，左辺の塩基のほうがより安定と結論できる．したがって平衡は左辺に偏る．この予想は，両辺の酸の pK_a を調べると正しいことがわかる．

pK_a 15
より弱い酸

pK_a 13
より強い酸

平衡は予想どおりより弱い酸（pK_a が大きい）が生成する側，すなわち左辺に偏る．

スキルの演習

3・29　次の反応の平衡はどちらに偏るか予想せよ．

(a)

(b)

(c)

スキルの応用

3・30　21 章で述べるが，ラクトン（環状エステル）を水酸化ナトリウムと反応させるとまずアニオンが生成する．このアニオンは速やかに分子内プロトン移動（問題 3・3 参照）を起こし，負電荷をもった酸素原子が近くの酸性水素を引抜く．この分子内酸塩基反応の生成物を書き，平衡がどちらに偏るか理由とともに答えよ．

NaOH

初めに生じる

問題 3・49，3・52 を解いてみよう．

上述のスキルビルダー 3・10 で述べた方法は次のスキルビルダーに示すように，ある反応剤が特定のプロトン移動を行うのに適しているかどうかを決定するのにも用いることができる．

スキルビルダー 3・11　プロトン移動に適した反応剤を選ぶ

スキルを学ぶ

H_2O はアセタートイオンをプロトン化するのに適した反応剤か．

解 答

この塩基が水によりプロトン化されるときの酸塩基反応をまず書く．

ステップ 1
平衡式を書く．

ステップ 2
四つの要因すべてを考えてこれらの共役塩基の安定性を比較する．

次に両辺の塩基を比べてどちらがより安定か考える．

ステップ 3
生成物のほうに偏る場合には反応は有用である．

四つの要因を適用すると，左辺の塩基のほうが共鳴により安定化されていることがわかる．したがって平衡は左辺に偏る．すなわち H_2O はこの反応に適したプロトン源ではない．この塩基をプロトン化するには，水よりも強い酸が必要である．たとえば H_3O^+ が適している．

スキルの演習

3・31 次の反応において，用いられた反応剤は目的の反応を行うのに適しているか理由とともに答えよ．

(a) H_2O を用いて [ジイソプロピルアミドイオン] をプロトン化する

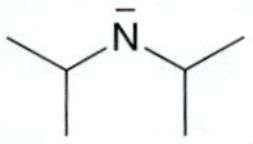

(b) 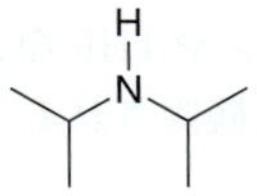 [ジイソプロピルアミン] を用いて [tert-ブチルカルボアニオン] をプロトン化する

(c) $^-NH_2$ を用いて H₂C=CH₂ をプロトン化する

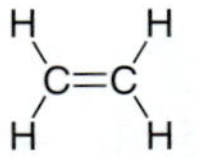

(d) H_2O を用いて [アセチルアセトンのアニオン] をプロトン化する

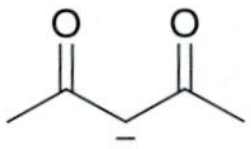

(e) H_2O を用いて [tert-ブチルカルボアニオン] をプロトン化する

(f) $^-NH_2$ を用いて H—C≡C—H を脱プロトンする

スキルの応用

3・32 次に示す反応では，いずれも生成物はアニオンであることに注意してほしい（正電荷をもつイオンは無視せよ）．中性の生成物を得るには，このアニオンは"反応処理"によりプロトン源と反応させなければならない．それぞれの反応について，水が反応処理に適したプロトン源かどうか示せ．

(a) [プロパン酸メチル] —NaOH→ [プロパン酸イオン] Na^+

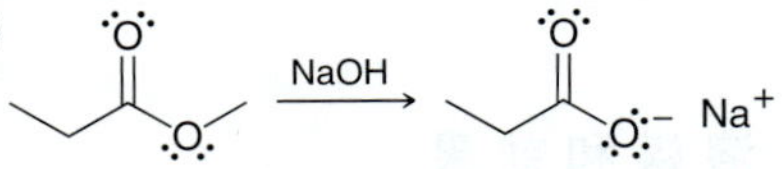

(b) [クロロベンゼン] —NaOH, 加熱→ [フェノキシドイオン] Na^+

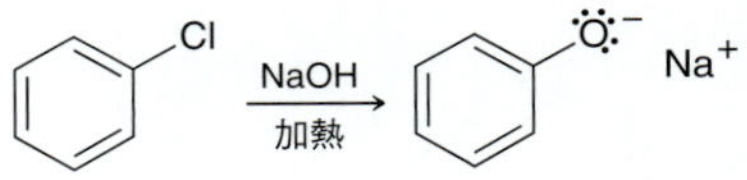

問題 3・40，3・42 を解いてみよう．

3・6 水平化効果

水酸化物イオンよりも強い塩基は溶媒が水のときには用いることができない．その理由を理解するために，アミドイオン H_2N^- と水を混ぜた場合，何が起こるか考えてみよう．

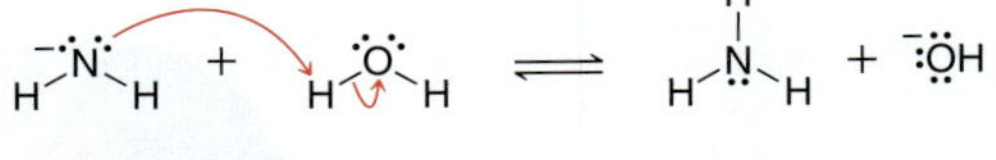

$$H_2N^- + H_2O \rightleftharpoons NH_3 + {}^-OH$$

アミドイオンは強塩基で水を脱プロトンし，水酸化物イオン HO^- を生じる．水酸化物イオンはアミドイオンよりも安定なので，平衡は水酸化物イオンを生成するほうに偏る．すなわち，アミドイオンは溶媒によりプロトン化され，水酸化物イオンにとって代わられる．実際，これは HO^- よりも強い塩基すべてに当てはまる．HO^- よりも強い塩基を水に溶かすと，その塩基は水と反応して水酸化物イオンを生じる．こ

ヘキサン　　テトラヒドロフラン（THF）

本章を通じて非常に強い塩基を用いるのに適した溶媒の例を他にもいくつか取上げる．

れは**水平化効果**（leveling effect）とよばれている．

水酸化物イオンよりも強い塩基を用いる場合，水以外の溶媒を用いなければならない．たとえばアミドイオンを塩基として用いるためには，液体アンモニア NH_3 を溶媒として用いる．アミドイオンよりもさらに強い塩基が必要となる場合には，液体アンモニアを溶媒として用いることができない．前の場合と同様，H_2N^- よりも強い塩基を液体アンモニアに溶かすと，その塩基はプロトン化され，H_2N^- が生成する．ここでも水平化効果により液体アンモニア中ではアミドイオンよりも強い塩基を用いることができない．H_2N^- よりも強い塩基を用いるには，容易に脱プロトンされないような溶媒を用いなければならない．非常に強い塩基を溶解するのに用いることのできる pK_a の大きい溶媒は，ヘキサンや THF などたくさん存在する．

水平化効果は酸性溶液中でも観測される．たとえば H_2SO_4 水溶液中での次の平衡を考えてみよう．

$$H_2SO_4 + H_2O \rightleftharpoons HSO_4^- + H_3O^+$$

pK_a −9　　　　pK_a −1.7

この反応は平衡反応であるが，pK_a 値の違い（pK_a 単位でおよそ 7）を考えると，H_2SO_4 はオキソニウムイオン H_3O^+ より 10^7（1000 万）倍，酸性が強いことがわかる．そのため H_2SO_4 水溶液中では実際に存在する H_2SO_4 はほとんどない．すなわち，1000 万個のオキソニウムイオンに対し 1 分子の H_2SO_4 が存在する．すべての硫酸分子のうち 99.99999 % がその H^+ を水分子に移動させている．同様のことが，HCl 水溶液や水に溶かした他の強酸の場合にも起こる．いいかえると H_2SO_4 や HCl の水溶液は，いずれも H_3O^+ の水溶液とみなすことができる．濃 H_2SO_4 と希 H_2SO_4 のおもな違いは，H_3O^+ の濃度である．

3・7　溶媒和効果

pK_a の値の小さな違いを溶媒和による効果で説明することがある*．たとえば *tert*-ブチルアルコールとエタノールの酸性を比べてみよう．pK_a からは *tert*-ブチルアルコールのほうがエタノールよりも 10^2 倍酸性が弱いことがわかる．すなわち *tert*-ブチルアルコールの共役塩基はエタノールの共役塩基よりも不安定である．この安定性の違いは，それぞれの共役塩基と，そのまわりの溶媒分子との相互作用を考えることによって最も良く説明することができる（図 3・7）．それぞれの共役塩基が溶媒分子と相互作用する様子を比べてみよう．*tert*-ブトキシドイオンはとてもかさ高く，**立**

* 訳注：溶媒和効果（solvation effect）は溶媒効果（solvent effect）の一種．

tert-ブチルアルコール　pK_a 18　　エタノール　pK_a 16

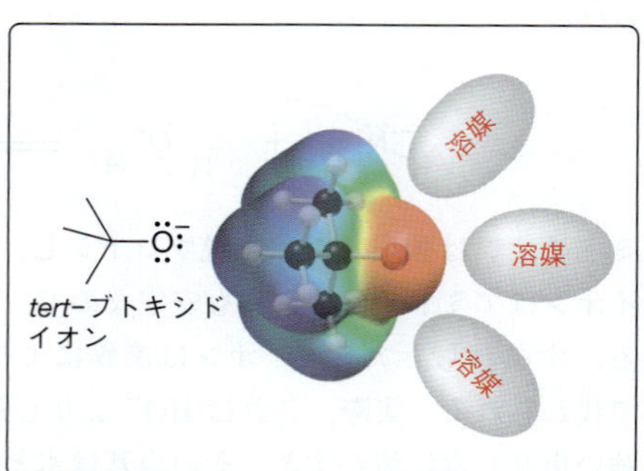

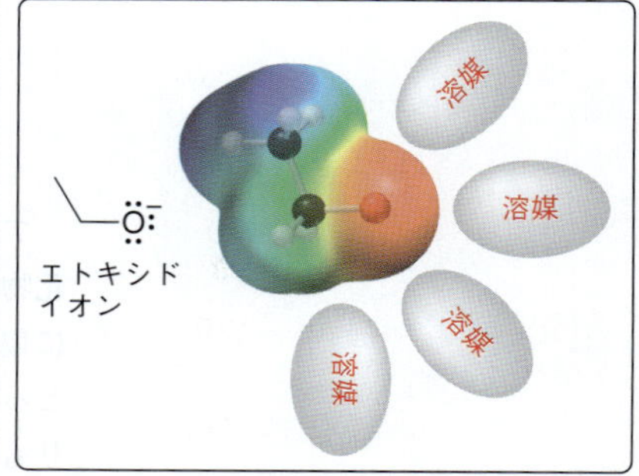

図 3・7　*tert*-ブトキシドイオンとエトキシドイオンの静電ポテンシャル図

体的に込み合っている（sterically hindered）ので，溶媒分子と相互作用しにくい．エトキシドイオンは立体的に込み合っていないので，より多くの溶媒分子と相互作用することができる．その結果，エトキシドイオンはよりよく溶媒和され，*tert*-ブトキシドイオンよりも安定となる（図3・7）．この種の溶媒効果は，本章で述べた他の効果よりも一般に影響が小さい．

チェックポイント

3・33 右の化合物のどちらがより酸性が強いか予想せよ．表3・1の pK_a を用いて，その予想が正しいかどうか確認せよ．

エタノール　水

役立つ知識　重曹とふくらし粉

本章冒頭にて，重曹とふくらし粉はいずれも膨張剤であると述べた．いずれも CO_2 を発生し，パン生地をふっくらとさせる．ここでは，これらの化合物がどのようにしてその働きをするか，まず重曹から解明しよう．本章ですでに述べたように，重曹は炭酸水素ナトリウムの慣用名である．炭酸水素ナトリウムは弱塩基性なので，酸と反応して炭酸を生じ，これは CO_2 と水に分解する．

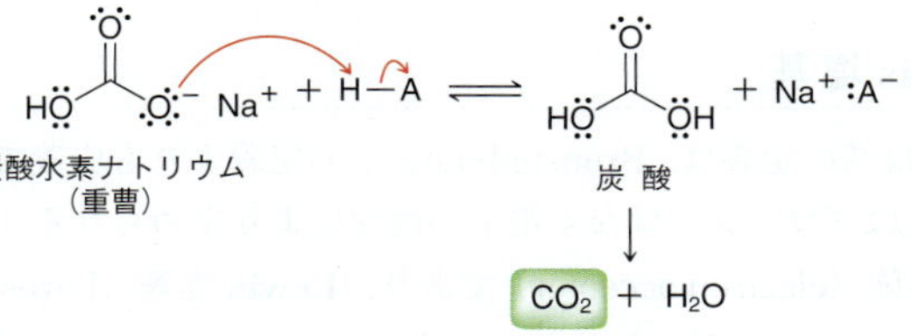

炭酸水素ナトリウム（重曹） + H−A ⇌ 炭酸 + Na^+ :A^-

炭酸 → CO_2 + H_2O

上記の反応を見ると，重曹が役割を果たすには酸が必須であることがわかる．パンやペストリーの多くに酸性部位を含む成分が含まれている．たとえばバターミルク，はちみつ，（レモンのような）かんきつ系の果物はすべて天然の有機酸を含んでいる．

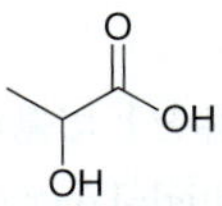

乳酸（バターミルクに含まれる）

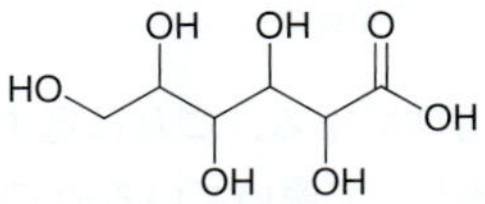

グルコン酸（はちみつに含まれる）

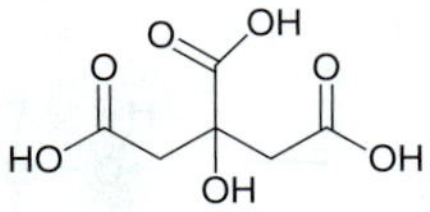

クエン酸（かんきつ類に含まれる）

酸性化合物がパン生地に存在すると，重曹はプロトン化され CO_2 を放出する．しかし酸性成分が存在しないと，重曹はプロトン化されず CO_2 が生じない．このような場合には，塩基（重曹）と酸を加えなければならない．ふくらし粉はまさにそのような役割を果たしている．これは炭酸水素ナトリウムと酒石酸水素カリウムのような酸の塩を含む粉末混合物である．

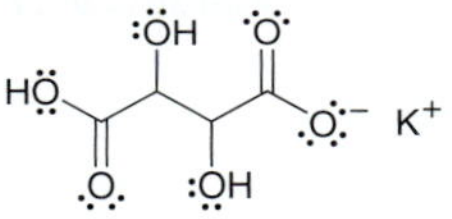

酒石酸水素カリウム

ふくらし粉は，酸と塩基が直接反応してしまうのを防ぐため，デンプンを加えてこれを防いでいる．水と混ぜると，酸と塩基が反応して最終的に CO_2 が発生する．

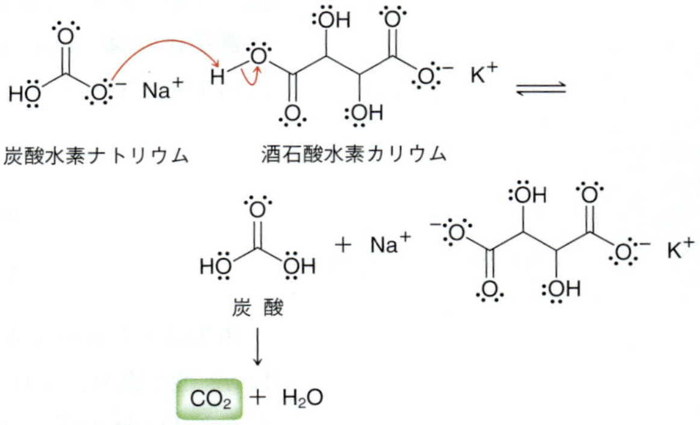

炭酸水素ナトリウム + 酒石酸水素カリウム ⇌ 炭酸 + Na^+ + 酒石酸イオン K^+

炭酸 → CO_2 + H_2O

ふくらし粉はパンケーキやマフィンやワッフルをつくるときによく用いられる．パンケーキをふっくらとさせるために，酸と塩基の正確な比率が重要である．塩基（炭酸水素ナトリウム）が多いと苦味が残り，酸が多いと酸味が残る．比率をぴったり正しくするために，レシピにはしばしば特定の量の重曹と特定の量のふくらし粉を用いよと書いてある．レシピは他の材料に含まれている酸性化合物の量を考慮して，最終生成物が不必要に苦くなったりすっぱくなったりしないようにしている．パン作りはまさに科学である！

3・8　対イオン

負電荷をもった塩基には，常に**カチオン**（cation）とよばれる正電荷をもった化学種が付随している．たとえば，HO^- には必ず Li^+, Na^+, K^+ などの対イオン（counterion）が付随していなければならない．LiOH, NaOH, KOH のような反応剤をしばしば目にするが，あまり気にする必要はない．これらはすべて対イオンを示した HO^- にすぎない．対イオンは書くこともあれば書かないこともある．対イオンが示されていないときでも，それは存在する．単に重要性が低いので示されていないだけである．本章ではここまで対イオンは示してこなかったが，ここからは示す．たとえば次の平衡反応を考えてみよう．

$$NH_2^- + H_2O \rightleftharpoons NH_3 + HO^-$$

この反応は次のように書くこともできる．

$$NaNH_2 + H_2O \rightleftharpoons NH_3 + NaOH$$

カチオンが示されているときにはこれを無視して，真の反応種，すなわち塩基に注目することが重要である．対イオンはふつう重要な役割を果たさないが，ときには反応経路に影響することがある．大多数の反応は対イオンの種類にほとんど影響を受けない．

3・9　Lewis 酸と Lewis 塩基

Gilbert Lewis による酸と塩基の定義は，Brønsted-Lowry の定義よりも広義である．Lewis の定義では，酸塩基性はプロトンではなく電子の授受により定められる．**Lewis 酸**（Lewis acid）は**電子受容体**（electron acceptor）であり，**Lewis 塩基**（Lewis base）は**電子供与体**（electron donor）である．たとえば，次の Brønsted-Lowry の酸塩基反応を考えてみよう．

$$H_2O + HCl \rightleftharpoons H_3O^+ + Cl^-$$

塩基（電子供与体）　酸（電子受容体）

HCl はどちらの定義においても酸である．これは電子受容体として働いているので Lewis 酸であり，プロトン供与体として働いているので Brønsted-Lowry の酸である．しかし Lewis の定義は，Brønsted-Lowry の定義では酸あるいは塩基に分類されないような反応剤も含むので，より広義である．たとえば次の反応を考えてみよう．

$$H_2O + BF_3 \rightleftharpoons H_2O^+-BF_3^-$$

塩基（電子供与体）　酸（電子受容体）

Brønsted-Lowry の定義では BF_3 は H^+ をもたずプロトン供与体としては働くことができないので酸とは考えられない．しかし，Lewis の定義では BF_3 は電子受容体として働くことができるので Lewis 酸である．上記の反応では H_2O は電子供与体として働いているので Lewis 塩基である．巻矢印の使い方に十分注意してほしい．上記の反応では巻矢印は二つではなく一つだけである．

6 章で反応を解析するのに必要なスキルについて紹介し，§6・7 で再び Lewis の酸と塩基を取扱う．実際，本書に出てくるほとんどの反応は，Lewis 酸と Lewis 塩基との間の反応である．ここでは Lewis 酸と Lewis 塩基を識別する練習をしておこう．

スキルビルダー 3・12　Lewis 酸と Lewis 塩基を識別する

スキルを学ぶ

BH_3 と THF との反応において Lewis 酸と Lewis 塩基はどれか．

THF

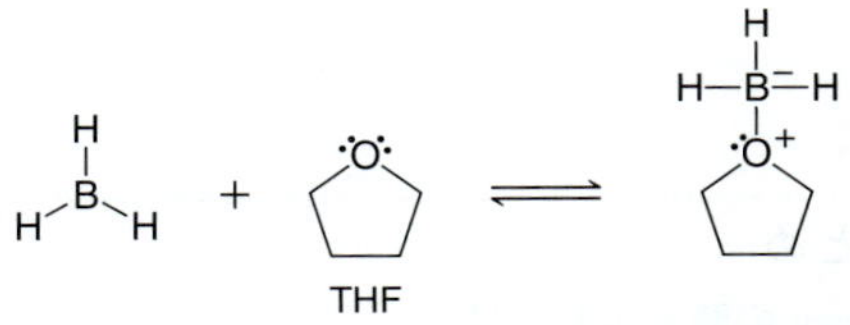

解 答

ステップ 1
電子の流れの方向を明らかにする．

ステップ 2
電子受容体を Lewis 酸，電子供与体を Lewis 塩基とする．

まず電子の流れの向きを明らかにしなければならない．どちらが電子供与体で，どちらが電子受容体だろうか．この問いに答えるため，それぞれの反応剤を調べ，非共有電子対を見つける必要がある．周期表の 13 族のホウ素は，価電子を三つしかもたない．この三つの価電子をすべて用いて結合を生成しており，したがって非共有電子対をもたない．代わりに空の p 軌道をもっている（BH_3 の構造については§1・10 を復習せよ）．酸素原子は非共有電子対をもっている．したがって酸素原子がホウ素原子を攻撃する．BH_3 が電子受容体（Lewis 酸）であり，THF が電子供与体（Lewis 塩基）である．

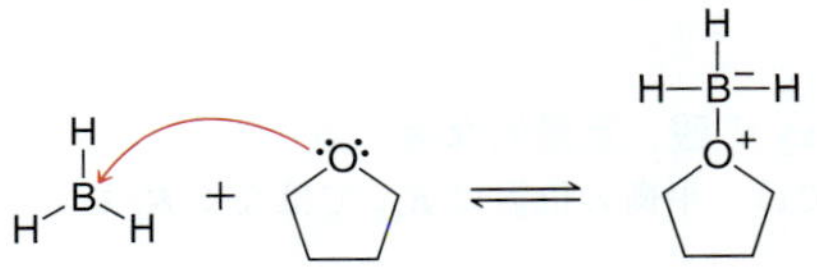

スキルの演習

3・34　次の反応の Lewis 酸と Lewis 塩基はどれか．

(a)

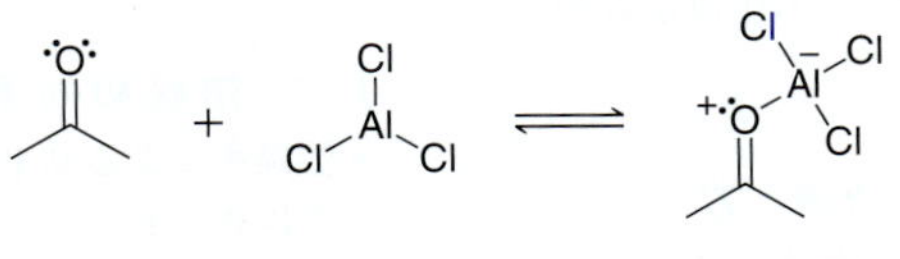

(b)

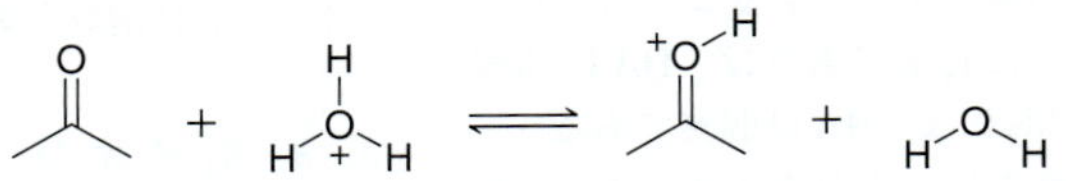

(c)

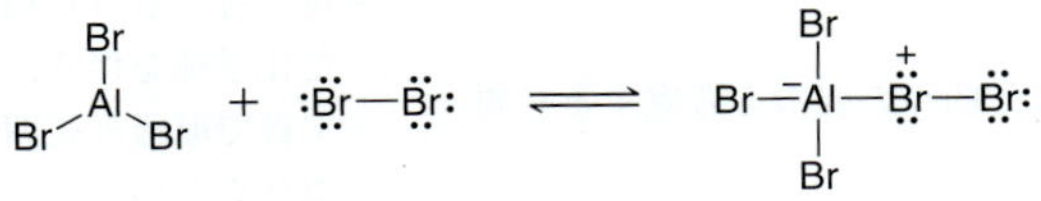

(d)

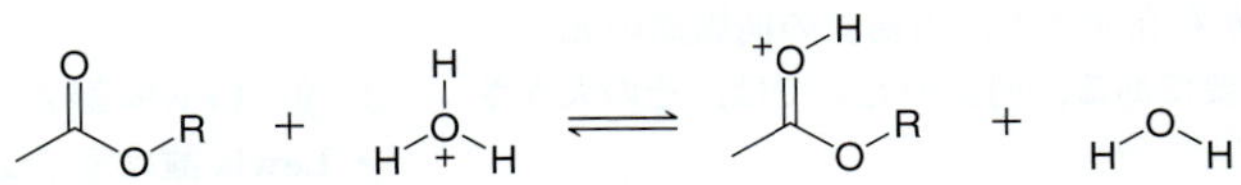

(e) 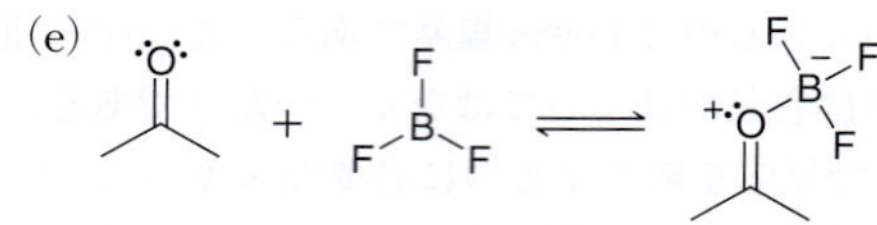

スキルの応用

3・35　次の化合物のうち Lewis 塩基として働くことができるものはどれか．

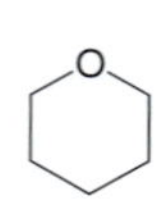 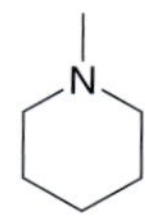 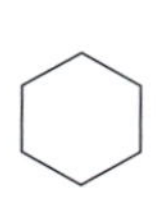 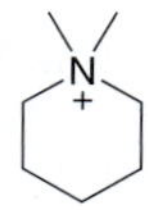

問題 3·39 を解いてみよう．

考え方と用語のまとめ

3・1　Brønsted–Lowry の酸と塩基とは

- **Brønsted–Lowry の酸**はプロトン供与体で，**Brønsted–Lowry の塩基**はプロトン受容体である．
- Brønsted–Lowry の酸塩基反応により，**共役酸**と**共役塩基**が生成する．

3・2　電子の流れ：巻矢印表記

- 巻矢印は**反応機構**を示す．
- プロトン移動の反応機構は，巻矢印が少なくとも二つ必要である．

3・3　Brønsted–Lowry の酸：定量的な考え方

- 水中での酸塩基反応では，平衡の位置は $\boldsymbol{K}_{\mathbf{eq}}$ ではなく $\boldsymbol{K}_{\mathbf{a}}$ を用いて表す．
- 通常 pK_a は −10 から 50 の間の値をとる．
- 強酸は pK_a が小さく，弱酸は pK_a が大きい．
- **平衡**では，常により弱い酸（pK_a が大きい）の生成が有利となる．

3・4　Brønsted–Lowry の酸：定性的な考え方

- 相対的な酸の強さは共役塩基の構造を解析することにより定性的に予想できる．A^- が非常に安定であれば，HA は強酸であり，A^- が非常に不安定であれば，HA は弱酸である．
- 二つの化合物 HA と HB の酸性を比べるためには，共役塩基の安定性を比べるだけでよい．
- 共役塩基の安定性を比べる際に，四つの要因を考慮する必要がある．

1. どの原子に電荷が存在するか．周期表の同周期の元素では，電気陰性度が重要である．同族の元素では，その大きさが重要である．
2. 共鳴効果．負電荷は共鳴により安定化される．
3. 誘起効果．ハロゲンなどの電子求引基は，誘起効果により近接する負電荷を安定化する．
4. 軌道．sp 混成軌道の負電荷は sp^3 混成軌道の負電荷よりも核により近く，より安定である．

- 複数の要因が競合する場合は原子，共鳴効果，誘起効果，軌道の順に優先するのがふつうであるが，例外も存在する．

3・5　平衡の位置と反応剤の選択

- 酸塩基反応の平衡は常により安定な負電荷を生じるほうに偏る．

3・6　水平化効果

- 水酸化物イオンよりも強い塩基は，**水平化効果**のため，水を溶媒として用いることはできない．より強い塩基が必要な場合には，水以外の溶媒を用いなければならない．

3・7　溶媒和効果

- 溶媒和による効果で pK_a の若干の違いを説明することができる場合がある．たとえばかさ高い，**立体的に込み合った**塩基は，一般に溶媒との相互作用により安定化される度合が低い．

3・8　対イオン

- 負電荷をもった塩基は必ず**カチオン**とよばれる正電荷をもった化学種を伴う．
- 本書で取扱う範囲では対イオンの選択は反応にほとんど影響を与えない．

3・9　Lewis 酸と Lewis 塩基

- **Lewis 酸**は電子受容体で，**Lewis 塩基**は電子供与体である．

スキルビルダーのまとめ

3・1　プロトン移動の反応機構を書く

ステップ 1　酸と塩基を明確にする．

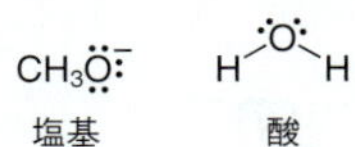

ステップ 2　最初の巻矢印を，塩基の非共有電子対から出て，酸の H へ向かうように書く．

ステップ 3　2 番目の巻矢印を，H－O 結合から出て，O へ向かうように書く．

3・2　pK_a を用いて酸の強さを比較する

pK_a の小さい化合物のほうがより酸性が強い．

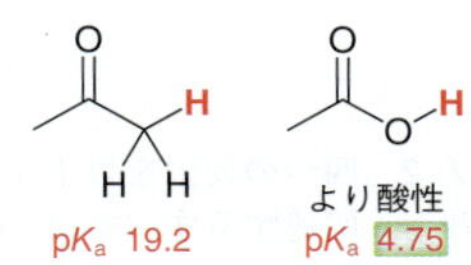

3・3　pK_a を用いて塩基の強さを比較する

次の二つのアニオンの塩基性を比較せよ．

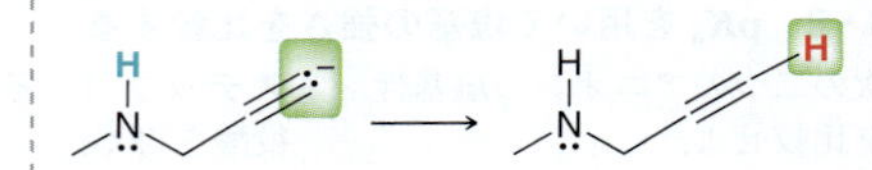

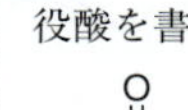

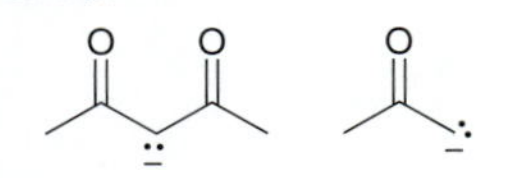

ステップ 1　それぞれの共役酸を書く．

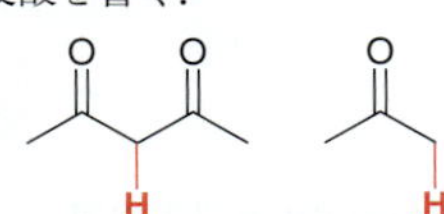

ステップ 2　pK_a を比べる．

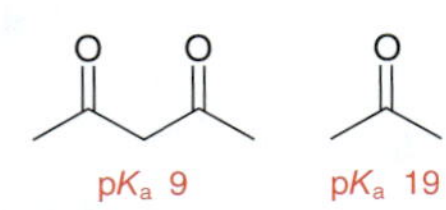

ステップ 3　どちらがより強い塩基か明確にする．

3・4　pK_a を用いて平衡の位置を予想する

ステップ 1　平衡の両辺の酸を明確にする．

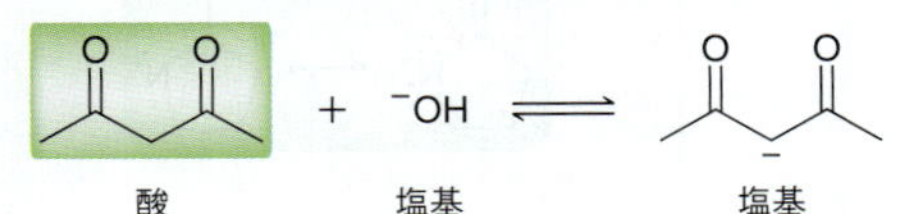

ステップ 2　pK_a を比べる．

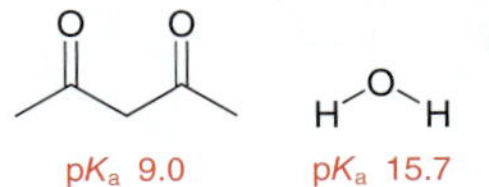

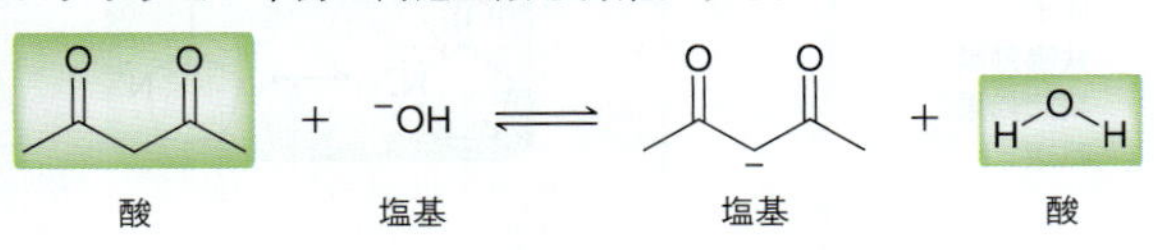

平衡により，より弱い酸が生成する

3・5　相対的な安定性を評価する：要因 1 原子

ステップ 1　安定性を比べるために共役塩基を書く．

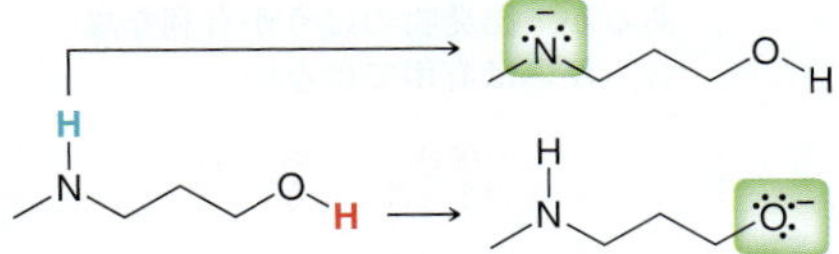

ステップ 2　負電荷の存在する原子の周期と族を比べる．

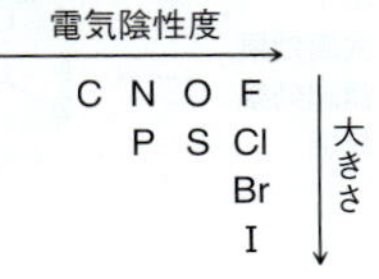

ステップ 3　共役塩基が安定なほうが酸性が強い．

3・6　相対的な安定性を評価する：要因 2 共鳴効果

ステップ 1　安定性を比べるために共役塩基を書く．

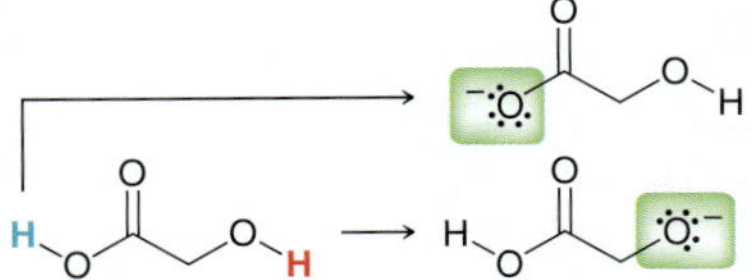

ステップ 2　共鳴安定化しているか調べる．

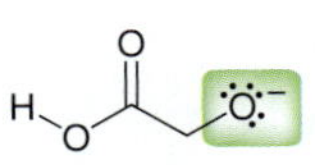

共鳴安定化されている

共鳴安定化されていない

ステップ 3　共役塩基が安定なほうが酸性が強い．

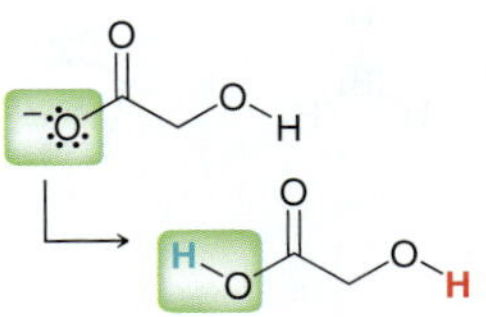

3・7　相対的な安定性を評価する：要因 3 誘起効果

ステップ 1　安定性を比べるために共役塩基を書く．

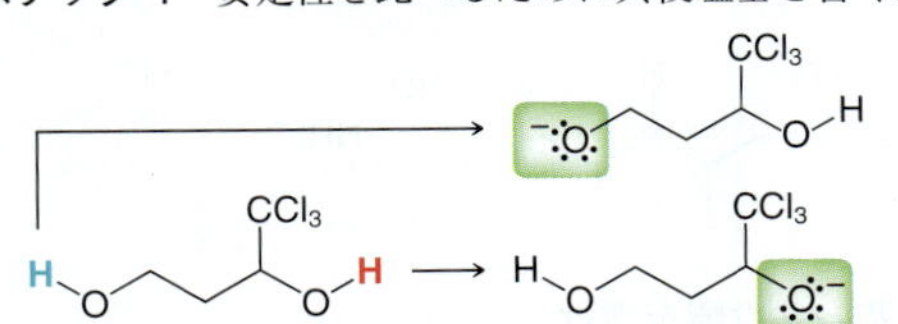

ステップ 2　誘起効果の有無について調べる．

より安定

ステップ 3　共役塩基が安定なほうが酸性が強い．

3・8　相対的な安定性を評価する：要因 4　軌道

ステップ 1　安定性を比べるために共役塩基を書く.

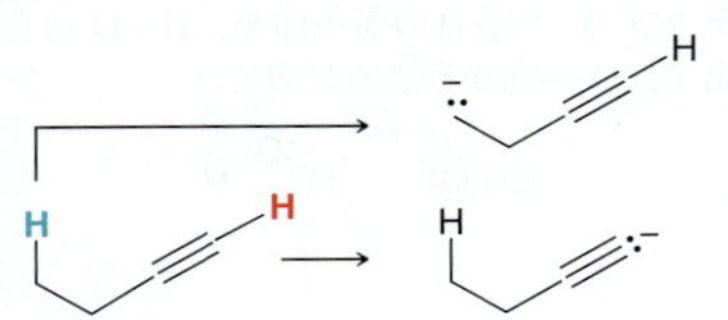

ステップ 2　軌道を考える.

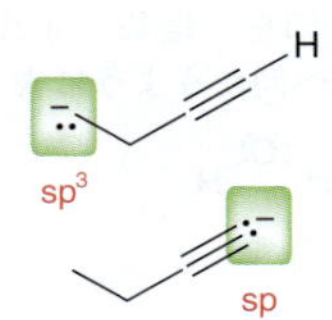

ステップ 3　共役塩基が安定なほうが酸性が強い.

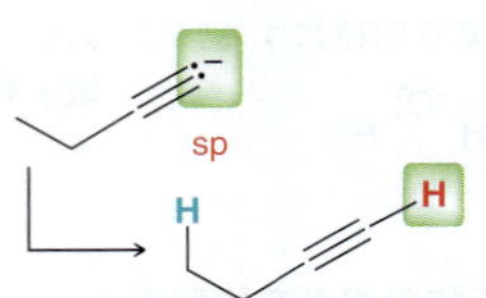

3・9　相対的な安定性を評価する：四つの要因

ステップ 1　安定性を比べるために共役塩基を書く.

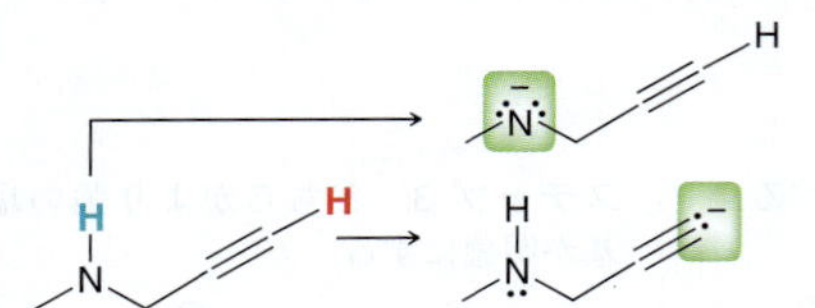

ステップ 2　四つの要因を以下の順に考え，関連するすべての要因を明らかにする.

原子
共鳴効果
誘起効果
軌道

ステップ 3　優先順位についての例外を考慮して，より安定な塩基を決定すると酸性の強い水素がわかる.

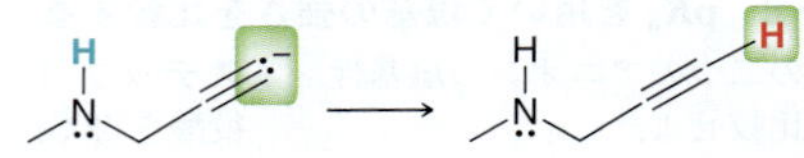

3・10　pK_a を用いずに平衡の位置を予想する

ステップ 1　平衡の両辺の塩基を明確にする.

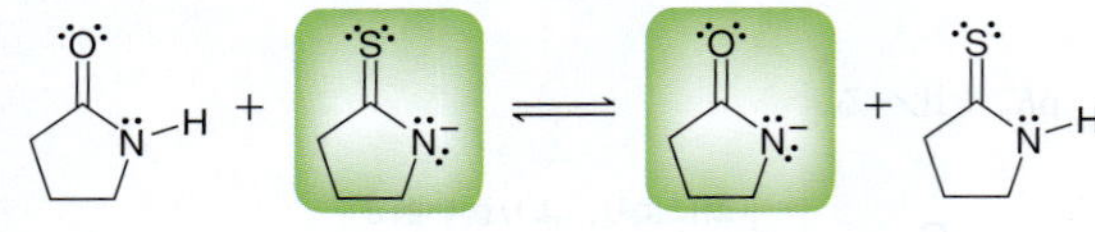

ステップ 2　四つの要因を以下の順に考え，これらの共役塩基の安定性を比較する.

原子
共鳴効果
誘起効果
軌道

ステップ 3　平衡はより安定な塩基が生じるほうに偏る.

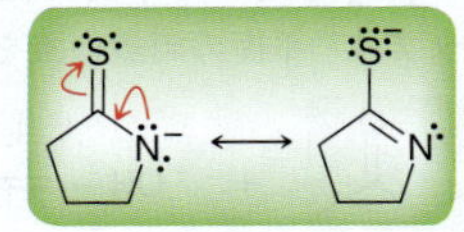

3・11　プロトン移動に適した反応剤を選ぶ

ステップ 1　平衡式を書き，両辺の塩基を明確にする.

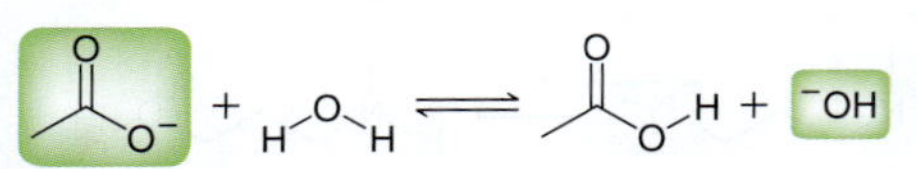

ステップ 2　四つの要因を以下の順に考え，これらの共役塩基の安定性を比較する.

原子
共鳴効果
誘起効果
軌道

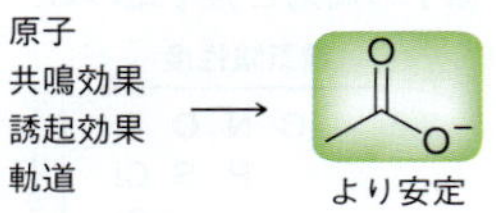

ステップ 3　平衡はより安定な塩基が生じるほうに偏る．生成物のほうに偏る場合には反応は有用であるが，出発物のほうが有利な場合，反応は有用ではない.

この場合，水は適切なプロトン源ではない

3・12　Lewis 酸と Lewis 塩基を識別する

ステップ 1　電子の流れの方向を明らかにする.

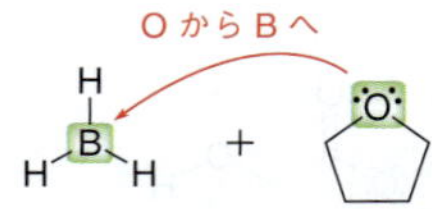

ステップ 2　電子受容体を Lewis 酸，電子供与体を Lewis 塩基とする.

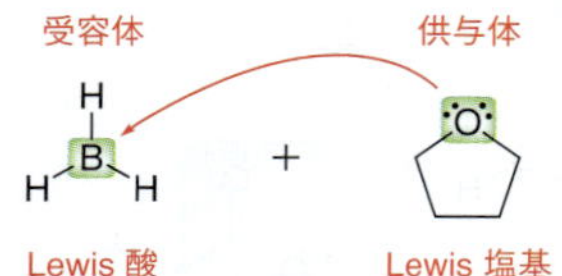

練 習 問 題

3・36　次の酸の共役塩基を書け.

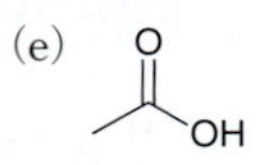

(a)
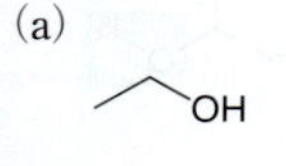

(b)
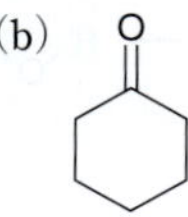

(c) NH_3

(d) H_3O^+

(e)
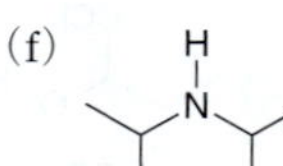

(f)

(g) NH_4^+

3・37　次の塩基の共役酸を書け.

(a) 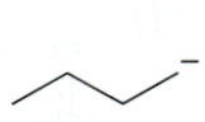　(b) 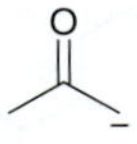　(c) $NaNH_2$　(d) H_2O

(e) 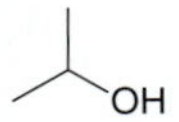 OH　(f)  NH_2　(g) 　(h) NaOH

3・38　化合物 **A** は pK_a 7 で，化合物 **B** は pK_a 10 である．化合物 **A** は化合物 **B** より何倍酸性が強いか．

(a) 3　(b) 3000　(c) 1000

3・39　次の反応で，Lewis 酸と Lewis 塩基はどれか．

(a)

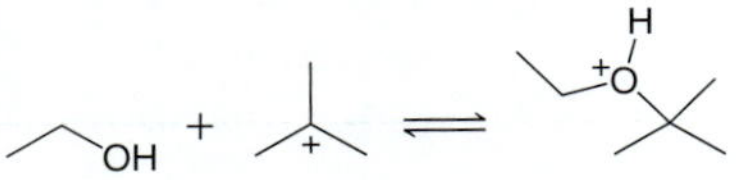

(b)

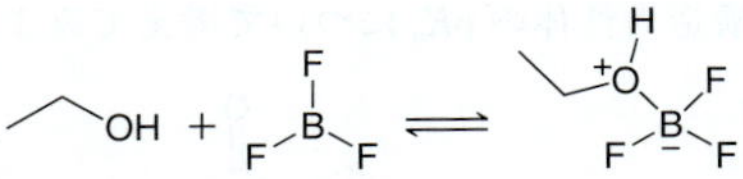

(c)

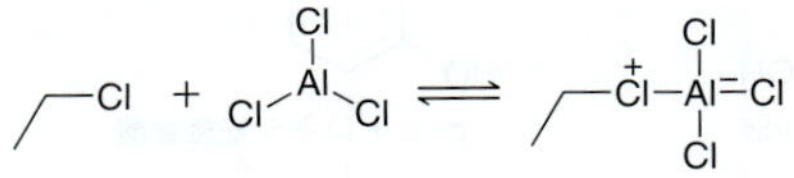

3・40　H_2O を $NaNH_2/NH_3$ に加えたときに起こる反応を書け．

3・41　エタノール CH_3CH_2OH は次のプロトン移動を行うのに適した溶媒か，理由とともに答えよ．

$^{-}NH_2$ ⟶ + NH_3

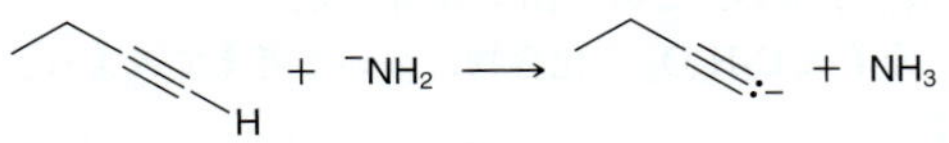

3・42　水は次の化合物をプロトン化するのに適したプロトン源か．

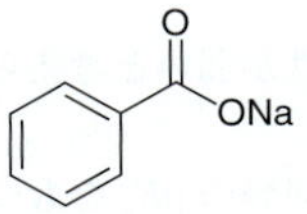

ONa

3・43　次の酸が水と反応するときに起こるプロトン移動の反応式を書け．また，プロトン移動の反応機構を表す巻矢印を書け．

(a) HBr　(b) 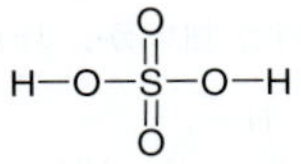 H–O–S(=O)(=O)–O–H　(c)

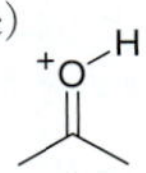

3・44　次の塩基が水と反応するときに起こるプロトン移動の反応式を書け．また，プロトン移動の反応機構を表す巻矢印を書け．

(a) 　(b) 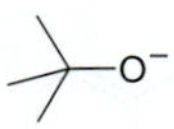　(c) 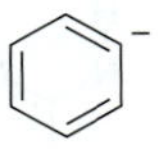　(d)

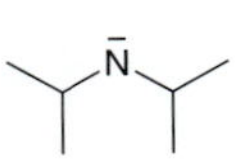

3・45　次のそれぞれについて，どちらがより安定なアニオンか，理由とともに答えよ．

(a) 　と

(b) 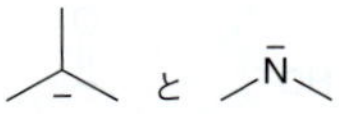　と

(c) 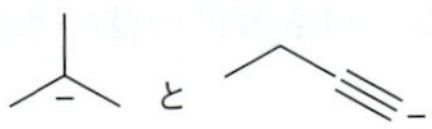　と

3・46　次の化合物の組で，最も酸性の強いものはどれか．

(a)

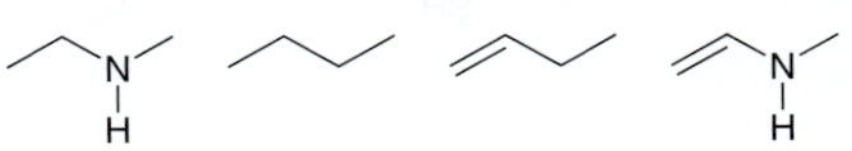

(b)

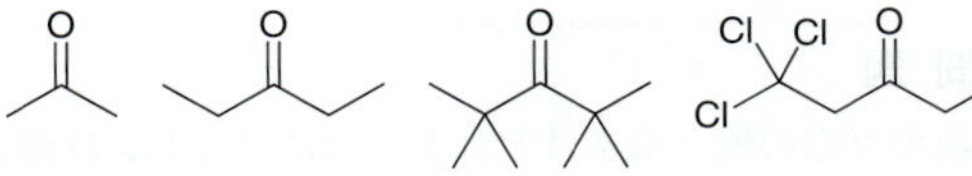

3・47　次の化合物の組で，より酸性の強いのはどちらか．

(a) 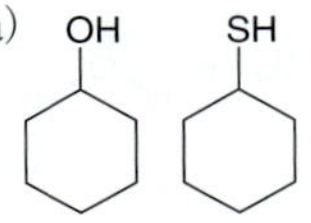　(b)

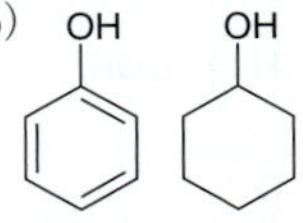

(c) 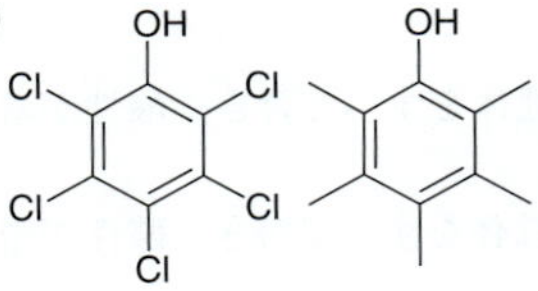　(d)

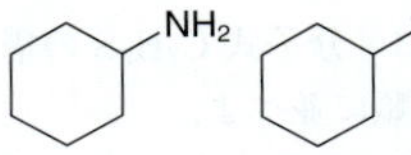

(e) 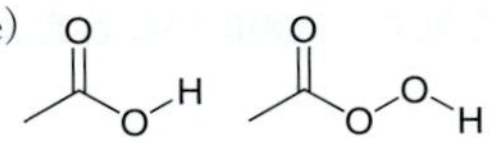　(f)

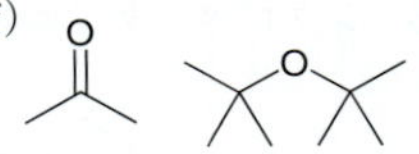

(g) 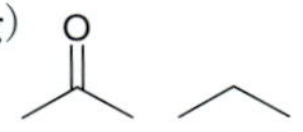　(h)

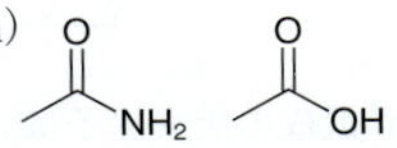

3・48　HA は pK_a 15，HB は pK_a 5 である．HB と NaA を混ぜた場合の平衡を示せ．HA と HB どちらの生成が有利か．

3・49　次の反応について，反応機構を巻矢印を用いて示せ．また平衡条件で反応はどちらの側に偏るか．

(a)　+　⇌ HO^- +

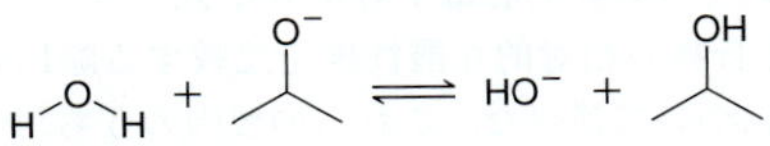

(b)　+　⇌　+

(c)　+ HS^- ⇌　+ H_2S

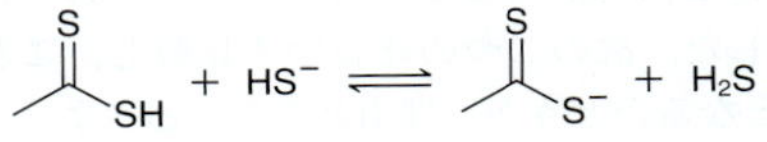

(d)

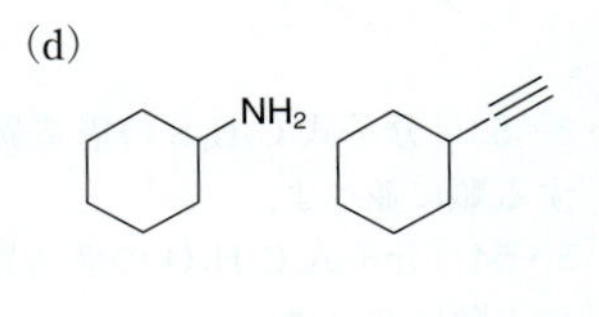

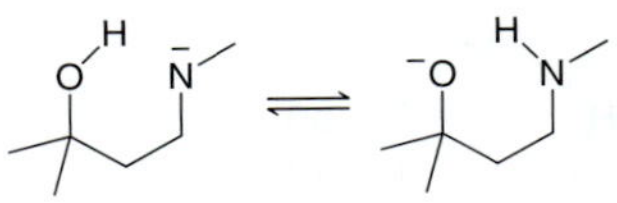

3・50　次のアニオンを塩基性が増大する順に並べよ．

3・51　次のそれぞれの化合物のなかで最も酸性の強い水素はどれか．

(a)　(b) 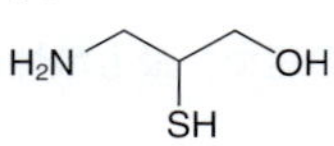　(c) 　(d) 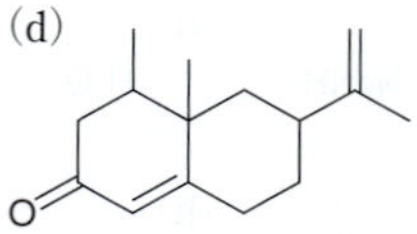　(e) 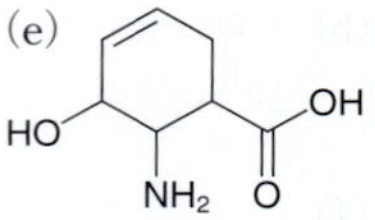　(f) 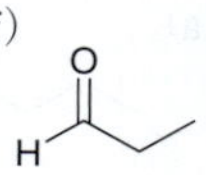　(g) 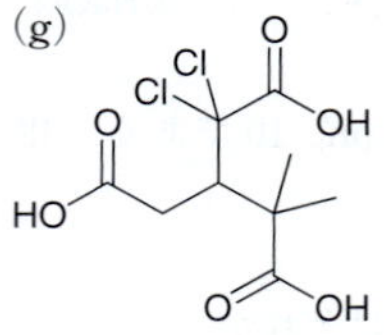　(h)

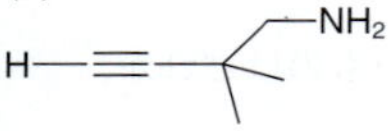

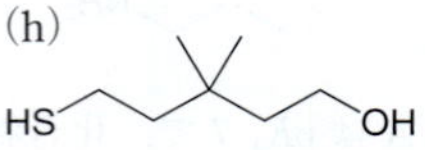

発展問題

3・52　次の反応の酸と塩基はどれか．次にプロトン移動を示す巻矢印を書け．プロトン移動の生成物を書き，平衡の位置を予想せよ．

(a)　+ LiOH　(b)　$^{-}$ $^{+}$Li + H–O–H

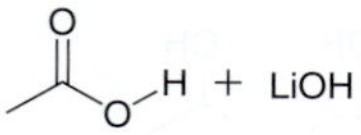

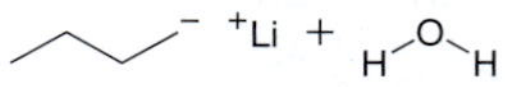

(c)　+ NaOH

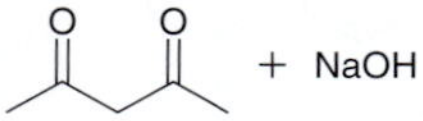

3・53　分子式 C_2H_6S の構造異性体をすべて書き，酸性が増大する順に並べよ．

3・54　分子式 C_3H_8O の構造異性体をすべて書き，酸性が増大する順に並べよ．

3・55　シクロペンタジエンの構造を見て，次の問いに答えよ．

シクロペンタジエン

(a) sp^3 混成の炭素原子はいくつあるか．
(b) 最も酸性の強い水素はどれか．理由も述べよ．
(c) 共役塩基の共鳴構造をすべて書け．
(d) この共役塩基にはいくつの sp^3 混成の炭素原子があるか．
(e) 共役塩基はどのような幾何配置をとるか．
(f) 共役塩基にはいくつの水素原子があるか．
(g) 共役塩基にはいくつの非共有電子対があるか．

3・56　§3・4 で化合物の相対的な酸性度を比較する際に考慮すべき四つの要因について述べた．これらの要因のうち二つが競合する場合，優先順位はこれらについて述べた順序（“原子”が最も重要性が高く，“軌道”が最も重要性が低い）となる．しかしこの優先順位には例外があることも述べた．その一例を§3・4 の最後に示した．次の二つの化合物を比較し，これらが優先順位の例外となるかどうか，理由とともに述べよ．

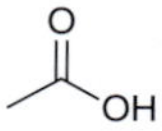

pK_a 4.75　　pK_a 10.6

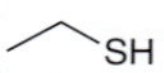

3・57　次の二つの構造異性体の pK_a について考えてみよう．

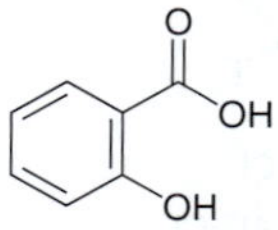

サリチル酸　pK_a 3.0　　*p*-ヒドロキシ安息香酸　pK_a 4.6

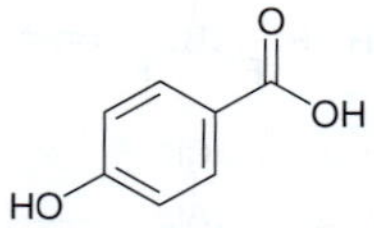

本章で述べた負電荷の安定性評価の規則を用いると，これら二つの化合物は同じ pK_a をもつと予想される．しかし実際には pK_a は少し異なる．サリチル酸のほうが明らかにその構造異性体より酸性が強い．この理由を説明せよ．

3・58　分子式 $C_4H_8O_2$ の化合物について考えてみよう．

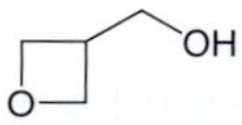

(a) この化合物よりもおよそ 10^{12} 倍酸性が強いと考えられる構造異性体を一つ書け．
(b) この化合物より酸性が弱いと考えられる構造異性体を一つ書け．
(c) この化合物とほぼ同等の pK_a をもつと考えられる構造異性体を一つ書け．

3・59　分子式 $C_4H_9NO_2$ でニトロ基をもつ構造異性体は四つしかない．このうち三つは pK_a がほぼ同等で，残りの一つは pK_a がずっと大きい．四つすべての構造を書き，どれの pK_a が大きいか，理由とともに答えよ．

3・60　次の化合物のどちらが酸性が強いか．理由も述べよ．

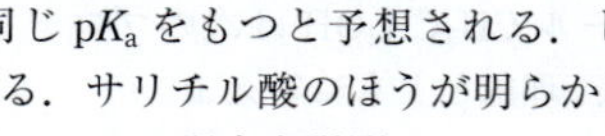

3・61　次の化合物は HIV の耐性菌に効果のある有望な新しい抗 HIV 薬のリルピビリン（rilpivirine）の構造である．耐性を

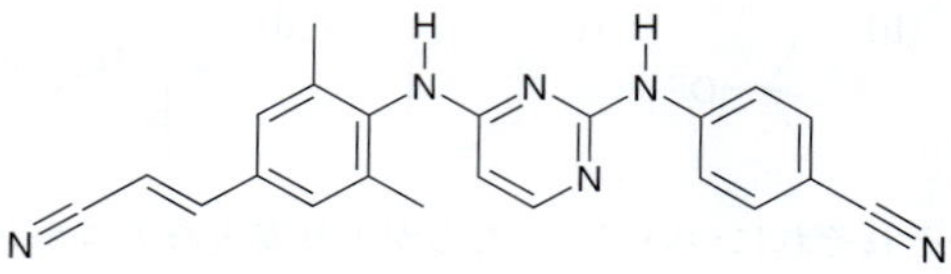

リルピビリン

回避する作用機序は後の章で紹介する．

(a) リルピビリンの最も酸性の強い水素二つはどれか．

(b) その二つの水素のうちどちらがより酸性が強いか．理由も述べよ．

3・62　通常のアミン RNH_2 の pK_a はおよそ 35〜45 である．R は化合物の残りの部分を表し，通常炭素と水素からなる．しかし R がシアノ基の場合，pK_a は劇的に小さくなる．

(a) シアノ基の存在がなぜこのように pK_a に劇的な影響を与えるか説明せよ．

(b) より強い酸（pK_a 17 以下）とするには R をどのような基とすればよいか．

3・63　最近報告された糖尿病治療薬の候補である (−)-セイマトポリド A〔(−)-seimatopolide A〕の全合成の 1 段階において，次の二つの化合物が酸塩基反応を起こした．

(a) 酸性および塩基性部位を明らかにし，反応生成物を書きその生成機構を示せ．

(b) 問題 3・9 に示した pK_a を参考にして，この酸塩基反応の平衡がどちらに偏るか予想せよ．

問題 3・64 と問題 3・65 はすでに赤外分光法（15 章）を学んだ学生のためのものである．

3・64　重水素 D は水素の同位体であり，その原子核は陽子と中性子を一つずつもつ．この原子核はジュウテロンとよばれプロトン（^{1}H の原子核）と非常によく似たふるまいをするが，プロトンあるいはジュウテロンがかかわる反応の速度には違いが観測されることがある（速度論的同位体効果とよばれる）．重水素は次のような方法で化合物に導入することができる．

(a) 化合物 3 の C−Mg 結合はイオンとして書くことができる．3 を $BrMg^+$ を対イオンとするイオン種として書き直し，3 から 4 が生成する反応機構を示せ．

(b) 化合物 4 の赤外スペクトルは 1250〜1500 cm^{-1} の間に一連の吸収を，2180 cm^{-1} に吸収を一つ，そして 2800〜3000 cm^{-1} の間に一連の吸収を示す．スペクトル中の C−D 結合の吸収の位置を明らかにし，そう考えた理由も述べよ．〔*J. Chem. Educ.*, 58, 79(1981)〕

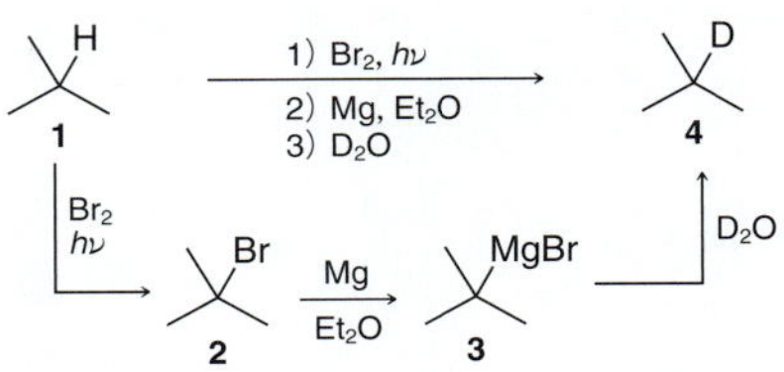

3・65　ベンガミド（bengamide）類は，固形がんやリウマチ性関節炎などの病気の進行に必要な，新しい血液細胞の生成に鍵となる役割を果たす酵素メチオニンアミノペプチダーゼに対し抑制効果を示す一連の天然有機化合物である．ベンガミドの合成の際，OH 基を保護してより反応性の低い基とし，望みのときに OH 基に戻すことがしばしば必要となる．たとえば化合物 1 は化合物 4 存在下，化合物 2 と反応させると保護される〔*Tetrahedron Lett.*, 48, 8787(2007)〕．まず 1 は 2 と反応して中間体 3 を生じ，これが 4 により脱プロトンされて 5 を生じる．

(a) 5 の構造を書き，3 からの生成機構を示せ．

(b) 4 がこの反応に用いる塩基として適していることを pK_a を用いた定量的な考え方により説明せよ．

(c) 赤外分光法を用いて 1 から 5 への変換を確認する方法を述べよ．

4

アルカンとシクロアルカン

本章の復習事項

- 分子軌道法 §1·8
- 分子構造を予想する §1·10
- 線結合構造式 §2·2
- 三次元の線結合構造式 §2·6

なぜ未だに AIDS の治療薬の開発に成功しないのだろうか．

後天性免疫不全症候群（acquired immunodeficiency syndrome: AIDS）はヒト免疫不全ウイルス（human immunodeficiency virus: HIV）によってひき起こされる．未だに感染者の体内から HIV を死滅させる方法は開発されていないが，ウイルスの増殖と病気の進行を大きく遅らせる薬はすでに開発されている．これらの薬はウイルスが自己複製するさまざまな過程を阻害する．しかし HIV は薬に対して耐性をもつ形に変異できるので，抗 HIV 薬は 100% 効果があるわけではない．最近，HIV 感染患者の治療に大きな可能性をもつ一連の薬が開発された．これらの薬は分子構造が柔軟であり，これにより薬剤耐性の問題を回避できるようになっている．

柔軟な分子はさまざまな形あるいは立体配座をとることができる．分子の三次元構造に関する研究は**立体配座解析**（conformational analysis）とよばれる．本章は立体配座解析の最も基本的な事項を紹介する．説明を単純にするため，ここではアルカンおよびシクロアルカンとよばれる官能基をもたない化合物を取上げる．これらの化合物の立体配座を解析することにより，分子がどのようにして柔軟性（flexibility）をもつようになるか理解できる．具体的にはアルカンとシクロアルカンが C−C 単結合の回転によりどのように三次元構造を変化させるかを説明する．

配座解析にはさまざまな化合物の比較が必要であり，化合物を名前で参照することができれば効率があがる．そこでまず分子の柔軟性の話の前に，アルカンとシクロアルカンの命名法について説明する．

4·1 アルカンとは

エタン ethane C_2H_6

エチレン ethylene C_2H_4

H−C≡C−H

アセチレン acetylene C_2H_2

ベンゼン benzene C_6H_6

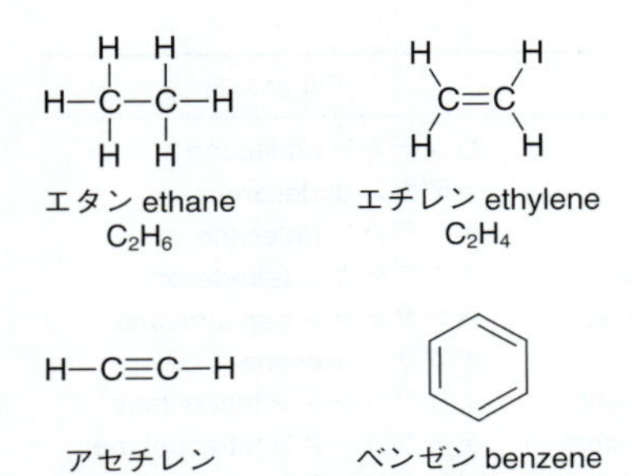

炭化水素とは C と H のみからなる化合物である．エタンは π 結合をもたない点で他の三つの化合物とは異なる．π 結合をもたない炭化水素を**飽和炭化水素**（saturated hydrocarbon）あるいは**アルカン**（alkane）とよぶ．これらの化合物名は通常次に示す例のように，最後に接尾語 “アン -ane” をつける．

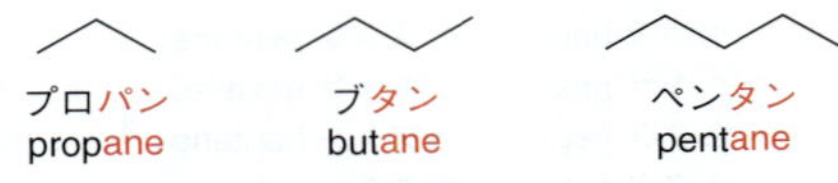

本章はアルカンに焦点を当て，まずはこれらの化合物をどのように命名するか述べる．化合物を命名する体系，すなわち**命名法**（nomenclature）については本書全体を通して随時説明していく．

4・2 アルカンの命名法

IUPAC 命名法について

19 世紀初めのころは，有機化合物はしばしばその発見者の思いつきで命名された．そのいくつかの例を以下に示す．非常に多くの化合物に名前がつけられ，これらは化学者の共通語の一部となった．これら慣用名の多くはいまでも用いられている．

ギ酸 formic acid
アリ(蟻)から単離された．
ラテン語のアリ "formica"
から名づけられた

尿素 urea
尿から単離された

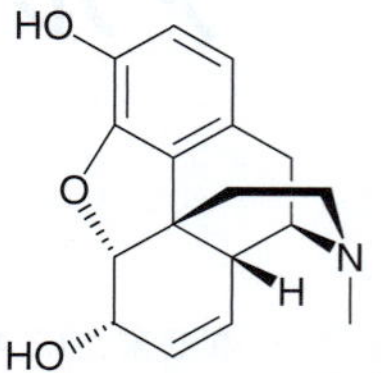

モルヒネ morphine
ギリシャ神話の夢の神モルペウスから名づけられた鎮痛薬

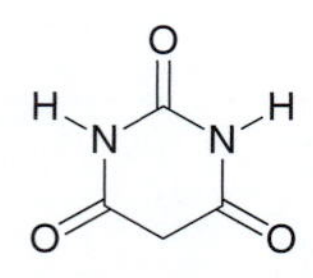

バルビツール酸
barbituric acid
Adolf von Baeyer は Barbara という女性に敬意を表して，この化合物を名づけた

既知化合物の数が増大するにつれて，化合物を命名する系統的な方法の必要性が高まった．1892 年 34 名のヨーロッパの化学者がスイスで会合をもち，ジュネーブ規則（Geneva rule）とよばれる有機化合物の系統的命名法をつくり出した．この集団は最終的に国際純正・応用化学連合（International Union of Pure and Applied Chemistry, 略称 **IUPAC***）として知られるようになった．当初のジュネーブ規則は定期的に改正更新され，現在では **IUPAC 命名法**（IUPAC nomenclature）とよばれている．

* アイユーパックと発音する．

IUPAC 命名法に基づく化合物名は**系統名**（systematic name）とよばれる．たくさんの規則があり，それらすべてを取上げることはできない．このあとの数節では IUPAC 命名法の基本を紹介する．

主鎖を選ぶ

アルカンを命名する第 1 段階は母体化合物すなわち**主鎖**（parent chain）とよばれる最も長い炭素鎖を明確にすることである．次ページ上の例では，主鎖は炭素原子九つからなる．化合物の主鎖を命名する際には，表 4・1 の母体名を用いる．これらの名前は本書を通じて頻繁に用いる．炭素数 11 以上の主鎖は頻繁には出てこないので，表 4・1 の最初の 10 個の母体名を覚えることが重要である．

表 4・1　アルカンの母体名

炭素原子数	母体名	アルカン名	炭素原子数	母体名	アルカン名
1	メタ meth	メタン methane	11	ウンデカ undec	ウンデカン undecane
2	エタ eth	エタン ethane	12	ドデカ dodec	ドデカン dodecane
3	プロパ prop	プロパン propane	13	トリデカ tridec	トリデカン tridecane
4	ブタ but	ブタン butane	14	テトラデカ tetradec	テトラデカン tetradecane
5	ペンタ pent	ペンタン pentane	15	ペンタデカ pentadec	ペンタデカン pentadecane
6	ヘキサ hex	ヘキサン hexane	20	イコサ† icos	イコサン† icosane
7	ヘプタ hept	ヘプタン heptane	30	トリアコンタ triacont	トリアコンタン triacontane
8	オクタ oct	オクタン octane	40	テトラコンタ tetracont	テトラコンタン tetracontane
9	ノナ non	ノナン nonane	50	ペンタコンタ pentacont	ペンタコンタン pentacontane
10	デカ dec	デカン decane	100	ヘクタ hect	ヘクタン hectane

† エイコサ eicos，エイコサン eicosane ともいう．

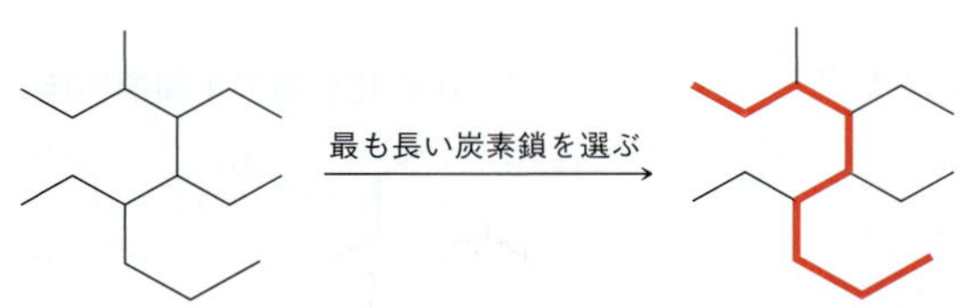

長さが同じ二つの炭素鎖が存在する場合は，置換基の数が多いほうを主鎖とする．**置換基**（substituent）とは，主鎖に結合した基のことをいう．

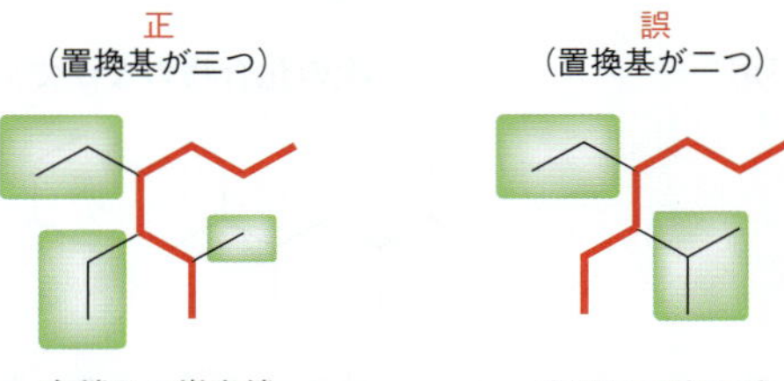

“シクロ cyclo-” という用語はアルカンの構造中に環が存在することを表す．たとえば次の化合物は**シクロアルカン**（cycloalkane）とよばれる．

シクロプロパン cyclopropane　シクロブタン cyclobutane　シクロペンタン cyclopentane

スキルビルダー 4・1　主鎖を明確にする

スキルを学ぶ

次の化合物の主鎖を明確にし，主鎖名を示せ．

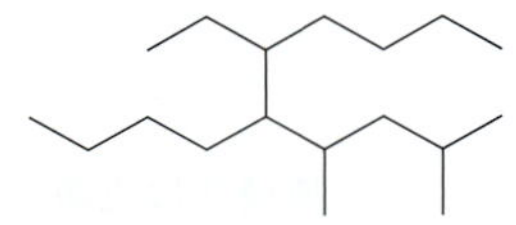

解 答

ステップ 1
最も長い炭素鎖を選ぶ．

最も長い炭素鎖を見つけ出す．この場合，炭素原子 10 個からなる炭素鎖が二つある．

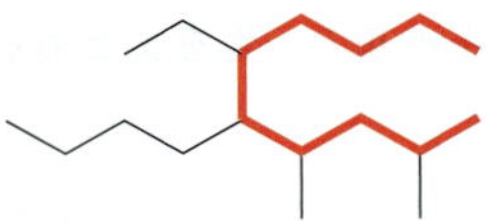
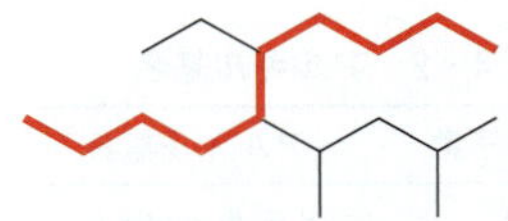

ステップ 2
二つの炭素鎖が競合する場合，置換基の多い炭素鎖を選ぶ．

どちらにしても主鎖は**デカン**（decane）である．しかし正しい主鎖を選ばなければならない．置換基の数が最も多いものが正しい主鎖である．

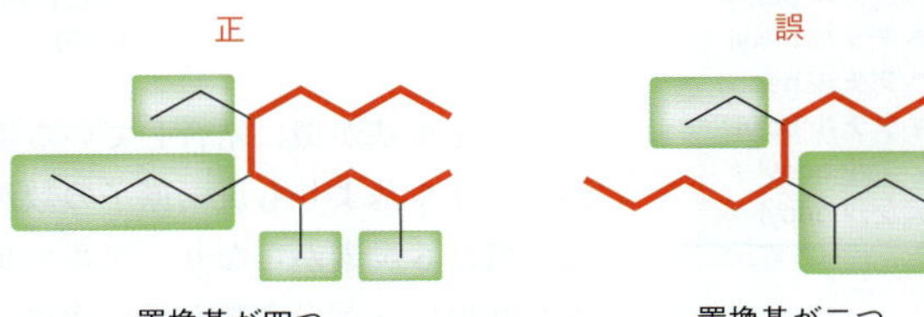

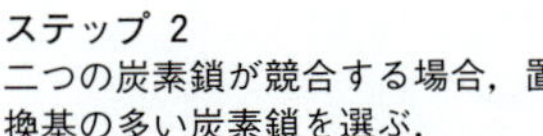

スキルの演習

4・1　次の化合物の主鎖を明確にし，主鎖名を示せ．

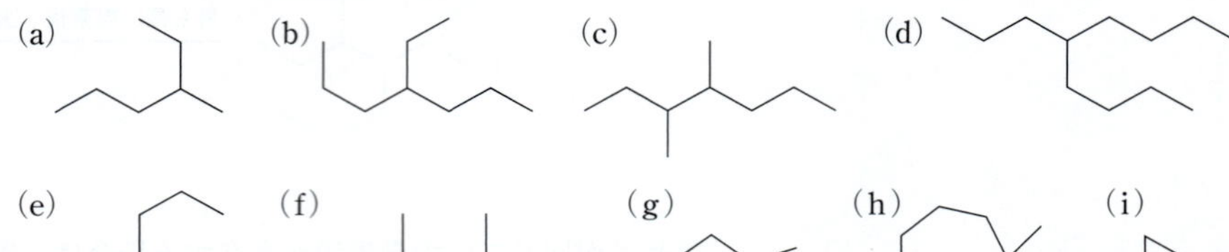

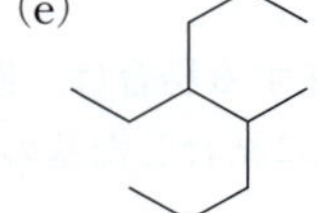

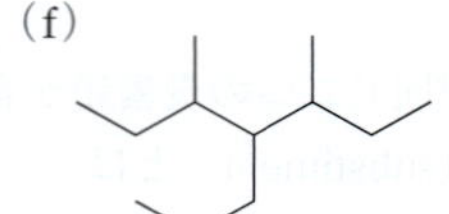

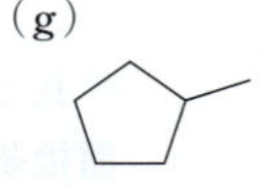

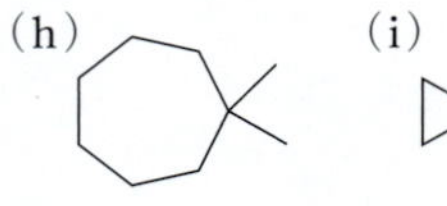

スキルの応用

4・2　次の化合物のなかで同じ主鎖をもつ二つの化合物はどれか．

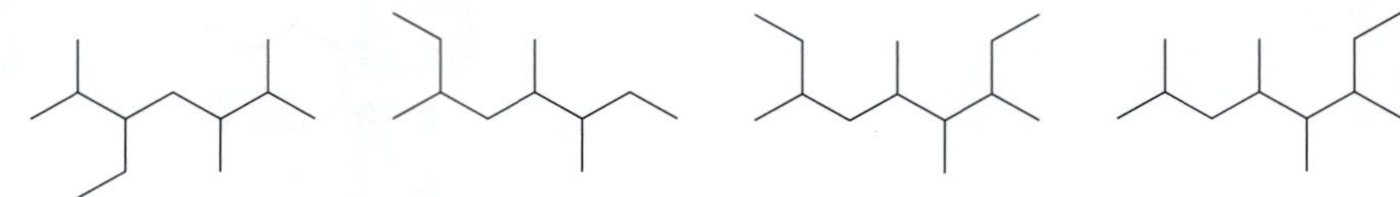

4・3　分子式 C_6H_{14} の化合物には構造異性体が五つ存在する．それぞれの異性体の線結合構造式を書き，主鎖を明確にせよ．

4・4　分子式 C_8H_{18} の化合物には構造異性体が 18 個存在する．18 個すべての構造を書かずに，主鎖がヘプタンである異性体の数を答えよ．

問題 4·39 を解いてみよう．

置換基を命名する

主鎖が明確になったら，次の段階は置換基をすべて列挙することである．

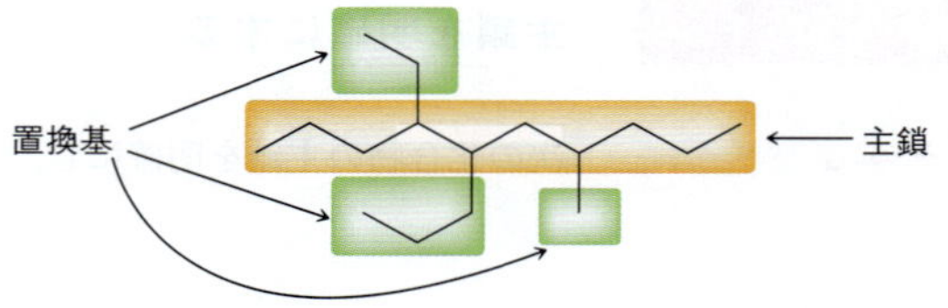

置換基は主鎖を命名するのに用いたのと同様の用語を用いて，末尾に“イル -yl”をつけて命名する．たとえば炭素数 1 の置換基（CH_3 基）はメチル基，炭素数 2 の置換基はエチル基という．これらの基は一般に**アルキル基**（alkyl group）とよばれる．表 4・2 にアルキル基の一覧をまとめる．上述の例では，置換基は次のように命名される．

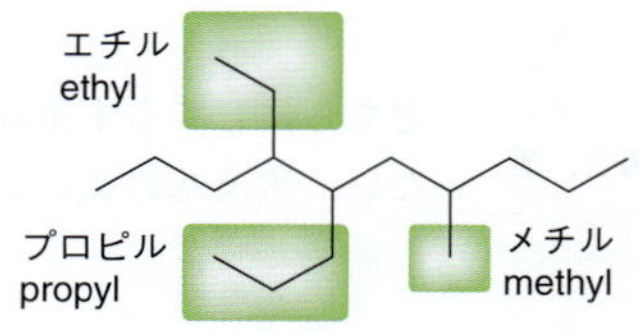

表 4・2　アルキル基名

炭素原子数	アルキル基名
1	メチル methyl
2	エチル ethyl
3	プロピル propyl
4	ブチル butyl
5	ペンチル pentyl
6	ヘキシル hexyl
7	ヘプチル heptyl
8	オクチル octyl
9	ノニル nonyl
10	デシル decyl

アルキル基が環に結合している場合は，通常環骨格が母体となる．しかしこれは環がアルキル基よりも炭素原子の数が多い場合にのみなり立つ．次ページ上の左の例では，環は 6 炭素からなり，アルキル基は 3 炭素からなる．これに対し，環よりもアルキル基のほうが炭素数が多い次ページ上の右の例のような場合には，環を置換基とし

て命名し，シクロプロピル基とよぶ．

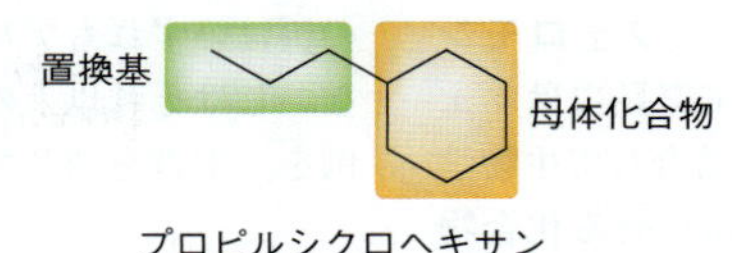

プロピルシクロヘキサン
propyl cyclohexane

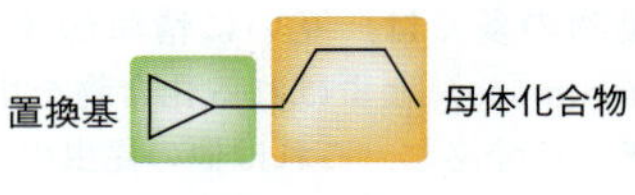

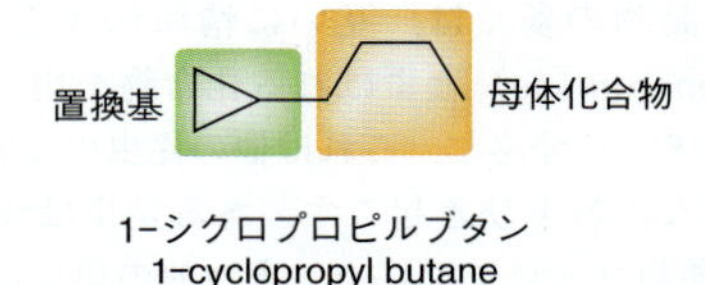

1-シクロプロピルブタン
1-cyclopropyl butane

スキルビルダー 4・2　置換基を明確にし命名する

スキルを学ぶ

次の化合物のすべての置換基を明確にし，その置換基名を示せ．

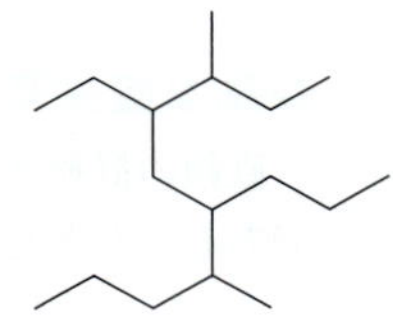

解 答

ステップ 1
主鎖を明確にする．

初めに最も長い炭素鎖を探し主鎖を明確にする．この場合，主鎖は炭素原子 10 個からなる（デカン）．この主鎖に結合しているものすべてが置換基であり，表 4・2 に従ってそれぞれの置換基を命名する．

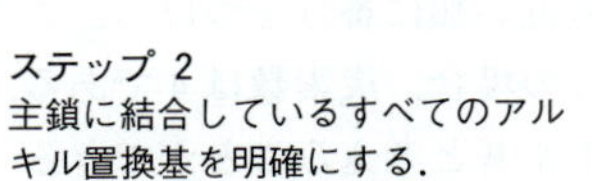
ステップ 2
主鎖に結合しているすべてのアルキル置換基を明確にする．

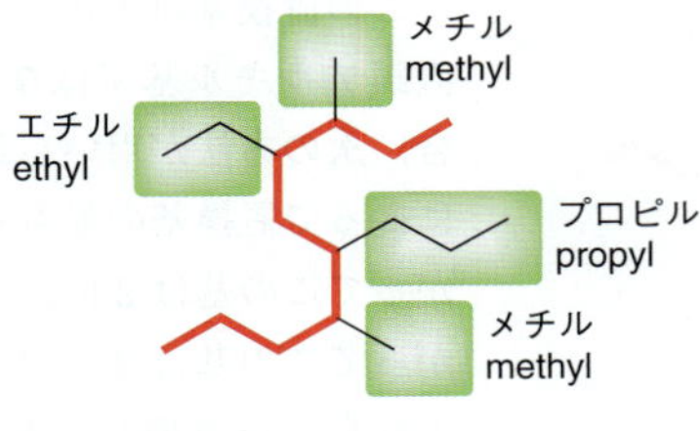

スキルの演習

4・5　次の化合物について，置換基をすべて示し，それぞれどのように命名するか書け．

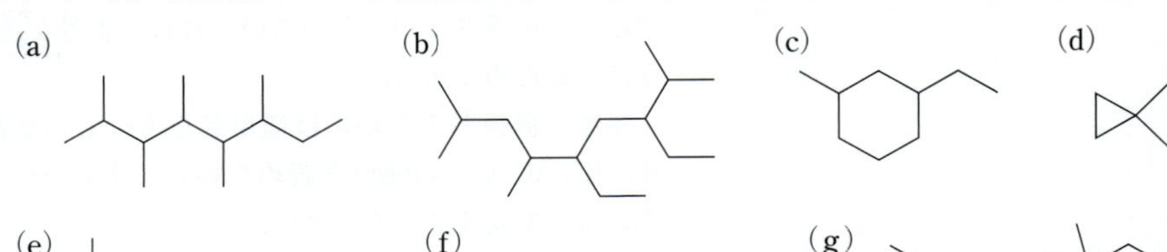

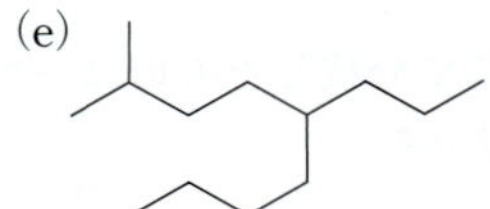

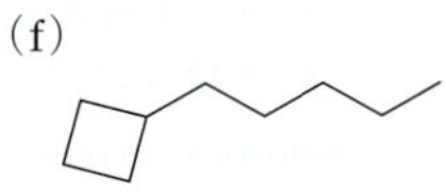

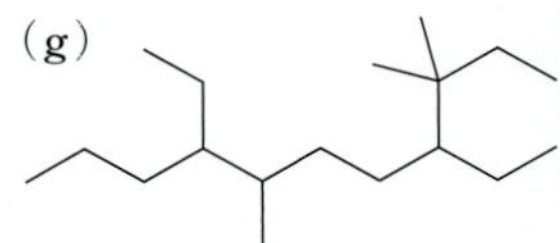

スキルの応用

4・6　分子式 C_7H_{16} の化合物には構造異性体が 9 個存在する．

(a) 主鎖がペンタンでメチル基が二つ主鎖に結合している異性体すべてを線結合構造式で書け．

(b) 主鎖がペンタンでエチル基が一つ主鎖に結合している異性体すべてを線結合構造式で書け．

問題 4･40(a)，(c) を解いてみよう．

役立つ知識　フェロモン：化学伝達物質

動物の多くは，互いに情報伝達を行うのに**フェロモン**（pheromone）とよばれる化合物を用いる．実際昆虫はフェロモンを分泌し，これは他の昆虫の受容体と結合して生物学的な応答をひき起こす．ある昆虫は危険を知らせる化合物（警報フェロモン）を，また他の昆虫は同種の昆虫が集まるような化合物（集合フェロモン）を用いる．またフェロモンは多くの昆虫により，交配目的で異性をひきつけるのにも用いられる（性フェロモン）．たとえば，2–メチルヘプタデカンは，ある種のガが用いる性フェロモンであり，ウンデカンはゴキブリの集合フェロモンとして用いられている．これらの例はいずれもアルカンであるが，フェロモンの多くは一つないしはそれ以上の官能基をもつ．このようなフェロモンの例を，本書を通じて紹介する．

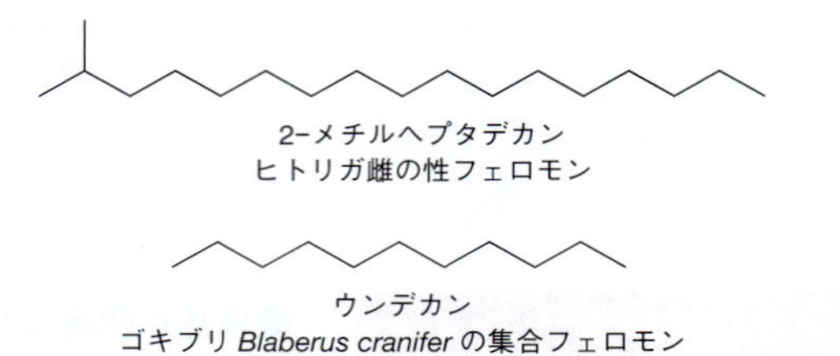

複雑な置換基を命名する

直鎖の置換基を命名するよりも分枝したアルキル置換基を命名するほうがより複雑である．たとえば次の置換基を考えてみよう．

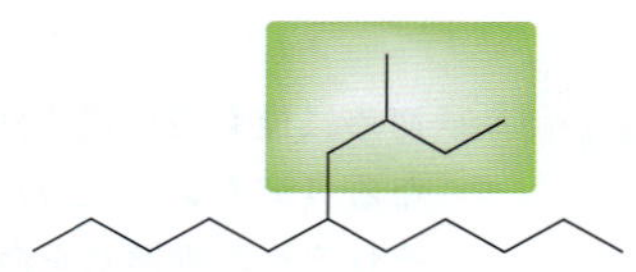

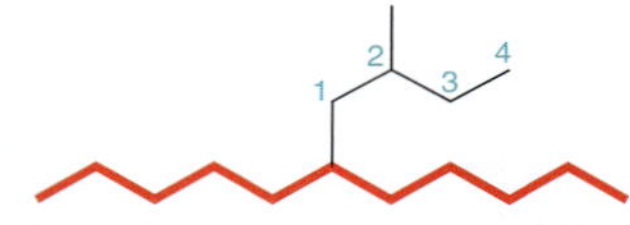

この置換基はどのように命名すればよいだろうか．炭素原子の数は五つであるが，直鎖アルキル基ではないのでペンチル基と命名することはできない．このような場合，次の方法が用いられる．まず置換基に主鎖から近い順に番号をつける．この方法に従って置換基の最も長い直鎖に番号をつける．この場合，炭素数は4である．したがってこの基は2位にメチル基一つが結合したブチル基と考えることができる．したがってこの基は2–メチルブチル基とよばれる．要点をまとめると，複雑な置換基は，それ自身を置換基をもつ主鎖のように扱えばよい．複雑な置換基を命名する場合には，置換基の名前にかっこ（　）をつける．これは，このあとすぐに主鎖に番号をつけることを述べるが，そのさいこれらの番号と置換基についた番号とを混同しないようにするためである．

複雑な置換基のなかには慣用名をもつものがある．これらの慣用名は普及しており，IUPAC もその使用を認めている．次の三つの慣用名は本書でも頻繁に用いられているので覚えておくとよい．

炭素数3のアルキル基で分枝したものは一つしかない．これは**イソプロピル基**（isopropyl group）とよばれる．

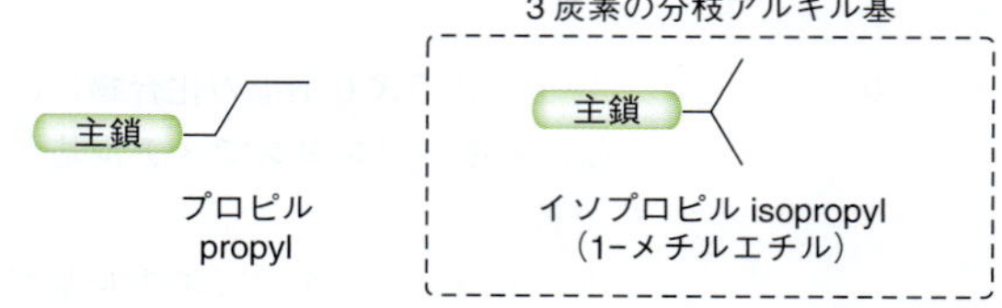

炭素数4のアルキル基の分枝には3通りある．炭素数5のアルキル基はさらにたくさんの分枝の様式がある．ここではよくみられる代表的な二つを示す．

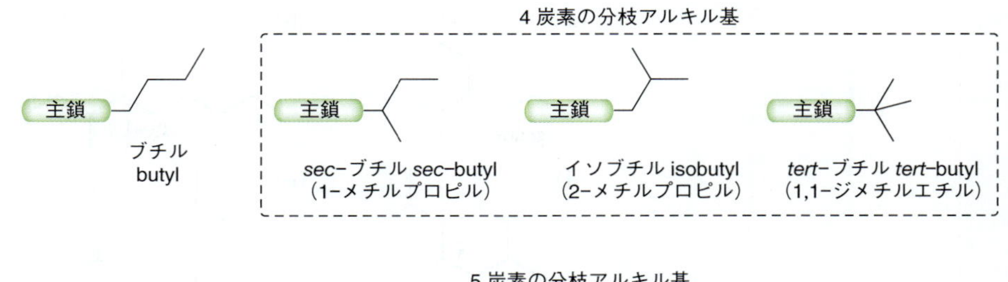

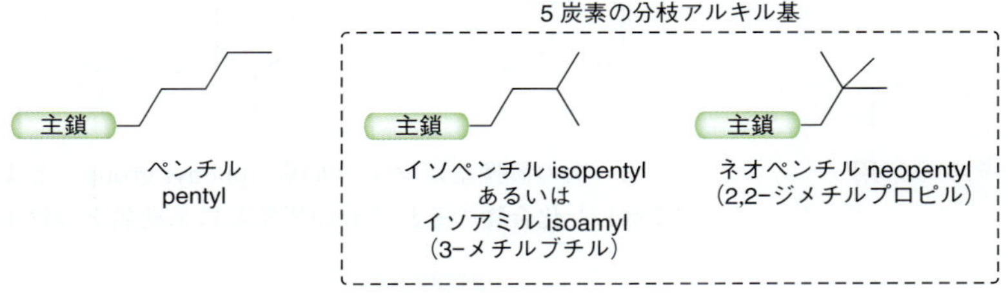

スキルビルダー 4・3　複雑な置換基を明確にし命名する

スキルを学ぶ

次の化合物の置換基と考えられる基をすべて示し，それぞれの置換基に系統名と慣用名をつけよ．

解答

ステップ 1
主鎖を明確にする．

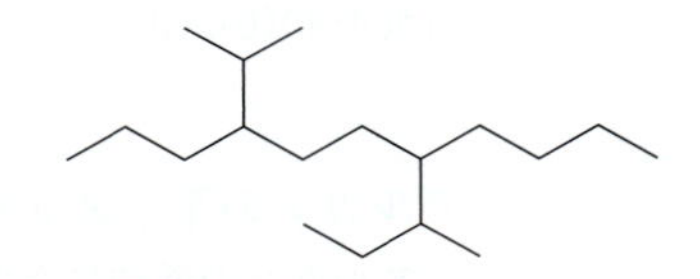

まず主鎖を明確にする．この例では，複雑な置換基が二つ存在する．それらを命名するため，主鎖から近い順にそれぞれの置換基の炭素原子に番号をつける．次にそれぞれの複雑な置換基を"置換基をもつ置換基"と考え，そのためにこの番号を用いる．

ステップ 2
複雑な置換基の炭素原子に番号をつける．

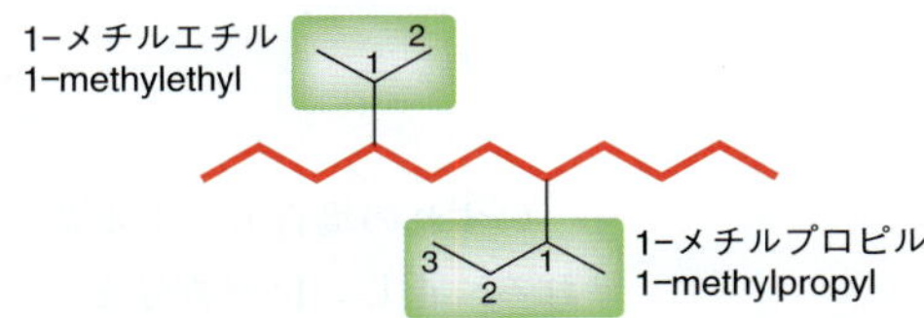

あるいは IUPAC 命名法で認められる次の慣用名を用いてもよい．

ステップ 3
複雑な置換基を命名する．

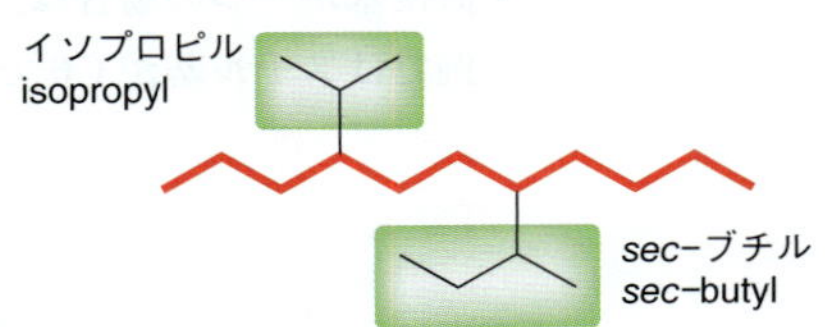

スキルの演習

4・7　次の化合物の置換基と考えられる基をすべて示し，それぞれの置換基に系統名と慣用名をつけよ．

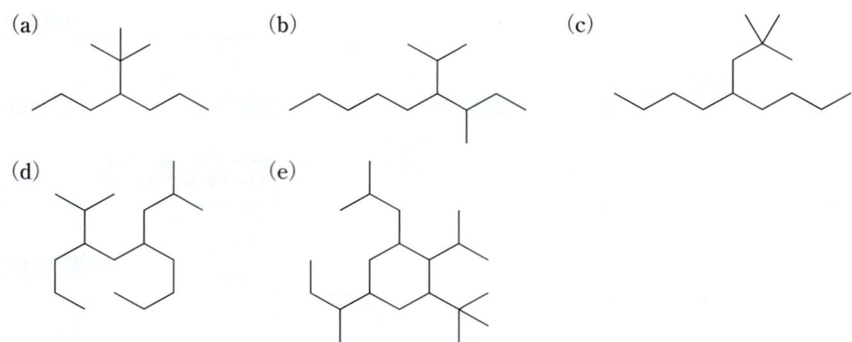

スキルの応用

4・8　次の置換基はフェニル基（phenyl group）とよばれる．これを念頭において，右に示した化合物のそれぞれの置換基に系統名をつけよ．

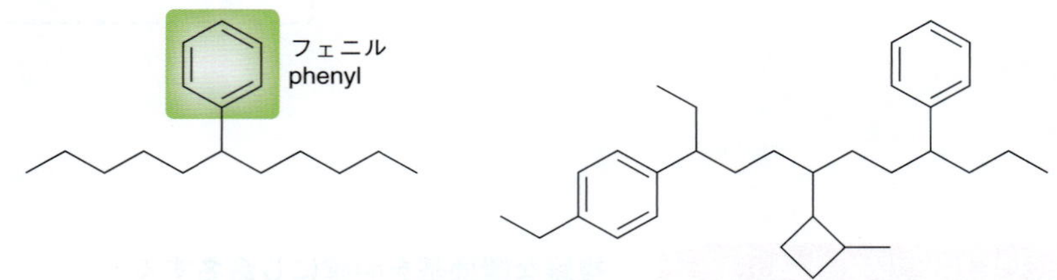

4・9　炭素原子を五つもち，環構造をもたないすべてのアルキル置換基を書き，それぞれの置換基に系統名をつけよ．

問題 4・40(b)，(d) を解いてみよう．

アルカンの系統名を組立てる

アルカンの系統名を組立てるために，まず主鎖の炭素原子に番号をつけ，これを用いて置換基の位置を明確にする．たとえば次の二つの化合物を考えてみよう．

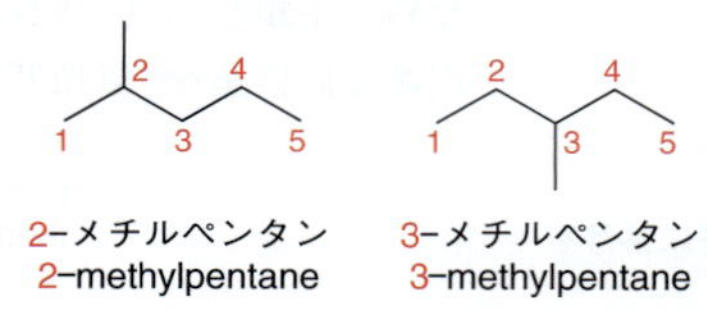

いずれの場合もメチル基の位置は**位置番号**（locant）とよばれる数字で明確に示される．正しい位置番号をつけるためには，主鎖に正しく番号をつけなければならない．これは次の規則に従って行う．

• 置換基が一つの場合は，その位置番号がより小さくなるように番号をつける．この例ではメチル基が C6 ではなく C2 となるように番号をつける．

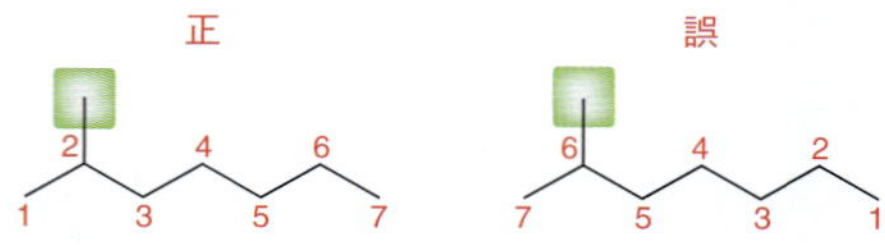

• 置換基が複数存在する場合は，各置換基の位置番号のうち最も小さい位置番号がより小さい数になるように番号をつける．次の例では最小の位置番号ができるだけ小

さくなるようにするため，置換基が 3, 3, 6 ではなく 2, 5, 5 となるように主鎖に番号をつける．

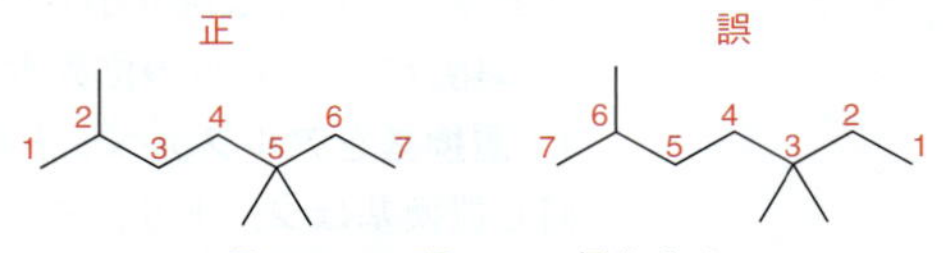

• 最小の位置番号がどちらから数えても同じ場合は，2 番目に小さい位置番号ができるだけ小さくなるように番号をつける．

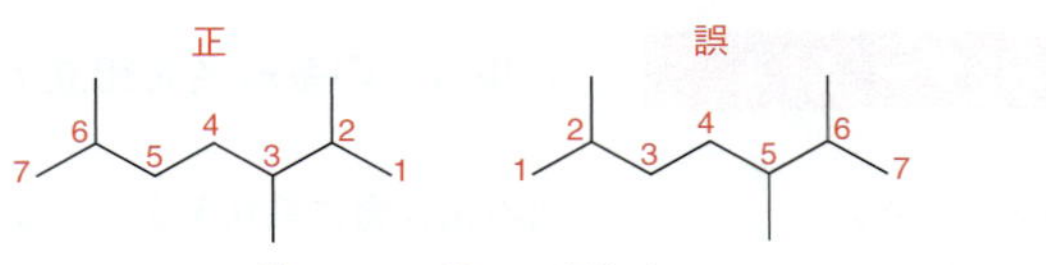

• 上記の規則によっても次の例のように位置番号が同じ場合は，アルファベット順に最小の位置番号をつける．

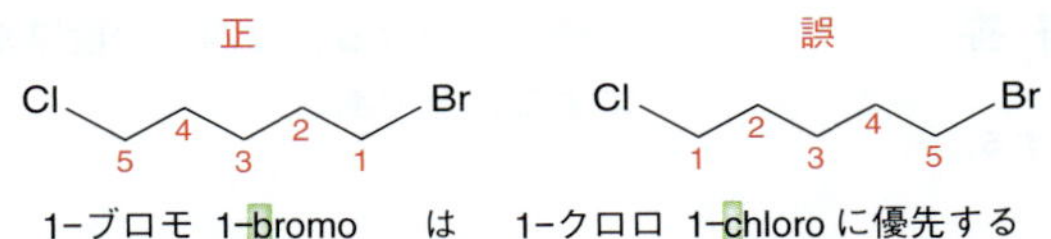

• シクロアルカンの場合にも同じ規則を適用する．

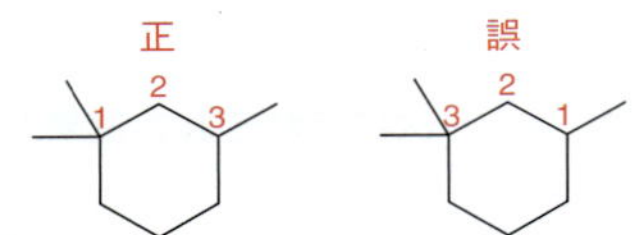

• ある置換基が化合物に二つ以上存在する場合は，接頭語を用いてその置換基がいくつあるかを表す（ジ di = 2，トリ tri = 3，テトラ tetra = 4，ペンタ penta = 5，ヘキサ hexa = 6）．たとえば，次に示す化合物は **1,1,3-トリメチル**シクロヘキサン（1,1,3-trimethylcyclohexane）と命名される．ハイフンは位置番号と化合物名をつなげる際に用いられるのに対し，コンマは位置番号どうしを分けるのに用いられることに注意しよう．
• すべての置換基を明確にし適切な位置番号をつけたならば，それらをアルファベット順に並べる．アルファベット順に並べる際には接頭語（di, tri, tetra, penta, hexa）は含めない．すなわち“ジメチル”は“d”ではなく“m”で始まる基としてアルファベット順に並べる．同様に *sec*- や *tert*- もアルファベット順に並べるときには無視する．しかし iso- は無視しない．すなわち *sec*-ブチルは“b”として，イソブチルは“i”としてアルファベット順に並べる．

まとめると，アルカンの命名には次の四つの段階が必要である．

1. **母体化合物（主鎖）を明確にし，命名する．** 最も長い炭素鎖を選ぶ．長さの同じ二つの炭素鎖がある場合は，置換基の数の多いほうを主鎖とする．

2. 置換基を明確にし，命名する.

3. 主鎖となる炭素鎖に番号をつけ，それぞれの置換基に位置番号をつける. 最小の位置番号が可能な限り小さい数になるように番号をつける. 最小の位置番号が同じになる場合は，2番目の位置番号がより小さくなるように番号をつける.

4. 置換基をアルファベット順に並べる. 位置番号はそれぞれの置換基の直前に書く. 同じ置換基はジ，トリ，テトラを用い，これらはアルファベット順に並べる際には無視する.

スキルビルダー 4・4　アルカンの系統名を組立てる

スキルを学ぶ

次の化合物に系統名をつけよ.

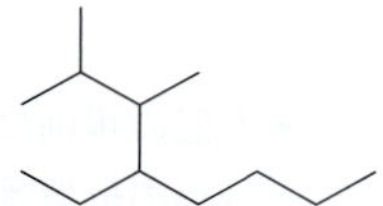

解答

ステップ 1
主鎖を明確にする.

ステップ 2
置換基を明確にし命名する.

系統名をつけるには四つの段階が必要である. 最初の二つの段階は主鎖と置換基を明確にすることである.

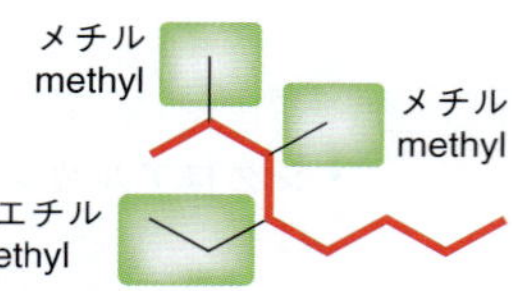

ステップ 3
位置番号をつける.

ステップ 4
置換基をアルファベット順に並べる.

次にそれぞれの置換基に位置番号をつけ，置換基をアルファベット順に並べる.

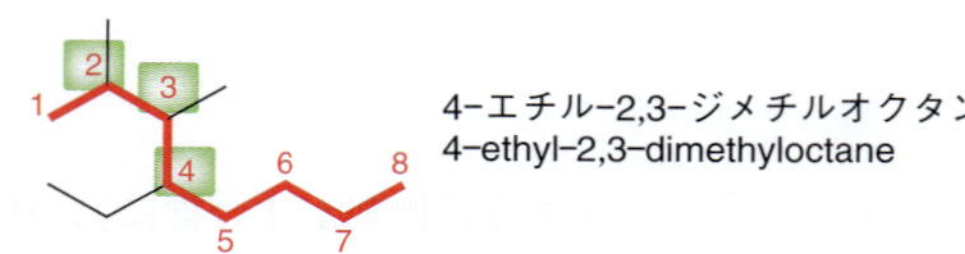

エチル（ethyl）基がジメチル（dimethyl）基よりも前にくることに注意しよう. また，ハイフンは位置番号と化合物名をつなぐのに用いられ，コンマは位置番号どうしを分けるのに用いられる.

スキルの演習

4・10　次の化合物に系統名をつけよ.

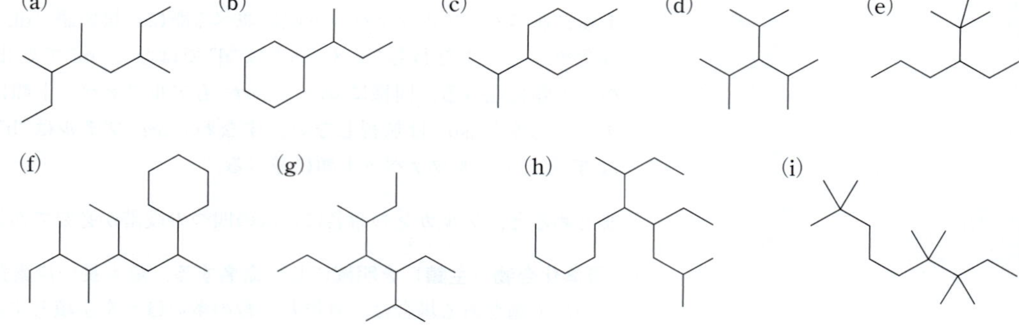

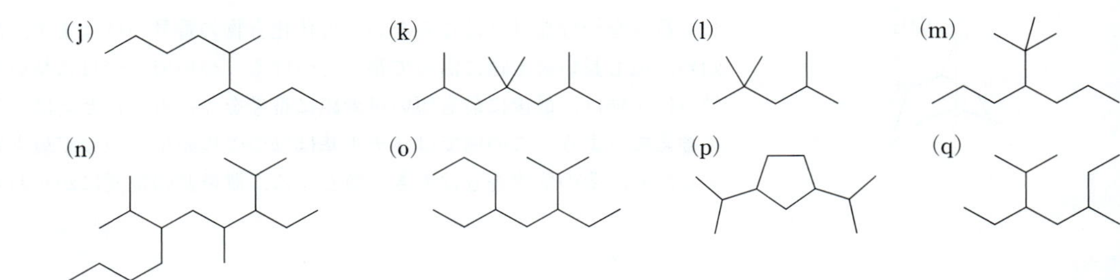

スキルの応用

4・11 次の化合物の線結合構造式を書け.

(a) 3-イソプロピル-2,4-ジメチルペンタン　(b) 4-エチル-2-メチルヘキサン

(c) 1,1,2,2-テトラメチルシクロプロパン

問題 4・41(a), (b), 4・45(a), (b) を解いてみよう.

二環性化合物を命名する

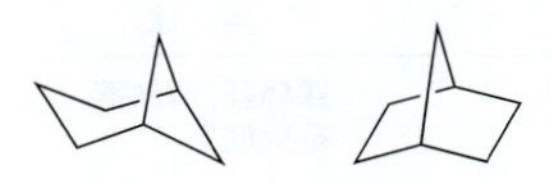

二つの縮環した環をもつ化合物は**二環性化合物**（bicyclic compound）とよばれ，その書き方にはいくつかの方法がある．左に示す図の右側の書き方は分子の三次元的な形を表している．これについては後の章で詳しく述べる．ここでは二環性化合物の命名法に焦点を絞る．命名はアルカンやシクロアルカンの命名とほぼ同じである．前節で述べた4段階の方法に従うが，母体化合物の命名のしかたと番号のつけ方に違いがある．まず母体化合物をどのように命名するかをみてみよう．

二環性化合物の場合には，母体化合物を命名するのに“ビシクロ bicyclo-”という用語を用いる．たとえば，左の化合物は七つの炭素原子からなるのでビシクロヘプタン（bicycloheptane）とよばれる（母体名は**ビシクロヘプタ** bicyclohept- である）．しかし，この母体名ではまだ化合物を特定するのに不十分である．たとえば左の二つの化合物はいずれもビシクロヘプタンである．

いずれの化合物も二つの環と七つの炭素原子が存在する．しかし，この二つの化合物は明らかに異なる．したがって母体の命名にはさらなる情報が必要である．すなわち，二つの環がどのように構築されているかを示さなければならない．そのためには二つの**橋頭位**（bridgehead）を明らかにする必要がある．橋頭位とは二つの環が縮環している部位の二つの炭素原子のことである．

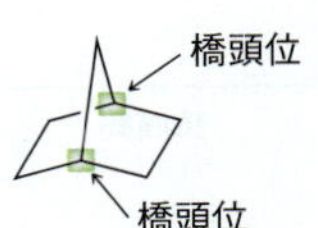

この二つの橋頭位を結びつけるのに三つの異なる経路がある．それぞれの経路について橋頭位の炭素を除いた炭素原子の数を数える．左の化合物では一つ目の経路には二つの炭素原子，二つ目も二つの炭素原子，そして三つ目の（最も短い）経路は炭素原子が一つ存在する．この三つの数字を大きいほうから小さいほうへ順に並べたものをかっこ［　］で囲んで，［2.2.1］として，母体名の中央に挿入する．

ビシクロ[2.2.1]ヘプタン bicyclo[2.2.1]heptane

これらの数字は先に示した化合物を区別するのに必要なものである．

ビシクロ[3.1.1]ヘプタン
bicyclo[3.1.1]heptane

ビシクロ[2.2.1]ヘプタン
bicyclo[2.2.1]heptane

置換基が存在する場合には，置換基に適切な位置番号をつけるため母体化合物に正

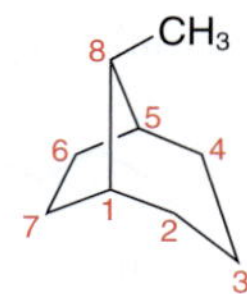

しく番号をつけなければならない．母体化合物の番号づけはまず，橋頭位の一つから始め，最も長い炭素鎖に沿って番号をつける．ついで二つ目に長い炭素鎖に沿って番号づけを続け，最後に最も短い炭素鎖に番号をつける．たとえば，左の二環性化合物を考えてみよう．この例ではメチル基は二つの橋頭位をつなぐ最も短い炭素鎖に存在するため，その位置番号は大きい数となる．置換基の位置にかかわらず，母体化合物

医薬の話題　医薬品を命名する

医薬品のIUPAC名は長く面倒な場合が多いので，一般名（generic name）とよばれる簡単な名前がつけられている．たとえば下の化合物のIUPAC名は非常に長いので，一般名としてエソメプラゾール（esomeprazole）がつけられ，国際的に受け入れられている．市場での販売のために製薬企業は商品名とよばれる覚えやすい名前も用いる．エソメプラゾールの商品名はNexium®である．この化合物は逆流性食道炎の治療に用いられるプロトンポンプ阻害薬である．

まとめると医薬品には，1）商品名，2）一般名，3）IUPAC名（系統名）の三つの重要な名前がある．表4・3によく用いられる医薬品のそれぞれの名前を示す．

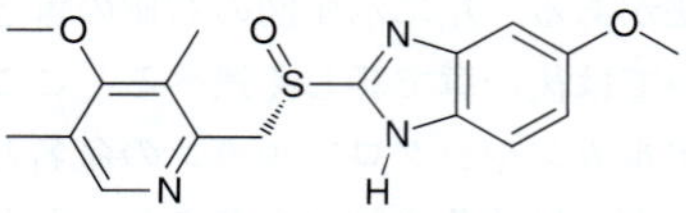

(S)-5-メトキシ-2-[(4-メトキシ-3, 5-ジメチルピリジン-2-イル)メチルスルフィニル]-3*H*-ベンゾイミダゾール
(S)-5-methoxy-2-[(4-methoxy-3, 5-dimethylpyridin-2-yl)methylsulfinyl]-3*H*-benzoimidazole

表4・3　よくみられる医薬品の名前

一般名	商品名†	構造とIUPAC名	用途
アセチルサリチル酸（acetylsalicylic acid）	Aspirin，アスピリン	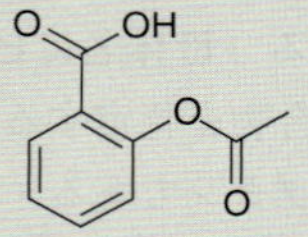 2-アセトキシ安息香酸	鎮痛薬，解熱薬，抗炎症薬
イブプロフェン（ibuprofen）	Advil，Motrin，ブルフェン	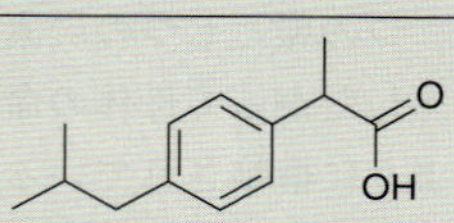 2-[4-(2-メチルプロピル)フェニル]プロパン酸	鎮痛薬，解熱薬，抗炎症薬
ペチジン（pethidine）	Demerol，ペチジン塩酸塩	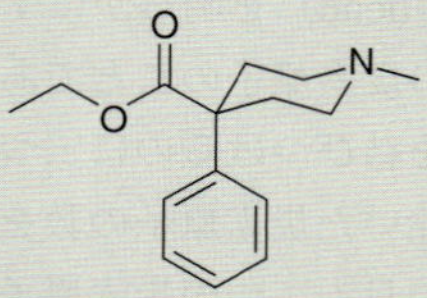 1-メチル-4-フェニルピペリジン-4-カルボン酸エチル	鎮痛薬
メクリジン（meclizine）	Dramamine，ドラマミン	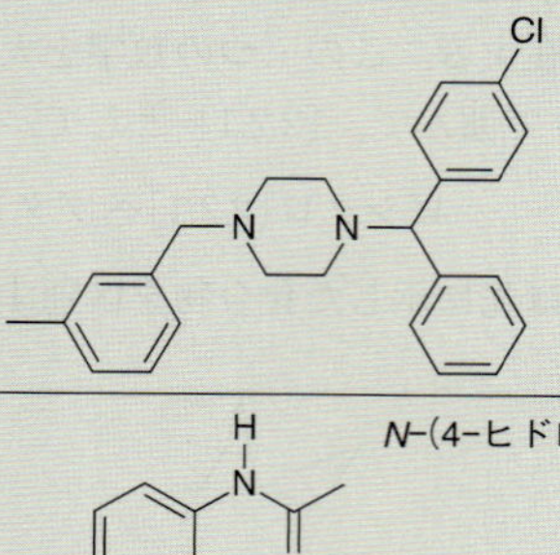 1-[(4-クロロフェニル)フェニルメチル]-4-[(3-メチルフェニル)メチル]ピペラジン	鎮吐剤
アセトアミノフェン（acetaminophen）	Tylenol，タイレノール	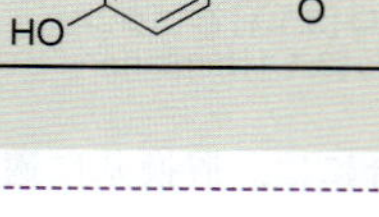 *N*-(4-ヒドロキシフェニル)エタンアミド	鎮痛薬，解熱薬

† 和名は日本での商品名．

は最も長い炭素鎖から順に番号づけしなければならない．ただし，二つある橋頭位のどちらをC1とするかは選択することができる．

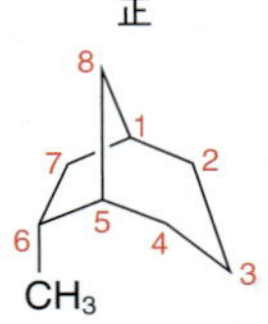

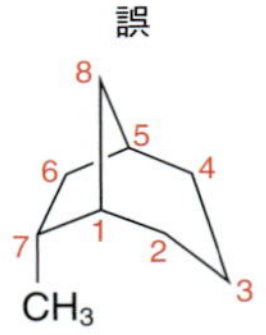

いずれの場合も位置番号はまず最も長い炭素鎖に沿ってつける．しかしそのさい置換基に最小の位置番号がつくように橋頭位の番号づけを始めなければならない．上記の例では正しいのは置換基がC7ではなくC6となる番号づけである．この化合物の化合物名は6-メチルビシクロ[3.2.1]オクタン（6-methylbicyclo[3.2.1]octane）である．

スキルビルダー 4・5 二環性化合物の化合物名を組立てる

スキルを学ぶ

次の化合物を命名せよ．

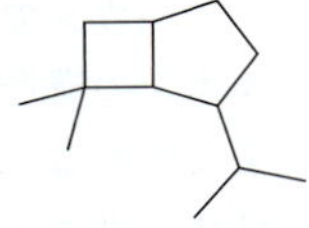

解答

ステップ 1
母体化合物を明確にする．

ここでも4段階の方法を用いる．まず母体化合物を明確にする．この場合，二環性化合物なので二つの環を形成する炭素原子の総数を数える．二つの環は七つの炭素原子からなり，母体名は“ビシクロヘプタ bicyclohept-”である．二つの橋頭位に印がついている．次に橋頭位を連結する三つの経路それぞれの炭素原子の数を数える．最も長い（右側の）経路は橋頭位の間に炭素原子が三つある．次に長い（左側の）経路は橋頭位の間に炭素原子が二つある．最も短い経路は橋頭位の間に炭素原子がない．すなわち橋頭位どうしが直接結合している．したがって母体名は“ビシクロ[3.2.0]ヘプタ bicyclo[3.2.0]hept-”である．次に置換基を明確にし命名する．

ステップ 2
置換基を明確にし命名する．

ステップ 3
位置番号をつける．

そして母体化合物に番号をつけ，それぞれの置換基に位置番号をつける．一方の橋頭位から出発して橋頭位を連結する最も長い炭素鎖に沿って番号づけを続ける．この場合，下側の橋頭位から出発してイソプロピル基に最小の番号がつくようにする．

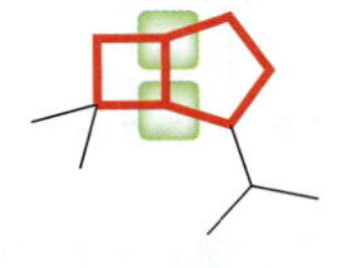

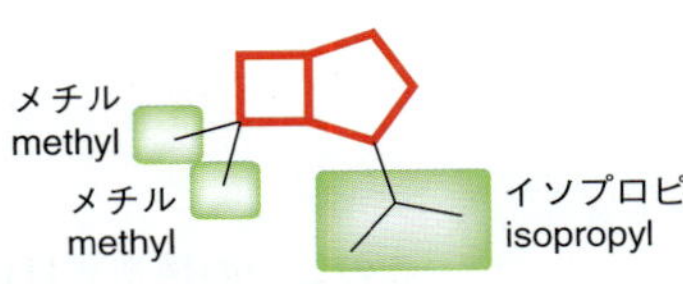

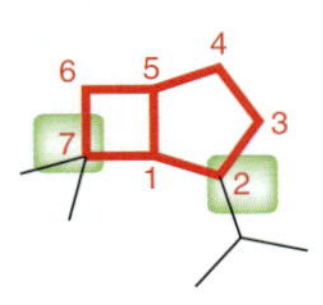

ステップ 4
置換基をアルファベット順に並べる．

最後に置換基をアルファベット順に並べる．

2-イソプロピル-7,7-ジメチルビシクロ[3.2.0]ヘプタン
2-isopropyl-7,7-dimethylbicyclo[3.2.0]heptane

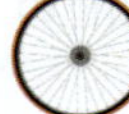

スキルの演習

4・12　次の化合物を命名せよ．

(a) 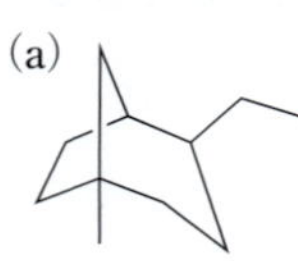
(b) 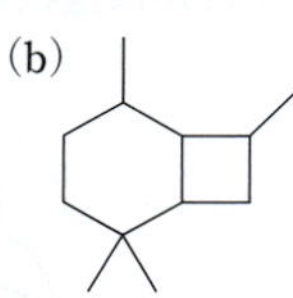
(c) 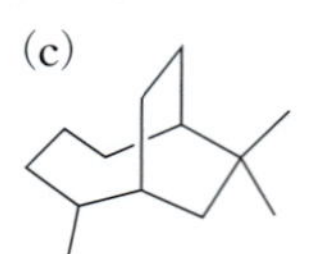
(d) 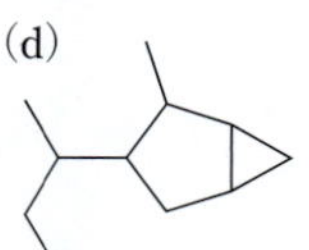
(e) 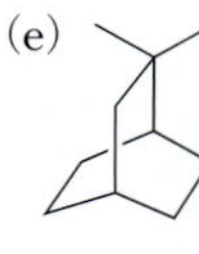

(f) 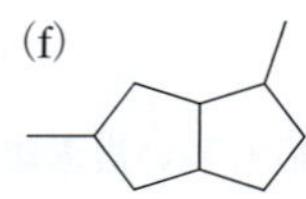
(g) 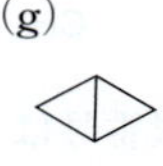
(h) 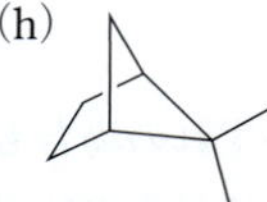
(i) 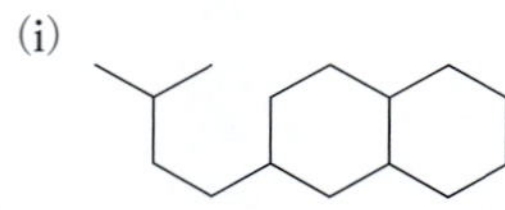

スキルの応用

4・13　次の化合物の線結合構造式を書け．
(a) 2,2,3,3-テトラメチルビシクロ[2.2.1]ヘプタン
(b) 8,8-ジエチルビシクロ[3.2.1]オクタン
(c) 3-イソプロピルビシクロ[3.2.0]ヘプタン

問題 4・41(c), (d), 4・45(c) を解いてみよう．

4・3　アルカンの構造異性体

表 4・4　アルカンの構造異性体数

分子式	構造異性体の数
C_3H_8	1
C_4H_{10}	2
C_5H_{12}	3
C_6H_{14}	5
C_7H_{16}	9
C_8H_{18}	18
C_9H_{20}	35
$C_{10}H_{22}$	75
$C_{15}H_{32}$	4,347
$C_{20}H_{42}$	366,319
$C_{30}H_{62}$	4,111,846,763
$C_{40}H_{82}$	62,481,801,147,341

アルカンでは，分子が大きくなるにつれて構造異性体の数が増える（表 4・4）．アルカンの構造異性体を書くときには，同じ異性体を重複して書かないように注意する必要がある．たとえば構造異性体が五つ存在する C_6H_{14} を考えてみよう．これらの異性体を書こうとして，六つ以上の構造を書いてしまうかもしれない．

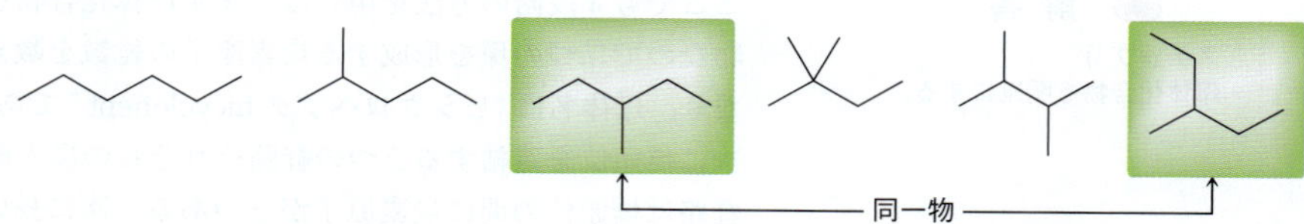

一見，四角で囲んだ二つの化合物は別の化合物のように見える．しかしよく見てみると，この二つは実際には同じ化合物である．同じ構造を二度書かないようにするために，それぞれの化合物に IUPAC 命名法に従って命名するとよい．同じ構造のものが二つあれば，すぐにわかる．

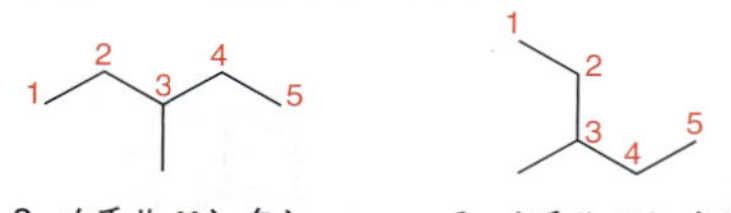

この二つの構造式は同じ化合物名をもつので，同一化合物である．これらの化合物を正式に命名しなくても，IUPAC 命名法の視点で分子を見るだけでもよい．すなわち，これらの化合物はそれぞれ 5 炭素からなる主鎖をもち，C3 にメチル基をもつ化合物としてとらえるべきである．このように IUPAC 命名法の視点から分子を見ることは有益な場合がある．

スキルビルダー 4・6　構造異性体を明確にする

スキルを学ぶ

次の二つの化合物は構造異性体か，あるいは書き方が異なる同一化合物か．

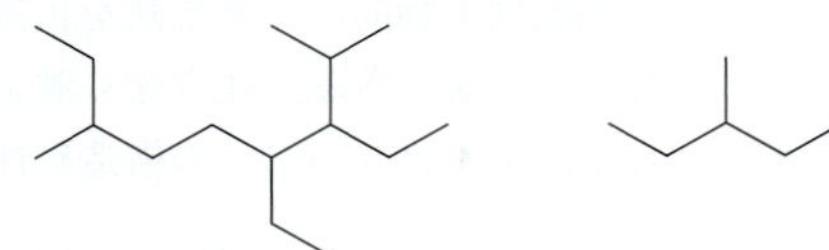

解 答

命名法の規則に従ってそれぞれの化合物を命名する．それぞれの場合について主鎖と置換基を明確にし，主鎖に番号をつけ，命名する．

ステップ 1
それぞれの化合物を命名する．

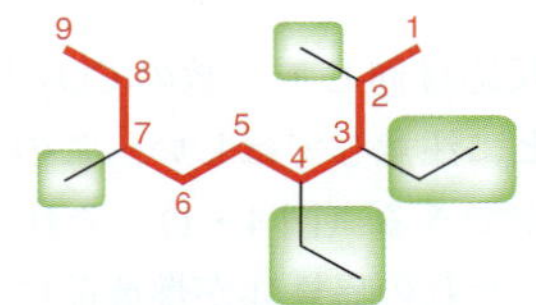

3,4-ジエチル-2,7-ジメチルノナン

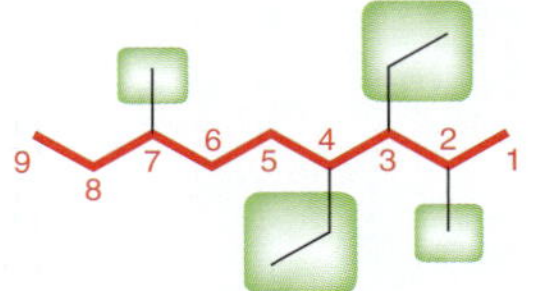

3,4-ジエチル-2,7-ジメチルノナン

ステップ 2
化合物名を比べる．

これらの化合物は同一の化合物名をもつので構造異性体ではない．同じ化合物の異なる書き方である．

スキルの演習

4・14　次の化合物の組について，構造異性体か同一化合物か明確にせよ．

(a)

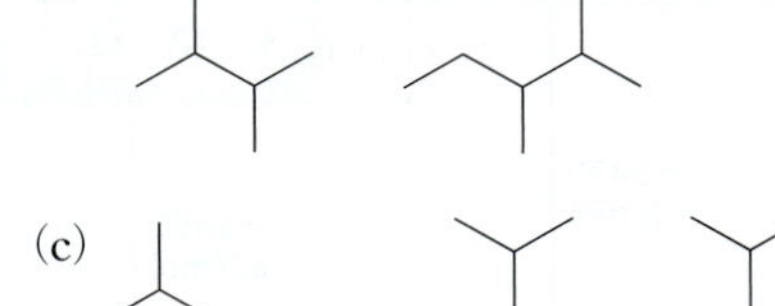

(b)

(c)

(d)

スキルの応用

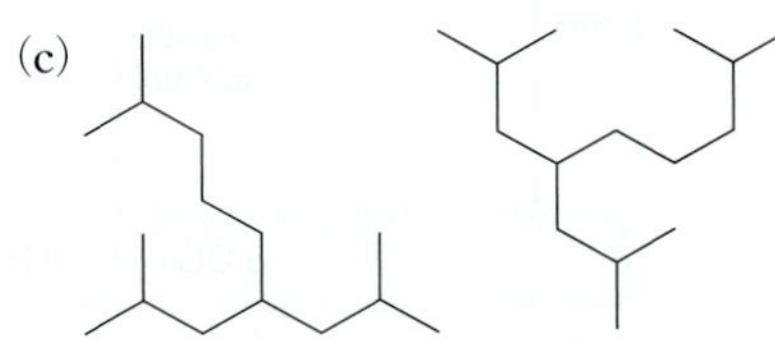

4・15　表 4・4 に分子式 C_7H_{16} の構造異性体の数を示している．同じ化合物を重複して書かないように注意して，これらの構造異性体をすべて書け．

問題 4・42，4・66(b)，(d)，(k)，(l) を解いてみよう．

4・4　アルカンの異性体の相対的な安定性

構造異性体の安定性を比較するために，それぞれが燃焼するときに放出される熱量に注目する．アルカンの場合，燃焼とはアルカンが酸素と反応して CO_2 と水を生成する反応のことである．次の例を考えてみよう．

$$\text{(pentane)} + 8\,O_2 \longrightarrow 5\,CO_2 + 6\,H_2O \qquad \Delta H^\circ = -3509\ \text{kJ/mol}$$

この反応では，アルカン（ペンタン）は酸素存在下で点火され，反応は**燃焼**（combustion）とよばれる．上記の値，この反応では ΔH° は，1 mol のペンタンが酸素存在下で完全に燃焼するときの**エンタルピー変化**（change in enthalpy）である．エンタルピーの概念については 6 章で再度詳しく述べるが，ここでは反応の際に放出される熱量と考えればよい．燃焼の過程では $-\Delta H^\circ$ を**燃焼熱**（heat of combustion）とよぶ．

燃焼は実験的には燃焼熱を正確に測ることのできる熱量計とよばれる装置を用いて行うことができる．注意深く測定することにより反応生成物は同じであるにもかかわらず，アルカンの二つの構造異性体の燃焼熱が異なることがわかる．

$$+\ 12\tfrac{1}{2}\,O_2 \longrightarrow 8\,CO_2 + 9\,H_2O \qquad -\Delta H^\circ = 5470\ \mathrm{kJ/mol}$$

$$+\ 12\tfrac{1}{2}\,O_2 \longrightarrow 8\,CO_2 + 9\,H_2O \qquad -\Delta H^\circ = 5452\ \mathrm{kJ/mol}$$

この二つの反応は同じモル数の CO_2 と水を生成するにもかかわらず，反応の燃焼熱は異なることに注意してほしい．この差を用いてアルカンの構造異性体の安定性を比較することができる（図 4・1）．それぞれの燃焼過程で放出される熱量を比べることにより，それぞれの異性体が燃焼前にもっていたポテンシャルエネルギーを比べることができる．この解析により分枝をもつアルカンのほうが直鎖のアルカンよりもエネルギーが低い，すなわちより安定であることがわかる．

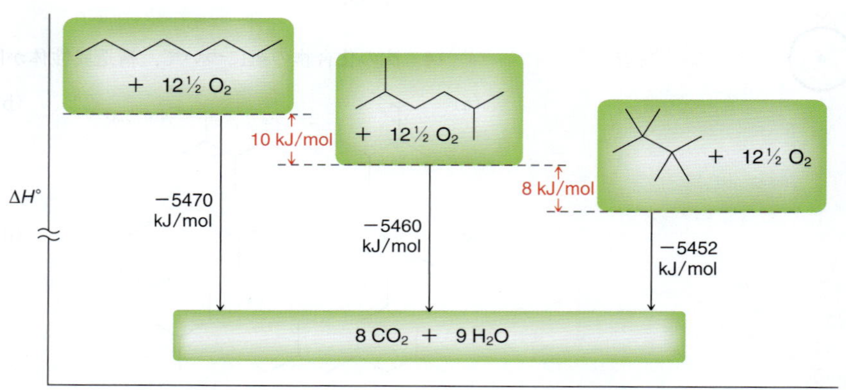

図 4・1　オクタンの三つの構造異性体の燃焼熱を比べたエネルギー図

燃焼熱の測定は化合物の相対的な安定性を決定する重要な方法である．本書を通じて何度かこの方法を用いて化合物の安定性を比較する．

4・5　アルカンの供給源と利用法

アルカンの主たる供給源は石油（petroleum）である．この言葉は，ラテン語の petro（石）と oleum（油）に由来している．石油は何百もの炭化水素の複雑な混合物で，その多くは大きさと構造の異なるアルカンである．地球上の石油鉱床は，前史時代の植物や森林などの生物由来の化合物の腐敗によって何百万年もかけてゆっくりと生成したと考えられている．

最初の油田は 1859 年米国のペンシルヴェニアで発見された．得られた石油は，沸点の違いを利用して混合物を分離する過程である蒸留により多くの成分に分離された．当時，高沸点成分のひとつであるケロセン（kerosene）が石油から得られる最も

役立つ知識 ポリマー入門

表4・5に示すように，メタンやエタンなどの低分子量のアルカンは室温で気体であり，それよりもやや分子量の大きいヘキサンやオクタンなどのアルカンは室温で液体である．さらに炭素数100のヘクタンのような非常に分子量の大きいアルカンは室温で固体である．この傾向は§1・12で述べたように，高分子量のアルカンではLondonの分散力が増大するためと説明されている．これを念頭において，およそ100,000個の炭素原子からなるアルカンを考えてみよう．このようなアルカンは室温で硬い固体であるはずである．ポリエチレン（polyethylene）とよばれるこの物質は，ゴミ袋やプラスチック瓶，梱包材，防弾チョッキやおもちゃなどさまざまな目的に用いられている．その名のとおり，ポリエチレンはエチレンの重合（polymerization）によりつくられる．

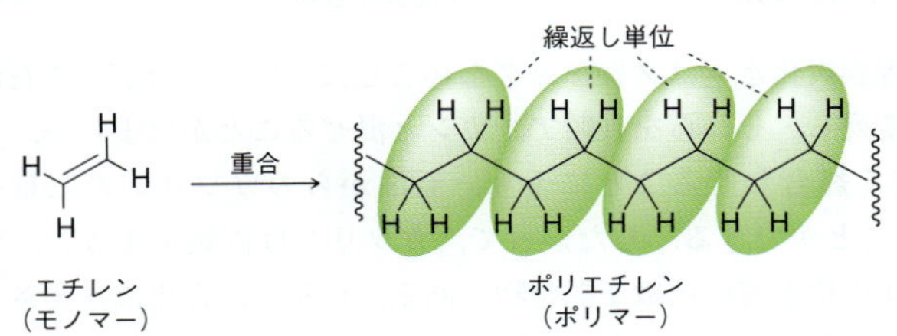

ポリエチレンは**モノマー**（monomer）とよばれる小さな分子をつなぎ合わせてつくられるので**ポリマー**（polymer）の一種である．世界中で毎年5000万トン以上のポリエチレンが製造されている．

日々の生活において，われわれはさまざまなポリマーに囲まれている．カーペットの繊維から配管用パイプまで，われわれの社会は疑いもなくポリマーに依存するようになっている．ポリマーについては27章で詳しく述べる．

表 4・5 石油成分の工業用途

分子の炭素原子数	留分の沸点	用途
C_1〜C_4	20 °C 以下	天然ガス，石油化学品，プラスチック
C_5〜C_7	20〜100 °C	溶媒
C_5〜C_{12}	20〜200 °C	ガソリン
C_{12}〜C_{18}	200〜300 °C	ケロセン，ジェット燃料
C_{12} 以上	200〜400 °C	軽油，ディーゼル
C_{20} 以上	不揮発性液体	潤滑油，グリース
C_{20} 以上	不揮発性固体	ワックス，アスファルト，タール

重要な成分と考えられていた．内部燃焼エンジンに基づく自動車はまだ発明されていなかった（50年後に登場する）ので，ガソリンはまだ重要な石油産物ではなかった．一方，一般的なろうそくよりもケロセンランプのほうが終夜灯に適していたので，ケロセンには多くの需要があった．時とともに，他の石油成分にもそれぞれの用途が生まれた．今日では石油のどの留分も貴重でさまざまな用途に利用されている（表4・5）．原油（石油）を商業的に利用可能な生産品に分離する過程は**精製**（refining）とよばれる．一般的な製油所では1日につき原油100,000バレル*を精製できる．現在最も重要な生産物はガソリン留分（C_5〜C_{12}）であるが，これは原油全体のおよそ19%にすぎない．これだけでは現在のガソリンに対する需要をみたすことができないので，原油からのガソリンの収量を増加させるために二つのプロセスが用いられている．

* 1バレル = 42ガロン = 160 L

1. **クラッキング**（cracking）は，より炭素数の多いアルカンのC−C結合を分断して，ガソリンに適したより小さなアルカンを生産するプロセスである．このプロセスにより，原油からガソリンに利用可能な化合物へとより多く効率的に変換することができる．クラッキングは高温（**熱的クラッキング**）あるいは触媒を用いて（**触媒的クラッキング**）行うことができる．クラッキングにより通常直鎖のアルカンが生成する．直鎖のアルカンはガソリンに適してはいるが，自動車のエンジン中で，**ノッキン**

$$\xrightarrow[450\ ^\circ C]{H_2(200\ atm)} \quad + $$

グ（knocking，早期点火）を起こしやすい．

2. 改質（reforming）は，脱水素反応や異性化反応などのいろいろな種類の反応を含んだプロセスで，直鎖アルカンを分枝した炭化水素や芳香族化合物（18 章参照）に変換できる．

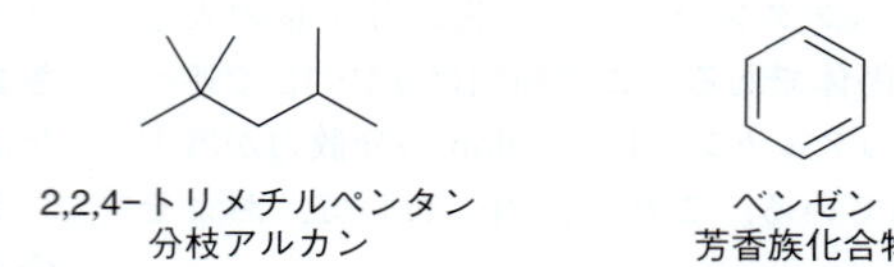

分枝した炭化水素や芳香族炭化水素はノッキングを起こしにくい．したがって石油を一部これらの化合物に変換し，それらを直鎖アルカンと混ぜることが望ましい．クラッキングと改質をうまく組合わせることにより，原油からのガソリンの収量を 19%から 47%まで増やすことができる．したがって，ガソリンは直鎖アルカン，分枝アルカン，そして芳香族炭化水素の精緻な混合物である．正確な混合比はさまざまな条件によって左右される．たとえばより寒い気候の地では，0 °C 以下の気温に適さなければならない．したがってシカゴで用いられているガソリンとヒューストンで用いられているガソリンは同一の組成ではない．

石油は再生可能なエネルギー源ではない．現在の消費速度に基づいて推定すると，地球の石油の供給は 2060 年までに枯渇すると見積もられている．さらに埋蔵された石油が見つかるかもしれないが，避けることのできない事態を遅らせるだけである．同時に石油はプラスチックや医薬品，そしてさまざまな製品をつくるのに用いられる多様な有機化合物のおおもとの供給源である．そのような悲惨な状況にはならないと思うが，地球の石油の供給が完全に枯渇しないことが重要である．石油の供給が減少し需要が増加するにつれて，原油の価格は上昇し，給油所のガソリンの価格も値上がりする．その結果，石油の値段が代替エネルギー源の値段を凌駕するようになる．その時点で大きな変動が起こるだろう．次の世界的なエネルギー源として石油に取って代わるのは何だろうか．

4・6　Newman 投影式を書く

次に分子が時間とともにどのように形を変えるかについて考えてみよう．C−C 単結合の回転により化合物は**立体配座**（conformation）とよばれるさまざまな三次元構造をとることができる．エネルギーの高い立体配座もあれば低いものもある．立体配座を書き比べるために，分子の立体配座を表すのに適した新しい書き方を用いる必要がある．この表し方を **Newman 投影式**（Newman projection）とよぶ（図 4・2）．Newman 投影式が何を示しているかを理解するために，図 4・2 のエタンのくさびと破線を用いた書き方をまず見てみよう（a）．赤で示した H が紙面手前に，青で示した H は紙面奥となるように垂直の軸を中心に回転させてみよう．（b）の書き方（木挽き

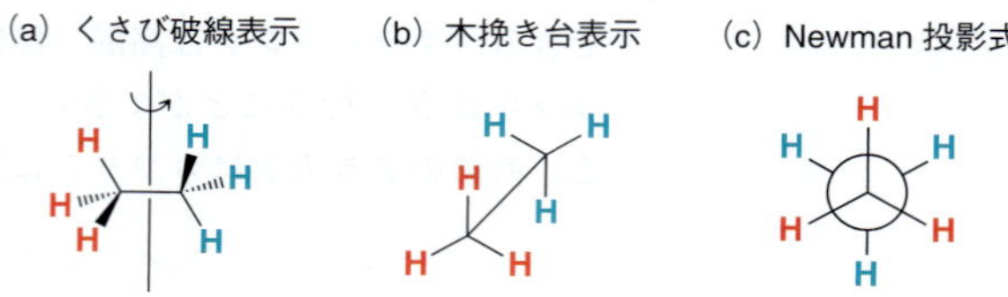

図 4・2　エタンの三つの表し方

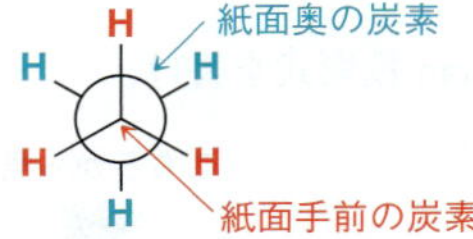

図 4・3 手前の炭素と奥の炭素を示したエタンの Newman 投影式

台表示）は，45° 回転させたときのスナップショットであり，Newman 投影式は 90° 回転させたときのスナップショットである．一方の炭素原子が他方より手前にあり，それぞれの炭素原子には三つの水素原子が結合している（図 4・3）．図 4・3 の中央の点は手前の炭素原子を表し，円は奥の炭素原子を表す．本章ではこのあと (c) の Newman 投影式をよく用いるので，書き方と読取り方の両方を修得しておくことが大切である．

スキルビルダー 4・7　Newman 投影式を書く

スキルを学ぶ

図に示した方向から見た次の化合物の Newman 投影式を書け．

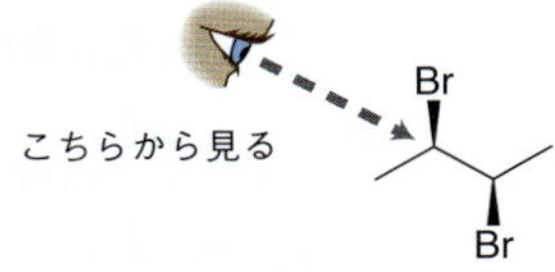

解 答

手前と奥の炭素原子を明確にする．観察する角度からそれぞれ次のようになる．

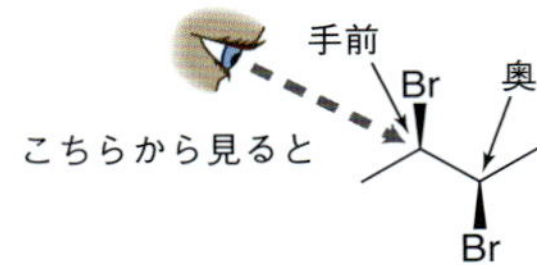

ここで観察する側から見て手前の炭素原子に結合しているものは何かを考える．メチル基と臭素原子と水素原子が結合している．くさびは紙面手前に出ており，破線は紙面奥に向かっている．したがって観察する側から見て手前の炭素は次のようになる．

ステップ 1
手前の炭素原子に結合している三つの基を明確にする．

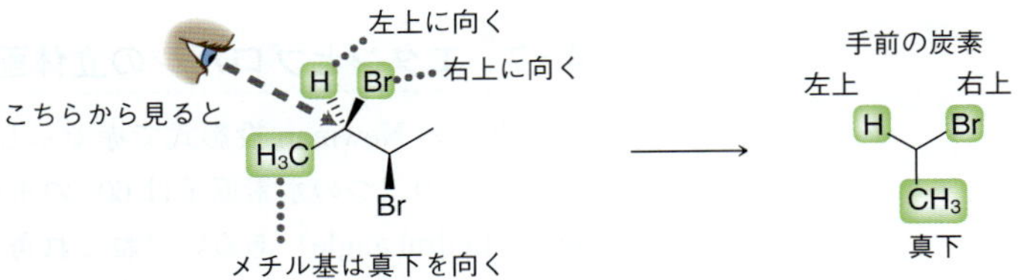

次に奥の炭素原子を考えてみよう．この炭素原子も CH_3 基を一つ，臭素原子を一つ，水素原子を一つもっている．観察する側から見ると次のようになる．

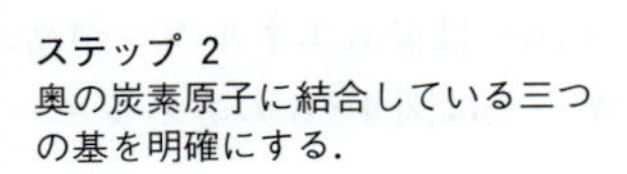

ステップ 2
奥の炭素原子に結合している三つの基を明確にする．

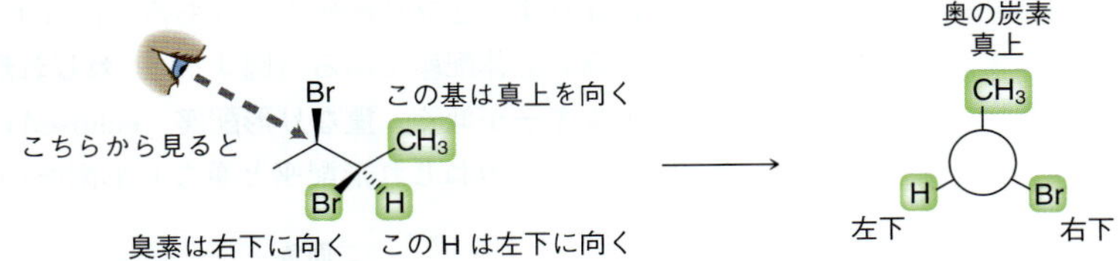

ステップ 3
Newman 投影式を書く．

そしてこの二つの図を一つにして書く．

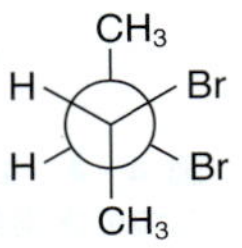

CH_3 / H, Br / H, Br / CH_3

スキルの演習

4・16　次のそれぞれについて，示した方向から見た Newman 投影式を書け．

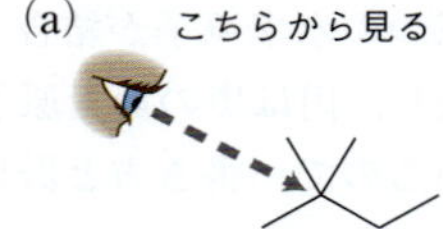

(a) こちらから見る

(b) こちらから見る　Cl　Cl

(c)
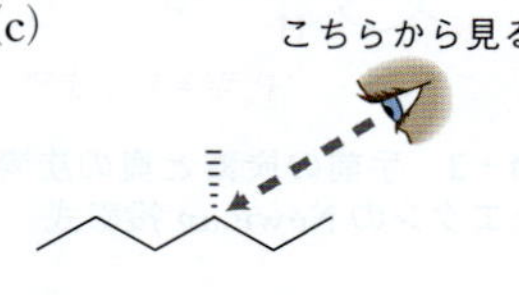

(d) Cl　Cl　こちらから見る

(e) Cl　Cl　こちらから見る

(f) Cl　Br　こちらから見る

スキルの応用

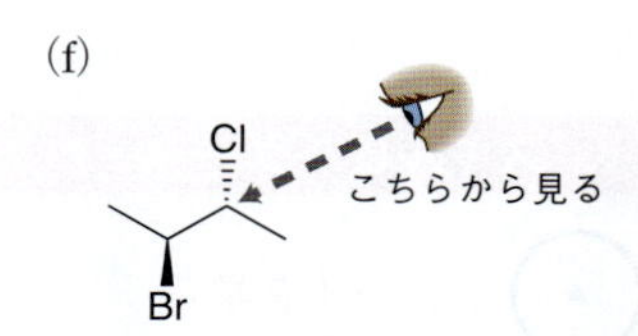

4・17　次の化合物の線結合構造式を書け．

(a) CH_3　CH_3　CH_2CH_3　CH_3　H　CH_2CH_3

(b)
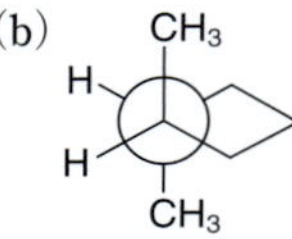

(c) H　H　H　H　H　H　H　H

4・18　次の二つの化合物は構造異性体か．

H　H　H　CH_3　H

H　H_3C　CH_3　H_3C　CH_3　H

問題 4·56 を解いてみよう．

4・7　エタンとプロパンの立体配座解析

エタンの Newman 投影式で赤で示した二つの水素原子について考えてみよう（図 4・4）．この二つの水素原子は 60° の角度で離れているように見える．この角度は**二面角**（dihedral angle）あるいは**ねじれ角**（torsional angle）とよばれる．C−C 結合の回転とともに，すなわちたとえば奥の炭素を固定して手前の炭素が時計回りに回転すると，この二面角は変化する．二つの基の間の二面角は 0° から 180° の間のどのような角度でもとることができる．したがって可能な立体配座は無数に存在する．しかし特に注目すべき立体配座が二つある．最もエネルギーの低い立体配座と最もエネルギーの高い立体配座である（図 4・5）．**ねじれ形配座**（staggered conformation）は最もエネルギーが低く，**重なり形配座**（eclipsed conformation）は最もエネルギーが高い．

エタンのねじれ形配座と重なり形配座のエネルギー差は図 4・6 のエネルギー図に

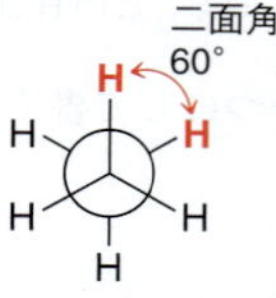

図 4・4　エタンの Newman 投影式：二つの水素原子のなす二面角

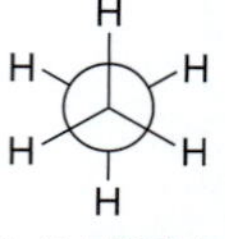

ねじれ形配座
最も安定

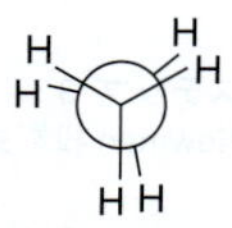

重なり形配座
最も不安定

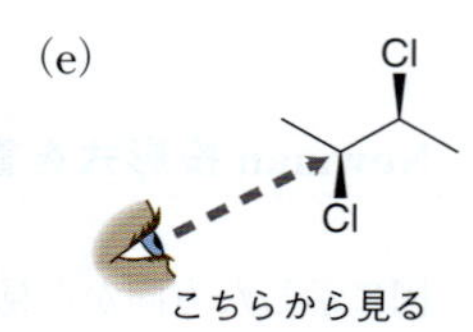

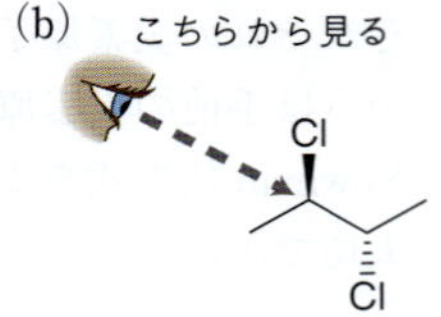

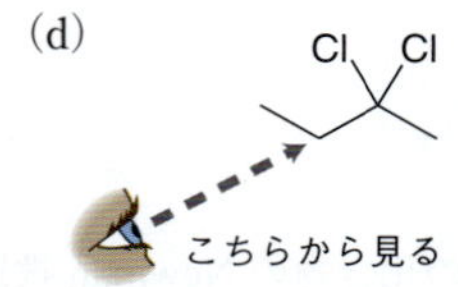

図 4・5　エタンのねじれ形と重なり形配座

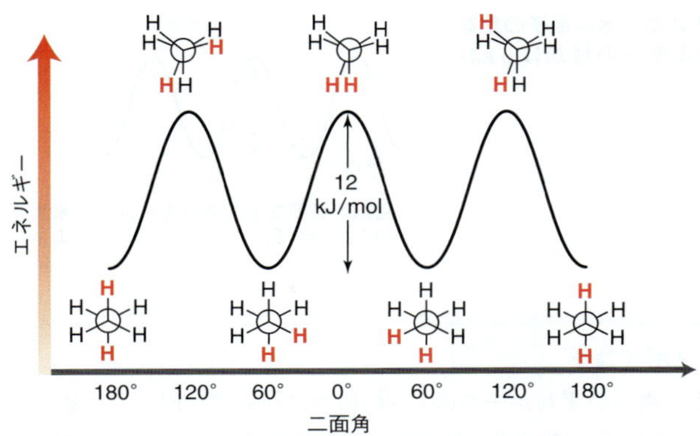

図 4・6 エタンの立体配座解析を示すエネルギー図

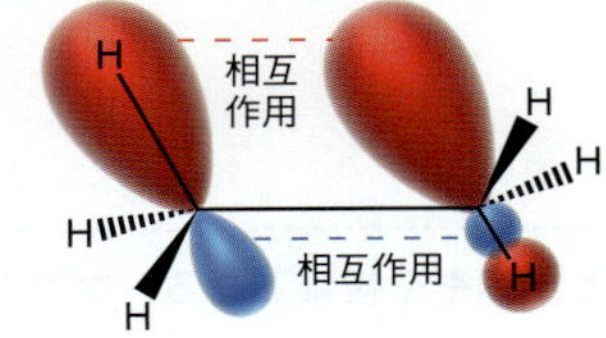

図 4・7 ねじれ形配座では，結合性分子軌道と反結合性分子軌道間にエネルギー的に有利な相互作用が生じる

結合性および反結合性分子軌道については§1・8参照.

4 kJ/mol　4 kJ/mol

4 kJ/mol

図 4・8 エタンの重なり形配座に必要な全エネルギーは 12 kJ/mol である

示してあるように 12 kJ/mol である．エタンのねじれ形配座はすべて**縮退**(degeneracy，縮重ともいう）している，すなわち，すべて同じエネルギーをもつことに注意してほしい．同様にエタンの重なり形配座もすべて同じエネルギーをもつ．

エタンのねじれ形配座と重なり形配座のエネルギー差は**ねじれひずみ**（torsional strain）とよばれ，その原因については長年にわたって議論されてきた．最近の量子化学的な計算に基づき，ねじれ形配座には結合性分子軌道と反結合性分子軌道との間にエネルギー的に有利な相互作用があると考えられている（図 4・7).

この相互作用によりねじれ形配座のエネルギーが低下する．このエネルギー的に有利な相互作用はねじれ形配座にのみ存在する．C−C 結合がねじれ形配座から重なり形配座に回転するとこの有利な軌道の重なりが一時的に断ち切られ，エネルギーが増大する．エタンの場合，この増加は 12 kJ/mol である．重なり形の相互作用は 3 箇所存在するので，一組の水素原子の重なりに対し，4 kJ/mol のエネルギーが増加すると考えるのが妥当である（図 4・8)．このエネルギー差は重要である．室温ではエタンは，常にそのおよそ 99％がねじれ形配座をとっていることを意味している．

プロパンのエネルギー図（図 4・9）もエタンのものと非常によく似ている．異なっているのはねじれひずみが 12 kJ/mol ではなく，14 kJ/mol になっていることである．ここでもすべてのねじれ形配座および重なり形配座はそれぞれ縮退している．

水素原子どうしの重なり一組が 4 kJ/mol のエネルギーの増加に相当していた．プロパンのねじれひずみが 14 kJ/mol であることから，水素原子とメチル基の重なりが 6 kJ/mol のエネルギーの増加に相当すると考えることは妥当であろう．図 4・10 にこの算出法を示す．

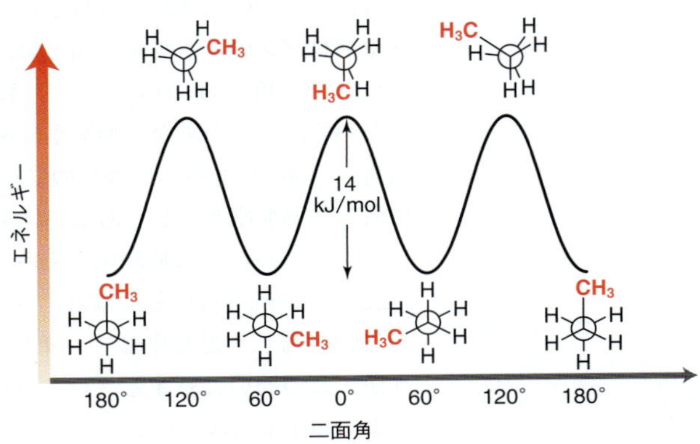

図 4・9 プロパンの立体配座解析を示すエネルギー図

図 4・10　メチル基と水素原子の重なりによるエネルギーの増加は 6 kJ/mol である

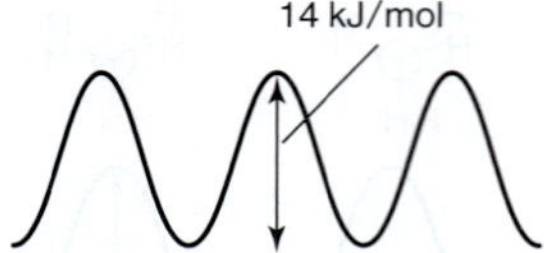

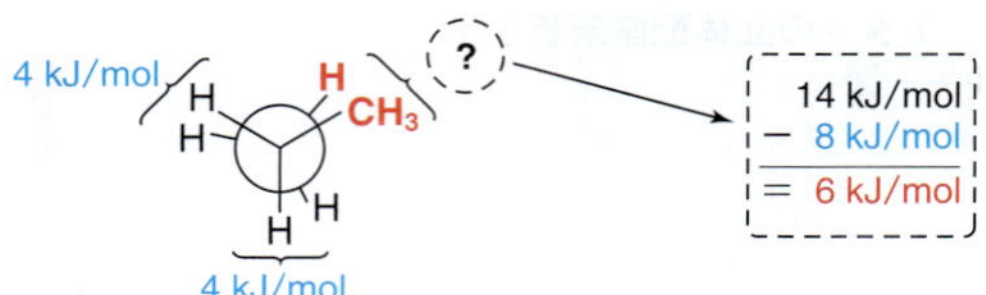

回転に必要な全エネルギーが 14 kJ/mol で，

水素原子どうしの重なりによるエネルギーの増加はそれぞれ 4 kJ/mol であることから，

水素原子と CH_3 基の重なりによるエネルギーの増加は 6 kJ/mol であるとわかる

チェックポイント

4・19　次の化合物のいずれか一つの C−C 結合について，回転のエネルギー障壁を予測せよ．Newman 投影式を書き，ねじれ形配座と重なり形配座を比べよ．水素原子どうしの重なり一組に対し 4 kJ/mol，水素原子とメチル基の重なりに対し 6 kJ/mol エネルギーが増加したことを覚えておこう．

(a) 2,2−ジメチルプロパン　　(b) 2−メチルプロパン

4・8　ブタンの立体配座解析

ブタンの立体配座解析はエタンやプロパンのものと比べやや複雑となる．ブタンのエネルギー図の形を注意深く見てみよう（図 4・11）．

図 4・11　ブタンの立体配座解析を示すエネルギー図

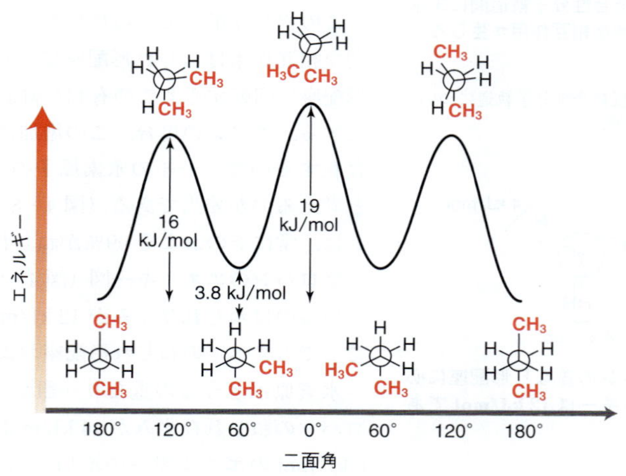

エネルギーの最も高い三つの立体配座は重なり形配座である．同じくエネルギーの最も低い三つの立体配座はねじれ形配座である．この点で，このエネルギー図はエタンやプロパンのエネルギー図と類似している．しかしブタンの場合，重なり形配座の一つ（二面角 ＝ 0° のもの）が，残り二つの重なり形配座よりもエネルギーが高い．すなわち，三つの重なり形配座は縮退していない．同様にねじれ形配座のひとつ（二面角 ＝ 180° のもの）が残りの二つのねじれ形配座よりもエネルギーが低い．明らかにねじれ形配座どうし，あるいは重なり形配座どうしを比較する必要がある．

まず三つのねじれ形配座からみてみよう．二面角が 180° の立体配座は**アンチ配座**（anti conformation）とよばれ，ブタンの最もエネルギーの低い立体配座である．他の二つのねじれ形配座はアンチ配座よりも 3.8 kJ/mol エネルギーが高い．なぜだろうか．この問いに対する答は，三つすべてのねじれ形配座の Newman 投影式を書くとよくわかる（図 4・12）．

図 4・12 ブタンの三つのねじれ形配座のうち二つにゴーシュ相互作用が存在する

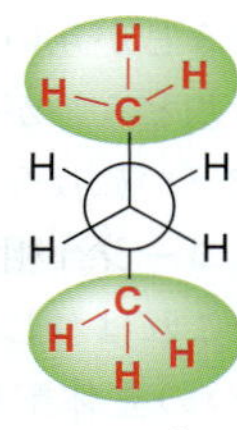

アンチ
Me 基が最も離れている

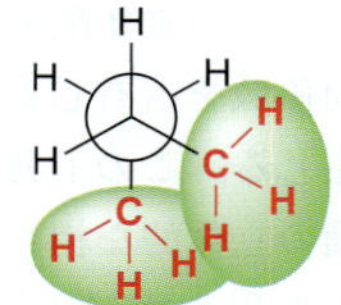

ゴーシュ
Me 基間にゴーシュ相互作用が存在する

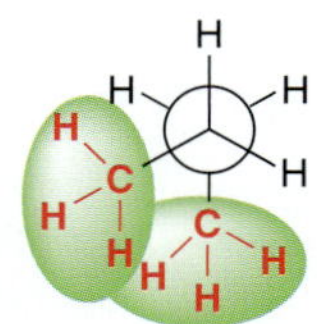

ゴーシュ
Me 基間にゴーシュ相互作用が存在する

医薬の話題 医薬品とその立体配座

2章で述べたように，医薬品は官能基が**ファーマコフォア**(pharmacophore，薬理作用団ともいう）とよばれる特定の三次元配置をとっていると生物の受容体と結合する．たとえばモルヒネ(morphine)のファーマコフォアは赤で示した部分である．モルヒネは自由回転できる結合がほとんどない非常に堅固な分子である．その結果，ファーマコフォアが適切な位置に固定されている．一方，柔軟な分子はさまざまな立体配座をとることができ，そのうちのいくつかが受容体と結合できる．たとえばメタドン(methadone)は単結合を多くもち，それぞれが自由回転している．

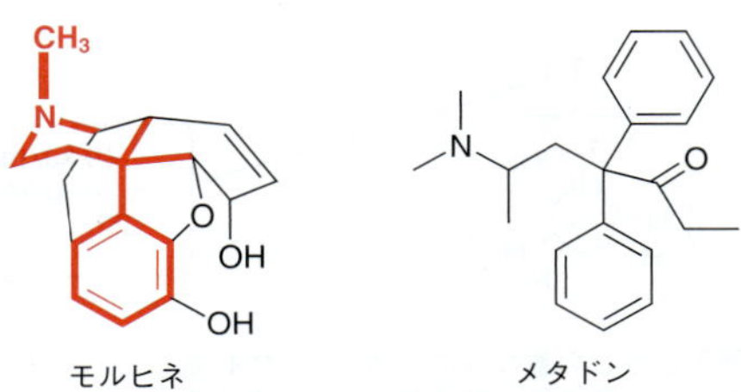

モルヒネ　　メタドン

メタドンはヘロイン(heroin)中毒者が禁断症状に苦しんでいるときの処方として用いられる．メタドンはヘロインと同じ受容体に結合する．そしてその活性な立体配座はヘロイン（そしてモルヒネ）のファーマコフォアと官能基の位置が一致している．他のより広がったメタドンの立体配座はおそらく受容体と結合できない．

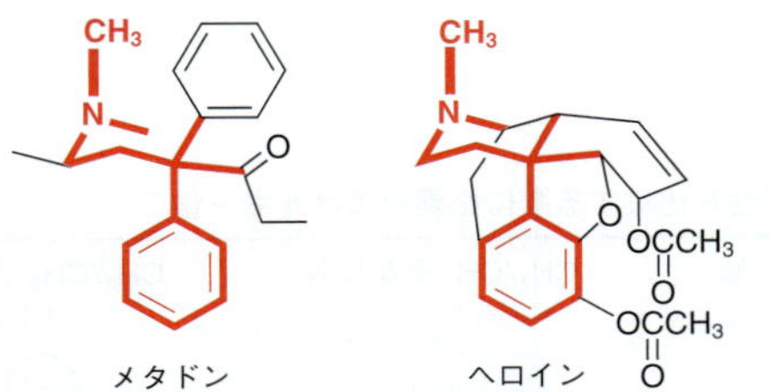

メタドン　　ヘロイン

これがなぜ一つの医薬品がいくつかの生理作用を示すことができるのかの理由である．多くの場合，ある一つの立体配座が一つの受容体に結合し，また別の立体配座が全く異なる受容体と結合する．立体配座の柔軟さは，医薬品が体内でどのようにふるまうかを研究するときに重要となる．

本章初めに述べたように，最近立体配座の柔軟性が，抗ウイルス薬の新規化合物の設計を行う際に注目を集めている．ウイルス感染に対処するためには，その特定のウイルスの構造と挙動を研究し，そのウイルスの複製の鍵段階を阻害する医薬品を設計しなければならない．

抗ウイルス薬に関する研究のほとんどが HIV のような生命を脅かすウイルス感染に対する治療薬を設計することに焦点を当てている．この 20〜30 年多くの抗 HIV 薬が開発された．しかしこれらの薬は 100% 効果があるわけではない．これは HIV が遺伝子変異を起こし，薬が結合する空隙の形を効果的に変化させることができるためと考えられている．新しいウイルス株は薬がその受容体に結合できなくなるので薬に耐性をもつようになる．

リルピビリン

立体配座の柔軟性をもつ新しい種類の化合物が薬物耐性の問題を回避すると期待されている．たとえば，リルピビリン(rilpivirine）は五つの単結合をもち，この回転により立体配座が変化する．赤で示した結合が大きなエネルギー障壁なしに回転できるため，この分子は非常に柔軟である．この柔軟性は目的の受容体に結合できるだけでなく，ウイルスの変異による空隙の構造変化にも対応できる．そのためウイルスはリルピビリンに対し耐性を示しにくくなる．

リルピビリンは FDA（米国食品医薬品局）によって 2011 年に承認された．リルピビリンのような化合物は科学者が抗ウイルス薬を設計するアプローチを変えた．いまでは効果的な医薬品の設計に立体配座の柔軟性が重要な役割を果たしている．

アンチ配座では，メチル基どうしが互いに最も遠く離れるように位置している．他の二つの立体配座では，メチル基どうしが接近している．メチル基の電子雲は同じ空間領域を占有しようとするので互いに反発し合い，3.8 kJ/mol のエネルギーの増加が生じる．この不利な相互作用は**ゴーシュ相互作用**（gauche interaction）とよばれ，一種の立体的な相互作用であり，これはねじれひずみを生じる原因とは異なる．この相互作用を生じる図4・13の二つの立体配座は**ゴーシュ配座**（gauche conformation）とよばれ，この二つは縮退している．

図 4・13　ゴーシュ相互作用を示す二つのねじれ形配座は縮退している

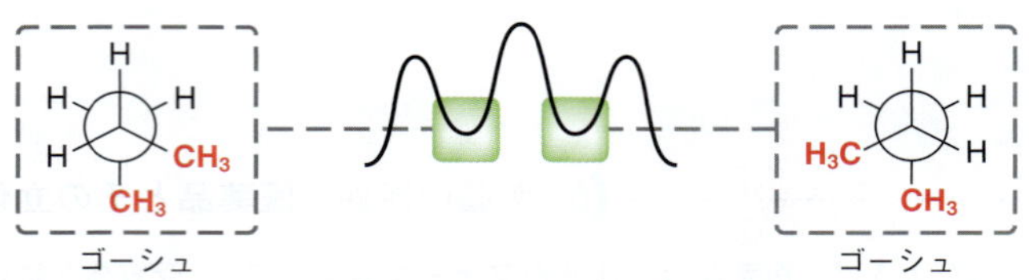

次に三つの重なり形配座をみてみよう．重なり形配座のうち一つが残りの二つよりもエネルギーが高い．なぜだろうか．最もエネルギーの高い立体配座では，メチル基が互いに重なり合っている．実験的にこの立体配座は 19 kJ/mol エネルギーが高い．一組の水素原子どうしの重なりによるエネルギーの増加は 4 kJ/mol だったので，メチル基どうしの重なりによるエネルギーの増加は 11 kJ/mol と考えるのが妥当である．この算出方法を図4・14に示す．メチル基が二つ重なっている立体配座が最もエネルギーが高い．他の二つの重なり形配座は縮退している（図4・15）．

図 4・14　メチル基どうしの重なりによるエネルギーの増加は **11 kJ/mol** である

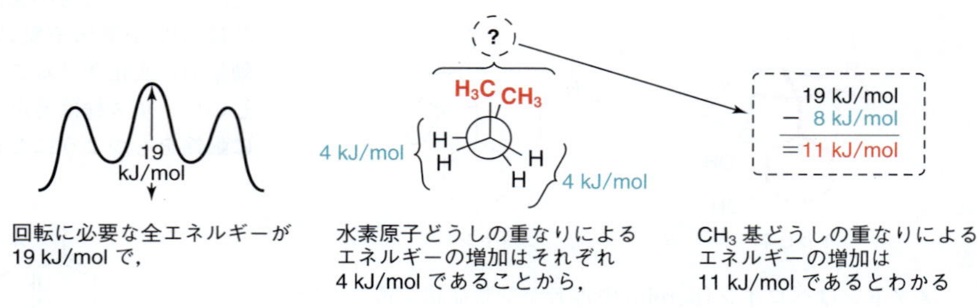

図 4・15　ブタンの二つの重なり配座は縮退している

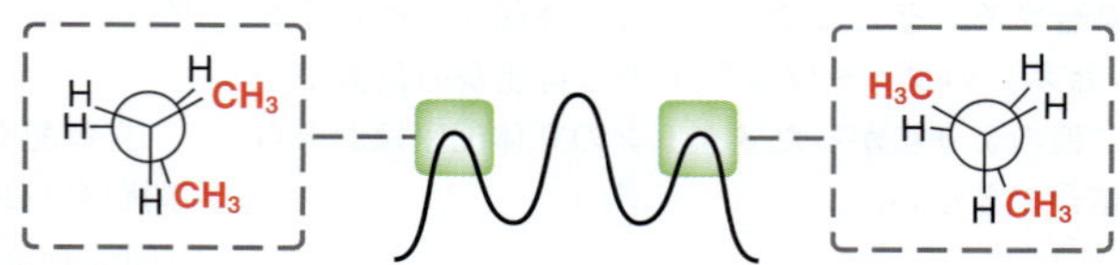

表 4・6　立体配座の相対的な安定性を比較する際に必要なエネルギー値

相互作用	H/H 重なり形	CH_3/H 重なり形	CH_3/CH_3 重なり形	CH_3/CH_3 ゴーシュ形
	HH	HCH_3	H_3C CH_3	CH_3 CH_3
ひずみの種類	ねじれひずみ	ねじれひずみ	ねじれひずみ＋立体相互作用	立体相互作用
相互作用によるエネルギーの増加	4 kJ/mol	6 kJ/mol	11 kJ/mol	3.8 kJ/mol

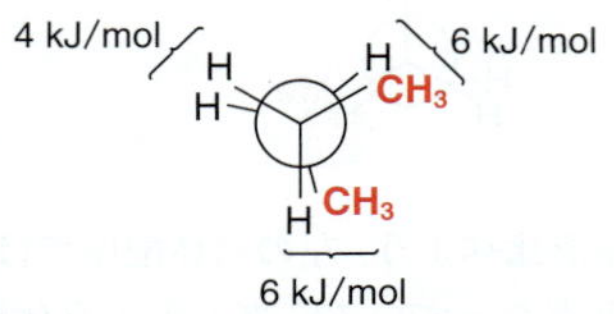

図 4・16 ブタンの縮退した重なり形配座の全エネルギーは 16 kJ/mol である

それぞれ水素原子どうしの重なりが一組，水素原子とメチル基の重なりが二組存在する．これらの立体配座のエネルギーを計算するのに必要な情報をすべてもっている．すなわち水素原子どうしの重なりが 4 kJ/mol，水素原子とメチル基の重なりがそれぞれ 6 kJ/mol であることがわかっている．したがって必要な全エネルギーは 16 kJ/mol である（図 4・16）．

まとめると，エネルギー差を解析するのに有用な数字をいくつか示した．これらの数字を用いると，重なり形配座やねじれ形配座を解析して，それぞれのエネルギー差を求めることができる．表 4・6 にこれらの数値をまとめる．

スキルビルダー 4・8 立体配座の相対的なエネルギーを求める

スキルを学ぶ

次の化合物を考えてみよう．

(a) C3−C4 結合のみを回転させたとき，最もエネルギーの低い立体配座はどれか．
(b) C3−C4 結合のみを回転させたとき，最もエネルギーの高い立体配座はどれか．

解 答

ステップ 1
Newman 投影式を書く．

(a) まず C3−C4 結合に沿って Newman 投影式を書いてみよう．

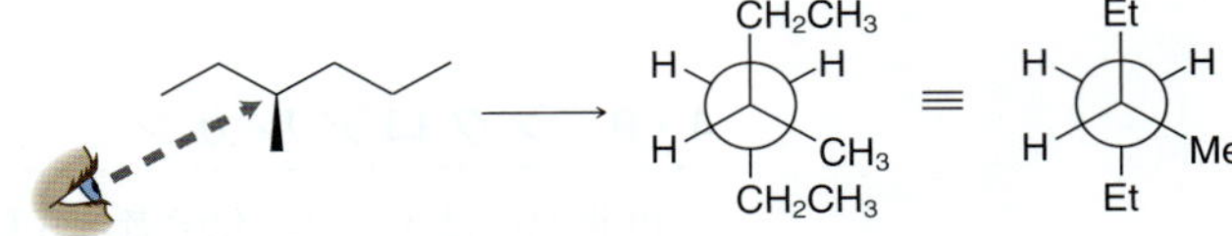

"Et" はエチル基，"Me" はメチル基の略号として一般に用いられる．

ステップ 2
三つのねじれ形配座を書き，ゴーシュ相互作用の数が最も少なく最も安定なものを明らかにする．

最もエネルギーの低い立体配座を明らかにするためには，三つのねじれ形立体配座を比べる必要がある．三つ書くためには，奥の炭素の置換基を回転させるか，手前の炭素の置換基を回転させるかどちらかの方法をとる．奥の炭素は水素以外の置換基を一つしかもたないので，奥の炭素を回転させるほうが簡単である．これら三つの立体配座の違いは奥の炭素に結合したエチル基の位置だけであることに注意してほしい．

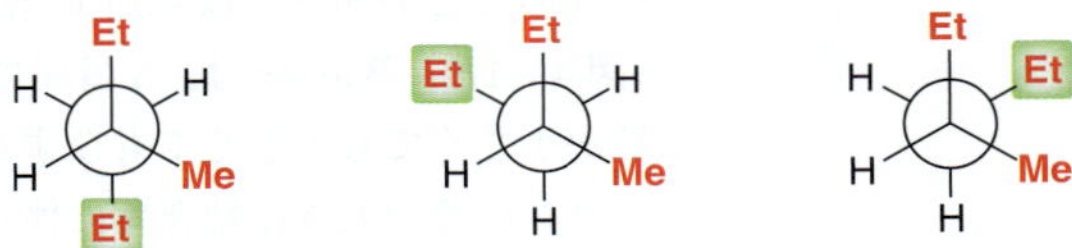

ここでゴーシュ相互作用に注目しながら三つの立体配座を比べてみよう．左の立体配座は Et と Me のゴーシュ相互作用が一つ存在する．真ん中の立体配座は Et と Et のゴーシュ相互作用が一つ存在する．右の立体配座には Et と Et，Et と Me，計二つのゴーシュ相互作用がある．ゴーシュ相互作用の数が最も少なく最も小さいものを選ぼう．Et と Me の相互作用を一つもつ左の立体配座のエネルギーが最も低い．

ステップ 3
三つの重なり形配座を書き，どれがエネルギーが最も高いか明らかにする．

(b) 最もエネルギーの高い立体配座を明らかにするため，三つの重なり形配座を比較する必要がある．これらを書くには，三つのねじれ形配座を用いてそれぞれ奥の炭素を 60° 回転させて重なり形配座に変換すればよい．これら三つの立体配座の違いは，奥の炭素原子に置換したエチル基の位置であることにもう一度注意してほしい．

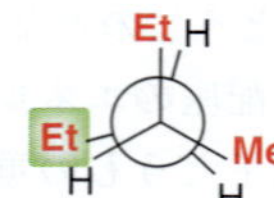

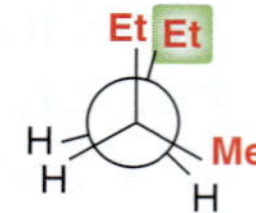

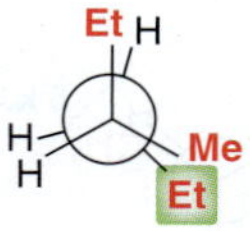

ここで重なり相互作用に注目してこれら三つの立体配座を比べよう．左の立体配座では，アルキル基どうしの重なりはなく，いずれも水素原子と重なっている．真ん中の立体配座ではエチル基どうしが重なっている．右の立体配座では，メチル基とエチル基が重なっている．この三つの可能性のうち，最もエネルギーの高いのはエチル基どうしが重なっている真ん中の立体配座である．

スキルの演習

4・20　次のそれぞれについて，最もエネルギーの高い立体配座と低い立体配座はどれか．二つないし三つの立体配座が縮退している場合には一つだけ書けばよい．

(a) 　(b) 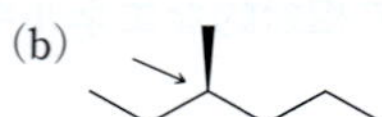　(c) 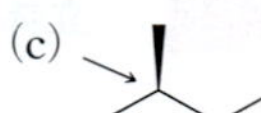　(d) 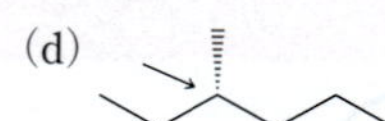

スキルの応用

4・21　エチレングリコールの三つのねじれ形配座を比べてみよう．エチレングリコールのアンチ配座は最もエネルギーの低い立体配座ではない．他の二つのねじれ形配座のほうが実際にはアンチのものよりエネルギーが低い．その理由を説明せよ．

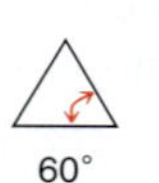

エチレングリコール

問題 4・47，4・59 を解いてみよう．

4・9　シクロアルカン

19 世紀にはすでに，化学者は 5 員環や 6 員環を含む多くの化合物が存在することを認識していたが，これよりも小さい環をもつ化合物は知られていなかった．より小さい環状化合物やより大きい環をもつ化合物を合成しようとする試みが数多く行われたが，実を結ぶことはなかったことから，これらの化合物を合成することができるかどうかについての議論が盛んに行われた．19 世紀末に Adolph von Baeyer（バイヤー）は**角ひずみ**（angle strain）の視点からシクロアルカンに関するひずみ理論を提唱した．角ひずみとは結合角が最もひずみの小さい 109.5° の角度からずれることに伴うエネルギーの増加のことである．Baeyer の理論は幾何学的な形状にみられる角度に基づいている（図 4・17）．Baeyer は，5 員環にはほとんど角ひずみはなく，他の環状化合物は環員数が小さくても大きくてもひずんでいると考えた．また，彼は非常に大きなシクロアルカンはその大きな結合角に伴う角ひずみが大きいので存在できないと考えた．

60°　90°　108°　120°　129°　135°

図 4・17　幾何学的な形状にみられる結合角

Baeyer の理論を論破する証拠が熱力学的な実験により得られた．本章初めのほうで全エネルギーの観点から燃焼熱を用いて構造異性体の安定性を比較できることを述べた．燃焼熱は CH_2 基が増えるとともに増大すると考えられるので，異なる大きさの環状化合物の燃焼熱をそのまま比較するのは正しくない．その代わり化合物中の CH_2 基の数で燃焼熱を割り，CH_2 基一つ当たりの燃焼熱を比較することで，より正

表 4・7 シクロアルカンの CH_2 基一つ当たりの燃焼熱

シクロアルカン	CH_2 基の数	燃焼熱 (kJ/mol)	CH_2 基当たりの燃焼熱 (kJ/mol)
シクロプロパン	3	2091	697
シクロブタン	4	2721	680
シクロペンタン	5	3291	658
シクロヘキサン	6	3920	653
シクロヘプタン	7	4599	657
シクロオクタン	8	5267	658
シクロノナン	9	5933	659
シクロデカン	10	6587	659
シクロウンデカン	11	7273	661
シクロドデカン	12	7845	654

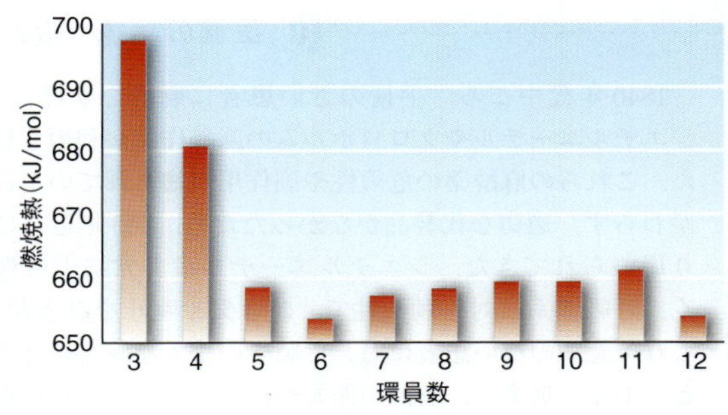

図 4・18 シクロアルカンの CH_2 基一つ当たりの燃焼熱

確に異なる環員数の化合物を比較することができる．表 4・7 にいろいろな環員数の化合物の CH_2 基一つ当たりの燃焼熱を示す．これらのデータをプロットすることにより，より容易に傾向をみることができる（図 4・18）．Baeyer の理論とは異なり，5 員環化合物よりも 6 員環化合物のほうがエネルギーが低い．加えて Baeyer の予測とは異なり環員数が増えても相対的なエネルギーは増大しない．実際 12 員環化合物は 11 員環化合物よりもずっとエネルギーが低い．

Baeyer の理論は，先に示したようにシクロアルカンは平面構造をとっているという誤った仮定に基づいていたので正しくない．実際にはより大きなシクロアルカンの結合は三次元構造をとることができるので，化合物の全エネルギーを最小にする立体配座をとることができる．すぐあとに，角ひずみはシクロアルカンのエネルギーに寄与する要因のひとつにすぎないことを述べる．ここではまずシクロプロパンから始めて，さまざまな環員数の化合物のエネルギーに寄与する主要な要因について説明する．

シクロプロパン

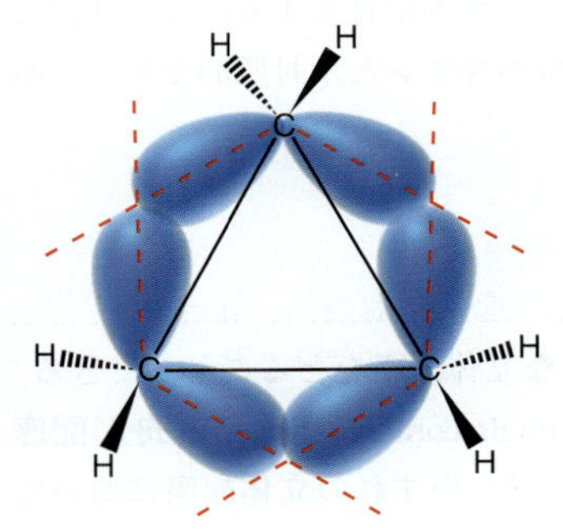

図 4・19 シクロプロパンの C−C 結合は，角ひずみの一部を緩和するために外側に曲がる（赤点線）

シクロプロパンの角ひずみは非常に大きい．このひずみの一部は図 4・19 に示すように結合をつくる軌道を外側へ曲げれば緩和できる．しかし軌道の重なりが不十分になることに伴ってエネルギーが増大するため，角ひずみすべてが取除かれるわけではない．角ひずみの一部は減少するが，シクロプロパンは相当量の角ひずみを残している．

これに加えて，シクロプロパンは相当量のねじれひずみをもっており，これは Newman 投影式を見ると一番わかりやすい．環が重なり形配座に固定されていることに注意してほしい．そのため，ねじれ形配座をとることができない．

H H

CH_2

H H

まとめると，シクロプロパンはその高いエネルギーに二つの主要な要因が寄与している．小さな結合角に由来する角ひずみと，重なり合う水素原子に由来するねじれひずみである．この大きなひずみのため，3 員環は非常に反応性が高く，開環反応を非常に起こしやすい．14 章でエポキシドとよばれる特殊な 3 員環化合物のさまざまな開環反応を取上げる．

O

エポキシド

医薬の話題　吸入麻酔薬としてのシクロプロパン

1840 年代中ごろ，手術のさい患者に麻酔をかけるのに，ジエチルエーテルやクロロホルムの麻酔作用が利用され始めた．これらの麻酔薬の危険性や副作用が知られていたにもかかわらず，適切な代替品がなかったため，100 年近くにわたり用いられてきた．ジエチルエーテルは非常に引火性が高く，呼吸器系に対し刺激性で，吐き気や嘔吐をひき起こし，これは意識のない患者に対して肺への重大な障害を与えることがある．加えて，麻酔の開始や回復が遅い．クロロホルムは不燃性で，麻酔科医や外科医にとっては非常に好都合であるが，時に致命的な不整脈をひき起こす．また，危険な血圧の低下や長期間の曝露により肝臓に障害を与える．

時とともに，他の麻酔薬が発見された．その一例がシクロプロパンであり，1930 年代中ごろには吸入麻酔薬として用いられるようになった．吐き気をもよおすことはなく，肝臓への障害もない．また麻酔の開始と回復が迅速で，血圧も維持できる．おもな欠点は，3 員環に付随する環ひずみのため，不安定なことである．静電気によっても爆発をひき起こすことがあり，患者にとっては悲惨なことになる．麻酔科医は，爆発を防ぐため細心の注意を払い，事故は非常にまれであるが，シクロプロパンの使用は気の弱い人には向かないものであった．1960 年代になると，別の吸入麻酔薬が発見されそれらにとってかわられた．現在最も一般に用いられている吸入麻酔薬については§14・3 の医薬の話題で取上げる．

ジエチルエーテル　　クロロホルム　　シクロプロパン

シクロブタン

シクロブタンはシクロプロパンと比べると角ひずみは小さい．しかし，シクロプロパンは三組だがシクロブタンには四組の重なり形水素が存在するので，ねじれひずみはより大きくなる．このねじれひずみを軽減するため，シクロブタンは角ひずみをあまり増大させることなく，やや折れ曲がった立体配座をとることができる．

88°
シクロブタン

シクロペンタン

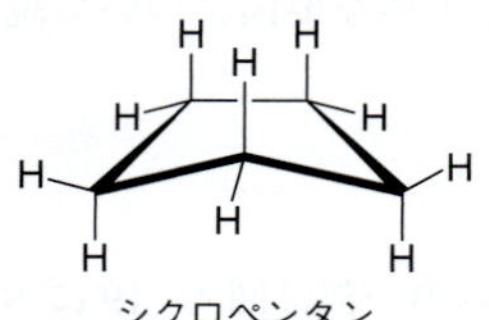
シクロペンタン

シクロペンタンはシクロブタンやシクロプロパンと比べるとずっと角ひずみが小さい．ねじれひずみも左に示す立体配座をとることによりずっと軽減することができる．全体としてシクロペンタンはシクロプロパンやシクロブタンよりもひずみがずっと小さい．しかしそれでもシクロペンタンには若干のひずみが存在する．これはほとんどひずみのない立体配座をとることのできるシクロヘキサンとは対照的である．本章の残りでシクロヘキサンの立体配座を説明する．

4・10　シクロヘキサンの立体配座

シクロヘキサンは以下に紹介するようにさまざまな立体配座をとることができる．ここでは二つの立体配座，すなわち**いす形配座**（chair conformation）と**舟形配座**（boat conformation）についてまず説明する（図 4・20）．いずれの立体配座においても，結合角は 109.5° に比較的近く，したがっていずれの立体配座にもほとんど角ひずみは存在しない．しかし，この二つの立体配座のねじれひずみを比べると大きな違いがみられる．いす形配座にはほとんどねじれひずみが存在しない．これは

いす形　　舟形

図 4・20　シクロヘキサンのいす形および舟形配座

図 4・21 シクロヘキサンのいす形配座の Newman 投影式

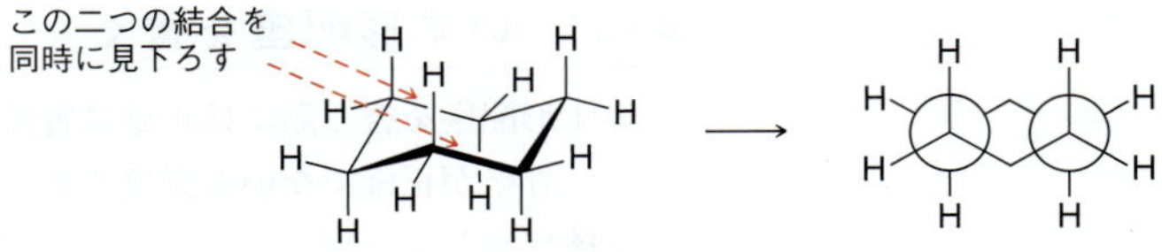

Newman 投影式を見るとよくわかる（図 4・21）．すべての水素がねじれ形であることに注意してほしい．重なり形のものは一つもない．舟形配座はこれとは異なり，2 箇所でねじれひずみが存在する（図 4・22）．多くの水素が重なり形となり（図 4・22a），環のいずれかの側の水素が図 4・22(b) に示したような**旗竿**（フラッグポール）**相互作用**（flagpole interaction）とよばれる立体的な反発を生じる．舟形配座はこのねじれひずみの一部を（シクロブタンが折れ曲がってそのねじれひずみの一部を解消したのと同じように）ねじることによって解消することができる．この立体配座を**ねじれ舟形配座**（twist-boat conformation）とよぶ（図 4・23）．

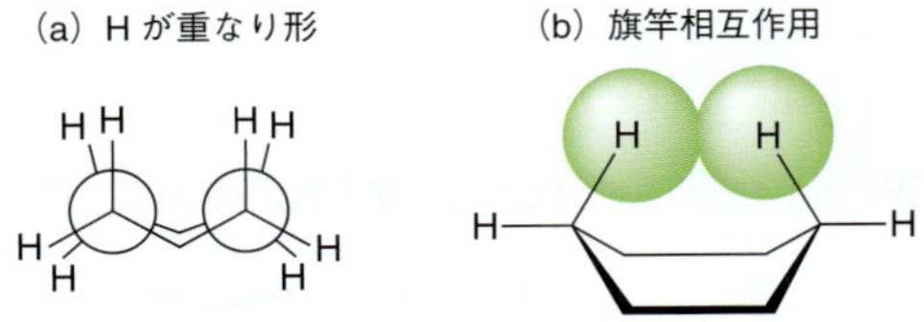

図 4・22 シクロヘキサンの舟形配座の Newman 投影式(a) と旗竿相互作用(b)

図 4・23 シクロヘキサンのねじれ舟形配座

実際シクロヘキサンはさまざまな立体配座をとることができるが，最も重要なのはいす形配座である．実際には二つの異なるいす形配座が存在し，高エネルギーの**半いす形配座**（half-chair conformation）やねじれ舟形，そして舟形などのさまざまな立体配座を通って速やかに相互変換している．これを図 4・24 に示す．これはさまざまなシクロヘキサンの立体配座の相対的なエネルギー準位をまとめたエネルギー図である．

最もエネルギーの低い立体配座は二つのいす形配座であり，したがってシクロヘキサンはそのほとんどの時間，いす形配座で存在している．したがって今後シクロヘキサンを扱うときにはいす形配座について述べる．まずはこれらの書き方を修得することから始める．

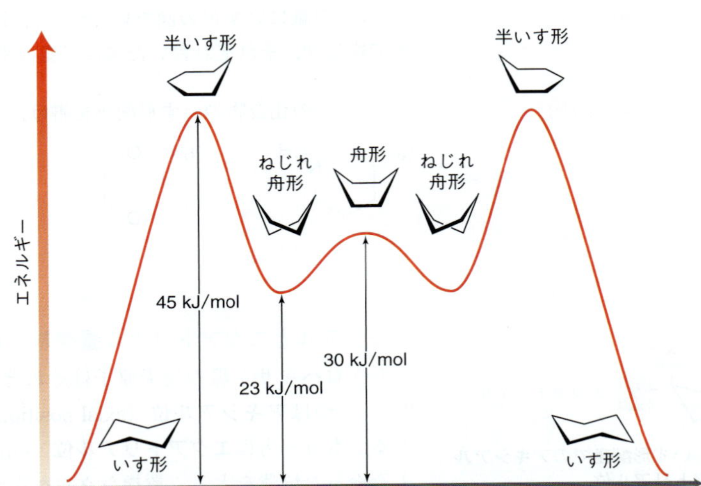

図 4・24 シクロヘキサンの立体配座解析を示すエネルギー図

4・11　いす形配座を書く

いす形配座を書く際には正確に書くことが重要である．雑ないす形を書いてはならない．骨格が正確でないと置換基を正しく書くことがむずかしくなる．いす形配座を書く練習をしよう．

スキルビルダー 4・9　いす形配座を書く

スキルを学ぶ

シクロヘキサンのいす形配座を書け．

解 答

以下にいす形配座を正しく書く方法を示す．

ステップ 1　広がったVの字を書く

ステップ 2　60°の角度で斜め下に線を書き，Vの中央に至る直前で止める

ステップ 3　Vの字の左側に平行に線を書き，Vの左端直前で止める

ステップ 4　ステップ2で書いた線と平行な線を，その線と同じ水平位置まで書く

ステップ 5　両端を結ぶ

いす形配座を書くと三組の平行線が存在する．三組の平行線が存在しない場合は，そのいす形の図は誤りである．

スキルの演習

4・22　白紙にいす形の図をいくつか書け．上述の書き方を見ないで書けるようになるまで繰返せ．それぞれ書いた図に三組の平行線が含まれていることを確かめよ．

スキルの応用

4・23　次の化合物のいす形配座を書け．

(a) 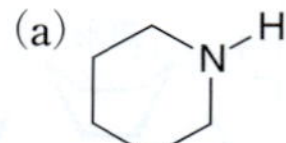

(b) 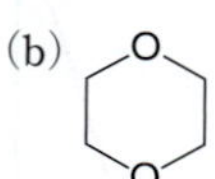

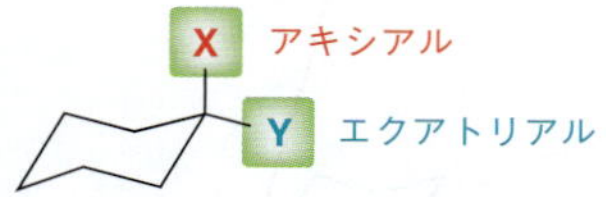

図 4・25　いす形配座でのアキシアル位とエクアトリアル位

アキシアルとエクアトリアル置換基を書く

シクロヘキサン環の炭素原子はそれぞれ二つの置換基をもつことができる（図4・25）．一つは**アキシアル位**（axial position）を占め，環の中心を通る垂直軸に平行である．もう一方は**エクアトリアル位**（equatorial position）を占め，環の赤道面におおよそ沿った位置をとる．置換シクロヘキサンを書くためには，まずすべてのアキシア

ル位とエクアトリアル位を正しく書く練習をしなければならない.

スキルビルダー 4・10　アキシアル位とエクアトリアル位を書く

スキルを学ぶ

シクロヘキサンのいす形配座のすべてのアキシアル位とエクアトリアル位を書け.

解答

書くのがより容易なアキシアル位から始めよう. V 字の右側から始めて上向きに垂直線を書く. 次に環を順に回って垂直線を上下交互に書く. これが六つのアキシアル位で, 6 本の線すべてが垂直に立っている.

ステップ 1
すべてのアキシアル位に, 向きを交互にして平行に線を書く.

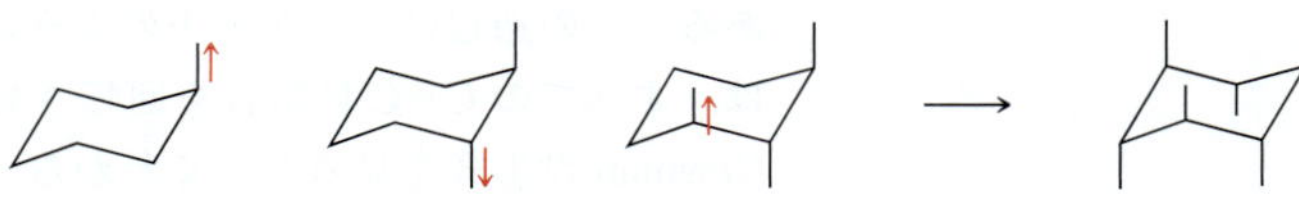

次に六つのエクアトリアル位を書いてみよう. エクアトリアル位を正しく書くのはよりむずかしいが, 次のようにして正しく書くことができる. すでに正しく書かれたいす形の骨格は三組の平行線からなることを述べた.

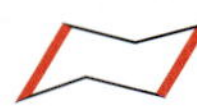

この三組の平行線を利用してエクアトリアル位を書いてみよう. 上記の赤い線の組の間に, その線に平行に, しかし直接結合しないように二つのエクアトリアル位を書く.

ステップ 2
すべてのエクアトリアル位に, 平行線の対として線を書く.

すべてのエクアトリアル位が環の内部ではなく外側に向かっていることに注意してほしい. すべての六つのアキシアル位と六つのエクアトリアル位を書いてまとめてみよう.

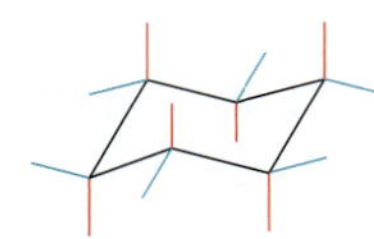

スキルの演習

4・24　六つのアキシアル位すべてを示したいす形配座を書く練習をせよ. 上述の書き方を見なくても六つの位置をすべて書けるようになるまで繰返せ.

4・25　六つのエクアトリアル位を示したいす形の立体配座を書く練習をせよ. 上述の書き方を見なくても六つの位置をすべて書けるようになるまで繰返せ.

4・26　12 のすべての位置 (六つのアキシアル位と六つのエクアトリアル位) を示したいす形配座を書け. 白紙の紙を用いて何度か練習すること. 上述の書き方を見なくても 12 の位置をすべて書けるようになるまで繰返せ.

スキルの応用

4・27　次の化合物において, アキシアル位およびエクアトリアル位の水素原子の数はそれぞれいくつか.

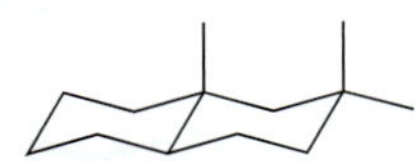

問題 4・62 を解いてみよう.

4・12　一置換シクロヘキサン

二つのいす形配座を書く

置換基を一つだけもつ環を考えてみよう．いす形配座として 2 通りが可能である．すなわち置換基がアキシアル位のものとエクアトリアル位のものである．この二つは，互いに平衡にある二つの異なる立体配座である．

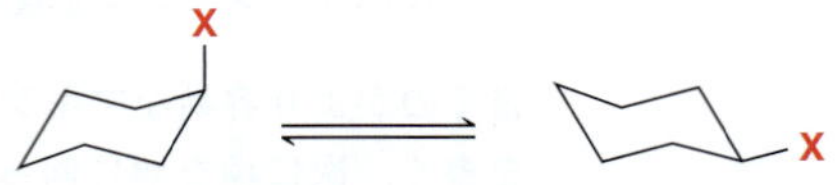

環反転（ring flip）とは一方のいす形配座から他方のいす形配座へ変換することである．この過程はパンケーキのように分子を裏返すだけでは達成できない．環反転は，すべての C−C 単結合を回転させることにより初めて実現できる．このことは Newman 投影式を見るとよくわかる（図 4・26）．反転した環を書く練習をしてみよう．

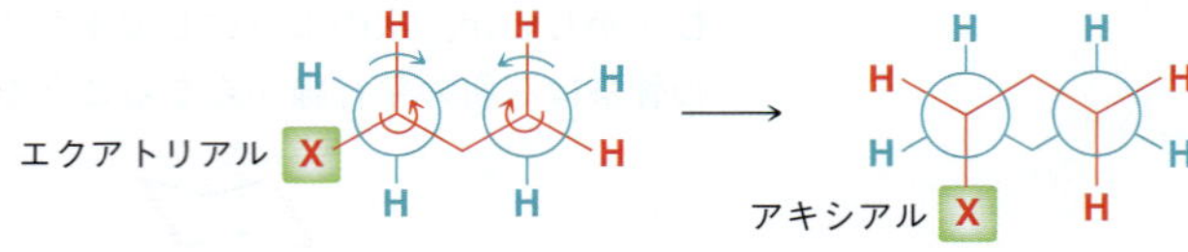

図 4・26　**Newman** 投影式で示す環反転

スキルビルダー 4・11　一置換シクロヘキサンの二つのいす形配座を書く

スキルを学ぶ

ブロモシクロヘキサンの二つのいす形配座を書け．

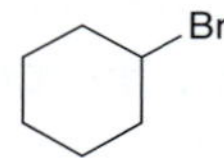

解　答

ステップ 1
いす形配座を書く．

ステップ 2
置換基を書く．

まず一つ目のいす形配座を書くことから始める．次に臭素をどの位置でもよいので置換させる．

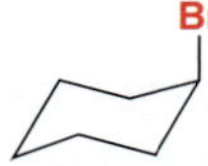

このいす形配座では臭素原子はアキシアル位を占めている．環反転させてもう一つのいす形配座を書くために，いす形の骨格を書き直す．ここでは骨格をいままでとは異なるように書く．初めのいす形配座は次のような手順に従って書いた．

もう一つのいす形配座はこれらのステップの鏡像体の形で書かなければならない．

ステップ 3
反転した環を書くと，アキシアル位の置換基はエクアトリアル位になる．

二つ目のいす形では臭素はエクアトリアル位を占める．

スキルの演習

4・28 次の化合物の二つのいす形配座を書け．

(a)
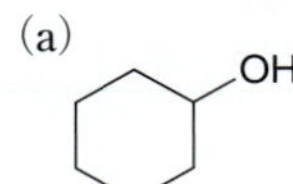

(b)
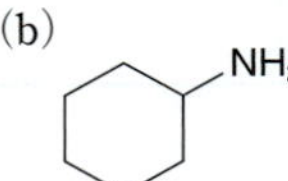

(c)
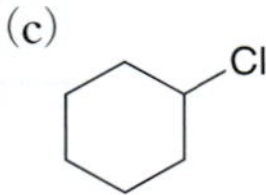

(d)
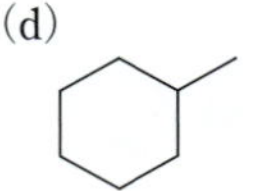

(e)
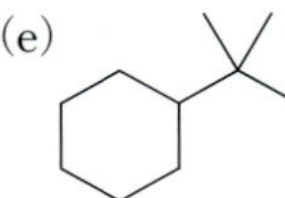

スキルの応用

4・29 次に示すブロモシクロヘキサンのいす形配座を考えてみよう．

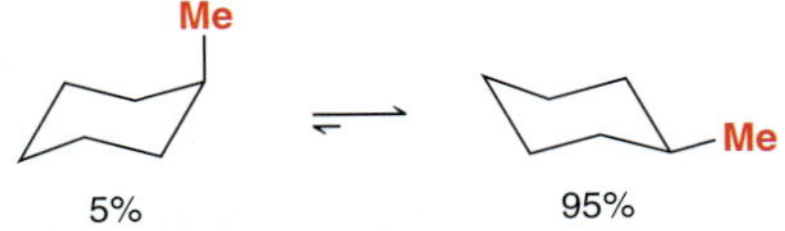

(a) この立体配座で臭素原子はアキシアル位を占めているか，エクアトリアル位を占めているか．

(b) このいす形配座の線結合構造式を書け．

(c) 環反転後のもう一つのいす形配座の線結合構造式を書け．

問題 4・54(a) を解いてみよう．

いす形配座の安定性を比較する

二つのいす形配座が平衡にあるとき，よりエネルギーの低い立体配座が有利となる．たとえばメチルシクロヘキサンの二つのいす形配座を考えてみよう．

室温では分子の 95% はメチル基がエクアトリアル位を占めた立体配座で存在する．したがってこれがよりエネルギーの低い立体配座でなければならないが，なぜそうなのだろうか．置換基がアキシアル位に存在すると，環の同じ側のアキシアル位の残りの水素原子と立体反発が生じる（図 4・27）．

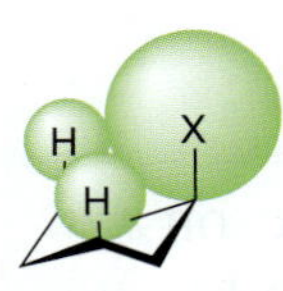

図 4・27 置換基がアキシアル位をとるときに生じる立体的な相互作用

置換基の電子雲は色をつけた水素原子の電子雲と同じ空間領域を占有しようとするので立体的な相互作用が生じる．これらの相互作用は **1,3-ジアキシアル相互作用**（1,3-diaxial interaction）とよばれ，数字の “1,3” は置換基とそれぞれの水素原子との位置関係を意味している．いす形配座を Newman 投影式で書くと，1,3-ジアキシアル相互作用はゴーシュ相互作用そのものであることがわかるだろう．ブタンのゴーシュ相互作用とメチルシクロヘキサンの 1,3-ジアキシアル相互作用のひとつとを比べてみよう（図 4・28）．

1,3-ジアキシアル相互作用の存在により置換基がアキシアル位にあるとそのいす形配座はエネルギーが高くなる．一方，置換基がエクアトリアル位にあると，これらの

表 4・8　代表的な置換基の 1,3-ジアキシアル相互作用

置換基	1,3-ジアキシアル相互作用 (kJ/mol)	エクアトリアル：アキシアル (平衡比)
Cl	2.0	70：30
OH	4.2	83：17
CH_3	7.6	95：5
CH_2CH_3	8.0	96：4
$CH(CH_3)_2$	9.2	97：3
$C(CH_3)_3$	22.8	99.99：0.01

1,3-ジアキシアル（ゴーシュ）相互作用はなくなる（図 4・29）.

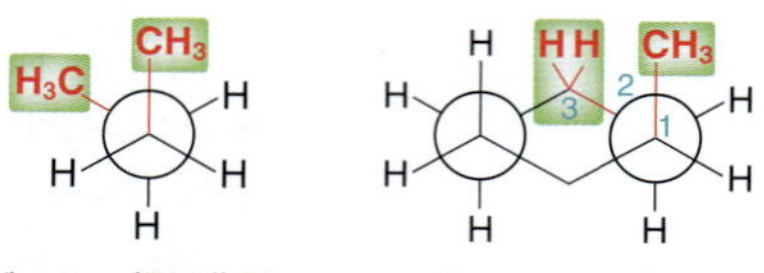

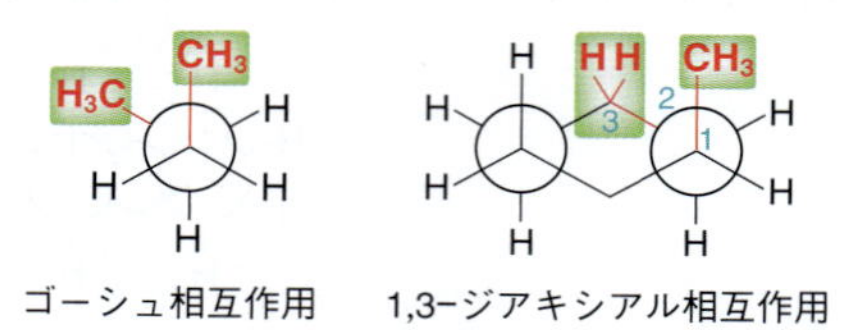

図 4・28　1,3-ジアキシアル相互作用がゴーシュ相互作用であることを示す図

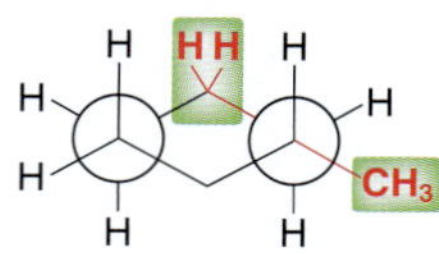

図 4・29　置換基がエクアトリアル位にあるときにはゴーシュ相互作用は存在しない

このため，二つのいす形配座の間の平衡はふつうエクアトリアル位に置換基のある立体配座が有利となる．二つのいす形配座の正確な平衡比は置換基の大きさに依存する．より大きい置換基は，1,3-ジアキシアル相互作用がより大きくなるので，平衡はエクアトリアル位に置換基をもつ立体配座がより安定となる．たとえば *tert*-ブチルシクロヘキサンの平衡はほぼ完全にエクアトリアル位に *tert*-ブチル基をもついす形配座に偏る．

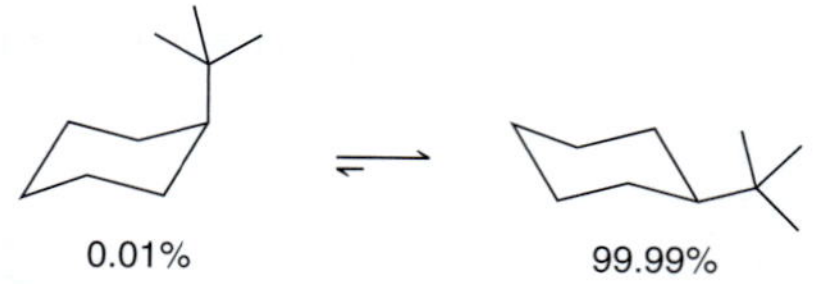

表 4・8 にさまざまな置換基の 1,3-ジアキシアル相互作用の大きさとそのエクアトリアル-アキシアル比を示す．

チェックポイント

4・30　5-ヒドロキシ-1,3-ジオキサンの最も安定な立体配座では，OH 基がエクアトリアル位ではなくアキシアル位を占める．この理由を述べよ．

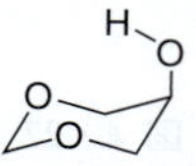

4・13　二置換シクロヘキサン

二つのいす形配座を書く

二つ以上の置換基をもつ化合物のいす形配座を書く際には，さらに考慮しなければならない点がある．すなわち，それぞれの置換基の三次元的な方向性，すなわち**立体配置**（configuration）を考えなければならない．この問題点を明確にするため，次の化合物を考えてみよう．塩素原子がくさびに結合している，すなわち紙面手前に向かっている．これを UP とよぶ．メチル基は破線に結合している，すなわち紙面奥に向かっている．これを DOWN とよぶ．この化合物の二つのいす形配座は次のとおりである．

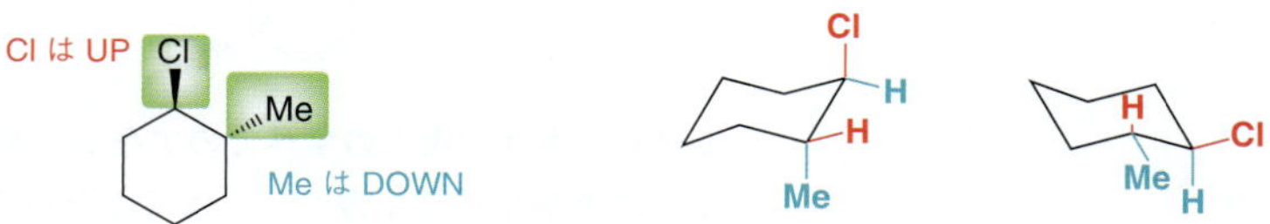

いずれのいす形配座においても塩素原子は環の上側（UP）にあり，メチル基は環の下側（DOWN）にある．立体配置（すなわち UP か DOWN か）は，環反転しても変化しない．塩素原子は一方の立体配座ではアキシアル位にあり，他方ではエクアトリアル位にあることは事実であるが，環反転により立体配置は変わらない．塩素原子はどちらのいす形配座においても UP である．同様にメチル基はどちらのいす形配座においても DOWN である．このいす形配座の UP と DOWN 記述法についていす形配座を書いて練習してみよう．

スキルビルダー 4・12　二置換シクロヘキサンの二つのいす形配座を書く

スキルを学ぶ

次の化合物の二つのいす形配座を書け．

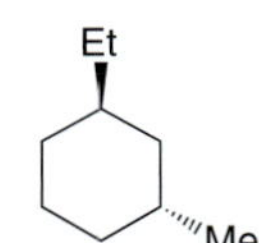

解 答

ステップ 1
それぞれの置換基の位置番号と立体配置を明らかにする．

環に番号をつけ，それぞれの置換基の位置番号と三次元的な方向性を明らかにする．

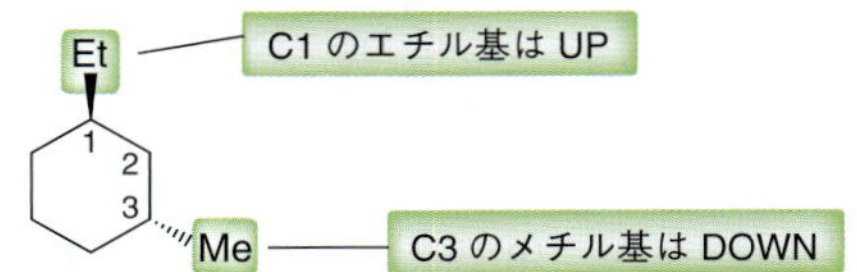

この番号づけは IUPAC 命名法に従わなくてもよい．また，どこに番号を書いてもよい．これらの数字はすべての置換基が正しく書かれているかを確認するために，もとの化学式といす形配座での位置を比べるのに用いるだけである．番号づけは時計回りでも反時計回りでもかまわないが，両者で一致していなければならない．化合物に時計回りで番号をつけたならば，いす形配座を書くときも同じく時計回りで番号をつけなければならない．

ステップ 2
いす形配座にステップ 1 で得た情報をもとに置換基を書く．

いったん番号をつけたならば，置換基を正しい位置に正しい立体配置で書く．エチル基はC1にありUPでなければならない．またメチル基はC3にDOWNでなければならない．

シクロヘキサン環上のすべてのアキシアル位，エクアトリアル位を書くことができないと，置換基を正しく書くことはできないことに注意してほしい．もし12箇所すべてを正しく書く自信がなければ，本章の§4・11に再度戻って練習する必要がある．上記の図は二つあるいす形配座のうちの一つ目である．もう一つのいす形配座を書くために，まず，もう一方の骨格を書き，番号をつける．

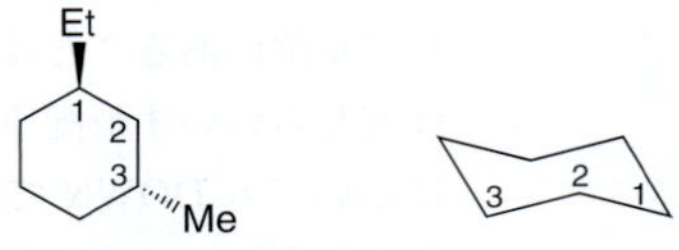

ステップ 3
二つ目のいす形配座を書き，ステップ1で得た情報をもとに置換基を書く．

ついで再度エチル基がC1でUP，メチル基がC3でDOWNになるように置換基を書く．

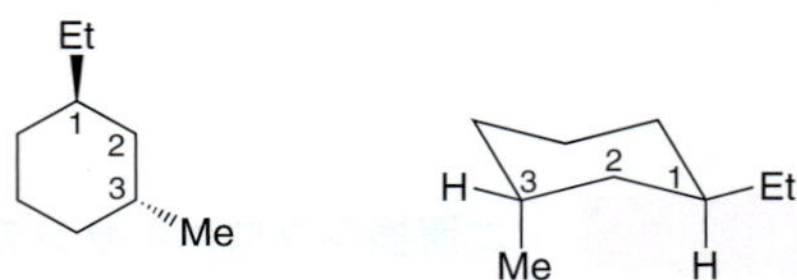

以上より二つのいす形配座は次のようになる．

Et
Me　⇌　Et
Me

スキルの演習

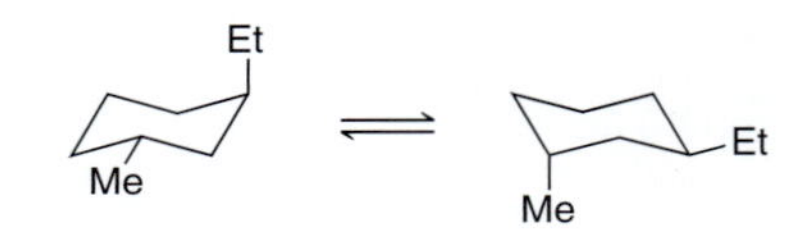

4・31　次の化合物の二つのいす形配座を書け．

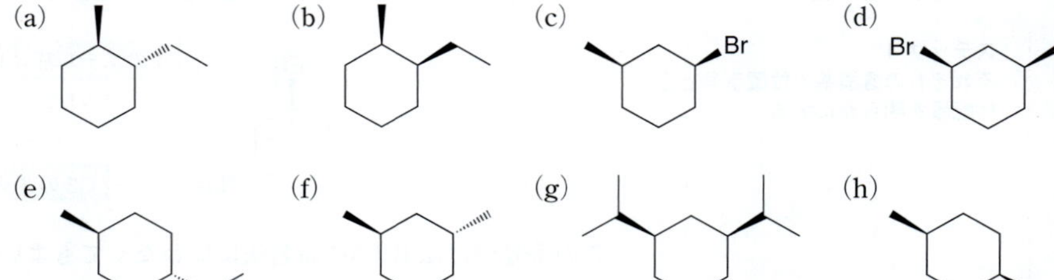

スキルの応用

4・32　リンデン（lindane，ヘキサクロロシクロヘキサン）はシラミの治療にも用いられる農業用の殺虫剤である．リンデンの二つのいす形配座を書け．

Cl Cl Cl Cl Cl Cl　リンデン

問題4･54(b)〜(d)，4･66(g)を解いてみよう．

いす形配座の安定性を比較する

ここで置換基を二つもつ化合物のいす形配座の安定性を比べてみよう．次に示す化合物の二つのいす形配座は次のようになる．

左辺の立体配座では置換基はいずれもエクアトリアル位である．右辺の立体配座では二つともアキシアル位である．前節では，いす形配座では1,3-ジアキシアル相互作用を避けるため，置換基がエクアトリアル位にあるほうがエネルギーが低いことを述べた．したがって左辺のいす形配座のほうが明らかにより安定である．

二つの置換基が互いに競合する場合もある．たとえば次の化合物を考えてみよう．この化合物の二つのいす形配座は次のとおりである．

この例では，二つの置換基がともにエクアトリアル位をとることはない．左辺の立体配座では，塩素がエクアトリアル位で，エチル基がアキシアル位となる．右辺の立体配座では，エチル基がエクアトリアル位で塩素がアキシアル位である．このような場合，塩素あるいはエチル基のどちらの置換基がエクアトリアル位をとるほうが安定かを明らかにしなければならない．このためには，表4・8の値を用いる必要がある．

いずれの立体配座も1,3-ジアキシアル相互作用が存在するが，この相互作用は右辺の立体配座のほうが小さい．エチル基がアキシアル位をとるより塩素原子がアキシアル位をとるほうがエネルギー的に有利である．したがって右辺の立体配座のほうがエネルギーが低い．この点について練習をしてみよう．

スキルビルダー 4・13　**多置換シクロヘキサンのより安定ないす形配座を書く**

スキルを学ぶ

次の化合物のより安定ないす形配座を書け．

解 答

まず，前節で述べた方法に従って二つのいす形配座を書く．環に番号をつけ，それぞれの置換基についてその位置と立体配置を明らかにする．

ステップ 1
それぞれの置換基の位置番号と立体配置を明らかにする．

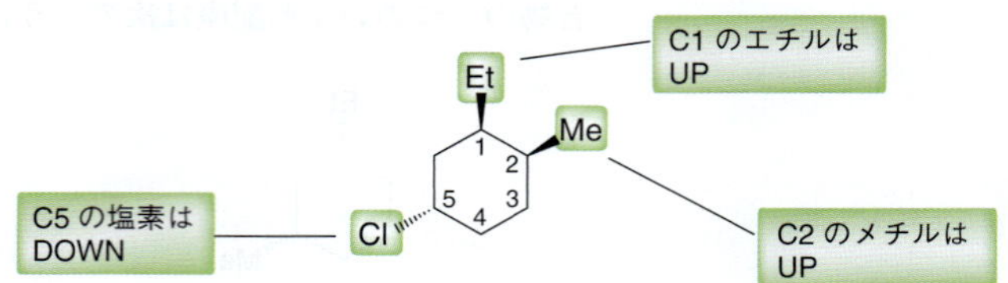

ついで一つ目のいす形配座の骨格を書き，置換基を正しい位置に正しい立体配置で書く．

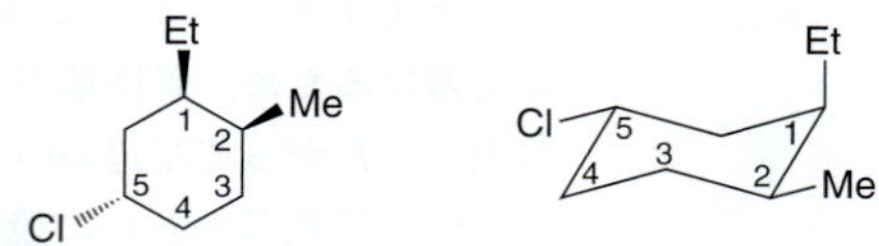

ステップ 2
二つのいす形配座を書く．

次に，二つ目のいす形配座の骨格を書き，番号をつけ，再度置換基を正しい位置に正しい立体配置で書く．

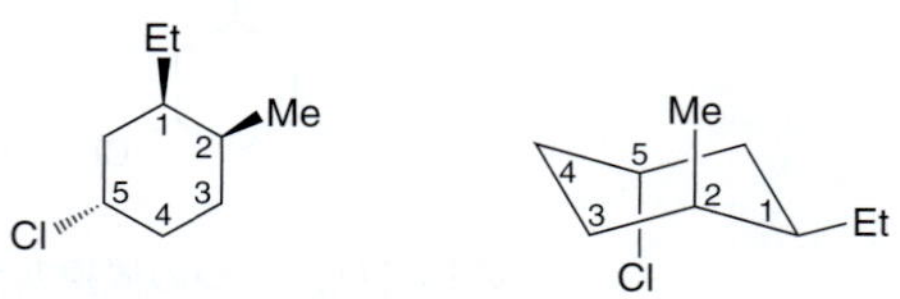

この化合物の二つのいす形配座は次のようになる．

ステップ 3
それぞれのアキシアル位の置換基によるエネルギーの増加量を求める．

ここで二つのいす形配座の相対的なエネルギーを比べてみよう．左辺の立体配座ではエチル基が一つアキシアル位をとる．表 4・8 によるとエチル基が一つアキシアル位をとると 8.0 kJ/mol のエネルギーが増大する．右辺の立体配座では，メチル基と塩素の二つの基がアキシアル位をとる．表 4・8 よりエネルギー増加はあわせて，7.6 kJ/mol + 2.0 kJ/mol = 9.6 kJ/mol である．この計算よりエチル基がアキシアル位をとる左辺の立体配座のほうがエネルギーの増加量は小さい．したがって左辺の立体配座のほうがエネルギーは低く，より安定である．

スキルの演習

4・33　次の化合物の最もエネルギーの低い立体配座を書け．

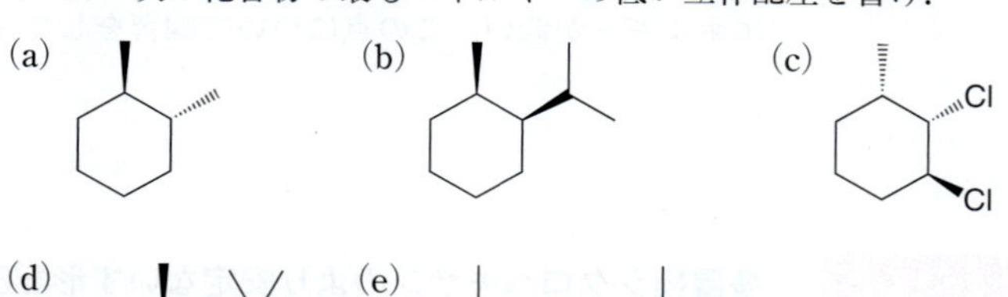

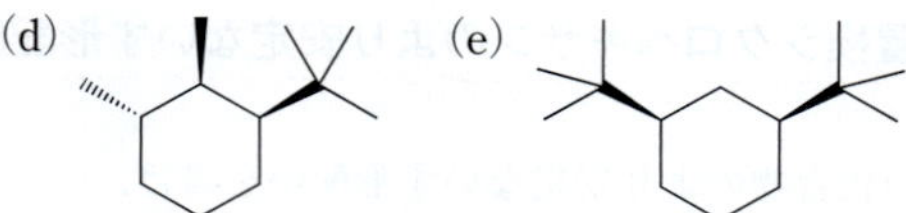

スキルの応用

4・34　問題 4・32 でリンデンの二つのいす形配座を書いた．それらを注意深く調べ，そのエネルギー差を予測せよ．

4・35　化合物 **A** はおもにいす形配座で存在するが，化合物 **B** はおもにねじれ舟形の配座で存在する．その理由を述べよ．

化合物 **A** 化合物 **B**

問題 4·53，4·55，4·57，4·61，4·68 を解いてみよう．

4・14 シス–トランス立体異性

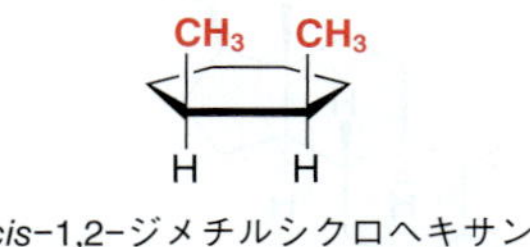

cis–1,2–ジメチルシクロヘキサン

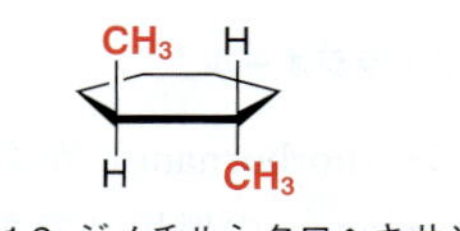

trans–1,2–ジメチルシクロヘキサン

シクロアルカンを取扱う際，類似した置換基の相対的な空間配置を表すのに**シス**（cis）および**トランス**（trans）という用語が用いられる．シスという用語は，二つの基が環の同じ側に存在することを示し，トランスは二つの基が環の反対側に存在することを表す．左の書き方は **Haworth**（ハース）**投影式**（§2・6 参照）といい，どの置換基が環の上に，どの置換基が環の下に存在するかをわかりやすく表すのに用いられる．この表し方は平面的な表し方で，立体配座を表すものではない．これらの化合物はそれぞれ二つのいす形配座の平衡で表すほうがよい（図 4・30）．*cis*–1,2–ジメチルシクロヘキサンと *trans*–1,2–ジメチルシクロヘキサンは**立体異性体**（stereoisomer）である（次章で説明する）．これは異なる物理的な性質をもつ異なる化合物であり，立体配座の変化により相互変換することはない．*trans*–1,2–ジメチルシクロヘキサンのほうが二つのメチル基がともにエクアトリアル位のいす形配座をとることができるのでより安定である．

図 4・30 1,2–ジメチルシクロヘキサンのそれぞれの立体異性体には 2 種のいす形配座がある

チェックポイント

4・36 *cis*–1,3–ジメチルシクロヘキサンと *trans*–1,3–ジメチルシクロヘキサンの Haworth 投影式を書け．それぞれの化合物について二つのいす形配座を書け．これらの立体配座に基づき，シス体とトランス体のどちらがより安定か明らかにせよ．

4・37 *cis*–1,4–ジメチルシクロヘキサンと *trans*–1,4–ジメチルシクロヘキサンの Haworth 投影式を書け．それぞれの化合物について二つのいす形配座を書け．これらの立体配座に基づき，シス体とトランス体のどちらがより安定か明らかにせよ．

4・38 *cis*–1,3–ジ–*tert*–ブチルシクロヘキサンと *trans*–1,3–ジ–*tert*–ブチルシクロヘキサンの Haworth 投影式を書け．これらの化合物の一方はいす形配座で存在するが，他方はおもにねじれ舟形配座で存在する．この理由を説明せよ．

4・15 多環化合物

デカリン（decalin）は二つの 6 員環が縮環した二環性化合物である．*cis*–デカリンと *trans*–デカリンの構造を次ページに示す．

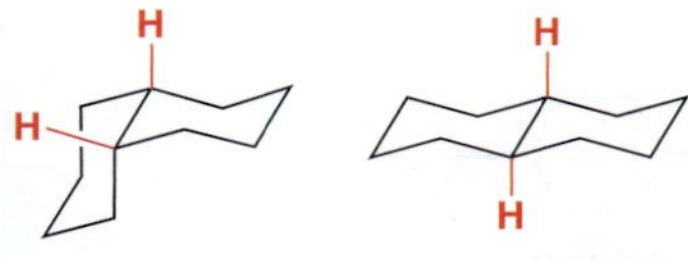

cis-デカリン　*trans*-デカリン

これらの化合物は前節で述べた立体異性体の関係にある．これら二つの化合物は環反転により相互変換できない，異なる物理的性質をもつ異なる化合物である．ステロイドなど，多くの自然界に存在する化合物はその構造中にデカリン部位を含む．ステロイドは四つの環（6 員環三つと 5 員環一つ）が縮環した構造をもつ一群の化合物である．ステロイドの例を二つ示す．テストステロン（testosterone）は精巣でつくられる男性ホルモンであり，エストラジオール（estradiol）は卵巣でテストステロンからつくられる女性ホルモンである．いずれの化合物も二次性徴の発現から組織や筋肉の成長促進に至るさまざまな生理作用の発現に重要な役割を果たしている．

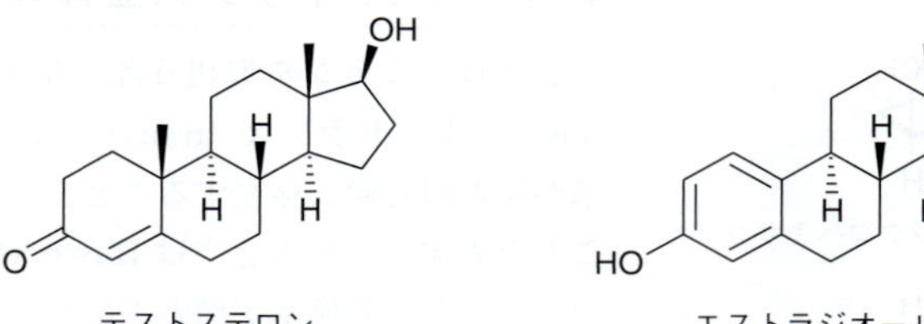

テストステロン　エストラジオール

もう一つよくみられる多環化合物として**ノルボルナン**（norbornane）がある．ノルボルナンはビシクロ[2.2.1]ヘプタン（bicyclo[2.2.1]heptane）の慣用名である．この化合物はメチレン基が架橋することにより 6 員環が舟形配座に固定されたものとみなすことができる．ショウノウ（camphor，カンファー）やカンフェン（camphene）など，自然界には置換ノルボルナンが多数存在する．ショウノウはアジアの常緑樹から単離された強いにおいをもつ固体である．香料や防虫剤として用いられているだけでなく医療目的にも使われる．カンフェンは松根油やジンジャー油など多くの天然油に少量含まれる成分であり，香料の調製に用いられている．

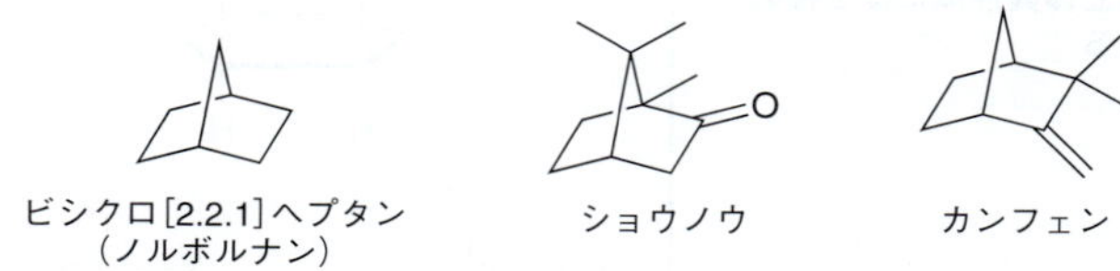

ビシクロ[2.2.1]ヘプタン（ノルボルナン）　ショウノウ　カンフェン

6 員環からなる多環化合物は人工的な材料にもみられる．最も有名なダイヤモンドの構造はいす形配座に固定された 6 員環が縮環したものである．図 4・31 に示す化合物はダイヤモンドの構造の一部である．すべての炭素原子は他の四つの炭素原子と結合し，いす形配座の三次元格子を形成している．このように，ダイヤモンドは一つの巨大分子である．ダイヤモンドは最も硬い化合物の一つとして知られている．ダイヤモンドを切断するには非常に多数の C−C 結合を切断する必要があるからである．

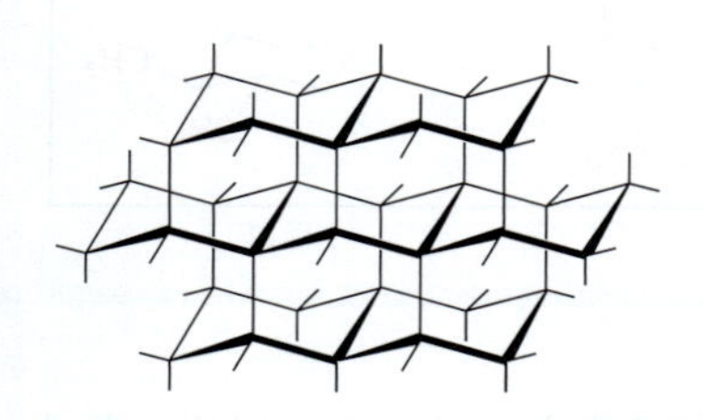

図 4・31　ダイヤモンドの構造

考え方と用語のまとめ

4・1　アルカンとは

- π 結合をもたない炭化水素は**飽和炭化水素**，あるいは**アルカン**とよばれる．
- 化合物名をつける規則の体系を**命名法**という．

4・2　アルカンの命名法

- **IUPAC** 命名法は化合物を命名する系統的な方法であるが，多くの慣用名が現在でも使われている．**系統名**をつけるには次の四つの段階を経る．

1. 母体化合物（主鎖）を明確にする．環を含むアルカンは**シクロアルカン**とよばれる．

2. **置換基**を命名する．置換基は単純な**アルキル基**のこともあるし，複雑な分枝したアルキル基のこともある．IUPAC 命名法では，後者のような複雑な置換基については多くの慣用名の使用が認められている.

3. 主鎖に番号をつけ，それぞれの置換基に**位置番号**をつける.

4. 置換基をアルファベット順に並べ，それぞれの置換基の前に位置番号をつける．同じ置換基については，ジ，トリ，テトラ，ペンタ，ヘキサを用い，これらはアルファベット順に並べるときには無視する.

- **二環性化合物**は次の2点に注意して，アルカンやシクロアルカンと同じように命名する.

1. "ビシクロ" という用語を用い，[　] 内の数字は**橋頭位**がどのように結びついているかを示す.

2. 母体化合物を番号づけする際には，橋頭位を結ぶ最も長い炭素鎖から始める.

4・3　アルカンの構造異性体

- アルカンの構造異性体の数は分子の大きさが大きくなるとともに増える.
- 構造異性体を書くときにはIUPAC命名法を用い，同じ化合物を重複して書かないようにするとよい.

4・4　アルカンの異性体の相対的な安定性

- アルカンの**燃焼熱**は，1モルのアルカンが酸素存在下で完全に燃焼したときの**エンタルピー変化**に負の記号をつけたもの $-\Delta H^\circ$ である.
- 燃焼熱は実験的に測ることができ，アルカンの構造異性体の安定性を比べるのに用いられる.

4・5　アルカンの供給源と利用法

- 石油は炭化水素の複雑な混合物で，その大部分は大きさと構造の異なるアルカンである.
- これらの化合物は蒸留（沸点の違いによる分離法）によって留分に分離される．原油を精製することによりさまざまな成分へと分離される.
- ガソリンの収量は二つの方法で改善することができる.

1. クラッキングは炭素数の多いアルカンのC−C結合が開裂し，ガソリンに適したより炭素数の少ないアルカンを生成する過程である.

2. 改質は直鎖のアルカンが，燃焼中にノッキングを起こしにくい分枝したアルカンや芳香族化合物に変換される過程である.

4・6　Newman 投影式を書く

- C−C単結合の回転により化合物はさまざまな**立体配座**をとることができる.
- **Newman 投影式**は化合物のさまざまな立体配座を書くのにしばしば用いられる.

4・7　エタンとプロパンの立体配座解析

- Newman 投影式では，**二面角**あるいは**ねじれ角**は，奥の炭素に結合した置換基と手前の炭素に結合した置換基との相対的な位置関係を表す.
- **ねじれ形配座**はエネルギーが低く，**重なり形配座**はエネルギーが高い.
- エタンの場合，すべてのねじれ形配座はエネルギーが等しく**縮退**している．またすべての重なり形配座も縮退している.
- エタンのねじれ形配座と重なり形配座のエネルギー差は**ねじれひずみ**とよばれる．プロパンのねじれひずみはエタンのものより大きい.

4・8　ブタンの立体配座解析

- ブタンの場合，重なり形配座のうちのひとつが他の二つよりエネルギーが高い.
- ねじれ形配座のひとつである**アンチ配座**は，立体的な相互作用のひとつである**ゴーシュ相互作用**のある他の二つのねじれ形配座よりもエネルギーが低い.

4・9　シクロアルカン

- **角ひずみ**は，シクロアルカンにおいて角度が最適の109.5°より小さくなるときに生じる.
- 角ひずみとねじれひずみは，シクロアルカンの全エネルギーに寄与し，CH_2基一つ当たりの燃焼熱を測定することにより見積もることができる.

4・10　シクロヘキサンの立体配座

- シクロヘキサンの**いす形配座**は，ねじれひずみがなく角ひずみもほとんどない.
- シクロヘキサンの**舟形配座**は旗竿相互作用とともに水素原子の重なりのため，相当量のねじれひずみがある．舟形配座は，ねじれることで**ねじれ舟形**とよばれる立体配座をとることにより，そのねじれひずみをある程度解消することができる.
- シクロヘキサンはほとんどの時間いす形配座で存在している.

4・11　いす形配座を書く

- シクロヘキサン環のそれぞれの炭素原子は置換基を二つもつことができる.
- 一つの置換基は**アキシアル位**を，他方は**エクアトリアル位**をとる.

4・12　一置換シクロヘキサン

- 環に置換基が一つある場合，その置換基はアキシアル位あるいはエクアトリアル位をとることができる．この二つの可能性は，互いに平衡にある二つの異なるいす形配座に対応している.
- **環反転**という用語は，一方のいす形配座がもう一方のいす形配座に変換することを表すのに用いられる.
- アキシアル位の置換基は立体的な相互作用のひとつである

1,3-ジアキシアル相互作用を生じるので，平衡は置換基がエクアトリアル位にあるいす形配座に偏る．

4・13　二置換シクロヘキサン

- 二置換シクロヘキサンの二つのいす形配座を書くにはそれぞれの置換基が UP か DOWN かをはっきりさせなければならない．置換基の三次元的な方向（UP か DOWN か）は，環反転しても変わらない．
- 二つのいす形配座を書いた後，すべてのアキシアル位にある置換基に伴うエネルギーの増加を比べることにより，どちらがより安定か決定することができる．

4・14　シス-トランス立体異性

- シスおよびトランスという用語は置換基の相対的な空間配置を表し，Haworth 投影式により最もはっきりと表すことができる．
- *cis*-1,2-ジメチルシクロヘキサンと *trans*-1,2-ジメチルシクロヘキサンは**立体異性体**である．これらは異なる物理的性質をもつ異なる化合物であり，立体配座の変化により相互変換することはない．

4・15　多環化合物

- *cis*-デカリンと *trans*-デカリンは立体異性体の関係にある．この二つの化合物は環反転により相互変換できない．
- **ノルボルナン**はビシクロ[2.2.1]ヘプタンの慣用名で，よく目にする二環性化合物である．
- 6 員環に基づく多環化合物はダイヤモンドの構造中にもみられる．

スキルビルダーのまとめ

4・1　主鎖を明確にする

ステップ 1　最も長い炭素鎖を選ぶ．

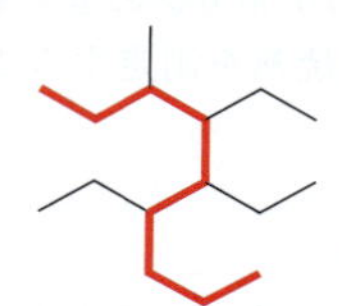

ステップ 2　二つの炭素鎖が競合する場合，置換基の多い炭素鎖を選ぶ．

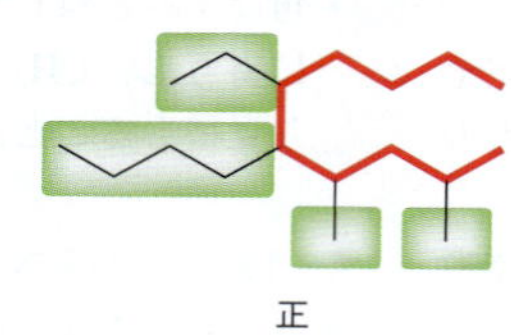

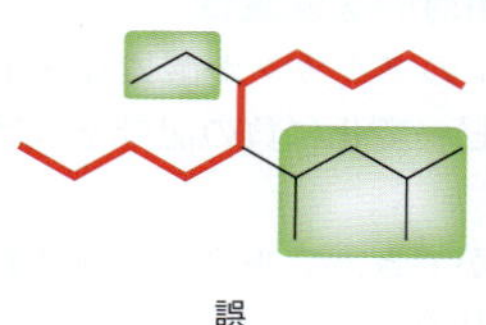

4・2　置換基を明確にし命名する

ステップ 1　主鎖を明確にする．

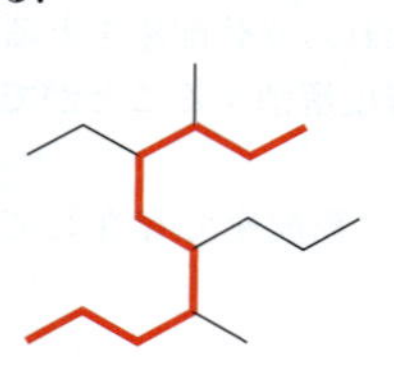

ステップ 2　主鎖に結合しているすべてのアルキル置換基を明確にする．

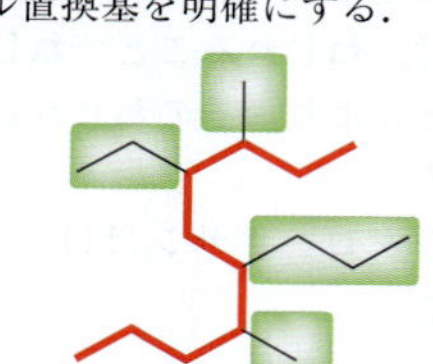

ステップ 3　表 4・2 の名前を用いてそれぞれの置換基を命名する．

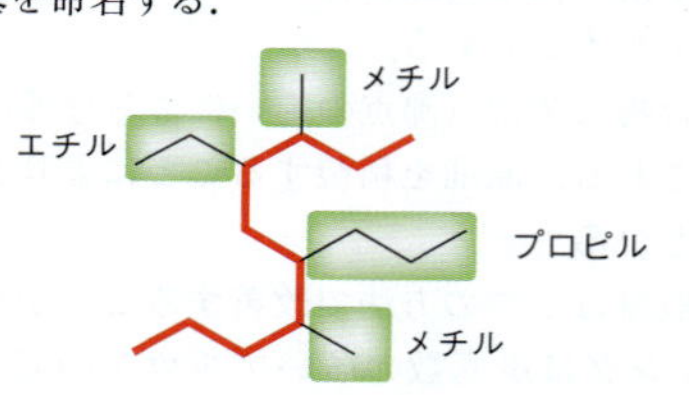

4・3　複雑な置換基を明確にし命名する

ステップ 1　主鎖を明確にする．

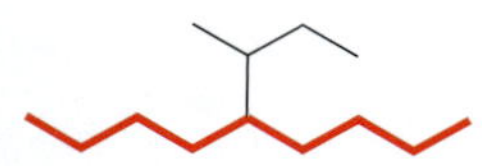

ステップ 2　複雑な置換基に主鎖に近いところから順に番号をつける．

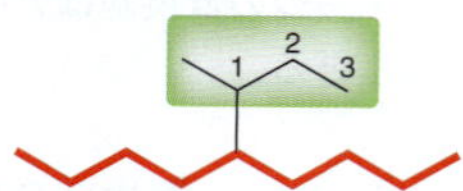

ステップ 3　基全体を一つの置換基として扱う．

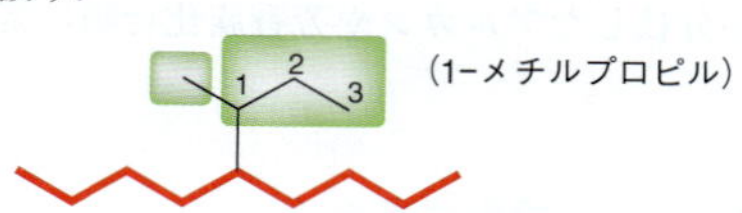

4・4　アルカンの系統名を組立てる

ステップ 1　主鎖を明確にする．

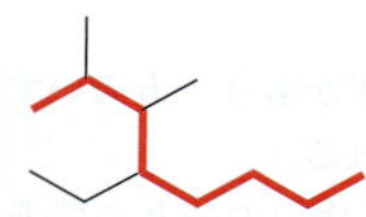

ステップ 2　置換基を明確にし命名する．

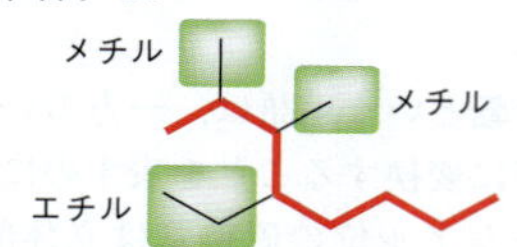

ステップ 3　主鎖に番号をつけ，それぞれの置換基に位置番号をつける．

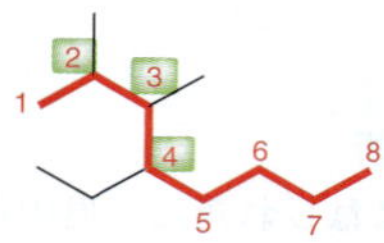

ステップ 4　置換基をアルファベット順に並べる．

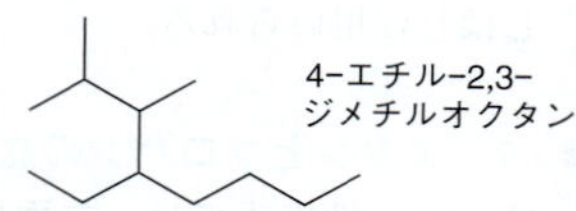

4・5　二環性化合物の化合物名を組立てる

ステップ 1　二環性母体化合物を明確にし，橋頭位がどのように結合しているかを明確にする．

ビシクロ[3.2.0]ヘプタン

ステップ 2　置換基を明確にし命名する．

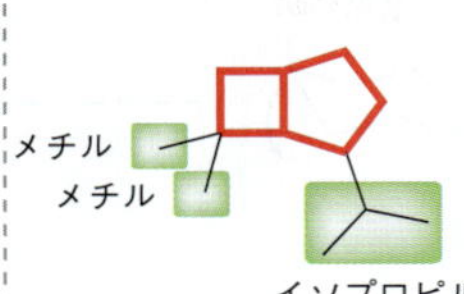

ステップ 3　最も長い架橋から出発して母体化合物に番号づけをし，それぞれの置換基に位置番号をつける．

ステップ 4　置換基をアルファベット順に並べる．

2-イソプロピル-7,7-ジメチルビシクロ[3.2.0]ヘプタン

4・6　構造異性体を明確にする

構造異性体は異なる化合物名をもつ．二つの化合物が同じ名前の場合，それらは同一化合物である．

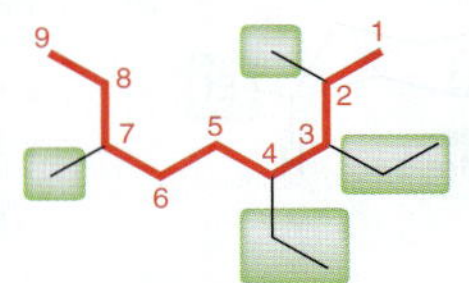

3,4-ジエチル-2,7-ジメチルノナン

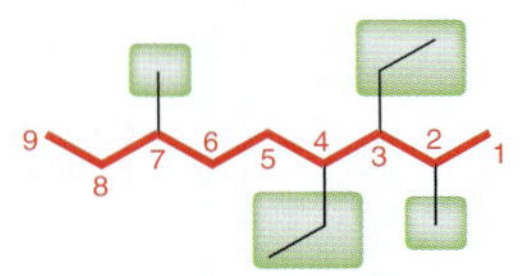

3,4-ジエチル-2,7-ジメチルノナン

4・7　Newman 投影式を書く

ステップ 1　手前の炭素原子に結合している三つの基を明確にする．

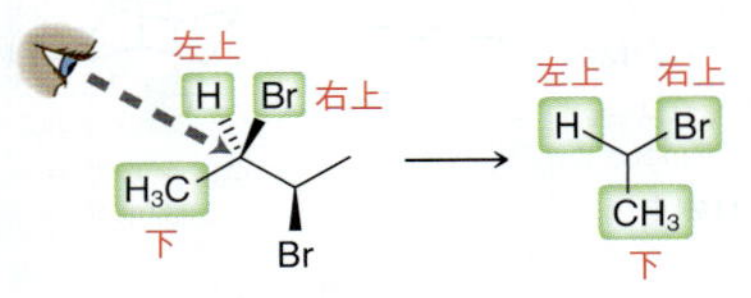

ステップ 2　奥の炭素原子に結合している三つの基を明確にする．

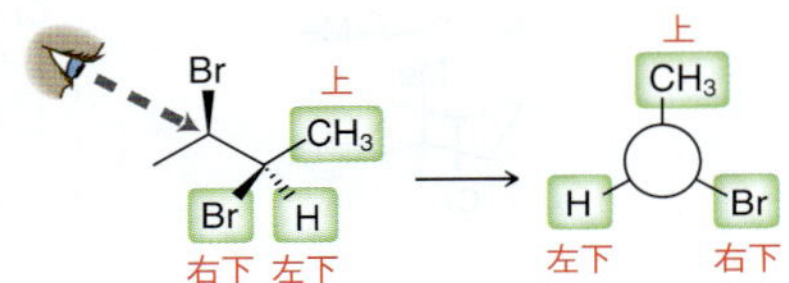

ステップ 3　ステップ 1 と 2 で得られた二つの情報から Newman 投影式を組立てる．

4・8　立体配座の相対的なエネルギーを求める

ステップ 1　Newman 投影式を書く．

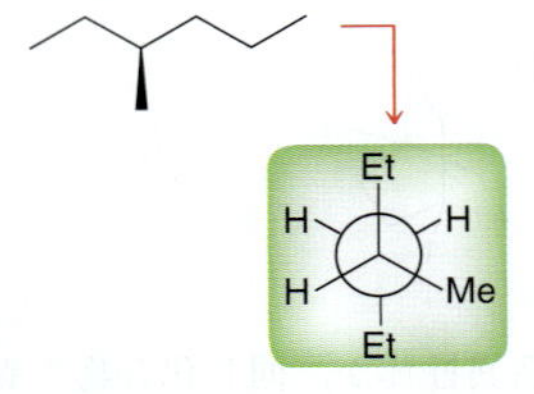

ステップ 2　三つのねじれ形配座を書き，ゴーシュ相互作用の数が最も少なく最も安定なものを明らかにする．

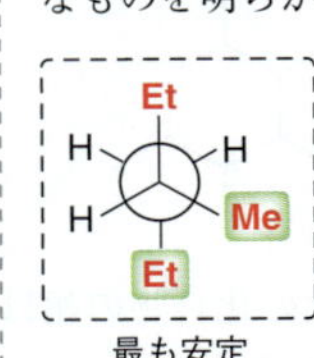

最も安定

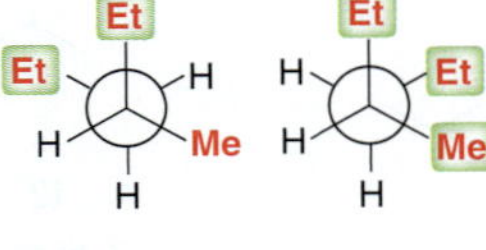

ステップ 3　三つの重なり形配座を書き，どれが最も高いか明らかにする．

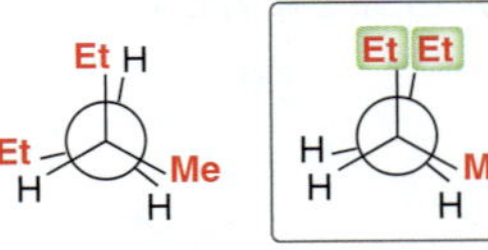

最も不安定

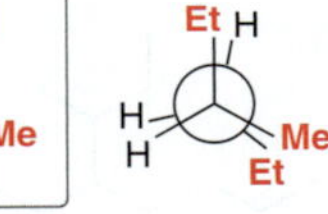

4・9　いす形配座を書く

ステップ 1　広がった V の字を書く．

ステップ 2　60° の角度で斜め下に線を書き，V の中央に至る直前で止める．

ステップ 3　V の字の左側に平行に線を書き，V の左端の直前で止める．

ステップ 4　ステップ 2 の線と平行な線を，その線と同じ水平位置まで書く．

ステップ 5　両端を結ぶ．

4・10　アキシアル位とエクアトリアル位を書く

ステップ 1　すべてのアキシアル位に，向きを交互にして平行に線を書く．

ステップ 2　すべてのエクアトリアル位に，平行線の対として線を書く．

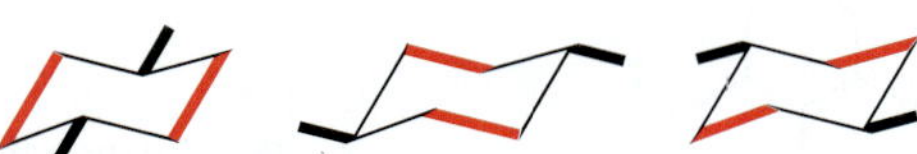

まとめ　すべての置換基をこのように書く．

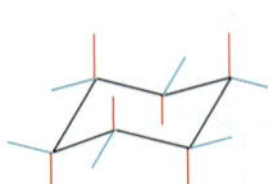

4・11　一置換シクロヘキサンの二つのいす形配座を書く

ステップ 1　いす形配座を書く．

ステップ 2　アキシアル位に置換基を書く．

Br

アキシアル

ステップ 3　反転した環を書くと，アキシアル位の置換基はエクアトリアル位になる．

4・12　二置換シクロヘキサンの二つのいす形配座を書く

ステップ 1　番号づけの規則に従って，それぞれの置換基の位置番号と立体配置を明らかにする．

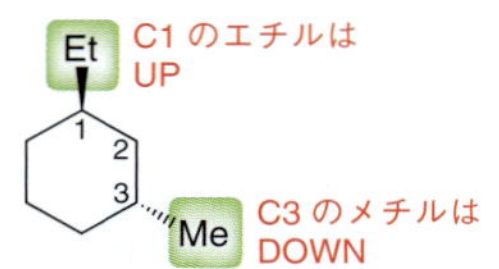

ステップ 2　いす形配座に，ステップ 1 で得た情報をもとに置換基を書く．

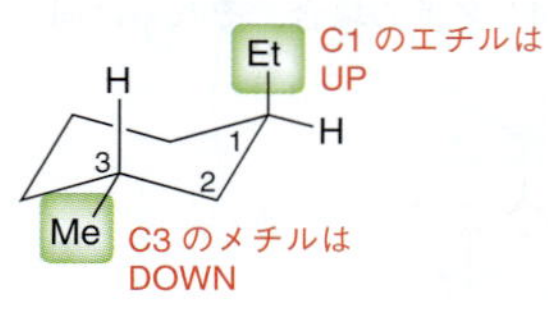

ステップ 3　二つ目のいす形配座を書き，ステップ 1 で得た情報をもとに置換基を書く．

C1 のエチルは
UP
H
3
2
1
Et
C3 のメチルは
DOWN
Me
H

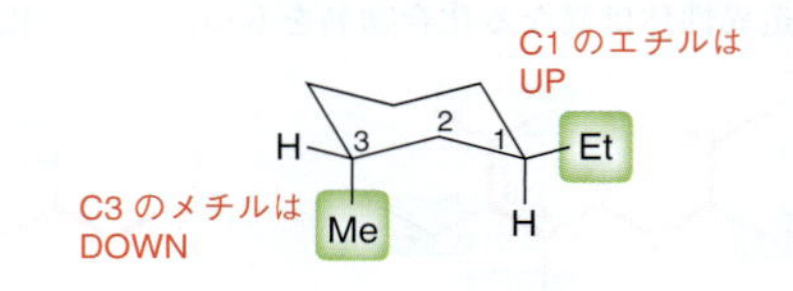

4・13　多置換シクロヘキサンのより安定ないす形配座を書く

ステップ 1　番号づけの規則に従って，それぞれの置換基の位置番号と立体配置を明らかにする．

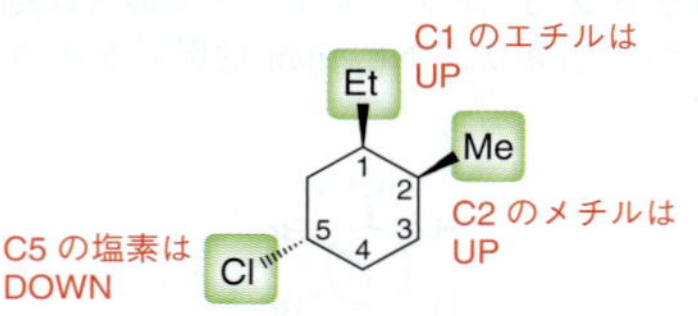

ステップ 2　ステップ 1 で得た情報をもとに二つのいす形配座を書く．

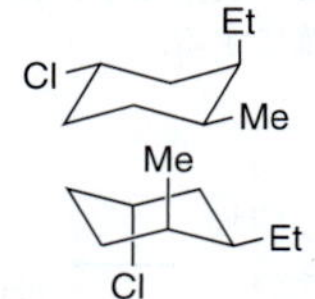

ステップ 3　それぞれのアキシアル位の置換基によるエネルギーの増加量を求める．

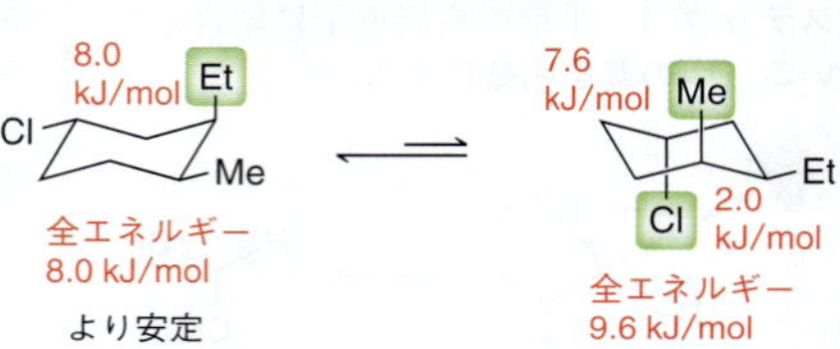

練 習 問 題

4・39　次の化合物の主鎖を命名せよ．

(a)

(b)

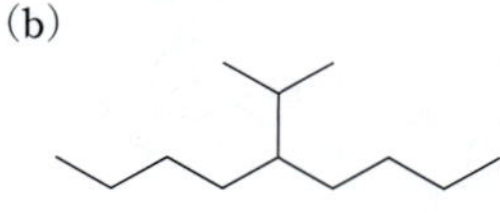

(c)

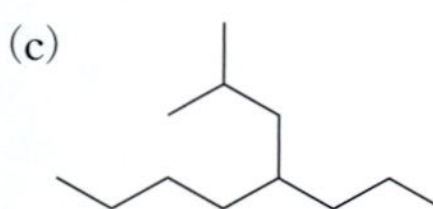

(d)

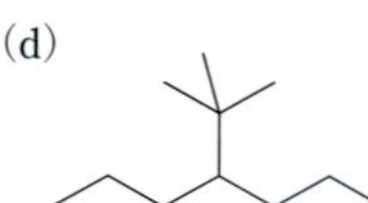

4・40　問題 4・39 の構造にはそれぞれ主鎖に一つ以上の置換基がある．

(a)　問題 4・39(a) のそれぞれの置換基を命名せよ．

(b)　問題 4・39(b) の複雑な置換基の慣用名と系統名を示せ．

(c)　問題 4・39(c) のそれぞれの置換基を命名せよ．

(d)　問題 4・39(d) の複雑な置換基の慣用名と系統名を示せ．

4・41　次の化合物の系統名を示せ．

(a)

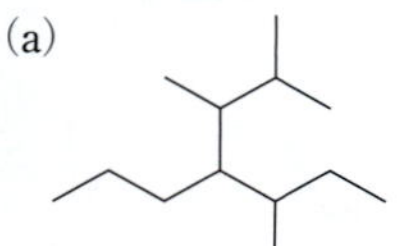

(b)

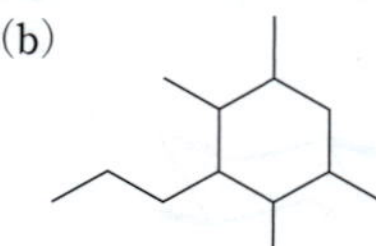

(c)

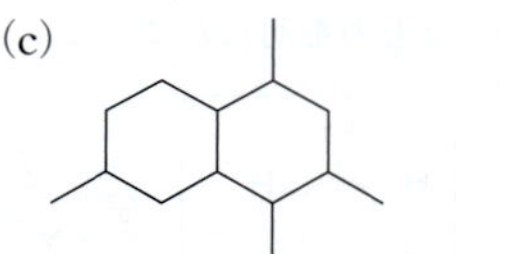

(d)

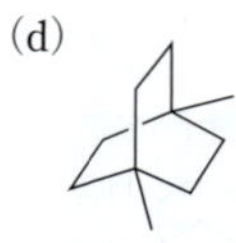

4・42　次の化合物の組は，構造異性体か，同じ化合物を異なる形で表したものか．

(a)

(b)

(c)

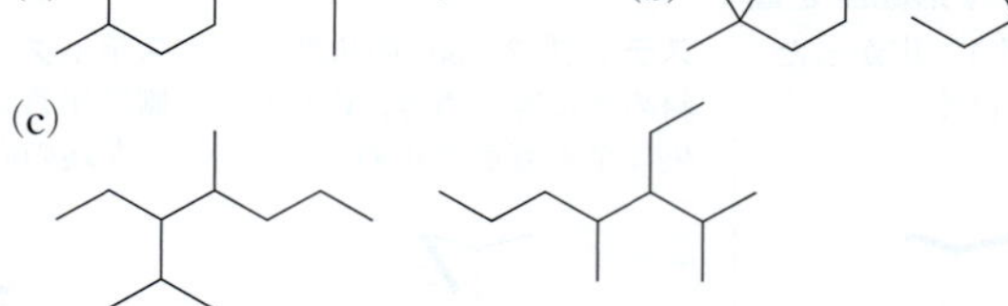

4・43　3-メチルペンタンを C2−C3 結合の方向から見たとき，最も安定な立体配座を Newman 投影式を用いて書け．

4・44　次の化合物のうち，燃焼熱がより大きいのはどちらか．

4・45　次の化合物の構造を書け．

(a) 2,2,4-トリメチルペンタン
(b) 1,2,3,4-テトラメチルシクロヘプタン
(c) 2,2,4,4-テトラエチルビシクロ[1.1.0]ブタン

4・46 2,2-ジメチルプロパンの立体配座解析を示すエネルギー図を書け．このエネルギー図はエタンのものとブタンのもののどちらに形がよりよく似ているか．

4・47 2,3-ジメチルブタンのC2−C3軸から見た三つのねじれ形配座の相対的なエネルギーはどのようになっているか．

4・48 次の化合物が環反転したものを書け．

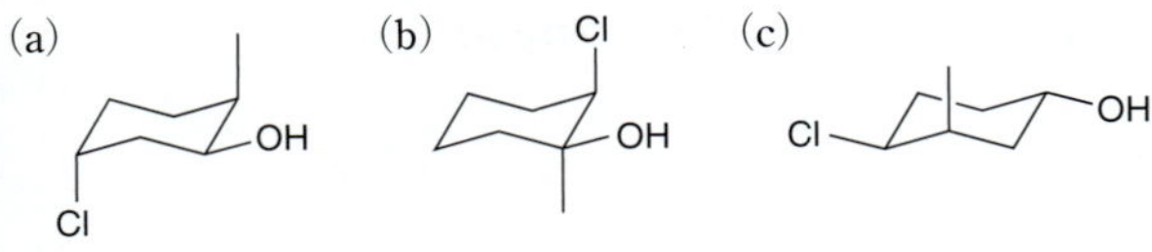

4・49 次の化合物の組で，燃焼熱がより大きいのはどちらか．

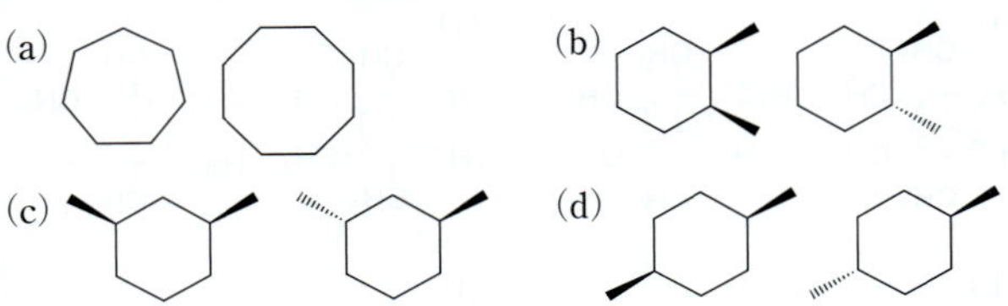

4・50 1,2-ジクロロエタンの立体配座解析を示す相対的エネルギー図を書け．すべてのねじれ形配座と重なり形配座をNewman投影式とともに示せ．

4・51 次の化合物のIUPAC名を示せ．

4・52 ブロモエタンの回転障壁は15 kJ/molである．この情報に基づき，臭素原子と水素原子の重なり相互作用に伴うエネルギーの増加量を求めよ．

4・53 ミント油から単離されるメントール（menthol）は軽い喉の炎症の治療に用いられている．メントールの二つのいす形配座を書き，エネルギーが低いのはどちらの立体配座か示せ．

メントール

4・54 次の化合物の二つのいす形配座を書き，それぞれより安定ないす形配座はどちらか示せ．

(a) メチルシクロヘキサン
(b) *trans*-1,2-ジイソプロピルシクロヘキサン
(c) *cis*-1,3-ジイソプロピルシクロヘキサン
(d) *trans*-1,4-ジイソプロピルシクロヘキサン

4・55 次の化合物の組で，より安定な化合物はどちらか．いす形配座を書くとわかりやすい．

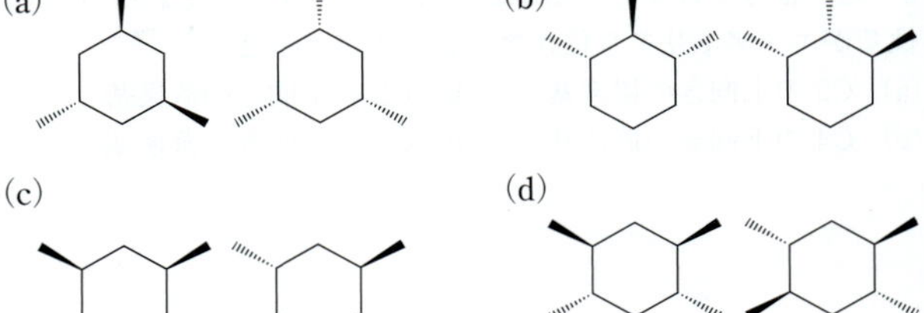

4・56 図に示した方向から見た次の化合物のNewman投影式を書け．

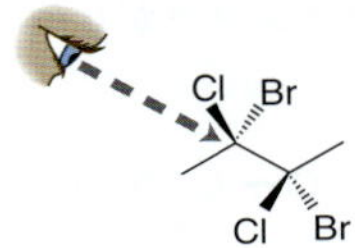

4・57 グルコースは光合成により合成され，細胞にエネルギーを貯蔵するのに用いられている．グルコースの最も安定な立体配座を書け．

グルコース

4・58 2,2,3,3-テトラメチルブタンの立体配座解析を示すエネルギー図を書け．表4・6を用いてこの化合物のねじれ形配座と重なり形配座のエネルギー差を求めよ．

4・59 次の立体配座をエネルギーが増加する順に並べよ．

4・60 2,3-ジメチルブタンの二つの立体配座を考えてみよう．それぞれの立体配座について，表4・6を用いてすべてのねじれひずみと立体ひずみに伴うエネルギー増加を求めよ．

4・61 *myo*-イノシトールは真核細胞中で多くの二次伝達物質の基本構造となっているOH基を多く含むポリオール化合物

である．*myo*-イノシトールのより安定ないす形配座を書け．

4・62　番号づけをした *trans*-デカリンの骨格のそれぞれの置換基がエクアトリアル位かアキシアル位か示せ．

(a)　C2 の上向きの置換基　　(b)　C3 の下向きの置換基

(c)　C4 の下向きの置換基　　(d)　C7 の下向きの置換基

(e)　C8 の上向きの置換基　　(f)　C9 の上向きの置換基

4・63　プロピレンは石油のクラッキングによりつくられ，多くの有用なポリマーの生産に用いられる非常に重要な前駆体である．プロピレンには構造異性体が一つある．その異性体を書き，系統名をつけよ．

プロピレン

発展問題

4・64　*trans*-1,3-ジクロロシクロブタンはある程度の双極子モーメントをもつ．個々の C−Cl 結合の双極子モーメントが打消し合って双極子モーメントが 0 とならない理由を説明せよ．

trans-1,3-ジクロロシクロブタン

4・65　シクロヘキセンはいす形配座をとるか，理由も述べよ．

シクロヘキセン

4・66　次の化合物の組について，同一化合物，構造異性体，立体異性体，同一化合物の異なる立体配座のいずれか述べよ．

(a)

(b)

(c)

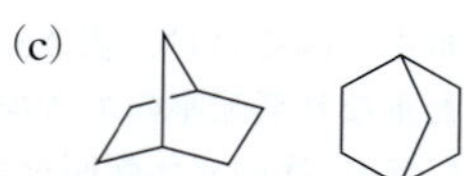

(d)

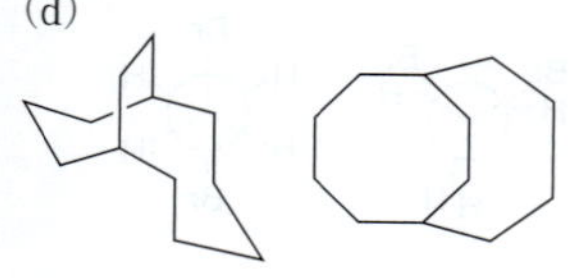

(e)

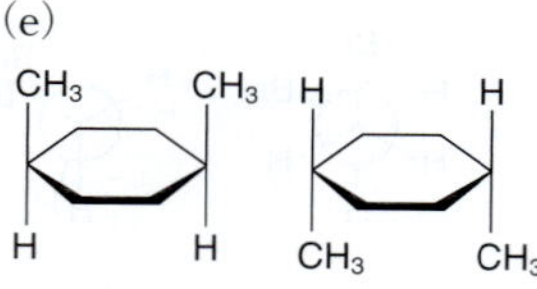

(f)

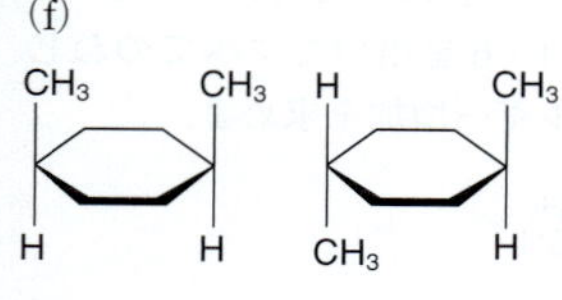

(g)

(h)

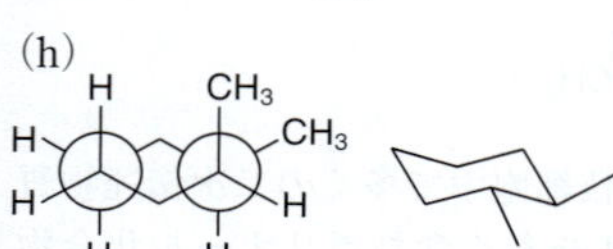

(i)

(j)

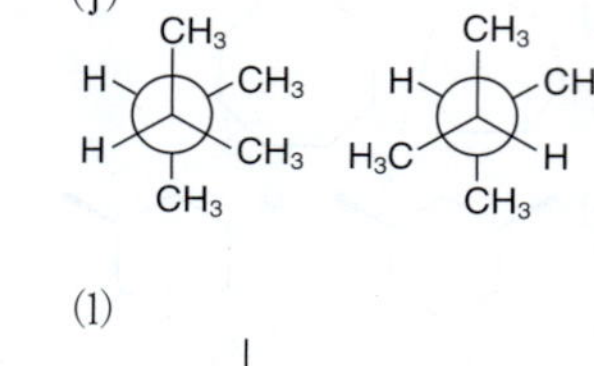

(k)

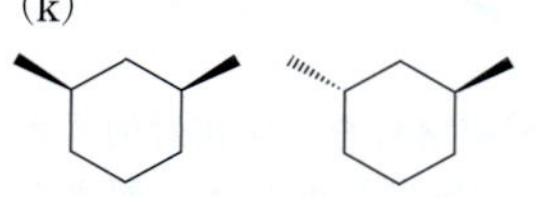

(l)

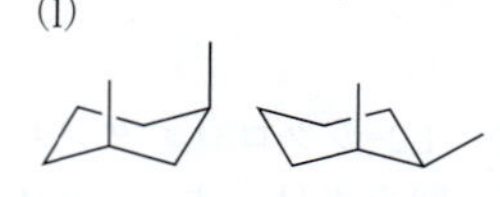

4・67　*cis*-1,2-ジメチルシクロプロパンと *trans*-1,2-ジメチルシクロプロパンの構造について考えてみよう．

(a)　どちらの化合物がより安定か，理由も述べよ．

(b)　これら二つの化合物のエネルギー差を予想せよ．

4・68　次の四置換シクロヘキサンを考えてみよう．

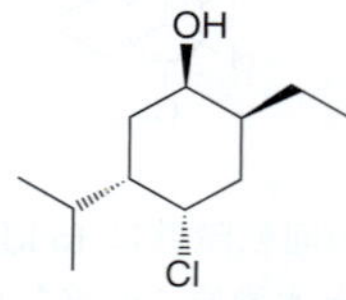

(a)　この化合物の二つのいす形配座を書け．

(b)　どちらの立体配座がより安定か．

(c)　この化合物は平衡状態でより安定ないす形配座が 95% 以上，存在するか．

4・69　*cis*-デカリンと *trans*-デカリンの構造を考えてみよう．

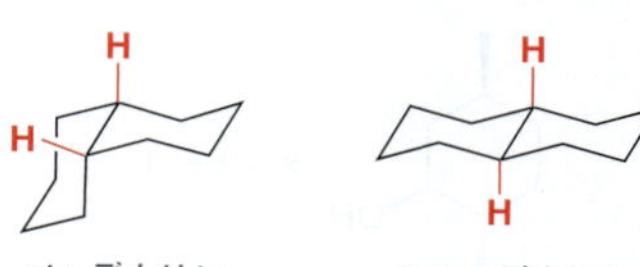

cis-デカリン　　*trans*-デカリン

(a)　どちらの化合物がより安定と考えられるか．

(b)　二つの化合物の一方は環反転できない．それはどちらか．理由も述べよ．

5

立体異性

本章の復習事項

- 構造異性 §1・2
- 四面体構造 §1・10
- 三次元表示 §2・6
- 線結合構造の書き方と解釈 §2・2

医薬品は本当に安全だろうか．

前章で述べたように，ほとんどの薬は複数の生理学的応答をひき起こす．一般に，そのうちの一つの作用が有益なものでも，他の作用が望ましくないことがある．この副作用の程度は広い範囲に及び，死に至ることさえある．これは恐ろしいことのように思えるが，米国食品医薬品局（FDA）は薬の一般販売が承認されるために従うべき厳格な基準を設定している．薬の候補化合物は，まず動物試験を，ひき続いてヒトの患者に対する3段階の臨床試験（第Ⅰ～Ⅲ相）を受ける．第Ⅰ相では少数の患者（20～80名），第Ⅱ相では数百人の患者，第Ⅲ相では数千人の患者に対する試験が行われる．FDAは3段階の臨床試験をすべて合格した薬だけを承認する．販売の承認を受けた後も，長期間投与による副作用がないかを確かめるため，薬の作用が継続的に調べられる．少数の人に有害な副作用が認められたために，薬の販売が禁止された例もある．薬の安全性は絶対的に保証できるものではない．しかし，薬の開発の恩恵を受けて人類の生活の質と寿命は格段に向上してきた．まれにみられる副作用に比べて，薬の恩恵は非常に大きい．

どのような薬でも，さまざまな要因によりその作用が決定される．すでに本書では，ファーマコフォア（pharmacophore，薬理作用団ともいう）の役割，立体配座の柔軟性，酸塩基性など多くの要因を述べてきた．本章では化合物の三次元的な構造を詳しく説明し，この特徴が薬の設計や安全性評価においておそらく最も重要な要因であることを述べる．特に，原子の結合順序が同じであり，原子の三次元的な配置だけが異なる化合物を取上げる．このような化合物は**立体異性体**（stereoisomer）とよばれ，立体異性と薬物作用の関連性を説明する．いろいろな種類の立体異性体を取上げ，立体異性体の区別の仕方，立体異性体を比較するために用いられる数種の構造式の書き方について説明する．

5・1 異性とは

異性体（isomer）という用語は，ギリシャ語で“同じ部品からできた”を意味するisosとmerosに由来する．すなわち，異性体は同じ原子から構成されている（同じ

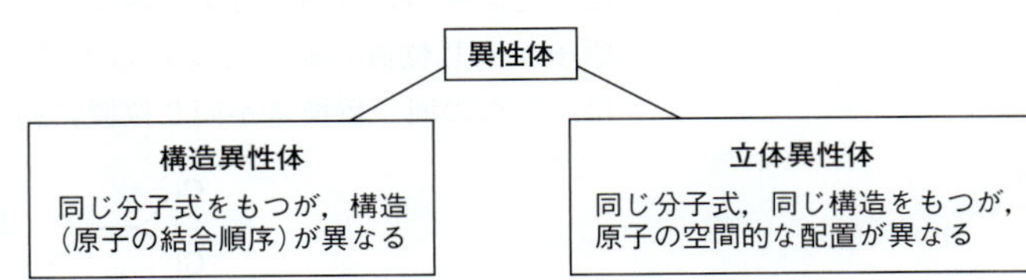

図 5・1 異性体の分類

分子式をもつ）が，互いに異なる化合物のことである．図5・1に示すように，異性体には構造異性体（§4・3）と立体異性体（§4・14）の2種類がある．

構造異性体は原子の結合順序が異なる．たとえば，次の二つの化合物は，同じ分子式をもつが構造が異なる．これらは異なる物理的性質をもつ異なる化合物である．

ジメチルエーテル　沸点 −23 ℃　　エタノール　沸点 78.4 ℃

立体異性体は，同じ構造をもつが原子の空間的配置が異なる化合物である．前章では，置換シクロアルカンのシス-トランス立体異性の例を示した．シス体は環の同じ側に置換基をもち，トランス体は環の反対側に置換基をもつ．

cis-1,2-ジメチルシクロヘキサン　　*trans*-1,2-ジメチルシクロヘキサン

上記の例のほか，シスとトランスの用語は二重結合の立体異性を表示するためにも使われる．シス体は二重結合の同じ側に置換基をもち，トランス体は二重結合の反対側に置換基をもつ．

cis-2-ブテン　沸点 4 ℃　　*trans*-2-ブテン　沸点 1 ℃

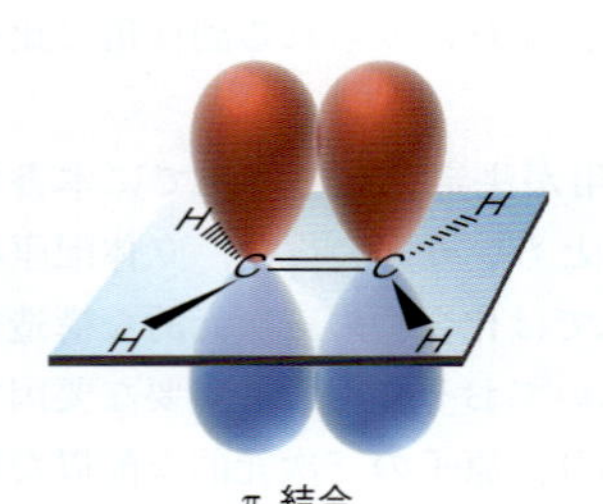

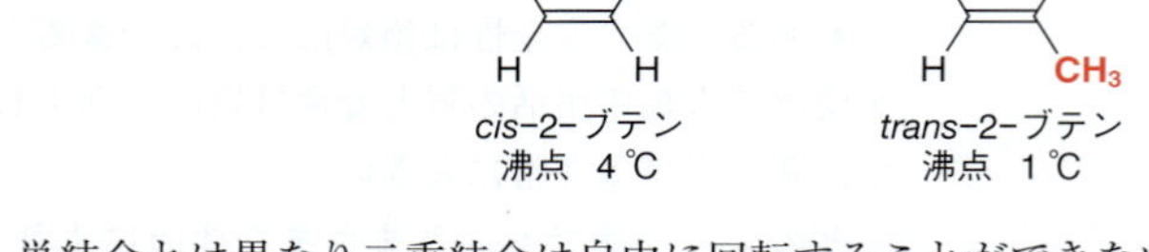

図 5・2　p 軌道の重なりによる π 結合の形成

単結合とは異なり二重結合は自由に回転することができないので，上記の二つの構造式は異なる物理的性質をもつ異なる化合物である．二重結合はなぜ回転できないのだろうか．π 結合は二つの p 軌道の重なりによって形成することを思い出そう（図5・2）．C−C 二重結合が回転すると，p 軌道間の重なりが弱くなる．そのため，C−C 二重結合は室温では自由に回転することはない．

シス-トランスの用語を用いて立体異性体を区別する際には，二つの同一置換基の位置に注目する．シス-トランスを表示するときに，水素原子に注目することもある．

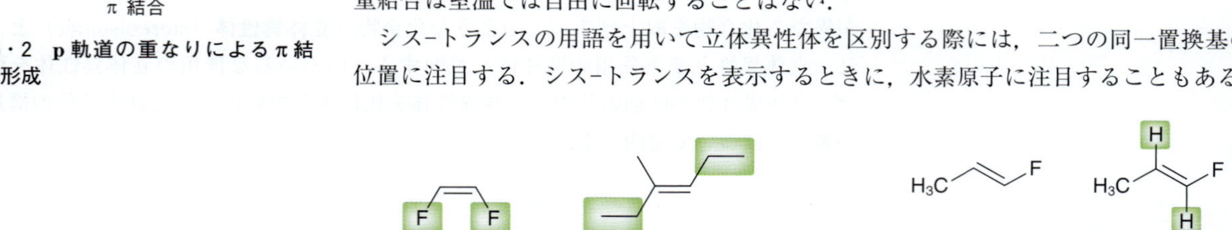

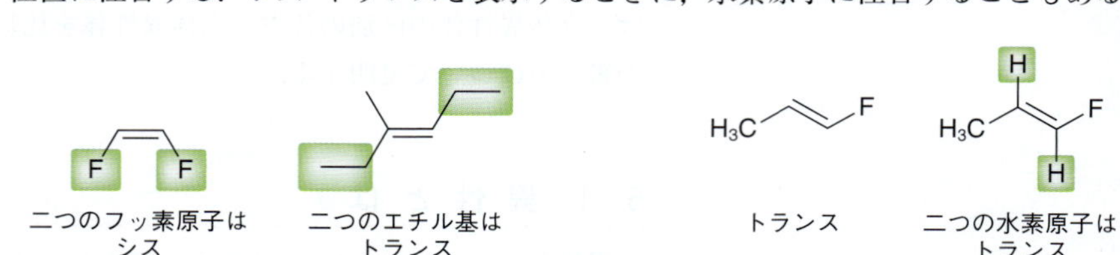

同一置換基が二重結合の同じ位置に結合すると，シス-トランス異性は生じない．たとえば次の化合物を考えてみよう．二つの構造式は同じ化合物を表す．二つの塩素原子が同じ位置に結合しているので，この化合物は立体異性を示さない．このことは，二つの同一置換基が同じ位置に結合するとき常に成り立つ．

（構造式）と（構造式）は同じ

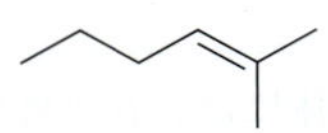

もう一つの例として左の図を見てみよう．この化合物にシス-トランス異性はない．二つの同一置換基（メチル基）が同じ位置に結合しているので，この化合物はシス体でもトランス体でもない．

スキルビルダー 5・1　シス-トランス立体異性を明らかにする

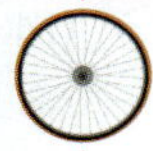

スキルを学ぶ

次の化合物はシス配置かトランス配置か．

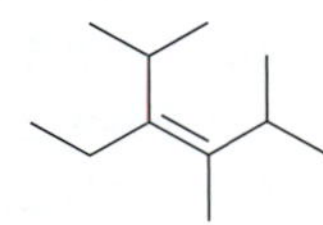

解 答

ステップ 1
二重結合に結合した四つの置換基を明らかにして命名する．

まず二重結合に結合した四つの置換基を丸で囲み，命名する．

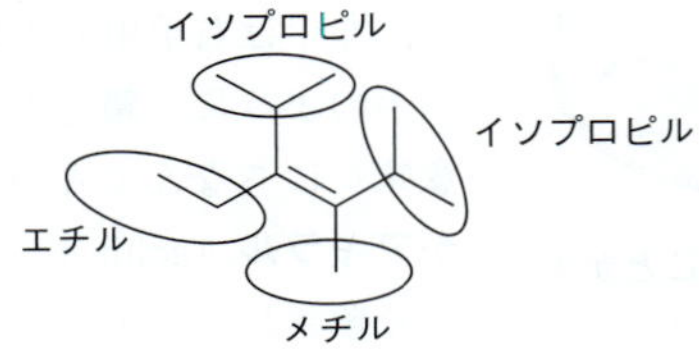

ステップ 2
異なる炭素に結合した同一置換基を探し，立体配置がシスかトランスかを表示する．

四つの置換基を命名すると，同一置換基であるかどうかがわかりやすい．二重結合には必ず四つの置換基（水素原子も含める）がある．この場合，二つのイソプロピル基が互いにシスであることがすぐにわかる．

スキルの演習

5・1　次の化合物が，シス配置か，トランス配置か，または立体異性体が存在しないかを明らかにせよ．

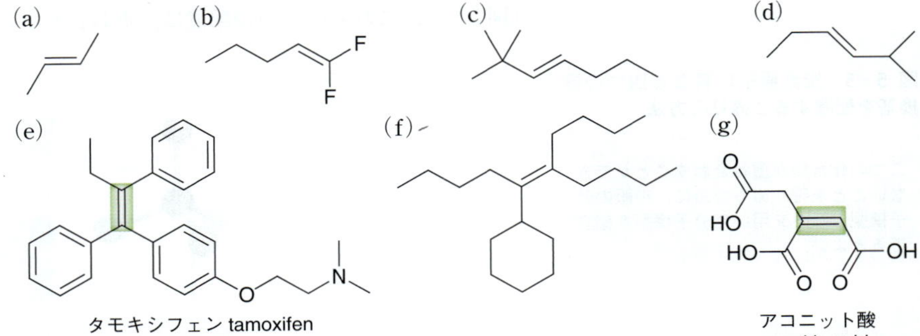

(e) タモキシフェン tamoxifen
乳がん治療薬

(g) アコニット酸
aconitic acid
代謝の中間生成物

スキルの応用

5・2　次の化合物には立体異性体がいくつあるか．

$$H_2C{=}CHCH_2CH_2CH_2CH{=}CH_2$$

5・3　化合物 **X** と化合物 **Y** は分子式 C_5H_{10} の構造異性体である．化合物 **X** はトランス配置の C−C 二重結合をもつ．化合物 **Y** は C−C 二重結合をもつが，立体異性体は存在しない．

(a) 化合物 **X** の構造を書け．

(b) 化合物 **Y** として可能な四つの構造を書け．

問題 5・35 を解いてみよう．

5・2 立体異性とは

前節ではシス-トランス立体異性を説明したが，立体異性体にはこれ以外にも多くの種類がある．いろいろな種類の立体異性体を説明するにあたり，まずは物体とその鏡像の関係を調べることから始めよう．

キラリティー

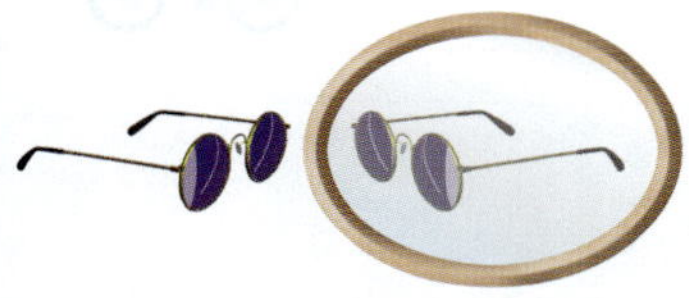

図 5・3　鏡像と重ね合わすことができるもの

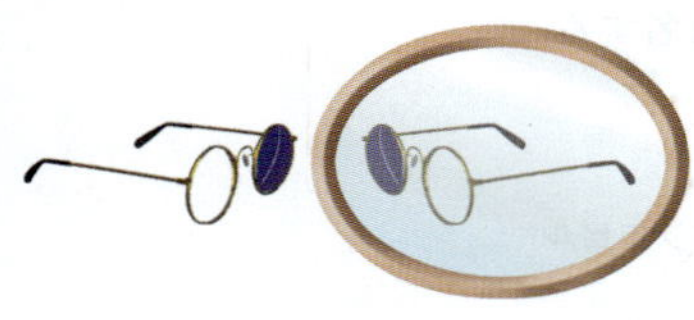

図 5・4　鏡像と重ね合わすことができないもの

どのような物体も鏡に映すと鏡像が現れる．サングラスの例を考えてみよう（図5・3）．図5・3のサングラスのように，多くの物体では鏡像は実際の物体と同一である．このとき，物体と鏡像は**重ね合わすことができる**．ここでサングラスの片方のレンズを外すと，物体と鏡像はもはや同一ではない（図5・4）．一方では右のレンズがないのに対し，他方では左のレンズがない．この場合，物体と鏡像は重ね合わすことができない．実際，身の回りの多くの物体は鏡像と**重ね合わすことができない**．たとえば，右手と左手は互いに鏡像であるが，重ね合わすことはできないので同一ではない．左手は右手用の手袋に合わないし，右手は左手用の手袋に合わない．

手のように，鏡像と重ね合わすことができない物体を，ギリシャ語の cheir（手の意味）にちなんで**キラル**（chiral）な物体とよぶ．すべての三次元の物体は，キラルか**アキラル**（achiral）かに分類される．分子も三次元の物体なので，二つのどちらかに分類される．手と同様に，キラルな分子は鏡像と重ね合わすことができない．手とは異なり，アキラルな分子は鏡像と重ね合わすことができる．では，どのような分子がキラルなのだろうか．

キラル中心

キラルな分子として最もよくみられるのは，異なる置換基を四つもつ炭素原子が存在する化合物である．中心炭素に四つの置換基を配置するには2通りの方法がある（図5・5）．これらの二つの配置は，重ね合わすことができない鏡像の関係にある．

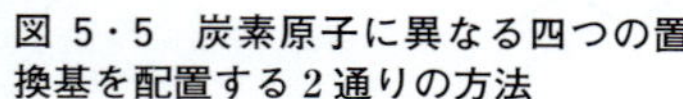

図 5・5　炭素原子に異なる四つの置換基を配置する2通りの方法

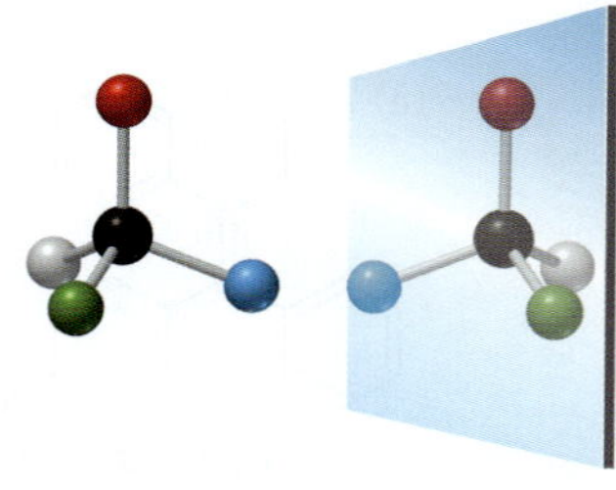

> 二つの化合物が重ね合わすことができないことを確かめるために，市販の分子模型セットを用いて分子模型を組立てるとよい．

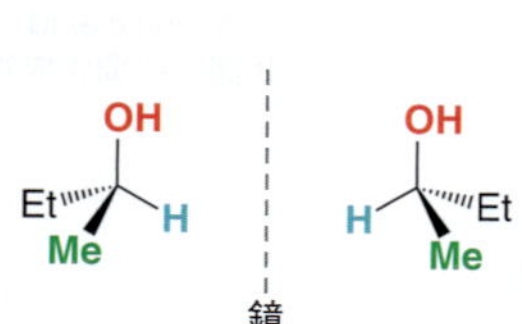

たとえば，三次元空間に配置された2-ブタノールの二つの構造を考えてみよう（左図）．これらの二つの化合物は重ね合わすことのできない鏡像の関係にあり，二つの異なる化合物である．原子の空間的配置が異なるだけなので，これらの化合物は立体異性体である．

1996年のIUPACの推奨によると，異なる置換基を四つもつ四面体形炭素は**キラル中心***（chirality center）とよばれる．立体中心（stereocenter），ステレオジェン中心（stereogenic center），不斉中心（asymmetric center）などの用語が使われることもある．次にキラル中心の例を示す．緑で印をつけた各炭素原子は異なる置換基を四つもつ．3番目の化合物で炭素原子がキラル中心なのは，環の周囲を回る二つの経路が異なるためである（時計回りに進んだとき先に二重結合にたどりつく）．一方，一番右

* 訳注：キラル中心の英語として chiral center も使われるが，IUPAC の推奨は chirality center である．

IUPAC の推奨が“キラル中心”であるにもかかわらず，“立体(ステレオ)中心”と“ステレオジェン中心”の用語もよく使われている．しかし，これらの用語はより広い意味をもち，二つの置換基を入れ替えたときに立体異性体が生じる場所と定義されている．この定義は，キラル中心を含むだけでなく，キラル中心ではないシスとトランスの二重結合も含む．本書では，IUPAC 推奨の用語キラル中心を使用する．

の化合物はキラル中心をもたない．この場合，時計回りの経路と反時計回りの経路は同一である．

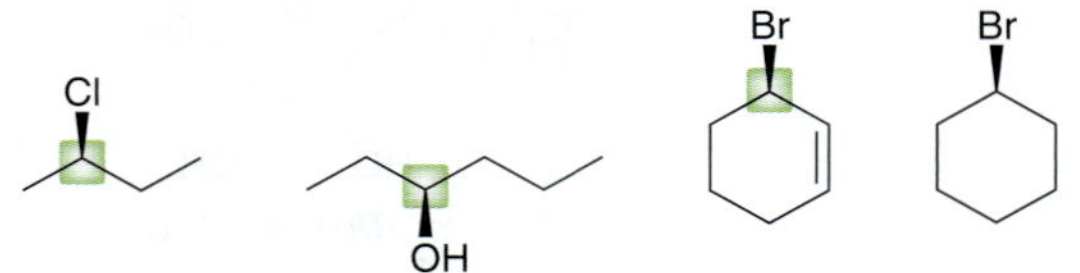

スキルビルダー 5・2　キラル中心を識別する

スキルを学ぶ

鎮痛薬と鎮咳薬として販売されているプロポキシフェン（propoxyphene）のキラル中心をすべて示せ．

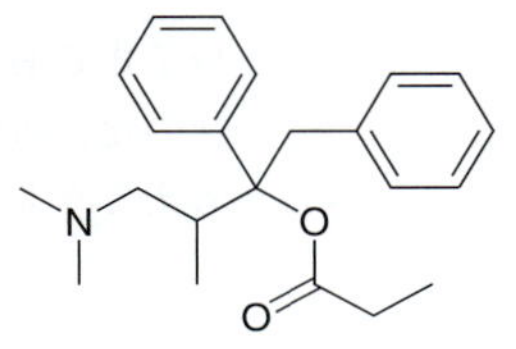

解 答

ステップ 1
sp^2 と sp 混成炭素を除外する．

異なる置換基を四つもつ四面体形炭素原子を探す．sp^2 混成炭素原子はそれぞれ置換基を三つしかもたないので，キラル中心にはなりえない．

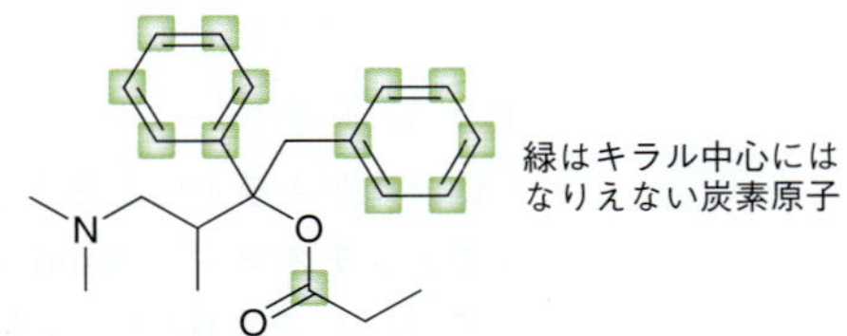

ステップ 2
CH_2 基と CH_3 基を除外する．

四つの異なる置換基をもたないので，CH_2 基と CH_3 基も除外できる．

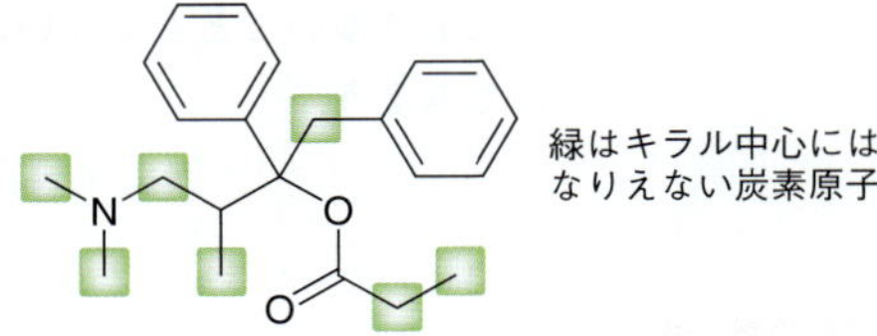

ステップ 3
異なる置換基を四つもつ炭素原子を明らかにする．

キラル中心になりえない炭素原子を先に探すことに慣れると，キラル中心を容易に見つけることができるようになる．この例では，二つの炭素原子だけを考えればよい．これら二つの炭素原子は異なる置換基を四つもつので，キラル中心である．

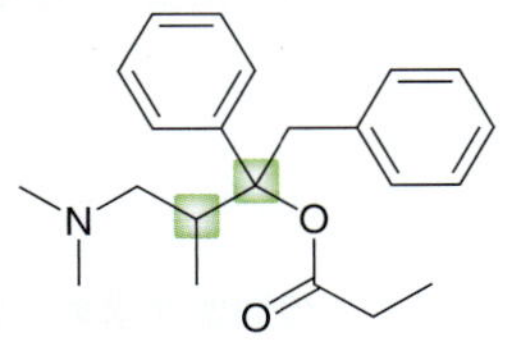

スキルの演習

5・4　次の化合物中のキラル中心をすべて示せ．

(a)

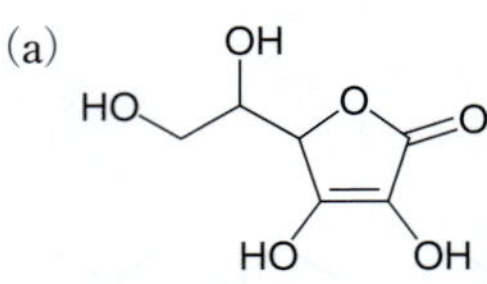

アスコルビン酸(ビタミンC)

(b)

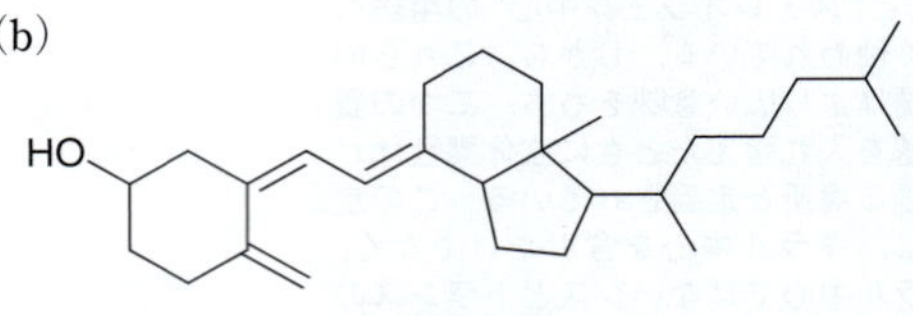

ビタミン D_3

(c)

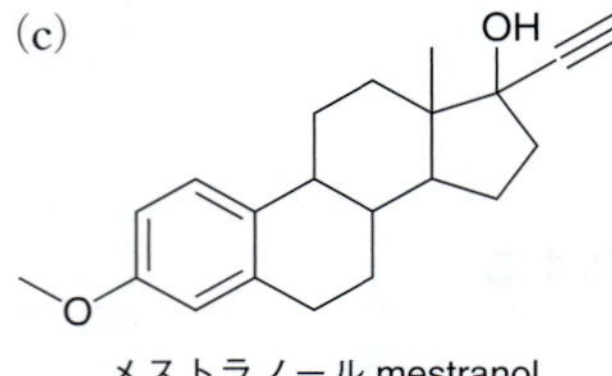

メストラノール mestranol
経口避妊薬

(d)

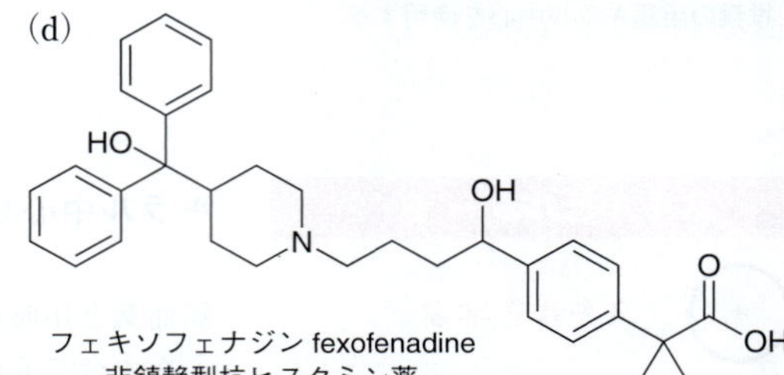

フェキソフェナジン fexofenadine
非鎮静型抗ヒスタミン薬

スキルの応用

5・5　分子式 C_4H_9Br の構造異性体をすべて書き，キラル中心をもつ異性体を示せ．

5・6　次の化合物はキラルか．理由も述べよ（この化合物が鏡像と重ね合わすことができるか考えてみよ）．

P̈

問題 5·34(b)，5·48 を解いてみよう．

エナンチオマー

化合物がキラルであるとき，重ね合わすことができない鏡像が一つ存在する．これは**エナンチオマー**（enantiomer，鏡像異性体，鏡像体ともいう）とよばれ，ギリシャ語で“反対”を意味する言葉に由来する．化合物とその鏡像は一組のエナンチオマーという．二つの化合物が一組のエナンチオマーであるとき，一方の化合物は他方のエナンチオマーであるという．キラルな化合物は必ずエナンチオマーを一つだけもち，これより多いことも少ないこともない．キラル化合物のエナンチオマーを書く練習をしてみよう．

スキルビルダー 5・3　エナンチオマーを書く

スキルを学ぶ

アンフェタミン（amphetamine）は ADHD（注意欠陥多動性障害）と慢性疲労症候群の治療薬として使用される処方箋が必要な興奮薬である．第二次世界大戦中，疲労軽減と注意力増強のために兵士が大量に使用した．アンフェタミンのエナンチオマーを書け．

NH_2　アンフェタミン

 **解答**

この問題が求めているのは，上記の化合物の鏡像を書くことである．これには鏡を分子

の奥，横または下に置く三つの方法がある．

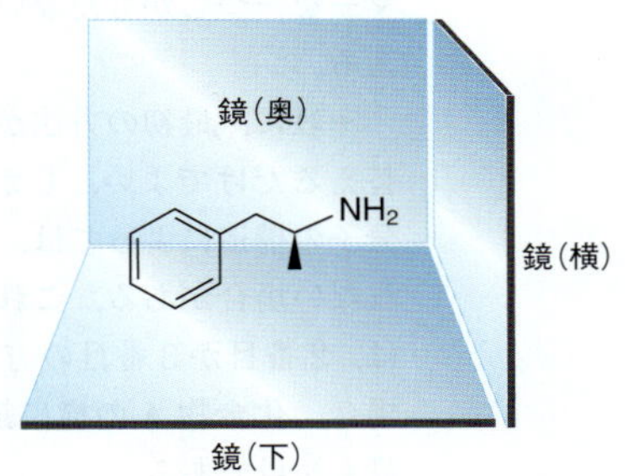

ほとんどの場合，鏡を分子の奥に置いて鏡像を書くのが最も簡単である．

最も簡単なのは分子の奥に鏡を置く方法である．分子の骨格は全く同じように書き，すべてのくさびを破線に，破線をくさびにする．分子のそれ以外のところは全く同じように書く．

エナンチオマーを書く２番目の方法では，分子の横に鏡を置く．この場合，骨格は鏡像にして書くが，くさびと破線はそのままである．

最後の方法では，分子の下に鏡を置く．この場合も骨格を鏡像にして書き，くさびと破線はそのままである．

エナンチオマーを書く三つの方法のうち，最初の方法だけくさびと破線が入れ替わる．しかし，どの方法を用いても得られるエナンチオマーは同一物であることを確かめよう．

三つとも同一のエナンチオマー

三つの構造はすべて同じエナンチオマーである．一見異なるように見えるかもしれないが，どの構造も回転させるだけで必ず他の構造にすることができる．分子はエナンチオマーを一つしかもたないことを考えると，三つの方法は必ず同一のエナンチオマーを与える．

一般に，最初の方法が最も使いやすい．化合物をもう一度書き，くさびと破線を入れ替えるだけでよい．しかしこの方法ではうまくエナンチオマーを書けないことがある．分子の構造によっては，三次元の幾何配置が構造式自身に含まれ，くさびと破線が使われない場合がある．これは二環性化合物の場合にみられる．二環性化合物を考えるときは，2番目か3番目の方法（鏡を分子の横か下に置く方法）を用いるほうがよい．この場合，化合物 **A** の横に鏡を置き，化合物 **B**（化合物 **A** のエナンチオマー）を書くのが最も簡単である．

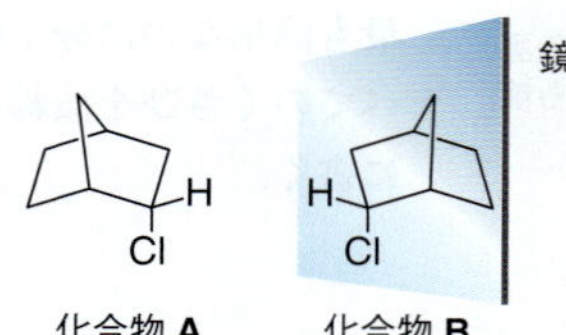

スキルの演習

5・7　次の化合物のエナンチオマーを書け．

(a)

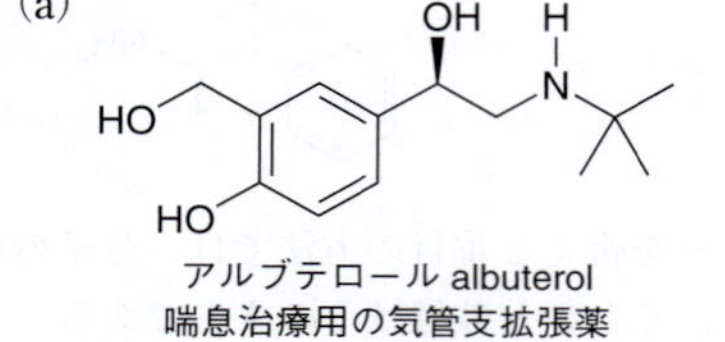

アルブテロール albuterol
喘息治療用の気管支拡張薬

(b)

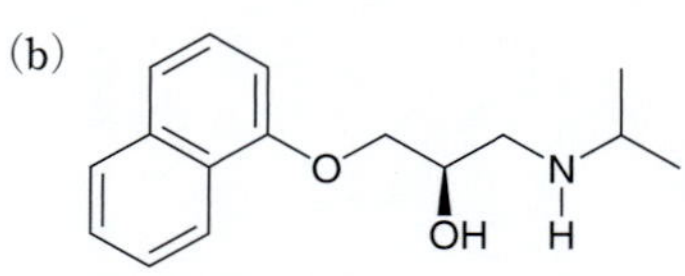

プロプラノロール propranolol
高血圧治療用の β 遮断薬

(c)

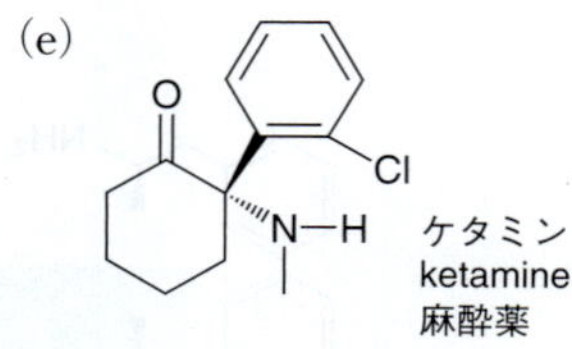

オキシブチニン oxybutynin
膀胱障害の治療薬

(d)

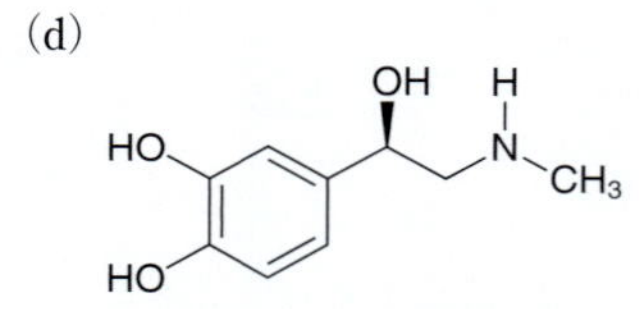

アドレナリン adrenaline
気管支拡張薬として作用するホルモン

(e)

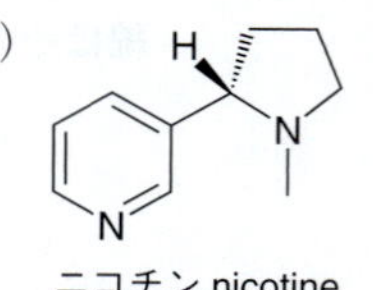

ケタミン
ketamine
麻酔薬

(f)

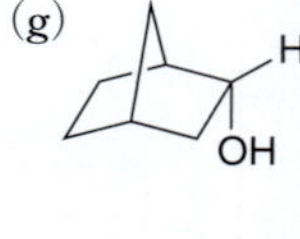

ニコチン nicotine
たばこ中の習慣性物質

(g)

スキルの応用

5・8　イクサベピロン（ixabepilone）はFDAにより2007年に承認された進行性乳がんの治療に使用される細胞毒性化合物である．この化合物のエナンチオマーを書け．

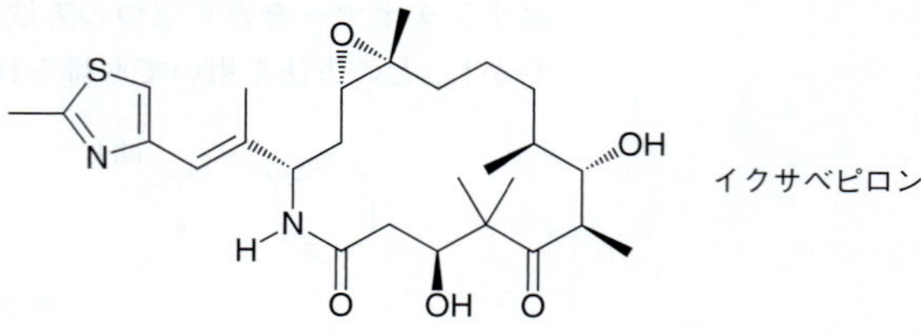

イクサベピロン

問題 5・33，5・34(a)，5・38(a)～(f)，(i)～(l) を解いてみよう．

役立つ知識 においの感じ方

物体がにおいをもつのは，有機化合物を空気中に放出するからである．大部分のプラスチックや金属でできたものは，室温で分子を放出しないので無臭である．一方，香辛料が強いにおいをもつのは，多くの有機化合物を放出するからである．放出された化合物は吸込まれて鼻に入り，その存在を感知する受容体に到達する．化合物は受容体に結合し，脳がにおいとして判断する神経シグナルを伝達する．

一つの化合物は多数の異なる受容体に結合することができ，そのパターンによって脳は特有のにおいとして識別する．化合物ごとに結合のパターンが異なるので，10,000 以上のにおいを互いに区別することが可能である．この機構には多くの興味深い特徴がある．とりわけ，“鏡像”の化合物（エナンチオマー）が異なる受容体に結合する結果，異なるにおいとして区別できることがある．受容体はふつうキラルであり，一方のエナンチオマーだけが受容体に効果的に結合することが起こりうる．

たとえば，カルボン（carvone）はキラル中心を一つもち，エナンチオマーが二つ存在する．

(*R*)-カルボン
スペアミントのにおい

(*S*)-カルボン
キャラウェイの種子のにおい

一方のエナンチオマーはスペアミントのにおい，他方はキャラウェイの種子（麦芽ライ麦パンにみられる種子）のにおいがする．においの違いを感じるためには，受容体がキラルでなければならない．この事実は人体がキラルな環境である（多数のキラルな分子が相互作用し合っている）ことを示す．生物の受容体のキラルな性質によって薬がどのように作用するかが決まることを次のコラムで述べる．

5・3 Cahn-Ingold-Prelog 方式による立体配置の表示

Cahn-Ingold-Prelog 方式のまとめはスキルビルダー 5・4 の直前にある．

前節では，線結合構造を用いて一組のエナンチオマーの違いを図示した．

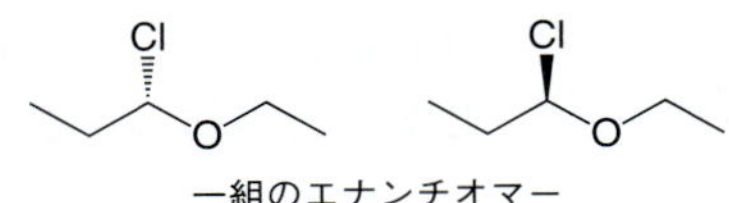

一組のエナンチオマー

この違いをより効率よく伝えるために，エナンチオマーを個別に表示するための命名法も必要である．この方法は考案した三人の化学者の名前にちなんで，**Cahn-Ingold-Prelog 方式**（Cahn-Ingold-Prelog system）とよばれる．この方法の第 1 段階では，原子番号に基づいてキラル中心に結合した四つの置換基に優先順位をつける．原子番号が最も大きい原子に最高の優先順位 1 を，原子番号が最も小さい原子に最低の優先順位 4 をつける．例として，上記の左側のエナンチオマーを考えてみよう（左図）．

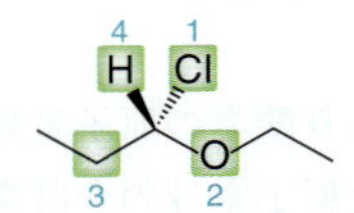

キラル中心に結合した四つの原子のうち，塩素が最も原子番号が大きいので優先順位 1 となる．2 番目に原子番号の大きい酸素原子が優先順位 2 となる．炭素原子が優先順位 3，最も原子番号の小さい水素原子が優先順位 4 となる．

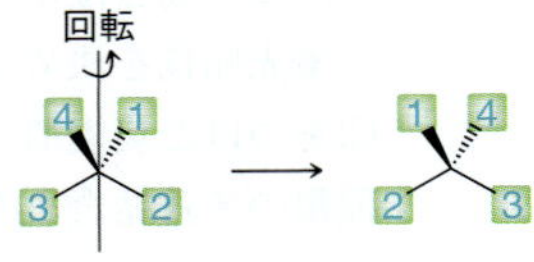

回転を視覚的にわかりやすくするために，市販の分子模型セットを用いて分子模型を組立てるとよい．

四つの置換基すべてに優先順位をつけ，優先順位 4 の置換基が“紙面の奥に向かう（または破線に結合している）”ように分子を回転する．そして，1-2-3 の配列が時計回りになるか反時計回りになるかを調べる．このエナンチオマーでは，配列は反時計回りである．反時計回りの配列を ***S***（ラテン語で左を意味する sinister から）と表示する．この化合物のエナンチオマーは時計回りの配列をもち，***R***（ラテン語で右を意味する rectus から）と表示する．

立体表示記号 *R* と *S* は，キラル中心の**立体配置**（configuration）を表示するために使われる．キラル中心の立体配置を表示するには次の三つの手順が必要であり，次項で詳しく説明する．

1. キラル原子に結合した四つの原子に優先順位をつける．
2. 必要があれば，優先順位 4 の置換基が破線に結合している（紙面の奥にある）ように分子を回転する．
3. 1-2-3 の配列が時計回りか反時計回りかを決定する．

四つの置換基の優先順位を決める

キラル中心に結合した四つの原子（Cl, O, C, H）がすべて異なるので，前の例はかなり簡単であった．二つ以上の原子が同じ原子番号をもつことのほうがふつうである．たとえば，左の例では，キラル中心に二つの炭素原子が直接結合している．明らかに，酸素が優先順位 1，水素が優先順位 4 であるが，どちらの炭素原子が優先順位 2 だろうか．これを決定するために，それぞれの炭素原子はキラル中心のほかに三つの原子と結合していることに注目する．両側の炭素について，結合した三つの原子を原子番号が大きい順に並べた比較のための表（比較表）をつくる．二つの比較表は同じなので，キラル中心からさらに先に進み，同じ手順を繰返す．

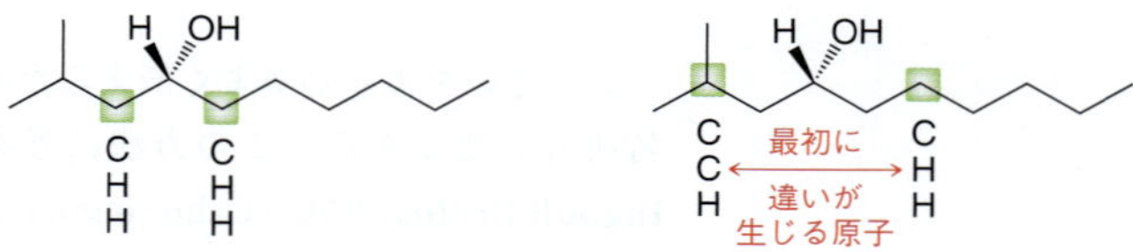

この方法で最初に違いが生じる箇所を探していく．この場合，水素より炭素の原子番号が大きいので，左側の炭素の優先順位が高くなる．

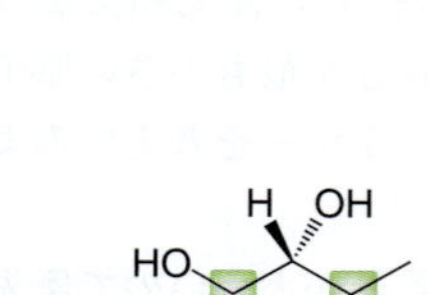

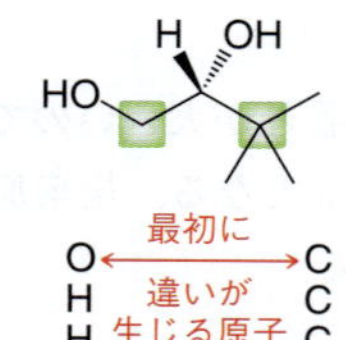

もう一つの例で，重要な点を説明する．左の場合，炭素より酸素の原子番号が大きいので，左側の炭素が高い優先順位をもつ．表中に示された原子番号の合計を比較してはいけない．三つの炭素原子の原子番号の和（6＋6＋6）は，酸素原子一つと水素原子二つの和（8＋1＋1）より大きいが，優先順位は最初に違いが生じる箇所で決まり，この場合酸素が炭素に優先する．

優先順位を決めるときに，二重結合は同じ単結合が二つあるとみなす．下左の図の印をつけた炭素原子は二つの酸素原子に結合しているとして扱う．同じ規則は，他の種類の多重結合にも適用される．

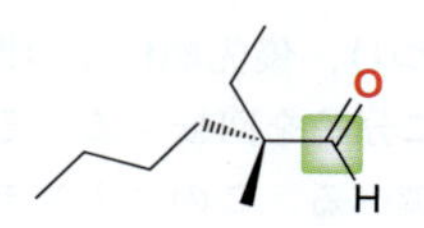

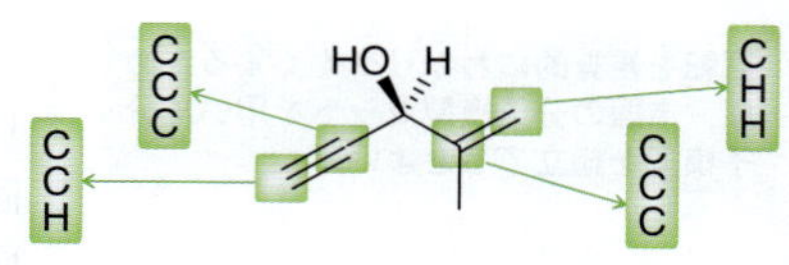

医薬の話題 キラルな薬

世界中で非常に多くの薬が販売されている．薬に含まれる化合物の入手法は以下の三つに分類される．

1. 天然物，すなわち植物や細菌などの天然資源から単離された化合物
2. 実験室で化学的に修飾された天然物
3. 合成化合物（完全に実験室で合成）

天然資源から得られた大部分の薬は，単一のエナンチオマーからなる．重要なことに，一組のエナンチオマーが同じ効力を示すことはめったにない．これまでの章で，薬の作用は薬と受容体の結合の結果，生じることを述べた．薬が少なくとも3箇所で受容体に結合する（三点結合とよばれる）ならば，薬の一方のエナンチオマーは他方に比べて強く受容体に結合することが可能となる．

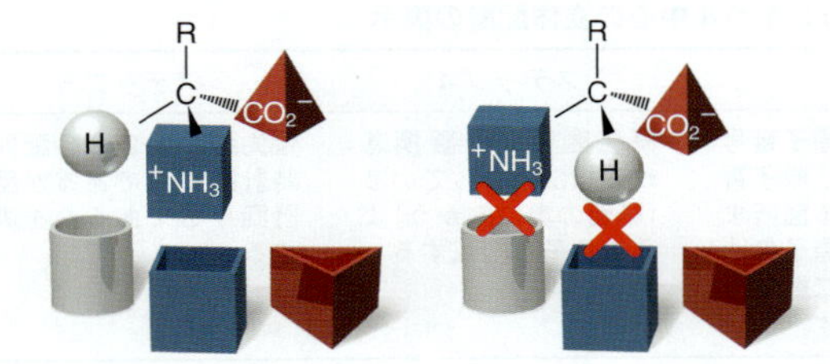

左側の化合物は受容体に結合することができるが，右側のエナンチオマーは結合することができない．このため，エナンチオマーが同じ生物学的応答を示すことはまれである．一例として，イブプロフェン（ibuprofen）のエナンチオマーを考えてみよう．

イブプロフェンは抗炎症作用をもつ鎮痛薬である．*S* 体は活性を示すが，*R* 体は不活性である．しかし，エナンチオマーを分離する利点が明確ではないので，イブプロフェンは両エナンチオマーの混合物として販売されている．実際に，ヒトの体内で *R* 体は活性な *S* 体へと徐々に変換されている証拠がある．エナンチオマーの分離は費用がかかり困難なため，多くの合成薬はエナンチオマーの混合物として販売されている．

多くの場合，エナンチオマーは全く異なる生理学的応答をひき起こす．たとえば，チモロール（timolol）のエナンチオマーを考えてみよう．*S* 体は扁桃炎と高血圧の治療薬であり，*R* 体は緑内障の治療に有効である．この例では，違いはあるものの両エナンチオマーは好ましい結果を生じる．

一方のエナンチオマーが好ましくない応答を起こす例もある．たとえば，ナプロキセン（naproxen）の *S* 体は抗炎症薬であるが，*R* 体は肝臓に対して毒性を示す．

薬の一方のエナンチオマーが毒性を示すことが知られている場合，薬は単一のエナンチオマーとして販売されている．しかし，市場の大部分の薬は両エナンチオマーの混合物として販売されている．最近 FDA は特許の制度変更により単一エナンチオマーの開発を奨励している．単一エナンチオマーがエナンチオマーの混合物より有効なことが証明された場合，過去に混合物として販売されていた薬であっても，単一エナンチオマーとして新しい特許を申請することを製薬会社に認めた．エナンチオ選択的合成（§8・8参照）の最近の進歩により，単一エナンチオマーの薬を製造するための新しい門戸が開かれた．これを反映して，市場に出される大部分の新しい薬は単一エナンチオマーとして販売されている．

異なる生物学的応答を示すエナンチオマーの他の例は文献参照［*J. Chem. Educ.*, 73, 481(1996)］．

(*S*)-イブプロフェン　(*S*)-チモロール　(*S*)-ナプロキセン

(*R*)-イブプロフェン　(*R*)-チモロール　(*R*)-ナプロキセン

分子を回転させる

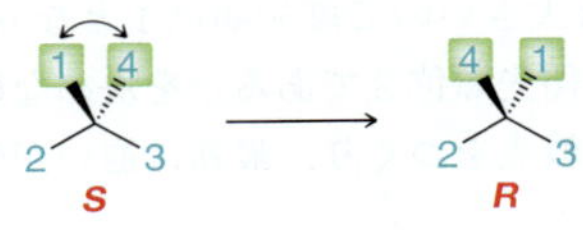

分子を回転して適切な向きから（優先順位4が破線に結合しているように）書き直すことが苦手な人がいる．そのような場合，任意の二つの置換基を入れ替えると立体配置は逆になるという事実に基づいた左の方法を試してみるとよい．どの二つの置換基を入れ替えても差し支えない．任意の二つの置換基を入れ替えると立体配置は変わ

り，もう一度入れ替えると立体配置はもとに戻る．この考えに基づくと，実際に分子を回転させなくても，回転した分子を簡単に表示することができる．左の例を考えてみよう．

このキラル中心の立体配置を表示するために，まず優先順位 4 の置換基を見つけ，破線の置換基と入れ替える．次に，残りの二つの置換基を入れ替える．

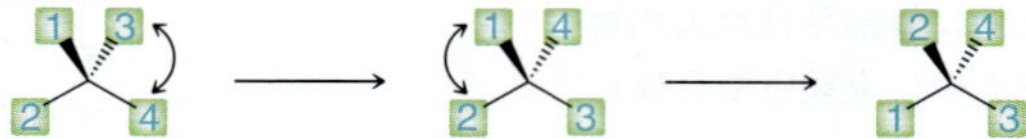

入れ替えを 2 回行うと，最後の構造は最初の構造と同じ立体配置をもつ．そして，入れ替え後は，優先順位 4 が破線にある向きから分子が書かれている．この手法を用いると，実際に回転したかのように，分子を適切な向きから書き直すことができる．この例では，1-2-3 の配列は時計回りなので，立体配置は R である．立体配置の帰属の手順を表 5・1 にまとめる．

表 5・1　Cahn-Ingold-Prelog 方式のまとめ：キラル中心の立体配置の表示

ステップ 1	ステップ 2	ステップ 3	ステップ 4	ステップ 5
キラル中心に直接結合した四つの原子を明らかにする	原子番号に基づき各原子に優先順位をつける．最も原子番号の大きいものを優先順位 1，最も原子番号の小さいもの（水素原子の場合が多い）を優先順位 4 とする	もし二つの原子が同じ原子番号の場合，キラル中心から原子番号が最初に違いが生じる箇所まで先に進む．結合した原子の比較表を作成するとき，二重結合は二つの単結合とみなす	優先順位 4 の置換基が破線に結合している（紙面の奥に向かう）ように分子を回転する	優先順位 1-2-3 の配列が時計回り R であるか反時計回り S であるかを決定する

スキルビルダー 5・4　キラル中心の立体配置を決定する

スキルを学ぶ

次の線結合構造式は，パーキンソン病治療薬 2-アミノ-3-(3,4-ジヒドロキシフェニル)プロパン酸の一方のエナンチオマーを示す．この化合物のキラル中心の立体配置を RS で示せ．

解 答

ステップ 1
キラル中心に結合した四つの原子を明確にし，原子番号によって優先順位をつける．

まず初めに，キラル中心に直接結合した原子を明確にする．

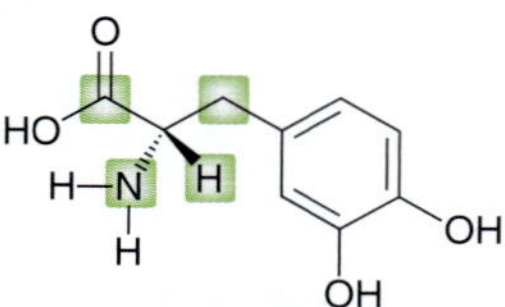

四つの原子は N, C, C, H である．窒素が原子番号が最も大きいので優先順位 1 となり，水素が優先順位 4 となる．ここで，どちらの炭素原子が優先順位 2 であるかを決めなければならない．それぞれの炭素に結合している原子の比較表をつくり，最初に違いが生じる箇所を探す．

ステップ 2
二つ以上の原子が炭素であれば，最初に違いが生じる箇所を探す．

最初に違いが生じる原子

ステップ 3
優先順位だけを示してキラル中心を書き直す.

酸素は炭素より原子番号が大きいので，左側の優先順位が高くなる．したがって，優先順位の配置は下左のようになる．この場合，優先順位 4 が破線にないので，分子を適切な向きに回転しなければならない．

ステップ 4
優先順位 4 が破線に結合するように分子を回転する.

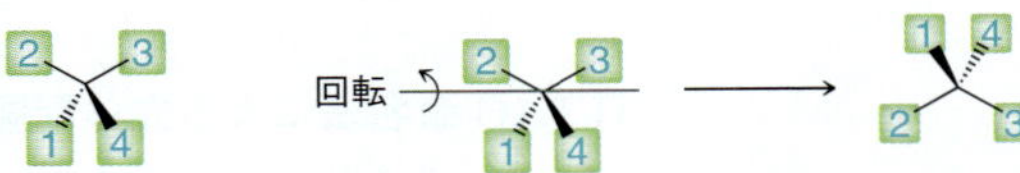

1-2-3 の配列は反時計回りなので，立体配置は S である．回転の段階がわかりにくければ，先に説明した方法が役立つ．優先順位 4 と 1 を入れ替えると，4 が破線にくる．そして，優先順位 2 と 3 を入れ替える．連続的に 2 回入れ替えても，立体配置は最初と同じである．

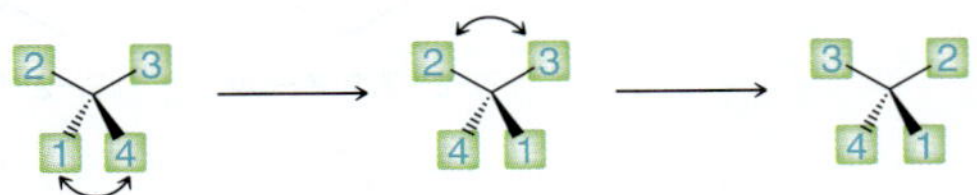

ステップ 5
1-2-3 の配列の順番に基づいて立体配置を決定する.

これにより優先順位 4 は立体配置の決定に適した破線に結合する．1-2-3 の配列は反時計回りであり，立体配置は S となる．

スキルの演習

5・9 次の各化合物はキラルな炭素原子をもつ．各キラル中心を示し，その立体配置を RS で示せ．

(a)

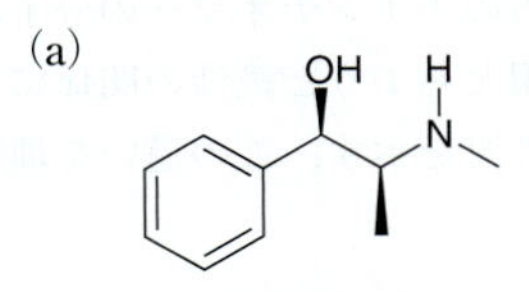

エフェドリン ephedrine
中国産植物 *Ephedra sinica* から得られる気管支拡張薬とうっ血除去薬

(b)

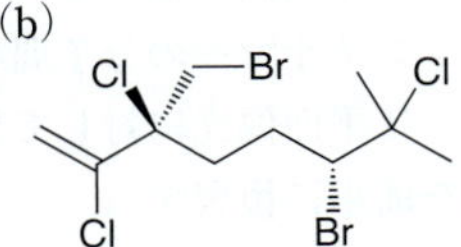

ハロモン halomon
海洋生物から単離された抗腫瘍物質

(c)

ストレプチミドン streptimidone
抗生物質

(d)

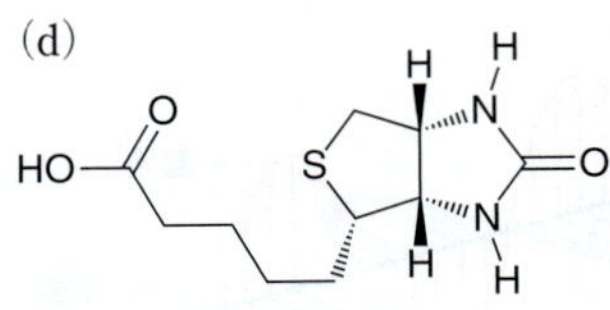

ビオチン biotin
（ビタミン B_7）

(e)

クメパロキサン
kumepaloxane
グアム原産の巻貝 *Haminoea cymbalum* が生産するシグナル伝達物質

(f)

クロラムフェニコール
chloramphenicol
細菌 *Streptomyces venezuelae* から単離された抗生物質

スキルの応用

5・10 次の化合物中のキラル中心の立体配置を RS で表示せよ．

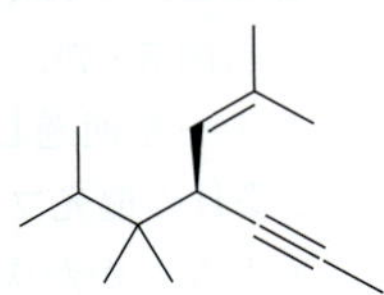

5・11　キラル中心になることができる元素は炭素だけではない．問題5・6では，リン原子がキラル中心である例を述べた．このような場合，非共有電子対は常に優先順位4となる．この規則を用いて，次の化合物のキラル中心の立体配置を *RS* で表示せよ．

問題5·32，5·39(a)〜(g)，(i)，5·45 を解いてみよう．

IUPAC 命名法による立体配置の表示

キラル化合物を命名する際，キラル中心の立体配置はイタリック体でかっこ（　）に入れて化合物名の前に置く．複数のキラル中心がある場合は，主鎖上の位置を示すためにそれぞれの立体配置記号の前に位置番号をつける．

(*R*)-2-ブタノール　(*S*)-2-ブタノール　(2*R*,3*S*)-3-メチル-2-ペンタノール

5・4 光学活性

(*R*)-カルボン　融点 25 ℃　沸点 231 ℃

(*S*)-カルボン　融点 25 ℃　沸点 231 ℃

エナンチオマーは同一の物理的性質をもつ．たとえば，カルボンのエナンチオマーの融点と沸点は左のとおり同じである．物理的性質は分子間相互作用により決まるので，これは当然の結果である．一方のエナンチオマーの分子間相互作用は，もう一方のエナンチオマーの分子間相互作用とちょうど鏡像の関係にある．しかし，エナンチオマーは平面偏光に対して異なる性質を示す．この違いを理解するために，まず光の性質を簡単に復習する．

平面偏光

電磁波（光）は空間を振動しながら伝播する電場と磁場からなる（図5・6）．電場と磁場の振動場はそれぞれ平面内にあり，これらの平面は互いに直交している．電場の方向（赤）は光波の**偏光**（polarization）とよばれる．多数の光波が同じ方向に進むとき，それぞれの波はいろいろな電場の方向をもち，偏光は互いに無秩序に配向する（図5・7）．この光が偏光フィルターを通過すると，特定の偏光の光子だけがフィルターを通過して**平面偏光**（plane-polarized light）を生じる（図5・8）．平面偏光が2番目の偏光フィルターを通過すると，そのフィルターの向きによって光が通過するかしないかが決まる（図5・9）．

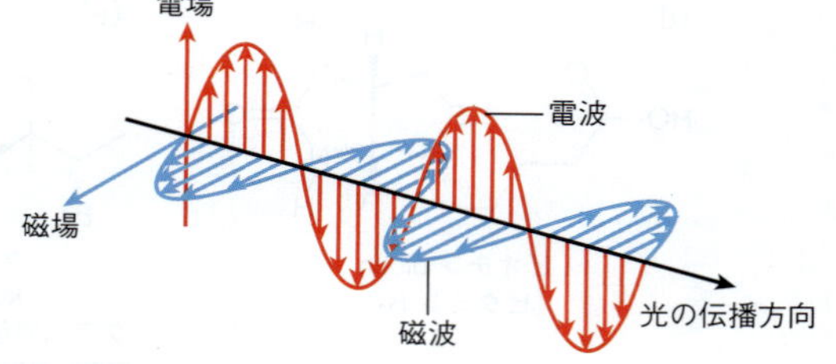

図5・6　光波は互いに直交し振動する電場と磁場からなる

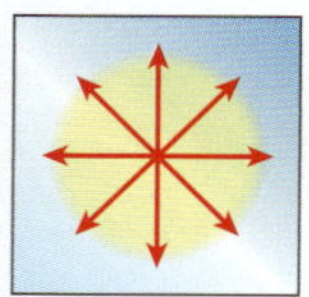

図5・7　非偏光

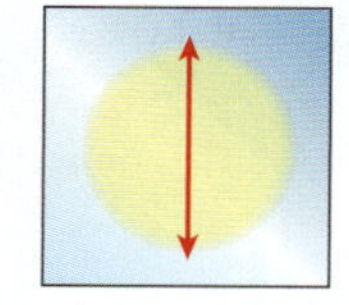

図5・8　平面偏光

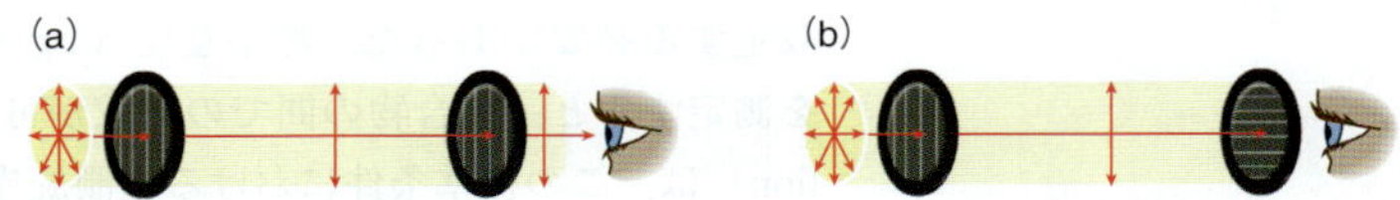

図 5・9　平面偏光. (a) 二つの平行の偏光フィルターを通過する場合. (b) 二つの直交した偏光フィルターを通過する場合.

旋光計

1815 年にフランスの科学者 Jean Baptiste Biot（ビオ）は，さまざまな有機化合物の溶液に偏光を透過させ光の性質を調べていた．その過程で，彼はある種の有機化合物（糖など）の溶液が平面偏光の平面を回転させることを発見した．このような化合物は**光学活性**（optically active）とよばれた．彼は限られた特定の化合物だけがこの性質をもつことにも気づいた．この性質をもたない化合物は**光学不活性**（optically inactive）とよばれた．

光学活性化合物により生じる平面偏光の回転は，**旋光計**（polarimeter）を用いて測定できる（図 5・10）．光源はふつうナトリウムランプであり，ナトリウム D 線とよばれる 589 nm の固定波長の光を出す．この光が偏光フィルターを通過し，その結果生じた平面偏光が光学活性化合物の溶液を入れた試料セルを通過すると平面の回転が起こる．出力光の偏光は，2 番目のフィルターを回転して光が通過する方向を観測することにより決定できる．

図 5・10　旋光計の構成

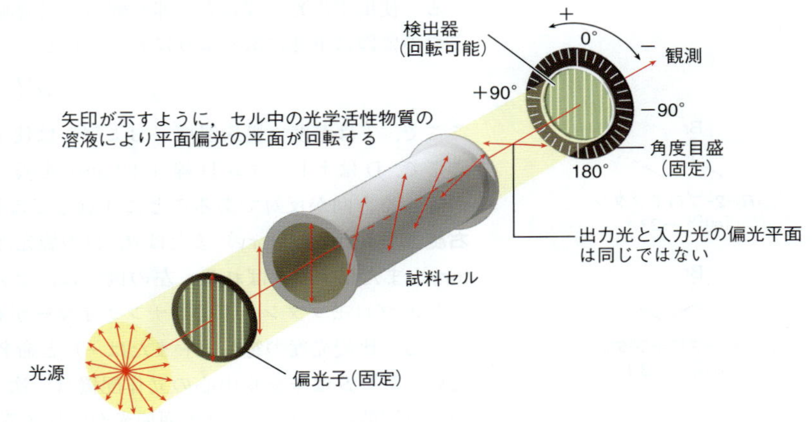

光学活性の起源

1847 年に，フランスの科学者 Louis Pasteur（パスツール）は光学活性の起源に関する解釈を提唱した．Pasteur は酒石酸塩（§ 5・9 参照）を調べ，光学活性はキラリティーに直接関係していると結論した．すなわち，キラルな化合物は光学活性で，アキラルな化合物は光学不活性である．さらに Pasteur は，一組のエナンチオマーはそれぞれ同じ強度で反対方向に平面偏光を回転させることを示した．この考えをさらに詳しく説明する．

比旋光度

キラル化合物の溶液を旋光計により測定し得られる**実測旋光度**（observed rotation，ギリシャ文字の α の記号で示す）は，光が溶液を透過する間に出会う分子数によって決まる．溶液の濃度を 2 倍にすれば，実測旋光度も 2 倍になる．同じことが，光が溶液を通過する距離（経路長）についてもあてはまる．経路長が 2 倍になれば，実測旋光度も 2 倍になる．さまざまな化合物の旋光度を比較するために，標準的な条件を設定する必要があった．標準濃度（1 g/mL）と標準経路長（1 dm）を用いて旋光度を測定すると，化合物の間での比較が可能になる．化合物の**比旋光度**（specific rotation）は，この標準条件における実測旋光度と定義する．

化学者は非常に少量（グラムではなくミリグラム単位）の化合物を用いて研究することが多いので，化合物の旋光性を測定するとき，1 g/mL の濃度を使うことは必ずしも実用的ではない．非常に薄い溶液を用いて旋光度を測定しなければならないことがよくある．標準ではない条件で測定したときは，次の式により比旋光度を計算することができる．

$$\text{比旋光度} = [\alpha] = \frac{\alpha}{c \times l}$$

ここで，$[\alpha]$ は比旋光度，α は実測旋光度，c は濃度（単位は g/mL）および l は経路長（単位は dm，1 dm = 10 cm）である．このようにして，標準条件とは異なる濃度や経路長で測定したときも，化合物の比旋光度を計算することができる．化合物の比旋光度は，融点や沸点と同じように物理定数である．

化合物の比旋光度は温度や波長にも敏感であるが，これらの要因と比旋光度の間には直線的な関係がないので，式に組込まれていない．いいかえれば，温度を 2 倍にしても実測旋光度は必ずしも 2 倍にはならず，実際には実測旋光度が減少する場合さえある．使用する光の波長も，非直線的に実測旋光度に影響を及ぼす．それゆえ，この二つの要因は単純に次のように表示される．

$$[\alpha]_{\lambda}^{T}$$

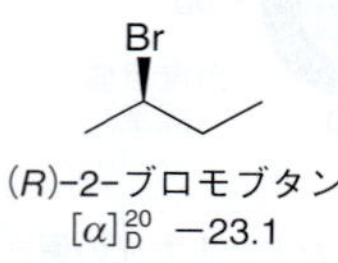

(*R*)-2-ブロモブタン
$[\alpha]_{D}^{20}$ −23.1

Br

(*S*)-2-ブロモブタン
$[\alpha]_{D}^{20}$ +23.1

HO　O　OH　NH₂

ここで，T は温度（摂氏温度）および λ は使用した光の波長である．例を左に示す．ここで，D はナトリウム D 線（589 nm）を表す．エナンチオマーの比旋光度は，強度が等しく方向が反対であることに注意してほしい．正の旋光性（+）を示す化合物は**右旋性**（dextrorotatory）または ***d***，負の旋光性（−）を示す化合物は**左旋性**（levorotatory）または ***l*** とよばれる．左の例では，上のエナンチオマーが左旋性であるので (−)-2-ブロモブタン，下のエナンチオマーが右旋性であるので (+)-2-ブロモブタンとなる．比旋光度の符号（+ または −）と命名法の *RS* 表示の間には直接的な関係はない．*R* と *S* はキラル中心の立体配置（三次元的な配置）を表し，条件に依存しない．対照的に，+ と − は平面偏光が回転する方向であり，条件に依存する．一例として (*S*)-アスパラギン酸を考えてみよう．

左のキラル中心の立体配置は温度に関係なく *S* である．しかし，この化合物の旋光性は温度により左右され，20 °C では左旋性であるが 100 °C では右旋性である．この例から明らかなように，化合物が立体配置（*R* または *S*）に基づいて + か − であるかを予想することはできない．旋光性の強度と方向は，実験的な方法でのみ決定できる．

スキルビルダー 5・5　比旋光度を計算する

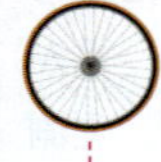

スキルを学ぶ

スクロース 0.300 g を水 10.0 mL に溶解し，長さ 10.0 cm の試料セルに入れたとき，実測旋光度は +1.99°（ナトリウム D 線を用いて 20 °C で測定）であった．スクロースの比旋光度を計算せよ．

解答　この問題中に，比旋光度を求めるために必要なすべての数値が含まれている．単位が正しいかどうか確認する必要がある．濃度 c の単位は g/mL でなければならない．この問題では 0.300 g を 10.0 mL に溶解しているので，濃度は 0.300 g/10.0 mL = 0.03 g/mL である．経路長 l の単位は dm（1 dm = 10 cm）でなければならない．問題中では経路長は 10.0 cm であり，これは 1.00 dm である．次に，単純にこれらの数値を式に代入する．

$$\text{比旋光度} = [\alpha] = \frac{\alpha}{c \times l} = \frac{+1.99^\circ}{0.03\ \text{g/mL} \times 1.00\ \text{dm}} = +66.3$$

温度（20 °C）と波長（ナトリウム D 線）をそれぞれ上つきと下つきで示す．比旋光度は単位をつけないで表記することに注意しよう．

$$[\alpha]^{20}_{\text{D}} = +66.3$$

スキルの演習

5・12　グルタミン酸モノナトリウム塩 0.575 g を水 10.0 mL に溶解し，長さ 10.0 cm の試料セルに入れたとき，20 °C における実測旋光度は +1.47°（ナトリウム D 線使用）である．グルタミン酸モノナトリウム塩の比旋光度を計算せよ．

5・13　コレステロール 0.095 g をエーテル 1.00 mL に溶解し，長さ 10.0 cm の試料セルに入れたとき，20 °C における実測旋光度は −2.99°（ナトリウム D 線使用）である．コレステロールの比旋光度を計算せよ．

5・14　メントール 1.30 g をエーテル 5.00 mL に溶解し，長さ 10.0 cm の試料セルに入れたとき，20 °C における実測旋光度は +0.57°（ナトリウム D 線使用）であった．メントールの比旋光度を計算せよ．

スキルの応用

5・15　次の化合物の比旋光度の値を予想し，その理由を説明せよ．

OH
HO

5・16　(S)-2-ブタノールの比旋光度は +13.5 である．このエナンチオマー 1.00 g をエタノール 10.0 mL に溶解し，長さ 10.0 cm の試料セルに入れたとき，実測旋光度はいくつか．

問題 5・44，5・50(c)，5・52 を解いてみよう．

エナンチオマー過剰率

一方のエナンチオマーのみを含む溶液は**光学的に純粋**（optically pure）または**エナンチオマー的に純粋**（enantiomerically pure，鏡像異性体的に純粋，エナンチオピュアともいう）とよばれる．すなわち，他方のエナンチオマーは全く存在しない．

同量の両エナンチオマーを含む溶液は，**ラセミ体***（racemate）とよばれ，光学不活性である．平面偏光がラセミ体の溶液を通過する間に，光が 1 分子と出会うと，相互作用によりわずかに回転するが，両エナンチオマーが同量存在するので，最終的な回転は 0° になる．一つひとつのエナンチオマーは光学活性であるが，その同量の混合物は光学活性でない．

異なる量の両エナンチオマーを含む溶液は光学活性である．たとえば，(R)-2-ブタノール 70% と (S)-2-ブタノール 30% を含む 2-ブタノールの溶液を考えてみる．このとき，R 体が 40%（= 70% − 30%）過剰に存在し，残りは両エナンチオマーのラセミ体である．この場合，**エナンチオマー過剰率**（enantiomeric excess，ee，鏡像異性体過剰率ともいう）は 40% である．

＊ 訳注：原書ではラセミ体の意味で racemic mixture が使われている．この用語はコングロメレート（conglomerate）の意味でも使われるので，IUPAC は使用しないことを推奨している．コングロメレートとは，ラセミ体が結晶化するとき，個々の結晶が一方のエナンチオマーからなる状態のことである．

＊ 訳注：実測および純粋なエナンチオマーの比旋光度から得られる数値は光学純度(optical purity)とよばれる．分子間の相互作用が強いときなど，光学純度はエナンチオマー過剰率(両エナンチオマーの混合割合)と必ずしも一致しないことがある．

化合物の % ee は実験的には以下の方法で測定することができる＊.

$$\% \text{ ee} = \frac{|\text{実測の}[\alpha]|}{|\text{純粋なエナンチオマーの}[\alpha]|} \times 100\%$$

この式を使って % ee を求める練習をしてみよう．

スキルビルダー 5・6　% ee を計算する

スキルを学ぶ

光学的に純粋なアドレナリンの水中（25 °C）における比旋光度は −53 である．光学的に純粋なアドレナリンを合成する経路が検討されたが，生成物は不要なエナンチオマーを少量含むことがわかった．生成物の実測の比旋光度は −45 であった．この生成物の % ee を計算せよ．

解 答

与えられた数値を式に代入する．

$$\% \text{ ee} = \frac{|\text{実測の}[\alpha]|}{|\text{純粋なエナンチオマーの}[\alpha]|} \times 100\% = \frac{45}{53} \times 100\% = 85\%$$

85% ee は，生成物の 85% はアドレナリンで残りの 15% はラセミ体（アドレナリン 7.5% とそのエナンチオマー 7.5%）であることを示す．すなわち，この生成物はアドレナリン 92.5% とその不要なエナンチオマー 7.5% からなる．

スキルの演習

5・17　L-ドーパの水中（15 °C）における比旋光度は −39.5 である．L-ドーパとそのエナンチオマーの混合物を調製し，その比旋光度を測定すると −37 であった．この混合物の % ee を計算せよ．

5・18　エフェドリンのエタノール中（20 °C）における比旋光度は −6.3 である．エフェドリンとそのエナンチオマーの混合物を調製し，その比旋光度を測定すると −6.0 であった．この混合物の % ee を計算せよ．

5・19　ビタミン B_7 の水中（22 °C）における比旋光度は +92 である．ビタミン B_7 とそのエナンチオマーの混合物を調製し，その比旋光度を測定すると +85 であった．この混合物の % ee を計算せよ．

スキルの応用

5・20　L-アラニンの水中（25 °C）における比旋光度は +2.8 である．L-アラニンとそのエナンチオマーの混合物を調製し，この混合物 3.50 g を水 10.0 mL に溶解した．この溶液を経路長 10.0 cm の試料セルに入れたところ，実測旋光度は +0.78° であった．この混合物の % ee を計算せよ．

問題 5･40，5･50(a)，(b) を解いてみよう．

5・5　立体異性体の関係：エナンチオマーとジアステレオマー

§5・1では，立体異性体は同じ構造（原子の結合順序）をもつが重ね合わすことができない（原子の空間的配列が異なる）ことを述べた．図 5・11 に示すように，立体異性体はさらに二つに分類することができる．

エナンチオマーは互いに鏡像である立体異性体であるが，**ジアステレオマー**（diastereomer）は互いに鏡像ではない立体異性体である．この定義によると，シス-トランス異性体はエナンチオマーではなくジアステレオマーである．

図 5・11　立体異性体の分類

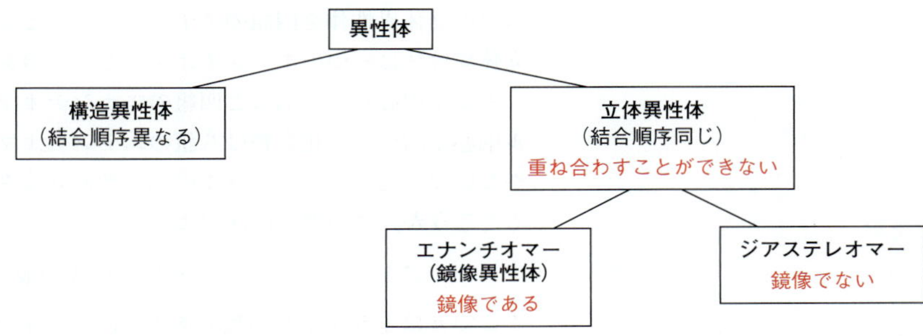

H_3C　CH_3　H　H
cis-2-ブテン

H_3C　H　H　CH_3
trans-2-ブテン

もう一度，*cis*-2-ブテンと *trans*-2-ブテンの構造を考えてみよう．*cis*-2-ブテンと *trans*-2-ブテンは立体異性体であり，互いに鏡像ではないので，ジアステレオマーである．エナンチオマーとジアステレオマーの重要な違いは，エナンチオマーは物理的性質が同じ（§5・4 参照）なのに対し，ジアステレオマーは物理的性質が異なる（§5・1 参照）ことである．

エナンチオマーとジアステレオマーの違いは，キラル中心を二つ以上もつ化合物の場合に特に重要になる．一例として，左の構造を考えてみよう．この化合物はキラル中心を二つもつ．各キラル中心は *R* または *S* の立体配置をもつので，四つの立体異性体（二組のエナンチオマー）が可能である．

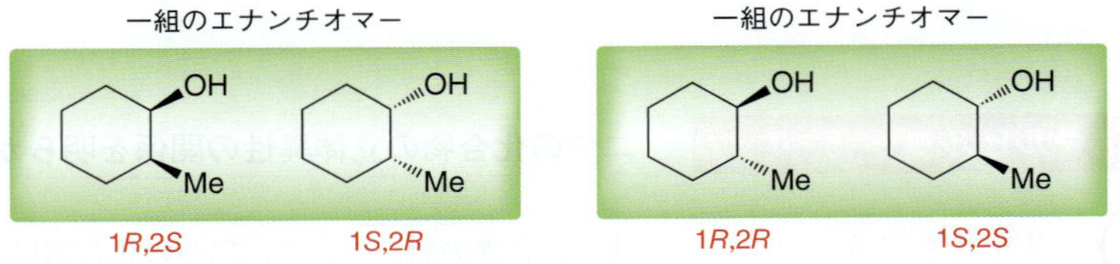

四つの立体異性体の関係を説明するために，そのうち一つに注目して他の三つとの関係をみていこう．最初の立体異性体の立体配置は (1*R*, 2*S*) である．この立体異性体はエナンチオマーが一つだけ存在し，その立体配置は (1*S*, 2*R*) である．3 番目の立体異性体は最初の立体異性体と互いに鏡像ではないので，ジアステレオマーである．同様にして，1 番目と 4 番目の立体異性体はジアステレオマーの関係にある．したがって，1 番目の立体異性体には一つのエナンチオマーと二つのジアステレオマーが存在し，どの立体異性体に注目しても同じことがいえる．

では，キラル中心を三つもつ場合を考えてみよう（左図）．ここでも，各キラル中心は *R* または *S* の立体配置をもつので，八つの立体異性体が可能である．

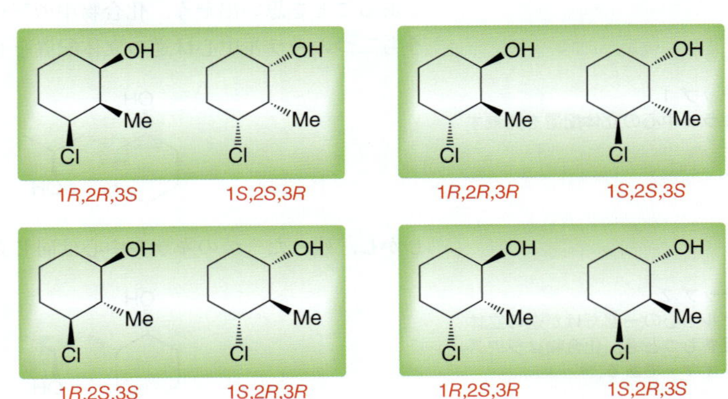

八つの立体異性体を四組のエナンチオマーとして並べた．上記の分子ではそれぞれの立体異性体は一つのエナンチオマーと六つのジアステレオマーをもつ．

キラル中心が三つあると四組のエナンチオマーが存在することに注目すると，キラル中心を四つもつ化合物は八組のエナンチオマーが存在するはずである．ここで明らかな疑問が出てくる．キラル中心の数と立体異性体の数の間にはどのような関係があるだろうか．この関係は次のようにまとめることができる．

$$\text{立体異性体の最大数} = 2^n$$

ここで n はキラル中心の数である．四つのキラル中心をもつ化合物は最大 $2^4 = 16$ の立体異性体，すなわち八組のエナンチオマーをもつ．例として，コレステロール（cholesterol）の構造を考えてみよう．コレステロールには八つのキラル中心があり，2^8（$= 256$）の立体異性体がある．天然に存在する立体異性体は上記の構造のものだけであるが，これには一つのエナンチオマーと 254 のジアステレオマーがある．

コレステロール

スキルビルダー 5・7　二つの化合物の立体異性の関係を明らかにする

スキルを学ぶ

次の化合物の組について，二つの化合物はエナンチオマーとジアステレオマーのどちらか．

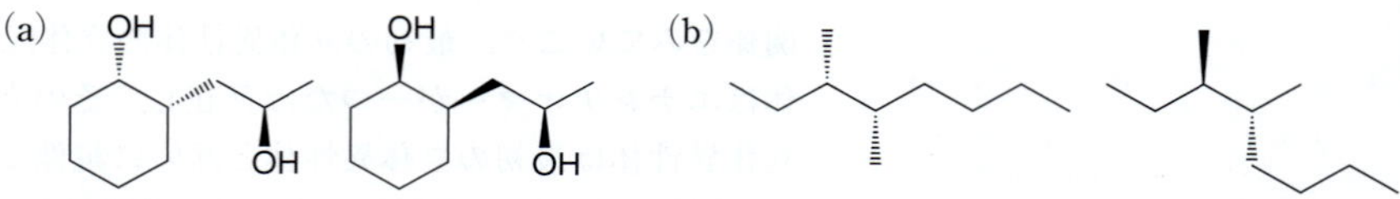

解答

(a) スキルビルダー 5・3 では，化合物のエナンチオマーの書き方を述べた．特に，最も簡単なのは，化合物をそのまま書き直し，すべてのキラル中心を反転させる方法である．すなわち，すべての破線はくさびに，すべてのくさびは破線に書き直す．二つの化合物がエナンチオマーであるのは，すべてのキラル中心が逆の立体配置をもつときだけであることを思い出そう．化合物中の三つのキラル中心を注意深くみてみよう．三つのうち二つのキラル中心は逆の立体配置をもつ．

ステップ 1
各キラル中心の立体配置を比較する．

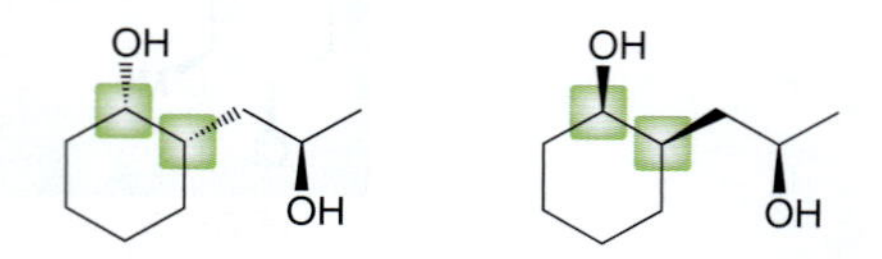

しかし，残った一つのキラル中心は同じ立体配置をもつ．

ステップ 2
キラル中心の一部だけが逆の立体配置をもつとき，化合物はジアステレオマーである．

したがって，二つの立体異性体は互いに鏡像ではないので，ジアステレオマーである．
(b) ここでも二つの立体異性体のキラル中心を比較してみよう．最初のキラル中心は逆の立体配置をもつことがすぐわかる．

ステップ 1
各キラル中心の立体配置を比較する．

2番目のキラル中心は，骨格の立体配座が異なる（単結合は容易に回転する）ので，少し見ただけでは比較がむずかしい．このようなときは，それぞれのキラル中心の立体配置（R または S）を表示して比較するとよい．

ステップ 2
すべてのキラル中心が逆の立体配置をもつとき，化合物はエナンチオマーである．

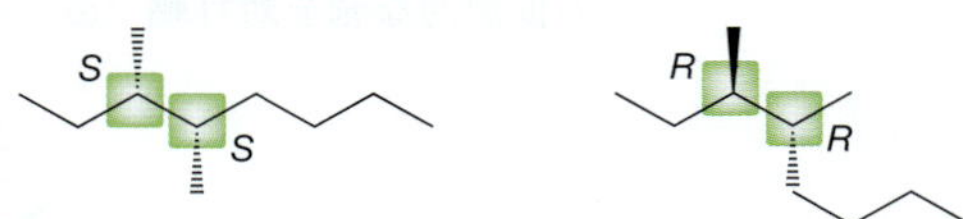

立体異性体を比較すると，二つのキラル中心とも逆の立体配置をもつので，これらの化合物はエナンチオマーである．

スキルの演習

5・21 次の化合物の組について，二つの化合物はエナンチオマーとジアステレオマーのどちらか．

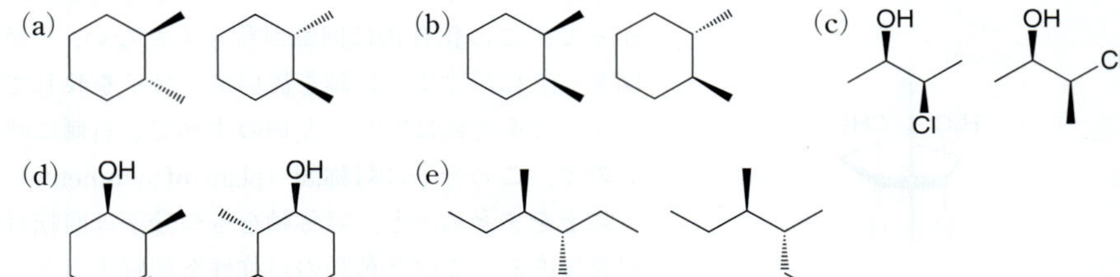

スキルの応用

5・22 次の二つの化合物の立体化学的な関係は何か．［ヒント：キラル中心の数に注意せよ．］

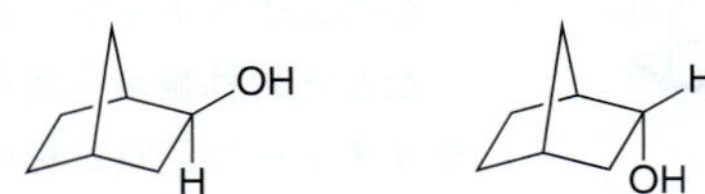

問題 5・36(a)～(j)，(l)，5・41(c)，5・49(a)，(c)，(e)～(j)，5・57 を解いてみよう．

5・6 対称性とキラリティー

回転対称と鏡映対称

本節では化合物がキラルであるかアキラルであるかを決める方法を説明する．キラル中心を一つだけもつ化合物は必ずキラルである．しかし，キラル中心を二つもつ化合物では同じことが必ずしも成り立たない．1,2-ジメチルシクロヘキサンのシスとトランス異性体を考えてみよう．各化合物はキラル中心を二つもつが，トランス体はキラルであるのに対しシス体はキラルではない．その理由を理解するために，対称性とキラリティーの関係を理解しなければならない．まず，対称性の種類について簡単に説明する．

CH3
CH3
trans-1,2-ジメチルシクロヘキサン

CH3 CH3
cis-1,2-ジメチルシクロヘキサン

大まかにいうと，対称性には**回転対称**（rotational symmetry）と**鏡映対称**（reflectional symmetry）の２種類しかない．上記のトランス体が回転対称をもつことを図示するために，シクロヘキサン環に仮想的な軸を通して，この軸を中心にシクロヘキサン環を回転する．回転の前後で構造が変化しないとき，分子は回転対称をもつ．この仮想的な軸を**対称軸**（axis of symmetry，回転軸ともいう）とよぶ．

対称軸
CH3
CH3
軸のまわりに 180° 回転
CH3
CH3
同じ構造

CH3 CH3

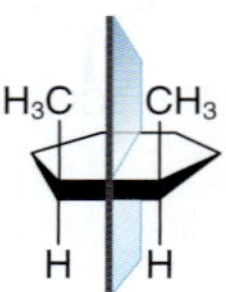

図 5・12　*cis*-1,2-ジメチルシクロヘキサンの対称面

次にシス体を考えよう．この化合物は，トランス体の場合に存在した対称軸をもたない．分子に仮想的な軸を通したとしても，軸を中心に 360° 回転しないと同じ構造とならない．分子に対してどのような方向から軸を通しても，同じことである．したがって，この化合物は回転対称をもたない．しかし，この化合物は鏡映対称をもつ．図 5・12 に示すように鏡を置いて，分子を映してみる．すなわち，鏡の面に対し右側のすべてを左側に映し，左側のすべてを右側に映す．鏡映の前後で構造が区別できないので，この分子は**対称面**（plane of symmetry）をもつ．

以上をまとめると，対称軸をもつ分子は回転対称であり，対称面をもつ分子は鏡映対称である．この２種類の対称性を理解すると，対称性とキラリティーの関係を解明できる．すなわち，**キラリティーは回転対称であるかどうかに関係しない**．いいかえると，化合物がキラルかアキラルであるかは，対称軸の有無とは全く無関係である．*trans*-1,2-ジメチルシクロヘキサンは回転対称であるにもかかわらず，キラルであり，一組のエナンチオマーが存在する．

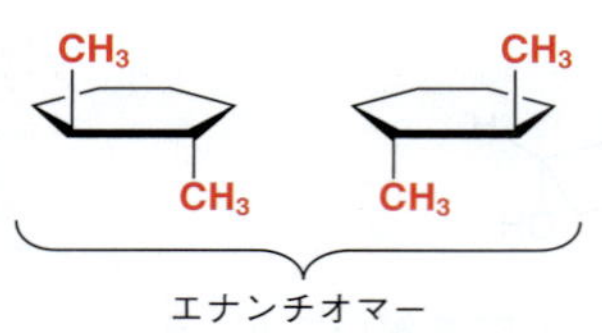

たとえ対称軸が複数存在しても，化合物がキラルかアキラルかとは関係しない．キラリティーは鏡映対称の有無だけに関係する．**対称面をもつ立体配座が存在する化合物はアキラルである**．1,2-ジメチルシクロヘキサンのシス体は対称面をもつので，アキラルである．したがって，この化合物はその鏡像と同一であり，エナンチオマーをもたない．

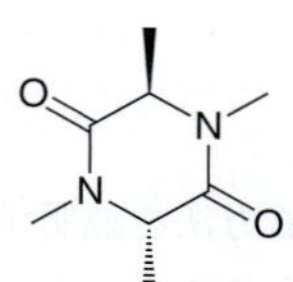

対称面が存在すると化合物はアキラルであるが，逆は必ずしも成り立たない．すなわち，対称面がなくても化合物がアキラルとなることがある．これは，対称面は鏡映対称のひとつにすぎないからである．ほかの種類の鏡映対称があり，これによっても化合物はアキラルになる*．一例として，左の化合物を考えてみよう．この化合物は対称面をもたないが，別の種類の鏡映対称をもつ．面に対する鏡映の代わりに，化合物の中心点に対する対称操作を考えてみる．面ではなく点に対する対称操作は**反転**（inversion）とよばれる．反転すると，構造の上側のメチル基（くさび）は下側のメチル基（破線）に，下側のメチル基（破線）は上側のメチル基（くさび）に映される．すべてのほかの置換基も化合物の中心に対して対称である．反転の前後で構造が区別できないので，この化合物は対称心をもち反転対称である．その結果，対称面が

*　訳注：回転対称と鏡映対称を合わせた対称操作を回映対称（rotation-reflection symmetry）とよぶ．鏡映対称と反転対称はこの回映対称の一種である．回映対称をもたない化合物は必ずキラルである．

＊ ほかの種類の鏡映対称もあるが範囲外とする．本書の目的では，対称面を探すだけで十分である．

なくても化合物はアキラルである＊．

対称性とキラリティーの関係は，次の三点にまとめることができる．

- 回転対称の有無はキラリティーに無関係である．
- 対称面をもつ化合物はアキラルである．
- 対称面をもたない化合物はほとんどの場合キラルである．

ここで，対称面を探すための練習をしよう．

チェックポイント

5・23 次に示すものは対称面をもつか．

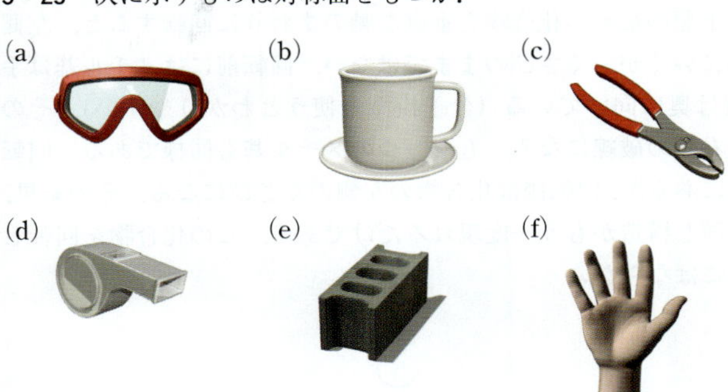

5・24 問題 5・23 で対称面を三つもつものが一つある．どれか．

5・25 次の各分子は対称面を一つもつ．それぞれの対称面を示せ．［ヒント：対称面は原子を半分に切ることができる．］

(a) 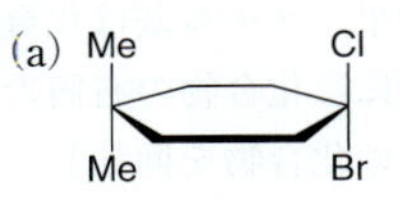

(b) 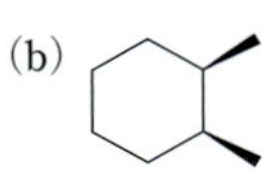

(c) 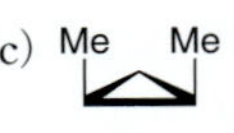

(d) 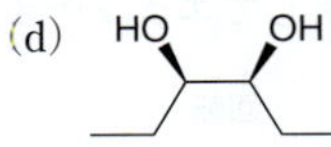

(e) 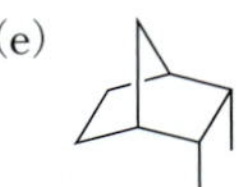

(f) 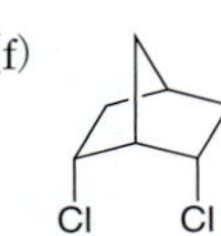

メソ化合物

キラル中心が存在しても化合物は必ずしもキラルとはならないことを述べた．すなわち，たとえキラル中心があっても対称面をもつ化合物はアキラルである．このような化合物は**メソ化合物**（meso compound）とよばれる．メソ化合物を含む場合，可能な立体異性体の数は 2^n より少なくなる．一例として，左の化合物を考えてみよう．この化合物はキラル中心を二つもつので，$2^2(=4)$ の立体異性体（二組のエナンチオマー）があると予想される．

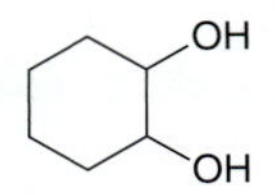

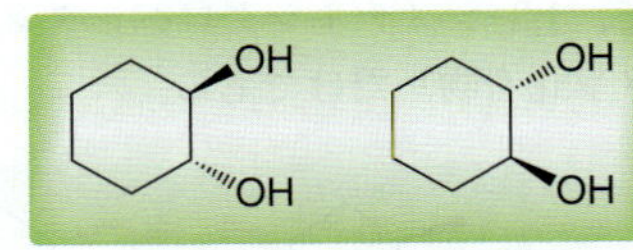

一組のエナンチオマー

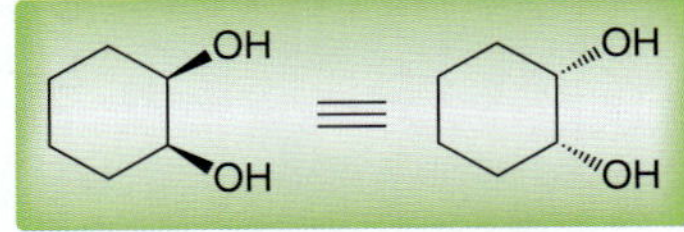

この二つは同一化合物

左側の二つの化合物は確かにエナンチオマーである．しかし，右側の二つの化合物は実は同一化合物である．この化合物は左に示すように対称面をもつのでメソ化合物である．この化合物はキラルではなく，エナンチオマーをもたない．したがって，1,2-シクロヘキサンジオールの立体異性体の数は 4 個ではなく 3 個である．

対称面 OH OH

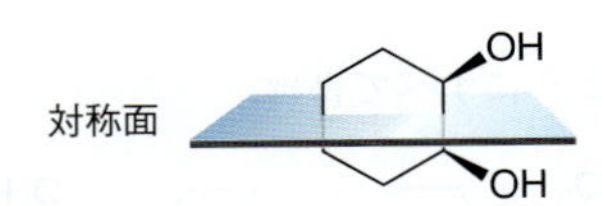

スキルビルダー 5・8 メソ化合物を識別する

スキルを学ぶ

1,3-ジメチルシクロペンタン（右）の立体異性体をすべて書け．

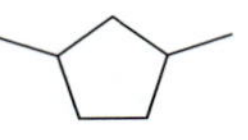

解答

この化合物はキラル中心を二つもつので，四つの立体異性体（二組のエナンチオマー）があると予想される．

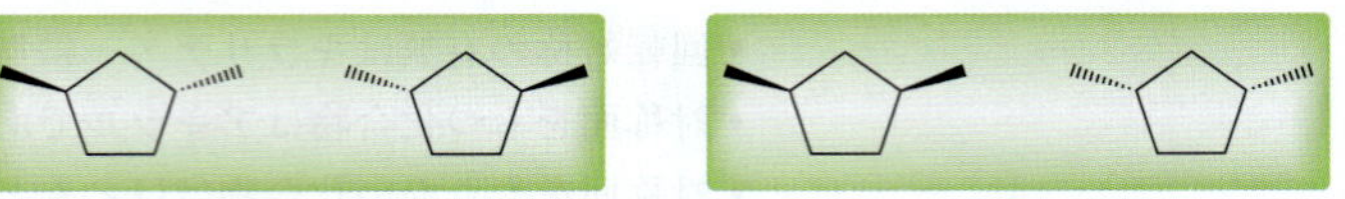

四つの立体異性体があると結論する前に，各組のエナンチオマーがメソ化合物かどうかを確認しなければならない．左側の化合物は確かに一組のエナンチオマーである．

二つの化合物が重ね合わすことができないことを確認するときにまちがいやすいのは，最初の化合物を回転すると2番目の化合物になると勘違いすることである．これはまちがいである．破線のメチル基は紙面の奥へ，くさびのメチル基は紙面の手前へ向いていることを思い出そう．上記の最初の化合物を垂直な軸のまわりに回転すると，左側のメチル基は化合物の右側にいくが，くさびのままではない．回転前にはメチル基は手前に向いていたが，回転後は奥に向いている（分子模型を使うとわかりやすい）．その結果，メチル基は化合物の右側の破線になる．もう一つのメチル基も同様である．回転前には化合物の右側の破線にあるが，回転後は化合物の左側のくさびになる．その結果，この化合物を回転しても，同じ構造がもう一度現れるだけである．この化合物を回転しても決してエナンチオマーにはならない．

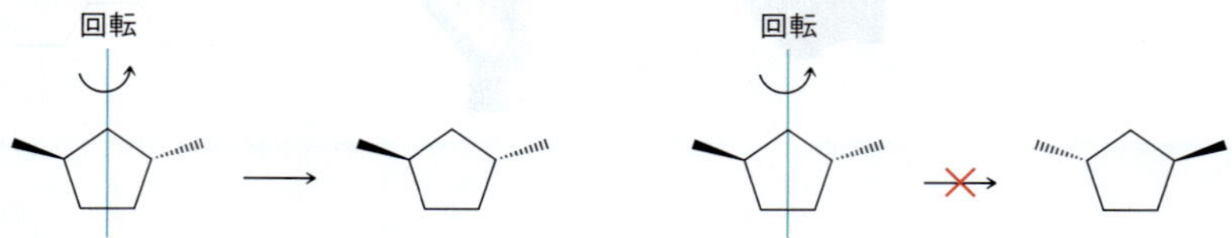

対照的に，右側の一組の化合物は，エナンチオマーではなく同一化合物（メソ化合物）を異なる書き方で示しただけである．

したがって，1,3-ジメチルシクロペンタンの立体異性体は三つ（一組のエナンチオマーと一つのメソ化合物）だけである．

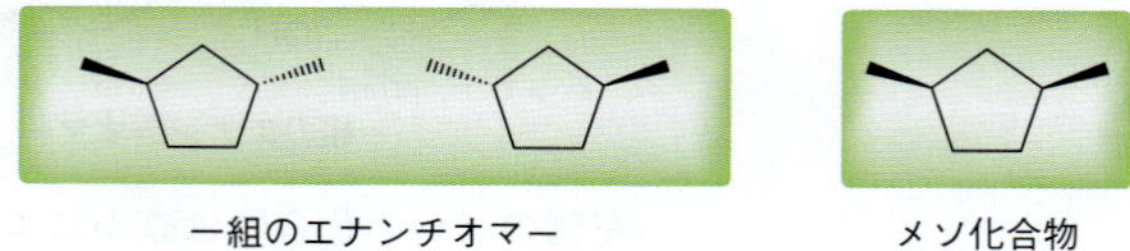

スキルの演習

5・26　次の化合物の可能な立体異性体を，重複がないようにすべて書け．

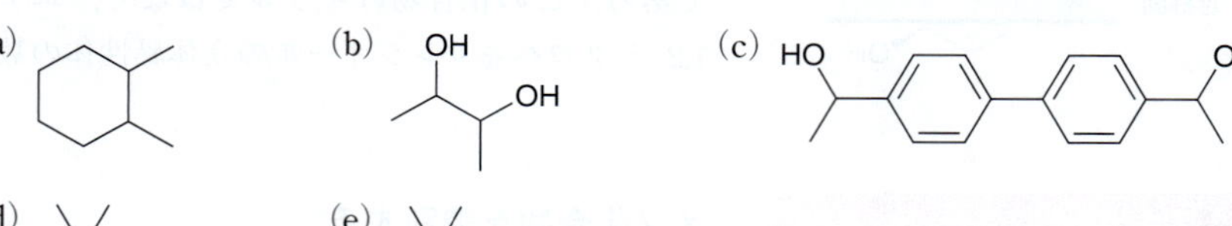

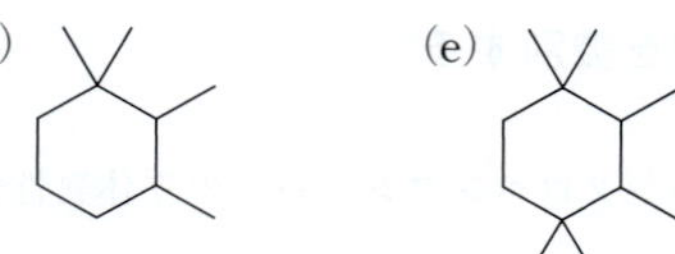

スキルの応用

5・27 1,4-ジメチルシクロヘキサンには立体異性体が二つしかない．これらを書き，なぜ二つしかないのか説明せよ．

5・28 次の化合物にはいくつの立体異性体があるか．すべての立体異性体を書け．

問題 5・37，5・46，5・47，5・51，5・53(a)，(b)，(d)，(f)～(h) を解いてみよう．

5・7 Fischer 投影式

複数のキラル中心をもつ化合物を表示する際，よく使われる方法がもう一つある．この表示法は **Fischer 投影式**（フィッシャー）（Fischer projection）とよばれ，ドイツの化学者 Emil Fischer が 1891 年に考案した．Fischer は複数のキラル中心をもつ糖の研究を行っていた．これらの化合物を速やかに書くために，キラル中心を表示するための簡便な方法を考案した．

キラル中心二つ　キラル中心三つ　キラル中心四つ

Fischer 投影式の各キラル中心では，水平線の結合は紙面の手前に，垂直線の結合は紙面の奥に向かっていると考える．

Fischer 投影式は糖を表示するためによく使われる（24 章）．それに加えて，立体異性体の関係をすばやく比較するときにも役立つ．

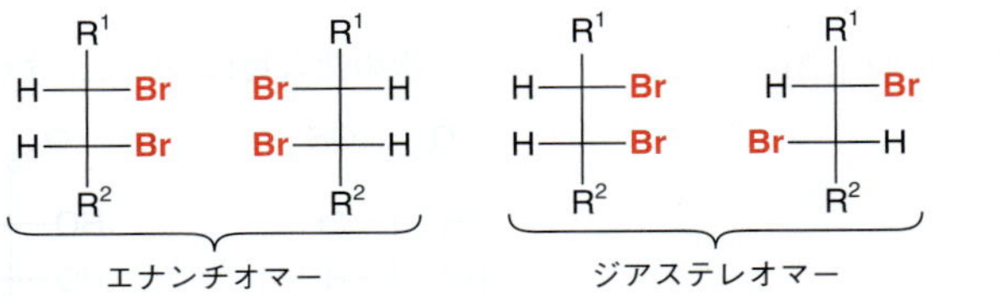

キラル中心の立体配置がすべて逆なので，左側の一組の化合物はエナンチオマーである．右側の一組の化合物はジアステレオマーである．すべてのキラル中心が逆の立体配置をもつときのみ二つの化合物はエナンチオマーである．Fischer 投影式中のキラル中心の立体配置を表示することが苦手な人がいるので練習してみよう．

スキルビルダー 5・9　Fischer 投影式に基づいて立体配置を明らかにする

スキルを学ぶ

次のキラル中心の立体配置を *RS* で表示せよ．

O　OH
H—┼—OH
CH_2OH

解 答

Fischer 投影式の表示では，水平線はすべてくさびで，垂直線はすべて破線であることを思い出そう．

(O　OH / H—┼—OH / CH_2OH) は (O　OH / H◀—OH / CH_2OH) と同じ

これまでにキラル中心をこのように表示したことはない．くさびと破線を一つずつもつキラル中心の立体配置を決定してきた．

ステップ 1
水平線の一つをくさびに，垂直線の一つを破線にする．

Fischer 投影式のキラル中心は，この見慣れた表示に容易に変換することができる．Fischer 投影式中の水平線を一つ選んでくさびに書き直し，次に垂直線の一つを選んで破線に書き直す．二つの線のうちどちらを選んでも結果は同じである．

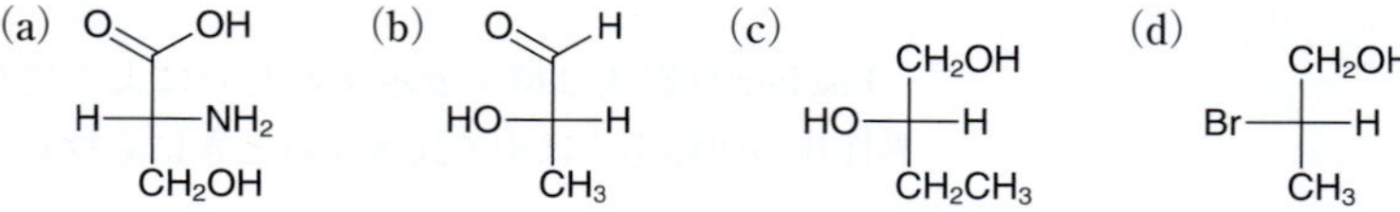

ステップ 2
スキルビルダー 5・4 の方法に従って立体配置を表示する．

どの構造でもキラル中心の立体配置は *R* である．この方法がうまくいくことを確かめるために，分子模型を組立てて回転してみるとよい．

Fischer 投影式が複数のキラル中心をもつときは，この手順を各キラル中心について繰返すだけでよい．

スキルの演習

5・29　次のキラル中心の立体配置を *RS* で表示せよ．

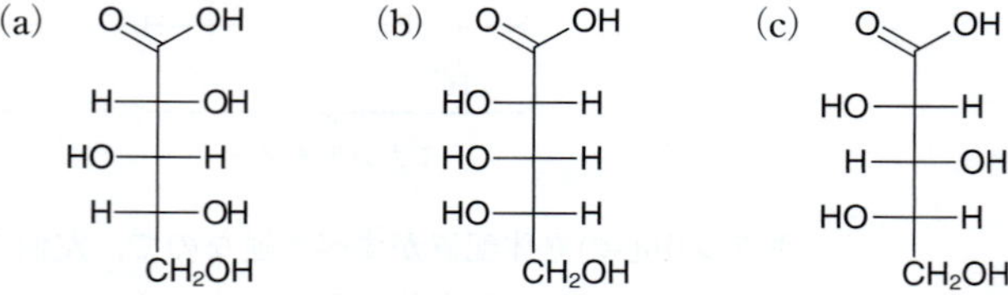

スキルの応用

5・30　次の化合物について，すべてのキラル中心の立体配置を *RS* で表示せよ．

(a)
O　OH
H—┼—OH
HO—┼—H
H—┼—OH
CH_2OH

(b)
O　OH
HO—┼—H
HO—┼—H
HO—┼—H
CH_2OH

(c)
O　OH
HO—┼—H
H—┼—OH
HO—┼—H
CH_2OH

5・31　問題 5・30 の化合物のエナンチオマーを書け．

問題 5・39(h)，5・41(a)，(b)，5・43(c)，5・53(c)，(e)，5・54〜5・56 を解いてみよう．

5・8 立体配座が変化する構造

前章では，Newman 投影式の書き方を説明し，これを使ってブタンのいろいろな立体配座を比較した．ブタンは，ゴーシュ相互作用を示す二つのねじれ形配座をとれることを説明した．二つのねじれ形配座は互いに重ね合わすことができないので，エナンチオマーの関係にある．しかし，ブタンはキラルな化合物ではない．二つの立体配座は単結合の回転（非常に低いエネルギー障壁で起こる）によって絶えず相互変換しているので，ブタンは光学不活性である．二つの立体配座間の相互変換が起こらないようにするためには，温度を極低温にしなければならない．対照的に，単結合の回転によってキラル中心の立体配置が反転することはない．すなわち，立体配座の変化によって，(*R*)-2-ブタノールを (*S*)-2-ブタノールに変換することはできない．

前章では，置換シクロヘキサンはいろいろな立体配座をとることも述べた．ここで，*cis*-1,2-ジメチルシクロヘキサンを考えてみよう．左に二つのいす形配座を示す．二つのいす形配座の関係を示すために，右側のいす形は空間内で回転させたものである．二つの立体配座は鏡像であり，互いに重ね合わすことができない．より明確にするため，別の方法で比較してみよう．環の周辺を時計回りに進んだとき，左側のいす形では，アキシアルのメチル基，つづいてエクアトリアルのメチル基に出会う．右側のいす形で時計回りに進むと，エクアトリアルのメチル基，つづいてアキシアルのメチル基に出会う．順番が逆である．二つの立体配座は互いに区別でき，重ね合わすことができない．したがって，二つのいす形配座の関係は互いにエナンチオマーである．しかし，立体配座は室温で速やかに相互変換しているので，この化合物は光学不活性である．

次の二つの方法は，環状化合物が光学活性であるかどうかを決定するときに役立つ．1) 化合物の Haworth（ハース）投影式を書くか，または置換基がくさびか破線になるように環を書く．2) 構造式中の対称面を探す．たとえば，*cis*-1,2-ジメチルシクロヘキサンは次のように書くことができる．どちらの構造式も明らかに対称面をもち，これは化合物が光学活性ではないことを示す．

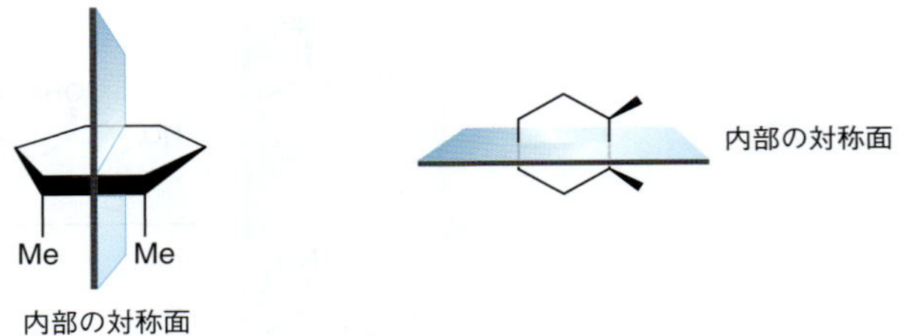

5・9 エナンチオマーの分割

以前に述べたように，エナンチオマーは同じ物理的性質（沸点，融点，溶解度など）をもつ．従来の分離技術は一般に物理的性質の違いを利用しているので，エナンチオマーの分離に使うことはできない．エナンチオマーの**分割**（resolution，分離 separation）は，他のいろいろな方法で行うことができる．

結晶化による分割

最初にエナンチオマーの分割が行われたのは 1847 年であり，Pasteur は酒石酸塩

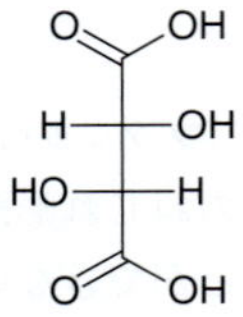

のエナンチオマーを分離することに成功した．酒石酸はブドウに含まれる天然に存在する光学活性な化合物で，ワインの製造過程で容易に得られる．天然に存在するのは左の立体異性体だけであるが，Pasteur は酒石酸塩のラセミ体を化学工場の所有者から得ることができた．

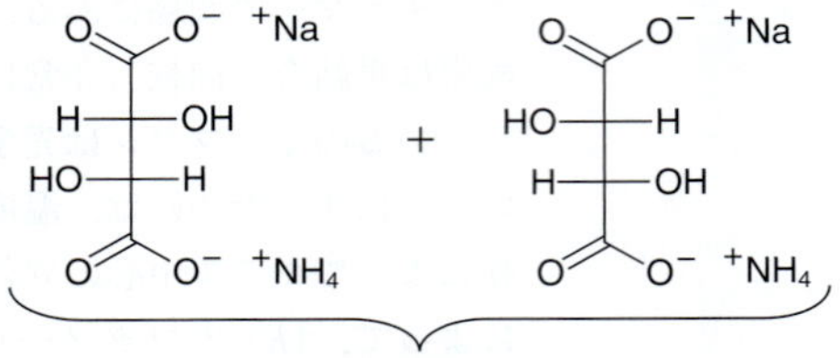

酒石酸塩のラセミ体

酒石酸塩を結晶化させると，重ね合わすことのできない鏡像の形をもつ 2 種類の結晶が生じることに Pasteur は気がついた．そして，彼はピンセットを使って 2 種類の結晶を分けた．それぞれを水に溶解して旋光度を測ったところ，その比旋光度は大きさは同じだが符号が逆であることを発見した．Pasteur は分子自身が互いに重ね合わすことのできない鏡像であるにちがいないと考え，これは正しい結論だった．分子がこのような性質をもつと報告したのは彼が初めてであり，エナンチオマーの関係の発見者とされている．

大部分のラセミ体は，結晶化させても必ずしも鏡像の形をもつ結晶に分割することはできない．そこで，分割するための他の方法が必要である．ここでは一般的な二つの方法を説明する．

キラル分割剤

ラセミ体を別の単一のエナンチオマー化合物と反応させると，一組の（エナンチオマーではなく）ジアステレオマーが生じる．

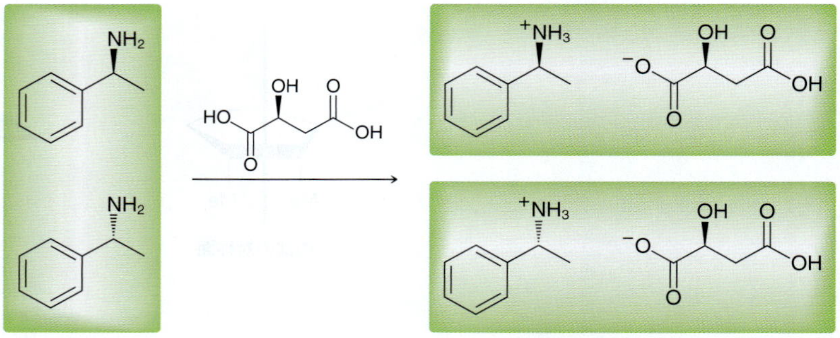

一組のエナンチオマー　　ジアステレオマー塩

上式の出発物は，1-フェニルエチルアミンの一組のエナンチオマーである．このラセミ体を (*S*)-リンゴ酸と反応させると，プロトン移動によりジアステレオマーの塩が生成する．ジアステレオマーは異なる物理的性質をもつので，一般的な方法（結晶化など）によって分離できる．いったん分離すれば，ジアステレオマーの塩は塩基との反応によりもとのエナンチオマーに戻すことができる．このように，1-フェニルエチルアミンのエナンチオマーの分割を可能にするので，(*S*)-リンゴ酸は**分割剤** (resolving agent) とよばれる．

キラルカラムクロマトグラフィー

エナンチオマーは**カラムクロマトグラフィー**（column chromatography）によって分割することもできる．カラムクロマトグラフィーでは，化合物が媒体（吸着剤）を通るときに生じる相互作用の違いにより分離が可能になる．吸着剤と強く相互作用する化合物はカラム中をゆっくりと移動し，弱く相互作用する化合物は速く移動する．エナンチオマーが従来のカラムを通るとき，物理的性質が同じであるため同じ速度で移動する．しかし，キラルな吸着剤を用いると，吸着剤との相互作用は同じではないためエナンチオマーは異なる速度でカラムを移動する．エナンチオマーの分離はこの方法でよく行われる．

考え方と用語のまとめ

5・1　異 性 と は

- **構造異性体**は分子式は同じだが，原子の結合順序が異なる．
- **立体異性体**は原子の結合順序は同じだが，原子の空間的な配置が異なる．シスとトランスの用語はアルケンと二置換シクロアルカンの立体異性体を区別するために用いる．

5・2　立体異性とは

- **キラル**な物体は鏡像と重ね合わすことができない．
- 分子がキラルになる最も一般的な要因は，**キラル中心**すなわち四つの異なる基をもつ炭素原子があることである．
- キラル中心を一つもつ化合物は，重ね合わすことのできない鏡像を一つもつ．これは**エナンチオマー**または鏡像異性体とよばれる．

5・3　Cahn-Ingold-Prelog 方式による立体配置の表示

- Cahn-Ingold-Prelog 方式はキラル中心の**立体配置**を表示するために用いられる．原子番号に基づいて四つの置換基に優先順位をつけ，4 番目の優先順位の原子が破線にあるように分子を回転する．優先順位が 1-2-3 の配列が時計回りであるとき ***R***，反時計回りであるとき ***S*** と表示する．

5・4　光 学 活 性

- **旋光計**は，キラルな有機化合物が**平面偏光**の平面を回転する能力を測定する装置である．平面偏光を回転する化合物は**光学活性**であり，回転しない化合物は**光学不活性**である．
- エナンチオマーは平面偏光を同じ強度で反対の方向に回転させる．物質の**比旋光度**は物理的な性質である．比旋光度を実験的に決定するには，実測旋光度を測定し，その値を溶液の濃度と経路長で割る．
- 正の回転（+）を示す化合物は**右旋性**，負の回転（−）を示す化合物は**左旋性**という．
- 単一のエナンチオマーを含む溶液は**光学的に純粋**であり，同量の両エナンチオマーを含む溶液は**ラセミ体**という．
- 異なる量の一組のエナンチオマーを含む溶液では，**エナンチオマー過剰率**によってエナンチオマーの組成が示される．

5・5　立体異性体の関係：エナンチオマーとジアステレオマー

- キラル中心を複数もつ化合物では，多くの立体異性体が存在する．ある立体異性体に対し，エナンチオマーは多くても一つだけであり，残りは**ジアステレオマー**である．
- 化合物の立体異性体の数は最大 2^n である．ここで n はキラル中心の数である．
- エナンチオマーは鏡像の関係にあり，ジアステレオマーは鏡像の関係にはない．

5・6　対称性とキラリティー

- 対称性には，**回転対称**と**鏡映対称**の 2 種類がある．
- **対称軸**（回転対称）の有無はキラリティーと無関係である．
- **対称面**をもつ化合物はアキラルである．
- 対称面をもたない化合物はほとんどの場合キラルである（まれにそうでない例があるが，本書では無視してよい）．
- **メソ化合物**は複数のキラル中心をもつにもかかわらず，鏡映対称をもつためアキラルである．メソ化合物を含む場合，立体異性体の数は 2^n より少ない．

5・7　Fischer 投影式

- **Fischer 投影式**は，くさびと破線を使わないでキラル中心の立体配置を表示する構造式である．水平線はすべてくさび（紙面の手前に向かう）とみなし，垂直線はすべて破線（紙面の奥へ向かう）とみなす．

5・8　立体配座が変化する構造

- ブタンや *cis*-1,2-ジメチルシクロヘキサンのような化合物は，エナンチオマーの関係にある立体配座をとることができる．これらの立体配座は平衡にあるので，化合物は光学不活性である．

5・9　エナンチオマーの分割

- エナンチオマーの**分割**（分離）は，**キラル分割剤**や**キラルカラムクロマトグラフィー**などの方法で行うことができる．

スキルビルダーのまとめ

5・1　シス-トランス立体異性を明らかにする

ステップ 1　二重結合に結合した四つの置換基を明らかにして命名する．

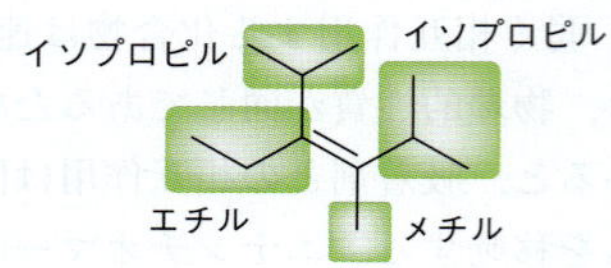

ステップ 2　異なる炭素に結合した同一置換基を探し，立体配置がシスかトランスかを表示する．

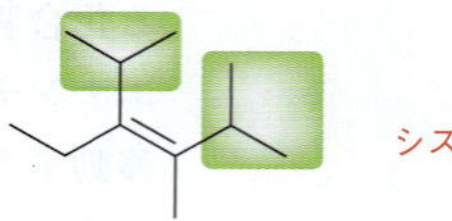

5・2　キラル中心を識別する

ステップ 1　sp^2 と sp 混成炭素を除外する．

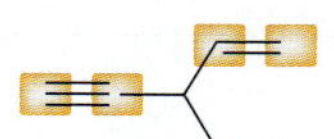

ステップ 2　CH_2 基と CH_3 基を除外する．

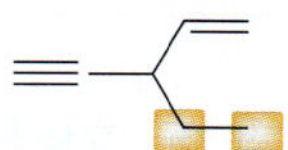

ステップ 3　異なる置換基を四つもつ炭素原子を明らかにする．

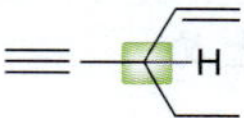

5・3　エナンチオマーを書く

分子の奥に鏡を置く

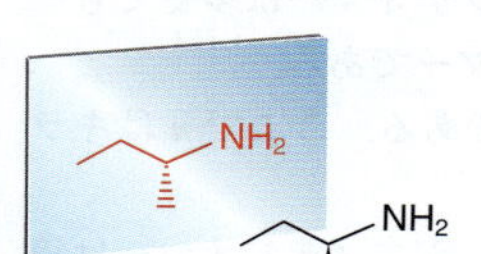

分子の横に鏡を置く

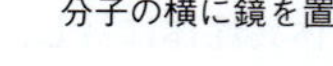

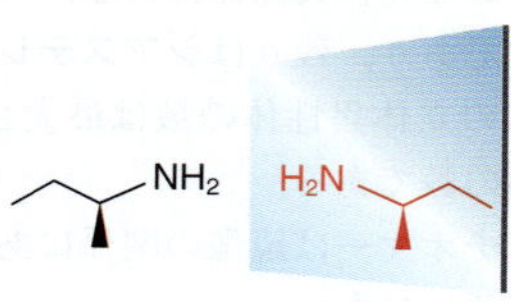

分子の下に鏡を置く

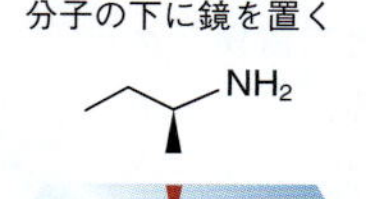

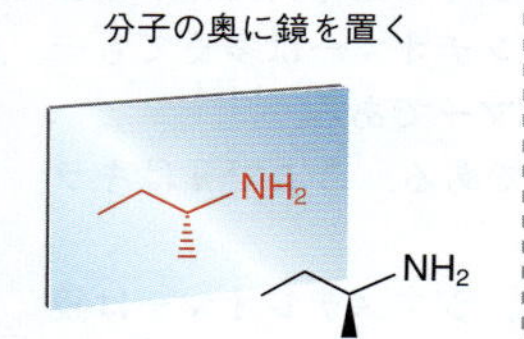

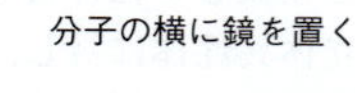

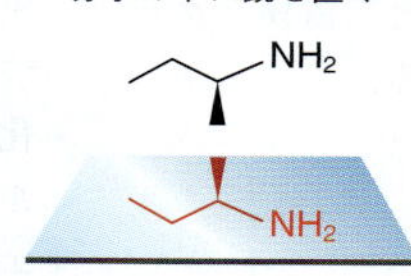

5・4　キラル中心の立体配置を決定する

ステップ 1　キラル中心に結合した四つの原子を明確にし，原子番号によって優先順位をつける．

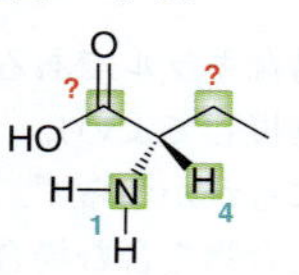

ステップ 2　二つ以上の原子が炭素であれば，最初に違いが生じる箇所を探す．

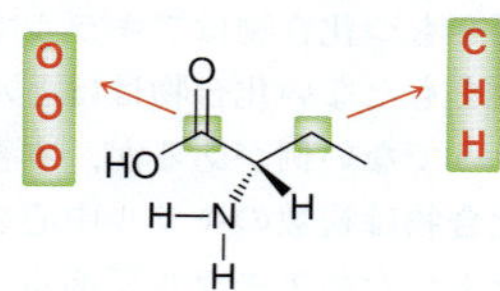

ステップ 3　優先順位だけを示してキラル中心を書き直す．

ステップ 4　優先順位 4 が破線にあるように分子を回転する．

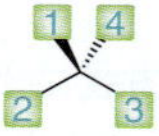

ステップ 5　1-2-3 の配列の順番に基づいて立体配置を決定する．

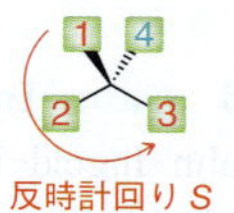

5・5　比旋光度を計算する

次の情報から比旋光度を計算せよ．

- スクロース 0.300 g を水 10.0 mL に溶解
- 試料セル 10.0 cm
- 実測旋光度 +1.99°

ステップ 1　次の式を使う．

$$\text{比旋光度} = [\alpha] = \frac{\alpha}{c \times l}$$

ステップ 2　与えられた数値を代入する．

$$[\alpha] = \frac{+1.99°}{0.03\ \text{g/mL} \times 1.00\ \text{dm}} = +66.3$$

5・6　% ee を計算する

次の情報からエナンチオマー過剰率を計算せよ．

- 光学的に純粋なアドレナリンの比旋光度は −53 である．(*R*)- と (*S*)-アドレナリンを含む混合物の比旋光度は −45 であった．この混合物の % ee を計算せよ．

ステップ 1　次の式を使う．

$$\%\ \text{ee} = \frac{|\text{実測の}\ [\alpha]|}{|\text{純粋なエナンチオマーの}\ [\alpha]|} \times 100\%$$

ステップ 2　与えられた数値を代入する．

$$\%\ \text{ee} = \frac{45}{53} \times 100 = 85\%$$

5・7　二つの化合物の立体異性の関係を明らかにする

ステップ 1　各キラル中心の立体配置を比較する．

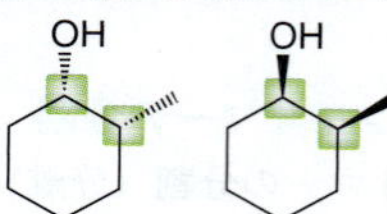

ステップ 2　すべてのキラル中心が逆の立体配置をもつとき，化合物はエナンチオマーである．キラル中心の一部だけが逆の立体配置をもつとき，化合物はジアステレオマーである．

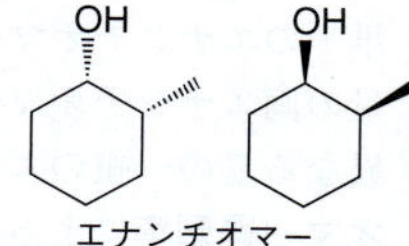

5・8 メソ化合物を識別する

可能な立体異性体をすべて書き，どの構造に対称面があるかを探す．対称面があるとメソ化合物である．

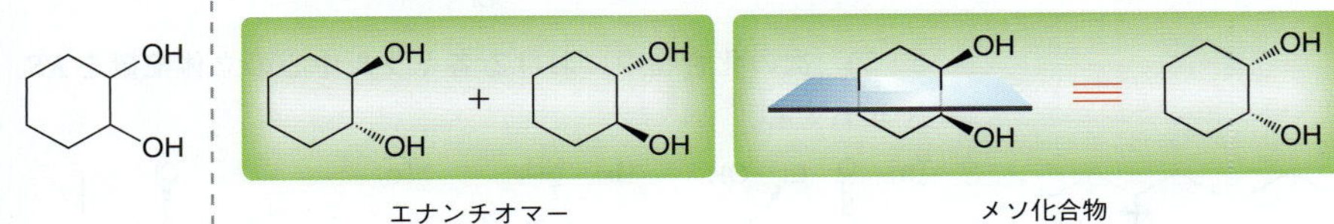

5・9 Fischer 投影式に基づいて立体配置を明らかにする

キラル中心の立体配置を *RS* で表示せよ．

ステップ 1　水平線の一つをくさびに，垂直線の一つを破線にする．

ステップ 2　優先順位をつける．

ステップ 3　優先順位 4 が破線上にあるように分子を回転する．

ステップ 4　立体配置を決定する．

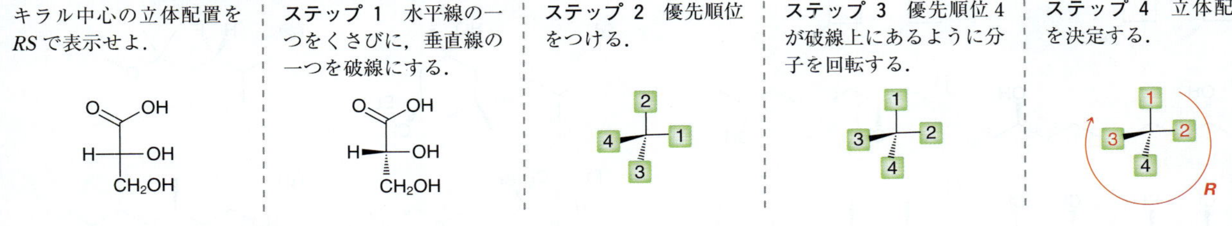

練 習 問 題

5・32　アトルバスタチン（atorvastatin，商品名リピトール）はコレステロール値を低下させるのに使われる薬である．この化合物の全世界の売り上げは年間 1 兆円以上である．アトルバスタチン中のキラル中心の立体配置を *RS* で表示せよ．

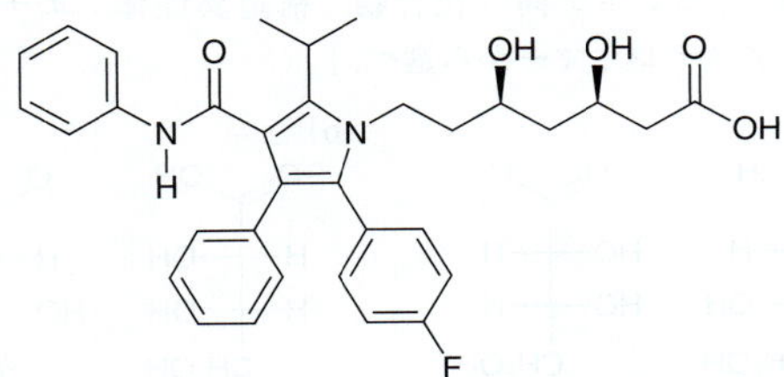

5・33　アトロピン（atropine）は植物 *Atropa belladonna* から抽出され，徐脈（低い心拍数）と心停止の治療に用いられている．アトロピンのエナンチオマーを書け．

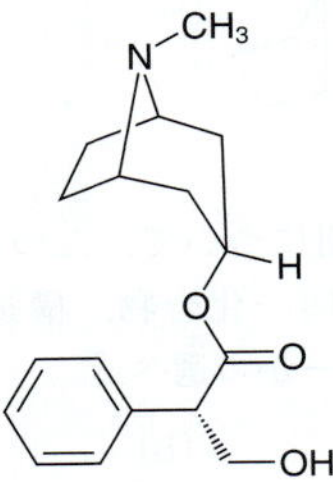

5・34　パクリタキセル（paclitaxel，商品名タキソール）はタイヘイヨウイチイ *Taxus brevifolia* の木の樹皮から発見され，がんの治療に用いられる．

(a)　パクリタキセルのエナンチオマーを書け．

(b)　この化合物はキラル中心をいくつもつか．

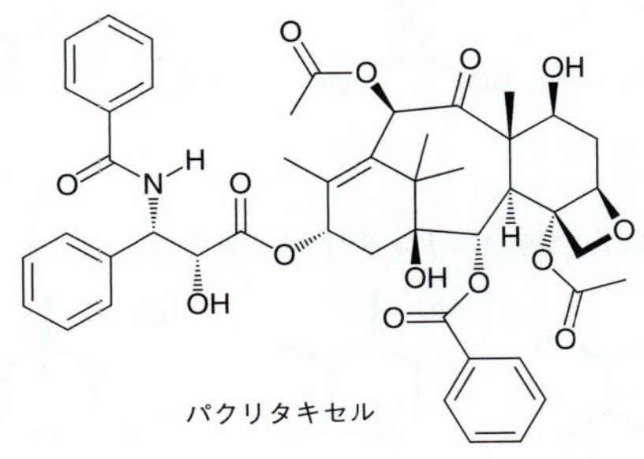

パクリタキセル

5・35　次の化合物はシス体，トランス体，または立体異性体をもたない，のどれか．

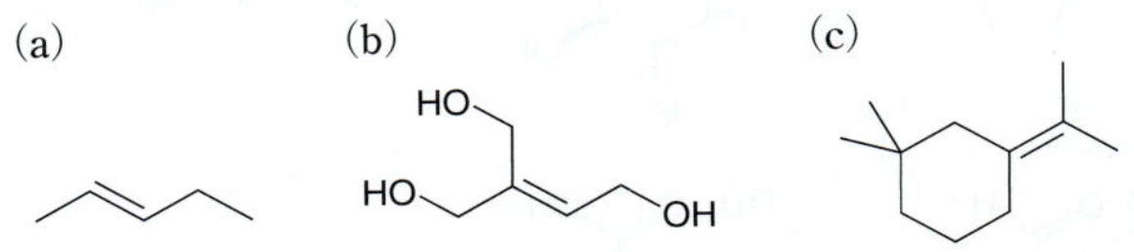

5・36　次の化合物の組について，二つの化合物の関係を明らかにせよ．［ヒント：同一化合物，構造異性体，エナンチオマー，ジアステレオマーから選べ．］

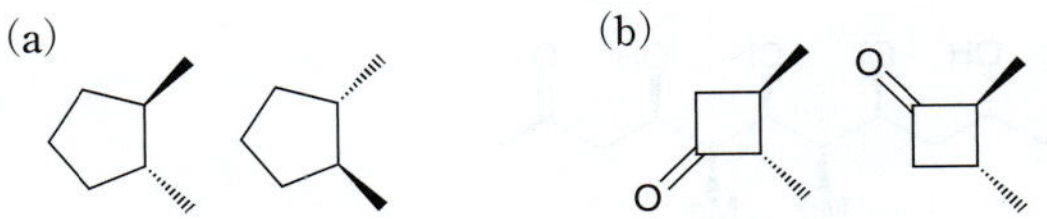

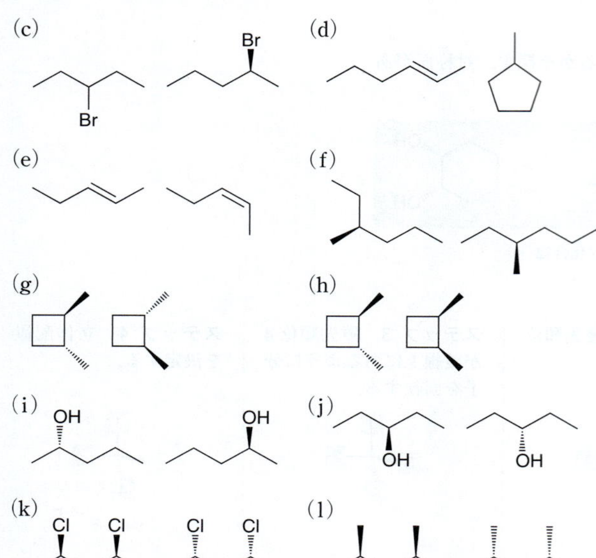

5・37　次の化合物の立体異性体の数を示せ.

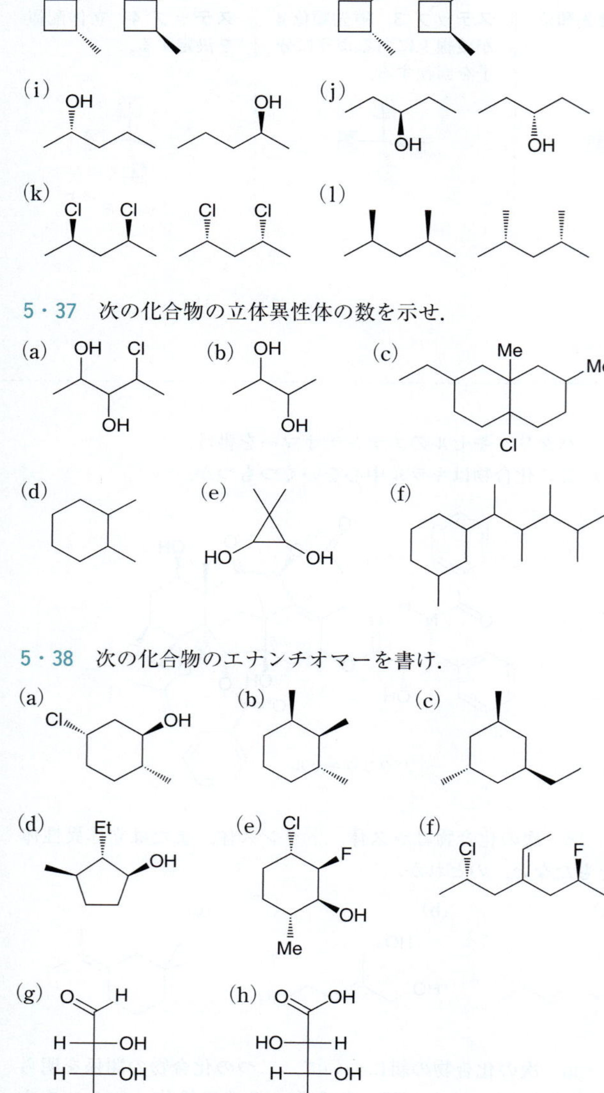

5・38　次の化合物のエナンチオマーを書け.

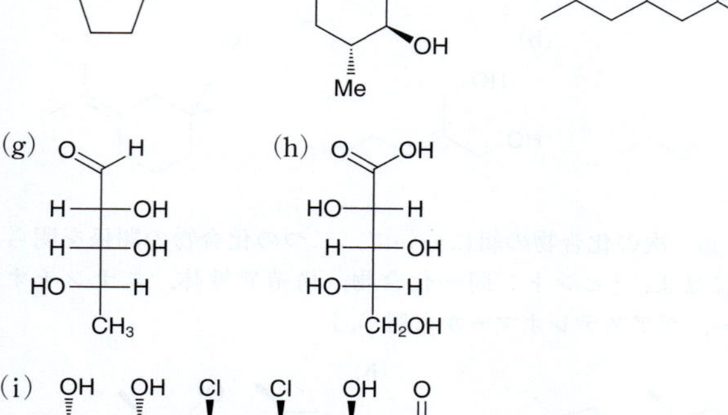

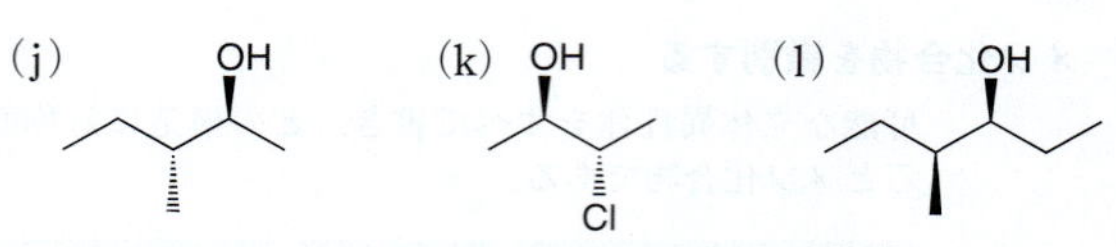

5・39　次の化合物中における各キラル中心の立体配置を *RS* で表示せよ.

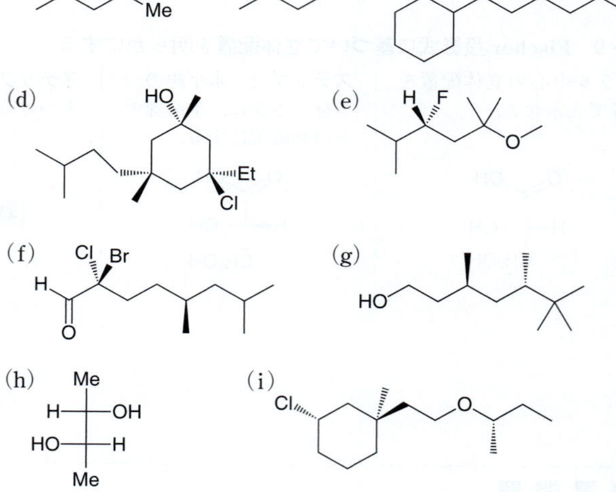

5・40　一組のエナンチオマー（**A** と **B**）を含む溶液がある. 注意深く測定したところ, この溶液は **A** 98% と **B** 2% を含むことがわかった. この溶液の % ee はいくらか.

5・41　次の化合物の組について, 二つの化合物の関係を明らかにせよ.［ヒント: 同一化合物, 構造異性体, エナンチオマー, ジアステレオマーから選べ.］

(a)　　(b)

(c)　　(d)

(e)

5・42　次の化合物の組について, 二つの化合物の関係を明らかにせよ.［ヒント: 同一化合物, 構造異性体, エナンチオマー, ジアステレオマーから選べ.］

(a)　　(b)

(c)

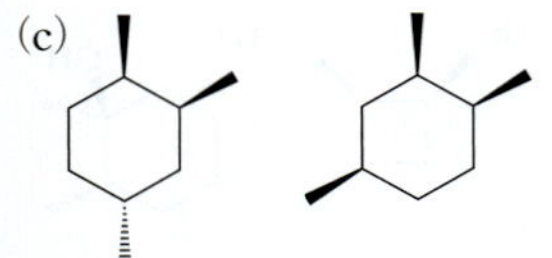

(d)

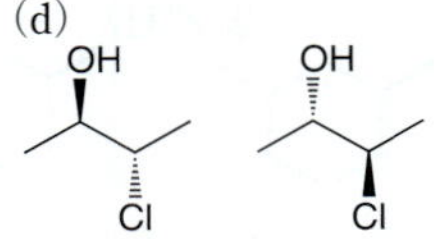

(e)

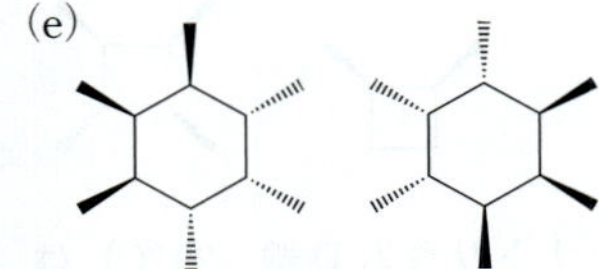

(f)

(g)

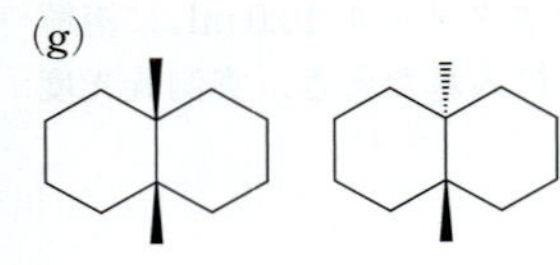

5・43　次の説明は正しいか，それともまちがっているか．

(a)　エナンチオマーのラセミ体は光学不活性である．

(b)　メソ化合物は重ね合わすことのできない鏡像を一つだけもつ．

(c)　キラル中心を一つもつ分子の Fischer 投影式を 90° 回転すると，もとの Fischer 投影式のエナンチオマーになる．

5・44　ペニシルアミン 0.075 g をピリジン 10.0 mL に溶解し，長さ 10.0 cm の試料セルに入れると，20 ℃（ナトリウム D 線）における実測旋光度は −0.47° であった．ペニシルアミンの比旋光度を計算せよ．

5・45　(*R*)-リモネンはオレンジやレモンなど多くのかんきつ類に含まれる．

次の構造は，(*R*)-リモネン，またはそのエナンチオマーである (*S*)-リモネンのどちらか．

(a)

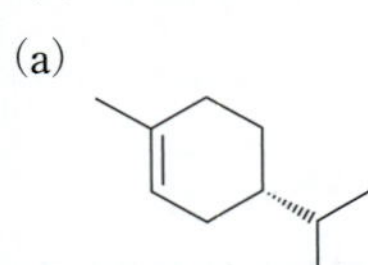

(b)

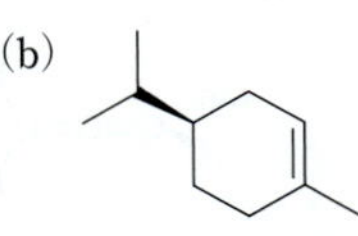

(c)

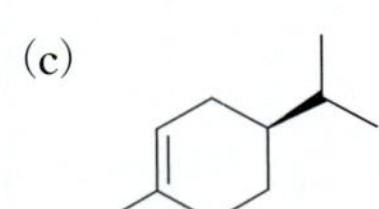

(d)

5・46　次の化合物は対称面をもつ．対称面がどこにあるかを示せ．化合物によっては，対称面をもつ立体配座にするために単結合を回転する必要がある．

(a)

(b)

(c)

(d)

5・47　*cis*-1,3-ジメチルシクロブタンは対称面を二つもつ．構造を書き，二つの対称面を示せ．

5・48　次の二つの化合物は 1,2,3-トリメチルシクロヘキサンの立体異性体である．一方の化合物はキラル中心を三つもつが，もう一つの化合物はキラル中心を二つしかもたない．キラル中心が二つしかないのはどちらか．理由も述べよ．

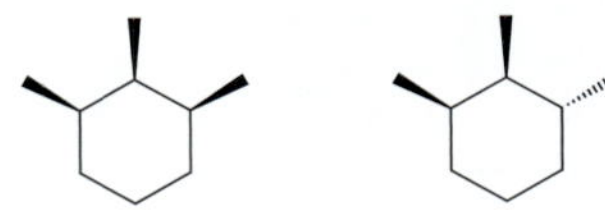

5・49　次の化合物の組について，二つの化合物の関係を明らかにせよ．［ヒント：同一化合物，構造異性体，エナンチオマー，ジアステレオマーから選べ．］

(a)

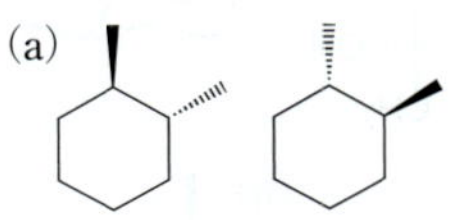

(b)

(c)

(d)

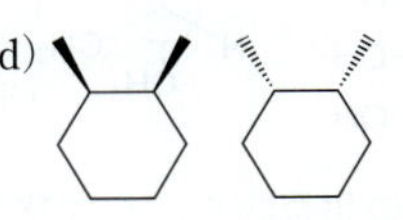

(e)　(f)

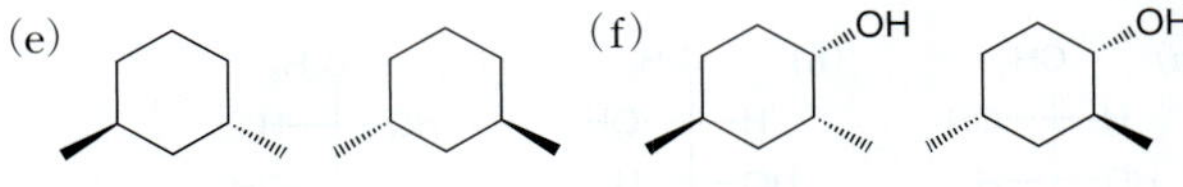

(g)　(h)

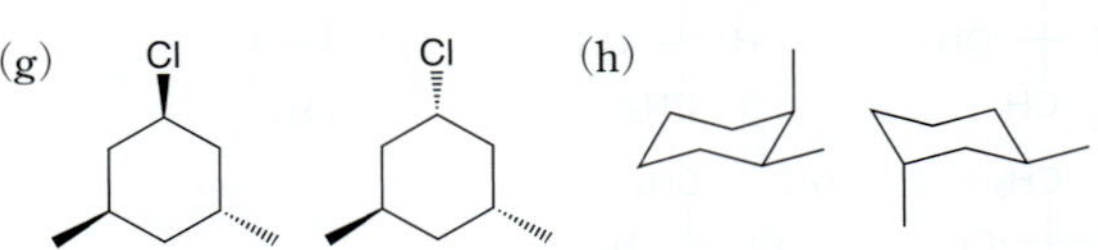

(i)　(j)

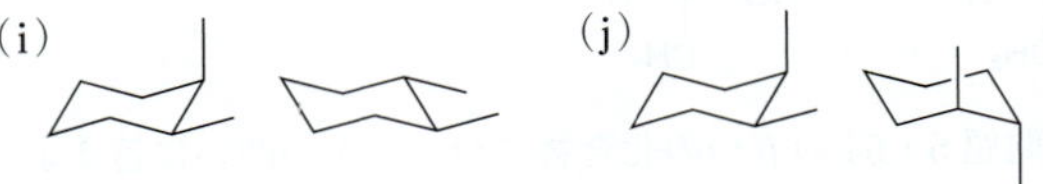

(k)

(l)

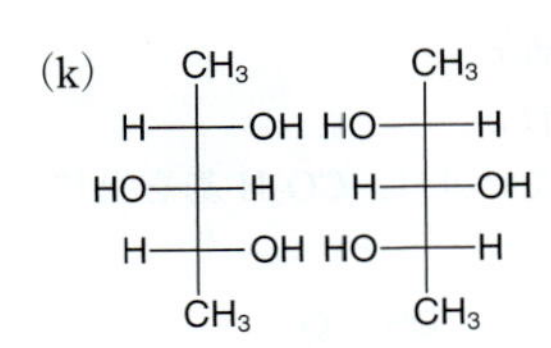

5・50　(*S*)-カルボンの比旋光度 (20 ℃) は +61 である．(*R*)-カルボンとそのエナンチオマーの混合物を調製し，その比旋光

度を測定すると −55 であった．

(a) (R)-カルボンの比旋光度（20 °C）はいくらか．

(b) この混合物の % ee を計算せよ．

(c) この混合物中に (S)-カルボンは何 % 含まれるか．

5・51 次の化合物はキラルかアキラルか明らかにせよ．

(a)
(b)
(c)
(d)
(e)
(f)
(g)
(h)
(i)
(j)
(k)
(l)
(m)
(n)
(o)
(p)

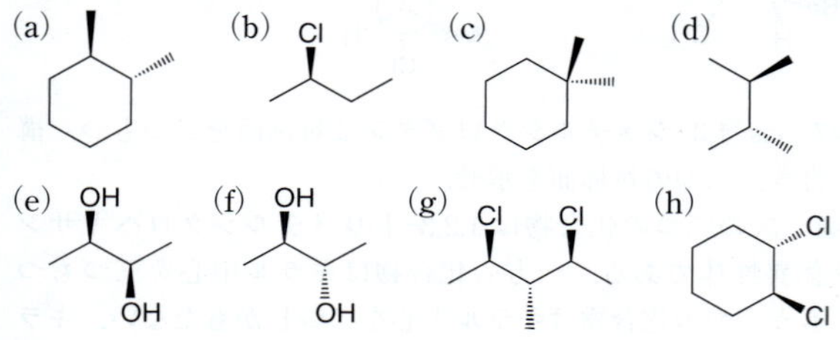

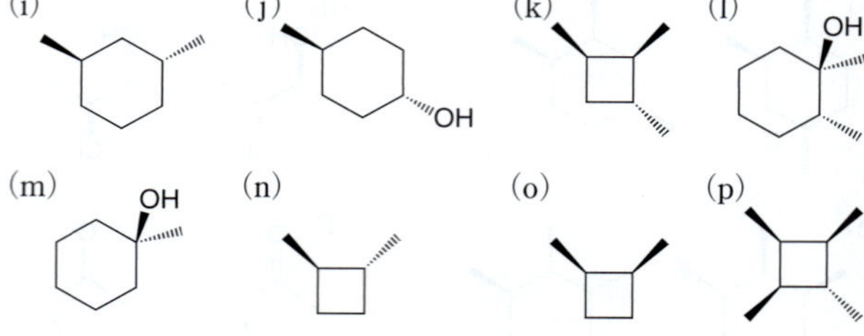

5・52 ビタミン C の比旋光度（ナトリウム D 線，20 °C）は +24 である．ビタミン C 0.100 g をエタノール 10.0 mL に溶解した溶液を長さ 1.00 dm の試料セルに入れたとき，実測旋光度はいくらか．

発 展 問 題

5・53 次の化合物は光学活性か光学不活性か．

(a)
(b)
(c)
(d)
(e)
(f)
(g)
(h)

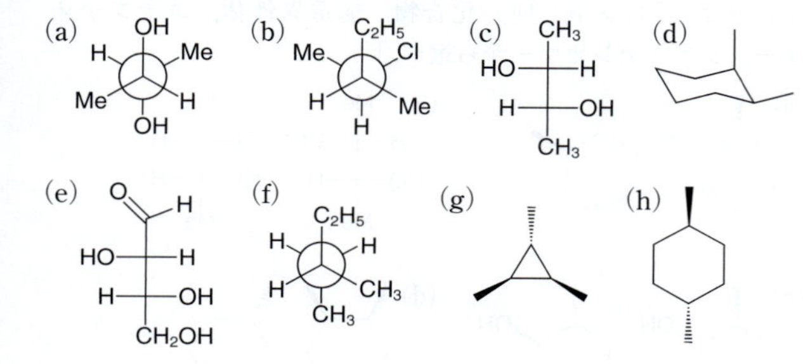

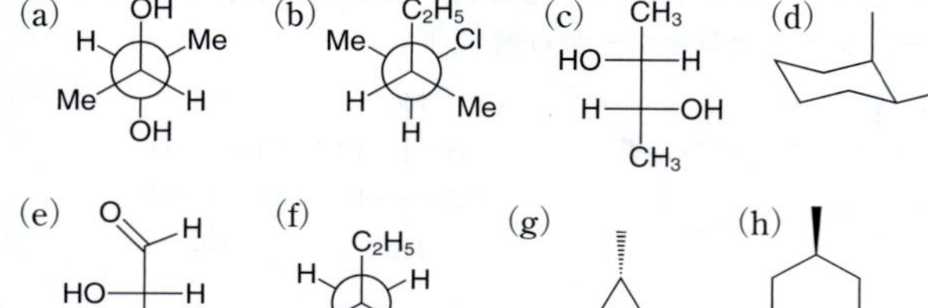

5・54 次の化合物を，くさびと破線を用いた線結合構造式で書け．

(a)
(b)
(c)
(d)
(e)

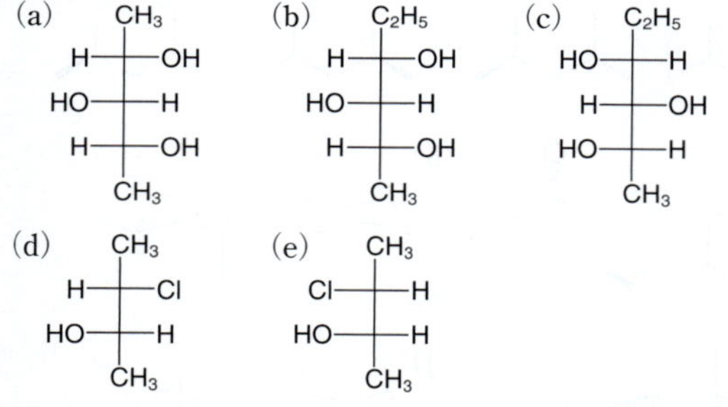

5・55 問題 5・54 の五つの化合物について次の問いに答えよ．

(a) メソ化合物はどれか．

(b) 同量の b と c の混合物は光学活性か．

(c) 同量の d と e の混合物は光学活性か．

5・56 次の化合物を Fischer 投影式で書け．CO_2H 基を上に置くようにすること．

(a)
(b)
(c)

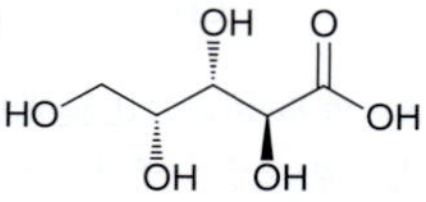

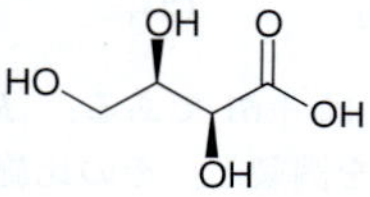

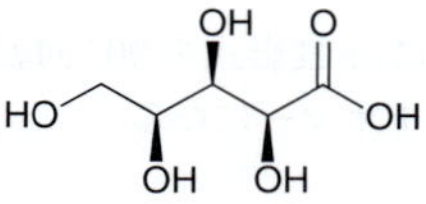

5・57 次の化合物の組について，二つの化合物の関係を明らかにせよ．［ヒント：同一化合物，構造異性体，エナンチオマー，ジアステレオマーから選べ．］

(a)
(b)

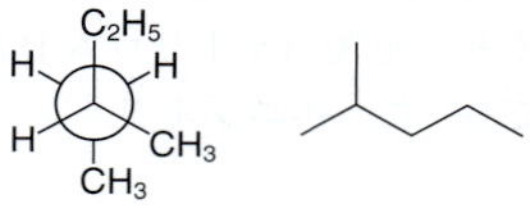

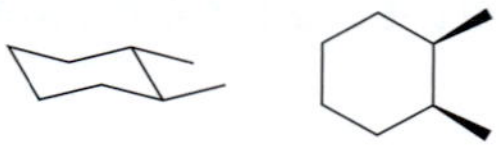

5・58 四つの異なる置換基をもつ炭素原子がなくても，化合物がキラルになることがある．たとえば，アレンとよばれる化合物に属する次の化合物の構造を考えてみよう．このアレンはキラルである．エナンチオマーを書き，なぜこの化合物がキラルであるかを説明せよ．

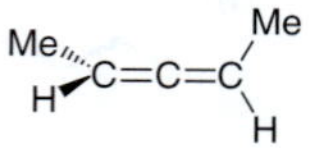

5・59 問題 5・58 の解析に基づいて，次のアレンはキラルかどうか明らかにせよ．

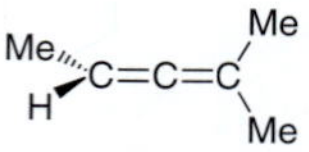

5・60 問題 5・58 で述べたように，キラル中心がなくてもキラルな分子がある．次に示す二つの化合物を考えてみよう．それぞれなぜキラルとなるか説明せよ．

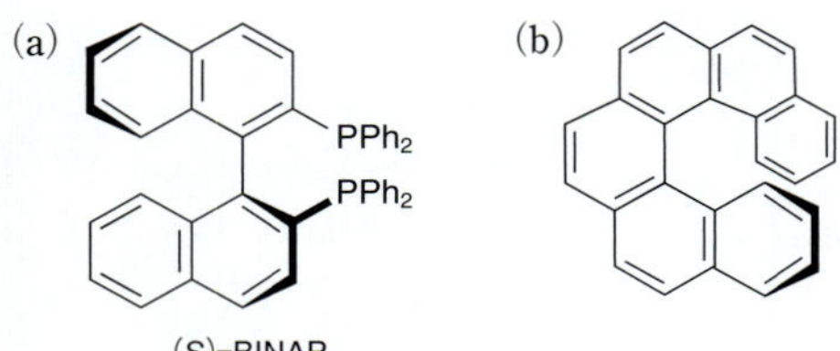

5・61　次の化合物はキラルであることが知られている．エナンチオマーを書き，キラルとなる理由を説明せよ．

5・62　次の化合物は光学不活性である．その理由を説明せよ．

5・63　1,2,4-トリオキサンとよばれる中央の環をもつ次の化合物は，イヌの骨肉腫に効果を示す抗がん剤である［*J. Am. Chem. Soc.*, 134, 13554(2012)］．各キラル中心の立体配置を *RS* で表示せよ．また，この化合物のすべての可能な立体異性体を書き，各立体異性体間の立体化学的な関係を示せ．

5・64　コイバシン B（coibacin B）は抗炎症作用があり，ある種の寄生虫が原因となるリーシュマニア症の治療に潜在活性を示す天然物である［*Org. Lett.*, 14, 3878(2012)］．

(a) コイバシン B 中の各キラル中心の立体配置を *RS* で表示せよ．

(b) アルケンの立体配置を固定した場合，この化合物には可能な立体異性体はいくつあるか．

5・65　キラル触媒を設計することにより，新しいキラル中心が生じる反応において，単一のエナンチオマーを優先的に生成できる．最近，酸化還元により選択性が変化する新しい種類のキラル銅触媒が開発された．Cu^{I} 触媒を用いると主生成物は *S* 体のエナンチオマーであり，Cu^{II} 触媒を用いると主生成物は *R* 体のエナンチオマーである．これは一般的な現象ではなく，限られた反応だけで起こる［*J. Am. Chem. Soc.*, 134, 8054(2012)］．

(a) Cu^{I} 触媒と Cu^{II} 触媒を用いたときのそれぞれの主生成物を，立体化学がわかるように書け．

(b) 種々の溶媒を用いた反応の結果をまとめた次の表をみて，各溶媒について *S* 体と *R* 体の％を計算せよ．最良の結果が得られるのはどの溶媒か．

溶 媒	*S* 体の % ee	生成物の収率％
トルエン	24	55
テトラヒドロフラン	48	33
CH_3CN	72	55
$CHCl_3$	30	40
CH_2Cl_2	46	44
ヘキサン	51	30

6 化学反応性と反応機構

本章の復習事項

- 非共有電子対の見分け方 §2·5
- 共鳴構造を書くときの巻矢印 §2·8
- パターン認識による共鳴構造の書き方 §2·10
- 電子の流れ：巻矢印の表記法 §3·2

A. Nobel（ノーベル）は，どのようにしてノーベル賞の賞金（各賞に対して 100 万ドル以上）を提供できるだけの巨額の資金を得ることができたのだろうか．

本章で紹介するように，Nobel はダイナマイトを開発して販売することにより巨万の富を築いた．爆薬の設計に必要な原理の多くは，化学反応を支配する原理と同じである．本章では，化学反応（爆発も含む）の基本的な特徴を解説する．反応を進行させるための要因や反応速度を増加させるための要因を説明する．反応を比較するために本書を通してエネルギー図がよく使われるが，その書き方と解析方法を習得する．最も重要な点として，個々の段階の反応を書いて理解するのに必要なスキルに焦点を合わせる．本章では，化学反応性を理解するために必要な核心となる概念と重要なスキルを解説する．

6·1 エンタルピー

1 章では，電子の性質と結合をつくる能力を説明した．とりわけ，電子が結合性分子軌道を占めることにより，低いエネルギー状態になることは重要である（図 6・1）．したがって，結合を切断するためにはエネルギーを与える必要がある．

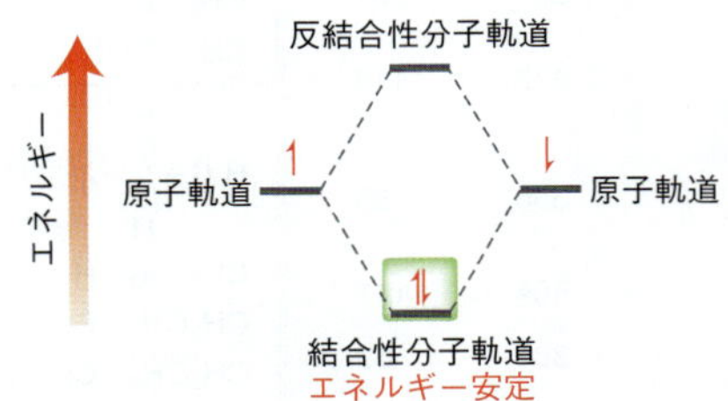

図 6・1 結合性分子軌道を占める結合性電子を示すエネルギー図

結合を切断するためには，結合性分子軌道の電子が外部からエネルギーを受取らなければならない．具体的には，外界の分子がもつ運動エネルギーの一部が，結合が切断されようとしている系へ移動しなければならない．**エンタルピー**（enthalpy）の用語は，このエネルギーの交換を測定するために使われる．

$$\Delta H = q \text{（定圧）}$$

エンタルピー変化 ΔH は，定圧条件における系と外界の間の運動エネルギーの交換として定義され，熱 q ともよばれる．結合が切断される反応では，ΔH は主として結合を均等に切断するのに必要なエネルギー量により決まる．**均等（結合）開裂**〔homolytic (bond) cleavage，ホモリシス homolysis ともいう〕は**ラジカル**（radical）とよばれる

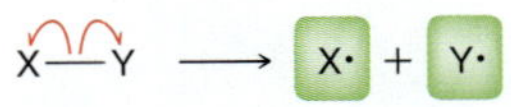

図 6・2 均等開裂は二つのラジカルを生成する

X—Y ⟶ X^+ + $Y:^-$
不均等開裂 イオン

図 6・3 不均等開裂は二つのイオンを生成する

電荷をもたない化学種を二つ生じ，各ラジカルは不対電子を一つもつ（図 6・2）．ここでは魚の釣針に似た片羽の巻矢印を使うことに注意しよう．ラジカルと片羽の巻矢印は 11 章で詳しく説明する．対照的に，**不均等(結合)開裂**〔heterolytic (bond) cleavage，ヘテロリシス heterolysis ともいう〕は両羽の巻矢印で図示し，イオンとよばれる電荷をもつ化学種を生じる（図 6・3）．

均等開裂により共有結合を解離するのに必要なエネルギーは，**結合解離エネルギー**（bond dissociation energy）とよばれる．標準の条件〔すなわち圧力は 1 気圧で化合物は標準状態（気体，液体または固体）〕で測定した場合，$\Delta H°$（H の右上に ° つき）は結合解離エネルギーを示す．本書によく出てくるいろいろな結合の $\Delta H°$ の値を表 6・1 にまとめる．

大部分の反応はいくつかの結合の開裂と生成を伴う．このような場合，開裂または生成するすべての結合を考慮しなければならない．反応のエンタルピー変化の合計 $\Delta H°$ は**反応熱**（heat of reaction）とよばれる．反応の $\Delta H°$ の符号（正または負）はエネルギーの出入の方向を示し，系の見方によって決まる．正の $\Delta H°$ は系のエネルギーの増加（外界からエネルギーを受取る）を示し，負の $\Delta H°$ は系のエネルギーの減少（外界にエネルギーを放出する）を示す．エネルギーの出入の方向は，吸熱および発熱の用語で表現する．**発熱**（exothermic）過程では，系は外界にエネルギーを放出する（$\Delta H°$ は負）．**吸熱**（endothermic）過程では，系は外界からエネルギーを受取る（$\Delta H°$ は正）．これはエネルギー図にするとわかりやすく（図 6・4），曲線は反応

$\Delta H°$ の符号を混乱しやすい人がいるが，それには正当な理由がある．物理学で使う符号はここで説明したものと逆である．物理学者は系よりもむしろ外界の立場から $\Delta H°$ を考える．これに対して，化学者は反応系の立場から考える．反応を行うとき，化学者は出発物と生成物に関心をもち，反応によって実験室の温度がどれだけ変化するかは気にしない．化学者は反応(系)の立場から $\Delta H°$ を考え，発熱過程は系が外界にエネルギーを放出することを意味し，$\Delta H°$ は負である．

表 6・1 一般的な結合の結合解離エネルギー $\Delta H°$

	kJ/mol	kcal/mol
H との結合		
H−H	435	104
$H-CH_3$	435	104
$H-CH_2CH_3$	410	98
$H-CH(CH_3)_2$	397	95
$H-C(CH_3)_3$	381	91
H−フェニル（H−C₆H₅ 構造式）	473	113
H−ベンジル（構造式）	356	85
H−ビニル（構造式）	464	111
H−アリル（構造式）	364	87
H−F	569	136
H−Cl	431	103
H−Br	368	88
H−I	297	71
H−OH	498	119
$H-OCH_2CH_3$	435	104
C−C 結合		
CH_3-CH_3	368	88
$CH_3CH_2-CH_3$	356	85
$(CH_3)_2CH-CH_3$	351	84
$H_2C{=}CH-CH_3$	385	92
$HC{\equiv}C-CH_3$	489	117
メチル基との結合		
CH_3-H	435	104
CH_3-F	456	109
CH_3-Cl	351	84
CH_3-Br	293	70
CH_3-I	234	56
CH_3-OH	381	91
H_3C-CH_2-X		
CH_3CH_2-H	410	98
CH_3CH_2-F	448	107
CH_3CH_2-Cl	339	81
CH_3CH_2-Br	285	68
CH_3CH_2-I	222	53
CH_3CH_2-OH	381	91
$H_3C-CH(CH_3)-X$		
$(CH_3)_2CH-H$	397	95
$(CH_3)_2CH-F$	444	106
$(CH_3)_2CH-Cl$	335	80
$(CH_3)_2CH-Br$	285	68
$(CH_3)_2CH-I$	222	53
$(CH_3)_2CH-OH$	381	91
$H_3C-C(CH_3)_2-X$		
$(CH_3)_3C-H$	381	91
$(CH_3)_3C-F$	444	106
$(CH_3)_3C-Cl$	331	79
$(CH_3)_3C-Br$	272	65
$(CH_3)_3C-I$	209	50
$(CH_3)_3C-OH$	381	91
X−X 結合		
F−F	159	38
Cl−Cl	243	58
Br−Br	193	46
I−I	151	36
HO−OH	213	51

図 6・4 発熱と吸熱過程のエネルギー図

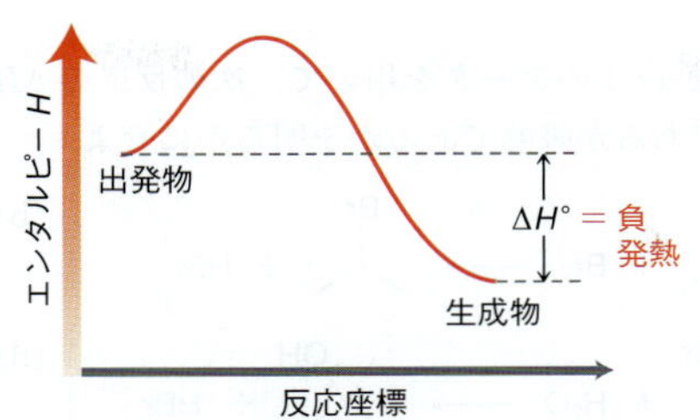

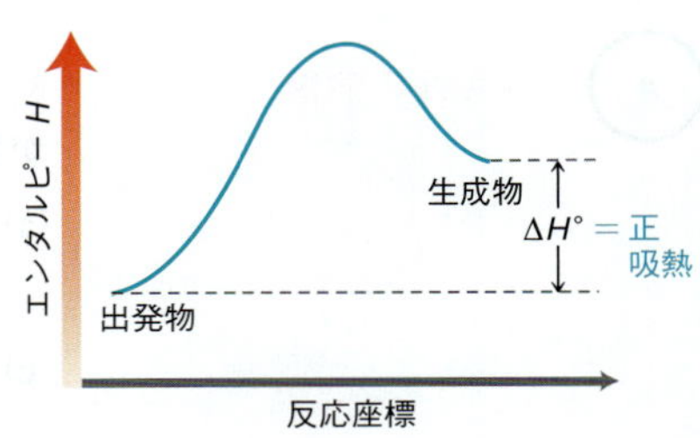

の進行に伴う系のエネルギー変化を示す．エネルギー図において，反応の進行（図の横軸）は**反応座標**（reaction coordinate）とよばれる．

反応における ΔH° の符号と値を求めるための練習をしてみよう．

スキルビルダー 6・1 反応の ΔH° を求める

スキルを学ぶ

次の反応について，ΔH° の符号と値を求めよ．答は kJ/mol 単位で計算し，反応が発熱であるか吸熱であるかを明らかにせよ．

$$+ \; Cl_2 \longrightarrow \; Cl \; + \; HCl$$

解 答

開裂または生成するすべての結合を明確にする．

開裂する結合　　生成する結合

$$H_3C-\overset{CH_3}{\underset{CH_3}{C}}-H \; + \; Cl-Cl \longrightarrow H_3C-\overset{CH_3}{\underset{CH_3}{C}}-Cl \; + \; H-Cl$$

ステップ 1
開裂または生成する各結合の結合解離エネルギーを調べる．

表 6・1 を使い，各結合の結合解離エネルギーを調べる．

結 合	kJ/mol
$H-C(CH_3)_3$	381
$Cl-Cl$	243
$(CH_3)_3C-Cl$	331
$H-Cl$	431

ステップ 2
ステップ 1 の各値に適切な符号をつける．

ここで各値の前に正負どちらの符号をつけるかを決めなければならない．ΔH° は系に関して定義されていることに注意しよう．開裂する各結合では，結合が開裂するために系がエネルギーを受取らなければならないので，ΔH° は正である．生成する各結合では，電子が低いエネルギー状態になり系が外界にエネルギーを放出するので，ΔH° は負である．したがって，この反応の ΔH° は以下の値の合計である．

ステップ 3
開裂または生成するすべての結合の値を合計する．

開裂する結合	kJ/mol	生成する結合	kJ/mol
$H-C(CH_3)_3$	+381	$(CH_3)_3C-Cl$	−331
$Cl-Cl$	+243	$H-Cl$	−431

すなわち $\Delta H^\circ = -138$ kJ/mol である．この反応の ΔH° は負であり，系がエネルギーを失うことを意味する．すなわち，外界へエネルギーを放出するので反応は発熱である．

スキルの演習

6・1　表6・1のデータを用いて，次の反応の ΔH° の符号と値を予想せよ．また，反応が発熱であるか吸熱であるかを明らかにせよ．

(a)　+ Br_2 ⟶ (Br) + HBr

(b)　(Cl) + H_2O ⟶ (OH) + HCl

(c)　(Br) + H_2O ⟶ (OH) + HBr

(d)　(I) + H_2O ⟶ (OH) + HI

スキルの応用

6・2　C=C 結合は σ 結合と π 結合一つずつからなることを思い出そう．二つの結合の結合解離エネルギーの合計は 632 kJ/mol である．この値を用いて，次の反応が発熱であるか吸熱であるかを明らかにせよ．

$H_2C{=}CH_2$ + H_2O ⟶ (OH)

問題 6·21(a) を解いてみよう．

6・2 エントロピー

ΔH° の符号は，反応が起こるかどうかを決める最終的な尺度ではない．発熱反応がより一般的ではあるが，容易に起こる吸熱反応の例も多くある．それでは反応が起こるかどうかを決める最終的な尺度は何だろうか．この疑問に対する答は**エントロピー**（entropy）であり，物理学，化学および生物学的な過程を支配する基礎となる原理である．非常に簡略化していうと，エントロピーは系に関連した乱雑さの尺度として定義される．より正確には，エントロピーは確率に関連して表現される．これを理解するために，以下の例を考えてみる．4 枚のコインを一列に並べる．コインを投げたとき，4 枚とも表になる確率に比べて，ちょうど半分が表になる確率はずっと大きい．なぜだろうか．それぞれの結果の組合わせの数を比較してみる（図 6・5）．4 枚のコインがすべて表になるのは 1 通りしかないが，2 枚のコインが表になるのは 6 通りある．2 枚のコインが表になる確率は，4 枚のコインがすべて表になる確率の 6 倍である．

コインを 6 枚に増やすと，ちょうど半分のコインが表になる確率は，6 枚のコインがすべて表になる確率の 20 倍になる．コインを 8 枚にすると，ちょうど半分のコインが表になる確率は，8 枚のコインがすべて表になる確率の 70 倍になる．傾向は明

4 枚とも表：
1 通りだけ

ちょうど半分
が表：6 通り

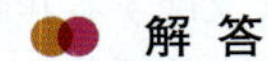

図 6・5　コイン投げの結果の組合わせ数の比較

らかであり，投げるコインの数が増えるに従い，すべてのコインが表になる確率は小さくなる．床に広がった10億枚のコインを想像してみよう．すべてのコインが表になる確率はどれくらいだろうか．確率は非常に小さく，宝くじに何百回も連続して当たるよりもむずかしいだろう．非常に多くの組合わせがあるので，約半分のコインが表になっている可能性のほうがずっと高い．

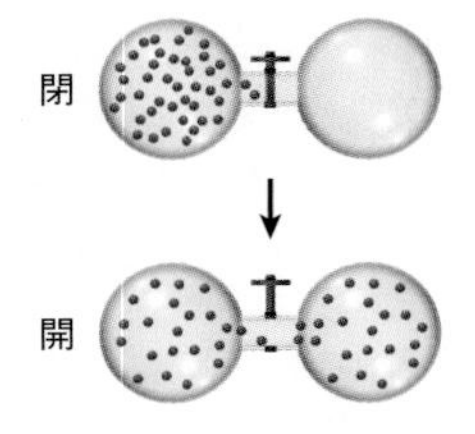

図 6・6　気体の自由膨張

ここで同じ原理に基づいて，図6・6に示す二つの容器中の気体分子の挙動を説明する．最初の条件では，一つの容器は空で，仕切りがあるためこの容器に気体分子は入ってこない．容器間の仕切りを取除くと，気体分子は自由に膨張する．膨張は容易に起こるが，決して逆の過程は起こらない．いったん二つの容器に広がると，気体分子がもとの容器に戻り，もう一つの容器が空になることは起こらない．この様子はコイン投げのたとえとよく似ている．ある瞬間には，各分子は容器1か容器2のどちらか（コインの表裏のように）に存在する．分子の数が多くなるにつれて，すべての分子が一方の容器中に存在する可能性は低くなる．1 mol（6×10^{23}の分子）の気体を使うと，その可能性はほとんど無視でき，分子が一方の容器に集まることを（少なくとも人の寿命の間に）観測することはない．

自由膨張はエントロピーの古典的な例である．分子が二つの容器に広がる状態の数は分子が一方の容器にある状態に比べてずっと大きいので，分子が二つの容器を占めるとき，系はエントロピーの高い状態にある．エントロピーは可能性や確率の問題にすぎない．

エントロピーが増大する過程は**自発的**（spontaneous）とよばれる．すなわち，時間が十分にあれば，自発的な過程は起こりうる．単純な自由膨張に比べて状況は多少複雑であるが，化学反応も例外ではない．自由膨張の場合，系（気体粒子）のエントロピー変化だけを考えればよかった．外界は自由膨張によって影響を受けない．しかし，化学反応では外界が影響を受ける．系のエントロピー変化だけではなく，外界のエントロピー変化も考慮しなければならない．

$$\Delta S_{\mathrm{tot}} = \Delta S_{\mathrm{sys}} + \Delta S_{\mathrm{surr}}$$

ここで，ΔS_{tot}は反応に伴うエントロピー変化の合計，ΔS_{sys}は系のエントロピー変化，ΔS_{surr}は外界のエントロピー変化である．反応が自発的であるためには，エントロピーの合計が増加しなければならない．系のエントロピー減少を相殺する量だけ外界のエントロピーが増加する限り，系（反応）のエントロピーが実際に減少しても反応は進行しうる．ΔS_{tot}が正である限り，反応は自発的である．したがって，ある反応が自発的であるかどうかを知りたければ，ΔS_{sys}とΔS_{surr}の値を評価しなければならない．本節ではΔS_{sys}に注目することにし，ΔS_{surr}については次節で説明する．

ΔS_{sys}の値は多くの要因によって影響を受ける．図6・7に二つの主要な要因を示す．最初の例では，出発物1 molが生成物2 molを生成する．分子が多いほど分子を配置する可能性な方法が増加するため，この過程ではエントロピーが増加する．2番目の例では，環状化合物が非環状化合物に変換される．非環状化合物は環状化合物に比べて自由度が大きいので，このような過程でもエントロピーは増大する．非環状化合物は環状化合物に比べて多数の立体配座をとることができ，ここでも可能な状態の数が多いほどエントロピーが増加する．

A—B ⟶ A + B
出発物 1 mol　　生成物 2 mol

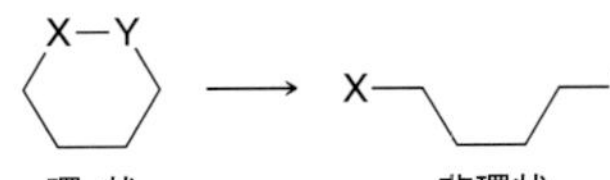

図 6・7　エントロピーが増加する二つの反応形式

チェックポイント

6・3　次の反応について，ΔS の符号を予想せよ．すなわち，ΔS_{sys} は正になる（エントロピーの増加）か，負になる（エントロピーの減少）か．

(a)　(b)　(c)

(d)　Br　+ Br^-　(e)　H　O　H　H　O^+　H　(f)　H　O^+　OH

6・3　Gibbs 自由エネルギー

前節では，エントロピーは化学反応が自発的であるか否かを決める唯一の基準であると説明した．しかし，系の ΔS だけでは十分でなく，外界の ΔS も考えなければならない．

$$\Delta S_{tot} = \Delta S_{sys} + \Delta S_{surr}$$

過程が自発的であるためには，系と外界のエントロピー変化の合計が正でなければならない．標準エントロピー値の表を使って ΔS_{sys} を評価することは簡単である．しかし，ΔS_{surr} を評価することはより困難である．全宇宙を観測することは確かに不可能である．ではどのようにしたら，ΔS_{surr} を測定することができるだろうか．幸いにも，この問題を解決する巧みな方法がある．

定温定圧条件では，次の式が成り立つ．

$$\Delta S_{surr} = -\frac{\Delta H_{sys}}{T}$$

有機化学者はふつう定温と定圧（大気圧）で反応を行う．そのため，有機化学者に最もなじみ深い反応条件は，定温定圧条件である．

ここで ΔS_{surr} は系の値で定義されることに注目しよう．ΔH_{sys} と T（ケルビン単位の温度）は容易に測定できるので，ΔS_{surr} も実際に測定できることになる．この ΔS_{surr} の式を ΔS_{tot} に代入すると新しい ΔS_{tot} の式が得られ，ここではすべての項が測定可能である．

$$\Delta S_{tot} = \left(-\frac{\Delta H_{sys}}{T}\right) + \Delta S_{sys}$$

この式においても，ΔS_{tot} が正になることが自発性の最終的な尺度である．最後に両辺に $-T$ をかけると，**Gibbs**（ギブズ）**自由エネルギー**（Gibbs free energy）とよばれる新しい項が得られる．

$$-T\Delta S_{tot} = \Delta H_{sys} - T\Delta S_{sys}$$

$$-T\Delta S_{tot} \rightarrow \Delta G$$

いいかえれば，ΔG は全エントロピーをまとめて表現するための一つの方法にすぎない．

$$\Delta G = \Delta H - T\Delta S$$

ΔH → 外界のエントロピー変化に関連

$T\Delta S$ → 系のエントロピー変化に関連

この式では，第一項（ΔH）は外界のエントロピー変化に関連する（外界へのエネルギー移動は外界のエントロピーを増加する）．第二項（$T\Delta S$）は，系のエントロピー変化に関連する．第一項（ΔH）は第二項（$T\Delta S$）に比べてずっと大きいことが多いので，大部分の過程では ΔH が ΔG の符号を決める．ΔG は ΔS_{tot} に $-T$ をかけたものであることを思い出そう．もし過程が自発的であれば，ΔS_{tot} は正になるはずであり，すなわち ΔG は負になるはずである．すなわち，過程が自発的であるためには，その過程の ΔG は負でなければならない．この条件は熱力学第二法則とよばれる．

一般化学で学習する熱力学第一法則は，どのような過程においてもエネルギーは保存されるという法則である．

ΔG に寄与する二つの項を比較するために，標準的ではないが二つの項の和で式を表示することがある．

$$\Delta G = \Delta H + (-T\Delta S)$$

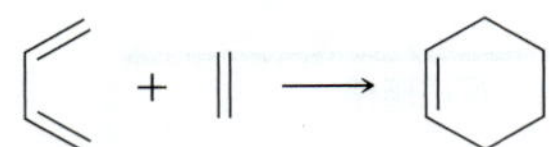

この表現の式を用いると，二つの項の寄与が効果的に分析できる場合がある．一例として左の反応を考える．この反応は 2 分子から 1 分子への変換なので，ΔS_{sys} は有利ではない．しかし ΔS_{surr} は有利である．なぜだろうか．反応の ΔH によって ΔS_{surr} が決まる．本章の最初の節で，生成する結合と切断する結合に注目してどのように反応の ΔH を決めるかを述べた．上記の反応では，三つの π 結合が切断され，一つの π 結合と二つの σ 結合が生成する．いいかえれば，二つの π 結合が二つの σ 結合に変換される．σ 結合は π 結合より強い（エネルギーが低い）ため，この反応の ΔH は負（発熱）になる．エネルギーが外界に移動することにより，外界のエントロピーが増加する．まとめると，ΔS_{sys} は不利であるが，ΔS_{surr} は有利である．したがって，この過程では系のエントロピー変化と外界のエントロピー変化の間に競争がある．

$$\Delta G = \underset{\text{負}}{\Delta H} + \underset{\text{正}}{(-T\Delta S)}$$

過程が自発的であるためには，ΔG が負でなければならない．第一項は負であり有利であるが，第二項は正であり不利である．絶対値が大きい項によって ΔG の符号が決まる．もし第一項が大きければ，ΔG は負になり反応は自発的である．もし第二項

役立つ知識　爆　薬

爆薬（explosive）は爆発性の化合物であり，急激な高圧の発生と過剰な熱の放出を伴う．爆薬にはいくつかの特徴がある．

1. 酸素が存在すると，爆薬が起こす反応では二つの項とも ΔG に非常に有利になるように寄与する．

$$\Delta G = \Delta H - T\Delta S$$

すなわち，外界と系の両方のエントロピー変化が非常に有利になる．その結果，ΔG は非常に大きい負の値になり，反応が非常に有利になる．

2. 爆発で観測される圧力の急激な上昇を生みだすために，爆薬は多量の気体を非常に速く生成する．複数のニトロ基をもつ化合物は気体の NO_2 を放出する．いくつかの例を示す．

3. 爆発すると反応が非常に速く起こる．爆薬のこの点については後で説明する．

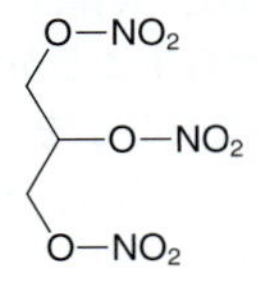

ニトログリセリン

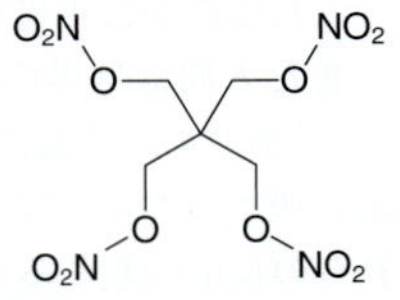

四硝酸ペンタエリトリトール（PETN）

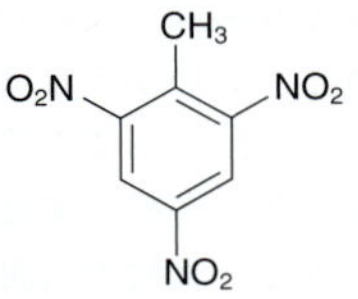

トリニトロトルエン（TNT）

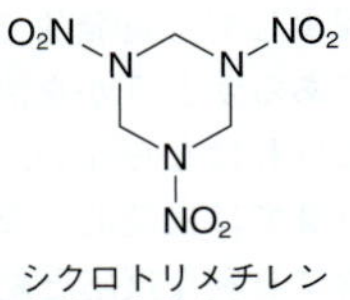

シクロトリメチレントリニトラミン（RDX）

が大きければ，ΔG は正になり反応は自発的ではなくなる．どちらの項が支配的だろうか．第二項の値は T に依存するので，この反応の結果は温度に非常に敏感である．一定温度以下では過程は自発的である．一定温度以上では逆の過程が有利である．

負の ΔG をもつ過程は常に自発的である．このような過程は**発エルゴン反応**（exergonic reaction）とよばれる．正の ΔG をもつ過程は自発的ではない．このような過程は**吸エルゴン反応**（endergonic reaction）とよばれる（図 6・8）．

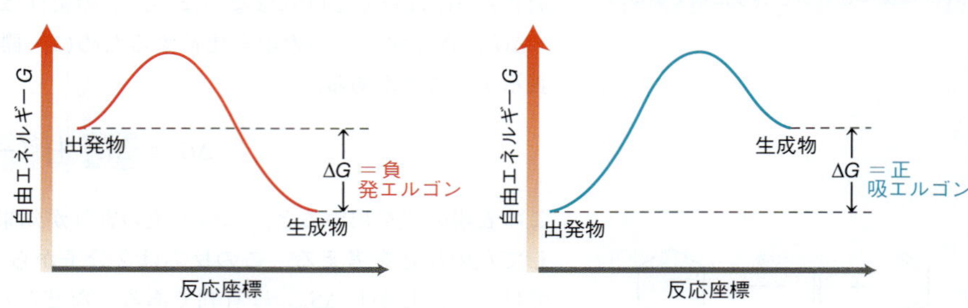

図 6・8 発エルゴン反応と吸エルゴン反応のエネルギー図

反応を解析するときエネルギー図は非常に役に立つので，本書を通してよく使う．次のいくつかの節では，エネルギー図についてさらに詳しいことを述べる．

チェックポイント

6・4 次の反応について ΔG の符号を予想せよ．もし ΔG の符号が温度に依存するため予想が不可能であれば，温度の上昇によって ΔG がどのような影響を受けるかを説明せよ．

(a) 系のエントロピーが増加する吸熱反応

(b) 系のエントロピーが増加する発熱反応

(c) 系のエントロピーが減少する吸熱反応

(d) 系のエントロピーが減少する発熱反応

6・5 室温では，分子はほとんどの時間エネルギーの低い立体配座で存在する．実際に，どのような系も低いエネルギーに向かう一般的な傾向がある．他の例として，電子はより低いエネルギー状態をとるために結合を生成する．ここで，この有利さの理由がエントロピーに基づいていることが予想できる．化合物がエネルギーの低い立体配座をとる，または電子が低いエネルギー状態をとるとき，ΔS_{tot} は増加する．これはなぜか．

役立つ知識　生物は熱力学第二法則に反するか

生命は熱力学第二法則に反するのではないかと考えるかもしれない．これは確かに正当な質問である．人体は非常に規則正しく，また人間は外界に秩序をもたらすことができる．DNA やタンパク質のような生命に必要な高分子を合成する多くの反応は吸エルゴン反応（ΔG は正）である．どのようにしてこれらの反応は起こるのだろうか．

本章ですでに述べたように，もし過程の ΔS_{tot} が正になるように外界のエントロピーが増加するならば，反応のエントロピーが減少しても自発的でありうる．いいかえれば，過程が自発的であるかどうかを決めるときに，すべての状況を考慮に入れなければならない．確かに，生命が起こす反応の多くはそれ自身では自発的でない．しかし，食物の代謝のような他の非常に有利な反応と結びつけると，系と外界を加えた全体のエントロピーは実際に増加する．たとえば，グルコースの代謝を考えてみよう．この反応は大きな負の ΔG をもつ．このような過程は，生命に必須な本来は自発的でない反応を起こすために絶対に必要である．

$$\text{グルコース} + 6\,O_2 \longrightarrow 6\,CO_2 + 6\,H_2O \qquad \Delta G^\circ = -2880\ \text{kJ/mol}$$

生物は熱力学第二法則に反してはいない．実際はその逆である．生物は高度なエントロピー制御の最高の例である．人間は外界に熱を放出し，非常に規則的な分子（食物）を消費してずっと低い自由エネルギーをもつより小さい安定な化合物へと分解する．これらの特徴により，外界に秩序をもたらすことができる．なぜなら，全体としての効果は宇宙のエントロピーを増大させるからである．

6・4 平　衡

出発物AとBが生成物CとDに変換される反応を示す図6・9のエネルギー図を考えてみよう．反応は負のΔGを示すので自発的である．したがって，AとBの混合物は完全にCとDに変換されると期待するかもしれない．しかし，これは正しくはない．むしろ，四つのすべての化合物が存在する**平衡**（equilibrium）が成り立つ．なぜこうなるのだろうか．もしCとDの自由エネルギーが十分に低くても，反応が終わったときなぜAとBがある量存在するのだろうか．

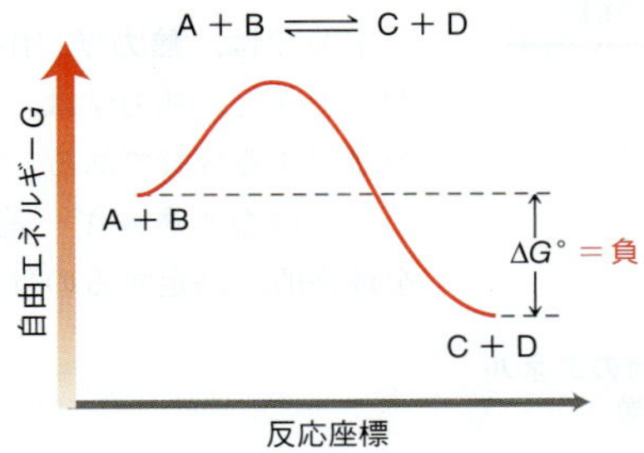

図 6・9　出発物(A と B)が生成物(C と D)に変換される発エルゴン反応のエネルギー図

この質問に答えるために，多数の分子が存在することの効果を考えなければならない．図6・9のエネルギー図は，1分子のAと1分子のBの反応を示す．しかし，モル単位の量のAとBの反応を考えると，濃度の変化がΔGの値に影響を及ぼす．反応が始まるとき，AとBだけが存在する．反応が進むにつれて，AとBの濃度は減少し，CとDの濃度が増加する．この過程はΔGに影響を及ぼし，図6・10のように図示できる．反応が進むにつれて，自由エネルギーは最小値に達するまで減少し，ここでは出発物と生成物が特定の濃度となる．もし仮に反応がそれ以上どちらかの方向に進むと，自由エネルギーが増加するため自発的には起こらない．ΔGが最小となる点ではそれ以上の変化は起こらず，系が平衡に達したという．反応の正確な平衡の位置は平衡定数K_{eq}で表現する．

$$K_{eq} = \frac{[\text{生成物}]}{[\text{出発物}]} = \frac{[\mathrm{C}][\mathrm{D}]}{[\mathrm{A}][\mathrm{B}]}$$

ここで，K_{eq}は生成物の平衡濃度を出発物の平衡濃度で割ることにより定義される．

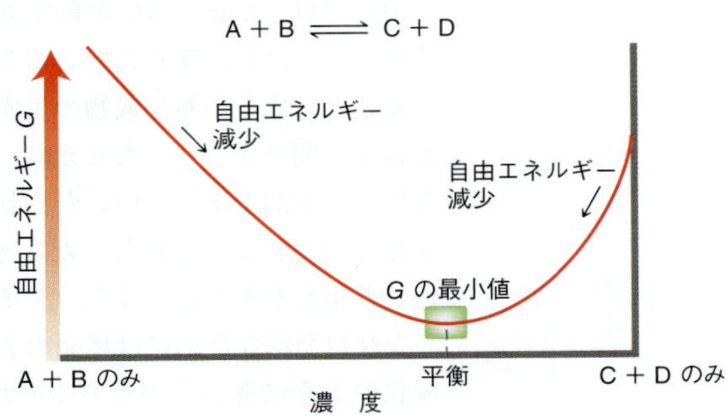

図 6・10　ΔG と濃度の関係を示すエネルギー図． 自由エネルギーは特定の濃度(平衡)で最小になる．

生成物の濃度が出発物の濃度より大きければ，K_{eq}は1より大きい．一方で，生成物の濃度が出発物の濃度より小さければ，K_{eq}は1より小さい．K_{eq}の項は平衡の正確な位置を示し，次式のようにΔGと関連している．ここで，Rは気体定数〔8.314

J/(mol·K)]，T はケルビン単位の温度である．

$$\Delta G = -RT \ln K_{eq}$$

反応や配座変化などのどのような過程でも，K_{eq} と ΔG の関係は上記の式で定義できる．表6・2の例は，ΔG が生成物の最大収率を決めることを示す．もし ΔG が負であれば，生成物が有利になる（$K_{eq} > 1$）．もし ΔG が正であれば，出発物が有利になる（$K_{eq} < 1$）．反応がうまく進む（生成物が出発物より多くなる）ためには，ΔG は負に，すなわち K_{eq} は1より大きくならなければならない．表6・2の値は，わずかな自由エネルギーの差が生成物と出発物の比に大きな効果を及ぼすことを示している．

表 6・2　種々の ΔG の値に対応する K_{eq} の値

$\Delta G°$ (kJ/mol)	K_{eq}	平衡時の生成物
−17	10^{3}	99.9%
−11	10^{2}	99
−6	10^{1}	90
0	1	50
+6	10^{-1}	10
+11	10^{-2}	1
+17	10^{-3}	0.1

本節では，**熱力学**（thermodynamics）の分野の話題である ΔG と平衡の関係を説明してきた．熱力学は，エントロピーの影響下でエネルギーがどのように分布するかを研究する分野である．化学者にとって，反応の熱力学は具体的には出発物と生成物の相対的なエネルギー差の研究をさす（図6・11）．反応で期待される生成物の収率を最終的に決定するのは自由エネルギーの差 ΔG である．

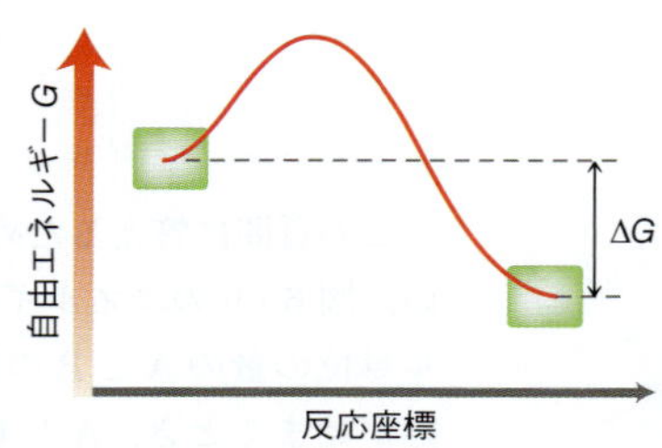

図 6・11　出発物と生成物のエネルギー差に基づく反応の熱力学

チェックポイント

6・6　次の反応において，データを用いて反応が出発物と生成物のどちらに有利であるかを決定せよ．

(a) $\Delta G = +1.5$ kJ/mol の反応

(b) $K_{eq} = 0.5$ の反応

(c) 298 K で行う $\Delta H = +33$ kJ/mol，$\Delta S = +150$ J/(mol·K) の反応

(d) ΔS_{sys} が正の発熱反応

(e) ΔS_{sys} が負の吸熱反応

6・5　反応速度論

前節では，反応の ΔG が負であれば反応が自発的であることを述べた．自発的という用語は，反応がすぐに起こることを意味しない．むしろ，反応が熱力学的に有利であること，すなわち生成物の生成が有利であることを意味する．自発性は反応の速度とは全く関係がない．たとえば，ダイヤモンドから黒鉛への変換は，標準的な圧力と温度で自発的である．いいかえれば，すべてのダイヤモンドはいまこの瞬間も黒鉛に変化しつつある．しかし，たとえこの過程が自発的であっても，反応は非常に遅い．何百万年もかかるだろうが，ダイヤモンドは最終的に黒鉛に変化する．

なぜ自発的な反応には爆発のように速いものもあれば，ダイヤモンドから黒鉛への変化のように遅いものもあるのだろうか．反応速度の研究は**速度論**（kinetics）とよばれる．本節では，反応速度に関する事項を説明する．

速　度　式

反応の速度は，次ページ上の一般的な形式をもつ**速度式**（rate equation）で表され

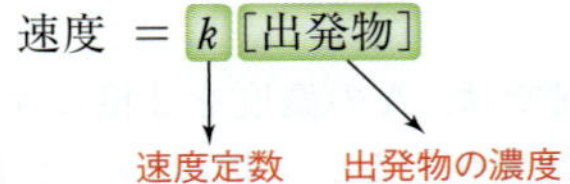

る．この一般式は，反応速度が速度定数 k と出発物の濃度に依存することを示す．速度定数 k は反応ごとに固有な値であり，多くの要因によって決まる．これらの要因については次節で述べる．ここでは，反応に及ぼす濃度の効果に焦点を絞る．

反応は出発物間の衝突の結果起こり，出発物の濃度が増加するほど，反応をひき起こす衝突の頻度が増加し反応速度が大きくなる．しかし，速度に及ぼす濃度の正確な効果は実験的に決めなければならない．

$$\text{速度} = k[\mathrm{A}]^{x}[\mathrm{B}]^{y}$$

この速度式では，AとBの濃度に指数（x と y）がついている．指数は，AとBの濃度をそれぞれ2倍にしたときに速度がどのように変化するかを調べることによって実験的に決めなければならない．実際の反応でよくみられるいくつかの例を図6・12

医薬の話題　ニトログリセリン：薬理作用をもつ爆薬

爆薬は起爆薬と二次爆薬の2種類に分類できる．起爆薬は衝撃や熱に敏感で，非常に容易に爆発する．すなわち，爆発の活性化エネルギーは非常に小さく，容易に超えることができる．対照的に，二次爆薬は活性化エネルギーが大きく，起爆薬より安定である．二次爆薬は微量の起爆薬を用いて爆発させることがよくある．

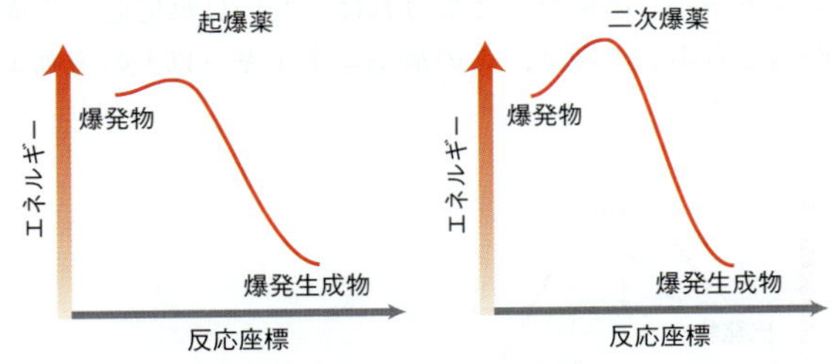

最初の商業的な二次爆薬は Alfred Nobel（ノーベル）によって1800年代半ばに製造された．その当時取扱いが十分に安全で強力な爆薬はなかった．Nobel はニトログリセリン（nitroglycerin）を安定化する方法を発見するために努力を集中した．

ニトログリセリン

ニトログリセリンは非常に衝撃に敏感で，取扱いが危険である．より活性化エネルギーの高いニトログリセリンの製剤を見つけようとして，Nobel は多くの実験を行った．Nobel の工場ではこれらの実験の際にしばしば爆発が起こり，彼の弟 Emil Nobel や同僚が犠牲になった．多くの事故や犠牲を経て，ついに，Nobel はケイソウ土（容易に微粉末に砕ける堆積岩の一種）と混合することによりニトログリセリンを安定化することに成功した．ダイナマイト（dynamite）とよばれるこの混合物は最初の商業的な二次爆薬になり，まもなくヨーロッパ中に大量のダイナマイトを製造する工場が多数建設された．本章の最初で述べたように，Nobel はこの発明により巨万の富を築き，その収益の一部をいまや誰もが知っているノーベル賞に提供した．

しばらくして，ニトログリセリンの長期曝露を受けたダイナマイト工場の労働者にいくつかの生理作用があることが発見された．最も重要なことは，心臓疾患をもつ労働者の症状が大いに改善したことである．そのうちに，医者は少量のニトログリセリンを経口投与することにより心臓疾患をもつ患者を治療し始めた．Nobel 自身もついに心臓疾患にかかり，医者はニトログリセリンを飲むことを勧めた．Nobel は爆発性のものを飲むことを拒否し，最終的には心臓合併症で死亡した．

数十年が経過して，ニトログリセリンは血管拡張薬として作用し，心臓発作をひき起こす血栓の危険性を軽減することがわかった．しかし，ニトログリセリンがどのように血管拡張薬として機能するかわからなかった．薬物作用の研究は薬理学とよばれる広い分野の研究に属する．UCLA（米国カリフォルニア大学ロサンゼルス校）の科学者 Louis Ignarro（イグナロ）はこの生理学的な効果に興味をもち，体内におけるニトログリセリンの作用を非常に詳しく調査した．彼は，ニトログリセリンは代謝により一酸化窒素 NO を生じ，この小分子が多くの生理学的過程に密接に関与していることを発見した．最初のころ，一酸化窒素は大気中の汚染物質（スモッグ中に存在）として知られていたので，彼の発見は科学界から疑われていた．最終的に Ignarro の考えが正しいことが確かめられ，ニトログリセリンの生理作用の機構は彼が発見したとされている．

もし Nobel が Ignarro の研究を知っていたならば，おそらく医者の指示に従い薬理効果のあるニトログリセリンを飲んでいたであろう．Ignarro が1998年のノーベル医学生理学賞，すなわち安定化ニトログリセリンの発見で得た財産で Nobel が創設した賞を受賞したことは興味深い．歴史とは実に皮肉なものである．

一次反応　速度 = k[A]
二次反応　速度 = k[A][B]
三次反応　速度 = $k[\mathrm{A}]^2[\mathrm{B}]$

図 6・12　一次，二次，および三次反応の速度式

出発物の濃度によって速度が影響を受けないこともある．この事実はわかりにくいかもしれないが，心配することはない．これは7章で説明する．

に示す．

最初の例では，速度式は [B] を含まない．この状況では，A の濃度を 2 倍にすると速度が 2 倍になるが，B の濃度を 2 倍にしても速度は変化しない．指数の合計は 1 であり，反応は**一次**（first order）であるという．

2 番目の例では，A の濃度を 2 倍にすると速度が 2 倍になり，B の濃度を 2 倍にしても速度が 2 倍になる．この場合，速度式は [A] と [B] の両方を含み，指数はそれぞれ 1 である．指数の合計は 2 であり，反応は**二次**（second order）であるという．

3 番目の例では，A の濃度を 2 倍にすると速度が 4 倍になり，B の濃度を 2 倍にすると速度が 2 倍になる．この場合，[A] の指数は 2，[B] の指数は 1 である．指数の合計は 3 であり，反応は**三次**（third order）であるという．

速度定数に影響を及ぼす要因

前項で述べたように，反応速度は速度定数 k に依存する．

$$速度 = k[\mathrm{A}]^x[\mathrm{B}]^y$$

相対的に速い反応は速度定数が大きく，相対的に遅い反応は速度定数が小さい．速度定数の値は，活性化エネルギー，温度と立体効果の三つの要因に依存する．

1. 活性化エネルギー．出発物と生成物のエネルギー障壁（エネルギー図における山）は，**活性化エネルギー**（energy of activation）$\boldsymbol{E}_\mathbf{a}$ とよばれる（図 6・13）．エネルギー障壁は，衝突する二つの出発物の間で反応が起こるために必要な最小エネルギーを表す．もし出発物間の衝突エネルギーがこの値を超えなければ，互いに反応して生成物を生じることはない．反応が起こる衝突の数は，この最小エネルギー以上の運動エネルギーをもつ分子数によって決まる．

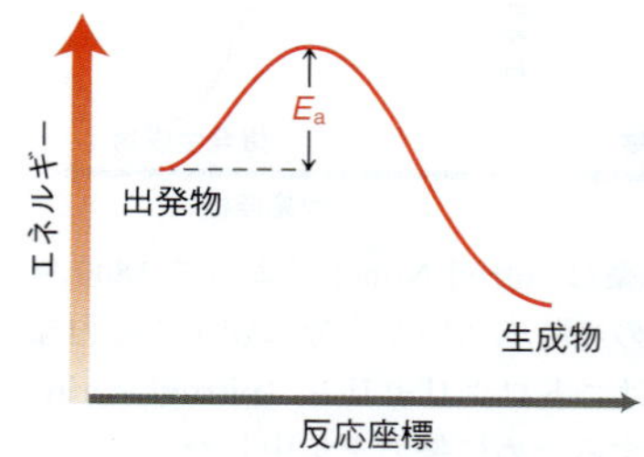

図 6・13　反応の活性化エネルギー E_a を示すエネルギー図

一定温度では，出発物は一定の平均運動エネルギーをもつが，すべての分子がこのエネルギーをもつとは限らない．実際に，大部分の分子がもつエネルギーは平均以下または平均以上であり，図 6・14 に示すような分布を生じる．ほんのわずかの分子だけが反応を起こすために必要な最小エネルギーをもつことに注意しよう．このエネルギーをもつ分子数は E_a の値に依存する．もし E_a が小さいと，より多くの分子が反応

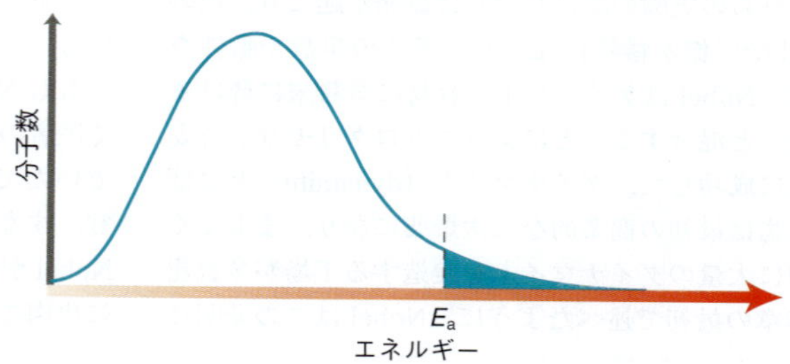

図 6・14　エネルギーの分布． 反応を起こすのに十分なエネルギーをもつ分子の部分を青で示す．

を起こすために必要な最小エネルギーをもつ．したがって，E_a が小さいほど反応が速い（図 6・15）．

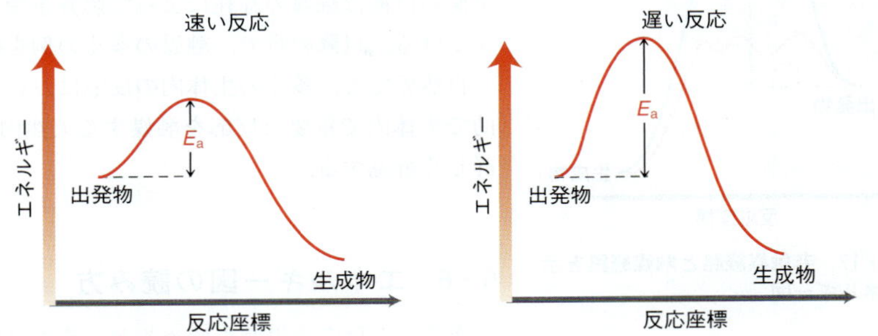

図 6・15 反応速度は E_a の大きさに依存する

2. 温度. 反応速度は温度に対しても非常に敏感である（図 6・16）．分子は高温になるほど大きい運動エネルギーをもつので，反応温度を上げると反応速度が増加する．すなわち，高温になるほど，より多くの分子が反応を起こすために十分な運動エネルギーをもつ．おおよそ温度が 10 °C 上昇すると速度は 2 倍になる．

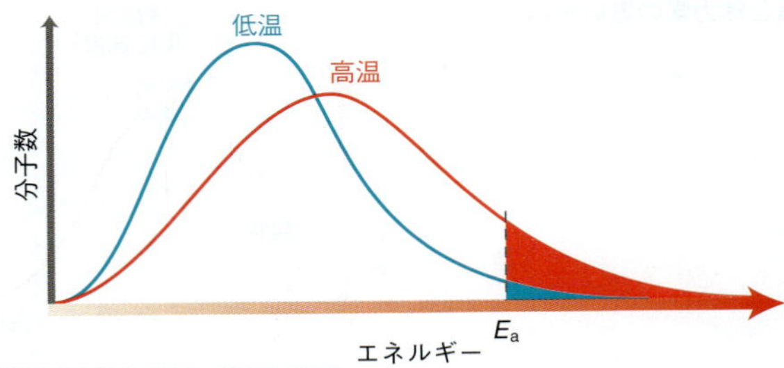

図 6・16 温度が上昇すると反応を起こすのに十分なエネルギーをもつ分子数が増加する

3. 立体効果. 出発物の構造と衝突の方向も，反応を起こす衝突の頻度に影響を与える．この要因は§7・4 でより詳しく説明する．

触媒と酵素

触媒（catalyst）は，それ自身は反応で消費されないが反応速度を加速することが

役立つ知識 ビールの製造

ビールの製造は糖（コムギやオオムギのような穀物から生産される）の発酵によって行われる．発酵過程はエタノールを生成し，熱力学的に有利である（ΔG は負）．糖からエタノールへの直接変換は非常に大きな活性化エネルギーが必要で，そのままでは起こらない．混合物に酵母を加えると，活性化エネルギーが低くなり，変換過程が観測できる速度で進行する．酵母は異なる多くの反応を触媒するさまざまな酵素を利用する微生物である．いくつかの酵素の働きにより，酵母は糖を代謝して老廃物としてエタノールと二酸化炭素を生成する．この過程で生成するエタノールは酵母に対して毒性をもち，エタノールの濃度が増加するほど発酵が遅くなる．その結果，標準的なビール酵母を用いたとき，アルコールの濃度を 12% 以上にすることはむずかしい．

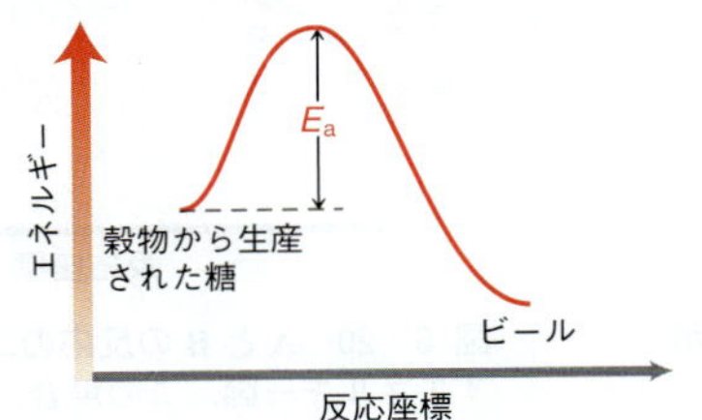

酵母の触媒作用がなければ，ビールは決して発見されなかっただろう．

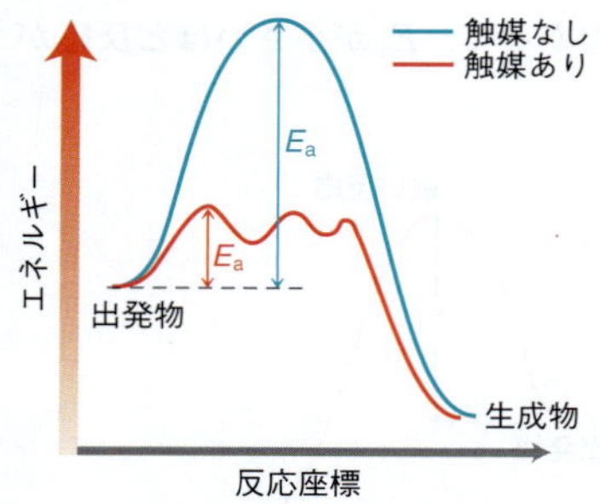

図 6・17　非触媒経路と触媒経路を示すエネルギー図

できる化合物である．触媒が働くのは，活性化エネルギーの低い別の反応経路が可能になるためである（図 6・17）．触媒は出発物と生成物のエネルギーを変えないので，平衡の位置は触媒の存在によって影響を受けない．反応速度だけが触媒によって影響を受ける．以降の章で，触媒の多くの例を紹介する．

自然界でも，多くの生体内の反応において触媒が働いている．酵素は，非常に特異的で生体内で重要な反応を触媒する天然由来の化合物である．酵素について 25 章で詳しく解説する．

6・6　エネルギー図の読み方

次章から反応の説明を始めるが，そこではエネルギー図を頻繁に用いる．ここではエネルギー図の特徴について簡単に解説する．

速度論と熱力学

速度論と熱力学を混同してはいけない．この二つは全く別の概念である（図 6・18）．

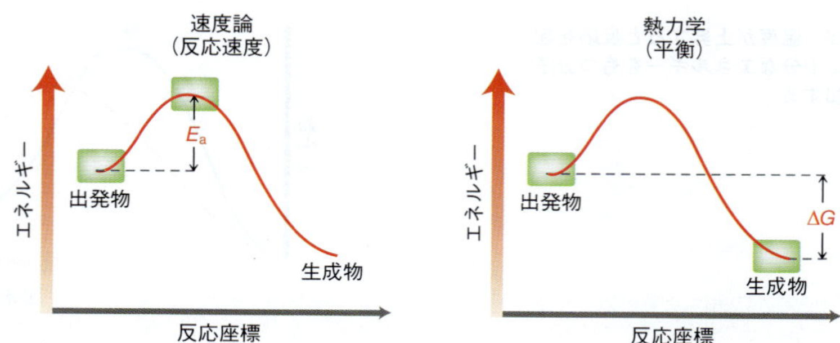

図 6・18　速度論と熱力学の違いを示すエネルギー図

速度論は反応速度のことをいい，熱力学は出発物と生成物の濃度平衡のことをいう．二つの化合物 A と B が，二つのどちらかの経路で反応すると仮定しよう（図 6・19）．ここでは経路によって生成物が異なる．生成物 C と D はエネルギーが低いので，生成物 E と F より熱力学的に有利である．加えて，C と D の生成の活性化エネルギーのほうが小さいので，E と F より速度論的にも有利である．要するに，C と D は熱力学的にも速度論的にも有利である．出発物が二つの可能な経路で反応しうるとき，一方の反応が熱力学的にも速度論的にも有利なことがよくある．しかし，熱力学と速度論が互いに対立する場合もある．次に A と B の二つの反応を示す図 6・20 の

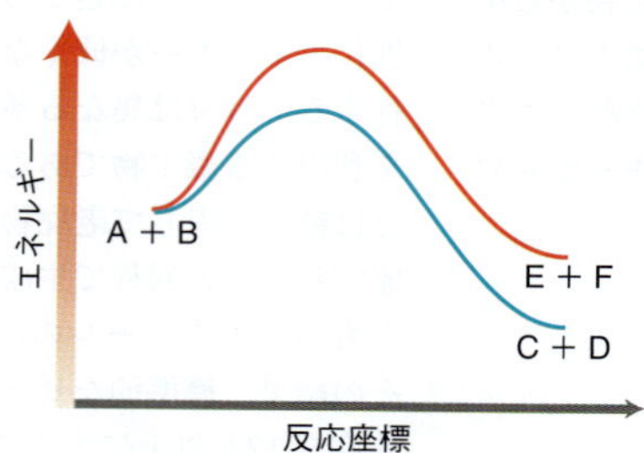

図 6・19　A と B の反応の二つの経路を示すエネルギー図

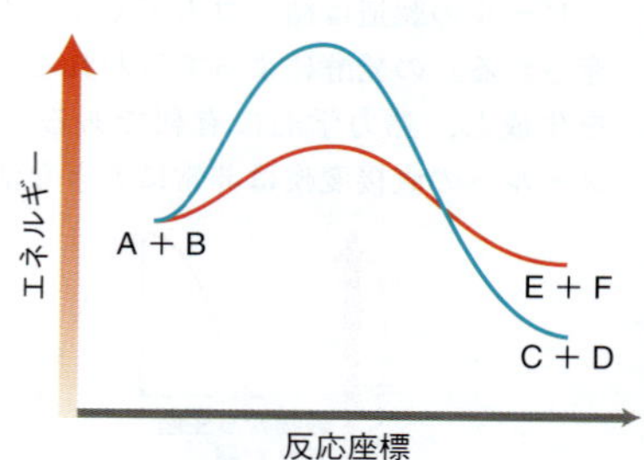

図 6・20　A と B の反応の二つの経路を示すエネルギー図．この場合，C と D は熱力学生成物で，E と F は速度論生成物である．

エネルギー図を考える．この場合，生成物CとDはエネルギーが低いので，熱力学的に有利である．しかし，EとFの生成の活性化エネルギーのほうが小さいので，生成物EとFは速度論的に有利である．このような場合，反応温度が重要な役割を果たす．低温では，最も安定な生成物ではないにもかかわらずEとFを生成する反応のほうが速い．高温では，CとDの生成に有利な平衡の濃度にすぐに達する．本書を通じて，速度論と熱力学の対立する例をいくつか紹介する．

遷移状態と中間体

反応はしばしば複数の段階を含む．多段階反応のエネルギー図では，すべての極小値（谷）は中間体を示し，すべての極大値（山）は遷移状態を示す（図6・21）．遷移状態と中間体の違いを理解することは重要である．

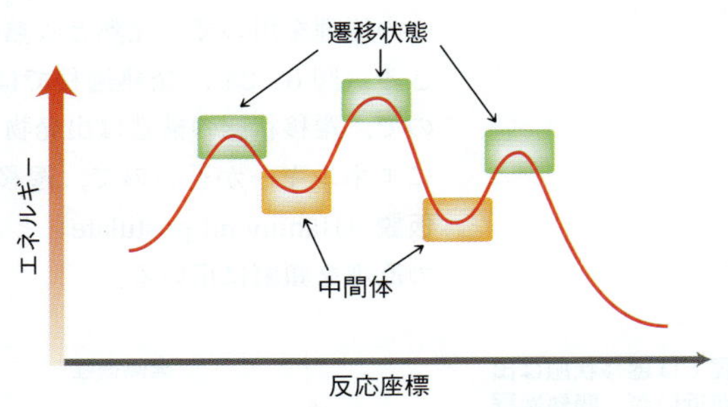

図6・21　エネルギー図では，すべての山は遷移状態を，すべての谷は中間体を示す

遷移状態と中間体の違いのたとえとして，ある人ができるだけ高く飛んで，軌跡の最高点で別の人が写真をとることを考えてみる．最高点で十分な長さの時間とどまる(空中で停止する)ことはかなりむずかしいが，写真は到達した高さを示す．これは，ジャンプした人が通過した状態である．対照的に，机に飛び乗ってもとの場所に飛び降りたとしよう．机の上に立った写真は以前の写真とかなり違うだろう．机の上に一定時間立つことは可能であるが，空中で一定時間とどまることは不可能である．机の上に立った写真は，反応中間体の写真に似ている．

遷移状態（transition state）は，名前が意味するように反応が通過していく状態である．遷移状態は単離することはできない．図6・22に示すように，この高いエネルギー状態では，結合の開裂または生成あるいは両方が同時に進行中である．**中間体**（intermediate）はたとえ短くても一定の寿命をもつ．中間体は，結合が開裂または生成する過程ではない（図6・23）．図6・23に示すような中間体は非常に一般的であり，本書でも頻繁に出てくる．

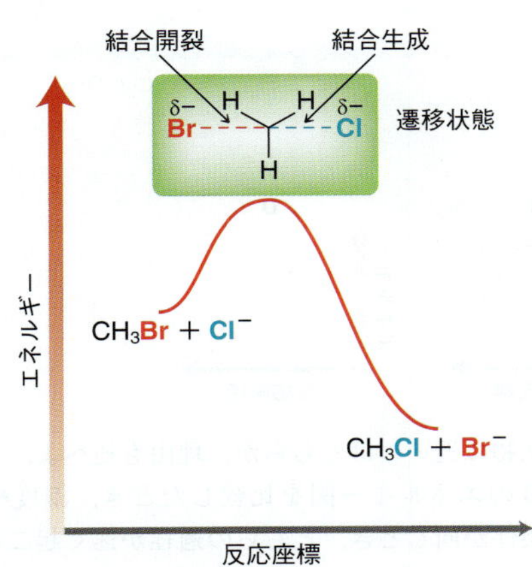

図6・22　遷移状態では，結合の開裂または生成あるいは両方が進行中である

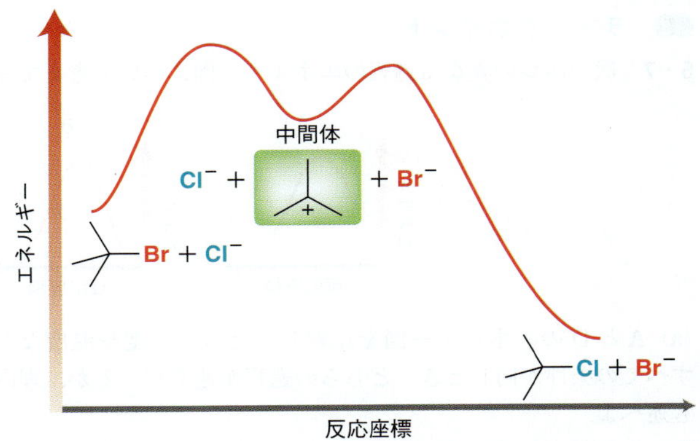

図6・23　エネルギーの谷で示される中間体をもつ反応のエネルギー図

Hammondの仮説

図6・24のエネルギー図上にある二つの点を考えてみよう．曲線上で2点は互いに

図 6・24　エネルギー図の中で近い位置にある 2 点は構造的に似た状態を示す

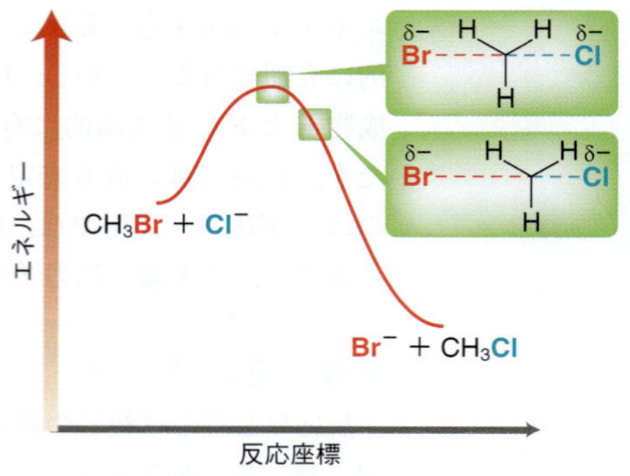

近いので，エネルギーが近く，それゆえ構造も似ている．

この原理を用いて，発熱と吸熱の過程における遷移状態の構造を一般化することができる（図 6・25）．発熱過程では，遷移状態は生成物より出発物にエネルギーが近いので，遷移状態の構造は出発物に似ている．対照的に，吸熱過程の遷移状態は生成物にエネルギーが近いので，遷移状態は生成物に似ている．この原理は **Hammond**（ハモンド）**の仮説**（Hammond postulate）とよばれる．以降の章で，遷移状態を説明するときにこの原理を頻繁に用いる．

図 6・25　発熱過程では遷移状態は出発物にエネルギーが近いが，吸熱過程では遷移状態は生成物にエネルギーが近い

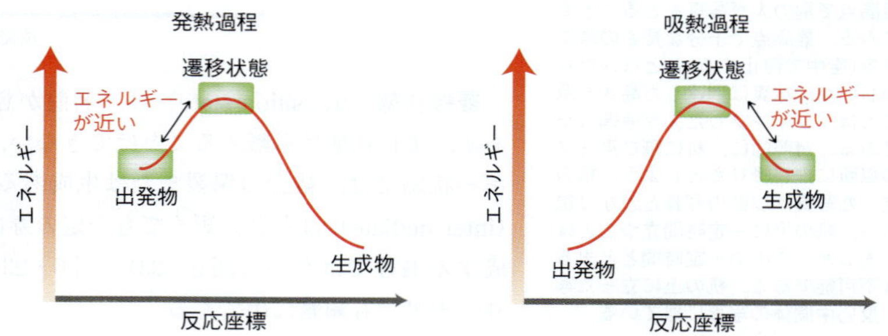

チェックポイント

6・7　次の四つの異なる過程のエネルギー図について考えてみよう．

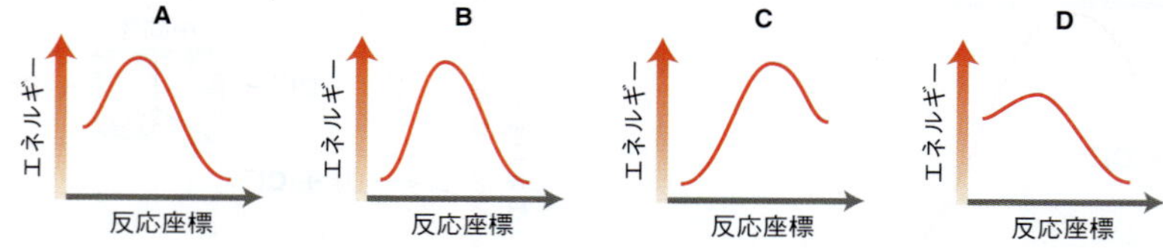

(a) A と D のエネルギー図を比較したとき，濃度や温度などすべての条件が同じとき，どちらの過程が速く起こるか．理由も述べよ．

(b) A と B のエネルギー図を比較したとき，平衡状態で生成物が有利なのはどちらの過程か．理由も述べよ．

(c) 各過程は中間体をもつか．各過程は遷移状態をもつか．理由も述べよ．

(d) A と C のエネルギー図を比較したとき，遷移状態が生成物より出発物に近いのはどちらか．理由も述べよ．

(e) A と B のエネルギー図を比較したとき，濃度や温度などすべての条件が同じとき，どちらの過程が速く起こるか．理由も述べよ．

(f) B と D のエネルギー図を比較したとき，平衡状態で生成物が有利なのはどちらの過程か．理由も述べよ．

(g) C と D のエネルギー図を比較したとき，遷移状態が出発物より生成物に近いのはどちらか．理由も述べよ．

6・7 求核剤と求電子剤

イオン反応（ionic reaction）は**極性反応**（polar reaction）ともよばれ，イオンが出発物，中間体，または生成物として関与する反応である．ほとんどの場合，イオンは中間体として存在する．本書で出てくる反応の大部分（約 95%）はイオン反応である．他の主要な 2 種類の反応であるラジカル反応とペリ環状反応は後の章で説明する．本章ではこれ以降イオン反応に注目する．

イオン反応は，一方の出発物が電子密度の高い部位をもち，もう一方の出発物が電子密度の低い部位をもつときに起こる．たとえば，塩化メチルとメチルリチウムの静電ポテンシャル図を考えてみよう（図 6・26）．各化合物とも誘起効果を示すが，その方向は逆である．

誘起効果については§1・11 参照．

図 6・26　誘起効果を示す塩化メチルとメチルリチウムの静電ポテンシャル図

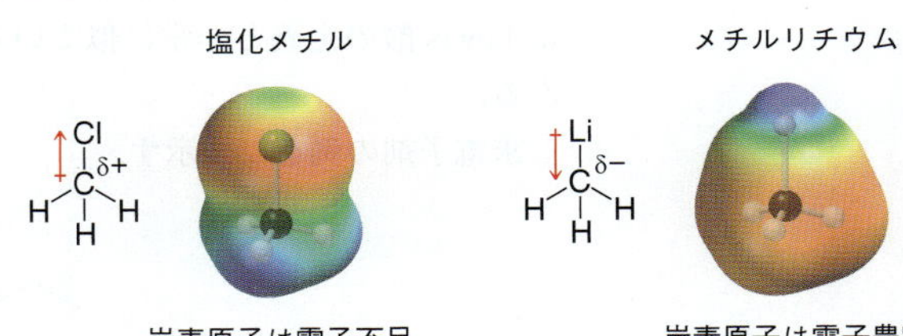

塩化メチルとメチルリチウムで起こる種類の反応は，次章で紹介する．ここでは，各出発物の性質に焦点を絞る．

塩化メチルの炭素原子は電子密度が低く，メチルリチウムの炭素原子は電子密度が高い．逆の電荷はひきつけあうので，二つの化合物は互いに反応する．

メチルリチウムの炭素原子のように電子豊富な中心をもつ反応剤は**求核剤**（nucleophile）とよばれ，“核を好む”を意味するギリシャ語に由来する．すなわち，求核中心の特徴は，正電荷または部分正電荷と反応する能力をもつことである．対照的に，塩化メチルの炭素原子のように電子不足の中心をもつ反応剤は**求電子剤**（electrophile）とよばれ，“電子を好む”を意味するギリシャ語に由来する．すなわち，求電子中心の特徴は，負電荷または部分負電荷と反応する能力をもつことである．

本書を通して，求核剤と求電子剤の性質に焦点を当てる．最終的には，ほんのいくつかの原理を用いて，反応を説明する，あるいは場合によっては予想することができるようになる．しかし，これらの原理を使いこなせるようになるには，まず化合物中の求核中心と求電子中心を見分けることに熟練する必要がある．有機化学のなかで，このスキルは最も重要なもののひとつである．以前にも述べたように，有機化学の本質は，反応の際に電子密度がどのように移動するかを学び予想することである．電子密度がどこに存在し，どこへ移動していくかがわからないと，反応を正しく予想することは不可能である．以下では，求核剤と求電子剤の性質についてさらに詳しく説明する．

求　核　剤

求核中心は電子対を供与することができる電子豊富な原子である．この定義は Lewis 塩基の定義と非常によく似ている．実際に，“求核剤”と“Lewis 塩基”は同義語である．

Lewis 塩基については§3・9 参照．

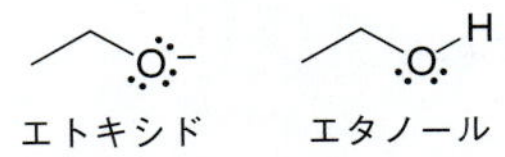

求核剤の例を左に二つ示す．どちらの例も酸素原子に非共有電子対がある．エトキシドは負電荷をもち，エタノールに比べて求核性が高い．しかし，エタノール中の非共有電子対も電子密度の高い領域であるので，エタノールは弱いながらも求核剤として働く．局在化した非共有電子対をもつものは，どのような原子でも求核剤として働

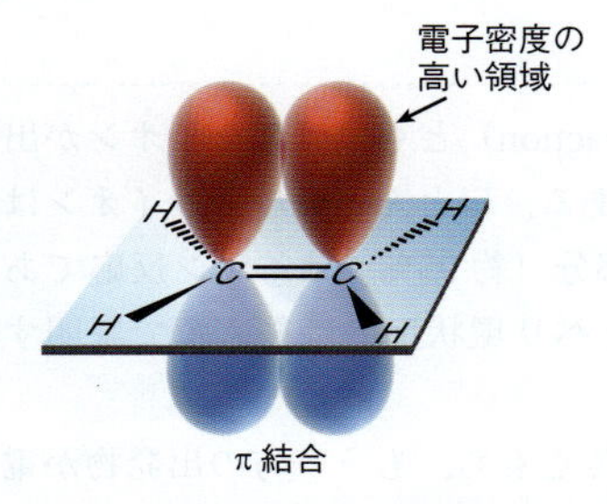

図 6・27　π 結合は高い電子密度の領域である

Lewis 酸については§3・9 参照.

くことができる．9 章では，電子密度の高い領域である π 結合も求核剤として働くことを説明する（図 6・27).

求核剤の強さは分極率などの多くの要因によって影響を受ける．**分極率**（polarizability）を広い意味で定義すると，外部の影響に応じて電子密度の分布が偏る原子の能力のことである．分極率は原子の大きさ（より具体的には原子核から離れた電子数）に直接関係している．たとえば，硫黄は非常に大きく原子核から離れた多くの電子をもち，求電子剤に近づくと電子密度の分布が偏る．ヨウ素も同じ特徴をもつ．その結果，I^- と HS^- は特に高い求核性を示す．この事実は後の章でもう一度説明する．

求 電 子 剤

求電子中心は非共有電子対を受取ることができる電子不足な原子である．この定義は Lewis 酸の定義と非常に似ている．実際に，"求電子剤" と "Lewis 酸" は同義語である．

求電子剤の例を二つ示す．

δ+ Cl δ−　　　+

左側の化合物では，塩素原子の誘起効果のため炭素原子が求電子性を示す．右側の例では炭素原子は正電荷をもち，これは**カルボカチオン**（carbocation）とよばれる．カルボカチオンは空の p 軌道をもつ（図 6・28)．空の p 軌道は電子対を受取ることができ，化合物を求電子的にする．本章の後半で，カルボカチオンについてもう少し詳しく説明する．

求核剤または求電子剤として働く化合物の共通の特徴を，表 6・3 にまとめる．

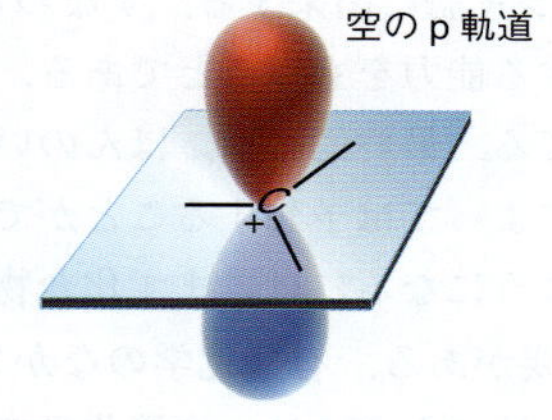

図 6・28　カルボカチオンの空の p 軌道

表 6・3　一般的な求核中心と求電子中心のまとめ

求核剤		求電子剤	
特 徴	例	特 徴	例
誘起効果	H–C(H)(H)–Li（δ−）	誘起効果	H–C(H)(H)–Cl（δ+）
非共有電子対	H–O–H	空の p 軌道	+
π 結合	（シクロヘキセン）		

スキルビルダー 6・2　**求核中心と求電子中心の見分け方**

スキルを学ぶ

次の化合物のすべての求核中心と求電子中心を明らかにせよ．

O–H

解　答

ステップ 1
誘起効果，非共有電子対とπ結合に注目し，求核中心を明らかにする．

まず求核中心を探す．具体的には，誘起効果，非共有電子対またはπ結合に注目する．この化合物では，二つの求核中心がある．

ステップ 2
誘起効果と空の p 軌道に注目し，求電子中心を明らかにする．

次に，求電子中心を探す．具体的には，誘起効果または空の p 軌道に注目する．この化合物では空の p 軌道をもつ原子はないが，誘起効果が存在する．

酸素原子は電気陰性であり，隣接する原子が電子不足になる．この場合，隣接した二つの原子，炭素原子と水素原子は部分正電荷 δ+ をもつ．一般に，部分正電荷をもつ水素原子は求電子性ではなく，酸性とみなす．したがって，この化合物は求電子中心を一つだけもつと考える．

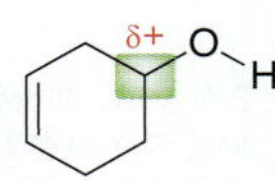

スキルの演習

6・8 次の化合物のすべての求核中心を明らかにせよ．

(a) (b) (c) (d)

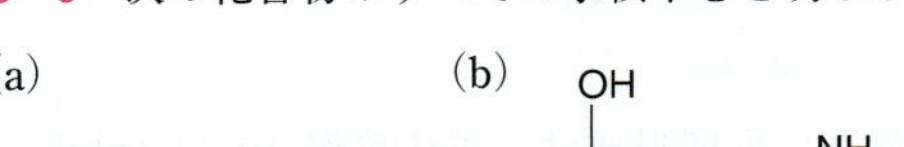

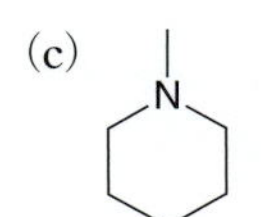

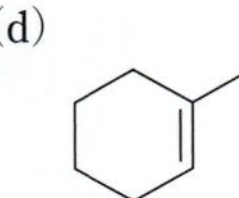

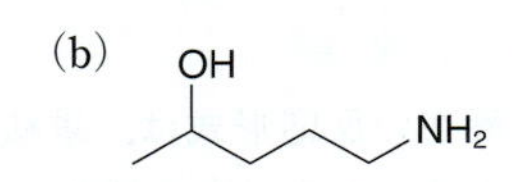

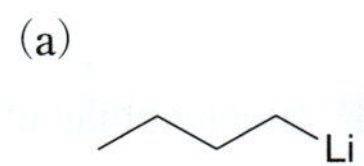

6・9 次の化合物のすべての求電子中心を明らかにせよ．

(a)

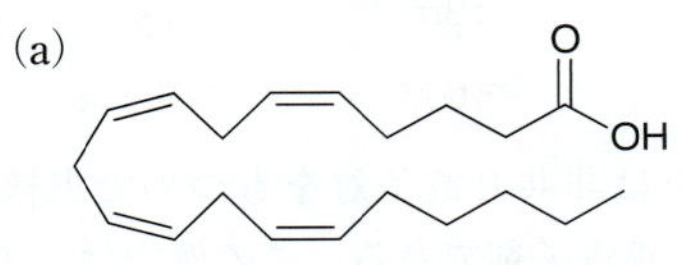

アラキドン酸
多くのホルモンの生合成前駆体

(b)

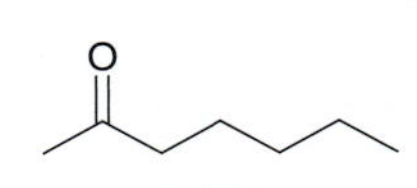

2-ヘプタノン
ミツバチ巣内のミツバチヘギイタダニ個体数制御に使用

(c)

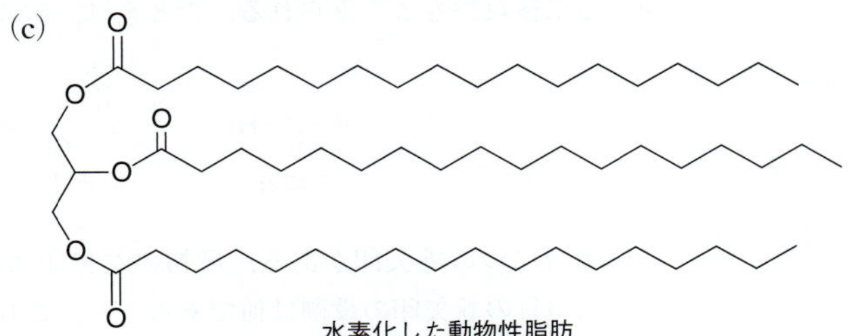

水素化した動物性脂肪

スキルの応用

6・10 次の仮想的な化合物は非常に反応性の高い求核中心と求電子中心をもち，両者が速やかに反応するため，調製したり単離したりすることができない．この化合物中の求核中心と求電子中心を明らかにせよ．

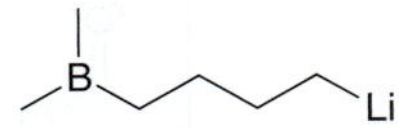

6・11 次の化合物には求電子中心が二つある．これらの中心を明らかにせよ．［ヒント：共鳴構造を書いて考える必要がある．］

(a)

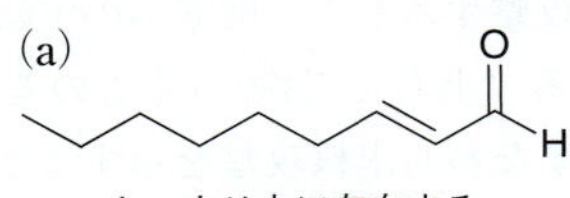

キュウリ中に存在するゴキブリ忌避物質

(b)

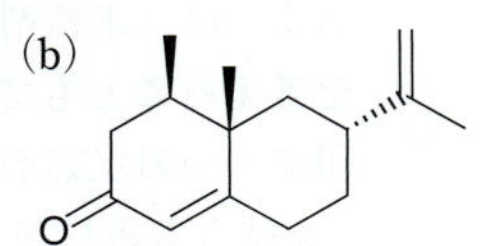

ヌートカトン nootkatone
グレープフルーツ中に存在

(c)

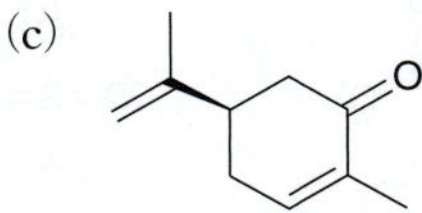

(*R*)-カルボン (*R*)-carvone
スペアミントのにおいの成分

問題 6・53 を解いてみよう．

6・8　反応機構と巻矢印による電子の流れ

3 章で述べたように，反応機構とは電子の流れ（電子の動き）を表す巻矢印を使い，反応がどのように起こるかを示すことである．巻矢印の始点は電子対がどこに由来するか，巻矢印の終点は電子対がどこへ移動するかを示す．

B:⁻ ＋ H—A ⇌ B—H ＋ A:⁻

2 章では，共鳴構造を習得するために，いくつかの巻矢印の形式を用いたことを思い出そう．

イオン機構を習得するために，巻矢印による電子の流れの特徴的な反応形式に慣れておくと役に立つ．ここでは電子の流れの形式を説明し，これらの形式を用いると反応機構を理解するだけでなく新しい機構を提案することも可能になる．特徴的な反応形式は四つだけであり，すべてのイオン反応は四つの反応形式の単純な組合わせである．これらを一つずつみていく．

求核攻撃

最初の反応形式は，**求核攻撃**（nucleophilic attack）すなわち求核剤の求電子剤への攻撃である．次の例をみてほしい．

求核剤　求電子剤

臭化物イオンは非共有電子対をもつので求核剤である．カルボカチオンは空の p 軌道をもつので求電子剤である．この例では，求核剤から求電子剤への攻撃は一つの巻矢印で示される．巻矢印は求核中心から求電子中心に向かう．二つ以上の巻矢印を用いる求核攻撃もよくみられる．たとえば，次の例をみてほしい．

求核剤　求電子剤

この場合二つの巻矢印がある．最初の巻矢印は求核剤から求電子剤への攻撃を示すが，二つ目の巻矢印の役割は何であろうか．これにはいくつかの考え方がある．二つ目の巻矢印を共鳴の矢印とみなすことができる．まず求電子剤の共鳴構造を書き，その次に求核攻撃が起こると考える．この考え方では，巻矢印の一つが求核攻撃を示し，もう一つは共鳴の巻矢印とみなすことになる．

電子が酸素へ押出される

あるいは，求核剤が攻撃するとき，酸素への実際の電子の流れとして二つ目の巻矢印を考えることもできる（上右）．おそらくこの考え方のほうが正しいが，二つの巻矢印で一つの反応形式すなわち求核攻撃を示すことを念頭におかなければならない．

π 結合も求核剤として働くことができる．たとえば，左の例である．

脱　離

電子の流れの 2 番目の反応形式は，**脱離**である．たとえば，次の例である．

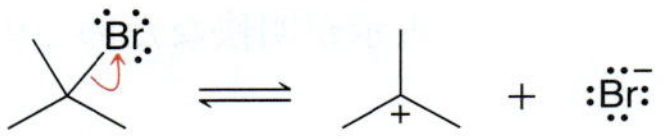

この段階は一つの巻矢印で書ける．しかし，二つ以上の巻矢印を用いて脱離を示すこともよくある．

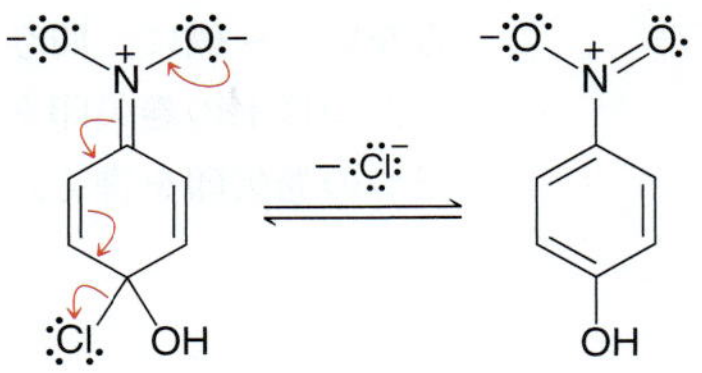

上式では，一番下の巻矢印だけが実際に塩化物イオンの脱離を示す．残りの巻矢印は，前節で述べたように，二つの解釈が可能である．一つの考え方は，脱離基が脱離した後で，残りの巻矢印は共鳴の矢印とみなす考え方である．

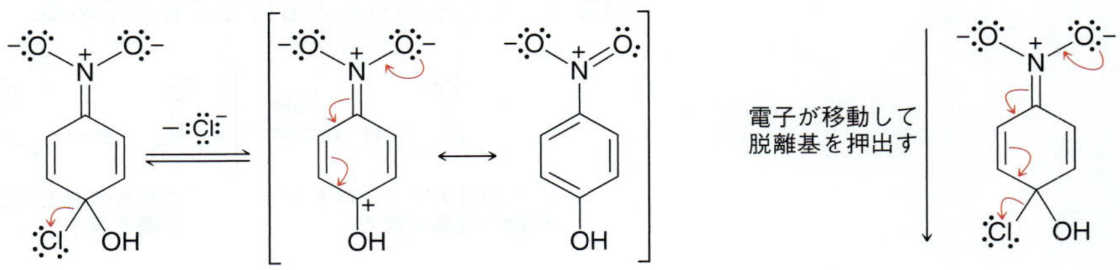

電子が移動して
脱離基を押出す

もう一つの考え方として，脱離基を押出す電子の流れとみなすこともできる（上右）．この過程をどのように考えるかにかかわらず，すべての巻矢印が一緒になって一つの反応形式，脱離を示していることを認識することは重要である．

プロトン移動

電子の流れの3番目の反応形式は，すでに3章で詳しく説明した．**プロトン移動**（proton transfer）は二つの巻矢印で示されることを思い出そう．

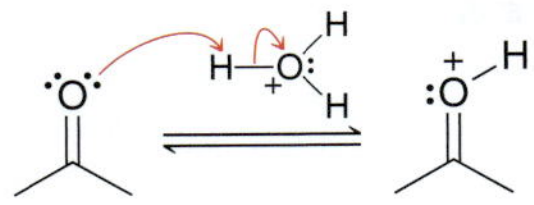

この例では，ケトンのプロトン化が二つの巻矢印によって示される．最初の巻矢印はケトンから水素へ向かう．2番目の巻矢印は，プロトンを保持していた電子がどうなるかを示す．

プロトン移動の段階は，化合物が上式のようにプロトン化されても，次式のように脱プロトンされても，二つの巻矢印で示される．

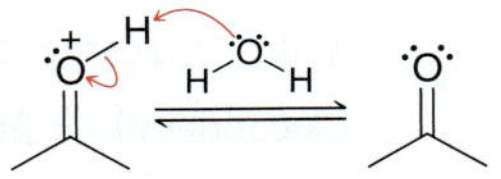

プロトン移動が一つの巻矢印だけで示されることもある．この場合，プロトンを捕捉する塩基が示されていない．実際にはプロトンがそのまま離れていくことはないが，

表示が明快なためこの書き方を使う化学者もいる．

実際に化合物がプロトンを失うとき，脱プロトンするために塩基が関与しなければならない．一般に，関与する塩基を示し，二つの巻矢印を使うほうが好ましい．

三つ以上の巻矢印を用いてプロトン移動を示すことがある．たとえば，次の場合は三つの巻矢印を書く．

ここでもまた，上式には二つの考え方が可能である．一つは，単純なプロトン移動に続いて共鳴構造を書くとみなす考え方である．あるいは，すべての巻矢印を合わせて，プロトン移動の間に起こる電子の流れを示すとみなす考え方である．プロトン移動では，どちらの考え方も同等に有効である．

二つの巻矢印はプロトン移動の段階を表す

これらの巻矢印は共鳴を表す

電子がケトンの酸素へ押出される

転　位

最後の 4 番目の反応形式は**転位**（rearrangement）である．いくつかの種類の転位があるが，ここでは**カルボカチオン転位**（carbocation rearrangement）だけに焦点を絞る．カルボカチオン転位を説明するために，まずカルボカチオンの特徴の一つを知らなければならない．具体的には，カルボカチオンは隣接するアルキル基によって安定化される（図 6・29）．

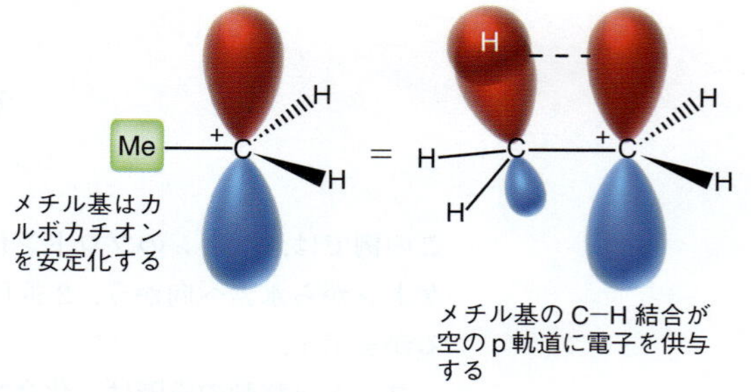

図 6・29　隣接するアルキル基は超共役によりカルボカチオンを安定化する

隣接する C−H 結合の結合性分子軌道は空の p 軌道とわずかに重なり，電子の一部を供与する．この効果は**超共役**（hyperconjugation）とよばれ，空の p 軌道を安定化する．これにより図 6・30 の実測の傾向が説明できる．**第一級**（primary），**第二級**（secondary）と**第三級**（tertiary）の用語は，正電荷をもつ炭素原子に直接結合したアルキル基の数を示す．第三級カルボカチオンは第二級カルボカチオンより安定であり（エネルギーが低く），第二級カルボカチオンは第一級カルボカチオンより安定である．

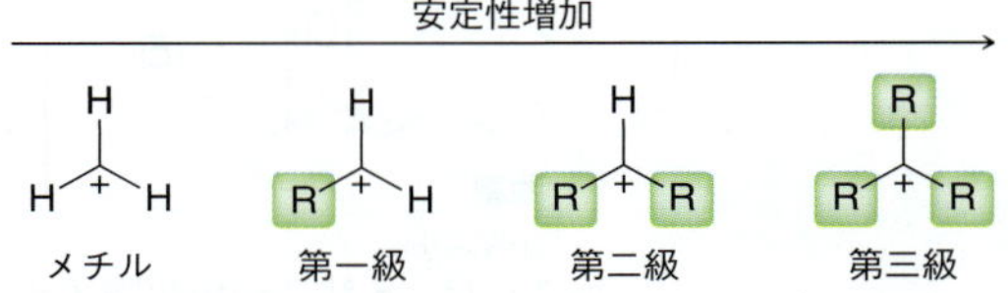

図 6・30　アルキル置換基を多くもつカルボカチオンは，アルキル置換基の少ないカルボカチオンより安定である

§6・11 で，どのようなときに転位が起こりやすいか述べる．ここではカルボカチオンの転位の概要だけを紹介する．カルボカチオンの転位には二つの一般的な方法，**ヒドリド移動**（hydride shift）と**メチル移動**（methyl shift）がある．

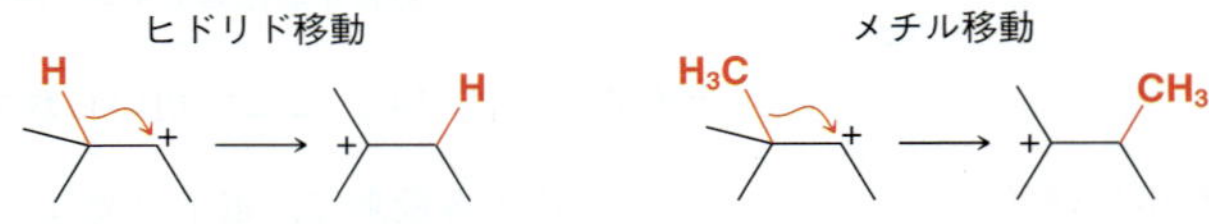

ヒドリド移動は H^- の移動を伴う．上の例では，第二級カルボカチオンがより安定な第三級カルボカチオンに変換される．これはどのようにして起こるのだろうか．よく似た例として，地面にあいた穴を考える．その近くに別の穴を掘り，その土を使って最初の穴を埋めたとする．すると，最初の穴は埋められるが，近くに新しい穴ができる．ヒドリド移動もよく似た概念である．カルボカチオンは穴（電子がない場所）である．隣接する水素原子は電子を 2 個もったまま移動して空の p 軌道をみたす．この過程により，隣の位置に新しいより安定なカルボカチオンが生じる．

カルボカチオン転位はメチル移動によっても起こる．ここでも，第二級カルボカチオンが第三級カルボカチオンに変換される．しかしここでは，穴を埋めるために二つの電子をもって移動するのはヒドリドではなくメチル基である．メチル移動が起こるために，メチル基はカルボカチオンに隣接した炭素原子に結合していなければならない．上記の二つの例（ヒドリド移動とメチル移動）は，最も一般的なカルボカチオン転位である．

注　意
ヒドリドは H^- であり，電子を 1 個余分に(合計 2 個)もつ水素原子である．ヒドリドを，電子をもたない水素原子であるプロトン H^+ と混同しないように気をつけよう．

以上を要約すると，イオン反応の電子の流れについて四つの特徴的な反応形式，1) 求核攻撃，2) 脱離，3) プロトン移動，4) 転位がある．これらを見分けるために練習をしてみよう．

スキルビルダー 6・3　巻矢印による電子の流れの反応形式の見分け方

スキルを学ぶ

次の段階を考える．この場合，電子の流れのどの反応形式が使われているか明らかにせよ．

$$\text{:\ddot{Cl}:} \quad \rightleftharpoons \quad + \quad \text{:\ddot{Cl}:}^-$$

解　答

巻矢印の役割を考える．式中の左の三つの巻矢印は二重結合の移動を，最も右側の巻矢印は化合物から脱離していく塩素原子を示す．

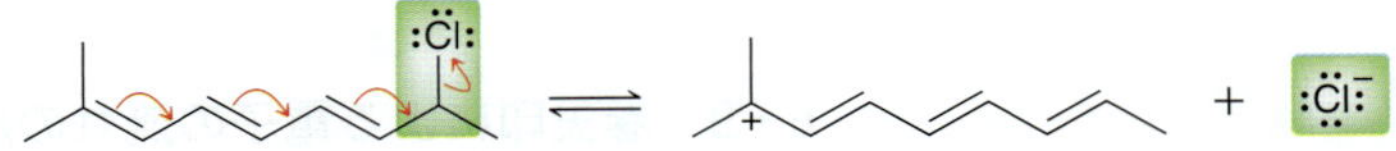

いいかえれば，塩化物イオンは脱離基として働く．他の巻矢印は共鳴の矢印とみなすことができる．

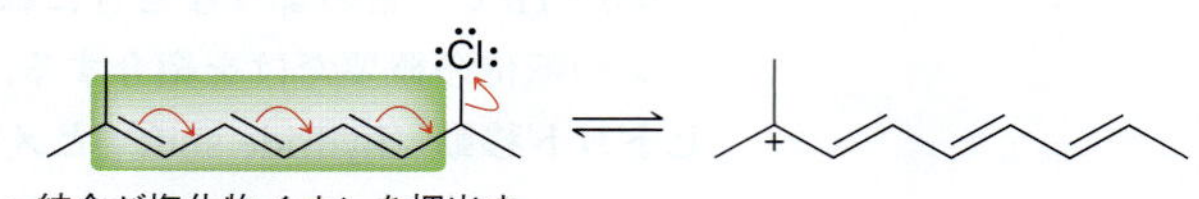

あるいは，π 結合が塩化物イオンを“押出す”とみなすこともできる．

π 結合が塩化物イオンを押出す

どちらの方法でも，ここで用いられている電子の流れの反応形式は脱離だけである．

スキルの演習

6・12 次の各段階で，電子の流れのどの反応形式が使われているか明らかにせよ．

(a) (b)

(c) (d)

(e) (f)

(g) (h)

(i)

スキルの応用

6・13 次の段階で，電子の流れのどの反応形式が使われているか明らかにせよ．

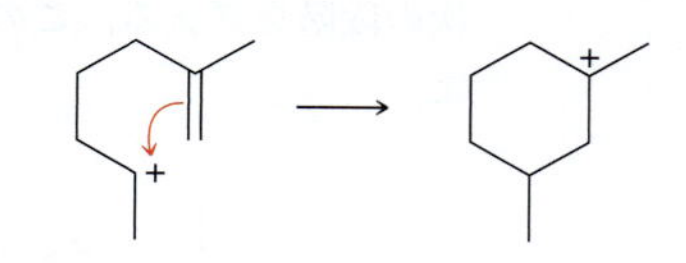

問題 6·30 を解いてみよう．

6・9 巻矢印による電子の流れの反応形式の組合わせ

複雑であるかどうかにかかわらず，すべてのイオン反応の機構は，前節で述べた四つの特徴的な反応形式の組合わせで示される．図 6・31 の反応を考えてみよう．

図 6・31 電子の流れの四つの特徴的な反応形式をすべて含む反応

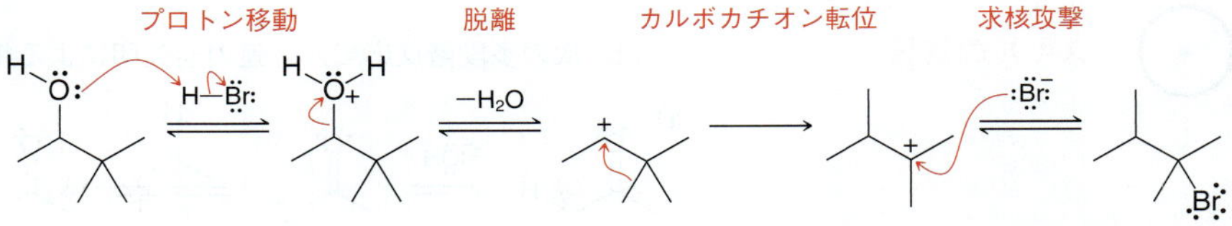

図 6・31 の反応機構は 4 段階からなり，各段階は前節で述べた四つの特徴的な反応形式のいずれかである．一つの段階の機構において，二つの形式が同時に起こることもある．

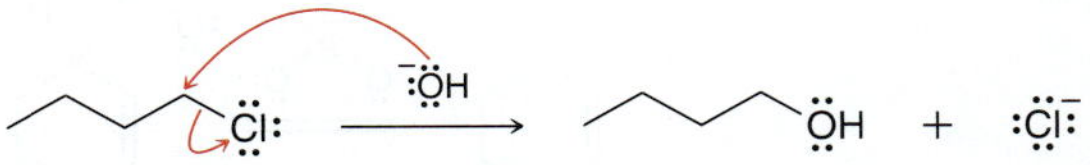

上記の反応には巻矢印が二つある．水酸化物イオンから始まる一つ目の巻矢印は，求核攻撃を示す．二つ目の巻矢印は脱離を示す．この場合，電子の流れの二つの反応形式を同時に使っている．これは**協奏過程** (concerted process) とよばれる．次章では，協奏機構と段階機構の重要な違いを述べる．ここでは，電子の流れの反応形式の組合わせによって生じるさまざまな反応形式を理解することに絞って説明する．そうすることにより，全く異なる機構の間に類似性があることに気づくだろう．

スキルビルダー 6・4 一連の巻矢印による電子の流れの反応形式の見分け方

スキルを学ぶ

次の反応の一連の巻矢印による電子の流れの反応形式を明らかにせよ．

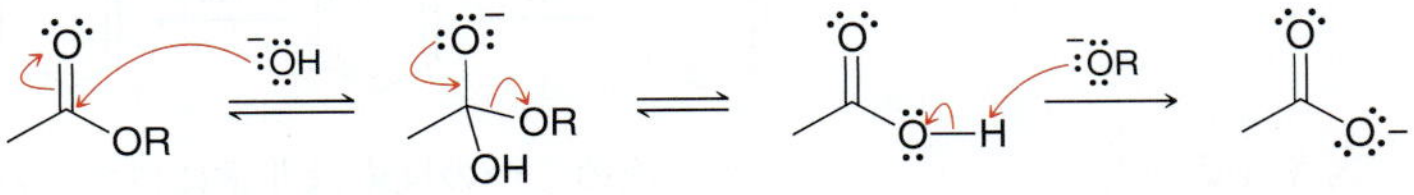

解 答

最初の段階では，水酸化物イオンが C=O を求核攻撃している．

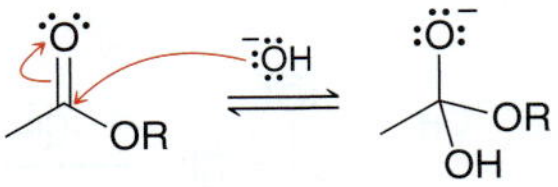

次の段階では，アルコキシド RO^- が脱離している．

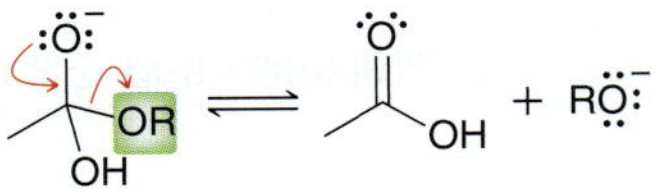

最後の段階はプロトン移動であり，常に二つの巻矢印を必要とする．

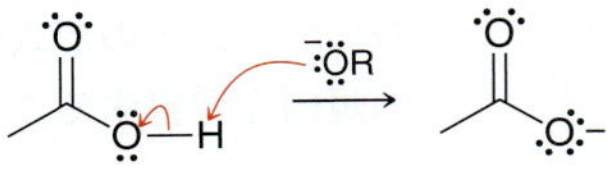

したがって，この一連の反応は，1) 求核攻撃，2) 脱離，3) プロトン移動である．本書を通して，特に 21 章では，この 3 段階が連続する反応の例が多数出てくる．この書き方に基づいて（一連の特徴的な反応形式として）すべての反応をみることにより，全く異なる反応の間の類似点がわかりやすくなるだろう．

スキルの演習

6・14　次の多段階反応で，一連の巻矢印による電子の流れの反応形式を明らかにせよ．

(a)

(b)

(c)

(d)

(e)

スキルの応用

6・15　次の二つの反応は非常に似ている．二つの反応の一連の巻矢印による電子の流れの反応形式を明らかにし，それらを比較せよ．

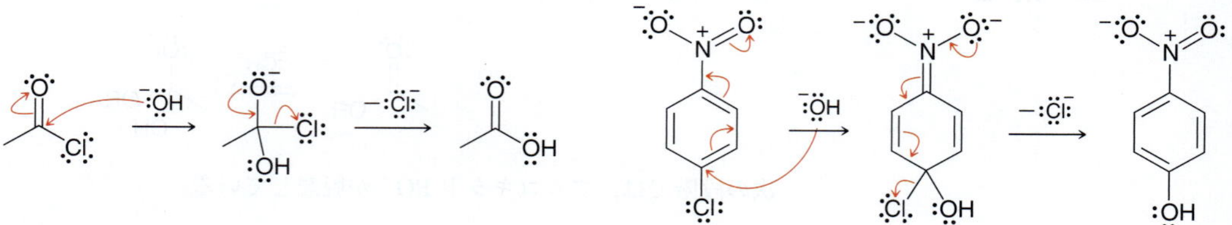

→ 問題 6·32〜6·41 を解いてみよう．

有機化学を通して学ぶと，おそらく 100 以上の反応機構がでてくるが，そのなかに含まれる一連の巻矢印による電子の流れの反応形式は 10 以下程度しかない．章が進むにつれ，どの形式を使うことができるかを決めるための規則を学んでいく．これらの規則を習得することにより，新しい反応の機構を提案するための能力が身につく．

6・10　巻矢印の書き方

巻矢印には非常に正確な意味があるので，正しく書かなければならない．紛らわしい書き方の矢印は避けるべきである．各矢印の始点と終点をまちがえずに確実に書けるようになろう．始点は結合か非共有電子対でなければいけない．たとえば，次の反応には二つの巻矢印がある．一方の巻矢印は非共有電子対から始まり，もう一つの巻矢印は結合から始まる．

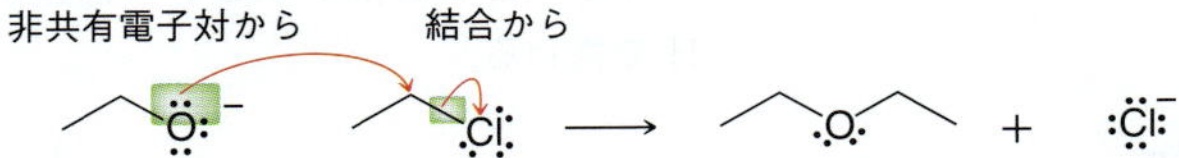

巻矢印の始点となる場所はこれらの二つだけである．始点は電子対が移動し始める場所を示し，電子対は非共有電子対か結合にだけある．決して巻矢印を正電荷から始めてはいけない．

巻矢印の終点は，結合か非共有電子対が生じる場所に向かわなければならない．

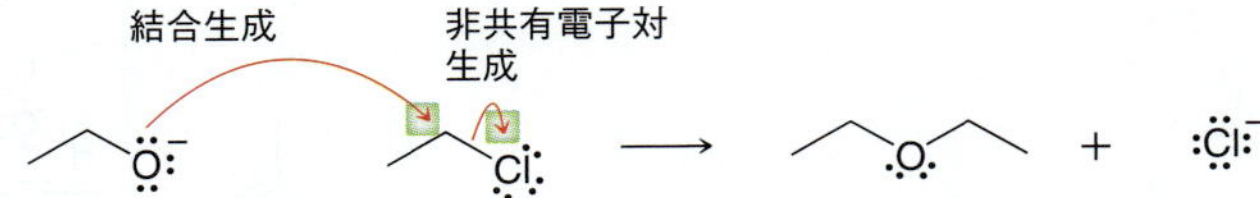

注　意
C, N, O は第 2 周期の元素であり，特別な注意が必要である．これらの元素が軌道を五つ以上もつことは決してない．

巻矢印の終点を書くとき，オクテット則に反しないように注意しよう．第 2 周期の元素が軌道を五つ以上もつような矢印を決して書いてはいけない．

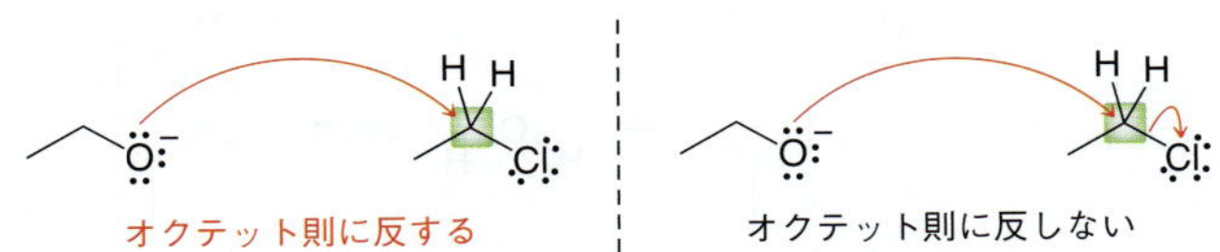

左の例では，巻矢印の終点は炭素原子に 5 番目の結合をつくろうとしている．これはオクテット則に反する．右の例では，炭素原子に結合が一つできるが別の結合が切れようとしているので，オクテット則に反しない．炭素原子の結合は決して四つより多くなることはない．

書いた巻矢印すべてが，四つの特徴的な電子の流れの反応形式の一つであることを確かめよう．

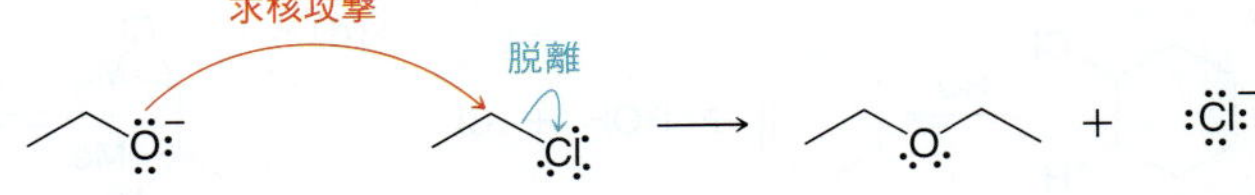

左のような矢印は書かないようにしよう．この矢印はオクテット則に反し，四つの特徴的な電子の流れの反応形式のどれにもあてはまらない．

スキルビルダー 6・5　巻矢印の書き方

スキルを学ぶ

次の反応の電子の流れを示す巻矢印を書け．

解答

ステップ 1
四つの特徴的な電子の流れの形式のどれを使うか明らかにする．

この場合どの特徴的な電子の流れの反応形式を使うか明らかにすることから始める．反応式をみると，H_3O^+ がプロトンを失い，そのプロトンは炭素原子へと移動している．したがって，これはプロトン移動の段階であり，ここでπ結合は H_3O^+ を脱プロトンする塩基として働いている．プロトン移動の段階では，二つの巻矢印が必要である．各巻矢印を始点と終点が正しい位置にあるように書く．最初の巻矢印はπ結合から始まり，H で終わる．

ステップ 2
始点と終点が正しい場所にあるように注意して巻矢印を書く．

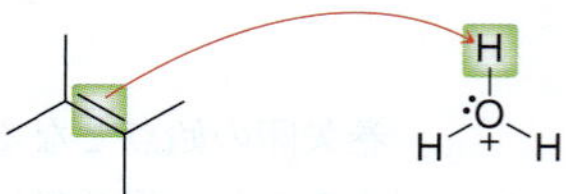

2 番目の巻矢印を書くことを忘れないようにしよう（2 番目の矢印は忘れやすく，これがないと機構は不完全である）．2 番目の矢印は，H が結合をつくっていた電子の動きを示し，O−H 結合から酸素原子に向かう．

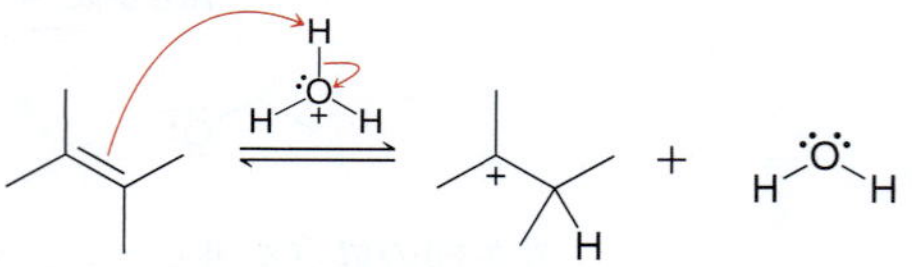

スキルの演習

6・16　次の反応の電子の流れを示す巻矢印を書け．

(a)　(b) 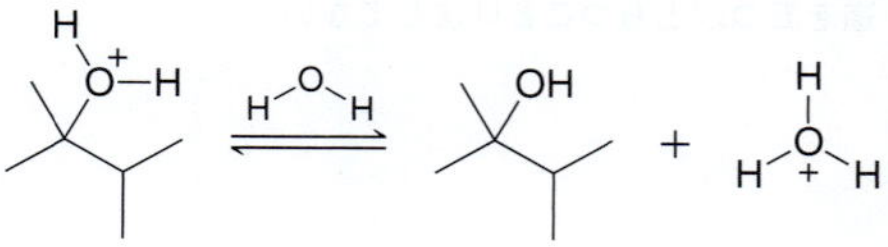　(c)

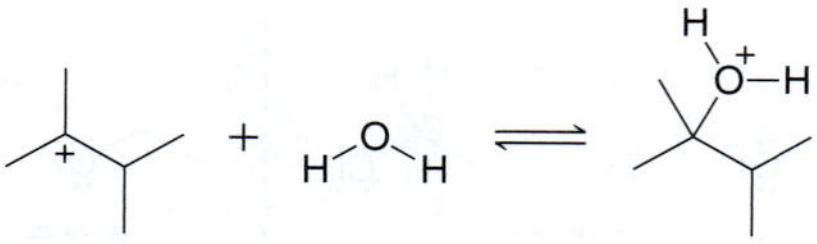

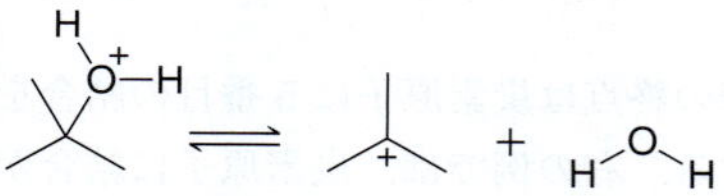

スキルの応用

6・17　次の四つの反応は以後の章（置換反応と脱離反応）で詳しく説明する．反応の電子の流れを示す巻矢印を書け．

(a)　(b) 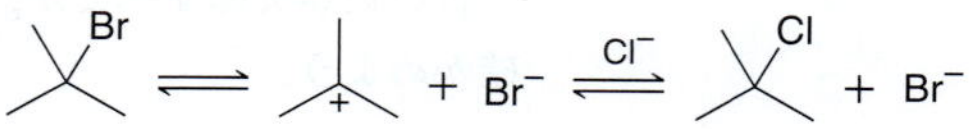　(c) 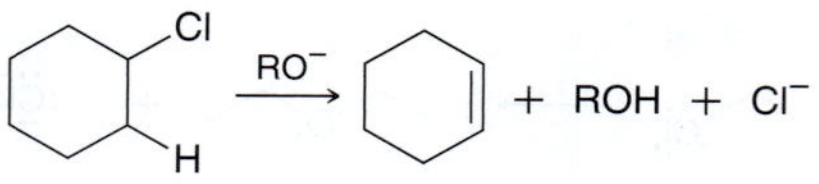　(d)

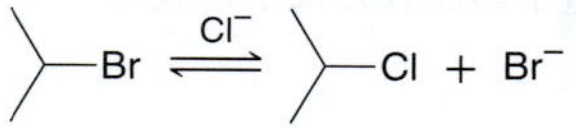

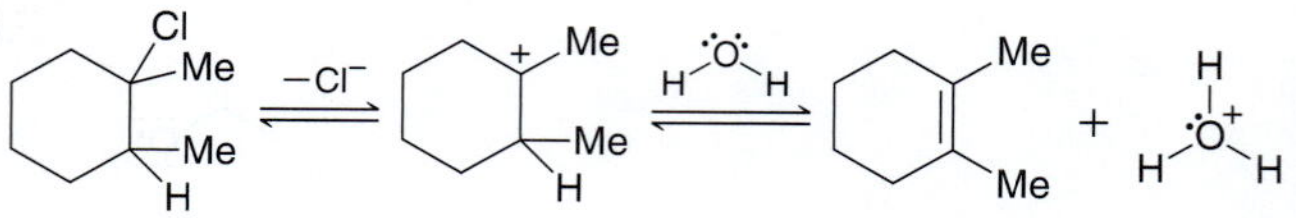

問題 6・42～6・47，6・54 を解いてみよう．

6・11　カルボカチオン転位

本書を通して，カルボカチオン転位の例を多く取上げるので，どのようなときに転位が起こるかを予想できるようにしよう．一般的なカルボカチオン転位には，ヒドリド移動とメチル移動の 2 種類あることを思い出そう（図 6・32）．

図 6・32　ヒドリド移動とメチル移動は最も一般的なカルボカチオン転位である

どちらの場合も，第二級カルボカチオンがより安定な第三級カルボカチオンに変換される．カルボカチオン転位が起こるかどうかを予想するためには，転位によってより安定なカルボカチオンが生成するかどうかを明らかにしなければならない．たとえば，左のカルボカチオンを考えてみよう．このカルボカチオンが転位するかどうかを予想するために，まずカチオンに隣接する炭素原子に直接結合した水素原子とメチル基を明らかにする．

隣接炭素原子に直接結合した H または CH_3 基を明確にする

隣接炭素原子

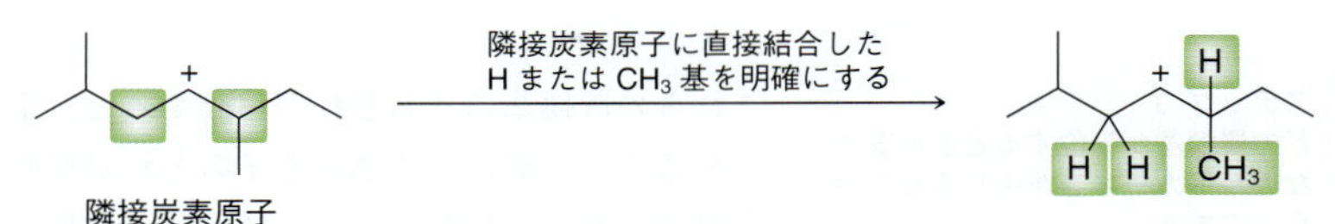

ここでは四つの候補がある．次に，それぞれの置換基をカルボカチオン中心に移動し，生成する新しいカルボカチオンを考える．どのカルボカチオンが最初のものより安定だろうか．この例では，移動して安定なカルボカチオンを生じる置換基は一つだけである．

ヒドリド移動

この水素原子が移動すると，新しい第三級カルボカチオンが生じる．したがって，ここではこのヒドリド移動が起こると予想される．

カルボカチオンがすでに第三級であれば，カルボカチオン転位はふつう起こらない．ただし，転位により共鳴安定化されたカルボカチオンを生じる場合は別である．

この第三級カルボカチオンは転位する

このカルボカチオンは共鳴安定化されている

アリル位

アリルという用語は π 結合に直接結合した位置を示すことを思い出そう．

この場合，最初のカルボカチオンは第三級である．しかし，新しく生成するカルボカチオンは第三級で，かつ共鳴により安定化されている．このようなカルボカチオンは，正電荷がアリル位にあるので**アリル型カルボカチオン**（allylic carbocation）とよばれる．

スキルビルダー 6・6　カルボカチオン転位を予想する

スキルを学ぶ

次のカルボカチオンが転位するかどうかを予想せよ．もし転位するのであれば，カルボカチオン転位を示す巻矢印を書け．

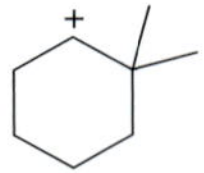

解 答

ステップ 1
隣接炭素原子を明らかにする．

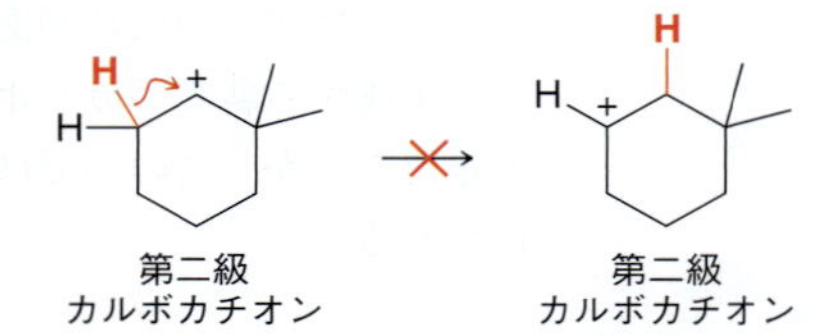

このカルボカチオンは第二級であり，確かに転位する可能性がある．カルボカチオン転位がより安定な第三級カルボカチオンを生成するかどうかを調べる．まず，カルボカチオンの隣の炭素原子を明らかにする．

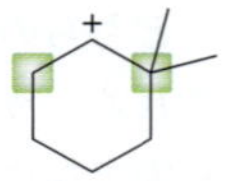

ステップ 2
隣接炭素原子に直接結合したHと CH_3 基を明らかにする．

隣接炭素原子に結合したすべての水素原子とメチル基に注目する．

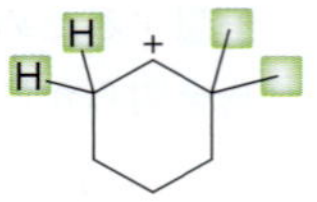

ステップ 3
どの置換基が転位するとより安定なカルボカチオンが生じるかを明らかにする．

これらの置換基のうちどれが移動すると，より安定な第三級カルボカチオンが生成するかを考える．隣接する水素原子のどれが移動しても，別の第二級カルボカチオンが生じるだけである．したがって，ヒドリド移動は起こらないと考えられる．

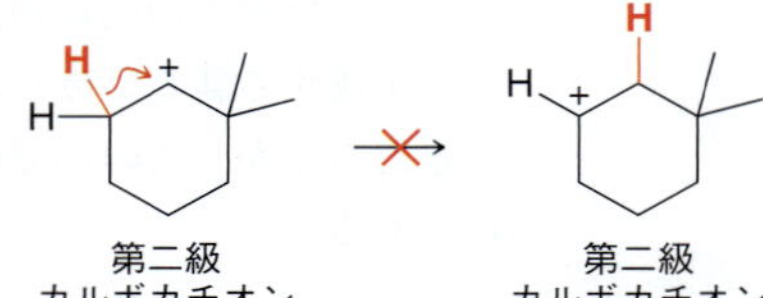

ステップ 4
カルボカチオンの転位を示す巻矢印を書き，新しく生じるカルボカチオンを書く．

しかし，どちらか一方のメチル基が転位すると，第三級カルボカチオンが生じる．したがって，メチル移動が起こり，安定な第三級カルボカチオンが生じると考えられる．

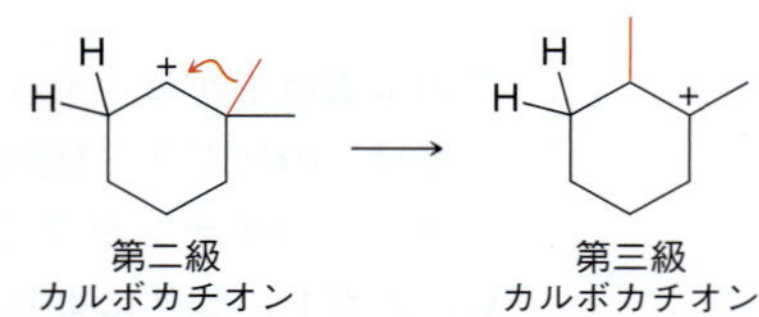

スキルの演習

6・18　次のカルボカチオンが転位するかどうかを明らかにせよ．もし転位するときは，巻矢印でカルボカチオンの転位を示せ．

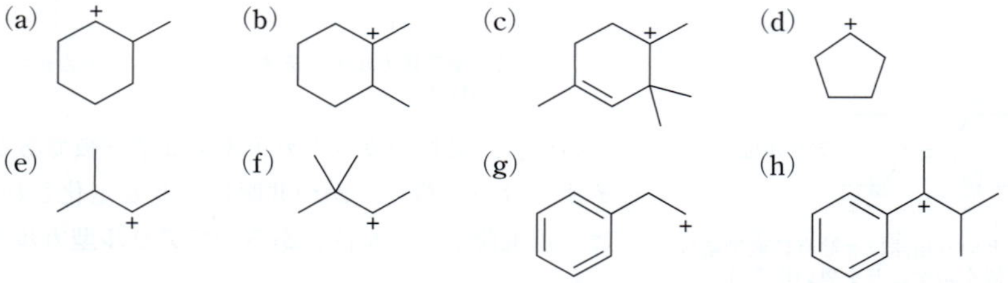

(a) 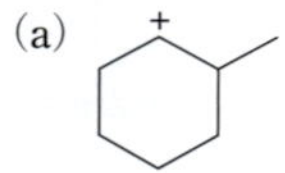　(b)　(c)　(d)

(e)　(f)　(g)　(h) 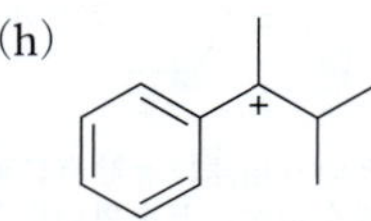

スキルの応用

6・19　メチル基以外の炭素原子が移動してカルボカチオンの転位が起こることがある．このような例を次に示す．移動した置換基を明らかにし，転位を示す巻矢印を書け．

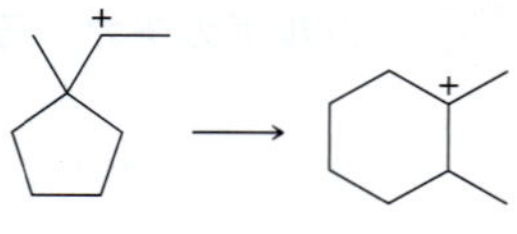

問題 6・48 を解いてみよう．

6・12　可逆反応と不可逆反応の矢印

以後の章のイオン反応の機構で述べるように，可逆反応の矢印（平衡の矢印）で示す段階もあるし，不可逆反応の矢印で示す段階もある．

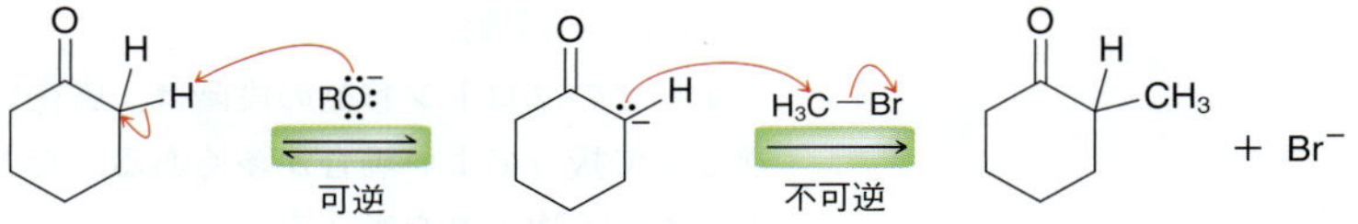

可逆

不可逆

$+ Br^-$

新しい機構を学ぶごとに，可逆または不可逆反応の矢印のどちらを使ったらよいか疑問をもつかもしれない．本節では，四つの反応形式（求核攻撃，脱離，プロトン移動とカルボカチオン転位）のそれぞれについて，一般的な規則を述べる．

求核攻撃

求核剤が求電子剤を攻撃する段階では，もし求核剤が攻撃後に脱離能の高い脱離基として働くことができれば，可逆反応の矢印が一般的に使われる．一方，求核剤が脱離能の低い脱離基であれば，不可逆反応の矢印が使われる．この概念を説明するために，次の二つの例を考える．

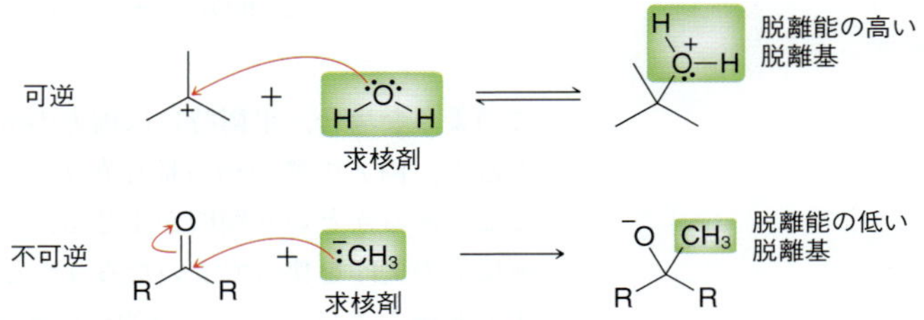

可逆　求核剤　脱離能の高い脱離基

不可逆　求核剤　脱離能の低い脱離基

上段の例では，求核剤(水)は攻撃した後，脱離能の高い脱離基として働く．したがって，逆の過程がかなりの速度で起こることを示すために，可逆の矢印が使われる．

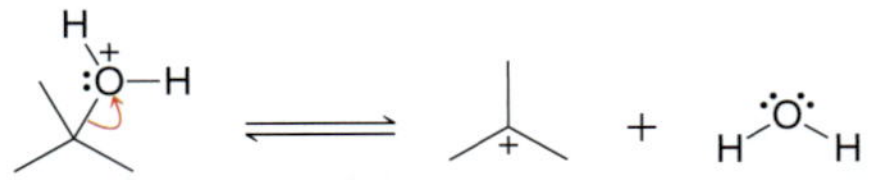

対照的に，2番目の例では，脱離能の低い脱離基の求核剤が用いられる．したがって，逆の過程が起こらないことを示すために，不可逆反応の矢印が使われる．

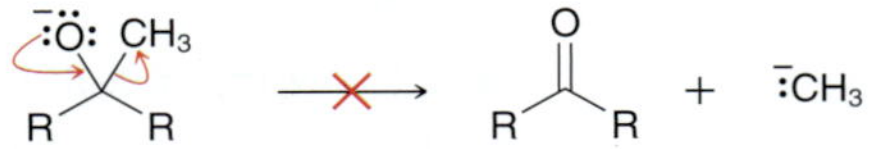

脱離能の高い脱離基と低い脱離基の区別は§7・8で述べる．つまり，弱塩基（水など）は脱離能が高く，強塩基（H_3C^- など）は脱離能が低いことがわかる．

脱　離

脱離を含む段階では，脱離基が反応性の高い求核剤として働くことができれば，可逆反応の矢印が一般的に使われる．

脱離能の高い脱離基　反応性の高い求核剤

本書に出てくる大部分の脱離基は求核剤としても働くので，脱離では不可逆反応の矢印が使われることはほとんどない．

プロトン移動

すべてのプロトン移動の段階は，厳密にいえば可逆である．しかし，実質的に不可逆として扱ってよい場合が多くある．たとえば，水が非常に強い塩基によって脱プロトンされる次の例を考える．

pKa 15.7　　pKa 50

この場合，二つの酸（水とブタン）の pK_a には約 34 の差がある．これは，水 1 分子に対してブタン 10^{34} 分子が存在することを示す．1 mol（約 10^{23} 分子）を含む溶液では，どの瞬間においても，ブタン 1 分子が水酸化物イオンによって脱プロトンされる可能性は非常に低い．したがって，上記の過程は実質的に不可逆である．

次に，pK_a の値が近い場合のプロトン移動の段階を考えてみる．

t-BuO⁻ + H_2O ⇌ t-BuOH + ⁻OH

pKa 15.7　　pKa 18

このような場合，平衡時には両方の酸が存在するので（pK_a の大きい化合物が有利であるが，両方の酸が相当量存在する），可逆反応の矢印がふさわしい．ここで境界がどこにあるかという疑問が生じる．すなわち，pK_a の差がどれくらい大きいと，不可逆反応の矢印を使ってよいだろうかという疑問である．残念なことに，この疑問に対する明確な答はない．一般的にいえば，次の例のように，pK_a が 10 以上異なる酸の反応では，不可逆反応の矢印が使われる．

pKa 4.8　　pKa 15.7

pK_a の差が 5〜10 のとき，何を説明するかによって，可逆と不可逆反応のどちらの矢印を用いてもよい．

転　　位

厳密にいえば，カルボカチオン転位が起こるときはいつでも，可能なすべてのカルボカチオンが存在し，最も安定なカルボカチオンが優位であるような平衡状態にある．しかし，可能なカルボカチオンのエネルギー差（たとえば，第二級と第三級）が大きいことが多いので，カルボカチオン転位は一般に不可逆過程である．

逆の過程（第三級カルボカチオンから第二級カルボカチオンへの変換）は，実質的に無視できる．

本節では，どのようなときに可逆反応の矢印がふさわしいか，どのようなときに不可逆反応の矢印がふさわしいかを決めるための多くの規則を述べてきた．これらの規則は一般的な指針ではあるが，例外も確かにあるだろう．本章で説明していない他の関連した要因があることを念頭におくと，必ずしも本章の規則に厳密にこだわる必要はない．たとえば，気体の発生を含む段階では，気体は反応容器から出ていくため，反応は完全に進行すると期待される（Le Châtelier の原理）．この概念を説明するために，20 章（反応機構 20・8）で述べる反応を考えてみる．

窒素は気体として反応フラスコから出る

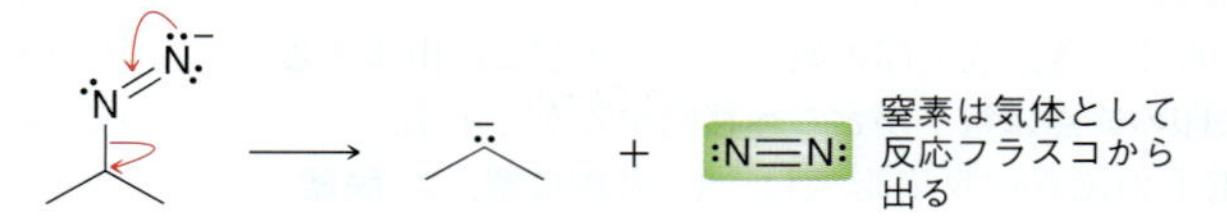

気体である窒素の発生が反応の推進力として働くため，この段階はエネルギーの高い化学種を生成するにもかかわらず完全に進行する．

本書で扱う大部分の反応機構の各段階は，本節で説明した規則に従う．以後の章で学習をさらに進めていくとき，定期的に本節に戻って確認することは役立つだろう．

考え方と用語のまとめ

6・1 エンタルピー

- 反応における**エンタルピー**変化 ΔH の合計は**反応熱**とよばれ，系と外界の間で変化するエネルギーの指標である．
- 結合は種類ごとに決まった**結合解離エネルギー**をもち，これは**均等開裂**により**ラジカル**を生成するのに必要なエネルギー量である．
- **発熱反応**では系から外界へエネルギーが移動し，**吸熱反応**では外界から系へエネルギーが移動する．

6・2 エントロピー

- **エントロピー**は大まかに系の乱雑さとして定義され，反応が**自発的**であるかどうかを決める重要な基準である．反応が自発的であるためには，エントロピー変化の合計 $\Delta S_{\mathrm{tot}} = \Delta S_{\mathrm{sys}} + \Delta S_{\mathrm{surr}}$ が正でなければならない．
- 正の ΔS_{sys} をもつ反応は，分子数の増加または立体配座の自由度の増加を伴う．

6・3 Gibbs 自由エネルギー

- 反応が自発的であるためには，**Gibbs 自由エネルギー**の変化 ΔG が負でなければならない．
- 負の ΔG をもつ反応は**発エルゴン反応**，正の ΔG をもつ反応は**吸エルゴン反応**とよばれる．

6・4 平 衡

- 反応の平衡濃度は系が到達することができる自由エネルギーの最小点を表す．
- 平衡の正確な位置は平衡定数 K_{eq} で表され，ΔG の関数である．
- 反応の ΔG が負であれば出発物より生成物が有利であり，K_{eq} は 1 より大きい．反応の ΔG が正であれば生成物より出発物が有利であり，K_{eq} は 1 より小さい．
- 相対的なエネルギー準位 ΔG と平衡定数 K_{eq} の研究は，**熱力学**とよばれる．

6・5 反応速度論

- **速度論**は反応速度の研究である．反応速度は**速度式**で表される．速度式の指数の合計が 1，2 または 3 であるとき，反応はそれぞれ**一次**，**二次**または**三次**である．
- **活性化エネルギー** E_{a} が低いほど反応が速い．
- 温度が高くなると反応の進行に必要な運動エネルギーをもつ分子数が増加し，反応速度が増大する．
- **触媒**を用いると，低い E_{a} の別の経路を進むことにより反応が速くなる．

6・6 エネルギー図の読み方

- 速度論は反応速度に関連し，出発物と遷移状態のエネルギー差に依存する．
- 熱力学は平衡濃度に関係し，出発物と生成物のエネルギー差に依存する．
- エネルギー図では，山は**遷移状態**を，谷は**中間体**を示す．遷移状態は単離することはできないが，中間体は有限の寿命をもつ．
- **Hammond の仮説**によると，発エルゴン過程では遷移状態は出発物に似ているが，吸エルゴン過程では遷移状態は生成物に似ている．

6・7 求核剤と求電子剤

- **イオン反応**は**極性反応**ともよばれ，イオンが出発物，中間体または生成物に関与する反応である．多くの場合，中間体がイオンである．
- **求核剤**は，電子対を供与することができる電子豊富な原子をもつ．求核中心としては，非共有電子対をもつ原子，π 結合，誘起効果により電子豊富な原子があげられる．
- **求電子剤**は，電子対を受取ることができる電子不足な原子をもつ．求電子中心としては，誘起効果により電子不足な原子，空の p 軌道をもつ**カルボカチオン**がある．
- **分極率**は，外部の影響の結果，原子の電子密度が不均一に分布する能力のことである．

6・8 反応機構と巻矢印による電子の流れ

- 反応機構を書くとき，巻矢印の始点は電子がどこに由来するかを，巻矢印の終点は電子がどこへ移動するかを示す．
- 特徴的な電子の流れの反応形式は，1) **求核攻撃**，2) **脱離**，3) **プロトン移動**，4) **転位**，の四つである．
- 最も一般的な転位はカルボカチオン転位である．カルボカチオンは**ヒドリド移動**または**メチル移動**を起こし，より安定なカルボカチオンを生成する．**超共役**の結果，**第三級カルボカチオン**は**第二級カルボカチオン**より安定であり，第二級カルボカチオンは**第一級カルボカチオン**より安定である．

6・9 巻矢印による電子の流れの反応形式の組合わせ

- 複雑であるかどうかにかかわらず，すべてのイオン機構は電子の流れを示す四つの特徴的な反応形式の組合わせで示すことができる．
- 反応機構の一つの段階が，同時に起こる二つの電子の流れの反応形式を含むとき，これは協奏過程とよばれる．

6・10 巻矢印の書き方

- 巻矢印は結合か非共有電子対から始まり，結合か非共有電子対に向かうように書く．
- 第2周期元素（C, N, O, F）が5番目の軌道をもつような巻矢印は決して書いてはいけない．

6・11 カルボカチオン転位

- カルボカチオン転位が起こるのは，より安定なカルボカチオンが生成するときである．
- 第三級カルボカチオンは，**アリル型カルボカチオン**のように共鳴で安定化されたカルボカチオンが生成しない限り，ふつうは転位しない．

6・12 可逆反応と不可逆反応の矢印

- 不可逆反応の矢印は一般に次の場合に用いられる．1) 反応性の高い求核剤の求核攻撃，2) 平衡の両側にある酸の $\mathrm{p}K_a$ に非常に大きい差があるプロトン移動の段階，3) カルボカチオン転位．
- 可逆反応の矢印は，上記以外の大部分の場合に使われる．

スキルビルダーのまとめ

6・1 反応の $\Delta H°$ を求める

この反応の $\Delta H°$ を計算せよ．

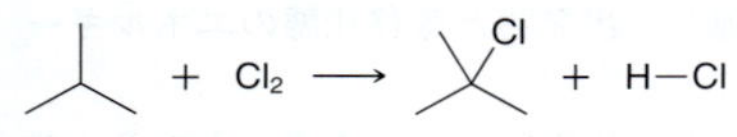

ステップ 1と2 開裂または生成する各結合の結合解離エネルギーを調べ，各値に適切な符号をつける．

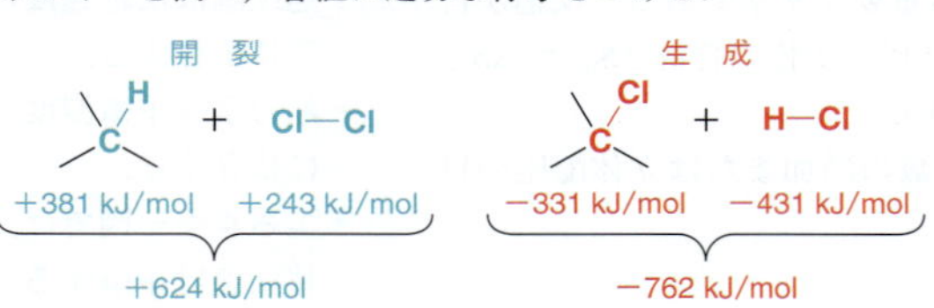

ステップ 3 ステップ1と2の値を合計する．

+624 kJ/mol + −762 kJ/mol

−138 kJ/mol 発熱

6・2 求核中心と求電子中心の見分け方

ステップ 1 誘起効果，非共有電子対と π 結合に注目し，求核中心を明らかにする．

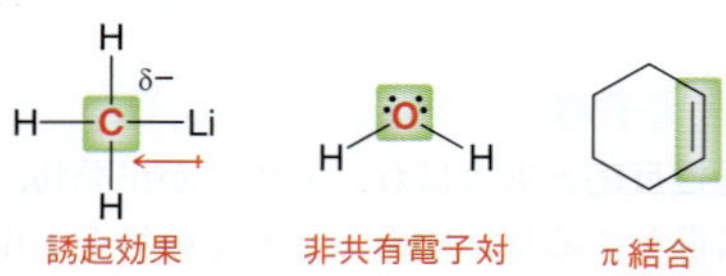

ステップ 2 誘起効果と空の p 軌道に注目し，求電子中心を明らかにする．

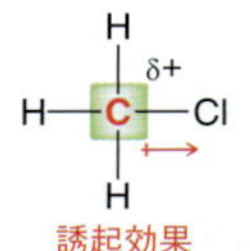

6・3 巻矢印による電子の流れの反応形式の見分け方

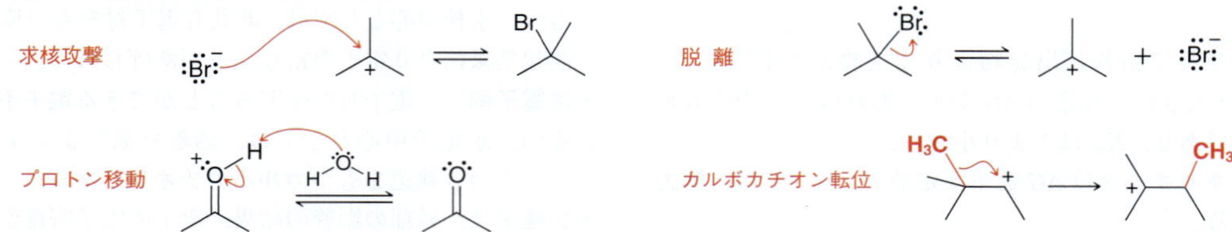

6・4　一連の巻矢印による電子の流れの反応形式の見分け方

それぞれの特徴的な電子の流れの反応形式を見分ける

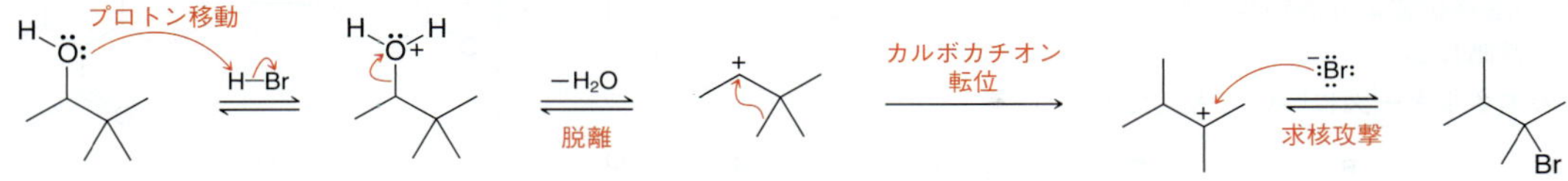

6・5　巻矢印の書き方

ステップ 1　四つの電子の流れの反応形式のどれを使うか明らかにする．

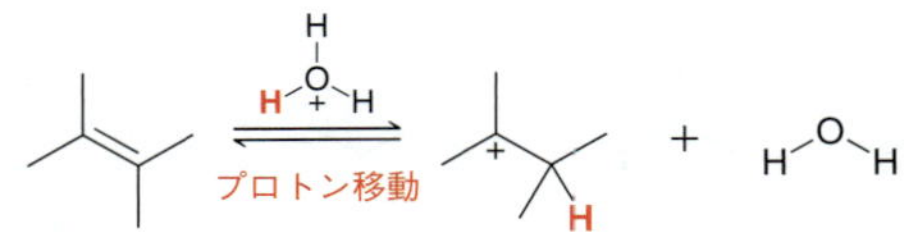

ステップ 2　始点と終点が正しい場所にあるように注意して巻矢印を書く．

6・6　カルボカチオン転位を予想する

ステップ 1　隣接炭素原子を明らかにする．

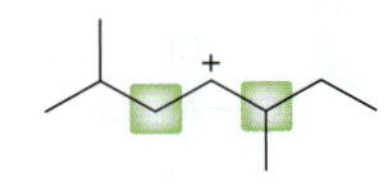

ステップ 2　隣接炭素原子に直接結合した H と CH_3 基を明らかにする．

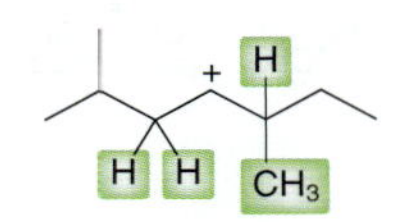

ステップ 3　どの置換基が転位するとより安定なカルボカチオンが生じるかを明らかにする．

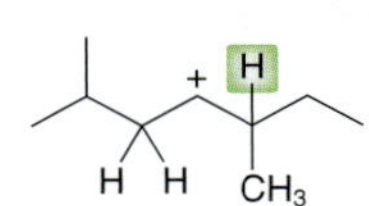

ステップ 4　カルボカチオンの転位を示す巻矢印を書き，新しく生じるカルボカチオンを書く．

練 習 問 題

6・20　次の化合物の赤で示した結合を比較し，どの結合の結合解離エネルギーが最も大きいか示せ．

(a)　(b)

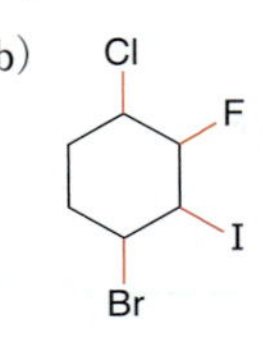

6・21　次の反応を考えてみよう．

(a)　表 6・1 を用いて反応の ΔH を求めよ．

(b)　この反応の ΔS は正である．なぜそうなるか説明せよ．

(c)　ΔG の符号を明らかにせよ．

(d)　ΔG の符号は温度に依存するか．

(e)　ΔG の大きさは温度に依存するか．

6・22　次の情報を用いて，反応の平衡が出発物に比べて生成物に有利であるかどうかを明らかにせよ．

(a)　$K_{eq} = 1.2$ の反応　(b)　$K_{eq} = 0.2$ の反応

(c)　ΔG が正の反応　(d)　ΔS が正の発熱反応

(e)　ΔS が負の吸熱反応

6・23　$K_{eq} = 1$ であるのは ΔG がどの値のときか．

(a)　+1 kJ/mol　(b)　0 kJ/mol　(c)　−1 kJ/mol

6・24　$K_{eq} < 1$ であるのは ΔG がどの値のときか．

(a)　+1 kJ/mol　(b)　0 kJ/mol　(c)　−1 kJ/mol

6・25　次の反応において，反応の ΔS（ΔS_{sys}）は正，負，ほとんど 0 のどれであるかを明らかにせよ．

(a)　+ HBr ⟶

(b)　⟶　+ HCl

(c)　+ H_2O ⟶　+ HCl

(d)

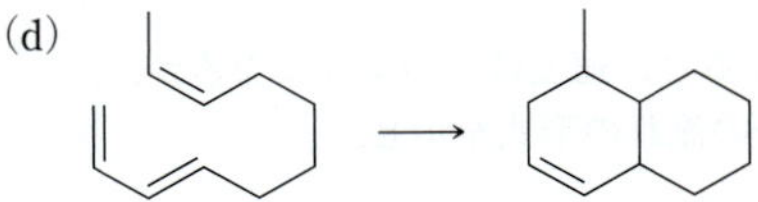

(e)

6・26　次の特徴をもつ反応のエネルギー図を書け．

(a)　ΔG が負の一段階反応．

(b) ΔG が正の一段階反応.

(c) 中間体が出発物より高いエネルギーをもち，最初の遷移状態が2番目の遷移状態より高いエネルギーをもち，全体として ΔG が負の二段階反応.

6・27 次のエネルギー図について考えてみよう.

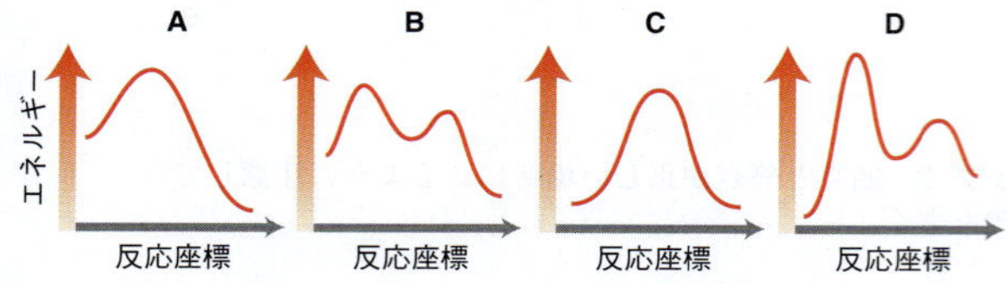

(a) 二段階の機構を示すエネルギー図はどれか.

(b) 一段階の機構を示すエネルギー図はどれか.

(c) AとCのエネルギー図を比較したとき，E_a が大きいのはどちらか.

(d) AとCのエネルギー図を比較したとき，ΔG が負なのはどちらか.

(e) AとDのエネルギー図を比較したとき，ΔG が正なのはどちらか.

(f) 四つのエネルギー図を比較したとき，E_a が最も大きいのはどれか.

(g) K_{eq} が1より大きい過程はどれか.

(h) K_{eq} がほぼ1に等しい過程はどれか.

6・28 次のエネルギー図において，すべての遷移状態と中間体を示せ.

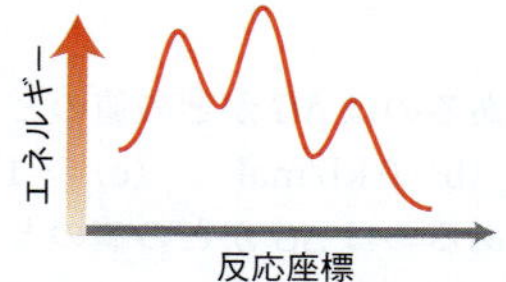

6・29 次の反応を考えてみよう.

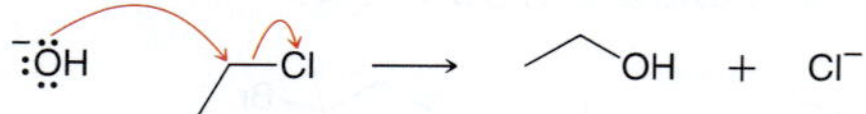

この反応は二次であることがわかっている.

(a) この反応の速度式を示せ.

(b) 水酸化物イオンの濃度を3倍にすると，速度はどのようになるか.

(c) クロロエタンの濃度を3倍にすると，速度はどのようになるか.

(d) 温度が40 °C 上昇すると，速度はどのようになるか.

6・30 次の反応の電子の流れの形式を示せ.

(a)

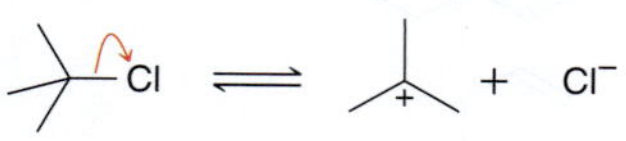

(b)

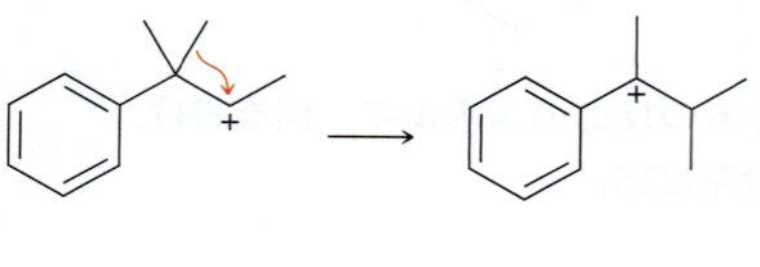

(c)

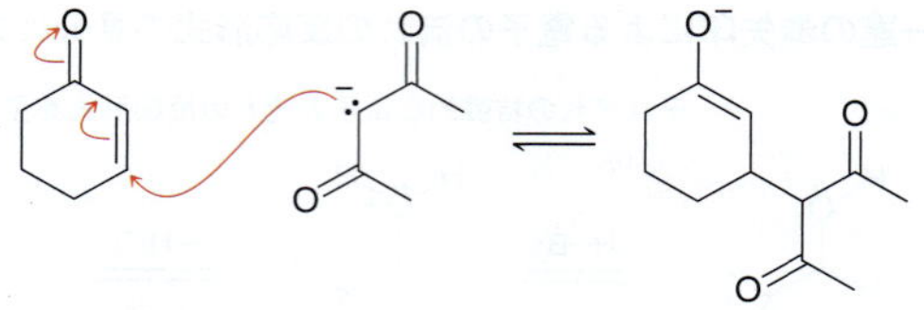

(d)

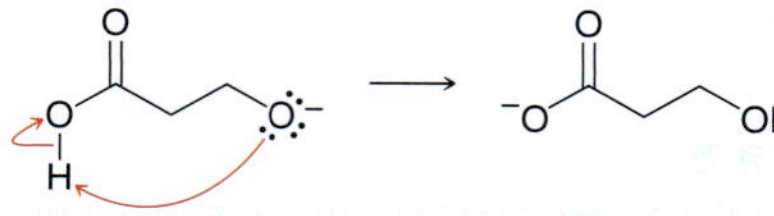

6・31 次に示す三つのカルボカチオンを，安定性が増大する順に並べよ.

(a)

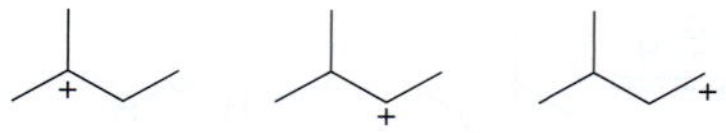

(b)

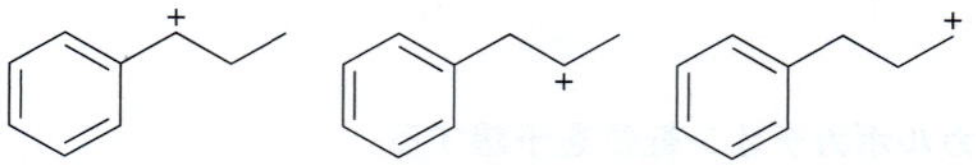

6・32 次の反応の電子の流れの反応形式を示せ.

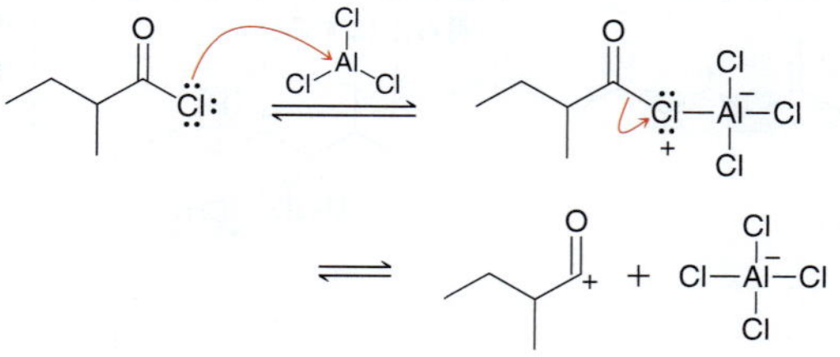

6・33 次の反応の電子の流れの反応形式を示せ.

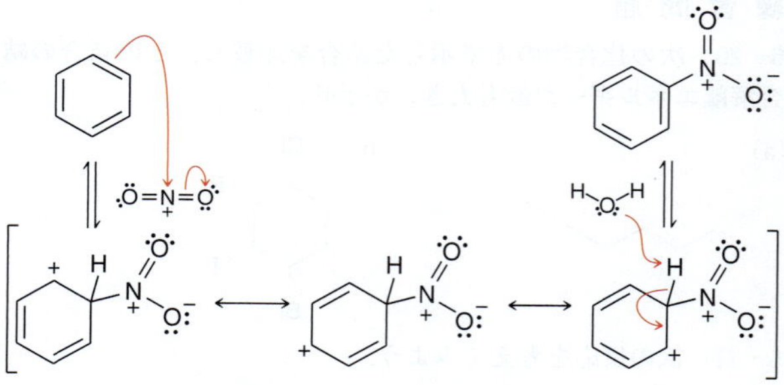

6・34 次の反応の電子の流れの反応形式を示せ.

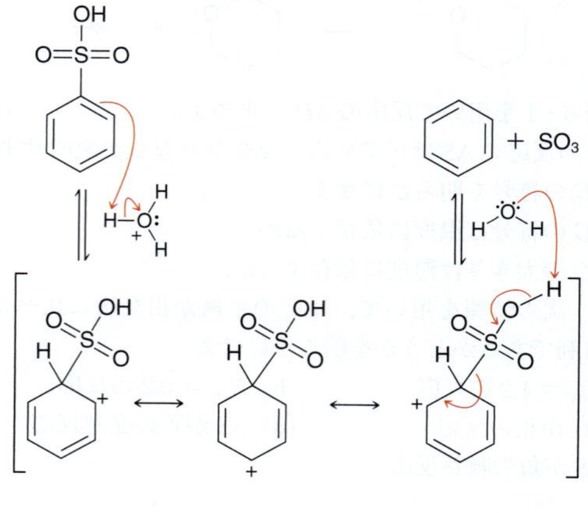

6・35 次の反応の電子の流れの反応形式を示せ.

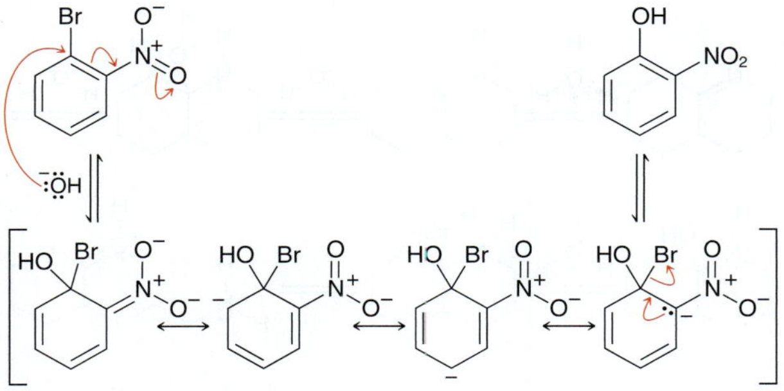

6・36 次の反応の電子の流れの反応形式を示せ.

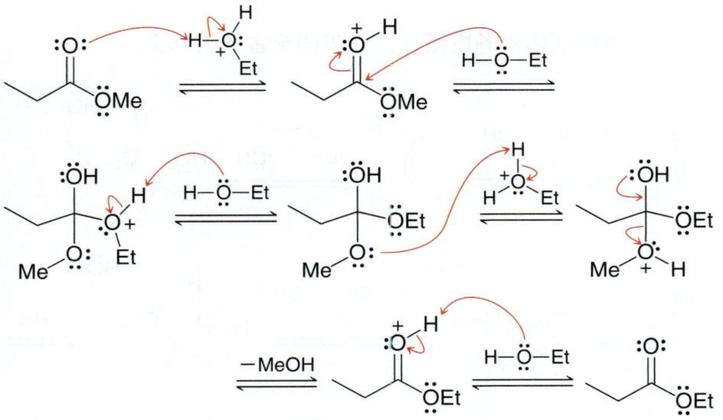

6・37 次の反応の電子の流れの反応形式を示せ.

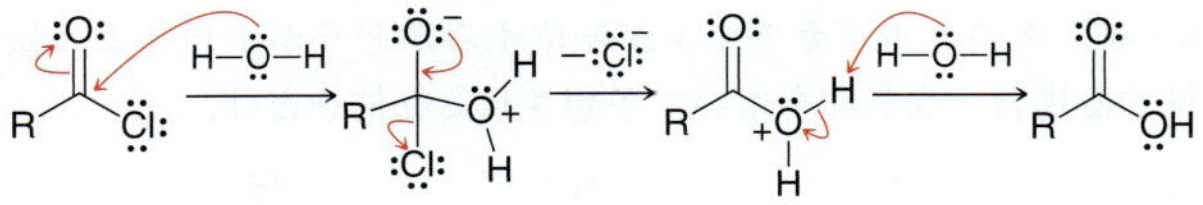

6・38 次の反応の電子の流れの反応形式を示せ.

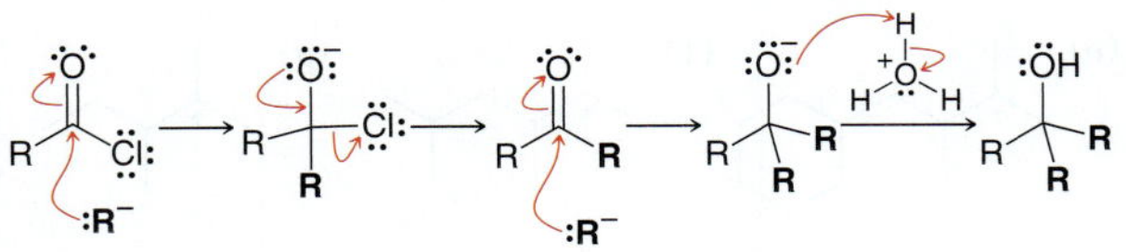

6・39 次の反応の電子の流れの反応形式を示せ.

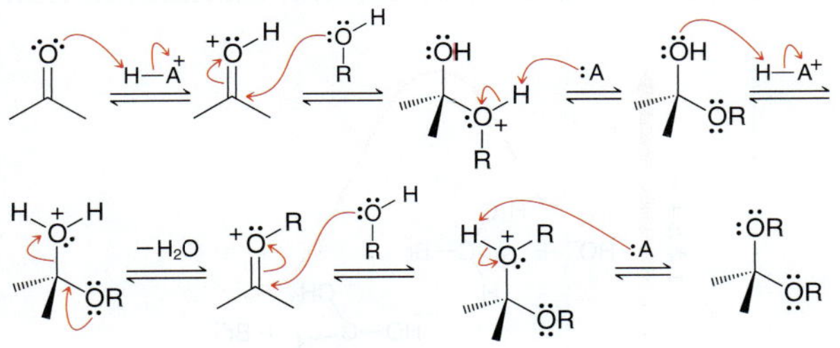

6・40 次の反応の電子の流れの反応形式を示せ.

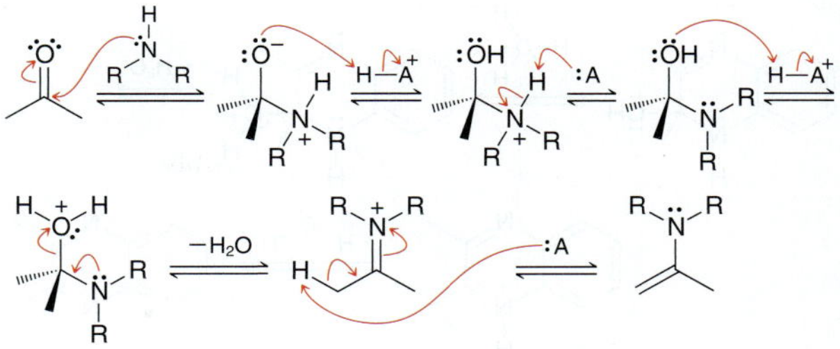

6・41 次の反応の電子の流れの反応形式を示せ.

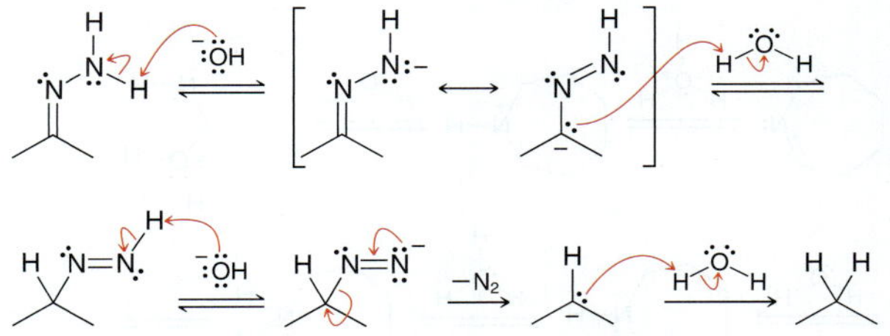

6・42 次の反応の各段階に, 巻矢印を書き入れよ.

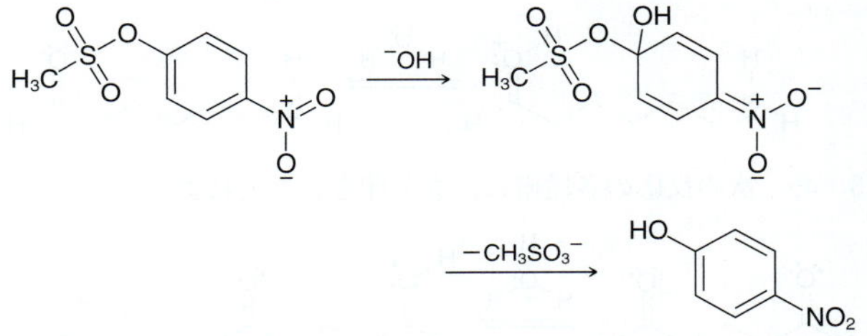

6・43 次の反応の各段階に, 巻矢印を書き入れよ.

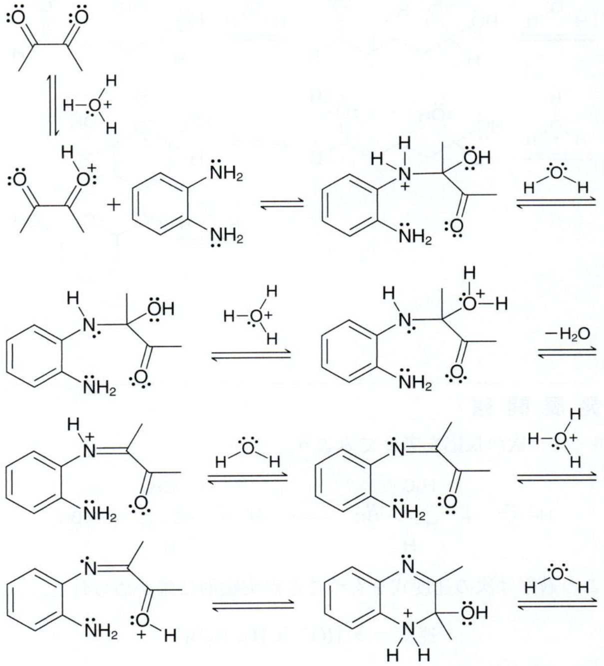

(次ページにつづく)

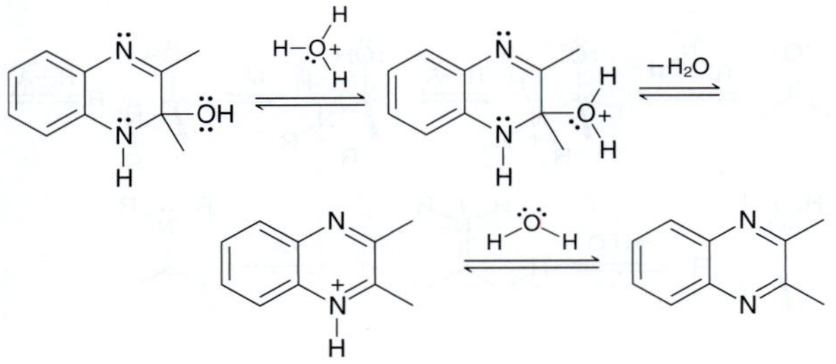

6・44 次の反応の各段階に，巻矢印を書き入れよ．

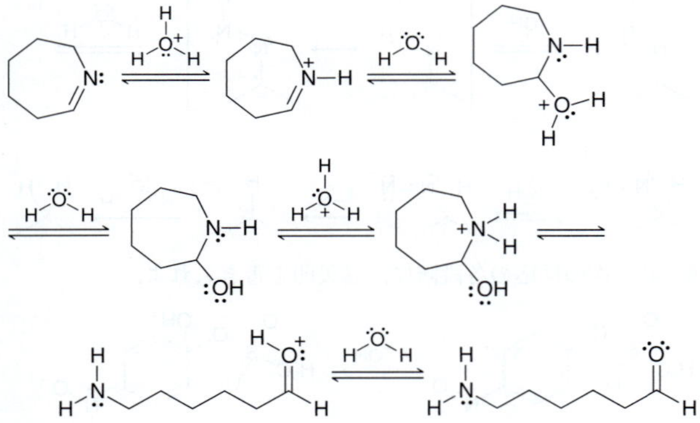

6・45 次の反応の各段階に，巻矢印を書き入れよ．

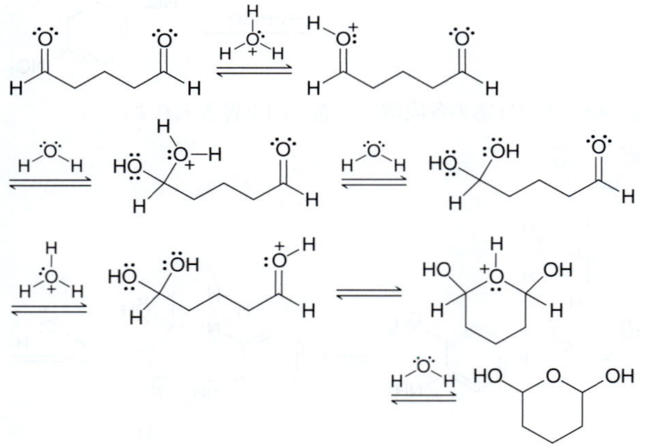

6・46 次の反応の各段階に，巻矢印を書き入れよ．

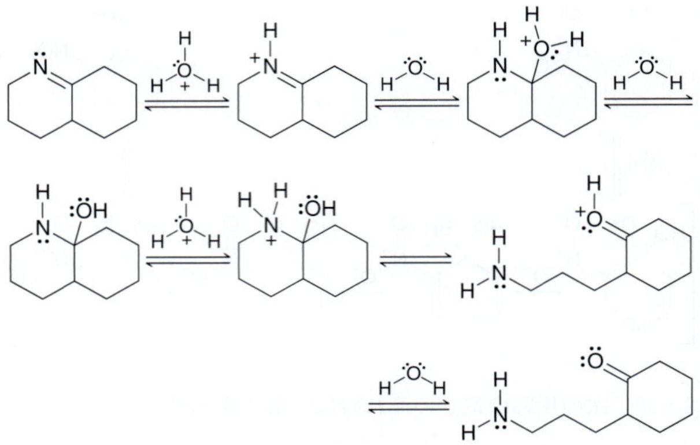

6・47 次の反応の各段階に，巻矢印を書き入れよ．

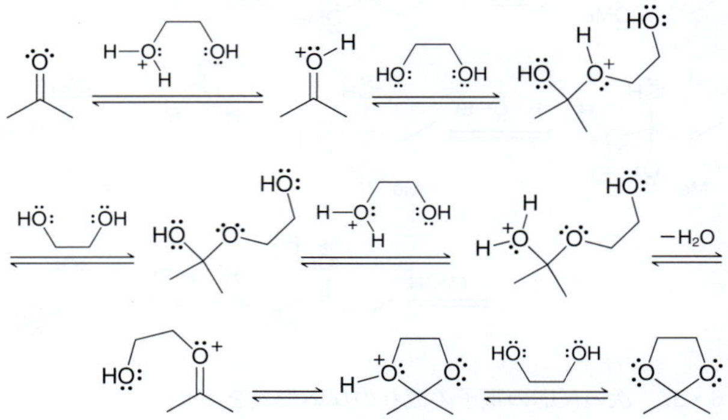

6・48 次のカルボカチオンが転位するかどうか予想せよ．転位する場合，巻矢印を用いて予想される転位を書け．

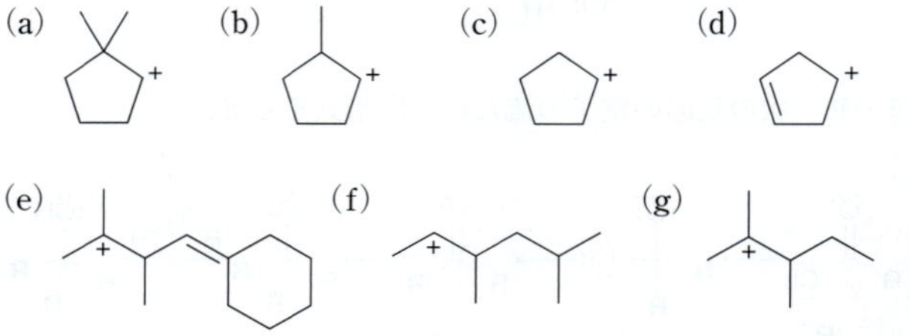

(a) (b) (c) (d)

(e) (f) (g)

発展問題

6・49 次の反応を考えてみよう．

$$H{-}\ddot{O}^{-} + CH_3CH_2Br \longrightarrow HO{-}CH_2CH_3 + Br^-$$

この過程は次の速度式をもつことが実験的に確かめられた．

$$速度 = k[HO^-][CH_3CH_2Br]$$

この過程のエネルギー図は次のようになる．

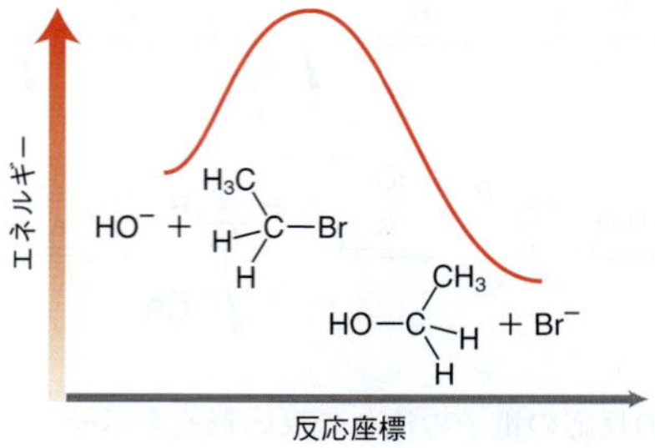

エネルギー

$HO^- + CH_3CH_2Br$

$HO{-}CH_2CH_3 + Br^-$

反応座標

(a) この過程の機構を示す巻矢印を書け．
(b) この機構に必要な二つの特徴的な電子の流れの反応形式を明らかにせよ．
(c) この過程は発熱か吸熱か．理由も述べよ．
(d) この過程の ΔS_{sys} は正，負，ほとんど 0 のうちどれか．
(e) この過程の ΔG は正か負か．
(f) 温度が上昇すると，平衡の位置（平衡濃度）に大きな影響があるか．理由も述べよ．
(g) この過程の遷移状態を図示し，エネルギー図における場所を示せ．
(h) 遷移状態の構造は出発物と生成物のどちらに近いか．理由も述べよ．
(i) この反応は一次か二次か．
(j) 水酸化物イオンの濃度を 2 倍にすると，速度はどのようになるか．
(k) 温度が上昇すると，速度は影響を受けるか．

6・50 次の要因は反応速度に影響を与えるか．
(a) K_{eq}　(b) ΔG　(c) 温度　(d) ΔH　(e) E_a　(f) ΔS

6・51 ある特別な触媒が存在すると，水素分子が三重結合に付加して二重結合を生成する．この過程は発熱である．高温にすると生成物と出発物のどちらが有利になると考えられるか．

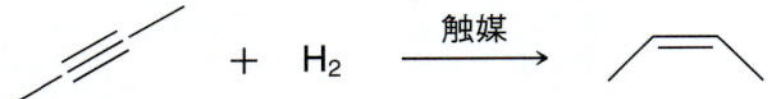

6・52 次の反応で，温度が上昇すると生成物と出発物のどちらが有利になると考えられるか．理由も述べよ．

6・53 アミンがプロトン化されると，生じるアンモニウムイオンは求電子的ではない．

アミン　アンモニウムイオン

しかし，イミンがプロトン化されると，生じるイミニウムイオンは非常に求電子的である．

イミン　イミニウムイオン

アンモニウムイオンとイミニウムイオンの反応性の違いを説明せよ．

6・54 次の反応を完成するために巻矢印を書き入れよ．

7

置換反応

本章の復習事項

- Cahn-Ingold-Prelog 方式 §5･3
- 反応速度論とエネルギー図 §6･5, §6･6
- 求核剤と求電子剤 §6･7
- 巻矢印による電子の流れとカルボカチオン転位 §6･8〜§6･11

化学療法とは何だろうか.

化学療法は, その名のとおり, 化学物質を用いたがんの治療法である. 現在, 多くの化学療法薬が臨床に用いられており, 世界中の研究者が新しいがん治療薬の設計と開発に取組んでいる. 多くの場合, 化学療法薬の第一の目標は, がん細胞に回復不能な損傷を与えつつ, 正常細胞には最小限の損傷しか与えないことである. がん細胞は他の細胞に比べて増殖が著しく速いので, 多くの抗腫瘍薬は, 増殖サイクルの速い細胞を阻害するよう設計されている. しかし, 残念ながら, 正常細胞のなかにも毛包細胞や皮膚細胞のように増殖が速いものがあるため, 化学療法を受けている患者は, 脱毛や発疹などさまざまな副作用に苦しむことが多い.

化学療法の研究は 1930 年代半ばに始まったが, その契機は, 化学兵器 (硫黄マスタード) を部分的に変えれば, がんの攻撃に利用できることに科学者が気づいたことだった. そして, 硫黄マスタード(およびその誘導体)の生理作用が徹底的に調べられるなかで, 置換反応とよばれる一連の反応がその作用機構に含まれていることが明らかになった. 本章では, 置換反応の多くの重要な特徴を説明する.

7･1 置換反応とは

本章では, ある官能基を別の官能基に置き換える反応, すなわち**置換反応** (substitution reaction) について述べる. また, 8 章では, π 結合を生成する脱離反応について述べる.

X — 置換反応 → Y (7 章)
X — 脱離反応 → (8 章)

置換反応と脱離反応は競争する場合が多い. 8 章の後半の 3 節では, 両者の競争がどのような要因によって支配されるかについて説明する.

置換反応は, 適切な求電子剤に求核剤を作用させた場合に起こる.

求核剤と求電子剤については§6･7参照.

Cl (求電子剤 (基質)) + $^{-}$SH (求核剤) ⟶ SH + $^{-}$Cl

有機化学では, **基質** (substrate) という用語を置換反応の求電子剤に対して用いることが多い. 求電子剤が置換反応の基質になるためには, 基質から切り離すことのできる官能基，すなわち**脱離基**（leaving group）をもつ必要がある．ここに示した例では，塩化物イオンが脱離基として働いている．脱離基には，次の二つの重要な役割がある．

1. 脱離基の電子求引性誘起効果により，隣接する炭素の電子密度が減少し，求電子性が高まる．この様子は，さまざまなハロゲン化メチルの静電ポテンシャル図からもみてとれる（図7・1）．図中の青は電子密度が低い部分を示している．

図 7・1 ハロゲン化メチルの静電ポテンシャル図

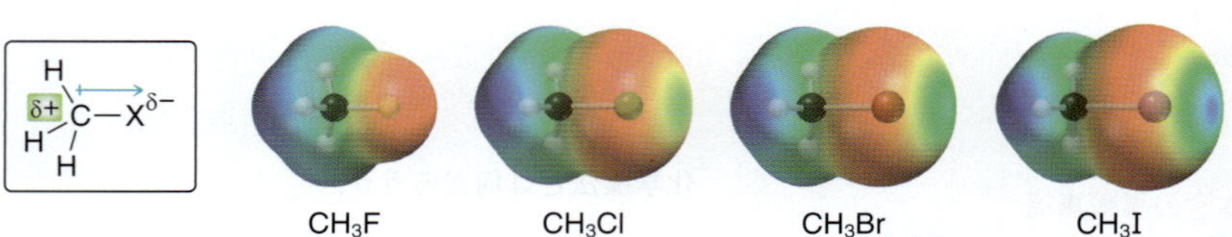

2. 脱離基が基質から脱離する際に負電荷が生成するが，脱離基はこの負電荷を安定化する．

ハロゲン（Cl, Br, および I）は，非常によく用いられる脱離基である．

7・2 ハロゲン化アルキル

有機ハロゲン化物は，置換反応の求電子剤としてよく用いられる．ほかにも求電子剤として用いられる化合物はあるが，ここではハロゲン化物を中心に述べる．

有機ハロゲン化物の命名法

§4・2で述べたように，アルカンを IUPAC 命名法に従って系統的に命名するには次の四つの段階が必要である．

1. 母体化合物（主鎖）を明確にし，命名する．
2. 置換基を明確にし，命名する．
3. 主鎖となる炭素鎖に番号をつけ，それぞれの置換基に位置番号をつける．
4. 置換基をアルファベット順に並べる．

ハロゲン化物も，4章で述べた規則に従い，全く同じ四つの段階の手順で命名する．ハロゲンは置換基として扱い，置換基名はフルオロ，クロロ，ブロモ，ヨードとする．例を二つ示す．

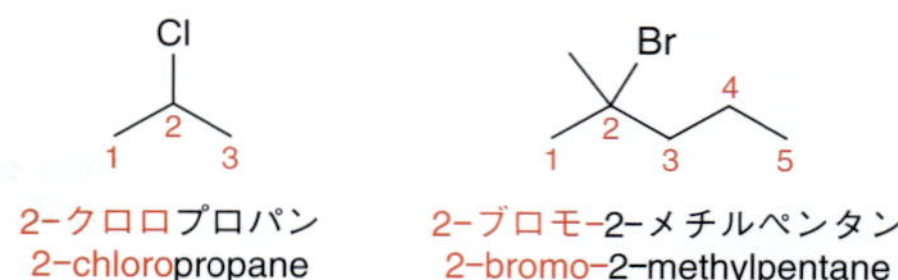

4章で述べたように，最も長い炭素鎖を主鎖として選び，置換基の最も小さい位置

番号がより小さい数になるように，主鎖に番号をつける．

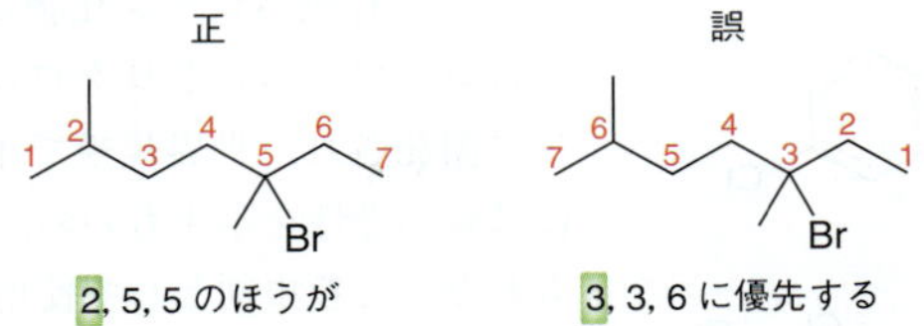

チェックポイント

7・1 次の化合物に系統名をつけよ．

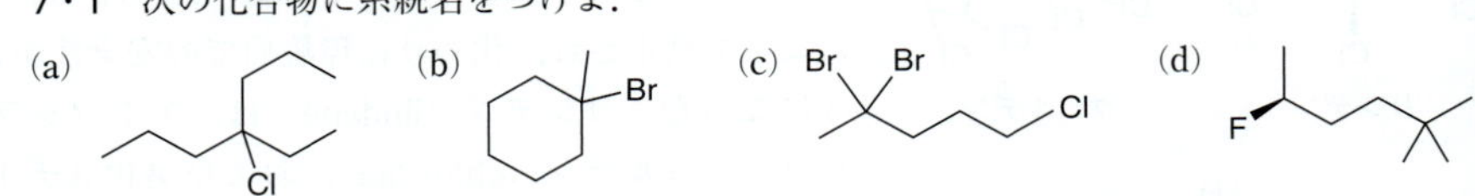

化合物にキラル中心がある場合，化合物名の初めに立体配置を示す．

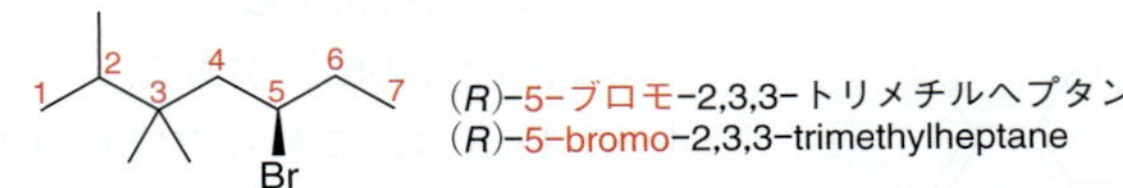

IUPAC 命名法では，系統名に加えて，多くの有機ハロゲン化物に対し慣用名の使用を認めている．

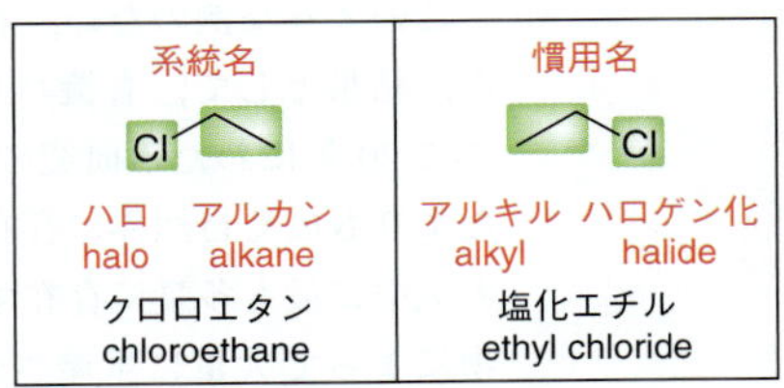

系統名では，ハロゲンを置換基として扱い，化合物を**ハロアルカン**（haloalkane）とよぶ．慣用名では，アルキル基が置換したハロゲン化物ととらえ，**ハロゲン化アルキル**（alkyl halide），あるいは**有機ハロゲン化物**（organohalide）とよぶ．

ハロゲン化アルキルの構造

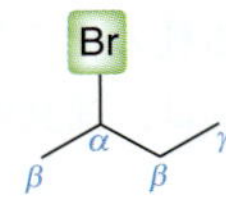

ハロゲン化アルキルのそれぞれの炭素原子がハロゲンからどれだけ離れているかを示すのに，ギリシャ文字を用いる．ハロゲンに直接結合した炭素の位置を**アルファ（α）位**とよび，α 炭素に結合した炭素の位置を**ベータ（β）位**とよぶ．ハロゲン化アルキルでは α 位は 1 箇所しかないが，β 位は最大 3 箇所存在する．本章では α 位で起こる反応について，次章では β 位を含む反応について述べる．

ハロゲン化アルキルは，α 位に結合しているアルキル基の数に従って，第一級（1°），第二級（2°），第三級（3°）に分類される（図 7・2）．

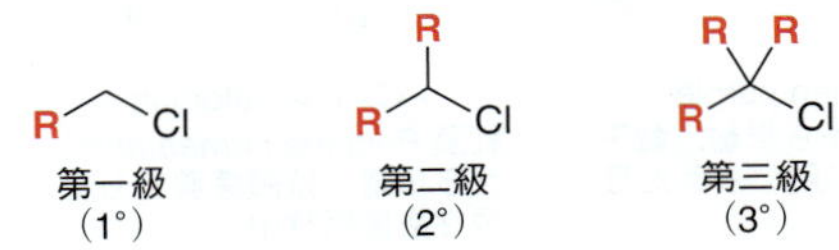

図 7・2 ハロゲン化アルキルの第一級，第二級，第三級の分類

DDT

リンデン　　クロルデン

臭化メチル

ビフェニル

有機ハロゲン化物の用途

多くの有機ハロゲン化物は毒性をもち，殺虫剤として用いられてきた．DDT（ジクロロジフェニルトリクロロエタン dichlorodiphenyltrichloroethane）は 1930 年代後半に開発され，世界規模で用いられた最初の殺虫剤のひとつとなった．DDT は昆虫には強い毒性を示すものの，哺乳類には比較的低い毒性しか示さないため，何十年にもわたって殺虫剤として使用され，致死的な病気を媒介するカを駆除することで 5 億人以上の命を救ったと認められている．しかし，残念なことに，分解を受けにくく，環境中に残留する．そのため，DDT が野生生物中に蓄積され，多くの生物種の生存が脅かされるようになった．その結果，DDT の使用は 1972 年米国環境保護局（EPA）によって禁止され，代わりに環境面での安全性がより高い他の殺虫剤が用いられるようになった．リンデン（lindane）は，アタマジラミの駆除のためシャンプーに用いられ，クロルデン（chlordane）および臭化メチルはシロアリ発生の予防と駆除に用いられている．臭化メチルは，オゾン層の破壊への関与が指摘され，最近その使用が規制された（オゾンホールについては§11・8 参照）.

有機ハロゲン化物は非常に安定な化合物であり，多くのものは，DDT のように環境中に残留し蓄積する．よく知られた例に，PCB（ポリ塩素化ビフェニル polychlorinated biphenyl の略）がある．ビフェニルには，最大で 10 個の置換基の導入が可能である．PCB は，これらの位置の多くが塩素原子で置換された化合物の総称である．PCB は，もともと産業用の変圧器や蓄電器に用いる冷却剤や絶縁流体として製造され，油圧油や難燃剤としても使用された．しかし，環境中に蓄積し，生物への毒性が問題となったため，使用が禁止された．

このような例のため，有機ハロゲン化物に対する世間の評判はよくないものとなった．結果として，有機ハロゲン化物は，人工毒物とみなされることも多い．しかし，ここ 20 年にわたる研究の結果，有機ハロゲン化物が，実際には以前に考えられていたよりも広く自然界に存在することが明らかになっている．たとえば，塩化メチルは大気中に最も多量に存在する有機ハロゲン化物である．この化合物は常緑樹や海洋生物によって大量に生産され，*Hyphomicrobium* や *Methylobacterium* など多くの細菌によって消費されて CO_2 と Cl^- に変換される．

海洋生物によっても，さまざまな有機ハロゲン化物が生産されている．これまでに 5000 種を超える海洋生物由来の有機ハロゲン化物が同定されており，毎年数百種の新しい化合物が発見されている．例としてチリアンパープルとハロモンの構造を下に示す．

有機ハロゲン化物は生体内でさまざまな機能を発現している．海綿，サンゴ，巻貝，海藻は，有機ハロゲン化物を捕食者に対する防御物質（ある種の化学兵器）として用いている．例にあげた (3*E*)-ラウレアチン，クメパロキサンは，捕食者を寄せつけないために用いられている．

チリアンパープル tyrian purple
巻貝 *Hexaplex trunculus* から単離．数千年前に王族の衣装の製作に用いられた最古の染料のひとつ

ハロモン halomon
紅藻 *Portieria hornemannii* から単離．抗腫瘍薬として現在臨床試験中

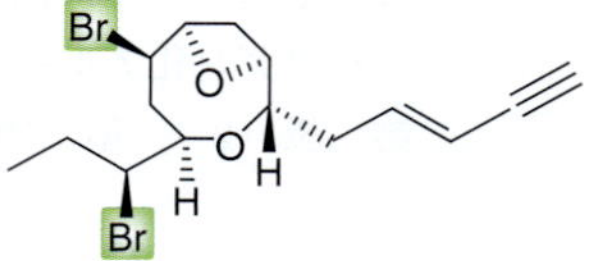

(3*E*)-ラウレアチン (3*E*)-laureatin
紅藻 *Laurencia nipponina* が使用

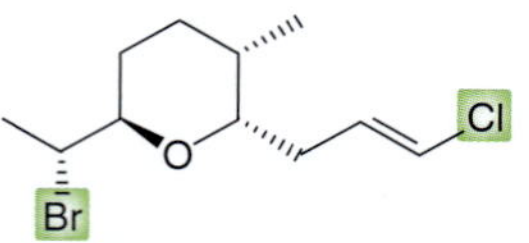

クメパロキサン kumepaloxane
巻貝 *Haminoea cymbalum* が使用

有機ハロゲン化物は，さまざまな生命体においてホルモン（特定の標的細胞にのみ作用する化学伝達物質）として作用する．次のような例が知られている．

2,6-ジクロロフェノール
マダニ *Amblyomma americanum* が性ホルモンとして使用

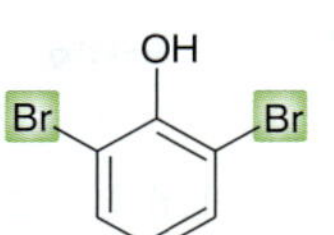

2,6-ジブロモフェノール
ギボシムシ *Balanoglossus biminiensis* から単離．ホルモンとして使用されている可能性

2,4-ジクロロフェノール
アオカビ *Penicillium* が成長ホルモンとして使用

スクラロースは，1976 年に英国の企業が塩素化された糖の利用法に関する探索研究を行っている過程で偶然発見された．研究に参加していた外国人留学生が，ある化合物を“テスト(test)”するように言われたのを，“味見(taste)”するように言われたと勘違いした．留学生は，濃厚な甘味があることを報告し，後に摂取しても安全であることがわかった．

すべての有機ハロゲン化物が有毒であるわけではない．実際，多くの有機ハロゲン化物が医薬品に応用されている．たとえば，下に示す左の三つの化合物は広く用いられており，身体および精神の健康増進に大きく貢献してきた．また，食品産業で利用されているものさえある．たとえば，下右に示すスクラロースの構造を考えてみよう．この化合物は三つの塩素原子をもつが，毒性はないことが知られている．スクラロースは甘さが砂糖の数百倍あり，低カロリーの人工甘味料として販売されている．

ブロノポール bronopol
(2-ブロモ-2-ニトロプロパン-1,3-ジオール)
強力な抗菌剤．乳児用のおしり拭きにも使用できる安全性

クロルフェニラミン
chlorpheniramine
抗ヒスタミン薬

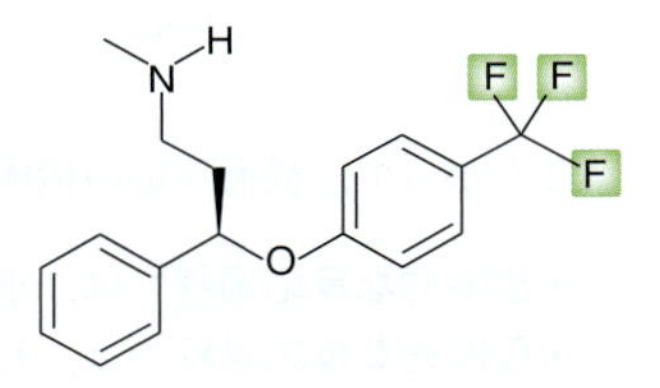

(*R*)-フルオキセチン (*R*)-fluoxetine
抗うつ薬

スクラロース sucralose
人工甘味料

7・3 置換反応の機構

6 章で述べたように，イオン反応機構を電子の流れの巻矢印で表すと，四つの反応形式（図 7・3）に分類されることを思い出してほしい．これら四つの反応過程すべてが本章に登場するので，§6・7〜§6・10 を復習しよう．

すべての置換反応は，これら四つの反応形式のうち，少なくとも“求核攻撃”と“脱

求核攻撃

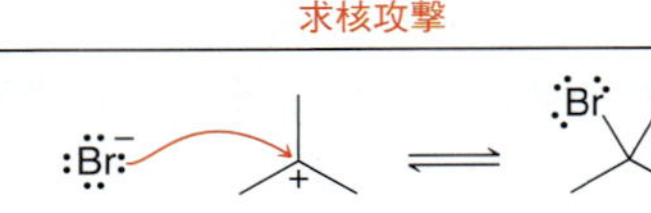

脱 離

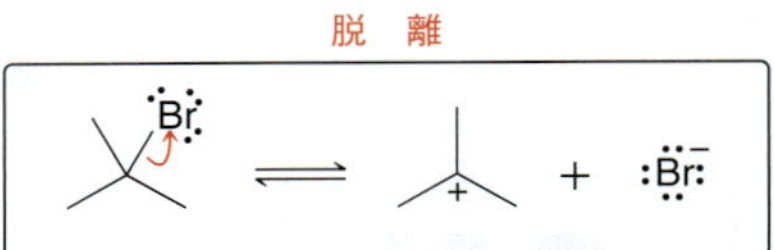

プロトン移動

転 位

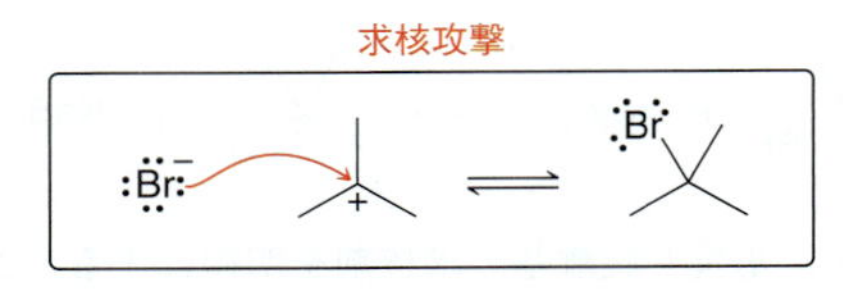

図 7・3 イオン機構における巻矢印の四つの反応形式

離”の二つを必ず含む．

Nuc は求核剤
LG は脱離基

求核攻撃　脱離

Nuc:⁻ ＋ LG → Nuc ＋ :LG⁻

しかし，これら二つの事象がどのような順序で起こるかについて考えてみよう．上に示したように同時に，すなわち協奏的に起こるのだろうか，それとも，次に示すように段階的に起こるのだろうか．

脱離　求核攻撃

LG ⇌(− :LG⁻) ＋ →(:Nuc⁻) Nuc

段階的な機構では，脱離基が脱離して中間体のカルボカチオンが生成した後，それに対して求核剤が攻撃する．脱離基が脱離する前に求核剤が攻撃することはできない．オクテット則に反する構造を生成するからである．

Nuc:⁻　H　LG ✕→ 炭素は 5 本の結合をもてない

したがって，置換反応の機構としては，次の 2 種類しかない．

- **協奏的な反応過程**では，求核剤の攻撃と脱離基の脱離が同時に起こる．
- **段階的な反応過程**では，初めに脱離基が脱離し，つづいて求核剤の攻撃が起こる．

実際，いずれの機構も起こりうるが，両者は異なった反応条件で起こる．それぞれの反応機構については次節で詳しく述べるが，まずこれら二つの機構を巻矢印を用いて書く練習をしよう．

スキルビルダー 7・1　置換反応の巻矢印を書く

スキルを学ぶ

二つの置換反応を次に示す．実験結果から，(a) の反応は協奏的な機構で進行し，(b) の反応は段階的な機構で進行することが示唆されている．それぞれの反応機構を示せ．

(a) Br ＋ NaOH → OH ＋ NaBr

(b) Br ＋ NaCl → Cl ＋ NaBr

解答

ステップ 1
基質，脱離基，求核剤を明らかにする．

(a) まず，基質と脱離基，求核剤を明確にする．ここでは，基質が臭化ブチル，脱離基が臭化物イオン，求核剤が水酸化物イオンである．

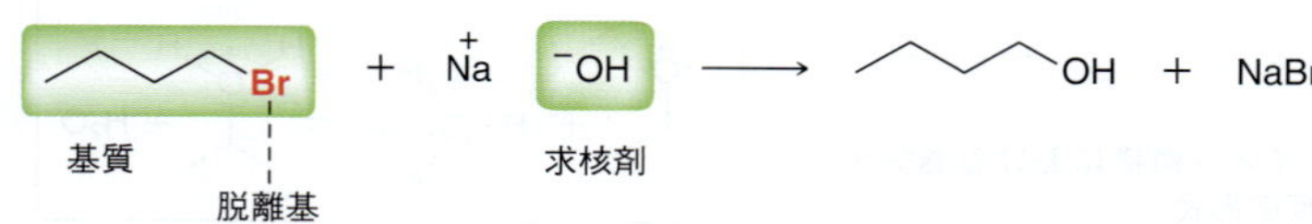

ステップ 2
求核攻撃と脱離を示す巻矢印を二つ書く.

注　意
巻矢印の始点と終点の位置を正確に書くこと.

NaOH を用いるとき，反応剤は水酸化物イオン OH^- であることに注意してほしい．Na^+ は対イオンであり，反応における役割を考慮しなくてよい場合が多い．協奏的な反応過程では，求核剤の攻撃と脱離基の脱離が同時に起こる．この過程を表すためには二つの巻矢印が必要になる．すなわち，求核剤の攻撃を示す矢印と，脱離を示す矢印である．前者の矢印を書くときには，矢印の始点は求核剤の非共有電子対で，終点が脱離基の結合した炭素原子に向かうように書くこと．

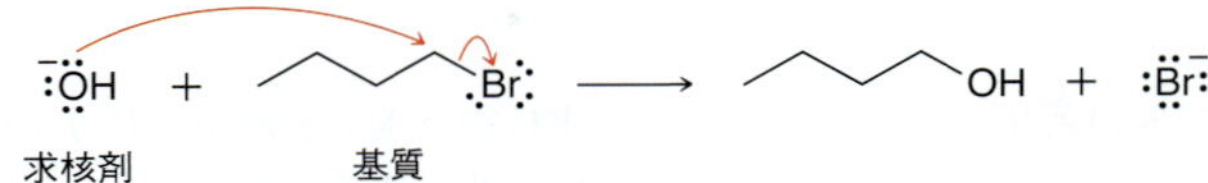

(b) 段階的な反応過程には，異なる二つの段階が含まれる．すなわち，1) 脱離基が脱離し，カルボカチオン中間体を生成する段階と，ひき続いて，2) 求核剤が攻撃する段階である．これらの段階を書くためには，基質と脱離基，求核剤を明確にしなければならない．この場合，基質は臭化 *tert*-ブチル，脱離基は臭化物イオン，求核剤は塩化物イオンである．

ステップ 1
基質，脱離基，求核剤を明らかにする.

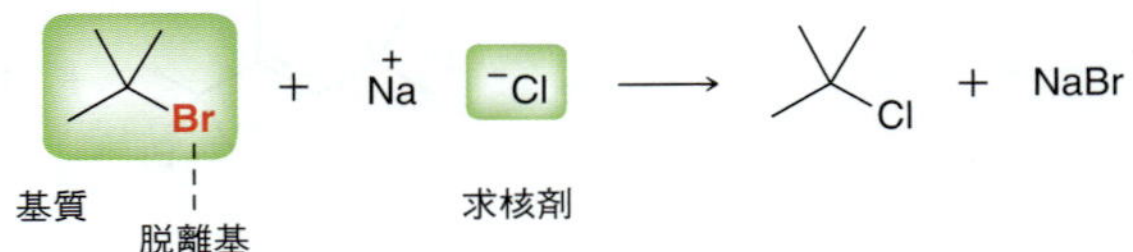

ステップ 2
脱離を示す巻矢印を書き，生成するカルボカチオンを書く.

反応機構の第 1 段階に対しては，脱離基の脱離を示す巻矢印一つが必要である．この巻矢印は，開裂する結合（C−Br 結合）から臭素原子に向かうように書くこと．

脱離
Br
−Br⁻

ステップ 3
求核攻撃を示す巻矢印を書く.

第三級カルボカチオンを書くときは，三つの置換基が互いになるべく離れるように書く.
（ではない）

反応機構の第 2 段階に対しては，求核剤（塩化物イオン）によるカルボカチオン中間体の捕捉，すなわち求核攻撃を示す巻矢印一つが必要である．

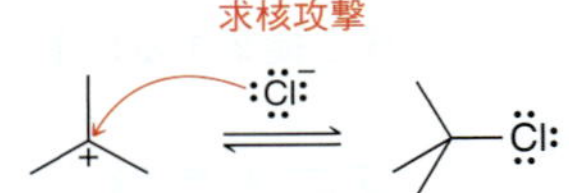

したがって，全反応過程の機構は次のように書くことができる．

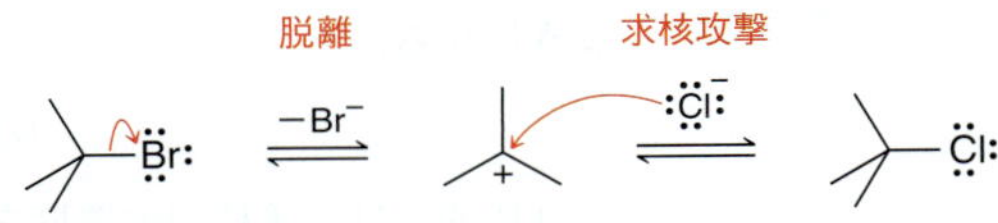

スキルの演習

7・2　次の反応が協奏的な機構で進行すると仮定し，その反応機構を示せ．

(a) Br + NaSH ⟶ SH + NaBr

(b) I + NaOMe ⟶ O + NaI

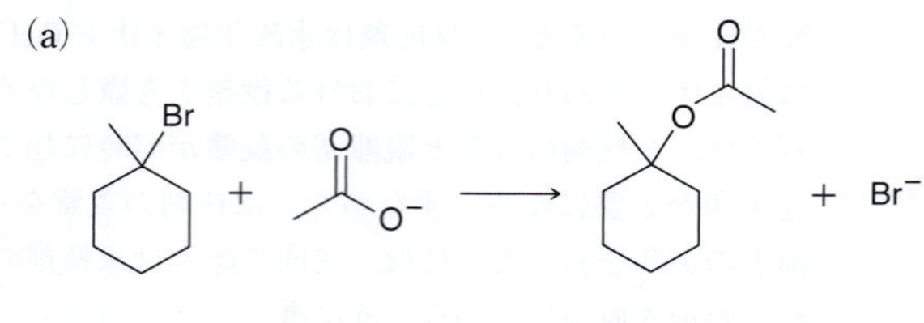

7・3　次の反応が段階的な機構で進行すると仮定し，その反応機構を示せ．

(a)

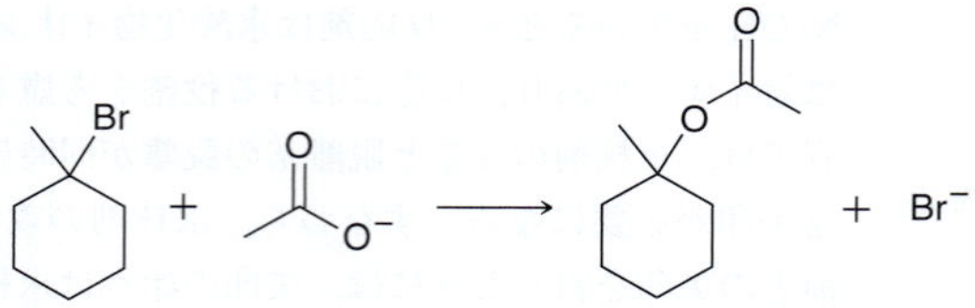

+ Br⁻

(b)

+ NaCl ⟶ + NaI

スキルの応用

7・4　求核剤と求電子剤が同じ分子中に存在する場合，分子内置換反応が起こる．この反応が協奏的な機構で進行すると仮定し，反応機構を示せ．

+ Br^-

7・5　次の置換反応が段階的な機構で進行すると仮定し，反応機構を示せ．［ヒント：共鳴構造の書き方の規則（§2・10）を復習しよう．］

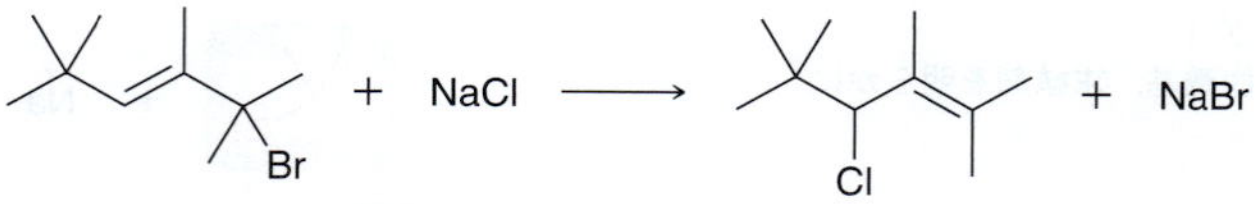

+ NaCl ⟶ + NaBr

問題 7·64(a) を解いてみよう．

7・4　S_N2 機構

1930 年代，Christopher Ingold と Edward D. Hughes（ロンドン大学）は，置換反応について研究し，その反応機構を解明しようとしていた．Ingold と Hughes は，反応速度論および立体化学についての実験結果から，研究した置換反応の多くに対して協奏的な機構を提案した．本節では，彼らがどのような実験結果をもとに協奏的な機構を提案するに至ったかについて述べる．

反応速度論

Ingold と Hughes は，研究したほとんどの反応について，反応速度が基質と求核剤の両方の濃度に依存していることを見いだした．この結果を反応速度式で表すと次のようになる．

$$反応速度 = k[基質][求核剤]$$

具体的には，求核剤の濃度を 2 倍にすると，反応速度が 2 倍になった．同様に，基質の濃度を 2 倍にした場合にも，反応速度が 2 倍になった．上記の反応速度式は，**二次速度式**（second-order rate equation）とよばれる．反応速度が二つの異なる化合物の濃度に，それぞれ一次で依存するためである．Ingold と Hughes は，以上の結果に基づき，これらの反応の機構は基質と求核剤が互いに衝突する 1 段階からなると結論した．この段階は二つの分子（またはイオン）を含んでいるため，**二分子的**（bimolecular）とよばれる．Ingold と Hughes は，二分子求核置換反応（bimolecular nucleophilic substitution reaction）を記述するために $\mathbf{S_N2}$ という略号を考案した．

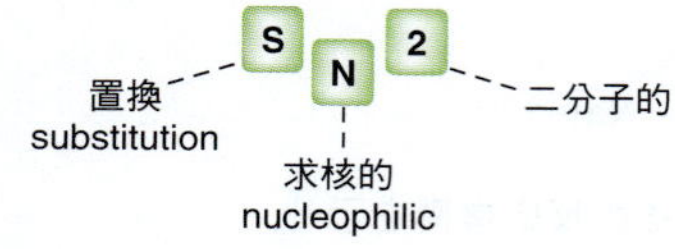

S_N2 反応についての実験結果は，協奏的な反応機構とよく合致している．協奏的な機構は，求核剤と基質の両方を含む一つの段階だけからなるためである．当然のことながら，この反応機構では，反応速度は求核剤と基質の両方の濃度に依存する．

求核攻撃　脱離

Nuc:⁻ ＋ (基質)—LG ⟶ (生成物)—Nuc ＋ LG^-

チェックポイント

7・6　次の反応は二次反応速度式に従う．

1-ヨードプロパン（I）＋ NaOH ⟶ 1-プロパノール（OH）＋ NaI

(a) 1-ヨードプロパンの濃度を 3 倍にし，水酸化ナトリウムの濃度をそのままにすると，反応速度はどのように変化するか．

(b) 1-ヨードプロパンの濃度をそのままにし，水酸化ナトリウムの濃度を 2 倍にすると，反応速度はどのように変化するか．

(c) 1-ヨードプロパンの濃度を 2 倍にし，水酸化ナトリウムの濃度を 3 倍にすると，反応速度はどのように変化するか．

S_N2 反応の立体特異性

Ingold と Hughes が協奏的な反応機構を提案するに至った背景には，もう一つの重要な実験結果があった．α 位にキラル中心があるとき，次の例に示すように，一般に立体配置の変化が観測された．

(H, Me, Et)C—Br ＋ ⁻SH ⟶ HS—C(H, Me, Et) ＋ Br^-

S　　　　*R*

出発物は *S* 配置であるが，生成物は *R* 配置である．このような場合，反応は**立体配置の反転**（inversion of configuration）を伴って進行している，という．この立体配置の反転は，この現象を初めて観測したドイツ人化学者 Paul Walden（ワルデン）の名をとって，**Walden 反転**（Walden inversion）とよばれている．

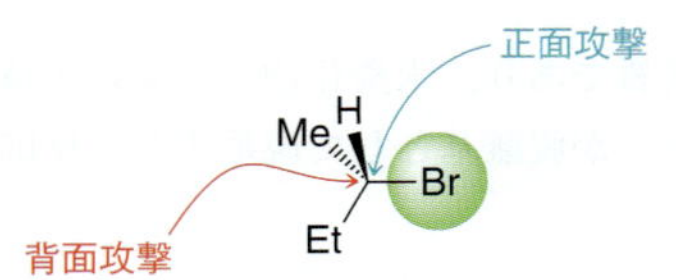

図 7・4　基質の正面および背面からの攻撃

分子軌道法および HOMO と LUMO については§1・8参照.

立体配置の反転が起こるためには，求核剤の攻撃は背面（脱離基の反対側）から起こる必要があり，前面からの攻撃では反転は起こらない（図 7・4）．反応が**背面攻撃**（back-side attack）で進行する理由については，次の 2 通りの説明が考えられる．

1. 脱離基の非共有電子対のために周辺領域の電子密度が増大し，基質の前面からの求核攻撃が効果的に阻害される．そのため，求核剤は背面からしか近づけなくなる．
2. 分子軌道（MO）法を用いれば，より洗練された答を出すことができる．分子軌道は，個々の原子に局在化した原子軌道とは異なり，分子全体に広がっていることを思い出そう．分子軌道法によると，電子は求核剤の HOMO から求電子剤の LUMO

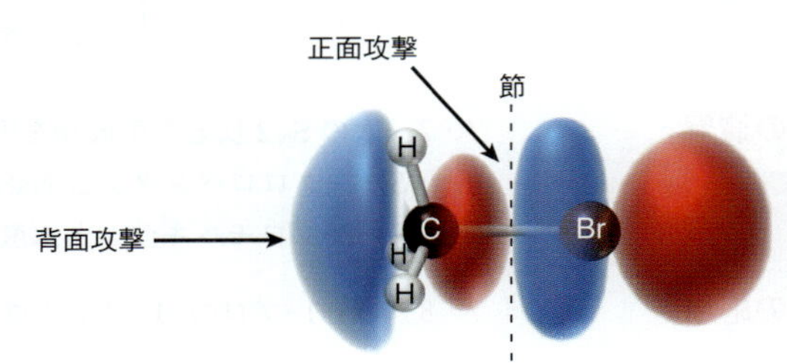

図 7・5　ブロモメタンの最低空軌道（LUMO）

に流れ込む．例として，ブロモメタン（臭化メチル）の LUMO（図 7・5）を考えてみよう．求核剤がブロモメタンの前面から攻撃した場合，前面には LUMO の節があるため，求核剤の HOMO との間で結合性と反結合性の両方の相互作用が起こり，互いに打消し合ってしまう．対照的に，背面からの求核攻撃では，求核剤の HOMO と求電子剤の LUMO とが効果的に重なり合うことができる．

実験的に観測された S_N2 反応の立体化学（立体配置の反転）は，協奏的な反応機構と合致している．求核剤の攻撃と脱離基の脱離が同時に進行し，キラル中心では傘が風でひっくり返るように立体配置の反転が起こる．

$$HS^- + (S)\text{-}C(H)(Me)(Et)Br \longrightarrow \left[\overset{\delta-}{HS}\text{-----}C(Me)(H)(Et)\text{-----}\overset{\delta-}{Br} \right]^{\ddagger} \longrightarrow HS\text{-}C(H)(Me)(Et)\ (R) + Br^-$$

遷移状態（[　] 内の構造）については，次節で詳しく述べる．S_N2 反応は，生成物の立体配置が出発物の立体配置によって決まるため，**立体特異的**（stereospecific）であるといわれる．

スキルビルダー 7・2　S_N2 反応の生成物を書く

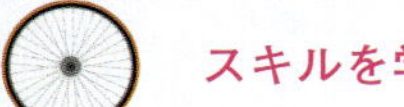

(*R*)-2-ブロモブタンに水酸化物イオンを作用させると，複数の生成物の混合物が得られる．副生成物の一つは S_N2 反応により生成したものであり，主生成物は次章で述べる他の反応により生成したものである．(*R*)-2-ブロモブタンが水酸化物イオンと S_N2 反応したときに得られる生成物を書け．

解 答

まず問題文にある反応剤を書く．

(*R*)-2-ブロモブタン ＋ ^{-}OH（水酸化物イオン） ⟶ ?

次に，求核剤と基質を明確にする．ブロモブタンが基質であり，水酸化物イオンが求核剤である．水酸化物イオンの攻撃により，臭化物イオンが脱離基として脱離する．反応全体では，Br が OH 基によって置換される．

注 意
α 位にキラル中心がある基質の S_N2 反応では，生成物は立体配置が反転するように書くこと．

この場合，α 位にキラル中心があるため，その反転が予想される．

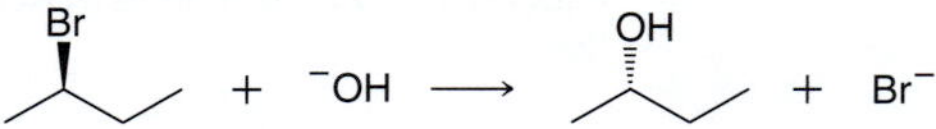

7・7　次の S_N2 反応の生成物を書け．

(a)（*S*)-2-クロロペンタンと NaSH　　(b)（*R*)-3-ヨードヘキサンと NaCl

(c)（*R*)-2-ブロモヘキサンと水酸化ナトリウム

7・8　(*S*)-1-ブロモ-1-フルオロエタンがナトリウムメトキシドと反応すると，S_N2 反

応が起こり，臭素原子がメトキシ基（OMe）に置換される．この反応の生成物は，(*S*)-1-フルオロ-1-メトキシエタンである．なぜ出発物と生成物がともに *S* 配置となるのだろうか．S_N2 反応は，立体配置の変化を伴うのではなかったのか．出発物および立体配置が反転した生成物を書き，通常とは異なる結果になった理由を説明せよ．

問題 7·45，7·56，7·61 を解いてみよう．

基質の構造

Ingold と Hughes は，S_N2 反応の反応速度が出発物であるハロゲン化アルキルの性質によって大きく影響されることも見いだした．特に，ハロゲン化メチルと第一級ハロゲン化アルキルは求核剤と最も速く反応する．第二級ハロゲン化アルキルの反応はずっと遅く，第三級ハロゲン化アルキルは事実上 S_N2 反応を起こさない（図 7・6）．この傾向は，協奏的な反応機構と合致している．協奏的な機構では，求核剤が基質に近づくときに立体障害の影響を受けるからである．

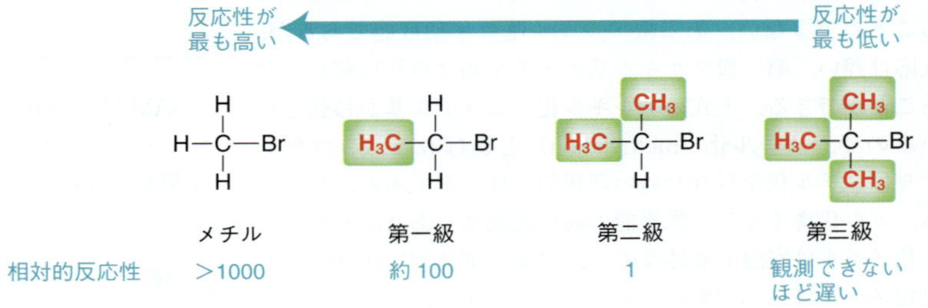

図 7・6　S_N2 反応に対するさまざまな基質の相対的反応性

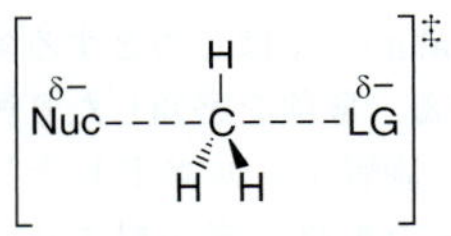

反応性が最も高い ← 反応性が最も低い

	メチル	第一級	第二級	第三級
相対的反応性	＞1000	約 100	1	観測できないほど遅い

S_N2 反応における立体効果を理解するためには，図 7・7 に一般的な形で示した典型的な S_N2 反応の遷移状態を調べる必要がある．遷移状態は，反応のエネルギー図における極大点であることを思いだそう．たとえば，シアン化物イオンと臭化メチルとの反応のエネルギー図（図 7・8）を考えてみよう．曲線の極大点が遷移状態に相

図 7・7　S_N2 反応の遷移状態の一般式

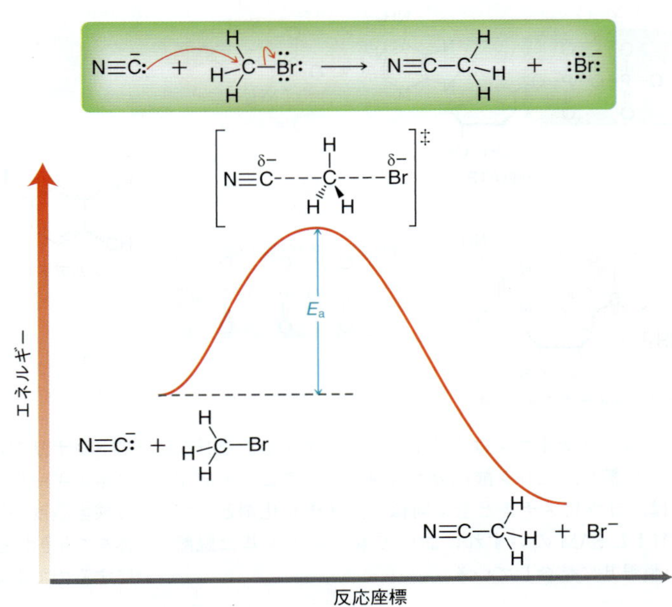

図 7・8　臭化メチルとシアン化物イオンの S_N2 反応のエネルギー図

当する．[ ] の外側にある上付きの記号‡は，この構造が中間体ではなく遷移状態であることを示している．この遷移状態の（原系に対する）相対的なエネルギーが，反応の速度を決定する．遷移状態のエネルギーが高ければ E_a が大きくなり，速度は遅くなる．遷移状態のエネルギーが低ければ E_a が小さくなり，速度は速くなる．こ

役立つ知識　生体内の S_N2 反応：メチル化

実験室では，メチル基を導入するために，ヨウ化メチルを用いた S_N2 反応が行われる．

$$\mathrm{Nuc:^-} + \mathrm{H_3C{-}I} \longrightarrow \mathrm{Nuc{-}CH_3} + \mathrm{:I:^-}$$

この反応は，アルキル基が求核剤に移動するので**アルキル化**（alkylation）とよばれる．S_N2 機構なので，反応できるアルキル基の種類は限られている．第三級アルキル基を移動させることはできない．第二級アルキル基は移動可能であるが，反応は遅い．第一級アルキル基とメチル基は容易に移動させることができる．上式のアルキル化ではメチル基が移動しているので，**メチル化**（methylation）とよばれる．ヨウ化メチルはメチル化を行うための理想的な反応剤である．なぜなら，ヨウ化物イオンは脱離能の高い脱離基であり，また，ヨウ化メチルは室温で液体なので，室温で気体の塩化メチルや臭化メチルに比べて取扱いやすいからである．

メチル化は生体内でも起こっているが，メチル化剤として SAM（*S*-アデノシルメチオニン *S*-adenosylmethionine）とよばれる化合物が用いられている．われわれの体内でも，SAM が ATP とアミノ酸の一種であるメチオニンとの S_N2 反応によりつくられている．

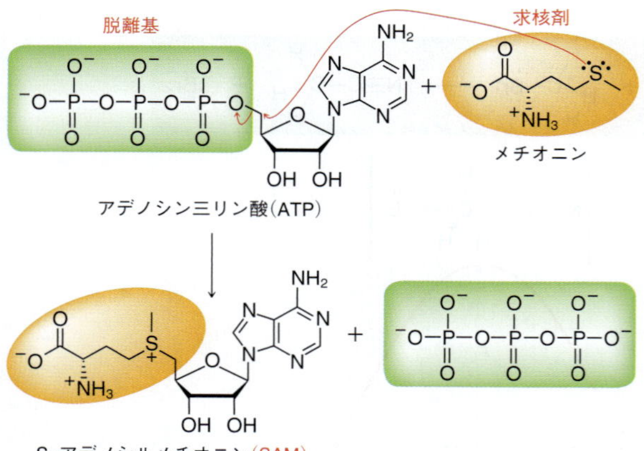

この反応では，メチオニンは求核剤としてアデノシン三リン酸(ATP)を攻撃し，三リン酸部分が脱離する．ここで生成する SAM は，ヨウ化メチルと全く同様に，メチル化剤として働く．CH_3I と SAM のいずれにおいても，メチル基は脱離能の高い脱離基に結合している．

ヨウ化メチル	*S*-アデノシルメチオニン(SAM)
$H_3C{-}I$ ヨウ化物イオンは比較的単純な脱離基	この脱離基はかなり複雑

SAM は生体内における CH_3I の等価体である．脱離基はずっと大きいが，CH_3I と同じように働く．SAM が求核剤の攻撃を受けると，脱離能の高い脱離基が放出される．

$$\mathrm{Nuc:^-} + \mathrm{H_3C{-}\overset{+}{S}R_2} \longrightarrow \mathrm{Nuc{-}CH_3} + \mathrm{SR_2}$$

SAM は，アドレナリン（adrenaline）をはじめとする多くの化合物の生合成にかかわっている．危険を察知したり興奮状態になると，それに応答して，副腎でノルアドレナリン（noradrenaline）の SAM によるメチル化反応が起こり，アドレナリンが生産される．

ノルアドレナリン　→(SAM), $-H^+$→　アドレナリン（脱プロトン後）

アドレナリンが血中に放出されると，心拍数の増大とともにエネルギー供給量を高めるため血糖値が上昇し，脳へ到達する酸素濃度が増大する．このような生理学的反応により，身体を“闘争か逃走か(fight or flight)”の事態に適応できる状態にするのである．

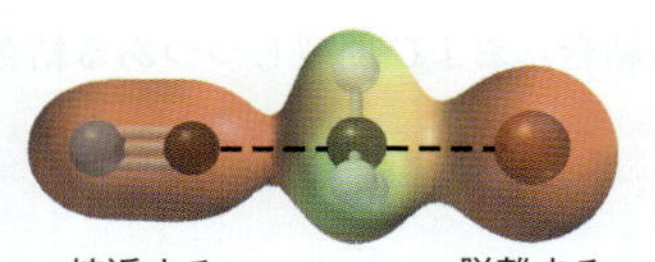

図 7・9 遷移状態の静電ポテンシャル図(図7・7参照). 電子密度が高いところは赤で示している.

のことを念頭におけば，立体障害の効果により反応速度が遅くなること，また，第三級の基質が S_N2 反応を起こさないことの理由が理解できる.

遷移状態の構造を詳しくみてみよう．求核剤は基質との間に結合を生成しつつあり，脱離基は基質との結合を開裂させつつある．遷移状態においては，反応点の炭素を挟んで両側に部分的な負電荷が存在することに注意しよう．このことは，遷移状態の静電ポテンシャル図（図7・9）をみるとはっきりわかる．図7・9で水素原子の代わりにアルキル基をもつ基質の場合，立体的な相互作用のために遷移状態のエネルギーが高くなり，反応の E_a が増大する．メチル基，第一級アルキル基，第二級アルキル基をもつ基質について，反応のエネルギー図を比較してみよう（図7・10). 第三級アルキル基をもつ基質の場合，遷移状態のエネルギーがあまりにも高いため，反応は事実上進行しない.

図 7・10 メチル，第一級，および第二級基質の S_N2 反応のエネルギー図の比較

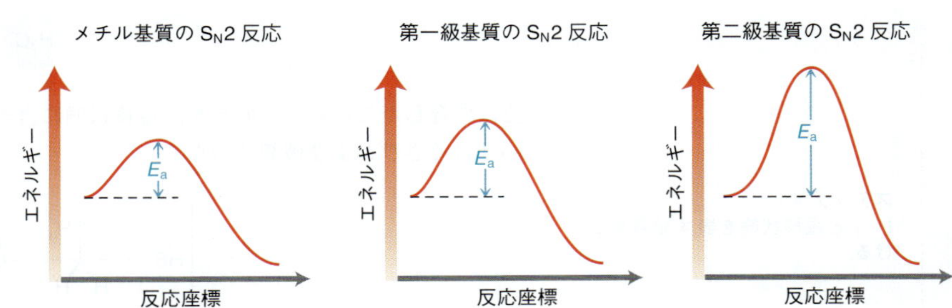

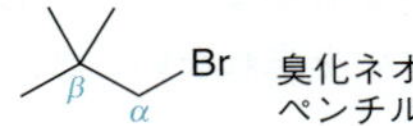

β位の立体障害も，S_N2 反応の速度を減少させる．たとえば，左に示す臭化ネオペンチルの構造を考えてみよう．この化合物は第一級ハロゲン化アルキルであるが，β位にメチル基が三つ結合している．このメチル基による立体障害のために，遷移状態のエネルギーが非常に高くなる（図7・11). この場合もまた，反応は非常に遅くなる．実際，S_N2 反応において，ネオペンチル基をもつ基質の反応速度は第三級アルキル基をもつ基質の速度と同程度である．この例は，第一級ハロゲン化アルキルでありながら，S_N2 反応を事実上起こさないという点で興味深い．以上の例からもわかるように，有機化学では，規則を機械的に暗記するのではなく，その意味するところ，すなわち概念を理解することが重要である.

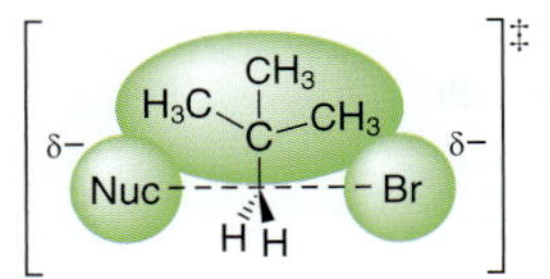

図 7・11 ネオペンチル基をもつ基質の S_N2 反応の遷移状態

スキルビルダー 7・3　S_N2 反応の遷移状態を書く

スキルを学ぶ

次の反応の遷移状態を書け.

解 答

ステップ 1
求核剤と脱離基を明らかにする.

まず，求核剤と脱離基を明らかにする．これらが遷移状態において反応点の両側に位置する二つの基である.

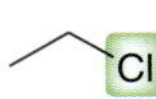

遷移状態を書くには，求核剤との間に新たに生成しつつある結合と，脱離基との間で開

ステップ 2
炭素原子を書き，求核剤および脱離基との間を破線で結ぶ.

裂しつつある結合を示す必要がある．生成しつつある結合，および開裂しつつある結合を示すのに破線が用いられる．

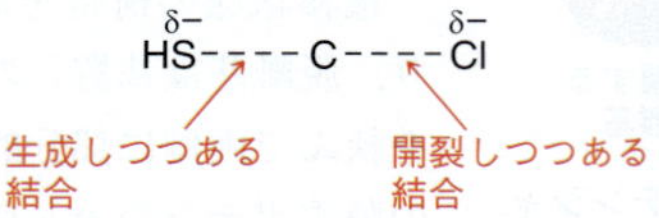

δ− HS----C----Cl δ−
生成しつつある結合　開裂しつつある結合

反応点に近づいてくる求核剤と，離れていく脱離基の両方にδ− の記号をつけ，負電荷がこれら両方の位置に分散していることを示す．

ステップ 3
炭素原子に結合した三つの置換基(または水素原子)を書く.

反応点であるα位に結合したアルキル基をすべて書く．この例では，α位には CH_3 基一つと水素原子二つが結合している．

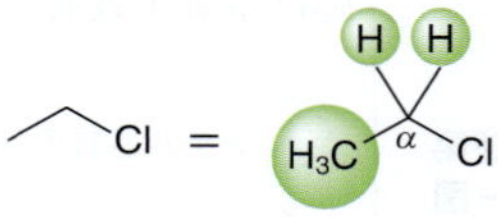

Cl = H_3C α Cl H H

α位に結合したこれら三つの基を，遷移状態に書き入れる．一つの基は直線で，残り二つの基はくさびおよび破線でつなぐ．

ステップ 4
[ ]と遷移状態を表す記号をつける.

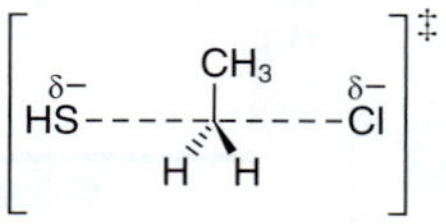

[δ− HS----C(CH3)(H)(H)----Cl δ−]‡

このとき，メチル基を直線，くさび，破線のいずれでつないでもかまわない．しかし，遷移状態の構造を［ ］で囲み，遷移状態を示す記号‡を記すのを忘れないこと．

スキルの演習

7・9　次の S_N2 反応について，遷移状態を書け．

(a) Br + ^-OH ⟶ OH + Br^-

(b) I + O, O^- ⟶ O, O + I^-

(c) Cl + NaOH ⟶ OH + NaCl

(d) Br + NaSH ⟶ SH + NaBr

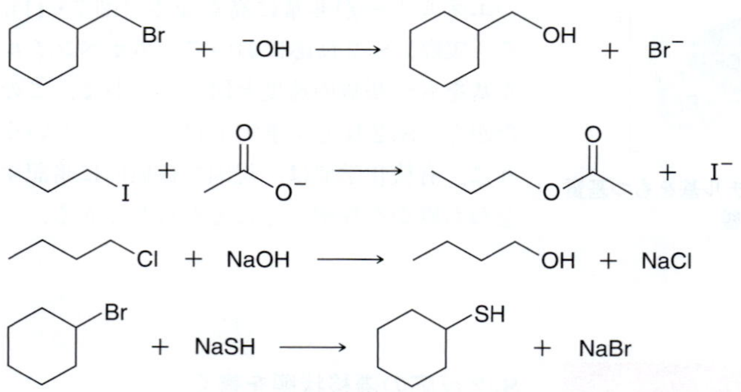

スキルの応用

7・10　問題7・4で，求核剤と求電子剤が同一分子中に存在するときには分子内置換反応が起こりうることを示した．問題7・4の反応の遷移状態を書け．

7・11　5−ヘキセン−1−オールに臭素を作用させると，環状化合物が生成する．

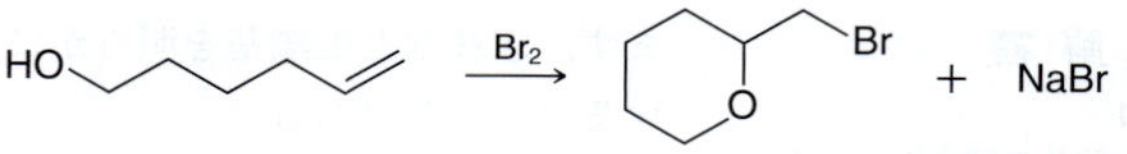

HO ⟶(Br_2) O, Br + NaBr

この反応の機構は数段階からなるが，そのうちの一つは分子内 S_N2 機構である．

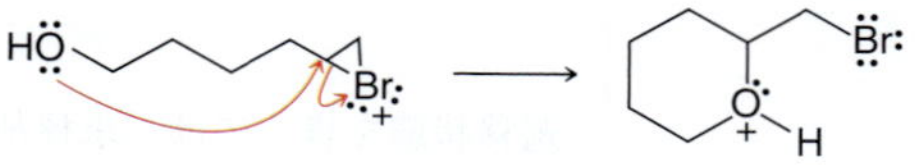

HÖ Br: + ⟶ Ö+ H Br:

この段階において，ある結合は開裂しつつあり，ある結合は生成しつつある．この S_N2 機構の遷移状態を書き，どの結合が開裂しつつあり，どの結合が生成しつつあるか明らかにせよ．なぜこの反応過程が有利に進行するか，説明せよ．

問題 7·46，7·64(e) を解いてみよう．

チェックポイント

7・12 ニコチン（nicotine）はたばこに含まれる依存性の化合物であり，コリン（choline）は神経伝達にかかわる化合物である．これらの化合物の生合成には，SAM（*S*–アデノシルメチオニン）によるメチル基の移動過程（252 ページの“役立つ知識”参照）が含まれている．それぞれの反応機構を書け．

(a) SAM → ニコチン

(b) SAM → コリン

7・5 S_N1 機 構

置換反応の機構として考えられる 2 番目の機構は，段階的な反応過程である．この場合，まず 1) 脱離基が脱離してカルボカチオン中間体が生成し，つづいて 2) 求核剤のカルボカチオン中間体への攻撃が起こる．

脱離 $-LG^-$ 求核攻撃 :Nuc

カルボカチオン中間体

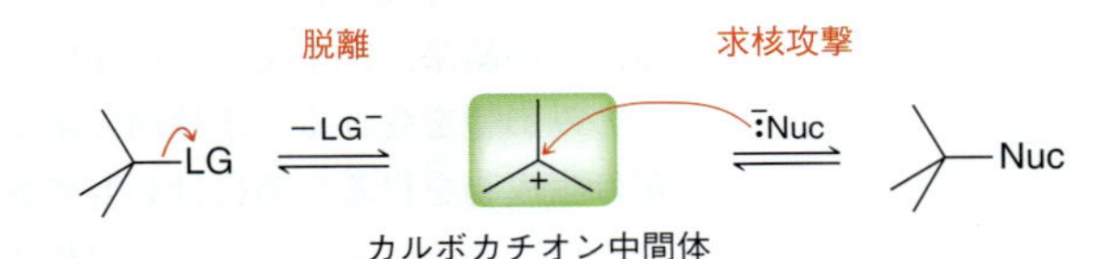

この形式の反応エネルギー図（図 7・12）には，各段階に一つずつ，全体では二つの山が現れる．最初の山の高さは 2 番目の山よりも高いことに注意しよう．これは，第 1 段階の遷移状態は第 2 段階の遷移状態よりエネルギーが高いことを示している．この点は非常に重要で，どのような反応でも，エネルギーが最も高い遷移状態が反応全体の速度を決定する．その遷移状態を含む段階を，**律速段階**（rate-determining step: RDS）とよぶ．図 7・12 の反応では，律速段階は脱離基が脱離する段階である．

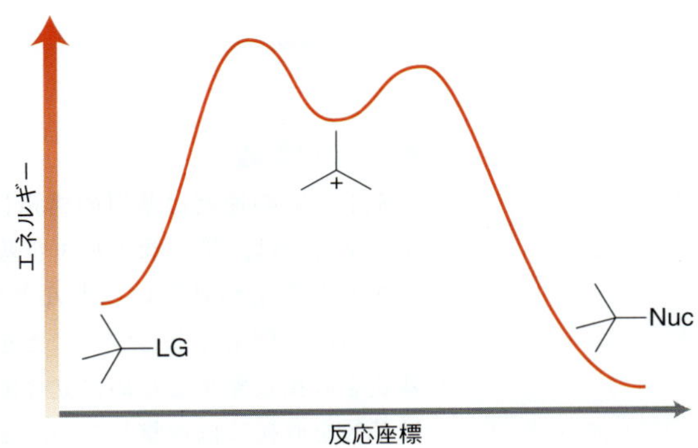

図 7・12 S_N1 反応のエネルギー図

置換反応には，この段階的な機構によって進行すると考えられる反応が多い．これは，いくつかの実験結果によって支持されている．

反応速度論

多くの置換反応は二次反応速度式に従わない．次の反応を考えてみよう．

(CH₃)₃C–I + NaBr ⟶ (CH₃)₃C–Br + NaI

上式の反応では，反応速度は基質の濃度にのみ依存している．反応速度式は，次の形で表される．

$$\text{反応速度} = k[\text{基質}]$$

S N 1
置換 substitution
求核的 nucleophilic
一分子的

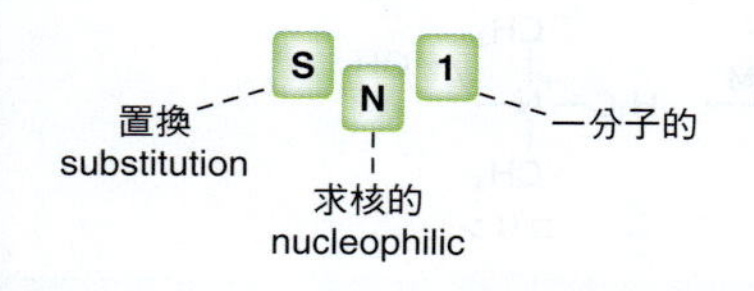

求核剤の濃度を大きくしても小さくしても，反応速度に観測できるほどの変化は生じない．上記の反応速度式は**一次速度式**（first-order rate equation）とよばれる．これは，反応速度がただ一つの化合物の濃度に一次で依存するためである．このような場合，反応過程に求核剤が関与しない律速段階が必ず存在する．この段階はただ一つの化合物のみが関与するため，**一分子的**（unimolecular）とよばれる．Ingold と Hughes は，一分子求核置換反応（unimolecular nucleophilic substitution reaction）を記述するために $\mathbf{S_N1}$ という略号を考案した．

一分子的という用語を用いる場合でも，求核剤が反応に全く関与しないことを意味しているわけではない．明らかに求核剤は必要であり，求核剤がなければ反応は成立しない．一分子的という用語は，律速段階にただ一つの化合物のみが関与し，その結果，求核剤がどれほど多く存在しても反応速度には影響が現れないことを意味する．S_N1 反応の速度は，律速段階，すなわち脱離基が脱離する段階の速度にのみ依存する．その結果，S_N1 反応の速度は，脱離基が脱離する速度に影響を与える要因によってのみ影響を受ける．求核剤の濃度を大きくしても，脱離の速度は変化しない．求核剤は生成物を得るためには必要であるが，求核剤を過剰量用いても反応の速度は上がらない．このように，一分子求核置換反応は第 1 段階を律速段階とする段階的な機構で進行する．

チェックポイント

7・13　次の反応は S_N1 機構で進行する．

(CH₃)₃C–I —NaCl→ (CH₃)₃C–Cl + NaI

(a) ヨウ化 *tert*-ブチルの濃度を 2 倍にし，塩化ナトリウムの濃度を 3 倍にすると，反応速度はどのように変化するか．

(b) ヨウ化 *tert*-ブチルの濃度をそのままにし，塩化ナトリウムの濃度を 2 倍にすると，反応速度はどのように変化するか．

基質の構造

S_N1 反応の速度は基質の構造に大きく依存するが，S_N2 反応とは傾向が逆になる．S_N1 反応では，第三級アルキル基をもつ基質が最も速く反応し，メチル基や第一級アルキル基をもつ基質はほとんど反応しない（図 7・13）．この実験結果は，S_N1 反応が段階的な機構で進行することを支持している．すなわち，S_N2 反応では，求核剤が基質を直接攻撃するために立体障害が問題となる．対照的に，S_N1 反応では，求核剤は基質を直接には攻撃しない．まず脱離基が基質から脱離し，カルボカチオンが生成する．そして，この段階が律速段階となる．いったんカルボカチオンが生成すれば，それに対する求核剤の攻撃は非常に速い．反応速度は脱離基が脱離してカルボカチオンを生成する段階にのみ依存する．このように，律速段階が求核剤の攻撃を含まないため，立体障害は問題とはならない．かわって最も重要な要因になるのが，カルボカチオンの安定性である．

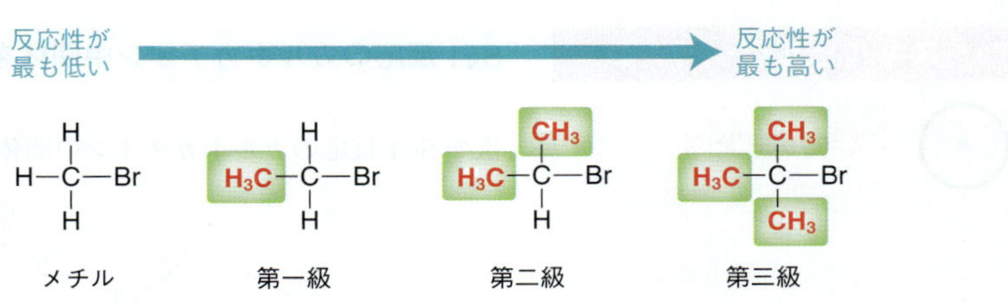

図 7・13 S_N1 反応に対する基質の相対的反応性

カルボカチオンは，隣接するアルキル基によって安定化されることを思い出そう（図 7・14）．

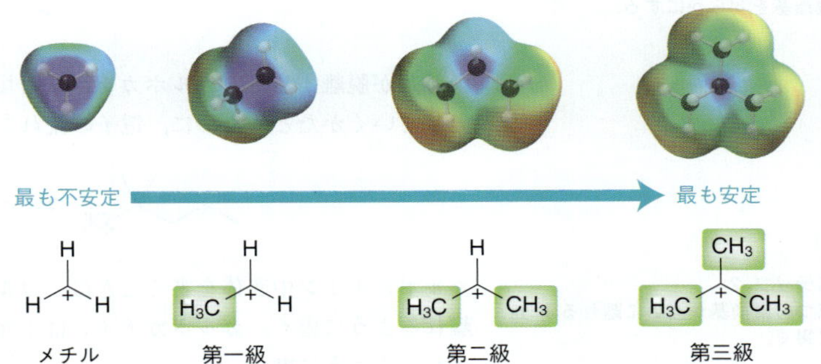

図 7・14 カルボカチオンの静電ポテンシャル図． アルキル基は正電荷を非局在化させ，安定化する．

第三級カルボカチオンは第二級カルボカチオンより安定であり，第二級カルボカチオンは第一級カルボカチオンより安定である．したがって，第三級カルボカチオンの生成に必要な E_a は，第二級カルボカチオンの場合より小さい（図 7・15）．第二級カルボカチオンのほうが生成に大きな E_a が必要な理由については，Hammond（ハモンド）の仮説（§6・6）によって説明できる．すなわち，第三級カルボカチオンが生成する反応過程の遷移状態のエネルギーは，第三級カルボカチオンのエネルギーに近く，第二級カルボカチオンが生成する反応過程の遷移状態のエネルギーは，第二級カルボカチオンのエネルギーに近いと考えられる．そのため，第三級カルボカチオンのほうが生成に必要な E_a が小さいと説明できる．

まとめると，第三級の基質の置換反応は，一般に S_N1 機構で進行し，第一級の基

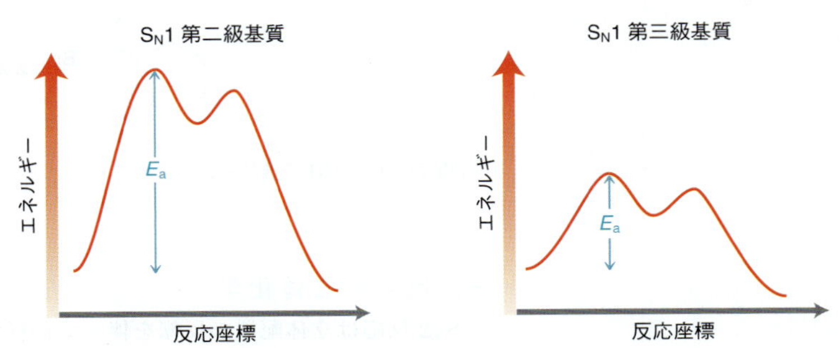

図 7・15 第二級および第三級基質の S_N1 反応のエネルギー図の比較

質の置換反応は，一般に S_N2 機構で進行する．第二級の基質の反応は，他のいくつかの要因しだいで，S_N1 機構または S_N2 機構のどちらかで進行する．その要因については本章の後の節で述べる．

スキルビルダー 7・4　S_N1 反応のカルボカチオン中間体を書く

スキルを学ぶ

次の S_N1 反応のカルボカチオン中間体を書け．

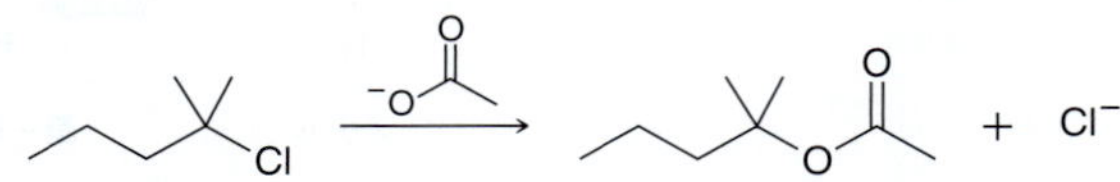

解　答

ステップ 1
脱離基を明らかにする．

まず脱離基を明らかにする．

脱離基が脱離すると，カルボカチオンと塩化物イオンが生成する．電子がどのように移動していくかたどるために，電子の流れを表す巻矢印を書くとよい．

ステップ 2
三つの置換基が互いに離れるように書く．

カルボカチオン中間体を書くときは，カルボカチオンの三つの置換基が互いになるべく離れるように書く．カルボカチオンは平面三方形構造をとることを念頭において，それがわかるように書く．

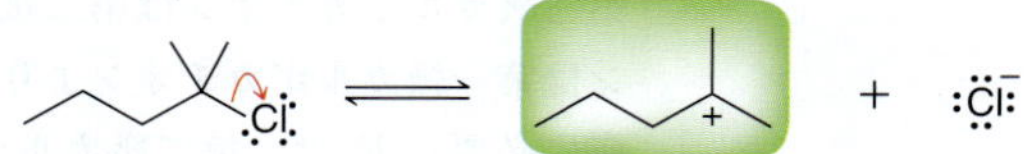

スキルの演習

7・14　次の化合物の S_N1 反応について，カルボカチオン中間体を書け．

(a) 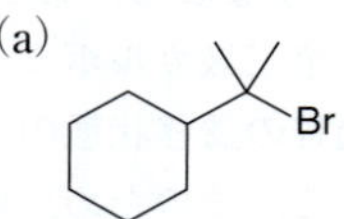

(b) 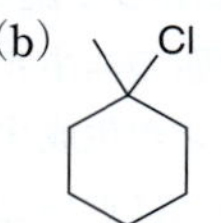

(c) 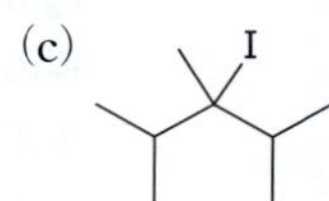

(d) 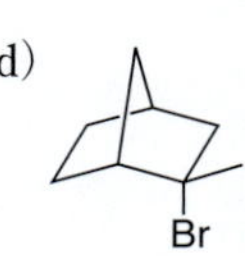

スキルの応用

7・15　次の基質のうち，S_N1 反応がより速く進行するのはどちらか．理由も述べよ．

（Br　または　Br）

問題 7·50，7·51 を解いてみよう．

S_N1 反応の立体化学

S_N2 反応は立体配置の反転を伴って進行することを思いだそう．

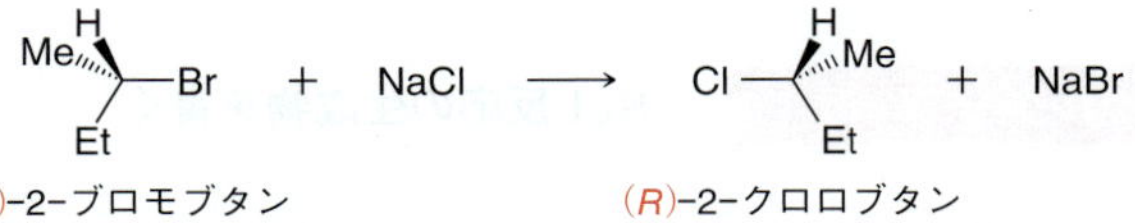

(*S*)-2-ブロモブタン + NaCl ⟶ (*R*)-2-クロロブタン + NaBr

一方，S_N1 反応では中間体としてカルボカチオンがまず生成するが，この中間体に対する求核剤の攻撃は平面のカルボカチオンのどちらの側からも起こりうる（図 7・16）．その結果，立体配置が反転した生成物と保持された生成物の両方が得られる．

図 7・16 S_N1 反応の中間体は平面構造のカルボカチオンである

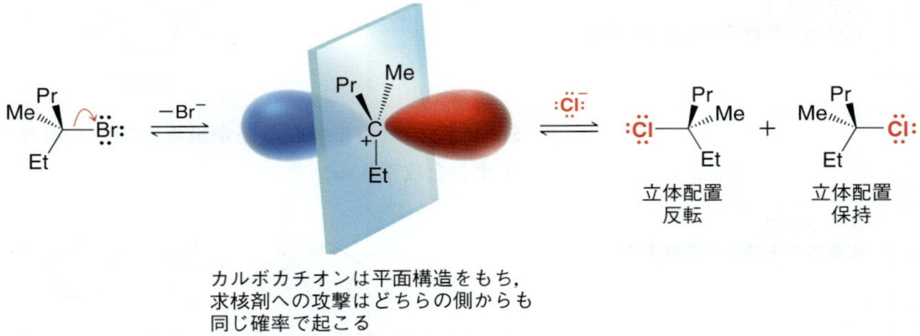

カルボカチオンは平面構造をもち，求核剤への攻撃はどちらの側からも同じ確率で起こる

立体配置反転　　立体配置保持

求核剤の攻撃はカルボカチオンのどちらの側からも同じ確率で起こるため，S_N1 反応ではラセミ体（立体配置が反転した生成物と保持された生成物の等量混合物）が生成すると考えられる．しかし，実際には，S_N1 反応で反転生成物と保持生成物が正確に等量ずつ得られることはまれである．通常は，反転生成物のほうがやや多く生成する．これは，イオン対の生成によるものとして説明されている．脱離基が基質から解離したすぐあとには，脱離基はカルボカチオン中間体のごく近傍に存在しており，緊密イオン対が生成する（図 7・17）．カルボカチオンがこのようなイオン対を形成している間に求核剤が攻撃すると，脱離基がカルボカチオンの一方の側を効果的にふさぐ．カルボカチオンのもう一方の側では，脱離基に妨害されずに，求核剤の攻撃が可能である．その結果，脱離基の反対側からの求核攻撃のほうが有利となり，立体配置が反転した生成物のほうが保持された生成物よりやや多く生成する．

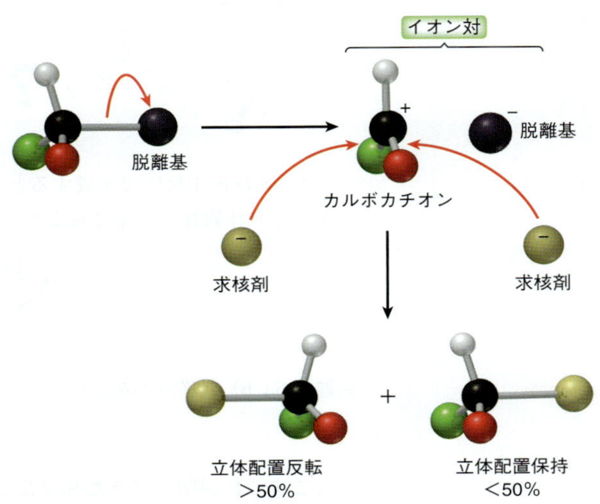

図 7・17 脱離基の脱離によりまずイオン対が生成し，カルボカチオンの一方の面からの攻撃を妨害する

スキルビルダー 7・5　S_N1 反応の生成物を書く

スキルを学ぶ

次の S_N1 反応の生成物を書け．

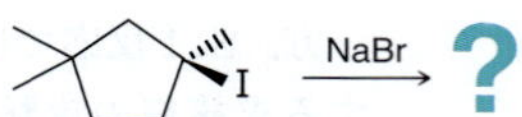

解答

まず脱離基，および，脱離基が脱離した後に攻撃する求核剤を明らかにする．

ステップ 1
求核剤と脱離基を明らかにする．

S_N1 反応では，まず脱離基が脱離してカルボカチオンが生成し，次に求核剤がカルボカチオンを攻撃する．

ステップ 2
脱離基を求核剤と置換する．

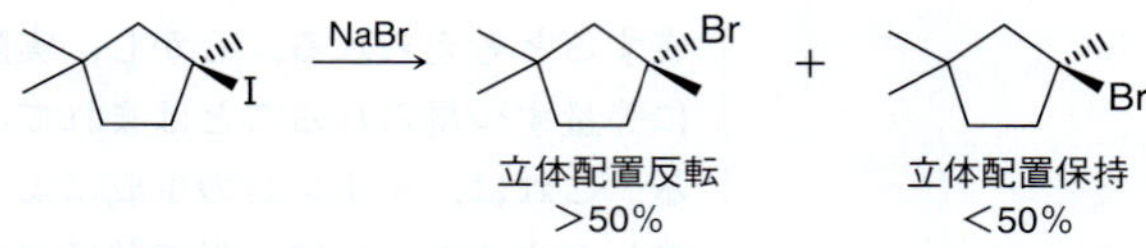

この例では，置換反応がキラル中心で起こっているため，生成物の立体化学を考えなければならない．S_N1 反応では，両方のエナンチオマーが生成するが，立体配置が反転したエナンチオマーのほうがやや多く生成すると予想される．

ステップ 3
反応がキラル中心で起こる場合，生成する可能性のある両方のエナンチオマーを書く．

NaBr → 立体配置反転 ＞50%　＋　立体配置保持 ＜50%

スキルの演習

7・16　次の S_N1 反応について，予想される生成物を書け．

(a) I，NaCl → ?

(b) Br，⁻SH → ?

(c) Cl，CH_3COO^- → ?

スキルの応用

7・17　次の S_N1 反応で生成すると予想される二つの生成物を書き，それらが互いにどのような立体異性の関係にあるか示せ．

Br，NaSH → ?

問題 7·54(b) を解いてみよう．

ここまでに説明してきた S_N2 反応と S_N1 反応の相違点について表 7・1 にまとめる．

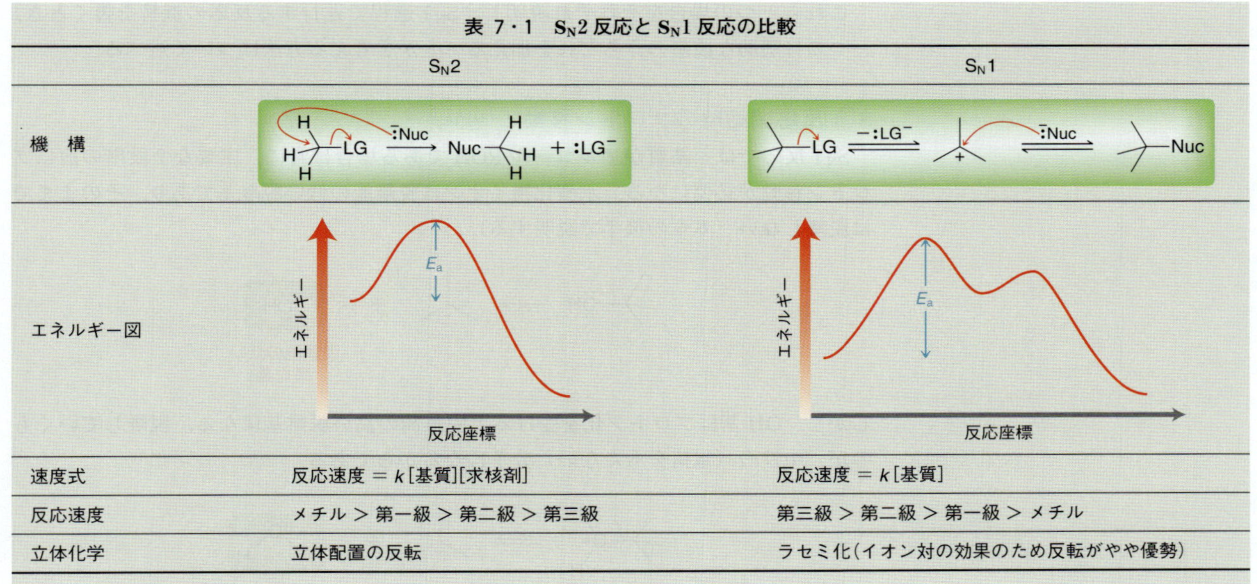

表 7・1 S_N2 反応と S_N1 反応の比較

	S_N2	S_N1
機 構		
エネルギー図		
速度式	反応速度 = k[基質][求核剤]	反応速度 = k[基質]
反応速度	メチル > 第一級 > 第二級 > 第三級	第三級 > 第二級 > 第一級 > メチル
立体化学	立体配置の反転	ラセミ化(イオン対の効果のため反転がやや優勢)

7・6 S_N1 反応の反応全体の機構を書く

置換反応は，協奏的な機構（S_N2）と段階的な機構（S_N1）のどちらかで進行することを述べた（図 7・18）．S_N2 あるいは S_N1 反応の機構を書くとき，反応によっては，付随する反応過程を書く必要がある．本節では，S_N1 反応に付随して起こりうる反応過程について述べる．6 章で，イオン的機構は巻矢印による電子の流れにより 4 種類の反応形式で記述できることを述べたが，このことは本節において重要となる．S_N1 反応の過程には，これら 4 種類のすべてが関与しているからである．

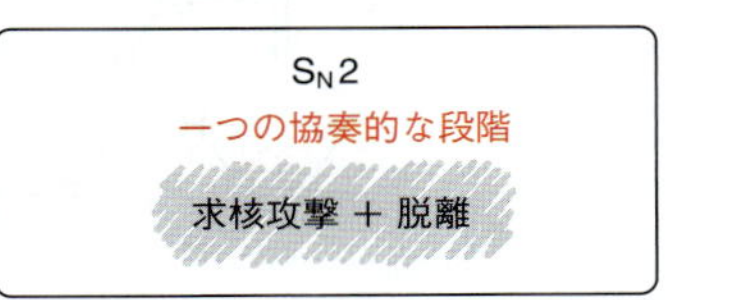

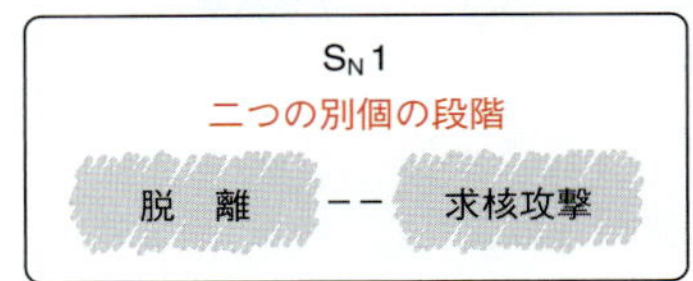

図 7・18 S_N2 反応と S_N1 反応の機構に含まれる反応段階

図 7・18 からわかるように，S_N1 反応は必ず，脱離基の脱離および求核剤の攻撃の二つの段階を含んでいる．S_N1 反応のなかには，これらの主要な 2 段階に加えて，ほかの付随的な段階を伴うものがある（図 7・19 の青で示した段階）．付随的な反応段階は，主要な 2 段階の前に起こる場合もあれば，それらの間に起こる場合，後に起こる場合もある．

1. 主要な 2 段階の前には，プロトン移動が起こりうる．
2. 主要な 2 段階の間には，カルボカチオンの転位が起こりうる．
3. 主要な 2 段階の後には，プロトン移動が起こりうる．

プロトン移動 -- 脱 離 -- カルボカチオン転位 -- 求核攻撃 -- プロトン移動

図 7・19 S_N1 反応に含まれる主要な 2 段階（灰色）と付随的な 3 段階（青）

これら三つの場合をそれぞれ説明し，S_N1 過程で進行する反応の機構を書くとき，三つの付随的な段階のうちどれを加えるべきかを考える方法について述べる．

S_N1 反応開始時のプロトン移動

S_N1 反応では，基質がアルコール ROH である場合は常に，主要な 2 段階の前にプロトン移動が必要になる．水酸化物イオンは脱離能の低い脱離基であり，そのままでは脱離しない（本章の後半で説明する）．

脱離能の低い
脱離基

しかし，OH 基はプロトン化を受けると脱離能の高い脱離基になる．脱離していくものが，中性の（電荷をもたない）分子になるからである．

脱離能の高い
脱離基

基質が OH 基以外の脱離基をもたない場合，S_N1 反応を行うためには酸性条件が必要となる．次の例では，塩酸が求核剤である Cl^- を供給するとともに，OH 基をプロトン化するのに必要なオキソニウムイオン H_3O^+ も供給している．プロトン移動は S_N1 反応の主要な 2 段階よりも先に起こっており，反応全体は 3 段階からなっていることに注意しよう．

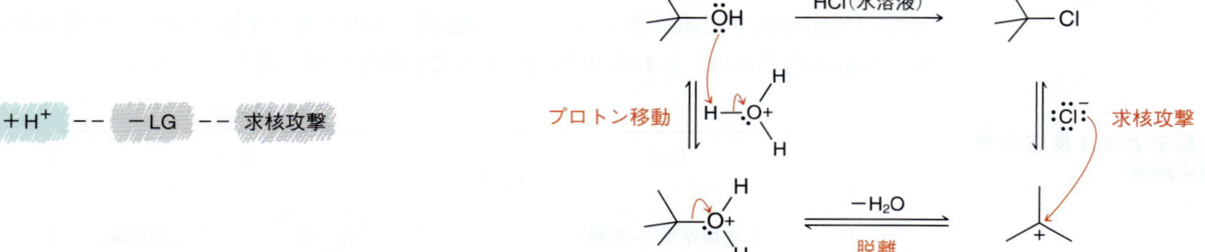

チェックポイント

7・18　次のそれぞれの基質が S_N1 反応を起こすとき，反応開始時にプロトン移動が必要かどうか明らかにせよ．

(a)　(b)　(c)　(d)　(e)　(f)

S_N1 反応終了時のプロトン移動

S_N1 反応において，求核剤が中性（負電荷をもたない）である場合，主要な 2 段階の後にプロトン移動が常に必要になる．この場合，求核剤は水 H_2O であり，負電荷をもっていない．このような場合には，カルボカチオンへの求核攻撃により生成する化学種は正電荷をもつ．正電荷を除くには，プロトン移動が必要となる．この機構は

3段階からなっていることに注意しよう．

−LG -- 求核攻撃 -- −H⁺

脱離　−Cl⁻　求核攻撃　プロトン移動

求核剤が中性であれば，どのような場合でも，反応機構の最後の段階としてプロトン移動が必要となる．次にもう一つ例を示す．このように溶媒が求核剤として作用する反応を，**加溶媒分解**（solvolysis）とよぶ．

脱離　−Cl⁻　求核攻撃　プロトン移動

チェックポイント

7・19　次のそれぞれの求核剤を用いた S_N1 反応において，反応機構の最後にプロトン移動が必要か．

(a) NaSH　(b) H_2S　(c) H_2O　(d) EtOH　(e) NaCN　(f) NaCl
(g) $NaNH_2$　(h) NH_3　(i) NaOMe　(j) NaOEt　(k) MeOH　(l) KBr

S_N1 反応中に起こるカルボカチオンの転位

S_N1 反応における主要な段階のうち，最初に起こるのは脱離によるカルボカチオンの生成である．6章で述べたように，カルボカチオンはヒドリド移動あるいはメチル移動により転位しやすいことを思い出そう．カルボカチオンの転位を含む S_N1 反応の例を次に示す．カルボカチオンの転位は，S_N1 反応の主要な2段階の間で起こっていることに注意しよう．

−LG -- C^+ 転位 -- 求核攻撃

NaCl　脱離　$-Br^-$　求核攻撃　カルボカチオン転位

第二級カルボカチオン　第三級カルボカチオン

カルボカチオンの転位が起こりうる反応では，一般に複数の生成物の混合物が得られる．前ページ下の反応では，次の生成物が得られる．

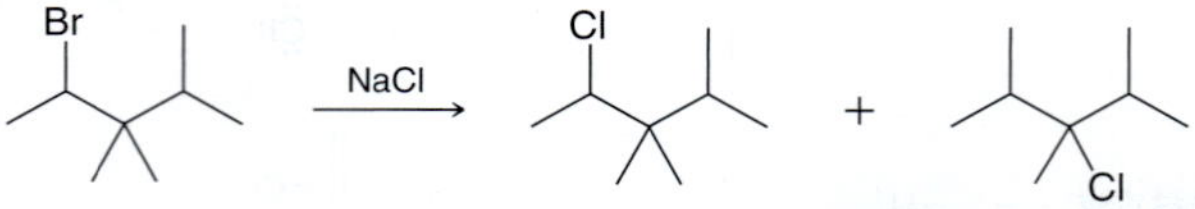

Br, NaCl, Cl, +, Cl

カルボカチオンが転位する前に求核剤と反応した生成物

カルボカチオンが転位した後に求核剤と反応した生成物

生成物の分布（生成物の比）は，カルボカチオンの転位がどれくらいの速さで起こるか，また，求核剤のカルボカチオンへの攻撃がどれくらいの速さで起こるかによって決まる．求核剤の攻撃より転位が速い場合，転位生成物が主生成物になる．しかし，求核剤の攻撃が転位より速い場合には（転位が起こる前に求核攻撃する場合には），転位していない生成物が主生成物になる．多くの場合，転位生成物が主生成物となる．なぜだろうか．カルボカチオンの転位反応が分子内過程であるのに対し，求核剤の攻撃は分子間過程である．一般に，分子内過程は分子間過程より速く進行する．

チェックポイント

7・20　次のそれぞれの基質が S_N1 反応を起こすとき，カルボカチオンの転位が起こるかどうか予想せよ．

(a) I　(b) OH　(c) OH　(d) OH

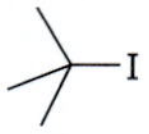

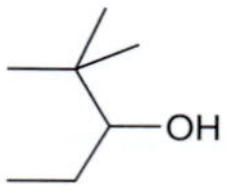

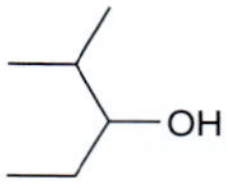

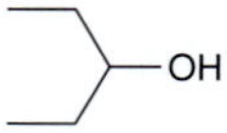

(e) Br　(f) Cl

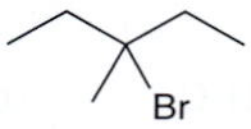

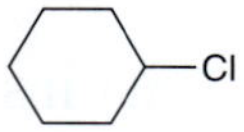

S_N1 反応とエネルギー図のまとめ

反応機構 7・1 にまとめるように，S_N1 反応の主要な反応段階は二つあり，反応によっては三つの付随的な反応段階を含む場合があることを述べた．

反応機構 7・1　S_N1 反 応

主要な 2 段階

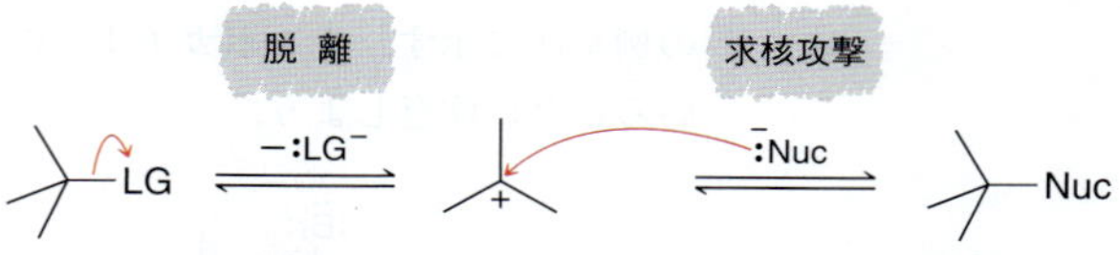

脱 離　　求核攻撃

LG　$-:LG^-$　+　$\ddot{:}Nuc$　Nuc

S_N1 反応の主要第 1 段階では，脱離基が脱離し，カルボカチオンが生成する

S_N1 反応の主要第 2 段階では求核剤がカルボカチオンを攻撃する

起こりうる付随的段階

プロトン移動 -- 脱 離 -- カルボカチオン転位 -- 求核攻撃 -- プロトン移動

基質がアルコールの場合，OH 基は脱離する前にプロトン化する必要がある

初めに生成したカルボカチオンが，転位によりさらに安定なカルボカチオンを生成する場合，カルボカチオンの転位が起こる

求核剤が中性である（負電荷をもたない）場合，生成物に生じる正電荷を除くために脱プロトンが必要である

S_N1 反応で，付随的な三つの段階をすべて含んだ例を次に示す．

H_3O^+/MeOH
プロトン移動
脱離
$-H_2O$
カルボカチオン転位
求核攻撃
プロトン移動
第二級カルボカチオン
第三級カルボカチオン

この反応機構は 5 段階からなるため，反応のエネルギー図は五つの山を含む（図 7・20）．S_N1 反応では，エネルギー図中の山の数は，反応全体に含まれる段階数と常に等しい．S_N1 反応の段階数は 2 から 5 なので，それに応じて反応のエネルギー図には 2 から 5 の山がある．S_N1 反応の場合，2 段階あるいは 3 段階の反応が最も多い．

図 7・20 のエネルギー図については，特記すべき事項がいくつかある．

- 第三級カルボカチオンは，第二級カルボカチオンよりエネルギーが低い．
- カルボカチオンの転位の E_a は非常に小さい．一般に，カルボカチオンの転位は非常に速い過程である．
- オキソニウムイオン（酸素原子に正電荷をもつ中間体）は，一般にカルボカチオンよりエネルギーが低い．（オキソニウムイオンの酸素原子がオクテットをみたすのに対し，カルボカチオンの炭素原子はオクテットをみたさないため．）

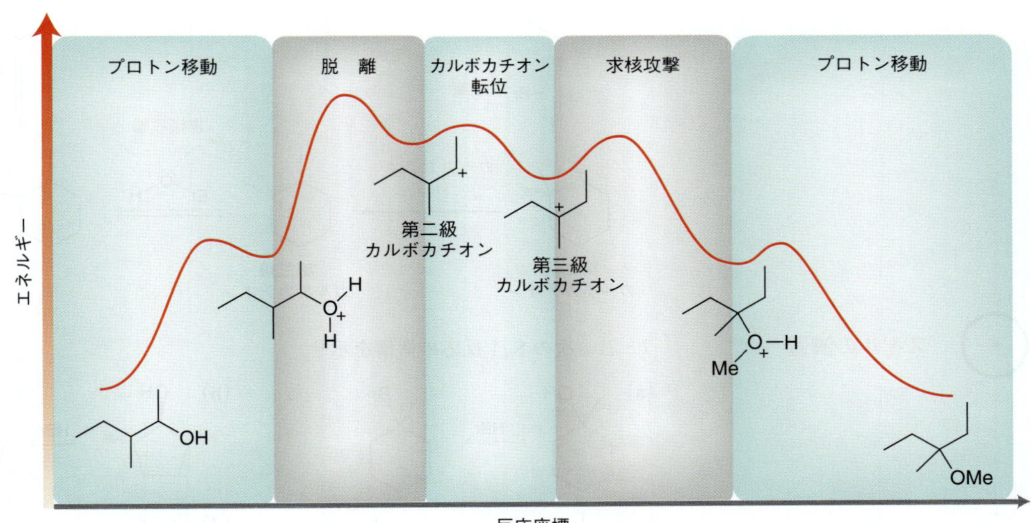

図 7・20　三つの付随的な段階を含む S_N1 反応のエネルギー図． 全体では 5 段階からなり，エネルギー図は五つの山を含む．

スキルビルダー 7・6　S_N1 反応の反応全体の機構を書く

スキルを学ぶ

次の S_N1 反応の機構を示せ.

Br　EtOH →　OEt

解答

S_N1 反応は常に脱離と求核攻撃の二つの主要な段階を含む. しかし, 他の三つの段階については, 含まれるかどうか考えなければならない.

プロトン移動 -- 脱 離 -- カルボカチオン転位 -- 求核攻撃 -- プロトン移動

脱離基が脱離するのにプロトン化が必要か
No. 臭化物イオンは優れた脱離基

反応後の求核剤の位置は脱離基が元あった位置と異なるか
Yes. つまり, カルボカチオン転位が起こっている

求核剤は中性か
Yes. したがって反応終了時に正電荷を取除くための脱プロトンが必要になる

ここでは, 反応開始時のプロトン移動は起こらないが, カルボカチオンの転位と, 反応終了時のプロトン移動は起こると考えられる. したがって, 反応は四つの段階からなる.

脱 離 -- カルボカチオン転位 -- 求核攻撃 -- プロトン移動

この一連の反応には, イオン反応で起こりうる, 4 種類の電子の流れの反応形式がすべて含まれていることに注意しよう. これらの反応段階を書くためには, 6 章で学んだスキルを使う必要がある.

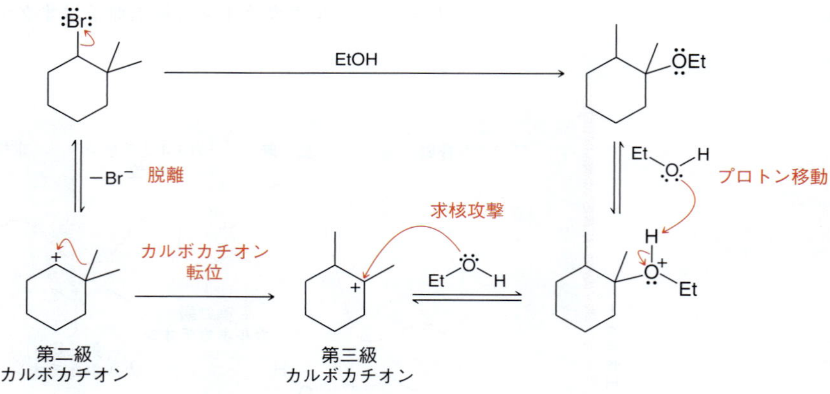

スキルの演習

7・21　次の S_N1 反応の機構を示せ.

(a) HBr

(b) HBr

(c) H_2O

(d) EtOH

(e) $\xrightarrow[MeOH]{H_2SO_4}$ OMe（OH → OMe）

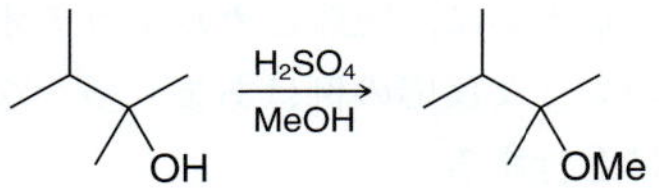

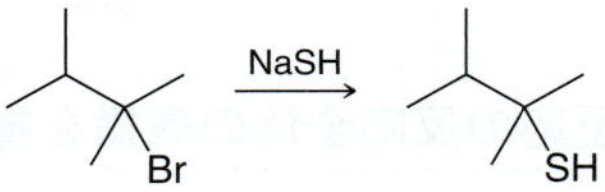

(f) $\xrightarrow[MeOH]{H_2SO_4}$ MeO（OH → MeO）

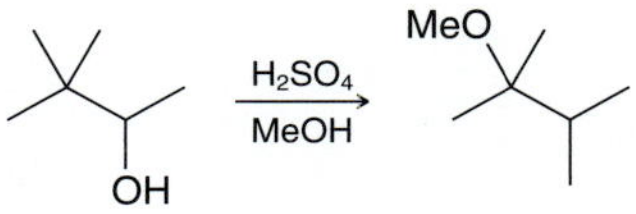

(g) $\xrightarrow{NaSH}$（Br → SH）

(h) $\xrightarrow{EtOH}$（I → OEt）

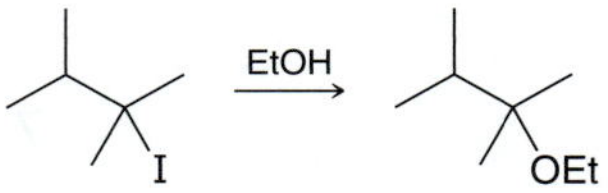

スキルの応用

7・22 問題 7・21(a)～(h) の反応機構に含まれる段階数(反応形式)を明らかにせよ．たとえば，初めの二つについては次のようになる．

7・21(a) プロトン移動 -- 脱 離 -- 求核攻撃

この機構は，主要な 2 段階の前にプロトン移動を含む．

7・21(b) プロトン移動 -- 脱 離 -- カルボカチオン転位 -- 求核攻撃

この機構は，主要な 2 段階の前にプロトン移動を含むとともに，それらの間にカルボカチオン転位を含む．

これらの形式は同じではない．残りの六つの問題についても反応形式を書き，比較せよ．問題のうちの二つの反応にあてはまる反応形式が一つだけある．同じ形式をもつ二つの反応を明らかにし，それら二つの反応が非常に類似している理由について述べよ．

7・23 (2*R*,3*R*)-3-メチル-2-ペンタノールに H_3O^+ を作用させるとキラル中心をもたない化合物が生成する．この反応の生成物を予想し，生成機構を示せ．解答した機構に基づいて，二つのキラル中心がどちらも消失する理由を説明せよ．

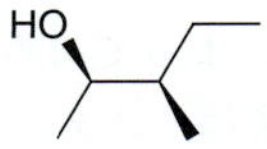

HO (2*R*,3*R*)-3-メチル-2-ペンタノール

問題 7・48，7・49，7・52，7・54，7・65 を解いてみよう．

まれにではあるが，脱離とカルボカチオンの転位が協奏的に進行する場合がある(図 7・21)．たとえば，臭化ネオペンチルから脱離基が直接脱離する反応は起こらない．エネルギー的にきわめて不安定な第一級カルボカチオンが生成することになるからである．

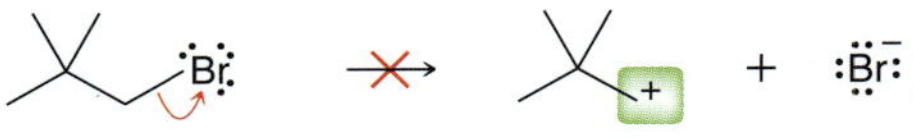

臭化ネオペンチル ✕→ 第一級カルボカチオン + :Br:⁻

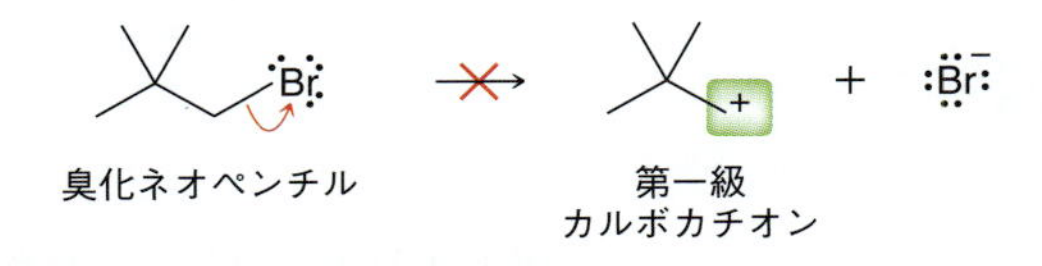

図 7・21 S_N1 反応では，脱離とカルボカチオン転位が協奏的に起こりうる

プロトン移動 -- [脱 離 - カルボカチオン転位] -- 求核攻撃 -- プロトン移動

しかし，メチル基の移動とともにであれば，脱離は起こりうる．

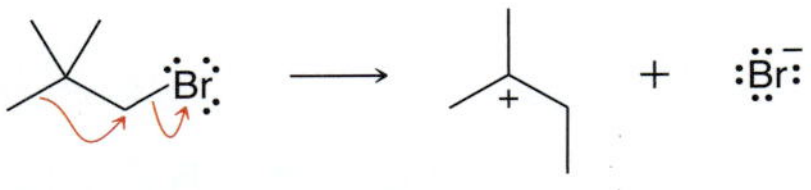

Br → 第三級カルボカチオン + :Br:⁻

この反応は，基本的に，脱離とカルボカチオンの転位が同時に進行する協奏的な過程である．このような反応の例はあまり多くない．大部分の反応では，S_N1 反応の各段階は別べつに進行する．

7・7　S_N2 反応の反応全体の機構を書く

前節では，S_N1 反応に付随しうる反応過程について述べた．本節では，S_N2 反応に付随しうる反応過程について述べる．S_N2 反応は，求核剤の攻撃と脱離基の脱離が同時に起こる協奏的な過程であることを思い出してほしい（図 7・22）．カルボカチオンは生成しないので，カルボカチオンの転位は起こりえない．S_N2 反応では，付随しうる反応過程は，2 種類のプロトン移動だけである（図 7・23）．協奏的な過程の前と後の両方，あるいは一方で，プロトン移動が進行しうる．S_N2 反応がプロトン移動を伴って起こる理由は，S_N1 反応に付随するプロトン移動の場合と同じである．

求核攻撃 ＋ 脱離

図 7・22　S_N2 反応に含まれる一つの協奏的段階

プロトン移動 --- 求核攻撃 ＋ 脱離 --- プロトン移動

図 7・23　S_N2 反応に含まれる協奏的段階と起こりうる二つの付随的な段階

具体的には，基質がアルコールである場合，反応開始時にプロトン移動が必要となる．また，求核剤が中性である場合，反応終了時にプロトン移動が必要となる．それぞれの例について述べる．

S_N2 反応開始時のプロトン移動

基質がアルコールである場合，S_N2 反応の開始時にプロトン移動が必要となる．この反応の例として，1835 年にフランス人化学者 Jean-Baptiste Dumas と Eugene Peligot によって初めて行われた，メタノールの塩化メチルへの変換があげられる．この変換は，メタノール，硫酸，および塩化ナトリウムの混合物を煮沸することによって行われた．

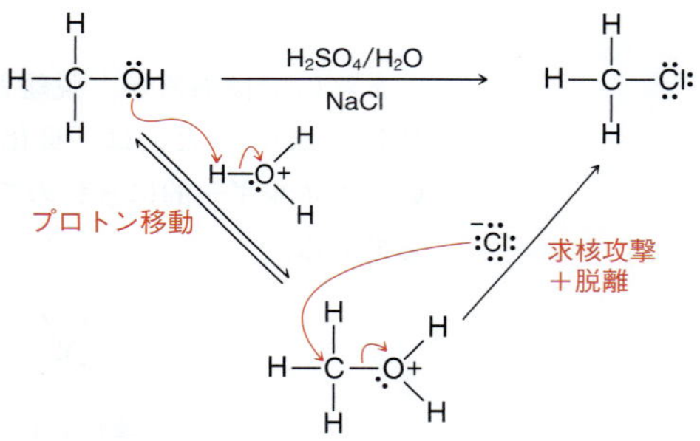

初めに OH 基がプロトン化され，脱離能の高い脱離基になる．次に，S_N2 機構により塩化物イオンが攻撃し，脱離基を置換する．アルコールを S_N2 反応の基質として用いるこのような反応は実用性が高くなく，工業的にはごく限られた用途にしか用いられていない．塩化メチルは，工業的にも同様の反応過程で製造されている（H_3O^+ および Cl^- 源としては HCl 水溶液が使用されている）．

$$CH_3OH \xrightarrow{HCl} CH_3Cl$$

S_N2 反応終了時のプロトン移動

求核剤が電気的に中性である場合，S_N2 反応の終了時にプロトン移動が起こる．たとえば，次の加溶媒分解反応を考えてみよう．

基質は第一級ハロゲン化アルキルであり，反応は S_N2 機構で進行するはずである．この場合，溶媒（エタノール）が求核剤となるので，加溶媒分解反応である．求核剤が中性なので，生成物から正電荷を除くために，反応機構の最終段階にプロトン移動が必要になる．

S_N2 反応の開始時と終了時のプロトン移動

プロトン移動を伴う S_N2 反応の例は，他にも本書において随所に出てくる．たとえば，§9・9および§14・10では次の反応について述べる．

この反応では，反応機構 7・2 に示すように，2種類のプロトン移動が，一つは S_N2 攻撃の前に，一つは後に起こっている．

反応機構 7・2　S_N2 反応

一つの協奏的な段階

求核攻撃＋脱離

Nuc^{-} + LG → Nuc + LG^{-}

S_N2 反応は，ただ一つの協奏的段階からなり，求核攻撃と脱離基の脱離が同時に進行する

起こりうる付随的な段階

プロトン移動 -- 求核攻撃＋脱離 -- プロトン移動

基質がアルコールの場合，OH 基は脱離する前にプロトン化する必要がある

求核剤が中性である（負電荷をもたない）場合，生成物に生じる正電荷を除くために脱プロトンが必要である

スキルビルダー 7・7 S_N2 反応の反応全体の機構を書く

スキルを学ぶ

臭化エチルを水に溶解し，加熱したところ，次の加溶媒分解反応が長い時間をかけてゆっくりと進行した．この反応の機構を示せ．

$$\text{CH}_3\text{CH}_2\text{Br} \xrightarrow{H_2O} \text{CH}_3\text{CH}_2\text{OH}$$

解答

基質が第一級ハロゲン化アルキルであるため，反応は S_N1 機構ではなく S_N2 機構で進行する．この反応の場合，第一級カルボカチオンは非常に不安定で生成しないので，S_N1 機構を考慮する必要はない．

S_N2 反応は一つの協奏的な段階を含むが，この協奏的段階の前か後にプロトン移動が必要かどうか決めなければならない．

プロトン移動 -- 求核攻撃＋脱離 -- プロトン移動

脱離基がまずプロトン化される必要があるか
No. 臭化物イオンは脱離能の高い脱離基

求核剤は中性か
Yes. したがって反応終了時に正電荷を除くための脱プロトンが必要になる

この反応では，協奏的な段階の前にはプロトン移動は必要ない．仮にプロトン移動の必要があったとしても，反応剤が酸性ではなく，プロトンを供与することはいずれにせよできない．反応の初めにプロトン移動を起こすためには，プロトン源として働く酸が必要である．求核剤（H_2O）が中性であるため，反応の最後でプロトン移動が起こると考えられる．したがって，反応機構は2段階からなる．

求核攻撃＋脱離 -- プロトン移動

第1段階で，求核攻撃と脱離が同時に起こり，第2段階で，プロトン移動が起こる．

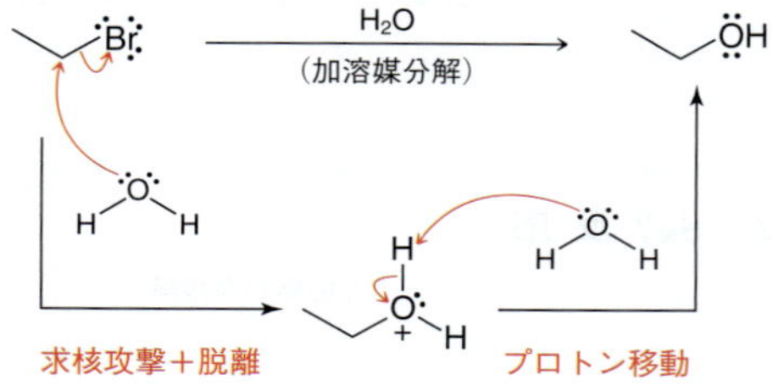

スキルの演習

7・24 次のそれぞれの加溶媒分解反応の機構を示せ．

(a) 1-クロロブタン（Cl） —MeOH（加溶媒分解）→ OMe

(b) （Br） —EtOH（加溶媒分解）→ （O）

(c) （I） —H_2O（加溶媒分解）→ （OH）

(d) Cl → OH（加溶媒分解） → O

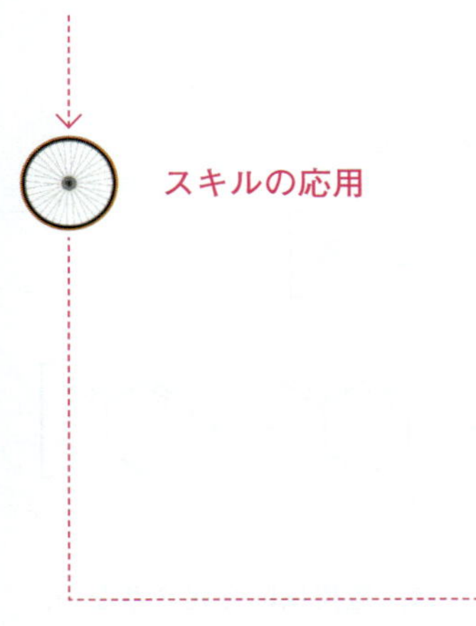

7・25 23 章で，アンモニアと過剰量のヨウ化メチルとの反応で，第四級アンモニウム塩が生成することを述べる．この変換は，四つの連続した $\mathrm{S_N2}$ 反応の結果である．本章で学んだことを活用して，この変換反応の機構を示せ．7 段階からなるはずである．

$$\mathrm{NH_3} \xrightarrow{\text{MeI（過剰量）}} \mathrm{Me_4N^+\ I^-}$$

第四級アンモニウム塩

問題 7･53，7･64，7･66 を解いてみよう．

7・8 $\mathrm{S_N1}$ と $\mathrm{S_N2}$ どちらの機構が優先するか明らかにする

ある置換反応の生成物を予想するためには，まず，反応機構が $\mathrm{S_N2}$ であるか $\mathrm{S_N1}$ であるか明らかにしなければならない．反応がどちらの機構で進むかは，次の二つの点で重要である．

- 置換反応がキラル中心で起こる場合，立体配置が反転するか（$\mathrm{S_N2}$），ラセミ化するか（$\mathrm{S_N1}$）を予想する必要がある．
- 基質がカルボカチオンの転位を起こしやすい場合，転位反応が起こるか（$\mathrm{S_N1}$），起こらないか（$\mathrm{S_N2}$）を予想する必要がある．

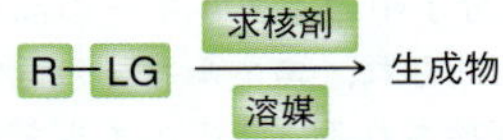

図 7・24 どちらの反応機構で進行するかを決定する四つの因子

置換反応の機構（$\mathrm{S_N2}$ か $\mathrm{S_N1}$ か）に影響を与える要因として，1) 基質，2) 脱離基，3) 求核剤，4) 溶媒，の四つがあげられる（図 7・24）．ある反応の機構を考えるとき，これら四つの要因すべてについて，$\mathrm{S_N1}$ に有利か $\mathrm{S_N2}$ に有利か，一つずつ調べていく必要がある．

基　質

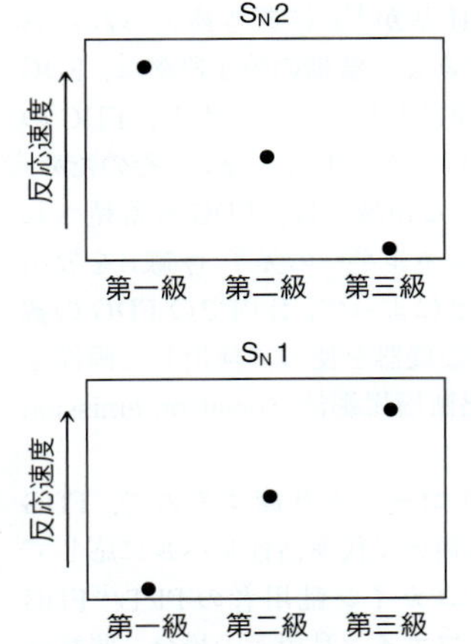

図 7・25 $\mathrm{S_N2}$ 反応と $\mathrm{S_N1}$ 反応の速度に対する基質の効果

基質の構造は，$\mathrm{S_N2}$ と $\mathrm{S_N1}$ を区別するうえで最も重要な要因である．本章ですでに述べたように，基質の構造が及ぼす影響は，$\mathrm{S_N2}$ 反応と $\mathrm{S_N1}$ 反応とで傾向が異なる．図 7・25 にそれぞれの傾向を比較した図を示す．

$\mathrm{S_N2}$ 反応における傾向は，遷移状態における立体障害に基づくものであり，$\mathrm{S_N1}$ 反応における傾向は，カルボカチオンの安定性に基づくものである．結論としては，メチル基および第一級アルキル基をもつ基質では $\mathrm{S_N2}$ 反応が優先し，第三級アルキル基をもつ基質では，$\mathrm{S_N1}$ 反応が優先する．第二級アルキル基をもつ基質は，$\mathrm{S_N2}$ 反応と $\mathrm{S_N1}$ 反応をともに起こすため，基質の構造からはどちらの機構が優先するかは決められない．この場合，別の要因として求核剤の性質を考える必要がある（次項参照）．

ハロゲン化アリルおよびハロゲン化ベンジルの反応は，$\mathrm{S_N2}$ 機構で進む場合と $\mathrm{S_N1}$ 機構で進む場合の両方がある．これらは立体障害があまり大きくないので，$\mathrm{S_N2}$ 機構で反応しうる．また，脱離により生成するカルボカチオンが共鳴安定化を受けるため，$\mathrm{S_N1}$ 機構でも反応しうる．

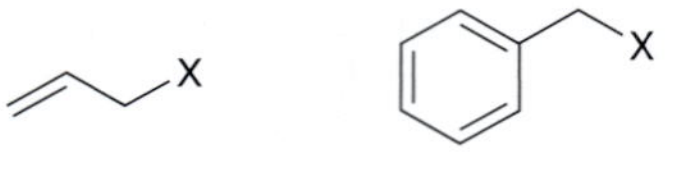

ハロゲン化アリル　ハロゲン化ベンジル

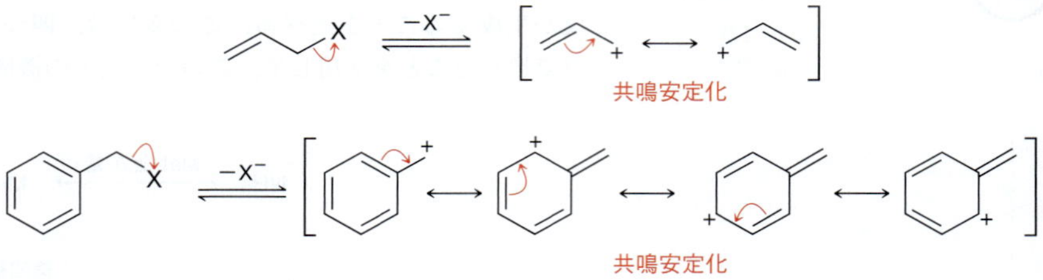

−X⁻

共鳴安定化

共鳴安定化

対照的に，ハロゲン化ビニルおよびハロゲン化アリールは，置換反応を起こさない．

ハロゲン化ビニル　ハロゲン化アリール

医薬の話題　診断医学における放射能標識化合物

同位体とは同一元素に属する原子で中性子の数のみが異なる原子のことである．たとえば，天然に存在する炭素の同位体は ^{12}C, ^{13}C, ^{14}C の3種類（それぞれ炭素12，炭素13，炭素14とよばれる）である．これらの同位体はいずれも6個の陽子と6個の電子をもつが，中性子の数が異なり，その数はそれぞれ6, 7, 8である．これらの同位体のうち，^{12}C が最も豊富に存在し，地球上のすべての炭素の98.9%を占める．次に多く存在するのが ^{13}C であり，約1.1%を占める．天然に存在する ^{14}C の量は非常に少ない（0.0000000001%）．

フッ素Fにも多くの同位体があるが，安定に存在しうるのは ^{19}F のみである．他の同位体は生成させることはできるが，不安定で放射性壊変を起こす．その例の一つが ^{18}F で，半減期 $t_{1/2}$ は約110分である．ある化合物が ^{18}F を含んでいると，^{18}F の壊変を観測することでその化合物の位置を追跡できる．このため，**放射能標識化合物**(radiolabeled compound，^{18}F などの不安定な同位体を含む化合物）は医学の分野において大変有用になっている．応用例のひとつを紹介する．

グルコースの構造と，2-[^{18}F]フルオロデオキシグルコース（FDG）とよばれる放射能標識されたグルコース誘導体の構造について考えてみよう．

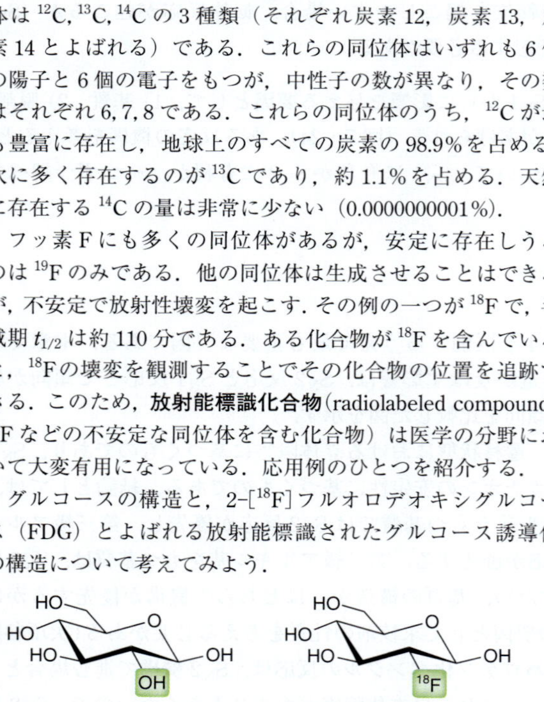

グルコース　2-[^{18}F]フルオロデオキシグルコース

グルコースは体の主要なエネルギー源として重要な化合物である．われわれの体は，**解糖**（glycolysis）とよばれる一連の酵素反応によってグルコース分子を代謝する能力をもつ．その過程において，グルコース分子中のエネルギーの高いC−C結合およびC−H結合が切断され，エネルギーの低いC−O結合およびC=O結合に変換される．このエネルギー差が重要であり，体はそのエネルギーを捕捉し，貯蔵する．

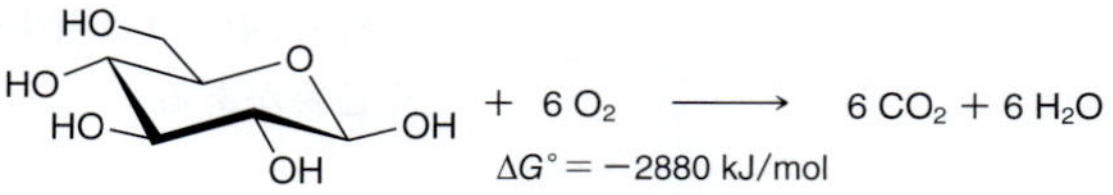

$$\text{グルコース} + 6\,O_2 \longrightarrow 6\,CO_2 + 6\,H_2O \qquad \Delta G^\circ = -2880\ \text{kJ/mol}$$

FDGは，グルコースのOH基が ^{18}F に置き換えられた誘導体で，放射能標識化合物である．解糖の第1段階は，FDGに対してもグルコースと同様に進行する．しかし，FDGの場合には，解糖の第2段階がほとんど進行しない．そのため，体内でグルコースが利用される領域では，FDGも蓄積される．^{18}F の壊変は最終的に高エネルギーの光子（γ 線）を放出するので，それを検出することによって，体内でのFDGの蓄積を観測できる．γ 線を特殊な機器を使って検出して画像を得る画像診断法を陽電子放出断層撮影法（positron emission tomography: PET）とよぶ．

一例をあげると，脳はグルコースを代謝するので，FDGを患者に投与すると，脳の各領域に代謝活性レベルに応じてFDGが蓄積する．健常者とコカイン乱用者のPET/^{18}FDGスキャン画像を以下に示す．コカイン乱用者の場合，眼窩前頭皮質（赤矢印で表示）におけるFDGの蓄積が少ないこと

S_N2 反応は，通常，背面攻撃が立体的に阻害される sp^2 混成の原子では進行しない．さらに，ハロゲン化ビニルおよびハロゲン化アリールでは，脱離基が脱離して生成するカルボカチオンが不安定なため S_N1 反応も進行しない．

$-X^-$
共鳴安定化を受けない

$-X^-$
共鳴安定化を受けない

まとめると，

- ハロゲン化メチルおよび第一級ハロゲン化アルキルでは，S_N2 が優先する．
- 第三級ハロゲン化アルキルでは，S_N1 が優先する．
- 第二級ハロゲン化アルキル，およびハロゲン化アリルとハロゲン化ベンジルは，どちらの機構でも多くの場合反応しうる．
- ハロゲン化ビニルとハロゲン化アリールは，どちらの機構でも反応しない．

がわかる．

この技術は診断医学において大変有用になっている．なぜなら，がん組織では周囲の正常組織に比べてグルコースの代謝速度が相対的に速いことから，FDG がより蓄積する．その結果，PET/^{18}FDG スキャンによりがん組織を視覚化し，観測できる．

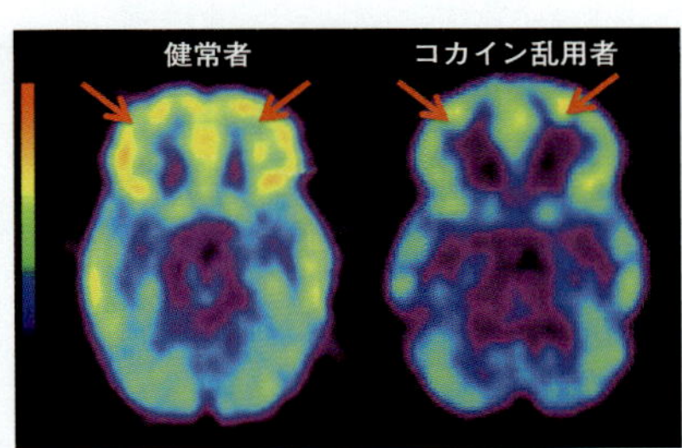

PET/^{18}FDG スキャン画像．赤，オレンジは活性が高い部位，紫，青は活性が低い部位を示す

FDG の合成には，本章で述べた多くの原理が活用されている．一つの重要な段階が S_N2 反応だからである．

この反応には，注意すべき重要な特徴がいくつかある．

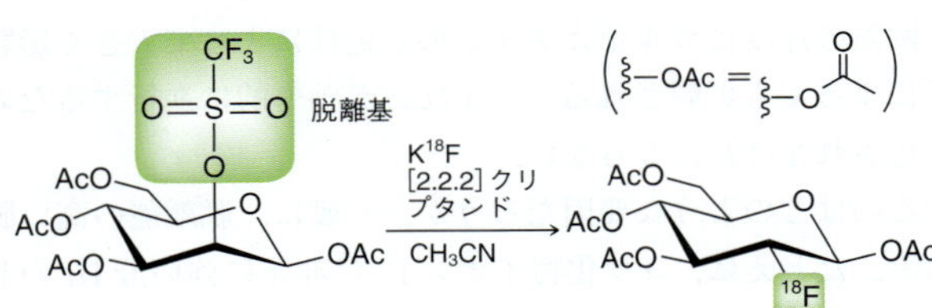

- KF は，この反応で求核剤として働くフッ化物イオンの供給源である．一般にフッ化物イオンはあまりよい求核剤ではないが，クリプタンドが K^+ と相互作用するためフッ化物イオンが対カチオンから自由になり，求核剤として働くようになる．クリプタンドがフッ化物イオンの求核性を増大させる作用は，クラウンエーテルのそれと同様の機能である（この点については§14・4 でより詳しく述べる）．
- この反応は，S_N2 反応について予想されるとおり，立体配置の反転を伴って進行する．
- この反応に用いられる溶媒であるアセトニトリル CH_3CN は，非プロトン性の極性溶媒であり，この反応の速度を高めるために用いられる（§7・8 参照）．
- OH 基（グルコースに通常みられる）がアセタート基 OAc に変換されていることに注意しよう．これは，副反応を最小限にするためである．これらのアセタート基は，酸の水溶液で処理すれば容易に取除くことができる（加水分解については§21・11 でより詳しく述べる）．

H_3O^+

PET において FDG を効果的に利用するためには，多くのさまざまな学問分野の貢献が必要であることは確かであるが，有機化学はなかでも最も重要な役割を果たしている．FDG の合成は S_N2 反応によって成し遂げられるのだから．

チェックポイント

7・26　次の基質では，S_N1 が優先するか，S_N2 が優先するか，どちらも起こりうるか，あるいはどちらも起こらないかを示せ．

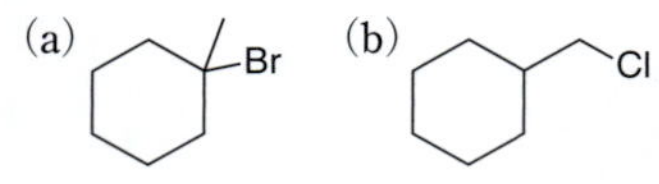

(a)　(b)　(c)　(d)　(e)　(f)　(g)

求 核 剤

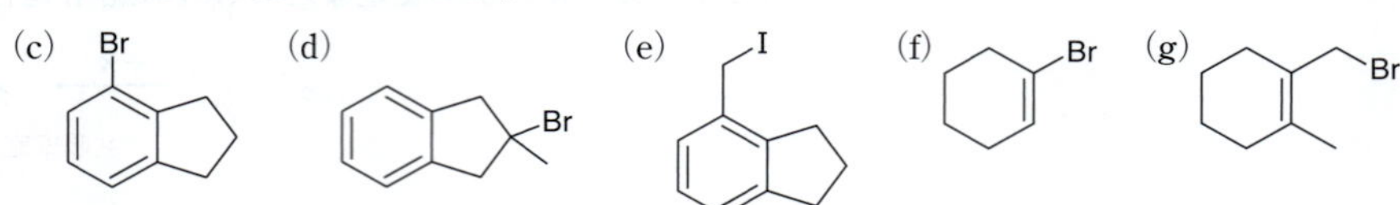

S_N2 反応の速度は求核剤の濃度に依存することを思い出そう．同じ理由で，S_N2 反応は求核剤の求核性の高さ（反応性）にも依存する．求核剤の求核性が高いと S_N2 反応の速度が向上し，低いと S_N2 反応の速度が低下する．一方，S_N1 反応では，律速段階に求核剤が関与しないため，反応速度は求核剤の濃度や求核性の高さに影響されない．まとめると，S_N2 と S_N1 の競争に対し，求核剤は次のような影響を与える．

- 求核性の高い求核剤を用いると S_N2 反応が優先する．
- 求核性の低い求核剤を用いると S_N2 反応が不利になる（したがって，S_N1 反応が相対的に有利になる）．

このように，求核剤の求核性が高いか低いかを知っておくことは重要である．求核性の高さは，§6・7で述べたように多くの要因によって決まっている．求核性の高い反応剤と低い反応剤のいくつかを図7・26に示す．

よく用いられる求核剤

求核性が高い			低い
I^-	HS^-	HO^-	F^-
Br^-	H_2S	RO^-	H_2O
Cl^-	RSH	$N{\equiv}C^-$	ROH

図 7・26　求核剤の求核性の高低による分類

［注：F^- を求核性の低い求核剤に分類できるのは，プロトン性溶媒中で反応を行う場合に限られる．非プロトン性極性溶媒中では F^- は求核性の高い求核剤として働く．この問題については，あとで詳しく述べる．］

チェックポイント

7・27　次の求核剤を用いると S_N1 と S_N2 のどちらが優先するか．

(a) エタノール（CH_3CH_2OH）　(b) エタンチオール（CH_3CH_2SH）　(c) エトキシド（$CH_3CH_2O^-$）　(d) NaOH　(e) NaCN

脱 離 基

S_N1 反応，S_N2 反応ともに，脱離基の性質の影響を受ける．脱離基の脱離能が低い場合，どちらの反応も進行しないが，一般に S_N2 反応よりも S_N1 反応のほうが脱離基の影響を受けやすい．なぜだろうか．S_N1 反応の律速段階は，炭素原子と脱離基との結合が開裂して，カルボカチオンおよび解離した脱離基を生成する段階であることを思い出そう．

$$\text{(CH}_3)_3\text{C–LG} \xrightarrow{\text{律速段階}} (\text{CH}_3)_3\text{C}^+ + :\text{LG}^-$$

すでに述べたように，この段階の速度はカルボカチオンの安定性によって大きく影響されるが，脱離基の安定性によっても影響される．S_N1 反応が効率的に進行するためには，脱離基も十分に安定化されなければならない．

脱離基の安定性を決定するのはどのような要因だろうか．一般に，脱離能の高い脱離基は強酸の共役塩基である．たとえば，ヨウ化物イオン I^- は非常に強い酸 HI の共役塩基である．ヨウ化物イオンは非常に安定化されているため，非常に弱い塩基であ

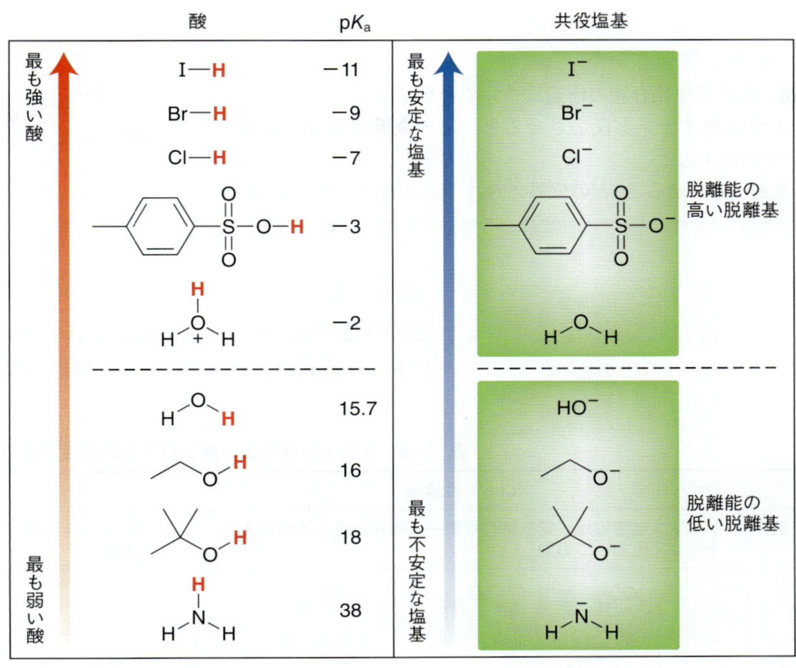

図 7・27 脱離基の脱離能と共役酸の酸性度との関係

る．結果として，ヨウ化物イオンは最も脱離能の高い脱離基のひとつとなっている．

$$\underset{\text{強酸}}{H{-}I} + H_2O \rightleftharpoons \underset{\text{共役塩基（弱い）}}{I^-} + H_3O^+$$

図 7・27 に，脱離能の高い脱離基の一覧を示すが，すべて強酸の共役塩基である．一方，水酸化物イオンは，不安定な塩基であり，脱離能が低い．実際，水酸化物イオンはかなり強い塩基性を示し，そのため脱離基としてはほとんど機能しない．すなわち脱離能の低い脱離基である．

脱離基として最もよく用いられるのは，ハロゲン化物イオンと**スルホナートイオン**(sulfonate ion) である（図 7・28)．ハロゲン化物イオンのなかでも，ヨウ化物イオンは最も脱離能の高い脱離基であるが，これは臭化物イオンや塩化物イオンより弱い（より安定な）塩基であるためである．スルホナートイオンのなかで，最も脱離能の高い脱離基はトリフラートイオンであるが，最もよく用いられるのは**トシラート** (tosylate) イオンである．トシラートは OTs と略されるが，OTs 基が結合した化合物は，脱離能の高い脱離基をもった基質と考えてよい．

ハロゲン化物イオン			スルホナートイオン		
I^-	Br^-	Cl^-	$H_3C{-}C_6H_4{-}SO_2{-}O^-$	$H_3C{-}SO_2{-}O^-$	$F_3C{-}SO_2{-}O^-$
ヨウ化物イオン	臭化物イオン	塩化物イオン	トシラートイオン	メシラートイオン	トリフラートイオン

図 7・28 よく用いられる脱離基

チェックポイント

7・28　右に示す化合物の構造について考えてみよう．

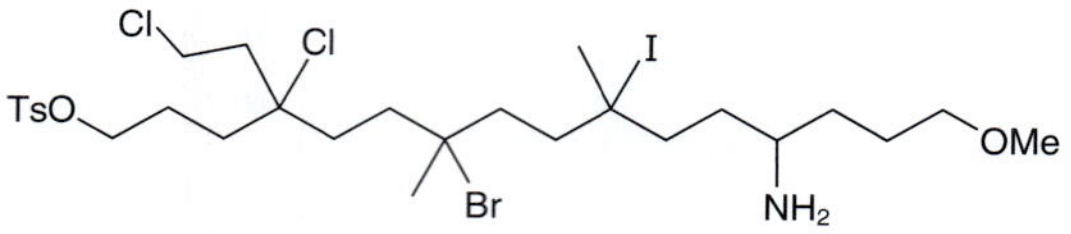

(a) 水酸化物イオンと反応させると，どの位置で S_N2 反応が起こりやすいか．

(b) 水と反応させると，どの位置で S_N1 反応が起こりやすいか．

溶 媒 効 果

溶媒の選択は，S_N1 および S_N2 反応の速度に大きな影響を及ぼす．ここでは特に，プロトン性溶媒および非プロトン性極性溶媒の効果について述べる．**プロトン性溶媒**

表 7・2　プロトン性溶媒と非プロトン性極性溶媒の効果

	プロトン性溶媒	非プロトン性極性溶媒
定 義	プロトン性溶媒は，電気陰性な原子に直接結合した水素原子を少なくとも一つもつ	非プロトン性極性溶媒は，電気陰性な原子に直接結合した水素原子をもたない
例	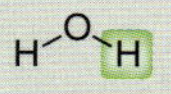 水 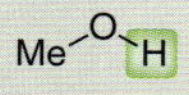 メタノール 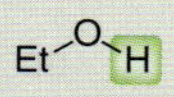 エタノール 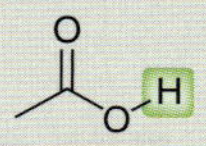 酢 酸 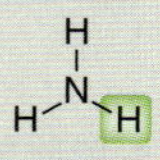 アンモニア	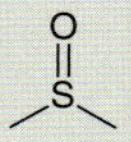 ジメチルスルホキシド(DMSO) 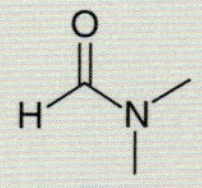 ジメチルホルムアミド(DMF) 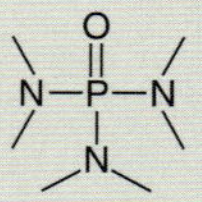 ヘキサメチルリン酸トリアミド(HMPA) $H_3C{-}C{\equiv}N$ アセトニトリル
作 用	プロトン性溶媒は，カチオンとアニオンを安定化する．カチオンは溶媒の非共有電子対によって安定化され，アニオンは溶媒との水素結合によって安定化される 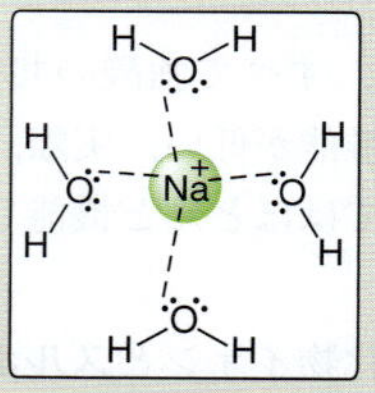 H_2O の酸素原子の非共有電子対がカチオンを安定化 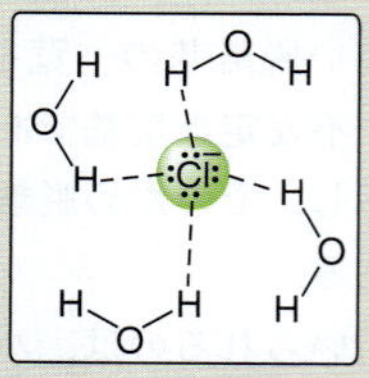 水素結合がアニオンを安定化 その結果，アニオンとカチオンの両方が溶媒和され，溶媒の殻に取囲まれる	非プロトン性極性溶媒は，カチオンを安定化するが，アニオンは安定化しない．カチオンは溶媒の非共有電子対によって安定化されるが，アニオンは溶媒による安定化を受けない 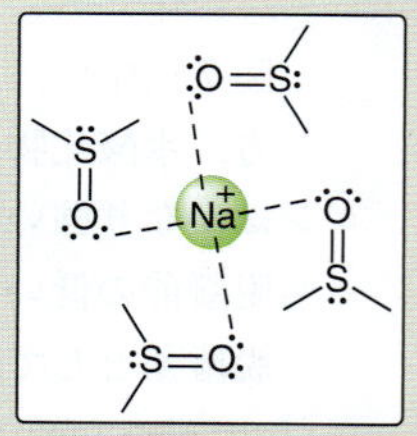 DMSO の酸素原子の非共有電子対がカチオンを安定化  アニオンは溶媒による安定化を受けない カチオンは溶媒和され溶媒の殻に取囲まれるが，アニオンは溶媒和されない．その結果，非プロトン性極性溶媒中では，求核剤のエネルギーが高くなる
効 果	S_N1 反応が有利になる．プロトン性溶媒中では極性をもった中間体と遷移状態が安定化されるので，S_N1 反応が有利になる 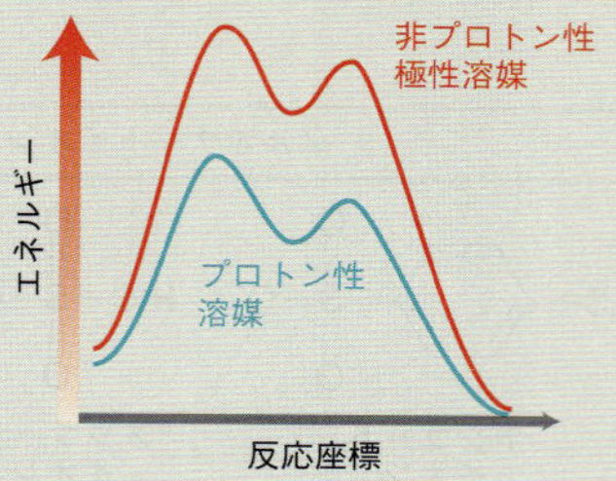 	S_N2 反応が有利になる．非プロトン性極性溶媒中では求核剤のエネルギーが高くなるため E_a が小さくなり，S_N2 反応が有利になる 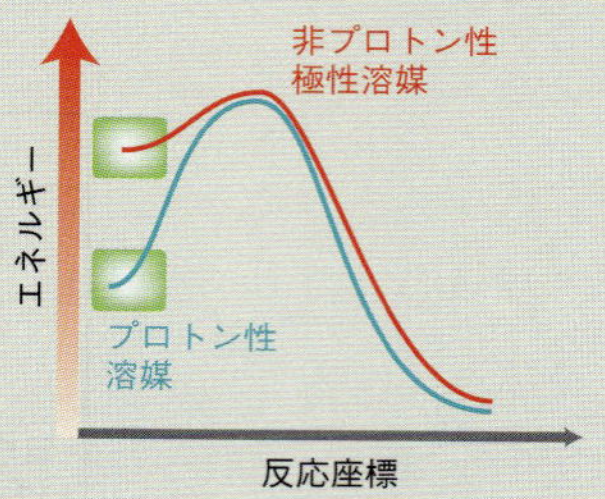

(protic solvent) は，電気陰性な原子に直接結合した水素原子を少なくとも一つもつ．**非プロトン性極性溶媒** (polar aprotic solvent) は，電気陰性な原子に直接結合した水素原子はもたない．これら 2 種類の溶媒は，S_N1 および S_N2 反応の速度に異なった影響を及ぼす．表 7・2 にこれらの効果をまとめる．結論としては，S_N1 反応にはプロトン性溶媒が用いられ，S_N2 反応を有利にするためには非プロトン性極性溶媒が用いられる．

S_N2 反応の速度に対する非プロトン性極性溶媒の効果は重要である．たとえば，臭化ブチルとアジ化物イオンとの反応を考えてみよう．

$$\text{CH}_3\text{CH}_2\text{CH}_2\text{CH}_2\text{Br} + N_3^- \longrightarrow \text{CH}_3\text{CH}_2\text{CH}_2\text{CH}_2N_3 + Br^-$$

$^{-}$:N=N^{+}=N:$^{-}$

アジ化物イオン

この反応の速度は，溶媒の選択によって大きく変わる．さまざまな溶媒中におけるこの S_N2 反応の相対速度を図 7・29 に示す．これらのデータから，S_N2 反応はプロトン性溶媒中より非プロトン性極性溶媒中のほうが著しく速いことがわかる．

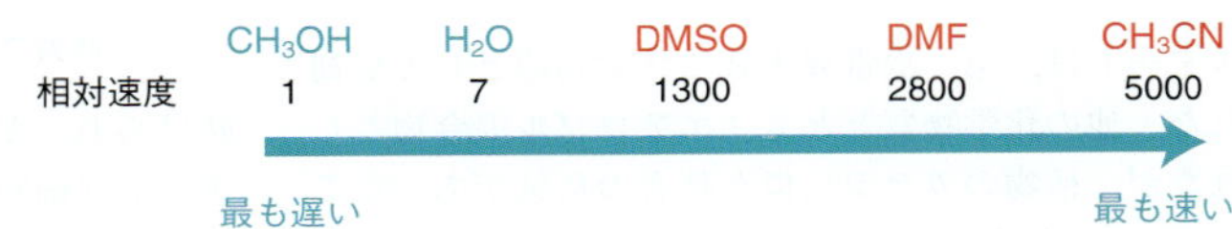

図 7・29　さまざな溶媒中での S_N2 反応の相対速度． プロトン性溶媒は青で，非プロトン性極性溶媒は赤で示している．

チェックポイント

7・29　次の溶媒は，S_N2 反応に有利に働くか，あるいは S_N1 反応に有利に働くか (表 7・2 参照)．

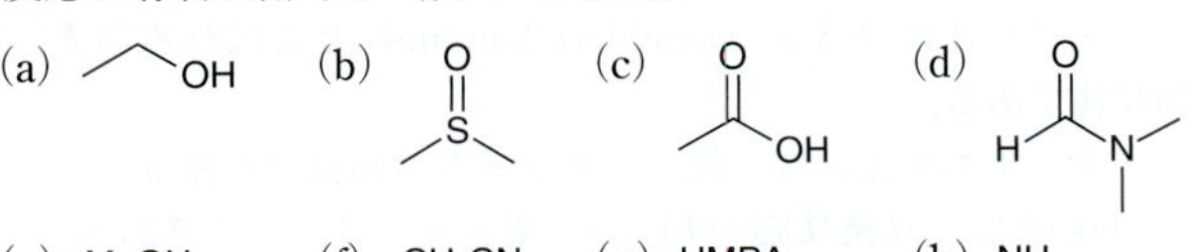

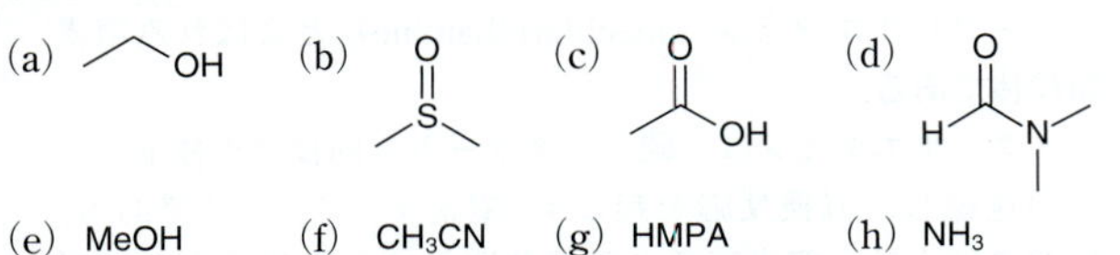

(e)　MeOH　(f)　CH_3CN　(g)　HMPA　(h)　NH_3

7・30　アセトンを溶媒として用いると，S_N2 機構が有利になるか，あるいは S_N1 機構が有利になるか．理由も述べよ．

アセトン

溶媒の選択によって，ハロゲン化物イオンの反応性の順序も影響を受ける．ハロゲン化物イオンの求核性を比較すると，溶媒によって変化することがわかる．プロトン性溶媒中では，ハロゲン化物イオンの求核性は，次の順序となる．

$$I^- > Br^- > Cl^- > F^-$$

ヨウ化物イオンが最も求核性が高く，フッ化物イオンが最も低い．しかし，非プロトン性極性溶媒中では，順序が逆転する．

$$F^- > Cl^- > Br^- > I^-$$

なぜ順序の逆転が起こるのだろうか．フッ化物イオンの求核性が最も高いのは，アニオンとしての安定性が最も低いからである．プロトン性溶媒中では，フッ化物イオンはまわりを取巻く溶媒の殻と最も強く相互作用し，求核剤として働きにくくなる (求核攻撃を行うためには溶媒の殻の一部を破らなければならないが，通常起こりにくい）．このような状況下では，フッ化物イオンは弱い求核剤である．しかし，非プロトン性極性溶媒中では，まわりに溶媒の殻が存在しないため，フッ化物イオンは強い求核剤として働くことができる．

医薬の話題　薬理学と薬物設計

薬理学は医薬品が生体系とどのように相互作用するかを研究する学問であり，新薬設計の基盤となる非常に重要な学問分野である．ここでは，抗腫瘍薬の一種であるクロラムブシル（chlorambucil）の設計と開発を取上げる．クロラムブシル開発の物語は硫黄マスタードとよばれる毒物から始まった．

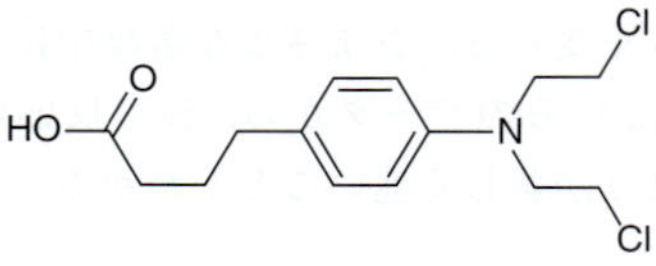

クロラムブシル

硫黄マスタードは，第一次世界大戦で化学兵器として最初に用いられた．他の化学物質とともにエアロゾル混合物として噴霧されたが，植物のカラシに似た特有の臭気があったことから，マスタードガス（mustard gas）と名づけられた．硫黄マスタードは，強力なアルキル化剤である．連続した2段階の S_N2 反応によりアルキル化が進行する．

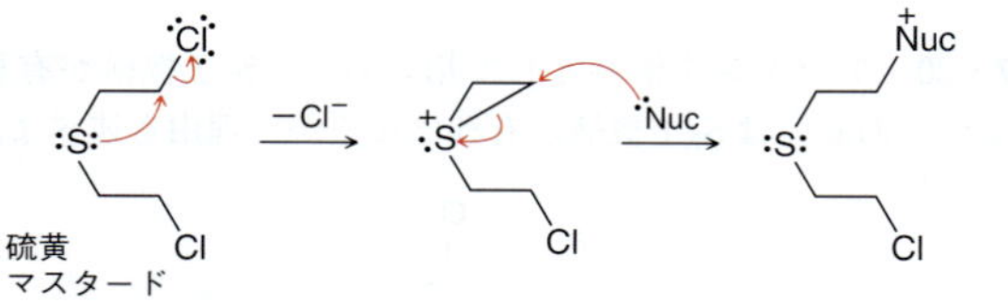

硫黄マスタード

最初の置換反応は，分子内 S_N2 反応であり，硫黄の非共有電子対が求核剤として働き，塩化物イオンが脱離する．つづいての反応は，外部からの求核剤の攻撃による第二の S_N2 反応である．最終的に反応全体では，求核剤が直接攻撃したのと同じ結果になる．

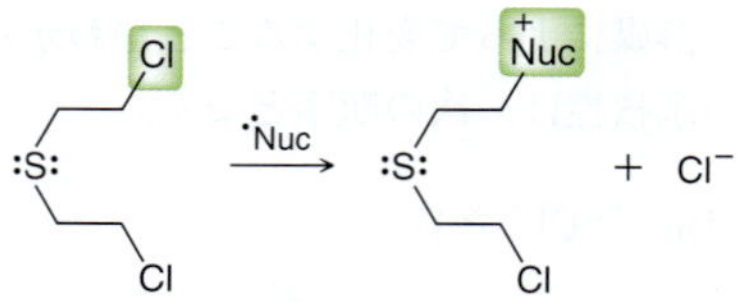

この反応は，硫黄原子が塩化物イオンの脱離を助けるため，通常の第一級塩化アルキルの S_N2 反応よりずっと速く進行する．この反応における硫黄の役割は，**隣接基関与**（anchimeric assistance，neighboring group participation）とよばれる．

硫黄マスタードには，1分子中に塩化物イオンが二つあるため，DNAを2回アルキル化することができる．その結果，DNAの個々の鎖が架橋される．DNAが架橋されると複製が妨げられ，最終的には細胞死に至る．このように硫黄マスタードは細胞機能に重大な影響を与えることから，この化合物を抗腫瘍薬として利用しようとする研究が行われるようになった．1931年，硫黄マスタードが腫瘍に直接注入された．腫瘍細胞の速い分裂を阻害することで，腫瘍の成長を停止させようとしたのである．最終的に，硫黄マスタードは臨床用に用いるには毒性が高すぎることがわかり，より毒性の低い類似化合物の探索が始まった．そうして最初につくられたのが，メクロルエタミン（mechlorethamine）とよばれる窒素類縁体である．

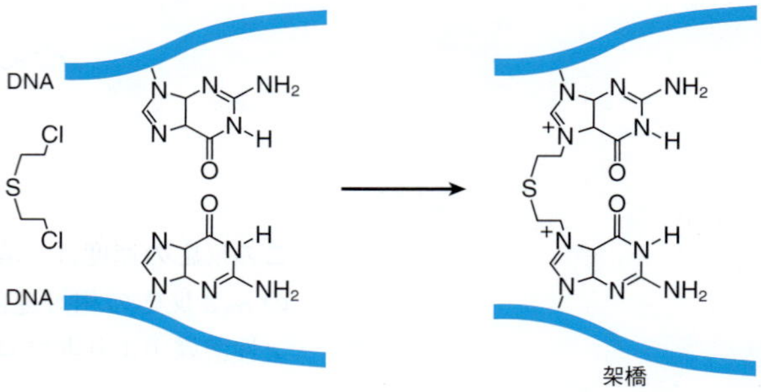

架橋

硫黄マスタードはDNA鎖をアルキル化し，架橋する

メクロルエタミンは，硫黄マスタードと同様に求核剤と二つの連続した置換反応を起こす"窒素マスタード"である．最初の反応は，窒素原子の隣接基関与による分子内 S_N2 反応であり，続く反応は，外部からの求核剤の攻撃による第二の S_N2 反応である．

窒素マスタード（メクロルエタミン）

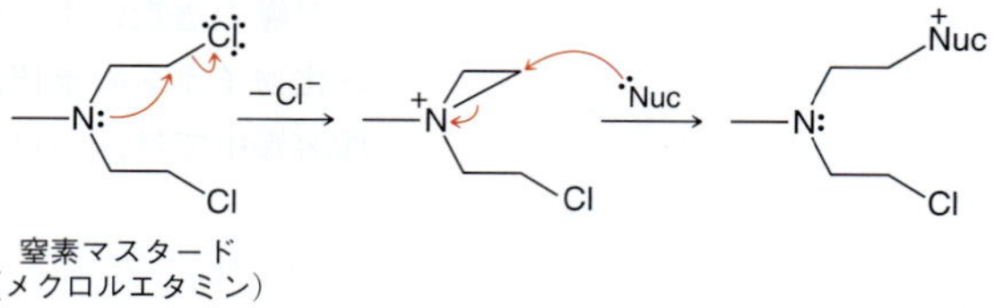

窒素マスタードもDNAをアルキル化でき，細胞死をひき起こすが，硫黄マスタードに比べると毒性が低い．メクロルエタミンの発見により，化学薬品をがんの治療に用いる化学療法の研究が始まったのである．

メクロルエタミンは，今日でも，進行期ホジキン病や慢性リンパ性白血病（CLL）の治療に他の薬剤と組合わせて用いられている．しかし，メクロルエタミンは水との反応が速いために，その使用が制限されてしまう．この制限を克服する

S_N2 および S_N1 機構に影響を与える要因のまとめ

S_N2 および S_N1 反応に影響を与える四つの要因について本節で述べた内容を，表7・3にまとめた．ここでこの四つの要因すべてを解析する練習をしてみよう．

ために，他の類縁体の探索が行われるようになった．その結果，メチル基をアリール基に替えると，非共有電子対が共鳴により非局在化するため，その求核性が低下することがわかった．

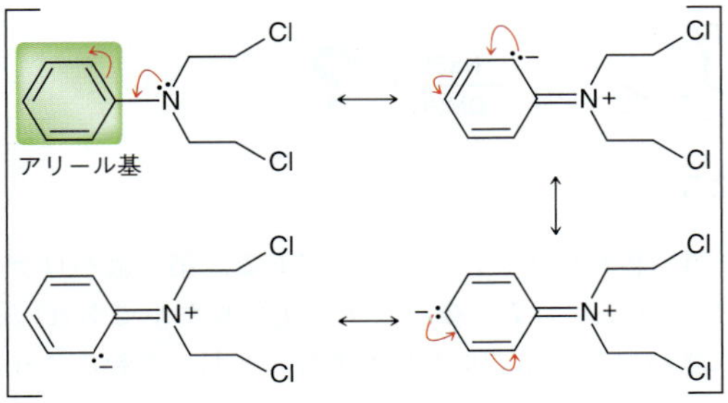

アリール基

上記の共鳴構造では，いずれの場合も負電荷が炭素原子にあるため，それらの共鳴混成体への寄与はそれほど大きくない．しかし，ある程度の寄与はあるので，窒素原子の非共有電子対は非局在化し（アリール基全体に広がり），求核性は低下する．その結果，窒素原子による隣接基関与の速度が低下する．抗腫瘍薬として必要な反応性は有しているが，水との反応速度は減少している．

メチル基の代わりにアリール基を導入することで，一つの問題は解決できたが，他の問題が発生した．すなわち，この新しい化合物は水に溶けず，静脈内投与を行えなかった．この問題は，カルボキシ基を導入して化合物を水溶性にすることで，解決された．

この基により化合物が水溶性になる

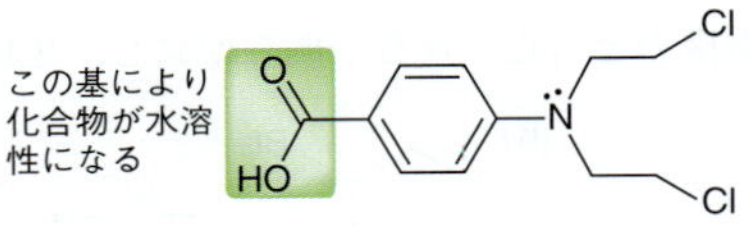

しかし，またもや一つの問題の解決が，新しい問題の発生につながった．今度は，窒素原子の非共有電子対が次の共鳴構造のため，非局在化しすぎてしまった．

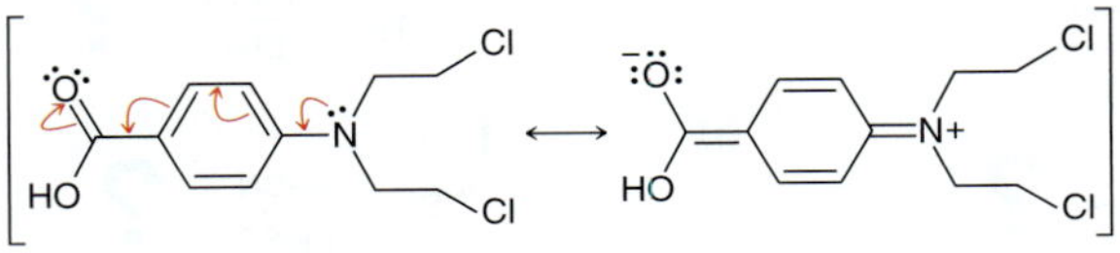

非共有電子対が酸素原子にまで非局在化しているが，酸素原子の負電荷は炭素原子の負電荷に比べてはるかに安定である．そのため，非局在化の効果があまりに大きく，この化合物はもはや抗腫瘍薬としての機能をもたなかった．窒素原子の非共有電子対の求核性が低下したため，隣接基関与が有意な速度で起こらなくなったのである．これらすべての問題を解決するためには，窒素原子の非共有電子対を過度に安定化することなく，水溶性を維持する方法が必要となる．この課題は，カルボキシ基とアリール基の間にメチレン基 CH_2 をいくつか挿入することで解決された．

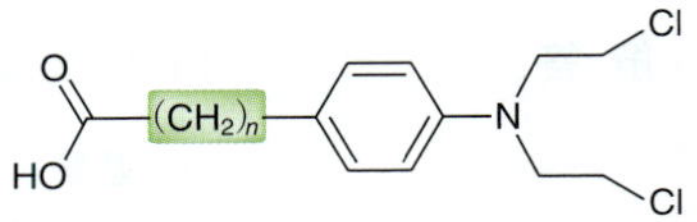

こうして，窒素原子の非共有電子対はカルボキシ基と共鳴しなくなったが，カルボキシ基が存在するため化合物の水溶性は確保されている．この最後の変更によりすべての問題が解決された．理論的には，窒素原子の非共有電子対が過度に非局在化するのを防ぐためには，メチレン基の数は一つでよいはずである．しかし実際には，さまざまな化合物について研究した結果，カルボキシ基とアリール基の間にメチレン基が三つあるときに，反応性が最適になることが明らかになった．こうしてつくり出されたクロラムブシルとよばれる化合物は，他のさらに強力な薬剤が発見されるまで，おもにCLLの治療に用いられた．

クロラムブシルの設計と開発は，薬物設計の一つの例にすぎないが，薬理学の理解と有機化学の理解を結びつけることによって，化学者が新しい医薬品を設計し，つくり出せることを示すよい事例となっている．有機化学者と生化学者は，薬理学と薬物設計の活発な研究分野で，年々大きな進歩をとげている．

チェックポイント

7・31　メルファラン（melphalan）は，多発性骨髄腫や卵巣がんの治療に用いられる化学療法薬であり，窒素マスタード系アルキル化剤のひとつである．求核剤がメルファランと反応する際に進行するアルキル化反応について，予想される反応機構を書け．

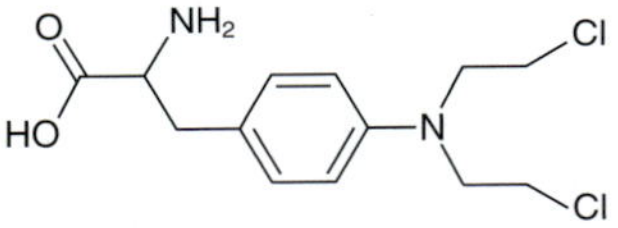

メルファラン

表 7・3　S_N2 反応と S_N1 反応を有利にする要因

因子	S_N2 に有利	S_N1 に有利
基質	メチルあるいは第一級	第三級
求核剤	求核性の高い求核剤	求核性の低い求核剤
脱離基	脱離能の高い脱離基	脱離能の高い脱離基
溶媒	非プロトン性極性溶媒	プロトン性溶媒

スキルビルダー 7・8　反応が S_N1 機構と S_N2 機構のどちらで進むか明らかにする

スキルを学ぶ

次の反応が S_N1 機構と S_N2 機構のどちらで進むか明らかにし，生成物を書け．

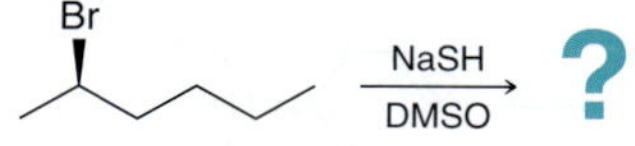

解答

四つの要因について順に解析する．

(a) **基質**．この反応の基質は，第二級ハロゲン化アルキルである．第一級ハロゲン化アルキルであれば S_N2 機構と予想できるし，第三級ハロゲン化アルキルであれば S_N1 機構と予想できる．しかし，第二級ハロゲン化アルキルの場合，どちらも起こりうる．そこで，次の要因に移る．

(b) **求核剤**．反応剤は NaSH なので，求核剤として働くのは HS^- である（Na^+ は単に対アニオンである）．HS^- は求核性の高い求核剤であり，S_N2 機構が有利になる．

(c) **脱離基**．Br^- は脱離能の高い脱離基である．脱離基の善し悪しだけからでは S_N1 か S_N2 かを決めることはできない．

(d) **溶媒**．DMSO は非プロトン性極性溶媒であり，S_N2 機構が有利になる．

これら四つの要因すべてを比較検討すると，求核剤と溶媒の二つの要因で S_N2 機構が有利になるため，S_N2 機構が優先すると判断できる．立体配置は反転すると予想される．

Br　—NaSH / DMSO→　SH

スキルの演習

7・32　次の反応が S_N1 機構と S_N2 機構のどちらで進むか明らかにし，生成物を書け．

(a) I，MeOH → ?

(b) Br，Cl^- / HMPA → ?

(c) O—H，H—Br → ?

(d) OTs，NaCN / DMF → ?

(e) I，H_2O → ?

(f) Br，NaCN / DMSO → ?

スキルの応用

7・33　23 章で，第一級アミン RNH_2 を合成する方法を説明する．これらの方法では，C−N 結合の生成の仕方がそれぞれ異なる．そのうちのひとつである Gabriel（ガブリエル）合成法では，フタルイミドカリウムとハロゲン化アルキルとの反応によりC−N結合が生成する．

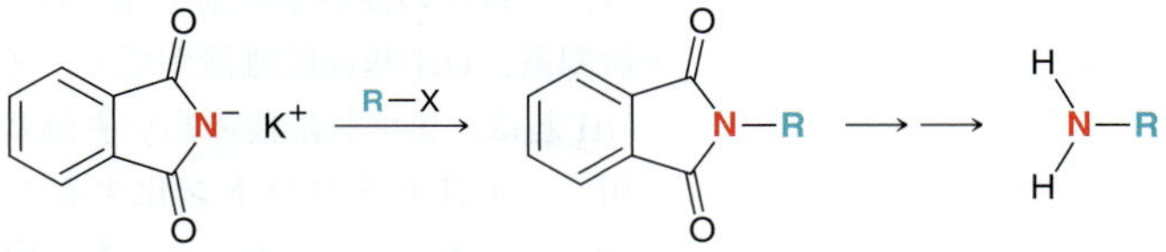

この反応の最初の段階はS_N2機構で進行する．これらのことから，Gabriel合成法が次のアミンの合成に適用できるか，理由とともに答えよ．

問題7・37，7・38，7・40，7・41，7・44，7・55，7・57，7・58を解いてみよう．

7・9　官能基変換を行うための反応剤を選ぶ

本章の初めに述べたように，置換反応は官能基変換に利用できる．

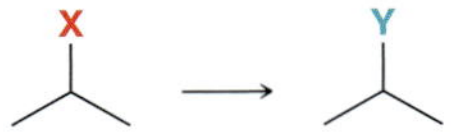

さまざまな求核剤を用いた置換反応により，きわめて多様な種類の生成物をつくり出すことができる．図7・30に置換反応を利用して合成することのできる化合物の種類をいくつか示す．置換反応の反応剤を選ぶときには，次のヒントを覚えておくとよい．

- **基質**．基質の種類によって，どちらの反応機構で反応が進行するかが決まる．基質がハロゲン化メチルあるいは第一級ハロゲン化アルキルであれば，反応はS_N2機構で進行することになる．基質が第三級ハロゲン化アルキルであれば，反応はS_N1機構で進行することになる．基質が第二級ハロゲン化アルキルであれば，一般にはS_N2機構で反応が進むようにしたほうがよい．S_N2機構であれば，カルボカチオンの転位の問題を避けることができるし，反応の立体化学を制御しやすいからである．
- **求核剤**と**溶媒**．S_N1機構とS_N2機構のどちらで反応が進行するかが（基質の種類によって）決まったら，その機構に適した求核剤と溶媒を選ぶ．S_N1反応のために

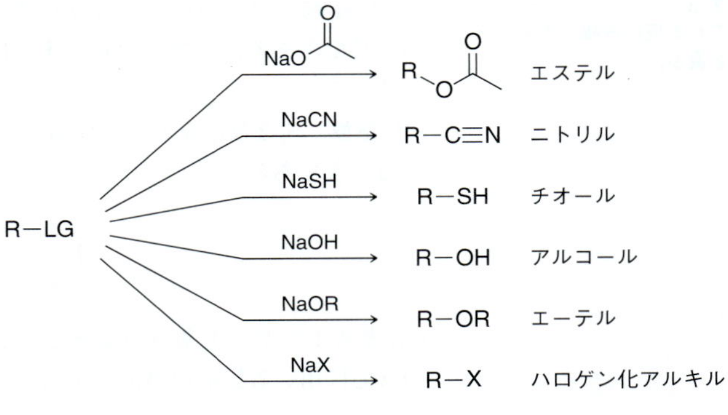

図7・30　置換反応により合成できるさまざまな化合物

は，求核性の低い求核剤をプロトン性溶媒中で用いるのがよい．S_N2 反応のためには，求核性の高い求核剤を非プロトン性極性溶媒中で用いるのがよい．

- **脱離基**．OH 基は脱離能が低く，そのままでは脱離しないことを覚えておくこと．OH 基は，まず脱離能の高い脱離基に変換する必要がある．S_N1 反応の場合，酸を用いて OH 基をプロトン化することで，脱離能を高めればよい．S_N2 反応では，OH 基をプロトン化するよりも，脱離能の高い脱離基であるトシラートに変換する場合が多い．この変換は，塩化トシルとピリジンを用いて行うことができる（13 章で詳しく述べる）．

H_3C–C_6H_4–SO_2–Cl
R⁀OH ——ピリジン——→ R⁀OTs

スキルビルダー 7・9　置換反応を行うために必要な反応剤を明らかにする

スキルを学ぶ

次の反応を行うために必要な反応剤を明らかにせよ．

解答

まず基質の構造をみて，どちらの反応機構で反応を進行させるか決める．

ステップ 1
基質と反応の立体化学を調べる．

(a) **基質**．この反応の基質は第二級ハロゲン化アルキルであり，どちらの反応機構でも反応しうる．一般には，反応の制御を行いやすい S_N2 機構を選ぶとよい．この反応では特に，生成物の立体配置が反転しているので，S_N2 反応でなければならない．そこで，S_N2 反応に有利な反応剤を選ぶ．

ステップ 2
脱離基を考える．

(b) **脱離基**．OH 基は脱離能が低く，より脱離能の高い脱離基に変換する必要がある．S_N2 反応を行う際には，TsCl とピリジンを用いて OH 基をトシラート基に変換しなければならない．

OH ——TsCl, ピリジン——→ OTs

OH 基をトシラート基に変換しても，立体配置は変化しないことに注意しよう．OH 基がくさびに結合していれば，トシラート基もその位置にある．

ステップ 3
必要とされる反応機構に有利な反応条件を選ぶ．

(c) **求核剤**．望みの反応を行うためには，求核剤としてはシアン化物イオン CN^- を用いる必要がある．シアン化物イオンは求核性の高い求核剤であり，S_N2 反応を起こしやすくする．

(d) **溶媒**．S_N2 反応を有利にするためには，DMSO のような非プロトン性極性溶媒を用いるべきである．

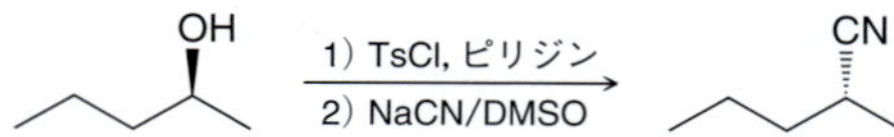

OH 基のトシラート基への変換と S_N2 反応は，二つの別個の合成段階なので，それぞれの反応に用いる反応剤の前に 1) および 2) という番号をつけてある．

スキルの演習

7・34　次の反応を行うのに必要な反応剤を示せ．

(a)　(b)

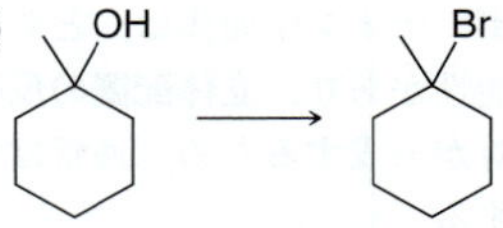

(c) 　(d)

(e) 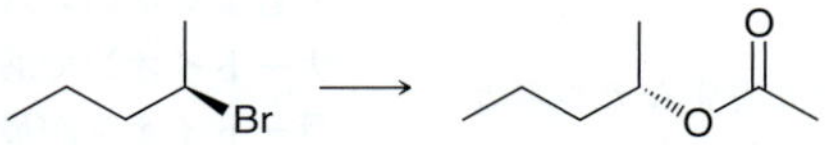　(f)

(g) 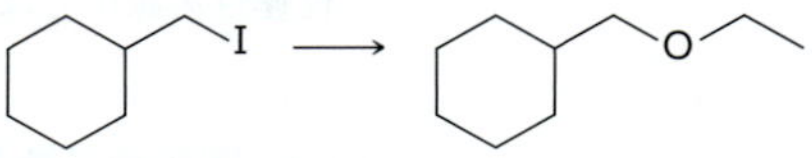　(h)

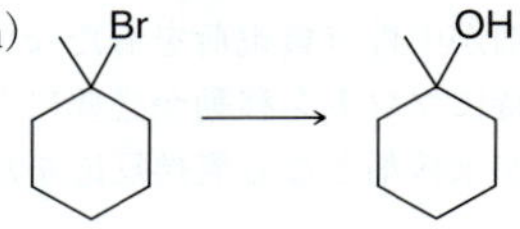

スキルの応用

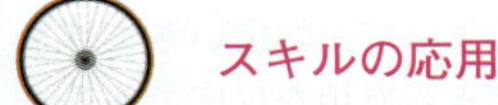

7・35　立体配置が保持された次の置換反応を行うのに必要な反応剤を示せ．

(*R*)-2-ブタノール　→　(*R*)-2-ブタンチオール

問題 7·59，7·60，7·63 を解いてみよう．

反応のまとめ

表7・1を復習しよう．

考え方と用語のまとめ

7・1　置換反応とは

- **置換反応**は，ある官能基を別の官能基に変換する．
- 求電子剤は**基質**とよばれ，必ず**脱離基**をもつ．

7・2　ハロゲン化アルキル

- 有機ハロゲン化物の命名法には2種類ある．系統名では，化合物を**ハロアルカン**と命名し，慣用名では化合物を**ハロゲン化アルキル**と命名する．
- **α位**はハロゲンに直接結合した炭素原子をいい，**β位**はα炭素に結合した炭素原子をいう．
- ハロゲン化アルキルは，α位に結合したアルキル基の数に応じて，**第一級**，**第二級**，**第三級**に分類される．

7・3　置換反応の機構

- **協奏的反応過程**では，求核剤の攻撃と脱離が同時に起こる．
- **段階的反応過程**では，最初に脱離が起こり，つづいて求核剤の攻撃が起こる．

7・4　S_N2 機構

- **S_N2** 反応とよばれる協奏的反応機構の証拠として，**二次反応速度式**の観測がある．S_N2 反応は**二分子的**とよばれる．
- S_N2 反応は，ハロゲン化メチルと第一級ハロゲン化アルキルが基質のときに最も速く，第三級ハロゲン化アルキルは事実上 S_N2 反応を起こさない．
- α位がキラル中心である場合，S_N2 反応は**立体配置の反転**を伴って進行する．分子軌道法によると，**背面攻撃**が優先するのは，分子軌道の有効な重なりが得られるからである．S_N2 反応では，生成物の立体配置は基質の立体配置によって決まる．そのため，S_N2 反応は**立体特異的**であるといわれる．

7・5　S_N1 機構

- **S_N1** 反応とよばれる段階的反応機構の証拠として，**一次反応**

速度式の観測がある．S_N1 反応は**一分子的**とよばれる．

- S_N1 反応では第 1 段階（脱離基の脱離）が**律速段階**である．
- カルボカチオン中間体は，どちらの側からも求核攻撃を受ける可能性があり，**立体配置の反転**と**保持**の両方が起こる．イオン対が形成するため，通常は反転生成物のほうがやや多く生成する．

7・6　S_N1 反応の反応全体の機構を書く

- 基質がアルコールである場合，S_N1 反応の開始時にプロトン移動が必要になる．
- カルボカチオン中間体が，転位により，より安定なカルボカチオンを生成する場合，カルボカチオンの転位が起こる．
- 求核剤が中性（負電荷をもたない）である場合，S_N1 反応の終了時にプロトン移動が必要になる．
- 溶媒が求核剤となる置換反応を**加溶媒分解**とよぶ．

7・7　S_N2 反応の反応全体の機構を書く

- 脱離基が OH 基である場合，S_N2 反応の開始時にプロトン移動が必要になる．
- 求核剤が中性（負電荷をもたない）である場合，S_N2 反応の終了時にプロトン移動が必要になる．

7・8　S_N1 と S_N2 どちらの機構が優先するか明らかにする

- S_N2 機構と S_N1 機構のどちらで反応が進行するかに影響を及ぼす要因として，1) 基質，2) 求核剤，3) 脱離基，4) 溶媒の四つがあげられる．
- 最もよく用いられる脱離基は，ハロゲン化物イオンと**スルホナートイオン**である．スルホナートイオンのなかでは，**トシラートイオン**が最もよく用いられる．
- **プロトン性**溶媒中では S_N1 反応が有利になり，**非プロトン性極性**溶媒中では S_N2 反応が有利になる．

7・9　官能基変換を行うための反応剤を選ぶ

- 置換反応は，用いる求核剤の種類によって，幅広いさまざまな種類の化合物を合成することができる有用な反応である．

スキルビルダーのまとめ

7・1　置換反応の巻矢印を書く

協奏的機構　一つの段階に対して，二つの巻矢印を書く．求核攻撃と同時に脱離が進行する．

求核攻撃　脱離

Nuc:⁻　LG　—LG⁻→　Nuc

段階的機構　二つの段階それぞれに対し，一つずつ巻矢印を書く．脱離によりカルボカチオンが生成し，つづいて求核剤の攻撃が起こる．

7・2　S_N2 反応の生成物を書く

求核剤で脱離基を置換し，立体配置を反転させる．

Br　＋　⁻OH　⟶　OH　＋　Br⁻

7・3　S_N2 反応の遷移状態を書く

次の反応の遷移状態を書け．

Cl　—NaSH→　SH

ステップ 1　求核剤と脱離基を明らかにする．

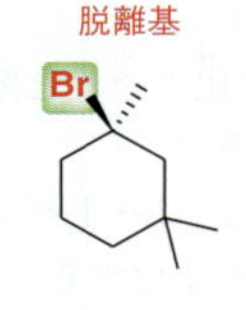

⁻SH（求核剤）　Cl（脱離基）

ステップ 2　求核剤と脱離基の間に炭素原子を書く．

δ− HS - - - C - - - Cl δ−

生成しつつある結合　開裂しつつある結合

ステップ 3　炭素原子に結合した三つの置換基（または水素原子）を書く．［　］と遷移状態を表す記号‡をつける．

[δ− HS - - - C(CH₃)(H)(H) - - - Cl δ−]‡

7・4　S_N1 反応のカルボカチオン中間体を書く

ステップ 1　脱離基を明らかにする．

ステップ 2　三つの置換基が互いに離れるように書く．

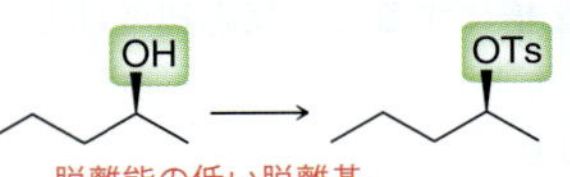

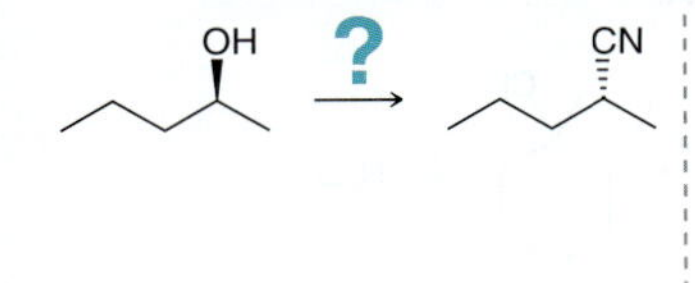

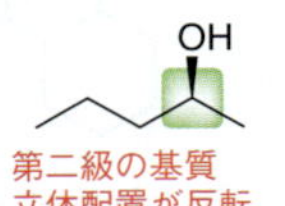

+

7・5 S_N1 反応の生成物を書く

次の反応の生成物を示せ．

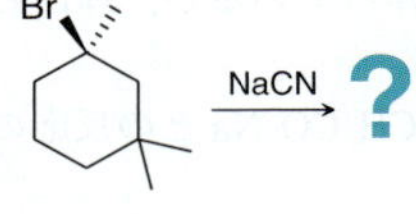

ステップ 1 求核剤と脱離基を明らかにする．

求核剤 脱離基

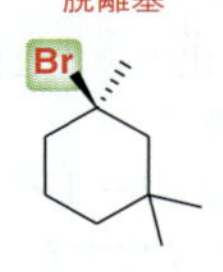

ステップ 2 脱離基を求核剤と置換する．

キラル中心

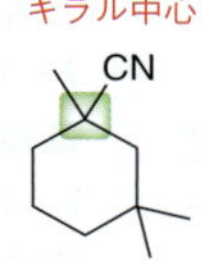

ステップ 3 反応がキラル中心で起こる場合，S_N1 反応では両方のエナンチオマーが生成する．

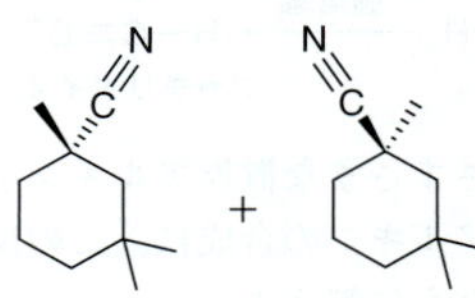

7・6 S_N1 反応の反応全体の機構を書く

プロトン移動 -- 脱離 -- カルボカチオン転位 -- 求核攻撃 -- プロトン移動

脱離基が脱離するのにプロトン化が必要か
脱離基が OH 基ならば，必要である

反応後の求核剤の位置は脱離基が元あった位置と異なるか
異なるならば，カルボカチオン転位が起こっている

求核剤は中性か
中性ならば，反応終了時に正電荷を取除くための脱プロトンが起こる

7・7 S_N2 反応の反応全体の機構を書く

プロトン移動 -- 求核攻撃 + 脱離 -- プロトン移動

脱離基が脱離するのにプロトン化が必要か
脱離基が OH 基ならば，必要である

求核剤は中性か
中性ならば，反応終了時に正電荷を取除くための脱プロトンが起こる

7・8 反応が S_N1 機構と S_N2 機構のどちらで進むか明らかにする

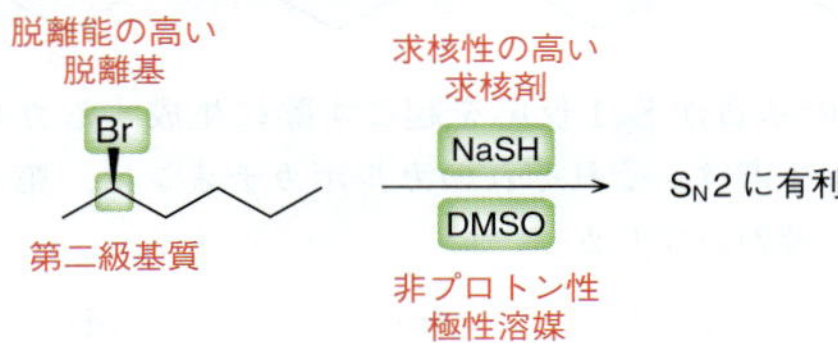

7・9 置換反応を行うために必要な反応剤を明らかにする

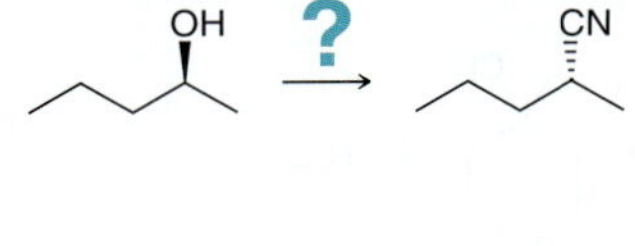

ステップ 1 基質と反応の立体化学を調べる．

OH

第二級の基質
立体配置が反転，
S_N2 反応が必要

ステップ 2 脱離基を考える．

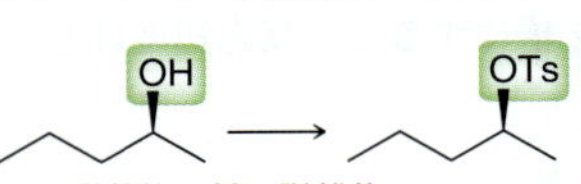

脱離能の低い脱離基
TsCl とピリジンを用いてトシラートへの変換が必要

ステップ 3 S_N2 反応に有利な条件を選ぶ．強い求核剤 (NaCN) と非プロトン性極性溶媒 (DMSO)．

反応剤：1) TsCl, ピリジン
2) NaCN, DMSO

練習問題

7・36 次の化合物に系統名と慣用名をつけよ．

(a) 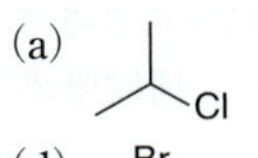

(b) 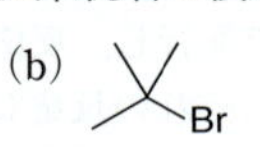

(c) 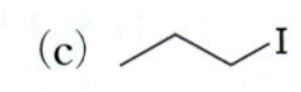

(d) 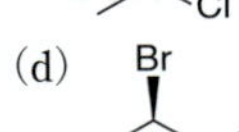

(e) Cl

7・37 分子式 C_4H_9I で表されるすべての異性体を書き，S_N2 反応の反応性が増大する順に並べよ．

7・38 次の化合物の組で，どちらがより速やかに S_N2 反応を起こすか．理由も述べよ．

(a) 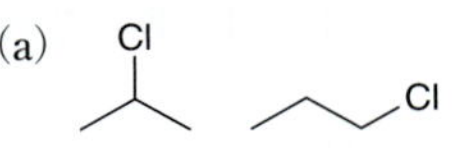

(b) 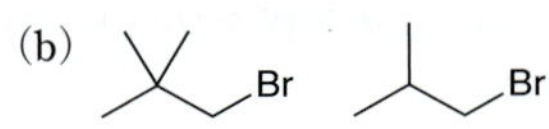

(c) 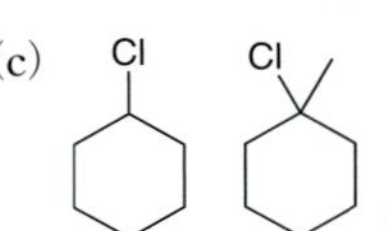

(d) 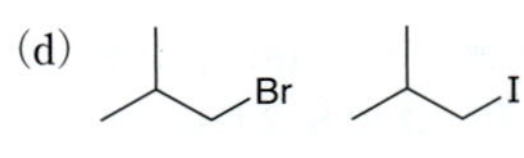

7・39 10 章で，アセチリドイオン（アセチレンに強塩基を作用させると生成する）が S_N2 反応の求核剤として働くことを述べる．

H—C≡C—H $\xrightarrow{\text{強塩基}}$ H—C≡C$^-$ $\xrightarrow{\text{R—X}}$ H—C≡C—R
アセチレン　　アセチリドイオン

この反応は，さまざまな置換アルキンを合成できる有用な反応である．次のアルキンの合成に，この反応を用いることができるか，理由とともに答えよ．

H—C≡C—

7・40　次の各組において，どちらの求核性が高いか示せ．
(a) NaSH と H_2S　　(b) 水酸化ナトリウムと水
(c) メタノール中のメトキシドイオンと DMSO 中のメトキシドイオン

7・41　次の化合物の組で，どちらがより速やかに S_N1 反応を起こすか．理由も述べよ．

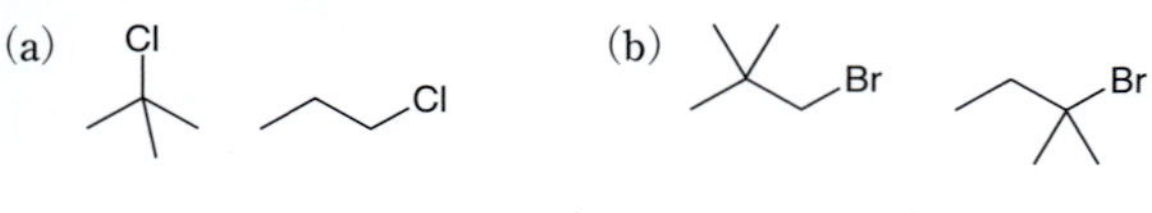

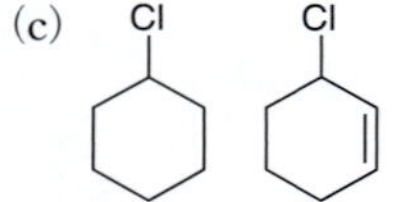

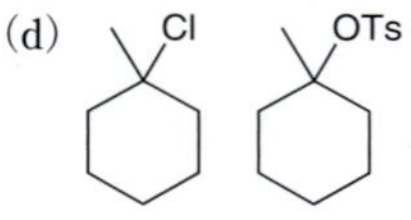

7・42　次の反応について問に答えよ．

Br $\xrightarrow[\text{DMSO}]{\text{NaCN}}$ CN ＋ NaBr

(a) ハロゲン化アルキルの濃度を 2 倍にすると，反応速度はどのように変化するか．
(b) シアン化ナトリウムの濃度を 2 倍にすると，反応速度はどのように変化するか．

7・43　次の反応について問に答えよ．

OH $\xrightarrow{\text{HBr}}$ Br ＋ H_2O

(a) アルコールの濃度を 2 倍にすると，反応速度はどのように変化するか．
(b) HBr の濃度を 2 倍にすると，反応速度はどのように変化するか．

7・44　次の溶媒をプロトン性溶媒と非プロトン性溶媒に分類せよ．
(a) DMF　　(b) エタノール　　(c) DMSO
(d) 水　　(e) アンモニア

7・45　次の S_N2 反応について問に答えよ．

Br $\xrightarrow[\text{DMF}]{\text{NaCN}}$ CN

(a) 基質のキラル中心の立体配置を明らかにせよ．
(b) 生成物のキラル中心の立体配置を明らかにせよ．
(c) この S_N2 反応は立体配置の反転を伴っているか，理由とともに答えよ．

7・46　ヨウ化エチルと酢酸ナトリウム CH_3CO_2Na との反応の遷移状態を書け．

7・47　(*S*)-2-ヨードペンタンは，ヨウ化ナトリウムの DMSO 溶液中でラセミ化する．この現象を説明せよ．

7・48　次の光学活性アルコールに HBr を反応させると，臭化アルキルのラセミ体が得られる．

OH $\xrightarrow{\text{HBr}}$ Br ＋ H_2O
ラセミ体

この反応の機構を示し，反応の立体化学を説明せよ．

7・49　(*R*)-2-ペンタノールは希硫酸中でラセミ化する．この反応の機構を書き，反応の立体化学を説明せよ．また，反応のエネルギー図を書け．

7・50　次のカルボカチオンを安定性が増大する順に並べよ．

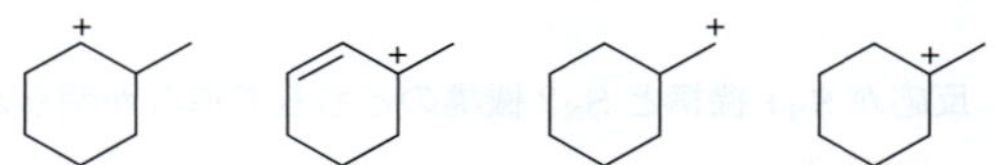

7・51　次の基質が S_N1 反応を起こす際に生成するカルボカチオン中間体を書け．それぞれのカルボカチオンは，第一級，第二級，第三級のいずれか．

(a) Cl　(b) Br　(c) I　(d) Cl

7・52　次の反応の機構を示せ．

OH $\xrightarrow{\text{HCl}}$ Cl ＋ H_2O

7・53　次の反応の機構を示せ．

Br $\xrightarrow{\text{CH}_3\text{CO}_2\text{Na}}$ OAc ＋ NaBr

7・54　次の反応は S_N1 機構で進行し，反応中に§7・6で述べた 2〜5 段階が含まれる．それぞれの反応について，何段階の反応であるか示すとともに，その反応機構を書け．

(a) Cl $\xrightarrow{\text{MeOH}}$ OMe ＋ HCl

(b) Cl $\xrightarrow{\text{NaSH}}$ SH ＋ NaCl

(c) 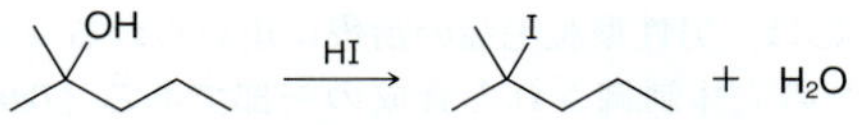 HI, + H_2O

(d) 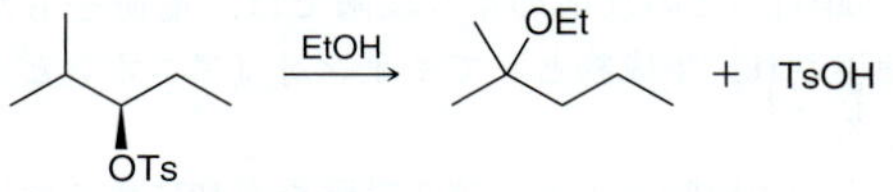 EtOH, OTs, OEt, + TsOH

7・55 次の反応の生成物を示せ．

(a) 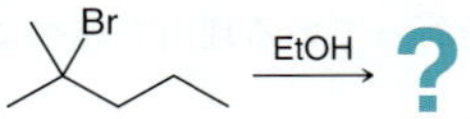 Br, EtOH → ?　(b)  OTs, NaBr → ?

(c) 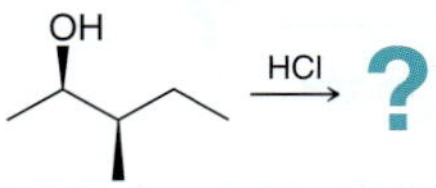 OH, HCl → ?　(d) 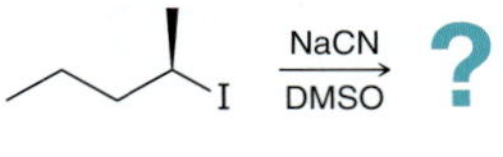 I, NaCN, DMSO → ?

7・56 次の反応の生成物を示せ．

NaO～ONa + Br～Br → $C_4H_8O_2$ + 2 NaBr

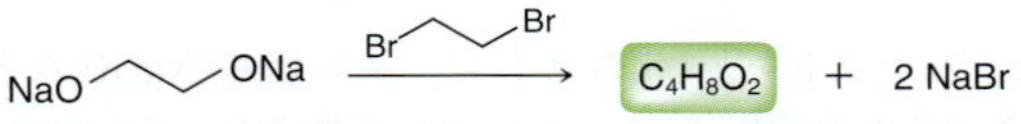

7・57 次の反応は進行が非常に遅い．反応機構を示し，反応が遅い理由を説明せよ．

Br, NaOH → OH

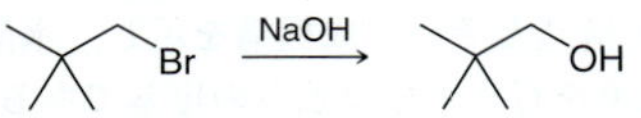

7・58 次の反応は進行が非常に遅い．

Br, H_2O → OH + HBr

(a) 反応機構を示せ．

(b) 反応が遅い理由を説明せよ．

(c) 水の代わりに水酸化物イオンを用いると，反応が非常に速くなる．反応機構を示し，反応が速くなる理由を説明せよ．

7・59 次の反応を行うのに必要な反応剤を示せ．

(a)  OTs → OH　(b)  OH → CN

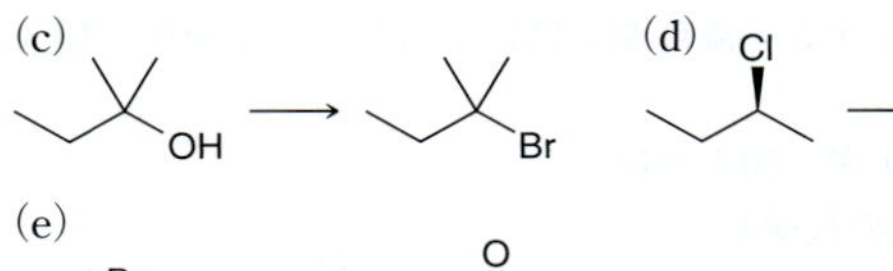

(e) 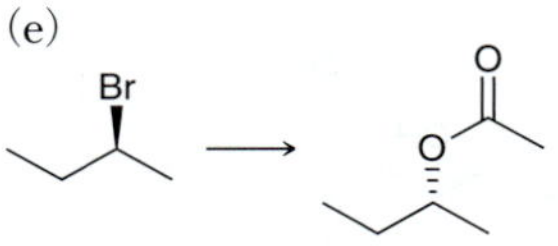 Br → O-アセチル体

7・60 次の化合物はヨウ化アルキルと適切な求核剤との反応で合成できる．それぞれについて，どのようなヨウ化アルキルと求核剤を用いればよいか．

(a)  OH　(b) 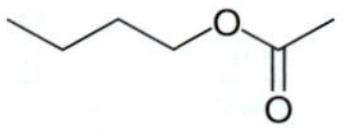 O, O　(c) 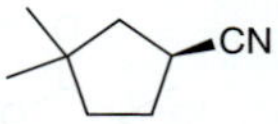 CN

(d) 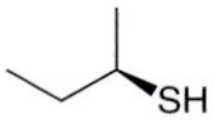 SH　(e) 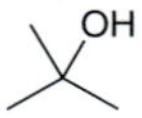 OH　(f) 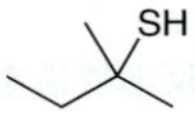 SH

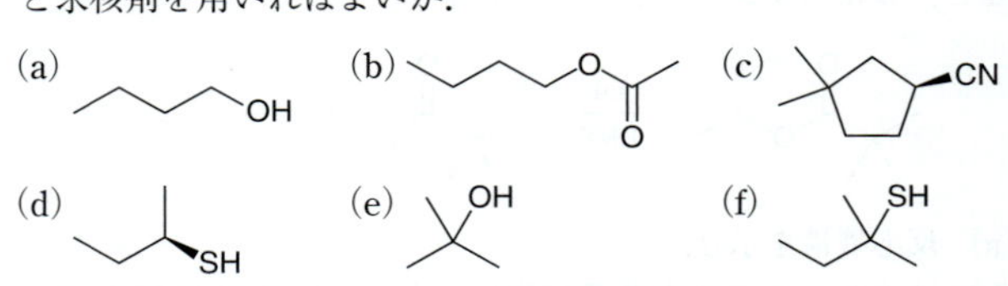

7・61 (*S*)-2-ヨードブタンと次の求核剤との反応で得られる生成物を示せ．

(a) NaSH　(b) NaSEt　(c) NaCN

7・62 次に示す二つのエーテル合成反応のうち，一方のみが目的の化合物を与える．どちらの反応が目的物を生成するか，理由とともに答えよ．

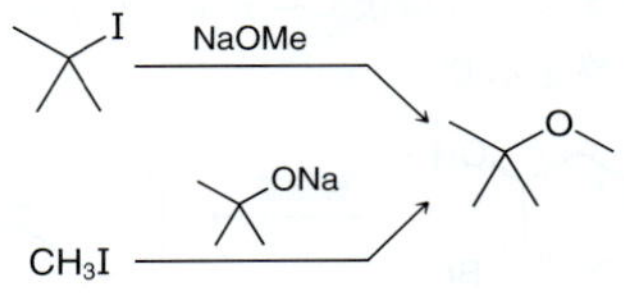

I, NaOMe → O
CH_3I, ONa → O

7・63 次の変換反応を行うのに必要な反応剤を示せ．

(a) 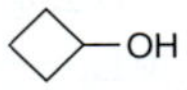 シクロブタノール (OH) ⟶ ブロモシクロブタン

(b) $(CH_3)_3COH$ ⟶ 塩化 *tert*-ブチル

(c) CH_3CH_2Cl ⟶ CH_3CH_2OH

発展問題

7・64 次の S_N2 反応について問に答えよ．

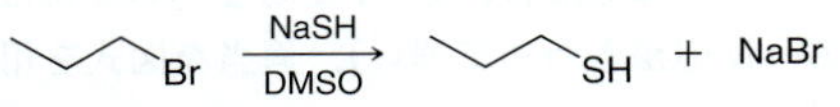

Br, NaSH, DMSO → SH + NaBr

(a) 反応機構を示せ．

(b) 反応の速度式を書け．

(c) 溶媒を DMSO からエタノールに替えると反応速度はどのように変化するか．

(d) 反応のエネルギー図を書け．

(e) 反応の遷移状態を書け．

7・65 次の置換反応について問に答えよ．

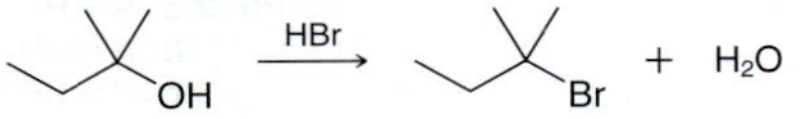

OH, HBr → Br + H_2O

(a) この反応は S_N1 機構と S_N2 機構のどちらで進行するか．

(b) 反応機構を示せ．

(c) 反応の速度式を書け．

(d) 臭化ナトリウムを添加すると，反応速度が増大するか．

(e) 反応のエネルギー図を書け．

7・66 次の置換反応について問に答えよ．

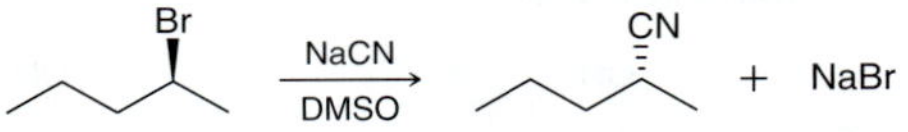

Br, NaCN, DMSO → CN + NaBr

(a) この反応は S_N1 機構と S_N2 機構のどちらで進行するか．

(b) 反応機構を示せ．

(c) 反応の速度式を書け．

(d) シアン化物イオンの濃度を2倍にすると，反応速度が増大するか．

(e) 反応のエネルギー図を書け．

7・67　次の反応の機構を示せ．

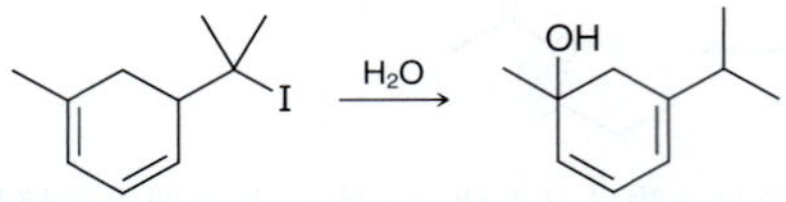

7・68　次のエステルに DMF 中でヨウ化リチウムを作用させると，カルボキシラートイオンが得られる．

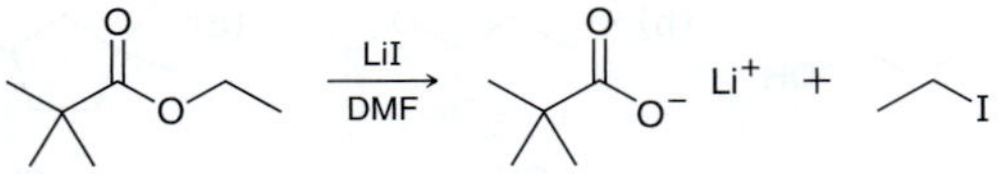

(a) 反応機構を示せ．

(b) メチルエステルを基質に用いると，反応速度が10倍速くなる．反応速度が増大する理由を説明せよ．

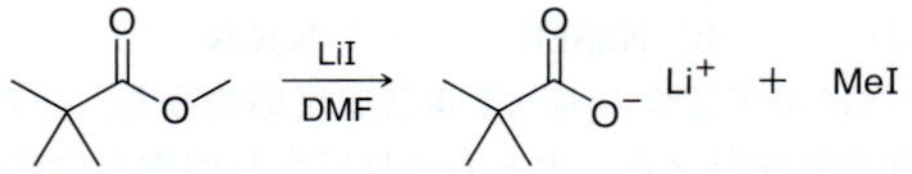

7・69　(1*R*,2*R*)-2-ブロモシクロヘキサノールに強塩基を作用させると，エポキシド（環状エーテル）が生成する．エポキシドが生成する機構を示せ．

エポキシド

7・70　臭化ブチルにエタノール中でヨウ化ナトリウムを作用させると，ヨウ化物イオンの濃度はただちに減少し，その後徐々にもとの濃度に戻る．この反応のおもな生成物を示せ．

7・71　次の化合物は S_N1 機構で速やかに反応する．第一級アルキル基質であるにもかかわらず，この基質の S_N1 反応が速く進行する理由を説明せよ．

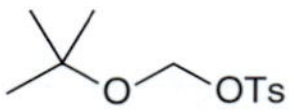

7・72　次の反応の速度は，少量のヨウ化ナトリウムを添加すると著しく増大する．この反応で，ヨウ化ナトリウムは消費されないので，触媒として働いていると考えられる．ヨウ化物イオンが存在すると，なぜ反応速度が増大するのか説明せよ．

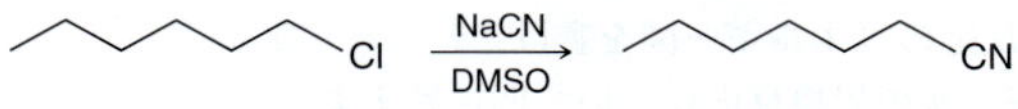

7・73　次の反応の機構を示せ．

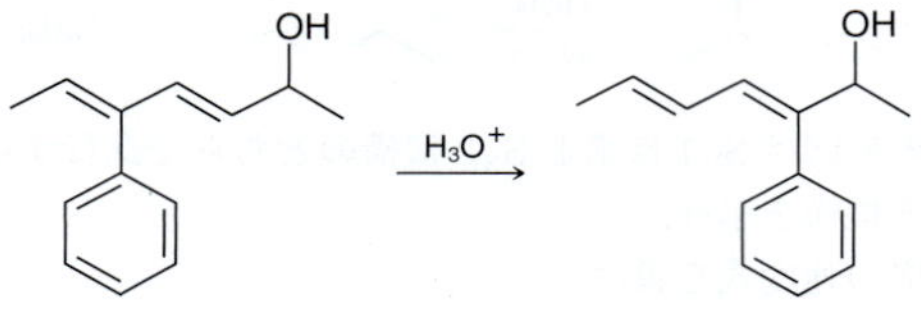

7・74　次の反応は，男性型脱毛症の治療に用いられるシオクトール(cyoctol)の立体制御された合成の一部である［*Tetrahedron*, 60, 9599(2004)］．この反応の第3段階では，電荷をもたない求核剤が使用され，生成物としてイオン対（アニオンとカチオン）を生じる．

(a) 一連の反応の生成物を書き，第3段階を有利にする要因について説明せよ．

(b) この反応で，第2段階の変換を行っている理由を述べよ．

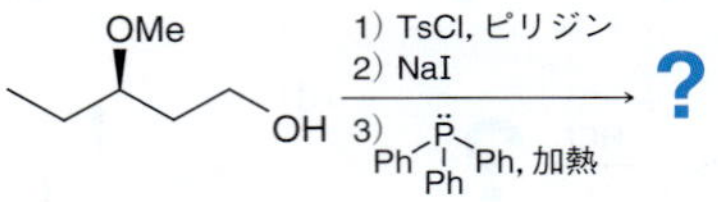

問題7・75と問題7・76は，赤外分光法（15章）を学習した学生向けの問題である．

7・75　2-ナフトール(化合物1)は，強い塩基(NaOH など)を作用させると共役塩基(アニオン2)に変換され，それにヨウ化ブチルを作用させると化合物3にさらに変換される［*J. Chem. Educ.*, 86, 850(2009)］．

(a) 化合物2の構造とその生成機構を示し，水酸化物イオンが1から2への変換を行う十分な強さの塩基である理由を述べよ．

(b) 化合物3の構造とその生成機構を示せ．

(c) 化合物3の最も簡便な精製法は，水からの再結晶である．したがって，1から3への変換を検証するのに赤外分光法を用いるためには，生成物を十分に乾燥しておく必要がある．この場合，なぜ湿った試料を用いると赤外スペクトルの解析に支障が生じるのか説明せよ．また，生成物が適切に乾燥されているとして，1から3に完全に変換されていることを検証するために赤外スペクトルの解析をどのように行えばよいか．

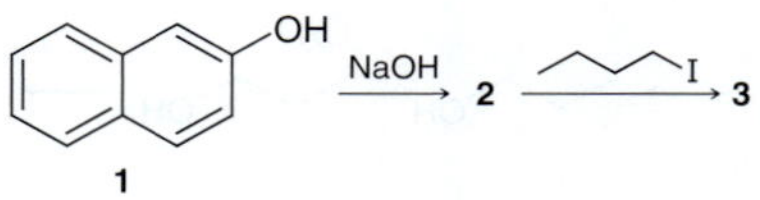

7・76　ブロモトリフェニルメタン（化合物1）は，適当な求核剤を作用させると **2a**, **2b**, あるいは **2c** に変換することができる［*J. Chem. Educ.*, 86, 853(2009)］．

(a) 1から **2b** への変換の機構を示せ．

(b) 三つの場合すべてにおいて，1から2への変換はほぼ瞬時に進行する（反応がきわめて速い）．適当な図式を用いてこの結果を説明せよ．

(c) 1から **2a** への変換を観測するには赤外分光法は理想的な手段であるが，1から **2b**，あるいは1から **2c** への変換を観測するには他の分光学的手法のほうがより適切と考えられる．その理由を説明せよ．

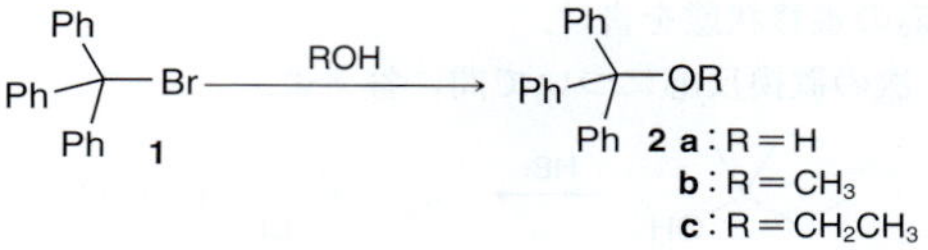

2 **a**：R = H
b：R = CH_3
c：R = CH_2CH_3

8

アルケン：構造と脱離反応による合成

本章の復習事項

- 反応速度論とエネルギー図 §6·5, §6·6
- 電子の流れの矢印とカルボカチオン転位 §6·8〜§6·11
- 置換反応 §7·3〜§7·8
- 立体異性入門 §5·2
- シクロヘキサンのいす形配座 §4·11〜§4·13

新生児黄疸はなぜ発症するのか，そして青色光の照射が最も効果的な治療法なのはどのようなしくみだろうか．

新生児黄疸（新生児の皮膚が黄橙色に変色する）でみられる特徴的な色は，ビリルビンとよばれる黄橙色の化合物が蓄積して生じるものである．治療を行わず放置すると，体内のビリルビン値が高まって乳児の脳細胞の発達が阻害され，回復不能な精神遅滞の原因になる場合がある．本章のコラム“医薬の話題”で解説するが，青色光を照射すると，ビリルビンの炭素－炭素二重結合の立体配置が変化し，より水溶性の高い化合物になる．その結果，過剰なビリルビンが尿や便に排出されやすくなり，ビリルビン値が低下する．

ビリルビンのように多くの天然物が炭素－炭素二重結合をもっている．本章では，炭素－炭素二重結合をもつ化合物の性質と合成について述べる．

8・1 脱離反応とは

前章では，脱離基をもつ化合物が起こす反応として，置換反応について述べた．本章では，脱離基をもつ化合物によくみられるもう一つの反応である**脱離反応**（elimination reaction）を取上げる．脱離反応はさまざまな状況で起こるが，本章ではアルケンを生成する手法としての脱離反応について述べる．置換反応と脱離反応の違いについて考えてみよう（図 8・1）．置換反応では，脱離基は求核剤により置換される．一方，脱離反応では，脱離基とともに β（ベータ）位にある水素が除去され，二重結合が生成する．この形式の反応は，**β 脱離**（β elimination），あるいは **1,2 脱離**（1,2-elimination）とよばれ，脱離能が高ければどのような脱離基でも起こりうる．ある種の β 脱離反応は，脱離反応に共通の機構があることが明らかになる前から，反応としてすでによく知られていた．そのため，β 脱離反応のなかには，脱離基の種類をもとに名づけられているものがある．たとえば，脱離基がハロゲン化物イオンである場合，**脱ハロゲン化水素反応**（dehydrohalogenation）とよばれる．また，脱離基が水

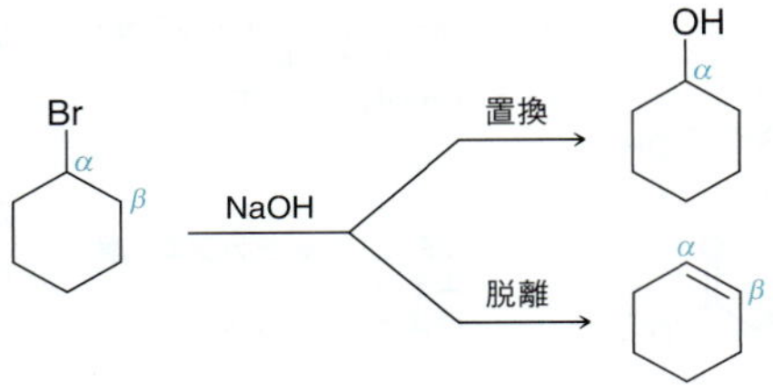

図 8・1 置換反応と脱離反応の生成物

である場合，**脱水反応**（dehydration）とよばれる．重要なことは，どのように名づけられていても，これらの反応はすべて，基本となる反応機構が共通しており，これに基づいて各過程を説明することができる点である．

ここで述べる脱離反応においては，生成物はC=C結合をもつ化合物であり，**アルケン**（alkene）とよばれる．本章では，アルケンの構造とβ脱離反応による合成について説明する．

8・2　自然界および産業界でのアルケン

アルケンは，自然界に豊富に存在する．非環状化合物（環状骨格をもたない化合物）も，単環，二環，多環の化合物もある．

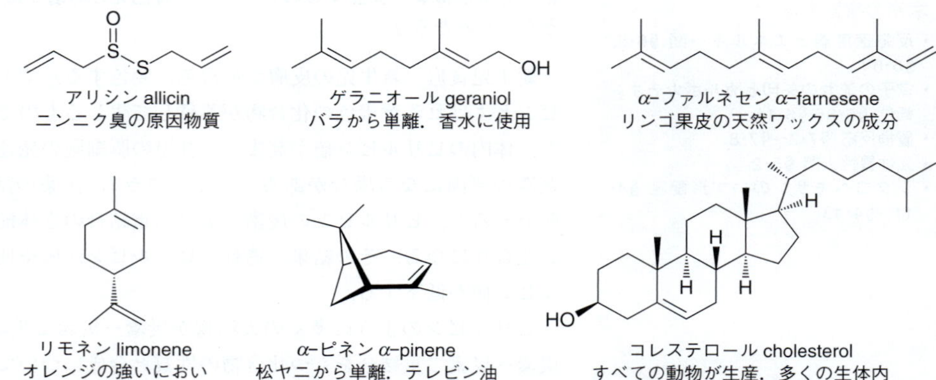

役立つ知識　昆虫の個体数を制御するフェロモン

リンゴ園の生産性に対して最も大きな脅威となるのが，コドリンガの繁殖である．コドリンガが大発生すると，リンゴの収穫高の95%までもが被害を受ける．雌のコドリンガは最大100個の卵を産む．孵化すると幼虫はリンゴに深く入り込むので，殺虫剤が効かなくなる．リンゴの中にいる“虫”といえば，一般にはコドリンガの幼虫である．この害虫のおもな対処法に，雌の性フェロモンを使い，交尾を撹乱する方法がある．

コドリンガの性フェロモンは実験室で容易に合成できる．これをリンゴ園に噴霧すれば，コドリンガの雄が雌を探し当てる能力が阻害される．この性フェロモンは，雄をわなに誘引する目的にも使えるので，農場主が害虫の個体数を監視して，雌の産卵期に合わせて殺虫剤を使用する時期を決め，殺虫剤の効果を高めることが可能になる．

(2*Z*,6*E*)-3-エチル-7-メチルデカ-2,6-ジエン-1-オール
コドリンガの性フェロモン

(2*E*,4*Z*)-2,4-デカジエン酸エチル
西洋ナシエステル

最新の研究では，雄と雌の両方をひき寄せる新しい化合物に焦点が当てられている．その一例が(2*E*,4*Z*)-2,4-デカジエン酸エチルで，西洋ナシエステルとして知られている．米国農務省（USDA）の研究者は，コドリンガの個体数を制御するうえで，西洋ナシエステルが他の化合物より効果的である可能性を見いだしている．この化合物を用いれば，農場主がより正確に雌と卵を標的にすることができる可能性がある．フェロモンを殺虫剤として用いる大きな利点のひとつに，他の殺虫剤と比べて一般にヒトに対する毒性が低く，環境への影響が小さいことがあげられる．

二重結合は，フェロモンの構造にもしばしば含まれている．フェロモンは生物が同種の他個体に特定の行動を起こさせるために使用する化学物質である．たとえば，警報フェロモンは仲間の個体に危険を知らせるために用いられ，性フェロモンは交尾のために異性をひきつけるのに用いられる．二重結合を含むフェロモンの例をいくつか示す．

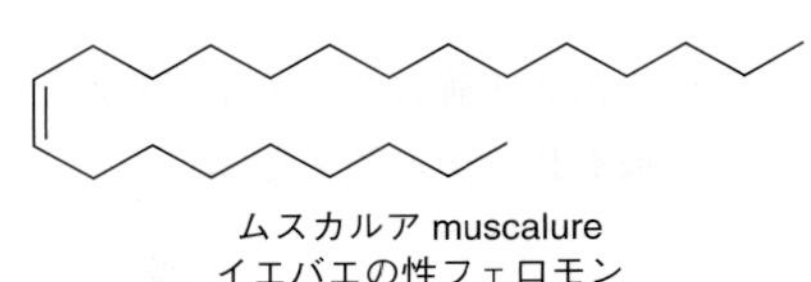

ムスカルア muscalure
イエバエの性フェロモン

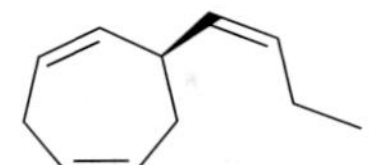

エクトカルペン ectocarpen
海藻 *Ectocarpus siliculosus* の卵から放出され，精子細胞を誘引するフェロモン

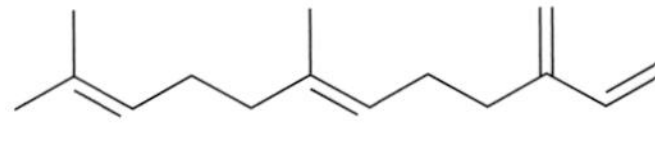

β-ファルネセン β-farnesene
アブラムシの警報フェロモン

毎年，世界中で 9000 万トン以上のエチレンと，3000 万トン以上のプロピレンが生産され，図 8・2 に示すものを含む多くの化合物の合成に用いられている．

アルケンは，化学工業における重要な出発物でもある．エチレンとプロピレンの 2 種は，工業的に最も重要なアルケンであり，石油のクラッキングによって製造され，幅広い種類の化合物の合成原料として用いられる（図 8・2）．

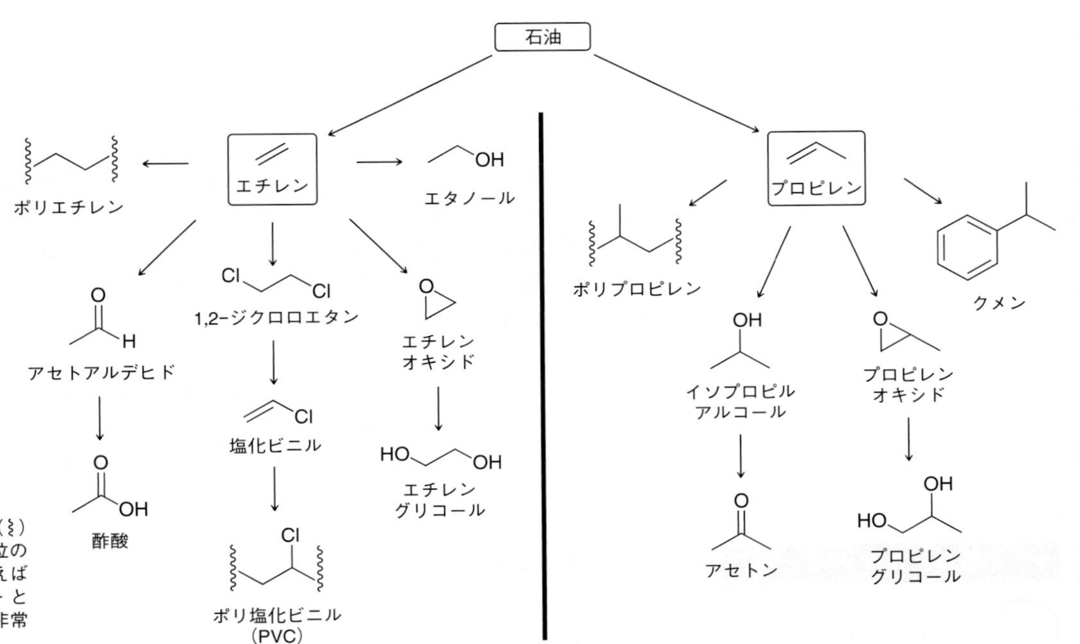

ここの構造中の波線（⌇）はポリマーの構造単位の繰返しを示す．たとえば PVC は $-(CH_2CHCl)_n-$ と書いてもよい．*n* は非常に大きい数である．

図 8・2　エチレンとプロピレンから製造される工業的に重要な化合物

8・3 アルケンの命名法

§4・2 で述べたように，アルカンを命名するには次の四つの段階が必要である．

1. 母体化合物（主鎖）を明確にし，命名する．
2. 置換基を明確にし，命名する．
3. 主鎖となる炭素鎖に番号をつけ，それぞれの置換基に位置番号をつける．
4. 置換基をアルファベット順に並べる．

アルケンも同様の 4 段階の手順に加え，次の規則に従って命名する．

主鎖を命名する際に，C=C 結合の存在を表すために接尾語の “アン -ane” を “エン -ene” に替える．

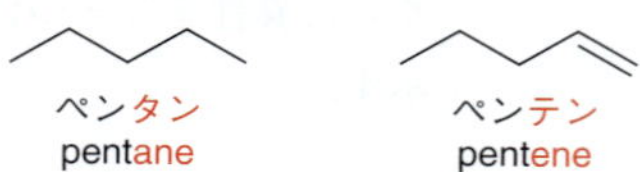

アルカンの命名では，最も長い炭素鎖を明確にし，主鎖とした．一方，アルケンの命名では主鎖には，二重結合を含む最も長い炭素鎖を選ぶ．

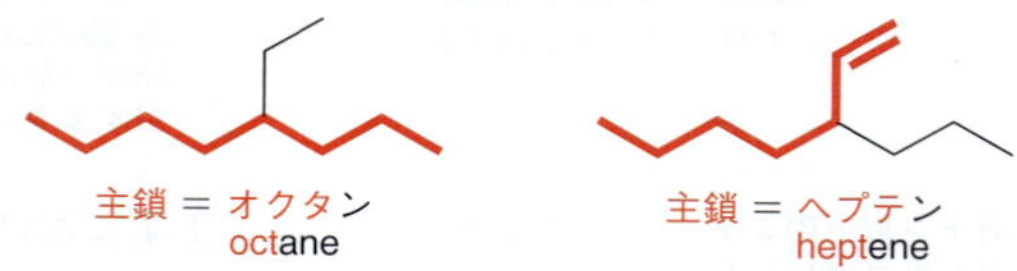

アルケンの主鎖に番号づけをする際には，アルキル置換基が存在していても，二重結合が最も小さな番号となるようにする．

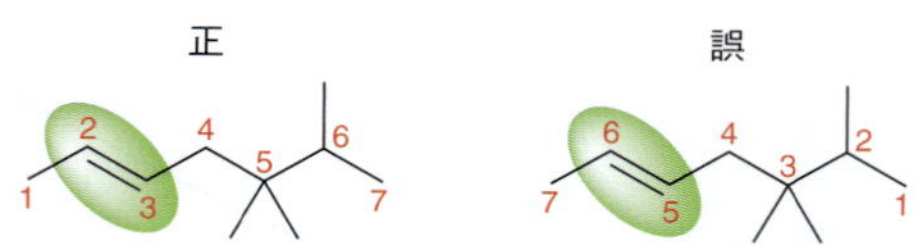

二重結合の位置は，位置番号一つで表す．上記の例では二重結合は主鎖の C2 と C3 の間に存在する．この場合，二重結合の位置番号は 2 である．1979 年の IUPAC 規則では，この位置番号を母体名の直前に置くように定められたが，1993 年の IUPAC 規則では，接尾語 “エン -ene” の直前に置くことを認めている．いずれも IUPAC 命名法で認められている．

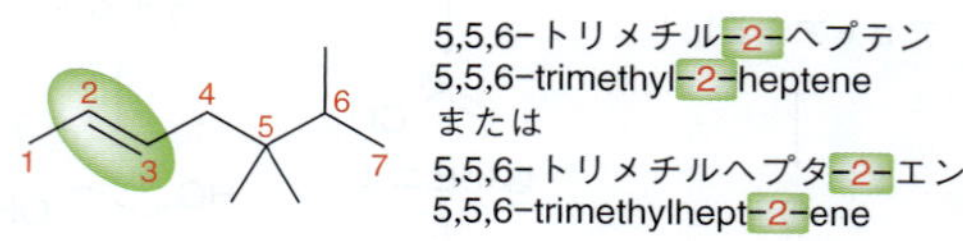

スキルビルダー 8・1　アルケンを命名する

スキルを学ぶ

次の化合物を命名せよ．

解答

ステップ 1
主鎖を明確にする．

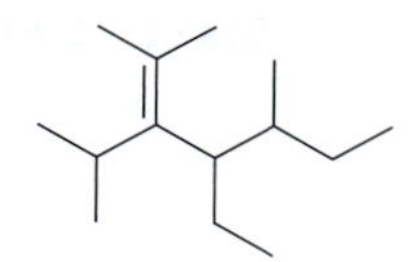

系統名を組立てるには四つの段階が必要である．まず初めに主鎖を明確にする．そのさい，二重結合を含む最も長い炭素鎖を選ぶ．

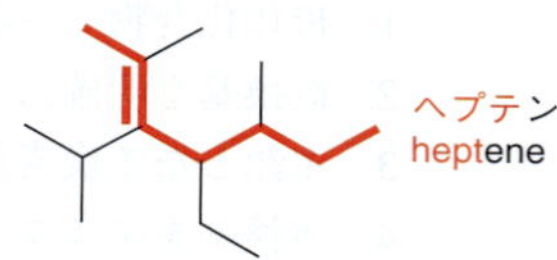

ステップ 2
置換基を明確にし命名する．

次に置換基を明確にし命名する．

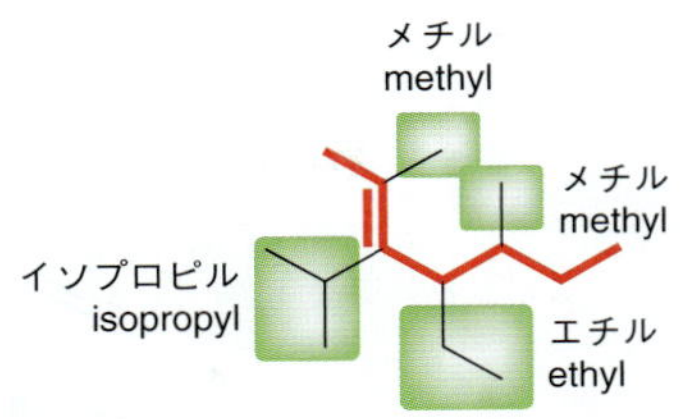

ステップ 3
主鎖に番号をつけ，それぞれの置換基に位置番号をつける．

次に主鎖に番号をつけ，それぞれの置換基に位置番号をつける．主鎖の番号づけは，二重結合に最も近い側から始める．この番号づけに従って，それぞれの置換基の位置番号を決める．

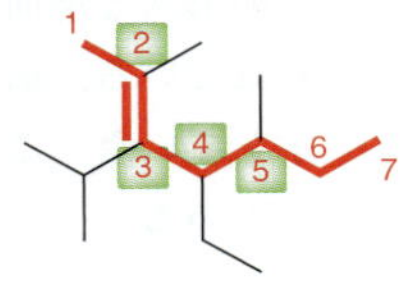

ステップ 4
置換基をアルファベット順に並べる．

最後に置換基をアルファベット順に並べる．二重結合の位置を示す位置番号を含めるのを忘れないこと．

4-エチル-3-イソプロピル-2,5-ジメチル-2-ヘプテン
4-ethyl-3-isopropyl-2,5-dimethyl-2-heptene

接頭語の"イソ iso-"はアルファベット配列に組入れるが，接頭語の"ジ di-"はアルファベット順の配列には無視する．§4・2参照．

最初にエチル（**e**thyl）が，次にイソプロピル（**i**sopropyl）が，最後にジメチル（di**m**ethyl）がくることに注意しよう．また，ハイフンは位置番号と化合物名をつなげる際に用いられるのに対し，コンマは位置番号どうしを分けるのに用いられることに注意すること．

スキルの演習

8・1 次の化合物を命名せよ．

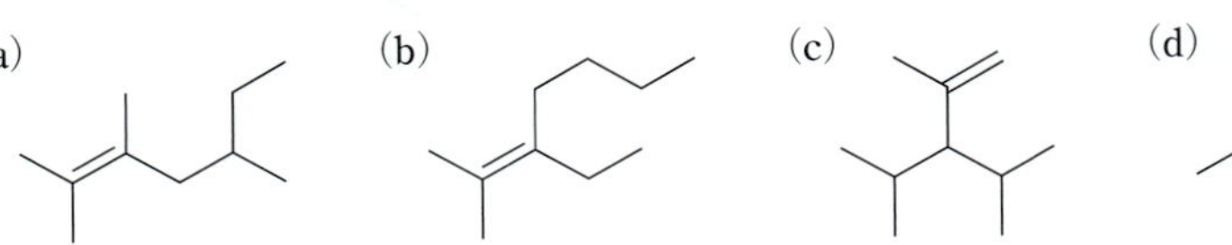

スキルの応用

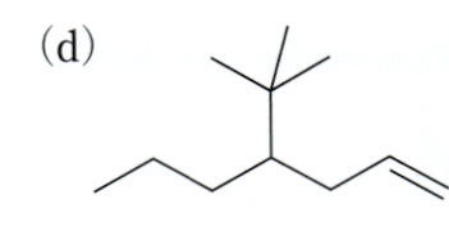

8・2 次の化合物の線結合構造式を書け．

(a) 3-イソプロピル-2,4-ジメチル-2-ペンテン
(b) 4-エチル-2-メチル-2-ヘキセン
(c) 1,2-ジメチルシクロブテン（環状アルケンの化合物名は二重結合の位置を示す番号を含まない．定義によりC1とC2の間に二重結合が存在するように番号をつける．）

8・3 §4・2で述べた二環性化合物の命名法と本節で述べた規則を用いて，次の二環性化合物の系統名を示せ．このような化合物の場合，番号づけは二重結合からではなく橋頭位から始める．

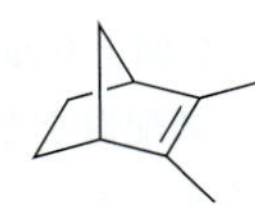

問題8・50を解いてみよう．

IUPAC命名法は，多くの単純アルケンに対し，慣用名の使用も認めている．また，置換基として化合物に含まれる場合，慣用名の使用を認めている基もある．

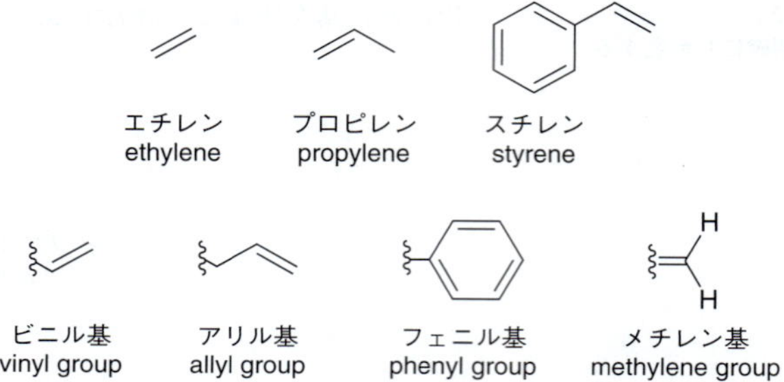

系統名および慣用名とは別に，アルケンには**置換数**（degree of substitution）に基づいた分類もある（図8・3）．“置換（substitution）”という言葉を，前章で述べた反応の形式と混同しないように注意すること．同じ言葉が，二つの異なった意味で用いられている．前章では，“置換”という言葉は脱離基が求核剤で置き換えられる反応を示していた．ここでは，“置換”という言葉は二重結合に結合したアルキル基の数を示している．

図 8・3　置換数は二重結合に結合したアルキル基の数を示す

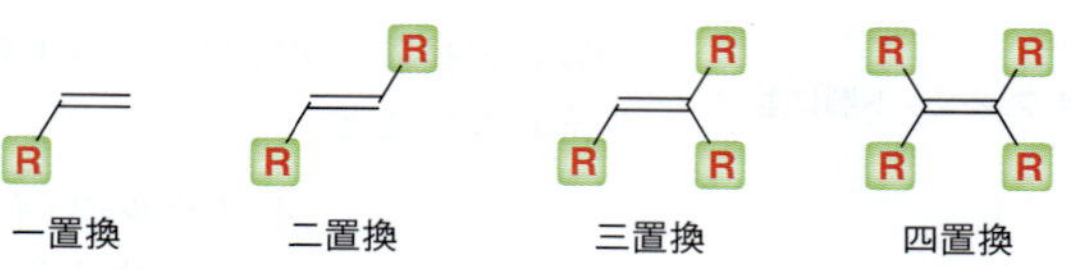

チェックポイント

8・4　次のアルケンを，一置換，二置換，三置換，あるいは四置換に分類せよ．

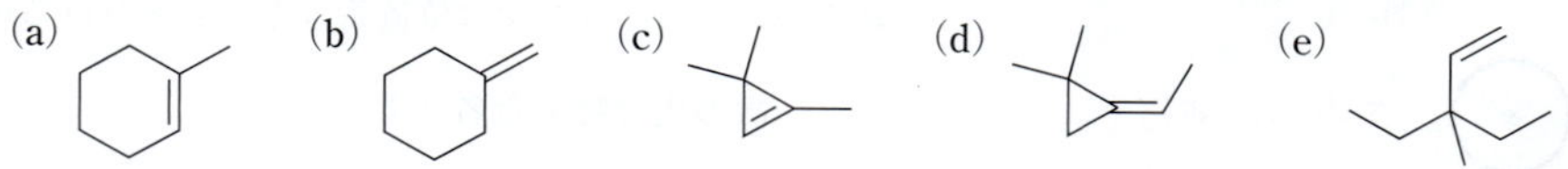

8・4　アルケンの立体異性

シスおよびトランス表記の使用

二重結合はσ結合とπ結合からなることを思い出してほしい（図8・4）．σ結合は sp^2 混成軌道の重なりによって生じるが，π結合はp軌道の重なりによって生じる．すでに述べたように，二重結合は室温では自由回転しないので，立体異性が生じる．

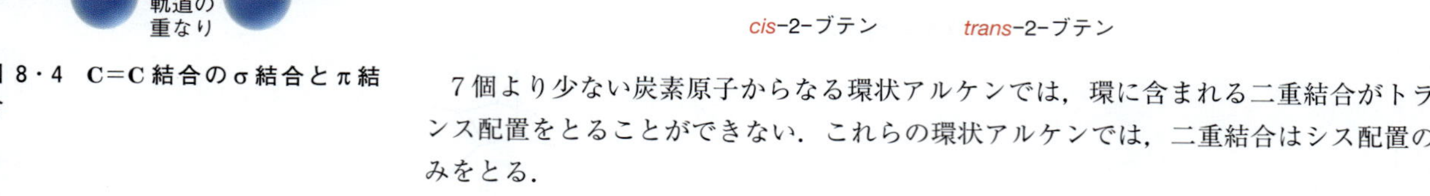

図 8・4　C=C 結合のσ結合とπ結合

7個より少ない炭素原子からなる環状アルケンでは，環に含まれる二重結合がトランス配置をとることができない．これらの環状アルケンでは，二重結合はシス配置のみをとる．

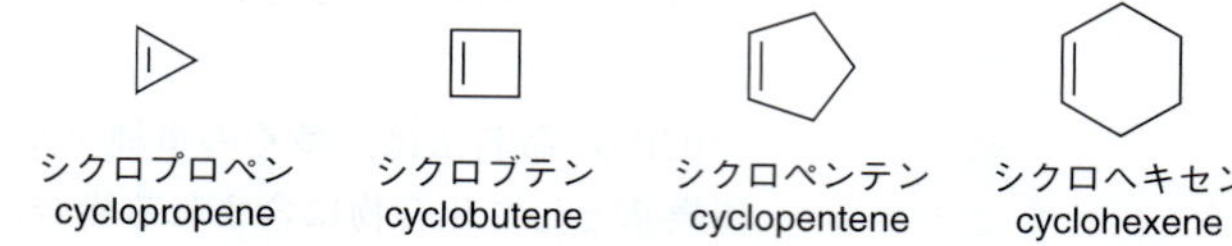

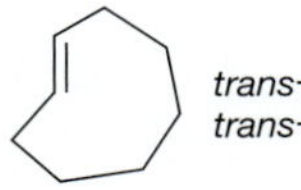

trans-シクロオクテン
trans-cyclooctene

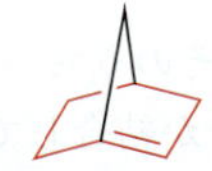

この化合物は安定に存在しない

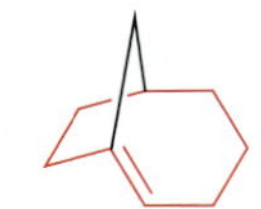

この化合物は安定に存在する

このように二重結合の立体配置が自明の場合には，化合物を命名する際に立体配置を明示する必要はない．たとえば，前ページ下図で最後の化合物は，*cis*-シクロヘキセンではなく，シクロヘキセンとよばれる．7 員環の場合，トランス二重結合を含む化合物が合成されているが，この化合物（*trans*-シクロヘプテン）は室温では不安定である．環内にトランス二重結合を含むことができ，かつ室温で安定な最小の環は，8 員環である．この規則は架橋された二環性化合物にも適用されており，**Bredt 則**（ブレッド）（Bredt's rule）とよばれている．すなわち，"橋頭位に二重結合をもつ二環性化合物では，その二重結合を含む環の片方はトランス二重結合を含むことになるので，その環が小員環である場合，橋頭位炭素が C=C 結合を生成することはできない" という規則である．たとえば，左の化合物は非常に不安定であり生成しない．この化合物では，赤で示したように，6 員環内にトランス二重結合が含まれてしまう．π 結合を生成するには p 軌道が平行に重なり合う必要があるが，この場合，橋頭位の構造のためにそれが困難となり，化合物が不安定になる．その結果，このような化合物はきわめて高いエネルギーをもつことになり，短寿命でしか存在できない．

架橋された二環性化合物が橋頭位に二重結合をもつためには，一方の環が少なくとも 8 個の炭素原子を含む必要がある．たとえば，左の化合物では p 軌道が平行に重なり合うことができるため，この化合物は室温で安定に存在する．

E および *Z* 表示の使用

シスおよびトランスの立体表示法は，類似した基の相対配置を示す場合にのみ使用できる．類似していない基が二重結合に置換している場合，シス-トランスという用語を用いるとあいまいになってしまう．たとえば，次の二つの化合物を考えてみよう．

これら二つの化合物は同一ではなく立体異性体である．しかし，どちらの化合物をシスとよび，どちらの化合物をトランスとよべばよいだろうか．このような場合，IUPAC 命名法ではあいまいさのない別の立体表示法を使用する．具体的には，それぞれのビニル位にある二つの置換基に着目し，どちらの基が優先順位が高いかを決める．このとき用いる順位則は，§5・3 で述べたものと同じである．すなわち，より原子番号の大きい元素が優先順位が高い．この例では，F は C より優先し，N が H より優先する．次に，優先順位の高い基どうしの位置関係を調べる．優先順位の高い基が二重結合の同じ側にある配置を ***Z*** の文字（*Z* はドイツ語で "一緒に" を意味する zusammen の頭文字）で表し，反対側にある配置を ***E*** の文字（*E* はドイツ語で "逆に" を意味する entgegen の頭文字）で表す．

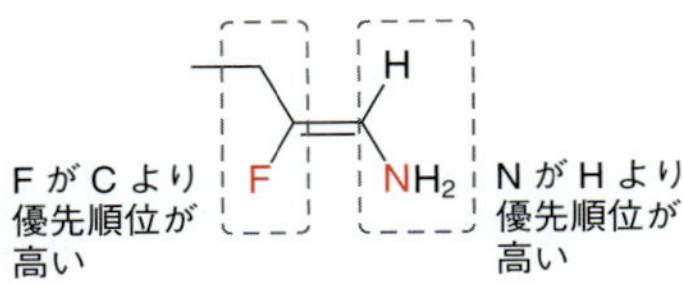

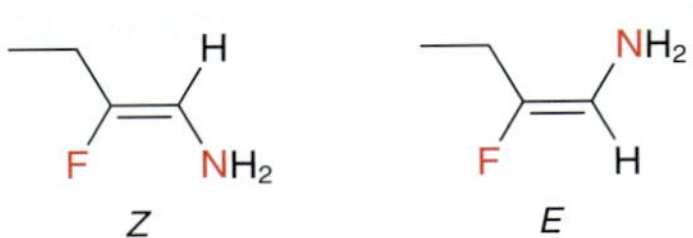

上の例では，ビニル位についた基がすべて異なる原子番号をもっているため，判断しやすい．一方，二つの炭素置換基の間で順位づけを行わなければならない例もある．その場合，5 章でキラル中心の立体配置を決めるときに用いた規則（順次離れた原子を比較していく方法）を適用する．次の練習問題で規則を思い出そう．

スキルビルダー 8・2　二重結合の立体配置を明らかにする

スキルを学ぶ

次のアルケンの立体配置を示せ．

解答

この化合物は二重結合を二つもつが，立体異性体が存在するのはそのうち一方だけである．図の右下にある二重結合は，同じビニル位に二つの水素原子が結合しているので，立体異性体が存在しない．

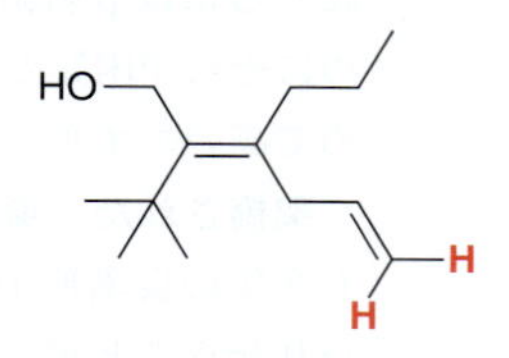

ステップ 1
ビニル位の一つの炭素に結合した二つの基を明確にし，どちらが優先順位が高いか明らかにする．

もう一方の二重結合に着目し，立体配置を明らかにする．それぞれのビニル位について，別個に考える．まず左側のビニル位から始める．ビニル位に結合した二つの基を比較して，どちらが優先順位が高いか決定する．この場合，二つの炭素原子（どちらも同じ原子番号）を比べることになるので，それぞれの炭素原子について結合している原子の比較表を作り（5章で行ったのと同じ作業），最初に違いが生じる箇所を探す．

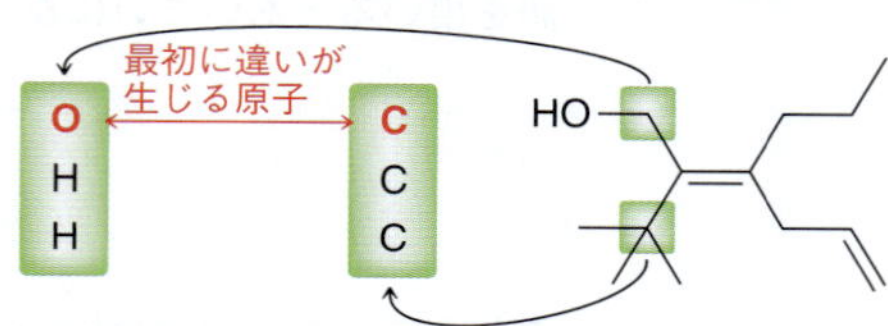

ここで，優先順位は，結合した原子の原子番号の和で決めるのではなく，最初に違いが生じる原子で決定することを思い出そう．OはCより原子番号が大きいので，左上の基のほうが *tert*–ブチル基より優先順位が高い．

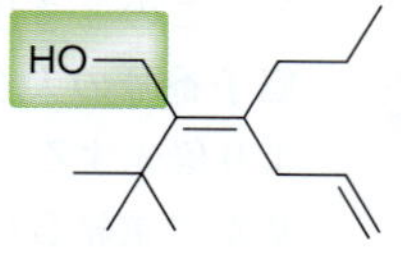

ステップ 2
もう一方のビニル位に結合した二つの基を明確にし，どちらが優先順位が高いか明らかにする．

次に二重結合の右側に注目する．同じ規則を用いて，どちらの基が優先順位が高いか明らかにする．この場合も，二つの炭素原子を比較することになるが，これらの炭素原子についての比較表には違いが現れない．

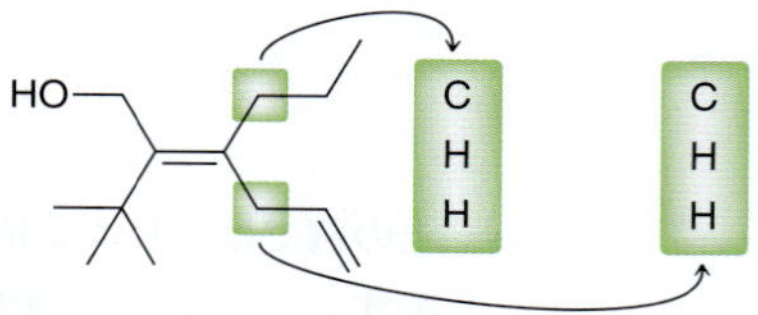

そこで，立体異性体が存在する二重結合からさらに離れた原子について同様に比較表をつくり，最初に違いが生じる原子を探す．二重結合は，2本の単結合が別個に結合して

いるものとみなして順位を決めることを思い出そう.

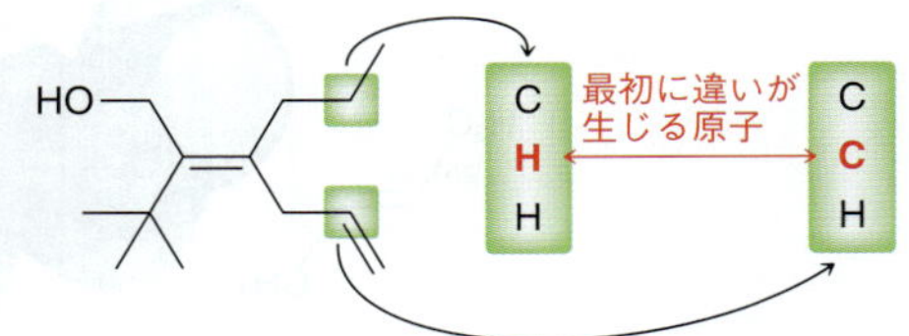

C は H より原子番号が大きいので，右下の基のほうがプロピル基より優先順位が高い.

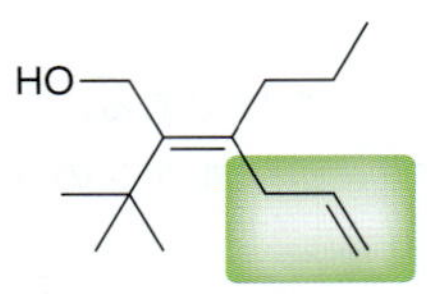

ステップ 3
優先順位の高い基どうしが同じ側にあるか(*Z*), 反対側にあるか(*E*)を明らかにする.

最後に，優先順位の高い基どうしの相対的な位置関係を調べる．これらの基は二重結合の反対側にあるので，立体配置は *E* となる.

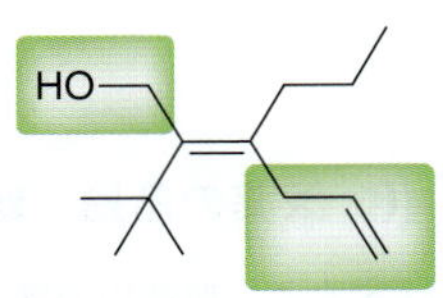

スキルの演習

8・5 次のアルケンの，二重結合の立体配置は *E* か *Z* か.

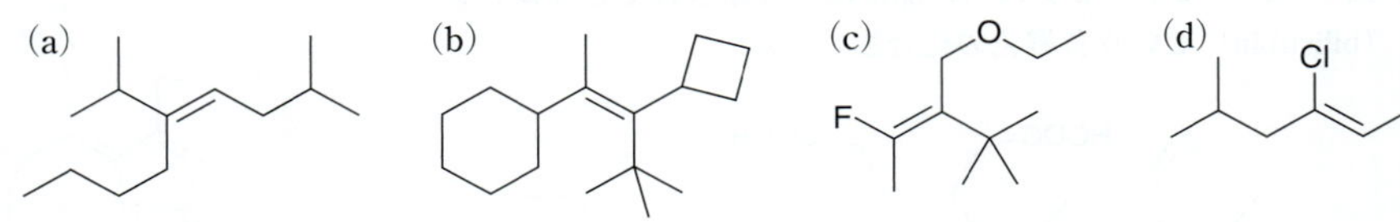

スキルの応用

8・6 二重結合が同じ基を二つもつ場合（それぞれのビニル位に一つずつ），シス-トランス表示と *EZ* 表示のどちらを用いてもよい．この二重結合の立体配置は，トランスあるいは *E* として表示される．どちらの表示法も認められている．たいていの場合，シス＝*Z*，トランス＝*E* である．しかし，例外もある．たとえば下の右の化合物である.

この化合物は，トランスであるが *Z* である．この化合物がなぜ例外となるか説明せよ．また，他に例外となる化合物を二つあげよ.

問題 8・51 を解いてみよう.

8・5 アルケンの安定性

一般に，シス体のアルケンは，その立体異性体であるトランス体のアルケンより不安定である．この不安定性の要因は，シス体にみられる立体ひずみにある．この立体ひずみは，*cis*-2-ブテンと *trans*-2-ブテンの空間充塡モデルを比較するとわかる（図 8・5）．メチル基どうしが立体的な相互作用を避けられるのは，トランス配置のとき

図 8・5　2-ブテンの立体異性体の空間充填モデル

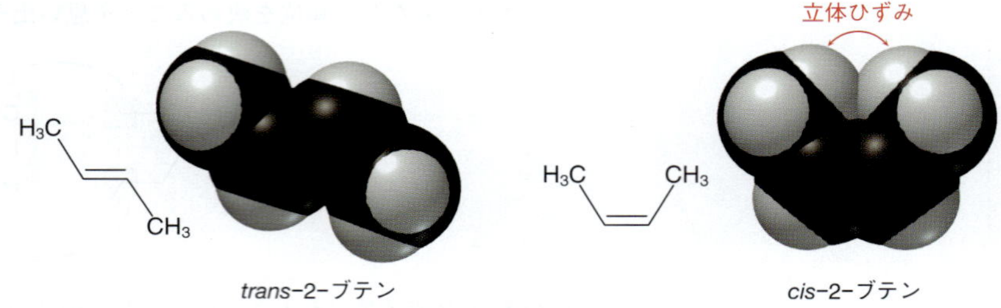

だけである．

燃焼熱については§4・4参照．

アルケンの立体異性体間のエネルギー差は燃焼熱を比較することで定量化できる．

$$(trans\text{-}2\text{-ブテン}) + 6\,O_2 \longrightarrow 4\,CO_2 + 4\,H_2O \qquad \Delta H^\circ = -2682\ \text{kJ/mol}$$

$$(cis\text{-}2\text{-ブテン}) + 6\,O_2 \longrightarrow 4\,CO_2 + 4\,H_2O \qquad \Delta H^\circ = -2686\ \text{kJ/mol}$$

医薬の話題　新生児黄疸の光療法による治療

赤血球が寿命（約３カ月）に達すると，血液中で酸素を輸送する機能をもつ赤色のヘモグロビン（hemoglobin）を放出する．ヘモグロビンのヘム部位は，代謝されてビリルビン（bilirubin）という黄橙色の化合物になる．

HOOC　COOH

ビリルビン

ビリルビンは極性官能基を多くもつため，水によく溶けると思うかもしれない．しかし，驚くべきことに，ビリルビンの水への溶解性（したがって尿や便における溶解性も）は非常に低い．これは，カルボキシ基とアミド基が分子内水素結合を形成した安定な立体配座をとることができるためである．

すべての極性官能基が分子の内側を向いているため，分子の外側の面は基本的に疎水性となる．そのため，ビリルビンはほとんど無極性分子のようにふるまい，水にごくわずかしか溶けない．その結果，高濃度のビリルビンが体内の脂肪組織や膜（これらは無極性の環境である）に蓄積される．ビリルビンが黄橙色の化合物であるため，これが**黄疸**（jaundice）となって現れる．黄疸の特徴は皮膚の黄変である．

ビリルビンはおもに便を通して体内から排出される．しかし，便はほとんど水分からなるので，ビリルビンが排出されるためには，より水溶性の高い化合物に変換される必要がある．この変換はグルクロン酸転移酵素（glucuronosyl transferase）という肝臓中の酵素が，無極性のビリルビンに非常に極性の高いグルクロン酸（あるいはグルクロン酸イオン）

グルクロン酸

グルクロン酸ビリルビン
（抱合型ビリルビン）

どちらの反応も同じ生成物を生じる．したがって，燃焼熱を比較することで，出発物の相対的なエネルギー差を求めることができる（図 8・6）．この解析によって，トランス体はシス体より 4 kJ/mol 安定であると見積もられる．

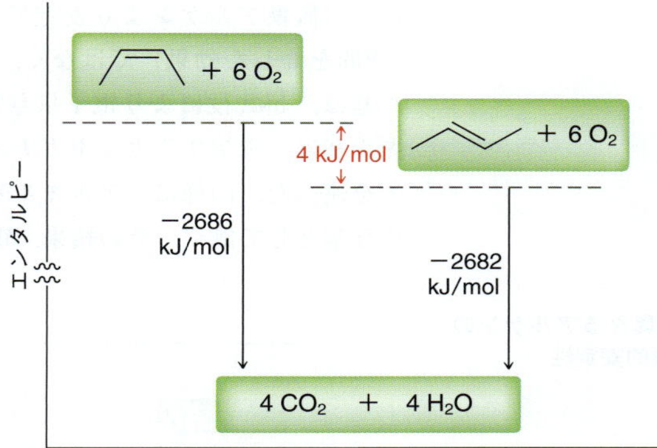

図 8・6　2-ブテンの立体異性体の燃焼熱

2 分子を共有結合で連結し，**グルクロン酸ビリルビン**（bilirubin glucuronate），より一般的な名称としては**抱合型ビリルビン**（conjugated bilirubin）を生成する．

グルクロン酸ビリルビン（抱合型ビリルビン）は，ビリルビンより水溶性がはるかに高く，肝臓から胆汁を通して排出され，小腸に分泌される．そして，大腸で細菌によって一連の反応過程を経て，茶色のステルコビリン（stercobilin，ギリシャ語の尻 sterco に由来する）に代謝される．しかし，肝機能が不十分な場合，グルクロン酸転移酵素の活性が低下するため，ビリルビンにグルクロン酸分子を十分に抱合できなくなる．その結果，ビリルビンを排出できなくなる．こうして起こる体内でのビリルビンの蓄積が，黄疸の原因である．黄疸が生じるほど肝機能が低下する状況としては，1) 肝炎，2) アルコール性肝硬変，3) 乳児における未熟な肝機能（特に未熟児に多く，新生児黄疸を起こす），がよくみられる．

新生児黄疸は，乳児の精神的な発達に長期にわたって深刻な影響を及ぼす．脳におけるビリルビン値が高いと，乳児の脳細胞の発達が阻害され，回復不能な精神遅滞の原因になりうるため，血中のビリルビン値が高すぎる場合，低下させる処置を講じる必要がある．過去には費用のかかる輸血も用いられたが，大きな進展がみられたのは，新生児黄疸が出ている乳児が太陽光に当たると，その後にビリルビンの尿への排出速度が増大する現象が見いだされたときである．さらなる研究によって，青色光の照射がビリルビンの尿への排出量を増加させることが明らかになった．現在では，新生児黄疸に対しては，乳児の皮膚に高輝度の青色光を照射する**ビリライト**（bili-light）による治療が行われている．

青色光の照射を受けると，C=C 結合の一つ（ビリルビンの 5 員環に隣接する結合）が光異性化を起こし，立体配置が Z から E に変化する．この反応で，より多くの極性の高い官能基が分子の外側に向くようになる．分子の組成は変化せず，C=C 結合の立体配置が変わっただけではあるが，これにより，ビリルビンの水溶性が大きく向上する．尿へのビリルビン排出量が大幅に増大し，新生児黄疸が軽減するのである．

アルケンの安定性を比較するときには，立体効果に加えて，もう一つの要因を考慮する必要がある．それは，二重結合に結合した置換基の数である．同じ C_6H_{12} という分子式をもつアルケンの立体異性体について燃焼熱を比較すると，図 8・7 に示す傾向が現れる．アルケンは置換基の数が多いほど，より安定になる．四置換アルケンは，三置換アルケンより安定である．このような傾向になる理由は，立体的な効果（空間を介した効果）ではなく，電子的な効果（結合を介した効果）である．アルキル基は，超共役により電子供与性を示すことを思い出そう（6 章）．すなわち，アルキル基は，隣接するカルボカチオンの sp^2 混成炭素に対し，電子供与基として働くことを述べた．同様に，アルキル基は隣接する π 結合の sp^2 混成炭素に対しても，電子供与基として働く．その結果，電子の非局在化が起こり，安定性が増大する．

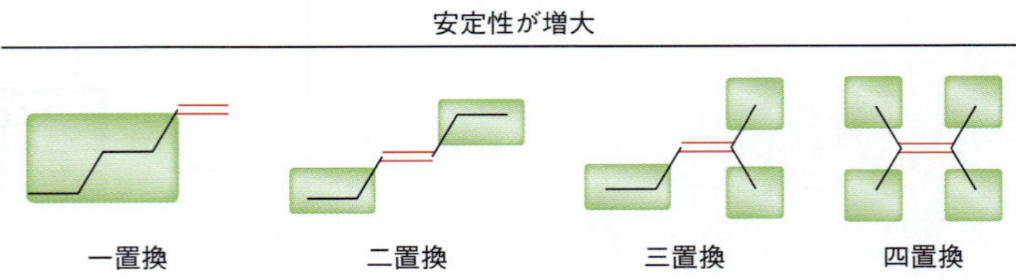

図 8・7　置換数が異なるアルケンの立体異性体間の相対的安定性

スキルビルダー 8・3　アルケンの異性体の安定性を比較する

スキルを学ぶ

次のアルケンの異性体を安定な順に並べよ．

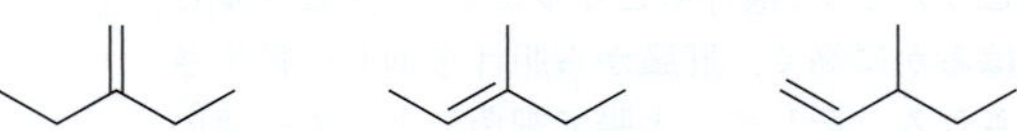

解答

まず，それぞれのアルケンについて，置換数を明確にする．

ステップ 1
それぞれのアルケンについて置換数を明確にする．

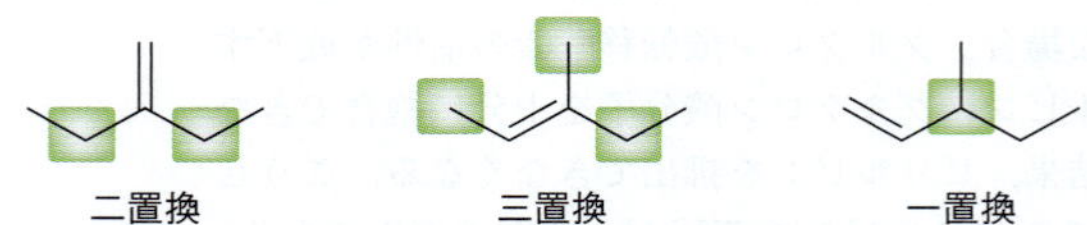

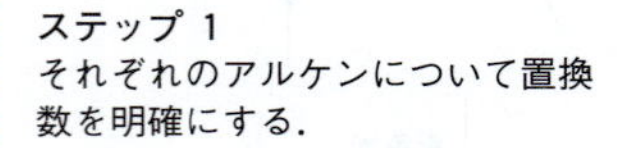

ステップ 2
置換数が多いアルケンを選ぶ．

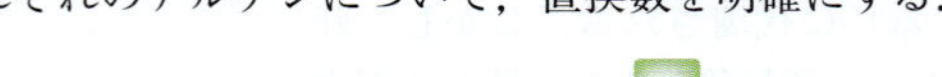

置換数が最も多いアルケンが最も安定と考えられ，安定性の順序は次のようになると予想される．

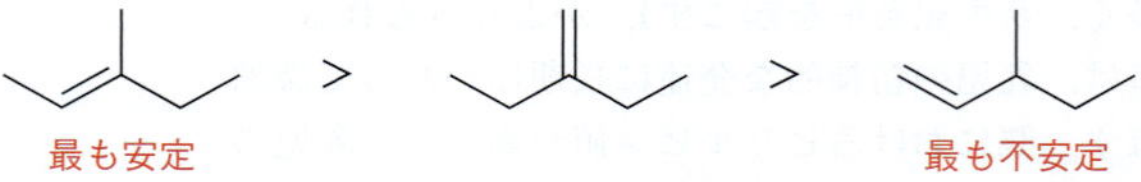

スキルの演習

8・7　次のアルケンの異性体を安定な順に並べよ．

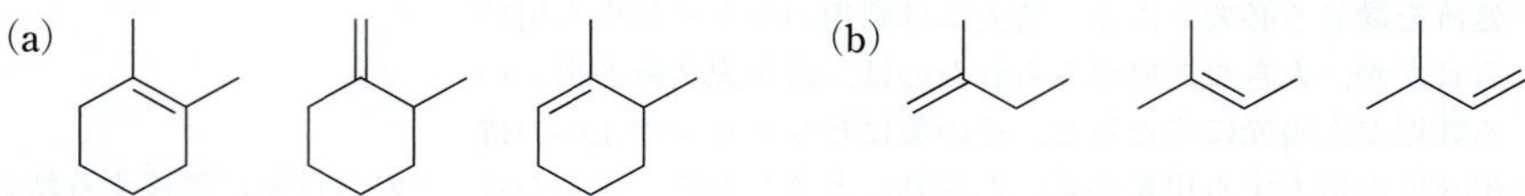

スキルの応用

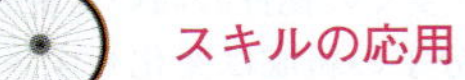

8・8　次のアルケンの異性体 2 種について考えてみよう．左の異性体は一置換アルケンであり，右の異性体は二置換アルケンである．置換数に基づけば右の異性体のほうが安

定と予想されるが，これら二つの化合物の燃焼熱から左の異性体のほうが安定であることがわかっている．この現象を説明せよ．

問題 8·53 を解いてみよう．

8・6 脱離反応の考えられる反応機構

本章の冒頭で述べたように，アルケンは脱離反応によって合成できる．この反応では，プロトンと脱離基（LG）が脱離して π 結合が生成する．

H　LG　H と脱離基の脱離　→　アルケン　+ H^+ + LG^-

これから脱離反応の考えられる機構について説明するが，6 章で述べたように，イオン的な反応機構を電子の流れの矢印で表すと，四つの基本的な反応形式（図 8・8）のみに分類されることを思い出してほしい．これら四つの反応形式すべてが本章に登場するので，スキルビルダー 6・3 および 6・4 を復習しておくとよい．

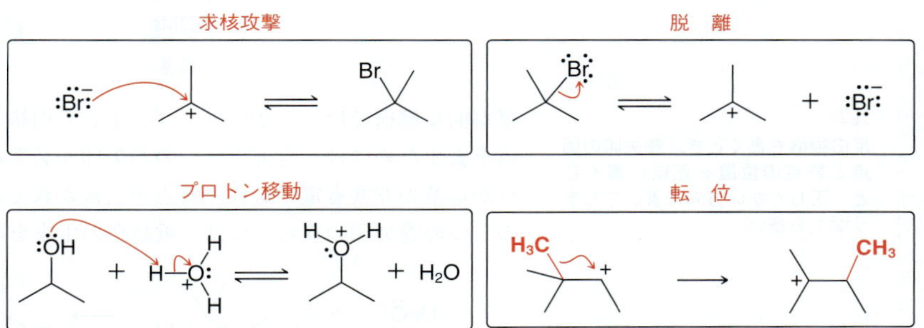

図 8・8 イオン反応の四つの基本的な電子移動の段階

すべての脱離反応は，これら四つの反応形式のうち，1) プロトン移動，および 2) 脱離，の少なくとも二つを必ず含む．

プロトン移動　脱離　塩基⁻:　H　LG　→　+ LG^-

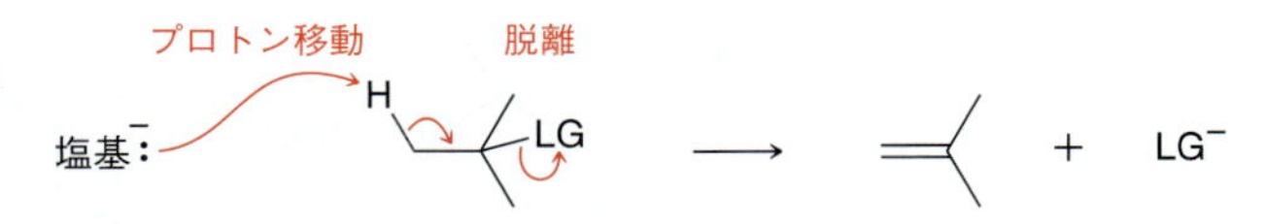

あらゆる脱離反応において，脱離とともに，プロトン移動が起こる．ここで，これら二つの過程がどのような順序で起こるかについて考えてみよう．上図では，二つの過程が同時に（協奏的に）起こっている．一方，二つの過程が別べつに，段階的に起こる機構も考えられる．

脱離　H　LG　$-LG^-$　プロトン移動　H　+　:塩基⁻

この段階的な機構では，脱離基が脱離して中間体のカルボカチオンが生成したのち（S_N1 反応と同様の過程），それに対して塩基が作用して脱プロトンが起こり，アルケンが生成する．

プロトン移動のあと脱離が起こる機構もある．これについては 22 章の反応機構 22・6 参照．

これら二つの機構の重要な相違点は，次のようにまとめられる．

- **協奏的な反応過程**では，塩基によるプロトンの引抜きと，脱離が同時に進行する．
- **段階的な反応過程**では，まず脱離が起こり，次に塩基がプロトンを引抜く．

本章では，これら二つの機構をより詳細に説明する．反応条件によってどちらの機構が有利になるかが決まることを述べる．まず，巻矢印を書く練習から始めよう．

スキルビルダー 8・4　脱離反応の巻矢印を書く

スキルを学ぶ

次の脱離反応が協奏的な過程で進行すると仮定し，その反応機構を示せ．

Br ＋ NaOMe ⟶ ＋ MeOH ＋ NaBr

解答

まず，塩基と基質を明確にする．この場合，塩基はメトキシドイオンである．Na^+ は対イオンであり，ほとんどの場合，反応には関与しないと考えてよい．

塩基　基質

注意
反応機構を書くとき，巻矢印の始点と終点の位置を正確に書くこと．正しくない方向に書いてしまう学生も多い．

協奏的な機構では，塩基によるプロトンの引抜きと，脱離が同時に進行する．協奏的機構を表すためには，全部で三つの巻矢印が必要になる．最初の矢印を書く際，矢印の始点が塩基の非共有電子対に，終点が引抜かれる水素原子に向かうように書くこと．残りの二つの巻矢印のうち一つは二重結合の生成を示し，もう一つは脱離を示す．

MeÖ:$^-$ ＋ (H, :Br:) ⟶ ＋ :Br:$^-$ ＋ MeOH

スキルの演習

8・9　次の脱離反応が協奏的な機構で進行すると仮定し，その反応機構を示せ．

(a) Cl —NaOH→

(b) OTs —NaOEt→

(c) Br —NaOMe→

8・10　次の脱離反応が段階的な機構で進行すると仮定し，その反応機構（初めに脱離，ついでプロトン移動）を示せ．

(a) Cl —H_2O→

(b) Br —MeOH→

(c) I —EtOH→

スキルの応用

8・11 次の図に示す巻矢印をもとに，この脱離反応で生成するアルケンを予想し，その構造を書け．この反応の機構は協奏的か，あるいは段階的か．

EtÖ:⁻ OTs H → ?

8・12 次の脱離反応の中間体を書け．また，第2段階（中間体とエタノールとの反応）の機構を巻矢印を用いて示せ．

Br ⇌ ? —EtÖH→

問題 8・69 を解いてみよう．

8・7 E2 機 構

本節では，協奏的な反応機構，すなわち E2 機構について述べる．

プロトン移動 脱離

塩基:⁻ H LG → + LG⁻

協奏的反応機構の速度論的根拠

速度論的研究によって，多くの脱離反応は二次反応速度式に従うことが示されている．それらの反応速度式は，次の形で表される．

$$反応速度 = k[基質][塩基]$$

E 2

脱離 elimination 二分子的

S_N2 反応と同様に，反応速度は二つの異なる化合物（基質と塩基）の濃度に，それぞれ一次で依存する．これらの実験結果から，反応機構には，基質と塩基が互いに衝突する段階が含まれると考えられる．このことは，協奏的反応機構，すなわち求核剤と基質の両方を含む1段階だけからなる機構と合致している．この段階は，二つの分子（またはイオン）を含んでいるため，**二分子的**（bimolecular）であるという．二分子脱離反応（bimolecular elimination reaction）は，**E2 反応**（E2 reaction）とよばれる．

チェックポイント

8・13 次の反応は，二次反応速度式に従う．

Cl —NaOH→

(a) クロロシクロペンタンの濃度を3倍にし，水酸化ナトリウムの濃度をそのままにした場合，反応速度はどうなるか．

(b) クロロシクロペンタンの濃度をそのままにし，水酸化ナトリウムの濃度を2倍にした場合，反応速度はどうなるか．

(c) クロロシクロペンタンの濃度を2倍にし，水酸化ナトリウムの濃度を3倍にした場合，反応速度はどうなるか．

基 質 の 効 果

7章で，第三級ハロゲン化アルキルの S_N2 反応は一般に非常に遅く，事実上 S_N2

反応を起こさないことを述べた．そのため，第三級の基質が E2 反応を非常に速く起こすことは意外かもしれない．第三級の基質が S_N2 反応は起こさず E2 反応を起こす理由を説明するためには，置換反応と脱離反応とでは，反応剤の果たす役割が異なることに注意する必要がある．置換反応では，反応剤は求核剤として働き，求電子的な部位を攻撃する．一方，脱離反応では，反応剤は塩基として働き，プロトンを引抜く．第三級の基質の場合，反応剤は立体障害のために求核剤として働くことは事実上できないが，塩基としてであれば立体障害の影響をそれほど受けずに反応することができる（図 8・9）．

図 8・9 S_N2 反応と E2 反応における立体効果

置換反応

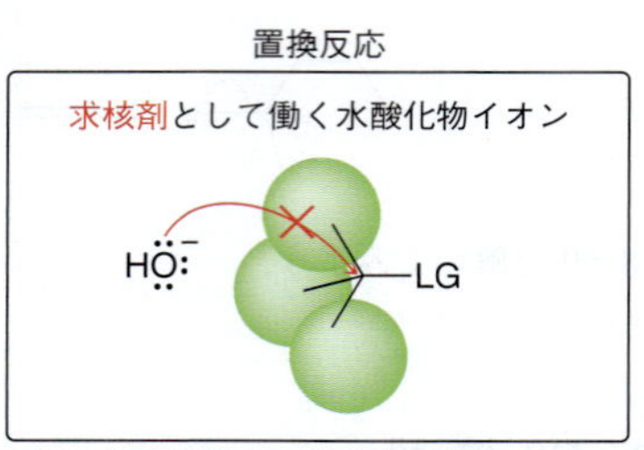

第三級の基質は立体障害が大きいので求核剤が近づいて攻撃できない

脱離反応

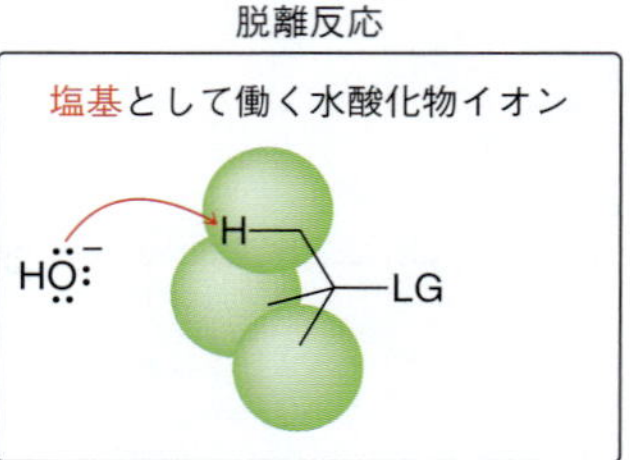

基質が第三級であっても β 位の水素の引抜きは容易に起こる

第三級の基質は容易に E2 反応を起こす．実際，その反応速度は，第一級の基質の反応よりずっと速い（図 8・10）．

図 8・10 E2 反応における基質の相対的反応性

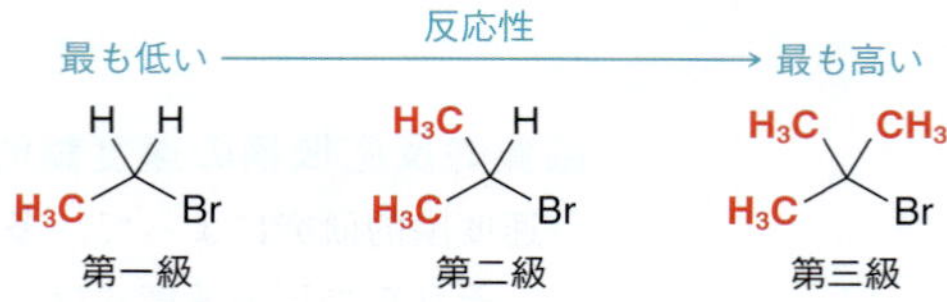

このような傾向になる理由を理解するために，E2 反応過程のエネルギー図を見てみよう（図 8・11）．まず遷移状態（図 8・12）に注目する．第三級の基質の場合，置

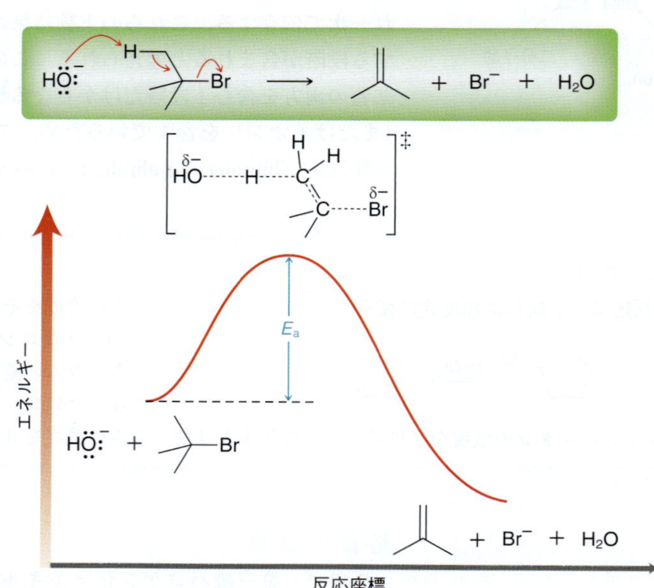

図 8・11 E2 反応のエネルギー図

図 8・12　E2 反応の遷移状態

換基 R（図 8・12 で赤で表示）はどちらもアルキル基である．第一級の基質では，これらの R は水素原子である．遷移状態では，C=C 二重結合が部分的に生成しつつある．第三級の基質の場合，遷移状態において部分的に生成した二重結合はより多くの置換基をもち，その結果，遷移状態のエネルギーはより低くなる．第一級，第二級，および第三級の基質の E2 反応について，反応のエネルギー図を比較してみよう（図 8・13）．遷移状態のエネルギーは第三級の基質を用いた場合に最も低く，そのため活性化エネルギーも第三級の基質の反応が最も低くなる．このことから，E2 反応では第三級の基質が最も速く反応することが説明できる．だからといって，第一級の基質の E2 反応が遅いというわけではない．実際，第一級の基質も容易に E2 反応を起こす．同じ反応条件で比較した場合に，第三級の基質のほうが第一級の基質より相対的に速く反応するということである．

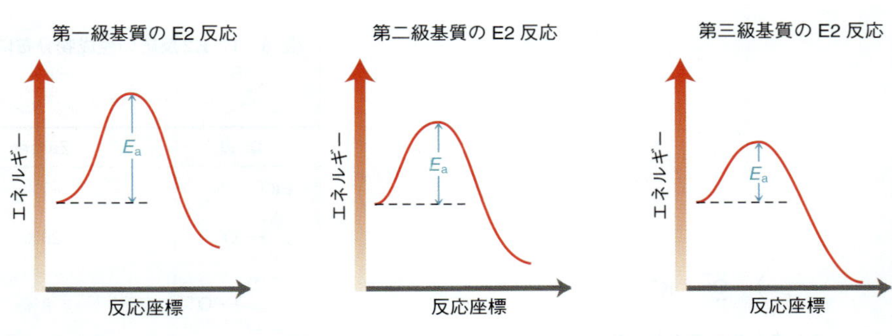

図 8・13　さまざまな基質の E2 反応のエネルギー図

チェックポイント

8・14　次の化合物を，E2 反応の反応性が高い順に並べよ．

(a)　(b)

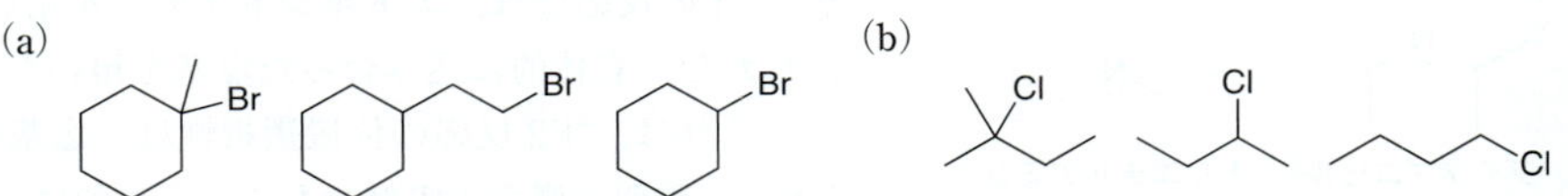

E2 反応の位置選択性

脱離反応では，多くの場合，複数のアルケンが生成する可能性がある．左に示した例では，β 位は等価でなく，そのため二重結合は分子の異なる位置に生成しうる．これは，反応に**位置選択性**（regioselectivity）が現れる例であり，異なる位置で反応が進行した二つの生成物が生じる．どちらの生成物も生成可能だが，一般に，より置換基の数が多いアルケンが主生成物になる場合が多い．

NaOEt　71%　29%

このような反応は，**位置選択的**（regioselective）な反応とよばれる．置換基数の多い生成物が得られる傾向は，1875 年にロシアの化学者 Alexander M. Zaitsev*（カザン大学）によって最初に見いだされた．そのため，より置換基の数が多いアルケンを，**Zaitsev 生成物**（Zaitsev product）とよぶ．しかし，Zaitsev 生成物が主生成物とならない例も多く報告されている．たとえば，基質と塩基の両方が立体的に込み合ってい

＊　訳注：Zaitsev は Saytzeff（セイチェフ），Saytzev（サイチェフ）と書くこともある．

る場合，置換基の数が少ないほうのアルケンが主生成物となる．

Br　OK　28%　72%

置換基の数がより少ないアルケンを，**Hofmann**（ホフマン）**生成物**（Hofmann product）とよぶ．E2 反応における生成物の生成比（Zaitsev 生成物と Hofmann 生成物の相対比）は，多くの要因によって決まるため，予想することがむずかしい場合も多い．塩基の選択（塩基がどの程度立体的に込み合っているか）は，生成物の決定において常に重要な役割を果たす．たとえば，上記の反応の生成物の生成比は，塩基の選択に大きく依存する（表 8・1）．

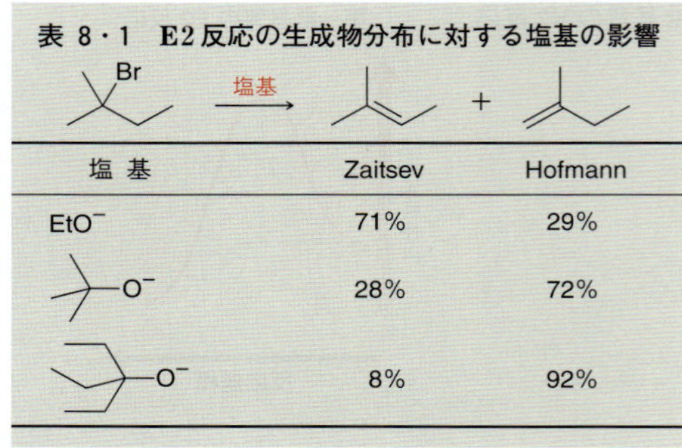

表 8・1　E2 反応の生成物分布に対する塩基の影響

塩 基	Zaitsev	Hofmann
EtO^-	71%	29%
$(CH_3)_3CO^-$	28%	72%
$(CH_3CH_2)_3CO^-$	8%	92%

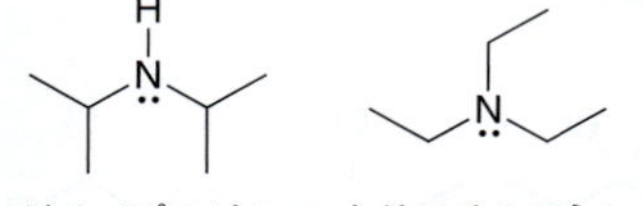

カリウム *tert*-ブトキシド
（*t*-BuOK）

ジイソプロピルアミン　　トリエチルアミン

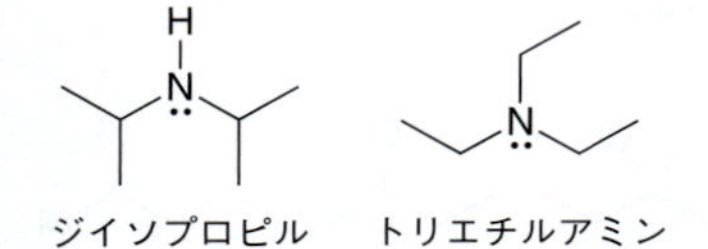

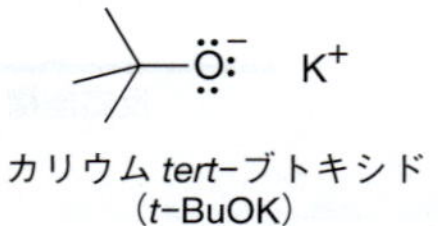

図 8・14　よく使用される立体的に込み合った塩基

表 8・1 の反応では，エトキシドイオンを用いると Zaitsev 生成物が主生成物となる．しかし，立体的に込み合った塩基を用いた場合，Hofmann 生成物が主生成物となる．これは，“E2 反応の位置選択性は，塩基を注意深く選ぶことによって制御可能”という重要な概念の実例である．立体的に込み合った塩基は，脱離反応だけでなく，さまざまな反応に用いられている．立体的に込み合った塩基の代表的なものを覚えておくと役に立つ（図 8・14）．

スキルビルダー 8・5　E2 反応の位置選択性を予想する

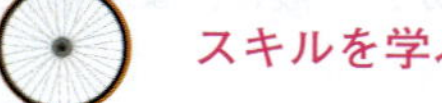

スキルを学ぶ

次の E2 反応の主生成物と副生成物を明らかにせよ．

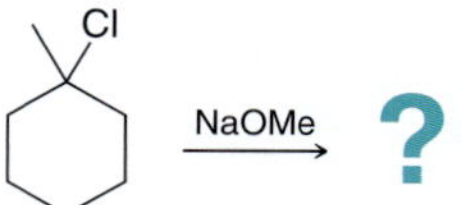

解 答

ステップ 1
α 位を明確にする．

まず α 位を明確にする．脱離基が結合している位置である．

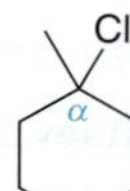

ステップ 2
水素をもつすべてのβ位を明確にする.

次に，水素をもつすべてのβ位を明確にする.

ステップ 3
同じ生成物を与える等価なβ位に注意する.

これらの位置を調べていく．β位のうちの二つは等価であり，それらの位置での反応は同じ生成物を生じる.

これらの二つの位置のどちらからプロトンが引抜かれても同じ生成物が生じる

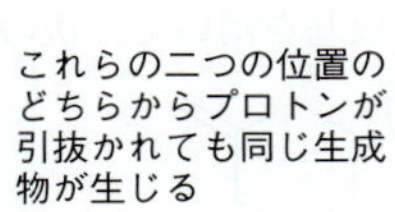

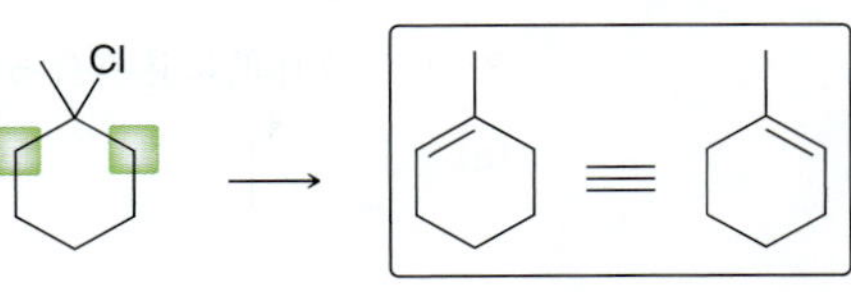

これら二つの構造は同じ生成物を表す

もう1箇所のβ位からプロトンが引抜かれると，次のアルケンが生成する.

この位置からプロトンが引抜かれると

この生成物が得られる

ステップ 4
それぞれのβ位からプロトンが引抜かれて生成するアルケンの置換数を比較する.

したがって，2種類の生成物が生成しうる．どちらが主生成物となるか明らかにするためには，それぞれのアルケンの構造を調べ，置換数を比較する.

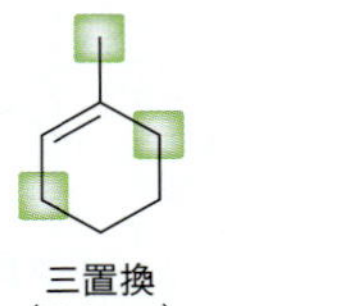

三置換
(Zaitsev)

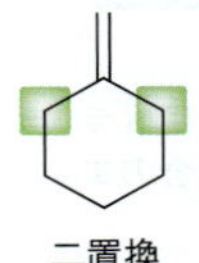

二置換
(Hofmann)

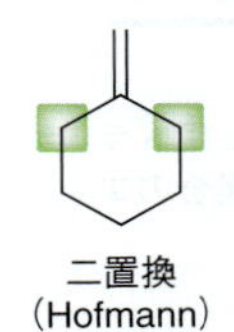

ステップ 5
塩基の性質を調べ，主生成物を明らかにする.

置換数がより多いアルケンが Zaitsev 生成物であり，少ないアルケンが Hofmann 生成物である．立体的に込み合った塩基が使われていない場合，一般に Zaitsev 生成物が主生成物となる．この例では，立体的に込み合った塩基を用いていないため，Zaitsev 生成物が主生成物になると考えられる.

Cl　NaOMe　→　主生成物 ＋ 副生成物

スキルの演習

8・15 次の E2 反応の主生成物と副生成物を明らかにせよ.

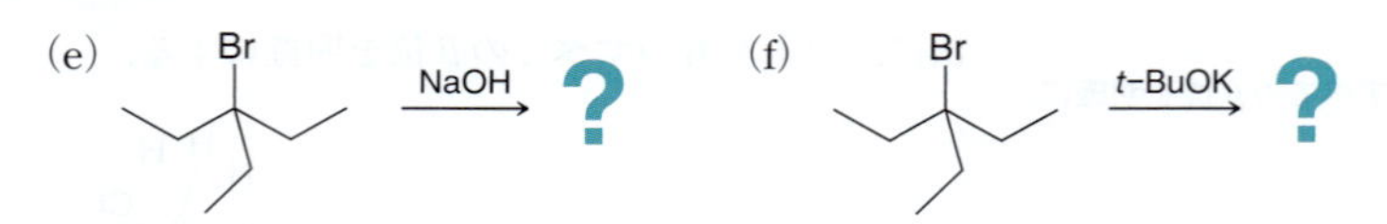

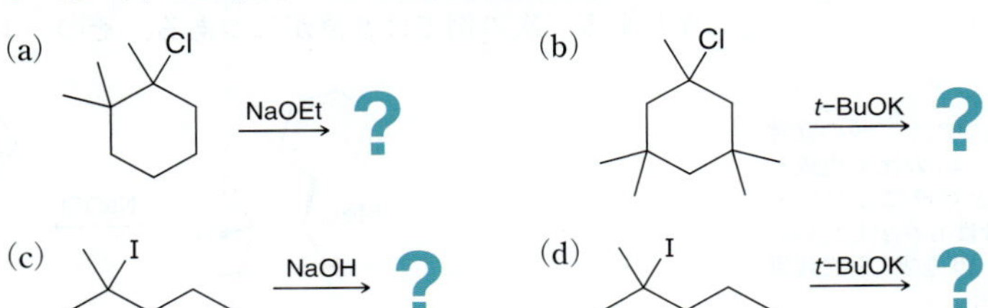

(c) I　NaOH　?

(d) I　t-BuOK　?

(e) [3-ブロモ-3-エチルペンタン] —NaOH→ ?　　(f) [3-ブロモ-3-エチルペンタン] —t-BuOK→ ?

スキルの応用

8・16　次の変換を行うのに水酸化物イオンを用いればよいか，*tert*-ブトキシドイオンを用いればよいか．

(a)　Cl → 　　(b)　Br →

8・17　立体的に込み合った塩基を用いて，次のアルケンを合成する方法を二つ示せ．

(a)　　(b)

問題 8·60，8·61(b)〜(d)，8·64，8·66(a)，(d)，8·74 を解いてみよう．

E2 反応の立体選択性

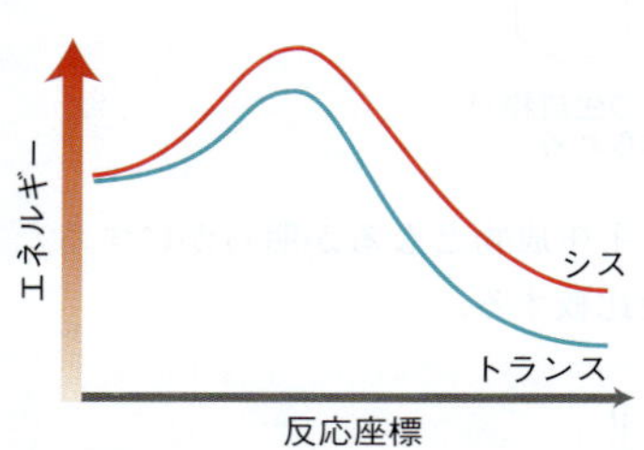

図 8・15　E2 反応でシスおよびトランス体のアルケンが生成する場合のエネルギー図

前項では位置選択性に焦点を当てた．本項では立体選択性について述べる．たとえば，3-ブロモペンタンを基質とした E2 反応を考えてみよう．この化合物では，二つの β 位が等価であるため，位置選択性は問題とならない．どちらの β 位を脱プロトンしても，同じ結果になる．しかしこの場合，アルケンの二つの立体異性体が生成しうるため，立体化学がかかわってくる．

3-ブロモペンタン —NaOEt→ 主生成物 ＋ 副生成物

どちらの立体異性体（シス体およびトランス体）も得られるが，トランス体が主生成物となる[*1]．シス体およびトランス体が生成する際のエネルギー図（図 8・15）を考えてみよう．Hammond の仮説（§6・6）から，トランス体のアルケンが生成する反応の遷移状態のほうが，シス体のアルケンが生成する反応の遷移状態より安定であることがわかる．このように，一つの基質から二つの立体異性体が異なる量生成する反応を，**立体選択的反応**（stereoselective reaction）という[*2]．

＊1　訳注：二つのアンチコプラナーな配座（次ページ参照）．

Br, H, H, H → 主生成物　　Br, H, H, H → 副生成物

E2 反応の立体特異性

前の例では，β 位には二つの異なる水素があった（左図）．このような場合，シス体とトランス体の両方が生成し，トランス体が主生成物だった．次に，β 位の水素が一つだけである場合を考えてみよう．たとえば，そのような基質に対し脱離反応を行うとする．次の例では β 位が二つある．その一方は水素をもたず，もう一方には水素

Me, H, Br, H —NaOEt→ H, Me

＊2　訳注：この定義だと，二つの立体異性体がたとえば 55：45 の比で生成しても立体選択的反応ということになるが，多くの有機化学者はもう少し比の高いもの（たとえば 90：10 など）を立体選択的ということが多い．

が一つだけある．このような場合，立体異性体の混合物は得られない．この反応では，生成物は単一の立体異性体となる．なぜ他の立体異性体が得られないのだろうか．この問に対する答を理解するためには，遷移状態における軌道の配置を調べる必要がある．遷移状態においては，π結合が生成しつつある．π結合はp軌道の重なりによって生成することを思い出そう．そのため遷移状態では，生成しつつあるp軌道が互いに重なり合えるような配置をとらなければならない．このような軌道の重なり合いが生じるためには，次の四つの原子がすべて同一平面上に位置する必要がある．すなわち，β位の水素，脱離基，そして最終的にπ結合をつくる二つの炭素原子である．これら四つの原子がすべて**コプラナー**（coplanar，共平面）になければならない．

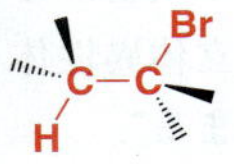

赤で示した四つの原子は同一平面上に位置する必要がある

反応が起こる前は，C−C単結合は自由回転できることを思い出そう．この結合を回転させていくと，四つの原子がコプラナーになる二つの配座があることがわかる．

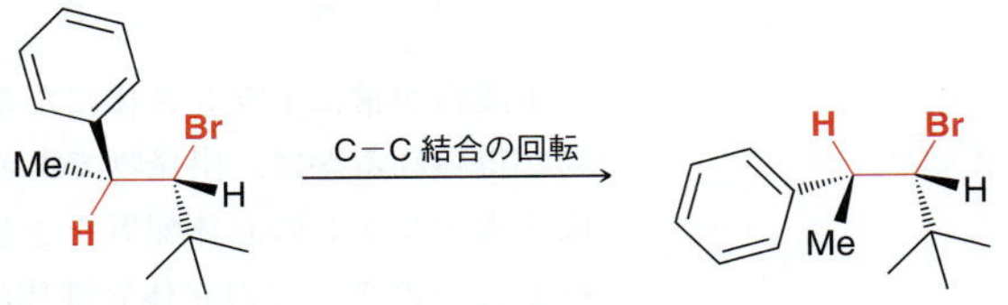

C−C 結合の回転

アンチコプラナー　シンコプラナー

第一の配座を**アンチコプラナー**（anti-coplanar）とよび，第二の配座を**シンコプラナー**（syn-coplanar）とよぶ．ここで，アンチおよびシンという用語は，水素と脱離基の相対的な位置関係を示している．Newman 投影式で考えるとわかりやすいだろう（図8・16）．

Newman 投影式の書き方については§4・6参照．

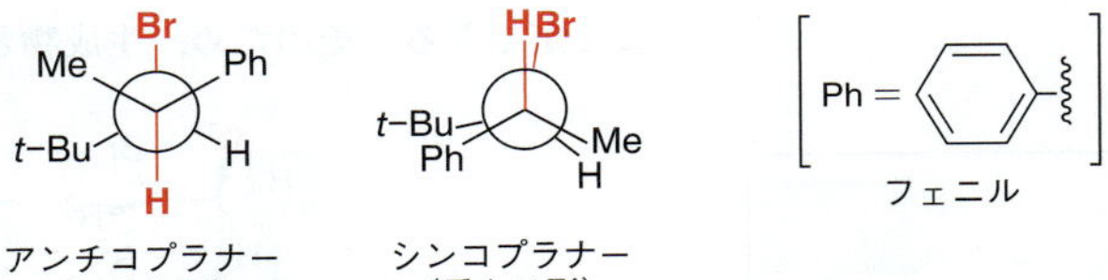

図 8・16 アンチコプラナーおよびシンコプラナー配座の Newman 投影式

アンチコプラナー（ねじれ形）　シンコプラナー（重なり形）　フェニル

この図から，アンチコプラナー配座はねじれ形配座であり，シンコプラナー配座は重なり形配座であることがわかる．シンコプラナー配座からの脱離反応では，遷移状態の構造が重なり形になるため，そのエネルギーが高くなる．したがって，脱離反応はアンチコプラナー配座からのほうが起こりやすい．実際，脱離反応はアンチコプラナー配座からのみ進行する場合がほとんどであり，生成物として単一の立体異性体が生じる．

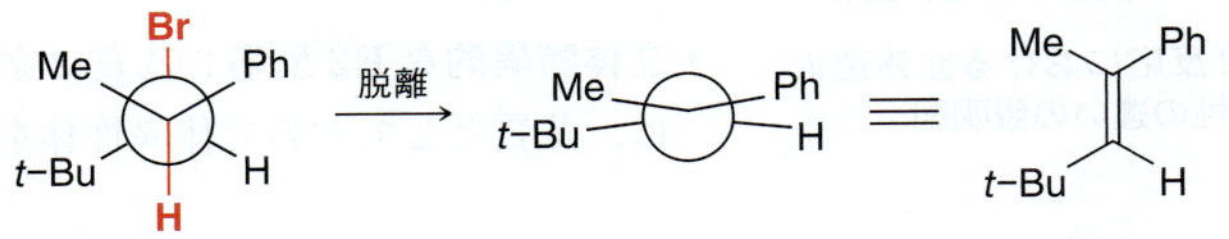

脱離

アンチコプラナー（ねじれ形）

このように，四つの原子がコプラナーになる配座からの反応が有利であるが，厳密にコプラナーでなければ反応が進行しないというわけではない．コプラナーからの多少のずれは許容される．水素と脱離基との間の二面角が正確に180°でなくても，180°に近い値であれば反応は進行しうる．水素と脱離基がほぼコプラナーな関係にあるとき（たとえば二面角が 178° あるいは 179° のとき），コプラナーの代わりに**ペリプラナー**（periplanar，同一平面に近いの意味）という用語で表す．このような配座では，E2 反応が進行するのに十分な大きさの軌道の重なりがある．そのため，必ず水素と脱離基がアンチコプラナーでなければならないわけではなく，**アンチペリプラナー**（anti-periplanar）な関係にあれば十分である．ここからは，E2 反応に必要な立体化学的条件を示すのに，アンチペリプラナーという用語を用いる．

反応の進行にアンチペリプラナーな原子の配置が必要であることから，生成物がどのような立体異性体になるかが決まる．すなわち，“E2 反応においてどの立体異性体が生成するかは，出発物であるハロゲン化アルキルの立体配置によって決まる”．

生成物が常にトランス体になると考えるのは，完全に誤りである．どのような生成物が得られるかは，出発物であるハロゲン化アルキルの立体配置によって決まる．生成するアルケンの立体配置を予想するには，基質の構造を注意深く解析し，Newman 投影式を書き，どの立体異性体が得られるか考える以外にない．E2 反応では，生成物の立体化学が出発物の立体化学によって一義的に決まる．そのため，E2 反応は**立体特異的反応**（stereospecific reaction）とよばれる．E2 反応の立体特異性が生じうるのは，β 位に水素が一つだけある場合に限られる．この場合，E2 反応が起こるためには β 水素が脱離基とアンチペリプラナーな関係にある必要があり，この要件によってアルケンのどちらの立体異性体が生成するかが決まる．しかし，β 位に水素が二つ存在する場合，いずれの水素も脱離基に対してアンチペリプラナーな関係になることができる．そのため，生成物として両方の立体異性体が生成する．

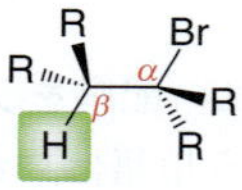

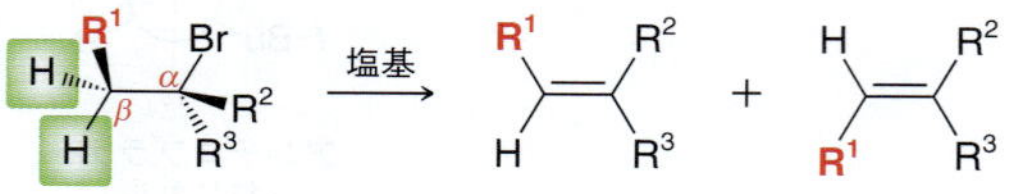

この場合，アルケンの立体異性体のより安定なほうが主生成物となる．これは，立体特異性ではなく，立体選択性が現れた例である．この二つの用語の違いはしばしば誤解されるので，説明を加えておく．重要なのは，基質の性質に着目することである（図 8・17）．

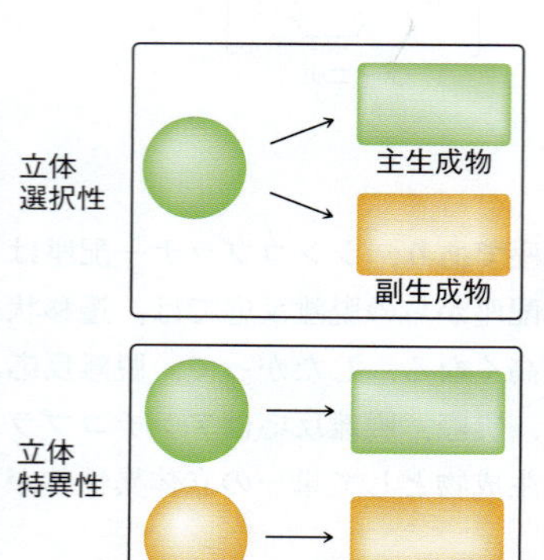

図 8・17　E2 反応における立体選択性と立体特異性の違いの説明図

- **立体選択的な E2 反応：** 基質自身に立体異性体が存在する必要はない．しかし，基質から 2 種類の立体異性体が生成し，一方の立体異性体が他の立体異性体より多く生成する．
- **立体特異的な E2 反応：** 基質に立体異性体が存在する．そして，生成物の立体化学は，基質としてどの立体異性体を用いるかによって決まる．

スキルビルダー 8・6　E2 反応の立体化学を予想する

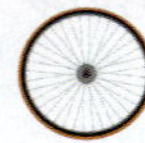

スキルを学ぶ

次の化合物に強塩基を作用させたときに起こる E2 反応の，主生成物と副生成物を明らかにせよ．

(a)　(b)

Cl　Cl

解答

ステップ 1
水素の結合したβ位をすべて明確にする.

(a) この場合，水素が結合したβ位は1箇所のみであるため，位置選択性を考える必要はない.

H H
β β
Cl

ステップ 2
β位に二つの水素が存在する場合，シス体およびトランス体の両方が生成すると予想される.

反応が立体特異的であるかを決めるために，β位に存在する水素の数を数える．この場合，β位の水素は二つである．したがって，この反応ではシス体とトランス体の両方が生成可能で，トランス体が主生成物になる（立体選択的）と予想される.

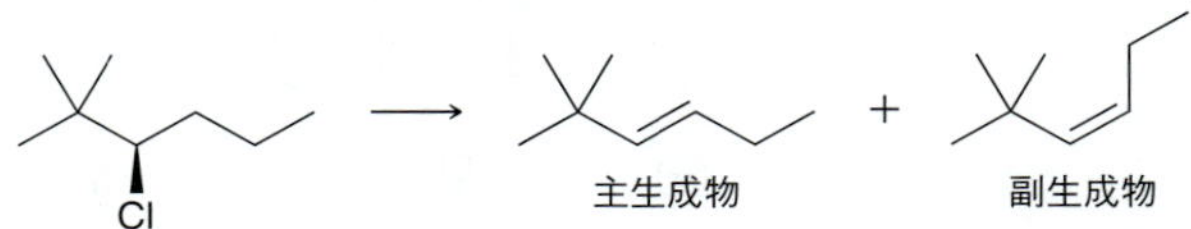

ステップ 1
水素の結合したβ位をすべて明確にする.

(b) この場合も，水素が結合したβ位は1箇所のみであるため，位置選択性を考える必要はない.

H
β
Cl

ステップ 2
β位に水素が一つしかない場合，Newman 投影式を書く.

反応が立体特異的であるかを決めるために，β位に存在する水素の数を数える．この場合，β位には水素が一つしかない．したがって，この反応は立体特異的であると予想される．すなわち，アルケンのE,Z二つの立体異性体がともに生成するのではなく，一方の異性体のみが生成すると予想される．生成物がどちらであるか予想するために，まず Newman 投影式を書く.

H
Cl
こちらから見る

Me H
H Cl
Et

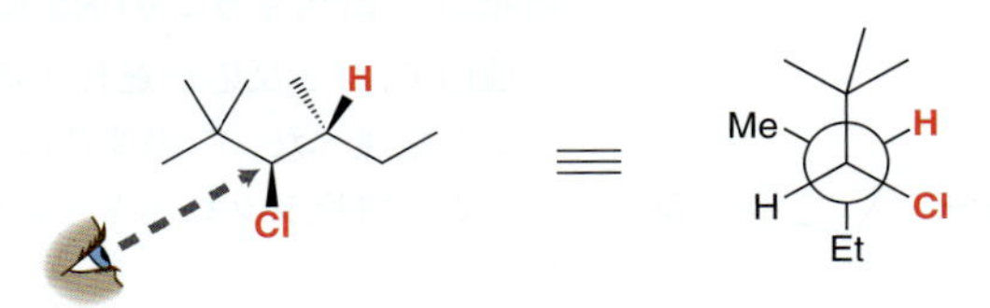

ステップ 3
アンチペリプラナーな配座になるよう C−C 単結合を回転させる.

この立体配座では，水素と脱離基（Cl）がアンチペリプラナーになっていない．適切な立体配座を書くために，水素原子と塩素原子がアンチペリプラナーになるようにC−C単結合を回転させる.

Me H
H Cl
Et

H
Me H
Cl
Et

ステップ 4
Newman 投影式を用いて生成物を導く.

次に，この Newman 投影式を用いて生成物を導く．この場合，生成物はZ体である．E体は得られない．E体が生成するためには，シンペリプラナー配座から脱離が起こる必要があるが，この配座は重なり形でエネルギーが非常に高い．

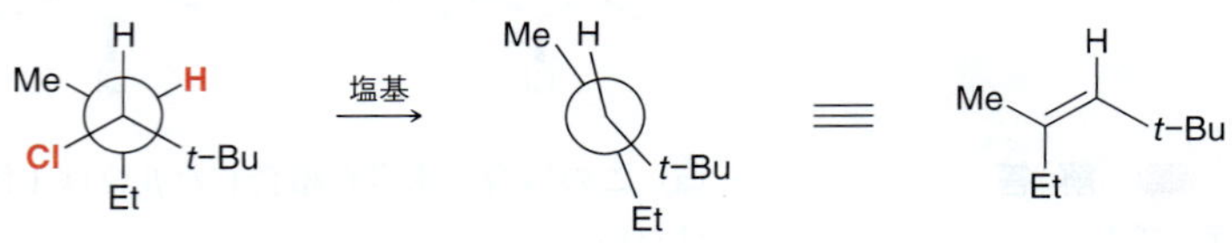

スキルの演習

8・18　次の化合物に強塩基を作用させたときに起こる E2 反応の，主生成物と副生成物を書け．

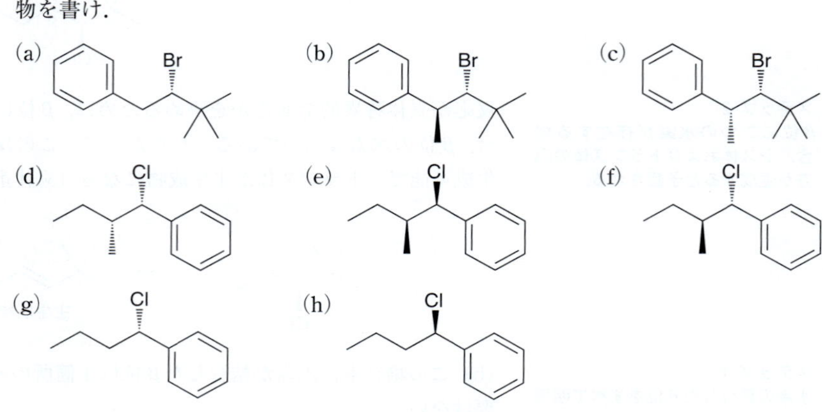

スキルの応用

8・19　次のアルケンを合成するのに必要なハロゲン化アルキルを示せ．

→ 問題 8·56，8·63，8·82 を解いてみよう．

置換シクロヘキサンの E2 反応の立体特異性

いす形配座の書き方については§4・12 参照．

前節で，E2 反応が進行するためにはアンチペリプラナー配座を経由する必要があることを述べた．この要件は，置換シクロヘキサンの脱離反応において，非常に重要である．置換シクロヘキサンは，2 種類のいす形配座をとることができることを思い出そう．

一方のいす形配座では，脱離基はアキシアル位を占める．もう一方のいす形配座では，脱離基はエクアトリアル位を占める．アンチペリプラナー配座の要件をみたすためには，E2 反応は脱離基がアキシアル位にある配座から起こる必要がある．より明確にするために，それぞれのいす形配座の Newman 投影式を考えてみよう．

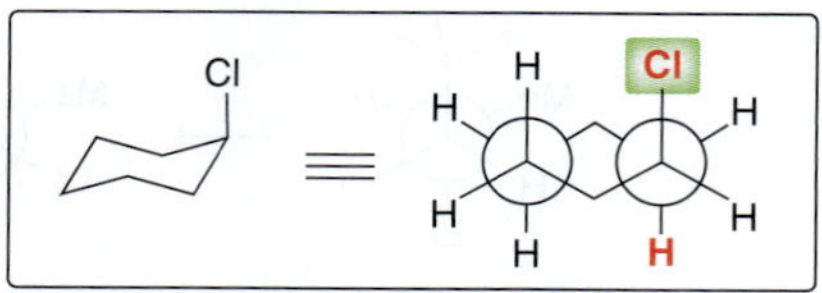

Cl がアキシアル位にあるとき，隣接する水素原子とアンチペリプラナーの関係になれる

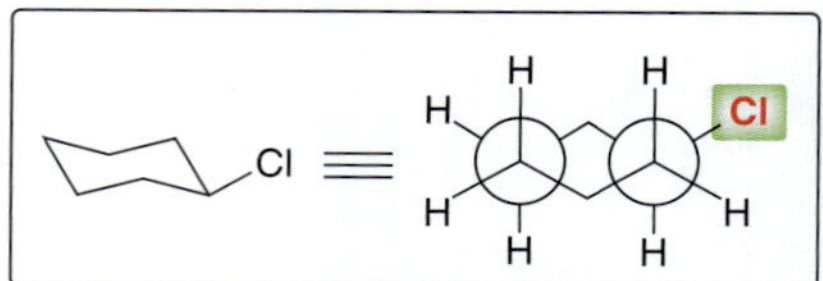

Cl がエクアトリアル位にあるとき，隣接するいずれの水素原子ともアンチペリプラナーの関係になれない

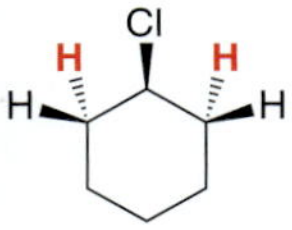

赤で示した二つの水素原子だけが E2 反応に関与できる

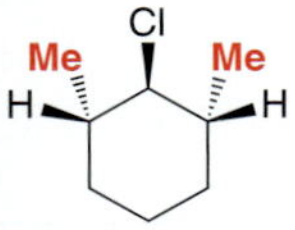

この化合物は E2 反応を起こさない

脱離基がアキシアル位にあるときは，脱離基と隣接水素がアンチペリプラナーな関係になる．しかし，脱離基がエクアトリアル位にあるときは，脱離基と隣接水素がアンチペリプラナーな関係になりえない．そのため，シクロヘキサン環では，E2 反応は脱離基がアキシアル位にあるいす形配座からしか起こらない．つまり，E2 反応は脱離基と水素が環の反対側に位置する場合〔左の図で一方は手前（くさび表記），他方は奥（破線表記）〕にのみ進行しうることになる．

このような位置に水素が存在しない場合，E2 反応は事実上進行しない．例として，左の化合物について考えてみよう．この化合物には β 位が二つあり，それぞれの β 位に水素がある．しかし，これらの水素はいずれも脱離基に対してアンチペリプラナーな関係にはなりえない．脱離基が手前に出ているので，E2 反応が起こるためには奥に出ている隣接水素が存在しなければならない．

次の例を考えてみよう．この場合，脱離基とアンチペリプラナーな関係になりうる水素は一つだけである．そのため，この反応では 1 種類の生成物のみが得られる．もう一方の生成物（Zaitsev 生成物）のほうが二重結合に結合した置換基の数が多いが，この反応では生成しない．

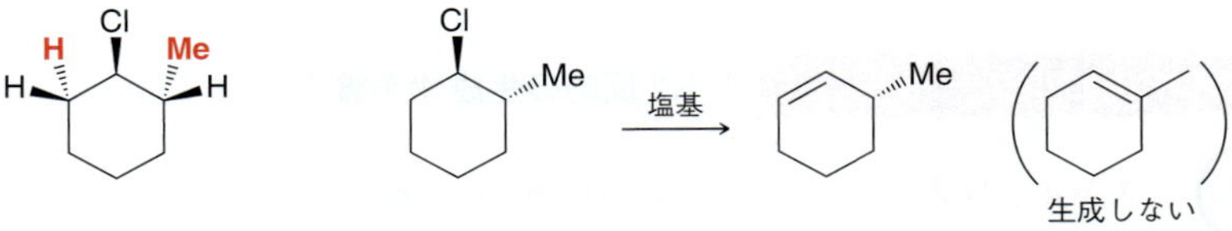

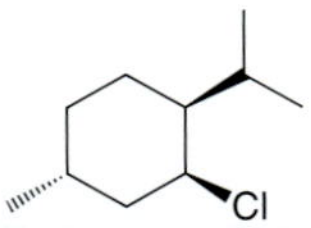

塩基

（生成しない）

塩化ネオメンチル 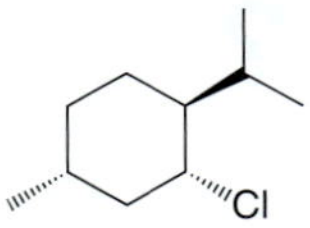　塩化メンチル

置換シクロヘキサンでは，脱離基がアキシアル位を占める時間の長さによって，E2 反応の速度が大きく影響される．たとえば，左の二つの化合物を比較してみよう．塩化ネオメンチルのほうが，E2 反応の反応性が約 200 倍高い．塩化ネオメンチルの二つのいす形配座を書いて，理由を考えてみよう．

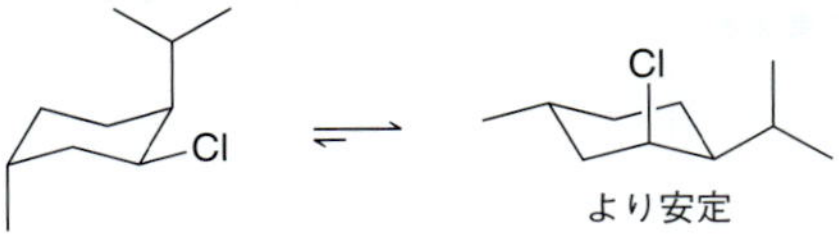

より安定

より安定ないす形配座は，かさ高いイソプロピル基がエクアトリアル位を占める配座である．このいす形配座では，塩素がアキシアル位を占めており，E2 脱離を起こすのに有利になっている．いいかえれば，塩化ネオメンチルは，ほとんどの時間，E2 反応が起こるのに必要な配座をとった状態で存在している．対照的に，塩化メンチルはほとんどの時間 E2 反応が起こりにくい配座をとった状態で存在している．

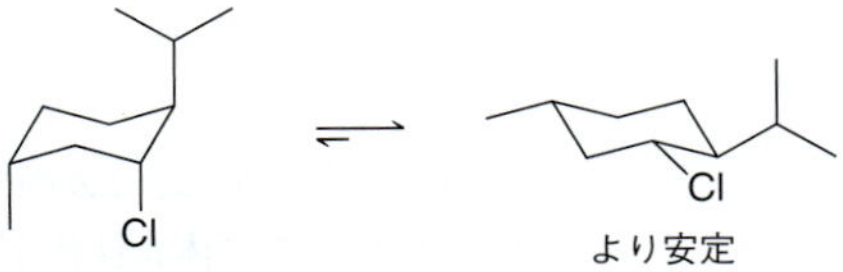

より安定

より安定ないす形配座では，かさ高いイソプロピル基はエクアトリアル位を占めるが，この配座では脱離基もエクアトリアル位を占める．すなわち，脱離基がほとんどの時間，エクアトリアル位に存在することになる．この場合，E2 反応は，エネルギーが高いほうのいす形配座からしか起こりえないが，この配座の平衡時における存在比は小さい．その結果，塩化メンチルの E2 反応は塩化ネオメンチルより遅くなる．

チェックポイント

8・20　塩化メンチルに強塩基を作用させると，脱離反応の生成物は1種類のみが得られる．しかし，塩化ネオメンチルに強塩基を作用させると，2種類の脱離反応生成物が得られる．それぞれの生成物を書き，理由も述べよ．

8・21　次の二つの化合物のうち，どちらがE2反応を起こしやすいか予想せよ．

8・8　E2反応の生成物を書く

ここまで述べてきたように，E2反応の生成物を予想することは，S_N2反応の生成物の予想に比べて込み入った作業になることが多い．E2反応の場合，生成物を書くにあたって考えなければならない問題がおもに二つある．位置選択性と立体化学である．両者について，次の例で考えてみよう．

スキルビルダー 8・7　E2反応の生成物を書く

スキルを学ぶ

次の反応の生成物を予想せよ．

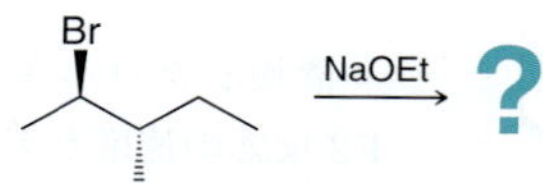

解答

ステップ 1
位置選択性について考える．

反応の位置選択性と立体化学の両方について考えなければならない．位置選択性から考える．まず，水素をもつすべてのβ位を明確にする．

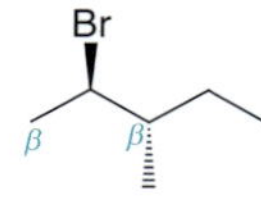

ステップ 2
立体化学について考える．

β位は二つある．塩基（エトキシド）は立体的に込み合っていないので，Zaitsev生成物（置換数の多いアルケン）が主生成物になると考えられる．置換数の少ないアルケンは副生成物になる．次に，それぞれのアルケンが生成する際の立体化学を明らかにしなければならない．副生成物（置換数の少ないアルケン）には二重結合の立体異性が存在しないので，こちらから始める．

このアルケンでは，*EZ*の立体異性を考慮する必要がない．しかし，主生成物については，どちらの立体異性体が生成するか予想する必要がある．そのために，Newman投影式を書いてみよう．

こちらから見る　Br　≡　Et　H　Br　Me　H　Me

次に，水素と脱離基とがアンチコプラナーな関係になるようにC−C結合を回転させ，この立体配座から脱離を起こした生成物を書く．

Et　H　Br　Me　H　Me　⟶　Me　H　Br　H　Et　Me　塩基　Me　H　Me　Et　≡　Me　H　Et　Me

アンチコプラナー

まとめると，次の生成物が得られると予想される．

Br　NaOEt　+

主生成物　副生成物

スキルの演習

8・22　次の E2 反応の，主生成物と副生成物を予想せよ．

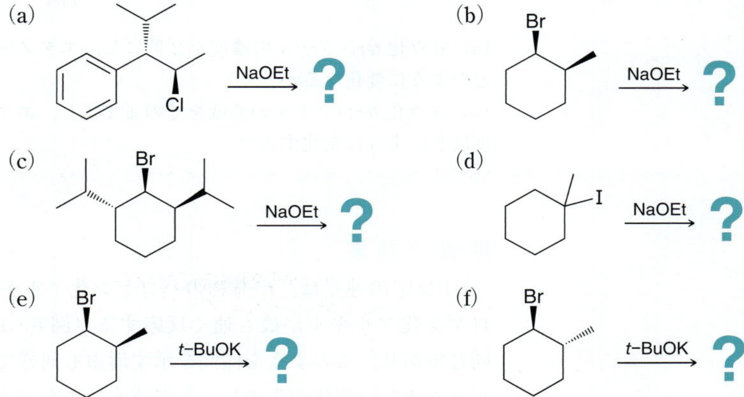

スキルの応用

8・23　強塩基と反応させたときに，1種類のみのアルケンを生成するハロゲン化アルキルを書け．

8・24　強塩基と反応させたときに，立体異性体の関係にある2種類のアルケンを生成するハロゲン化アルキルを書け．

8・25　強塩基と反応させたときに，構造異性体（立体異性体ではなく）の関係にある2種類の生成物を生じるハロゲン化アルキルを書け．

問題 8·59〜8·61，8·64，8·66 を解いてみよう．

8・9 E1 機 構

本節では，段階的な反応機構，すなわち E1 機構について説明する．

脱離　プロトン移動

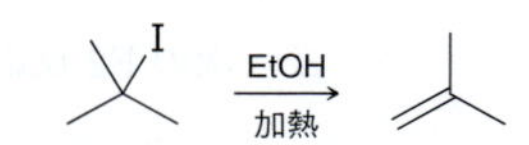

H　LG　−LG⁻　H　+　塩基

段階的反応機構の速度論的根拠

速度論的研究によって，多くの脱離反応は一次反応速度式に従うことが示されている．その反応速度式は，次の形で表される．

$$\text{反応速度} = k[\text{基質}]$$

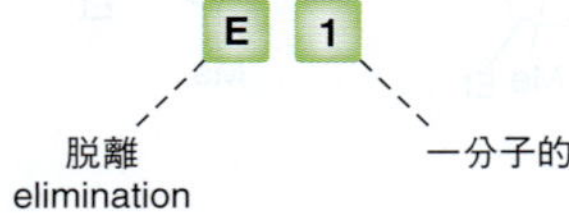

S_N1 反応と同様，反応速度はただ一つの化合物（基質）の濃度に一次で依存する．この実験結果は，律速段階に塩基を含まない段階的反応機構と合致している．律速段階は，S_N1 反応の場合と同様に，第 1 段階（脱離）である．塩基はこの律速段階に関与しないため，塩基の濃度は反応速度に影響しない．この段階は，ただ一つの分子のみが関与するため，**一分子的**（unimolecular）とよばれる．一分子脱離反応（unimolecular elimination reaction）は，**E1 反応**（E1 reaction）とよばれる．

チェックポイント

8・26　次の反応は E1 機構で進行する．

EtOH
加熱

(a) ヨウ化 *tert*-ブチルの濃度を 2 倍にし，エタノールの濃度を 3 倍にすると，反応速度はどのように変化するか．

(b) ヨウ化 *tert*-ブチルの濃度をそのままにし，エタノールの濃度を 2 倍にすると，反応速度はどのように変化するか．

基質の効果

E1 反応の速度は，出発物のハロゲン化アルキルの性質に大きく依存し，第三級ハロゲン化アルキルが最も速く反応する（図 8・18）．この傾向は，S_N1 反応の場合と同じであり，このような傾向を示す理由も同様である．段階的な反応機構では，カルボカチオン中間体が生成し，反応速度はカルボカチオンの安定性に依存する．

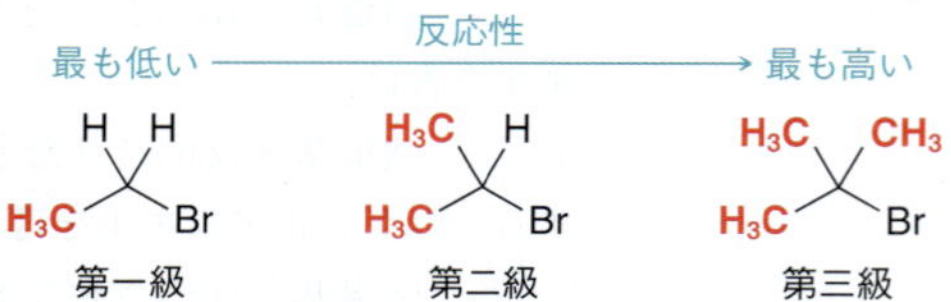

図 8・18　E1 反応におけるさまざまな基質の相対的反応性

カルボカオチンの安定性と超共役については§6・11 参照．

第三級カルボカチオンは，アルキル基の超共役のために，第二級カルボカチオンより安定であることを思い出そう（図 8・19）．第二級および第三級ハロゲン化アルキルの E1 反応について，エネルギー図を比較してみよう（図 8・20）．第三級ハロゲン化アルキルのほうが E1 反応の活性化エネルギーが低く，より速く反応する．第一級ハロゲン化アルキルは一般に E1 反応を起こさない．これは，第一級カルボカチオンが非常に不安定で生成しないからである．

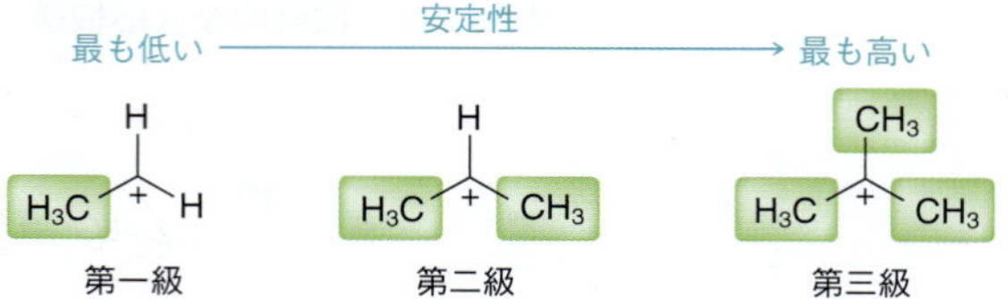

図 8・19　第一級，第二級，および第三級カルボカオチンの相対的安定性

図 8・20　第二級基質および第三級基質の E1 反応のエネルギー図

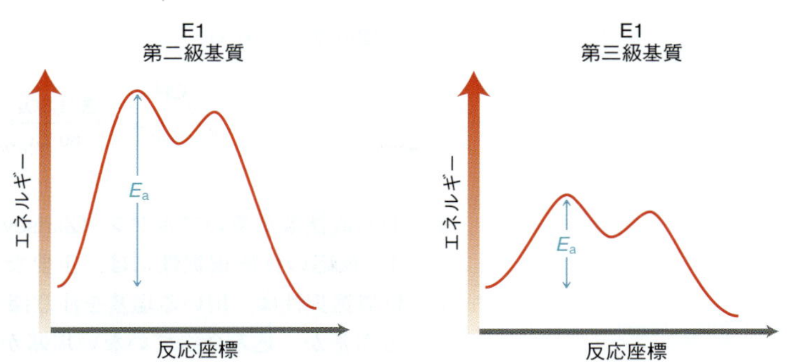

E1 反応の第 1 段階は，S_N1 反応の第 1 段階と同じである．いずれの場合も，第 1 段階で脱離基が脱離し，カルボカチオン中間体が生成する．

LG は脱離基
Nuc は求核剤

脱離　−LG⁻　カルボカチオン中間体　求核剤　置換反応　塩基　脱離反応

一般に E1 反応は S_N1 反応と競争し，両反応の生成物の混合物が得られることが多い．

前章で，OH 基は脱離能の非常に低い脱離基であり，S_N1 反応が起こるのは，OH 基がプロトン化され，脱離能が向上したときのみであることを述べた．

脱離能の低い脱離基　H—X　脱離能の高い脱離基

E1 反応においても同様である．基質がアルコールの場合，OH 基のプロトン化に強酸が必要である．濃硫酸がよく用いられる．この反応では，水が脱離してアルケンが生成する．このような反応を**脱水反応**（dehydration reaction）とよぶ．

濃 H_2SO_4　加熱　+ H_2O

チェックポイント

8・27　次の化合物が E1 反応を起こすときに生成するカルボカチオン中間体を書け．

8・28　次の化合物に濃硫酸を作用させたときに生成するカルボカチオン中間体を書け．

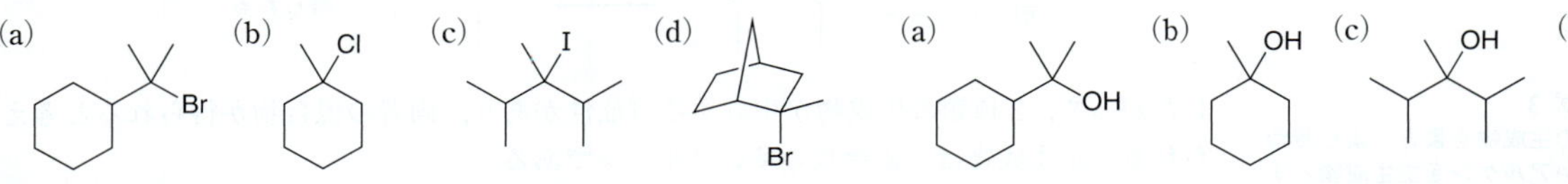

E1 反応の位置選択性

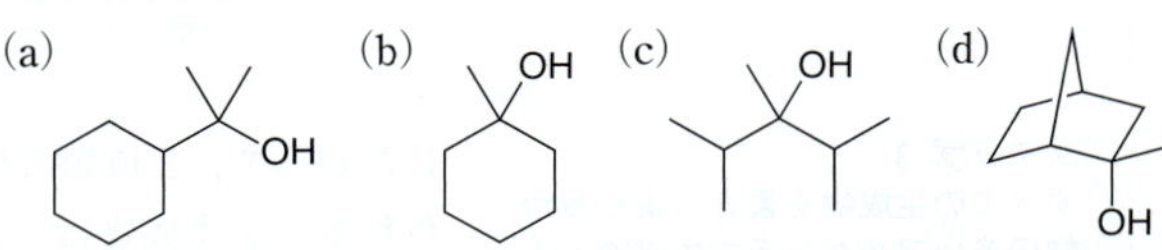

E1 反応の位置選択性については，E2 反応と同様に，Zaitsev 生成物が優先して生

成する傾向がみられる．

濃 H_2SO_4 / 80 ℃ → 90% + 10%

すなわち置換数が多いアルケン（Zaitsev 生成物）が主生成物である．しかし，E1 反応と E2 反応の位置選択性には，重要な相違点がある．すでに述べたように，E2 反応の位置選択性は，用いる塩基を注意深く選択することによって（立体的に込み合っている塩基か，込み合っていない塩基か）制御できることが多い．一方で，E1 反応の位置選択性を同様の手法で制御することはできない．ほとんどの場合，Zaitsev 生成物が得られる．

スキルビルダー 8・8　E1 反応の位置選択性を予想する

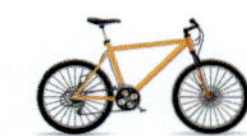

スキルを学ぶ

次の E1 反応の主生成物と副生成物を明らかにせよ．

濃 H_2SO_4 / 加熱 → ?

解　答

ステップ 1
水素をもつすべての β 位を明確にする．

まず水素をもつすべての β 位を明確にする．

ステップ 2
同じ生成物を生じる等価な β 位に注意する．

これらの位置について調べる．β 位のうちの二つは等価であり，それらの位置での反応では同じ生成物が生じる．

この 2 箇所のどちらからプロトンを引抜いても同じ生成物が生じる

この二つの構造は同じ生成物を表す

もう 1 箇所の β 位からプロトンが引抜かれると，次のアルケンが生成する．

この位置からプロトンが引抜かれると　→　この生成物が得られる

ステップ 3
すべての生成物を書き，より置換数の多いアルケンを主生成物とする．

したがって，2 種類の生成物が生成する可能性があり，両者の混合物が得られると考えられる．主生成物は，置換数の多いアルケンである．

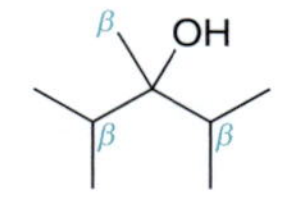

濃 H_2SO_4 / 加熱 → 主生成物 + 副生成物

スキルの演習

8・29 次の E1 反応の主生成物と副生成物を書け.

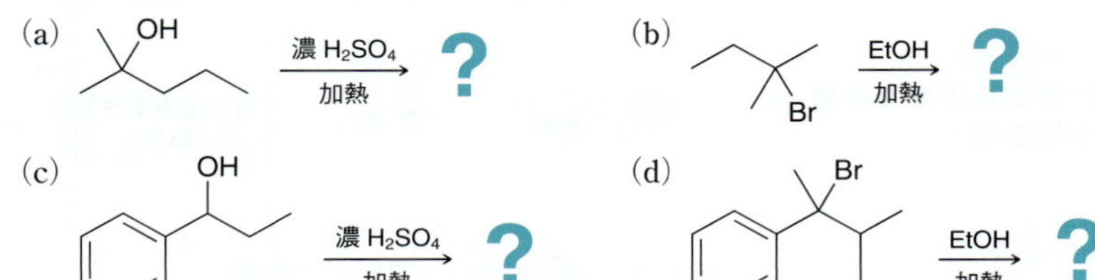

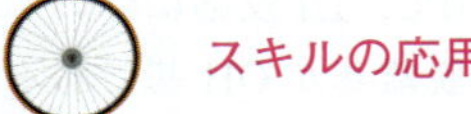
スキルの応用

8・30 1-メチルシクロヘキセンを合成する際, 基質として利用できるアルコールを二つあげよ. また, どちらのアルコールが酸性条件でより速く反応すると考えられるか, 理由も述べよ.

問題 8・62 を解いてみよう.

E1 反応の立体選択性

E1 反応は立体特異的ではない. すなわち, E1 反応が起こるのに, アンチペリプラナー配座をとる必要はない. しかし, E1 反応は立体選択的である. シス体およびトランス体のアルケンが生成しうる場合, 一般にはトランス体が優先して生成する.

OH 濃 H_2SO_4 加熱 → 75% + 25%

チェックポイント

8・31 次の E1 反応の主生成物を書け.

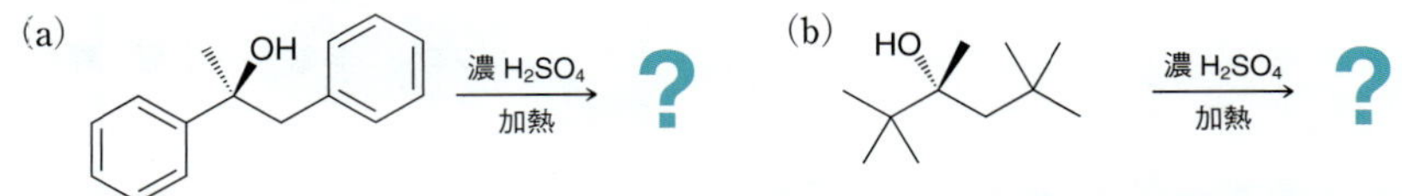

8・10 E1 反応の反応全体の機構を書く

S_N1	脱 離	--	求核攻撃
E1	脱 離	--	プロトン移動

図 8・21 S_N1 反応と E1 反応の主要な段階の比較

E1 反応の主要な 2 段階と S_N1 反応の主要な 2 段階とを比べてみよう (図 8・21). §7・6 で, S_N1 反応には主要な 2 段階に加えて最大三つの段階が起こる場合があることを述べた (図 8・22). 同様に, E1 反応に対しても, 主要な 2 段階に加えて最大三つの段階が起こりうると考えるかもしれない. しかし実際には, 主要な段階のうち第 2 段階の後には余分な反応は起こらない. したがって, E1 反応の場合, 主要な 2 段階に加えて起こる段階は最大二つまでとなる (図 8・23).

- 第 1 段階の前のプロトン移動
- 第 1 段階と第 2 段階の間のカルボカチオン転位

E1 反応の終了時に, プロトン移動の段階を加える必要がないのはなぜだろうか. S_N1 反応の終了時にプロトン移動が必要なのはどのような場合だったか考え, なぜ E1 反応ではこの過程が起こらないのか考えてみよう.

図 8・22　S_N1 反応の主要な段階（灰色）と付随的な段階（青）

プロトン移動 -- 脱 離 -- カルボカチオン転位 -- 求核攻撃 -- プロトン移動

図 8・23　E1 反応の主要な段階（灰色）と付随的な段階（青）

プロトン移動 -- 脱 離 -- カルボカチオン転位 -- プロトン移動 -- ✕

E1 反応開始時のプロトン移動

S_N1 反応開始時にプロトン移動が必要であったのと同じ理由で，E1 反応についても開始時にプロトン移動が必要な場合がある．具体的には，脱離基が OH 基である場合は常にプロトン移動が必要になる．水酸化物イオンは脱離能の低い脱離基であり，そのままでは脱離しない．そのため，アルコールが E1 反応を起こすにはまず OH 基がプロトン化されなければならず，そのためには酸が必要である．

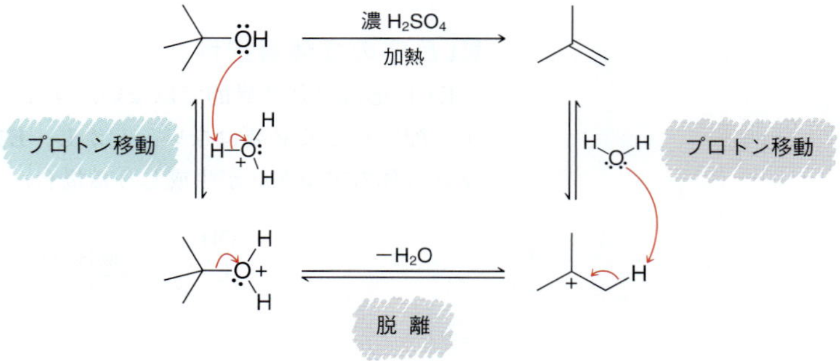

濃 H_2SO_4
加熱

プロトン移動　　プロトン移動

$-H_2O$
脱 離

この反応機構は 3 段階からなることに注意しよう．

プロトン移動 -- 脱 離 -- プロトン移動

チェックポイント

8・32　次の化合物が E1 反応を起こすのに酸が必要かどうか示せ．

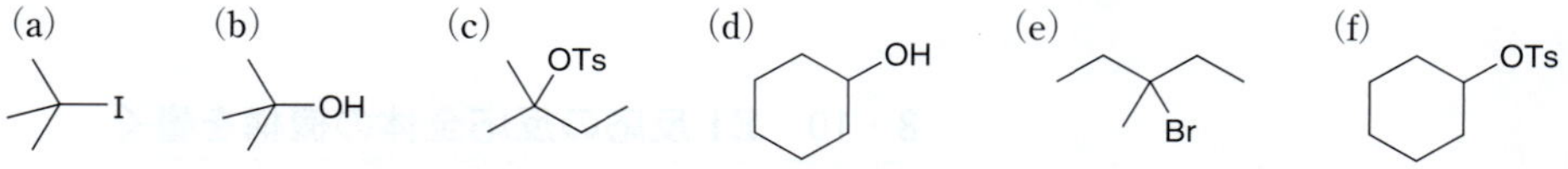

(a)　(b)　(c)　(d)　(e)　(f)

E1 反応中に起こるカルボカチオンの転位

ヒドリド移動とメチル移動については§6・11 参照．

E1 反応ではカルボカチオン中間体が生成する．6 章で述べたように，カルボカチオンは，ヒドリド移動あるいはメチル移動により転位を起こしやすいことを思い出してほしい．途中にカルボカチオンの転位を含む E1 反応の例を次ページに示す．この反応では，カルボカチオン転位は E1 反応の第 1 段階と第 2 段階の間に起こっていることに注意しよう．

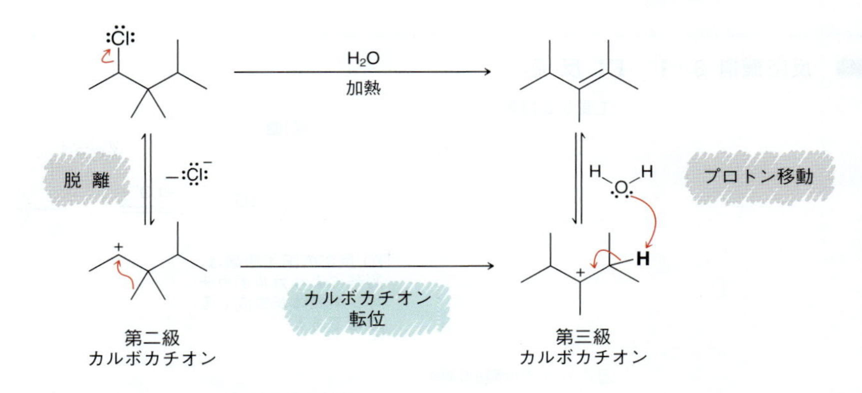

脱 離 --- カルボカチオン転位 --- プロトン移動

H_2O
加熱
脱 離
プロトン移動
カルボカチオン転位
第二級カルボカチオン
第三級カルボカチオン

チェックポイント

8・33　次の基質が E1 反応を起こすとき，途中にカルボカチオンの転位が起こるかどうか明らかにせよ．

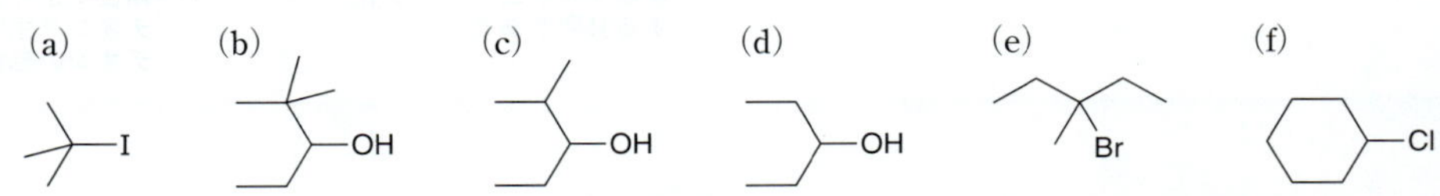

E1 反応には多くの段階が含まれうる

ここまで述べてきたように，E1 反応には主要な 2 段階（脱離とプロトン移動）が必ず含まれるとともに，最大二つの段階が付随しうる（反応機構 8・1）．

1. 主要な 2 段階の前に，プロトン移動が起こりうる．
2. 主要な 2 段階の間に，カルボカチオン転位が起こりうる．

E1 反応では，反応機構 8・1 に示す二つの付随的段階の一方あるいは両方が起こりうる．次に 4 段階からなる E1 反応の例を示す．

濃 H_2SO_4
加熱
プロトン移動
$-H_2O$
脱 離
カルボカチオン転位
第二級カルボカチオン
第三級カルボカチオン

この反応機構は 4 段階からなるため，反応のエネルギー図は四つの山を含む（図 8・24）．E1 反応のエネルギー図における山の数は，その反応機構に含まれる段階の数と常に等しい．これまで述べてきたように，E1 反応の段階数は 2 から 4 なので，E1 反応のエネルギー図には 2 個から 4 個の山がある．

反応機構 8・1　E1 反応

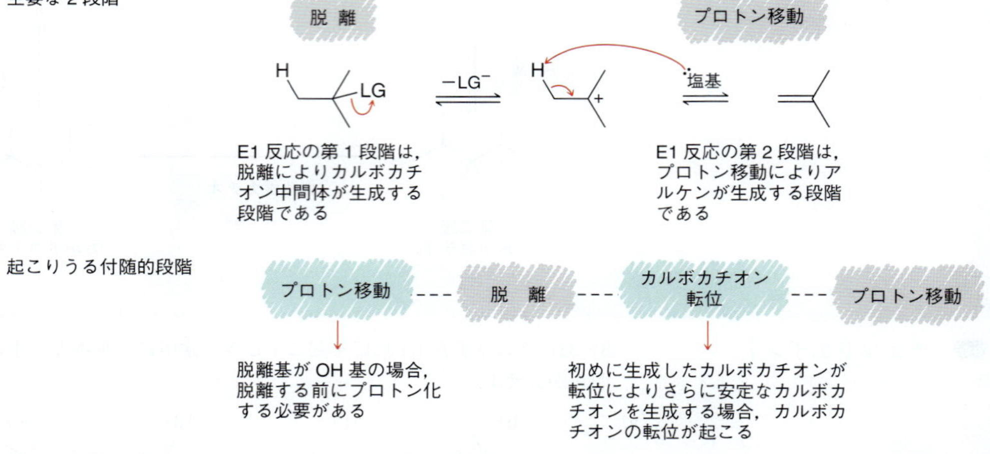

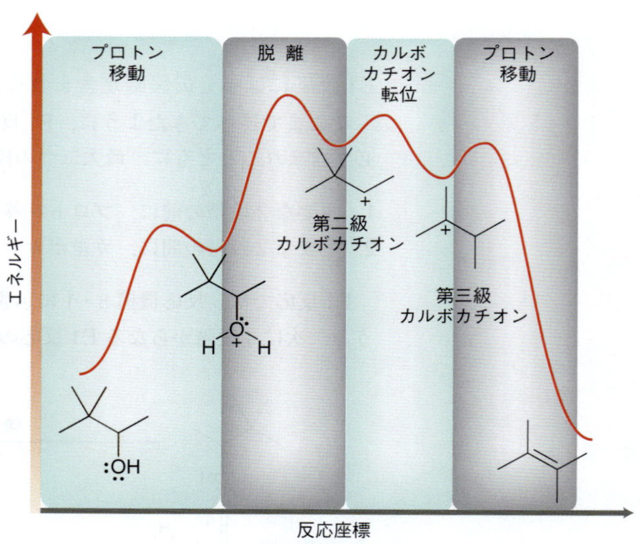

図 8・24　4 段階からなる E1 反応のエネルギー図

カルボカチオン転位が起こりうる場合，転位を経た後に生成するアルケンが転位を起こさずに生成するアルケンとともに得られる．先の例では，次の生成物が得られる．

濃 H_2SO_4 / 加熱

OH

64%　+　33%　（転位を経た生成物）

+　3%　（転位を経ない生成物）

スキルビルダー 8・9　E1 反応の反応全体の機構を書く

スキルを学ぶ

次の E1 反応の機構を示せ.

濃 H_2SO_4
加熱

解 答

E1 反応には，主要な 2 段階（脱離とプロトン移動）は必ず含まれる．しかし，他の付随的な 2 段階については，起こるかどうか判断する必要がある．

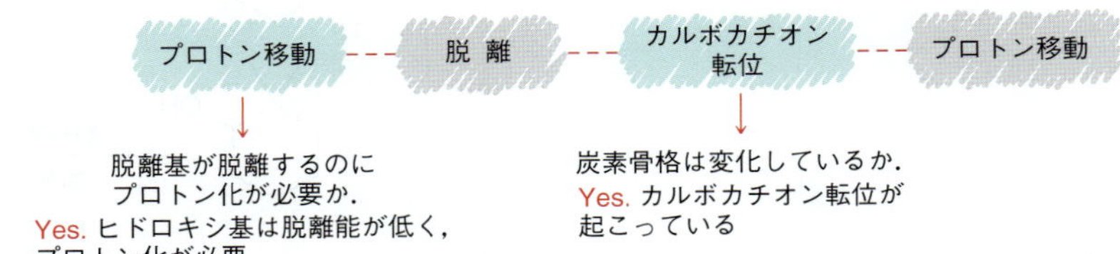

巻矢印の書き方については §6・8〜§6・10 参照.

この場合，反応機構は四つの段階（主要な 2 段階と付随的な 2 段階）すべてを含まなければならない．これらの段階を書くためには，6 章で述べた方法を用いる．

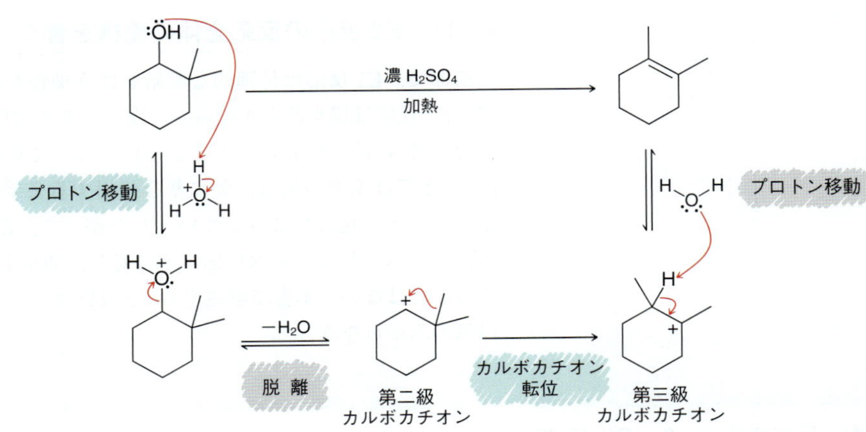

スキルの演習

8・34　次の E1 反応の機構を示せ.

(a) 濃 H_2SO_4 加熱

(b) EtOH 加熱

(c) EtOH 加熱

(d) 濃 H_2SO_4 加熱

スキルの応用

8・35　問題 8・34 の反応機構の反応形式を明らかにせよ．たとえば，問題 8・34(a) の形式は次のようになる．

プロトン移動 -- 脱 離 -- プロトン移動

この機構では，E1 反応の主要な 2 段階（脱離とプロトン移動）の前にプロトン移動が起こる．

他の三つの反応（問題 8・34 の b～d）について，反応の形式を書け．次に，それらの形式を比較せよ．どの二つの反応が同じ形式であるか示し，その理由を説明せよ．

8・36　3,3-ジメチルシクロヘキセンの合成法として，次のどちらがより効率的か示し，その理由を説明せよ．

Br　NaOEt / EtOH

OH　濃 H_2SO_4 / 加熱

問題 8･68，8･76(a)～(d)，8･81，8･83，8･84 を解いてみよう．

8・11　E2 反応の反応全体の機構を書く

前節で，E1 反応は付随的な段階を伴う場合があることを述べた．それとは対照的に，E2 反応は協奏的な 1 段階からなり，他の段階を伴うことはほとんどない．E2 反応ではカルボカチオンは生成しないので，その転位が起こることもない．さらに，E2 反応では多くの場合，強塩基を使用する必要があるが，そのような条件では OH 基のプロトン化は起こりえない．したがって，E1 反応の開始時のプロトン移動は非常に多くみられる（脱水反応）のに対し，通常 E2 反応の開始時にプロトン移動が起こることはない．本書で解説する E2 反応はすべて，反応機構 8・2 に示す協奏的な 1 段階のみからなる．

反応機構 8・2　E2 反 応

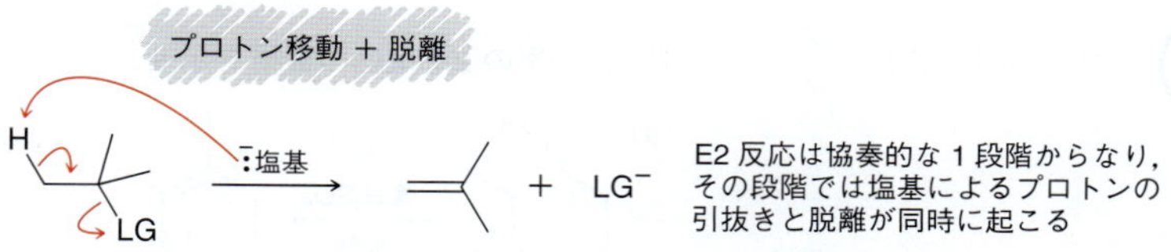

E2 反応では，反応機構を書くのに必要な巻矢印は三つのみであるが，注意深く書く必要がある．最初の巻矢印は，矢印の始点が塩基の非共有電子対に，そして終点が β 位にある水素に向かうように書く．二つ目の巻矢印は，始点が開裂する C−H 結合に，そして終点が α−β 位の間の結合に向かうように書く．そして三つ目の矢印は，脱離を示すように書く．

チェックポイント

8・37 次のE2反応の機構を示せ.

(a) NaOMe

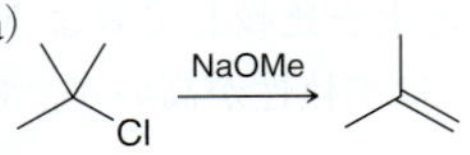

(b) NaOEt

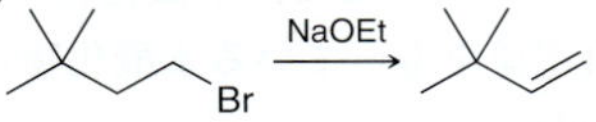

(c) NaOH

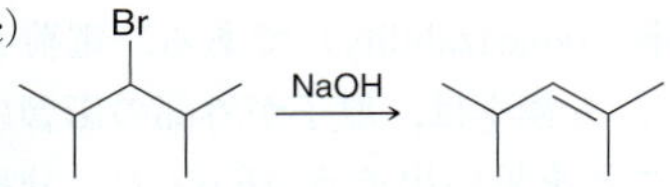

8・38 次の反応では，ジハロゲン化物（ハロゲン原子を二つもつ化合物）に過剰量の強塩基（ナトリウムアミド）を作用させ，E2反応を二度，連続的に起こさせアルキン（C≡C結合を含む化合物）を合成している．この反応の機構を示せ．

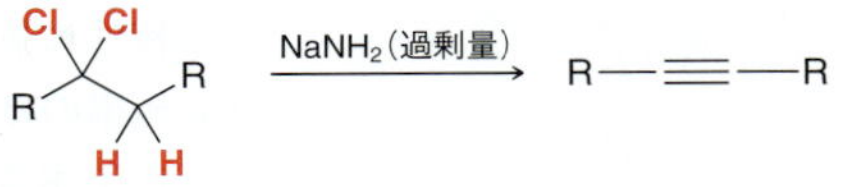

$NaNH_2$（過剰量） R—≡—R

8・12 置換反応と脱離反応の競争：反応剤を明らかにする

置換反応と脱離反応は，ほとんどいつも競争して進行する．生成物を予想するためには，どちらの反応が起こりそうか考えなければならない．一方の反応のみが優先して起こる場合も，複数の機構の反応が競争する場合もある．

NaOMe / MeOH → E2反応生成物（単一生成物）

H_2O / 加熱 → E1反応生成物 + S_N1反応生成物

常にどちらか一方の反応のみが優先するわけではないことに注意しよう．そのような場合もあるが，複数の生成物が得られる場合もある．ここでの目標は，生成する可能性のあるすべての化合物を予想するとともに，どれが主生成物となり，どれが副生成物となるか予想することである．この目標を達成するためには，三つの手順が必要である．

1. 反応剤の役割を明らかにする．
2. 基質を解析し，予想される反応機構を明らかにする．
3. 必要に応じて位置選択性および立体選択性について検討する．

これ以降の本章では，これら三つの手順について一つひとつ詳細に述べる．本節では第一の手順に必要な考え方を中心に述べ，第二，第三の手順については次節以降で説明する．最終的な目標は，生成物を予想する力を身につけることであり，本節で述べる考え方はこの目標を達成するための第一歩と考えてほしい．

本章で先に述べたように，置換反応と脱離反応のおもな相違点は，反応剤の役割である．反応剤が求核剤として働くと置換反応が起こり，反応剤が塩基として働くと脱離反応が起こる．したがって，個々の反応について考えるとき，最初の手順は，反応剤の求核性が高いか低いか，また，塩基として強いか弱いか判断することである．§6・7で述べたように，求核性と塩基性は異なる概念である．求核性は速度論的な性質であり，反応速度を示すものであるが，塩基性は熱力学的な性質であり，平衡の位置を示すものである．後述するように，ある反応剤が，求核性の低い求核剤であると同時に強い塩基であるということがある．同様に，求核性の高い求核剤であり，かつ弱い塩基であるような反応剤もある．つまり，塩基性と求核性は常に同じ傾向を示すとは限らない．反応剤の役割を決めるうえで必要な考え方を身につけるために，求核性と塩基性についてさらに詳しく説明する．

求　核　性

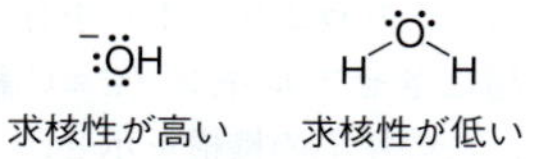

求核性（nucleophilicity）は，求核剤が求電子剤を攻撃する際の反応速度を示す指標である．§6・7で述べたように，求核性に影響を及ぼす要因は多くある．それらの要因のひとつが電荷である．例として，水酸化物イオンと水を比較してみよう．§7・8で述べたように，負電荷をもっている水酸化物イオンは求核性が高いが，電荷をもたない水は求核性が低い．

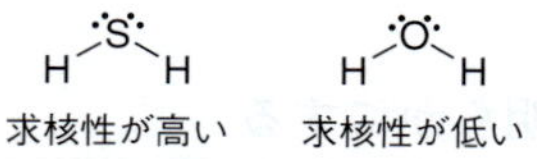

求核性が高い　求核性が低い

求核性に影響を及ぼすもう一つの要因が，**分極率**（polarizability）である．電荷より分極率のほうが，重要な役割を果たす場合も多い．分極率は，原子が外部の影響により電子密度を偏らせることのできる度合を示すことを思い出そう（§6・7）．分極率は原子の大きさ，より具体的には，原子核から離れて存在する電子の数に直接関係している．硫黄原子は非常に大きく，原子核から離れた位置に電子を多くもっている．そのため，硫黄原子は分極しやすい．ハロゲン原子の多くも同じ性質を示す．この分極しやすさのために，H_2S は H_2O よりずっと求核性が高い．

求核性が高い　求核性が低い

H_2S は負電荷をもたないが，分極率が高いために求核性が高いことに注意しよう．求核性に対する分極率の重要性を考えれば，NaH のヒドリドイオン H^- が負電荷をもっているにもかかわらず求核剤として働かない理由も説明できる．ヒドリドイオンはきわめて小さく（水素は最小の原子である），分極しにくいために，求核剤として機能しない．しかし，ヒドリドイオンは，非常に強い塩基として働く．次に，塩基性に影響を及ぼす要因についてみてみよう．

塩　基　性

求核性とは異なり，**塩基性**（basicity）は速度論的な性質ではなく，また，反応速度を示す指標ではない．塩基性は熱力学的な性質であり，平衡の位置を示す指標である．プロトンがやりとりされる過程では，平衡は弱塩基側に偏る．

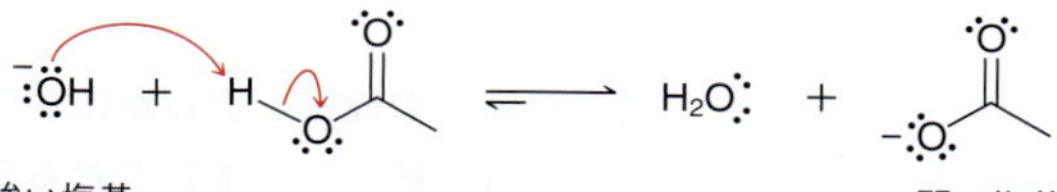

強い塩基　　弱い塩基

塩基の強弱を決めるためには，いくつかの方法がある．3章で二つの方法，すなわち定量的な手法と定性的な手法について述べた．定量的な手法では，pK_a で評価する．すなわち，塩基の強さを，その共役酸の pK_a によって評価する．たとえば，塩化物イオンの共役酸 HCl は強酸（pK_a -7）なので，塩化物イオンは非常に弱い塩基である．一方，定性的な手法では，§3・4で述べたように，負電荷をもつ塩基の相対的な安定性を四つの因子によって決定する．たとえば，塩化物イオンは，イオン半径が大きく電気陰性な原子に負電荷があるため，安定度が高い（塩基として弱い）．定量的な手法も定性的な手法も同じ結論，すなわち塩化物イオンは弱塩基であるという結論を導き出すことができる．

もう一例，硫酸水素イオン HSO_4^- について考えてみよう．定量的な手法によれば，共役酸である硫酸が強酸（pK_a -9）なので，硫酸水素イオンは弱塩基である．定性的な手法によっても，硫酸水素イオンは高度な共鳴安定化を受けているので，やはり

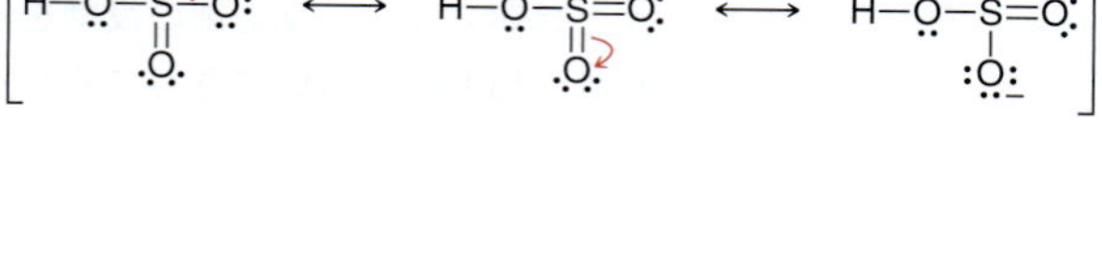

弱塩基であると予想される．

ここでも定量的な手法と定性的な手法が同じ結論を導き出していることに注意しよう．どちらの手法を用いてもかまわない．個々の事例で，どちらの手法が用いやすいか考えればよい．

求核性と塩基性

ここまでに述べてきた求核性と塩基性に影響を及ぼす主要な要因に基づいて，すべての反応剤を四つのグループに分類できる（図8・25）．第一のグループは，求核剤としてのみ働く反応剤である．すなわち，分極しやすいため求核性の高い求核剤になるが，共役酸が比較的強い酸であるため塩基としては弱いものが該当する．このグループの反応剤を用いれば，脱離反応ではなく置換反応が起こる．

図 8・25 置換反応/脱離反応によく用いられる反応剤の分類

求核剤としてのみ働く		塩基としてのみ働く	求核性の高い求核剤かつ強塩基		求核性の低い求核剤かつ弱塩基
ハロゲン化物イオン	硫黄求核剤				
Cl^-	HS^-　H_2S	H^-（NaH の）	HO^-	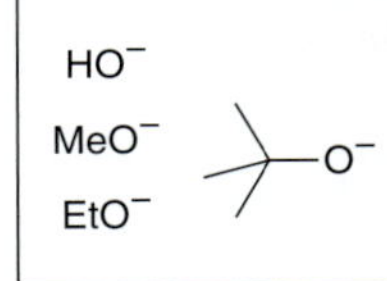	H_2O
Br^-	RS^-　RSH	DBN	MeO^-		MeOH
I^-		DBU	EtO^-		EtOH

ヒドリドイオンは，本書の他の反応例でも必ず強塩基として用いられる．

第二のグループは，塩基としてのみ働き，求核剤としては機能しない反応剤である．このグループの代表的な反応剤がヒドリドイオンである．Na^+ が対イオンの場合，NaH のように表記する．先述のように，ヒドリドイオンは分極しにくいため，求核剤としては働かない．しかし，共役酸 H－H がきわめて弱い酸であるため，塩基としては非常に強い．ヒドリドイオンを反応剤として用いれば，置換反応ではなく脱離反応が進行することになる．ヒドリドイオン以外にも，塩基としてのみ働き，求核剤としては機能しない反応剤は多く知られている．よく用いられるそのような反応剤の例に，DBN と DBU の二つがある．

DBN は 1,5-ジアザビシクロ[4.3.0]ノナ-5-エン 1,5-diazabicyclo[4.3.0]non-5-ene の略，DBU は 1,8-ジアザビシクロ[5.4.0]ウンデカ-7-エン 1,8-diazabicyclo[5.4.0]undec-7-ene の略．

DBN　　DBU

DBN と DBU は，構造が非常によく似ている．いずれの場合もプロトン化されたとき，生成する正電荷が共鳴により安定化される．正電荷が一つの窒素原子に局在化せず，二つの窒素原子に非局在化している．そのため，この共役酸は安定になり，酸として弱くなる．したがって，DBN も DBU も強塩基となる．これらの例から，電荷をもたない化合物であっても強塩基になりうることがわかる．

共鳴安定化

図8・25の第三のグループには，求核性の高い求核剤であり，かつ強塩基である反

応剤が含まれる．例として，水酸化物イオン HO^- やアルコキシドイオン RO^- がある．これらの反応剤は，通常，二分子反応（S_N2 および E2）に用いられる*．

＊ 訳注：*tert*-ブトキシドイオンは求核性，塩基性ともに高いが，かさ高いため S_N2 反応は起こしにくく，E2 反応が優先する傾向がある．330 ページ下式参照．

最後の第四グループには，求核性の低い求核剤であり，かつ弱塩基である反応剤が含まれる．水 H_2O やアルコール ROH がこのグループに該当する．これらの反応剤は，通常，一分子反応（S_N1 および E1）に用いられる．

反応の生成物を予想するためには，まず反応剤を明確にして性質を見きわめることが第一の手順となる．すなわち，反応剤を解析し，上記のどのグループに属するかを明らかにする必要がある．この重要な方法について練習してみよう．

スキルビルダー 8・10　反応剤の役割を明らかにする

スキルを学ぶ

フェノラートイオンが次の四つのグループのうちどれに分類されるか示せ．

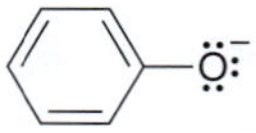

フェノラートイオン

(a) 求核性の高い求核剤であり，かつ弱い塩基である．
(b) 求核性の低い求核剤であり，かつ強い塩基である．
(c) 求核性の高い求核剤であり，かつ強い塩基である．
(d) 求核性の低い求核剤であり，かつ弱い塩基である．

解答

ステップ 1
反応剤が求核性の高い求核剤かどうか，電荷や分極率を調べることで判断する．

まず求核性について考えよう．電荷と分極率が指標となる．この反応剤は負電荷をもっており，負電荷は一般に求核性を増大させる．酸素原子の分極率はあまり高くないが，水素原子のように小さすぎではなく，求核性は保持している．したがって，フェノラートイオンはかなり求核性の高い求核剤であると考えられる．19 章で述べるが，フェノラートイオンのこのような性質は，その重要な反応性の一つである．

ステップ 2
反応剤が強い塩基かどうか，定量的手法または定性的手法を用いて判断する．

次に，フェノラートイオンの塩基性について考えよう．定量的な手法と定性的な手法を用いることができるが，いずれも同じ結果を与えるはずである．定量的な手法では，共役酸（すなわちフェノール）の pK_a を調べる．

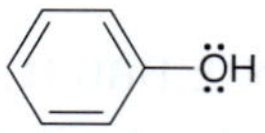

フェノール

表 3・1 に示すように，フェノールの pK_a は 9.9 であり，典型的なアルコールより酸性度が高い（ROH の pK_a は通常 16〜18 の間である）．フェノールが比較的強い酸であることから，フェノラートイオンは塩基としてはかなり弱いと考えられる．同じ結論は，定性的な手法によっても導くことができる．すなわち，フェノラートイオンは，共鳴により安定化されていることがわかる．

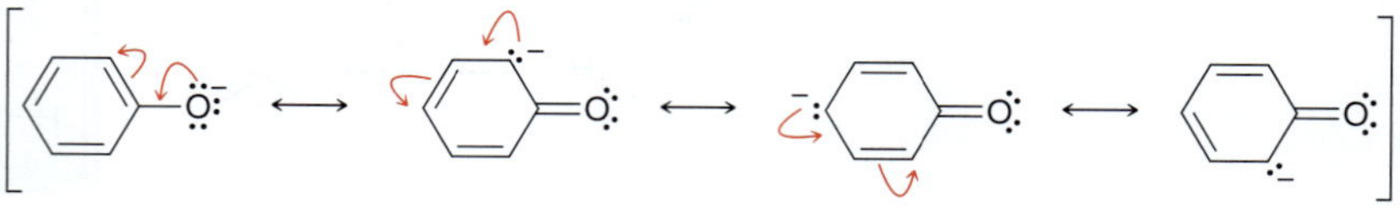

そのため，フェノラートイオンは通常のアルコキシドイオン RO^- より安定であり，塩

基としては弱いと考えられる．以上のことから，フェノラートイオンは比較的高い求核性をもつが，塩基としてはかなり弱いと考えられる．

スキルの演習

8・39 次の反応剤が求核性の高い求核剤か低い求核剤か明らかにせよ．また，それらが強い塩基か弱い塩基かについても示せ．

(a) ⁀OH (b) ⁀SH (c) ⁀O⁻ (d) Br^-

(e) LiOH (f) MeOH (g) NaOMe (h) DBN

スキルの応用

8・40 NaH は強い塩基であるが，求核剤としては弱い．一方，水素化アルミニウムリチウム $LiAlH_4$ は，求核性の高いヒドリド源として用いることのできる反応剤である．

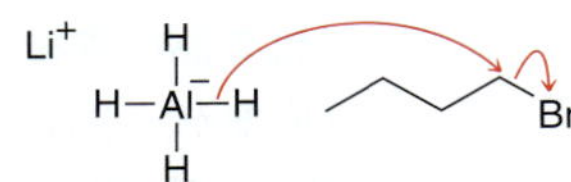

この場合，$LiAlH_4$ は求核性の高いヒドリドイオンの供給剤として働いている．この反応剤は，以降の多くの章で登場する．$LiAlH_4$ が求核性の高い求核剤として働くことができるのに対し，NaH ができない理由を説明せよ．

問題 8・55 を解いてみよう．

8・13 置換反応と脱離反応の競争：反応機構を明らかにする

前に述べたように，置換反応と脱離反応の生成物を予想するためには三つの手順が必要である．前節では，第一の手順（反応剤の役割の決定）について述べた．本節では，第二の手順，すなわち基質を解析し，反応がどの機構で進行するか明らかにする方法について述べる．

前節で述べたように，反応剤は四つのグループに分類される．それぞれのグループの反応剤に対して，第一級，第二級，および第三級の基質がどのように反応するかについて述べる．そして，すべての情報をまとめたフローチャートを作成する．まず，求核剤としてのみ働く反応剤について説明する．

求核剤としてのみ働く反応剤が起こしうる反応

反応剤が求核剤としてのみ働き，塩基としては機能しない場合，図 8・26 に示すように，置換反応のみが起こり，脱離反応は起こらない．反応がどの機構で進行するかは基質によって決まる．基質が第一級の場合，もっぱら S_N2 機構で進行し，第三級の場合には S_N1 機構で進行する．基質が第二級の場合，S_N2 反応と S_N1 反応のどちらも起こりうるが，多くの場合 S_N2 反応が優先する．§7・8 で述べたように，非プロトン性の極性溶媒を用いれば，S_N2 反応の速度がさらに増大する．

塩基としてのみ働く反応剤が起こしうる反応

反応剤が塩基としてのみ働き，求核剤としては機能しない場合，図 8・27 に示すように，脱離反応のみが起こり，置換反応は起こらない．このグループに該当する反応剤はほとんどの場合強塩基であり，E2 反応を起こす．§8・7 で述べたように，E2 反応は第一級，第二級，第三級のいずれの基質に対しても進行する．

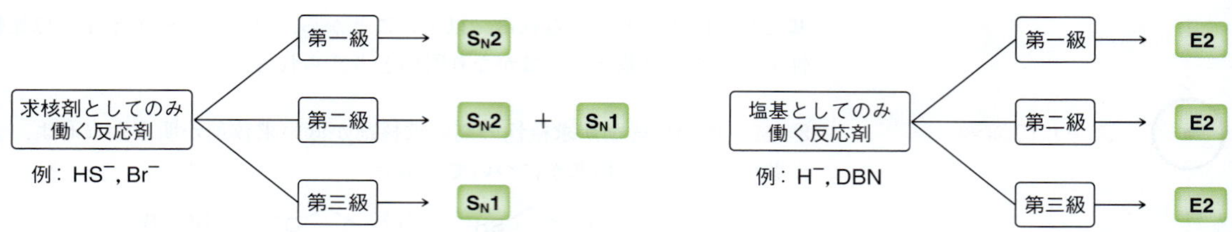

図 8・26　第一級，第二級，および第三級基質に求核剤としてのみ働く反応剤を作用させたときに予想される結果

図 8・27　第一級，第二級，および第三級基質に塩基としてのみ働く反応剤を作用させると E2 反応が起こると予想される

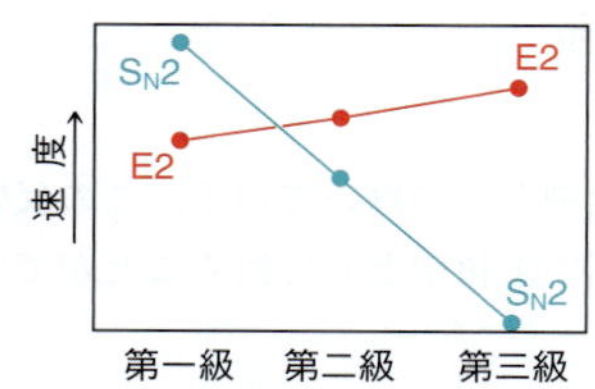

図 8・28　S_N2 反応と E2 反応の競争に及ぼす基質の効果

求核性の高い求核剤かつ強塩基として働く反応剤が起こしうる反応

反応剤が，求核性の高い求核剤であり，かつ強い塩基でもある場合，二分子反応（S_N2 および E2）が優先して起こる．S_N2 反応と E2 反応のどちらが進行するかについては基質の性質が大きく影響する．各基質における S_N2 と E2 の競争を図 8・28 に示す．

基質の性質が反応速度に与える影響は，S_N2 と E2 で異なる．基質が第一級である場合，S_N2 反応が優先して起こり，基質が第二級である場合，E2 反応が優先することに注意しよう．第三級の基質では，E2 反応のみが進行する．第三級基質は立体障害が非常に大きいために，S_N2 反応を起こさないからである．E2 反応は立体障害の影響を受けにくいことを思い出そう．以上の S_N2 と E2 の競争をまとめると，図 8・29 のようになる．

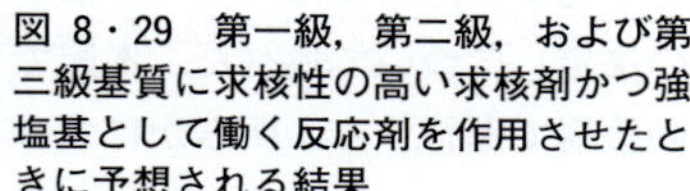

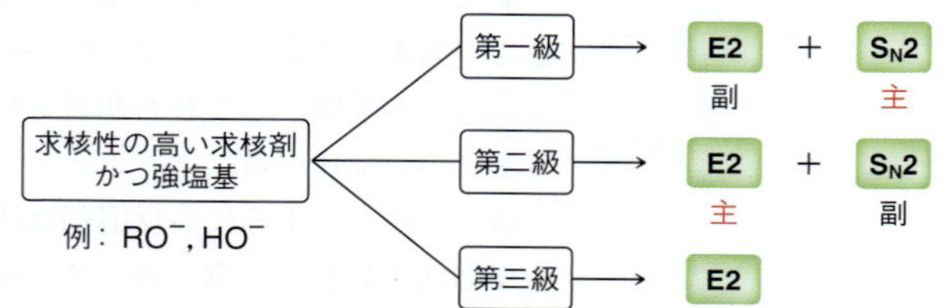

図 8・29　第一級，第二級，および第三級基質に求核性の高い求核剤かつ強塩基として働く反応剤を作用させたときに予想される結果

第一級基質にアルコキシドイオン RO^- を作用させると，S_N2 反応が E2 反応に優先して起こることに注意しよう．この一般則に対しては，特筆すべき例外がある．*tert*-ブトキシドは立体的にかさ高いアルコキシドであり，基質が第一級の場合でも，S_N2 ではなく E2 反応を起こす．この例外的な反応性を活用して，第一級ハロゲン化アルキルをアルケンに変換することができる．

X $\xrightarrow{t\text{-BuOK}}$

求核性の低い求核剤かつ弱塩基として働く反応剤が起こしうる反応

次に，反応剤が求核性の低い求核剤であり，かつ弱い塩基である場合，どのような反応が起こるか考えよう（図 8・30）．このような反応剤と第一級および第二級の基質の反応は実用的でない．第一級基質は，求核性の低い求核剤かつ弱い塩基である反応剤とは遅い反応しか起こさない．また，第二級基質との反応では，生成物は多成分の混合物になる．求核性の低い求核剤かつ弱い塩基である反応剤の場合，第三級基質

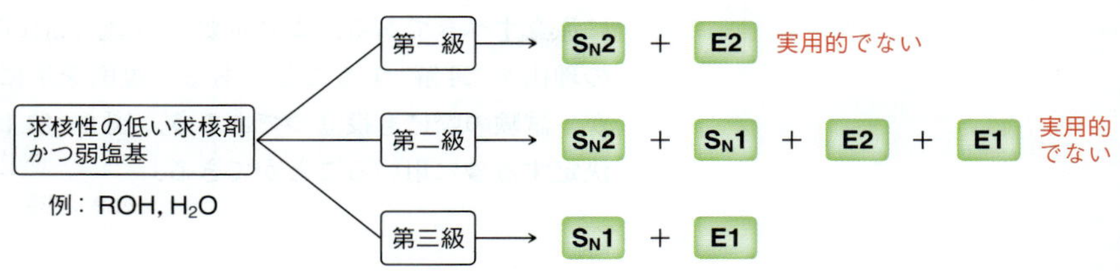

図 8・30　第一級，第二級，および第三級基質に求核性の低い求核剤かつ弱塩基として働く反応剤を作用させたときに予想される結果

との反応だけが実用的になりうる．第三級基質との反応では，一分子反応（S_N1 および E1）が優先する．一般には S_N1 反応生成物が優先する．しかし，生成物の比率は反応条件に敏感であり，特に温度は重要な要因である．温度が高くなると S_N1 と E1 が両方とも速くなるが，ふつうは E1 のほうがより速くなる傾向がある．

基質が第二級あるいは第三級のアルコールの場合，濃硫酸を加えて加熱すると E1 反応生成物が得られる（§8・9）．この反応では，硫酸は（OH 基をプロトン化する）プロトン源として働き，水は E1 反応を完結させる弱塩基としての役割を果たしている．

ここまで述べてきた反応性を一つのフローチャートにまとめると，図 8・31 のようになる．このフローチャートの内容を熟知することは重要だが，丸暗記はしないよう

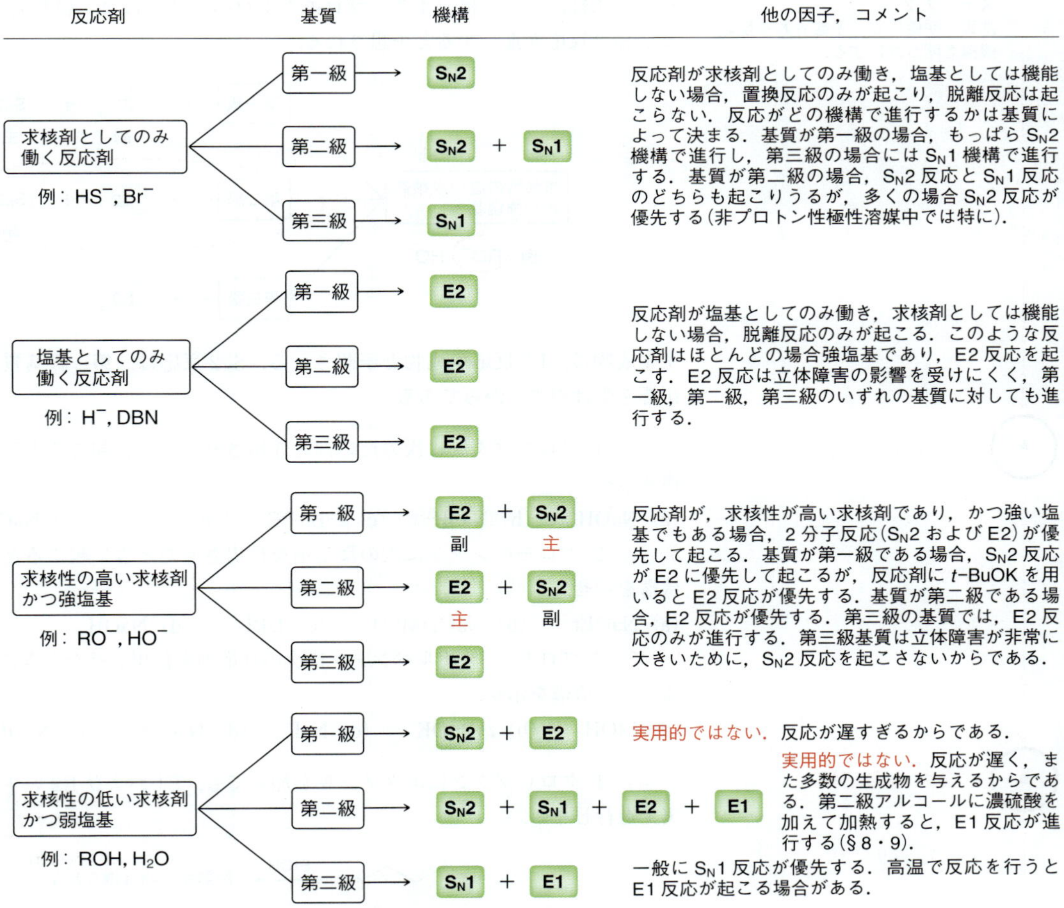

反応剤	基質	機構	他の因子，コメント
求核剤としてのみ働く反応剤 例：HS^-, Br^-	第一級	S_N2	反応剤が求核剤としてのみ働き，塩基としては機能しない場合，置換反応のみが起こり，脱離反応は起こらない．反応がどの機構で進行するかは基質によって決まる．基質が第一級の場合，もっぱら S_N2 機構で進行し，第三級の場合には S_N1 機構で進行する．基質が第二級の場合，S_N2 反応と S_N1 反応のどちらも起こりうるが，多くの場合 S_N2 反応が優先する（非プロトン性極性溶媒中では特に）．
	第二級	S_N2 + S_N1	
	第三級	S_N1	
塩基としてのみ働く反応剤 例：H^-, DBN	第一級	E2	反応剤が塩基としてのみ働き，求核剤としては機能しない場合，脱離反応のみが起こる．このような反応剤はほとんどの場合強塩基であり，E2 反応を起こす．E2 反応は立体障害の影響を受けにくく，第一級，第二級，第三級のいずれの基質に対しても進行する．
	第二級	E2	
	第三級	E2	
求核性の高い求核剤かつ強塩基 例：RO^-, HO^-	第一級	E2（副）+ S_N2（主）	反応剤が，求核性が高い求核剤であり，かつ強い塩基でもある場合，2 分子反応（S_N2 および E2）が優先して起こる．基質が第一級である場合，S_N2 反応が E2 に優先して起こるが，反応剤に *t*-BuOK を用いると E2 反応が優先する．基質が第二級である場合，E2 反応が優先する．第三級の基質では，E2 反応のみが進行する．第三級基質は立体障害が非常に大きいために，S_N2 反応を起こさないからである．
	第二級	E2（主）+ S_N2（副）	
	第三級	E2	
求核性の低い求核剤かつ弱塩基 例：ROH, H_2O	第一級	S_N2 + E2	実用的ではない．反応が遅すぎるからである．
	第二級	S_N2 + S_N1 + E2 + E1	実用的ではない．反応が遅く，また多数の生成物を与えるからである．第二級アルコールに濃硫酸を加えて加熱すると，E1 反応が進行する（§8・9）．
	第三級	S_N1 + E1	一般に S_N1 反応が優先する．高温で反応を行うと E1 反応が起こる場合がある．

図 8・31　置換反応/脱離反応の結果を判断するためのフローチャート

に注意すべきである．より重要なのは，これらすべての反応性がなぜ表れるのか，その理由を“理解”することである．規則を単に覚えるよりも，きちんと理解するほうが，試験の際にも役立つであろう．図 8・31 は，個々の反応がどの機構で進行するか決定するのに用いることができる．

スキルビルダー 8・11　予想される反応機構を明らかにする

スキルを学ぶ

ブロモシクロヘキサンにナトリウムエトキシドを作用させたときに起こると予想される反応の機構を明らかにせよ．

解 答

ステップ 1
反応剤の役割を明らかにする．

まず，反応剤の役割を明らかにする．前節で述べた方法に従って，ナトリウムエトキシドは求核性の高い求核剤かつ強い塩基であるとわかる．

Na^+　$^-$:ÖEt

求核性の高い求核剤
かつ強塩基

ステップ 2
基質を明確にし，予想される反応機構を明らかにする．

次に，基質について検討する．ブロモシクロヘキサンは第二級基質であるため，E2 および S_N2 反応が進行すると予想される．

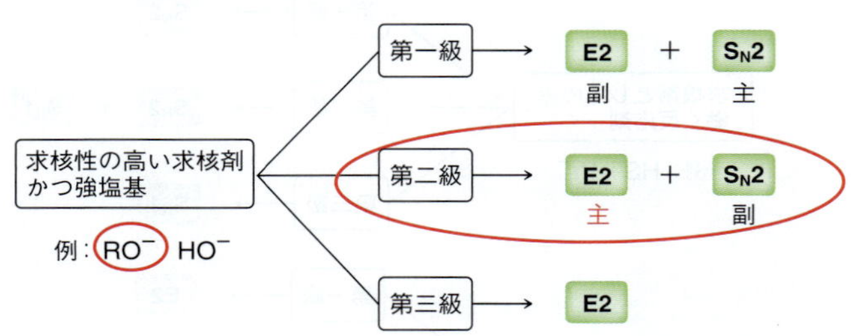

主生成物は，E2 反応生成物と予想される．S_N2 反応は，第二級基質の立体障害による影響を受けやすいからである．

スキルの演習

8・41　1-ブロモブタンに次の反応剤を作用させたときに起こると予想される反応の機構を示せ．

(a) NaOH　(b) NaSH　(c) *t*-BuOK　(d) DBN　(e) NaOMe

8・42　2-ブロモペンタンに次の反応剤を作用させたときに起こると予想される反応の機構を示せ．

(a) NaOEt　(b) NaI/DMSO　(c) DBU　(d) NaOH　(e) *t*-BuOK

8・43　2-ブロモ-2-メチルペンタンに次の反応剤を作用させたときに起こると予想される反応の機構を示せ．

(a) EtOH　(b) *t*-BuOK　(c) NaI　(d) NaOEt　(e) NaOH

スキルの応用

8・44　1-クロロブタンにエタノールを加えても，E1 および E2 いずれの脱離反応も事実上進行しない．

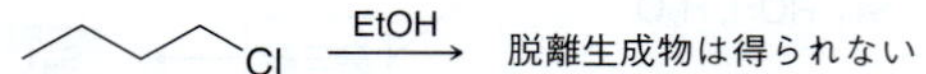

(a) E2 反応が進行しない理由を説明せよ．

(b) E1 反応が進行しない理由を説明せよ．

(c) 基質や反応剤に一部変更を加えると，脱離反応の速度が大きく変化する．E2 反応の速度を増大させるには，どのような変更を加えればよいと考えられるか．

(d) E1 反応の速度を増大させるには，どのような変更を加えればよいと考えられるか．

8・45 3-クロロ-2,2,4,4-テトラメチルペンタンに水酸化ナトリウムを加えても，E2 および S_N2 いずれの反応生成物も得られない．その理由を説明せよ．

問題 8・68，8・69，8・78(a) を解いてみよう．

8・14 置換反応と脱離反応の競争：生成物を予想する

先に述べたように，置換反応および脱離反応の生成物を予想するためには，次の三つの手順が必要になる．

1. 反応剤の役割を明らかにする．
2. 基質の特性を考え，予想される反応機構を明らかにする．
3. 必要に応じて位置選択性および立体選択性について検討する．

これらの手順のうち初めの二つを，前の 2 節で解説した．最後の 3 番目の手順について，本節で述べる．反応がどのような機構で進行するかが明らかになれば，最後の手順として，その反応機構で位置選択性および立体選択性がどのようになるかを考える．生成物を予想するときに従うべき指針を，表 8・2 にまとめる．この表には，新しい情報は含まれていない．本章および以前の章ですでに述べたことばかりである．表 8・2 は，関連する情報をまとめて見やすくしたものとして利用してほしい．これらの指針を利用する方法を練習しよう．

表 8・2 置換反応および脱離反応における位置選択性および立体選択性を決定するための指針

	位置選択性	立体選択性
S_N2	求核剤は，脱離基が結合した α 位を攻撃する	立体配置の反転を伴って，求核剤が脱離基を置換する
S_N1	求核剤は，もともと脱離基が結合していた位置に生成するカルボカチオンを攻撃する．カルボカチオンが転位する場合もある	ラセミ化を伴って，求核剤が脱離基を置換する
E2	一般に Zaitsev 生成物が Hofmann 生成物に優先して得られる．立体的に込み合った塩基の場合，Hofmann 生成物が優先する	立体特異的な反応である 二置換アルケンが生成する場合，トランス体がシス体に優先する β 位に水素が一つしかない基質の場合，アンチペリプラナー配座から脱離が進行した立体異性体が単一生成物として得られる
E1	常に Zaitsev 生成物が Hofmann 生成物に優先する	二置換アルケンが生成する場合，トランス体がシス体に優先する

スキルビルダー 8・12 置換反応と脱離反応の生成物を予想する

スキルを学ぶ

次の反応の生成物を予想し，主生成物と副生成物を明らかにせよ．

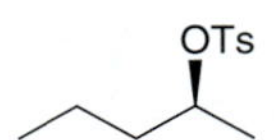

解 答

生成物を予想するために，次の三つの手順に従う．

1. 反応剤の役割を明らかにする．
2. 基質の特性を考え，予想される反応機構を明らかにする．
3. 必要に応じて位置選択性および立体選択性について検討する．

ステップ 1
反応剤の役割を明らかにする．
ステップ 2
基質の特性を考え，予想される反応機構を明らかにする．

初めに反応剤の特性を考える．エトキシドイオンは強塩基であり，かつ求核性の高い求核剤である．次に基質の特性を考える．この場合，基質は第二級であり，E2 反応と S_N2 反応が競争すると予想される．

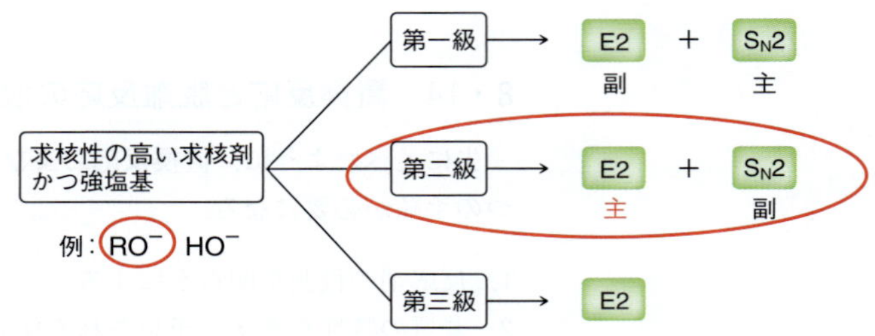

ステップ 3
位置選択性と立体選択性について検討する．

E2 反応のほうが S_N2 反応より基質の立体障害の影響を受けにくいので，E2 反応が優先すると予想される．したがって，主生成物として E2 反応生成物が，副生成物として S_N2 反応生成物が得られると予想される．生成物を書くために，最後の手順に進む．すなわち，E2 および S_N2 の両方の反応について，位置選択性と立体選択性を考えなければならない．まず E2 反応について検討する．

位置選択性については，立体的に込み合っていない塩基が用いられているので，Zaitsev 生成物が主生成物であると予想される．次に，立体選択性についてみてみよう．この場合，E2 反応ではシス体およびトランス体の両方が生成しうるがトランス体が優先すると予想される．

OTs　NaOEt　→　主 + 副 + 副

E2 反応は立体特異的でもある．しかし，この場合，基質の β 位に複数の水素が存在するため，この反応では立体特異性は問題にならない．

次に，S_N2 反応生成物について考える．この場合，基質にキラル中心が存在するため，立体配置の反転が予想される．

OTs　NaOEt　→　OEt

まとめると，次のような生成物が予想される．

OTs　NaOEt　→　主 + 副 + 副 + 副 (OEt)

スキルの演習

8・46 次の反応について，予想される主生成物と副生成物を示せ．

(a)　(b)

(c) t-BuOK → ?
(d) DBN → ?
(e) t-BuOK → ?
(f) NaSH → ?
(g) NaOH → ?
(h) NaOEt → ?
(i) EtOH 加熱 → ?
(j) NaOH → ?
(k) NaOMe → ?
(l) NaOMe → ?
(m) NaOH → ?
(n) NaOH → ?

スキルの応用

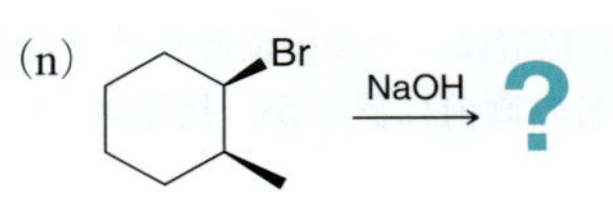

8・47 化合物 **A** と化合物 **B** は分子式 C_3H_7Cl の構造異性体である．化合物 **A** にナトリウムメトキシドを反応させると，置換反応が優先して起こる．化合物 **B** にナトリウムメトキシドを反応させると，脱離反応が優先して起こる．化合物 **A** と **B** の構造を書け．

8・48 化合物 **A** と化合物 **B** は分子式 C_4H_9Cl の構造異性体である．化合物 **A** にナトリウムメトキシドを反応させると，*trans*-2-ブテンが主生成物として得られるが，化合物 **B** にナトリウムメトキシドを反応させると，別の二置換アルケンが主生成物として得られる．

(a) 化合物 **A** の構造を書け．
(b) 化合物 **B** の構造を書け．

8・49 分子式 $C_6H_{13}Cl$ の構造不明の化合物にナトリウムエトキシドを反応させると，2,3-ジメチル-2-ブテンが主生成物として得られる．この化合物の構造を書け．

問題 8・77，8・79 を解いてみよう．

反応のまとめ

合成的に有用な脱離反応

E1 機構によるアルコールの脱水

濃 H_2SO_4, 加熱

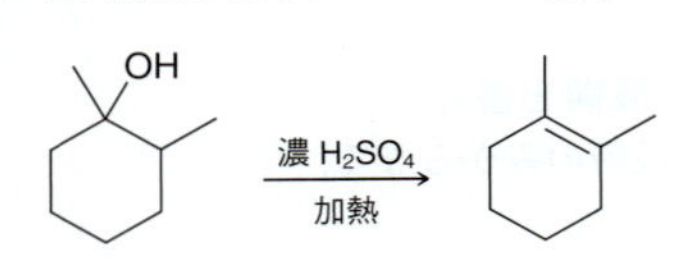

E2 機構による脱ハロゲン化水素：Zaitsev 生成物を生じる反応

NaOEt

E2 機構による脱ハロゲン化水素：Hofmann 生成物を生じる反応

t-BuOK

考え方と用語のまとめ

8・1 脱離反応とは

- アルケンは C=C 結合をもつ化合物であり，**β 脱離**（1,2 脱離ともよばれる）により合成できる．
- 脱離反応で，ハロゲン化物イオンが脱離基である場合，特に

脱ハロゲン化水素反応とよばれる．

8・2　自然界および産業界でのアルケン

- アルケンは，自然界に豊富に存在する．
- エチレンとプロピレンは，いずれも石油のクラッキングにより製造され，幅広い種類の化合物の出発原料として用いられる．

8・3　アルケンの命名法

- アルケンの命名法は，アルカンの命名法の基本則に加え，次の規則に従う．
  - 接尾語の“アン -ane”を“エン -ene”に替える．
  - 母体化合物に，二重結合を含む最も長い炭素鎖を選ぶ．
  - 炭素鎖の番号は，二重結合が最も小さな番号となるようにつける．
  - 二重結合の位置は，一つの位置番号で表す．この位置番号は，母体名の直前に置くか，接尾語“エン -ene”の直前に置く．
- **置換数**とは，二重結合に結合したアルキル基の数を示す．

8・4　アルケンの立体異性

- 二重結合は室温では自由回転しないので，立体異性が生じる．
- 環内にトランス二重結合を含むことができる最小の環は，8 員環である．この規則は架橋された二環性化合物にも適用され，**Bredt 則**とよばれる．
- シスおよびトランスの立体表示法は，類似した基の相対配置を示す場合にのみ使用できる．
- 二重結合に結合した置換基が類似したものでない場合，E および Z の立体表示法を用いなければならない．$\boldsymbol{Z}$ は優先順位の高い二つの基が二重結合の同じ側にあることを示し，$\boldsymbol{E}$ は反対側にあることを示す．

8・5　アルケンの安定性

- 一般に，トランス体のアルケンはその立体異性体であるシス体のアルケンより安定である．
- アルケンは置換数が多いほどより安定になる．

8・6　脱離反応の考えられる反応機構

- 協奏的な反応過程では，塩基によるプロトン引抜きと，脱離基の脱離が同時に進行する．
- 段階的な反応過程では，まず脱離基が脱離し，次に塩基がプロトンを引抜く．

8・7　E2 機 構

- 協奏的な **E2** 機構の根拠として，反応が二次反応速度式に従うことがあげられる．
- 第三級基質は E2 反応を最も起こしやすい．
- 脱離反応では，反応によりどの位置に二重結合が生成するかが問題となるが，E2 反応は**位置選択的**である．一般に，より置換数の多いアルケン，すなわち **Zaitsev 生成物**がおもに生成する．
- 基質と反応剤が両方とも立体的に込み合ったものである場合，置換数がより少ないアルケン，すなわち **Hofmann 生成物**がおもに生成する．
- E2 反応は**立体特異的**な反応であり，一般に**シンコプラナー**ではなく**アンチコプラナー**な配座から進行する．コプラナーからの多少のずれは許容され，水素と脱離基が**アンチペリプラナー**な関係にあれば十分である．
- 置換シクロヘキサンが E2 反応を起こす場合，脱離基と水素の両方がアキシアル位にあるいす形配座からのみ反応が進行する．
- E2 反応では，トランス二置換生成物がシス二置換生成物に優先して生成する．

8・8　E2 反応の生成物を書く

- E2 反応の生成物を予想する際，位置選択性と立体選択性の両方を考慮する必要がある．

8・9　E1 機 構

- 段階的な **E1** 機構の根拠として，反応が一次反応速度式に従うことがあげられる．
- ハロゲン化物のうち第三級基質は E1 反応を最も起こしやすく，第一級基質は最も起こしにくい．
- E1 反応は一般に S_N1 反応と競争して起こり，多くの場合，それぞれの生成物の混合物が得られる．
- 水の脱離によりアルケンが生成する反応を**脱水反応**とよぶ．
- E1 反応の位置選択性については，Zaitsev 生成物が優先的に生成する傾向がみられる．
- E1 反応は立体特異的ではないが，立体選択的である．

8・10　E1 反応の反応全体の機構を書く

- 脱離反応の基質がアルコールである場合，OH 基をプロトン化するために強酸が必要である．
- E1 反応の途中に，生成したカルボカチオンから，より安定なカルボカチオン中間体への転位が起こる場合がある．

8・11　E2 反応の反応全体の機構を書く

- E2 反応は，一つの協奏的な段階のみからなる．

8・12　置換反応と脱離反応の競争：反応剤を明らかにする

- 求核性の高い求核剤とは，負電荷と高い分極率の両方あるいは一方をもつ反応剤である．
- 強い塩基とは，その共役酸の酸性度があまり高くない反応剤である．
- すべての反応剤を，1) 求核剤としてのみ働く，2) 塩基としてのみ働く，3）求核性の高い求核剤であり，かつ強塩基である，4）求核性の低い求核剤であり，かつ弱塩基である，の四つのグループに分類することができる．

8・13 置換反応と脱離反応の競争：反応機構を明らかにする

• 反応剤と基質の性質に基づいて，反応がどの機構で進行するか予想することができる．

8・14 置換反応と脱離反応の競争：生成物を予想する

• 置換反応と脱離反応の生成物を予想するためには，次の三つの手順が必要になる．

1. 反応剤の役割を明らかにする．
2. 基質の特性を考え，予想される反応機構を明らかにする．
3. 必要に応じて位置選択性および立体選択性について検討する．

スキルビルダーのまとめ

8・1 アルケンを命名する

ステップ 1　主鎖を明確にする．二重結合を含む最も長い炭素鎖を選ぶ．

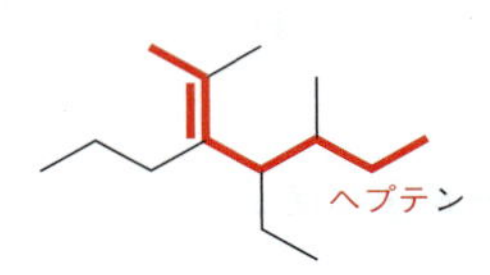

ステップ 2　置換基を明確にし，命名する．

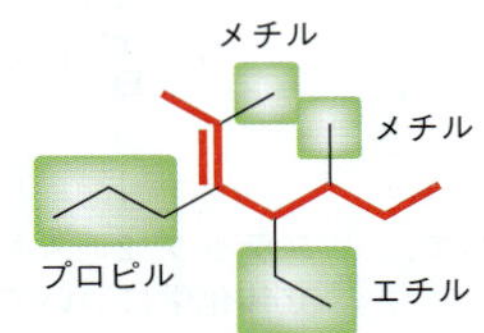

ステップ 3　主鎖に番号をつけ，それぞれの置換基に位置番号をつける．

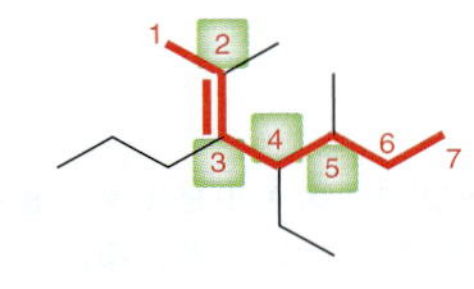

ステップ 4　置換基をアルファベット順に並べる．

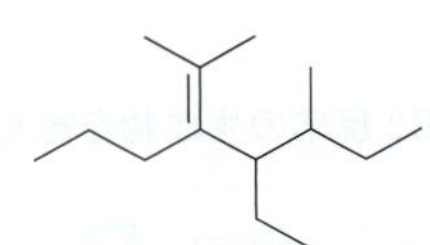

8・2 二重結合の立体配置を明らかにする

ステップ 1　ビニル位の一つの炭素に結合した二つの基を明確にし，どちらが優先順位が高いか明らかにする．

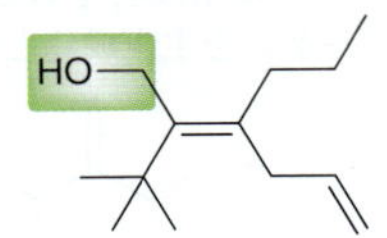

ステップ 2　もう一方のビニル位についてもステップ 1 を繰返す．二重結合に近い位置から比較を始め，最初に違いが現れる箇所を探す．

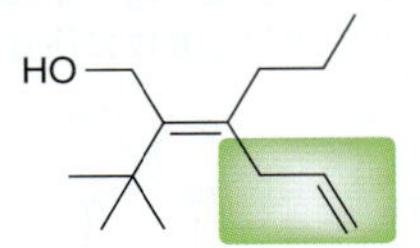

ステップ 3　優先順位の高い基どうしが同じ側にあるか（Z），反対側にあるか（E）を明らかにする．

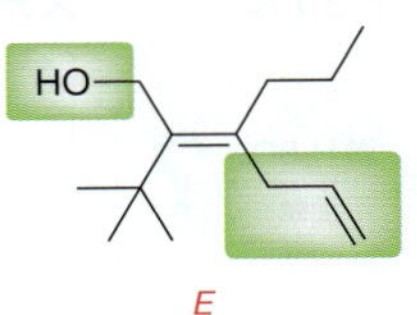

8・3 アルケンの異性体の安定性を比較する

ステップ 1　それぞれのアルケンについて置換数を明確にする．

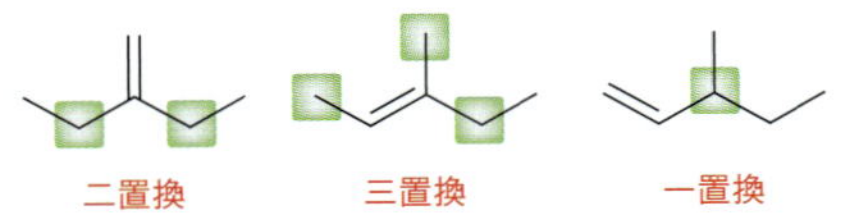

ステップ 2　置換数が多いアルケンを選ぶ．

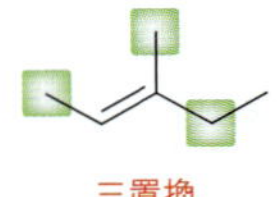

8・4 脱離反応の巻矢印を書く

協奏的反応機構　三つの矢印すべてが一つの段階に含まれる．プロトン移動と脱離が同時に進行する．

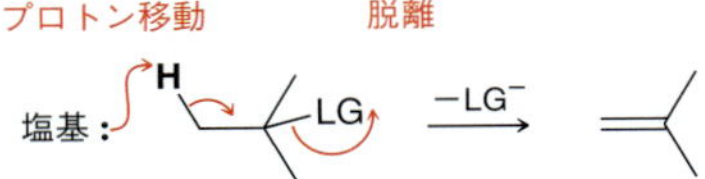

段階的反応機構　三つの矢印は二つの段階に分かれる．まず脱離によりカルボカチオン中間体が生成し，ついでプロトン移動が起こる．

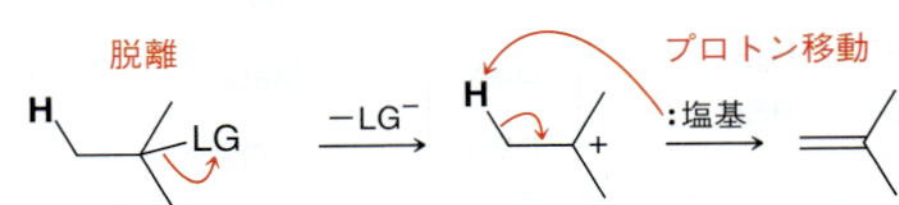

8・5　E2 反応の位置選択性を予想する

ステップ 1　α 位を明確にする．

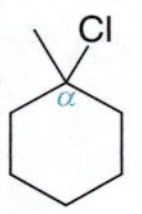

ステップ 2　水素をもつすべての β 位を明確にする．

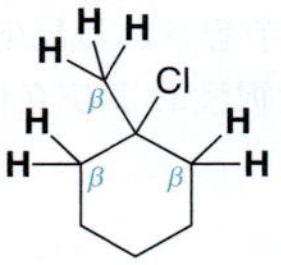

ステップ 3　同じ生成物を与える等価な β 位に注意する．

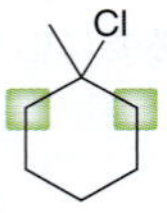

ステップ 4　それぞれの β 位からプロトンが引抜かれて生成するアルケンの置換数を比較する．

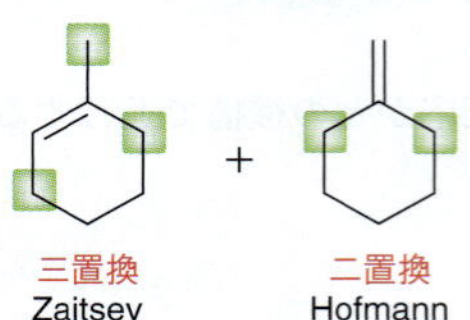

ステップ 5　塩基の性質を調べ，主生成物を明らかにする．

	Zaitsev	Hofmann
立体的に込み合っていない	主	副
立体的に込み合っている	副	主

8・6　E2 反応の立体化学を予想する

ステップ 1　水素の結合した β 位をすべて明確にする．

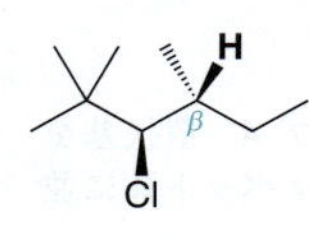

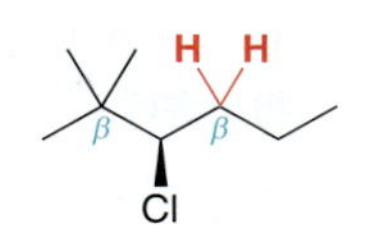

ステップ 2　β 位に二つの水素が存在する場合，シス体およびトランス体の両方が生成すると予想される．β 位に水素が一つしかない場合，Newman 投影式を書く．

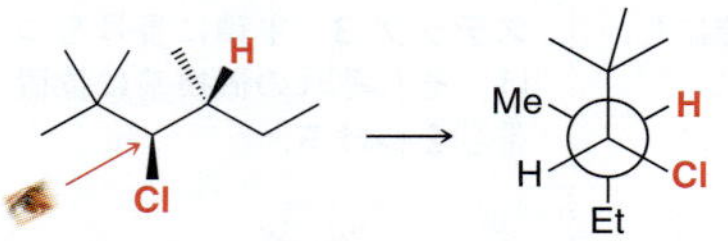

ステップ 3　アンチペリプラナーな配座になるよう C−C 単結合を回転させる．

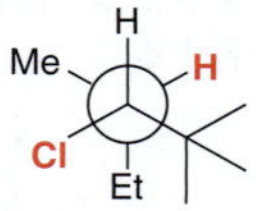

ステップ 4　Newman 投影式を用いて生成物を導く．

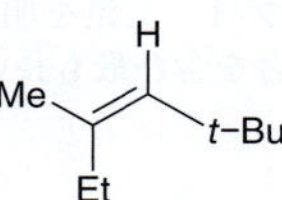

8・7　E2 反応の生成物を書く

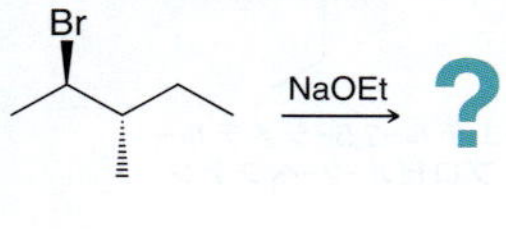

ステップ 1　スキルビルダー 8・5 に従って，位置選択性について考える．

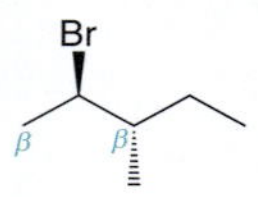

ステップ 2　スキルビルダー 8・6 に従って，立体化学について考える．

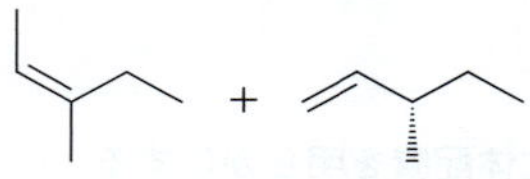

主　　副

8・8　E1 反応の位置選択性を予想する

位置選択性を予想する．

濃 H_2SO_4，加熱 → ?

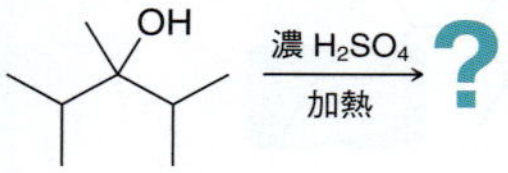

ステップ 1　水素をもつすべての β 位を明確にする．

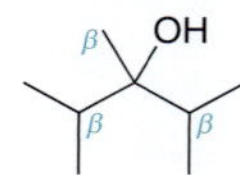

ステップ 2　同じ生成物を生じる等価な β 位に注意する．

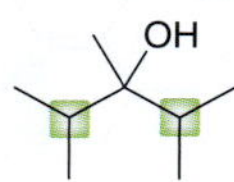

ステップ 3　すべての生成物を書き，より置換数の多いアルケンを主生成物とする．

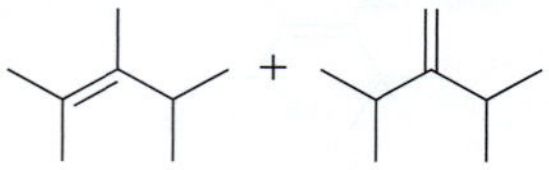

主　　副

8・9　E1 反応の反応全体の機構を書く

主要な 2 段階(灰色)に付随して起こりうる 2 段階(青)がある．

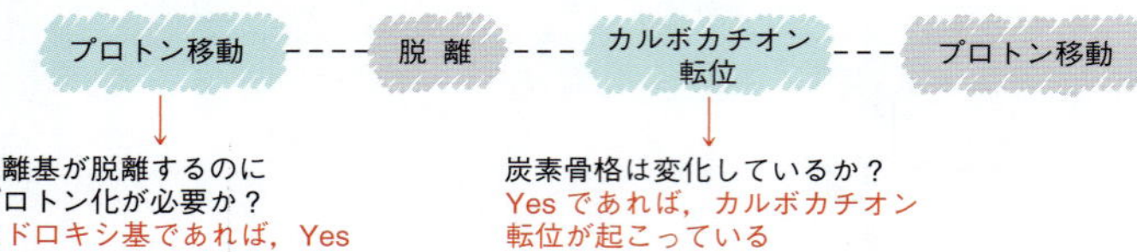

8・10　反応剤の役割を明らかにする

求核剤としてのみ働く反応剤

ハロゲン化物イオン	硫黄求核剤	
Cl^-	HS^-	H_2S
Br^-	RS^-	RSH
I^-		

塩基としてのみ働く反応剤：H^-，DBN，DBU

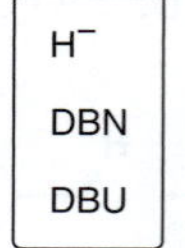

求核性の高い求核剤かつ強塩基：HO^-，MeO^-，EtO^-，$(CH_3)_3CO^-$

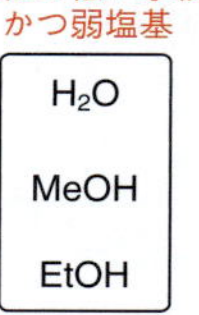

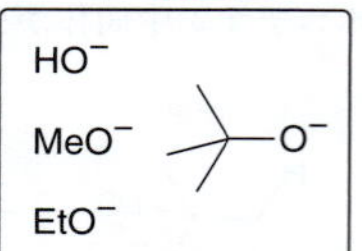

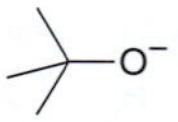

求核性の低い求核剤かつ弱塩基：H_2O，MeOH，EtOH

8・11　予想される反応機構を明らかにする

起こると予想される反応の機構を明らかにせよ.

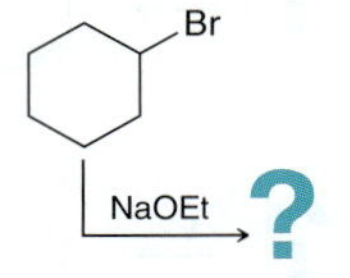

ステップ 1　反応剤の役割を明らかにする.

求核性の高い求核剤
かつ強塩基

ステップ 2　基質を明確にし，予想される反応機構を明らかにする.

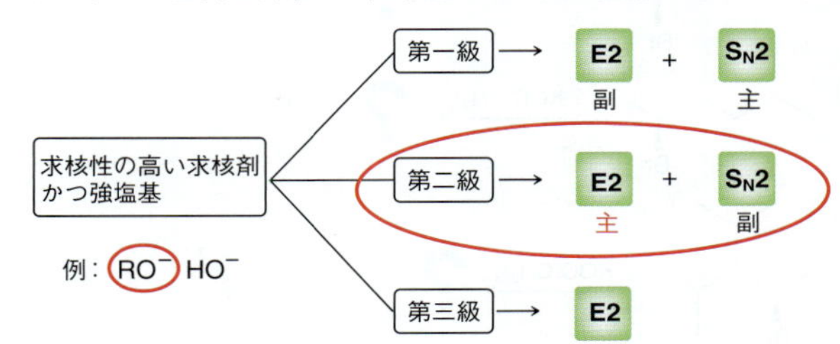

8・12　置換反応と脱離反応の生成物を予想する

ステップ 1　反応剤の役割を明らかにする（§8・12）.

ステップ 2　基質の特性を考え，予想される反応機構を明らかにする（§8・13）.

ステップ 3　位置選択性と立体選択性について検討する（§8・14）.

練習問題

8・50　次の化合物に IUPAC 名をつけよ.

(a) 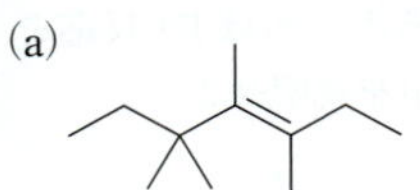
(b) 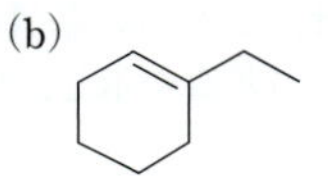
(c) 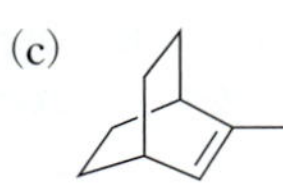

8・51　*EZ* 表示を用いて，次の化合物に含まれるそれぞれの C=C 結合の立体配置を示せ.

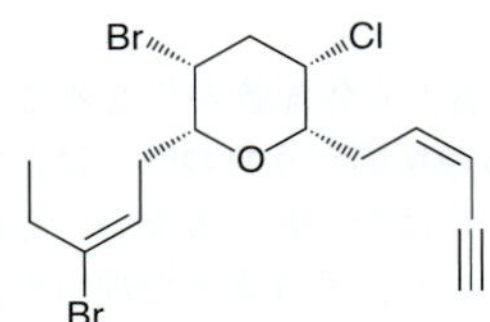

ダクチリン dactylyne
海洋生物から単離された
天然物

8・52　1-*tert*-ブチル-4-クロロシクロヘキサンには二つの立体異性体がある．これらの異性体の一方は，ナトリウムエトキシドによる E2 反応で，もう一方の異性体より 500 倍速く反応する．どちらの異性体がより速く反応するか示し，両異性体間の反応速度の違いを説明せよ.

8・53　次のアルケンを安定性が増大する順に並べよ.

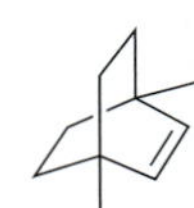 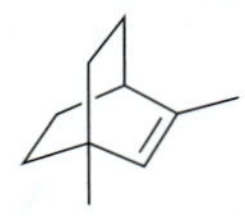 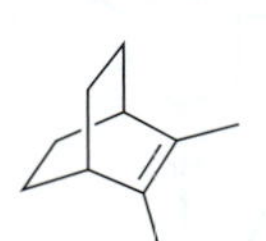 

8・54　次の化合物の組について，どちらがより速やかに E1 反応を起こすか示せ.

(a) 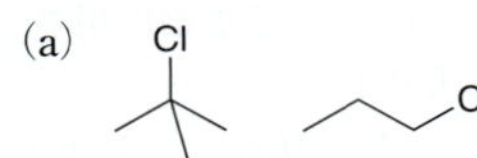

(b) 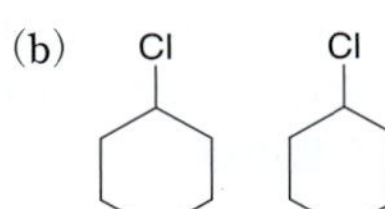

8・55　どちらがより強い塩基か示せ.

(a) NaOH と H_2O

(b) ナトリウムエトキシドとエタノール

8・56　(2*S*,3*S*)-2-ブロモ-3-フェニルブタンに強塩基を作用させると E2 反応が進行し，(*E*)-2-フェニル-2-ブテンを生成する．この反応の立体化学を Newman 投影式を用いて説明せよ.

8・57　次の反応について問いに答えよ.

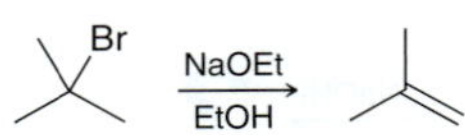

(a) 臭化 *tert*-ブチルの濃度を 2 倍にすると，反応速度はどのように変化するか.

(b) ナトリウムエトキシドの濃度を 2 倍にすると，反応速度はどのように変化するか.

8・58　次の反応について問いに答えよ.

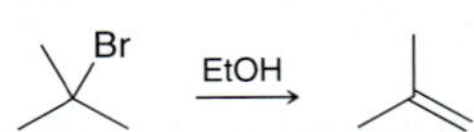

(a) 臭化 *tert*-ブチルの濃度を 2 倍にすると，反応速度はどのように変化するか.

(b) エタノールの濃度を 2 倍にすると，反応速度はどのように変化するか.

8・59　(*R*)-3-ブロモ-2,3-ジメチルペンタンに水酸化ナトリウムを作用させると，4 種類の異なるアルケンが生成する．四つの生成物の構造をすべて書き，安定性の高いものから順に並べよ．どの生成物が主生成物になると予想されるか.

8・60　3-ブロモ-2,4-ジメチルペンタンに水酸化ナトリウムを作用させると，アルケンが 1 種類のみ生成する．生成物を書き，反応が位置選択的である理由を説明せよ.

8・61　次の E2 反応について，主生成物を予想せよ.

(a) 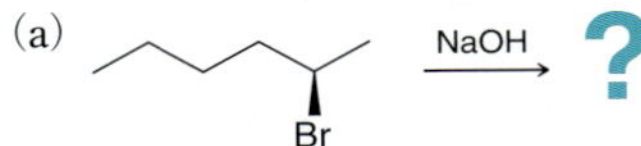

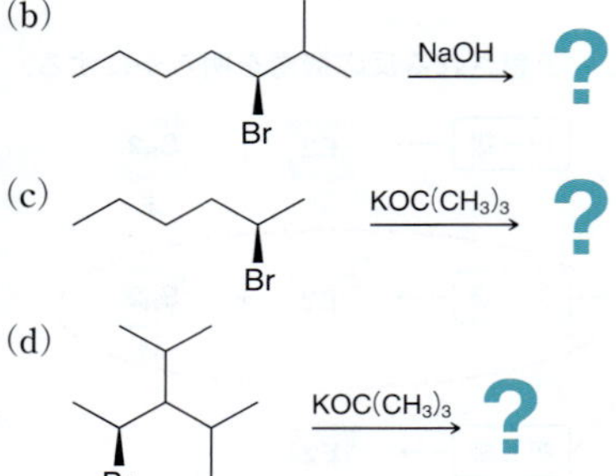

8・62　次の反応で得られる E1 反応生成物のうち，最も安定なものの構造を書け．

(a) Br　H_2O 加熱　?

(b) OH　濃 H_2SO_4 加熱　?

8・63　次のそれぞれの E2 反応について，反応の立体化学を予想せよ．それぞれの主生成物の構造を書くだけでよい．

(a) Br　NaOH　?

(b) Cl　NaOH　?

8・64　次の反応では単一の生成物が得られる．その構造を書け．

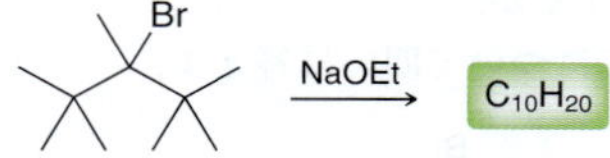

8・65　次のそれぞれの記述に適合する化合物の構造を書け．［注：それぞれについて，多数の正解がある．］

(a) 強塩基を作用させたときに，4 種類の異なるアルケンを生成するハロゲン化アルキル

(b) 強塩基を作用させたときに，3 種類の異なるアルケンを生成するハロゲン化アルキル

(c) 強塩基を作用させたときに，2 種類の異なるアルケンを生成するハロゲン化アルキル

(d) 強塩基を作用させたときに，アルケンを 1 種類のみ生成するハロゲン化アルキル

8・66　次の各基質に強塩基を作用させると，何種類の異なったアルケンが生成するか示せ．

(a) 1-クロロペンタン　(b) 2-クロロペンタン

(c) 3-クロロペンタン　(d) 2-クロロ-2-メチルペンタン

(e) 3-クロロ-3-メチルヘキサン

8・67　E2 脱離により，次の反応式に示したアルケンだけが生成するハロゲン化アルキルの構造を書け．

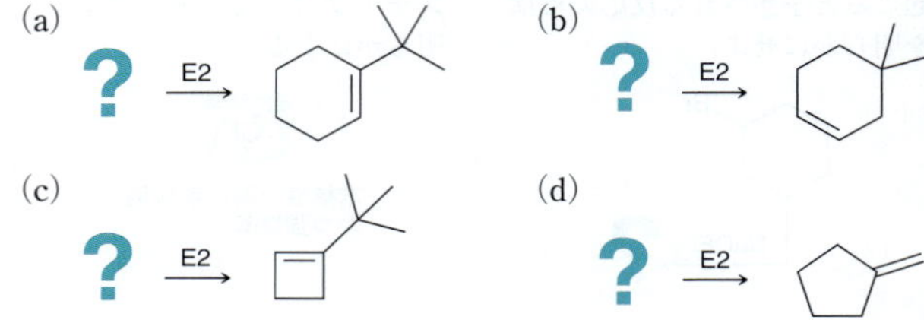

8・68　次の反応について問いに答えよ．

OH　濃 H_2SO_4 加熱

(a) この反応の機構を示せ．

(b) この反応の反応速度式を書け．

(c) この反応のエネルギー図を書け．

8・69　次の基質が段階的な脱離反応（E1）を起こした場合に，生成すると考えられるカルボカチオン中間体を書け．それぞれについて，中間体のカルボカチオンが第一級，第二級，第三級のいずれであるか示せ．これらの基質のうち一つは E1 反応を起こさない．それはどの基質か示し，理由を説明せよ．

(a) Cl　(b) Br　(c) I　(d) Cl

8・70　塩化 *tert*-ブチルと水酸化ナトリウムの反応の遷移状態を書け．

8・71　次の三つの反応は，基質の立体配置が異なること以外は類似した反応である．これらの反応のうちの一つは非常に速く，一つは非常に遅く，残る一つは全く起こらない．それぞれの反応がどれに当たるか明らかにし，そう考えた理由を説明せよ．

Br　NaOH

Br　NaOH

Br　NaOH

8・72　1-ブロモビシクロ[2.2.2]オクタンは，強塩基を作用させても E2 反応を起こさない．理由を説明せよ．

8・73　次の化合物の組について，どちらがより速やかに E2 反応を起こすか．

(a) Cl　Cl　(b) Br　Br

8・74　次の変換を行うために，ナトリウムエトキシドとカリウム *tert*–ブトキシドのどちらを用いたほうがよいと考えられるか．

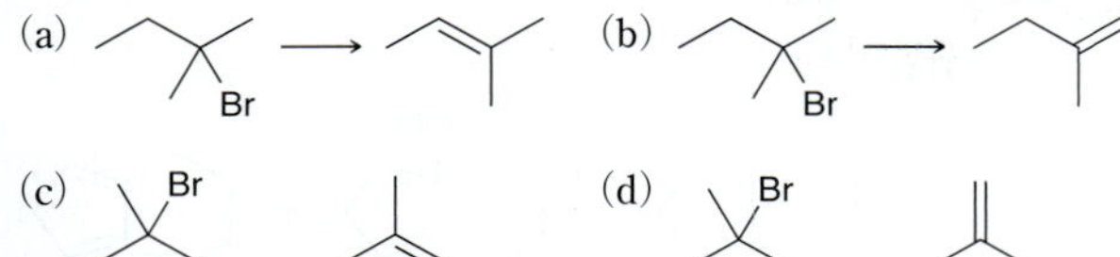

(c)　(d)

8・75　次の反応は，立体的に込み合っていない塩基を用いた場合でも Hofmann 生成物のみが生じる（Zaitsev 生成物は全く得られない）．理由を説明せよ．

8・76　次の反応の機構を示せ．

(a) 濃 H_2SO_4 加熱

(b) 濃 H_2SO_4 加熱

(c) 濃 H_2SO_4 加熱

(d) EtOH 加熱

(e) NaOEt EtOH

発展問題

8・77　置換反応と脱離反応の競争：次の反応について，主生成物と副生成物を書け．

(a) *t*–BuOK　(b) NaOH　(c) 濃 H_2SO_4 加熱　(d) NaCl DMSO　(e) NaOEt　(f) NaOEt　(g) NaOEt EtOH　(h) NaOEt EtOH　(i) NaOEt EtOH　(j) $KOC(CH_3)_3$　(k) NaOMe　(l) NaOH

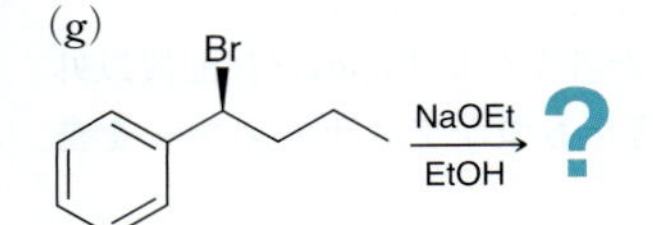

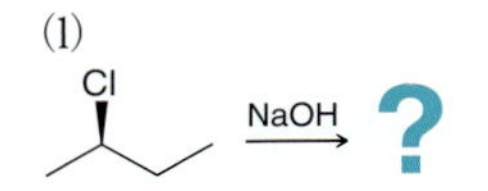

8・78　2–ブロモ–2–メチルヘキサンにエタノール中でナトリウムエトキシドを作用させると，2–メチル–2–ヘキセンが主生成物として得られる．

(a)　この反応の機構を示せ．

(b)　この反応の反応速度式を書け．

(c)　塩基の濃度を 2 倍にすると，反応速度はどのように変化するか．

(d)　この反応のエネルギー図を書け．

(e)　この反応の遷移状態を書け．

8・79　次の反応の主生成物を予想せよ．

(a) NaSH　(b) DBN　(c) NaOH H_2O　(d) H_2O 加熱

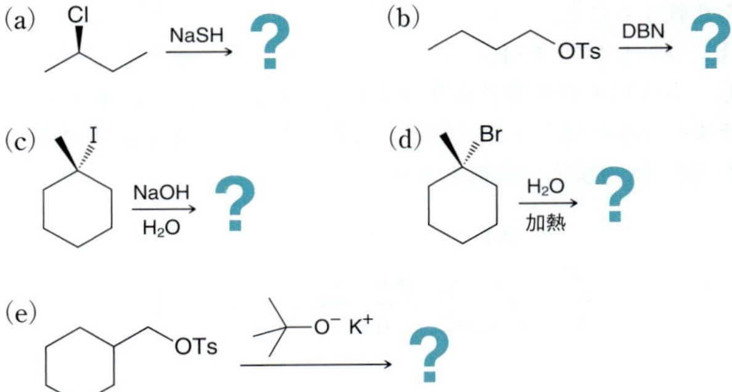

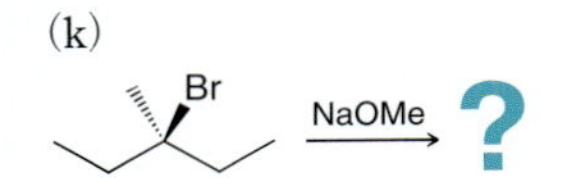

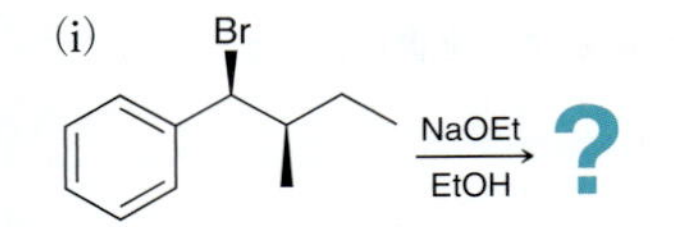

(g)
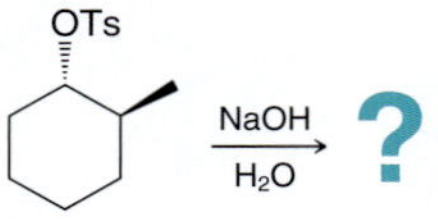
OTs
NaOH
H2O
?

(h)
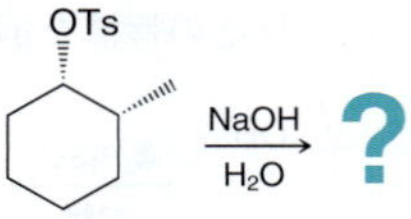
OTs
NaOH
H2O
?

(i)
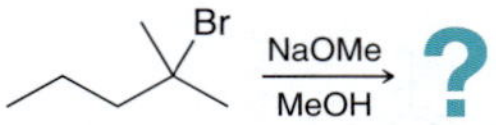
Br
NaOMe
MeOH
?

(j)
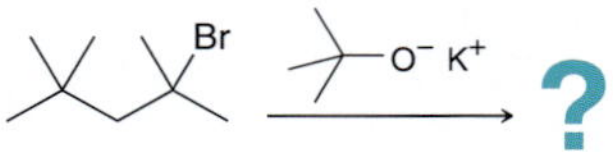
Br
O⁻ K⁺
?

8・80　C_4H_9Br のすべての構造異性体を書き，E2 反応に対する反応性が増大する順に並べよ．

8・81　次の生成物がどのように生成するか，機構を示せ．

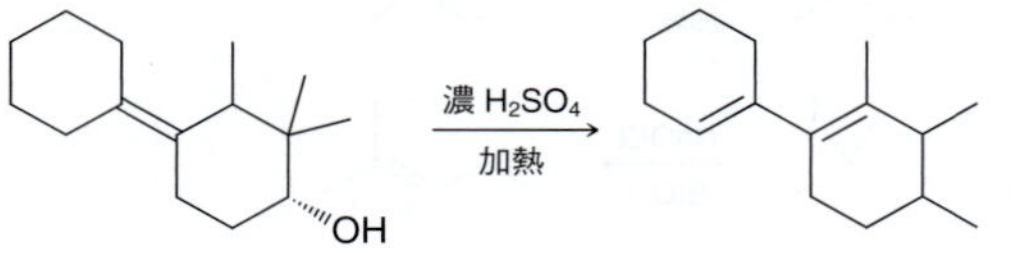
濃 H2SO4
加熱
OH

8・82　(*S*)-1-ブロモ-1,2-ジフェニルエタンは強塩基と反応し，*cis*-スチルベンと *trans*-スチルベンを生成する．

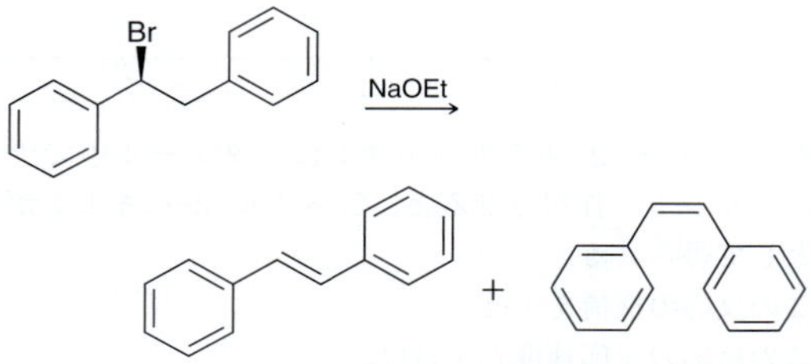
Br
NaOEt
+

trans-スチルベン
主生成物　　　*cis*-スチルベン

(a) この反応は立体選択的であり，主生成物は *trans*-スチルベンである．トランス体が主生成物となる理由を説明せよ．解答を導くために，基質のどのような配座からそれぞれの生成物が生成するか，Newman 投影式を書き，それらの配座の安定性を比較すること．

(b) (*R*)-1-ブロモ-1,2-ジフェニルエタンを基質として用いても，生成物の立体異性体比は変化しない．すなわち，*trans*-スチルベンがやはり主生成物として得られる．理由を説明せよ．

8・83　次の反応の機構を示せ．

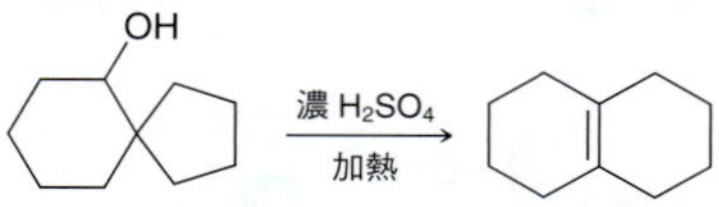
OH
濃 H2SO4
加熱

8・84　次のそれぞれの生成物について，生成機構を示せ．

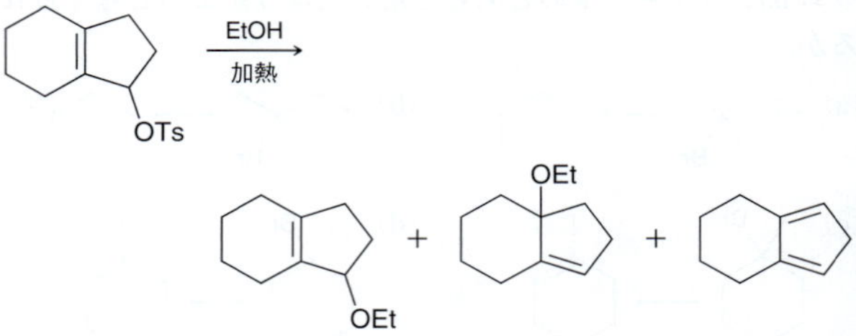
EtOH
加熱
OTs
OEt
+
OEt
+

8・85　1,2,3,4,5,6-ヘキサクロロシクロヘキサンには多くの立体異性体が存在する．これらの立体異性体のうちの一つは，それ以外の立体異性体に比べて E2 脱離の反応速度が数千倍遅い．どの立体異性体か明らかにし，その異性体の E2 反応が非常に遅い理由を説明せよ．

8・86　次の基質のうちどちらがより速やかに E1 反応を起こすか予想し，そう考えた理由を述べよ．

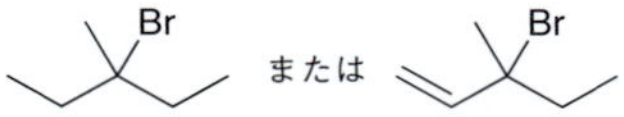
Br
または
Br

8・87　プラジエノリド B(pladienolide B) は細菌 *Streptomyces platensis* の人工的につくり出された菌株から単離された大環状(大きな環をもつ)の天然物である．そのエナンチオ選択的な，31 段階での合成が 2012 年に報告された［*Org. Lett.*, 14, 4730 (2012)］．以前に 59 段階での合成が報告されているが，その改良合成である．

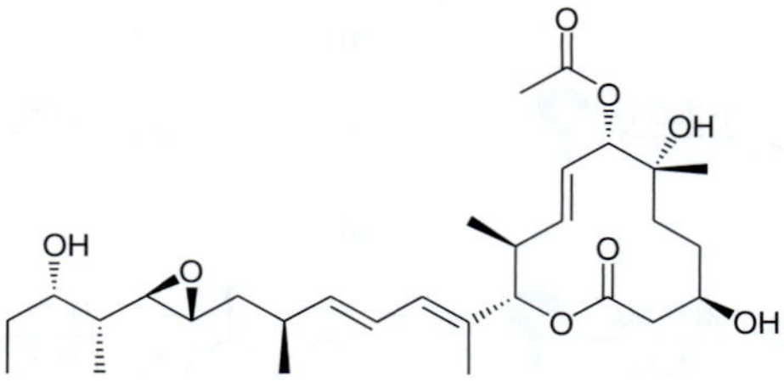
O
O
OH
OH
O
O
O
OH

(a) 3 置換の π 結合を特定し，その立体配置が *E* か *Z* か明らかにせよ．

(b) プラジエノリド B には全部で立体異性体がいくつ存在するか．

(c) プラジエノリド B のエナンチオマーを書け．

(d) エステル酸素に直接結合した各キラル中心の立体配置以外はプラジエノリド B と同じ構造をもつジアステレオマーを書け．

(e) 環外にある二置換の π 結合の立体配置以外はプラジエノリド B と同じ構造をもつジアステレオマーを書け．

9

アルケンへの付加反応

本章の復習事項
- 反応のエネルギー図 §6·5，§6·6
- 電子の流れの矢印とカルボカチオン転位 §6·8～§6·11
- 求核剤と求電子剤 §6·7

発泡スチロールとはどのようなもので，どのようにしてつくられるのだろうか．

スタイロフォーム®は，おもに壁や屋根，土台の断熱用建築材料の製造に用いられる青く色のついた製品である．使い捨てコーヒーカップやパッキングピーナッツ（梱包用の小さな詰物），保冷箱は，スタイロフォームではなく，発泡ポリスチレンという一見類似しているが実際には異なる材料からつくられている．ポリスチレンはポリマーであり，製造法によって硬質な材料にも発泡材料にもなる．硬質なポリスチレンは，コンピューターの筐体，CD や DVD ケース，使い捨てのナイフやフォークの製造に用いられ，発泡ポリスチレンは使い捨てコーヒーカップや梱包材の製造に用いられている．ポリスチレンは付加反応とよばれる形式の反応でスチレンを重合させて合成する．本章では，さまざまな形式の付加反応について述べる．

9·1 付加反応とは

前章では，脱離反応によるアルケンの合成法について述べた．本章では，**付加反応**（addition reaction）について説明する．付加反応はアルケンの代表的な反応であり，二重結合に二つの基が付加する形式の反応である．その過程で π 結合が開裂する．

X と Y の付加

表 9·1 代表的な付加反応の形式

付加反応の形式	名称	節
H と X の付加	ハロゲン化水素の付加 (X = Cl, Br, I)	9·3
H と OH の付加	水和	9·4～9·6
H と H の付加	水素化	9·7
X と X の付加	ハロゲン化 (X = Cl, Br)	9·8
OH と X の付加	ハロヒドリン合成 (X = Cl, Br, I)	9·8
OH と OH の付加	ジヒドロキシル化	9·9，9·10

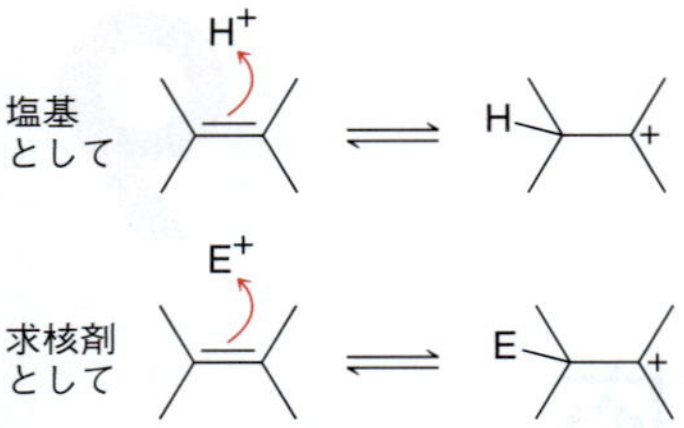

塩基として
求核剤として

塩基性と求核性の違いについては§8・12参照.

付加反応のなかには，付加する二つの基の種類をもとに名づけられているものがある．例を表9・1に示す．

アルケンの起こす付加反応にはさまざまなものがある．そのため，アルケンは幅広い種類の官能基を導入するための前駆体として用いられている．アルケンが合成的に有用性が高いのは，π結合の反応性，すなわち弱い塩基としても弱い求核剤としても作用できる性質にある．

左上に示す塩基としての反応ではπ結合が容易にプロトン化を受けており，求核剤としての反応ではπ結合の電子が求電子剤を攻撃している．どちらの反応も本章を通じて繰返し出てくる．

9・2　付加反応と脱離反応の競争：熱力学的観点からの考察

多くの場合，付加反応は単純に脱離反応の逆反応である．

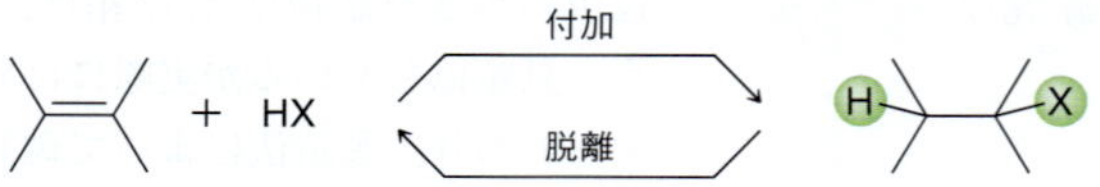

付加
脱離

これら二つの反応は平衡関係にあり，その平衡は温度に依存する．低温では付加反応が有利になり，高温では脱離反応が有利になる．この温度依存性を理解するためには，ΔG の符号によって，平衡が出発物側に有利か生成物側に有利かが決まることを思い出そう（§6・3)．平衡が生成物側に偏るためには，ΔG は負の値をとらなければならない．ΔG の符号は二つの項によって決まる．

$$\Delta G = \underbrace{\Delta H}_{\text{エンタルピー項}} + \underbrace{(-T\Delta S)}_{\text{エントロピー項}}$$

それぞれの項について考えてみよう．まずエンタルピー項 ΔH について考える．ΔH の符合と大きさは多くの要因によって決まるが，一般に最も重要な要因は結合の強さである．付加反応において開裂する結合と生成する結合を比較してみよう．

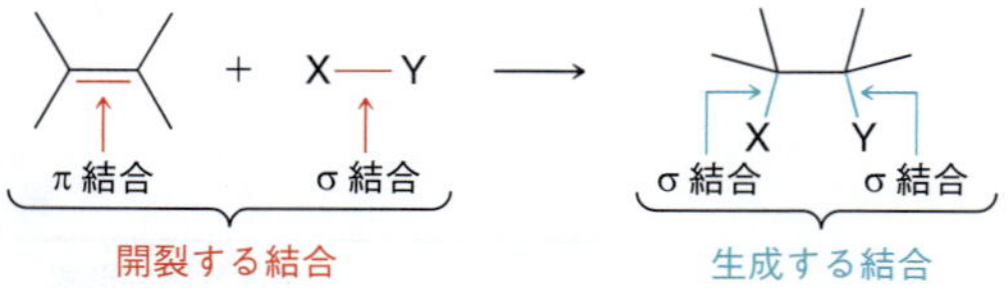

π結合　σ結合
開裂する結合
σ結合　σ結合
生成する結合

π結合一つとσ結合一つが開裂し，σ結合二つが生成していることがわかる．§1・9で述べたようにσ結合はπ結合より強く，そのため付加反応では生成する結合のほうが開裂する結合より強い．次の例について考えてみよう．

264 kJ/mol + 431 kJ/mol
695 kJ/mol
423 kJ/mol + 351 kJ/mol
774 kJ/mol

$$\text{開裂する結合} - \text{生成する結合} = 695\ \text{kJ/mol} - 774\ \text{kJ/mol} = -79\ \text{kJ/mol}$$

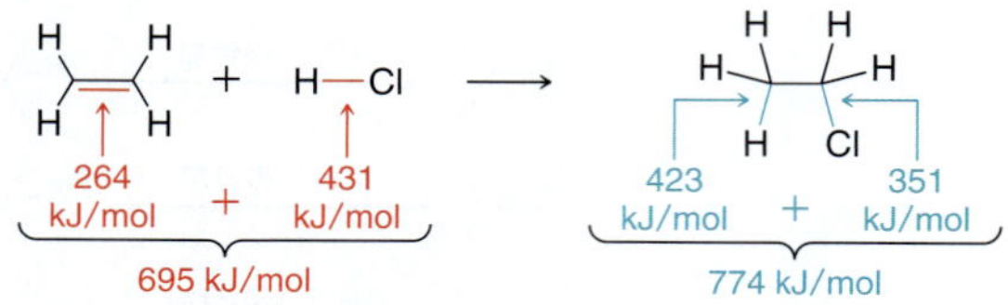

実際この反応の気相における ΔH は -71 kJ/mol と求められており，ΔH の符号と大きさを決めるうえで，結合の強さが支配的な要因となっていることが確かめられる．

ここで重要なのは，ΔH が負の値をとることである．すなわち，この反応は発熱反応であり，これは付加反応一般に当てはまる．

次にエントロピー項（$-T\Delta S$）について考えてみよう．付加反応の場合，この項は常に正の値をとるはずである．なぜなら，付加反応では2分子が結合して生成物1分子が生じるからである．§6・2で述べたように，このような状況ではエントロピーが減少し，ΔS は負の値になる．温度 T（ケルビン単位）は常に正の値であるため，$-T\Delta S$ の項は付加反応では正になる．

最後にエンタルピー項とエントロピー項を合わせて考えてみよう．エンタルピー項は負で，エントロピー項は正である．そのため，付加反応における ΔG の符合は両者の競争によって決まることになる．

$$\Delta G = \underbrace{\Delta H}_{\text{エンタルピー項（負）}} + \underbrace{(-T\Delta S)}_{\text{エントロピー項（正）}}$$

ΔG の値が負になるためには，エンタルピー項がエントロピー項より大きくなければならない．このエンタルピー項とエントロピー項の競争は，温度に依存する．低温ではエントロピー項が小さいため，エンタルピー項が重要になる．その結果，ΔG の値は負になり，生成物のほうが出発物より有利になる（平衡定数 K は1より大きくなる）．すなわち，低温では付加反応が熱力学的に有利になる．

すべての付加反応が高温で可逆になるわけではない．多くの場合，高温では出発物や生成物が熱分解を起こすためである．

しかし高温では，エントロピー項が大きくなり，エンタルピー項よりも重要になる．その結果，ΔG の値は正になり，出発物のほうが生成物より有利になる（平衡定数 K は1より小さくなる）．すなわち，高温では逆反応（脱離反応）が熱力学的に有利になる．このため，本章で取上げる付加反応は，一般に室温より低い温度で行われる．

アルケン ＋ H—X ⇄（低温／高温） H, X 付加体

9・3 ハロゲン化水素の付加反応

ハロゲン化水素の付加反応の位置選択性

アルケンに HX（X = Cl, Br, I）を作用させると**ハロゲン化水素の付加反応**（hydrohalogenation）が起こる．この反応では π 結合に H と X が付加する．

アルケン ＋ H—Br →（−30℃） 臭化アルキル（Br） 76%

上の例では，アルケンとして対称アルケンが用いられている．しかし，非対称アルケンが用いられた場合，H と X がどちらの位置に結合するか考えなければならない．次の例では，X が結合する可能性がある位置として，二つのビニル位が考えられる．これは，**位置選択性**の問題であり，1世紀以上前から研究されてきた．

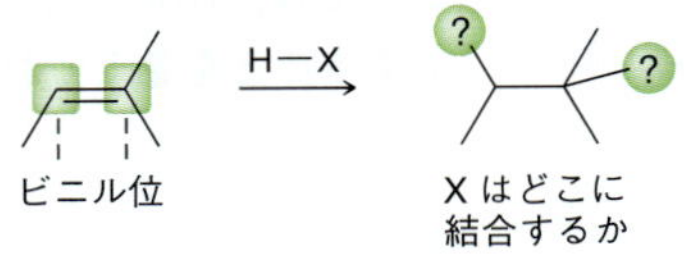

1869年，ロシア人化学者の Vladimir Markovnikov は，さまざまなアルケンへの HBr の付加反応について調べ，“H はより多くの水素原子をもつビニル位に結合する”という一般則を見いだした．

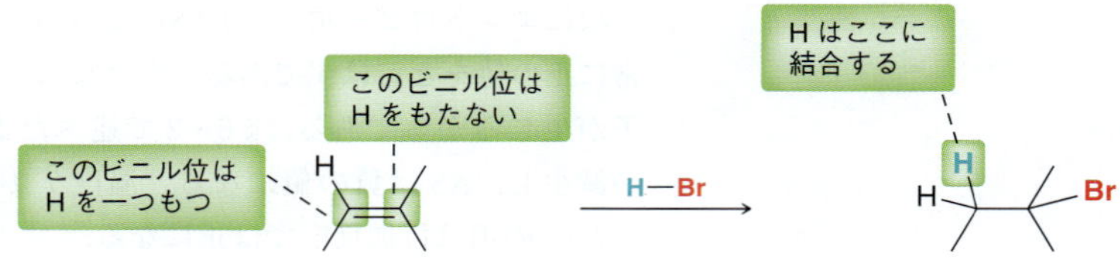

Markovnikov は，水素原子がどちらの位置に結合するかという観点から位置選択性を考えた．一方で，Markovnikov の結果は，ハロゲン X がどちらの位置に結合するかという観点からも考えることができる．その場合，“ハロゲンはより置換基の多い位置に結合する”という一般則になる．

置換基が
少ない
置換基が
多い
H—Br
H
H
Br
Br はここに
結合する

この場合，より多くのアルキル基をもつビニル位が，より置換基の多い位置であり，そこに Br が結合している．この位置選択性は **Markovnikov 付加**（Markovnikov addition）とよばれており，HCl や HI の付加反応でも観測されている．このように，複数の可能性のある位置のうち，ある位置で優先的に反応した生成物を生じる反応を**位置選択的反応**（regioselective reaction）という．

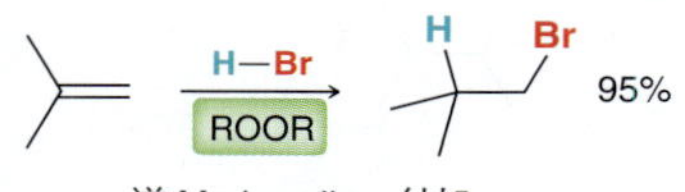

逆 Markovnikov 付加

興味深いことに，Markovnikov の結果を再現する試みが失敗に終わる場合があった．それらの多くは HBr の付加に関するもので，実際に観測される位置選択性が予想とは逆になるという結果が得られた．すなわち，置換基の数の少ないほうの炭素に臭素原子が結合するという位置選択性が発現し，これはのちに**逆 Markovnikov 付加**（anti-Markovnikov addition）とよばれるようになった．この奇妙な結果は，その原因についてさまざまな憶測をよんだ．なかには月の満ち欠けが反応過程に影響しているのではないかと提案する研究者さえいた．やがて，反応剤の純度が決定的な要因であることがわかった．すなわち，精製した反応剤を用いたときは常に Markovnikov 付加が観測されるが，純度の低い反応剤を用いると逆 Markovnikov 付加が起こる場合があった．さらなる研究により，反応の位置選択性に最も大きな影響を与える不純物の正体が突き止められた．それは過酸化物 ROOR であり，痕跡量存在するだけでも，HBr のアルケンへの付加が逆 Markovnikov 付加になってしまうことが見いだされた．

次節では，Markovnikov 付加についてより詳細に調べ，反応がイオン性中間体を含む機構で進行することを説明する．一方，HBr の逆 Markovnikov 付加は，全く異なる反応機構，すなわちラジカル中間体を含む機構で進行することが知られている．このラジカル反応過程（逆 Markovnikov 付加）は HBr の付加では効率的に進行するが，HCl や HI の付加では進行しにくい．この反応の詳細については§11・10 で述べる．ここでは，HBr の付加反応の位置選択性が過酸化物を使用するかどうかで制御可能であることを覚えておこう．

HBr
Br
Markovnikov 付加
HBr
ROOR
Br
逆 Markovnikov 付加

チェックポイント

9・1 次の反応で予想される主生成物の構造を書け.

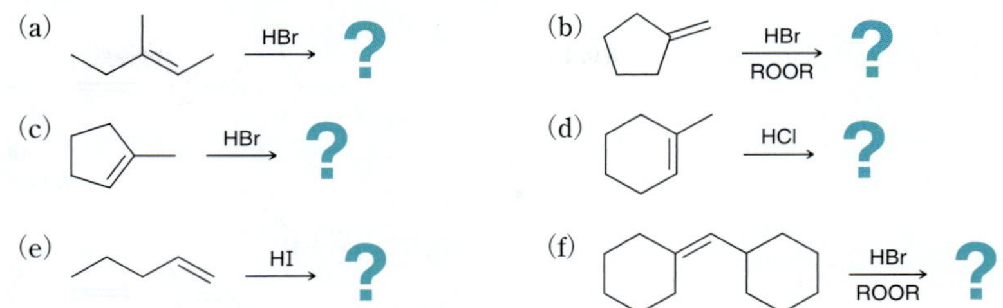

9・2 次の変換を行うのに必要な反応剤を示せ.

ハロゲン化水素の付加反応の機構

反応機構 9・1 に HX のアルケンへの Markovnikov 付加の反応機構を示す. 第 1 段階では, アルケンの π 結合がプロトン化され, カルボカチオン中間体が生成する. 第 2 段階では, カルボカチオン中間体が臭化物イオンの攻撃を受ける. この 2 段階反応のエネルギー図を図 9・1 に示す. この反応で観測される位置選択性は, 反応機構のうち第 1 段階 (プロトン移動) で決まることがわかる. 第 1 段階の遷移状態は第 2 段階よりエネルギーが高いので, 第 1 段階が律速段階になる.

理論上は, プロトン化は二つの可能性のある位置のうちどちらでも起こりうる. 一

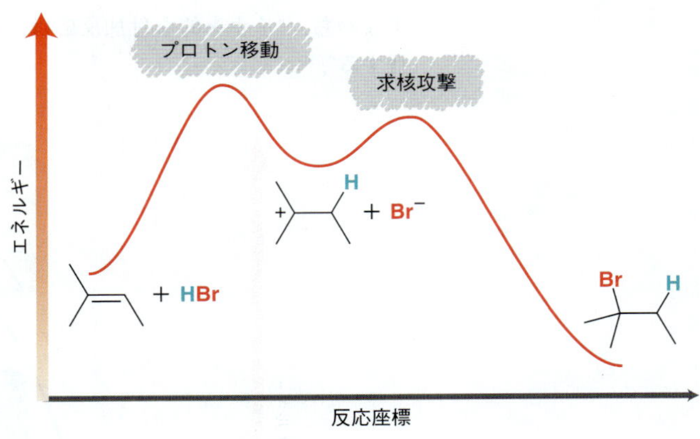

図 9・1 HBr のアルケンへの付加における 2 段階のエネルギー図

反応機構 9・1 ハロゲン化水素の付加反応

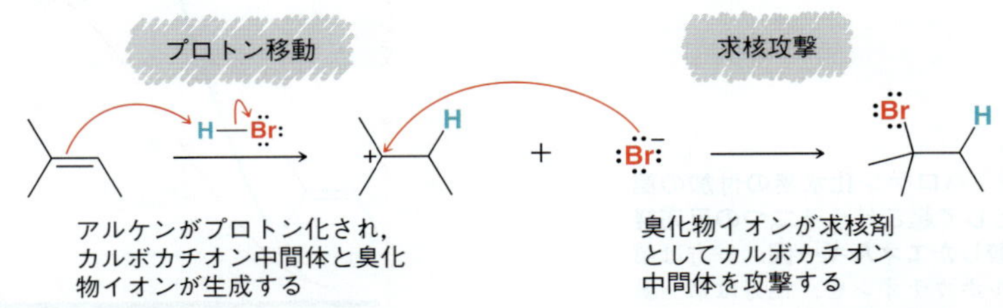

方で起こると，置換基の少ない第二級カルボカチオンが生成し，もう一方で起こると，より置換基の多い第三級カルボカチオンが生成する．

第二級
カルボカチオン

第三級
カルボカチオン

第三級カルボカチオンは，超共役のために第二級カルボカチオンより安定であることを思い出そう（§6・8）．図9・2に，HX付加の第1段階として起こりうる二つの反応経路を比較したエネルギー図を示す．青の線は第二級カルボカチオンを経由するHX付加反応を，赤の線は第三級カルボカチオンを経由するHX付加反応を示している．カルボカチオンが生成する際の遷移状態を詳しくみてみよう．§6・6で述べたHammondの仮説によれば，それぞれの遷移状態はカルボカチオンと似た性質をもつ．そのため，第三級カルボカチオンが生成する際の遷移状態は，第二級カルボカチオンが生成する際の遷移状態よりもエネルギーがずっと低くなると考えられる．第三級カルボカチオン生成のエネルギー障壁は，第二級カルボカチオン生成のエネルギー障壁より小さくなり，結果として，反応はより安定な第三級カルボカチオンを経由する経路でより速く進行する．したがって，ここで示した反応機構は，Markovnikovが観測した位置選択性を（Hammondの仮説に基づき）理論的に説明するものとなっている．すなわち，“イオン的な付加反応は，より安定なカルボカチオンを経由するように進行する”．

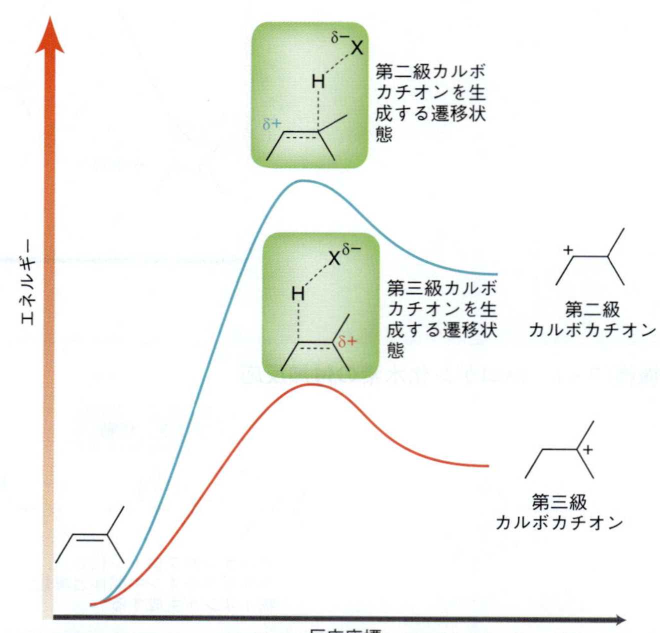

図 9・2　ハロゲン化水素の付加の第1段階として起こりうる二つの反応経路を比較したエネルギー図． 一方は第二級カルボカチオンを，他方は第三級カルボカチオンを経由する．

スキルビルダー 9・1 ハロゲン化水素の付加の反応機構を書く

スキルを学ぶ

次の反応の機構を示せ.

解 答

この反応では，水素原子とハロゲンがアルケンに付加している．ハロゲン Cl は生成物ではより置換基の多い炭素に結合しており，このことから反応がイオン的な機構（Markovnikov 付加）で進行していることが確認できる．ハロゲン化水素の付加におけるイオン的な反応機構は，1) アルケンが**プロトン化**され，より安定なカルボカチオンが生成する段階，2) **求核攻撃**の段階，の 2 段階からなる．各段階を正確に書かなければならない．

ステップ 1
2 本の巻矢印を用いて，アルケンのプロトン化をより安定なカルボカチオンを生成するように書く．

注意
矢印の先端が H に向かうことに注意しよう．よくあるまちがいが，この矢印を逆に書いてしまうことである．巻矢印が表すのは電子の動きであり，原子の動きではない．

反応機構の第 1 段階（プロトン化）は 2 本の巻矢印を使って書くこと．1 本目の矢印は，π 結合から H に向かうように書く．2 本目の矢印は，H−Cl 結合から Cl に向かうように書く．

ステップ 2
1 本の巻矢印を用いて，ハロゲン化物イオンのカルボカチオンへの求核攻撃を書く．

反応機構の第 2 段階（塩化物イオンの求核攻撃）は 1 本の巻矢印だけで書くことができる．第 1 段階で生成した塩化物イオンが求核剤として働き，カルボカチオンを攻撃する．

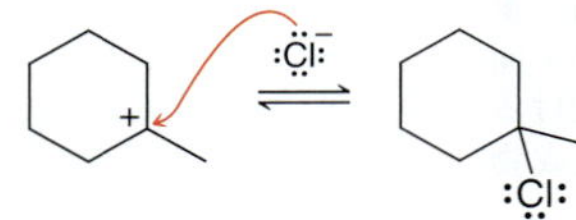

スキルの演習

9・3 次の反応の機構を示せ.

(a)

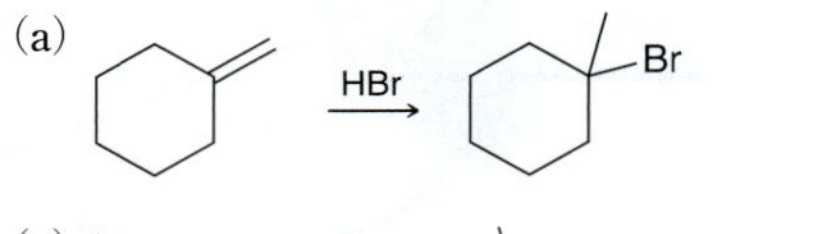

(b)

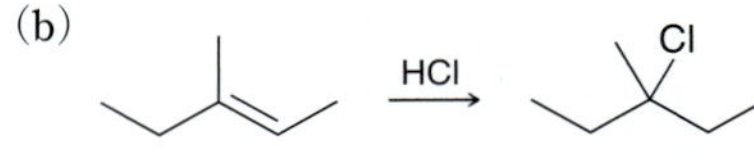

(c)

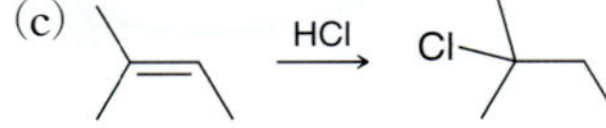

スキルの応用

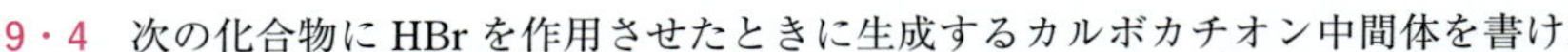

9・4 次の化合物に HBr を作用させたときに生成するカルボカチオン中間体を書け.

(a)

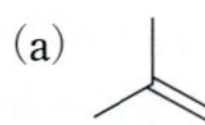

(b)

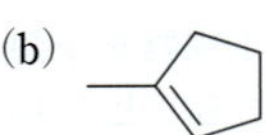

(c)

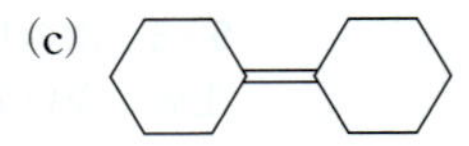

(d)

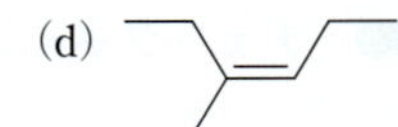

9・5 1-メトキシ-2-メチルプロペンに HCl を作用させたとき，主生成物は 1-クロロ-1-メトキシ-2-メチルプロパンになる．この反応はイオン的な機構で進行するが，生成

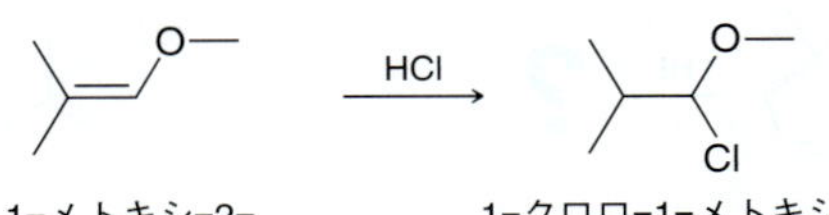

物では Cl は置換基が少ないほうの炭素に結合する．この結果と合致する反応機構を示し，この場合，なぜ置換基の少ないカルボカチオンのほうが安定になるか説明せよ．

問題 9･51(c)，9･64(b)，9･69，9･72 を解いてみよう．

ハロゲン化水素の付加反応の立体化学

多くの場合，ハロゲン化水素の付加によりキラル中心が生成する．

HCl

Cl

キラル中心

この反応では，新しいキラル中心が一つ生成する．したがって，互いにエナンチオマーの関係にある 2 種類の生成物が得られると予想される．

二つのエナンチオマーは等量生成する（ラセミ体）．この反応の立体化学も，先に述べたカルボカチオンを鍵中間体とする反応機構で説明できる．カルボカチオンは平面三方形構造をとり，空の p 軌道が平面に直交していることを思い出そう．図 9･3 に示すように，この空の p 軌道が平面のいずれかの側（平面の上側にあるローブあるいは下側にあるローブ）から求核剤による攻撃を受ける．両方の側からの攻撃が同じ確率で起こるため，両方のエナンチオマーが等量生成する．

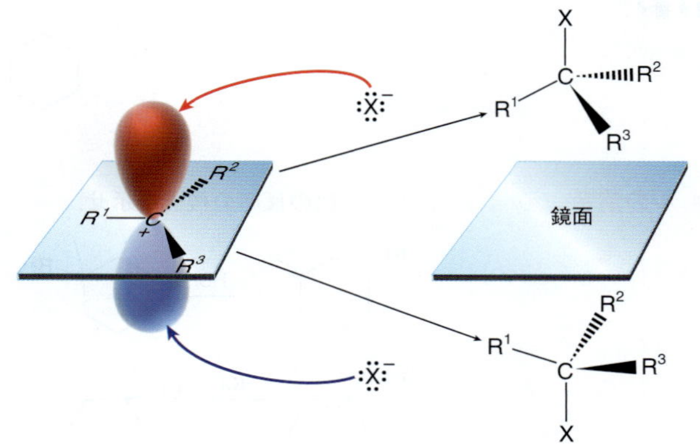

図 9･3　ハロゲン化水素の付加の第 2 段階. カルボカチオン中間体が平面構造をもち両方の面から攻撃を受けるため，鏡像関係にある一組の生成物（エナンチオマー）が生じる．

チェックポイント

9･6　次の反応の生成物を予想せよ．反応によって新しいキラル中心が生成する場合と，生成しない場合があることを生成物を書く際に考慮せよ．

(a) HBr ?　(b) HCl ?　(c) HBr ?

(d) HI ?　(e) HCl ?　(f) HCl ?

役立つ知識　カチオン重合とポリスチレン

ポリマーについては27章で詳しく述べるが，ポリマーに関連する記述は本書の随所にある．4章の"役立つ知識"でポリマーはモノマーが結合して生成する巨大分子であることを述べた．米国では毎年9億トン以上の合成有機ポリマーが生産され，自動車タイヤ，カーペット繊維，衣類，配管用パイプ，樹脂製のスクイーズボトル，コップ，皿，ナイフやフォーク，コンピューター，ペン，テレビ，ラジオ，CDやDVD，塗料，玩具などさまざまな用途に用いられている．われわれの社会は，ポリマーなしでは成り立たなくなっている．

合成有機ポリマーは，一般に三つの反応機構，すなわち**ラジカル重合**，**アニオン重合**，**カチオン重合**のいずれかによって合成されている．ラジカル重合については11章で，アニオン重合については27章で解説する．ここではカチオン重合について簡単に紹介する．

カチオン重合の第1段階は，ハロゲン化水素の付加の第1段階と同様である．すなわち，酸の存在下でアルケンがプロトン化され，カルボカチオン中間体が生成する．カチオン重合に用いられる最も一般的な酸は，BF_3に水を加えて生成させたものである．

酸触媒

ハロゲン化物イオンが存在しなければ，ハロゲン化水素の付加は起こりえない．代わりに，カルボカチオン中間体はハロゲン化物イオン以外の求核剤と反応することになる．いま述べている反応の条件では，大量に存在する唯一の求核剤は出発物のアルケンであり，これがカルボカチオンを攻撃すると新しいカルボカチオンが生成する．この反応過程が繰返され，モノマーが1分子ずつ付加していく．モノマーがカチオン重合を起こしていく過程が停止するのは，カルボカチオン中間体が塩基により脱プロトンされるか，アルケン以外の求核剤（水など）によって攻撃されたときである．

ポリマー

多くのアルケンはカチオン重合を容易に起こす．このことから，さまざまな性質や用途をもつ幅広い種類のポリマーの生産が可能となっている．たとえば，本章の導入部で述べたポリスチレンはカチオン重合で合成できる．

スチレン

ポリスチレン

生成したポリマーは硬質の樹脂であり，加熱し型に入れて目的の形に成形した後，冷却することができる．この性質のために，ポリスチレンは，樹脂製のナイフやフォーク，玩具の部品，CDケース，コンピューターの筐体，ラジオ，テレビなど，さまざまな樹脂製品を製造するうえで理想的な樹脂となっている．1940年代の初めに，ある偶然の発見から，やはりポリスチレンから製造されるスタイロフォーム®(Styrofoam®）が開発された．ダウ・ケミカル社で働くRay McIntireは，柔軟な電気絶縁体として使えるポリマー材料を探索していて，空気を約95%含み，単位体積当たりの重量が通常のポリスチレンよりはるかに小さい発泡ポリスチレンを発見した．発泡ポリスチレンは耐湿性が高く，水に沈まず，熱伝導性が小さく，優れた断熱材となることが見いだされた．ダウはこの材料をスタイロフォーム®と名づけ，この半世紀にわたって製造法の改良を続けてきた．使い捨てコーヒーカップや保冷箱，パッキングピーナッツも発泡ポリスチレンからつくられているが，合成法はダウが開発した製造過程とは異なるため，それらの性質はスタイロフォーム®と必ずしも同じではない．発泡ポリスチレンは，通常，ポリスチレンを加熱し，発泡剤とよばれる加熱したガスを用いて発泡体にする方法で製造されている．

カルボカチオンの転位を伴うハロゲン化水素の付加反応

§6・11で，カルボカチオンの安定性と，メチル移動あるいはヒドリド移動を経たカルボカチオン転位の起こりやすさについて述べた．また，スキルビルダー6・6で，カルボカチオンがいつどのようにして転位するか予想する方法を練習した．そのさい述べたスキルがここでも非常に重要となる．HX 付加の反応機構はカルボカチオン中間体の生成を含むからである．HX 付加反応はカルボカチオンの転位を伴いやすい．次の例について考えてみよう．この反応ではπ結合がプロトン化され，安定性の低い第一級カルボカチオンではなく，より安定な第二級カルボカチオンが生成する．

予想されるように，このカルボカチオンの塩化物イオンによる捕捉も起こりうる．しかし，この第二級カルボカチオンが塩化物イオンと反応する前に転位を起こす可能性もある．すなわち，ヒドリド移動が起こってより安定な第三級カルボカチオンが生成し，これが塩化物イオンによって捕捉されるという反応過程である．

第二級　　第三級

カルボカチオンの転位が起こりうる場合，HX 付加反応の生成物は，転位を経ないもの（カルボカチオンが転位する前に求核剤によって捕捉されたもの）だけでなく，転位を経て生成するものも含む混合物となる．

H−Cl　　40%　　転位生成物 60%

上記の生成物比（40：60）は HCl の濃度を変えることによっていくらか変化しうるが，混合物となることは避けられない．要するに，“カルボカチオンの転位が起こりうる場合には実際に起こる”ということである．そのため，HX 付加反応が合成化学的に有用なのは，カルボカチオンの転位が起こる可能性がない場合に限られる．

スキルビルダー 9・2　カルボカチオンの転位を伴うハロゲン化水素の付加の反応機構を書く

スキルを学ぶ

次の反応の機構を示せ．

解答

これは，ハロゲン化水素の付加反応である．しかし，この生成物は単純な付加生成物ではない．生成物の炭素骨格が反応物の骨格とは異なっていることから，カルボカチオンの転位が起こっている可能性が高い．

第 1 段階では，アルケンがプロトン化され，より安定なカルボカチオン（第一級では

ステップ 1
2 本の巻矢印を用いて，アルケンのプロトン化をより安定なカルボカチオンが生成するように書く．

なく第二級）が生成する．

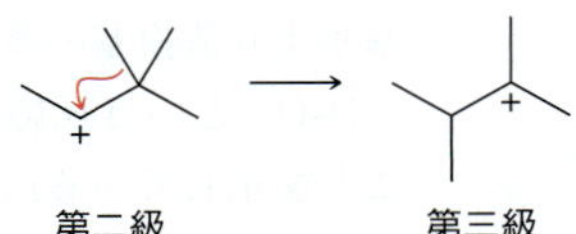

ステップ 2
1 本の巻矢印を用いて，カルボカチオンの転位を書く．

ここで，カルボカチオンの転位が可能かどうか調べてみよう．この場合，メチル移動によって，より安定な第三級カルボカチオンが生成しうる．

第二級　第三級

ステップ 3
1 本の巻矢印を用いて，ハロゲン化物イオンのカルボカチオンへの攻撃を書く．

最後に，塩化物イオンが第三級カルボカチオンを攻撃し，生成物が生じる．

スキルの演習

9・7 次の反応の機構を示せ．

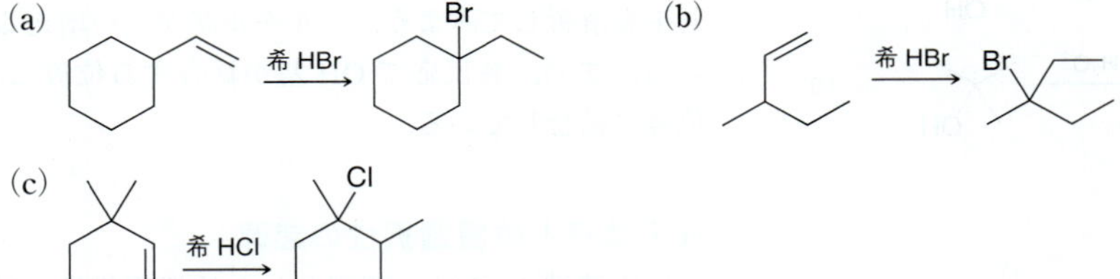

(a) 希 HBr

(b) 希 HBr

(c) 希 HCl

スキルの応用

9・8 次の反応の機構はカルボカチオン中間体の転位を含んでいるが，その形式はここまでの説明には出てきていない．メチル移動やヒドリド移動ではなく，環を構成する炭素原子が移動することで，第二級カルボカチオンからより安定な第三級カルボカチオンへの変換が起こっている．以上のことを参考に，この変換の反応機構を示せ．

希 HBr

9・9 次の反応は，二つの連続したカルボカチオン転位を経て進行する．反応機構を示し，それぞれのカルボカチオン転位が起こりやすい理由を説明せよ．

希 HBr

問題 9・51(d)，9・76 を解いてみよう．

9・4 酸触媒水和反応

ここからの数節では，二重結合への水（H と OH）の付加（**水和** hydration という）を行うための方法を 3 種類取上げる．初めの二つの方法は Markovnikov 付加により進行するが，3 番目の方法は逆 Markovnikov 付加により進行する．本節では，最初の方法について説明する．

実 験 事 実

H_3O^+　OH　90%

酸存在下での二重結合への水の付加は**酸触媒水和反応**(acid-catalyzed hydration)とよばれる．ほとんどの単純アルケンに対して，この反応は左に示すように Markovnikov 付加により進行する．反応全体としては，二重結合への H と OH の付加であり，OH 基がより置換基の多い炭素に結合している．

H_3O^+ という反応剤の表記は，水 H_2O と，硫酸のような酸の両方が存在していることを示している．同様の反応条件を，次のように示すこともできる．

$+ \; H_2O \xrightarrow{[H_2SO_4]}$　OH

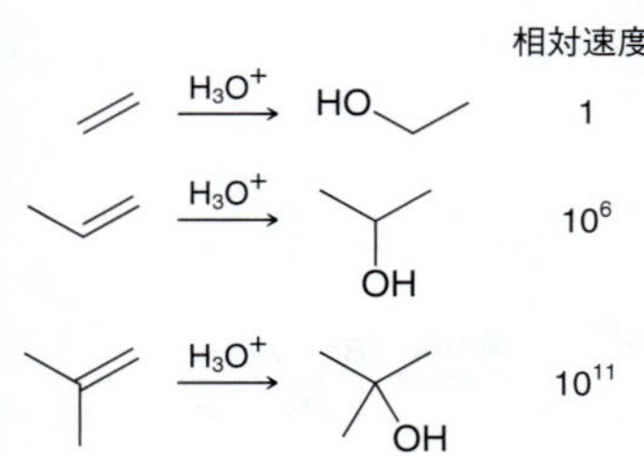

ここで［　］は，プロトン源が反応で消費されないことを表している．プロトン源は触媒として働いており，そのためこの反応は酸触媒水和反応とよばれる．

酸触媒水和反応の反応速度は，出発物であるアルケンの構造に大きく依存する．左の三つの反応の相対反応速度を比較し，アルキル置換基が各反応の相対速度に及ぼす効果を解析してみよう．アルキル基が一つ増えるごとに，反応速度が何桁も増大している．また，各反応で OH 基が結合する位置に特に注意しよう．より置換基の多い位置に結合している．

反応機構と位置選択性の起源

反応機構 9・2 は，観測された位置選択性（Markovnikov 付加）に合致しており，また，反応速度に対するアルケンの構造の効果とも矛盾しない．

反応機構 9・2　酸触媒水和反応

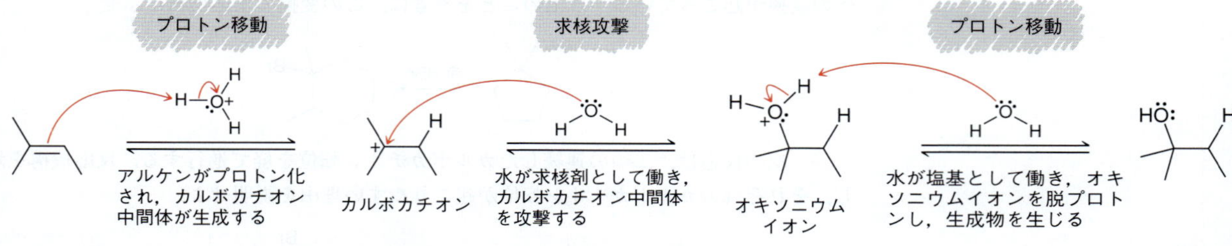

反応機構を考える際には，記述された条件に合致したものである必要がある．この例では，酸性条件であるため，反応機構の最終段階で水酸化物イオンではなく水を用いる．この原則は本書を通じて随所にでてくる．

この反応機構の初めの 2 段階は，ハロゲン化水素の付加に対して提唱した機構と事実上同じである．すなわち，初めにアルケンがプロトン化されてカルボカチオン中間体が生成し，次にこれが求核剤の攻撃を受ける．しかしこの場合，攻撃する求核剤がアニオン X^- ではなく中性分子 H_2O である．そのため，求核攻撃の結果，電荷をもった中間体が生成する．この中間体は酸素原子に正電荷をもつため，**オキソニウムイオン**(oxonium ion)とよばれている．この電荷を取除き，電気的に中性の生成物を生じるために，反応機構の最後にプロトン移動が必要となる．オキソニウムイオンを脱プロトンする塩基が水酸化物イオン OH^- ではなく H_2O であることに注意しよう．酸性条件では，水酸化物イオンの濃度はきわめて小さいが，水の濃度は非常に大きい．

ここで提唱した反応機構は，本節で述べた実験結果と合致している．反応は，より安定なカルボカチオン中間体を経る反応が有利なため，ハロゲン化水素の付加と同様に Markovnikov 付加で進行する．置換アルケンの相対反応速度についても，同様に生成するカルボカチオン中間体の構造を比較することで説明できる．一般に，第三級カルボカチオンを経る反応は，第二級カルボカチオン経由の反応よりずっと速く進行する．

チェックポイント

9・10 次の組のアルケンで，どちらがより酸触媒水和反応を起こしやすいか．

(a) 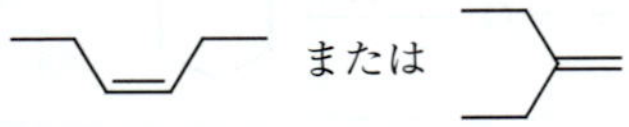 [構造式] または [構造式]

(b) 2-メチル-2-ブテンまたは 3-メチル-1-ブテン

平衡の位置の制御

酸触媒水和反応について提唱されている反応機構を注意深く調べてみよう．平衡を示す矢印（⟶ではなく ⇌）に注意しよう．この矢印は，反応が実際に両方向に進行することを示している．逆の反応過程（アルコールから出発しアルケンで終わる過程）について考えてみよう．この過程は，アルコールがアルケンに変換される脱離反応である．より具体的には，酸触媒脱水反応とよばれる E1 反応である．実際，ほとんどの反応は平衡反応であるが，有機化学の分野では，平衡を容易に制御できる場合にのみ，平衡を表す矢印を用いることが多い．酸触媒脱水反応は，そのような反応のよい例である．

酸触媒による脱水については§8・9参照．

本章の以前の節で，低温では付加反応が有利になり，高温では脱離反応が有利になる理由について，熱力学的な説明をした．しかし，酸触媒脱水反応の場合，もっと簡単に平衡を制御する方法がある．平衡は温度だけでなく，存在する水の濃度にも依存する．系中の水の濃度を制御することによって（濃い酸を用いるか薄い酸を用いるかで制御できる），平衡を一方に偏らせることができる．

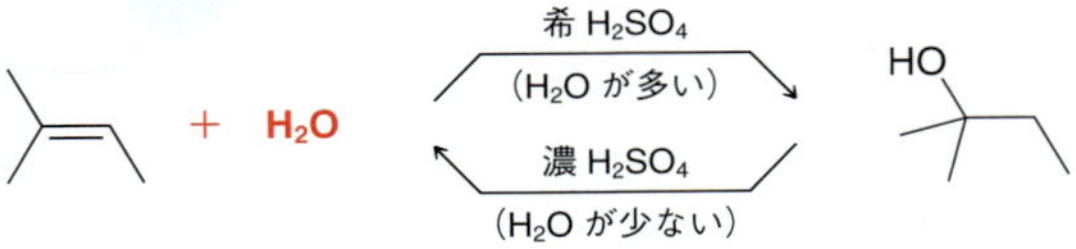

[構造式] + H_2O ⇌ (希 H_2SO_4 (H_2O が多い) → ; ← 濃 H_2SO_4 (H_2O が少ない)) HO[構造式]

このような平衡の制御の仕方は Le Châtelier（ル シャトリエ）の原理に基づいている．すなわち，平衡状態にある反応系において，系の状態に何か変化が起こると，その変化を最小限にする方向に平衡が移動するという原理である．この原理がどのように適用されるか理解するために，上記の反応が平衡に達した状態にあると考えてみよう．水は反応式の左辺にある．ここで，反応系に水を加えるとどのような影響が現れるだろうか．各成分の濃度はもはや平衡状態にはなくなり，反応系は各成分の濃度を変化させて新しい平衡を達成しなければならなくなるだろう．さらに水を加えると，平衡の位置はより多くのアルコールを生成する方向に移動する．そのため，アルケンをアルコールに変換するためには，薄い酸（ほとんど水に近いもの）が用いられる．逆に，反応系から水を取除くと，平衡はアルケン側に有利になる．したがって，アルケンを生成させるためには，濃い酸（水をほとんど含まないもの）が用いられる．別の方法として，蒸留によって水を反応系から取除くこともできる．この場合もアルケンの生成が有利になる．

要するに，反応条件や反応剤の濃度を注意深く設定することで，反応の結果を大きく変化させることができる．

チェックポイント

9・11　次の反応を行うためには，希硫酸を用いるのがよいか，濃硫酸を用いるのがよいか．理由も述べよ．

(a) 1-メチルシクロヘキセン + H_2O $\xrightarrow{[H_2SO_4]}$ 1-メチルシクロヘキサノール（OH）

(b) シクロペンタノール（HO） $\xrightarrow{[H_2SO_4]}$ シクロペンテン + H_2O

酸触媒水和反応の立体化学

酸触媒水和反応の立体化学は，ハロゲン化水素の付加反応の立体化学と同様である．この場合も，カルボカチオン中間体が両側から同確率で水分子の攻撃を受ける（図9・4）．したがって，新しいキラル中心が生成する場合には，一組のエナンチオマーの等量混合物が得られる．

$\xrightarrow{H_3O^+}$ OH + HO　50 : 50

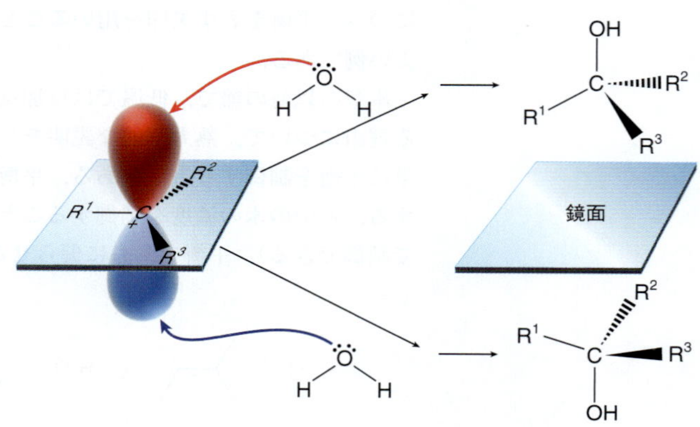

図 9・4　酸触媒水和反応の第 2 段階. カルボカチオン中間体が平面構造をとり両方の面から攻撃を受けるため，鏡像関係にある一組の生成物（エナンチオマー）が生じる．

役立つ知識　エタノールの工業的製造法

アルコール飲料に含まれるエタノールは一般に，酵母による糖の発酵によりつくられる．しかしエタノールには他にも多くの重要な用途（ガソリンの添加剤，溶剤，香料や塗料など）があるため別のより効率のよい純粋なエタノールの製造法が必要である．その方法として石油から得られるエチレンの酸触媒水和反応がある．プロトン源としてはふつうリン酸が用いられる．米国では200億リットル以上のエタノールが毎年この方法で製造されている．

石油 ⟶ ⟶ エチレン $\xrightarrow{H_3O^+}$ エタノール（OH）

スキルビルダー 9・3 酸触媒水和反応の機構を書く

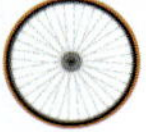

スキルを学ぶ

次の反応の機構を示せ．

H_3O^+ OH

解 答

この反応では，酸触媒存在下で，水がアルケンにMarkovnikov付加している．その結果，OHがより置換基の多い炭素に結合している．この反応の機構を書くには，酸触媒水和反応について提唱されている反応機構が3段階からなることを思い出そう．すなわち，1) プロトン化によるカルボカチオンの生成，2) 水の求核攻撃によるオキソニウムイオンの生成，3) 脱プロトンによる電気的に中性の生成物の生成，の3段階である．反応機構の第1段階（プロトン化）を書く際には2本の巻矢印を用い，より安定なカルボカチオンが生成するように書く．

ステップ 1
2本の巻矢印を用いて，アルケンのプロトン化をより安定なカルボカチオンが生成するように書く．

注意
両方の巻矢印を必ず書き，それぞれの巻矢印の始点と終点の位置を正確に書くこと．

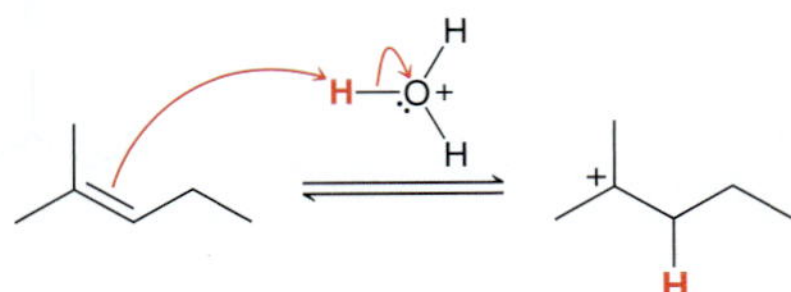

1本目の矢印は，π結合からHに向かうように書く．2本目の矢印は，O−H結合から，水の酸素原子に向かうように書く．反応機構の第2段階（水の求核攻撃）は，1本の巻矢印だけで書くことができる．矢印が水の非共有電子対からカルボカチオンに向かうように書くこと．

ステップ 2
1本の巻矢印を用いて，水のカルボカチオンへの攻撃を書く．

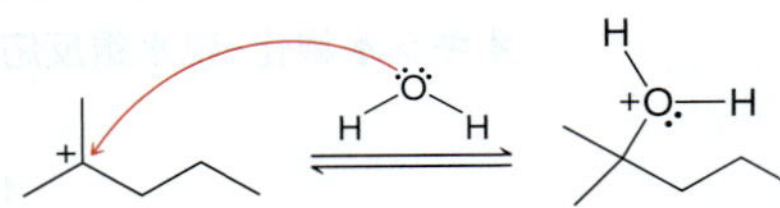

反応機構の最終段階では，水（水酸化物イオンではない）が塩基として働き，オキソニウムイオンからプロトンを引抜く．プロトン移動を表すには常に2本の巻矢印が必要である．1本目の矢印は，水の非共有電子対からHに向かうように書き，2本目の矢印は，O−H結合から酸素原子に向かうように書く．

ステップ 3
2本の巻矢印を用いて，水を塩基として用いたオキソニウムイオンの脱プロトンを書く．

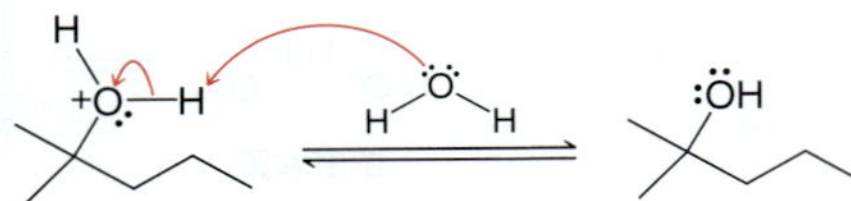

スキルの演習

9・12 次の反応の機構を示せ．

(a)

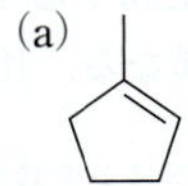

(b)

(c) H_2O [H^+] OH

スキルの応用

9・13 アルケンがプロトン化されるとき，溶媒が水ではなくアルコールの場合，酸触媒水和反応と非常に似た反応が起こるが，反応機構の第2段階で水の代わりにアルコールが求核剤として働く．次の反応の考えられる機構を示せ．

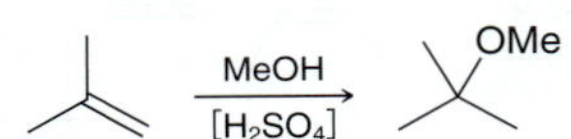

9・14　問題9・13の反応を参考にして，次の分子内反応の考えられる機構を示せ．

$[H_2SO_4]$

OH

O

問題9・51(a), (b), 9・64(a)を解いてみよう．

9・5　オキシ水銀化–脱水銀反応

前節では，アルケンへの水のMarkovnikov付加を行うために，酸触媒水和反応をどのように用いることができるかについて述べた．この反応では，カルボカチオンの転位によって生成物が複数成分の混合物になってしまう場合があり，そのため合成上の有用性がやや損なわれていた．

H_3O^+

OH　　OH

転位を経ない生成物　転位を経た生成物

アルケンのプロトン化により生成するカルボカチオンが転位を起こしてしまう場合，酸触媒水和反応はアルケンへの水の付加を行う手法としてはあまり役に立たない．アルケンへの水のMarkovnikov付加を，カルボカチオンの転位を伴うことなく行える他の方法が多くある．なかでも最も古く，おそらく最もよく知られているのが**オキシ水銀化–脱水銀反応**（oxymercuration–demercuration）である．

オキシ水銀化　OH　HgOAc　脱水銀　OH

この反応を理解するためには，用いられる反応剤について知る必要がある．この反応ではまず，酢酸水銀(II) $Hg(OAc)_2$ が解離し，水銀カチオンが生成する．

AcO　Hg　OAc　⇌　AcO　Hg^+　+　^-OAc　（AcO–　≡　O　O）

酢酸水銀　水銀カチオン

この水銀カチオンは強力な求電子剤であり，アルケンのπ結合のような求核剤の攻撃を受けやすい．π結合が水銀カチオンを攻撃して生成する中間体の性質は，π結合が単純にプロトン化された場合の中間体とは大きく異なる．比較してみよう．

π結合がプロトン化される場合

H^+　⇌　H　+

カルボカチオン

π結合が水銀カチオンを攻撃する場合

OAc　^+Hg　⇌　[OAc　:Hg　+　⟷　OAc　^+Hg]

メルクリニウムイオン

2章で述べたように，共鳴構造を書くとき，通常は単結合が開裂しないようにする．しかし，メルクリニウムイオンはまれな例のひとつである．もう一つの例は次節で述べる．

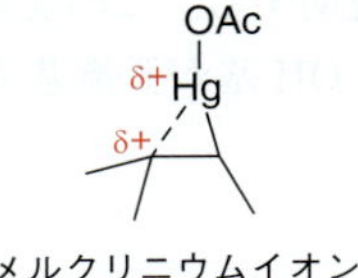

メルクリニウムイオン

本章で何度も述べたように，π 結合がプロトン化された場合，生成する中間体は単純にカルボカチオンである．一方，π 結合が水銀カチオンを攻撃した場合，生成する中間体がカルボカチオンになるとは考えにくい．水銀原子のもつ電子は近くにある正電荷と相互作用し，架橋構造を形成しうるからである．この中間体は，**メルクリニウムイオン**（mercurinium ion）とよばれ，より正確には二つの共鳴構造の混成体として表される．メルクリニウムイオンはカルボカチオンとしての性質もいくらかもっているが，架橋された 3 員環化合物としての性質もあわせもっている．この二重性は左のように表すことができる．

より置換基の多い炭素原子は +1 の電荷ではなく，部分的な正電荷 δ+ をもっている．そのため，この中間体からのカルボカチオン転位は起こりにくいが，求核剤の攻撃は進行する．求核剤の攻撃が，より置換基の多い位置で起こり，結果的に Markovnikov 付加になっていることに注意しよう．

OAc δ+Hg δ+ Nuc:⁻ → Nuc Hg OAc

求核剤の攻撃の後，水銀は**脱水銀**（demercuration）とよばれる反応によって取除くことができる．脱水銀には，一般に水素化ホウ素ナトリウムが用いられる．脱水銀がラジカル反応により進行することを示す多くの証拠がある．反応全体では，アルケンへの H と求核剤の付加になっている．求核剤としては，水に加えさまざまな反応剤を用いることができる．

ラジカル反応については 11 章で詳しく述べる．

1) Hg(OAc)$_2$, Nuc–H 2) NaBH$_4$ → Nuc H　　1) Hg(OAc)$_2$, H_2O 2) NaBH$_4$ → HO H

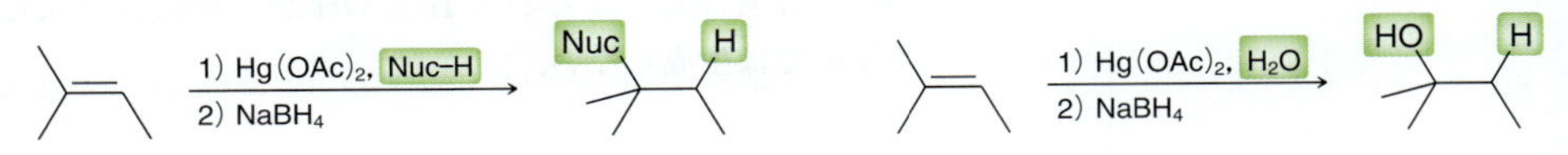

この一連の反応によって，カルボカチオン転位を伴わないアルケンの水和反応を 2 段階で行うことができる．

1) Hg(OAc)$_2$, H_2O 2) NaBH$_4$ → OH 94%　転位は起こらない

チェックポイント

9・15 次の反応の生成物を予想せよ．また，オキシ水銀化–脱水銀反応の代わりに酸触媒水和反応を行った場合，どのような生成物が得られるか予想せよ．

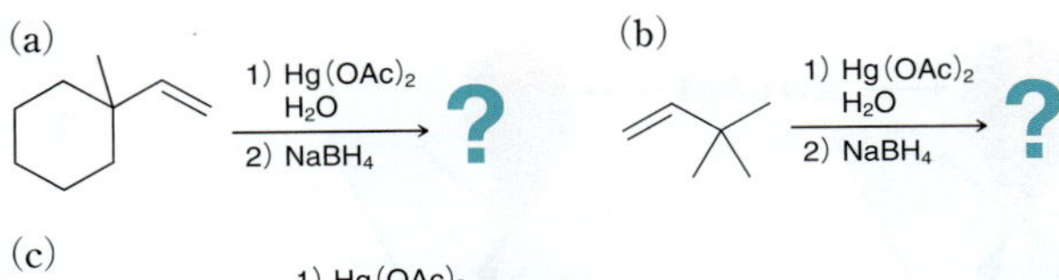

(c) 1) Hg(OAc)$_2$ H_2O 2) NaBH$_4$?

9・16 オキシ水銀化の第 1 段階では，水以外の求核剤を用いることもできる．次の求核剤を水の代わりに用いた場合，どのような生成物が得られるか予想せよ．

(a) 1) Hg(OAc)$_2$, EtOH 2) NaBH$_4$?

(b) 1) Hg(OAc)$_2$, $EtNH_2$ 2) NaBH$_4$?

9・6 ヒドロホウ素化–酸化反応

前節までに，二つの異なる手法で，アルケンへの水の Markovnikov 付加を行えることを述べた．すなわち，1) 酸触媒水和反応と 2) オキシ水銀化–脱水銀反応である．本節では，水の逆 Markovnikov 付加を行うための手法を説明する．この反応は，**ヒドロホウ素化–酸化**（hydroboration–oxidation）とよばれ，OH 基が置換基の少ない側の炭素に結合した生成物を生じる．

1) BH_3·THF
2) H_2O_2, NaOH
OH
90%
置換基の少ないビニル位
逆 Markovnikov 付加

この反応の立体化学は特に興味深い．すなわち，新しいキラル中心が二つ生成する場合，水(H と OH)の付加が H と OH が二重結合の同じ面に結合するように進行する．

1) BH_3·THF
2) H_2O_2, NaOH
H
OH
+
H
OH
エナンチオマー

この形式の付加反応を**シン付加**（syn addition）とよぶ．この反応は得られる可能性のある四つの立体異性体のうち二つだけが生成するので，立体特異的である．他の二つの立体異性体，すなわち H と OH が二重結合の反対側から付加した異性体は，この反応では生成しない．

H
OH
+
H
OH
これらのエナンチオマーは生成しない

ヒドロホウ素化–酸化の機構は，反応の位置選択性（逆 Markovnikov 付加）と立体特異性（シン付加）の両方を説明できることが必要である．後の節で，この両者を説明できる反応機構を示す．その前にまず，ヒドロホウ素化–酸化に用いる反応剤の性質について説明する．

ヒドロホウ素化–酸化反応の反応剤

ボラン BH_3 の構造はカルボカチオンの構造と類似しているが，電荷はもたない．

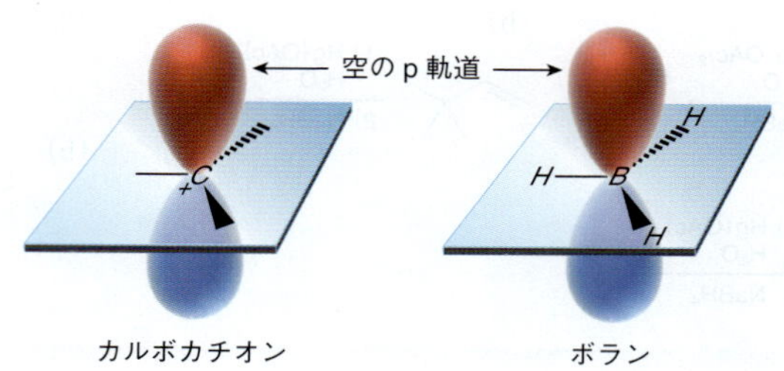

ホウ素原子はオクテット則をみたしておらず，非常に反応性が高い．実際，一つのボラン分子はもう1分子のボラン分子とさえ反応し，**ジボラン**(diborane)とよばれる二量体構造を形成する．この二量体は，これまでにでてきたものとは異なる特殊な形式の結合をもつと考えられている．次の共鳴構造を書くと理解しやすいかもしれない．

共鳴構造を書く際に単結合を開裂させることはまれであるが，メルクリニウムイオン(§9・5）と同様，ジボランはこのまれな事例のひとつである．この共鳴構造を注意深く見ると，上図で赤および青で示したそれぞれの水素原子は，合計2個の電子を用いて二つのホウ素原子と部分的に結合していることがわかる．このような結合は**三中心二電子結合**（three-center, two-electron bond）とよばれる．

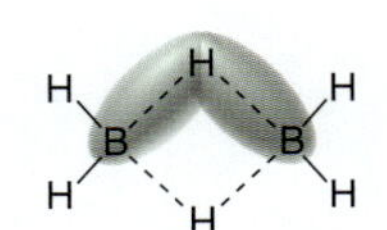

2個の電子が原子3個にわたって広がる

有機化学の分野では，三中心二電子結合の例は他にも多くあるが，本書にはあまり登場しない．

ボランとジボランは，次の平衡状態にある．

ボラン　　ジボラン

この平衡はジボラン B_2H_6 側に大きく傾いており，平衡状態ではボラン BH_3 はほとんど存在していない．一方，THF（テトラヒドロフラン）のようにホウ素の空のp軌道に電子を供与できる溶媒を用いると，BH_3 を安定化し，その平衡濃度を増大させることができる．

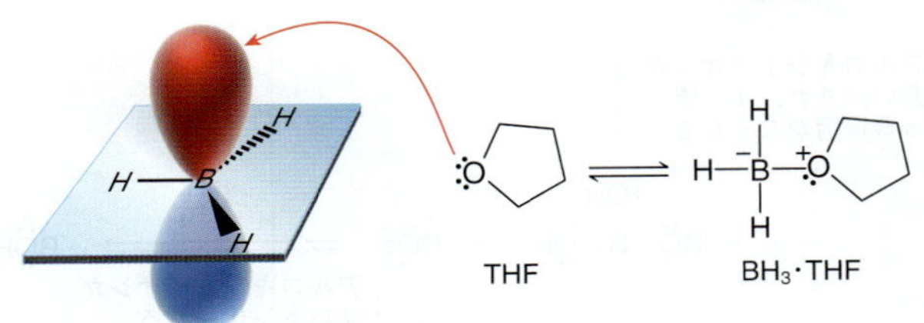

ホウ素原子の電子密度は溶媒からの供与によりいくらか増大するが，それでもなお高い求電子性を保っており，アルケンのπ電子の攻撃を受ける．次に，ヒドロホウ素化–酸化の反応機構を述べる．

ヒドロホウ素化–酸化反応の機構

まずヒドロホウ素化の第1段階に着目しよう．この段階では，ボランがπ結合の攻撃を受け，それに伴い同時にヒドリドの移動が進行する．つまり，C−BH_2 結合の生成とC−H結合の生成が協奏的に起こる．ヒドロホウ素化–酸化反応の位置選択性（逆 Markovnikov 付加）と立体特異性（シン付加）は，両方ともこの段階で決まる．位置選択性と立体選択性のそれぞれについて，これから詳しく説明する．

ヒドロホウ素化–酸化反応の位置選択性

反応機構9・3に示すように，BH_2 基は置換基の少ないほうの炭素に結合し，最終的にはOH基で置換され，実験的に観測される位置選択性が現れる．BH_2 基が置換基の少ない炭素に結合する理由は，電子的要因あるいは立体的要因によって説明でき

反応機構 9・3　ヒドロホウ素化-酸化反応

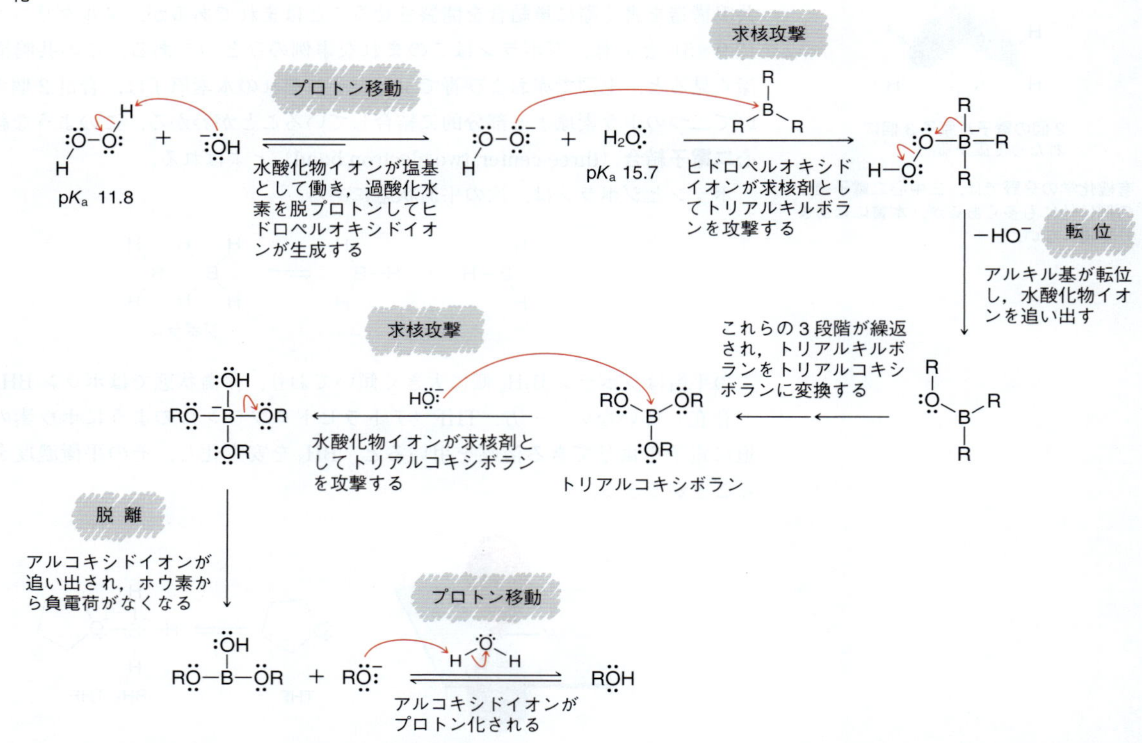

る．以下に両方の説明を示す．

1. 電子的要因による説明. 反応機構の第 1 段階で，π 結合の攻撃に伴ってヒドリドの移動が同時に起こる．しかし，両者の過程は完全に同時に進行するわけではない．π 結合がホウ素の空の p 軌道を攻撃するとき，ビニル位の一方に部分的な正電荷 δ+ が生じ始める．このようにして生じつつある δ+ が，続くヒドリド移動をひき起こす．

このように，アルケンがボランと相互作用を始めると，ビニル炭素の一方に部分正電荷が生じる．本章で以前に述べたように，どのような場合でも正電荷はより置換基の多い炭素で生成したほうが有利である．そのためには BH_2 基は置換基の少ないほうの炭素に結合する必要がある．

2. 立体的要因による説明. 反応機構の第1段階では，H と BH_2 の両方が同時に二重結合に付加する．BH_2 は H より大きいため，BH_2 が立体的に空いている側に結合したほうが遷移状態の立体的な込み合いが小さくなり，エネルギーが低くなる（図9・5）．ヒドロホウ素化–酸化反応では，電子的要因と立体的要因が両方とも反応の位置選択性に寄与していると考えられる．

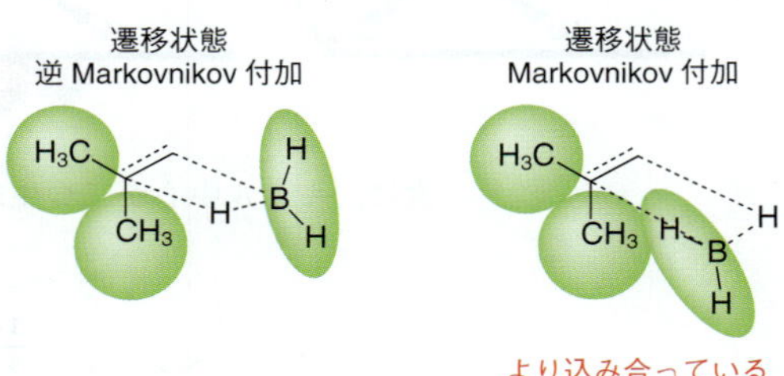

図 9・5 Markovnikov 付加または逆 Markovnikov 付加を経由するヒドロホウ素化の遷移状態の比較. 後者のほうが立体的な込み合いが少ないため，エネルギーが低いと考えられる．

チェックポイント

9・17 ヒドロホウ素化–酸化の例を示す．位置選択性を予想し，生成物を書け．

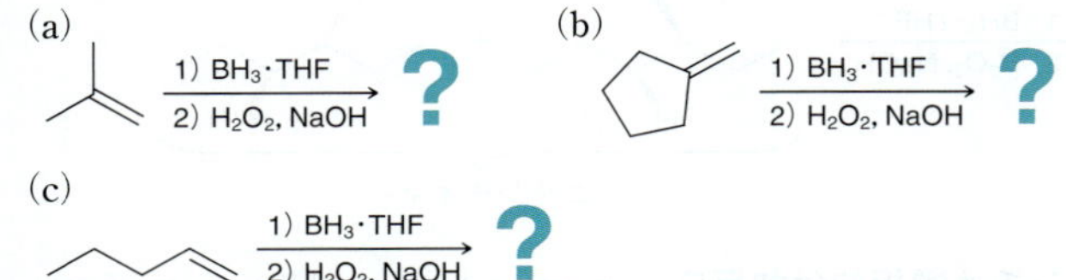

9・18 分子式 C_5H_{10} の化合物 **A** をヒドロホウ素化–酸化すると 2-メチル-1-ブタノールが得られる．化合物 **A** の構造を書け．

化合物 **A** C_5H_{10} ——1) BH_3・THF, 2) H_2O_2, NaOH→ OH

ヒドロホウ素化–酸化反応の立体特異性

実験的に観測されるヒドロホウ素化–酸化反応の立体特異性は，H と BH_2 がアルケンの π 結合に同時に付加するという提唱された反応機構の第1段階と合致している．この段階が協奏的に進行するためには，両方の基がアルケンの同じ面に付加する，すなわちシン付加を起こす必要がある．このように，提唱された反応機構は位置選択性だけでなく立体特異性も説明できる．

ヒドロホウ素化–酸化反応の生成物を書くときには，反応により生成するキラル中心の数について考えることが重要である．キラル中心が生成しない場合，立体特異性を考慮する必要はない．

——1) BH_3・THF, 2) H_2O_2, NaOH→ OH　キラル中心なし

この場合，一組のエナンチオマーではなく，単一の生成物が得られるため，シン付加かどうかは問題にならない．

次に，キラル中心が一つ生成する場合の立体化学について考えよう．

——1) BH_3・THF, 2) H_2O_2, NaOH→ OH　キラル中心が一つ

この場合，両方のエナンチオマーが生成する．アルケンのどちらの面からのシン付加も同確率で起こるからである．

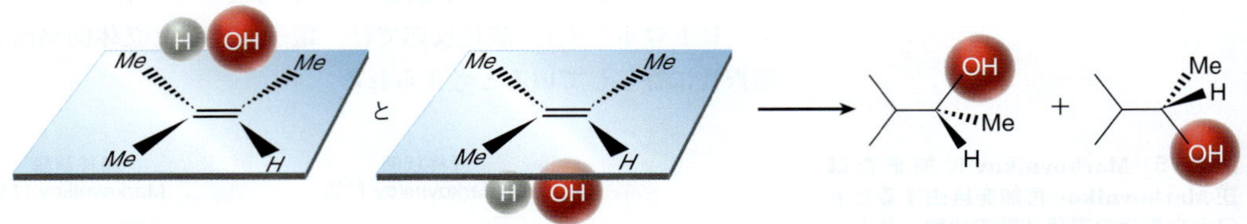

次に，キラル中心が二つ生成する場合の立体化学について考えよう．

1) $BH_3 \cdot THF$
2) H_2O_2, NaOH
OH
キラル中心が二つ

この場合，生成しうるエナンチオマーは二組あるが，反応がシン付加で進行するため，そのうち一組のエナンチオマーのみが生成する．残りの一組のエナンチオマーを形成する二つの立体異性体は得られない．

1) $BH_3 \cdot THF$
2) H_2O_2, NaOH
H
H OH
+
H
H OH
エナンチオマー

特殊な条件では，**エナンチオ選択的付加反応**（enantioselective addition reaction），すなわち一方のエナンチオマーが他方より優先的に生成する反応（エナンチオマー過剰率が観測される）を行うことも可能である．本章の後の節でその一例を示すが，いまのところエナンチオ選択的反応の例は述べておらず，したがって，ここまで本章で述べた反応の生成物は，すべて光学的に不活性な混合物となる．

スキルビルダー 9・4　ヒドロホウ素化−酸化反応の生成物を予想する

スキルを学ぶ

次の反応の生成物を予想せよ．

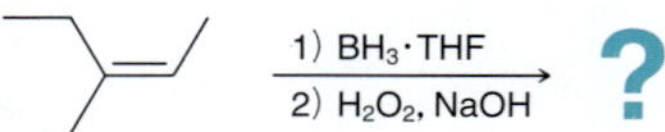

解　答

ステップ 1
逆 Markovnikov 付加になるように位置選択性を明らかにする．

この反応はヒドロホウ素化−酸化であり，二重結合に水が付加した生成物を生じる．初めに行うべきことは位置選択性を決めることである．すなわち，OH 基がどちらに結合するか決めなければならない．ヒドロホウ素化−酸化では逆 Markovnikov 付加体が生成する，すなわち OH 基が置換基の少ない炭素に結合することを思い出そう．

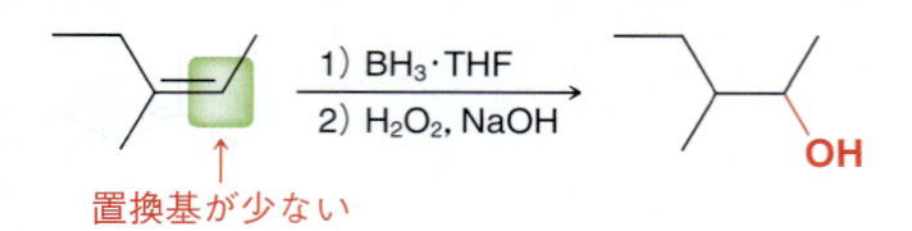

1) $BH_3 \cdot THF$
2) H_2O_2, NaOH
OH
置換基が少ない

ステップ 2
シン付加になるように立体化学を明らかにする.

OH 基がどの位置に結合するかはわかったが，生成物の完全な構造を書くためには，立体化学を示す必要がある．すなわち，この反応で新しいキラル中心が二つ生成するかどうか考えなければならない．この例では，実際に新しいキラル中心が二つ生成する．したがって，この反応の立体特異性（シン付加）が問題となり，生成物の構造を書く際に考慮する必要が生じる．反応で生成するエナンチオマーは，シン付加で生じる一組のみである．

1) BH_3·THF
2) H_2O_2, NaOH
H H OH H ＋ エナンチオマー

スキルの演習

9・19 次の反応の生成物を予想せよ.

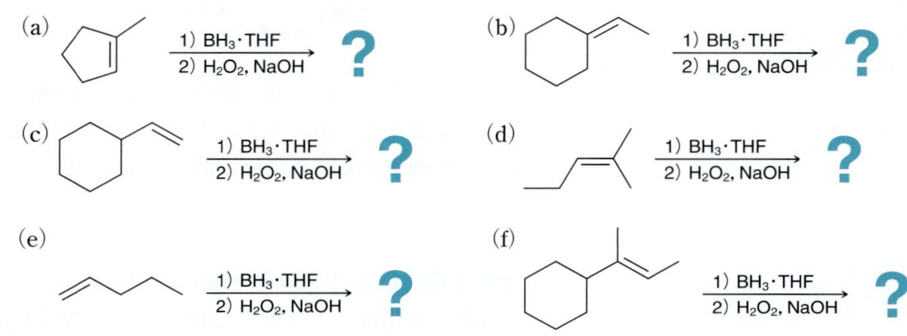

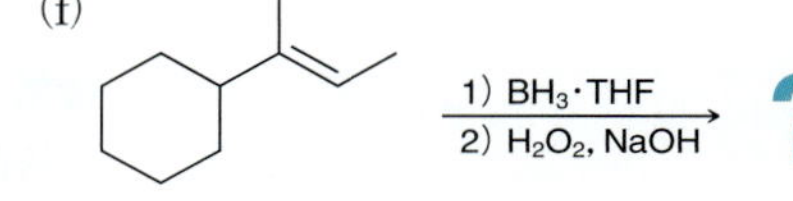

スキルの応用

9・20 (*E*)-3-メチル-3-ヘキセンのヒドロホウ素化-酸化で得られる生成物を書け.

9・21 *cis*-2-ブテンのヒドロホウ素化-酸化で得られる生成物は，*trans*-2-ブテンのヒドロホウ素化-酸化で得られる生成物と同一である．生成物の構造を書き，この場合，出発物のアルケンの立体配置が生成物の構造に関与しない理由を説明せよ.

9・22 分子式 C_5H_{10} の化合物 **A** をヒドロホウ素化-酸化すると，キラル中心をもたないアルコールが得られる．化合物 **A** の構造として可能性のある構造を二つ書け.

問題 9・66 を解いてみよう.

9・7 接触水素化反応

生成物には，反応により導入された水素原子は明示されていない．結合を直線で示す式では，水素原子の存在が前提となっているからである．明示されていない水素原子を表示する練習として，スキルビルダー 2・2，2・3 を復習しよう.

接触水素化（catalytic hydrogenation，触媒的水素化ともいう）とは，金属触媒の存在下，二重結合に水素分子 H_2 を付加させる反応である.

H_2 / Pt　100%

反応全体としてみると，アルケンがアルカンに還元されている．Paul Sabatier（サバティエ）は，接触水素化がアルケンを還元するための一般的手法として利用できることを最初に示し，その先駆的研究により 1912 年のノーベル化学賞の共同受賞者となっている.

接触水素化反応の立体特異性

上記の反応では生成物はキラル中心をもたないため，反応の立体特異性は問題にならない．反応が立体特異性を示すかどうか調べるためには，新しいキラル中心が二つ生成する反応について調べる必要がある．たとえば，次の例について考えてみよう．

生成物はキラル中心を二つもつため，生成する可能性のある立体異性体は4種類（二組のエナンチオマー）となる．

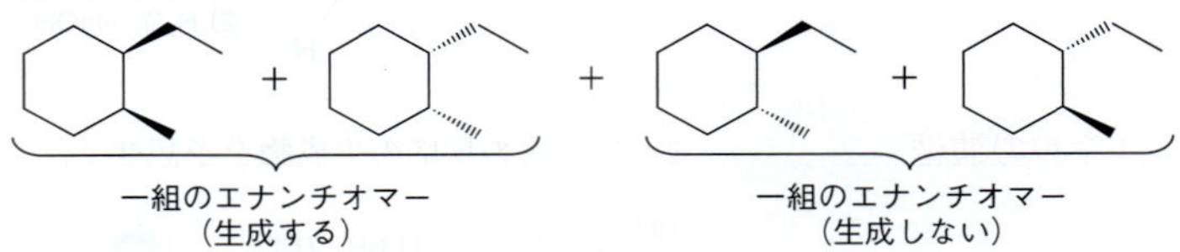

しかし，この反応では4種類すべての化合物が生成するわけではない．シン付加によって生成する一組のエナンチオマーのみが得られる．このような立体特異性が現れる理由を理解するためには，用いる反応剤とそれらの間の相互作用を注意深く調べる必要がある．

接触水素化反応における触媒の役割

接触水素化は，アルケンにH_2ガスおよび金属触媒を作用させて行い，高圧条件下で行われる場合が多い．反応における触媒の役割を図9・6のエネルギー図に示す．金属触媒を用いない経路（青線）の活性化エネルギーE_aが非常に大きいため，この反応はきわめて遅く実用的でない．触媒が存在すると活性化エネルギーが低い経路（赤線）が可能になり，反応がより速く進行するようになる．

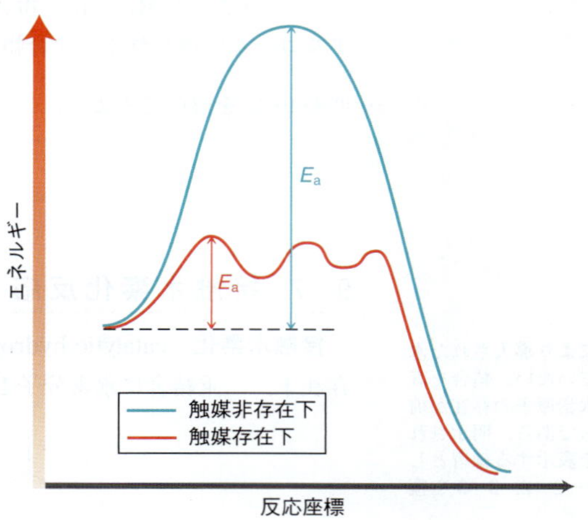

図 9・6　触媒存在下（赤線）および触媒非存在下（青線）での水素化反応のエネルギー図． 前者のほうが活性化エネルギーが低く，より速く進行する．

触媒としては，Pt, Pd, Ni などさまざまな金属を用いることができる．この反応は，水素H_2が金属触媒の表面と相互作用することで，H−H 結合が効果的に切断され，個々の水素原子が金属表面に吸着された状態になることで開始すると考えられている．次にアルケンが金属表面に配位し，触媒表面での反応過程によりπ結合と二つの水素原子の間の反応が起こり，アルケンに対して効果的にHとHが付加する（図9・7）．この過程では，両方の水素原子がアルケンの同じ面に付加する．このことから，

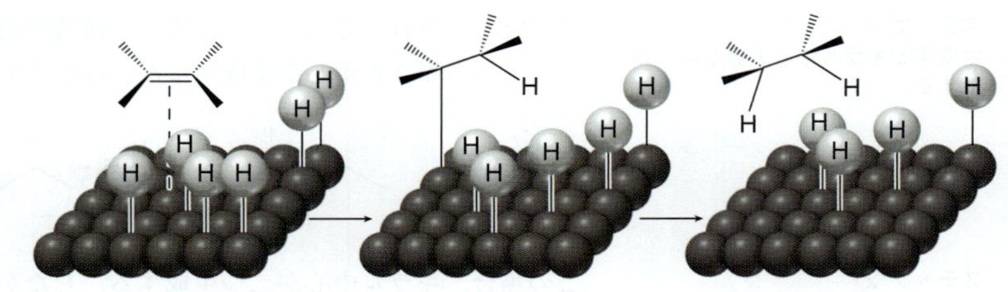

図 9・7 付加反応は金属触媒表面で起こる

観測される立体特異性（シン付加）を説明できる．

表 9・2 生成するキラル中心の数と立体化学との関係

キラル中心	
0	シン付加であることに関係なく，生成物は 1 種類のみ
1	生成しうる両方のエナンチオマーが生成
2	シン付加によって生成するエナンチオマーの対のみが生成

表 9・2 にまとめるように，いずれの場合も，反応の立体化学は反応過程で生じるキラル中心の数に依存する．対称アルケンの反応では一組のエナンチオマーではなくメソ化合物が生成するので，表 9・2 の単純な方法を適用する場合には注意が必要である．次の例について考えてみよう．

$\xrightarrow[Pt]{H_2}$?

この例では，二つの新しいキラル中心が生じるため，シン付加により一組のエナンチオマーが生成すると予想される．しかし，この場合シン付加で生成する化合物は 1 種類のみであり，エナンチオマーは生成しない．

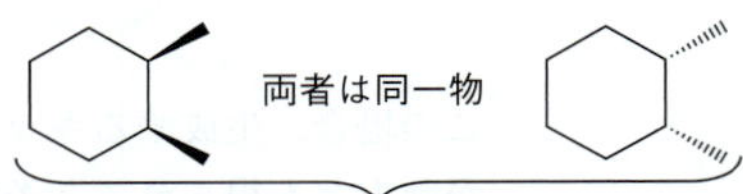

シン付加により 1 種類の生成物，すなわちメソ化合物のみが生成する

定義により，メソ化合物にはエナンチオマーが存在しない．アルケンの一方の面にシン付加した生成物は，もう一方の面にシン付加した生成物と同一である．したがって，反応式に“＋ エナンチオマー”と書いてはいけない．

$\xrightarrow[Pt]{H_2}$ ＋ エナンチオマー

スキルビルダー 9・5 接触水素化反応の生成物を予想する

スキルを学ぶ

次の反応の生成物を予想せよ．

(a)

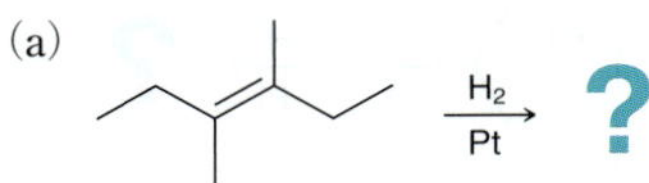

(b)

$\xrightarrow[Pt]{H_2}$?

解答

(a) この反応は接触水素化であり，H と H がアルケンに付加する．同一の基（H と H）が付加するため，位置選択性の問題は考慮する必要がない．しかし，立体化学について

ステップ 1
生成するキラル中心の数を明らかにする.

は考慮しなければならない. 生成物の構造を適切に導き出すためには, まず, この反応でいくつのキラル中心が生成するか明らかにする必要がある.

H_2, Pt　キラル中心が二つ

ステップ 2
シン付加になるように立体化学を明らかにする.

この場合, キラル中心が二つ生成する. したがって, シン付加によって生成する一組のエナンチオマーのみが得られると予想される.

ステップ 3
生成物が単一のメソ化合物でないことを確認する.

メソ化合物かどうかを決定する練習については§5・6を復習しよう.

最後に, 生成物が単一のメソ化合物でないことを確認する. 上記の化合物には分子内に対称面がなく, メソ化合物ではない.

(b) 前の例と同様, この反応は接触水素化であり, HとHがアルケンに付加する. 生成物の構造を正しく導き出すためには, まず, この反応でキラル中心がいくつ生成するか明らかにする必要がある.

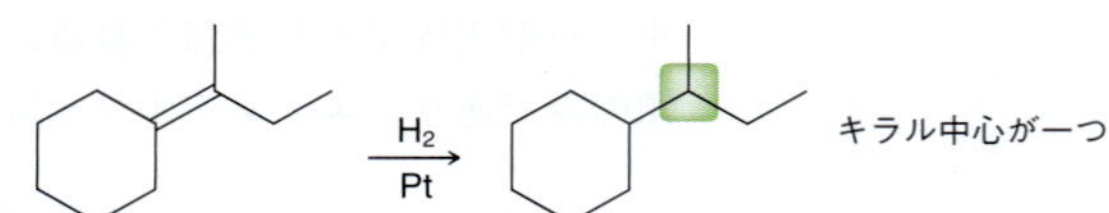

この場合, 生成するキラル中心は一つのみである. したがって, 可能なエナンチオマーが両方とも得られると予想される. シン付加はπ結合のどちらの面からも同確率で起こるからである.

キラル中心を一つしかもたない化合物がメソ化合物になることはありえない. したがって, この反応では一組のエナンチオマーが生成する.

スキルの演習

9・23　次の反応の生成物を予想せよ.

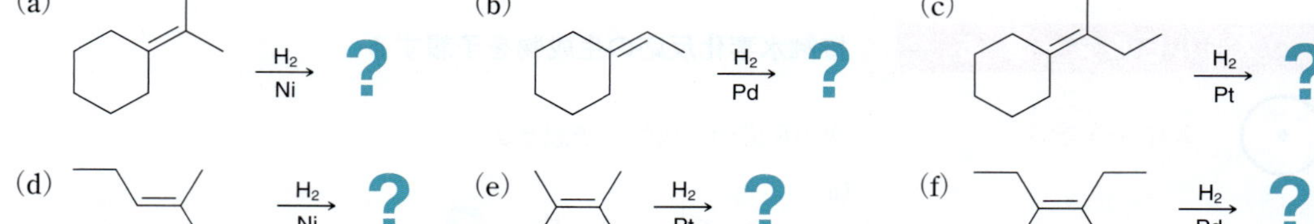

スキルの応用

9・24　アルケンはH_2と反応するのと全く同様の形式でD_2(重水素は水素の同位体)とも反応する. このことを参考にして, 次の反応の生成物を予想せよ.

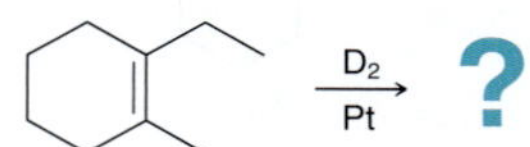

9・25　分子式C_5H_{10}の化合物Xは, 金属触媒の存在下, 等モル量の水素分子と反応し

て 2-メチルブタンを生成する．

(a) 化合物 X として考えられる構造を三つあげよ．

(b) 化合物 X にヒドロホウ素化-酸化を行うと，キラル中心をもたない生成物が得られた．化合物 X の構造を書け．

問題 9･55，9･75 を解いてみよう．

均一系触媒

Ph_3P PPh_3 Rh Ph_3P Cl

Wilkinson 触媒

ここまで述べた触媒（Pt, Pd, Ni）はすべて，反応溶媒に溶解しないため，**不均一系触媒**（heterogeneous catalyst）とよばれる．一方，**均一系触媒**（homogeneous catalyst）は反応溶媒に溶解する．水素化に用いられる最も代表的な触媒は，**Wilkinson**（ウィルキンソン）**触媒**（Wilkinson catalyst）とよばれる．均一系触媒を用いた場合にも，シン付加が観測されている．

H_2 / Wilkinson 触媒 → ＋ エナンチオマー

触媒的不斉水素化反応

本節で先に述べたように，水素化によって 1 個あるいは 2 個のキラル中心が生じる場合，一組のエナンチオマーが生成する．

キラル中心が一つ生成　R^1 R^2 —H_2 / Wilkinson 触媒→ R^1 R^2 ＋ R^1 R^2

キラル中心が二つ生成　R^1 R^2 —H_2 / Wilkinson 触媒→ R^1 R^2 ＋ R^1 R^2

どちらの反応でもラセミ体が生成する．このことから，当たり前の疑問が提起される．すなわち，一組のエナンチオマーの両方ではなく，一方のみを合成できないか，いいかえれば，**不斉水素化**（asymmetric hydrogenation）を行うことはできないかと

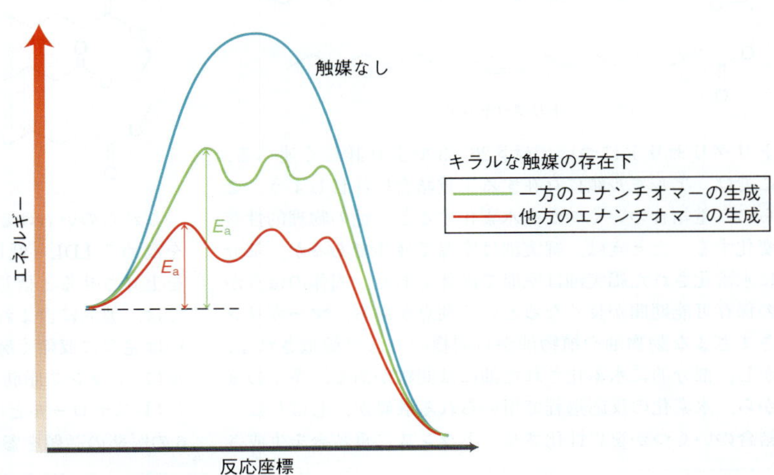

図 9・8 キラルな触媒の効果により一方のエナンチオマーの生成（赤線）が他方のエナンチオマーの生成（緑線）より優先することを示すエネルギー図

いう疑問である．

1960年代より前は，触媒的不斉水素化反応（asymmetric catalytic hydrogenation）は実現していなかった．しかし，1968年に大きなブレークスルーが起こった．William S. Knowles（ノールズ）が触媒的不斉水素化の方法を開発したのである．Knowlesは，キラルな触媒を用いることで不斉誘起が可能になる，すなわちキラルな触媒は，一方のエナンチオマーが生成する際の活性化エネルギーを他方のエナンチオマーのものに比べて著しく低くできるはずだと考えた（図9・8）．このように，理論的にはキラルな触媒を用いれば一方のエナンチオマーが他方より生成しやすくなり，エナンチオマー過剰率（ee）が観測されると考えられる．

Knowlesは，Wilkinson触媒を巧妙に修飾することでキラルな触媒を開発することに成功した．Wilkinson触媒には三つのトリフェニルホスフィン配位子がある．Knowlesのアイデアは，対称なホスフィン配位子ではなく，キラルなホスフィン配位子を用いることだった．

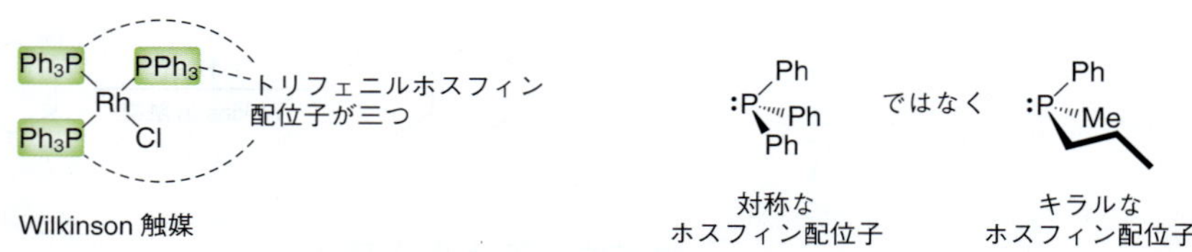

役立つ知識　部分的に水素化された脂肪と油

水素化の役割で最もよく知られているのは食品産業におけるものである．すなわち，部分的に水素化された脂肪や油の製造に水素化反応が用いられている．

植物油のような天然の脂肪や油は，一般に**トリグリセリド**（triglyceride）とよばれる3本の長いアルキル鎖をもつ化合物の混合物である．

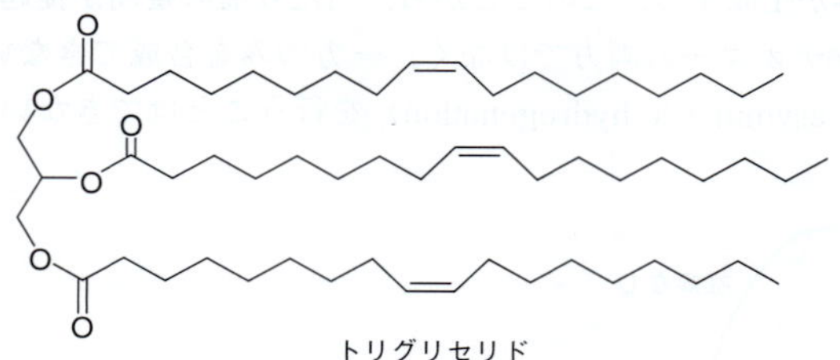

トリグリセリド

トリグリセリドについては§26・3でより詳しく述べる．ここでは，アルキル鎖に存在する二重結合に注目しよう．これらの二重結合のいくつかを水素化すると，油の物理的性質が変化する．たとえば，綿実油は室温で液体であるが，部分的に水素化された綿実油は室温で固体である．固体のほうが油の保存可能期間が長くなるという利点がある．マーガリンもさまざまな動物油や植物油から同様の方法で製造される．しかし，部分的に水素化された油には問題がある．多くの証拠から，水素化の反応過程で用いられる触媒が，しばしば二重結合のいくつかを異性化させ，トランス二重結合を生成させることが明らかになっている．

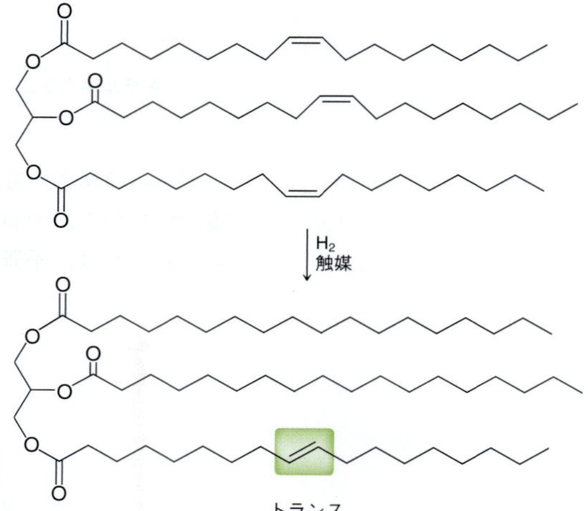

これらのいわゆるトランス脂肪は，心臓血管疾患の発生率を高めるLDL（低比重リポタンパク質）コレステロール量を上昇させると信じられている．これに対応して，食品産業では，製品に含まれるトランス脂肪をなるべく減らす，あるいは完全に取除く努力を行っている．現在では，食品のラベルに“トランス脂肪0グラム”とうたわれていることも多い．（コレステロールと心臓血管疾患との関係については，§26・6の医薬の話題を参照．）

Knowles はキラルなホスフィン配位子を使用して，キラルな構造をもつ Wilkinson 触媒を合成した．そして，そのキラルな触媒を水素化反応に用い，低いながらもエナンチオマー過剰率を観測した．一方のエナンチオマーのみが得られたわけではなかったが，得られたエナンチオマー過剰率は，触媒的不斉水素化が実際に可能であることを証明するのに十分なものだった．

Knowles は，もっと高いエナンチオマー過剰率を出すことができる他の触媒を開発し，触媒的不斉水素化反応を活用した L-ドーパ（L-dopa）というアミノ酸の工業的合成法の開発に乗り出した．

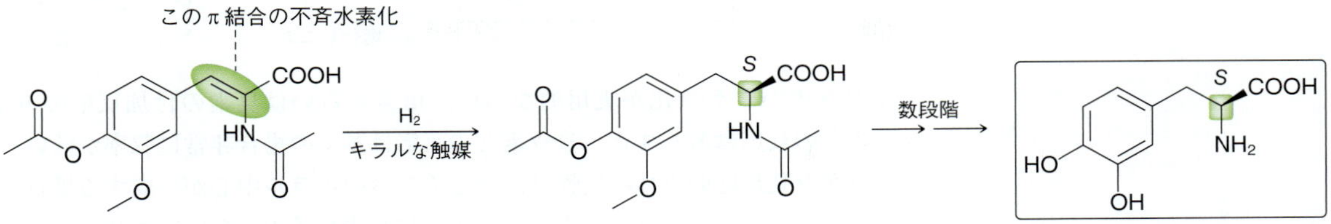

この π 結合の不斉水素化

H_2 / キラルな触媒　　数段階

(*S*)-3,4-ジヒドロキシフェニルアラニン
（L-ドーパ）

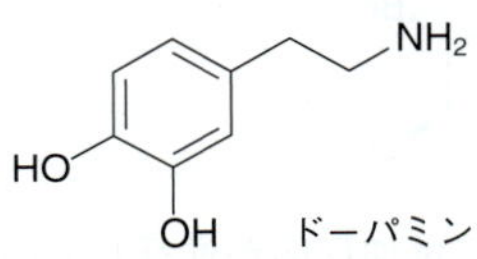

ドーパミン

L の表示は化合物中にあるキラル中心の立体配置を表す．この表示法については§25・2 で述べる．

L-ドーパは，パーキンソン病に関連するドーパミン欠乏症の治療に効果があることが明らかになっている（この発見により Arvid Carlsson（カールソン）は 2000 年のノーベル医学生理学賞を受賞した）．ドーパミン（dopamine）は，脳における重要な神経伝達物質である．ドーパミンは血液脳関門を越えられないため，ドーパミン欠乏症は患者へのドーパミンの投与では治療できない．しかし，L-ドーパはこの関門を越えることができ，さらに中枢神経系でドーパミンに変換される．これにより，パーキンソン病患者の脳内のドーパミン量が上昇し，この病気に伴う症状のいくつかが一時的に緩和される．しかし，一つ落とし穴がある．L-ドーパのエナンチオマーは毒性が高いと考えられており，そのため L-ドーパのエナンチオ選択的合成が必要になる．

2001 年ノーベル化学賞は，K. Barry Sharpless もエナンチオ選択的合成に関する業績で受賞している．§14・9 参照．

触媒的不斉水素化反応は，L-ドーパを高い光学純度で合成するのに有効な方法であることが明らかになった．Knowles はその業績に対して 2001 年のノーベル化学賞を授与されている．同じ受賞理由で共同受賞した野依良治（名古屋大学）は Knowles とは独立に，触媒的不斉水素化反応を行えるさまざまなキラルな触媒の開発について研究していた．

野依は，金属および金属に結合する配位子の両方をさまざまに変化させ，100% ee に近いエナンチオ選択性を実現するキラルな触媒をつくりだすことに成功した．なかでも現在有機合成において広く用いられている例が，**BINAP**〔2,2′-ビス(ジフェニルホスフィノ)-1,1′-ビナフチル 2,2′-bis(diphenylphosphino)-1,1′-binaphthyl の略〕とよばれるキラルな配位子に基づくものである．BINAP はキラル中心をもたないが，二つの芳香環をつなぐ単結合が立体障害により自由回転できないため，キラルな化合物である．BINAP はキラルな配位子としてルテニウム錯体の合成に用いることができ，生成したキラルな触媒を用いると，非常に高いエナンチオ選択性を実現できる．

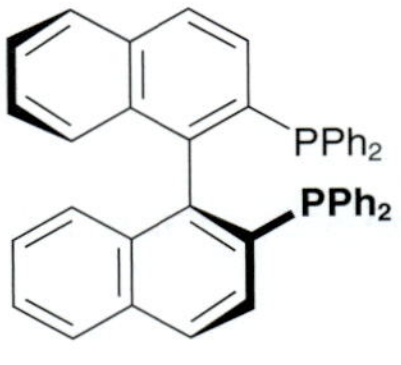

(*S*)-(−)-BINAP
(*S*)-2,2′-ビス(ジフェニルホスフィノ)-1,1′-ビナフチル

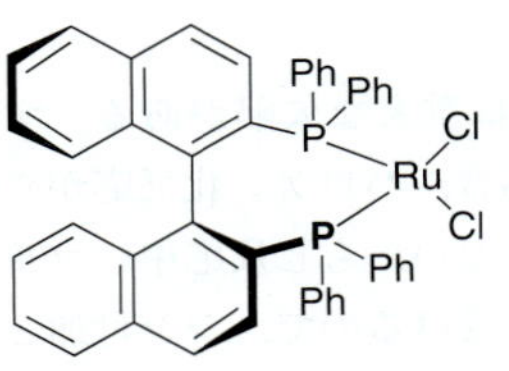

Ru(BINAP)Cl_2

H_2 / Ru(BINAP)Cl_2　　95% ee

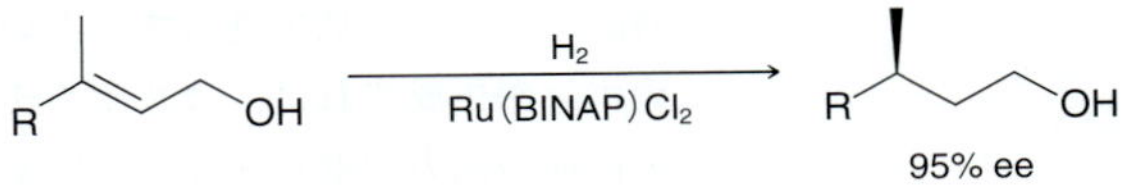

9・8　ハロゲン化反応とハロヒドリンの合成

実 験 事 実

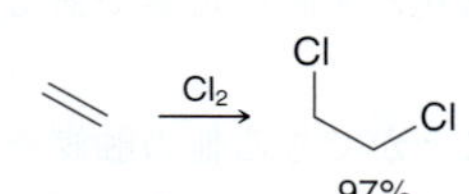

ハロゲン化（halogenation）は，アルケンに X_2（Br_2 か Cl_2 のいずれか）が付加する反応である．一例として，エチレンの塩素化によりジクロロエタンが生成する反応について考えよう．この反応は，ポリ塩化ビニル（polyvinyl chloride，略称 PVC）の工業的合成法の鍵段階である．

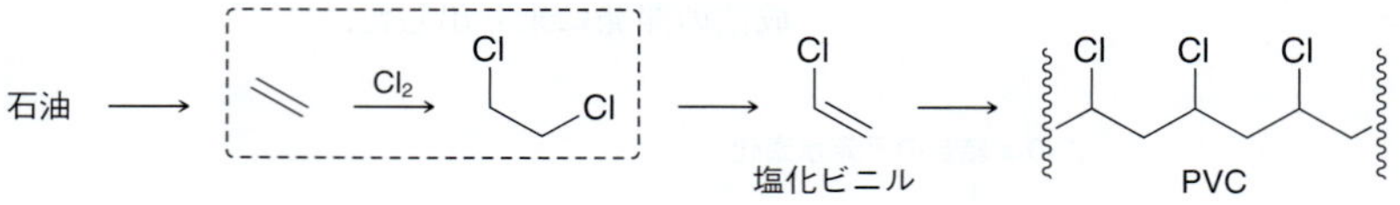

アルケンのハロゲン化が実用的なのは，塩素あるいは臭素の付加反応のみである．フッ素との反応は激しすぎ，ヨウ素との反応は多くの場合非常に収率が低い．

ハロゲン化反応の立体特異性は，新しく二つのキラル中心が生成する場合に調べることができる．たとえば，シクロペンテンに臭素分子 Br_2 を反応させたときの生成物について考えてみよう．

注意
この反応の生成物は一組のエナンチオマーである．両エナンチオマーは同一化合物ではない．誤解しがちなので注意すること．エナンチオマーについては§5・5参照．

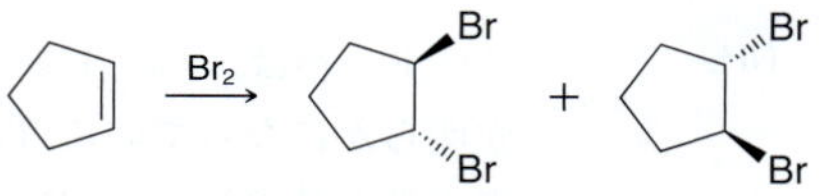

二つのハロゲン原子がπ結合の反対側に結合する形式で，付加反応が進行していることに注意しよう．この形式の付加反応を，**アンチ付加**（anti addition）という．ほとんどの単純なアルケンの場合，ハロゲン化はおもにアンチ付加で進行する．反応機構を考える際には，この実験事実が説明できなければならない．

ハロゲン化反応の機構

臭素分子は Br−Br 結合が共有結合であるため極性をもたない．一方で，臭素分子は分極しやすく，求核剤が近くにくると一時的な誘起双極子を形成する（図 9・9）．このさい，臭素原子の一方に部分的な正電荷が生じ，分子に求電子性が生じる．多くの求核剤が臭素分子と反応することが知られている．

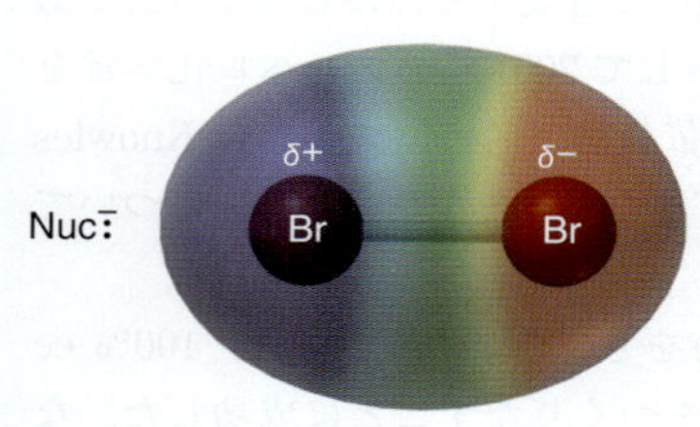

図 9・9　求核剤が近づいたときに臭素分子に一時的に誘起される双極子モーメントを示す静電ポテンシャル図

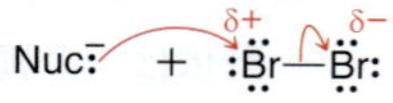

これまで述べてきたようにπ結合は求核性をもつ．したがって，アルケンも臭素分子を攻撃すると十分に予想される．

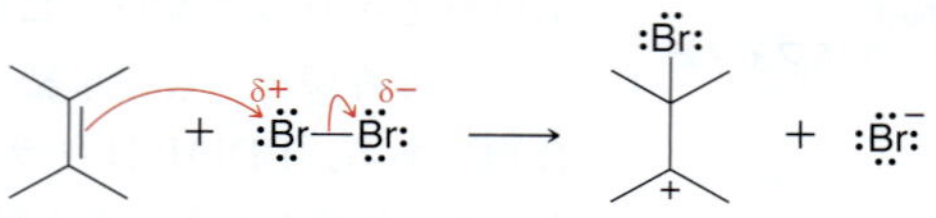

この反応過程はもっともらしくみえるが，この提案には重大な欠陥がある．すなわち，上記のようなカルボカチオンが生成すると考えた場合，ハロゲン化反応が立体特異的にアンチ付加で進行するという実験事実を説明できない．もし反応中にカルボカチオンが生成すれば，カルボカチオンは両側から攻撃を受けるので，シン付加とアンチ付加の両方が進行するはずである．

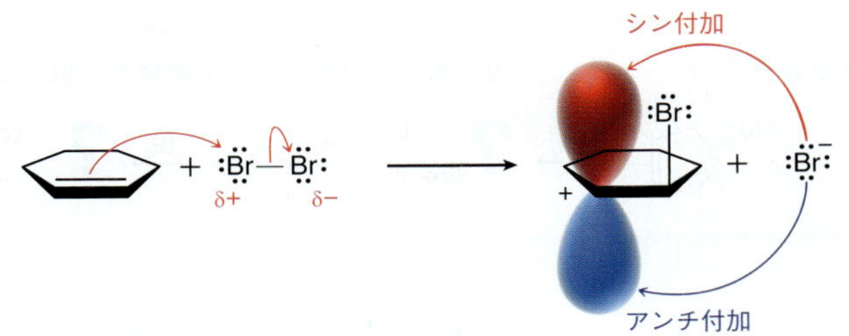

この反応機構では，アンチ付加というハロゲン化反応の立体特異性を説明できない．反応機構 9・4 に示すように修正すれば，アンチ付加を説明できる．

反応機構 9・4 ハロゲン化反応

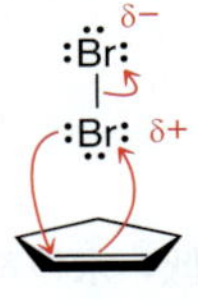

求核攻撃 ＋ 脱離

アルケンが求核剤として臭素を攻撃する．その結果，臭化物イオンが脱離し，ブロモニウムイオンとよばれる架橋構造をもつ中間体が生成する

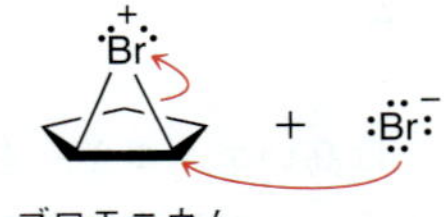

ブロモニウムイオン

求核攻撃

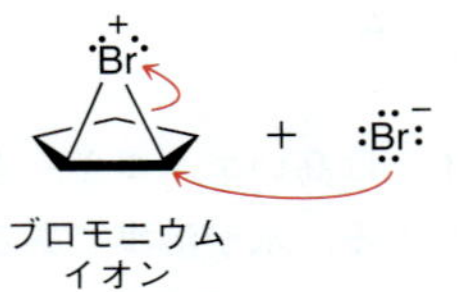

臭化物イオンが求核剤としてブロモニウムイオンを S_N2 機構で攻撃する

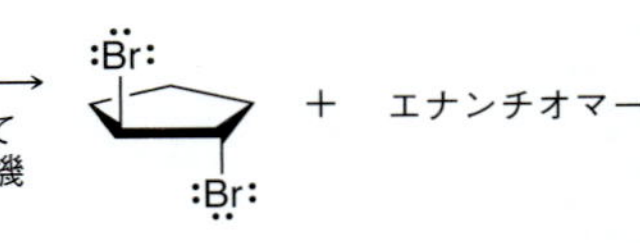

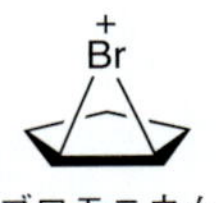

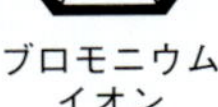

ブロモニウムイオン

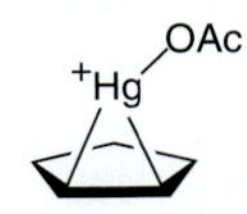

メルクリニウムイオン

この反応機構では，巻矢印が一つ追加され，カルボカチオンではなく架橋構造をもつ中間体が生成している．この架橋された中間体は**ブロモニウムイオン**（bromonium ion）とよばれ，§9・5 で述べたメルクリニウムイオンと類似した構造と反応性をもっている．両者の構造を比べてみよう．

この反応機構の第 2 段階では，ブロモニウムイオンが第 1 段階で生成した臭化物イオンの攻撃を受ける．この段階は S_N2 反応であるため，背面攻撃を経て進行する必要がある（§7・4 参照）．この段階が必ず背面攻撃で進行するために，反応全体の立体化学がアンチ付加となる．

Br_2

cis-2-ブテン

Br_2

trans-2-ブテン

メソ

ハロゲン化反応の立体化学は，出発物のアルケンの立体配置に依存する．たとえば，*cis*-2-ブテンは *trans*-2-ブテンとは異なる生成物を生じる．*cis*-2-ブテンへのアンチ付加では一組のエナンチオマーが生成するが，*trans*-2-ブテンへのアンチ付加ではメソ化合物が生成する．これらの結果は，出発物のアルケンの立体配置により，ハロゲン化反応の生成物の立体配置が決定されることを示している．

チェックポイント

9・26 次の反応の主生成物を予想せよ．

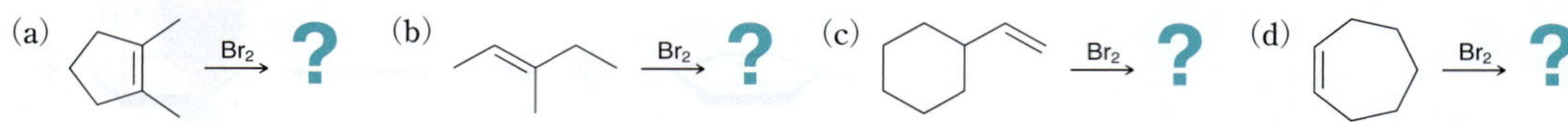

ハロヒドリンの合成反応

臭素化反応を $CHCl_3$ のような求核性をもたない溶媒中で行うと，前節で述べたように，Br_2 の二重結合への付加が起こる．しかし，この反応を水の存在下で行うと，第1段階で生成したブロモニウムイオンを臭化物イオンではなく水分子によって捕捉できる．

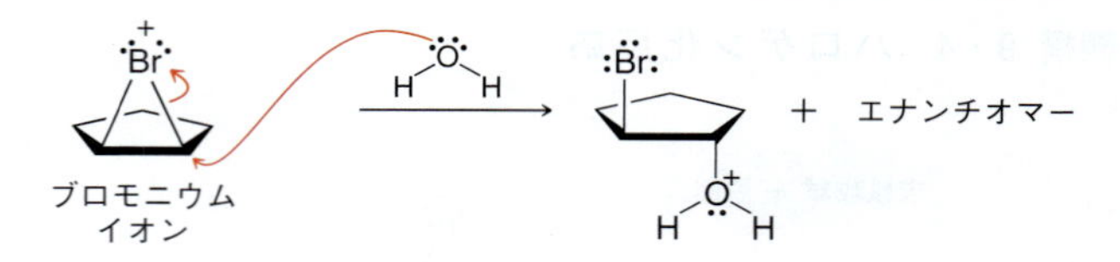

ブロモニウムイオンは高いエネルギーをもつ中間体であり，求核性の低い求核剤でも反応することができる．水が溶媒である場合，ブロモニウムイオンは臭化物イオンと反応する前に水分子によって捕捉される確率が高い（ジブロモ体もいくらかは生成すると考えられるが）．生成するオキソニウムイオンが脱プロトンされて，最終生成物が生じる（反応機構 9・5）．

反応機構 9・5　ハロヒドリンの合成反応

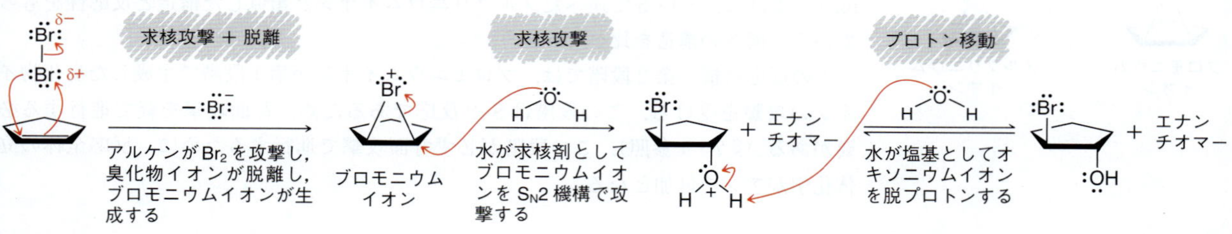

反応全体では，アルケンに Br と OH が付加したことになる．この生成物は，**ブロモヒドリン**（bromohydrin）とよばれる．水の存在下で塩素を用いた場合，生成物は**クロロヒドリン**（chlorohydrin）とよばれる．これらの反応は一般に**ハロヒドリン合成**（halohydrin formation）とよばれている．

ハロヒドリン合成反応の位置選択性

ほとんどの場合，ハロヒドリン合成反応は位置選択的に進行することが実験的にわかっている．すなわち，一般に OH 基がより置換基の多い位置に結合する．反応機構 9・5 のハロヒドリン合成の機構は反応の位置選択性をよく説明することができる．反応機構の第 2 段階で，ブロモニウムイオンが水によって捕捉されることを思い出そう．

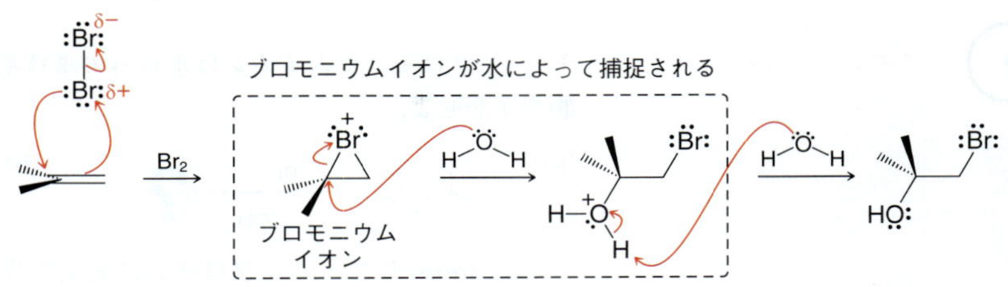

反応を通して正電荷の位置を注意深く見てみよう．正電荷を次つぎと場所を移動する穴（より正確には電子が不足している位置）であると考えてみよう．その穴は，まず臭素原子に生じ，最終的には酸素原子に移動する．これが起こるためには，遷移状態において正電荷は炭素原子を通り過ぎなければならない．つまり，この段階の遷移状態は部分的なカルボカチオン性をもつと考えられる．このことから，水分子がより多く置換された炭素を攻撃する理由を説明できる．より置換基の多い炭素は，遷移状態で生じる部分的正電荷をより安定化できる．その結果，求核攻撃がより置換基の多い炭素に起こったほうが遷移状態のエネルギーが低くなると考えられる．したがって，上述した反応機構はハロヒドリン合成で観測される位置選択性と合致している．

スキルビルダー 9・6 ハロヒドリン合成反応の生成物を予想する

スキルを学ぶ

次の反応の主生成物を予想せよ．

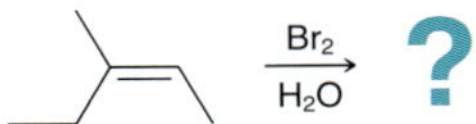

解 答

ステップ 1
位置選択性を明らかにする．OH 基はより置換基の多い炭素に結合する．

水が存在するため，この反応はハロヒドリン合成（Br と OH の付加）であると考えられる．まず初めに，反応の位置選択性を決定する．OH 基がより置換基の多い炭素に結合することを思い出そう．

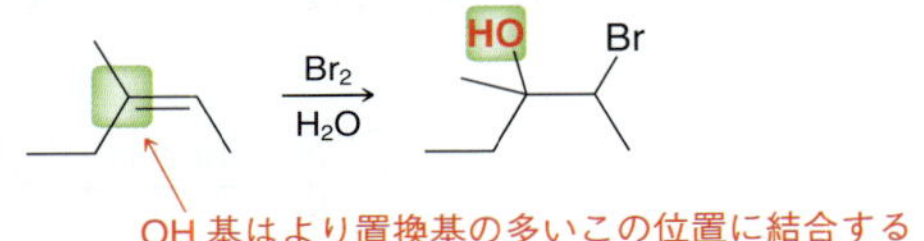

ステップ 2
アンチ付加になるように生成物の立体化学を明らかにする．

次に，反応の立体化学を決定する．この場合，新しいキラル中心が二つ生じるため，生成物はアンチ付加によって生成する一組のエナンチオマーのみになると予想される．すなわち，OH と Br は二重結合の反対側の面に結合すると考えられる．

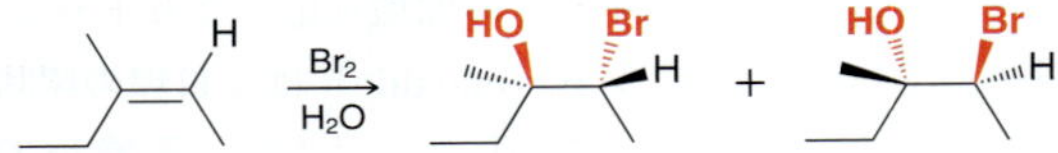

ハロヒドリン合成反応の生成物を書くときには，必ず位置選択性と立体選択性の両方について考えよう．これらの両方を考慮しなければ，生成物を正確に書くことはできない．

スキルの演習

9・27　次のアルケンに，Br_2/H_2O を作用させたときに得られる主生成物を予想せよ．

(a)
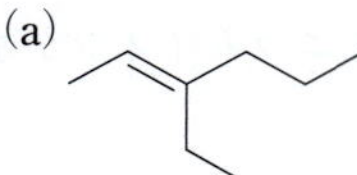
(b)
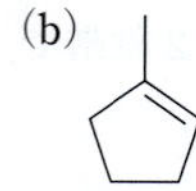
(c)
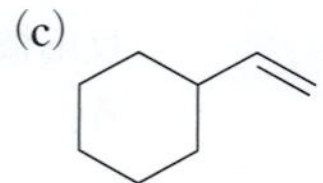
(d)
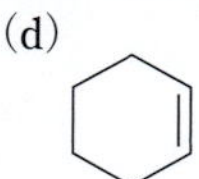

スキルの応用

9・28　ブロモニウムイオンは水以外の求核剤によっても捕捉される．次の反応の生成物を予想せよ．

(a)　(b)
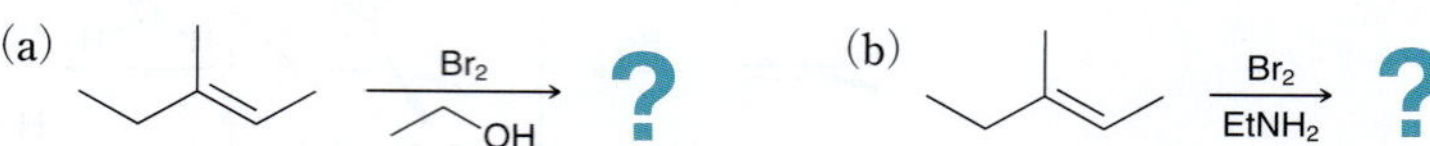

9・29　*trans*-1-フェニルプロペンに臭素を作用させると，シン付加生成物がいくらか得られた．フェニル基が存在すると立体特異性が失われる理由を説明せよ．

Br2　Br　Br　+ エナンチオマー　+　Br　Br　+ エナンチオマー

trans-1-フェニルプロペン　アンチ付加生成物 83%　シン付加生成物 17%

問題 9·73 を解いてみよう．

9・9　アンチ-ジヒドロキシル化反応

§9・1で述べたように，**ジヒドロキシル化**（dihydroxylation）とは，アルケンに対して OH と OH が付加する反応である．例として，エチレンのジヒドロキシル化によりエチレングリコールが生成する反応を考えよう．

ジヒドロキシル化　HO　OH

エチレン　エチレングリコール

この反応を行うのに適した反応剤はたくさんある．それらの反応剤には，アンチ-ジヒドロキシル化反応を行うものと，シン-ジヒドロキシル化反応を行うものとがある．本節では，アンチ-ジヒドロキシル化反応を2段階で行う方法について述べる．

RCO_3H　O　H_3O^+　OH　OH　+ エナンチオマー

エポキシド　ジオール トランス体

この反応では，第1段階でアルケンがエポキシドに変換され，つづく第2段階でエポキシドの開環反応によりトランス体のジオールが生成する（反応機構 9・6）．**エポキシド**（epoxide）は3員環の環状エーテルである．

この反応ではまず，過酸 RCO_3H がアルケンと反応し，エポキシドが生成する．過酸はカルボン酸と構造が似ているが，酸素の数が一つ多い．次ページによく用いられる過酸の例を二つ示す．過酸は強力な酸化剤であり，1段階でアルケンに酸素原子を

反応機構 9・6 アンチ-ジヒドロキシル化

エポキシドの生成

遷移状態

エポキシド

酸触媒によるエポキシドの開環反応

プロトン移動

エポキシドがプロトン化される

求核攻撃

水が求核剤としてプロトン化されたエポキシドをS_N2機構で攻撃する

エナンチオマー

プロトン移動

水が塩基としてオキソニウムイオンを脱プロトンする

エナンチオマー

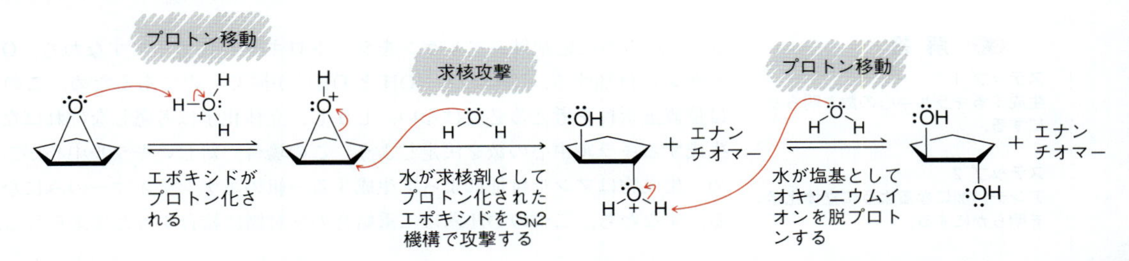

与える．生成物はエポキシドである．

過酢酸

m-クロロ過安息香酸 (MCPBA)

エポキシドが生成すると，つづいて酸触媒あるいは塩基触媒条件で水を用いて開環する．これらエポキシド開環のための条件は§14・10で詳しく比較検討する．ここでは，酸触媒によるエポキシドの開環のみを取上げる（反応機構9・6）．この条件では，まずエポキシドがプロトン化され，ブロモニウムイオンやメルクリニウムイオンとよく似た中間体が生成する．これら3種の中間体すべてに，正電荷をもつ3員環が含まれている．

プロトン化されたエポキシド　ブロモニウムイオン　メルクリニウムイオン

なぜ弱い求核剤が第二級の基質に対してS_N2反応を起こすことができるのか，不思議に思うかもしれない．実際，この反応は求核攻撃を受ける位置が第三級であっても進行しうる．これについては§14・10で解説する．

ブロモニウムイオンやメルクリニウムイオンは水による背面攻撃を受けることを以前に述べた．それらと全く同様に，プロトン化されたエポキシドも，反応機構9・6に示すように，背面からの水の攻撃を受ける．この過程が必ず背面攻撃（S_N2）で進行するために，反応全体の立体化学がアンチ付加になっていると説明できる．

この反応機構の最終段階では，オキソニウムイオンが脱プロトンされ，トランス体のジオールが生成する．ここでもまた，反応条件との整合性を保つために，水酸化物イオンではなく水が脱プロトンに用いられていることに注意しよう．酸性条件では，水酸化物イオンは反応に関与できるほどの量が存在しておらず，反応機構を書く際に用いることができない.

スキルビルダー 9・7　アンチ-ジヒドロキシル化反応の生成物を書く

スキルを学ぶ

次の反応の主生成物を予想せよ.

(a) 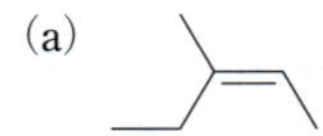 1) MCPBA 2) H_3O^+ ?　　(b) 1) MCPBA 2) H_3O^+ ?

解 答

ステップ 1
生成するキラル中心の数を明らかにする.

ステップ 2
アンチ付加になるように立体化学を明らかにする.

(a) これらの反応剤は，アルケンをジヒドロキシル化する．すなわち，OH と OH がアルケンに付加する．二つの基（OH と OH）が同じものであるため，この反応については位置選択性を考える必要はない．しかし，立体化学は考慮しなければならない．まず生成するキラル中心の数を決定しよう．この場合，新しいキラル中心が二つ生成するため，生成物はアンチ付加によって生成する一組のエナンチオマーのみになると予想される．すなわち，二つの OH 基は二重結合の反対側に結合すると考えられる.

H　1) MCPBA 2) H_3O^+　HO OH H ＋ HO OH H

(b) この例では，新しく生成するキラル中心は一つのみである．この場合も反応は OH と OH のアンチ付加を経て進行するが，生成物にキラル中心が一つしか存在しないためジアステレオマーは存在せず，アンチ付加で進行することが生成物の構造に反映されない．付加体の両方のエナンチオマーが生成する.

1) MCPBA 2) H_3O^+　OH OH ＋ OH OH

スキルの演習

9・30　次のアルケンに過酸（たとえば MCPBA），ついで酸性水溶液を作用させたときに得られる生成物を予想せよ.

(a) 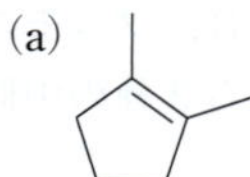　(b)　(c)

(d) 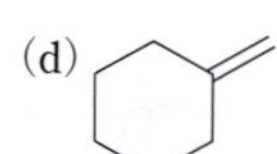　(e)　(f) 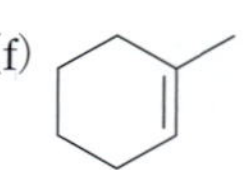

スキルの応用

9・31　酸触媒条件で，エポキシドはアルコールなど水以外のさまざまな求核剤によって開環できる．その場合，一般に求核剤はより置換基の多い炭素を攻撃する．このことを参考にして，次の反応の生成物を予想せよ.

(a) 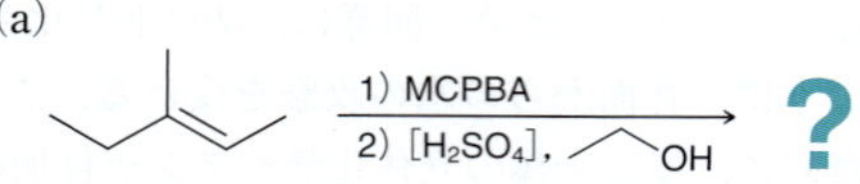

(b) 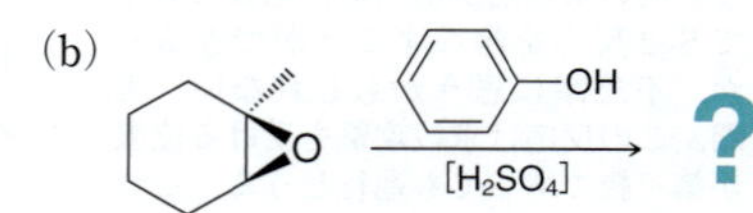

9・32　分子式 C_6H_{12} の化合物 **A** と化合物 **B** は，いずれも MCPBA を作用させるとエポキシドを生成する.

(a) 化合物 **A** から生成するエポキシドに酸性水溶液 H_3O^+ を作用させたところ，生成するジオールにはキラル中心がなかった．化合物 **A** として考えられる構造を二つ書け.

(b) 化合物 **B** から生成するエポキシドに酸性水溶液 H_3O^+ を作用させたところ，生成するジオールはメソ化合物だった．化合物 **B** の構造を書け．

問題 9・65(d) を解いてみよう．

9・10 シン-ジヒドロキシル化反応

前節では，アルケンのアンチ-ジヒドロキシル化反応について述べた．本節では，アルケンのシン-ジヒドロキシル化反応に用いる 2 種類の反応剤について述べる．アルケンに四酸化オスミウム OsO_4 を作用させると，環状のオスミウム酸エステルが生成する．

環状オスミウム酸エステル

四酸化オスミウムのアルケンへの付加反応は，協奏的な過程である．すなわち，両方の酸素原子がアルケンに同時に結合する．その結果，二つの基はアルケンの同じ面に効率よく付加し，そのため**シン付加**とよばれている．生成する環状のオスミウム酸エステルは単離でき，これを亜硫酸ナトリウム Na_2SO_3 あるいは亜硫酸水素ナトリウム $NaHSO_3$ の水溶液と反応させればジオールが生成する．

Na_2SO_3/H_2O または $NaHSO_3/H_2O$

この方法を用いると，アルケンをジオールにかなり高収率で変換できる．しかし，欠点もいくつかある．特に，OsO_4 が高価で有毒であることが問題である．この問題に対処するため，反応によって消費される OsO_4 を再生するための共酸化剤を用いる方法が，いくつか開発されている．この場合，OsO_4 は触媒として働くため，少量用いるだけで大量のジオールを合成できる．代表的な共酸化剤に，*N*-メチルモルホリン *N*-オキシド（NMO）や *tert*-ブチルヒドロペルオキシド *t*-BuOOH がある．

N-メチルモルホリン *N*-オキシド (NMO)

tert-ブチルヒドロペルオキシド

OsO_4 / NMO ; OsO_4 / *t*-BuOOH

60〜90%

シン-ジヒドロキシル化を行うことのできる，反応機構的に似ている別の手法として，塩基性条件でアルケンに冷やした過マンガン酸カリウム水溶液を作用させる方法がある．この場合も，協奏的過程により両方の酸素原子が同時に二重結合に付加す

単離されない

NaOH

85%

る．これら二つの手法（OsO_4 と $KMnO_4$）は，互いに機構が類似していることに注意しよう．

過マンガン酸カリウムは比較的安価であるが，酸化力が非常に強いため，しばしば生成したジオールをさらに酸化してしまう．そのため，シン-ジヒドロキシル化を行うときには，OsO_4 を共酸化剤とともに用いる方法を選ぶことが多い．

チェックポイント

9・33　次の反応の生成物を予想せよ．それぞれについて，反応により生成するキラル中心の数を考慮すること．

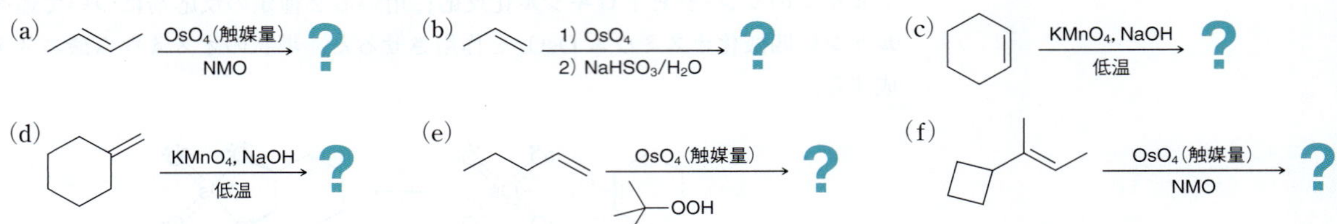

9・11　酸化的開裂反応

二重結合に付加し，C=C 結合を完全に開裂させる反応剤は多くある．本節では，そのような反応のひとつである**オゾン分解**（ozonolysis）について説明する．次の例について考えてみよう．

1) O_3
2) DMS

C=C 結合が完全に切断されて，二つの C=O 結合が生成していることがわかる．そのため，反応の立体化学や位置選択性は問題とならない．この反応がどのように起こるか理解するためには，まずオゾンの構造について知る必要がある．

オゾンは次の共鳴構造式で表される化合物である．

環境化学におけるオゾンの役割については§11・8参照．

オゾンは，おもに高層大気中で酸素ガス O_2 が紫外線照射を受けて生成する．地球環境においてオゾン層は，太陽による有害な紫外線照射からわれわれを保護する役割を果たしている．オゾンは実験室でも発生でき，有用な目的に用いられている．オゾンはアルケンと反応してまずモルオゾニド（molozonide，初期オゾニド initial ozonide，一次オゾニド primary ozonide ともよばれる）を生成し，これが転位してより安定なオゾニドになる．

モルオゾニド　　　オゾニド

オゾニドに穏和な還元剤を作用させると，カルボニル化合物が得られる．よく用いられる還元剤に，ジメチルスルフィド（DMS）や Zn/H_2O がある．

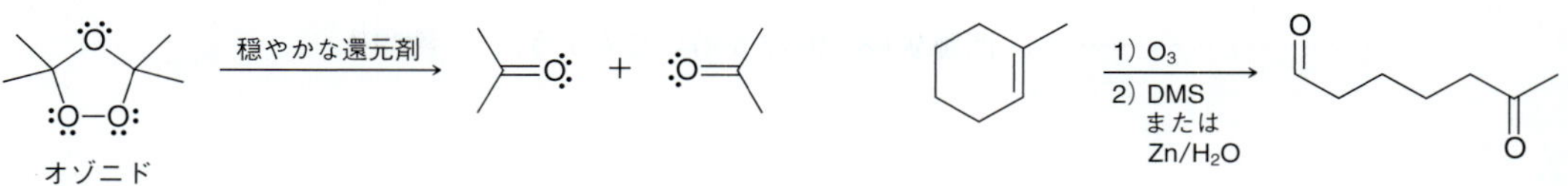

オゾン分解反応の生成物を書くための簡便な方法について練習しよう．

スキルビルダー 9・8 オゾン分解反応の生成物を予想する

スキルを学ぶ

次の反応の生成物を予想せよ．

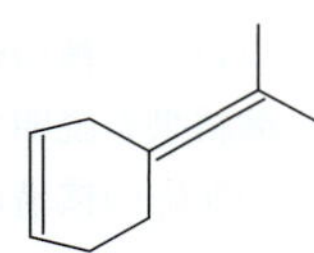

解 答

ステップ 1
C=C 結合を通常より長くなるように書き直す．

この化合物には二つの C=C 結合がある．まず，化合物の構造を二重結合の長さが通常より長くなるように書き直してみよう．

ステップ 2
それぞれの C=C 結合の中央部を消して，そのスペースに酸素原子を二つ書き入れる．

次に，C=C 結合の中央部を消して，そのスペースに酸素原子を二つ書き入れよう．

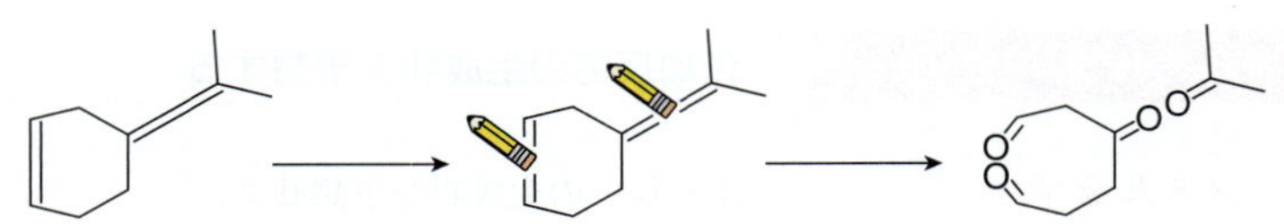

この簡便な方法を用いれば，どのようなオゾン分解反応の生成物も速やかに書くことができる．

スキルの演習

9・34 次のアルケンに，オゾン，ついで DMS を作用させたときに得られる生成物を予想せよ．

(a) (b) (c)

(d) (e) (f)

スキルの応用

9・35 次の反応の出発物のアルケンの構造を書け．

(a) C_8H_{14} 1) O_3 2) DMS

(b) $C_{10}H_{16}$ 1) O_3 2) DMS

(c)

$$C_{10}H_{16} \xrightarrow[\text{2) DMS}]{\text{1) } O_3}$$

問題 9·68，9·77 を解いてみよう．

9・12 付加反応の生成物を予想する

本章では多くの付加反応を取上げた．それぞれの反応において，生成物を予想する際に考慮すべきいくつかの要因がある．ここで，すべての付加反応に共通する要因をまとめてみよう．生成物を正しく予想するためには，次の三つの問いについて考える必要がある．

1. **二重結合に付加する基は何か．**
2. **どのような位置選択性が予想されるか**（Markovnikov 付加か逆 Markovnikov 付加か）．
3. **どのような立体特異性が予想されるか**（シン付加かアンチ付加か）．

三つの問いすべてに答えるためには，出発物のアルケンと用いる反応剤の両方を注意深く解析する必要がある．反応剤を把握することは必要不可欠である．そのためにはたくさんのことを暗記しなければならないように思うかもしれないが，実際にはそうではない．それぞれの反応について提唱された機構を理解すれば，それらの反応について 3 種の情報すべてが直感的に理解できるようになる．提唱された反応機構は実験結果を説明できるものでなければならないことを思い出そう．そのため，それぞれの反応の機構は，上記の 3 種の情報を思い出す鍵として役に立つ．

スキルビルダー 9・9 **付加反応の生成物を予想する**

スキルを学ぶ

次の反応の生成物を予想せよ．

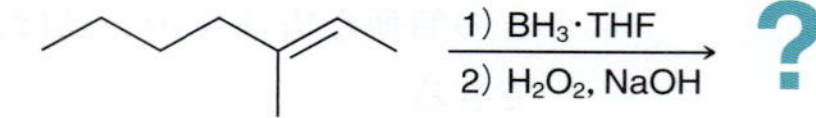

解 答

生成物を予想するためには，次の三つの問いに答える必要がある．

ステップ 1
二重結合に付加する二つの基を明らかにする．

1. 二重結合に付加する二つの基は何か．
この問いに答えるには，これらの反応剤がヒドロホウ素化-酸化反応を行うためのものであり，二重結合に H と OH が付加することを把握する必要がある．反応剤の役割を理解できなければ，この問題を解くことは不可能である．しかし，ここまで理解できたとしても，正しい答にたどり着くためには，あと二つの問いに答えなければならない．

ステップ 2
予想される位置選択性を明らかにする．

2. どのような位置選択性が予想されるか（Markovnikov 付加か逆 Markovnikov 付加か）．
ヒドロホウ素化-酸化は逆 Markovnikov 付加であることを述べた．このような位置選択性が観測される理由として 2 種類の説明があったことを思い出そう．すなわち，立体効果に基づく説明と電子効果に基づく説明である．逆 Markovnikov 付加では，OH 基が置換基の少ない炭素に結合する．

OH

置換基のより少ない位置

3. どのような立体特異性が予想されるか（シン付加かアンチ付加か）.

ステップ 3
予想される立体化学を明らかにする.

ヒドロホウ素化–酸化ではシン付加が進行することを述べた．この反応の機構に基づいて，シン付加が起こる理由を思い出そう．第1段階では，BH_2 と H が協奏的にアルケンの同じ面に付加する．この反応の場合に，シン付加であることが生成物の構造に反映されるかどうかを判断するためには，反応でいくつのキラル中心が新しく生成するか考える必要がある．

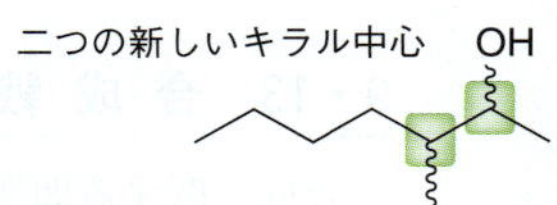

キラル中心が二つ新しく生成する．そのため，シン付加であることが生成物の構造に反映される．この反応では，シン付加により生成する一組のエナンチオマーのみが生成すると予想される．

1) BH_3·THF
2) H_2O_2, NaOH
H OH
Me H
＋ エナンチオマー

スキルの演習

9・36 次の反応の生成物を予想せよ．

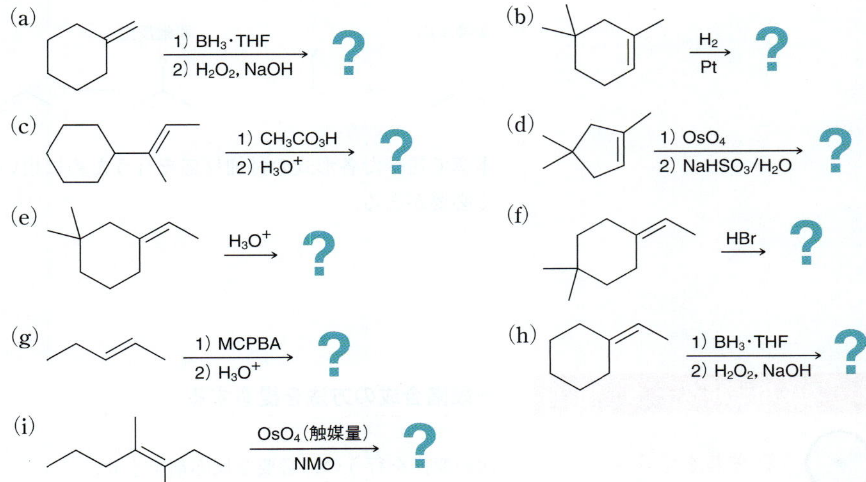

スキルの応用

9・37 次の化合物のシン–ジヒドロキシル化を行うと，二つの生成物が得られる．両方の生成物を書き，それらが立体異性体としてどのような関係にあるか（すなわちエナンチオマーかジアステレオマーか）示せ．

$KMnO_4$, NaOH
低温
?

9・38　*trans*-2-ブテンのシン-ジヒドロキシル化の生成物と，*cis*-2-ブテンのアンチ-ジヒドロキシル化の生成物が同じかどうか明らかにせよ．それぞれの反応の生成物を書き，比較せよ．

9・39　分子式 C_5H_{10} の化合物 **A** のヒドロホウ素化-酸化反応を行うと，一組のエナンチオマーである化合物 **B** と化合物 **C** が生成する．化合物 **A** に HBr を作用させると，第三級臭化アルキルである化合物 **D** に変換される．化合物 **A** に O_3 を作用させたあと DMS で処理すると，化合物 **E** と化合物 **F** に変換される．化合物 **E** は炭素原子を 3 個もつが，化合物 **F** は 2 個のみである．化合物 **A, B, C, D, E,** および **F** の構造を書け．

問題 9·49，9·50，9·65 を解いてみよう．

9・13　合成戦略

合成に関する問題に取組むためには，これまでに述べた個々の反応すべてを習得しておく必要がある．まず一段階合成についての問題から始め，次に多段階合成に進む．

一段階合成

これまで，置換反応（S_N1 と S_N2），脱離反応（E1 と E2），およびアルケンへの付加反応について述べた．これらの反応によって何が行えるのか，簡単に復習してみよう．

置換反応は，ある基を他の基に変換する．**脱離反応**は，ハロゲン化アルキルやアルコールをアルケンに変換するのに用いられる．**付加反応**では，二重結合に二つの基が付加する．

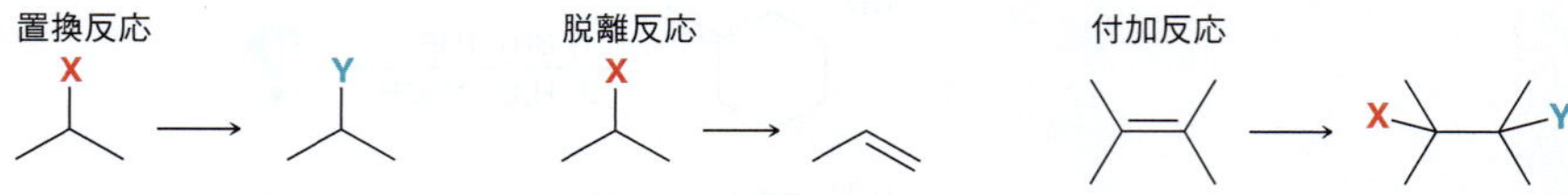

本章で述べた各形式の付加反応を行うために用いられる反応剤について，習熟しておく必要がある．

スキルビルダー 9・10　一段階合成の方法を提案する

スキルを学ぶ

次の変換を行うのに必要な反応剤を示せ．

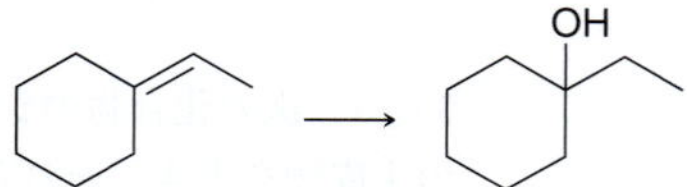

解答

ステップ 1
二重結合に付加する二つの基を明らかにする．

前節で述べたのと同じ三つの問いを用いて，この問題に取組んでみよう．

1. 二重結合に付加する二つの基は何か．H と OH である．
2. 位置選択性は何か．Markovnikov 付加である．

ステップ 2
位置選択性を明らかにする.
ステップ 3
立体化学を明らかにする.
ステップ 4
ステップ 1〜3 で考えた条件をみたす反応剤を明らかにする.

3. 立体特異性は何か. 関係しない(キラル中心が生成しない).

この変換では H と OH を Markovnikov 付加させることのできる反応剤が必要である. これを行うためには酸触媒水和反応, あるいはオキシ水銀化-脱水銀反応の二つの方法が考えられる. この場合, カルボカチオン転位は起こりそうにないので, 酸触媒水和反応のほうがより簡便と考えられる.

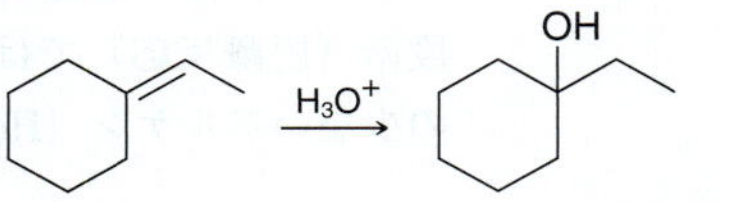

$\xrightarrow{H_3O^+}$ OH

カルボカチオン転位が起こりうる場合であれば, オキシ水銀化-脱水銀反応のほうが望ましい経路になる.

スキルの演習

9・40 次の変換を行うのに必要な反応剤を示せ.

(a) ⟶ OH + エナンチオマー
(b) Br ⟶
(c) ⟶ Br
(d) ⟶ 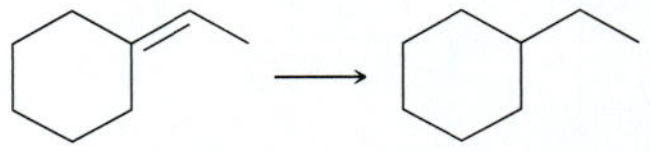
(e) 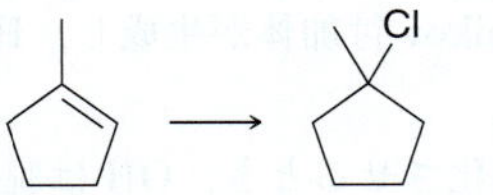 ⟶ Cl
(f) ⟶ OH + エナンチオマー
(g) Br ⟶
(h) ⟶ Br

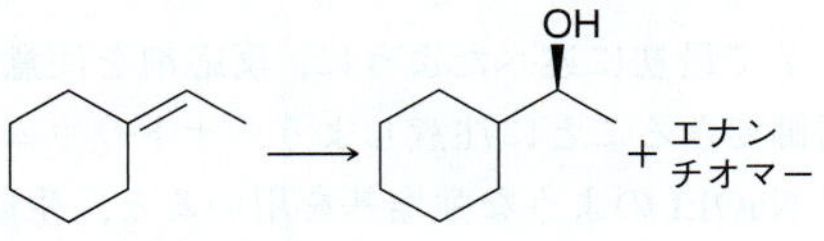

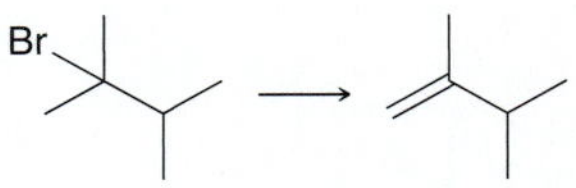

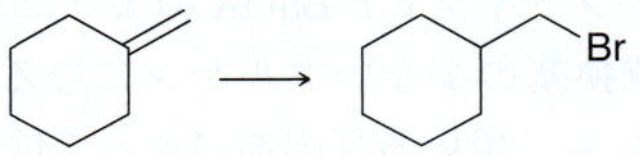

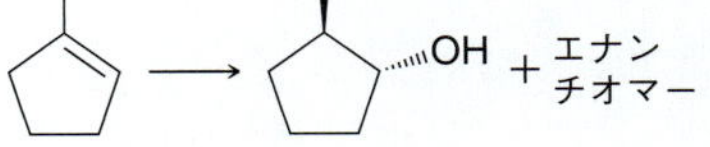

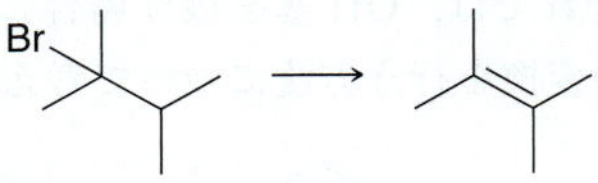

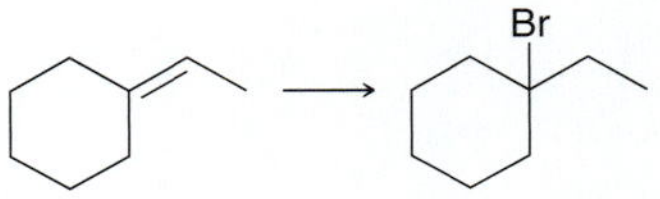

スキルの応用

9・41 次の変換を行うのに必要な反応剤を示せ.
(a) 2-メチル-2-ブテンを第二級ハロゲン化アルキルに変換する.
(b) 2-メチル-2-ブテンを第三級ハロゲン化アルキルに変換する.
(c) *cis*-2-ブテンをメソ体のジオールに変換する.
(d) *cis*-2-ブテンを一組のエナンチオマーのジオールに変換する.

問題 9・60, 9・62, 9・70, 9・71 を解いてみよう.

脱離基の位置を変える

次に, これまでに述べた反応を組合わせた問題に取組んでみよう. 例として, 次の変換について考えてみよう.

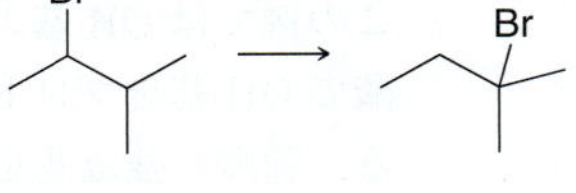

Br ⟶ Br

反応全体では, 臭素原子の位置が変化している. この形式の変換を行うにはどうすればよいだろうか. 本章では, 臭素原子の位置を1段階で移動させる反応については述べていない. しかし, この変換は2段階で行うことができる. すなわち, 脱離反応と付加反応を順に行えばよい.

Br 脱離反応 付加反応 Br

この2段階の連続反応を行う際には，留意すべき重要な問題がいくつかある．第1段階（脱離反応）では，より置換基の多いアルケン（Zaitsev 生成物）とより置換基の少ないアルケン（Hofmann 生成物）のどちらかが生成しうる．

Br NaOMe Zaitsev 生成物
t–BuOK Hofmann 生成物

§8・7で最初に述べたように，反応剤を注意深く選ぶことにより，反応の位置選択性を制御できることに注意しよう．ナトリウムメトキシド NaOMe やナトリウムエトキシド NaOEt のような強塩基を用いると，生成物はより置換基の多いアルケンになる．カリウム *tert*–ブトキシド *t*–BuOK のように立体的にかさ高い強塩基を用いると，生成物はより置換基の少ないアルケンになる．二重結合を生成させた後の次の段階（HBr の付加）も，用いる反応剤によって位置選択性を制御することができる．HBr を用いれば Markovnikov 付加体が生成し，HBr/ROOR を用いれば逆 Markovnikov 付加体が生成する．

脱離基の位置を変化させるとき，OH は脱離基としての能力が非常に低いことを覚えておこう．それでは，OH 基を扱う場合にどのようにすればよいか考えてみよう．例として，次の変換を行う方法について考えてみよう．

OH ⟶ OH

上記の合成戦略に従えば，次のような反応過程が思い浮かぶ．

OH 脱離 H と OH の付加 OH

しかし，この経路には，第1段階が OH を脱離基とする脱離反応であるという重大な難点がある．濃い酸を用いて OH 基をプロトン化することにより，脱離能の低い基（OH 基）を脱離能の高い脱離基（$^{+}OH_2$ 基）に変換することは可能である（§7・6参照）．しかし，ここではその反応は使えない．なぜなら，その条件では E1 反応になるため，常に Hofmann 生成物ではなく Zaitsev 生成物を生じるからである．このE1 反応の位置選択性は制御できない．E2 反応であれば位置選択性を制御できるが，この例では OH 基の脱離能が低いため，E2 反応を用いることができない．また，強酸で OH 基をプロトン化し，ついで強塩基を用いて E2 反応を行う方法も不可能である．強酸と強塩基を混合すると単に中和が起こるからである．そこで，OH 基を脱離基として用いたいときに，どのようにして E2 反応を行えるか，という問題になる．

7章で，この例のような場合に，位置選択性を制御しつつ E2 反応を行うことが可能になる手法を述べた．まず OH 基を，脱離能のはるかに高いトシラートに変換す

トシラートについては§7・8参照.

る．OH をトシラートに変換後，上述の合成戦略を実行すればよい．すなわち，立体的にかさ高い強塩基を用いて脱離反応を行い，ついで H−OH の逆 Markovnikov 付加を行う．

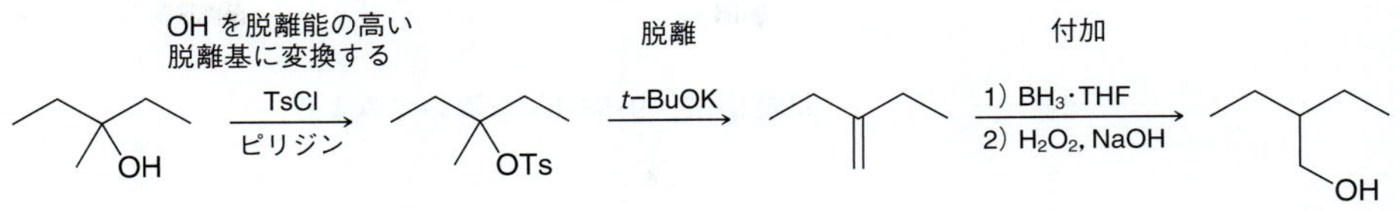

スキルビルダー 9・11　脱離基の位置を変える

スキルを学ぶ

次の変換を行うのに必要な反応剤を示せ．

Br　⟶　Br

解 答

この問題では，Br の位置が変化している．これは，次の 2 段階の反応で行える．すなわち，脱離反応による二重結合の生成と，続く二重結合への付加反応である．

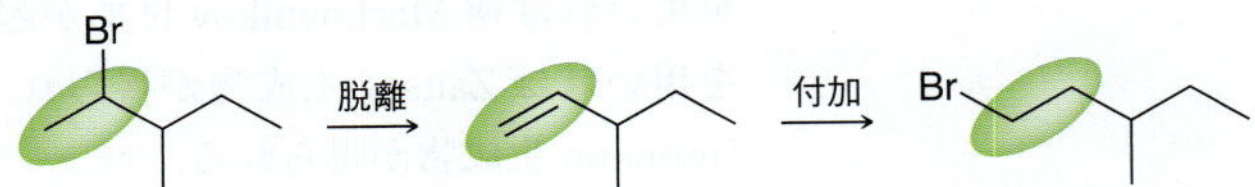

ステップ 1
適切な塩基を選ぶことで，脱離反応の位置選択性を制御する．

ステップ 2
適切な反応剤を選ぶことで，付加反応の位置選択性を制御する．

これらの各段階では，反応の位置選択性について注意を払わなければならない．脱離反応では，二重結合に結合した置換基が少ないほうの生成物（すなわち Hofmann 生成物）が目的化合物であるため，立体的にかさ高い塩基を用いる必要がある．付加反応では，Br が置換基の少ない炭素に結合（逆 Markovnikov 付加）した生成物が目的化合物であるため，過酸化物存在下で HBr を用いる必要がある．以上より，全体としては次のような合成反応となる．

Br　—1) *t*-BuOK　2) HBr, ROOR→　Br

スキルの演習

9・42 次の変換を行うのに必要な反応剤を示せ．

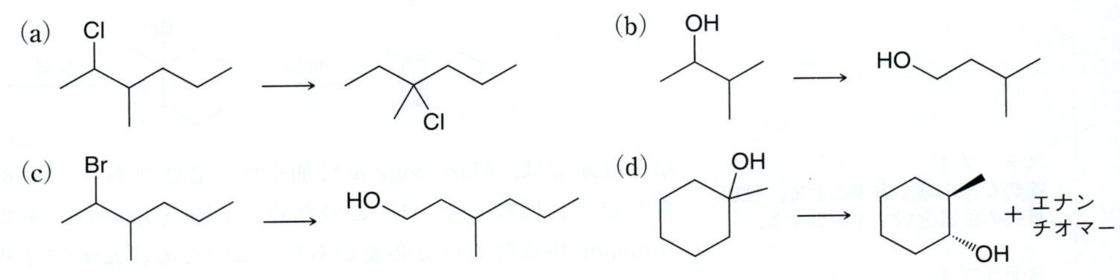

スキルの応用

9・43 次の変換を行うのに必要な反応剤を示せ．

(a) 臭化 *tert*-ブチルを第一級ハロゲン化アルキルに変換する．

(b) 2-ブロモプロパンを 1-ブロモプロパンに変換する．

9・44　次の変換を行うのに必要な反応剤を示せ．

Br → Br

問題 9·57，9·58(b) を解いてみよう．

二重結合の位置を変える

前節では，二つの反応を組合わせて一つの合成戦略を立てた．すなわち，脱離反応に続いて付加反応を行う手法である．これにより，ハロゲンやヒドロキシ基の位置を変えることができた．次に，もう一つの合成戦略，すなわち付加反応に続いて脱離反応を行う手法に目を向けてみよう．

付加 → Br → 脱離 →

この2段階の連続反応により，二重結合の位置を変えることが可能になる．この戦略を用いる場合，各段階において位置選択性を注意深く制御する必要がある．第1段階(付加) では，HBr を用いれば Markovnikov 付加が起こり，過酸化物存在下で HBr を用いれば逆 Markovnikov 付加が起こる．第2段階（脱離）では，メトキシドなどを用いれば Zaitsev 生成物が得られ，立体的にかさ高い *tert*-ブトキシドを用いれば Hofmann 生成物が得られる．

スキルビルダー 9・12　二重結合の位置を変える

スキルを学ぶ

次の変換を行うのに必要な反応剤を示せ．

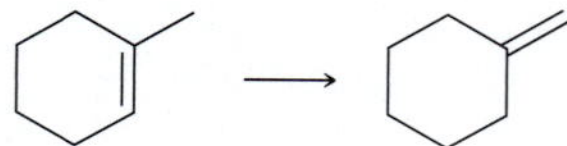

解　答

この例では二重結合の位置が移動している．この変換を1段階で行う方法は学んでいない．しかし，2段階反応，すなわち付加とそれに続く脱離でこれを行うことができる．

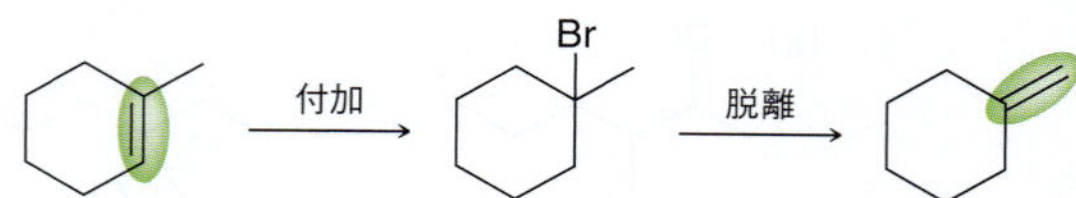

ステップ 1
適切な反応剤を選ぶことで，付加反応の位置選択性を制御する．

ステップ 2
適切な塩基を選ぶことで，脱離反応の位置選択性を制御する．

第1段階では，Markovnikov 付加を行う必要があり（Br がより置換基の多い炭素に結合しなければならない)，このために HBr を用いる．第2段階では，脱離反応により Hofmann 生成物を得る必要があり，このために *tert*-ブトキシドのような立体的にかさ高い塩基を用いる．したがって，全体としては次のような合成反応となる．

1) HBr
2) *t*-BuOK

スキルの演習

9・45 次の変換を行うのに必要な反応剤を示せ.

(a) 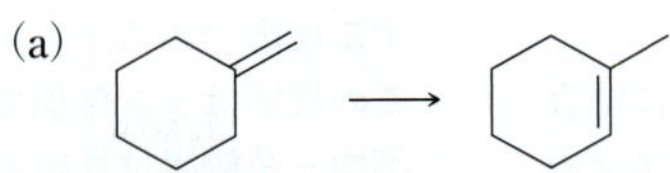

(b) 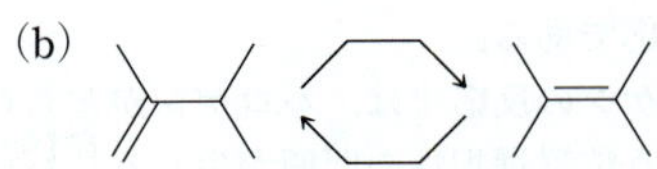

スキルの応用

9・46 次の変換を行うのに必要な反応剤を示せ.

(a) 2-メチル-2-ブテンを一置換アルケンに変換する.

(b) 2,3-ジメチル-1-ヘキセンを四置換アルケンに変換する.

9・47 次の変換を行うのに必要な反応剤を示せ.

(a)

(b) 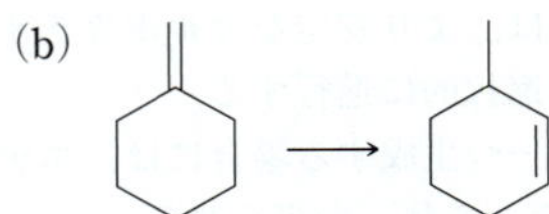

問題 9・53, 9・58(a) を解いてみよう.

反応のまとめ

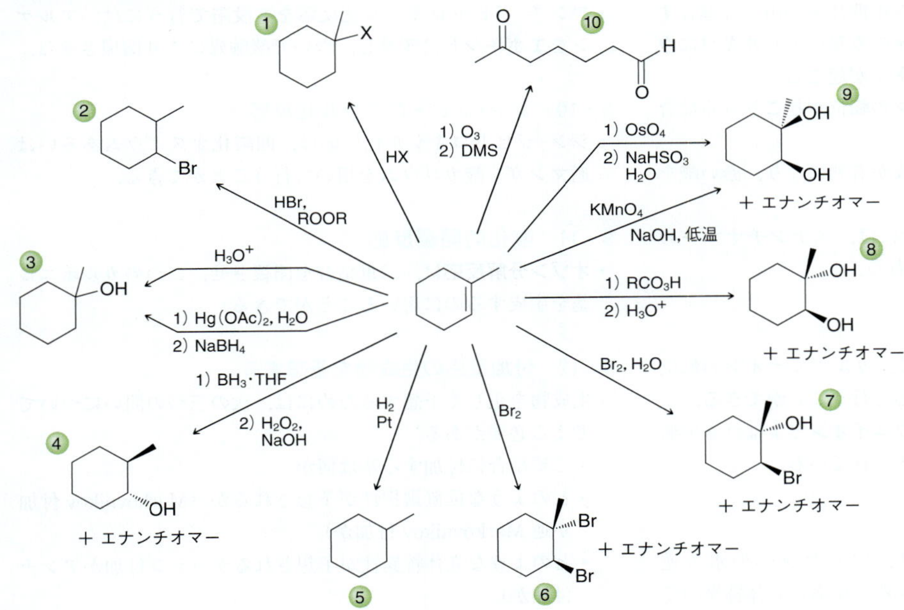

1. ハロゲン化水素の付加反応 (Markovnikov 付加)
2. ハロゲン化水素の付加反応 (逆 Markovnikov 付加)
3. 酸触媒水和反応および オキシ水銀化-脱水銀反応
4. ヒドロホウ素化-酸化反応
5. 水素化反応
6. 臭素化反応
7. ハロヒドリン合成反応
8. アンチ-ジヒドロキシル化反応
9. シン-ジヒドロキシル化反応
10. オゾン分解

考え方と用語のまとめ

9・1 付加反応とは

- **付加反応**は二重結合に二つの基が付加する形式の反応である.

9・2 付加反応と脱離反応の競争：熱力学的観点からの考察

- 付加反応は, 低温で熱力学的に有利であり, 高温では不利になる.

9・3　ハロゲン化水素の付加反応

- **ハロゲン化水素の付加反応**は，二重結合に H と X が付加する形式の反応である．
- 非対称アルケンの反応では，ハロゲンがどちらの位置に結合するかという位置選択性の問題が生じる．ハロゲン化水素の付加反応は**位置選択的**であり，ハロゲンは一般により置換基の多い位置に結合する．この形式の付加を **Markovnikov 付加**とよぶ．
- 過酸化物の存在下では，HBr の付加反応は**逆 Markovnikov 付加**で進行する．
- イオン的な付加反応は，より安定なカルボカチオン中間体を経由するように位置選択的に進行する．
- 新しいキラル中心が一つ生成する場合には，エナンチオマーの 1：1 の混合物（ラセミ体）が得られる．
- ハロゲン化水素の付加反応が効率的に進行するのは，カルボカチオンの転位が起こる可能性がない場合に限られる．

9・4　酸触媒水和反応

- 二重結合への水（H と OH）の付加反応を，**水和反応**とよぶ．
- 酸存在下での水の付加反応は**酸触媒水和反応**とよばれ，一般に Markovnikov 付加で進行する．
- 酸触媒水和反応は，カルボカチオン中間体を経由して進行する．生成したカルボカチオンへの水の攻撃により**オキソニウムイオン**が生成し，ついで脱プロトンが起こる．
- 酸触媒水和反応は，カルボカチオンの転位が起こりうる場合には，効率的に進行しない．
- 薄い酸を用いるとアルコールの生成が有利になり，濃い酸を用いるとアルケンが有利になる．
- 新しいキラル中心が生成する場合には，エナンチオマーの 1：1 の混合物（ラセミ体）が得られる．

9・5　オキシ水銀化–脱水銀反応

- **オキシ水銀化–脱水銀反応**によって，カルボカチオンの転位を伴うことなくアルケンの水和反応を行うことができる．
- オキシ水銀化反応は，**メルクリニウムイオン**とよばれる架橋構造をもつ中間体を経由すると考えられている．

9・6　ヒドロホウ素化–酸化反応

- **ヒドロホウ素化–酸化反応**により，アルケンへの水の逆 Markovnikov 付加を行うことができる．反応は立体特異的であり，**シン付加**で進行する．
- ボラン BH_3 は，二量体である**ジボラン**との平衡にある．ジボランは，**三中心二電子結合**を形成する．
- ヒドロホウ素化反応は協奏的機構で進行する．まずボランが π 結合の攻撃を受け，それに伴いヒドリド移動が同時に進行する．

9・7　接触水素化反応

- **接触水素化反応**は，金属触媒存在下でアルケンに H_2 が付加する反応である．
- この反応はシン付加で進行する．
- **不均一系触媒**は反応溶媒に溶解しないが，**均一系触媒**は溶解する．
- **不斉水素化反応**は，キラルな触媒を用いることにより行うことができる．

9・8　ハロゲン化反応とハロヒドリンの合成

- **ハロゲン化反応**は，アルケンに X_2（Br_2 または Cl_2）が付加する反応である．
- 臭素化反応は，**ブロモニウムイオン**とよばれる架橋構造をもつ中間体を経由して進行する．生成したブロモニウムイオンが S_N2 反応により開環し，**アンチ付加体**を与える．
- 水の存在下では，生成物は**ブロモヒドリン**あるいは**クロロヒドリン**となる．これらの反応を**ハロヒドリン合成**とよぶ．

9・9　アンチ–ジヒドロキシル化反応

- **ジヒドロキシル化反応**は，二重結合に OH と OH が付加する形式の反応である．
- アンチ–ジヒドロキシル化反応を 2 段階で行うには，アルケンを**エポキシド**に変換し，ついで酸触媒により開環させる．

9・10　シン–ジヒドロキシル化反応

- シン–ジヒドロキシル化反応は，四酸化オスミウムあるいは過マンガン酸カリウムを用いて行うことができる．

9・11　酸化的開裂反応

- **オゾン分解反応**は，二重結合を開裂させ，二つのカルボニル基を生成するのに用いることができる．

9・12　付加反応の生成物を予想する

- 生成物を正しく予想するためには，次の三つの問いについて考える必要がある．
  - 二重結合に付加する基は何か．
  - どのような位置選択性が予想されるか（Markovnikov 付加か逆 Markovnikov 付加か）．
  - どのような立体特異性が予想されるか（シン付加かアンチ付加か）．

9・13　合 成 戦 略

- 脱離反応と付加反応を順に行うことで，脱離基の位置を変えることができる．
- 付加反応と脱離反応を順に行うことで，二重結合の位置を変えることができる．

スキルビルダーのまとめ

9・1　ハロゲン化水素の付加の反応機構を書く

ステップ 1　2本の巻矢印を用いて，アルケンのプロトン化をより安定なカルボカチオンを生成するように書く．

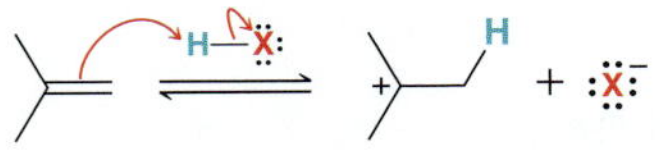

ステップ 2　1本の巻矢印を用いて，ハロゲン化物イオンのカルボカチオンへの求核攻撃を書く．

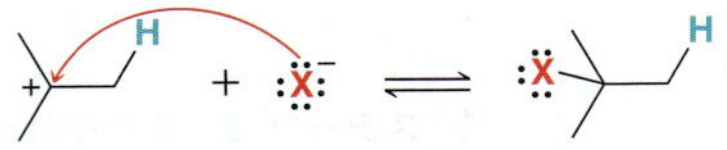

H—X:　+　:X:⁻

9・2　カルボカチオンの転位を伴うハロゲン化水素の付加の反応機構を書く

ステップ 1　2本の巻矢印を用いて，アルケンのプロトン化をより安定なカルボカチオンが生成するように書く．

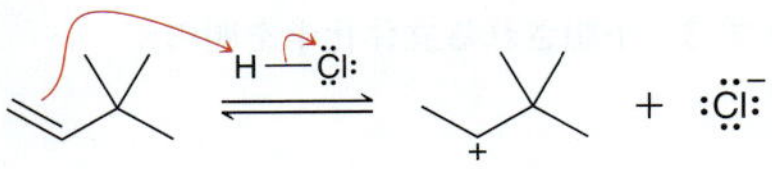

ステップ 2　より安定なカルボカチオンが生成するように，ヒドリド移動やメチル基の移動を1本の巻矢印を用いて書く．

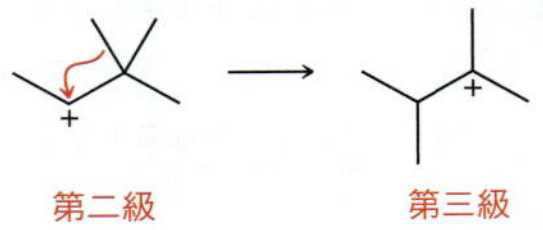

ステップ 3　1本の巻矢印を用いて，ハロゲン化物イオンのカルボカチオンへの攻撃を書く．

H—Cl:　+　:Cl:⁻

第二級　第三級

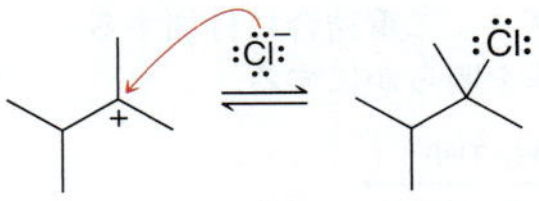

9・3　酸触媒水和反応の機構を書く

ステップ 1　2本の巻矢印を用いて，アルケンのプロトン化をより安定なカルボカチオンが生成するように書く．

ステップ 2　1本の巻矢印を用いて，水のカルボカチオンへの攻撃を書く．

ステップ 3　2本の巻矢印を用いて，水を塩基として用いたオキソニウムイオンの脱プロトンを書く．

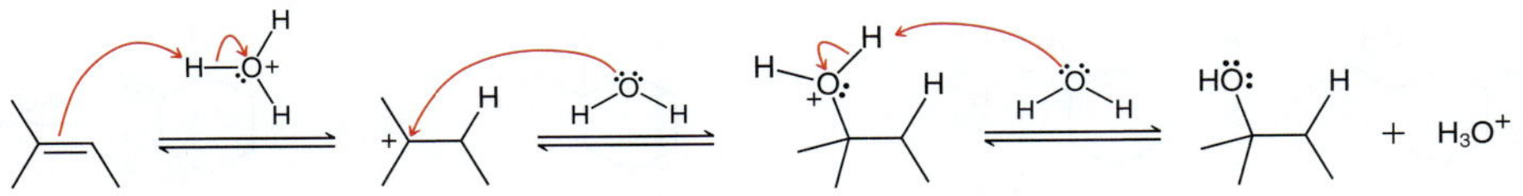

+ H_3O^+

9・4　ヒドロホウ素化−酸化反応の生成物を予想する

ステップ 1　逆 Markovnikov 付加になるように位置選択性を明らかにする．

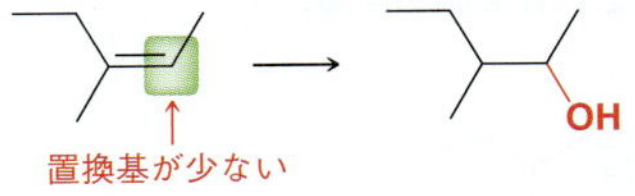

置換基が少ない

ステップ 2　シン付加になるように立体化学を明らかにする．

1) $BH_3 \cdot THF$
2) H_2O_2, NaOH

エナンチオマー

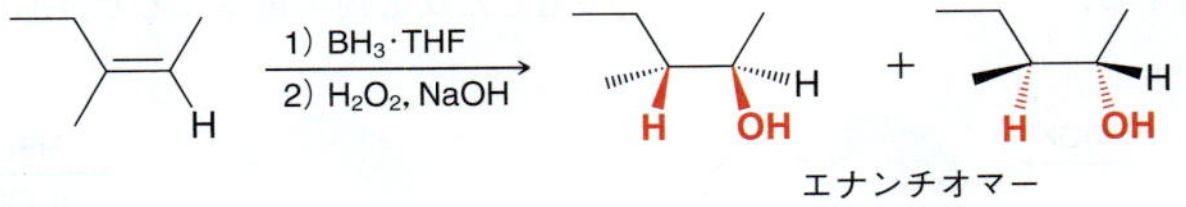

9・5　接触水素化反応の生成物を予想する

ステップ 1　生成するキラル中心の数を明らかにする．

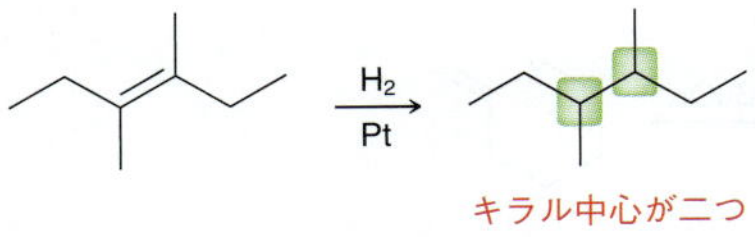

H_2 / Pt

キラル中心が二つ

ステップ 2　シン付加になるように立体化学を明らかにする．

エナンチオマー

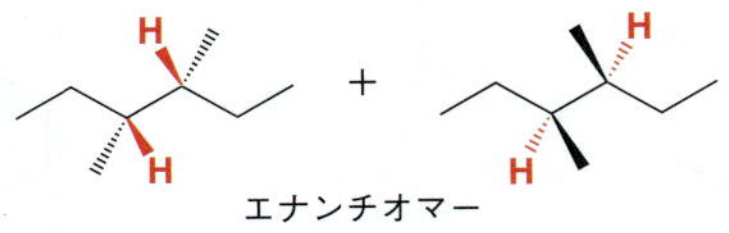

ステップ 3　生成物が単一のメソ化合物でないことを確認する．

9・6　ハロヒドリン合成反応の生成物を予想する

ステップ 1　位置選択性を明らかにする．OH 基はより置換基の多い炭素に結合する．

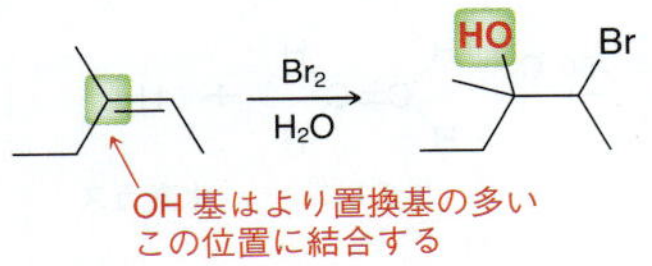

Br_2 / H_2O

OH 基はより置換基の多いこの位置に結合する

ステップ 2　アンチ付加になるように生成物の立体化学を明らかにする．

Br_2 / H_2O

エナンチオマー

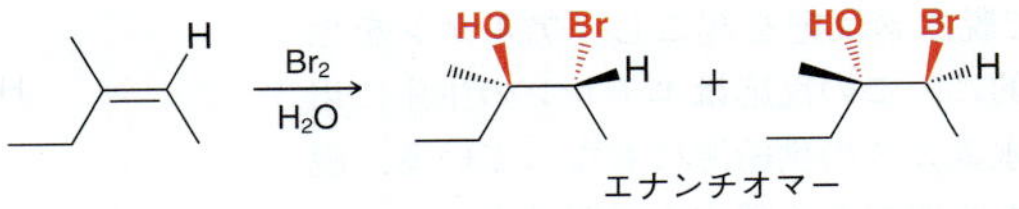

9・7　アンチ-ジヒドロキシル化反応の生成物を書く

ステップ 1　生成するキラル中心の数を明らかにする．

1) MCPBA
2) H_3O^+

HO　OH　H

キラル中心が二つ

ステップ 2　アンチ付加になるように立体化学を明らかにする．

HO　OH　H　+　HO　OH　H

エナンチオマー

9・8　オゾン反応の生成物を予想する

ステップ 1　C=C 結合を通常より長くなるように書き直す．

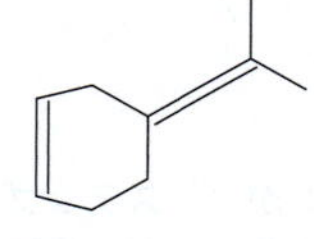

ステップ 2　それぞれの C=C 結合の中央部を消して，そのスペースに酸素原子を二つ書き入れる．

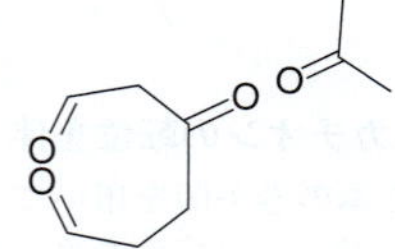

9・9　付加反応の生成物を予想する

ステップ 1　二重結合に付加する二つの基を明らかにする．

1) $BH_3 \cdot THF$
2) H_2O_2, NaOH

H と OH が付加

ステップ 2　予想される位置選択性を明らかにする．

OH 基はより置換基の少ないこの位置に結合する

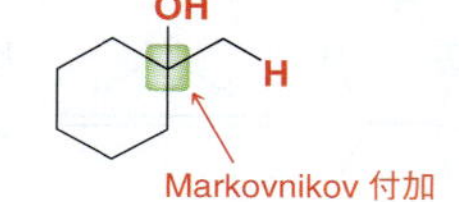

ステップ 3　予想される立体化学を明らかにする．

H　OH　Me　H　+ エナンチオマー

9・10　一段階合成の方法を提案する

ステップ 1　二重結合に付加する二つの基を明らかにする．

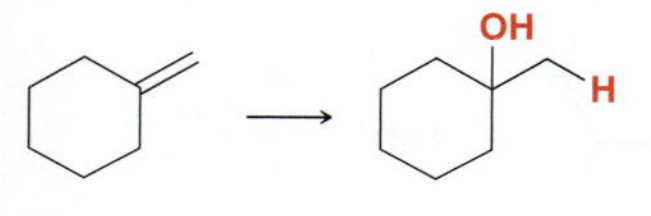

ステップ 2　位置選択性を明らかにする．

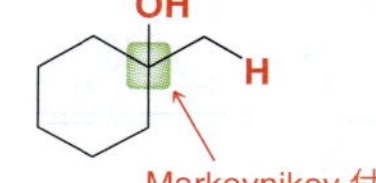

Markovnikov 付加

ステップ 3　立体化学を明らかにする．

OH　H

キラル中心がないので問題にならない

ステップ 4　ステップ 1〜3 で考えた条件をみたす反応剤を明らかにする．

H_3O^+　OH

9・11　脱離基の位置を変える

ステップ 1　適切な塩基を選ぶことで，脱離反応の位置選択性を制御する．

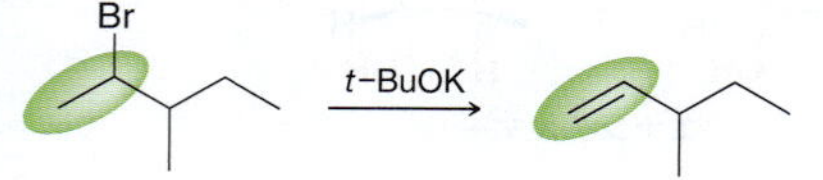

ステップ 2　Markovnikov 付加もしくは逆 Markovnikov 付加に適した反応剤を選ぶことで付加反応の位置選択性を制御する．

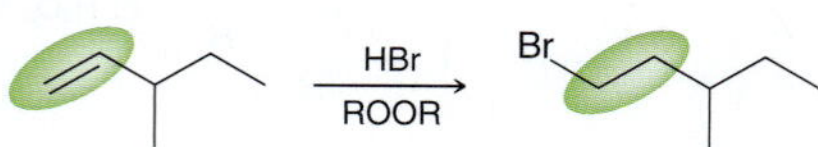

9・12　二重結合の位置を変える

ステップ 1　Markovnikov 付加もしくは逆 Markovnikov 付加に適した反応剤を選ぶことで付加反応の位置選択性を制御する．

HBr　Br

ステップ 2　適切な塩基を選ぶことで，脱離反応の位置選択性を制御する．

Br　t-BuOK

練 習 問 題

9・48　アルカンは高温で脱水素反応を起こし，アルケンを生成する場合がある．工業的に，この反応はエチレンの生産に用いられているが，同時に水素ガスの供給源にもなっている．脱水素反応を行うのに高温が必要である理由を説明せよ．

エタン　750 ℃ →　エチレン　+ H_2（水素ガス）

9・49　次の反応の主生成物を予想せよ．

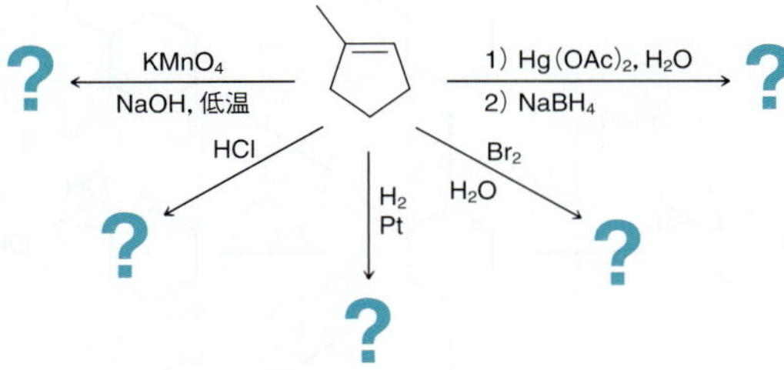

9・50　次の反応の主生成物を予想せよ．

1) MCPBA
2) H_3O^+
1) $BH_3 \cdot THF$
2) H_2O_2, NaOH
HBr
H_2 Pt
Br_2

9・51　次の反応の機構を示せ．

(a) H_3O^+

(b) H_3O^+

(c) HBr

(d) HBr

9・52　化合物 **A** は触媒存在下で等モル量の H_2 と反応し，メチルシクロヘキサンを生じる．化合物 **A** は，1-ブロモ-1-メチルシクロヘキサンにナトリウムメトキシドを作用させて合成できる．化合物 **A** の構造を書け．

9・53　次の変換を行う適切な方法を示せ．

(a)

(b)

9・54　次の変換を行う適切な方法を示せ．

9・55　水素化により 2,4-ジメチルペンタンを生成するアルケンは何種類あるか．また，それらの構造を書け．

9・56　化合物 **A** はアルケンであり，オゾンを作用させた後に DMS で処理すると $(CH_3CH_2CH_2)_2C{=}O$ のみを生じる．化合物 **A** に MCPBA を作用させた後に酸水溶液（H_3O^+）で処理すると，どのような化合物が主生成物として得られるか示せ．

9・57　次の変換を行う適切な合成法を示せ．

(a)

(b)

(c)　(d)

9・58　次の変換を行う適切な方法を示せ．

(a)　(b)

9・59　分子式 $C_7H_{15}Br$ の化合物 **A** にナトリウムエトキシドを作用させると 1 種類の脱離生成物（化合物 **B**）のみが得られ，置換生成物は得られない．化合物 **B** に希硫酸を作用させると，分子式 $C_7H_{16}O$ の化合物 **C** が得られる．化合物 **A, B, C** の構造を書け．

9・60　次の変換を行うのに必要な反応剤を示せ．

＋ エナンチオマー

＋ エナンチオマー

9・61　(*R*)-リモネン（limonene）は，オレンジやレモンなど多くのかんきつ類に含まれる．(*R*)-リモネンに触媒存在下で過剰量の水素を作用させたときに得られる二つの生成物の構造を書き，それらが互いにどのような関係にあるか示せ．

(*R*)-リモネン

9・62　次の変換を行うのに必要な反応剤を示せ．

ラセミ体

9・63　次の反応の機構を示せ．

$[H_2SO_4]$ / MeOH

OH　MeO

9・64　次の反応の機構を示せ．

(a)

H_3O^+

OH

(b)

HBr

Br

9・65　次の反応の主生成物を予想せよ．

(a) H_2 / $(PPh_3)_3RhCl$?

(b) H_3O^+ ?

(c) 1) $BH_3 \cdot THF$ 2) H_2O_2, NaOH ?

(d) 1) MCPBA 2) H_3O^+ ?

9・66　次のアルコールはヒドロホウ素化–酸化によっては合成できない．理由を述べよ．

(a) OH　(b) OH　(c) OH

9・67　化合物 **X** に臭素を作用させると *meso*-2,3-ジブロモブタンが生成する．化合物 **X** の構造を書け．

9・68　オゾン分解により次の生成物を生じるアルケンを示せ．

(a) O H H ＋ O

(b) O ＋ O H

(c) O ＋ O

(d) O O H

9・69　次の反応は位置選択的に進行する．この反応の機構を示し，なぜ位置選択的であるか説明せよ．

HBr

Br

9・70　次の変換を行うのに必要な反応剤を示せ．

OH　Br　Br　OH OH　OH Br　Cl Cl

＋ エナンチオマー

OH Br ＋ エナンチオマー

OH

O H O

＋ エナンチオマー

9・71　次の変換を行うのに必要な反応剤を示せ．

O　Br　HO　HO OH　Br　HO Br　OH

OH OH ＋ エナンチオマー

OH OH ＋ エナンチオマー

9・72 次の二つの反応のうちどちらがより速く進行すると考えられるか明らかにせよ．
(1) 2-メチル-2-ペンテンへの HBr の付加
(2) 4-メチル-1-ペンテンへの HBr の付加
また，そのように考えた理由を説明せよ．

9・73 次の反応の主生成物を予想せよ．

Br_2 / H_2S → ?

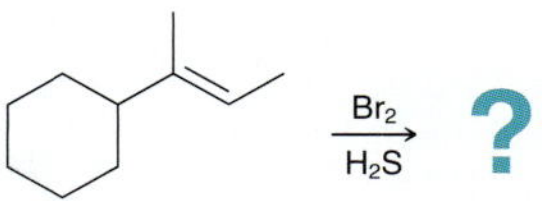

発展問題

9・74 次の変換を行う適切な方法を示せ．

Br → OH ＋ エナンチオマー

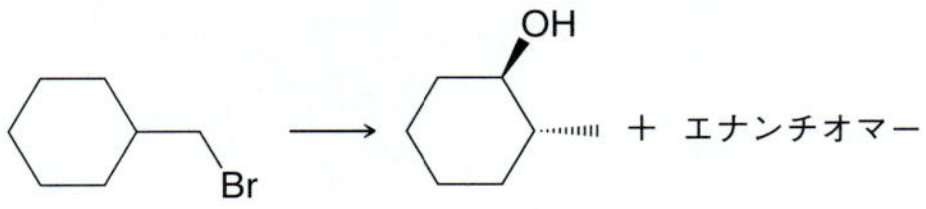

9・75 分子式 C_7H_{14} の化合物 **X** を水素化すると 2,4-ジメチルペンタンが生成する．化合物 **X** のヒドロホウ素化-酸化反応を行うと 2,4-ジメチル-1-ペンタノール（下記参照）のラセミ体が生成する．化合物 **X** に酸水溶液（H_3O^+）を作用させたときの主生成物を予想せよ．

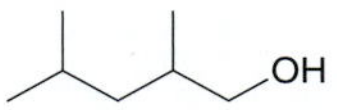

OH
2,4-ジメチル-1-ペンタノール

9・76 (*R*)-2-クロロ-3-メチルブタンにカリウム *tert*-ブトキシドを作用させると，一置換アルケンが得られる．このアルケンに HBr を作用させると，複数の生成物の混合物が得られる．予想されるすべての生成物を書け．

9・77 分子式 C_7H_{12} の化合物 **Y** を水素化するとメチルシクロヘキサンが生成する．化合物 **Y** に過酸化物存在下で HBr を作用させると次の化合物が生成する．化合物 **Y** のオゾン分解反応を行ったときの生成物を予想せよ．

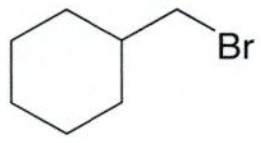

Br

9・78 ムスカルア（muscalure）はイエバエの性フェロモンであり，$C_{23}H_{46}$ の分子式をもつ．ムスカルアに O_3 を作用させた後に DMS で処理すると，次の二つの化合物が生成する．ムスカルアの構造として可能性のある二つの構造を書け．

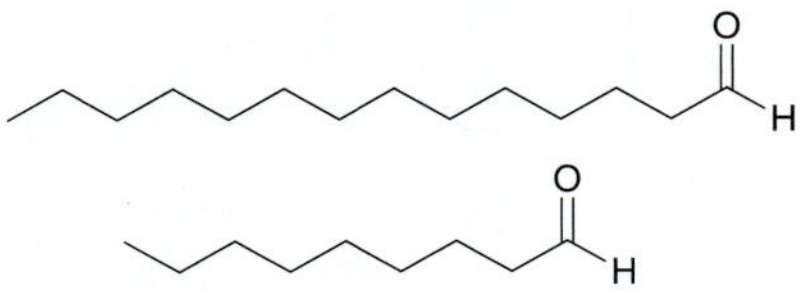

O H

O H

9・79 次の反応の機構を示せ．

(a) OH, O → $[H_2SO_4]$ → HO, O

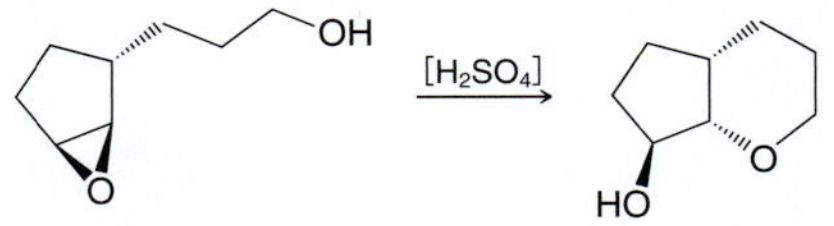

(b) O → 濃 H_2SO_4 → HO

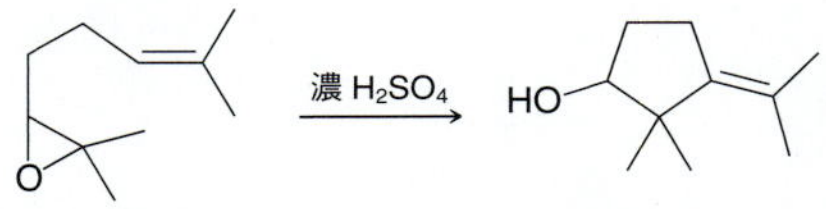

9・80 次の変換を行う適切な方法を示せ．

Cl → O H, O H

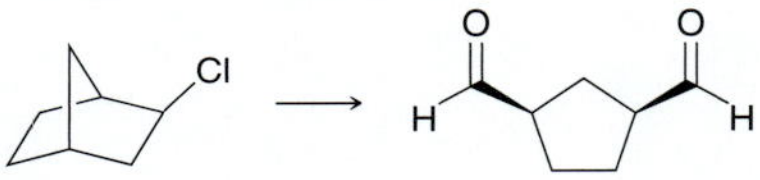

9・81 次の反応の機構を示せ．

OH → Br_2 → Br, O

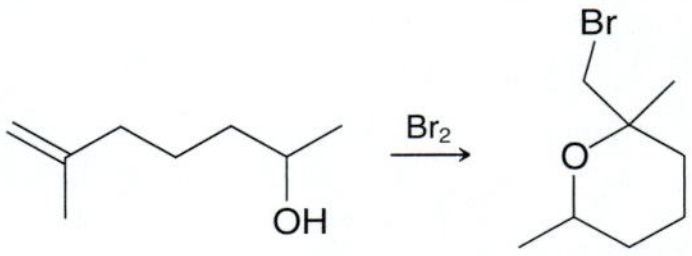

9・82 次のヨードラクトン化とよばれる反応について，考えられる反応機構を示せ．

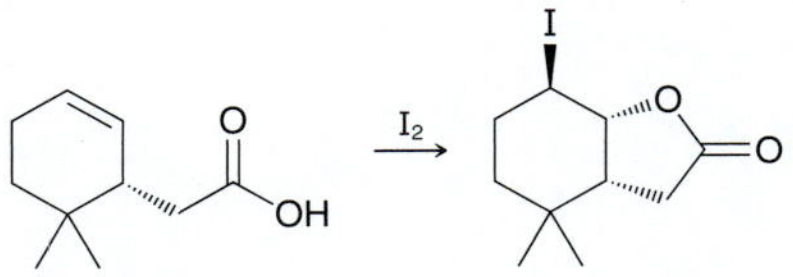

O OH → I_2 → I, O, O

9・83 3-ブロモシクロペンテンに HBr を作用させたところ，得られた生成物は *trans*-1,2-ジブロモシクロペンタンのラセミ体であり，対応するシス体の生成はみられなかった．反応の立体化学を説明する機構を示せ．

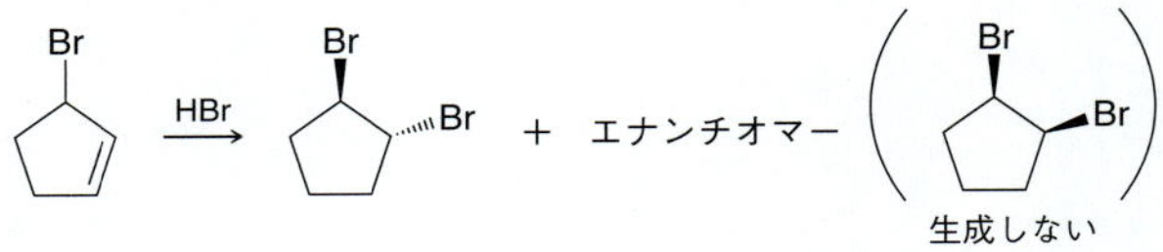

Br → HBr → Br, Br ＋ エナンチオマー （Br, Br 生成しない）

10

アルキン

本章の復習事項

- Brønsted-Lowry 酸 §3・3, §3・4
- エネルギー図 §6・5, §6・6
- 求核剤と求電子剤 §6・7
- 電子の流れの矢印 §6・8〜§6・10

パーキンソン病はなぜ発症するのだろうか，そしてどのような治療が可能だろうか．

パーキンソン病は運動系の疾患で，米国の 60 歳以上の人口のおよそ 3%が発症する．おもな症状は手足の震えやこわばり，緩慢な動作，バランス障害などである．これらの症状はニューロン（神経細胞）が変性することによって起こる．脳の黒質（substantia nigra）とよばれる領域に存在するニューロンが死滅すると，脳が随意運動を制御するのに用いる神経伝達物質であるドーパミンを生産しなくなる．上述の症状はドーパミンを生産しているニューロンが 50〜80% 程度死滅すると現れ始める．病気は進行性で治療法は知られていない．しかし症状はいろいろな方法で和らげることができる．そのひとつとして，炭素－炭素三重結合を含むセレギリンとよばれる薬を用いる方法がある．三重結合の存在がこの薬の作用に重要な役割を果たしている．本章は**アルキン**とよばれる，炭素－炭素三重結合をもつ化合物の性質と反応性について説明する．

10・1 アルキンとは

アルキンの構造と幾何配置

前章ではアルケンの反応性について述べた．本章では炭素－炭素三重結合をもつ化合物である**アルキン**（alkyne）について述べる．§1・9 で述べたように，三重結合は σ 結合一つと π 結合二つの，計三つの結合からなっている．σ 結合は sp 混成軌道どうしの重なりにより，また二つの π 結合はそれぞれ p 軌道どうしの重なりにより生成する（図 10・1）．それぞれの炭素原子は，sp 混成であり直線構造をとる．アセチレン H−C≡C−H の静電ポテンシャル図を見ると，円筒状の電子密度の高い領域が三

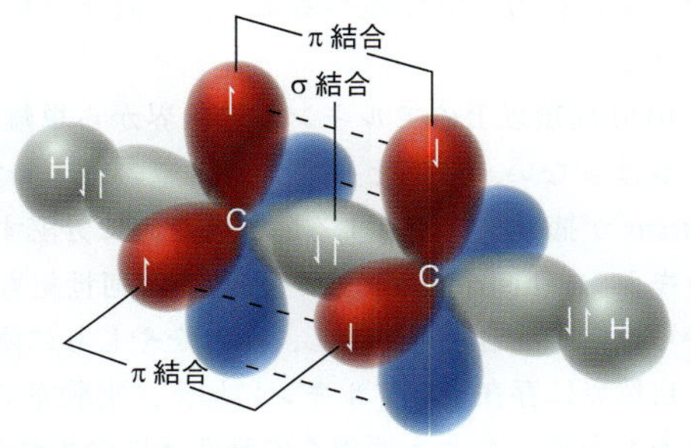

図 10・1 三重結合を生成するのに用いられる原子軌道． σ 結合は二つの混成軌道の重なりにより生成する．二つの π 結合は p 軌道の重なりにより生成する．

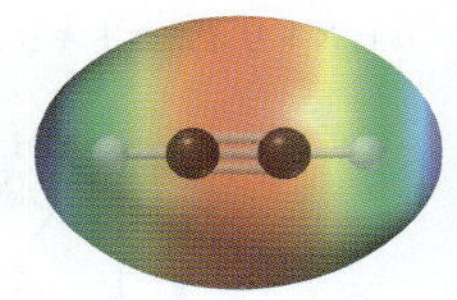

図 10・2 アセチレンの静電ポテンシャル図． 高い電子密度の円筒状の領域を赤で示している．

医薬の話題　分子の剛直さの役割

章頭で述べたように，パーキンソン病（Parkinson's disease）は，脳内でのドーパミン（dopamine）の生産が減少する神経変性の病気である．ドーパミンが減少すると運動制御機能が障害を受ける．パーキンソン病には治療法はないが，その症状は和らげることができる．最も効果的な対処法は，L-ドーパとよばれる薬を投与することである．この化合物は脳内でドーパミンに変換される．

NH_2　COOH　HO　OH　⟶⟶　NH_2　HO　OH

(S)-3,4-ジヒドロキシフェニルアラニン（L-ドーパ）　　ドーパミン

この方法はすでに§9・7で述べたが，脳内にドーパミンを補給するので効果的である．ドーパミンの量を増やすもう一つの方法は，ドーパミンが脳内から除去される速度を遅くすることである．ドーパミンはおもにモノアミンオキシダーゼB（MAO B）とよばれる酵素（生体触媒）の作用により代謝される．この酵素を不活性化する薬はドーパミンの代謝速度を効果的に低下させ，脳内でのドーパミン濃度の減少を遅くすることができる．残念なことに，MAO Aとよばれる非常によく似た酵素が他の化合物の代謝に用いられており，MAO Aを不活性化する薬はいずれも心臓血管に対する重篤な副作用をもたらす．したがってMAO Aには作用せずMAO Bを選択的に不活性化することが必要である．セレギリン（selegiline）とよばれる初のMAO B選択的阻害薬は，1989年米国食品医薬品局（FDA）によりパーキンソン病の治療薬として承認された．

N

セレギリン

セレギリンをL-ドーパと一緒に処方すると，脳内のドーパミン減少に対するより効果的な対処法となる．

セレギリンは炭素－炭素三重結合をもち，これが重要な働きをする．すなわち，その直線構造のため化合物は構造的に剛直となる．反対側にある芳香環も構造の剛直さに寄与し，これら二つの部位の構造的特徴により，この化合物が選択的にMAO Bに結合し不活性化できるようになる．三重結合はFDAにより承認された他のいくつかの薬にも含まれ，同様の働きをしている．めざす受容体と薬が効率よく結合するためには，構造の剛直さと柔軟性の適度な釣合が必要である．新しい薬を設計（デザイン）する際，三重結合はこの釣合をとるためときどき利用されている．

重結合部分をとりまいていることがわかる（図10・2）．赤で示したこの電子密度の高い部分が存在するため，アルキンは電子密度の低い部分をもつ化合物と反応する．結果としてアルキンは，塩基として，あるいは求核剤として作用できるという点でアルケンと類似している．本章ではこの二つの反応性について具体例を述べる．

産業界および自然界でのアルキン

最も単純なアルキンであるアセチレンH−C≡C−Hは無色の気体で，燃焼により高温の炎（2800 °C）を生じ，これは溶接トーチの燃料として用いられている．アセチレンは§10・10で述べるように，置換アルキンを合成する際の原料としても用いられる．

1000種類以上のアルキンが自然界から単離されているが，アルケンと比べるとその数は少ない．一例として，南米産のカエルであるヤドクガエル *Dendrobates histrionicus* が捕食動物に対する防御のために分泌する毒素のひとつであるヒストリオニコトキシン（histrionicotoxin）がある．何世紀もの間，南米の部族はそのカエルの皮膚から毒素の混合物を抽出し，それをやじりに塗って毒矢をつくった．

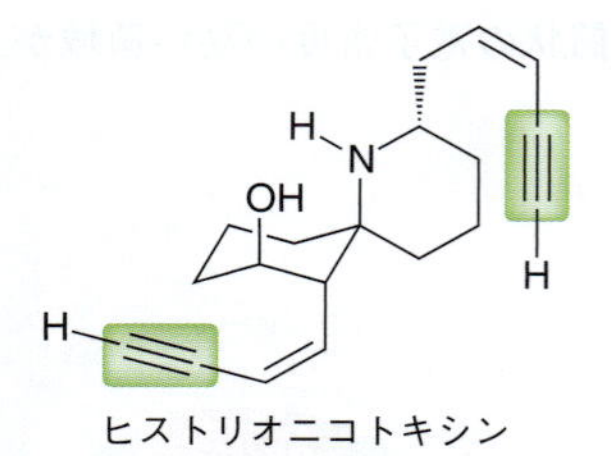

ヒストリオニコトキシン

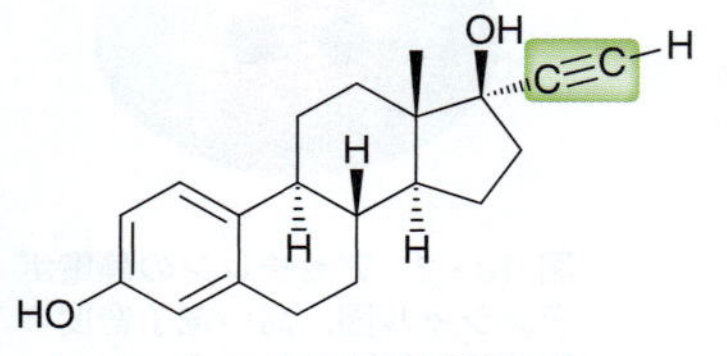

エチニルエストラジオール

自然界に存在するアルキンに加え，実験室で合成されたアルキンにも興味深いものが多くある．たとえば多くの避妊薬に含まれるエチニルエストラジオール（ethynylestradiol）がある．この合成経口避妊薬は女性のホルモン濃度を上昇させ排卵を抑える作用がある．三重結合の存在により，この化合物は自然界に存在する三重結合のな

い類縁体よりもより強力な避妊薬となる．これはコラムで述べたように，三重結合の存在により化合物の剛直さが増すためと考えられる．

10・2 アルキンの命名法

§4・2と§8・3で述べたように，アルカンとアルケンを命名するには次の四つの段階が必要である．

1. 母体化合物（主鎖）を明確にし，命名する．
2. 置換基を明確にし，命名する．
3. 主鎖となる炭素鎖に番号をつけ，それぞれの置換基に位置番号をつける．
4. 置換基をアルファベット順に並べる．

アルキンも同様の4段階の手順に加え，次の規則に従って命名する．

主鎖を命名する際には炭素－炭素三重結合の存在を表す接尾語“イン -yne”を用いる．

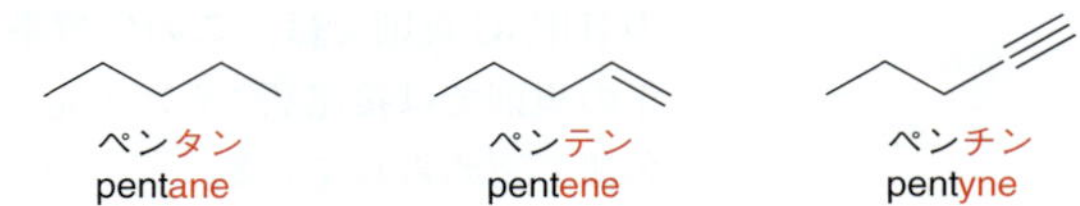

役立つ知識　導電性有機ポリマー

アセチレンガスの重合により合成できるポリアセチレンは，電気を通すことのできる初の有機ポリマーである．

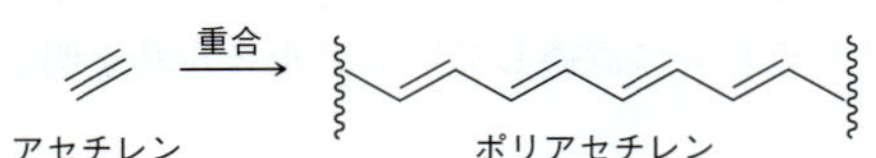

実際にはポリアセチレンそのものはわずかに電気を通すことができるだけだが，ポリマーをカチオンあるいはアニオンにすると（ドーピングとよばれる），銅線と同じくらい電気を通すことができるようになる．カチオン性のポリマーもアニオン性のポリマーも共鳴安定化されており（下図），それぞれ電気を非常によく通すことができる．この発見により，**導電性有機ポリマー**（conducting organic polymer，導電性有機高分子ともいう）という新しい分野への道が開かれ，2000年のノーベル化学賞はその発見者であるAlan Heeger（ヒーガー），Alan MacDiarmid（マクダイアミッド），白川英樹に贈られた．ポリアセチレンは，電気回路に損傷を与える静電気を消散させる働きがあるため，コンピューター部品の梱包に使われている．

ポリアセチレンそのものは空気や湿気に弱いので，その利用は限られている．しかし，これまでに他のさまざまな導電性ポリマーが開発されてきた．その一例としてポリ(*p*-フェニレンビニレン)〔poly(*p*-phenylene vinylene)，略称PPV〕の構造を見てみよう．

ポリ(*p*-フェニレンビニレン)

PPVのような導電性ポリマーはLED（発光ダイオード light emitting diode の略）ディスプレイなどに使われている．電場をかけると，LEDは光を発する．エレクトロルミネセンス（electroluminescence）とよばれる現象である．有機LED（OLED）は無機LEDよりも効率は低いが，過去数十年にわたって多くの有用なOLEDが開発されてきた．携帯電話のディスプレイやデジタルカメラ，MP3プレイヤーのディスプレイなどに使われている．LEDは交通信号，フラットパネルのTVディスプレイ，目覚まし時計のディスプレイなど，さまざまな用途に用いられている．

ポリアセチレン　1電子取去る　共鳴安定化　1電子与える　共鳴安定化

アルキンの主鎖は炭素－炭素三重結合を含む最も長い炭素鎖を選ぶ.

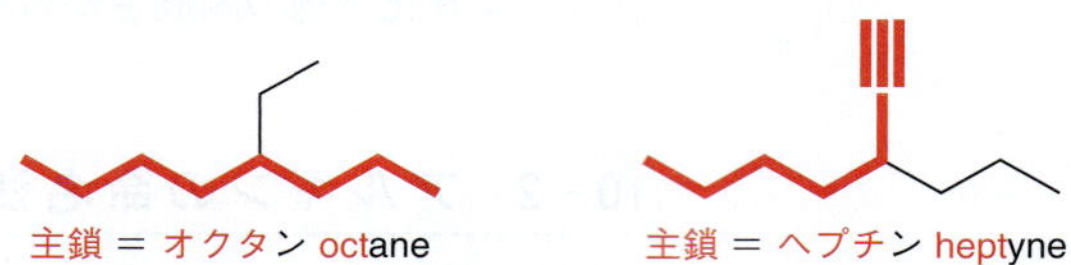

アルキンの主鎖に番号づけをする際には，アルキル置換基が存在していても三重結合が最も小さな番号となるようにする.

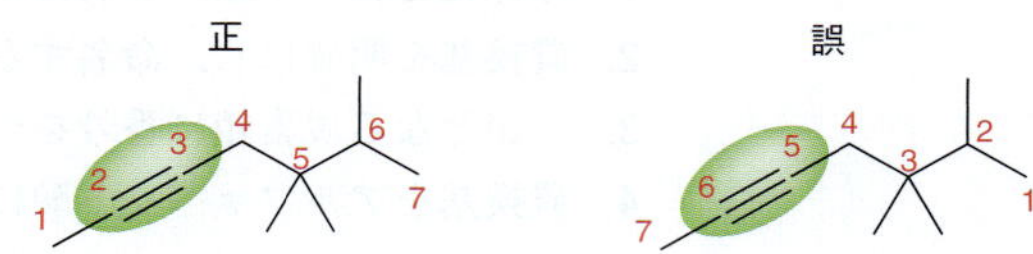

三重結合の位置は，位置番号二つではなく一つで表す．上記の例では三重結合は主鎖の C2 と C3 の間に存在する．この場合，三重結合の位置番号は 2 である．1979 年の IUPAC 規則では，この位置番号を母体名の直前に置くように定められたが，1993 年の規則では接尾語 "イン -yne" の直前に置くことを認めている．いずれも IUPAC 命名法で認められている.

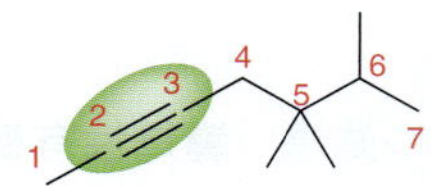

5,5,6−トリメチル−2−ヘプチン
5,5,6−trimethyl−2−heptyne
あるいは
5,5,6−トリメチルヘプト−2−イン
5,5,6−trimethylhept−2−yne

IUPAC 命名法による系統名に加えて，多くのアルキンで慣用名がよく用いられている．エチン (ethyne) H−C≡C−H はアセチレン (acetylene) と一般によばれ，より炭素数の多いアルキンは，アセチレンに置換しているアルキル基を明示した慣用名でよばれることもある.

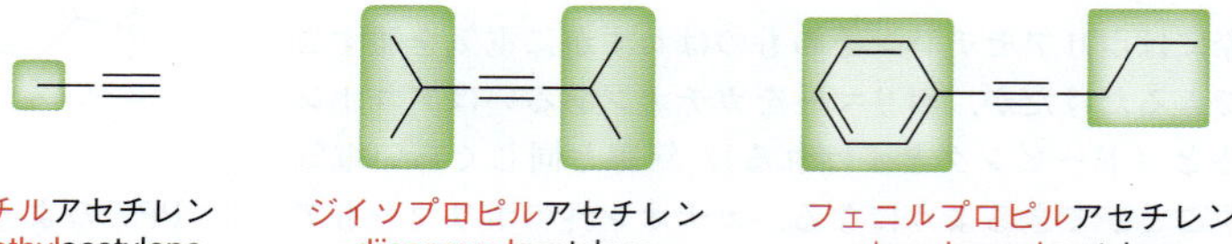

最初の例はアルキル基を一つだけもつ一置換のアセチレンである．一置換アセチレンは**末端アルキン** (terminal alkyne) とよばれる．一方，二置換のアセチレンは**内部アルキン** (internal alkyne) とよばれる．この区別は本章の以降の節で重要となる.

スキルビルダー 10・1　アルキンを命名する

スキルを学ぶ

次の化合物を命名せよ.

解 答

ステップ 1
主鎖を明確にする.

系統名を組立てるには四つの段階が必要である. まず初めに主鎖を明確にする. そのさい, 三重結合を含む最も長い炭素鎖を選ぶ.

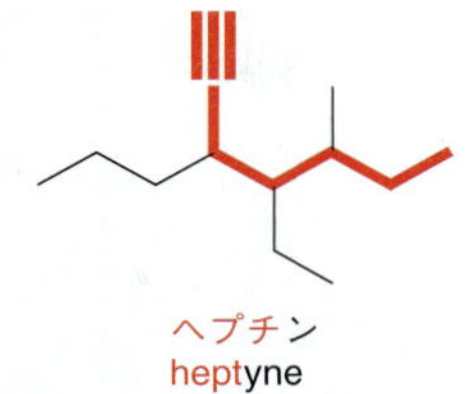

ステップ 2
置換基を明確にして命名する.

次に置換基を明確にし命名する.

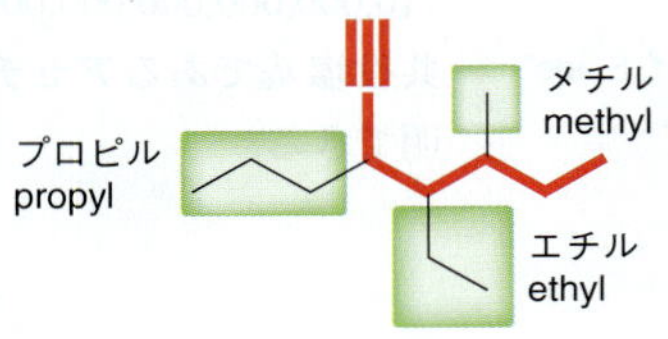

ステップ 3
主鎖に番号をつけ, それぞれの置換基に位置番号をつける.

次に主鎖に番号をつけ, それぞれの置換基に位置番号をつける.

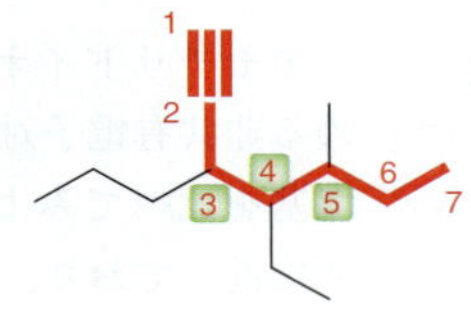

ステップ 4
置換基をアルファベット順に並べる.

最後に置換基をアルファベット順に並べる. 三重結合の位置を示す位置番号を含めるのを忘れないこと.

4-エチル-5-メチル-3-プロピル-1-ヘプチン
4-ethyl-5-methyl-3-propyl-1-heptyne

ハイフンは位置番号と化合物名とをつなげる際に用いられるのに対し, コンマは位置番号どうしを分けるのに用いられることに注意すること.

スキルの演習

10・1 次の化合物を命名せよ.

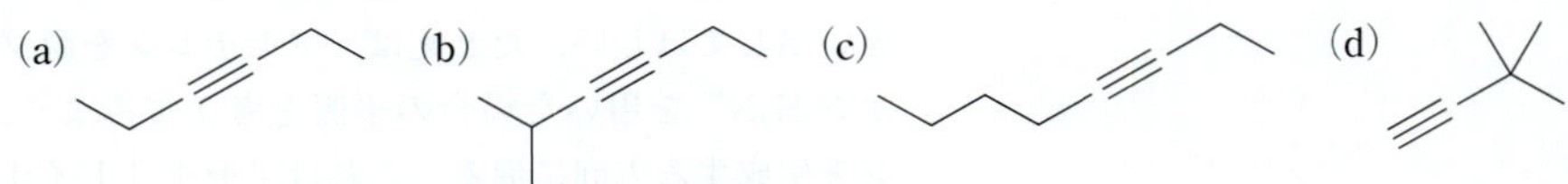

スキルの応用

10・2 次の化合物の線結合構造式を書け.

(a) 4,4-ジメチル-2-ペンチン

(b) 5-エチル-2,5-ジメチル-3-ヘプチン

10・3 三重結合は直線構造をとるが, ある程度の柔軟性をもち, 大環状炭素骨格に含まれることがある. 8 員環以上の環状アルキンは単離可能で室温でも安定である. 官能基をもたない環状アルキンを命名する場合には, 三重結合は C1 と C2 間にあると考え, 位置番号をつける必要はない. (*R*)-3-メチルシクロノニンの構造を書け.

10・4 分子式 C_6H_{10} をもつ 4 種の末端アルキンの構造を書き, 命名せよ.

問題 10・35, 10・36 を解いてみよう.

10・3　アセチレンと末端アルキンの酸性度

エタン，エチレン，そしてアセチレンの pK_a を比べてみよう．pK_a は小さいほど酸

エタン　エチレン　アセチレン

pK_a 50　pK_a 44　pK_a 25

性度が高いことを思い出そう．したがって，アセチレン（pK_a 25）はエタンやエチレンよりずっと酸性が強い．正確にいうと，アセチレンはエチレンよりも 10^{19} 倍（10,000,000,000,000,000,000 倍）酸性が強い．アセチレンの酸性が強い理由は，その共役塩基である**アセチリドイオン**（acetylide ion）の安定性を考察することにより説明できる．

アセチリド acetylide の接尾語 "イド -ide" は負電荷が存在することを示す．

H−C≡C−H　⇌（:塩基）　H−C≡C:$^-$

アセチレン　アセチリドイオン acetylide ion

この混成の効果については§3・4で述べた．

アセチリドイオンの安定性は，混成により説明できる．負電荷は sp 混成軌道を占める非共有電子対にあると考えられる．エタン，エチレン，そしてアセチレンの共役塩基を比べてみよう（図 10・3）．sp 混成軌道では電子は正電荷をもった原子核により接近しており，したがってより安定である．

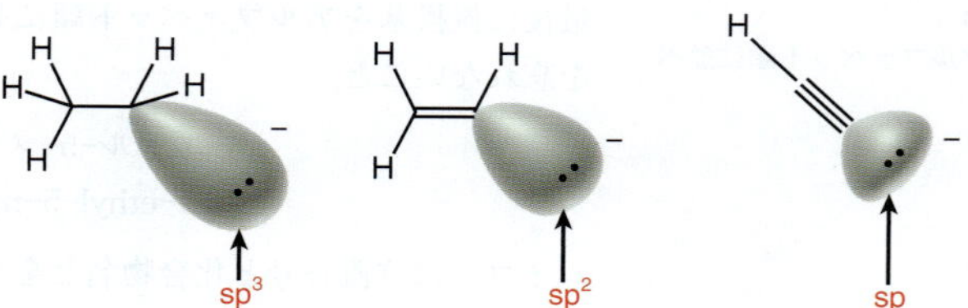

図 10・3　エタンの共役塩基は sp^3 混成軌道に非共有電子対をもつ． エチレンの共役塩基は sp^2 混成軌道に非共有電子対をもち，アセチレンの共役塩基は sp 混成軌道に非共有電子対をもつ．

ここでアセチレンを脱プロトンするのに強塩基を用いたときの平衡を考えてみよう．酸塩基反応の平衡は，常により弱い酸とより弱い塩基を生じる方向に偏ることを思い出してほしい．たとえば，アセチレンを脱プロトンするのに塩基としてアミドイオン H_2N^- を用いた場合の平衡を考えてみよう．この場合，平衡はアセチリドイオンを生成する方向に偏る．これはアセチリドイオンのほうがアミドイオンよりもより安定である，すなわちより弱い塩基だからである．

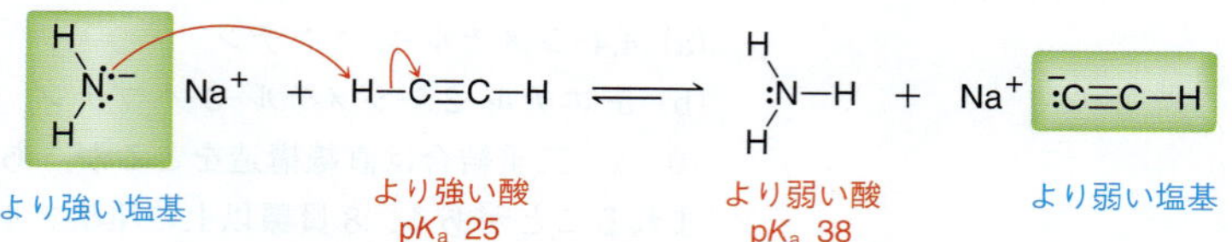

より弱い酸とより弱い塩基が生成するほうに平衡は偏る

それでは水酸化物イオンを塩基として用いた場合にはどうなるだろうか．この場合，アセチリドイオンは水酸化物イオンよりも不安定である，すなわちより強い塩基なので，アセチリドイオンの生成は不利となる．したがって水酸化物イオンを作用さ

$HO^-\ Na^+ + H{-}C{\equiv}C{-}H \rightleftharpoons H_2O + Na^+\ {}^-C{\equiv}C{-}H$

より弱い塩基　より弱い酸 pK_a 25　より強い酸 pK_a 15.7　より強い塩基

より弱い酸とより弱い塩基が生成するほうに平衡は偏る

せても塩基性が十分に高くないのでアセチリドイオンを十分に生成できない．したがって水酸化物イオンはアセチレンを脱プロトンするのに用いることはできない．

$R{-}C{\equiv}C{-}H \xrightleftharpoons{:\!\bar{}\ 塩基} R{-}C{\equiv}C{:}^-$

アルキン　アルキニドイオン

アセチレンと同様，末端アルキンも酸性を示し，適切な塩基を用いることで脱プロトンできる．末端アルキンの共役塩基は**アルキニドイオン**（alkynide ion）とよばれ，その生成には十分に強い塩基が必要である．塩基としては，水酸化ナトリウム NaOH は不適であるが，ナトリウムアミド $NaNH_2$ は用いることができる．表 10・1 に示すように，アセチレン，あるいは末端アルキンを脱プロトンできる塩基がいくつかある．表の塩基の上三つはみな末端アルキンを脱プロトンするのに十分に強い塩基で，いずれもよく用いられている．これら三つの例での負電荷の存在する位置（それぞれ N^-, H^-, あるいは C^-）に注目してほしい．一方，表の塩基の下三つはすべて酸素原子に負電荷をもっており，これらは末端アルキンを脱プロトンするだけの塩基性をもたない．

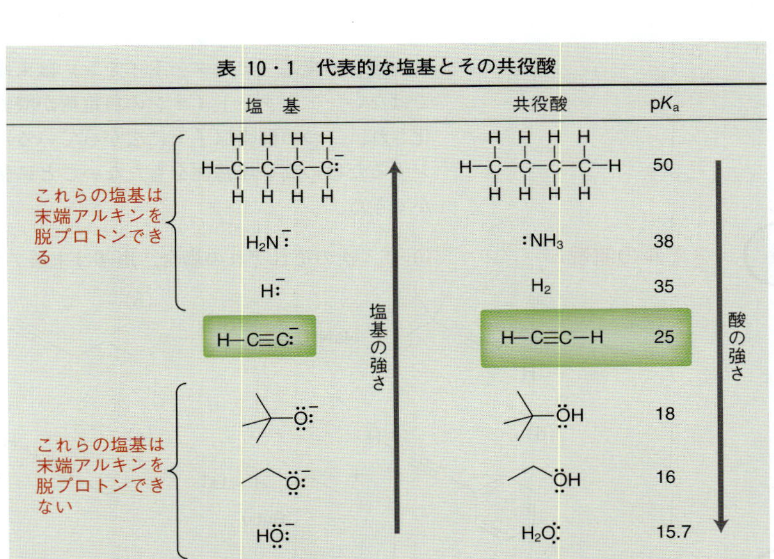

表 10・1　代表的な塩基とその共役酸

	塩　基	共役酸	pK_a
これらの塩基は末端アルキンを脱プロトンできる	$CH_3CH_2CH_2CH_2^-$	$CH_3CH_2CH_2CH_3$	50
	H_2N^-	$:NH_3$	38
	H^-	H_2	35
	$H{-}C{\equiv}C^-$	$H{-}C{\equiv}C{-}H$	25
これらの塩基は末端アルキンを脱プロトンできない	$(CH_3)_3CO^-$	$(CH_3)_3COH$	18
	$CH_3CH_2O^-$	CH_3CH_2OH	16
	HO^-	H_2O	15.7

塩基の強さ（下から上へ増大）　酸の強さ（上から下へ増大）

スキルビルダー 10・2　末端アルキンの脱プロトン反応の平衡の位置を予想する

スキルを学ぶ

表3・1を参考にして，酢酸ナトリウムは末端アルキンを脱プロトンできるか，いいかえると，次の平衡はアルキニドイオン生成に偏るか，明らかにせよ．

$C_6H_{11}{-}C{\equiv}C{-}H + CH_3COO^-\ Na^+ \rightleftharpoons C_6H_{11}{-}C{\equiv}C{:}^-\ Na^+ + CH_3COOH$

解答　平衡反応の左辺と右辺それぞれでの酸と塩基を明確にすることから始める．

ステップ 1
平衡反応の左辺と右辺それぞれでの酸と塩基を明確にする．

Na$^+$ はそれぞれの塩基の単なる対イオンであり，多くの場合無視してよい．

酸　塩基　塩基　酸

次に二つの酸の pK_a を比べてどちらがより弱い酸か決める．

ステップ 2
どちらがより弱い酸か決める．

pK_a 約 25　pK_a 4.75

ステップ 3
平衡の偏りを明らかにする．

§3・3 で述べたように pK_a が大きいほど弱い酸である．したがってアルキンのほうがより弱い酸である．平衡はより弱い酸とより弱い塩基を生じる方向に偏る．

より弱い酸　より弱い塩基　より強い塩基　より強い酸

この場合の塩基（アセタートイオン）は末端アルキンを脱プロトンできるほど強い塩基ではない．アセタートイオンの負電荷が酸素原子に存在する（実際には共鳴により安定化され，二つの酸素原子上に広がっている）こと，したがって末端アルキンを脱プロトンするだけの高い塩基性をもたないことに気づけば，より簡単に同じ結論に達することができる．

スキルの演習

10・5　次のそれぞれの場合，塩基は末端アルキンを脱プロトンできるほど強いか．

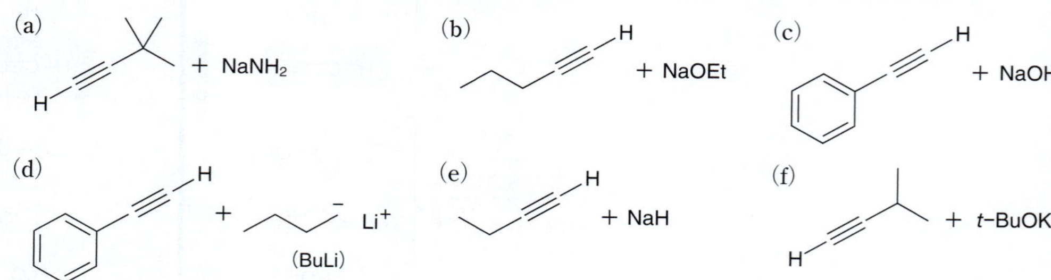

スキルの応用

10・6　CH_3NH_2 の pK_a は 40 であり，HCN の pK_a は 9 である．

(a) この酸性度の違いを説明せよ．

(b) シアン化物イオン（HCN の共役塩基）は末端アルキンを脱プロトンする塩基として用いることができるか，理由とともに答えよ．

問題 10·39，10·42 を解いてみよう．

10・4 アルキンの合成

アルケンがハロゲン化アルキルから合成できるのと同じように，アルキンはジハロゲン化物から合成できる．

ハロゲン化アルキル —強塩基→ アルケン

ジハロゲン化アルキル —強塩基→ R—C≡C—R

ジハロゲン化物は脱離基を二つもち，アルキンへの変換は二つの連続する脱離反応（E2）により行える．

R—CBr₂—CH₂—R —塩基 (E2)→ RC(Br)=CHR —塩基 (E2)→ R—C≡C—R

この例で用いているジハロゲン化物は**ジェミナル**（geminal）の，すなわち二つのハロゲン原子が同一の炭素原子に結合しているジハロゲン化物である．アルキンは，二つのハロゲン原子が隣り合った炭素原子に一つずつ結合している**ビシナル**（vicinal）なジハロゲン化物からも合成できる．

R—CHBr—CHBr—R —強塩基→ R—C≡C—R

出発物のジハロゲン化物がジェミナルであれビシナルであれ，2回の連続する脱離反応によりアルキンが得られる．最初の脱離反応はいろいろな塩基を用いて容易に行うことができるが，2回目の脱離には非常に強い塩基が必要である．液体アンモニアに溶かしたナトリウムアミド $NaNH_2$ は2回の脱離反応を連続して一挙に行うのに適した塩基である．この方法は強い塩基性条件の反応であり，アルキニドイオンの生成が有利となり，これが反応全体の駆動力となるため，末端アルキンを合成するのに最もよく用いられている．

R—CH₂—CHBr₂ —2 NaNH₂ / NH₃→ R—C≡C—H —NaNH₂ / NH₃→ R—C≡C:⁻ Na⁺（アルキニドイオン）

全体としては，2回の脱離反応に2倍モル量，そして末端アルキンを脱プロトンしてアルキニドイオンを生成するのにもう1モル量，計3倍モル量のアミドイオンが必要である．アルキニドイオンが生成し反応が完結した後，反応容器にプロトン源となる化合物を加えてこれをプロトン化し，末端アルキンを再生できる．pK_a から，水がプロトン源として十分に利用できることがわかる．

R—C≡C:⁻ Na⁺（より強い塩基） ＋ H—O—H（より強い酸，pK_a 15.7） ⇌ R—C≡C—H（より弱い酸，pK_a 約25） ＋ Na⁺ ⁻:OH（より弱い塩基）

より弱い酸とより弱い塩基が生成するほうに平衡は偏る

以上まとめると，末端アルキンはジハロゲン化物に過剰のナトリウムアミドを作用させた後，水を加えることにより合成できる．

1,1-ジブロモアルカン —1) NaNH₂（過剰量）/NH₃　2) H₂O→ 末端アルキン　60%

チェックポイント

10・7 次の反応の生成物を予想し，その生成機構を示せ．

(a) 1) $NaNH_2$(過剰量)/NH_3　2) H_2O　?

(b) 1) $NaNH_2$(過剰量)/NH_3　2) H_2O　?

10・8 3,3-ジクロロペンタンに液体アンモニア中で過剰のナトリウムアミドを作用させると，まず 2-ペンチンが生成する．

$NaNH_2$(過剰量)

2-ペンチン

しかし，この反応条件では，内部アルキンは速やかに末端アルキンへと異性化し，脱プロトンされてアルキニドイオンを生じる．

$NaNH_2$(過剰量)

2-ペンチン　1-ペンチン

$NaNH_2$(過剰量)

アルキニドイオン

この異性化は，1) 脱プロトン，2) プロトン化，3) 脱プロトン，そして 4) プロトン化の 4 段階を経て起こると考えられている．この四つの段階をヒントとして，可能な限り共鳴構造を示しつつ異性化の反応機構を示せ．なぜ平衡により末端アルキンが生成するか説明せよ．

10・5 アルキンの還元

接触水素化反応

アルキンはアルケンと同様，さまざまな付加反応を起こす．たとえば，アルキンはアルケンと同様に接触水素化される．

H_2/Pt　100%　　H_2/Pt　100%

アルキンの接触水素化では 2 倍モル量の水素分子が消費される．

H_2/Pt　H_2/Pt

この反応条件では，中間に生じるシス体のアルケンは，出発物のアルキンよりも水素化反応に対する反応性が高いので，これを単離することはむずかしい．それではアルキンに等モル量の水素を付加させてアルケンを得ることはできるのだろうか．これまでに述べた白金，パラジウム，ニッケルなどの触媒を用いてこれを実現するのは困難である．しかし，部分的に不活性化した**被毒触媒**（poisoned catalyst）を用いることにより，アルキンをアルカンまで還元することなくシス体のアルケンに変換できる．

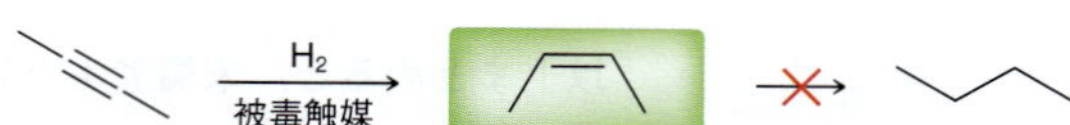

このような被毒触媒にはたくさんの種類があり，よく用いられているもののひとつに **Lindlar（リンドラー）触媒**（Lindlar's catalyst）がある．また，P-2 触媒とよばれるニッケル-ホウ素錯体 Ni_2B もよく用いられている．被毒触媒はアルキンをシス体のアルケンに変換

Lindlar 触媒

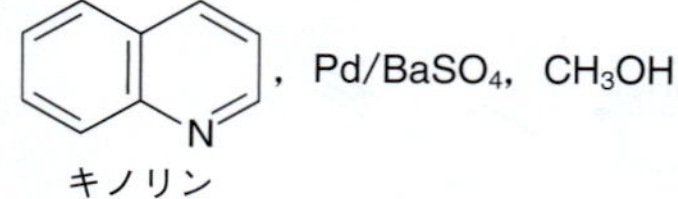

する反応を触媒するが，さらにシス体のアルケンをアルカンに還元する反応は触媒しない（図 10・4）．そのため被毒触媒はアルキンをシス体のアルケンに変換するのに用いることができる．

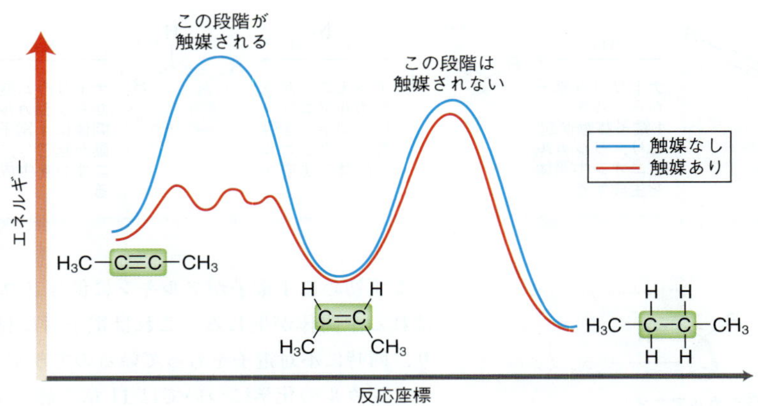

図 10・4 被毒触媒の効果を示すエネルギー図． アルキンの水素化は触媒されるが，続くアルケンの水素化は触媒されない．

この反応ではトランス体のアルケンは生成しない．アルキンの水素化反応の立体化学はアルケンの水素化反応の立体化学と同じように説明できる（§9・7）．二つの水素原子はアルキンの同じ面から付加して（シン付加），シス体のアルケンが生じる．

チェックポイント

10・9 次の反応の生成物を示せ．

(a) H_2 / Lindlar 触媒 → ?　　H_2 / Pt → ?

(b) H_2 / Ni_2B → ?　　H_2 / Ni → ?

溶解金属還元

注 意
これらの反応剤は本章ですでに述べたナトリウムアミド $NaNH_2$ とは別物である．$NaNH_2$ は非常に強い塩基である NH_2^- として働く反応剤である．一方，ここで用いている反応剤（Na, NH_3）は電子を供与するものである．

前項では，アルキンをシス体のアルケンに還元する反応について述べた．アルキンは**溶解金属還元**（dissolving metal reduction）とよばれる全く別の反応によりトランス体のアルケンに還元することもできる．

Na / NH_3（液体） → 80%

この反応には液体アンモニア中で金属ナトリウムが用いられる．アンモニアは非常に沸点が低く（−33 °C），そのためこの反応は低温で行う必要がある．液体アンモニアに溶けると，金属ナトリウムは電子供給源となる．

$$Na\cdot \longrightarrow Na^+ + e^-$$

この反応条件では，アルキンの還元は反応機構 10・1 のように進行すると考えられている．

反応機構 10・1　溶解金属還元

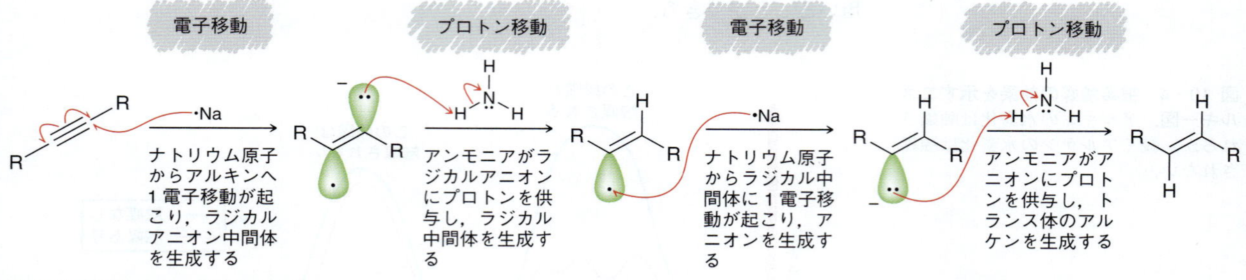

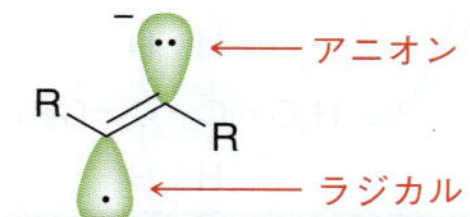

ラジカルアニオン

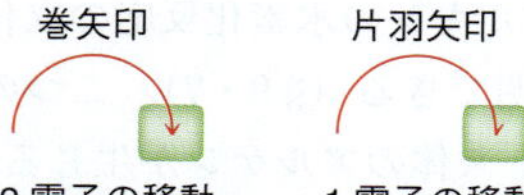

図 10・5　イオン反応で用いられる矢印(巻矢印)とラジカル反応で用いられる矢印(片羽矢印)

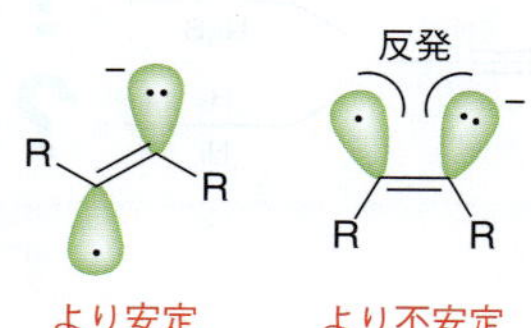

まず初めに1電子がアルキンに供与され，**ラジカルアニオン**（radical anion）とよばれる中間体が生じる．これは電子対に付随して負電荷をもつのでアニオン種であり，同時に不対電子をもっているのでラジカル種である．

ラジカルの化学については11章で詳しく述べるが，ここではラジカルを含む段階の反応機構を表すのに，巻矢印ではなく**片羽矢印**（釣針矢印ともよばれる）を用いることだけを述べておく（図10・5）．巻矢印が2電子の移動を表すのに対し，片羽矢印は1電子の移動を表す．ラジカルアニオン中間体を生じる最初の段階で片羽矢印を用いていることに注意してほしい．この中間体の性質に基づいてトランス体のアルケンが選択的に生成することを説明できる．すなわちこの中間体は，電子対と不対電子とが反発を小さくするようにできるだけ遠ざかる位置を占めるほうが，エネルギーがより低くなる．

反応はエネルギーの低いこの中間体からより速やかに進行し，アンモニアによりプロトン化される．つづいてもう1電子の移動，さらにもう一度プロトン移動が起こる．したがってこの反応は次の四つの段階，すなわち，1) 電子移動，2) プロトン移動，3) 電子移動，そして 4) プロトン移動，からなっている．結果として水素分子 H_2 の付加が，電子二つとプロトン二つが e^-, H^+, e^-, H^+ の順に付加することで実現されている．その結果，アルキンに対して二つの水素原子がトランス付加した生成物が得られる．

Na
NH_3(液体)
H
H

チェックポイント

10・10　次のアルキンに液体アンモニア中，金属ナトリウムを作用させて得られる生成物を示せ．

(a)　(b)　(c)　(d)

接触水素化と溶解金属還元

図10・6にこれまでアルキンの還元について説明したいろいろな方法をまとめる．この図には，アルキンの還元反応が反応剤の注意深い選択によりどのように制御でき

るかまとめてある．

図 10・6　アルキンの還元に用いられる反応剤

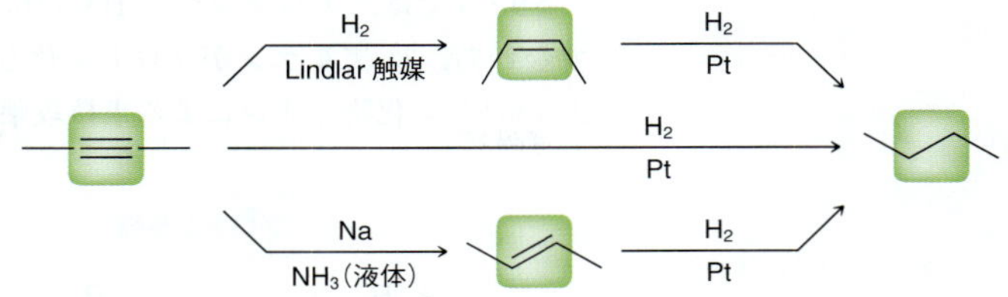

- アルカンを得るには，アルキンを白金，パラジウム，ニッケルなどの金属触媒存在下で H_2 と反応させればよい．
- シス体のアルケンを得るには，アルキンを Lindlar 触媒や Ni_2B などの被毒触媒存在下で H_2 と反応させればよい．
- トランス体のアルケンを得るには，アルキンを液体アンモニア中で金属ナトリウムと反応させればよい．

チェックポイント

10・11　次の変換を行うのに必要な反応剤を示せ．

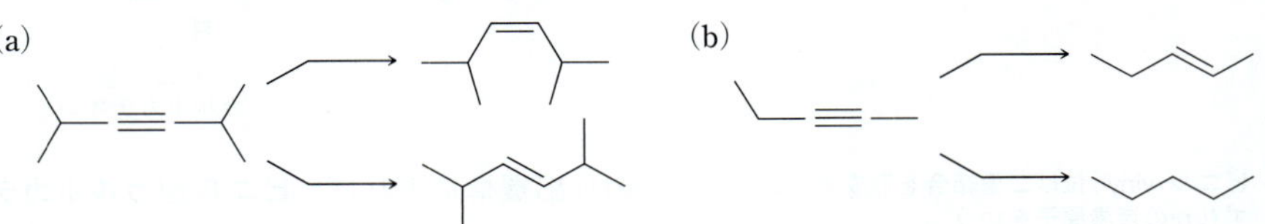

10・12　分子式 C_5H_8 のアルキンに液体アンモニア中，金属ナトリウムを作用させたところ分子式 C_5H_{10} の二置換アルケンが得られた．アルケンの構造を書け．

10・6　アルキンへのハロゲン化水素の付加

実験事実

前章でアルケンに HX が Markovnikov（マルコウニコフ）型の付加を起こし，ハロゲン原子がより置換基の多い炭素に導入されることを述べた．

HX　X

同様の Markovnikov 型の付加は，アルキンと HX との反応でも起こる．ここでもハロゲンはより置換基の多い側に導入される．

HX　X　60～80%

出発物のアルキンを過剰の HX と反応させると連続して 2 回の付加反応が進行し，ジェミナルのジハロゲン化物を与える．

HX（過剰量）　X　X

ハロゲン化水素の付加反応の機構

§9・3では，アルケンへのHXの付加反応について次の2段階の機構を提唱した．すなわち，1) アルケンがプロトン化され，より安定なカルボカチオン中間体を生じ，2) ハロゲン化物イオンによる求核攻撃を受ける．

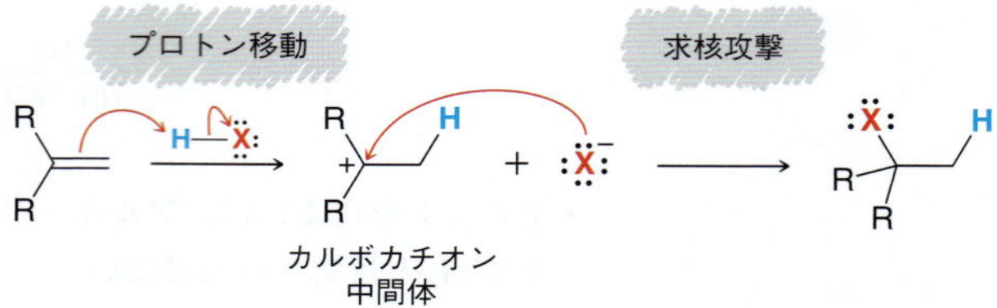

同様の反応機構をHXの三重結合への付加にも提唱することができる．すなわち，1) プロトン化によるカルボカチオンの生成，つづいて2) 求核攻撃，である．

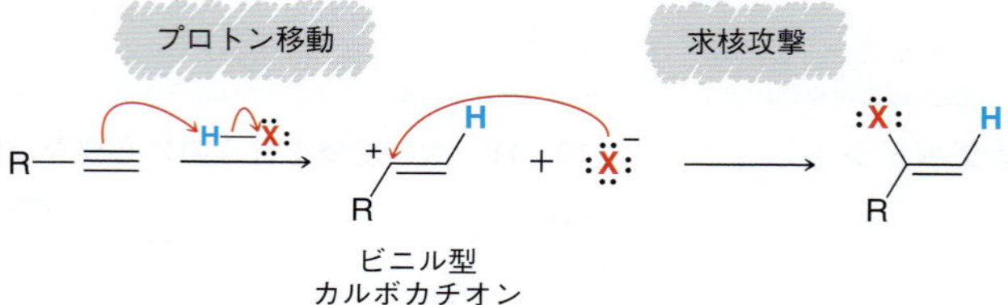

ビニル(vinyl)位は二重結合を形成するいずれかの炭素原子をいう

のほうが

第二級のビニル型カチオン

より安定

第一級のビニル型カチオン

この反応機構によれば，**ビニル型カルボカチオン**（vinylic carbocation）中間体が生成し，これにより位置選択性を説明することができる．すなわち，反応は第一級のビニル型カルボカチオンに比べより安定な第二級のビニル型カルボカチオンを経由して進行すると考えられる．

残念ながら，この反応機構は実験結果すべてを十分に説明できるわけではない．最も注目すべき点として，気相中での研究ではビニル型カルボカチオンは特に安定ではないことが示されている．第二級のビニル型カルボカチオンは通常の第一級のカルボカチオンと同程度のエネルギーであると考えられている．したがってアルキンへのHXの付加はアルケンへの付加よりも相当遅いものと考えられる．実際には，反応速度の違いが観測されているものの，この違いはそれほど大きいものではなく，アルキンへのHXの付加はアルケンへの付加よりもごくわずか遅いだけである．これらの実験結果から，ビニル型カルボカチオン中間体の生成を経由しない反応機構が提唱されている．たとえば，アルキンが2分子のHXと同時に相互作用することも可能である．この反応経路は**三分子反応**（termolecular reaction）とよばれ，次に示す遷移状態を経由して進行する．

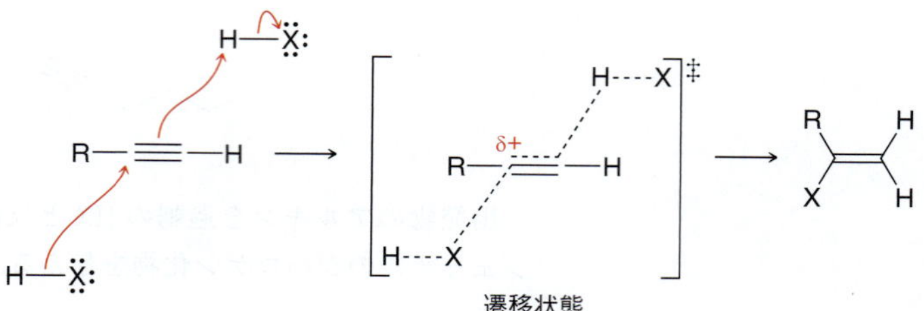

この1段階の反応機構は，ビニル型カルボカチオンの生成を必要としないが，それで

も δ+ で示した部分的なカルボカチオン性をある程度もつ遷移状態となっている．この部分的な正電荷が，より置換基の多い位置に生じたほうが遷移状態のエネルギーが低下すると考えることで，反応の位置選択性を説明できる．速度論的研究により反応速度が次に示すように三次の式になることから，このより複雑な反応機構が多くの例で支持されている．

$$\text{反応速度} = k[\text{アルキン}][\text{HX}]^2$$

§6・5で述べたように，"三次"とは反応速度式の指数の合計が3であることを意味する．

この反応速度式は上述の三分子反応機構と一致する．

多くの場合，アルキンへの HX の付加はいろいろな反応機構で進行すると考えられている．それらすべてが同時に，そして互いに競争的に起こっている．ビニル型カルボカチオンもおそらくある程度の役割を果たしているが，それだけではすべての現象を説明できない．本章でこれから述べるいくつかの反応機構では，ビニル型カルボカチオンを中間体として示すことがあるが，実際の反応機構はより複雑である可能性があることを知っておくべきである．

HBr のラジカル付加

過酸化物存在下で HBr はアルケンに逆 Markovnikov 付加することを思い出してほしい．

HBr / ROOR → Br

臭素原子は置換基のより少ない炭素に導入され，反応はラジカル機構で進行すると考えられている（詳しくは§11・10参照）．同様の反応がアルキンでも進行する．末端アルキンを過酸化物存在下 HBr と反応させると，逆 Markovnikov 付加が起こる．臭素原子は末端炭素に導入され，*E* 体と *Z* 体の混合物が得られる．

HBr / ROOR → Br ＋ Br

E 体と *Z* 体の混合物 82%

§11・10で説明するが，ラジカル付加は HBr の場合にのみ起こり，HCl や HI では起こらない．

ジハロゲン化物とアルキンの相互変換

これまで述べてきた反応を利用することにより，ジハロゲン化物と末端アルキンとの間で相互変換が可能である．

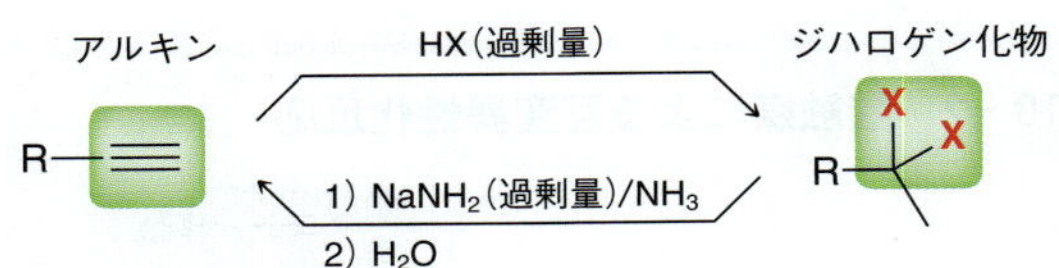

チェックポイント

10・13 次の反応の生成物を示せ．

(a) HCl（過剰量）→ ?

(b) Cl, Cl　1）$NaNH_2$（過剰量）/NH_3　2）H_2O → ?

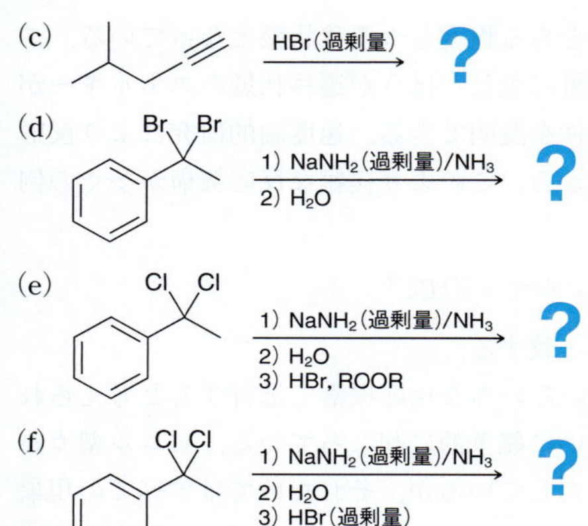

10・14　次の変換に必要な反応剤を示せ．

Cl Cl Cl Cl →

10・15　分子式 C_5H_8 のアルキンを過剰の HBr と反応させると，いずれも分子式 $C_5H_{10}Br_2$ の二つの生成物が得られる．

(a) 出発物のアルキンの構造を書け．

(b) 二つの生成物の構造を書け．

10・7　アルキンの水和反応

酸触媒によるアルキンの水和反応

R R H_3O^+ → HO R R

前章で，アルケンに酸性水溶液 H_3O^+ を作用させると，酸触媒による水和反応が進行することを述べた．反応は Markovnikov 付加で進行し，ヒドロキシ基は置換基の多い炭素に導入される．

アルキンも酸触媒による水和反応を起こすが，反応はアルケンとの反応よりも遅い．本章ですでに述べたように，反応速度の違いはアルキンがプロトン化されて生じる高エネルギーのビニル型カルボカチオン中間体によるものである．アルキンの水和反応の反応速度は，反応を触媒する硫酸水銀 $HgSO_4$ 存在下で著しく加速される．

R—≡ H_2SO_4, H_2O / $HgSO_4$ → [OH R] → O R

エノール（単離できない）　ケトン

この反応の水の付加した中間体は，二重結合（-ene）とヒドロキシ基（-ol）をもち，**エノール**（enol）とよばれる．しかしエノールは速やかにケトンに変換されるので単離することはできない．エノールのケトンへの変換はこのあとの章で何度も出てくるので，ここでさらに説明しておこう．酸触媒によるエノールのケトンへの変換は 2 段階で起こる（反応機構 10・2）．

反応機構 10・2　酸触媒による互変異性化反応

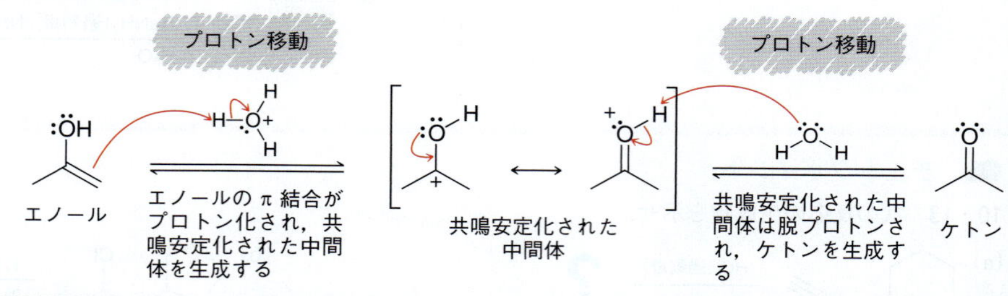

エノールのπ結合がまずプロトン化され，共鳴安定化された中間体を生じる．ついでこれが脱プロトンされ，ケトンが生じる．この機構のいずれの段階もプロトン移動であることに注意してほしい．この結果，プロトンが酸素から炭素に移動すると同時に，π結合の位置が変化する．

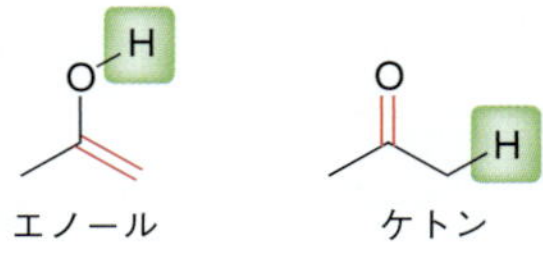

エノールとケトンは**互変異性体**（tautomer）であるといい，これはプロトン移動により速やかに相互変換する構造異性体である．エノールとケトンの相互変換は**ケト-エノール互変異性**（keto-enol tautomerism）とよばれる．互変異性化は平衡反応であり，平衡によりエノールとケトンはそれぞれ一定の濃度となる．一般にケトンのほうに平衡が偏っており，エノールの濃度は非常に小さい．互変異性体と共鳴構造体とをとり違えないよう十分に注意してほしい．互変異性体は構造異性体であり，互いに平衡状態にある．平衡に達すれば，ケトンとエノールそれぞれの濃度を計ることができる．一方，共鳴構造体は別べつの化合物ではなく，互いに平衡にあるわけではない．共鳴構造体はある一つの化合物を異なる書き方で表したものである．

共鳴構造については§2・7参照.

ケト-エノール互変異性化は，ごく微量の酸（あるいは塩基）によって触媒される平衡反応である．ガラス器具をいくらていねいに洗ってもその表面には微量の酸あるいは塩基が残る．そのため，ケト-エノールの平衡を防ぐことは非常にむずかしい．

スキルビルダー 10・3　酸触媒によるケト-エノール互変異性化反応の機構を書く

スキルを学ぶ

通常の反応条件では，1-シクロヘキセノールは速やかに互変異性化を起こしシクロヘキサノンとなるため，これを単離したり試薬瓶の中に保存することはできない．この互変異性化の反応機構を示せ．

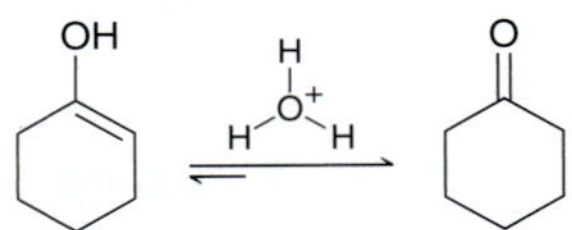

解答

注　意
OH をプロトン化してはいけない．OH をプロトン化するとケトンへとたどり着けない．OH をプロトン化しようとする学生は必ず水を脱離させ，ビニル型カルボカチオンを生成させようとする．この反応経路はエネルギーが非常に高く，また生成物(ケトン)を生じない．

酸触媒によるケト-エノール互変異性化の反応機構は，1）プロトン化，つづいて 2）脱プロトンの2段階からなる．この反応機構を書くには，第1段階でどこをプロトン化するかを覚えることが重要である．プロトン化が起こりうる場所が2箇所ある．すなわち，ヒドロキシ基か二重結合である．実際この反応条件ではいずれの位置も可逆的にプロトン化される（酸性条件ではプロトンはプロトン化可能な原子上を速やかに移動することができる）．どの位置をプロトン化すればよいか定めるため，この変換にかかわるプロトンの位置を注意深くみてみよう．

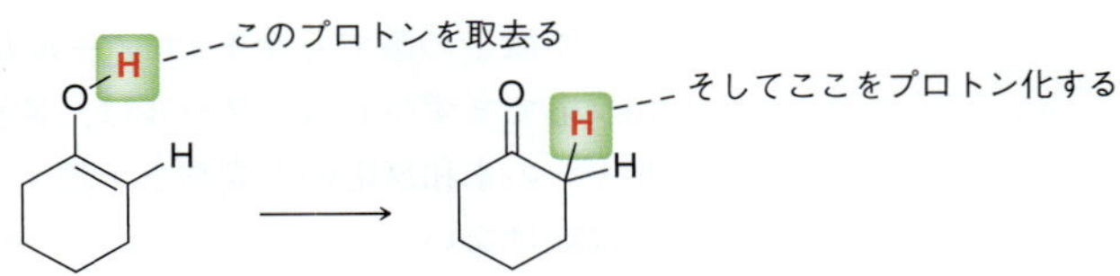

ステップ 1
エノールのπ結合をプロトン化する

酸性条件では，まず先にプロトン化し，その後脱プロトンする．上記の変換を行うために，ヒドロキシ基よりも二重結合がプロトン化されなければならない．先にヒドロキシ基をプロトン化したいと考えるかもしれないが（実際これはよくみられる誤りである），エノールのヒドロキシ基を注意深く見てほしい．ケトンを生成するためにはヒドロキシ基はそのプロトンを失わなければならない．ヒドロキシ基ではなく，π結合を先にプロトン化しなければならないことをしっかりと理解しよう．プロトン移動の段階はすべて巻矢印を二つ書く必要がある．必ず両方とも書くこと．

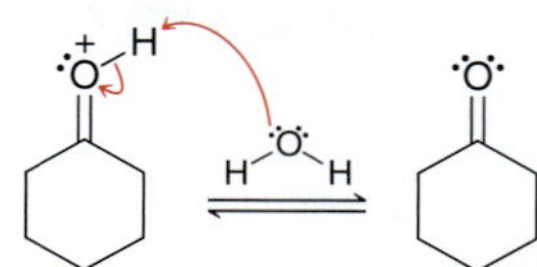

ステップ 2
中間体の共鳴構造式を書く．

次にエノールがプロトン化されて生じる中間体の共鳴構造式を書こう．

ステップ 3
脱プロトンしてケトンを生成する．

最後にプロトンを取除いてケトンを生成する．ここでも巻矢印が二つ必要である．

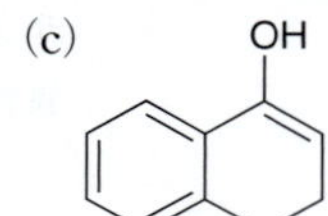

スキルの演習

10・16　次のエノールは単離することができない．速やかに互変異性化しケトンを生じる．それぞれについて生じるケトンを書き，酸触媒条件（H_3O^+）での生成機構を示せ．

(a)　(b)　(c)　(d)

スキルの応用

10・17　次の平衡反応を考えてみよう．この二つの構造異性体は，ごく微量の酸存在下で速やかに相互変換し，互いに互変異性体である．この変換の反応機構を示せ．

問題 10・49(b)，10・63，10・64，10・67 を解いてみよう．

ごく微量の酸でもケト–エノール互変異性化を触媒する．したがってアルキンの水和反応でまず生じるエノールは，速やかに互変異性化を起こしケトンを生成する．アルキンの水和反応の生成物を予想する場合には，ケトンを書くこと．エノールを書いてはいけない．

非対称な内部アルキンの酸触媒による水和反応では，ケトンの混合物が生成する．

$$R^1-C\equiv C-R^2 \xrightarrow[HgSO_4]{H_2SO_4,\ H_2O} R^1C(=O)CH_2R^2 + R^1CH_2C(=O)R^2$$

位置選択性の制御が困難なため，この反応は有用性が低い．末端アルキンを水和してメチルケトンを得る反応が最も よく利用されている．

$$\mathrm{R{-}C{\equiv}C{-}H} \xrightarrow[\mathrm{HgSO_4}]{\mathrm{H_2SO_4,\ H_2O}} \mathrm{RC(=O)CH_3}$$

チェックポイント

10・18 次のアルキンを，硫酸水銀 $HgSO_4$ 存在下，酸性水溶液と反応させた場合の生成物を示せ．

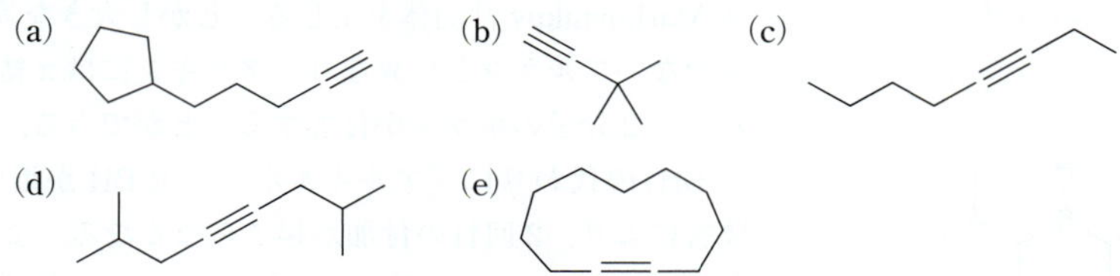

10・19 次のケトンを酸触媒を用いた水和反応により合成する際に用いるアルキンを示せ．

(a)　(b)　(c)

アルキンのヒドロホウ素化–酸化反応

§9・6でアルケンがヒドロホウ素化–酸化を起こすことを述べた．逆 Markovnikov 型の付加が進行し，ヒドロキシ基が置換基の少ない炭素に導入される．

$$\mathrm{R_2C{=}CH_2} \xrightarrow[\text{2) } \mathrm{H_2O_2,\ NaOH}]{\text{1) } \mathrm{BH_3{\cdot}THF}} \mathrm{R_2CH{-}CH_2OH}$$

アルキンも同様の反応を起こす．この反応の初期生成物はエノールなので単離できず，速やかに互変異性化を起こしアルデヒドを生じる．前節で述べたように，互変異性化は抑えることはできず，酸あるいは塩基により触媒される．この場合，塩基性条件が用いられるので，互変異性化は塩基触媒による反応機構で起こる（反応機構 10・3）．

$$\mathrm{R{-}C{\equiv}CH} \xrightarrow[\text{2) } \mathrm{H_2O_2,\ NaOH}]{\text{1) } \mathrm{BH_3{\cdot}THF}} \left[\mathrm{RHC{=}CH{-}OH}\right] \longrightarrow \mathrm{RCH_2CHO}$$

反応機構 10・3　塩基触媒による互変異性化反応

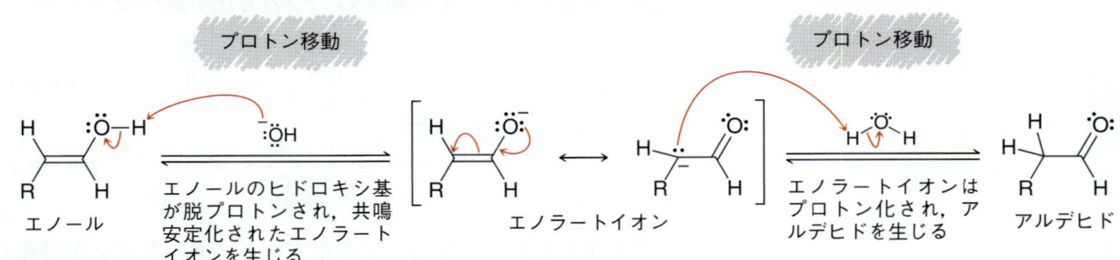

塩基触媒による互変異性化反応の起こる順序は，酸触媒の場合とは逆であることに注意してほしい．すなわち，酸触媒反応ではまずエノールがプロトン化されるのに対して，塩基触媒反応ではまずエノールが脱プロトンされ，その後プロトン化が起こる．塩基性条件ではエノールの脱プロトンにより**エノラートイオン**（enolate ion）とよばれる共鳴安定化されたアニオンが生じる．ついでこれがプロトン化され，アルデヒドを生じる．

> エノラートは非常に有用な中間体であり，その化学については 22 章で述べる．

アルキンのヒドロホウ素化–酸化反応はアルケンの場合と同様の反応機構で進むと考えられている（反応機構 9・3）．すなわち，ボランはアルキンに協奏的に付加し，逆 Markovnikov 付加体を生じる．しかし大きな違いがひとつある．π結合を一つしかもたないアルケンとは異なり，アルキンにはπ結合が二つ存在するため，アルキンに対して 2 分子のボランが付加することができる．この 2 回目の付加を防ぐため，ボラン BH_3 の代わりにジアルキルボラン R_2BH が用いられる．二つのアルキル基の立体障害により，2 回目の付加が起こらなくなる．よく用いられるジアルキルボランの例として，ジシアミルボラン（disiamylborane）と 9-BBN（9-ボラビシクロ[3.3.1]ノナン 9-borabicyclo[3.3.1]nonane の略）がある．これらの修飾ボラン反応剤を用いてヒドロホウ素化–酸化を行うことにより，末端アルキンをアルデヒドに効率よく変換できる．

H, B

ジシアミルボラン

H, B

9-BBN
（9-ボラビシクロ[3.3.1]ノナン）

1) ジシアミルボラン
2) H_2O_2, NaOH
H, O

本反応の最終生成物は，ケトンではなくアルデヒドであることに注意してほしい．

チェックポイント

10・20　次の反応の生成物を書け．

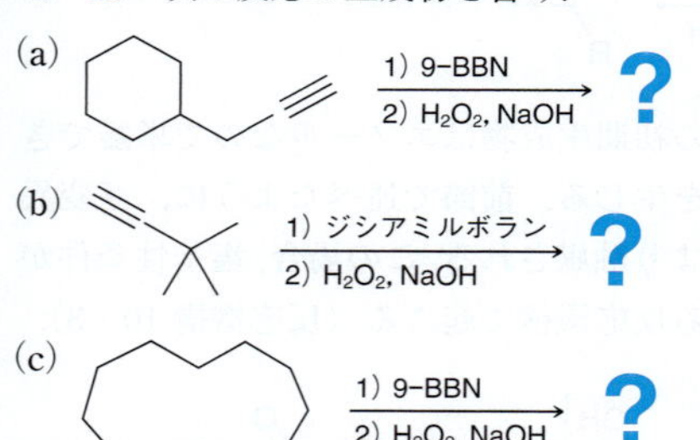

10・21　次の化合物をヒドロホウ素化–酸化反応により合成するのに必要なアルキンを書け．

(a) O, H　　(b) O

(c) H, O

アルキンの水和反応の位置選択性を制御する

前節で末端アルキンを水和する二つの方法を述べた．

R—≡
H_2SO_4, H_2O, $HgSO_4$ → R, O　メチルケトン
1) R_2BH
2) H_2O_2, NaOH → R, H, O　アルデヒド

末端アルキンを酸触媒を用いて水和するとメチルケトンが得られるのに対して，ヒドロホウ素化–酸化反応ではアルデヒドが生成する．すなわち，アルキンの水和反応の

位置選択性が適切な反応剤の選択により制御できる．どちらの反応剤を用いるとよいか練習問題を解いてみよう．

スキルビルダー 10・4 アルキンの水和反応に用いる適切な反応剤を選択する

スキルを学ぶ

次の変換に必要な反応剤を書け．

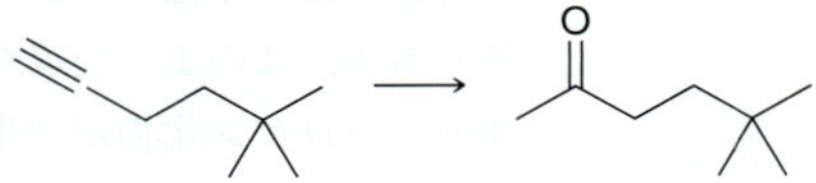

解 答

出発物は末端アルキンで生成物はカルボニル基をもつ．したがってこの変換は出発物のアルキンを水和することにより行うことができる．どの反応剤を用いるのが適切かを明らかにするために，反応の位置選択性に注意する．すなわち，酸素原子はより置換基の多い炭素側に導入され，メチルケトンを生成している．

ステップ 1
反応の位置選択性を確認する．

より置換基の多い位置

H_3C

メチルケトン

ステップ 2
その選択性を実現するのに適切な反応剤を選択する．

この反応は Markovnikov 型の付加であり，酸触媒による水和反応によって行うことができる．

H_2SO_4, H_2O
$HgSO_4$

スキルの演習

10・22 次の変換に必要な反応剤を書け．

(a)

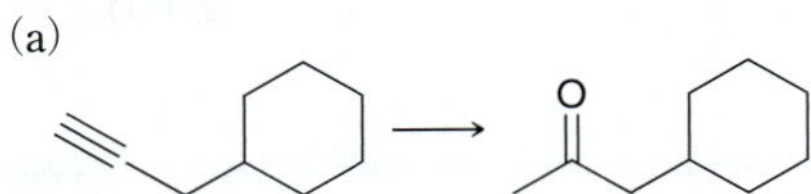

(b)

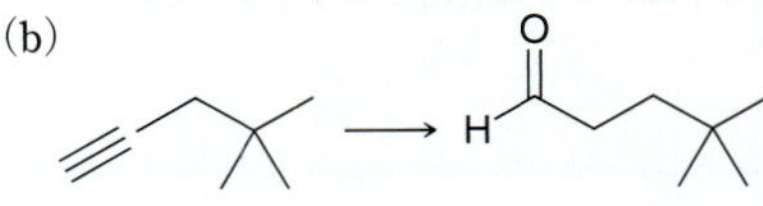

スキルの応用

10・23 次の変換に必要な反応剤を書け．

(a) (b)

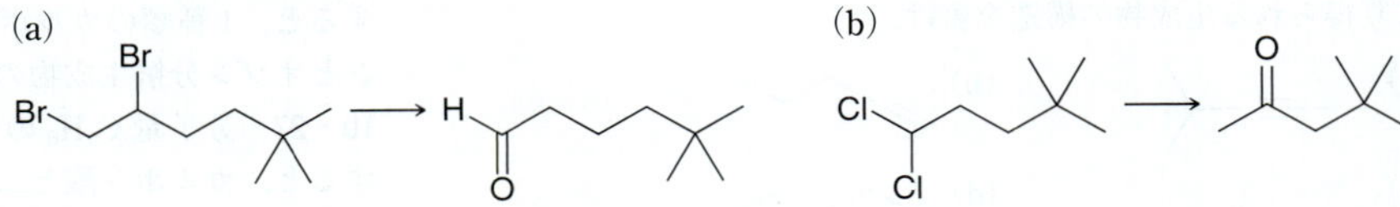

10・24 これまでに述べた反応を用いて次の変換を行う方法を示せ．なお，後ろの章でこの変換を2段階で行う方法を説明する．

問題 10･57(b) を解いてみよう．

10・8　アルキンのハロゲン化反応

前章でアルケンが臭素や塩素と反応してジハロゲン化物を生じることを述べた．同様にアルキンもハロゲン化反応を起こす．大きな違いとして，アルキンには二つの π 結合が存在するため，2 分子のハロゲンが付加してテトラハロゲン化物を生じる．

$$\mathrm{R{-}C{\equiv}C{-}R} \xrightarrow[\mathrm{CCl_4}]{\mathrm{X_2}\text{(過剰量)}} \mathrm{R{-}CX_2{-}CX_2{-}R}$$

X = Cl, Br　　60〜70%

場合によっては，ハロゲンを 1 分子だけ付加させてジハロゲン化物を得ることも可能である．このような場合には，通常，アルケンの場合と同様にアンチ付加により *E* 体のジハロゲン化物が主生成物として生じる．

$$\mathrm{R{-}C{\equiv}C{-}R} \xrightarrow[\mathrm{CCl_4}]{\mathrm{X_2}\text{(等モル量)}} (E)\text{-}\mathrm{RXC{=}CXR}\ (\text{主生成物}) + (Z)\text{-}\mathrm{RXC{=}CXR}\ (\text{副生成物})$$

アルキンのハロゲン化の反応機構は完全にはわかっていない．

10・9　アルキンのオゾン分解反応

アルキンをオゾンと反応させ，つづけて水で処理すると，酸化的な開裂反応が進行しカルボン酸が得られる．

数十年前まで，この酸化的開裂反応は構造決定に利用されていた．すなわち，構造未知のアルキンをオゾンと反応させ水で処理して得られるカルボン酸を同定することにより，三重結合の位置を明らかにできる．しかし分光学的手法の進歩とともに(15 章, 16 章)この手法は構造決定の手段としては利用されなくなっている．

$$\mathrm{R^1{-}C{\equiv}C{-}R^2} \xrightarrow[2)\ \mathrm{H_2O}]{1)\ \mathrm{O_3}} \mathrm{R^1{-}COOH} + \mathrm{HOOC{-}R^2}$$

末端アルキンを酸化的に開裂させると，末端炭素は酸化されて二酸化炭素になる．

$$\mathrm{R{-}C{\equiv}C{-}H} \xrightarrow[2)\ \mathrm{H_2O}]{1)\ \mathrm{O_3}} \mathrm{R{-}COOH} + \mathrm{O{=}C{=}O}$$

チェックポイント

10・25　次のアルキンをオゾンと反応させ水で処理することにより得られる生成物の構造を書け．

(a)　(b)　(c)　(d)

10・26　分子量 C_6H_{10} のアルキンをオゾンと反応させ水で処理すると，1 種類のカルボン酸のみが得られる．出発物のアルキンとオゾン分解生成物の構造を書け．

10・27　分子量 C_4H_6 のアルキンをオゾンと反応させ水で処理すると，カルボン酸と二酸化炭素が得られる．このアルキンを硫酸水銀存在下，酸性水溶液と反応させたときに得られる生成物の構造を書け．

10・10　末端アルキンのアルキル化

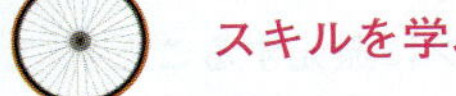

§10・3 でナトリウムアミド $NaNH_2$ のような十分に強い塩基を用いて末端アルキ

ンを脱プロトンできることを述べた.

$$\mathrm{R{-}C{\equiv}C{-}H \xrightarrow{:\!NH_2^-} R{-}C{\equiv}C\!:^-}$$

アルキニドイオン

生じるアルキニドイオンは求核剤としてハロゲン化アルキルと反応できるので，この反応は強力な合成手法として有用性が高い.

$$\mathrm{R{-}C{\equiv}C\!:^- \xrightarrow{R{-}X} R{-}C{\equiv}C{-}R}$$

この変換反応は S_N2 反応であり，末端アルキンにアルキル基を導入する方法となる. この反応は**アルキル化**（alkylation）とよばれ，2 段階で行うことができる.

$$\xrightarrow[\text{2) EtI}]{\text{1) NaNH}_2}$$

この反応はハロゲン化メチルや第一級のハロゲン化アルキルを用いた場合にのみ，効率よく進行する. 第二級や第三級のハロゲン化アルキルとの反応では，アルキニドイオンはおもに塩基として作用し，脱離反応を起こした生成物が得られる. この結果は，§8・14 で述べた傾向（置換反応 vs 脱離反応）と同じである.

アセチレンには二つの末端水素がある. したがってアルキル化を 2 回行うことができる.

$$\mathrm{H{-}C{\equiv}C{-}H \xrightarrow[2)\ RX]{1)\ NaNH_2} R{-}C{\equiv}C{-}H \xrightarrow[2)\ RX]{1)\ NaNH_2} R{-}C{\equiv}C{-}R}$$

アルキル化を別べつに 2 回行う必要があることに注意してほしい. まずアセチレンの一方の側がアルキル化され，ついで新たな反応として，他方がアルキル化される. $NaNH_2$ と RX を同時に反応容器に加えることはできないので，この繰返しの操作が必要である. この両者を同時に加えると直接 $NaNH_2$ と RX とが置換反応や脱離反応を起こした不用な化合物が生じてしまう. アルキル化を 2 回繰返して行うのは手間がかかると思うかもしれないが，これにより，二つの異なるアルキル基を導入できるという合成的な利点がある. 例を示す.

$$\mathrm{H{-}C{\equiv}C{-}H \xrightarrow[2)\ EtI]{1)\ NaNH_2} Et{-}C{\equiv}C{-}H \xrightarrow[2)\ MeI]{1)\ NaNH_2} Et{-}C{\equiv}C{-}Me}$$

スキルビルダー 10・5　末端アルキンをアルキル化する

スキルを学ぶ

アセチレンを 7-メチル-3-オクチンに変換するのに必要な反応剤を示せ.

解答

ステップ 1
問題で述べられている構造式を書く.

文章だけで構造式が示されていない問題の場合には，まず問題で述べられている構造式を書く必要がある. この問題では次に示す変換に必要な反応剤が問われている.

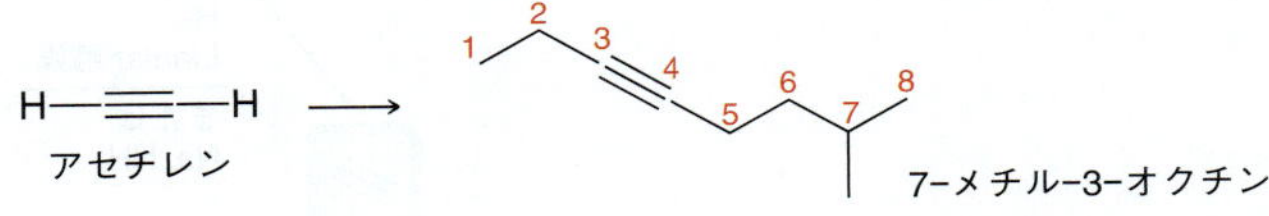

反応式を書くと，この変換にはアルキル化が 2 回必要なことがわかる. どちらのアルキ

ステップ 2
一つ目のアルキル基を導入する．

ル基を先に導入するかは重要ではない．それぞれのアルキル基を別べつに導入することが大切である．最初のアルキル化は，アセチレンに $NaNH_2$ を作用させた後，ハロゲン化アルキルを加えることで達成される．

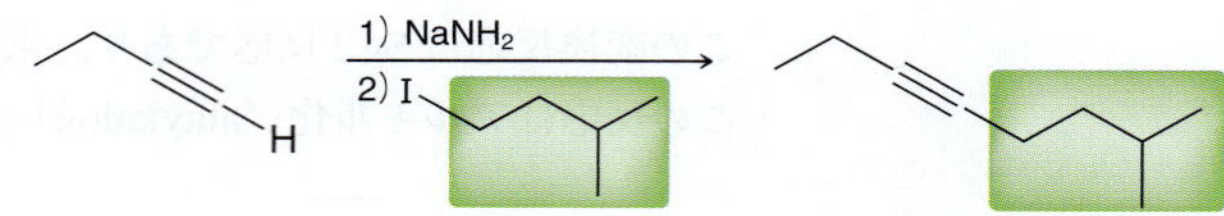

ステップ 3
二つ目のアルキル基を導入する．

つづいて，生じた末端アルキンに再度 $NaNH_2$ を作用させた後，適切なハロゲン化アルキルを加えることによりアルキル化できる．

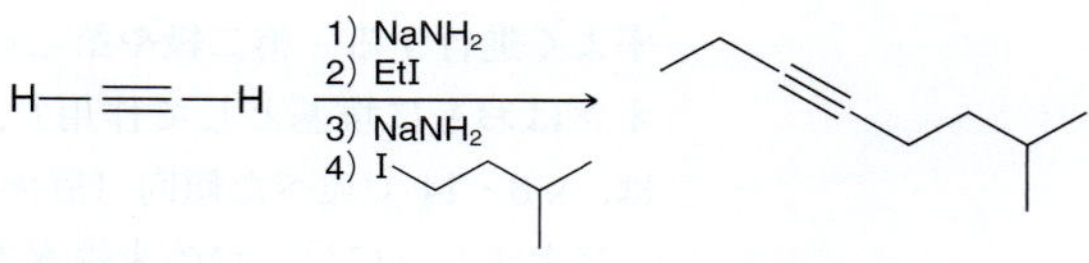

したがってこの合成には 4 段階必要である．いずれも第一級のハロゲン化アルキルであり，反応は効率よく進むと考えられる．

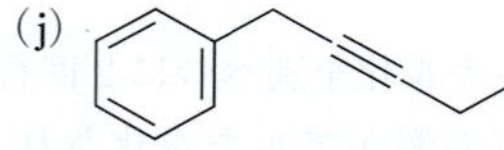

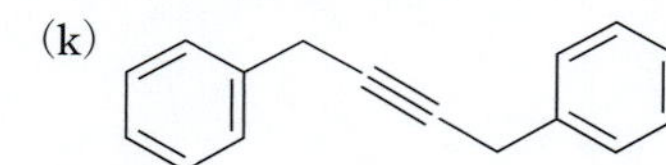

スキルの演習

10・28　アセチレンを出発物として，次の化合物を合成するのに必要な反応剤を示せ．

(a)　1-ブチン　(b) 2-ブチン　(c) 3-ヘキシン　(d) 2-ヘキシン
(e)　1-ヘキシン　(f) 2-ヘプチン　(g) 3-ヘプチン　(h) 2-オクチン
(i)　2-ペンチン　(j)　(k)

スキルの応用

10・29　2,2-ジメチル-3-オクチンはアセチレンのアルキル化では合成できない．その理由を説明せよ．

10・30　末端アルキンに $NaNH_2$ を作用させた後，ヨウ化プロピルを加えた．生じた内部アルキンにオゾンを作用させ，つづけて水を加えたところ，1 種類のカルボン酸のみが得られた．内部アルキンの IUPAC 名を書け．

10・31　アセチレンを唯一の炭素源として，3-ヘキシンの合成法を示せ．

問題 10・40(f)，10・46，10・50，10・59 を解いてみよう．

10・11　合成戦略

本章の前半でアルキンの還元反応を制御する方法を述べた．すなわちアルキンはシス体あるいはトランス体のアルケンに還元することも，アルカンに還元することもできる．それでは，逆向きの変換反応，すなわち，アルカンあるいはアルケンをアルキ

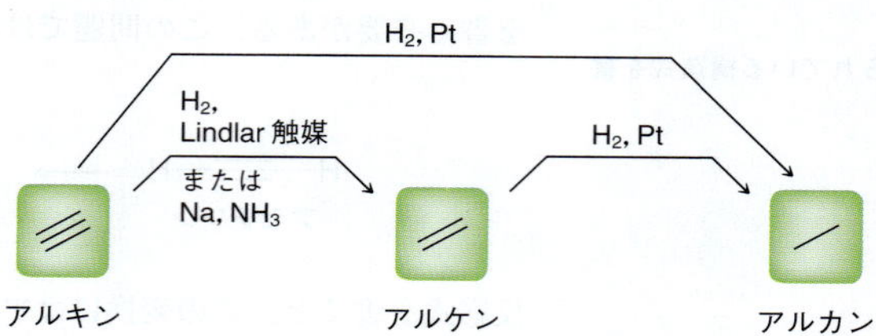

ンにするにはどうすればよいだろうか.

アルカンをアルケンに変換するのに必要な反応については，このあと 11 章で説明する．しかし，アルケンをアルキンにする方法はすでに述べた．すなわち，アルケンは臭素化した後，脱離反応を行うことによりアルキンに変換できる.

$$\xrightarrow[CCl_4]{Br_2} \text{Br}\!-\!CH_2CH_2\!-\!\text{Br} \xrightarrow[2)\ H_2O]{1)\ NaNH_2(\text{過剰量})}$$

これにより，アルカン，アルケン，アルキンの相互変換が可能になる（図 10・7）.

図 10・7　アルカン，アルケン，アルキンの相互変換に用いられる反応剤

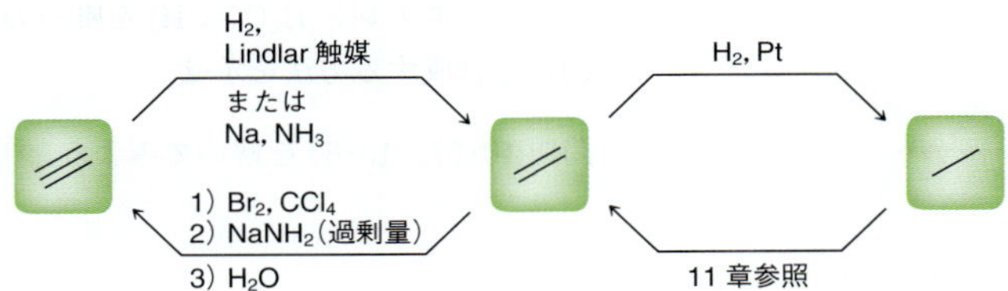

スキルビルダー 10・6　アルカン，アルケン，アルキンの相互変換

スキルを学ぶ

次の変換を行う適切な方法を示せ.

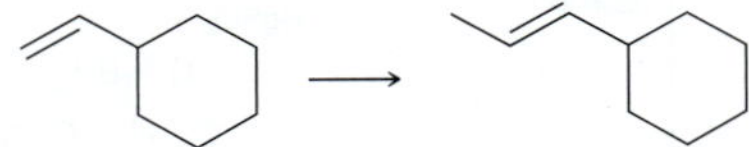

解答

この問題では，ビニル位にメチル基を導入する方法（アルケンのアルキル化）が必要である．アルケンを直接アルキル化する方法はまだ述べていないが，アルキンをアルキル化する方法は説明した．アルケンはアルキンと相互変換できるので，これを利用して問題の変換を行うことができる．すなわちアルケンをまずアルキンに変換し，これを用いてアルキル化する．アルキル化した後，アルキンはアルケンにできる.

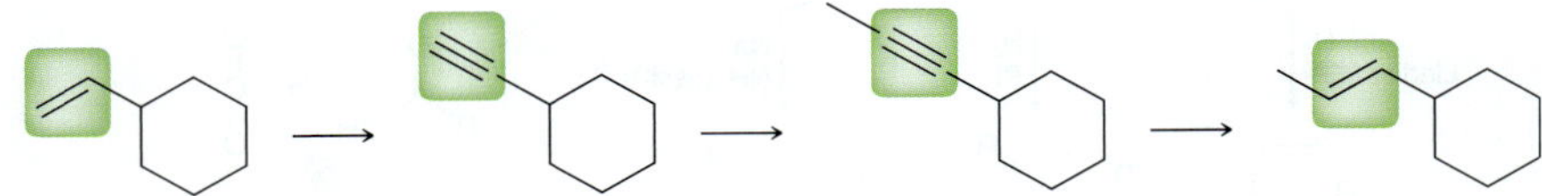

この合成法の最初の段階（アルケンをアルキンに変換する）はアルケンを臭素化してジブロモ体とした後，過剰の $NaNH_2$ を用いる脱離反応により行える．生じたアルキンを精製・単離し，ついで $NaNH_2$ を作用させた後ヨウ化メチルを加えることにより，アルキル化できる．最後に溶解金属還元によりアルキンをトランス体のアルケンに変換できる.

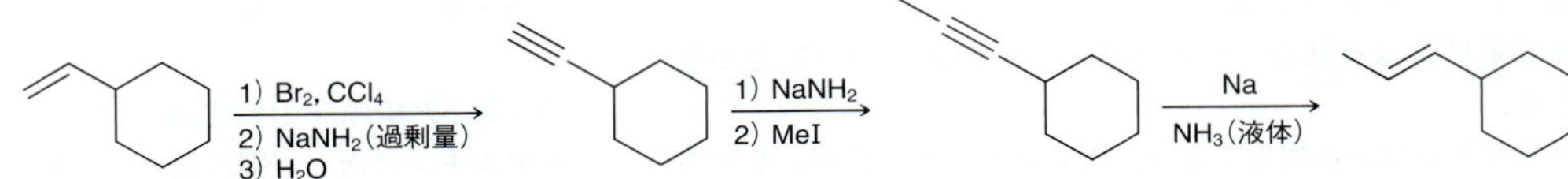

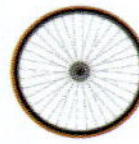

スキルの演習

10・32　次の変換を行う適切な方法を示せ．

(a)　(b)　(c) OH　(d) HO　(e) Br Br　(f) Br Br ＋エナンチオマー

スキルの応用

10・33　次の変換を行うのに必要な反応剤を示せ．

(a) ブロモエタンの炭素原子をすべて二酸化炭素に変換する．

(b) 2-ブロモプロパンのすべての炭素原子を酢酸 CH_3COOH に変換する．

10・34　エチレン $H_2C{=}CH_2$ を唯一の炭素源として，3-ヘキサノン $CH_3CH_2COCH_2CH_2$-CH_3 を合成する方法を示せ．

問題 10・57，10・60 を解いてみよう．

反応のまとめ

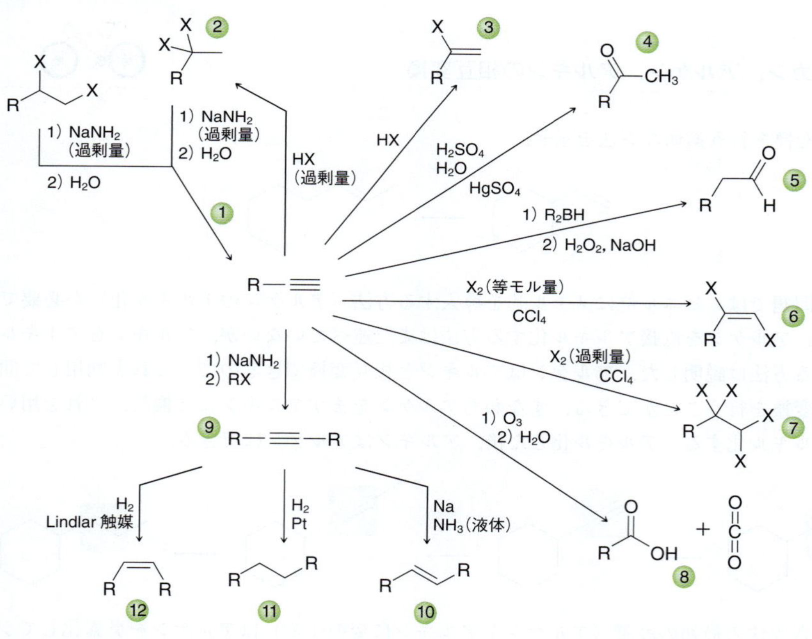

1. 脱離反応
2. 2 分子の H−X の付加反応
3. 1 分子の H−X の付加反応
4. 酸触媒による水和反応
5. ヒドロホウ素化-酸化反応
6. ハロゲン化反応（等モル量）
7. ハロゲン化反応（2 倍モル量）
8. オゾン分解反応
9. アルキル化
10. 溶解金属還元
11. 接触水素化反応
12. 被毒触媒を用いた接触水素化反応

考え方と用語のまとめ

10・1　アルキンとは

- 三重結合は σ 結合一つと π 結合二つの計三つの結合からなる．
- アルキンは直線構造をとり，塩基としても求核剤としても作用することができる．

10・2　アルキンの命名法

- アルキンは次の規則に従ってアルカンと同様に命名する．

- 接尾語 “アン -ane” を “イン -yne” に置き換える.
- 母体化合物は炭素－炭素三重結合を含む最も長い炭素鎖とする.
- 三重結合部位にはできる限り小さい位置番号がつくようにする.
- 三重結合の位置は位置番号一つで表し，母体名あるいは接尾語の直前におく.

- 一置換アセチレンは**末端アルキン**であり，二置換アルキンは**内部アルキン**である.

10・3　アセチレンと末端アルキンの酸性度

- アセチレンの共役塩基は**アセチリドイオン**とよばれ，非共有電子対が sp 混成軌道を占有しているため比較的安定化されている.
- 末端アルキンの共役塩基は**アルキニドイオン**とよばれ，$NaNH_2$ のような強塩基でのみ生じる.

10・4　アルキンの合成

- アルキンは**ジェミナル**あるいは**ビシナル**ジハロゲン化物から連続する 2 回の脱離反応によって合成できる.

10・5　アルキンの還元

- アルキンを接触水素化するとアルカンが生成する.
- **被毒触媒**（Lindlar 触媒か Ni_2B）を用いた接触水素化ではシス体のアルケンが生じる.
- アルキンは**溶解金属還元**によりトランス体のアルケンを生じる．反応は**ラジカルアニオン**中間体を経由し，反応機構は 1 電子の移動を表す片羽矢印を用いて表す.

10・6　アルキンへのハロゲン化水素の付加

- アルキンは HX と反応して Markovnikov 付加体を生じる.
- アルキンへのハロゲン化水素の付加反応の機構として，**ビニル型カルボカチオン**中間体を経由する機構がひとつの可能性として考えられるが，3 分子が関与する反応機構も考えられる.
- アルキンへの HX の付加はさまざまな機構で進行し，それぞれが同時に互いに競争的に起こっていると考えられる.
- 末端アルキンを過酸化物存在下 HBr と反応させると，逆 Markovnikov 付加体を生じる.

10・7　アルキンの水和反応

- アルキンの酸触媒による水和反応は硫酸水銀 $HgSO_4$ により触媒され**エノール**を生成する．これは速やかにケトンに変換されるため単離できない.
- エノールとケトンは**互変異性体**であり，これはプロトンの移動により速やかに相互変換する構造異性体である.
- エノールとケトンの相互変換は，**ケト-エノール互変異性**とよばれ，微量の酸あるいは塩基により触媒される.
- 末端アルキンのヒドロホウ素化-酸化反応は逆 Markovnikov 型の付加反応が進行してエノールを生じ，互変異性化により速やかにアルデヒドが生成する.
- 塩基性条件では，互変異性化は**エノラートイオン**とよばれる共鳴安定化されたアニオンを経由して進行する.

10・8　アルキンのハロゲン化反応

- アルキンはハロゲン化によりテトラハロゲン化物を生じる.

10・9　アルキンのオゾン分解反応

- 内部アルキンにオゾンを作用させたあと，水を加えると酸化的開裂反応が進行し，カルボン酸を生じる.
- 末端アルキンの酸化的開裂反応では，末端炭素は二酸化炭素になる.

10・10　末端アルキンのアルキル化

- アルキニドイオンにハロゲン化アルキル（メチルあるいは第一級アルキル）を作用させると**アルキル化**が進行する.
- アセチレンには末端水素が二つあるので，アルキル化を順次行うことができる.

10・11　合成戦略

- アルケンを臭素化し，つづけて過剰の $NaNH_2$ を作用させ脱離反応を行うことにより，アルキンが得られる.

スキルビルダーのまとめ

10・1　アルキンを命名する

ステップ 1　主鎖を明確にする．三重結合を含む最も長い炭素鎖を選ぶ.

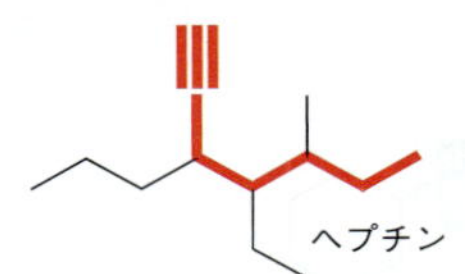

ステップ 2　置換基を明確にして命名する.

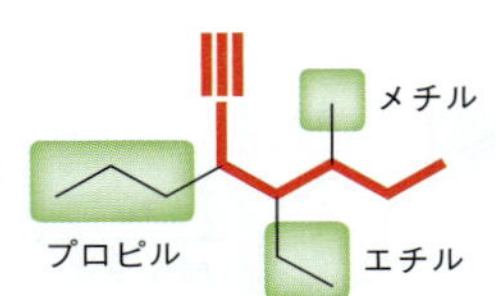

ステップ 3　主鎖に番号をつけ，それぞれの置換基に位置番号をつける.

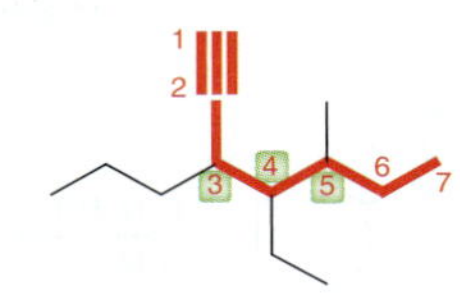

ステップ 4　置換基をアルファベット順に並べる.

4-エチル-5-メチル-3-プロピル-1-ヘプチン

10・2　末端アルキンの脱プロトン反応の平衡の位置を予想する

ステップ 1　平衡反応の左辺と右辺それぞれでの酸と塩基を明確にする．

R—C≡C—H ＋ $^{-}$:ÖH ⇌ R—C≡C:$^{-}$ ＋ H_2Ö:

酸　　塩基　　塩基　　酸

ステップ 2　二つの酸の pK_a を比べてどちらがより弱い酸か決める．

R—C≡C—H　　H_2O

pK_a 約 25　　pK_a 15.7

ステップ 3　平衡はより弱い酸とより弱い塩基を生じる方向に偏る．したがってこの場合，平衡は左側へ偏る．

10・3　酸触媒によるケト-エノール互変異性化反応の機構を書く

ステップ 1　エノールの π 結合をプロトン化する（ヒドロキシ基をプロトン化してはならない）．

ステップ 2　中間体の共鳴構造式を書く．

ステップ 3　脱プロトンしてケトンを生成する．

10・4　アルキンの水和反応に用いる適切な反応剤を選択する

ステップ 1　反応の位置選択性を確認する．

ステップ 2　その位置選択性を実現するのに適切な反応剤を選択する．

メチルケトン ←（H_2SO_4, H_2O / $HgSO_4$）— R—≡ —（1) R_2BH 2) H_2O_2, NaOH）→ アルデヒド

10・5　末端アルキンをアルキル化する

ステップ 1　問題で述べられている構造式を書く．

ステップ 2　アセチレンにナトリウムアミドを作用させた後，適切なハロゲン化アルキルを加え，一つ目のアルキル基を導入する．

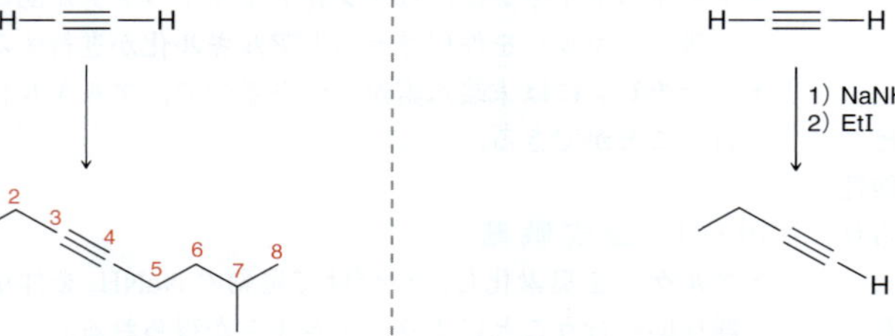

ステップ 3　必要であれば二つ目のアルキル基を導入する．

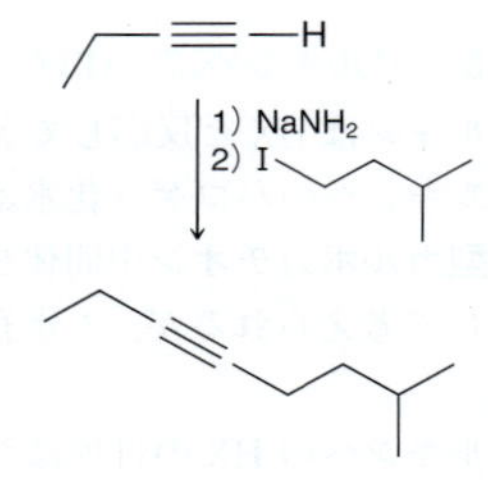

10・6　アルカン，アルケン，アルキンの相互変換

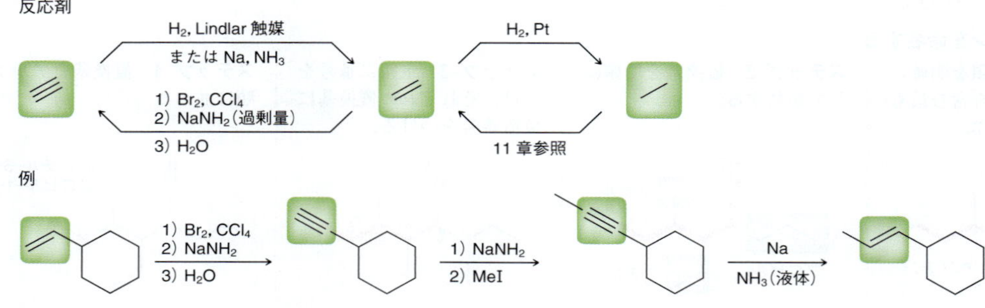

練 習 問 題

10・35 次の化合物を命名せよ.

(a)　(b)

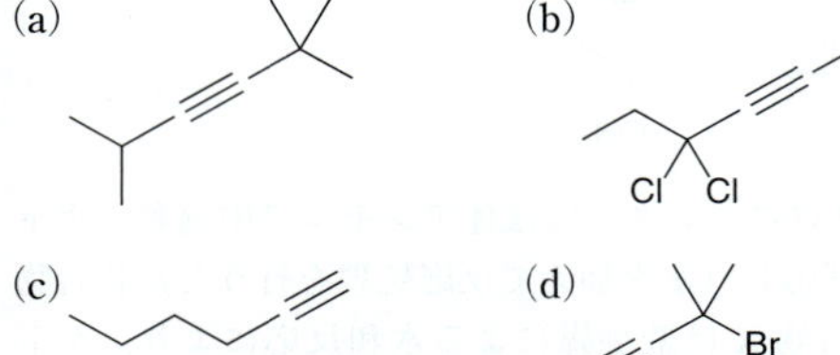

(c)　(d) Br

10・36 次の化合物の線結合構造式を書け.

(a) 2-ヘプチン　(b) 2,2-ジメチル-4-オクチン
(c) 3,3-ジエチルシクロデシン

10・37 次の反応の生成物を書け.

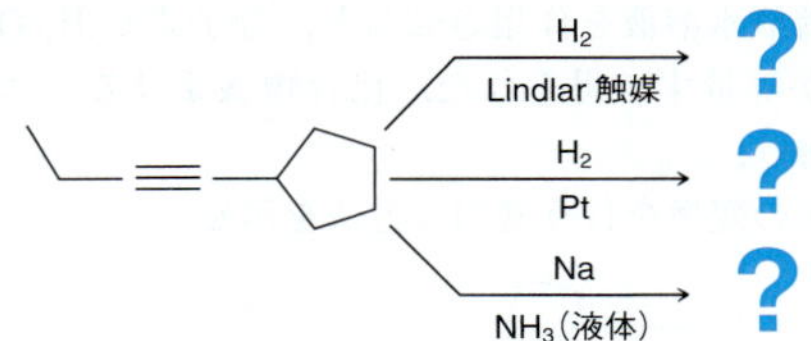

10・38 次の反応の生成物を書け.

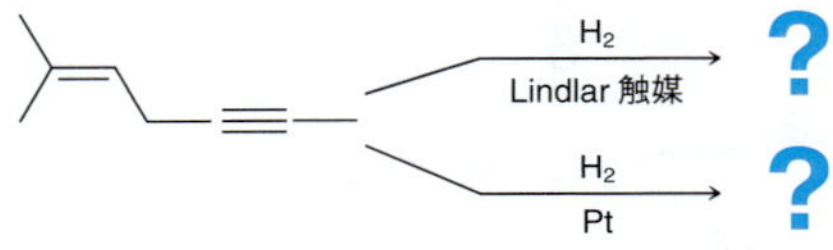

10・39 次の酸塩基反応の生成物を示し，その平衡がどちらに偏るか予想せよ.

(a)　(b)

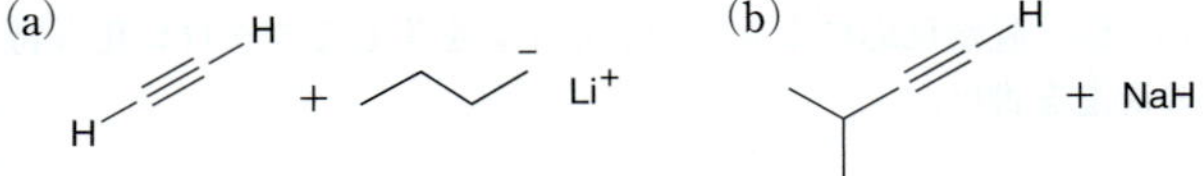

10・40 1-ペンチンと次の反応剤との生成物を書け.

(a) H_2SO_4, H_2O, $HgSO_4$　(b) 9-BBN，つづいて H_2O_2, NaOH
(c) 2 倍モル量の HBr　(d) 等モル量の HCl
(e) 四塩化炭素中で 2 倍モル量の Br_2
(f) 液体アンモニア中 $NaNH_2$，つづいて MeI
(g) H_2, Pt

10・41 次の変換を行うのに必要な反応剤を示せ.

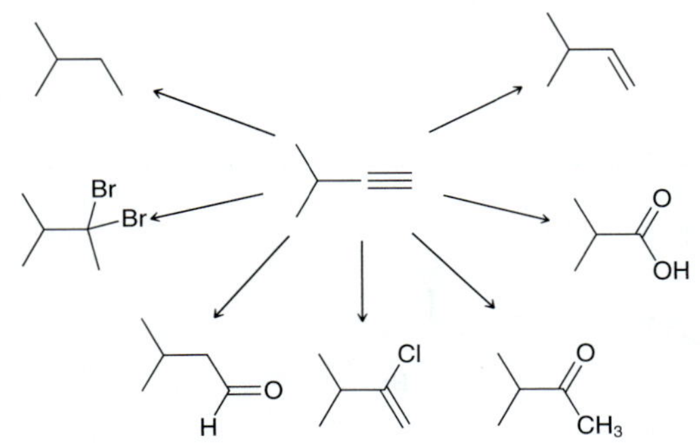

10・42 次に示す塩基のなかで末端アルキンを脱プロトンするのに用いることができるのはどれか.

(a) $NaOCH_3$　(b) NaH　(c) BuLi　(d) NaOH
(e) $NaNH_2$

10・43 次の化合物の組のうち，ケト-エノール互変異性体の関係にあるものはどれか.

(a) OH　O　(b) OH　O
(c) OH　O　(d) HO OH　O OH

10・44 次に示すケトンのエノール体の構造を書け.

(a)　(b)　(c)

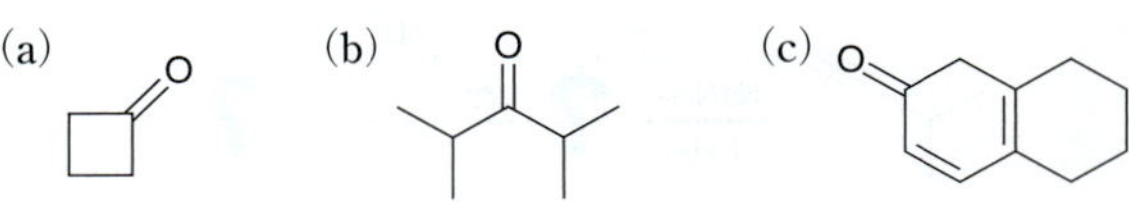

10・45 オレイン酸 (oleic acid) とエライジン酸 (elaidic acid) はアルケンの異性体である.

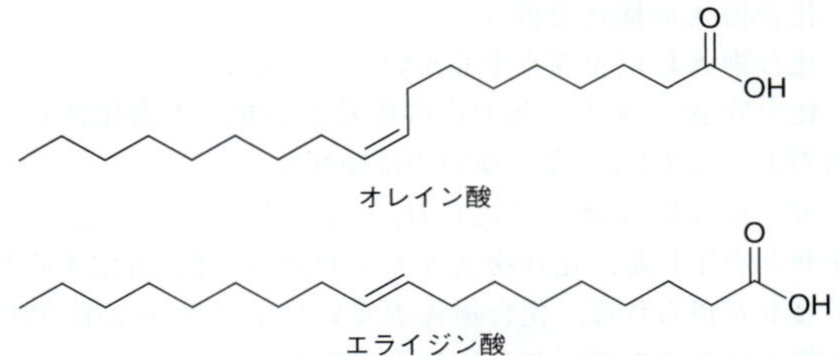

オレイン酸
エライジン酸

バターの脂肪の主成分であるオレイン酸は，常温で無色の液体である．部分的に水素化された植物油の主成分であるエライジン酸は常温で白色固体である．オレイン酸とエライジン酸はいずれもステアロール酸 (stearolic acid) というアルキンの還元により合成できる．ステアロール酸の構造式を書き，オレイン酸とエライジン酸に変換するのに必要な反応剤を示せ.

10・46 次の反応の最終生成物を示せ.

(a) Br Br (シクロヘキシル基をもつ基質) → 1) $NaNH_2$(過剰量)　2) EtCl　3) H_2, Lindlar 触媒 → ?

(b) H−C≡C−H → 1) $NaNH_2$　2) MeI　3) 9-BBN　4) H_2O_2, NaOH → ?

(c) H−C≡C−H → 1) $NaNH_2$　2) EtI　3) $HgSO_4$, H_2SO_4, H_2O → ?

(d) H−C≡C−H → 1) $NaNH_2$　2) MeI　3) $NaNH_2$　4) EtI　5) Na, NH_3(液体) → ?

10・47 (*R*)-4-ブロモ-2-ヘプチンに対し白金触媒存在下水素を作用させると，生成物は光学不活性であるが，(*R*)-4-ブロ

モ-2-ヘキシンを同様に反応させると光学活性体が得られるのはなぜか.

10・48　水素化により3-エチルペンタンが生成するアルキンの構造を書け．このアルキンを命名せよ.

10・49　次の反応の機構を示せ.

(a) Na / NH_3(液体)

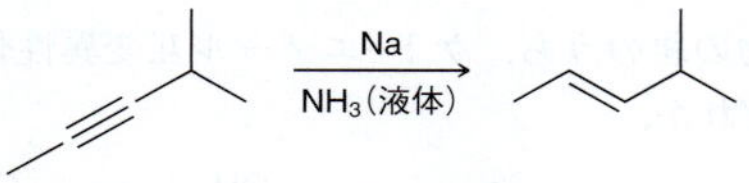

(b) HO　OH　H_3O^+　O　O

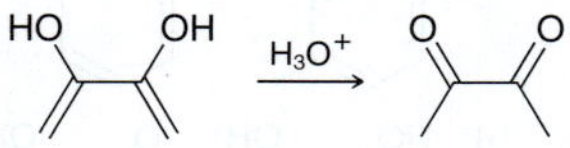

10・50　次の反応の生成物を必要に応じその立体化学がわかるように書け.

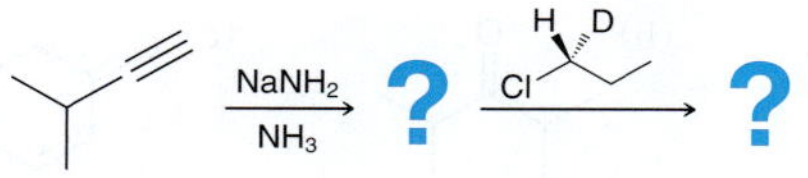

$NaNH_2$ / NH_3 → ? → (H, D, Cl) → ?

10・51　化合物Aはアルキンでパラジウム触媒存在下，2倍モル量の水素と反応し，2,4,6-トリメチルオクタンを生じる.

(a) 化合物Aの構造を書け.

(b) 化合物Aにはキラル中心がいくつあるか.

(c) 化合物Aのメチル基の位置番号を示せ．水素化された生成物のように2,4,6とならないのはなぜか.

10・52　化合物Aは分子式C_7H_{12}で，水素化により2-メチルヘキサンを生じる．化合物Aをヒドロホウ素化-酸化するとアルデヒドが得られる．化合物Aとそのヒドロホウ素化-酸化により得られるアルデヒドそれぞれの構造を書け.

10・53　次の変換を行う適切な方法を示せ.

(a)

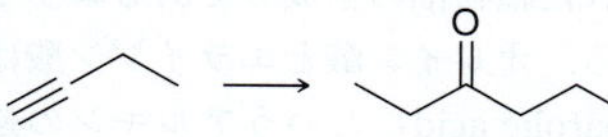

(b) Br Br

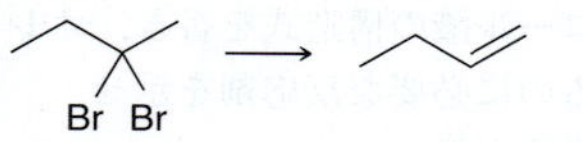

(c) Br Br

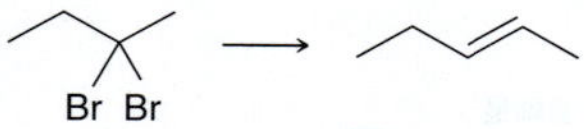

(d) Cl Cl　O

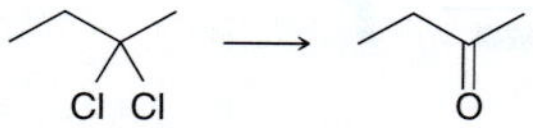

(e) Br Br　Br　Br

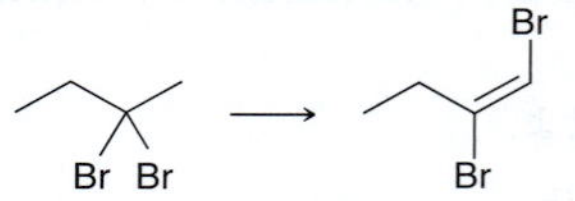

(f) Cl Cl　OH

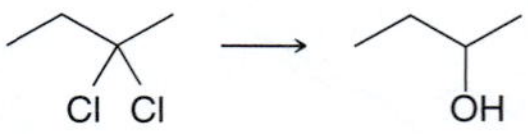

10・54　1,2-ジクロロペンタンは液体アンモニア中過剰のナトリウムアミドと反応し（水を加えて反応処理を行うと）化合物Xを生じる．化合物Xは酸触媒による水和反応により，ケトンを生成する．このケトンの構造を書け.

10・55　構造未知のアルキンをオゾンと反応させた後，加水分解すると酢酸と二酸化炭素が得られた．このアルキンの構造を書け.

10・56　化合物Aは分子式C_5H_8のアルキンである．硫酸水銀存在下，硫酸水溶液を作用させると，分子式$C_5H_{10}O$の2種類の生成物が等量ずつ得られた．化合物Aおよび二つの生成物の構造を書け.

10・57　次の変換を行う適切な方法を示せ.

(a)

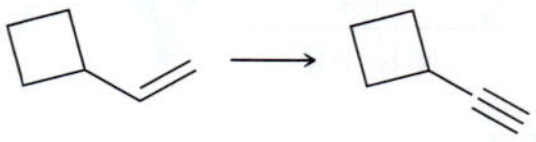

(b) O

(c)

(d)

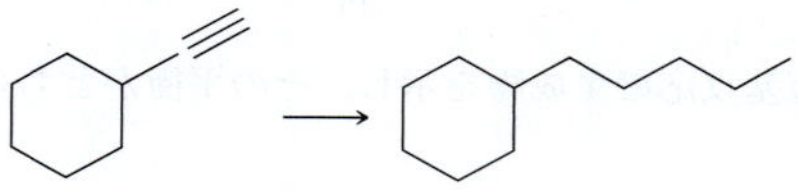

10・58　脱離反応により次のアルキンを生じるジクロロ化合物の構造を書け.

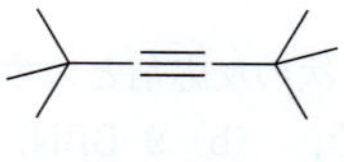

10・59　化合物A～Dの構造を書け.

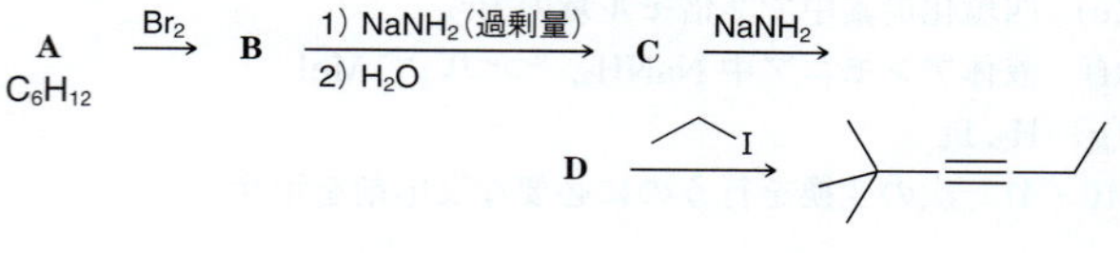

A (C_6H_{12}) —Br_2→ B —1) $NaNH_2$(過剰量) 2) H_2O→ C —$NaNH_2$→ D —(I)→

発展問題

10・60　次の変換を行うのに必要な反応剤を書け．いずれの場合も少なくとも一つ本章で学んだ反応を，同じく少なくとも一つこれまでの章で学んだ反応を用いる必要がある．この問題のポイントは，必要な立体化学の制御を行うのに適した反応剤を選択することである.

(a) Br　Br

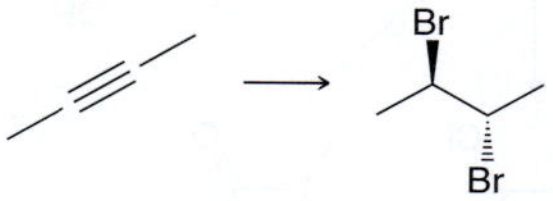

(b) Br, Br + エナンチオマー

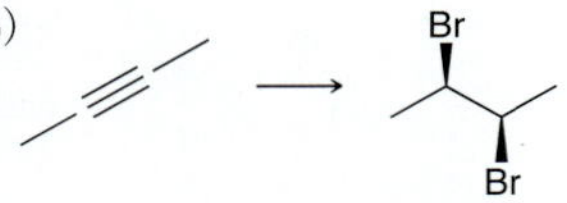

(c) OH, OH + エナンチオマー

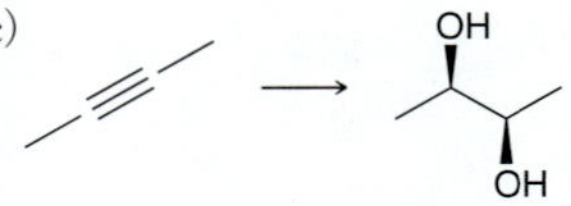

(d) OH, OH

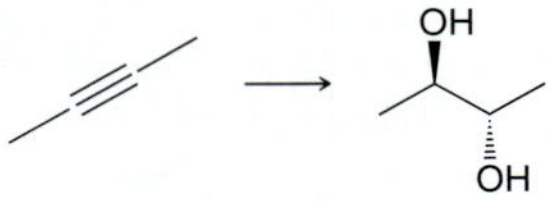

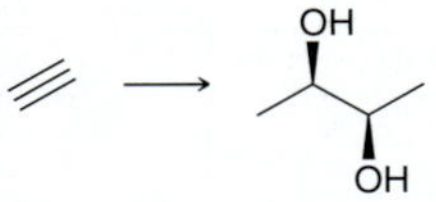

(e) OH, OH + エナンチオマー

(f) OH, OH

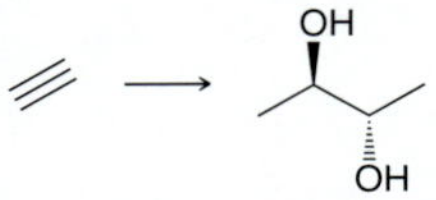

10・61　次の変換を行うのに必要な反応剤を示せ.

(a) D, D

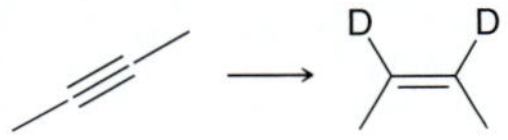

(b) D, D

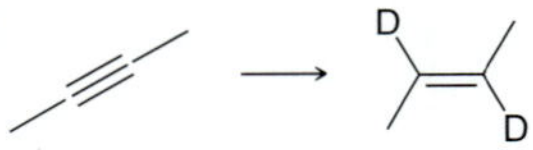

(c) D

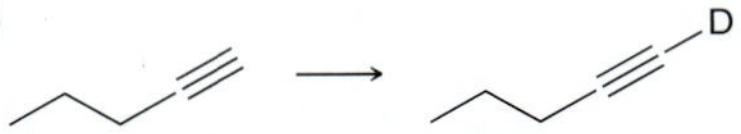

10・62　次の反応を行っても目的物は得られず，その構造異性体が得られる．実際に得られる生成物の構造を書き，その生成機構を示せ.

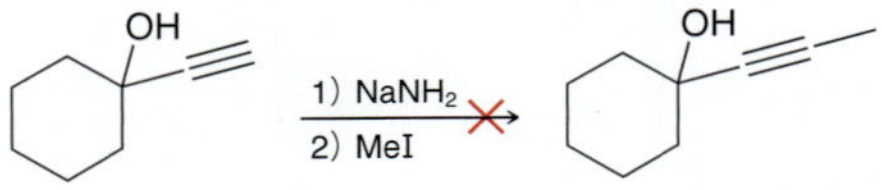

OH　1) $NaNH_2$　2) MeI　OH

10・63　次の反応の機構を示せ.

O　OH　H_3O^+　O　OH

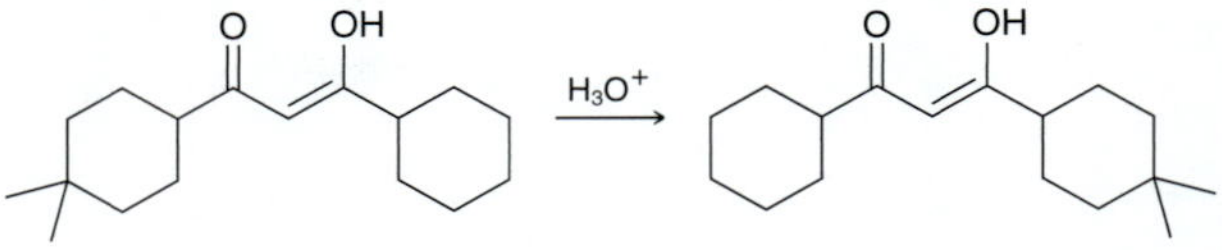

10・64　次の互変異性化反応の機構を示せ.

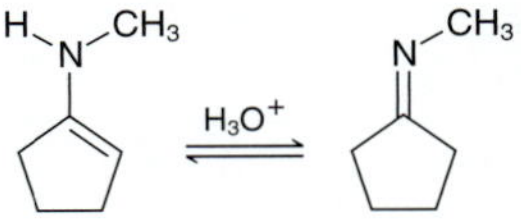

H　N　CH_3　H_3O^+　N　CH_3

10・65　アセチレンと臭化メチルを炭素源として用い，次の化合物の合成法を示せ.

(a) O　Et　Me　+ エナンチオマー

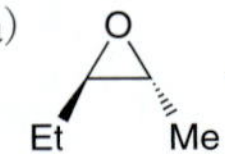

(b) O　Et　Me　+ エナンチオマー

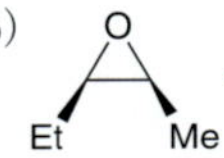

10・66　次の反応の機構を示せ.

R—≡　Br_2　H_3O^+　O　R　Br

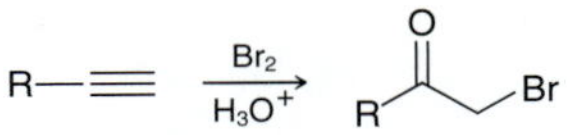

10・67　次の反応の機構を示せ.

O　H　D_3O^+　O　D

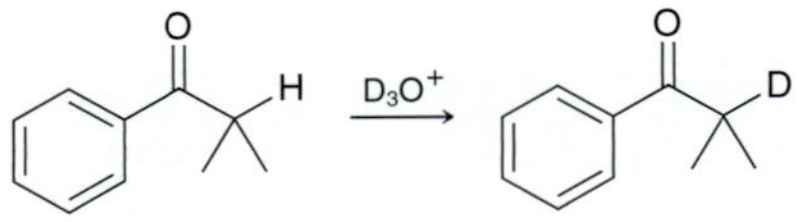

11 ラジカル反応

本章の復習事項
- エンタルピー §6·1
- エントロピー §6·2
- Gibbs 自由エネルギー §6·3
- エネルギー図を読む §6·6

なぜある種の化学薬品は水よりも効果的に火を消すことができるのだろうか.

火災は，有機化合物が熱と光を放出しながら二酸化炭素と水に変換される燃焼とよばれる化学反応である．燃焼は，フリーラジカル中間体を経て進行すると考えられている永続的な連鎖反応である．フリーラジカルの性質を理解することが，どのようにすれば最も効果的に消火できるかの鍵となる．

本章ではラジカルに焦点を当てる．その構造や反応性について説明し，ラジカルが食品および化学産業，ならびに健康に及ぼす役割についても紹介する．また火災の話に戻り，どのようにして消火に用いられる化学薬品が燃焼中のラジカル中間体を壊し，それにより燃焼反応を停止し消火できるのかを説明する．

11・1 ラジカル

ラジカルとは

§6・1で，結合には異なった二つの切断の方法があることを述べた．不均等開裂（heterolytic cleavage，ヘテロリシス heterolysis ともいう）によりイオンが生成し，一方，均等開裂（homolytic cleavage，ホモリシス homolysis ともいう）ではラジカルが生成する（図 11・1）．これまで，おもにイオンの関与する反応について述べて

図 11・1 均等開裂と不均等開裂

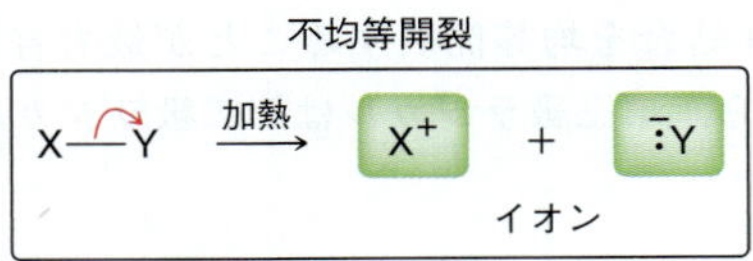

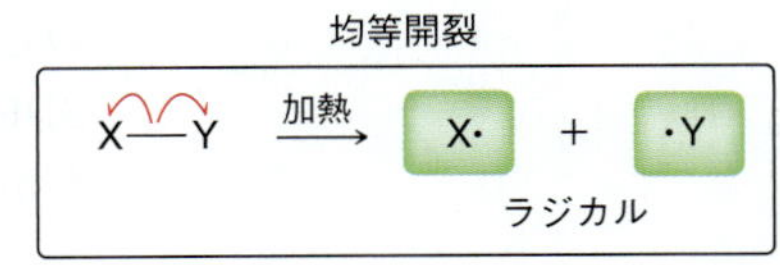

きた．本章では，ラジカルに焦点を当てる．上記の二つの過程に用いられる巻矢印を注意深く見てみよう．イオン反応では両羽の巻矢印を用いるが，ラジカル反応では**片羽矢印**（single-barbed arrow）を用いる（図 11・2）．両羽の巻矢印は，2 電子の動きを示すが，片羽の巻矢印は 1 電子の動きを示す．

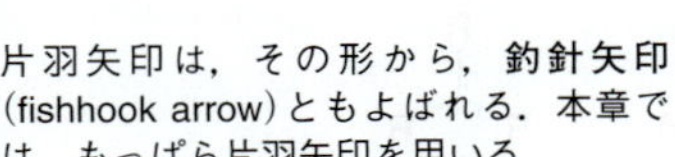
片羽矢印は，その形から，釣針矢印（fishhook arrow）ともよばれる．本章では，もっぱら片羽矢印を用いる．

図 11・2 イオン機構には巻矢印，ラジカル機構には片羽矢印を用いる

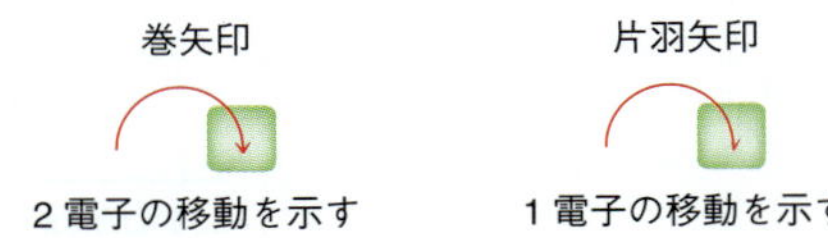

ラジカルの構造と幾何配置

ラジカルの構造と幾何配置を理解するために，カルボカチオンとカルボアニオンの

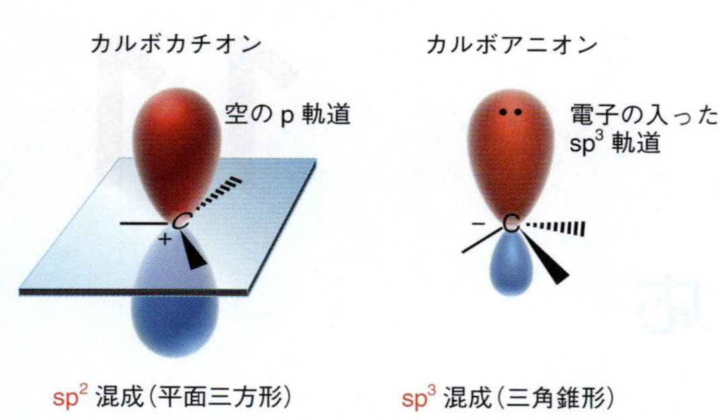

図 11・3　カルボカチオンとカルボアニオンの構造の比較

平面三方形

または

広がったピラミッド形
（反転が速い）

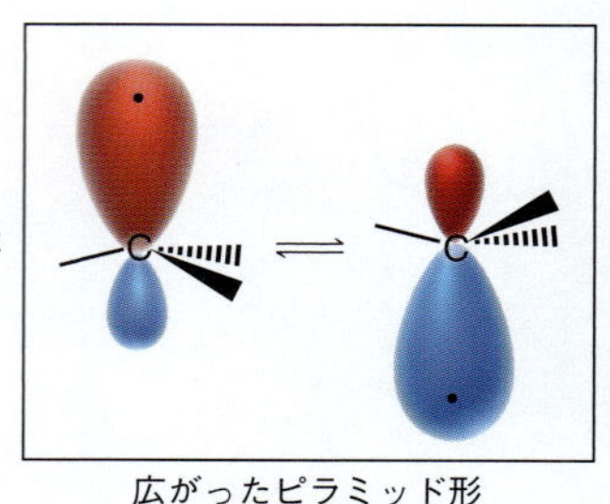

図 11・4　炭素ラジカルの構造

構造を簡単に復習しよう（図 11・3）．カルボカチオンは sp^2 混成をとり，平面三方形構造をしている．一方，カルボアニオンは sp^3 混成で三角錐構造をとる．この構造の違いは非結合電子の数の差による．カルボカチオンは非結合性の電子をもたないが，カルボアニオンは非結合性の電子を二つもっている．炭素ラジカルは非結合電子を一つもつので，これらの場合の中間である．したがって，炭素ラジカルの構造は平面三方形と三角錐形の中間であると考えられる．実験結果から，炭素ラジカルは，平面三方形構造，あるいは非常に反転エネルギーの低い（ほとんど平面に近い）広がったピラミッド構造をとっていることが示唆される（図 11・4）．どちらにせよ，炭素ラジカルは，平面三方形構造であるとみなすことができる．この構造は，本章でのちほどラジカル反応の立体化学について述べる際に重要になる．

カルボカチオンの安定性と超共役については§6・8参照.

ラジカルの安定性の順序は，カルボカチオンの安定性と同じ傾向となる．すなわち，第三級炭素ラジカルは第二級炭素ラジカルよりも安定であり，さらに，第二級炭素ラジカルは第一級炭素ラジカルよりも安定である（図 11・5）．この安定性の順序は，カルボカチオンの安定性の順序と同様に説明できる．特に，アルキル基は超共役とよばれる非局在化により不対電子を安定化する．この安定性の傾向は，結合解離エネルギー（BDE）を比較することによっても支持される．第三級炭素の C−H 結合の結合解離エネルギーが最も小さいことに注意してほしい（図 11・6）．これは，この C−H 結合を均等開裂することが最も容易であることを示している．これらの BDE から，第三級ラジカルは第二級ラジカルよりも約 16 kJ/mol 安定であることがわかる．

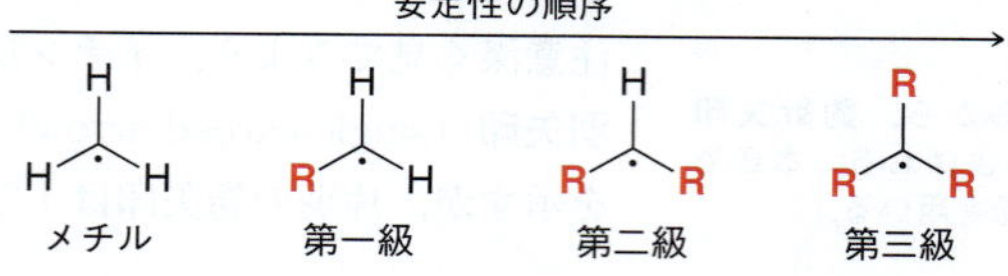

図 11・5　炭素ラジカルの安定性

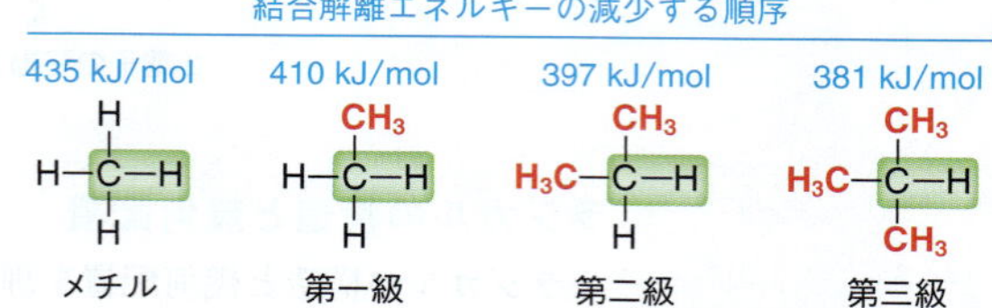

図 11・6　アルキル基の C−H 結合の結合解離エネルギー

チェックポイント

11・1 次に示すラジカルを安定な順に並べよ.

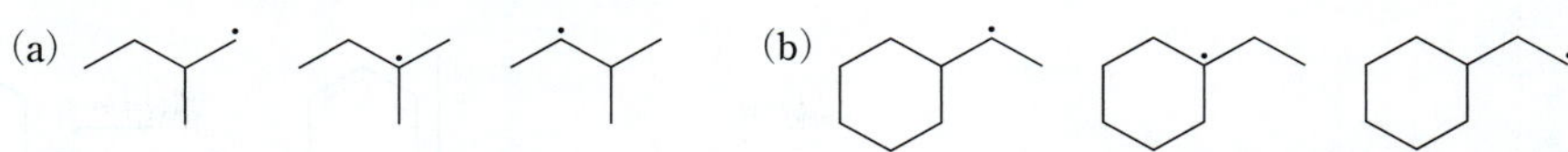

アリル位

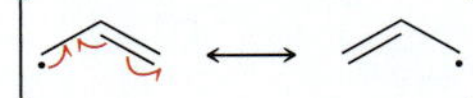

ラジカルの共鳴構造

2章で，共鳴構造を書く際の五つの形式を説明した．ラジカルの共鳴構造を書く際にもいくつかの形式がある．しかし，ほとんどの場合，アリルラジカル，すなわちπ結合に隣接する不対電子の形式である．その場合，不対電子は共鳴安定化されており，共鳴構造を示すために三つの片羽矢印が用いられる．

ベンジル位の場合も同様な形式で示され，この場合はより多くの共鳴構造が全体の共鳴混成体に寄与している．

図11・7のBDEの比較から，共鳴安定化されたラジカルは第三級ラジカルよりもさらに安定であることがわかる．ベンジル位あるいはアリル位のC−H結合は，第三級のC−H結合よりも容易に切断される．これらのBDEは，共鳴安定化されたラジカルが第三級ラジカルよりも約17〜25 kJ/mol安定であることを示している．これは，第二級と第三級ラジカルの差の16 kJ/molと比較して差が大きい．

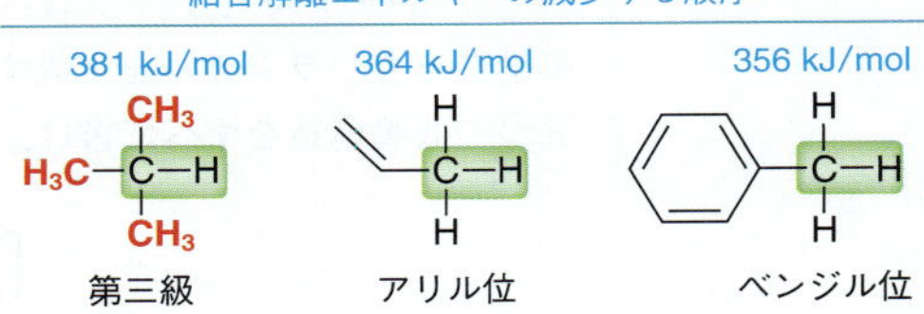

図11・7 アリル位，ベンジル位のC−H結合の結合解離エネルギー

スキルビルダー 11・1 **ラジカルの共鳴構造を書く**

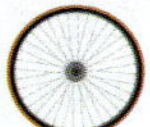

スキルを学ぶ

次に示すラジカルのすべての共鳴構造を，必要な片羽矢印とともに書け．

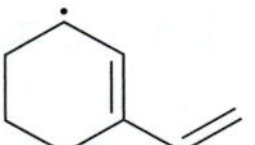

解 答

ステップ 1
π結合に隣接する不対電子を明らかにする．

ラジカルの共鳴構造を書く際には，まずπ結合に隣接する不対電子を明らかにする．この場合，不対電子は実際にアリル位に位置している．したがって，次の三つの片羽矢印を書くことができる．

ステップ 2
三つの片羽矢印を書き，次に対応する共鳴構造を書く．

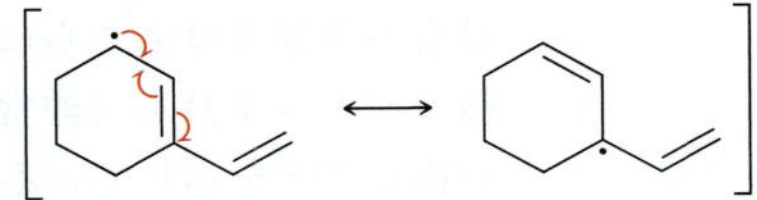

新しい共鳴構造では，もう一つのπ結合に隣接して不対電子が存在する．したがって，再度三つの片羽矢印を書くと，さらに異なる共鳴構造にたどり着く．

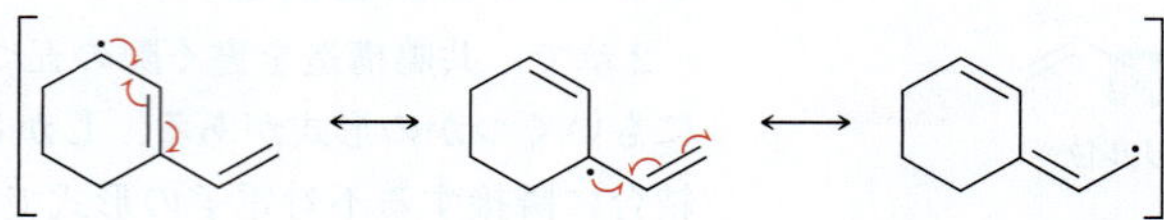

あわせて，三つの共鳴構造が存在する．

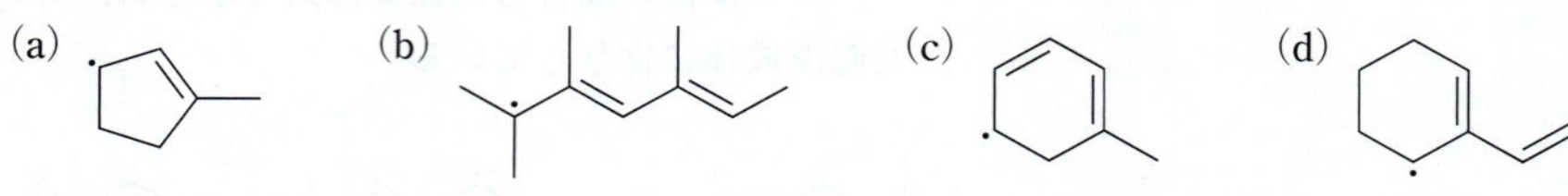

スキルの演習

11・2　次のラジカルの共鳴構造を書け．

(a)　(b)　(c)　(d)

スキルの応用

11・3　トリフェニルメチルラジカルは，観測された初めてのラジカルである．このラジカルのすべての共鳴構造を書き，このラジカルが異常に安定な理由を説明せよ．

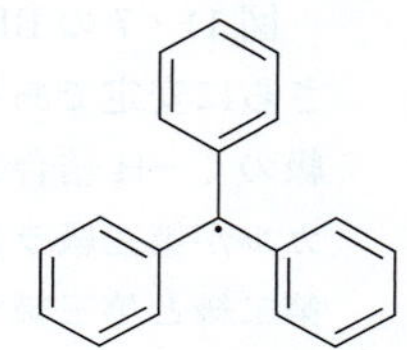

11・4　5-メチル-1,3-シクロペンタジエンはC−H結合の均等開裂を起こし，五つの共鳴構造をもつラジカルを生成する．どの水素が引抜かれるか示し，生成するラジカルの五つの共鳴構造をすべて書け．

5-メチル-1,3-
シクロペンタジエン

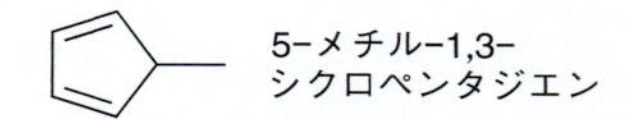

問題 11·22，11·25 を解いてみよう．

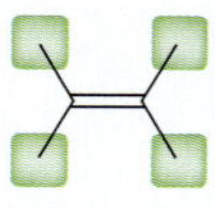
アリル位

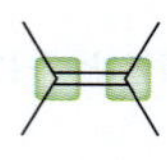
ビニル位

本節では，アリルラジカルとベンジルラジカルは共鳴安定化されていることを述べた．ラジカルの安定性を考える際に，アリル位とビニル位を混同しないように注意しよう．ビニルラジカルは共鳴安定化されておらず，共鳴構造をもたない．

実際，ビニルラジカルは第一級ラジカルよりも不安定である．これはBDEを比較すると明らかである（図11・8）．ビニル位のC−H結合の開裂には，第一級のC−H結合の開裂よりもさらにエネルギーを要する．このBDEは，ビニルラジカルは第一級ラジカルよりも（非常に大きなエネルギー差である）50 kJ/mol 以上もエネルギーが高いことを示している．

図 11・8　ビニル位，アリル位の C−H 結合の結合解離エネルギー

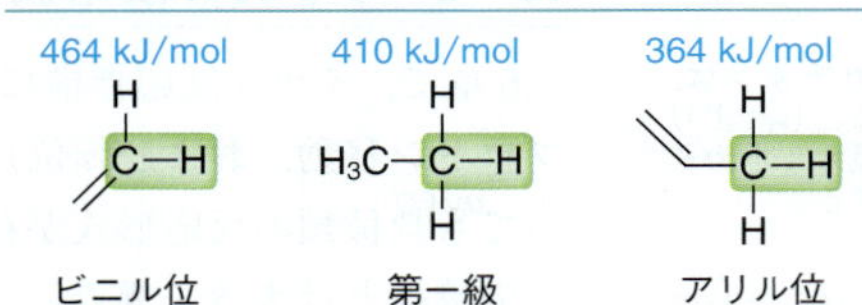

スキルビルダー 11・2　化合物中の結合エネルギーの最も小さい C−H 結合を明らかにする

スキルを学ぶ

次の化合物中で最も弱い C−H 結合はどれか．

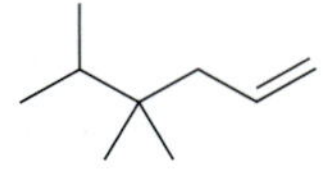

解　答

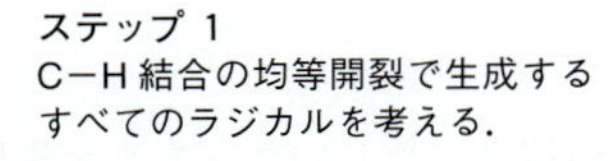

ステップ 1
C−H 結合の均等開裂で生成するすべてのラジカルを考える．

この化合物中のおのおのの C−H 結合が均等開裂すると，次のラジカルが生成する．

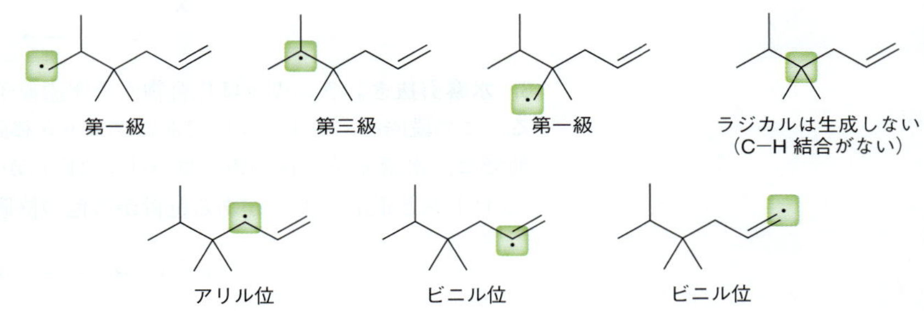

ステップ 2
最も安定なラジカルを明らかにする．

ステップ 3
どの結合が最も弱いか明らかにする．

すべての可能性のなかで，アリルラジカルが最も安定なラジカルである．最も弱い C−H 結合は，最も安定なラジカルを生成する．したがってアリル位の C−H 結合が最も弱い C−H 結合である．それが最も容易に均等開裂を起こす．

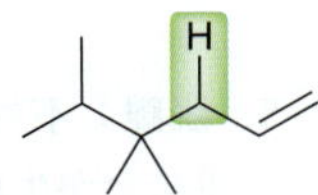

スキルの演習

11・5　次の化合物中で最も弱い C−H 結合はどれか．

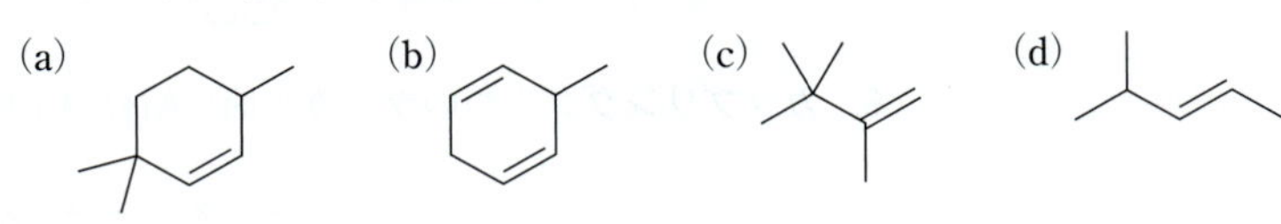

スキルの応用

11・6　赤で示した C−H 結合は，ほぼ同じ結合解離エネルギーをもつ．それぞれの結合の均等開裂により，いずれも共鳴安定化されたラジカルが生成するからである．それにもかかわらず，この二つの C−H 結合の一方は他方よりも弱い．どちらが弱い結合か示し，その理由を説明せよ．

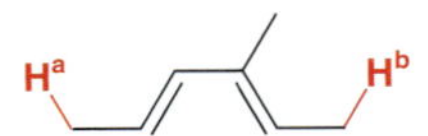

問題 11·23 を解いてみよう．

11・2　ラジカル反応機構の共通の反応形式

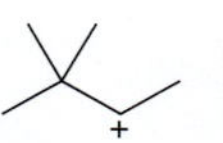

このカルボカチオンは，転位反応を起こし，より安定な第三級カルボカチオンを生成する

このラジカルは，より安定な第三級ラジカルを生成するように転位することはない

6章で，イオン反応機構には巻矢印で示される反応形式が4種類（求核攻撃，脱離，プロトン移動，および転位）しかないことを述べた．同様に，ラジカル反応機構においても数種類の反応形式が存在するのみである．しかし，これらの反応形式はイオン反応機構とは大きく異なっている．たとえば，カルボカチオンは§6・11で述べたように転位反応を起こすが，ラジカルは転位反応を起こさない．

ラジカル反応には，巻矢印で示される6種類の異なった反応形式がある．これらの反応形式を一つずつ説明していこう．

1．均等開裂： 均等開裂には大きなエネルギーを必要とする．このエネルギーは加熱（Δ）あるいは光照射（$h\nu$）の形で供給される．

X—X　—Δ または $h\nu$→　X·　·X

2．π結合への付加： ラジカルはπ結合に付加し，新しいラジカルを生成する．

3．水素引抜き： ラジカルは化合物から水素原子を引抜き，新しいラジカルを生成する．この段階を，イオン反応であるプロトン移動と混同してはならない．プロトン移動では，水素原子の核のみ（プロトン H^+）が移動する．ここでは，水素原子全体（プロトンと電子，H·）がある位置から他の位置へと移動する．

X·　H—R　⟶　X—H　·R

4．ハロゲン引抜き： ラジカルはハロゲン原子を引抜き，新しいラジカルを生成する．この段階は，水素引抜きと類似しており，水素原子の代わりにハロゲン原子が引抜かれる．

R·　X—X　⟶　R—X　·X

5．脱離： 不対電子のある位置をα位という．脱離段階において，α位とβ位の間に二重結合が生成する．その結果，β位の単結合が開裂し，分子が二つに分解する．

6．カップリング： 二つのラジカル間に結合が生成する．

X·　·X　⟶　X—X

図11・9にラジカル機構の6種類の反応形式をまとめる．覚えることがたくさんあるようにみえるが，分類すると理解しやすい．たとえば，最初の段階（均等開裂）と6番目の段階（カップリング）は互いに逆の反応である．結合の均等開裂によりラジカルが生成し，一方，カップリングによりラジカルが消失する．

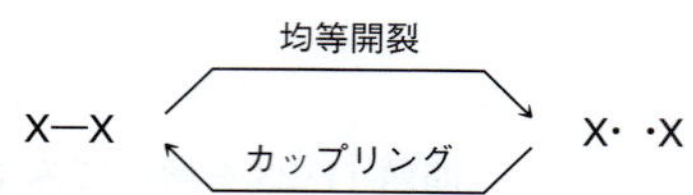

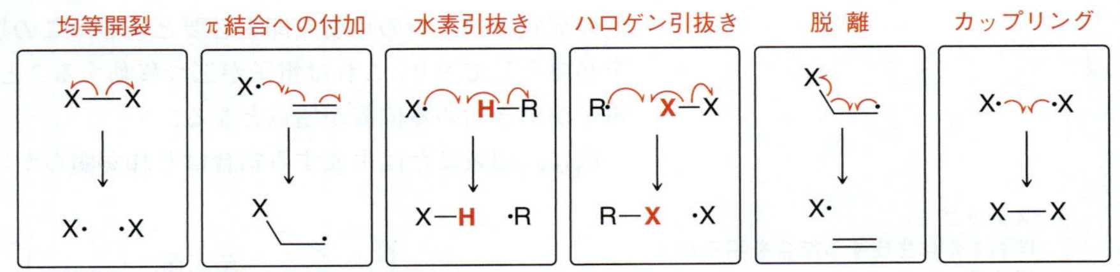

図 11・9　ラジカル反応によくみられる六つの反応形式

図 11・9 に示す 2 番目および 5 番目の段階も，互いに逆の反応である．π結合への付加は脱離の逆反応である．

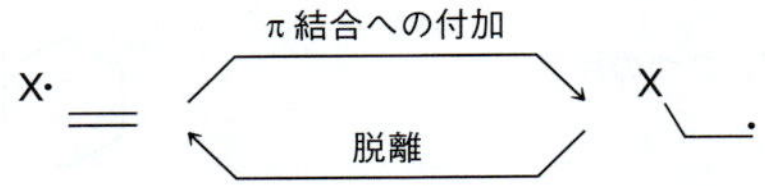

残りの二つの段階はともに引抜反応である（水素引抜きとハロゲン引抜き）．これらの二つの段階は互いに逆反応ではない．水素引抜きの逆反応は水素引抜きである．

X·　H—R　⇄（水素引抜き／水素引抜き）　X—H　·R

同様のことがハロゲン引抜きにもあてはまる．すなわち，ハロゲン引抜きの逆反応は，ハロゲン引抜きである．

ラジカル反応機構を書くときには，各段階は一般に二つまたは三つの片羽矢印を使うことを覚えておいてほしい．図 11・9 に示した六つの段階をもう一度よくみてみよう．一つ目および最後の段階（均等開裂およびカップリング）は，それぞれ 2 電子が移動しているので二つの片羽矢印が必要である．一方，他の段階はすべて 3 電子が移動しており，そのため，片羽矢印が三つ必要である．どの段階においても片羽矢印の数は移動する電子の数に対応している必要がある．片羽矢印を書く練習をしよう．

スキルビルダー 11・3　ラジカル反応の片羽矢印を書く

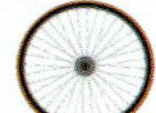

スキルを学ぶ

次のラジカル反応に適切な片羽矢印を書け．

（1-メチルシクロヘキシルラジカル） + Br_2 ⟶ （1-ブロモ-1-メチルシクロヘキサン，Br） + ·Br:

解 答

ステップ 1
反応の形式を明らかにする．

次の方法は，六つすべてのラジカル反応の形式に適用できる．まず最初に，起こっている反応の形式を明らかにする．ラジカルが Br_2 と反応しており，その結果臭素原子の移動が起こっている．したがって，この段階は**ハロゲン引抜き**である．

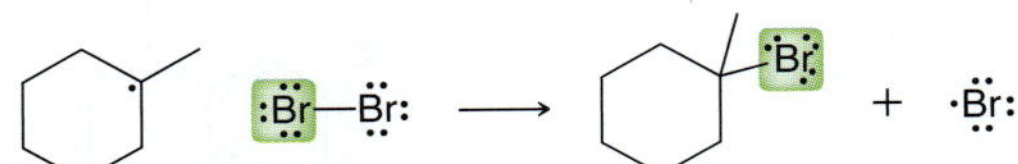

ステップ 2
必要な片羽矢印の数を明らかにする．

用いる必要のある片羽矢印の数を決める（二つまたは三つである）．6 種類の異なった形式があることを思い出そう．開裂とカップリングでは二つの片羽矢印が必要であるが，他の形式では三つの片羽矢印を必要とする．この反応（ハロゲン化）は三つの片羽矢印を必要としており，これは電子が三つ移動することを意味する．それぞれの片羽矢印は，電子が動き始める位置が始点となる．

次に，開裂または生成する結合はどれか明らかにする．

ステップ 3
開裂または生成する結合を明らかにする．

開裂する結合　生成する結合

結合が生成する場合は，結合生成を示す片羽矢印を二つ書く．

ステップ 4
生成する結合について，二つの片羽矢印を書く．

最後に，結合が開裂する場合は，開裂する結合の電子それぞれに対し一つずつ，計二つの片羽矢印を書く．この場合，片羽矢印はすでに一つあり，したがって残りもう一つの片羽矢印を書けばよい．

ステップ 5
開裂する結合について，二つの片羽矢印が書かれていることを確認する．

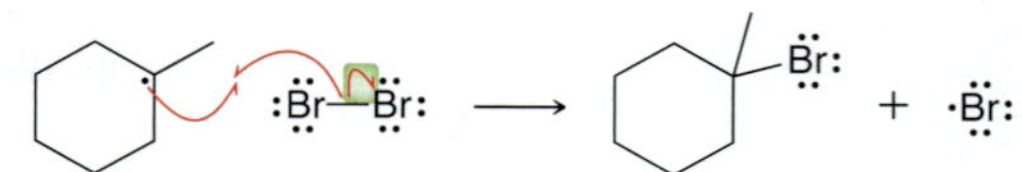

スキルの演習

11・7　次のラジカル反応に適切な片羽矢印を書け．

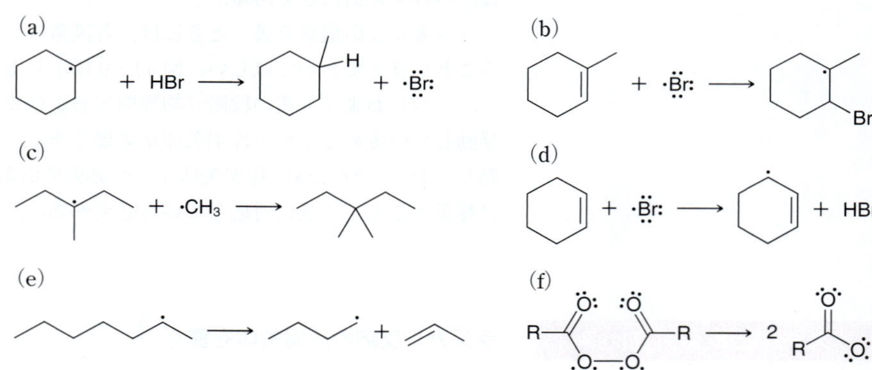

スキルの応用

11・8　次の分子内反応の機構を示せ．

11・9　トリフェニルメチルラジカル 2 分子から次の二量体が生成する．

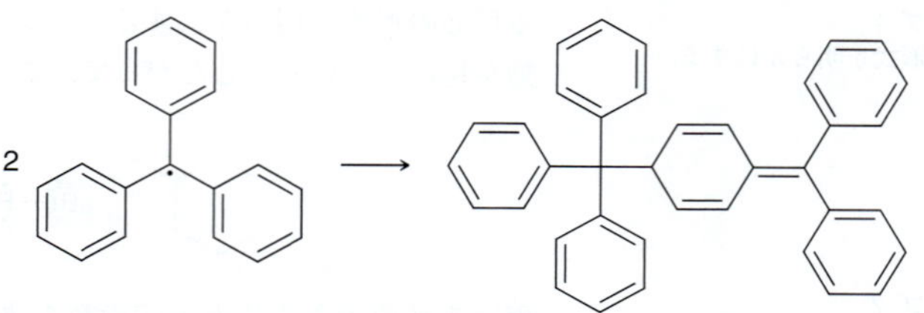

このラジカル反応の形式を明らかにし，適切な片羽矢印を書け．［ヒント：トリフェニ

ルメチルラジカルの共鳴構造を書くと理解しやすい.]

問題 11·48 を解いてみよう.

図 11・9 に示した 6 種類の反応形式は, 開始, 成長, 停止の 3 種類に分類される (図 11・10). **開始** (initiation) 段階でラジカルが生成し, **停止** (termination) 段階は二つのラジカルが結合生成し消滅する. 他の四つの反応形式は一般に**成長** (propagation) 段階であり, 不対電子が, ある場所から他の場所へと移動する. 本章の後半で, 開始段階, 成長段階, 停止段階を明確に定義する必要に迫られるが, いまのところは, (不完全ではあるが) 簡単に定義しておくと次節以降でラジカル反応の反応機構が説明しやすくなる.

図 11・10 よくみられる六つの反応形式の分類

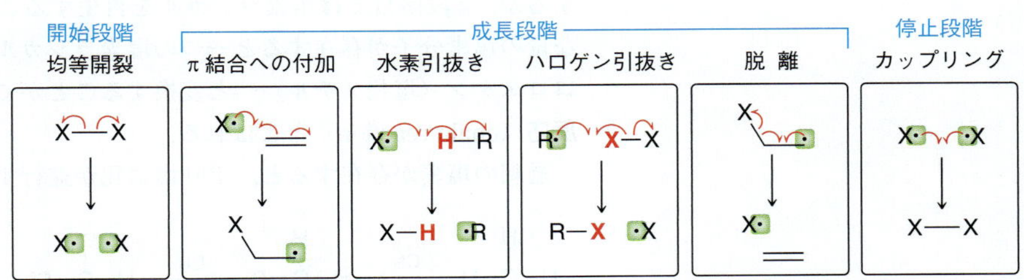

11・3 メタンの塩素化反応

メタンの塩素化反応の機構

前節で得た知識をもとに, ラジカル反応の機構を考えてみよう. 最初の例として, メタンと塩素から塩化メチルが生成する反応を取上げる. この反応はラジカル機構で進行することが知られている (反応機構 11・1).

$$\underset{\text{メタン}}{CH_4} \xrightarrow[h\nu]{Cl_2} \underset{\text{塩化メチル}}{CH_3Cl} + HCl$$

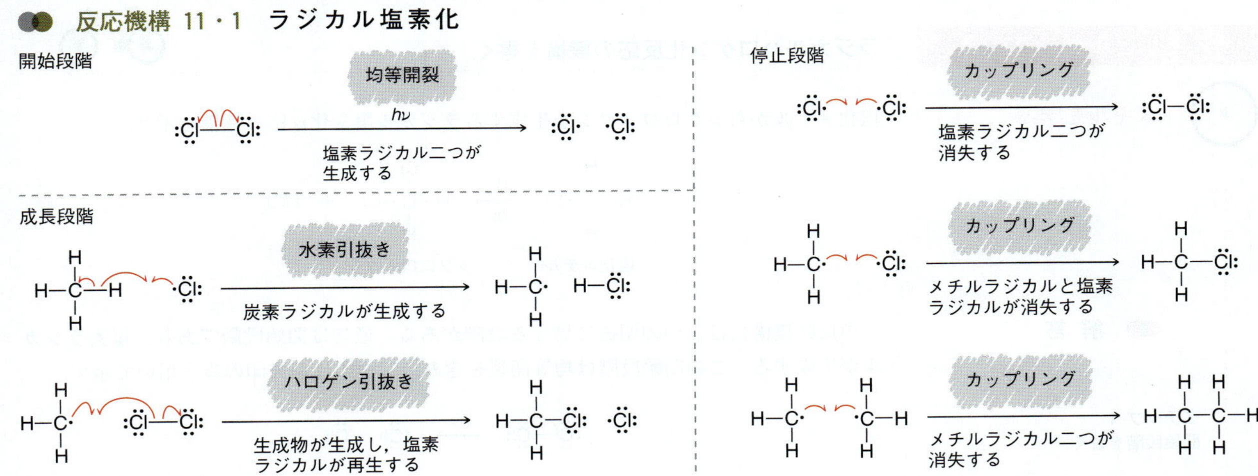

ラジカル塩素化の反応機構は三つの明確に異なる段階に分けられる．開始段階はラジカルが生成し，一方，停止段階はラジカルが消失する．成長段階が最も重要である．なぜならば，成長段階が実際に起こる反応を示しているからである．最初の成長段階は水素引抜きであり，2 番目の成長段階はハロゲン引抜きである．これらの成長段階をあわせたものが，正味の反応となる．

水素引抜き　$CH_4 + \cdot Cl \longrightarrow \cdot CH_3 + HCl$

ハロゲン引抜き　$\cdot CH_3 + Cl_2 \longrightarrow CH_3Cl + \cdot Cl$

正味の反応　$CH_4 + Cl_2 \longrightarrow CH_3Cl + HCl$

成長段階にはもう一つの重要な側面がある．最初の成長段階では塩素ラジカルを消費するが，2 段階目では塩素ラジカルを再生することに注意しよう．このように，十分な量の塩素分子が存在すると一つの塩素ラジカルが究極的には数千のメタン分子をクロロメタン（塩化メチル）へと変換することができる．したがって，この反応は**連鎖反応**（chain reaction）とよばれる．

過剰の塩素が存在すると，ポリ塩素化が進行する．

$$CH_4 \xrightarrow[h\nu]{Cl_2} CH_3Cl \xrightarrow[h\nu]{Cl_2} CH_2Cl_2 \xrightarrow[h\nu]{Cl_2} CHCl_3 \xrightarrow[h\nu]{Cl_2} CCl_4$$

塩化メチル　ジクロロメタン　クロロホルム　四塩化炭素

最初の生成物である塩化メチル CH_3Cl は，メタンよりもラジカルハロゲン化に対する反応性が高い．塩化メチルが生成すると，さらに塩素と反応し，ジクロロメタン（塩化メチレン）を生成する．この反応は，四塩化炭素が生成するまで続く．モノハロゲン化体である塩化メチルを主生成物として得るためには，大過剰のメタンと少量の塩素を用いる必要がある．特に断らない限り，ハロゲン化の反応条件は，一般にモノハロゲン化生成物が得られるように制御されている．

スキルビルダー 11・4　ラジカルハロゲン化反応の機構を書く

スキルを学ぶ

塩化メチルからジクロロメタンを生成するラジカル塩素化反応の機構を示せ．

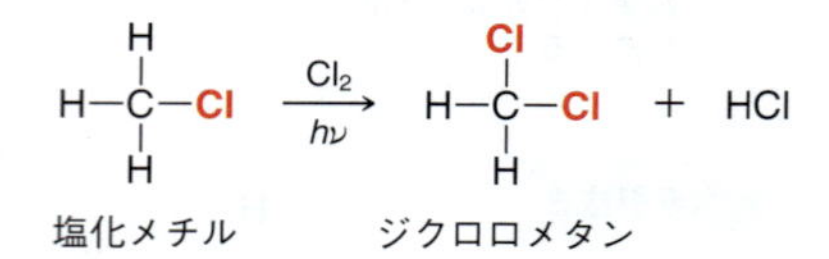

$$CH_3Cl \xrightarrow[h\nu]{Cl_2} CH_2Cl_2 + HCl$$

塩化メチル　ジクロロメタン

解答

ステップ 1
開始段階を書く．

この反応機構には三つの明確に異なる段階がある．最初は開始段階であり，塩素ラジカルが生成する．この開始段階は均等開裂を含み，二つの片羽矢印のみを用いて示す．

$$:\ddot{Cl}-\ddot{Cl}: \xrightarrow{h\nu} :\ddot{Cl}\cdot \quad \cdot\ddot{Cl}:$$

次は成長段階である．水素引抜きによる炭素ラジカルの生成と，ハロゲン引抜きによる炭素－塩素結合生成の二つの成長段階がある．これらの段階にはそれぞれ三つの片羽矢印が用いられる．これら二つの引抜き反応が，この反応の最も重要な部分である．生成物がどのようにして生成するかが示されている．

ステップ 2
成長段階を書く．

水素引抜き

$$\mathrm{CH_2Cl{-}H} + \cdot\mathrm{Cl} \longrightarrow \mathrm{H_2ClC}\cdot + \mathrm{H{-}Cl}$$

ハロゲン引抜き

$$\mathrm{H_2ClC}\cdot + \mathrm{Cl{-}Cl} \longrightarrow \mathrm{H_2ClC{-}Cl} + \cdot\mathrm{Cl}$$

停止段階により反応が終結する．さまざまな停止段階が可能である．ラジカル反応の機構を書く際には，特に求められない限り，すべての可能な停止段階を書く必要はない．望みの生成物を生成する停止段階を一つ書けば十分である．

ステップ 3
少なくとも停止段階を一つ書く．

$$\mathrm{H_2ClC}\cdot + \cdot\mathrm{Cl} \longrightarrow \mathrm{H_2ClC{-}Cl}$$

スキルの演習

11・10 次の反応の機構を示せ．

(a) ジクロロメタンの塩素化によるクロロホルムの生成
(b) クロロホルムの塩素化による四塩化炭素の生成
(c) エタンの塩素化による塩化エチルの生成
(d) 1,1,1–トリクロロエタンの塩素化による 1,1,1,2–テトラクロロエタンの生成
(e) 2,2–ジクロロプロパンの塩素化による 1,2,2–トリクロロプロパンの生成

スキルの応用

11・11 メタンの塩素化ではしばしば多くの副生物が生じる．たとえば，塩化エチルが少量得られる．塩化エチルの生成する機構を示せ．

ラジカル開始剤

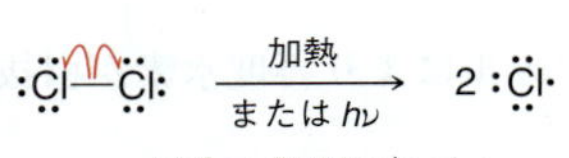

ラジカル連鎖反応を開始するためにはエネルギーが必要である．塩素の均等開裂によるエンタルピー変化は 243 kJ/mol である．Cl－Cl 結合を均等開裂するためには，このエネルギーを熱または光の形で供給しなければならない．光反応により反応を開始するためには，紫外線（UV）を用いることが必要である．一方，熱的に Cl－Cl 結合を均等開裂し反応を開始するためには，非常に高い温度（数百度）が必要である．熱的な開始段階をより低い温度で行うためには，**ラジカル開始剤**（radical initiator）を用いる必要がある．これは，結合エネルギーの小さい容易に均等開裂を起こす結合をもつ化合物である．たとえば，O－O 結合をもつ**過酸化物**（peroxide）の均等開裂を考えてみよう．

$$\underset{\text{過酸化物}}{\mathrm{RO{-}OR}} \xrightarrow[\text{または } h\nu]{\text{加熱}} 2\,\mathrm{RO}\cdot \qquad \Delta H^\circ = 159\ \mathrm{kJ/mol}$$

O－O 結合は Cl－Cl 結合よりも弱いので，この過程はより少ないエネルギーで進行することに着目しよう．この過程は 80 °C でも起こり，生成したラジカル RO· は連鎖反応を開始することができる．

アシルペルオキシド（acyl peroxide）は O－O 結合が特に弱いため，しばしばラジカル開始剤として用いられる．

アシルペルオキシド

加熱 または $h\nu$

$\Delta H° = 121$ kJ/mol

この結合を均等開裂するために必要なエネルギーはわずか 121 kJ/mol である．生成したラジカルが共鳴により安定化されているので，この結合の結合解離エネルギーは特に小さな値を示す．

ラジカル阻害剤

§11・9で，生体反応におけるラジカル阻害剤の役割について述べる．

分子状酸素

過酸化物は，ラジカル反応の開始を促進するが，**ラジカル阻害剤**（radical inhibitor）とよばれる化合物は，逆の働きをする．ラジカル阻害剤は，成長段階の開始または継続を阻害する．ラジカル阻害剤は，効果的にラジカルを捕捉するので**ラジカル捕捉剤**（radical scavenger）ともよばれる．たとえば，分子状酸素 O_2 はビラジカルである．分子状酸素は他のラジカルと結合することができ，それによりラジカルを破壊する．酸素 1 分子は二つのラジカルを破壊できる．その結果，酸素がすべて消費されるまで，ラジカル連鎖反応は速やかには進行しない．

ラジカル阻害剤のもう一つの例はヒドロキノンである．ヒドロキノンがラジカルと反応すると，水素引抜きが起こり，もとのラジカルよりも反応性の低い，共鳴安定化されたラジカルが生成する．

水素引抜き

ヒドロキノン　　共鳴安定化

この共鳴安定化されたラジカルは，もう 1 分子のラジカルにより再度水素が引抜かれ，ベンゾキノンを生成する．

水素引抜き

＋ R—H　　ベンゾキノン

11・4　ハロゲン化反応の熱力学的な考察

前節では，メタンの塩素化反応の機構について述べた．ここで塩素以外のハロゲンを用いても，ハロゲン化を行うことができるか調べてみよう．ラジカルフッ素化，臭素化，ヨウ素化はできるだろうか．この問に答えるために，ハロゲン化の熱力学的な側面を考えてみよう．

§6・3で，ΔG（Gibbs 自由エネルギー変化）により反応が熱力学的に有利か否かが決まることを述べた．出発物よりも生成物のほうが有利となるためには，反応の ΔG は負である必要がある．もし ΔG が正であれば，出発物のほうが安定となり，望みの生成物は得られない．この知見を用いて，塩素化以外のハロゲン化が進行するかどうかを明らかにできる．

ΔG はエンタルピーとエントロピーの二つの項から成り立っている．

$$\Delta G = \underbrace{\Delta H}_{\text{エンタルピー項}} + \underbrace{(-T\Delta S)}_{\text{エントロピー項}}$$

アルカンのハロゲン化では，出発物2分子が生成物2分子に変換されるので，エントロピー項は無視できる．

$$\underbrace{CH_4 + X_2}_{2\text{分子}} \xrightarrow{h\nu} \underbrace{CH_3X + HX}_{2\text{分子}}$$

ハロゲン化のエントロピー変化は無視できるので，ΔG をエンタルピー項のみで評価することが可能である．

$$\Delta G \approx \Delta H$$

エンタルピー項は，さまざまな要因により決定されるが，最も重要な要因は結合の強さである．切断される結合と生成する結合の結合エネルギーを比較することにより ΔH を見積もることができる．

$$\underbrace{H_3C{-}H + X{-}X}_{\text{切断される結合}} \xrightarrow{h\nu} \underbrace{H_3C{-}X + H{-}X}_{\text{生成する結合}}$$

比較のために，結合解離エネルギーの値を表11・1に示す．これらの値を用いて，それぞれのハロゲン化反応の ΔH の符号（正または負）を見積もることができる．

表 11・1 結合解離エネルギー†

	F	Cl	Br	I
$H_3C{-}H$	435	435	435	435
$X{-}X$	159	243	193	151
$H_3C{-}X$	456	351	293	234
$H{-}X$	569	431	368	297

† kJ/mol

- 青で示した結合を切断するためにエネルギーを加える必要がある．そのさい，ΔH は正の値を示す（系のエネルギーは増大する）
- 赤で示した結合を生成する際にエネルギーを放出するので，ΔH は負の値を示す（系のエネルギーは減少する）

表11・1のデータを用いて次のように予想できる．

$$CH_4 + F_2 \xrightarrow{h\nu} CH_3F + HF \qquad \Delta H^\circ = -431\ \text{kJ/mol}$$

$$CH_4 + Cl_2 \xrightarrow{h\nu} CH_3Cl + HCl \qquad \Delta H^\circ = -104\ \text{kJ/mol}$$

$$CH_4 + Br_2 \xrightarrow{h\nu} CH_3Br + HBr \qquad \Delta H^\circ = -33\ \text{kJ/mol}$$

$$CH_4 + I_2 \xrightarrow{h\nu} CH_3I + HI \qquad \Delta H^\circ = +55\ \text{kJ/mol}$$

上記の反応は，ヨウ素化を除き，すべて ΔH は負の値を示し，したがって発熱反応である．メタンのヨウ素化は正の ΔH を示し，これは，この反応の ΔG も正であることを意味する．その結果，ヨウ素化は熱力学的に有利ではなく，したがって反応は進行しない．他の反応はすべて熱力学的に有利である．しかし，フッ素化は発熱の大きい反応であり，反応は非常に激しく進行するため，実用的でない．したがって，塩素化および臭素化が実験室において実用的に用いられる．

この熱力学的な解析をメタン以外のアルカンに適用すると，同様な結果が得られる．たとえば，エタンはラジカル塩素化およびラジカル臭素化を起こす．エタンのラジカルフッ素化は非常に激しいために，実用的に用いることができない．また，エタンのラジカルヨウ素化は進行しない．

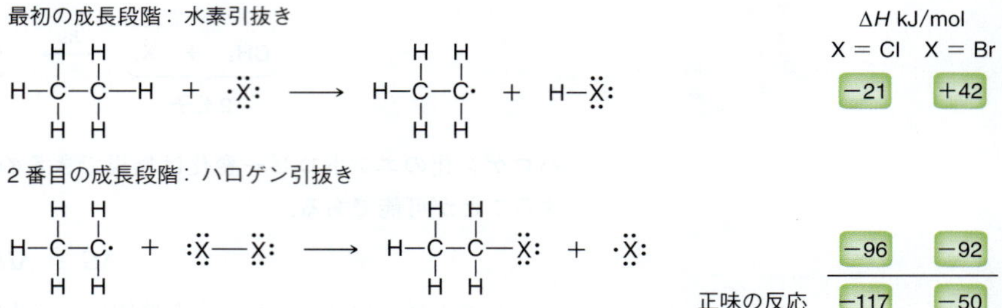

塩素化と臭素化を比較すると，一般に臭素化は塩素化よりもずっと遅い反応である．その理由を理解するために，エタンの塩素化と臭素化の各成長段階の ΔH を比較してみよう．

最初の成長段階：水素引抜き

2 番目の成長段階：ハロゲン引抜き

	ΔH kJ/mol X = Cl	ΔH kJ/mol X = Br
最初の成長段階	−21	+42
2 番目の成長段階	−96	−92
正味の反応	−117	−50

ともに，反応全体としては発熱である．塩素化および臭素化の ΔH を見積もると，それぞれ −117 および −50 kJ/mol である．したがって，これらの反応はともに熱力学的に有利である．しかし，臭素化の最初の段階は吸熱反応であること（ΔH は正）に注意しよう．反応全体としては発熱なので，この吸熱段階があっても臭素化は進行する．しかし，吸熱反応である最初の段階は反応速度に大きな影響を与える．エタンの塩素化と臭素化のエネルギー図（図 11・11）を比較してみよう．おのおののエネルギー図には，成長段階を示してある．それぞれ，最初の成長段階（水素引抜き）が律速段階である．塩素化では，律速段階は発熱反応であり，活性化エネルギー E_a は比較的小さい．一方，臭素化の律速段階は吸熱反応であり，活性化エネルギー E_a は比較的大きい．その結果，臭素化は塩素化よりも遅い反応である．

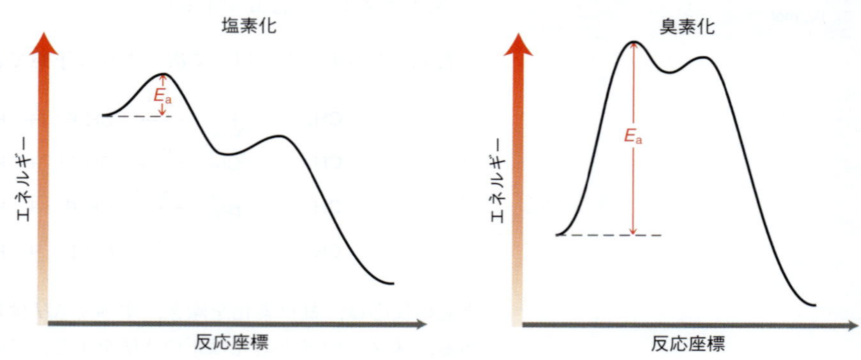

図 11・11　エタンのラジカル塩素化およびラジカル臭素化の二つの成長段階のエネルギー図

このことより，臭素化の最初の段階が吸熱反応であることは，不利であると思われる．次節で，この吸熱段階のために臭素化は塩素化よりも遅いが，有用な反応となることを説明する．

11・5　ハロゲン化反応の選択性

プロパンがラジカルハロゲン化を起こす際には，二つの生成物が可能であり，実際両方とも生成する．

X_2, $h\nu$ → X + X

統計的にハロゲン化がどの水素原子に対しても同等に起こるとすると，水素原子の数により，どのような生成物分布となるか（おのおのの生成物がどの程度生じるか）を予想することが可能なはずである．

H H C H_3C CH_3

二つの水素原子 ⟶ X

六つの水素原子 ⟶ X

これに基づくと，第一級ハロゲン化物が第二級ハロゲン化物よりも 3 倍多く生成すると考えられる．しかし，この予想は実験結果と一致しない．

Cl_2, $h\nu$ → Cl（約 60%） + Cl（約 40%）

この実験結果は，ハロゲン化は水素原子の数に比例して起こるのではなく，メチレン炭素（第二級炭素）でより速やかに起こることを示している．なぜだろうか．律速段階は最初の成長段階，すなわち水素引抜きであることを思い出してほしい．したがって，その段階に注目しよう．すなわち，メチル炭素（第一級炭素）での水素引抜きの遷移状態と，メチレン炭素での水素引抜きの遷移状態を比較してみよう（図 11・12）．図 11・12 において緑で強調してある遷移状態のエネルギーを比較してみよう．

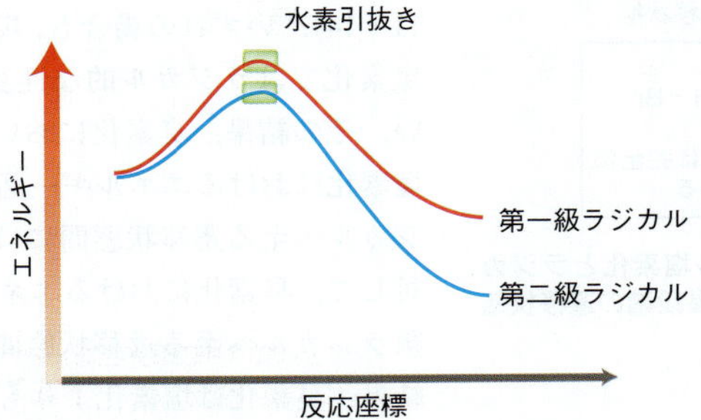

図 11・12　水素引抜きにより第一級または第二級ラジカルを生成するエネルギー図

それぞれの遷移状態において，炭素に不対電子（ラジカル）が生成している．メチル炭素から生成したラジカルよりもメチレン炭素から生成したラジカルのほうが安定である．その結果，E_a はメチレン炭素での水素引抜きのほうが小さく，反応はこの位置でより速く進行する．これにより，予想以上にメチレン炭素で塩素化が優先的に進行するという実験結果が説明できる．

塩素化とは異なり，プロパンのラジカル臭素化の生成比は次のようになる．

Br_2, $h\nu$ → Br（約 97%） + Br（約 3%）

メチレン炭素で反応した生成物が97%得られるという実験結果は，臭素化がより顕著にメチレン炭素で進行するという傾向を示している．臭素化は塩素化よりも選択的である．この選択性を理解するために，塩素化の律速段階は発熱的であるが，臭素化の律速段階は吸熱的であることを思い出そう．前節で，臭素化が塩素化よりも遅い理由を説明するために，その事実を用いた．ここでは，なぜ臭素化が塩素化よりも選択的であるかを説明するために，その事実を用いよう．

遷移状態の性質を表す Hammond（ハモンド）の仮説（§6・6）を思い出そう．塩素化では，律速段階は発熱的であり，したがって，遷移状態のエネルギーと構造は，生成物よりも出発物に類似している（図 11・13）．

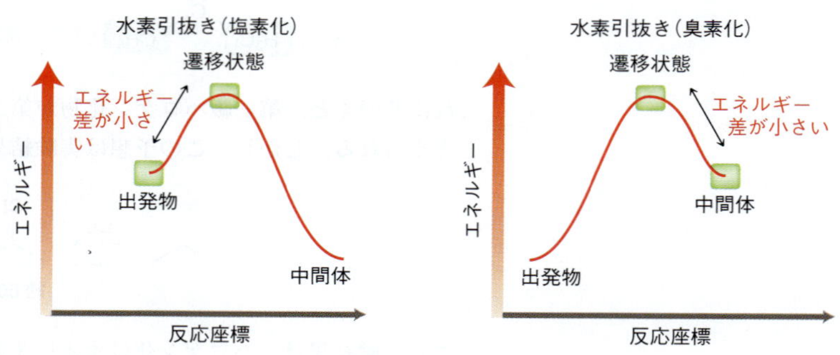

図 11・13　ラジカル塩素化とラジカル臭素化における最初の成長段階を比較するために Hammond の仮説を用いる

これは，C−H 結合が切れ始めたばかりであり，この炭素原子はほとんどラジカル的な性質をもっていないことを意味する．

臭素化では，律速段階は吸熱的であり，したがって，遷移状態のエネルギーと構造は，出発物よりも中間体に類似している（図 11・13）．すなわち，C−H 結合は遷移状態ではほとんど切断されており，炭素原子はラジカルに近い性質をもっている（図 11・14）．いずれの場合も，炭素原子は部分的にラジカル的な性質 δ· をもっているが，塩素化ではラジカル的な性質は小さく，臭素化ではラジカル的な性質はずっと大きい．その結果，臭素化において，遷移状態は基質の性質により大きな影響を受ける．塩素化におけるエネルギー図において，第一級ラジカル，第二級ラジカル，第三級ラジカルへ至る遷移状態間には小さなエネルギー差しかない（図 11・15，左）．それに対して，臭素化におけるエネルギー図では，第一級ラジカル，第二級ラジカル，第三級ラジカルへ至る遷移状態間には大きなエネルギー差がある（図 11・15，右）．その結果，臭素化は塩素化よりも高い選択性を示す．

次に，塩素化と臭素化の選択性の差を示す他の例をあげる．

塩素化の遷移状態

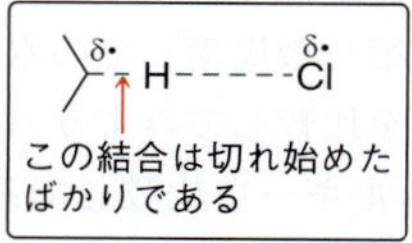

臭素化の遷移状態

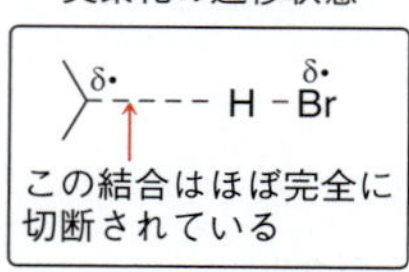

図 11・14　ラジカル塩素化とラジカル臭素化の最初の成長段階の遷移状態の比較

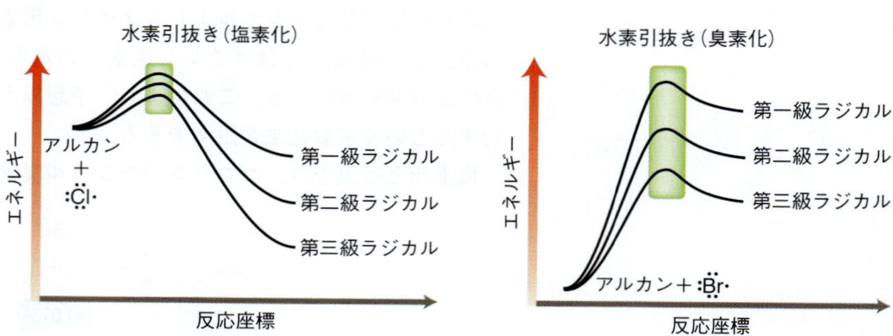

図 11・15　第一級，第二級，あるいは第三級ラジカルに至る遷移状態を比較した塩素化と臭素化の最初の成長段階のエネルギー図

Cl_2, $h\nu$ → (Cl) 約 35% + (Cl) 約 65%

Br_2, $h\nu$ → (Br) 約 100% + (Br) 約 0%

この場合，ハロゲン化が起こるのは第一級炭素か第三級炭素の 2 種類しかないので，臭素化の選択性は非常に高い．これは，臭素化において，この遷移状態のエネルギー差はきわめて大きい．

表 11・2 にフッ素化，塩素化，臭素化反応の相対的な選択性をまとめる．フッ素は，第三級炭素と第一級炭素との間では，ほとんど選択性を示さない．フッ素はハロゲンのなかで最も反応性が高く，したがって，最も選択性が低い．それに対して，臭素化は第三級炭素できわめて高い反応性を示す（第一級炭素の 1600 倍）．臭素はフッ素や塩素よりも反応性が低く，そのため，最も選択性が高い．このような反応性と選択性の関係は一般的な傾向であり，（ラジカル反応のみならず）本書を通してたびたび同様の例を取上げる．すなわち，反応性と選択性との間には逆の相関がある．最も反応性の低い反応剤は一般に最も選択性が高い．

表 11・2　フッ素化，塩素化，臭素化の相対的選択性

	第一級	第二級	第三級
F	1	1.2	1.4
Cl	1	4.5	5.1
Br	1	82	1600

スキルビルダー 11・5　ラジカル臭素化反応の選択性を予想する

スキルを学ぶ

2,2,4-トリメチルペンタンのラジカル臭素化の主生成物を予想せよ．

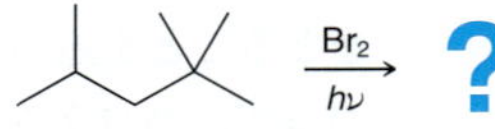

解 答

臭素化を起こす可能性のあるすべての位置について，それぞれ第一級炭素，第二級炭素，第三級炭素のどれか明らかにする．

ステップ 1, 2
すべての反応可能な位置を明らかにし，ラジカルが最も安定な位置を明らかにする．

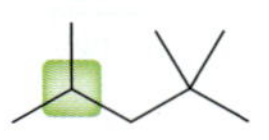

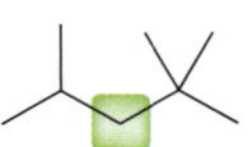

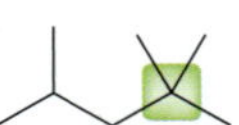

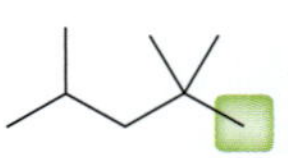

第四級炭素には C−H 結合は存在しないので，第四級炭素を選択してはならない．臭素化は第四級炭素では起こらない．主生成物は第三級炭素での臭素化により得られる．

ステップ 3
最も安定なラジカルが生成する位置での臭素化生成物を書く．

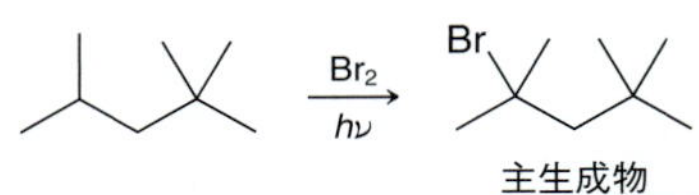

スキルの演習

11・12　次の化合物のラジカル臭素化により得られる主生成物を予想せよ．

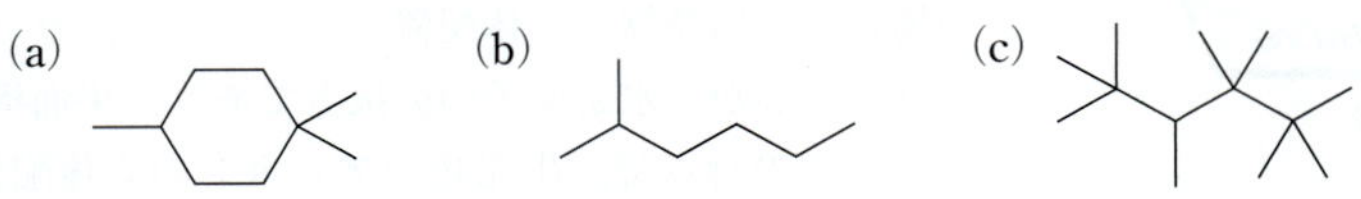

スキルの応用

11・13　分子式 C_5H_{12} の化合物 **A** をモノ塩素化すると四つの構造異性体を生じる．

(a) 化合物 **A** の構造を書け．

(b) 4 種類のモノ塩素化生成物すべての構造を書け．

(c) 化合物 **A** の（モノ塩素化ではなく）モノ臭素化反応では，主生成物は一つだけである．その生成物の構造を書け．

問題 11・27，11・33(a)～(c)，(f)，11・38，11・40，11・43 を解いてみよう．

11・6　ハロゲン化反応の立体化学

ここでは，ラジカルハロゲン化反応の立体化学に着目しよう．1) 新しいキラル中心を生成するハロゲン化および，2) すでに存在するキラル中心で進行するハロゲン化の二つの場合について説明する．

新たなキラル中心を生成するハロゲン化反応

ブタンがラジカル塩素化を起こすと，2 種類の構造異性体が得られる．

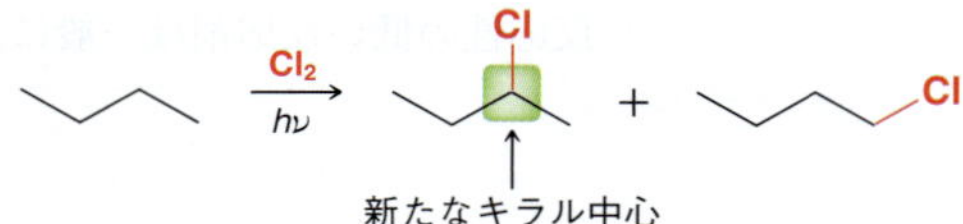

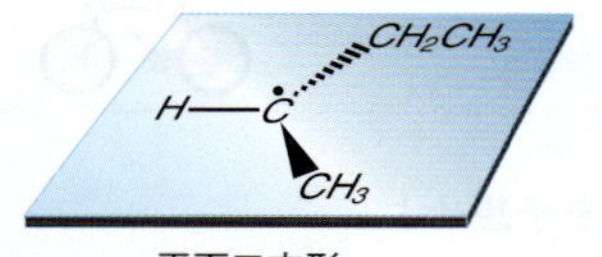

平面三方形

生成物は，2-クロロブタンと 1-クロロブタンである．前者は，反応により新たなキラル中心が生じる．この場合，ラセミ体の 2-クロロブタンが得られる．なぜだろうか．ラジカル中間体の構造を考えてみよう．

本章の初めで，炭素ラジカルは平面三方形または反転が速い広がったピラミッド形をとることを述べた．どちらであれ，平面三方形として扱うことが可能である．したがって，ハロゲン引抜きはこの面のいずれの側からも同じ確率で起こり，2-クロロブタンのラセミ体が得られる．

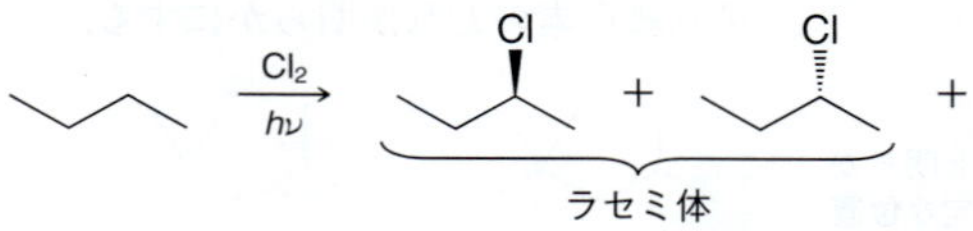

$$\xrightarrow[h\nu]{Cl_2}\ \text{(R/S-2-クロロブタン)} + \text{1-クロロブタン}$$

ラセミ体

キラル中心でのハロゲン化反応

ハロゲン化はキラル中心で起こる場合がある．次の例を考えてみよう．

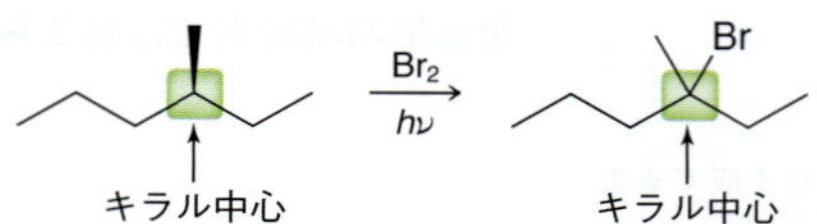

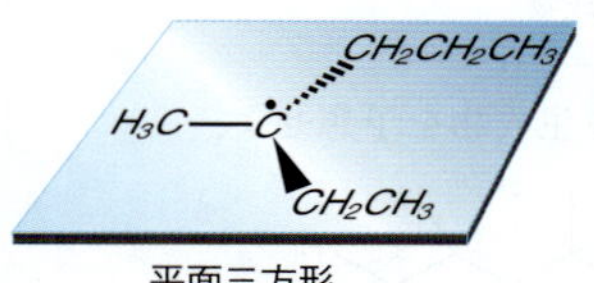

平面三方形

臭素化は，第三級炭素で進行するものと考えられ，この位置は反応が起こる前に，すでにキラル中心である．そのような場合，このキラル中心はどうなるのだろうか．この場合も，出発物の立体配置にかかわらず，ラセミ体が生成する．最初の成長段階はキラル中心から水素原子の引抜きであり，平面構造とみなせるラジカル中間体が生成する．この時点で，出発物のアルカンの立体配置は失われる．2 番目の成長段階は，平面のいずれの側からも同じ確率で起こり，ラセミ体が得られる．

Br_2 / $h\nu$ ラセミ体

スキルビルダー 11・6 ラジカル臭素化反応の立体化学を予想する

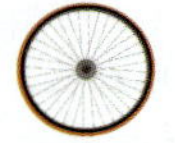

スキルを学ぶ

次のアルカンのラジカル臭素化の立体化学を予想せよ．

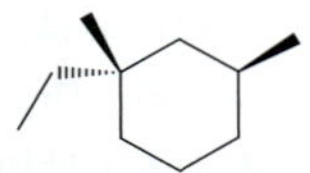

解答

ステップ 1
臭素化が起こる位置を明らかにする．

まず最初に，位置選択性を明らかにする．すなわち臭素化が起こる位置を確認する．この例では第三級炭素は一つしかない．

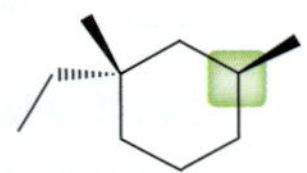

ステップ 2
臭素化の起こる位置がキラル中心である，あるいは反応後キラル中心となるならば，生成可能な立体異性体を二つとも書く．

この位置はすでにキラル中心である．反応によりその立体配置が失われ，可能な立体異性体が二つ生成すると考えられる．

Br + Br

もう一方のキラル中心はこの反応により影響を受けないことに注意しよう．この反応の生成物は互いにエナンチオマーではなく，ラセミ体とよぶことはできない．この場合，生成物はジアステレオマーである．

スキルの演習

11・14 次のアルカンのラジカル臭素化による生成物の立体化学を予想せよ．

(a)

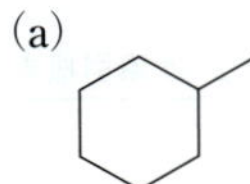

(b)

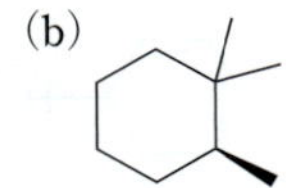

(c)

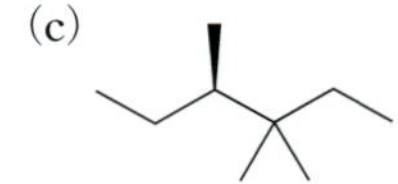

(d)

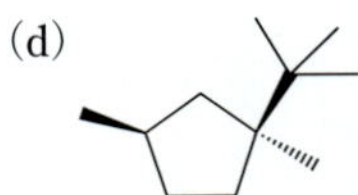

スキルの応用

11・15 分子式 $C_5H_{11}Br$ の化合物 **A** を紫外線を照射しながら臭素と反応させると，2,2-ジブロモペンタンが主生成物として得られる．化合物 **A** を求核性の高い求核剤である NaSH と反応させるとキラル中心を一つもつ化合物が得られ，その立体配置は *R* である．この化合物 **A** の構造を示せ．

問題 11・35，11・41 を解いてみよう．

11・7 アリル位臭素化反応

これまで，アルカンの反応について述べてきた．ここでは，アルケンのラジカル臭

H 444 kJ/mol
H 364 kJ/mol
H 402 kJ/mol

素化を考えてみよう．たとえば，シクロヘキセンがラジカル臭素化を起こすと何が得られるか考えてみよう．すべてのC−H結合を比較し，どの結合が最も切れやすいか明らかにすることから始めよう．具体的には，シクロヘキセンの各C−H結合の結合解離エネルギーを比べてみよう．シクロヘキセンの3種類のC−H結合のなかで，アリル位のC−H結合が最も結合解離エネルギーが小さい．これは，その位置の水素引抜きにより，共鳴安定化されたアリルラジカルを生じるからである．

水素引抜き

したがって，シクロヘキセンの臭素化により，臭化アリルが生成すると考えられる．この反応は，**アリル位臭素化**（allylic bromination）とよばれるが，大きな欠点が一つある．Br_2を反応剤として用いて反応を行うと，アリル位臭素化と臭素のπ結合への求電子付加反応（§9・8ですでに述べた）との競争となる．

Br_2 / $h\nu$　Br　　Br_2　Br Br ＋ エナンチオマー

この競争反応を避けるために，反応の間，臭素Br_2の濃度を可能な限り低く抑えておかなければならない．これはBr_2の代わりに***N*-ブロモスクシンイミド**（*N*-bromosuccinimide: NBS）を反応剤として用いることにより実現できる．NBSは代替の臭素ラジカル源である．

$h\nu$

N-ブロモスクシンイミド（NBS）　共鳴安定化

N−Br結合は弱く，容易に切断され，臭素ラジカルを生成する．これにより最初の成長段階が起こる．

水素引抜き　＋ HBr

共鳴安定化

この段階で生成したHBrはイオン反応によりNBSと反応しBr_2を生成する．このBr_2が2番目の成長段階に用いられ生成物を生じる．この反応の間，HBrとBr_2の濃度は最小限に抑えられている．この反応条件で，Br_2のイオン的な付加反応は，ラジカル臭素化反応とは競合しない．

ハロゲン引抜き　Br ＋ ·Br:

アルケンとの反応で，しばしばハロゲン化体の混合物が得られる．これは，最初に生成したアリルラジカルが共鳴安定化されており，ハロゲン引抜きはどちらの位置からも進行するためである．

スキルビルダー 11・7　アリル位臭素化反応の生成物を予想する

スキルを学ぶ

メチレンシクロヘキサンに NBS 存在下紫外線照射して得られる生成物を予想せよ.

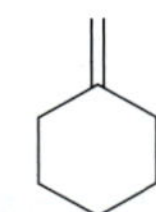

解 答

ステップ 1
アリル位を明らかにする.

ステップ 2
水素原子を引抜き, 共鳴構造を書く.

まずアリル位をすべて明らかにする. この場合, アリル位は1種類あるだけである. なぜならば, この化合物の他方のアリル位は同じ位置であるからである (同一の化合物を生じる). 次に, アリル位から水素原子を引抜き, 生成するアリルラジカルの共鳴構造を書く.

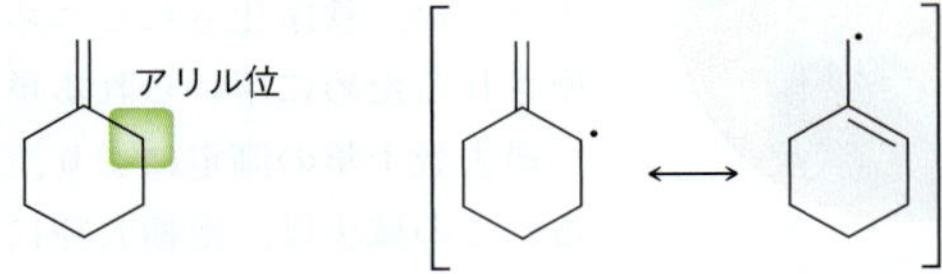

ステップ 3
それぞれの不対電子の位置に臭素原子を結合させる.

最後に, これらの共鳴構造を用いて, 2番目の成長段階 (ハロゲン引抜き) による生成物を明らかにする. 単純にそれぞれの共鳴構造の不対電子の位置に臭素を結合させる. これにより次の生成物が得られる.

ラセミ体

§11・6で説明したように, 最初の生成物はエナンチオマーの混合物, すなわち, ラセミ体として得られる.

スキルの演習

11・16　次の化合物に NBS 存在下紫外線照射して得られる生成物を予想せよ.

(a)　(b) 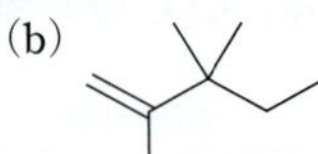　(c) 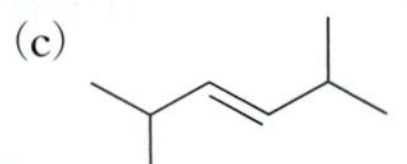　(d) 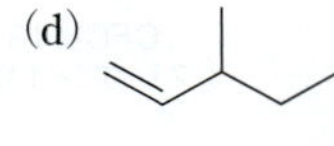

スキルの応用

11・17　2-メチル-2-ブテンに NBS 存在下紫外線照射すると, 5種類のモノ臭素化体が得られ, そのなかのひとつはラセミ体として得られる. 5種類のモノ臭素化生成物の構造をすべて書き，ラセミ体として得られる化合物はどれか示せ．

問題 11·26，11·28，11·33(d)，(e)，11·36，11·39 を解いてみよう．

11・8 大気化学とオゾン層

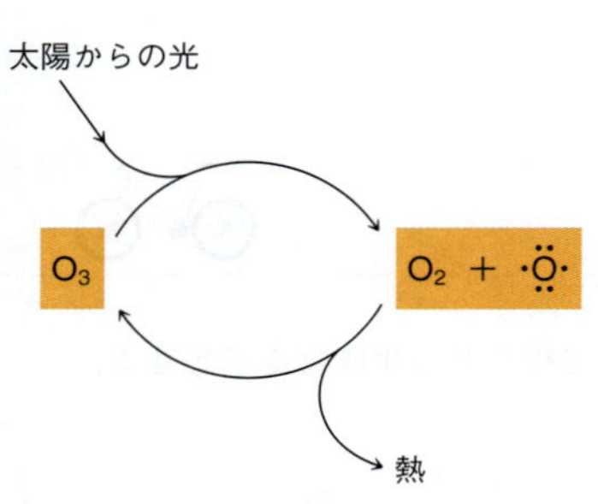

図 11・16 成層圏のオゾンが光を熱へと変化させる

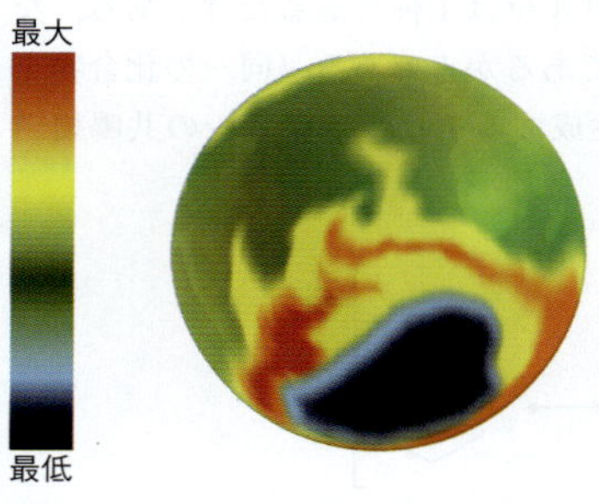

図 11・17 南極大陸上空のオゾンホール

オゾン O_3 は成層圏において絶えずつくられ，破壊されており，また，太陽が放出する有害な紫外線からわれわれを守る重要な役割を果たしている．オゾン層がなかったならば，地上で生命は栄えておらず，生命は海洋の奥深くのみに限られていただろう．オゾンがわれわれを有害な紫外線から守ることができるのは，次に示す反応によると考えられている．

$$O_3 \xrightarrow{h\nu} O_2 + \cdot\ddot{O}\cdot$$

$$O_2 + \cdot\ddot{O}\cdot \longrightarrow O_3 + 熱$$

上記の最初の段階では，オゾンは紫外線を吸収し二つに分裂する．第 2 段階では，これらの二つが再結合し，エネルギーを放出する．正味の化学変化はないが，これにより重要な変化がもたらされる．すなわち，有害な紫外線が他の形のエネルギーへと変換される（図 11・16）．この過程は，自然界におけるエントロピーの役割を例示している．光と熱はともにエネルギーの一つの形であるが，熱はより非秩序化された形のエネルギーである．光から熱へと変換される駆動力はエントロピーの増大である．オゾンは，秩序化されたエネルギー（光）が非秩序化されたエネルギー（熱）へと変換されるために用いられる単なる媒体である．

過去数十年の測定により，成層圏のオゾンが急激に減少していることが示されている．この減少は，南極大陸において顕著であり，そこでは，オゾン層がほとんどなくなっている（図 11・17）．地球の他の地域における成層圏のオゾンは年 6%ずつ減少している．皮膚がんや他の健康問題と関連する有害な紫外線の量は年々増えつつある．オゾン層の破壊には多くの要因が寄与しているが，主要な元凶は**クロロフルオロカーボン**（chlorofluorocarbon: CFC）とよばれる炭素，塩素，フッ素のみを含む化合物群であると考えられている．過去にそれらは，冷媒や圧縮不活性ガスとして，また発泡断熱材の製造，消火剤，さらに，さまざまな有用な用途に大量に用いられた*．

CFC がオゾン層に対して悪影響を与えることは，1960 年代終盤および 1970 年代初頭に，Mario Molina（モリーナ），Frank Rowland（ローランド），および Paul Crutzen（クルッツェン）が明らかにし，彼らは 1995 年にこの研究でノーベル化学賞を受賞した．CFC は安定な化合物で成層圏に到達して初めて化学変化を起こす．成層圏において，高エネルギーの紫外線の作用で均等開裂を起こし，塩素ラジカルを生成する．これらのラジカルは次の反応によりオゾンを破壊すると考えられている．2 番目の成長段階により塩素ラジカルが再生し，連鎖反応が連続して進行する．このようにして，CFC 1 分子は数千ものオゾン分子を破壊する．CFC の影響が認識され，モントリオール条約（Montreal Protocol on

* “フレオン(Freon)” の登録商標名で販売されていた．

CCl_3F CFC-11（フレオン 11®）

CCl_2F_2 CFC-12（フレオン 12®）

$CCl_2F{-}CClF_2$ CFC-113（フレオン 113®）

開始段階　　成長段階

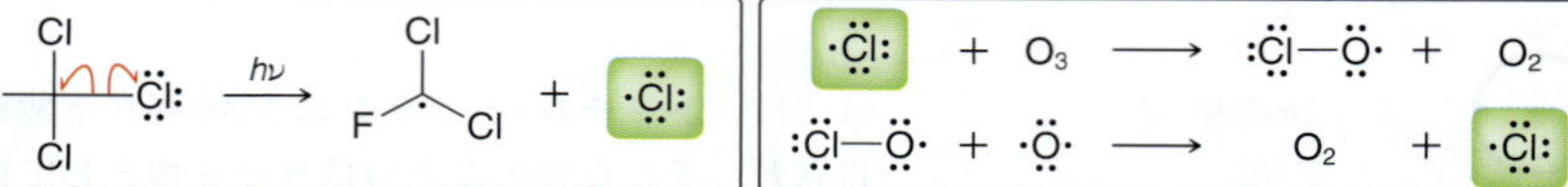

Substances that Deplete the Ozone Layer）により，1996 年 1 月 1 日よりほとんどの国で製造が禁止された．その結果，優れた代替化合物を見いだすために数多くの研究がなされた．

ヒドロクロロフルオロカーボン（hydrochlorofluorocarbon: HCFC）は少なくとも一つ C−H 結合を有する化合物群である．C−H 結合の存在によりこれらの化合物は成層圏に到達する前に分解するので，オゾン層の破壊能は低い．HCFC-22 と HCFC-141b は，CFC-11 に代わって発泡断熱材の製造に用いられている．**ヒドロフルオロカーボン**（hydrofluorocarbon: HFC）は炭素，フッ素，および水素のみからなる化合物である．HFC は，塩素を含まず塩素ラジカルを生成しないため，オゾン層を破壊

HCFC-22　HCFC-141b　HCFC-142b　HFC-32　HFC-125　HFC-134a

役立つ知識　化学物質で火事に立ち向かう

本章の初めに述べたように，燃焼過程にはフリーラジカルが関与していると考えられている．過剰の熱にさらされると有機化合物の単結合が均等開裂を起こしラジカルを生成し，分子状酸素とカップリングを起こす．ほとんどの C−C および C−H 結合が開裂し CO_2 と H_2O を生成するまで，一連のラジカル連鎖反応が継続する．この連鎖反応が継続するために，燃焼は燃料（たとえば，有機化合物からなる木），酸素，および熱の三つの基本的な要素を必要とする．火を消すためには，三つの要素のうち少なくとも一つを奪い取らなければならない．ラジカル中間体を破壊することによりラジカル連鎖反応を停止することでも可能である．

消火には多くの反応剤が用いられる．小さな火事の消火剤として，CO_2，水，およびアルゴンが一般に用いられる．急に CO_2 またはアルゴンガスを放出することにより，火から酸素が奪われる．一方，水は蒸発または沸騰することにより熱を奪う．

最も強力な消火剤は，ハロゲン原子を含む有機化合物で，ハロン（halon）とよばれる．これらの化合物群は一般に CFC あるいは BFC（ブロモフルオロカーボン）である．消火剤として広範に用いられている 2 種類のハロンを示す．

ハロン 1211　ハロン 1301

ハロンは，異なった 3 通りの方法で消火するので，きわめて効果的である．

1. ハロンは気体である．したがって，急激にハロンを放出すると，火から酸素が奪われる．

2. ハロンは均等開裂を起こすために燃焼に必要な熱を吸収する．

加熱

3. 均等開裂により，フリーラジカルが生成し，それが連鎖反応に関与するラジカルとカップリングを起こし，ラジカル連鎖反応を終了させる．したがって，ハロンは停止反応を加速するので，成長段階と競争反応になる．

これらの理由のために，ハロンは消火剤としてきわめて有効であり，過去 30 年以上に渡って大量に用いられた．ハロンは，使用後に何も残らないという利点もあり，精密電子機器や機密書類の消火剤として特に有用である．残念なことに，ハロンはオゾン層を破壊することが明らかにされ，モントリオール条約により現在は製造が禁止されている．製造が禁止されているのみで，ハロンガスの備蓄分の使用は認められている．備蓄ハロンは，飛行機や管制室などの，精密機器がかかわる特別な場所でのみ用いられている．他の場所においては，ハロンガスは，オゾン層を破壊しないが消火剤としては能力の低い代替ガスに置き換えられている．FM-200 はその一例である．

FM-200

しないが，地球温暖化に寄与すると考えられている．冷房装置や医用エアロゾルにおいて，HFC-134a は CFC-12 に代わり用いられている．

チェックポイント

11・18　ほとんどの超音速飛行機は，一酸化窒素 NO をはじめ多くの化合物を含有する高温の気体を排気する．一酸化窒素はオゾン層を破壊すると考えられているラジカルである．連鎖反応において一酸化窒素がどのようにしてオゾンを破壊するか，その成長段階を示せ．

11・9　自動酸化と抗酸化剤

自動酸化

大気中の酸素の存在下，有機化合物は，**自動酸化**（autooxidation）とよばれる遅い酸化反応を起こす．たとえば，クメンと酸素から**ヒドロペルオキシド**（hydroperoxide）ROOH が生成する反応を考えてみよう．

O_2

クメン　　　クメンヒドロペルオキシド

自動酸化は反応機構 11・2 に従って進行すると考えられている．

反応機構 11・2　自動酸化

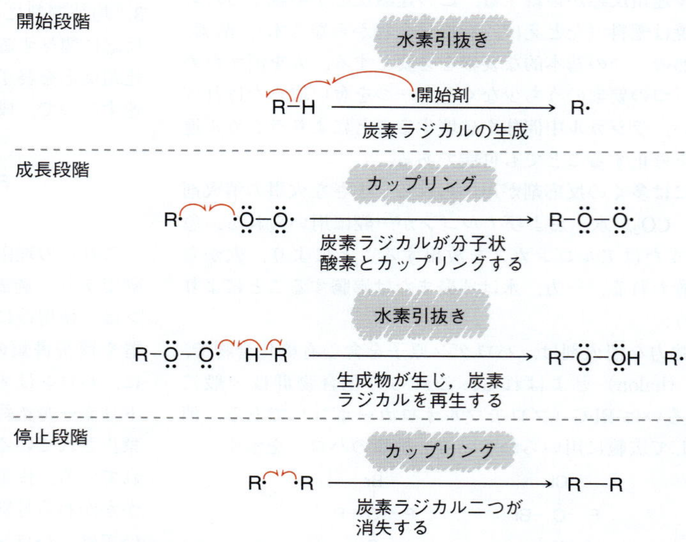

開始段階は均等開裂ではないので，一見，異常な反応にみえるかもしれない．この場合の開始段階は水素引抜きであり，ふつう成長段階と関連する段階である．さらに，最初の成長段階を詳細に見ると，この段階はカップリング反応であり，これまで，停止段階と関連づけていた段階である．成長段階は正味の化学反応を起こす段階であ

る．いいかえれば，正味の反応は成長段階をあわせたものである．この場合，正味の反応は，次の二つの段階をあわせたものである．したがって，これらの二つの段階は成長段階であり，他の段階は開始段階または停止段階と分類されなければならない．

カップリング　R・ ＋ ・Ö—Ö・ ⟶ R—Ö—Ö・

水素引抜き　R—Ö—Ö・ ＋ H—R ⟶ R—Ö—ÖH ＋ R・

正味の反応　R—H ＋ O_2 ⟶ R—O—O—H

エーテルなど，特に自動酸化を受けやすい有機化合物が多くある．たとえば，ジエチルエーテルと酸素との反応によりヒドロペルオキシドが生成する（§14・6 参照）．

ジエチルエーテル —O_2→ ヒドロペルオキシド（OOH）

ほとんどの有機化合物は自動酸化を受け，これは，光により開始される．光がないと，自動酸化の速度はきわめて遅い．このため，有機化合物は一般に褐色瓶に入れて販売される．ビタミン類は同じ理由で，ふつう茶色の瓶で販売される．

ベンジル位やアリル位の水素をもつ化合物は，特に自動酸化を起こしやすい．これは，開始段階で共鳴により安定化されたラジカルが生成するからである．

H —水素引抜き→ 共鳴安定化 ⟶ OOH

H —水素引抜き→ 共鳴安定化 ⟶ OOH

食品添加物としての抗酸化剤

植物油などの天然から得られる油脂は，一般に，長い脂肪酸側鎖を3本もつトリグリセリド（triglyceride）とよばれる化合物の混合物である．

トリグリセリド

脂肪酸側鎖は一般に二重結合を含んでおり，そのため，水素引抜きがより起こりやすいアリル位で，特に自動酸化を受けやすい．

OOH

生成したヒドロペルオキシドは，不飽和脂肪を含む食品から時間が経過するにつれ発生する，腐ったようなにおいの原因となっている．さらに，ヒドロペルオキシドは毒性も有する．そのため，自動酸化過程の反応速度を低下させるためにラジカル阻害剤を添加しないと，不飽和脂肪を含む食品の賞味期間は短い．BHT（ブチル化されたヒドロキシトルエン butylated hydroxytoluene）や BHA（ブチル化されたヒドロキシアニソール butylated hydroxyanisole）など多くのラジカル阻害剤が，食品保存料として用いられている．

ブチル化されたヒドロキシトルエン（BHT）

ブチル化されたヒドロキシアニソール（BHA）

水素引抜き

共鳴安定化

BHA は構造異性体の混合物である．これらの化合物はラジカルと反応して共鳴安定化されたラジカルを生成するので，ラジカル阻害剤として働く．

tert-ブチル基は立体障害が大きいので，安定化されたラジカルの反応性をさらに低下させる．BHT や BHA は効果的にラジカルを捕捉し，破壊する．成長段階の開始を防ぐことにより，ラジカル捕捉剤 1 分子が数千もの脂質分子の自動酸化を抑制するので，それらは**抗酸化剤**（antioxidant）とよばれる．

天然に存在する抗酸化剤

細胞膜の構造については§26・5 参照．

自然界では，さまざまな天然の抗酸化剤を用いて細胞膜の酸化を防ぎ，またさまざまな生物学的に重要な化合物を酸化から守る．天然の抗酸化剤の例として，ビタミン E とビタミン C があげられる．ビタミン E は長いアルキル鎖をもつので脂溶性であり，細胞膜の脂溶性部位に到達することができる．ビタミン C は多くのヒドロキシ基をもつ小分子なので水溶性であり，血液などの親水性部位で抗酸化剤として働く．

ビタミン E　　ビタミン C

反応性の高いラジカルは，これらの化合物から水素引抜きを起こすことにより，より安定で，より反応性の低いラジカルを生成する．老化と，生体内で起こる自然酸化過程との関係が示唆されている．これらの化合物と老化速度との有意な関係は証明されていないものの，健康維持にビタミン E のような抗酸化剤が広く使われるようになった．

チェックポイント

11・19　ビタミン E の構造と BHT，BHA の構造を比較し，ビタミン E からどの水素が引抜かれるか明らかにせよ．

11・10　HBr のラジカル付加反応：逆 Markovnikov 付加

位置選択性

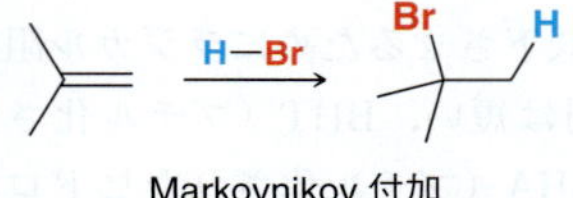

Markovnikov 付加

9 章で，アルケンは HBr とイオン的な付加反応により，より置換基の多い位置に臭素原子が導入されることを述べた（Markovnikov（マルコウニコフ）付加）．HBr の付加反応では，反応剤の純度がきわめて重要であることを思い出そう．純度の低い反応剤を用いると，反応は**逆 Markovnikov 付加**（anti-Markovnikov addition）で進行し，ハロゲンは置換基の少ない位置に導入される．

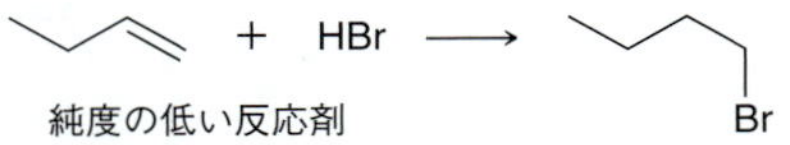

純度の低い反応剤 + HBr ⟶ Br

さらなる検討により，微量の過酸化物 ROOR により，逆 Markovnikov 付加が起こる

医薬の話題　アセトアミノフェンの過剰摂取が致命的なのはなぜか

アセトアミノフェン（acetaminophen）は痛みの緩和に大変効果的だが，摂取し過ぎると命にかかわることが知られている．この大量投与時における毒性にはラジカルの化学が関与している．われわれの体はさまざまな機能のために多くのラジカル反応を利用している．しかし，これらの反応は制御されており，局所的である．制御されないとフリーラジカルはとても危険であり，DNA や酵素に損傷を与え，究極的には細胞死に至る．フリーラジカルは代謝の副生物として常に産生されるので，体はさまざまな化合物を用いてこれらを破壊している．そのような例のひとつが，メルカプト基 SH（赤）をもつグルタチオン（glutathione，GSH と略す）である．

グルタチオン

グルタチオンは肝臓でつくられ，ラジカル捕捉剤として機能することを含め，さまざまな重要な役割を果たしている．SH 結合は特に水素引抜きを受けやすく，グルタチオンラジカルが生成する．

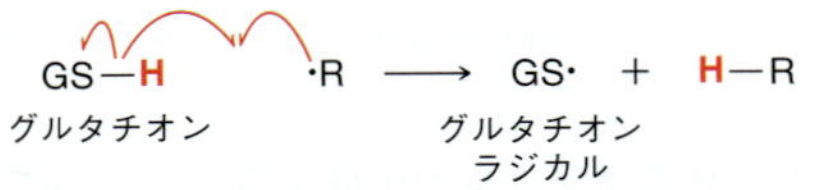

GS—H ·R ⟶ GS· + H—R
グルタチオン　グルタチオンラジカル

生成したグルタチオンラジカル 2 分子がカップリングして，グルタチオンジスルフィド（glutathione disulfide: GSSG）を生成し，これは最終的にはグルタチオンへと戻る．

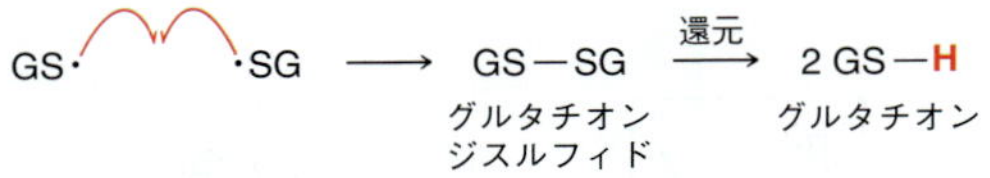

GS· ·SG ⟶ GS—SG ⟶(還元) 2 GS—H
グルタチオンジスルフィド　グルタチオン

ラジカル捕捉剤としてのグルタチオンの重要な機能は，アセトアミノフェンの過剰摂取により低下する．アセトアミノフェンはグルタチオンを消費する過程を経て肝臓中で代謝され，そのさい，一時的にグルタチオンの濃度を低下させる．正常な肝臓の場合，グルタチオンを生合成することにより迅速に補給することが可能であり，危険なほどの低濃度になることはない．しかし，アセトアミノフェンを摂取し過ぎると，一時的にグルタチオンが激減する可能性がある．その間，フリーラジカルは制御されず，不可逆的に肝臓に損傷を与えるなど多くの問題をひき起こす．もし治療しなければ，アセトアミノフェンの過剰摂取により数日のうちに肝臓に障害を起こし，死に至る．*N*-アセチルシステイン（*N*-acetylcysteine: NAC）を投与してただちに手当てすることにより，不可逆的な肝臓への損傷を防ぐことができる．NAC はアセトアミノフェンの過剰摂取に対して，肝臓に高濃度のシステインを供給することにより，解毒剤として作用する．

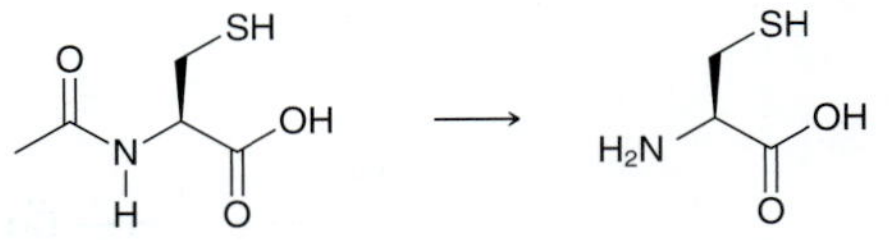

N-アセチルシステイン ⟶ システイン

グルタチオンは，システイン，グリシン，およびグルタミン酸から肝臓で生合成される．グリシンとグルタミン酸は豊富に存在するが，システインの量は限られている．肝臓に過剰のシステインを供給することにより，ヒトはグルタチオンを迅速につくり出し，グルタチオンの濃度を健康体の濃度まで回復させる．

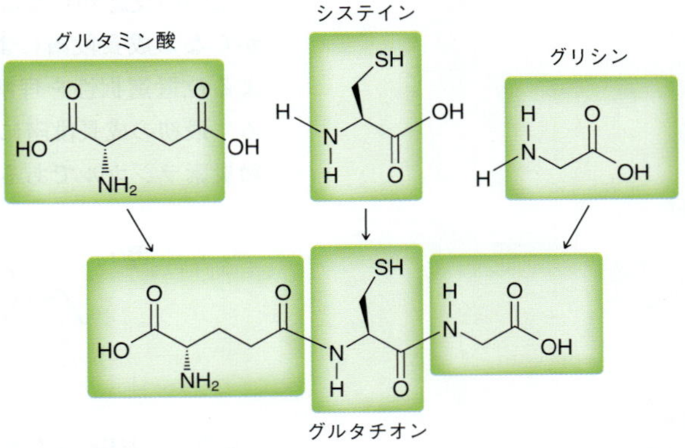

グルタミン酸　システイン　グリシン

グルタチオン

ことが，明らかになっている．

H—Br / ROOR → 逆 Markovnikov 付加 95%

HX の逆 Markovnikov 付加の反応機構

過酸化物存在下での HBr の逆 Markovnikov 付加は，ラジカル機構により説明できる（反応機構 11・3）．

反応機構 11・3　アルケンへの HBr のラジカル付加

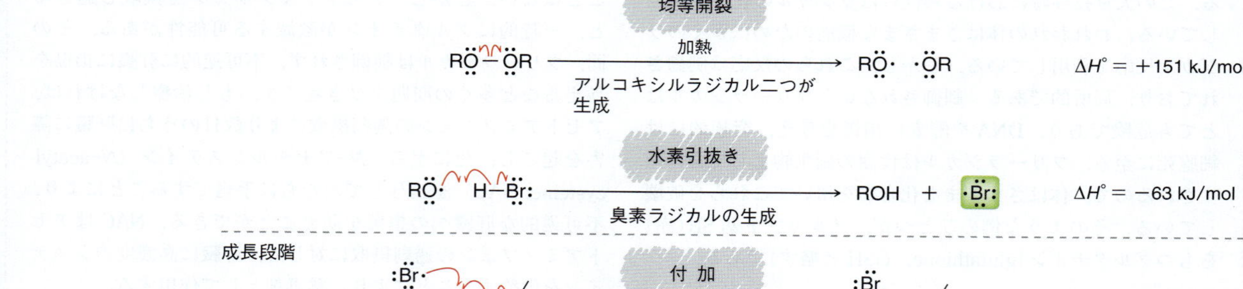

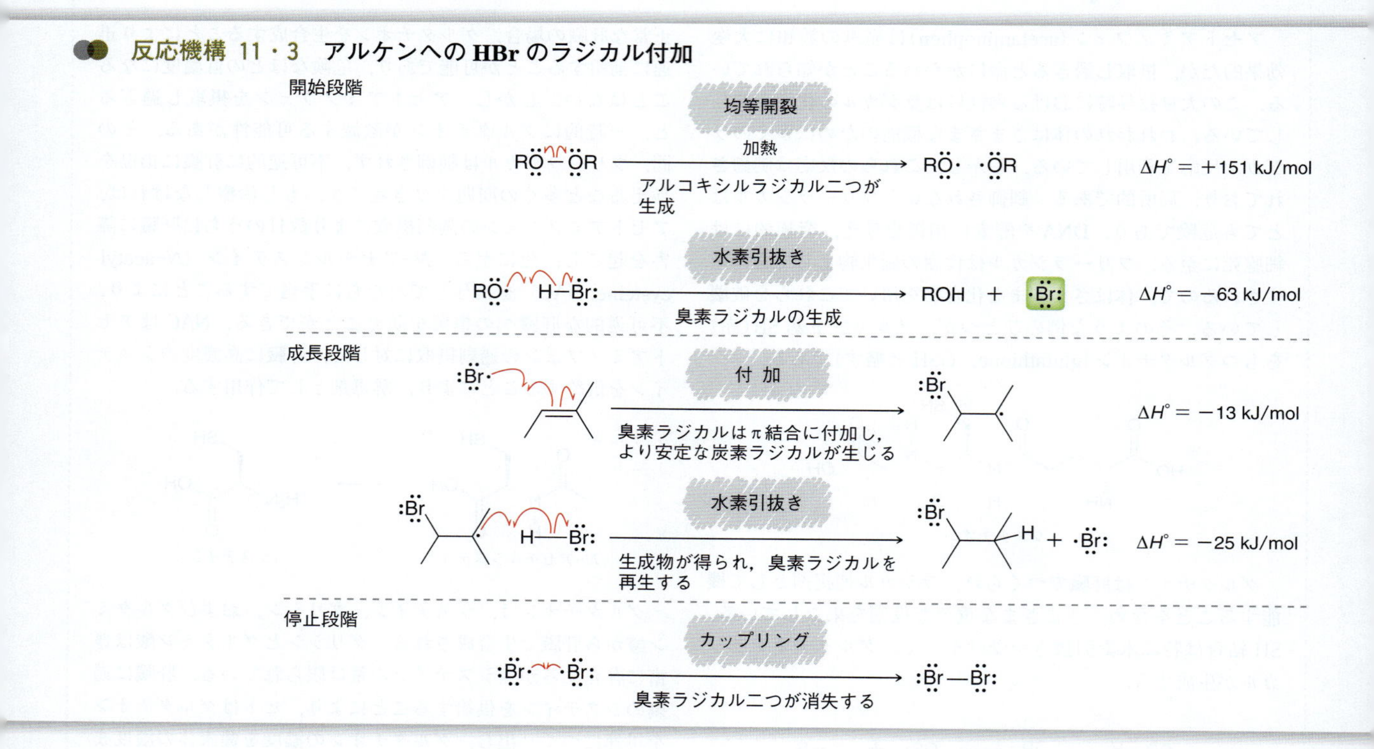

二つの反応からなる開始段階により臭素ラジカルが生成する．つづいて二つの反応からなる成長段階により，生成物が得られる．したがって，逆 Markovnikov 付加による位置選択性を理解するために，この成長段階の二つの反応に注目する必要がある．最初の成長段階において生成する中間体は，第二級炭素ラジカルではなく，第三級炭素ラジカルである．

第三級ラジカル
より安定で生成しやすい

第二級ラジカル
より不安定で生成しない

9 章で，HBr のイオン的な付加反応の位置選択性は，より安定なカルボカチオン中間体を生成するように進行することを述べた．同様に，HBr のラジカル付加の位置

イオン機構 ラジカル機構

第三級カルボカチオン中間体 第三級ラジカル中間体

選択性も，より安定な中間体を生成するように進行する．しかしここでは，中間体はカルボカチオンではなく，ラジカルである．これをよりはっきりと理解するために，イオン機構に関与している中間体とラジカル機構に関与している中間体を比較してみよう．どちらの反応も，最もエネルギーの低い経路である第三級カルボカチオンまたは第三級炭素ラジカルを経て進行する．しかし，基本的な違いに注目してほしい．イオン機構では，アルケンは最初にプロトンと反応するが，ラジカル機構では，アルケンは最初に臭素と反応する．したがって次のようにいうことができる．

- イオン機構では Markovnikov 付加となる．
- ラジカル機構では逆 Markovnikov 付加となる．

どちらも，位置選択性は可能な限り最も安定な中間体を経て進行することで決まる．

熱力学的な考察

Markovnikov 付加は，HCl, HBr, または HI により進行する．一方，逆 Markovnikov 付加は HBr でのみ進行する．ラジカル機構は HCl や HI の付加の場合には熱力学的に有利でない．この理由を理解するために，ラジカル機構の各段階の熱力学を調べる必要がある．

$$\Delta G = \underbrace{\Delta H}_{\text{エンタルピー項}} + \underbrace{(-T\Delta S)}_{\text{エントロピー項}}$$

§6・3（および本章の前半）で，反応が自発的に進行するためには，ΔG の符号は負でなければならないことを述べた．ΔG はエンタルピー項とエントロピー項から成り立っていることを思い出そう．ある反応の ΔG の符号を求めるためには，エンタルピー項およびエントロピー項の符号を評価しなければならない．本章の初めで，アルカンのハロゲン化を理解するために，この種の熱力学的な説明を行った．本節では，ラジカル付加反応の成長段階を調べていこう．

まず，最初の成長段階から始めよう．次表に，HCl, HBr, および HI の場合のエンタルピー項とエントロピー項を示す．

ラジカル付加反応の最初の成長段階

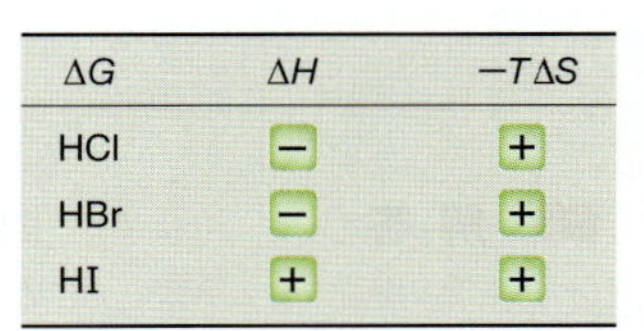

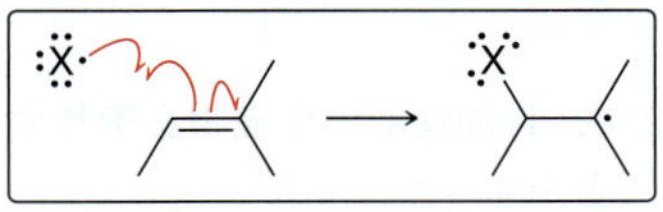

ΔG	ΔH	$-T\Delta S$
HCl	−	+
HBr	−	+
HI	+	+

HCl と HBr の場合，ΔG の符号はエンタルピー項とエントロピー項の競争により決まる．高温では，エントロピー項が支配的となり，ΔG は正となる．低温においては，エンタルピー項が支配的になり，ΔG は負となる．したがって，この過程は低温において熱力学的に有利となる．HI の場合は全く異なる．上記の表を見て，HI の場合エンタルピー項が正である（吸熱反応である）ことに注目しよう．この場合，エンタルピー項とエントロピー項はともに正で，温度によらず ΔG は正となる．したがって HI のラジカル付加（逆 Markovnikov 付加）は全く進行しない．

次に，ラジカル機構の 2 番目の成長段階について，考えてみよう．

ラジカル付加反応の 2 番目の成長段階

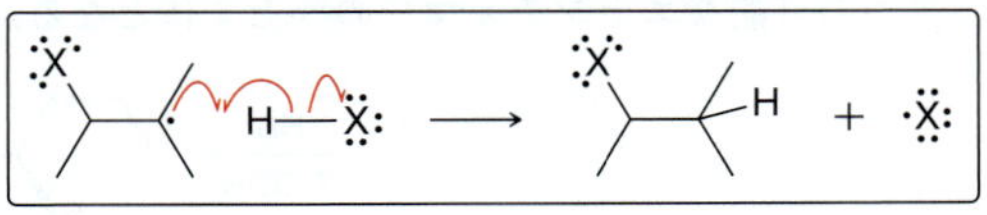

ΔG	ΔH	$-T\Delta S$
HCl	+	約 0
HBr	−	約 0
HI	−	約 0

上記のそれぞれの場合において，2番目の項（$-T\Delta S$）は無視できる．なぜだろうか．いずれの場合も，二つの化学種が反応して，二つの新しい化学種が生成する．これにより，$\Delta S = 0$ と期待される．しかし，振動の自由度が変化するため，いずれの場合も ΔS は小さいながらある値をとる．しかしこの効果はきわめて小さく，その結果として ΔS はほぼ 0 となる．したがって，それぞれの場合，ΔH の符号が ΔG の符号を決める支配的な要因となる．HCl の場合，ΔH は正の値をとる．したがって，通常の加熱温度で 2 番目の項（$-T\Delta S$）が ΔH 項の正の値を打消すのは困難である．そのため，HCl のラジカル付加は効率のよい反応ではない．

HX の π 結合へのラジカル付加反応の分析をまとめると，HI の場合，最初の成長段階は起こらない．そして，2 番目の成長段階は，HCl の場合起こりにくい．HBr の場合にのみ，二つの成長段階はいずれも熱力学的に有利となる．

HBr のラジカル付加反応の立体化学

アルケンによっては，HBr のラジカル付加により新しいキラル中心が生成する．このような場合，成長段階はアルケンの両面から進行するので，一方のエナンチオマーが優先して生成するとは考えられない．したがって，この反応によりラセミ体が生成する．

HBr / ROOR → Br, H　　　HBr / ROOR → Br, H (50%) ＋ Br, H (50%)

スキルビルダー 11・8　HBr のラジカル付加反応の生成物を予想する

スキルを学ぶ

次の反応の生成物を予想せよ．

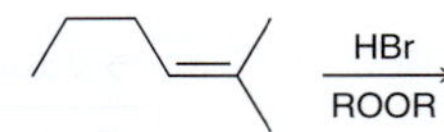

解 答

§9・12 で，付加反応の生成物を予想するためには，次の三つの点を明らかにする必要があることを述べた．

ステップ 1
二重結合に付加する二つの基を明らかにする．

1. 二重結合に付加する二つの基は何か．HBr の場合，二重結合に H および Br が付加する．

ステップ 2
予想される位置選択性を明らかにする．

2. どのような位置選択性が予想されるか（Markovnikov 付加または逆 Markovnikov 付加）．過酸化物の存在下では，反応は逆 Markovnikov 付加で進行する．すなわち，Br はより置換基の少ない炭素と結合する．

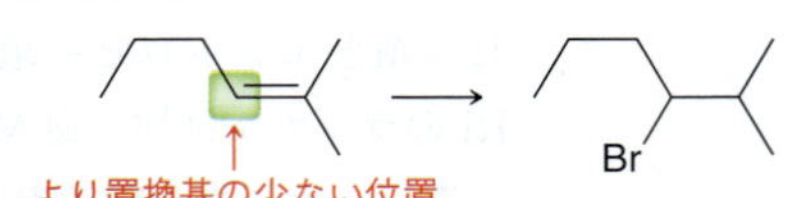

ステップ 3
予想される立体化学を明らかにする．

3. どのような立体化学が予想されるか．この場合，新しいキラル中心が一つ生成し，二つの可能なエナンチオマーのラセミ体となる．

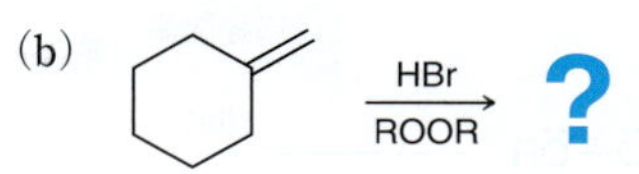

HBr / ROOR → Br ＋ Br

スキルの演習

11・20 次の反応の生成物を予想せよ．それぞれキラル中心が生じるかどうかを考え，生成するすべての立体異性体を書け．

(a)

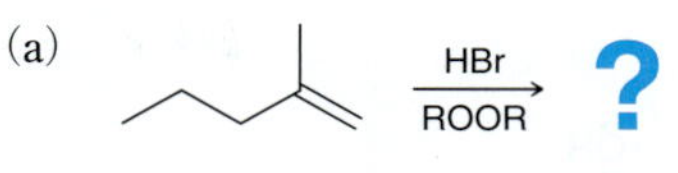

(b) HBr / ROOR ?

(c) HBr / ROOR ?

(d) HBr / ROOR ?

(e) HBr / ROOR ?

(f)

11・21 HBr のラジカル付加の開始段階は非常に吸熱的な反応である．

$$\mathrm{R\ddot{O}{-}\ddot{O}R} \xrightarrow[\text{または加熱}]{h\nu} \mathrm{R\ddot{O}\cdot\ \ \cdot\ddot{O}R} \qquad \Delta H^\circ = +151\ \mathrm{kJ/mol}$$

(a) この段階は，吸熱反応であるにもかかわらず，高温において熱力学的に有利なのはなぜか，説明せよ．

(b) この段階は低温では熱力学的に有利でないのはなぜか，説明せよ．

11・11 ラジカル重合

エチレンのラジカル重合

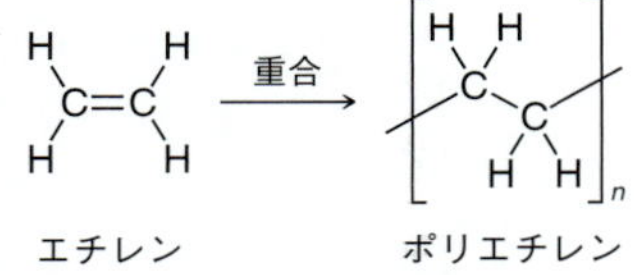

生成した重合体の物理的性質は分枝の程度により決まる．たとえば，ともにポリエチレンからつくられる柔軟なプラスチックの小型容器と比較的固い蓋は，前者には多くの分枝があるが，後者は比較的少ない．詳しくは 27 章で述べる．少量の分枝は不可避であるが，分枝の程度は制御できる．

9 章では，イオン機構で進行する重合反応について述べた．本節では，重合反応がラジカル過程でも進行することを説明する．たとえば，エチレンのラジカル重合によるポリエチレンの生成を考えてみよう．この重合反応はラジカル機構により進行する（反応機構 11・4）．

ペルオキシド存在下でエチレンを加熱すると，二つの反応からなる開始段階により炭素ラジカルが生成する．この炭素ラジカルは，もう 1 分子のエチレンを攻撃し，新しい炭素ラジカルを生成する．これらの成長段階では，一度に 1 分子の単量体と反応し，停止段階が起こるまで続いて進行する．停止段階ではなく，成長段階が進行するように反応条件を注意深く制御すると，10,000 分子以上のエチレンがつながった非常に大きな分子であるポリエチレンが生成する．

重合の過程で，**鎖の分枝**（chain branching）が必ず起こる．次式に分枝の起こる機構を示す．それは，生じた炭素鎖からの水素引抜きにより開始する．

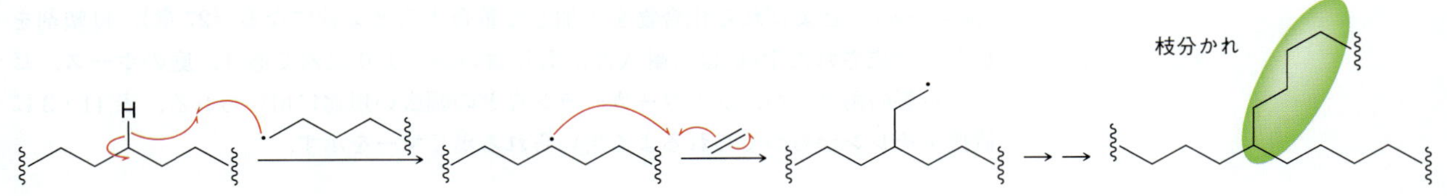

置換エチレンのラジカル重合

置換エチレン（置換基をもつエチレン）は，一般にラジカル重合を起こし，次の構

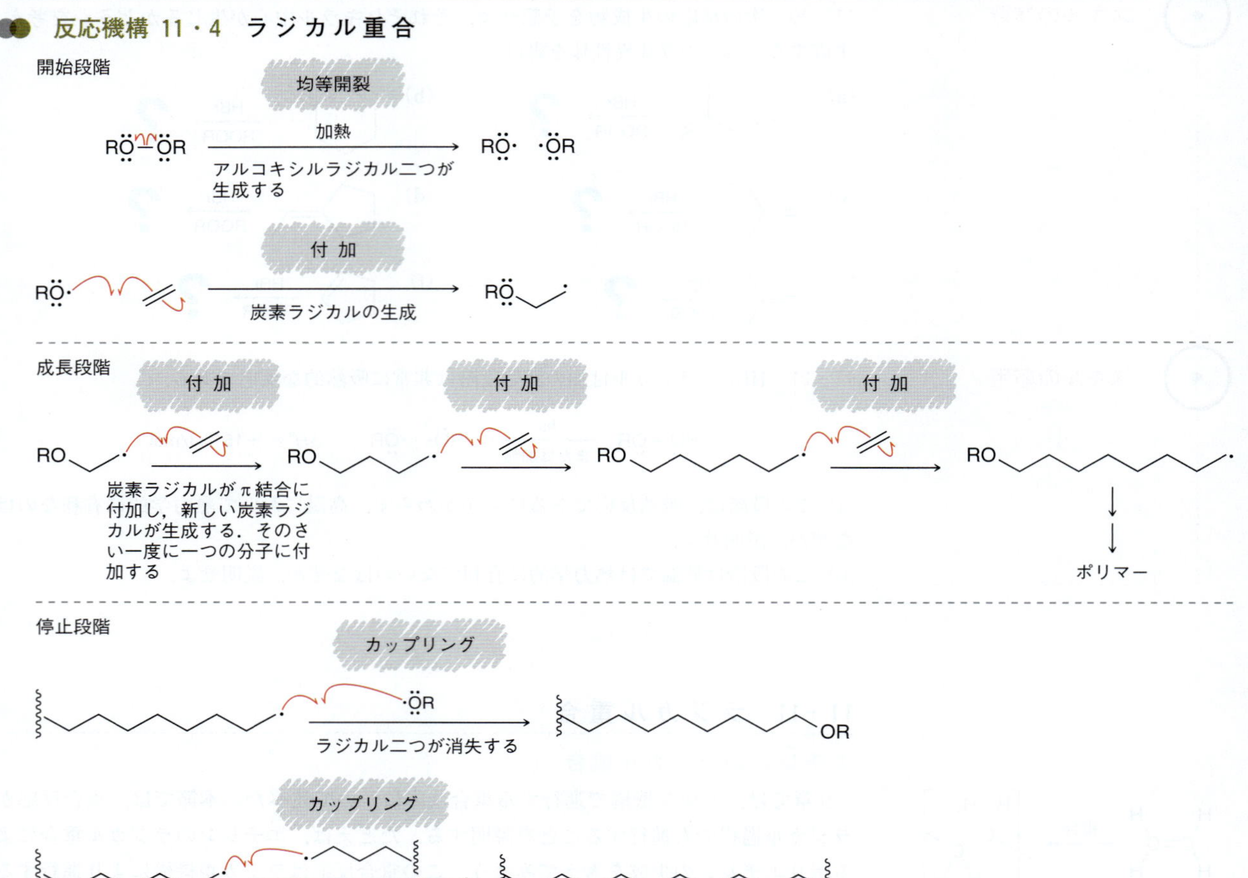

造のポリマーを生成する．

たとえば，塩化ビニルは重合により，配管用パイプに用いられる非常に固いポリマーである**ポリ塩化ビニル**（polyvinyl chloride: PVC）を生成する．PVC は，可塑剤（plasticizer）とよばれる化合物を添加して重合すると柔軟になる（27 章）．可塑剤を加えて合成された PVC は（耐久性があり強いが）より柔軟であり，庭のホース，ビニール製の雨ガッパ，シャワーカーテンなどの幅広い用途に用いられる．表 11・3 に置換エチレンからつくられるよく用いられるポリマーを示す．

11・12　化学工業に利用されるラジカル反応

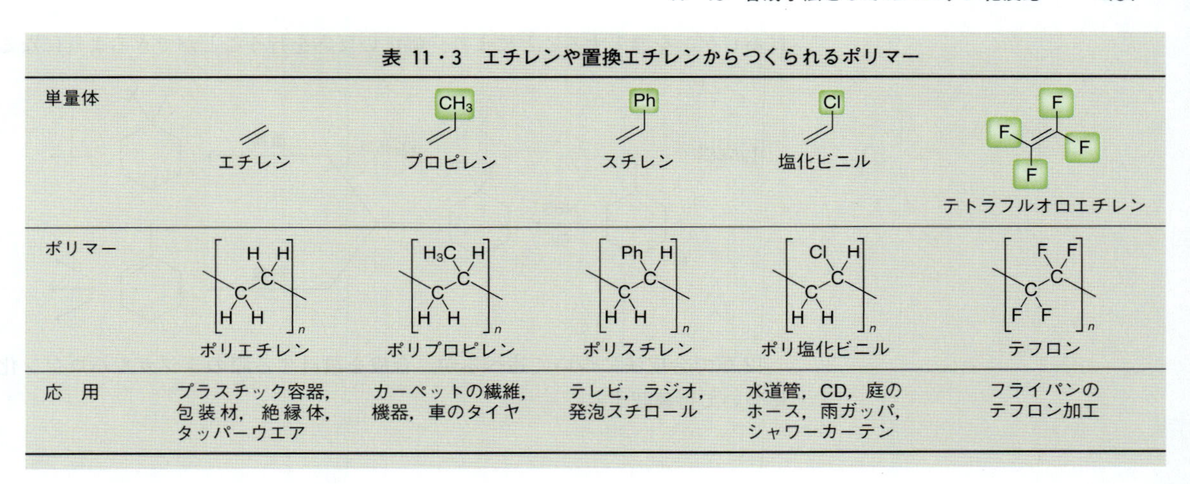

ラジカル反応は化学工業，特に石油化学工業において幅広く用いられている．その

表 11・3 エチレンや置換エチレンからつくられるポリマー

単量体	エチレン	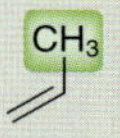 プロピレン	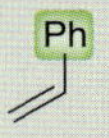 スチレン	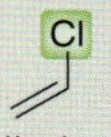 塩化ビニル	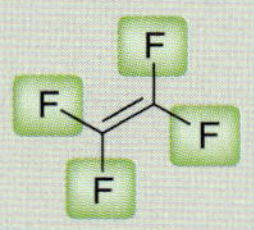 テトラフルオロエチレン
ポリマー	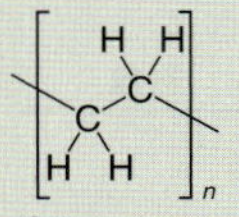 ポリエチレン	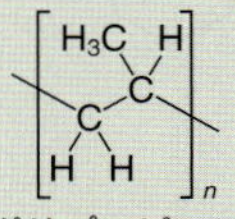 ポリプロピレン	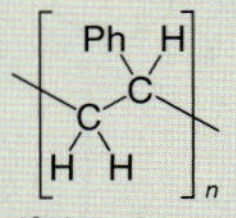 ポリスチレン	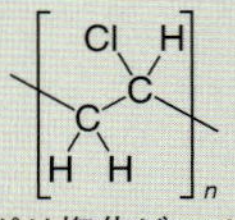 ポリ塩化ビニル	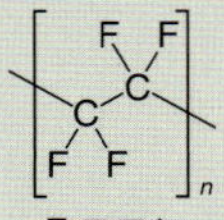 テフロン
応　用	プラスチック容器，包装材，絶縁体，タッパーウエア	カーペットの繊維，機器，車のタイヤ	テレビ，ラジオ，発泡スチロール	水道管，CD，庭のホース，雨ガッパ，シャワーカーテン	フライパンのテフロン加工

一例として**クラッキング**（cracking）とよばれる反応がある．石油のクラッキングにより，分子量の大きなアルカンがガソリンに用いるのにより適したより低分子量のアルカンへと変換されることを，4 章で述べた．クラッキングはラジカル反応である．

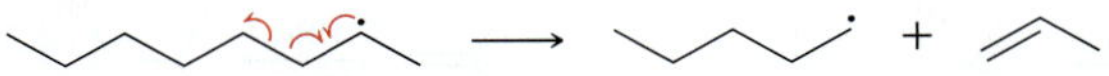

水素ガスの存在下でクラッキングを行うとアルカンが生成し，この反応は，**水素化分解**（hydrocracking）とよばれる．

$\xrightarrow[\text{加熱}]{H_2}$

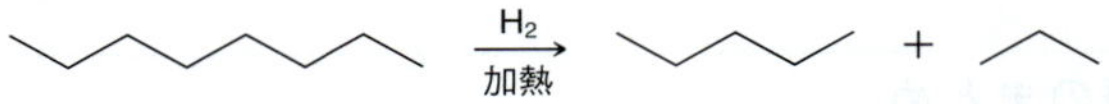

4 章で述べた改質は，直鎖のアルカンをより高度に分枝したアルカンへと変換する反応であり，これもラジカル中間体が関与している．

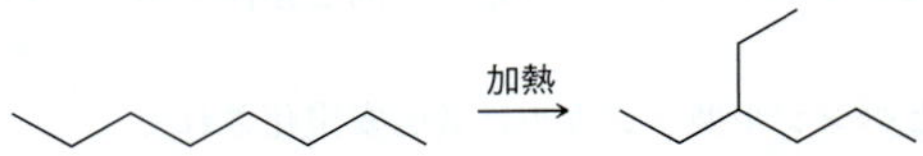

$\xrightarrow{\text{加熱}}$

11・13 合成手法としてのハロゲン化反応

本章では，ラジカル塩素化とラジカル臭素化は，ともに熱力学的に有利な過程であることを述べた．臭素化は，塩素化よりも遅い反応であるが，選択性は高い．両反応とも合成に用いられる．出発物に 1 種類の水素しかない（すべての水素が等価である）場合，塩素化は位置選択性の問題を考慮することなく行うことができる．化合物中に異なる種類の水素が存在する場合，選択性が高く混合物の生成が抑制できるので，臭素化を用いることが最も望ましい．

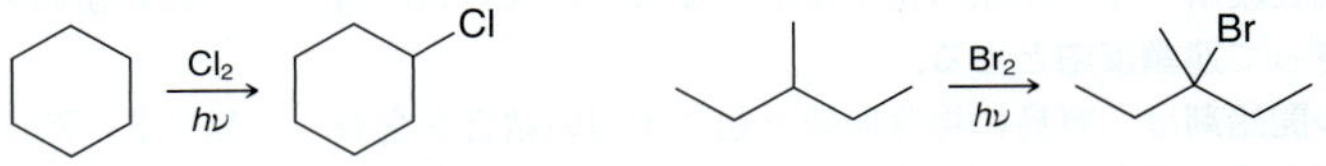

$\xrightarrow[h\nu]{Cl_2}$ Cl　　　$\xrightarrow[h\nu]{Br_2}$ Br

実際，ラジカル臭素化でさえも合成への利用はきわめて限られている．その最も重要な用途は，アルカンに官能基を導入するための方法としての利用である．出発物がアルカンの場合，ラジカルハロゲン化以外にほとんど利用できる反応はない．化合物にハロゲンを導入することにより，幅広い反応を行うことができるようになる．

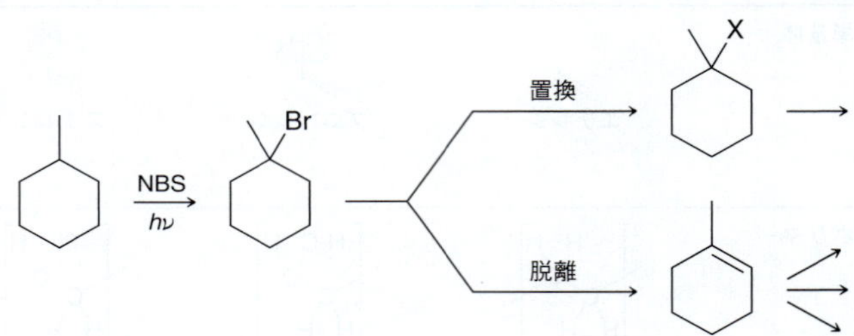

12章で合成法について述べるが，合成を設計する際のラジカルハロゲン化の役割について再確認する．

反応のまとめ

合成的に有用なラジカル反応

アルカンの臭素化

Br_2, $h\nu$ → Br

アルケンに対する HBr の逆 Markovnikov 付加

アリル位臭素化

NBS, $h\nu$ → Br

考え方と用語のまとめ

11・1　ラジカル

- ラジカル機構では1電子の流れを示す**片羽矢印**を用いる．
- ラジカルの安定性はカルボカチオンの安定性と同じ傾向を示す．
- アリル型ラジカルとベンジル型ラジカルは共鳴安定化されている．ビニル型ラジカルは安定化されていない．

11・2　ラジカル反応機構の共通の反応形式

- ラジカル機構による反応には，1) **均等開裂**，2) **π 結合への付加**，3) **水素引抜き**，4) **ハロゲン引抜き**，5) **脱離**，6) **カップリング**，の6種類の反応形式がある．
- ラジカル反応の各段階は，**開始**段階，**成長**段階，または**停止**段階のどれかに分類される．

11・3　メタンの塩素化反応

- メタンは塩素とラジカル機構で反応する．
- 二つの成長段階の和が正味の化学反応となる．これらの段階があわさって**連鎖反応**となる．
- **ラジカル開始剤**は，容易に均等開裂を起こす弱い結合を含む化合物である．例として**ペルオキシド**や**アシルペルオキシド**がある．
- **ラジカル阻害剤**は**ラジカル捕捉剤**ともよばれ，連鎖反応を開始したり継続させることを防ぐ化合物である．例として分子状酸素，ヒドロキノンなどがある．

11・4　ハロゲン化反応の熱力学的な考察

- ラジカル塩素化およびラジカル臭素化のみが，実験室において実用的に用いられる．
- 臭素化は，塩素化よりもずっと遅い反応である．

11・5　ハロゲン化反応の選択性

- ハロゲン化は置換基のある位置で進行しやすい．臭素化は塩素化よりも選択性が高い．
- 一般に，反応性と選択性は反比例関係にある．

11・6　ハロゲン化反応の立体化学

- ラジカルハロゲン化で新しいキラル中心が生じる場合は，考えられる立体異性体が両方とも得られる．
- ハロゲン化がキラル中心で進行する場合，出発物の立体配置にかかわらず，ラセミ体が得られる．

11・7　アリル位臭素化反応

- アルケンは，臭素化がアリル位で進行する**アリル位臭素化**を起こす．
- イオン的付加反応との競争を避けるために，Br_2 の代わりに ***N*-ブロモスクシンイミド**を用いる．

11・8　大気化学とオゾン層

- 地球表面を有害な紫外線から遮蔽するオゾンは，ラジカル機構により生成し，また破壊される．
- 成層圏のオゾンの急激な減少は，フレオンの商標で販売される**クロロフルオロカーボン**（CFC）を用いることが原因であるとされる．
- CFC の使用禁止により，**ヒドロクロロフルオロカーボン**（HCFC）や**ヒドロフルオロカーボン**（HFC）などの代替化合物が開発された．

11・9　自動酸化と抗酸化剤

- 有機化合物は大気中の酸素と酸化反応を起こし，**ヒドロペルオキシド**を生成する．この過程は**自動酸化**とよばれ，ラジカル機構で進行すると考えられている．
- BHT や BHA などの**抗酸化剤**は，不飽和油の自動酸化を防ぐために食品保存料として用いられている．
- 天然の抗酸化剤は細胞膜の酸化を防ぎ，生物学的に重要な化合物を保護する．ビタミン E や C は天然の抗酸化剤である．

11・10　HBr のラジカル付加反応：逆 Markovnikov 付加

- アルケンはペルオキシド存在下で HBr と反応して，ラジカル付加生成物を与える．

11・11　ラジカル重合

- エチレンのラジカル重合は炭素鎖の**分枝**を伴う．
- 塩化ビニルが重合すると，**ポリ塩化ビニル**（PVC）が得られる．

11・12　化学工業に利用されるラジカル反応

- 化学工業，特に石油化学工業において，ラジカル反応は幅広く用いられている．たとえば，クラッキングや改質などである．クラッキングが水素の存在下で行われたものは，**水素化分解**とよばれる．

11・13　合成手法としてのハロゲン化反応

- ラジカルハロゲン化によりアルカンに官能基を導入することができる．
- 出発物に 1 種類の水素原子しかない場合，塩素化を用いることができる．
- 化合物に異なった種類の水素原子が存在する場合，位置選択性を制御し混合物の生成を避けるために，臭素化を用いることが最も望ましい．

スキルビルダーのまとめ

11・1　ラジカルの共鳴構造を書く

ステップ 1　π 結合に隣接する不対電子を明らかにする．

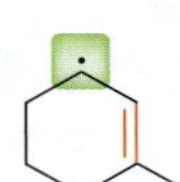

ステップ 2　三つの片羽矢印を書き，次に対応する共鳴構造を書く．

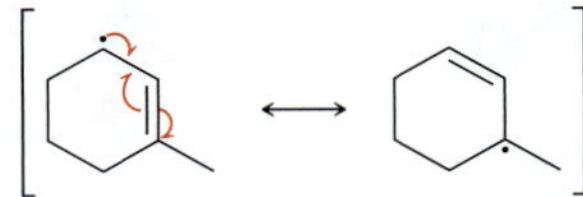

11・2　化合物中の結合エネルギーの最も小さい C－H 結合を明らかにする

ステップ 1　C－H 結合の均等開裂で生成するすべてのラジカルを考える．

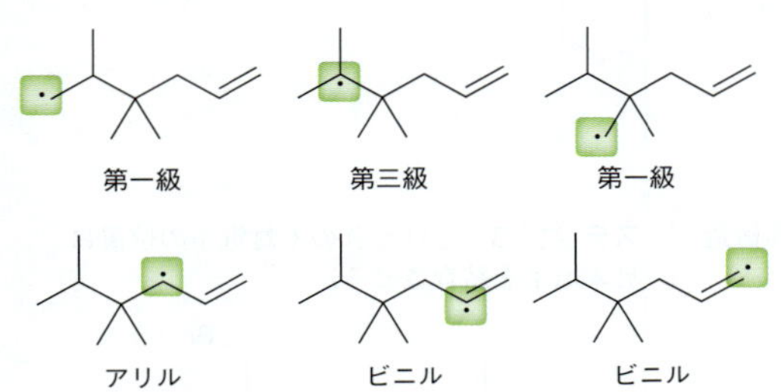

ステップ 2　最も安定なラジカルを明らかにする．

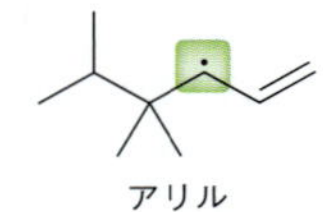

ステップ 3　最も安定なラジカルを生成するのが最も弱い結合である．

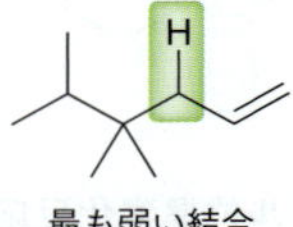

11・3　ラジカル反応の片羽矢印を書く

次の 6 種類の反応形式を理解する．

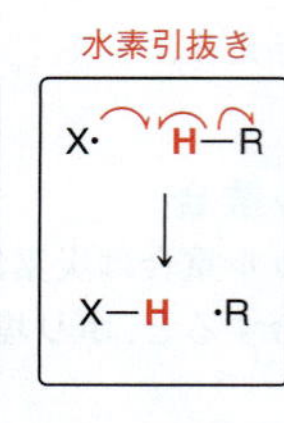

均等開裂 / π結合への付加 / 水素引抜き / ハロゲン引抜き / 脱 離 / カップリング

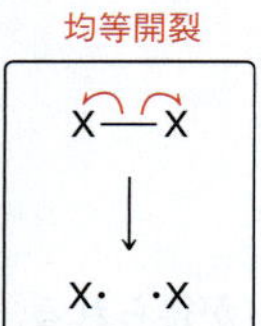
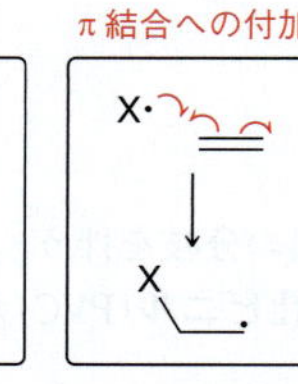
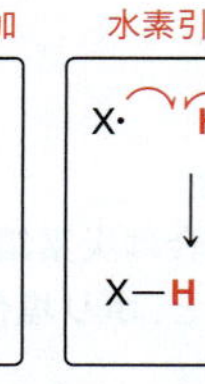
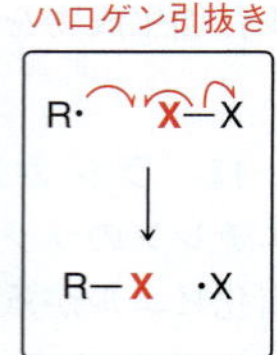
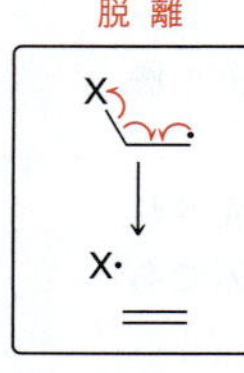
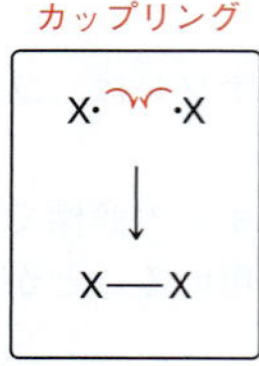

ステップ 1　反応の形式を明らかにする：ハロゲン引抜き
ステップ 2　必要な片羽矢印の数を明らかにする：3
ステップ 3　開裂または生成する結合を明らかにする．

開裂する結合　生成する結合

ステップ 4　生成する結合について，二つの片羽矢印を書く．

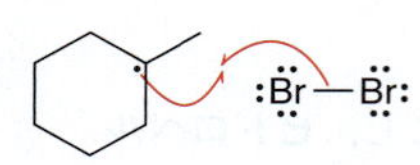

ステップ 5　開裂する結合について，二つの片羽矢印が書かれていることを確認する．

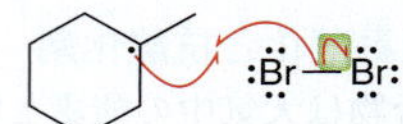

11・4　ラジカルハロゲン化反応の機構を書く

開始段階　均等開裂によりラジカルが生成し，ラジカル反応が開始する．

成長段階
- 水素引抜きにより炭素原子にラジカルが生成する．
- ハロゲン引抜きにより生成物が生じ，ハロゲンラジカルが再生する．

水素引抜き

ハロゲン引抜き

停止段階　カップリングにより生成物が得られるが，この段階によりラジカルが消失する．

11・5　ラジカル臭素化反応の選択性を予想する

ステップ 1　すべての反応可能な位置を明らかにする．

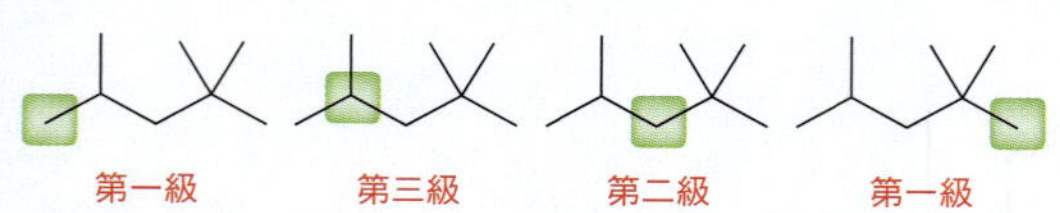

ステップ 2　ラジカルが最も安定な位置を明らかにする．

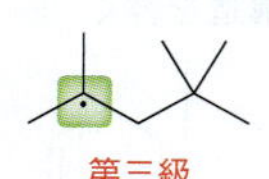

ステップ 3　最も安定なラジカルの位置に臭素化が起こる．

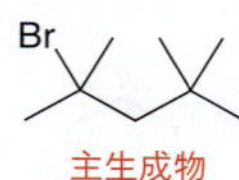

11・6　ラジカル臭素化反応の立体化学を予想する

ステップ 1　臭素化が起こる位置を明らかにする．

ステップ 2　この位置がキラル中心である，あるいは反応後キラル中心となるならば，立体配置は保持せず，可能な二つの立体異性体が得られる．

11・7　アリル位臭素化反応の生成物を予想する

ステップ 1　アリル位を明らかにする．

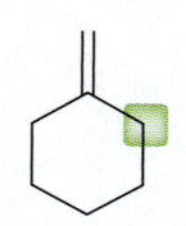

ステップ 2　水素原子を引抜き，共鳴構造を書く．

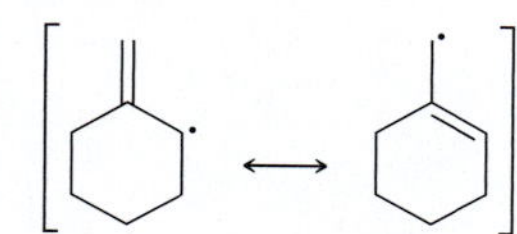

ステップ 3　それぞれの不対電子の位置に臭素原子を結合させる．

ラセミ体

11・8　HBr のラジカル付加反応の生成物を予想する

ステップ 1　二重結合に付加する二つの基を明らかにする．

ステップ 2　予想される位置選択性を明らかにする．

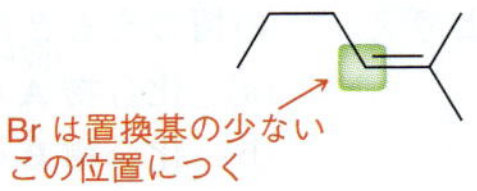

ステップ 3　予想される立体化学を明らかにする．

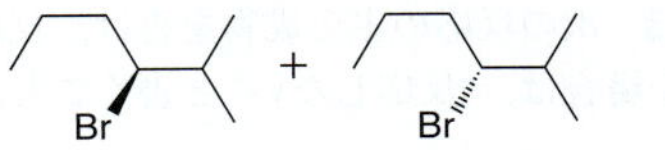

練 習 問 題

11・22　次のラジカルの共鳴構造をすべて書け．

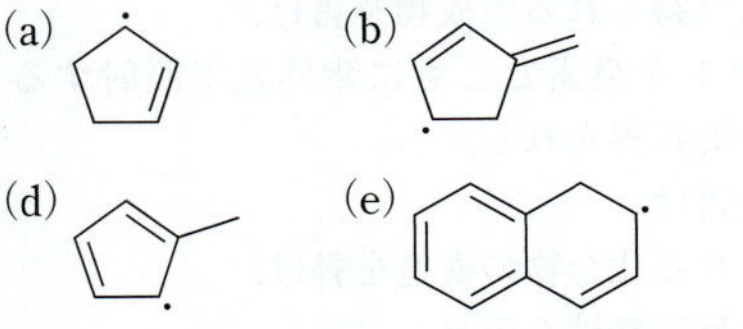

11・23　シクロペンテンのすべての異なる C−H 結合について，結合が強くなる順に並べよ．

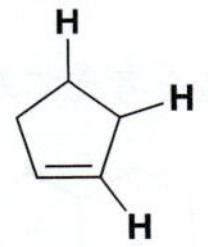

11・24　次の組の化合物をラジカルの安定性が増す順に並べよ．

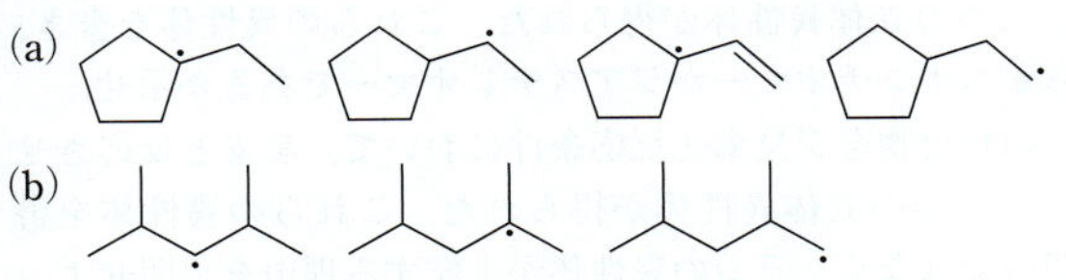

11・25　BHT の OH 基から水素原子を引抜いた際に得られるラジカルの共鳴構造をすべて書け．

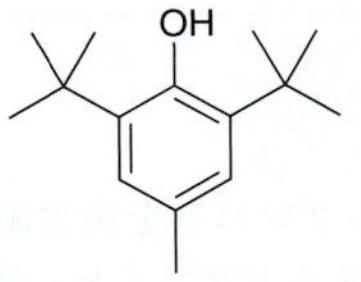

ブチル化された
ヒドロキシトルエン
(BHT)

11・26　イソプロピルベンゼン（クメン）と NBS に紫外線を照射したところ，単一生成物が得られた．反応機構を示し，なぜ単一の生成物が得られるのか説明せよ．

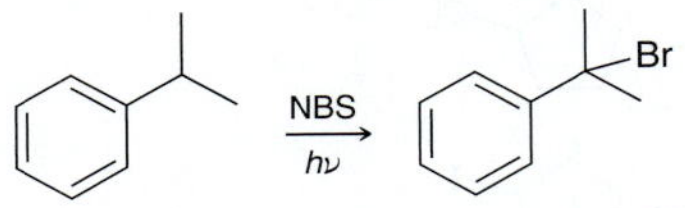

11・27　分子式 C_5H_{12} の化合物には三つの構造異性体が存在する．この異性体の一つに塩素化を行うと，単一の生成物が得られる．この異性体は何か．また，塩素化生成物の構造を書け．

11・28　エチルベンゼンを NBS とともに紫外線照射したところ，二つの立体異性体の等量混合物が得られた．生成物を書き，なぜ等量得られたのか説明せよ．

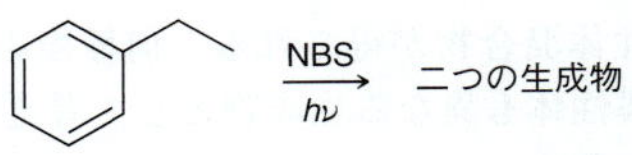

11・29　AIBN（2,2′-アゾビスイソブチロニトリル）はラジカル開始剤としてよく用いられるアゾ化合物（N=N 二重結合をもつ化合物）である．加熱すると AIBN は窒素ガスを放出し二つの同じラジカルを生じる．

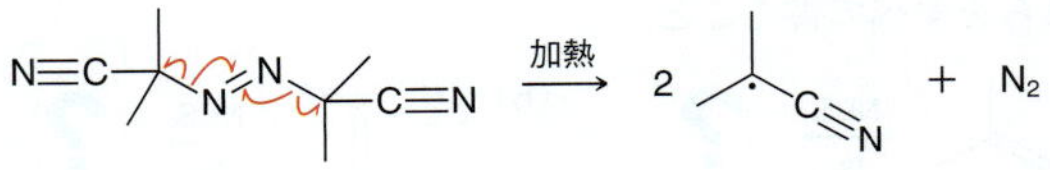

AIBN

(a)　これらのラジカルが安定である理由を二つ述べよ．

(b)　次のアゾ化合物はラジカル開始剤として有用でない理由を説明せよ．

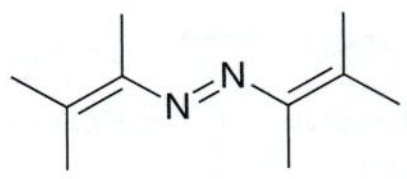

11・30　トリフェニルメタンは容易に自動酸化を起こしヒドロペルオキシドを生じる．

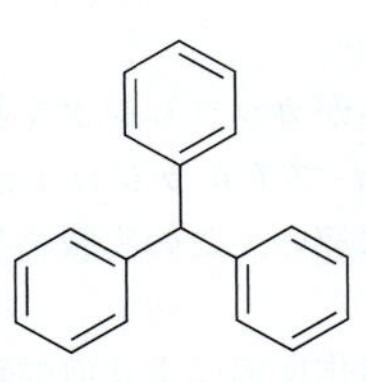

トリフェニルメタン

(a)　生成するヒドロペルオキシドの構造を書け．

(b)　トリフェニルメタンが非常に自動酸化を受けやすい理由を説明せよ．

(c)　フェノール存在下では，トリフェニルメタンの自動酸化は著しく遅くなる．この理由を説明せよ．

11・31　次の反応のそれぞれの生成物の生成機構を示せ．

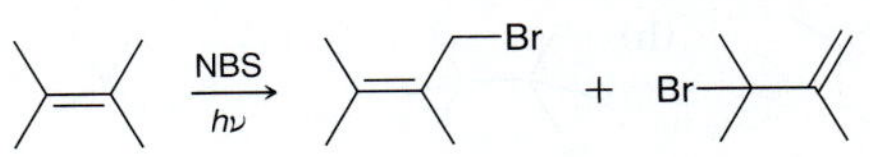

11・32　3-エチルペンタンの水素引抜きにおいて，どの水素が引抜かれるかにより，三つの異なるラジカルが生成する．三つのラジカルをすべて書き，安定性が増大する順に並べよ．

11・33　次の反応の主生成物を書け．反応が進行しないと考えられる場合は，“反応しない”と書くこと．

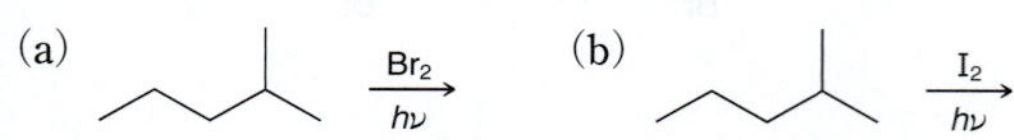

(c)　$\xrightarrow[h\nu]{Cl_2}$　(d)　$\xrightarrow[h\nu]{NBS}$

(e)　$\xrightarrow[h\nu]{NBS}$　(f)　$\xrightarrow[h\nu]{Br_2}$

11・34　(*S*)-2-クロロペンタンの塩素化により，分子式 $C_5H_{10}Cl_2$ の異性体混合物が得られる．何種類の異性体が得られるか（立体異性体も異なる生成物として考える）．すべての生成物の構造を書け．

11・35　(*S*)-3-メチルヘキサンの臭素化による主生成物を予想せよ．

11・36　次の反応で生成すると考えられる生成物をすべて書け．立体化学を考慮に入れ，立体異性体が生成する場合には，それらをすべて書くこと．

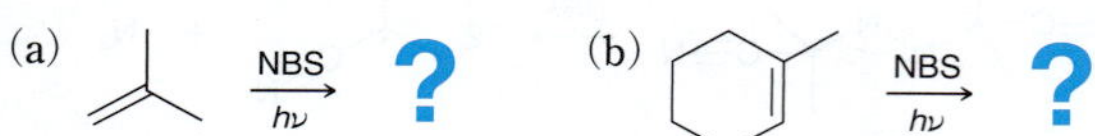

11・37　ジエチルエーテルの自動酸化によりヒドロペルオキシドが生成する反応の成長段階を書け．

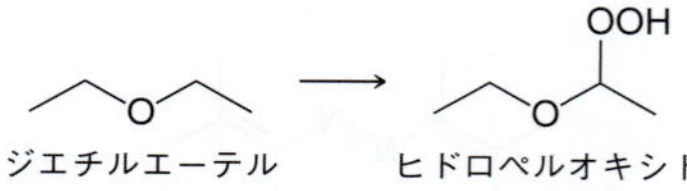

11・38　化合物 **A** の分子式は C_5H_{12} である．化合物 **A** のモノ臭素化により化合物 **B** のみが得られる．化合物 **B** を強塩基と反応させると，化合物 **C** と化合物 **D** の混合物が得られる．この情報をもとに，次の問いに答えよ．

(a)　化合物 **A** の構造を書け．
(b)　化合物 **B** の構造を書け．
(c)　化合物 **C** と **D** の構造を書け．
(d)　化合物 **B** をカリウム *tert*-ブトキシドと反応させると，**C** と **D** どちらの化合物が優先的に得られるか．理由も述べよ．
(e)　化合物 **B** をナトリウムエトキシドと反応させると，**C** と **D** どちらの生成物が優先的に得られるか．理由も述べよ．

11・39　3,3,6-トリメチルシクロヘキセンを NBS とともに紫外光で照射することにより得られる生成物を書け．

11・40　2-メチルプロパンを臭素とともに紫外光で照射すると，一つの化合物が優先的に得られる．
(a)　この生成物の構造を書け．
(b)　副生成物として得られる化合物の構造を書け．
(c)　主生成物の生成する反応機構を示せ．
(d)　副生成物の生成する反応機構を示せ．
(e)　上記の反応機構を用いて，副生成物が少量しか得られない理由を述べよ．

11・41　次の化合物の構造を考えてみよう．

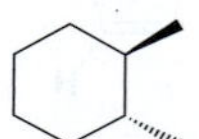

(a)　この化合物をモノ臭素化条件において，臭素と反応させたとき，二つの立体異性体が得られた．これらの異性体を書き，それらがエナンチオマーかジアステレオマーであるか示せ．
(b)　この化合物をジ臭素化反応条件において，臭素と反応させたとき，三つの立体異性体が得られた．これらの異性体を書き，四つではなく，三つの異性体が生成する理由を説明せよ．

発展問題

11・42　二つのメチルラジカルがカップリングを起こしエタンを生成する反応は，二つの *tert*-ブチルラジカルがカップリングを起こす反応よりも明らかに速い．この実験結果を二つの観点から説明せよ．

11・43　次の化合物のモノ塩素化反応により何種類の構造異性体が生成するか．

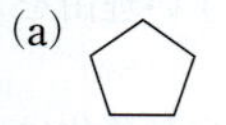
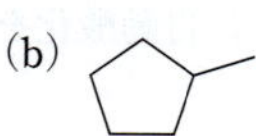

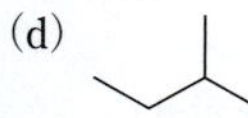
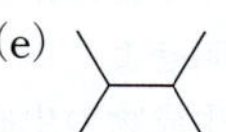
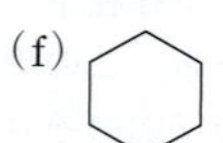
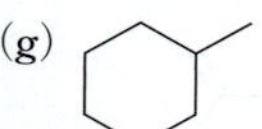
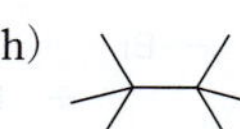
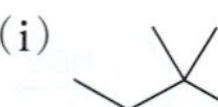

(j)

11・44　アセチレンと 2-メチルプロパンを炭素源として用いて $CH_3COCH_2CH(CH_3)_2$ を合成する方法を示せ．前章で述べた多くの反応を用いる必要がある．

11・45　次の変換を効率よく行う合成法を示せ．これらの問題を解く前に，§11・13 を復習すると役に立つ．

(a)　→ Cl
(b)　→ I
(c)　→

(d)

+ エナンチオマー

(e)

11・46　次の二つの化合物について考えてみよう．一方の化合物のモノ塩素化反応において，他方の化合物のモノ塩素化反応よりも 2 倍多くの立体異性体が生成する．それぞれの生成物を書き，どちらの化合物がより多くの塩素化生成物を生じるのか明らかにせよ．

11・47　ブタンに Cl_2 存在下で Br_2 を反応させると，臭素化生成物と塩素化生成物がともに得られる．この反応条件下で，臭素化反応の通常の選択性はみられない．いいかえると，2-ブロモブタンと 1-ブロモブタンの生成比は 2-クロロブタンと 1-クロロブタンとの生成比とほぼ同等である．臭素化において期待される選択性がみられないのはなぜか，説明せよ．

11・48　アシルペルオキシドが均等開裂を起こすときに，生成したラジカルは二酸化炭素を放出しアルキルラジカルを生成する．

加熱 または光　R· + CO_2

アシルペルオキシド

この情報をもとに，次の化合物が生成する反応機構を示せ．

加熱

11・49　チオール–エンカップリング反応とよばれる，次のラジカル反応について考えてみよう．この反応は，ラジカル開始剤存在下における，アルケンとチオール RSH との反応である．

ラジカル開始剤 加熱または光

(a)　この反応の機構を書き，開始段階と成長段階を示せ．

(b)　生化学者は，タンパク質を修飾し（26 章）その働きを調べるために，ますます有機反応に興味を示すようになってきた．チオール–エン反応は，特定のタンパク質の機能を明らかにすることをめざして，タンパク質を結合させるために，近年用いられている［*J. Am. Chem. Soc.*, 134, 6916(2012)］．次のタンパク質がチオール–エン反応を起こすときに，得られる生成物を予想せよ．

タンパク質　タンパク質

12

合　成

本章の復習事項
- 官能基変換を行うための反応剤を選ぶ §7·9
- 置換対脱離 §8·13
- アルケンとアルキンの合成戦略 §9·13, §10·11

ビタミンとはどのようなもので，なぜそれらが必要なのだろうか．

ビタミンは，体が正しく機能するために必要な基本的な栄養素である．特定のビタミンが不足すると病気になることがあり，多くの場合致命的な疾患につながる可能性がある．本章の後半で，ビタミンの発見および，有機合成化学の歴史的なできごとであったビタミン B_{12} の実験室的合成をみていく．本章は，有機合成についての簡潔な序論である．

ここまでに学んできた反応は，せいぜい数十である．本章では，限られた反応を利用して合成法を提案するための手順を段階を追って説明する．まず1段階合成から始め，そしてより困難な多段階合成の問題へと進む．本章の目標は，多段階の合成法を提案するために必要な基本的なスキルを伸ばすことである．

注意深く計画された合成が必ずしも計画どおり進むとは限らない．実際，計画された合成法が失敗し，うまくいかない段階を避けるために，戦略を修正する必要に迫られることはよくある．合成を計画する際には，反応剤の費用や生成物の精製の容易さなど，数多くの要因を考慮しなければならない．合成が高収率であっても，取除けない副生成物が得られるため役に立たないこともよくある．本章では，これまでの章で学んだすべての反応は信頼して用いることができるものとして説明を進める．

12·1　一段階合成

最も直接的な合成の問題は，1段階で達成できる反応である．たとえば，次の反応を考えてみよう．

→　Br　Br

この反応は，CCl_4 などの不活性溶媒中においてアルケンに Br_2 を作用させることで行える．2段階以上の反応を必要とする合成の問題もあり，その場合難易度がより高くなる．多段階合成に取組む前に，1段階合成に慣れることが必要である．そのためには，これまでの章ででてきたすべての反応剤を熟知しておくことが必須である．ある1段階合成に必要な反応剤を特定することができなければ，より複雑な問題を解決することは不可能である．次ページの練習問題で，これまでの章で述べたさまざまな反応を復習しよう．これらの練習問題は，どの反応の理解が不十分かわかるようにつくられている．

チェックポイント

12・1　次の変換に必要な反応剤を示せ．わからない場合は，9 章章末の反応のまとめを見てもよい．しかし，まず手助けなしに解いてみよう．

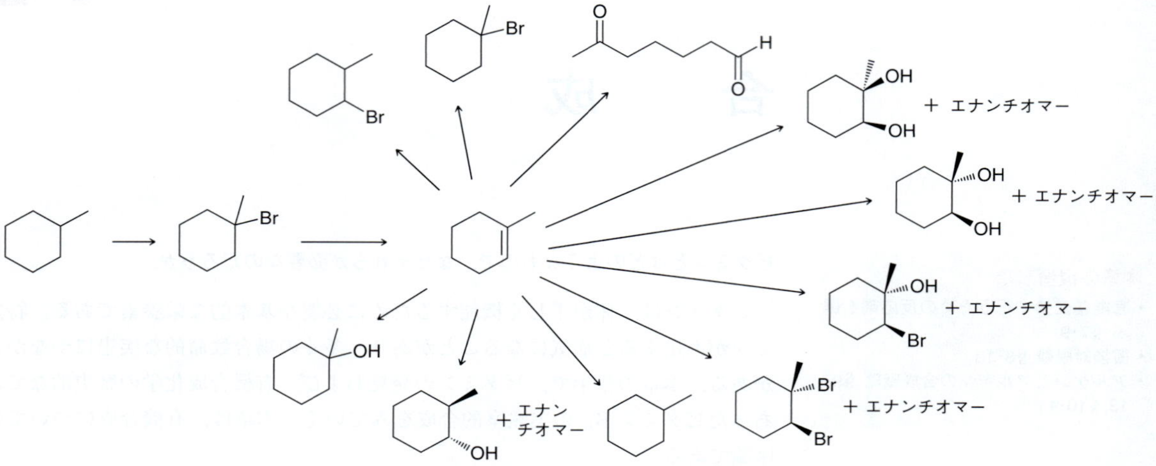

12・2　次の変換に必要な反応剤を示せ．わからない場合は，10 章章末の反応のまとめを見てもよい．しかし，まず手助けなしに解いてみよう．

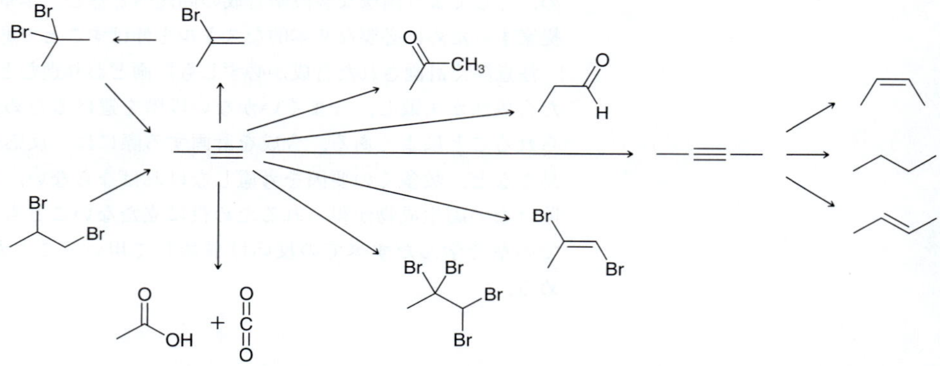

12・2　官能基変換

これまでの数章で，官能基の位置を移動させたり，その種類を変化させる方法を述べた．これらの方法は多段階合成の問題を解く際にきわめて有用なので，簡単に復習しよう．

9 章で，脱離反応にひき続く付加反応により，ハロゲンの位置を変化させる方法を説明した．たとえば次の反応である．

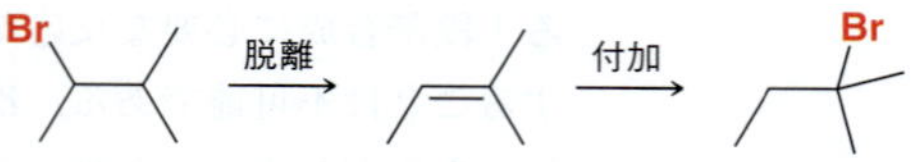

この 2 段階の反応では，ハロゲンが除去され，異なった位置に再び導入されている．

おのおのの反応の位置選択性は，慎重に制御しなければならない．脱離反応の段階での塩基の選択により，置換基の多いアルケンが生成するか，置換基の少ないアルケンが生成するかが決まる．付加反応の段階では，過酸化物を用いるか否かにより，Markovnikov（マルコウニコフ）付加か逆 Markovnikov 付加かが決まる．

NaOEt　HBr　Br
HBr ROOR
Br
t-BuOK　HBr ROOR　Br

9 章で述べたように，官能基がヒドロキシ基 OH の場合には，この手法は若干修正する必要がある．その場合，ヒドロキシ基は最初にトシラートなどの脱離能の高い脱離基に変換しなければならない．これにより初めて脱離とそれにひき続く付加という方法を用いることが可能となる．

OH　OH を脱離能の高い脱離基に変換　OTs　脱離　付加　HO

次にまとめるように，ヒドロキシ基をトシラートに変換した後に，脱離と付加の位置選択性を精密に制御することが可能となる．

1) TsCl, ピリジン 2) NaOEt　H_3O^+　OH
1) BH_3・THF 2) H_2O_2, NaOH
HO
1) $Hg(OAc)_2$, H_2O 2) $NaBH_4$
1) TsCl, ピリジン 2) t-BuOK　1) BH_3・THF 2) H_2O_2, NaOH　HO

9 章では，二重結合の位置を移動させる 2 段階の方法を説明した．

付加　Br　脱離

次に示すように，ここでも各段階の位置選択性は反応剤を選択することにより制御できる．

HBr　t-BuOK　NaOEt　NaOEt　HBr ROOR　t-BuOK

もし出発物がアルカンであるならば，考慮すべき唯一の有用な反応はラジカルハロゲン化反応である．

11 章では，もう一つの重要な手法を説明した．すなわち，官能基をもたない化合物に官能基を導入する方法である．

ラジカル臭素化　脱離

この方法を，前章までに述べた他の反応とあわせて用いることにより，単結合，二重結合，三重結合間の相互変換が可能となる．

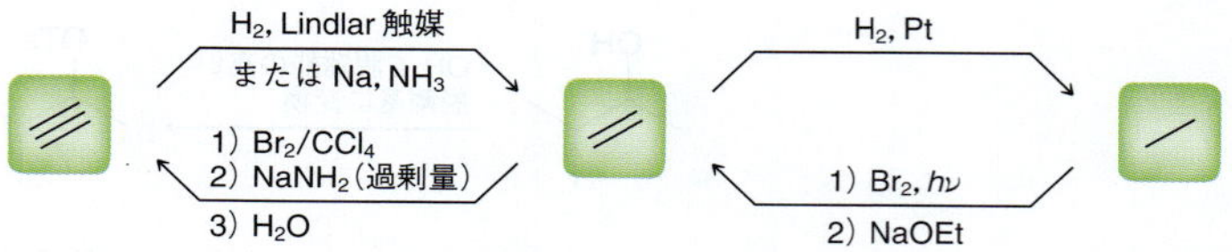

これまでに述べたいくつかの手法だけでなく，合成の問題に取組む際に必要な新しい手法を紹介する．ここではまず，官能基の種類や位置を変化させる反応や手法を習得しよう．

スキルビルダー 12・1　官能基の種類や位置を変化させる

スキルを学ぶ

次の変換を行う適切な方法を示せ．

解　答

出発物と生成物の官能基の種類と位置を明確にすることから始める．官能基の種類が確かに変化しており（アルケンがハロゲン化アルキルに変換されている），官能基の位置も変化している．これは主鎖を番号づけすることにより容易に理解できる．

C2 および C3 が官能基化されている　　C1 が官能基化されている

出発物では C2 と C3 が官能基化されている（官能基をもつ）が，生成物では C1 が官能基化されている．したがって，官能基の位置と種類を変化させなければならない．すなわち，出発物に存在する官能基を移動させることによりC1を官能基化する方法を見いだす必要がある．π結合の位置を変化させる2段階の方法をすでに説明した．

この戦略により，C1を官能基化するという目的を達成することが可能となる．そして，この種の変換は付加とそれに続く脱離により達成できる．π結合の位置を移動させるために，各段階に用いる反応剤を注意深く選ばなければならない．具体的には，逆Markovnikov付加とそれにひき続き，Hofmann（ホフマン）脱離を行う必要がある．

逆 Markovnikov 付加

X

Hofmann 脱離

この変換の最初の段階に用いることのできる反応として，逆Markovnikov付加で進行する二つの反応を説明した．すなわち，(a) 過酸化物存在下でのHBrの付加，または(b) ヒドロホウ素化とそれに続く酸化である．これらの反応はともに逆Markovnikov付加体を生じる．しかし，ヒドロホウ素化とそれに続く酸化を用いると，生成したヒドロキシ基はHofmann脱離の前にトシラートに変換しなければならない．

HBr
ROOR

Br　ラセミ体

t-BuOK

1) BH_3・THF
2) H_2O_2, NaOH

OH　ラセミ体

TsCl
ピリジン

OTs　ラセミ体

t-BuOK

二つの経路はどちらも用いることができるが，最初の経路のほうが短工程であり，より効率的である．

C1が官能基化されたので，最後の段階はC1に臭素原子を導入することである．これは，HBrの逆Markovnikov付加により行える．

HBr
ROOR

Br

まとめると，目的の変換を行うためには二つの経路が可能である．

1) HBr, ROOR
2) *t*-BuOK
3) HBr, ROOR

1) BH_3・THF
2) H_2O_2, NaOH
3) TsCl, ピリジン
4) *t*-BuOK
5) HBr, ROOR

Br

目的の変換を行うことが可能な複数の経路が存在することはよくある．合成の問題に，正しい解答が一つしか存在しないと考えてはならない．ほとんどの場合，実行可能な複数の経路が存在する．

スキルの演習

12・3　次の変換を行う適切な方法を示せ．

(a)　(b) 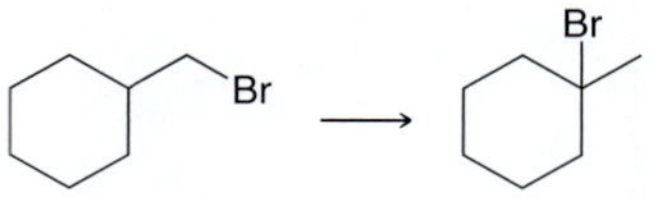　(c) 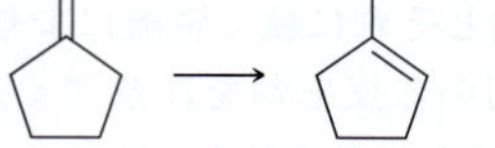　(d) 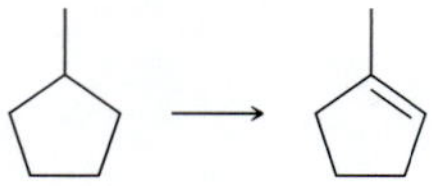　(e) 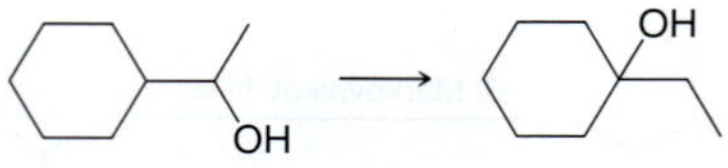　(f) 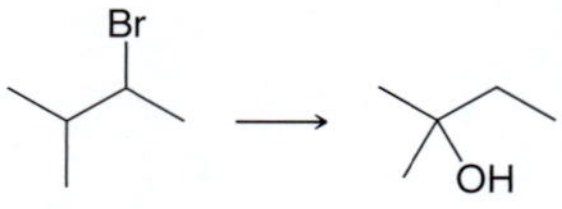　(g) 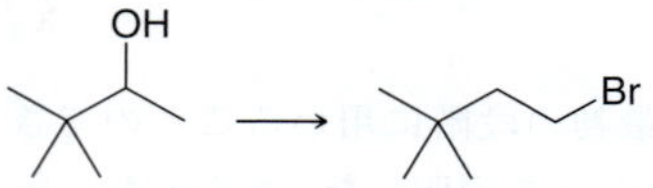　(h)

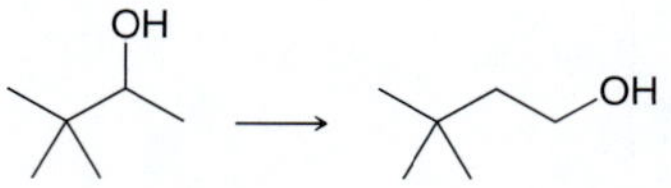

Br　Br　OH　OH　Br　OH　OH　OH　Br　OH　OH

スキルの応用

12・4　2-ブロモ-2-メチルブタンを 3-メチル-1-ブチンに変換するのに必要な反応剤を示せ．

12・5　1-ペンテンをジェミナルジブロモ化合物に変換するのに必要な反応剤を示せ．（ジェミナルは二つの臭素原子が同一の炭素原子に結合していることを意味する．）

12・6　メチルシクロヘキサンを次の化合物に変換するのに必要な反応剤を示せ．

(a) 第三級ハロゲン化アルキル　(b) 三置換アルケン　(c) 3-メチルシクロヘキセン

問題 12・17，12・21，12・22 を解いてみよう．

12・3　炭素骨格の変換

前節のすべての問題において，官能基の種類または位置は変わったが，炭素骨格は変わっていない．本節では，炭素骨格が変化する例に着目しよう．骨格中の炭素数が増加する場合や，減少する場合もある．

炭素の数が増加する場合には，炭素－炭素結合生成反応が必要である．ここまで，既存の炭素骨格にアルキル基を導入するために用いることのできる反応は，一つしか学んでいない．末端アルキンのアルキル化（§ 10・10）により炭素の数が増加する．

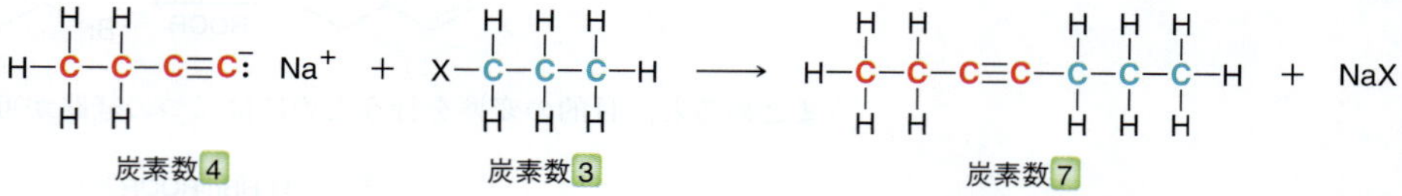

$$CH_3CH_2C{\equiv}C^{:-}\ Na^+ + X{-}CH_2CH_2CH_3 \longrightarrow CH_3CH_2C{\equiv}CCH_2CH_2CH_3 + NaX$$

炭素数 4　　炭素数 3　　炭素数 7

以降の章では多くの反応が出てくるが，これまでに学んだ炭素－炭素結合生成および切断反応は一例ずつである．したがって，本節の問題はかなり単純である．

もし，炭素の数が減少するならば，炭素－炭素結合切断反応，いわゆる**結合開裂** (bond cleavage) が必要となる．このような反応もこれまで一例学んだだけである．アルケン（またはアルキン）のオゾン分解により π 結合の位置で結合が開裂する．

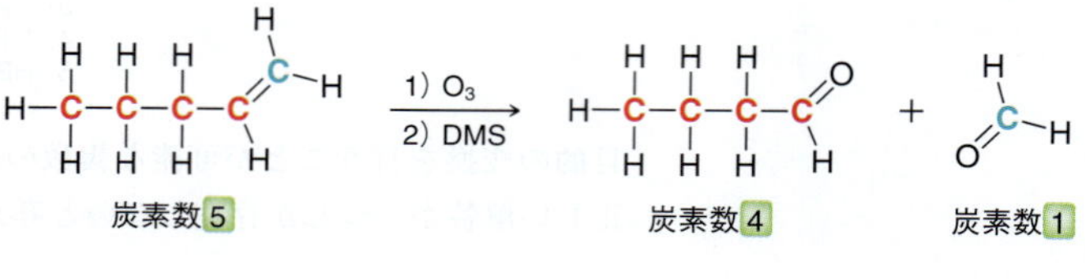

$$CH_3CH_2CH_2CH{=}CH_2 \xrightarrow[2)\ DMS]{1)\ O_3} CH_3CH_2CH_2CHO + HCHO$$

炭素数 5　　炭素数 4　　炭素数 1

医薬の話題 ビタミン

ビタミンは，われわれの体が正常に機能するために必要不可欠な化合物であり，食物から摂取しなければならない．ある種のビタミンが不足すると特定の病気にかかりやすくなる．この現象はビタミンの役割が解明される前から知られていた．たとえば，長期間海上で生活する水夫は壊血病にかかりやすく，歯が欠けたり，手足が腫れたり，あざができた．放置すると致命傷となる．英国海軍の内科医だったJames Lindは，オレンジやレモンを摂取すると壊血病の症状が改善することを，1747年に明らかにした．オレンジやレモンには体が必要とする何かの因子が含まれていることがわかり，ライムジュースが船乗りの通常の食事の一部となった．このため，英国の船乗りは“Limeys”とよばれた．

さらに，多様な食物に“成長因子”が含まれていることが明らかになった．Gowland Hopkins（英国ケンブリッジ大学）は，ラットの食餌を制限する数々の実験を行った．彼は，糖，タンパク質，脂質をラットに与えた．これだけではラットは成長できず，食餌に数滴の牛乳を加えることにより，成長することができた．この実験により，牛乳には適正な成長を促す未知の成分が含まれていることが明らかとなった．

インドネシアのオランダ領において，オランダの内科医Christiaan Eijkmanにより同様な観察がなされた．麻痺の症状を特徴とする脚気の大規模な発症の原因を探る過程で，実験室のニワトリも脚気の症状を示すことを見いだした．彼は，ニワトリにぬかを取除いた米（白米）が与えられていたことに気づいた．ニワトリに玄米を与えると，症状が劇的に改善された．このことから，米ぬかに何かの重要な成長因子が含まれていることが明らかとなった．1912年に，ポーランドの生化学者Casimir Funkは米ぬかから活性物質を単離した．詳細な研究により，アミノ基が構造中に含まれ，アミン（amine）とよばれる化合物群（23章）に属することが明らかになった．

アミノ基

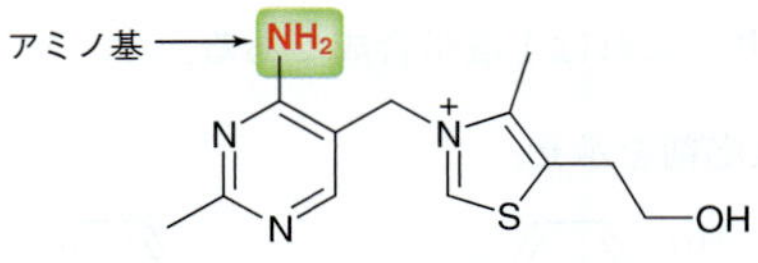

チアミン（ビタミンB_1）

もともと，活性な成長因子はすべてアミンであると信じられていた．したがって，それらは**ビタミン**（vitamin, vitalとamineに由来する）とよばれた．その後，ほとんどのビタミンにはアミノ基は含まれていないことが明らかになったが，“ビタミン”という名前が使われている．栄養素におけるビタミンの役割の発見により，EijkmanとHopkinsは1929年にノーベル医学生理学賞を受賞した．

ビタミンはその構造ではなく作用により分類される．さらに下つきの数字により区別される．たとえばビタミンBは一連の化合物群であるが，それぞれは，文字と数字により区別される（B_1, B_2, B_3など）．おもなビタミンを示す．

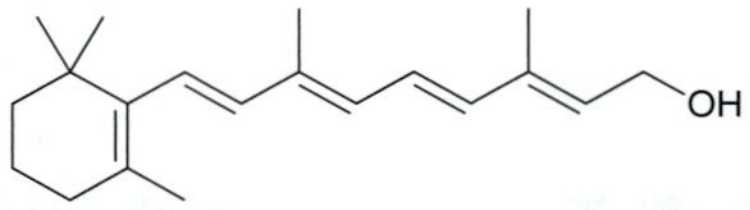

ビタミンA（レチノール retinol）
含有食品：牛乳，卵，果物，野菜，魚
欠乏症：夜盲症（§17・13参照）

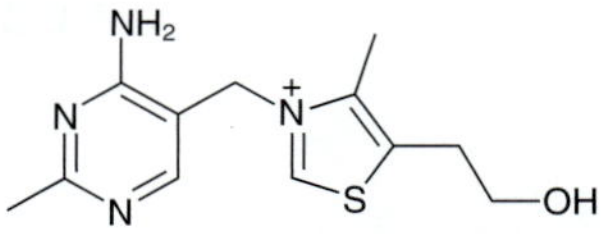

ビタミンB_1（チアミン thiamine）
含有食品：レバー，ジャガイモ，全粒粉，マメ
欠乏症：脚気

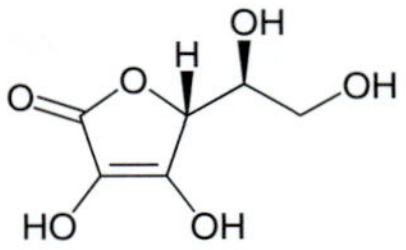

ビタミンC（アスコルビン酸 ascorbic acid）
含有食品：かんきつ類，ピーマン，トマト，ブロッコリー
欠乏症：壊血病

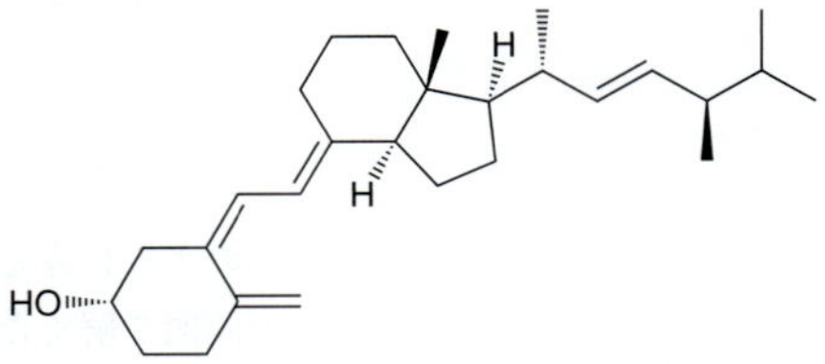

ビタミンD_2（エルゴカルシフェロール ergocalciferol）
含有食品：魚，日光に当たると体内でつくられる
欠乏症：くる病（§17・10参照）

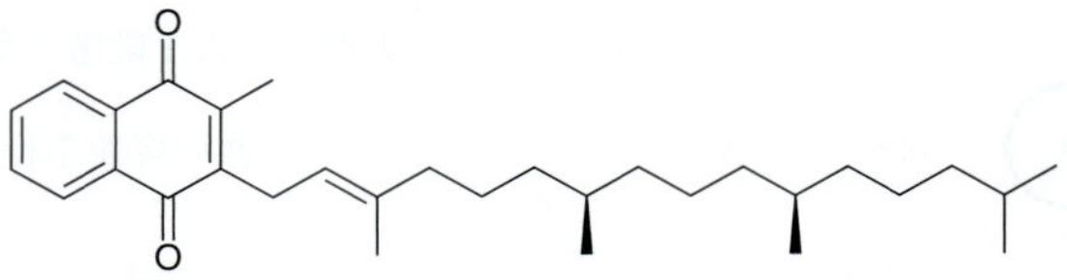

ビタミンK_1（フィロキノン phylloquinone）
含有食品：ダイズ油，緑黄色野菜，レタス
欠乏症：出血（体内での出血）

ビタミンCの構造が明らかにされ，化学者が実験室においてビタミンCの合成法を考案することが可能となった．さらに，ビタミンCの工業的な合成へとつながった．その初期の成功により，化学者はまもなくビタミンのすべての構造を明らかにし，実験室でも合成できるだろうと予想した．しかし，ビタミンB_{12}の合成は，480ページの“医薬の話題”で述べるように，予想以上に複雑である．

スキルビルダー 12・2　炭素骨格の変換

スキルを学ぶ

次の変換を行うのに必要な反応剤を示せ．

解答

出発物と目的の生成物の炭素数を数える．出発物は7炭素を含み，生成物は9炭素を含む．したがって，既存の炭素骨格に2炭素を導入しなければならない．そのような反応は一つしか学んでいない．この反応には，アルキニドイオンとハロゲン化アルキルを用いる必要がある．

R−C≡C:$^-$ Na$^+$ + R−X ⟶ R−C≡C−R ＋ NaX
アルキニドイオン　ハロゲン化アルキル

ここまで，この反応は常にアルキンの側からとらえてきた．すなわち，アルキンが出発物であり，ハロゲン化アルキルは2段階目の反応剤として用いられ，アルキル基Rの導入が行われる．

H−C≡C−H（出発物） —1) $NaNH_2$ 2) R−X→ H−C≡C−R

一方，この反応は，ハロゲン化アルキルの側からとらえることも可能である．すなわち，ハロゲン化アルキルが出発物であり，既存の炭素骨格に三重結合を導入するためにアルキニドイオンを用いる．

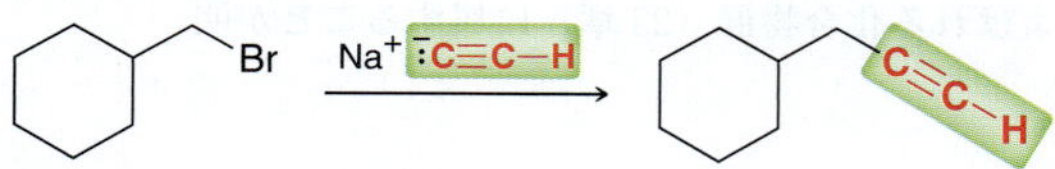

このようにみると，アルキル化は三重結合を導入する方法である．この反応はまさにこの問題を解くために必要なものである．

実際，この1段階の反応が解答であり，これは1段階合成である．

スキルの演習

12・7　次の変換を行うのに必要な反応剤を示せ．

(a)　(b)　(c)

スキルの応用

12・8　次の変換を行う適切な方法を示せ．

(a)　(b)　(c)

12・9　3-ブロモ-3-エチルペンタンにナトリウムアセチリドを作用させると，3-エチル-2-ペンテンとアセチレンが主生成物として得られる．この場合炭素骨格が変化しないのはなぜか．また，この生成物が得られる理由を述べよ．

問題 12・18〜12・20，12・23，12・26 を解いてみよう．

12・4　どのようにして合成の問題に立ち向かうか

前の 2 節において，1) 官能基変換および 2) 炭素骨格の変換の二つの重要な手法を述べた．本節では，この両者の手法を必要とする合成の問題を取上げていこう．今後，合成の問題ではすべて次の二つの点を明確にしてからとりかかることにしよう．

1. **炭素骨格に変化があるか．** 出発物と生成物を比較し，炭素数が増えているかあるいは減っているか明確にする．
2. **官能基の種類または位置に変化があるか．** ある官能基が他の官能基に変換されているか．また，官能基の位置が変化しているか．

これら二つの点をどのように明確にし合成法を考案するか，次の例で練習しよう．

スキルビルダー 12・3　合成の問題に取組む

スキルを学ぶ

次の変換を行う適切な方法を示せ．

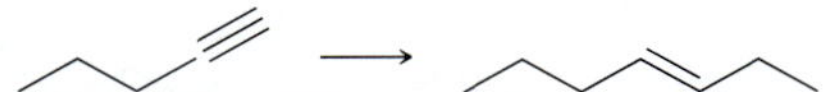

解答

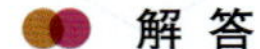

合成の問題はすべて次の二つの点を明確にして考える必要がある．

1. 炭素骨格に変化があるか．出発物は 5 炭素であり，生成物は 7 炭素である．したがってこの変換では二つの炭素を導入する必要がある．

炭素原子を番号づけする際に，IUPAC の規則に従う必要はない．この化合物を命名する際には，適切な番号づけ（三重結合は C4, C5 間ではなく，C1, C2 間とする）をする必要がある．しかし，ここでの番号は炭素骨格の変化を知るためだけのものであり，炭素数を数えやすいようにつけてかまわない．

2. 官能基の種類または位置に変化があるか．確かに官能基の種類は変化している（三重結合が二重結合に変換されている）が，ここでは官能基の位置を考えなければならない．

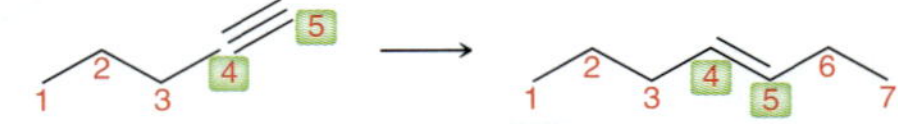

繰返しになるが，この番号づけは IUPAC の規則に従う必要はない．生成物の三重結合が，出発物の二重結合と同じ位置であることを明確にするための単なる手段である．この場合，IUPAC の規則に厳密に従うとかえって混乱し，誤りやすいことがある．

上記の二つの質問に答えることにより，次の二つの課題が明らかとなる．1) 2 炭素を導入する必要があること，2) 三重結合はそのままの位置で二重結合に変換する必要があること．これらの課題それぞれのために，どのような反応剤を用いる必要があるか決めなければならない．

1. どのような反応剤を用いると 2 炭素を導入できるか.
2. どのような反応剤を用いると三重結合を二重結合に変換できるか.

出発物のアルキンをアルキル化することにより新たな 2 炭素を導入することができる.

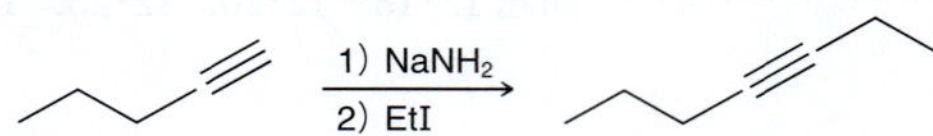

これで炭素骨格は整ったので，溶解金属を用いて三重結合を還元することにより，トランス体のアルケンが得られる.

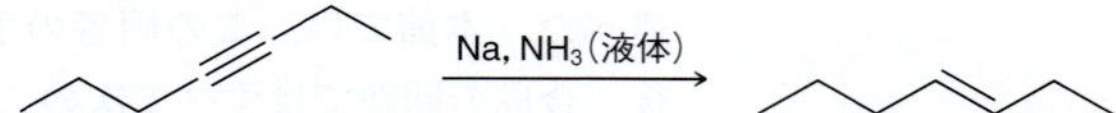

この問題を解くためには，1) アルキンのアルキル化とそれに続く 2) 三重結合の二重結合への変換の 2 段階の反応が必要である. 反応の順番に留意しよう. もし先に三重結合を二重結合に変換すると，アルキル化を行うことができない. 末端三重結合のみがアルキル化可能であり，末端二重結合ではできない.

スキルの演習

12・10　次の変換を行うのに必要な反応剤を示せ.

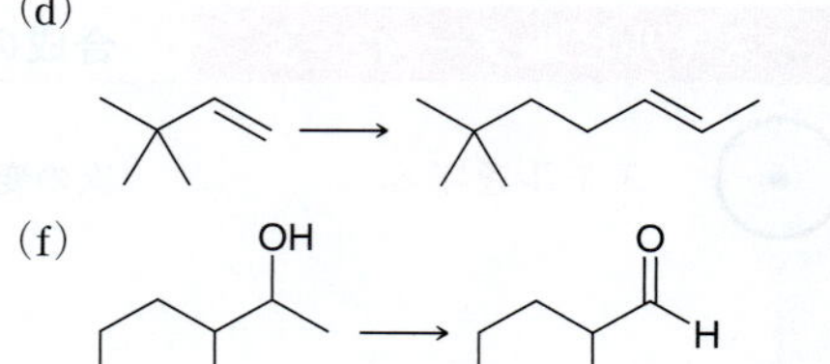

(a)　(b)　(c)　(d)　(e)　(f)

スキルの応用

12・11　次の変換を行う適切な方法を示せ（多段階合成が必要).

12・12　次の変換を行う適切な方法を示せ. 炭素数は一つ増えているのみである.

問題 12·19～12·26 を解いてみよう.

12・5　逆合成解析

本書を読み進めていき，多くの反応を学んでいくにつれ，合成の問題はさらに難易度の高いものとなる. この問題を克服するためには，これまでとは異なった取組が必要となる. 前節で述べた二つの基本的な点を明確にすることがすべての合成法の問題を解析する出発点となる．しかし，ここでは合成の最初の段階を明確にするのではなく，合成の最終段階を明らかにすることから始める．以下の合成を解析することにより，この過程が理解できるだろう．

OH ?

アルコール アルキン

まず，出発物であるアルコールに対して何ができるかではなく，最終生成物であるアルキンを得ることのできる反応に着目する．

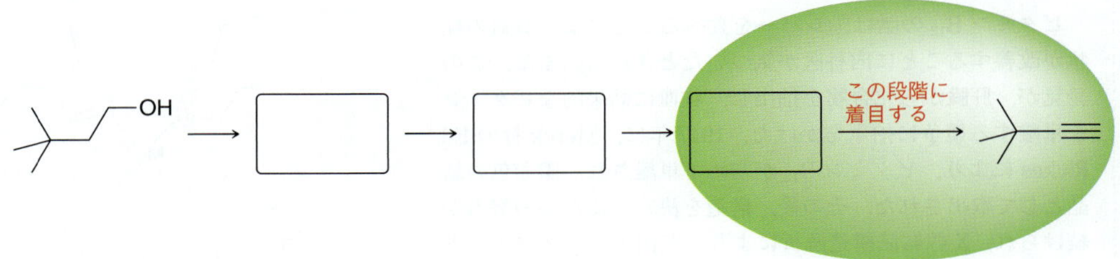

このようにして，順次出発物にたどり着くまで遡って考える．化学者は長い間直感的にこの方法を用いてきた．しかし米国ハーバード大学の E. J. Corey は，このやり方を適用するための体系的な方法論を最初に考案し，**逆合成解析**（retrosynthetic analysis）とよんだ．上記の問題を解決するために逆合成解析を用いてみよう．

まず，炭素骨格や官能基の種類や位置が変化していないかを明らかにすることから始めなければならない．この場合，出発物も生成物も 6 炭素原子を含み，炭素骨格は変化しないが，官能基は変化している．すなわち，アルコールはアルキンに変換されるが，骨格中の同じ位置に存在している．この変換を 1 段階で達成する方法をまだ学んでいない．実際，これまでに出てきた反応を用いるだけでは，この変換を 2 段階で行うことさえできない．そこで，この問題に逆方向から取組み，“三重結合をどのようにすれば合成できるだろうか”と考えてみよう．これまでに学んだ三重結合を合成する方法は一つだけである．すなわち，ジハロゲン化物に過剰の $NaNH_2$ を作用させると，連続して 2 回の E2 反応を起こす（§10・4）．次に示す三つのジハロゲン化物のうちのどれを用いても望みのアルキンを合成できる．

ジェミナル ジブロモ化合物 Br Br

ビシナル ジブロモ化合物 Br Br

ジェミナル ジブロモ化合物 Br Br

しかし，ここでジェミナルジブロモ化合物は除外できる．なぜならば，ジェミナルジハロゲン化物を合成する方法は一つしか学んでおらず，それは，アルキンから合成する方法である．確かに，アルキンを合成するのに，まさに同じアルキンから合成するのは意味がない．

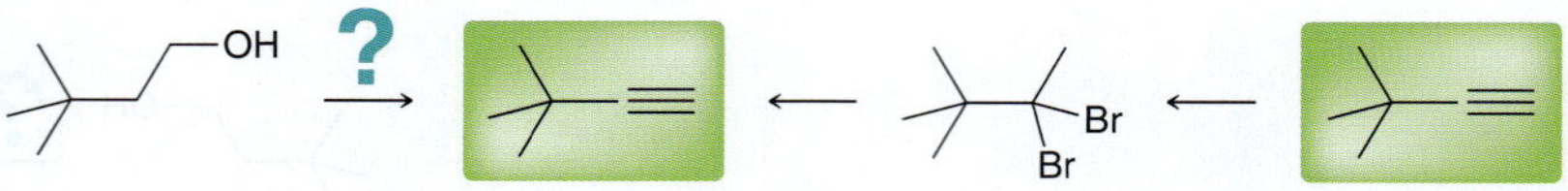

OH ? Br Br

医薬の話題　ビタミン B_{12} の全合成

ビタミン B_{12} の話は，レバーを食べることにより貧血の症状が改善することに内科医が気づいたときから始まる．この発見が，肝臓から化合物を抽出し，貧血に効果的なビタミンを単離する競争に拍車をかけた．1947 年に，Merck 社の Ed Rickes により，ビタミン B_{12} が初めて単離され，深赤色の結晶として取出された．その後，構造を決定するための努力が続けられ，X 線結晶構造解析により，英国オックスフォード大学の Dorothy C. Hodgkin（ホジキン）が完全な構造決定に成功した．彼女は，ビタミン B_{12} は光合成を行うクロロフィル（chlorophyll，葉緑素ともいう，右図参照）の構造中のポルフィリン環に類似したコリン環が中心構造であることを見いだした．

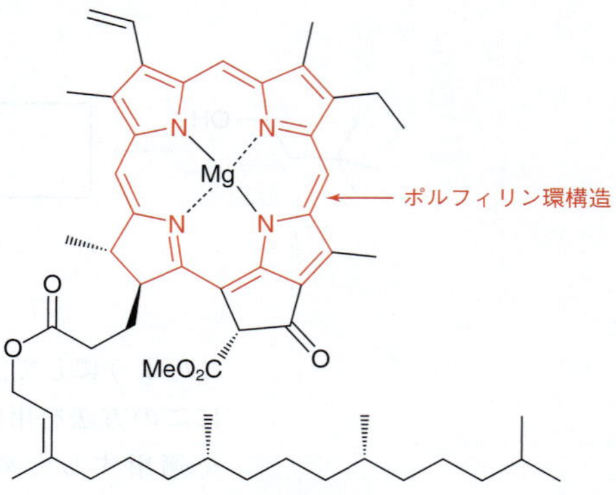

ビタミン B_{12} 中のコリン環構造は，大環状構造に組込まれている四つのヘテロ環（窒素などのヘテロ原子を含む環）から成り立っている．しかし，ビタミン B_{12} 中のコリン環は，クロロフィルの場合のマグネシウムと異なり，コバルトが中心に存在し，ビタミン B_{12} にはクロロフィルよりもずっと多くのキラル中心がある．この複雑な構造の決定により，X 線結晶構造解析の適用範囲も大きく広がった．Hodgkin は X 線結晶構造解析の分野の先駆者であり，多くの生化学的に重要な化合物の構造を同定した．この業績により，1964 年にノーベル化学賞を受賞した．

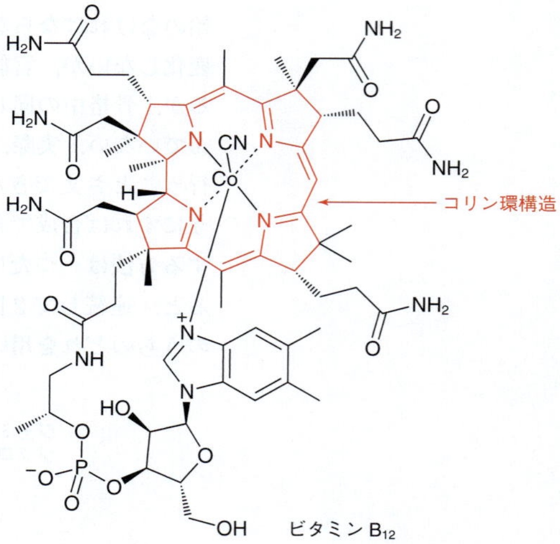

ビタミン B_{12} の構造が決定され，その全合成が次の課題となった．当時ビタミン B_{12} はその複雑な構造のため，有機合成化学者にとって最も困難な合成目標であり，有能な有機合成化学者にとって，その合成への挑戦は抗し難いものであった．米国ハーバード大学の Robert B. Woodward（ウッドワード）は，キニーネ（マラリア治療薬），コレステロールやコルチゾン（ステロイドの一種），ストリキニーネ（毒物），レセルピン（精神安定剤），クロロフィルなど多くの重要な天然物の全合成に成功しており，有機化学分野における中心的な研究者であることが，自他ともに認められていた．このような素晴らしい偉業を成し遂げていた Woodward は，ビタミン B_{12} の合成に果敢に挑戦した．彼は，側鎖の立体化学の制御に加えて，コリン環を構築する方法の開発を始めた．

一方，Albert Eschenmoser（エッシェンモーザー）（スイス連邦工科大学）もビタミンの合成に取組んでいた．しかし，二人はコリン環の合成に異なった戦略を立てていた．Woodward の A→B 法は A 環と B 環の間で大員環環化反応を行うが，Eschenmoser の A→D 法は A 環と D 環の間で大員環環化反応を行う．

Mg N N N N ポルフィリン環構造 O O MeO$_2$C O

クロロフィル *a*

H$_2$N O NH$_2$ O H$_2$N O CN Co N N N N O NH$_2$ H$_2$N O H コリン環構造 O NH$_2$ O O NH N$^+$ N HO O P O $^-$O O O OH

ビタミン B_{12}

それぞれの経路を開発している途上において，予想しない難題が発生し，新しい戦略と手法を開発する必要に迫られた．たとえば，Eschenmoser はヘテロ環をカップリングする手法を開発し，ビタミン B_{12} の大きなかさ高い側鎖をもたない単純なコリン環の構築に成功した．しかし，この方法でしたがって，合成の最終段階は，ビシナルジハロゲン化物からのアルキン合成である．

OH　?　1) $NaNH_2$(過剰量)　2) H_2O　Br　Br

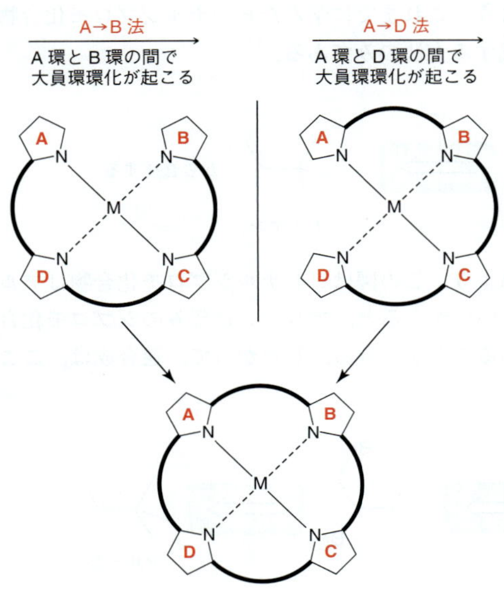

はビタミン B_{12} のコリン環を合成するために必要なヘテロ環をカップリングすることができなかった．これは，それぞれのヘテロ環の置換基の立体障害のためである．この問題を解決するために Eschenmoser は一時的に硫黄架橋により二つの環を結びつけた．そうすることにより，カップリング反応は，分子間反応ではなく分子内反応として行えることになった（下図参照）．

硫黄架橋はカップリング反応の際にただちに除去され，この全体のプロセスは“スルフィド収縮（sulfide contraction）”とよばれるようになった．これは，計画した合成経路が行き詰まった場合に合成化学者が開発しなければならない独創的な解決法の一例である．Woodward および Eschenmoser は数々の難関に遭遇し，1965 年にこの問題に共同で立ち向かうために提携関係が結ばれた．実際，これは，Woodward が有機合成化学の分野における貢献によりノーベル化学賞を受賞した年である．

R　B　N　+　C　N　R　一時的な架橋　S

Woodward と Eschenmoser は，その後 7 年間共同研究を続け，一つの段階の反応条件を最適化するために丸 1 年を費やすこともあった．ほぼ 100 人の大学院生の 10 年間に及ぶ集中的な取組は，最後には報われた．Woodward のグループは立体化学を制御して側鎖を導入することができ，二つのグループはコリン環を構築するために開発された最も優れた手法や技術を組合わせた．各部分は最終的に結びつけられ，ビタミン B_{12} の合成は 1972 年に完成した．この歴史的な合成は，有機合成化学の歴史における金字塔とされ，有機化学者はどのような複雑な化合物であろうと時間さえあれば合成できることを明らかにした．

ビタミン B_{12} の全合成研究の途上において，Woodward は予期しない立体選択性で進行する一連の反応に遭遇した．彼の同僚の Roald Hoffmann とともに，有機化学の一つの分野である**ペリ環状反応**の立体選択性を説明できる理論と規則を確立した．この種の反応は，17 章でいわゆる Woodward–Hoffmann 則とともに説明する．

ビタミン B_{12} の話は，どのようにして有機化学が発展するかを示す素晴らしい例のひとつである．複雑な構造の化合物の全合成において，合成経路が計画どおりに進まない段階が必ずあり，その場合には，障害を乗り越えるために独創的な方法を開発する必要性に迫られる．このようにして，新たな手法が絶えず見いだされている．ビタミン B_{12} の全合成が達成された以後の数十年で，何千もの合成標的が合成されており，それらはほとんど医薬品である．これらの試みのなかで，新たな合成法，反応剤，さらに原理が絶えず生み出されている．時間が経つにつれ，合成標的はどんどん複雑になり，最先端の有機化学者は，日々発展を続ける有機合成化学の限界を絶えず押し広げている．

この種の"逆方向"の考えを示すために特殊な逆合成の矢印が用いられる．

⟹ は逆合成を表す矢印である．

アルキン　は　⟹　Br Br ジブロモ化合物　から合成する

この逆合成の矢印に惑わされないようにしよう．これは，生成物（アルキン）を合成するために必要な出発物を逆向きに考える仮想的な合成経路である．いいかえると，上図は，"合成の最後の段階では，アルキンはビシナルジブロモ化合物から合成できる"ことを示している．

さらにもう1段階遡ってみよう．これまでに学んだビシナルジブロモ化合物を合成する方法は，アルケンから合成する方法のみである．

Br Br　は　⟹　アルケン　から合成する

再び逆合成の矢印に注意してみよう．この図はビシナルジブロモ化合物はアルケンから合成できることを意味する．いいかえると，アルケンは望みのジブロモ化合物を合成するための前駆体として用いることができる．したがって，逆合成は，ここまでのところ，次のようになる．

生成物　⟹　Br Br　⟹　アルケン

この式は生成物（アルキン）がアルケンから合成できることを示す．この一連の変換反応は，本章ですでに説明した戦略のひとつ，二重結合から三重結合への変換を表している．

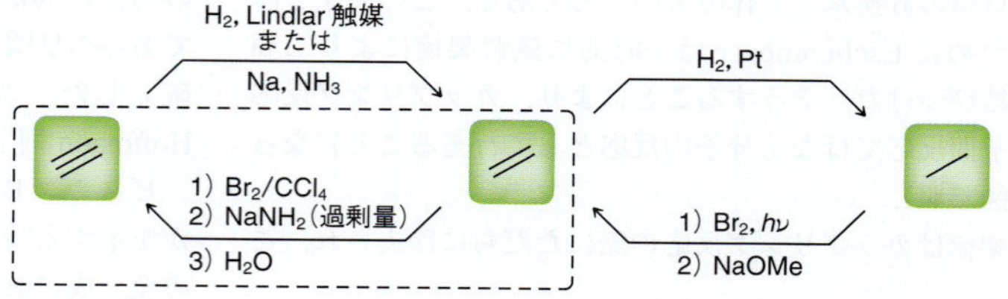

合成を完成させるために，出発物をアルケンに変換しなければならない．この段階で，逆合成解析で示された経路を出発物と関連づけて考えることができる．

OH　?　→　$\xrightarrow{Br_2,\ CCl_4}$　Br Br　$\xrightarrow{1)\ NaNH_2(過剰量)\ 2)\ H_2O}$

この段階はE2脱離により行える．ヒドロキシ基はまず脱離能の高い脱離基であるトシラートに変換しなければならないことを思い出そう．そこで，E2脱離によりアルケンを生成することができ，これにより，出発物と生成物を結びつけることができる．

OH →(TsCl / ピリジン) OTs →(t-BuOK) → (Br_2 / CCl_4) Br, Br →(1) $NaNH_2$(過剰量) 2) H_2O)

合成は完成したが，解答を書く前に，提案したすべての段階を見直し，各段階の位置選択性や立体化学が望みの生成物を主生成物として生じることを確かめることが望ましい．目的の生成物が副生成物であるような反応は，どの段階でも用いるべきでない．望みの生成物が主生成物として得られる反応のみを用いるべきである．提案した合成の各段階を確認した後に，解答は次のように書ける．

OH →(1) TsCl, ピリジン 2) t-BuOK 3) Br_2/CCl_4 4) $NaNH_2$(過剰量) 5) H_2O)

スキルビルダー 12・4　逆合成解析

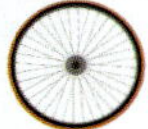

スキルを学ぶ

次の変換を行う適切な方法を示せ．

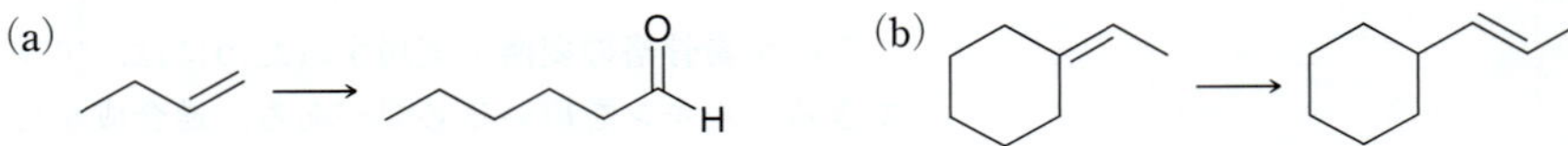

解答

(a) まず，炭素骨格が変わっているか確かめる．出発物は 4 炭素だが，生成物は 6 炭素である．したがって，この変換を行うためには，2 炭素増炭することが必要となる．

1 2 3 4 → O 1 2 3 4 5 6 H

本章で何回も述べたように，この変換を行うためにこれまでに学んだ唯一の方法は，末端アルキンのアルキル化である．したがって，この合成にはアルキル化が含まれなければならない．逆合成解析を行う際には，このことを考慮に入れておくべきである．

第二に，官能基の種類や位置に変化がないか確認する必要がある．この場合，官能基は種類も位置もともに変化している．生成物の官能基はアルデヒドである．§10・7 で述べたように，アルデヒドはアルキンのヒドロホウ素化-酸化により合成できる．逆合成の矢印とともに示したように，末端アルキンはアルデヒドに変換できる．

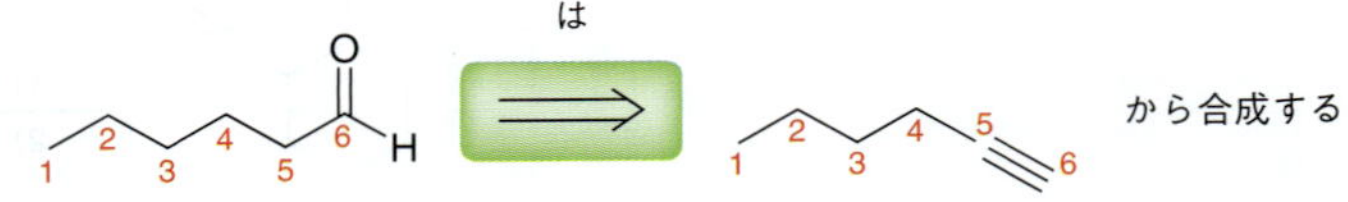

逆合成解析を続ける際に，アルキンを合成する段階を考慮する必要がある．アルキンのアルキル化の段階を含めなければならないことを思い出そう．そこで，次の逆合成の段階を提案する．この段階により，必要とされる 2 炭素の増炭ができる．

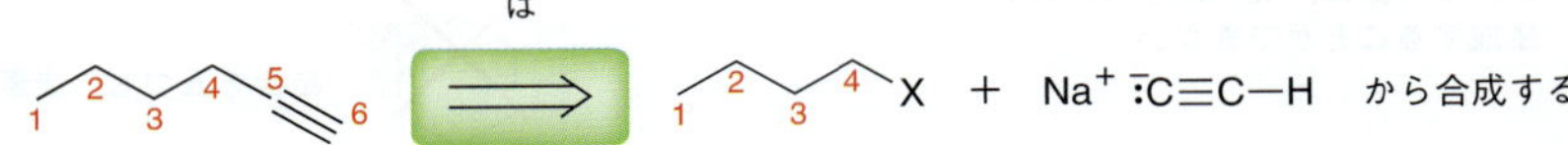

合成を完成させるために，出発物とハロゲン化アルキルの間を結びつける必要がある．

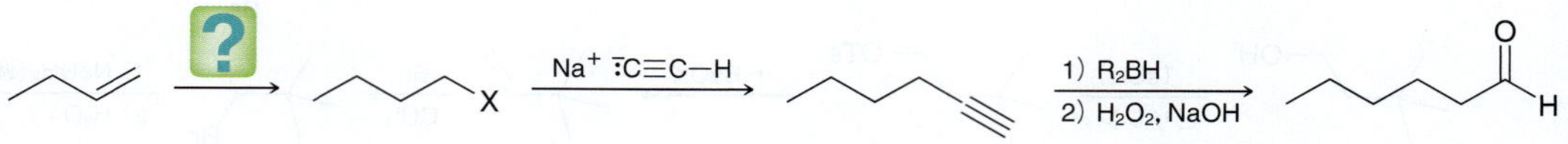

順方向に考えると，必要な変換は逆 Markovnikov 付加で行うことが可能であり，これは過酸化物存在下 HBr を作用させることにより達成できる．まとめると，次の合成法を提案できる．

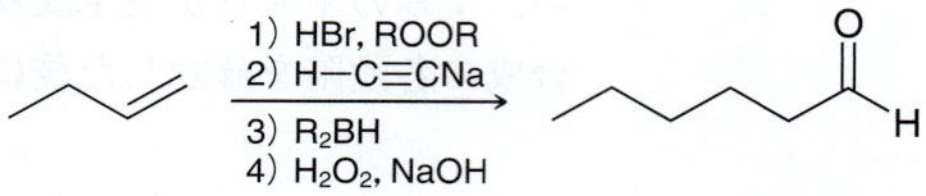

(b) 常に，炭素骨格に変化があるかどうか確かめることから始める．出発物は 2 炭素鎖が環に結合しており，一方，生成物は 3 炭素鎖が環に結合している．したがって，この変換には 1 炭素の増炭が必要である．次に官能基の種類や位置が変化しているかどうか明らかにする．この場合，官能基の種類は変化しないが，位置が変わっている．

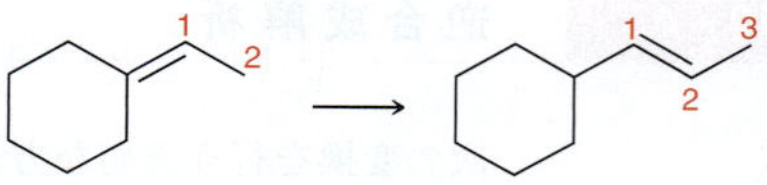

この炭素骨格の変換を実現するためには，アルキル化を起こし，さらに生成物に変換できるアルキンを用いる必要がある．逆合成を行う際に，アルキンに着目する．生成物は，このアルキンから溶解金属還元により得られる．最初の段階でアルキンを用いる理由を思い出そう．アルキル化により炭素原子を導入するためである．したがって，合成の最後の 2 段階は，逆合成の矢印を用いて，次のように書く．

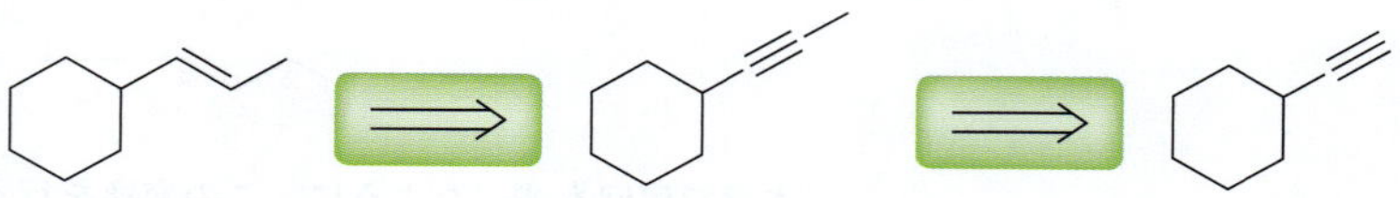

ここで，アルキンと出発物の間を結びつけなければならない．

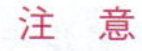

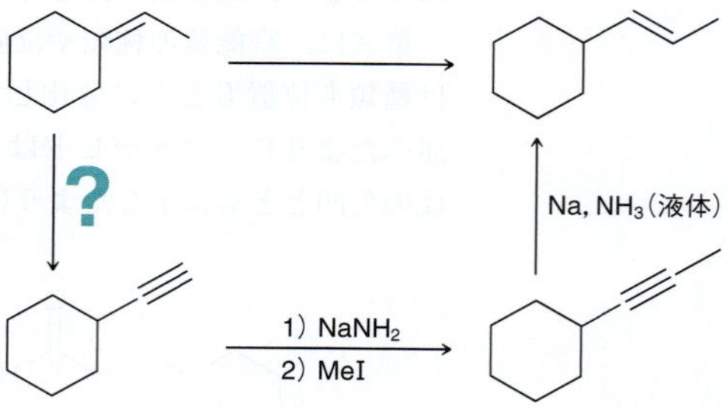

注　意
5 配位の炭素を書いてはならない．それは，オクテット則に反するからである．炭素は，結合を生成する軌道を四つしかもっていない．その結果，五つ以上の結合を生成することができない．

この二つの化合物を結びつけるためには，二重結合を三重結合に変換し，その位置も移動させる必要がある．出発物の二重結合の位置でそのまま三重結合に変換することはできない．それは，存在しない 5 配位の炭素となるからである．

結合を五つもつ炭素原子を書いてはいけない

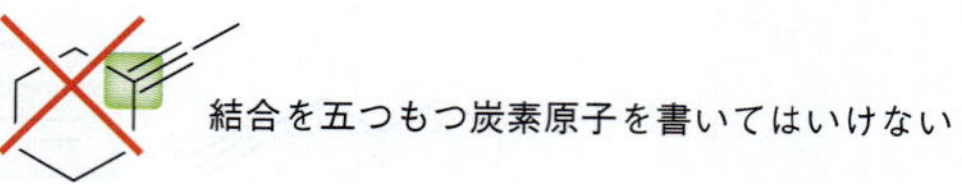

まず最初に二重結合の位置を移動させなければならず，その後に，二重結合を三重結合へと変換する必要がある．本章ですでに説明した方法，すなわち付加とそれに続く脱離により二重結合の位置を移動させることができる．

付加 → 脱離

それぞれの反応で特に位置選択性に注意しよう．最初の段階では，HBr の逆 Markovnikov 付加が必要であり，したがって過酸化物を用いなければならない．第2段階では，Hofmann 反応生成物（より置換基の少ないアルケン）を得ることが必要であり，かさ高い塩基を用いなければならない．

HBr, ROOR → *t*-BuOK →

これまでをまとめ，順方向の反応を考えよう．

HBr, ROOR ↓ *t*-BuOK → ? → 1) $NaNH_2$ 2) MeI → Na, NH_3（液体）↑

アルケンとアルキンを結びつけるために，二重結合を三重結合に変換しなければならない．これは本章ですでに復習した手法であり，アルケンの臭素化とそれに続く2回の脱離により，アルキンが得られる．

1) Br_2/CCl_4 2) $NaNH_2$（過剰量） 3) H_2O

まとめると，目的とする変換は次に示す反応剤を用いて行うことができる．

1) HBr, ROOR
2) *t*-BuOK
3) Br_2/CCl_4
4) $NaNH_2$（過剰量）
5) H_2O
6) $NaNH_2$
7) MeI
8) Na, NH_3（液体）

スキルの演習 **12・13** 次の変換を行う適切な方法を示せ．

(a) Br, OH

(b) Br, O

(c) Br Br, O

(d) O

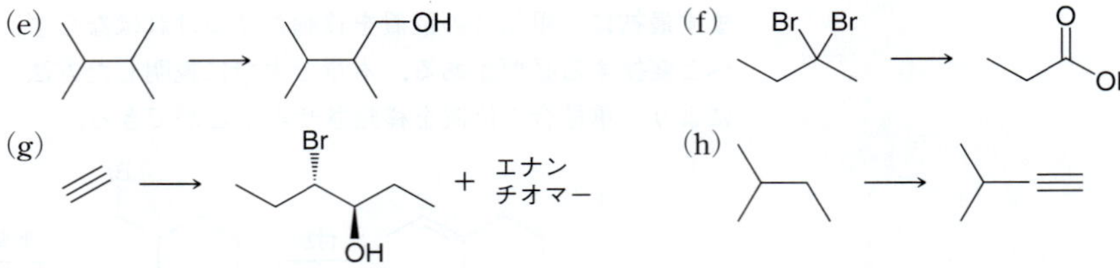

(e)　(f)

(g)　＋ エナンチオマー　(h)

スキルの応用

12・14　アセチレンを唯一の炭素源として，*trans*-5-デセンを合成する方法を示せ．

12・15　アセチレンを唯一の炭素源として，*cis*-3-デセンを合成する方法を示せ．

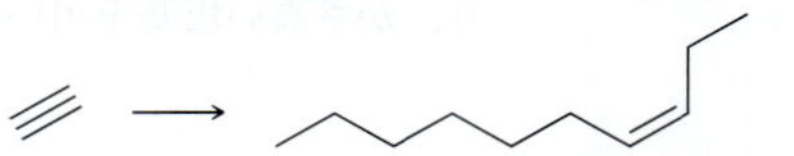

12・16　アセチレンを唯一の炭素源として，ペンタナールを合成する方法を示せ〔注意：ペンタナールの炭素数は奇数であるが，アセチレンの炭素数は偶数である〕．

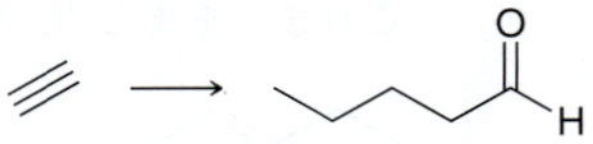

問題 12·19〜12·26 を解いてみよう．

役立つ知識　逆合成解析

ここまでに取上げた反応の数は限られている．したがって，合成の複雑さも限られているので，なぜ逆合成解析が重要な意味をもつかを理解するのはむずかしいかもしれない．しかし，習得した反応の種類が広がるとともに，より複雑な構造をした化合物の合成が取上げられるようになり，そのさい逆合成解析の必要性がより明瞭になる．

E. J. Corey（コーリー）は米国イリノイ大学の教員時代に逆合成解析の方法論を最初に開発した．研究休暇をハーバード大学で過ごし，R. Woodward（ウッドワード）（480 ページの“医薬の話題”参照）とアイデアを交換した．Corey は特異な三環性骨格のために挑戦的な合成目標となっていた天然物ロンギフォレン (longifolene) の逆合成解析を提示しながら，彼のアイデアを示した．Corey は，ロンギフォレンを合成するための切断すべき鍵となる結合を明らかにした．

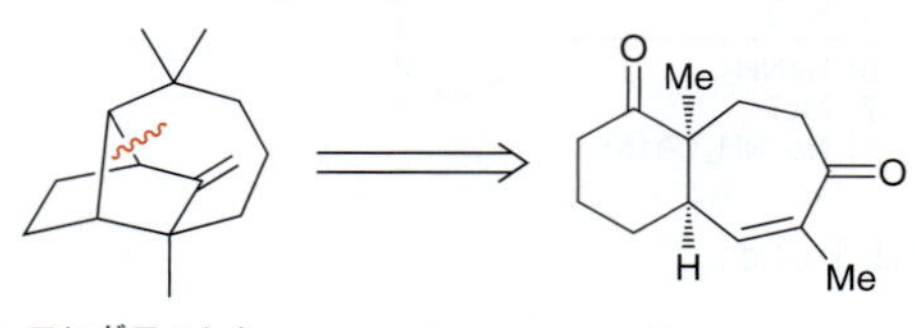

ロンギフォレン

前駆体に存在する官能基は，(22 章で取上げる反応を用いながら）鍵となる結合の生成を可能にする足掛かりの役割を果たす．ロンギフォレンは Corey の逆合成解析によるアプローチの威力を示す素晴らしい例のひとつである．ロンギフォレンのほとんどの結合は，切断すると複雑な三環性の前駆体を生じる．すなわち，より単純な前駆体を与える切断すべき鍵となる結合は多くない．Woodward は Corey の洞察力に感銘を受け，彼はすぐにこの分野のリーダーの一人になるだろうと認めた．これは，Corey が後にハーバード大学に教授として招聘されるのに重要な役割を果たしたと思われる．

Corey はこのアイデアをさらに発展させ，逆合成解析を提案するためのさまざまな法則や原理を確立した．さらに，化学者が逆合成解析を行うことを手助けするためのコンピュータープログラム作成にも多くの時間を割いた．鍵となるどの結合を切断するか決める際には，洞察力と創造性を発揮しなければならないので，コンピューターが化学者に取って代わることができないのは明らかである．さらに化学者は，計画した合成経路が行き詰まった場合には創造性を発揮して新しいアイデア，反応剤，および手法を生み出さなければならない．Corey は数多くの化合物の全合成において彼自身の手法を用いた．そのさい彼は，さまざまな新しい反応剤，合成戦略，そして反応を開発した．Corey は有機合成化学の分野の発展に貢献した研究者である．逆合成解析は現在，有機化学を学ぶほとんどの学生に教えられている．同様に，化学文献のなかで全合成の論文はほとんどすべて逆合成解析から始まる．有機合成化学の発展への貢献に対して，1990 年のノーベル化学賞が Corey に授けられた．

12・6 熟練度を上げるためのヒント

合成反応の“道具箱”をつくる

本書のすべての反応は，合成計画を立案する際の“道具箱”になる．合成を考える際に考慮すべき二つの点（炭素骨格の変化と官能基の変化）に対応して，二つの表をつくると便利である．第一の表にはC−C結合生成反応とC−C結合開裂反応を書き加えよう．この段階では，この表はとても小さなものでしかない．C−C結合生成反応としてはアルキンのアルキル化，C−C結合開裂反応としてはオゾン分解をそれぞれ一つずつ学んだのみである．本書を読み進むにつれ，より多くの反応を表に書き加えることができる．その表はそれほど大きくないであろうが，とても有力なものとなる．第二の表には官能基変換を加えよう．それはより大きな表になる．

学んでいくうちに，二つの表はともに充実していく．合成の問題を解くために，反応をこのように自分なりに分類しておくと役に立つ．

自分自身で合成問題を作成する

合成戦略を練習する有用な方法は，自分自身で問題を作成してみることである．問題を考案する過程において，反応の形式や新しい考え方を見いだす場合がある．まず，出発物を選ぶことから始めよう．たとえばアセチレンのような簡単な出発物を選ぶ．次に三重結合の反応として，アルキル化を選ぶ．

1) $NaNH_2$ 2) MeI

次に，もう一つの反応としてアルキル化を選ぶ．

1) $NaNH_2$ 2) MeI　1) $NaNH_2$ 2) MeI

ここで，アルキンに他の反応剤を作用させてみよう．自分で作成したアルキンの反応の表を見て，たとえば，被毒した触媒を用いた水素化反応を用いる．

1) $NaNH_2$ 2) MeI　1) $NaNH_2$ 2) MeI　H_2 Lindlar 触媒

最後に，出発物と最終生成物以外をすべて消去する．これで合成の問題ができあがる．

自分自身で問題を作成した場合，それはとても良い問題かもしれないが，すでにその解答を知っているので自分自身で解いても意味はない．しかし，自分自身で合成の問題を作成することは，合成の技能を向上させるのに非常に有益である．

問題をいくつか作成したならば，同様に問題を作成しようとしている勉強仲間を見つけよう．問題を交換して互いに問題を解きあい，仲間どうしで解答について議論しよう．その練習はとても実りあるものになる．

複数の正解

ほとんどの合成の問題には多くの正解がある．たとえば，アルケンの逆 Markovnikov 型水和反応は，二つの経路で行うことができる．最初の経路は，アルケン

医薬の話題　タキソールの全合成

タキソール（Taxol, 一般名パクリタキセル paclitaxel）は，1967 年にタイヘイヨウイチイ *Taxus brevifolia* の樹皮から単離された強力な抗がん剤である．その構造は 1971 年に初めて明らかにされ，抗がん活性が完全に解明されたのは 1970 年代後半である．タキソールはある種のがん細胞では細胞分裂を抑制することにより腫瘍の増殖を抑制し，他のがん細胞では細胞死（アポトーシス）を誘発する．タキソールは，現在乳がんや卵巣がんの治療に用いられている．

タキソール
（パクリタキセル）

タキソールを抗がん剤として用いる際の最も大きな問題のひとつは，希少なタイヘイヨウイチイの木から少量しか得られないことである．一人の患者に少なくとも 2 g 必要であるが，平均的な木からはたった 0.5 g 程度のタキソールしか得られない．さらに，タイヘイヨウイチイは米国の太平洋側の北西部など限られた気候条件の地域にのみ生育し，成長が遅い．これらの理由により，タイヘイヨウイチイの木は臨床用のタキソール源とはなりえない．

タキソールの供給不足の問題に対処するため，他の植物の探索や，その合成法の開発などのいくつかの取組がなされた．複雑な構造のために，タキソールは天然物合成を専門とする化学者の格好の目標となった．1994 年初頭に，米国フロリダ州立大学の Robert Holton（ホルトン），米国スクリプス研究所の Kyriacos Nicolaou（ニコラウ）の二つの研究グループが単純な前駆体より出発したタキソールの全合成を（お互い数日違いで）報告した．これらの合成経路によりタキソールが合成されたが，いくつかの複雑な段階を経ているので，抗がん剤として用いるために必要な大量のタキソールを製造するには余りにも長く，高価な経路である．たとえば，Holton の合成では，総収率はおよそ 5% である．しかし，これらの二つの合成は，天然のタキソールの提案された構造が正しいことを確認するために，重要な役割を果たした．

タキソールの合成が成功したにもかかわらず，化学者はひき続き，臨床応用の薬剤として十分な量のタキソールを合成できる他の方法を探し求めた．タキソール（あるいは関連化合物）が得られる他の植物を探索することにより，10-デアセチルバッカチンⅢ（10-deacetylbaccatin Ⅲ）が，ヨーロッパの多くの地域に自生する常緑樹であるセイヨウイチイ *Taxus baccata* の葉から見いだされた．この化合物はタキソールと骨格が類似しており，Holton らによる合成の最後の段階に用いられていた化学変換により，容易にタキソールへと変換できる．10-デアセチルバッカチンⅢは葉から単離することができるので，葉を収穫した後も樹木自体は枯れることなく葉を収穫し続けることができる．10-デアセチルバッカチンⅢの供給源を見いだしたことにより，異なった生理活性を有するタキソール誘導体の開発が容易になった．そのひとつの例はドセタキセル（docetaxel）として知られるタキソテール（taxotere）である．それは 10-デアセチルバッカチンⅢから容易に合成できる．タキソテールは，タキソールが有効でないある種の乳がんや肺がんの治療にきわめて有効である．

10-デアセチルバッカチンⅢ

タキソテール
（ドセタキセル）

タキソールの話は，天然物の発見と有機合成化学の連携により，どのようにして新薬を開発することができるかを示す優れた例である．

に対するヒドロホウ素化–酸化反応による逆 Markovnikov 型の水の付加である．二つ目の経路は，HBr の（逆 Markovnikov 型）ラジカル付加とそれに続く S_N2 反応により，ハロゲンをヒドロキシ基へと変換する方法である．

1) $BH_3 \cdot THF$
2) H_2O_2, NaOH
1) HBr, ROOR
2) NaOH
OH

これらの経路はともに妥当な合成法である．より多くの反応を学ぶにつれ，複数の完全に正しい解答をもつ合成の問題に出会うようになるだろう．常に目標とすべきは効率である．一般的に 3 段階の合成は，10 段階の合成よりも効率的である．

考え方と用語のまとめ

12・1　一段階合成

- これまでの章で学んだすべての反応剤をしっかりと修得することが重要である．

12・2　官能基変換

- ハロゲンの位置は脱離と付加により移動できる．
- π 結合の位置は付加と脱離により移動できる．
- アルカンはラジカル臭素化により官能基化できる．

12・3　炭素骨格の変換

- 炭素数が増大する場合，炭素－炭素結合生成が必要となる．
- 炭素数が減少する場合，炭素－炭素結合切断，いわゆる**結合開裂**が必要となる．

12・4　どのようにして合成の問題に立ち向かうか

- 合成の問題はどれも，次の二つの点を明確にしながら取組む必要がある．
  - 炭素骨格に変化があるか．
  - 官能基の種類または位置に変化があるか．

12・5　逆合成解析

- **逆合成解析**では，合成経路の最後の段階を最初に確立し，残りの段階は生成物から逆方向に進みながら決定する．

12・6　熟練度を上げるためのヒント

- ほとんどの合成の問題には多くの正解がある．

スキルビルダーのまとめ

12・1　官能基の種類や位置を変化させる

ハロゲンの位置の変化

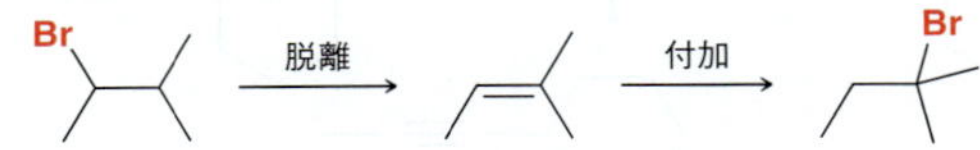

官能基の導入

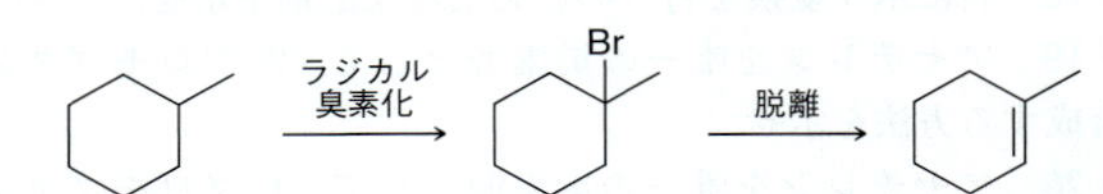

π 結合の位置の変化

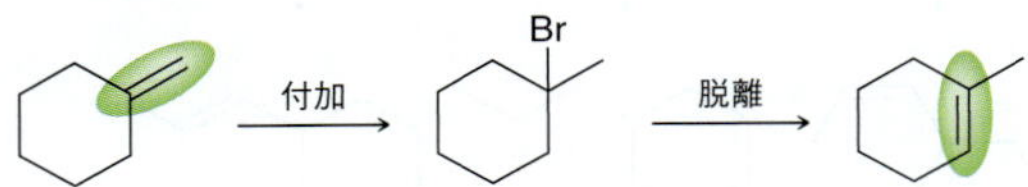

単結合，二重結合，三重結合の相互変換

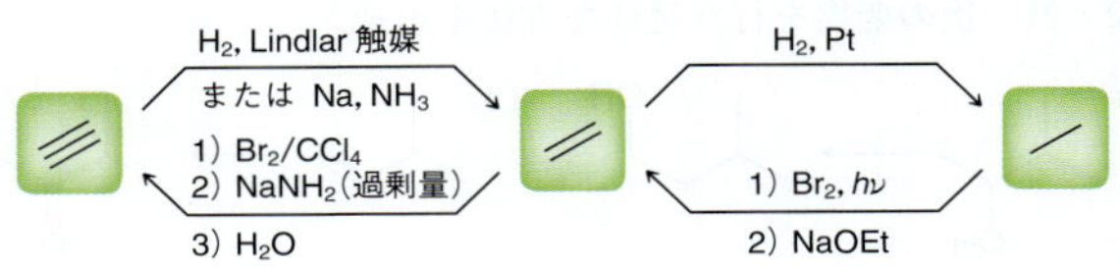

12・2　炭素骨格の変換

C−C 結合生成

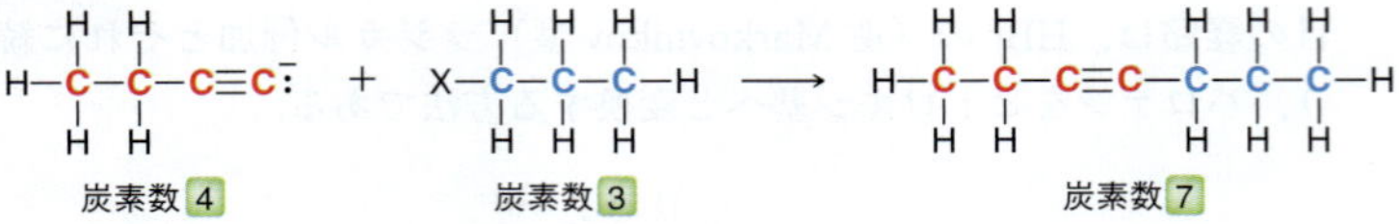

H−C−C−C≡C:⁻ ＋ X−C−C−C−H ⟶ H−C−C−C≡C−C−C−C−H

炭素数 4　　炭素数 3　　炭素数 7

C−C 結合開裂

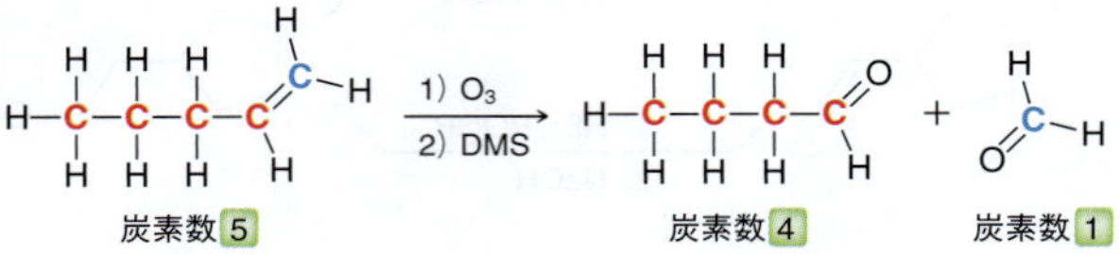

1) O_3　2) DMS

炭素数 5　　炭素数 4　　炭素数 1

12・3　合成の問題に取組む

1. 炭素骨格に変化があるか．出発物と生成物を比較し，炭素数の増減を明らかにする．
2. 官能基の種類または位置に変化があるか．いいかえると，ある官能基が他の官能基に変換されたか．そして官能基の位置が変化したか．

12・4　逆合成解析

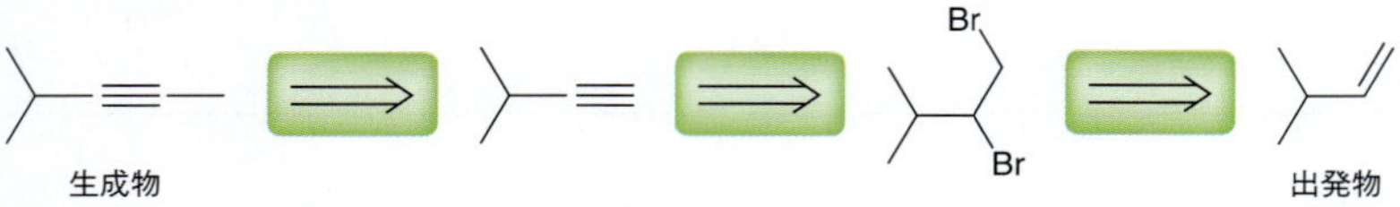

Br　Br

生成物　　出発物

練習問題

12・17　次の変換を行うのに必要な反応剤を示せ．

Br　OH　Br　OH　OH　OH　Br　Br　Br　OH

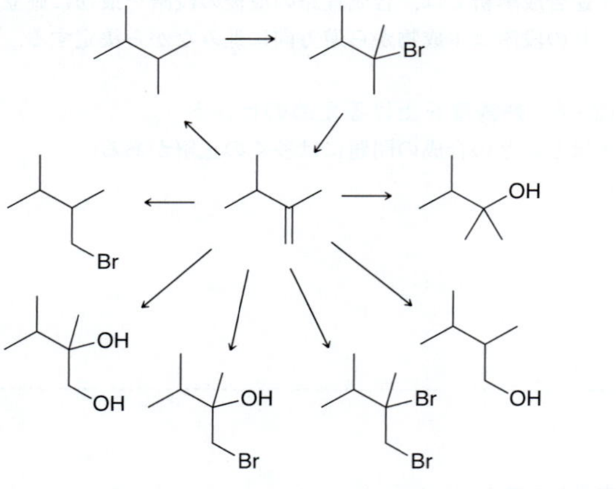

12・18　右に示す変換を行うのに必要な反応剤を示せ．

12・19　アセチレンを唯一の炭素源として，2-ブロモブタンを合成する方法を示せ．

12・20　アセチレンを唯一の炭素源として，1-ブロモブタンを合成する方法を示せ．

12・21　次の変換を行う適切な方法を示せ．

(a)　OH ⟶ OH　(b) ⟶ O

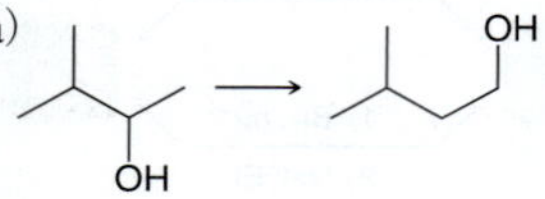

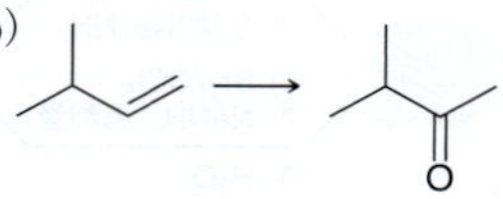

12・18　図

Br　O　CH_3　O　H　Br　Br　Br　Br　Br　Br　Br　Br　Br　Br　OH ＋ O=C=O

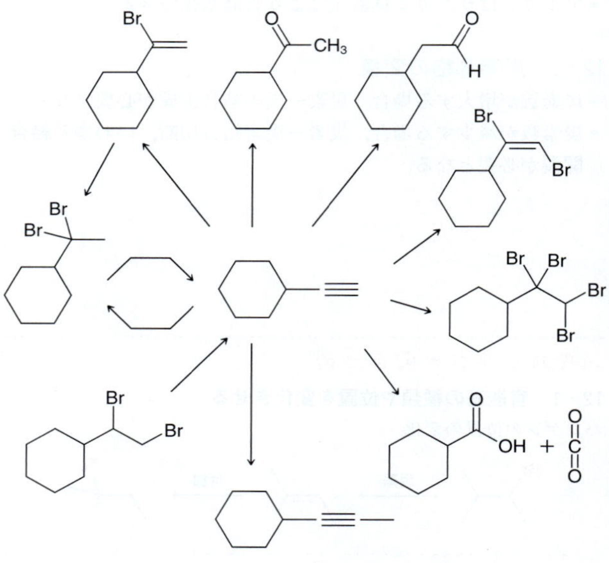

12・22　1-メチルシクロペンテンを 3-メチルシクロペンテンに変換する方法を示せ．どのような反応剤を用いてもよい．

12・23　次の変換を行う適切な方法を示せ．

(a)

(b)

(c)

(d)

12・24　炭素数 2 以下の任意の化合物を用いて，(2*R*,3*R*)-2,3-ジヒドロキシペンタンと (2*S*,3*S*)-2,3-ジヒドロキシペンタンのラセミ体を合成する方法を示せ．

12・25　炭素数 2 以下の任意の化合物を用いて，(2*R*,3*S*)-2,3-ジヒドロキシペンタンと (2*S*,3*R*)-2,3-ジヒドロキシペンタンのラセミ体を合成する方法を示せ．

12・26　次の変換を行う適切な方法を示せ．

(a)

(b)

(c)

(d)

(e)

発展問題

12・27　本章では，アセチリドイオンが求核剤として作用し，ハロゲン化アルキルと S_N2 反応を起こすことを述べた．より一般的には，アセチリドイオンは他の求電子剤とも反応できる．たとえば，14 章でエポキシドが求電子剤として作用し，求核剤の攻撃を受けることを説明する．アセチリドイオン（求

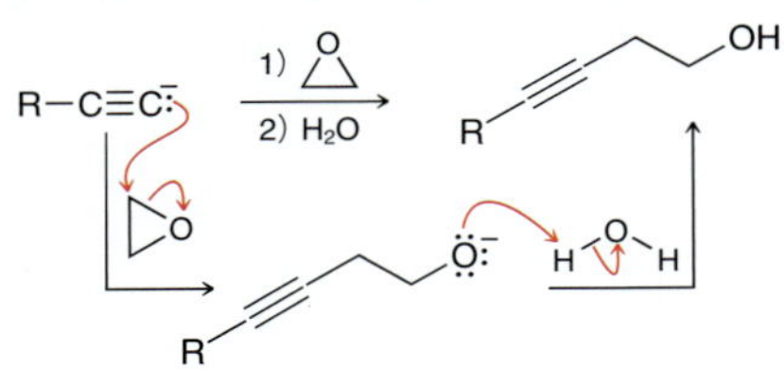

核剤）とエポキシド（求電子剤）との反応を考えてみよう．アセチリドイオンはエポキシドを攻撃し，ひずみのかかった 3 員環を開環し，アルコキシドイオンを生成する．反応が完結すると，プロトン源を用いてアルコキシドイオンをプロトン化する．合成においては，アセチリドイオンは H_2O と共存できないため，これらの 2 段階は別べつに示さなければならない．この情報を用いて，アセチレンを唯一の炭素源として以下の化合物を合成する方法を示せ．

12・28　問題 12・27 で，アセチリドイオンはさまざまな求電子剤を攻撃することを述べた．20 章では，C=O 結合も求電子剤として機能することを説明する．アセチリドイオン（求核剤）とケトン（求電子剤）との次の反応について考えてみよう．アセチリドイオンはケトンを攻撃し，アルコキシドイオンを生成する．反応停止するさいには，アルコキシドイオンをプロトン化するためにプロトン源として H_2O を加える．合成において，アセチリドイオンは H_2O と共存できないのでこれらの 2 段階は別べつに示さなければならない．この情報を用いて，アセチレンを唯一の炭素源として，アリルアルコールを合成する方法を示せ．

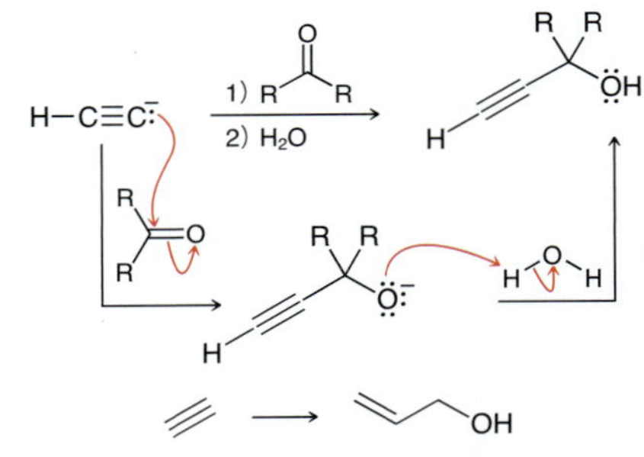

12・29　次の変換を行うのに必要な反応剤を示せ．

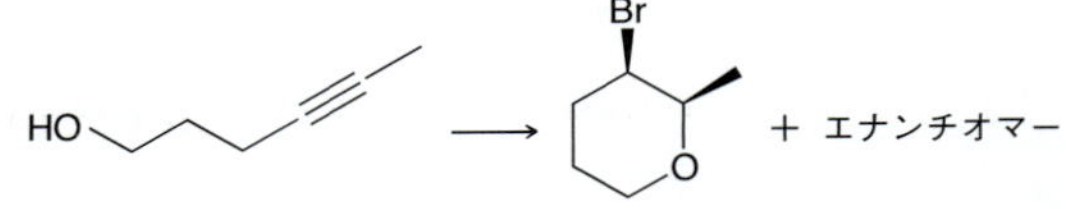

12・30　アセチレンを唯一の炭素源として，次のアルデヒドを合成する方法を示せ．

(a) CH_3CHO　(b) CH_3CH_2CHO　(c) $CH_3CH_2CH_2CHO$
(d) $CH_3CH_2CH_2CH_2CHO$

12・31　アセチレンを唯一の炭素源として，1,4-ジオキサンを合成する方法を示せ．

1,4-ジオキサン

13

アルコールとフェノール

本章の復習事項
- Brønsted–Lowry の酸性度 §3·3, §3·4
- キラル中心の立体配置の決定 §5·3
- 反応機構と巻矢印 §6·8〜§6·11
- S_N2 および S_N1 反応 §7·4〜§7·8
- E2 および E1 反応 §8·6〜§8·11

なぜアルコールを飲み過ぎると二日酔いになるのだろうか．また，二日酔いの予防策はあるだろうか．

二日酔いを意味する医学用語 “veisalgia” は，アルコールを飲み過ぎた際にひき起こされる不快な生理学的な症状のことである．これらの症状として，頭痛，吐き気，嘔吐，疲労，さらに光や騒音に対する過敏性などがある．二日酔いは，さまざまな要因によりひき起こされる．すなわち，尿の生成促進による脱水症状，ビタミン B の欠乏，体内でのアセトアルデヒドの生成などである（これらだけではない）．アセトアルデヒドは，エタノールの酸化生成物である．酸化はアルコールが起こす多くの反応のひとつにすぎない．本章では，アルコールとその反応について述べる．その後，体内でのアセトアルデヒド生成の話題に立ち戻り，二日酔いを防ぐために何ができるか考えてみよう．

13・1 アルコールの構造と性質

アルコール（alcohol）は**ヒドロキシ基**（hydroxyl group）OH をもつ化合物であり，化合物名の最後に “オール -ol” がつくのが一般的である．

OH　　OH

エタノール
ethanol

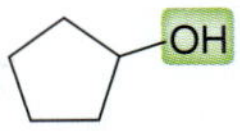

シクロペンタノール
cyclopentanol

天然物にはヒドロキシ基が含まれているものが非常に多い．いくつか例をあげる．

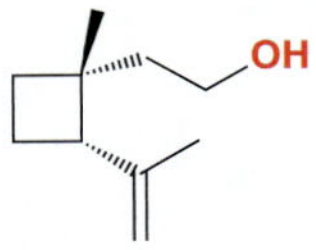

OH

グランジソール grandisol
雄のワタミゾウムシの
性フェロモン

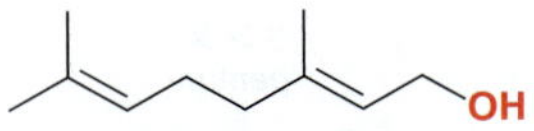

OH

ゲラニオール geraniol
バラとゼラニウムから単離され，
香水として用いられる

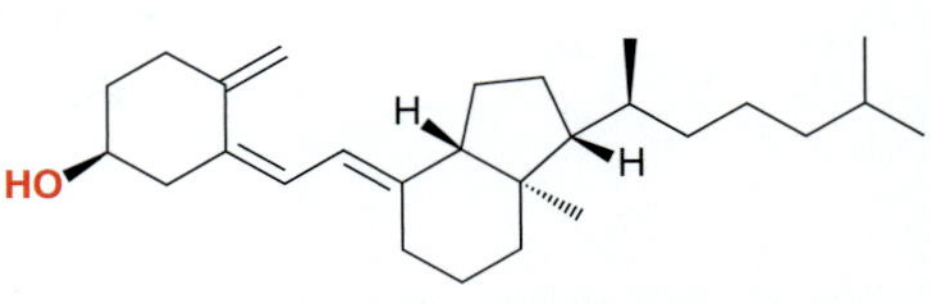

HO　H　H

コレカルシフェロール cholecalciferol
（ビタミン D_3 vitamin D_3）
カルシウム濃度を制御し，強靭な骨を
つくり維持するのを助ける

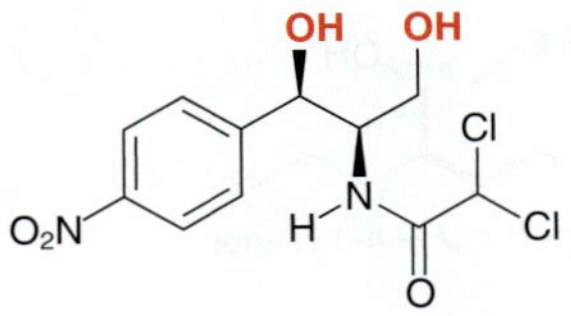

OH　OH　Cl　O_2N　H　N　Cl　O

クロラムフェニコール chloramphenicol
細菌 *Streptomyces venezuelae* から
単離された抗生物質．腸チフスに有効

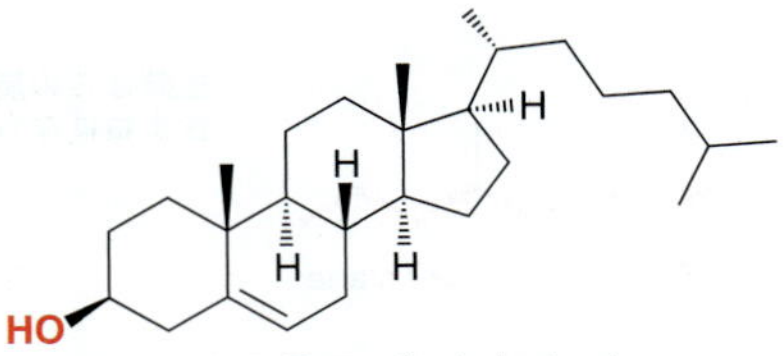

H　H　H　H　HO

コレステロール cholesterol
多くのステロイドの生合成に
重要な役割を果たす

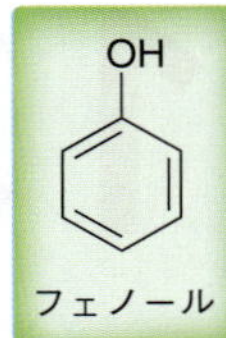

フェノール（phenol）は特殊なアルコールである．ヒドロキシ基が芳香環に直接結合している．置換フェノールは天然に普遍的に存在し，次に示すようにさまざまな性質や機能をもつ．

カプサイシン capsaicin
トウガラシの辛味の成分

テトラヒドロカンナビノール（THC）
tetrahydrocannabinol
マリファナ（大麻）中の向精神薬

ウルシオール urushiol
ツタウルシやウルシの葉に含まれ，皮膚のかぶれをひき起こす

ドーパミン dopamine
神経伝達物質．不足するとパーキンソン病になる

オイゲノール eugenol
チョウジから単離され，香水や香味用添加物として用いられる

命名法

アルカン，アルケン，アルキンを命名するには，四つの段階が必要であることを思い出してほしい．

1. 母体化合物（主鎖）を明確にし，命名する．
2. 置換基を明確にし，命名する．
3. 主鎖となる炭素鎖に番号をつけ，置換基に位置番号をつける．
4. 置換基をアルファベット順に並べる．

アルコールも同様の 4 段階の手順に加え，次の規則に従って命名する．

- 主鎖を命名する際には，ヒドロキシ基の存在を表すために，炭化水素名の接尾語の “ン -e” を “オール -ol” とする．

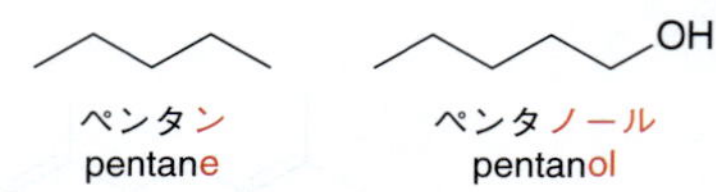

- アルコールの主鎖を選ぶ際，ヒドロキシ基が結合した炭素を含む最も長い鎖を選ぶ．

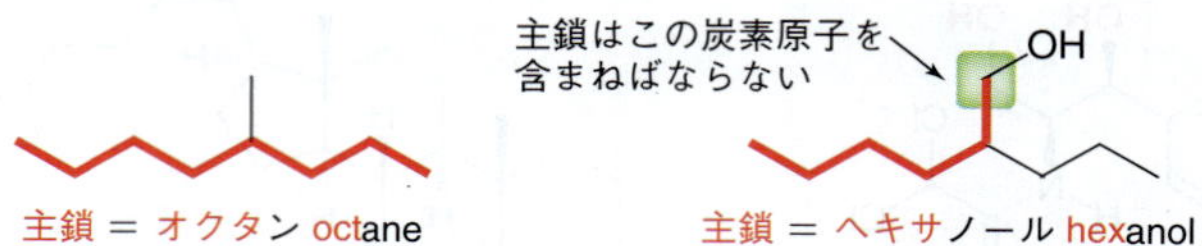

- アルコールの主鎖を番号づけする際，アルキル置換基や二重結合の有無にかかわらず，ヒドロキシ基が可能な限り小さい番号になるようにする．

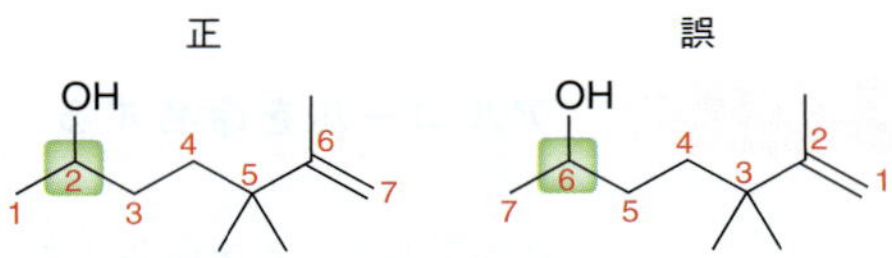

- ヒドロキシ基の位置は，位置番号により示される．1979 年の IUPAC の規則では，この数字は母体名の前に置く．しかし，1993 年の規則では，接尾語“オール -ol”の直前に置くことを勧めている．どちらの命名法も IUPAC で認められている．

3-ペンタノール 3-pentanol
または
ペンタン-3-オール pentan-3-ol

- キラル中心が存在する場合，絶対配置は化合物名の最初に示す．

(*R*)-2-クロロ-3-フェニル-1-プロパノール
(*R*)-2-chloro-3-phenyl-1-propanol

- 環状アルコールでは，ヒドロキシ基の結合している位置から番号をつける．したがって，ヒドロキシ基の位置を示す必要はない．そこが 1 位となる．

シクロペンタノール
cyclopentanol

(*R*)-3,3-ジメチルシクロペンタノール
(*R*)-3,3-dimethylcyclopentanol

IUPAC 命名法は多くのアルコールの慣用名を認めている．例を示す〔下の（　）内は系統名〕．

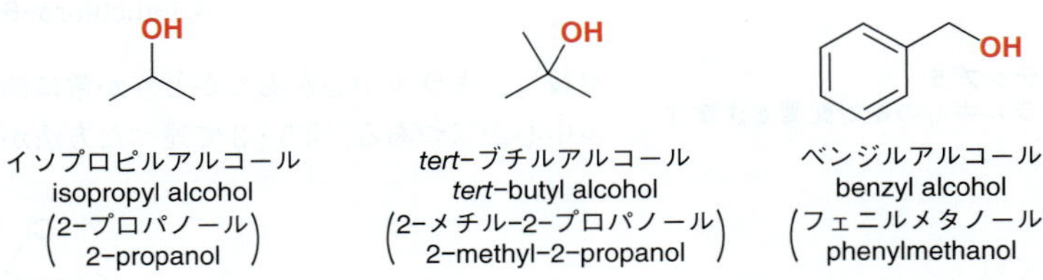

アルコールは，ヒドロキシ基の α 位に直接置換したアルキル基の数により，第一級，第二級，第三級に分類される．

第一級　第二級　第三級

“フェノール phenol”は特定の化合物（ヒドロキシベンゼン）を表すために用いられるが，置換基をもつ化合物の母体名としても用いられる．

フェノール
phenol

4-クロロ-2-ニトロフェノール
4-chloro-2-nitrophenol

スキルビルダー 13・1　アルコールを命名する

スキルを学ぶ

次のアルコールを命名せよ．

Cl Cl
OH

解　答

ステップ 1
主鎖を明確にし命名する．

主鎖を明確にし，これを命名することから始める．ヒドロキシ基の結合した炭素を含む最も長い炭素鎖を選び，ヒドロキシ基が可能な限り小さい番号になるように番号をつける．

Cl Cl
OH
3-ノナノール
3-nonanol

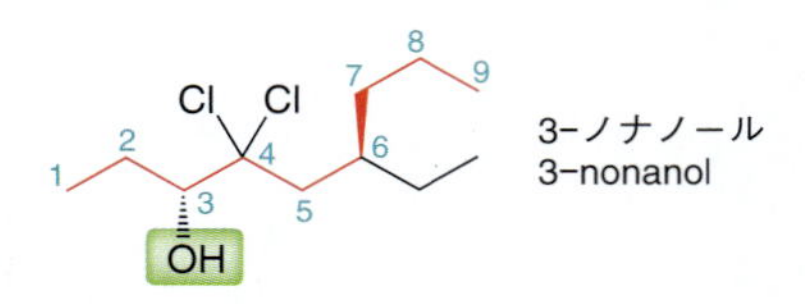

ステップ 2, 3
置換基を明確にし，位置番号をつける．

次に，置換基を明確にし，位置番号をつける．

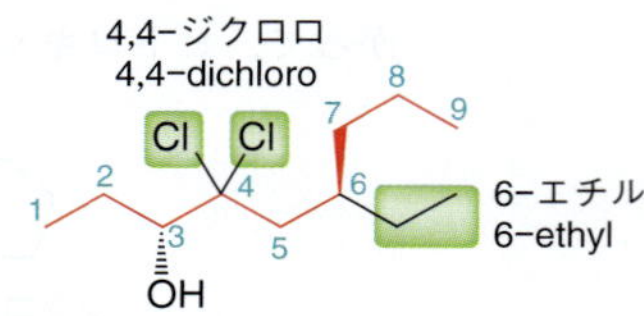

ステップ 4
置換基をアルファベット順に並べる．

次に，置換基をアルファベット順に並べる．（アルファベット順に並べる際，接頭語の“ジ di-”は無視する．）

4,4-ジクロロ-6-エチル-3-ノナノール
4,4-dichloro-6-ethyl-3-nonanol

ステップ 5
キラル中心の絶対配置を決定する．

最後に，キラル中心があるかどうか常に確認しなければならない．この化合物にはキラル中心が二つある．§5・3 で述べた方法から，キラル中心はともに *R* 配置である．

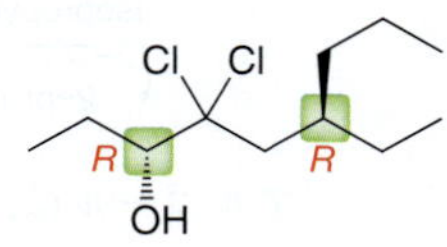

したがって，完全な化合物名は，次のようになる．

(3*R*,6*R*)-4,4-ジクロロ-6-エチル-3-ノナノール
(3*R*,6*R*)-4,4-dichloro-6-ethyl-3-nonanol

スキルの演習

13・1　次のアルコールを命名せよ．

(a)

Br Br OH

(b)

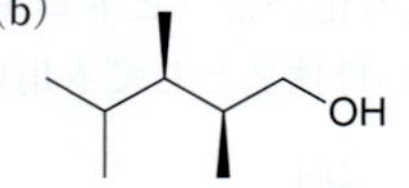

(c)

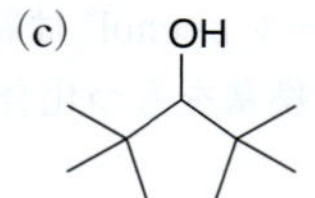

(d)

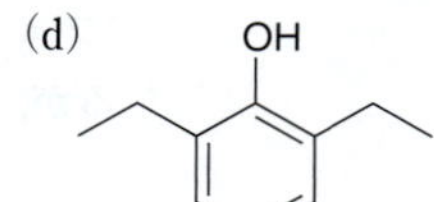

(e)

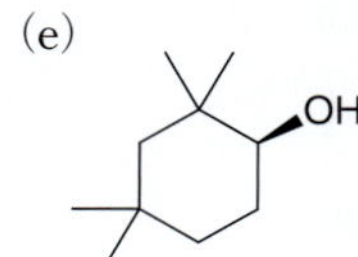

スキルの応用

13・2　次の化合物の構造を書け．

(a) (*R*)-3,3-ジブロモシクロヘキサノール

(b) (*S*)-2,3-ジメチル-3-ペンタノール

問題 13・30, 13・31(a)〜(d), (f), 13・32 を解いてみよう.

商業的に重要なアルコール

メタノール (methanol) CH_3OH は最も単純なアルコールである. 毒性があり, 少量でも摂取すると失明したり, 死亡することもある. メタノールは木材を乾留することにより得られることから“木精 (wood alcohol)”とよばれている. 工業的にはメタノールは, 触媒の存在下一酸化炭素 CO と水素ガス H_2 から製造される. 毎年, 米国では約 76 億リットルのメタノールが製造されており, 溶媒や, ほかの商業的に重要な化合物の生産のための原料として用いられている. また, 燃焼機関に動力を供給するための燃料としても用いられる.

エタノール (ethanol) CH_3CH_2OH は穀物アルコール (grain alcohol), 酒精 (spirit) ともよばれ, 穀物や果実の発酵により得られる. これは数千年も昔から広く利用されている方法である. 工業的にはエタノールは, エチレンの酸触媒を用いた水和反応により製造されている. 毎年, 米国では約 190 億リットルのエタノールが製造され, 溶媒や他の商業的に重要な化合物の製造のための原料として用いられている. 工業用エタノールには, 少量の毒性化合物 (メタノールなど) を加え, 飲用できないようにしている. これは“変性アルコール”とよばれる.

殺菌パッドはふつうイソプロピルアルコールの水溶液を含んでいる.

イソプロピルアルコール (isopropyl alcohol) は 2-プロパノール, 消毒用アルコールともよばれ, プロピレンの酸触媒を用いた水和反応により工業的に製造されている. 抗菌作用があり, 局所消毒薬として用いられる. そのほか, 工業的な溶媒, ガソリンの添加剤として用いられている.

アルコールの物理的性質

アルコールの物理的性質はアルカンやハロゲン化アルキルの物理的性質とは大きく異なる. たとえば, エタン, クロロエタン, エタノールの沸点を比べてみよう.

H_3C-CH_2-H	H_3C-CH_2-Cl	H_3C-CH_2-OH
エタン 沸点 −89 °C	クロロエタン 沸点 12 °C	エタノール 沸点 78 °C

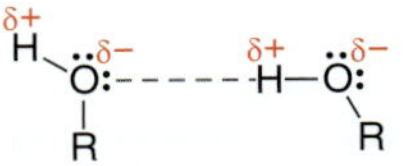

エタノールの水素結合による分子間相互作用のために, エタノールの沸点はほかの二つの化合物よりもずっと高い. この相互作用は, 比較的強い分子間相互作用であり, アルコールと水の相互作用においても重要な役割を果たしている. たとえば, メタノールは水と**混和** (miscible) する. これはメタノールと水をどのような割合で混合しても均一になる (水と油のように 2 層には決してならない) ことを意味する. しかし, すべてのアルコールが水と混和するわけではない. これは, アルコールには二つの部位が存在することを認識すると理解できる. **疎水性** (hydrophobic) 部位は水とうまく相互作用できないが, **親水性** (hydrophilic) 部位は水素結合により水と相互作用する. 図 13・1 にメタノールとオクタノールの疎水性部位と親水性部位を示す. メタノールの疎水性部位はかなり小さい. これは, エタノールやプロパノールにもあてはまるがブタノールにはあてはまらない. ブタノールの疎水性末端は十分に大きいので, 水と混和できない. 水はブタノールと混合し均一になることがあるが, どの割

合でも均一になるわけではない．いいかえると，ブタノールは，水と混和するというよりも，水に可溶であると考えられる．**可溶**（soluble）とはある量のブタノールが室温において，ある特定の量の水に溶けることを意味する．

図 13・1　メタノールとオクタノールの疎水性部位と親水性部位

疎水性部位　H–C(H)(H)–ÖH　親水性部位　　疎水性部位　（オクチル鎖）–ÖH　親水性部位

疎水性部位が増大するにつれ，水に対する溶解度は低下する．たとえば，オクタノールは室温では水にほとんど溶けない．ノナノールやデカノールなどの9炭素以上のアルコールは水に不溶である．

医薬の話題　医薬品の設計における炭素鎖長の重要性

第一級アルコール（メタノール，エタノール，プロパノール，ブタノールなど）は，抗菌作用がある．第一級アルコールの抗菌活性は，分子量が増大するにつれ向上し，アルキル鎖長が8炭素（オクタノール）までこの傾向が続くことがわかっている．9炭素以上になると，活性は低下する．ノナノールはオクタノールよりも活性が低く，ドデカノール（12炭素）はほとんど活性を示さない．

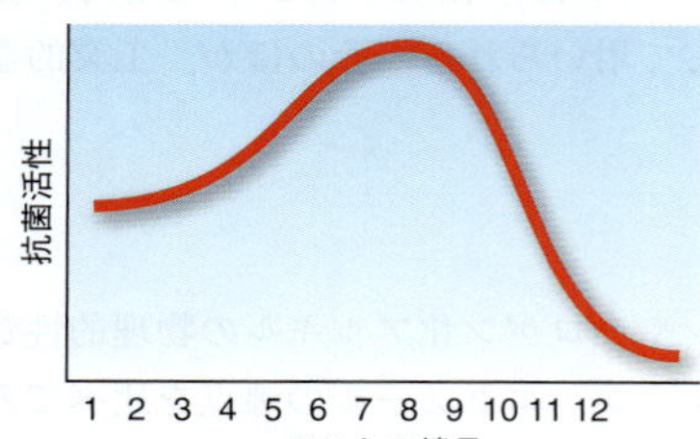

二つの傾向によりこの事実を説明できる．

- アルコールのアルキル鎖（疎水性部位）が大きくなると，疎水性部位をもつ分子からなる微生物の細胞膜に対する透過能が増大する．この傾向に従うと，透過能は8炭素を超えてもアルキル鎖が伸びるにつれて向上するはずである．
- より大きなアルキル鎖をもつ化合物は，水に対する溶解性が低下し，水媒体による輸送能が低下する．この傾向のため，アルキル鎖が9炭素以上に長くなると急激に活性が低下する．より大きなアルコールは目的の部位に到達できないために活性が低下する．

これらの二つの傾向の釣合がとれるのがオクタノールであり，第一級アルコールのなかで最も高い抗菌活性を示す．

アルコールの炭素鎖に分枝があると細胞膜の透過能が低下することも明らかとなっている．実際にイソプロピルアルコール（2-プロパノール）は1-プロパノールよりも抗菌活性が低い．それにもかかわらず，イソプロピルアルコール（消毒用アルコール）が用いられている．これは1-プロパノールより安価に製造でき，抗菌活性が低下しても，製造コストの増加を考慮に入れると，より経済的であるためである．

多くの他の抗菌薬は，細胞膜を透過できるアルキル鎖をもつように設計されている．これらの医薬品の設計は，先に述べた二つの傾向の釣合を注意深くとりながら最適化されている．最も高い活性を見いだすために，さまざまな炭素鎖長が試され，ほとんどの場合，最良の鎖長は5から9炭素の間であることがわかる．たとえば，レゾルシノール（resorcinol）の構造を考えてみよう．

レゾルシノール　　ヘキシルレゾルシノール

レゾルシノールは，湿疹や乾癬などの皮膚疾患の治療に用いられる弱い消毒薬（抗菌薬）である．アルキル基を環上に導入すると抗菌作用が向上する．6炭素鎖の場合に最も高い活性が発現することが研究により見いだされた．ヘキシルレゾルシノール（hexylresorcinol）は抗菌作用と抗カビ作用を示し，多くののど飴に用いられている．

チェックポイント

13・3　マンデル酸エステルは筋弛緩薬として作用する．アルキル基Rの性質がその活性に大きな影響を与え，Rが9炭素（ノニル基）の場合に最も高い活性を示すことが明らかにされている．マンデル酸のノニルエステルがオクチルエステルやデシルエステルよりも高い活性を示すのはなぜか．

マンデル酸エステル
（R = アルキル鎖）

13・2　アルコールとフェノールの酸性度

ヒドロキシ基の酸性度

負電荷の安定性に影響を与える要因については§3・4参照.

3 章で述べたように，化合物の酸性度はその共役塩基の安定性を調べることにより定性的に見積もることができる.

$$\mathrm{R{-}\ddot{\underset{\cdot\cdot}{O}}{-}H} \xrightarrow{-\mathrm{H}^+} \mathrm{R{-}\ddot{\underset{\cdot\cdot}{O}}{:}^-}$$

この化合物の酸性度を見積もるために，　脱プロトンし，　共役塩基(アルコキシドイオン)の安定性を評価する

強酸は pK_a が小さいことを思い出そう. pK_a と酸性度の関係についてはスキルビルダー 3・2 参照.

アルコールの共役塩基は**アルコキシドイオン**（alkoxide ion）とよばれ，酸素原子に負電荷をもつ．酸素原子の負電荷は炭素または窒素原子の負電荷よりも安定化されているが，ハロゲン X の負電荷より不安定である（図 13・2).

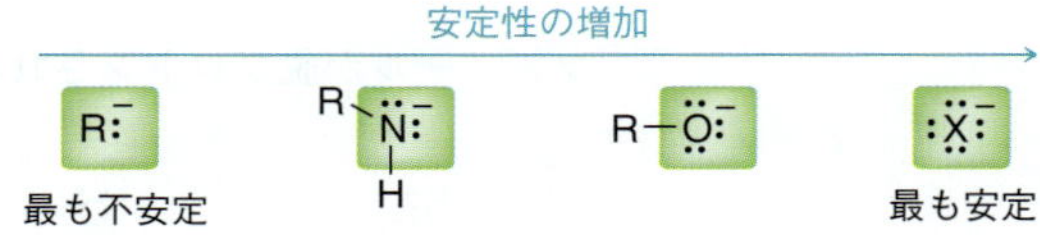

図 13・2　さまざまなアニオンの安定性の比較

したがって，アルコールはアミンやアルカンよりも酸性が強いが，ハロゲン化水素よりは酸性は弱い（図 13・3)．ほとんどのアルコールの pK_a は 15〜18 の間にある.

図 13・3　アルカン，アミン，アルコール，およびハロゲン化水素の酸性度の比較

酸性度の増加 →

	R—H	R—NH₂	R—OH	:X—H
pK_a	45〜50	35〜40	15〜18	−10〜3

アルコールを脱プロトンする反応剤

アルコールを脱プロトンしアルコキシドイオンを生成する一般的な方法が二つある.

1. 強塩基を用いてアルコールを脱プロトンできる．塩基としては，水素化ナトリウム NaH が一般的に用いられる．ヒドリド H^- はアルコールを脱プロトンし，水素ガスを発生する.

$$\mathrm{CH_3CH_2OH} + \mathrm{Na^+}\ :\mathrm{H}^- \longrightarrow \mathrm{CH_3CH_2O^-}\ \mathrm{Na^+} + \mathrm{H_2}\uparrow$$

エタノール　水素化ナトリウム　ナトリウムエトキシド　水素ガス

2. Li, Na, K を用いる方法も実用的である．これらの金属はアルコールと反応して水素ガスを発生し，アルコキシドイオンを生成する.

$$\mathrm{CH_3CH_2OH} \xrightarrow{\mathrm{Na}} \mathrm{CH_3CH_2O^-\,Na^+} + \tfrac{1}{2}\,\mathrm{H_2}\uparrow$$

チェックポイント

13・4　次の反応で生成するアルコキシドイオンを書け.

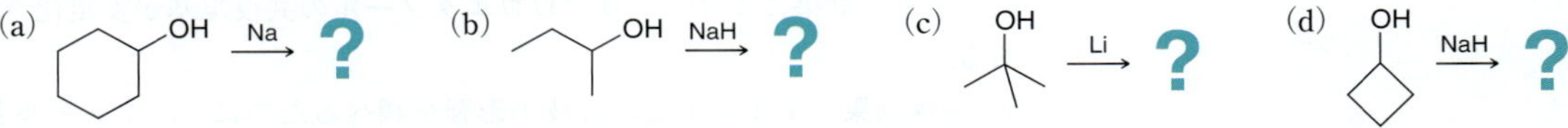

アルコールとフェノールの酸性度に影響を与える要因

多数あるアルコールのなかで，どのアルコールがより酸性が強いか，どのようにして予想できるだろうか．本節では，アルコールの酸性度を比較する際に考慮すべき三つの要因について述べる．

1. 共鳴効果．アルコールの酸性度に影響を与える最も重要な要因のひとつは共鳴効果である．シクロヘキサノールとフェノールの pK_a を比較してみよう．

シクロヘキサノール pK_a 18　フェノール pK_a 10

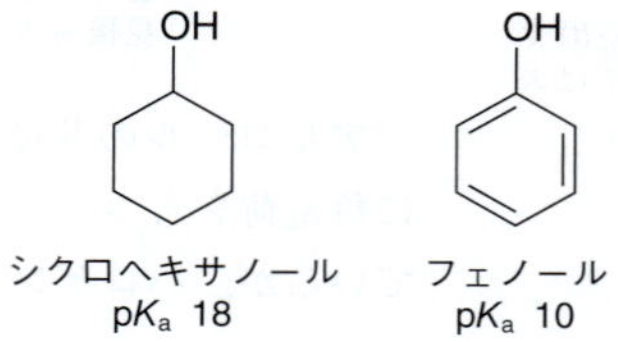

フェノールが脱プロトンされると，共役塩基は共鳴により安定化される．

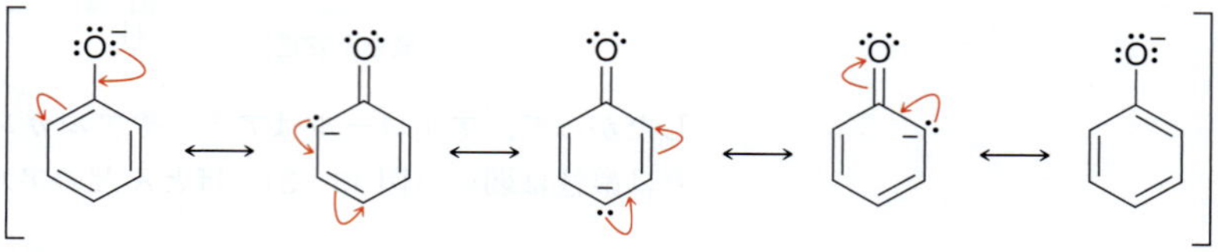

この共鳴安定化されたアニオンは**フェノラートイオン**（phenolate ion）または**フェノキシドイオン**（phenoxide ion）とよばれる．フェノールがシクロヘキサノールよりも 10^8 倍酸性が強い理由は，フェノキシドイオンの共鳴安定性により説明できる．そのため，フェノールの脱プロトンには水素化ナトリウムのような強塩基は不要である．その代わり，水酸化物イオンで脱プロトンできる．

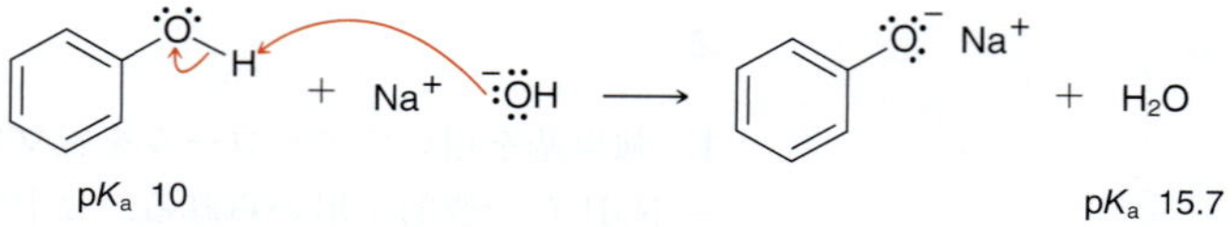

pK_a 10　+ Na^+ $^-$OH ⟶ Na^+ + H_2O pK_a 15.7

フェノールが特殊なアルコールに分類されるのは，この酸性度が理由のひとつである．本章の後半ならびに19章で，フェノールが特殊なアルコールであるほかの理由について述べる．

2. 誘起効果．アルコールの酸性度に影響を与えるもう一つの要因として，誘起効果がある．例として，エタノールとトリクロロエタノールの pK_a を比較してみよう．

エタノール pK_a 16　トリクロロエタノール pK_a 12.2

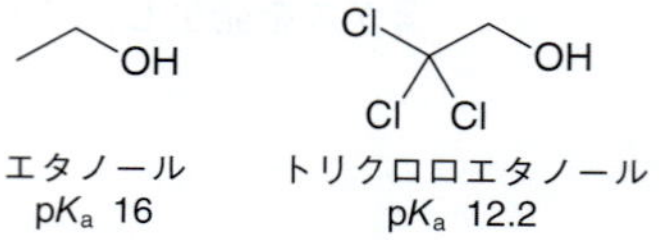

誘起効果については§3・4参照.

トリクロロエタノールはエタノールよりも 10^4 倍酸性が強い．これは近傍の塩素原子の電子求引効果により，トリクロロエタノールの共役塩基が安定化されているからである．

3. 溶媒効果．アルキル基の分枝の影響を調べるために，エタノールと *tert*-ブチルアルコールの pK_a を比較してみよう．

エタノール
pK_a 16

tert-ブチルアルコール
pK_a 18

pK_a の値から，*tert*-ブチルアルコールはエタノールよりも 100 倍酸性が弱いことがわかる．この酸性度の差は立体効果により最もよく説明できる．エトキシドイオンは立体的に込み合っていないため，溶媒による溶媒和（安定化）を受けやすい．一方，*tert*-ブトキシドイオンは立体的に込み合っているので，溶媒和を受けにくい（図 13・4）．*tert*-ブチルアルコールの共役塩基はエタノールの共役塩基ほど安定化されないため *tert*-ブチルアルコールは酸性が弱くなる．

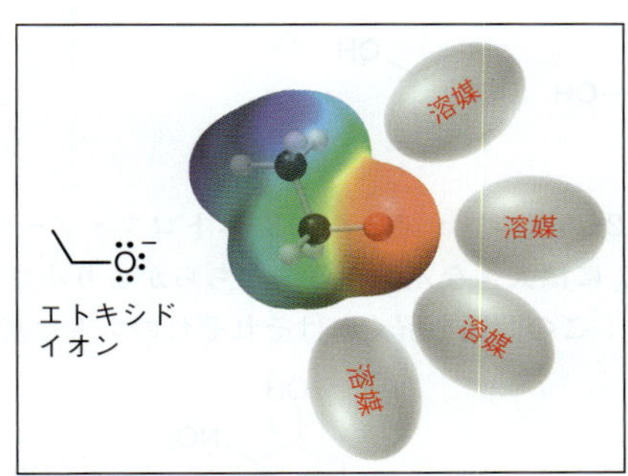

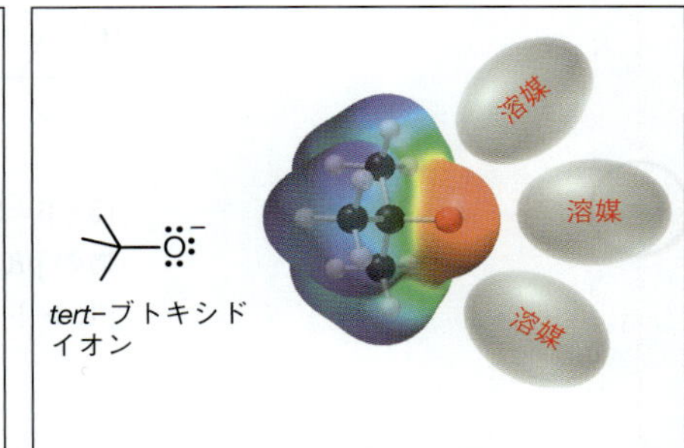

図 13・4 エトキシドイオンは溶媒により安定化を受ける． その安定化の程度は，*tert*-ブトキシドイオンの溶媒による安定化より大きい．

スキルビルダー 13・2 アルコールの酸性度を比較する

スキルを学ぶ

次の化合物のどちらがより酸性が強いか明らかにせよ．

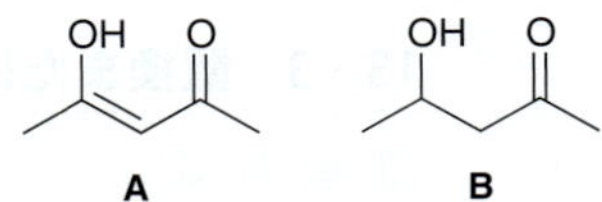

解 答

化合物の共役塩基を書くことから始める．そして共役塩基の安定性を比較する．

A の共役塩基　　**B** の共役塩基

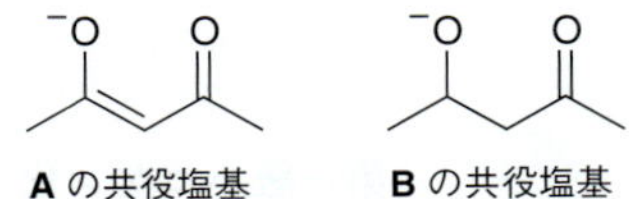

化合物 **B** の共役塩基は共鳴安定化を受けていないのに対し，化合物 **A** の共役塩基は共鳴安定化されている．

A の共役塩基

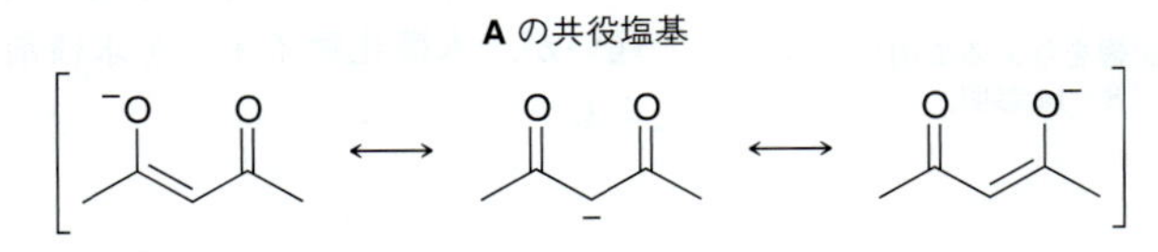

化合物 **A** の共役塩基は，化合物 **B** の共役塩基よりも安定と考えられる．したがって化合物 **A** のほうが酸性が強い．

化合物 **B** の pK_a は 15〜18 の間（通常のアルコールの pK_a の値）だと予想される．化

合物 **A** の pK_a の予想はより困難である．しかし，通常のアルコールよりも pK_a は小さい（酸性が強い）ことは明らかである．いいかえると，pK_a は 15 よりも小さい．

スキルの演習

13・5　次のアルコールの組で，どちらが酸性がより強いか．理由も述べよ．

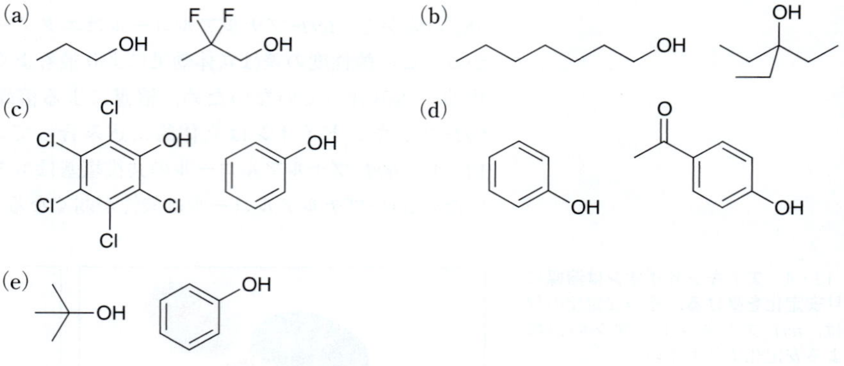

(a)　(b)

(c)　(d)

(e)

スキルの応用

13・6　2–ニトロフェノールと 3–ニトロフェノールの構造を考えてみよう．二つの化合物の pK_a には大きな差がある．どちらがより小さな pK_a の値を示すか．理由も述べよ．［ヒント：この問題を解くにはそれぞれのニトロ基の構造を書く必要がある．］

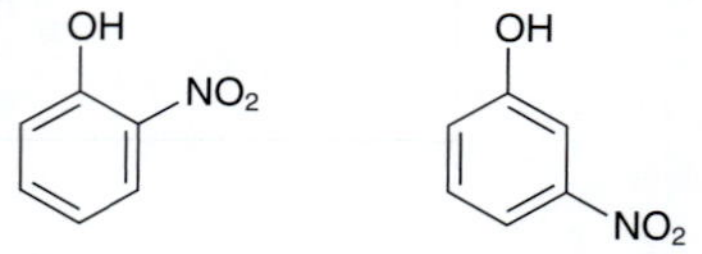

2–ニトロフェノール　3–ニトロフェノール

問題 13·33，13·34 を解いてみよう．

13・3　置換または付加反応によるアルコールの合成

置換反応

7 章で述べたように，アルコールは脱離基をヒドロキシ基に置き換える置換反応により合成できる．

$$R-X \longrightarrow R-OH$$

第一級ハロゲン化アルキルは S_N2 反応の条件（反応性の高い求核剤）が必要であり，第三級ハロゲン化アルキルは S_N1 反応の条件（反応性の低い求核剤）を必要とする．第二級ハロゲン化アルキルでは，第二級アルコールを合成するために S_N2 または S_N1 反応条件のどちらも特に有効ではない．S_N1 条件では反応は一般にきわめて遅いが，水酸化物イオンを求核剤として用いる S_N2 条件では置換よりも脱離が優先する．

置換と脱離に影響を与える要因については§8・12〜§8・14 参照．

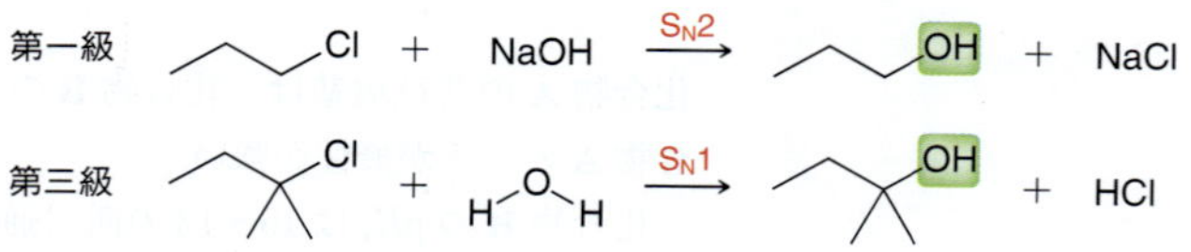

第一級　Cl + NaOH $\xrightarrow{S_N2}$ OH + NaCl

第三級　Cl + H_2O $\xrightarrow{S_N1}$ OH + HCl

付加反応

9章で，アルコールを生成するいくつかの付加反応を紹介した．

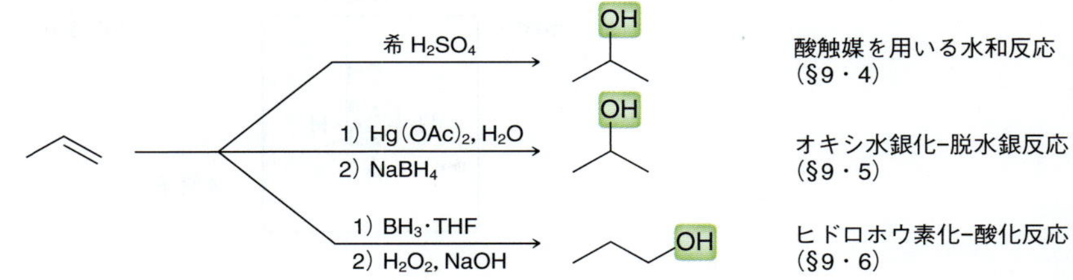

酸触媒を用いる水和反応はMarkovnikov（マルコウニコフ）付加で進行する(§9・4)．すなわち，ヒドロキシ基はより置換基の多い炭素に導入される．カルボカチオンの転位を起こしやすい基質でなければ，これは有用な方法である(§6・11)．転位を起こす可能性のある基質の場合，オキシ水銀化–脱水銀反応を用いることができる．この方法もMarkovnikov付加で進行するが，カルボカチオン転位は起こらない．ヒドロホウ素化–酸化反応は，水が逆Markovnikov付加する．

チェックポイント

13・7 次の反応を行うのに必要な反応剤を示せ．

(a) Br → OH

(b) Br → OH

(c) → OH

(d) → OH

(e) → OH

(f) → HO

13・8 次の変換を行うのに必要な反応剤を示せ．

(a) 1-ヘキセンを第一級アルコールに変換する．

(b) 3,3-ジメチル-1-ヘキセンを第二級アルコールに変換する．

(c) 2-メチル-1-ヘキセンを第三級アルコールに変換する．

13・4 還元によるアルコールの合成

本節では，アルコールを合成する新たな方法を紹介する．この方法は**酸化状態**(oxidation state)の変化を伴うので，まず酸化状態と形式電荷との関係を理解することから始めよう．

酸化状態

酸化状態は電子の数を数える一つの方法である．1章では形式電荷という電子の数の数え方を説明した．形式電荷を計算するためには，ある原子との結合がすべて完全に共有結合であると仮定し，その結合を均等開裂させる．一方酸化状態の計算では，結合がすべて完全にイオン結合であると考え，その結合を不均等開裂する．このとき，より電気陰性度の大きな原子に電子対が存在すると考えて行う．形式電荷と酸化

図 13・5 電子の数え方の異なる二つの方法. 形式電荷と酸化状態.

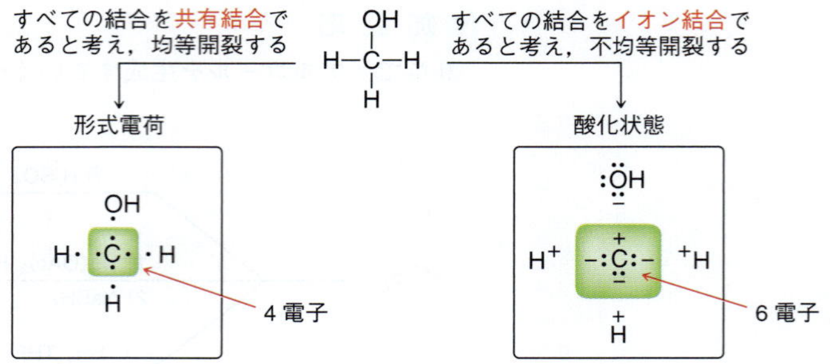

状態は，原子に割当てられた電子の数え方の両極端な方法である．図 13・5 左図において，炭素に 4 電子があると考え，これは炭素の価電子数と同じなので炭素原子の形式電荷は 0 である．一方，この炭素原子の酸化状態は −2 である．これは，右図に示すように炭素に 6 電子があり，価電子より二つ多いためである．

四つの結合をもつ炭素原子の形式電荷は常に 0 であるが，酸化状態は −4 から +4 まで変化する．

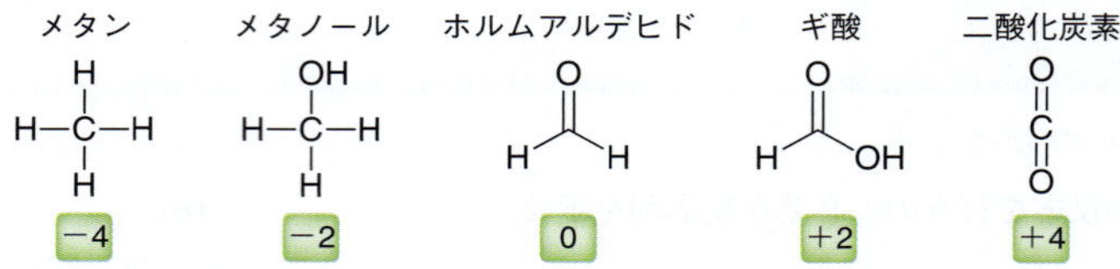

酸化状態が高くなる反応は**酸化**（oxidation）とよばれる．たとえば，メタノールがホルムアルデヒドに変換されたとき，メタノールは酸化されたという．それに対して，酸化状態が低くなる反応は**還元**（reduction）とよばれる．たとえば，ホルムアルデヒドがメタノールに変換されたとき，ホルムアルデヒドは還元されたという．酸化と還元を明確にするために，練習をしてみよう．

スキルビルダー 13・3　酸化反応と還元反応を明らかにする

スキルを学ぶ

次の反応で，化合物が酸化されるか，還元されるか，そのどちらでもないか．

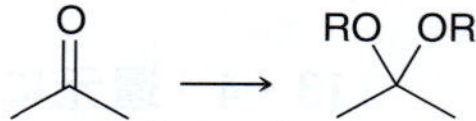

解 答

ステップ 1
出発物の酸化状態を明らかにする.

変化の生じた炭素原子に注目し，反応により酸化状態が変化したかどうか確かめる．出発物から始める．

C−C 結合を除いて，すべての結合を不均等開裂する

2 電子

それぞれの C−O 結合は不均等開裂するので，C=O 結合の四つの電子はすべて酸素原子に割当てる．C と C は同じ電気陰性度を示すので，各 C−C 結合は不均等開裂することはできない．各 C−C 結合は，均等開裂によりそれぞれの炭素原子に電子を一つずつ

ステップ 2
生成物の酸化状態を明らかにする．

ステップ 3
酸化状態に変化があるかどうか比較する．

割当てる．これにより，中央の炭素原子に二つの電子を割当てる．この数を炭素原子の価電子の数（4）と比較すると，この例では炭素原子は電子二つを失っている．したがって，酸化状態は +2 である．

次に生成物の炭素を分析してみよう．同じ結果が得られる．酸化状態は +2 である．反応は，単に C=O 結合一つが C−O 単結合二つに変化しただけなので，これは当然である．反応の前後において，炭素原子の酸化状態は変化していないので，出発物は酸化も還元もされていない．

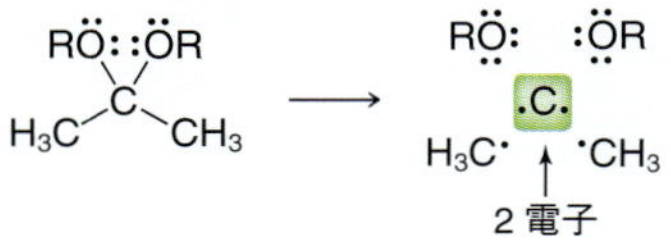

RÖ: :ÖR
H₃C C CH₃ ⟶ H₃C· .C. ·CH₃
2 電子

スキルの演習

13・9 次の反応で，出発物が酸化されるか，還元されるか，どちらでもないか．酸化状態を計算することなく解答し，そのあとにその直感が正しいかどうか計算により確認せよ．

(a) (b) (c) (d) (e) (f)

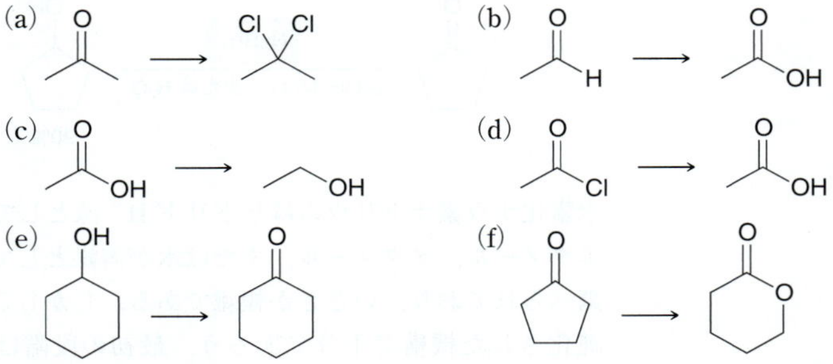

スキルの応用

13・10 9章で，二重結合への水の付加反応について述べた．アルケンが酸化されるか，還元されるか，どちらでもないか．［ヒント：まず，それぞれの炭素を別べつに考え，その後にアルケン全体の酸化状態の変化を考えよ．］

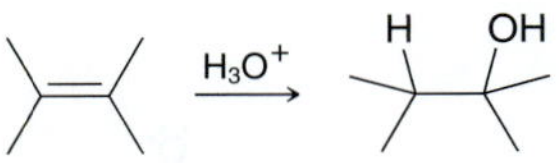

H_3O^+

13・11 次の反応で，アルキンが酸化されるか，還元されるか，どちらでもないか．前問の解答を用いて，酸化状態を計算することなく解答し，そのあとにその直感が正しいかどうか計算により確認せよ．

H_2SO_4, H_2O
$HgSO_4$

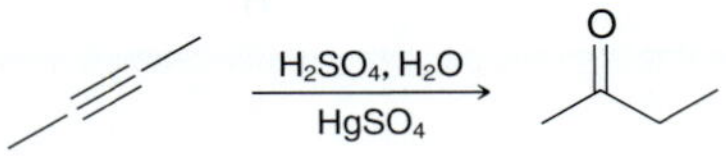

問題 13・62 を解いてみよう．

還 元 剤

ケトン（またはアルデヒド）のアルコールへの変換は還元反応である．

還元

この反応には，**還元剤**（reducing agent）が必要である．還元剤は，それ自身が酸化される．本節では，ケトンまたはアルデヒドをアルコールに変換する際に用いられる 3 種類の還元剤について述べる．

1. 9 章で，白金，パラジウム，ニッケルなどの金属触媒存在下で，アルケンは水素化反応を起こすことを述べた．一般により強い条件（高温や高圧）が必要であるが，ケトンやアルデヒドも同様な反応を起こす．この還元反応は，アルデヒドやケトンのいずれにも適用でき，アルコールが高収率で得られる．

O → OH（H_2 / Pt, Pd, または Ni）95%

2. 水素化ホウ素ナトリウム $NaBH_4$ はケトンやアルデヒドの還元によく用いられる代表的な還元剤である．

O → OH（$NaBH_4$ / EtOH, MeOH, または H_2O）90%

H Na⁺ / H—B—H / H
水素化ホウ素ナトリウム
$NaBH_4$

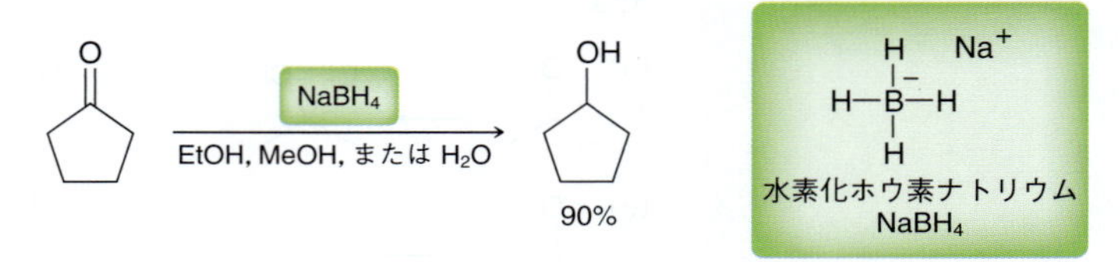

水素化ホウ素ナトリウムはヒドリド H^- 源として，溶媒はプロトン H^+ 源として働く．エタノール，メタノール，または水が溶媒として用いられる．その反応機構は詳細に調べられており，いささか複雑である．しかしここでは，反応機構 13・1 に示した単純化された機構で十分であろう．最初の段階はヒドリドの**カルボニル基**（carbonyl group，C=O 結合）への移動であり，第 2 段階はプロトン移動である．

反応機構 13・1 ケトンやアルデヒドの $NaBH_4$ による還元

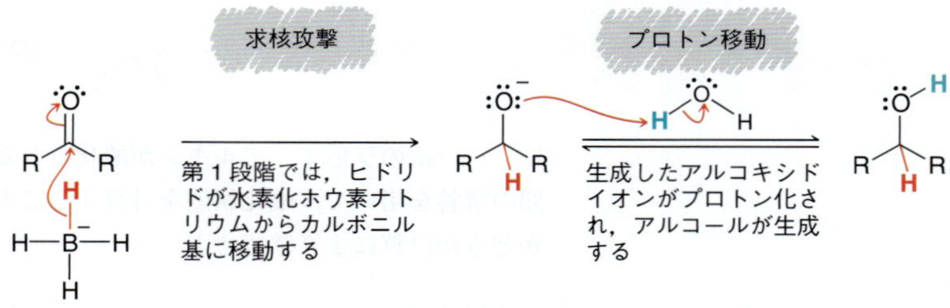

求核性に影響を与える要因については§6・7 参照．

ヒドリド H^- それ自身は分極していないので，求核性は低い．そのため，上記の還元反応は水素化ナトリウム NaH では行うことができない．NaH は塩基としてのみ機能し，求核剤とはならない．しかし $NaBH_4$ は求核剤として機能する．すなわち，$NaBH_4$ は求核的な H^- を供与する反応剤として機能する．

H Li⁺ / H—Al—H / H
水素化アルミニウムリチウム
$LiAlH_4$

3. 水素化アルミニウムリチウム $LiAlH_4$ はよく用いられる還元剤のひとつであり，その構造は $NaBH_4$ にきわめてよく似ている．水素化アルミニウムリチウム $LiAlH_4$（LAH と略すこともある）も H^- を供与する反応剤であるが，$NaBH_4$ より反応性が高い．水と激しく反応するためプロトン性の溶媒と共存できない．まずケトンやアルデヒド

を $LiAlH_4$ と反応させ，その後，反応容器にプロトン源を加える．水 H_2O がプロトン源として働くが，H_3O^+ をプロトン源として用いることもできる．

1) $LiAlH_4$
2) H_2O
86%

ここで，$LiAlH_4$ とプロトン源は二つの別個の段階として書いていることに注意してほしい．$LiAlH_4$ による還元の機構（反応機構 13・2）は $NaBH_4$ による還元の機構と類似している．

反応機構 13・2　ケトンやアルデヒドの $LiAlH_4$ による還元

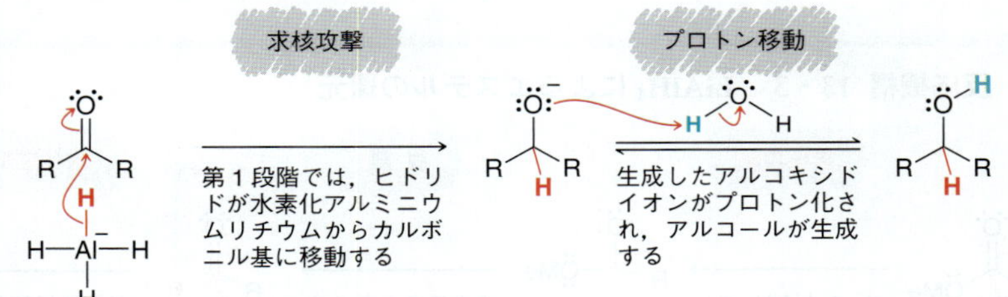

この単純化された機構では，リチウムカチオン Li^+ の役割など，考慮されていないことが数多くある．しかし，ヒドリドによる還元の反応機構を完全に説明することは本書の範囲を超えており，この単純化された機構で十分である．

$NaBH_4$ も $LiAlH_4$ もともにケトンやアルデヒドを還元する．これらのヒドリド還元剤は C=C 結合が共存してもカルボニル基を選択的に還元することができるという，接触水素化反応にはない重要な利点がある．次の例を考えてみよう．

$NaBH_4$, MeOH
1) $LiAlH_4$
2) H_2O
90〜95%

H_2
Pt, Pd, または Ni
90〜95%

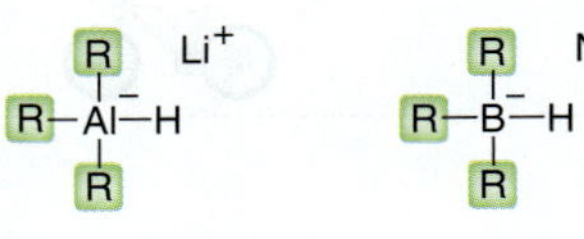

ヒドリド還元剤と反応させると，カルボニル基のみが還元される．それに対して，接触水素化は，カルボニル基を還元するために必要な条件（高温，高圧）で，C=C 結合も還元する．そのため，$NaBH_4$ や $LiAlH_4$ などのヒドリド還元剤は，一般に接触水素化よりも好まれる．多くのヒドリド還元剤が市販されており，$LiAlH_4$ よりも反応性の高いものもあるし，$NaBH_4$ よりも反応性の低いものもある．多くは，$NaBH_4$ や $LiAlH_4$ の誘導体である．R としてはアルキル基，シアノ基，アルコキシ基など，多くの官能基が用いられる．三つの R 基を電子供与性あるいは電子求引性を考慮して適切に選択することにより，ヒドリド還元剤としての反応性を制御することが可能である．数十種類ものヒドリド還元剤が入手可能であり，それぞれ特徴的な選択性や反応性を示す．ここでは $LiAlH_4$ と $NaBH_4$ の違いにのみ注目しよう．

$NaBH_4$ は穏和な条件ではエステルを還元しないが，高温などのより激しい条件ではエステルを還元することがある．

$LiAlH_4$ は $NaBH_4$ よりもずっと反応性が高いことをすでに述べた．その結果として，$LiAlH_4$ は選択性が低い．$LiAlH_4$ はカルボン酸やエステルと反応してアルコールを生成するが，$NaBH_4$ は還元しない．エステルの還元は二度のヒドリド移動により進行する（反応機構 13・3）．

カルボン酸 $\xrightarrow[\text{2) } H_2O]{\text{1) } LiAlH_4\text{(過剰量)}}$ R–CH₂–OH

エステル（R–CO–OMe） $\xrightarrow[\text{2) } H_2O]{\text{1) } LiAlH_4\text{(過剰量)}}$ R–CH₂–OH ＋ MeOH

反応機構 13・3　$LiAlH_4$ によるエステルの還元

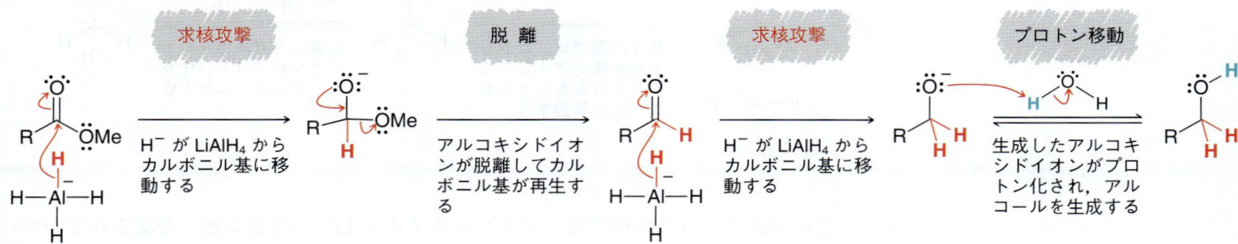

$LiAlH_4$ はヒドリドをカルボニル基に供与する．ついで脱離によりカルボニル基が再生する．$LiAlH_4$ 存在下では，新たに生成したカルボニル基は再びヒドリドの攻撃を受ける．反応機構の第 2 段階における脱離基はメトキシドイオンであるが，その脱離能は一般的に低い．たとえば，メトキシドイオンは E2 反応や S_N2 反応においては脱離基として機能しない．この場合に脱離基として機能する理由は，最初のヒドリドの攻撃により生成する中間体の性質に由来する．この中間体はエネルギーが高く，すでに酸素原子に負電荷をもっている．負電荷をもつことにより次の脱離の段階は発熱的となり，この中間体はメトキシドを脱離させることができる．

21 章で，この反応について詳細に説明するとともに，カルボン酸と $LiAlH_4$ の反応機構についても述べる．

高エネルギー中間体 ⟶ R–CHO ＋ ⁻OMe

スキルビルダー 13・4　ヒドリド還元の反応機構を書き，生成物を予想する

スキルを学ぶ

次の反応の機構を示し，生成物を予想せよ．

シクロヘキシルメチルケトン $\xrightarrow[\text{2) } H_2O]{\text{1) } LiAlH_4\text{(過剰量)}}$?

解答

ステップ 1, 2
ヒドリドが供与されることを示す二つの巻矢印を書き，これにより生成するアルコキシドイオンを書く．

水素化アルミニウムリチウム $LiAlH_4$ はヒドリド還元剤であり，出発物はケトンである．ヒドリド還元剤とケトンまたはアルデヒドとの反応は，求核付加とそれに続くプロトン移動により進行する．まず最初に，$LiAlH_4$ の構造を書き，カルボニル基に付加するヒドリドを明示する．H^- それ自身は求核性がないので，単に反応剤として H^- と書いてはいけない．H^- は還元剤 $LiAlH_4$ から供与されなければならない．$LiAlH_4$ の完全な構造（すべての結合を示す）を書き，電子が Al−H 結合からカルボニル基へと移動する巻矢印を書く．

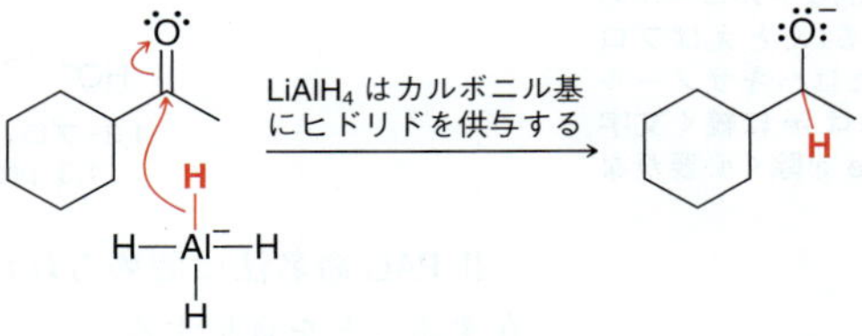

$LiAlH_4$ はカルボニル基にヒドリドを供与する

ステップ 3
アルコキシドイオンがプロトン源によりプロトン化されることを示す．

反応機構の第 2 段階において，アルコキシドイオンはプロトン源，この場合は水によりプロトン化される．

プロトン移動

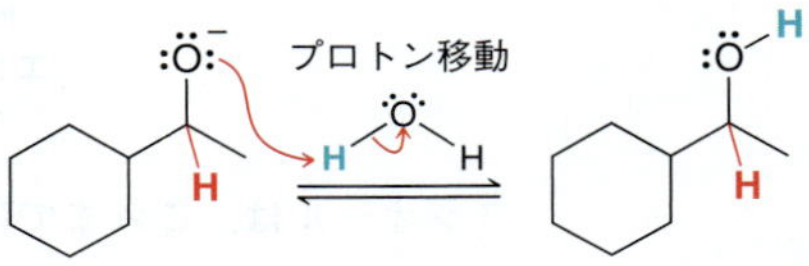

生成物は第二級アルコールである．これは，ケトンの還元生成物として予想される化合物である．

スキルの演習

13・12 次の反応の機構を示し，主生成物を予想せよ．

(a) 1) $LiAlH_4$ 2) H_2O ?

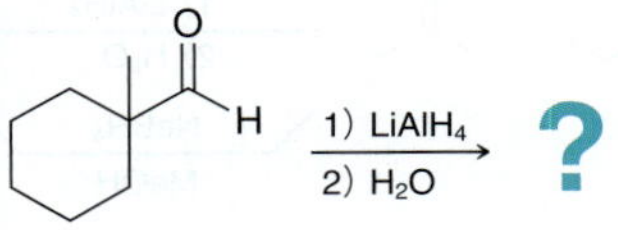

(b) 1) $LiAlH_4$ 2) H_2O ?

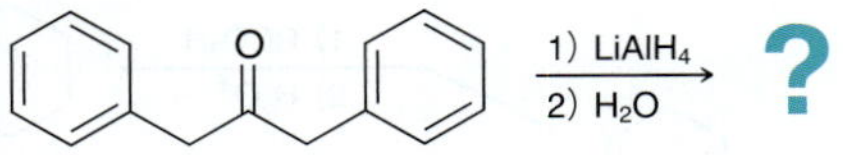

(c) $NaBH_4$ MeOH ?

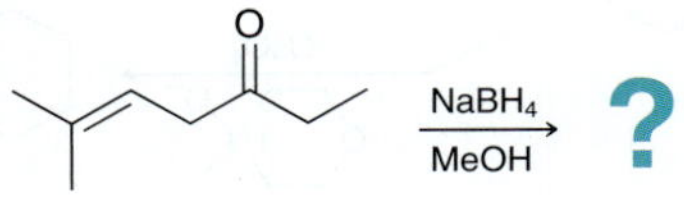

(d) 1) $LiAlH_4$ 2) H_2O ?

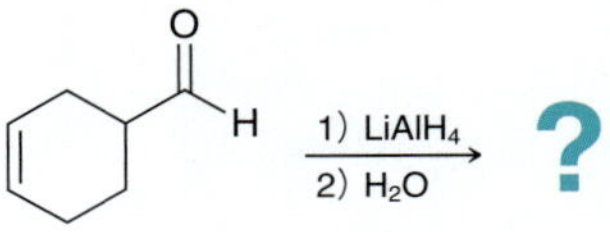

(e) 1) $LiAlH_4$（過剰量） 2) H_2O ?

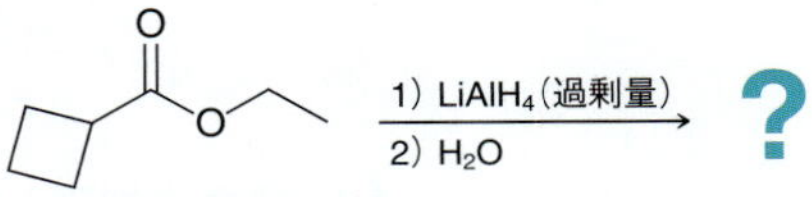

(f) OMe $NaBH_4$ MeOH ?

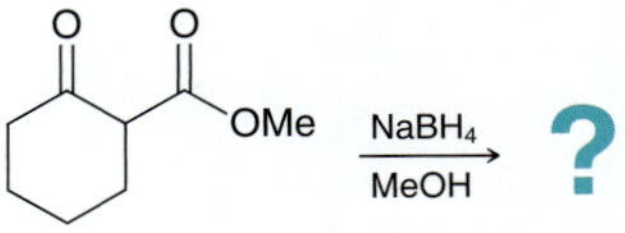

スキルの応用

13・13 次の反応の機構を示し，主生成物を予想せよ．

1) $LiAlH_4$（過剰量） 2) H_3O^+ ?

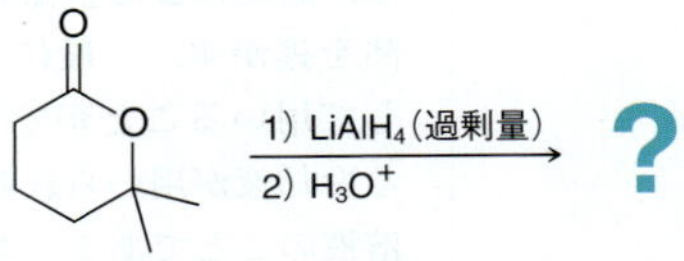

問題 13・46，13・47(c)，13・48(e)，(f)，13・60 を解いてみよう．

13・5　ジオールの合成

ジオール（diol）はヒドロキシ基を二つもつ化合物群であり，以下に示す追加の規則を用いて命名する．

1. 母体名の前に二つのヒドロキシ基の位置を数字で示す．
2. 接尾語 “ジオール -diol” を最後につける．

“e” が母体名と接尾語の間に入ることに注意してほしい．一般的なアルコールの場合，“e” は不要である（たとえばプロパノール propanol またはヘキサノール hexanol）が，ジオールは -e に続く文字 “d” が母音でないので e を除く必要がない．

HO　OH
1,3-プロパンジオール
1,3-propanediol

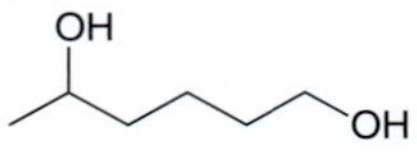

OH　OH
1,5-ヘキサンジオール
1,5-hexanediol

IUPAC 命名法に認められた慣用名もある．グリコールは二つのヒドロキシ基が存在することを意味する．

HO　OH
エチレングリコール
ethylene glycol

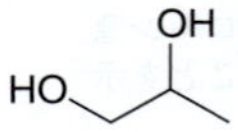

OH　HO
プロピレングリコール
propylene glycol

ジオールは，これまでに述べた還元剤のいずれかを用いてジケトンを還元することにより得られる．あるいは，ジオールはアルケンのジヒドロキシル化によっても得られる．

シン- またはアンチ-ジヒドロキシル化する反応剤については 9 章参照．

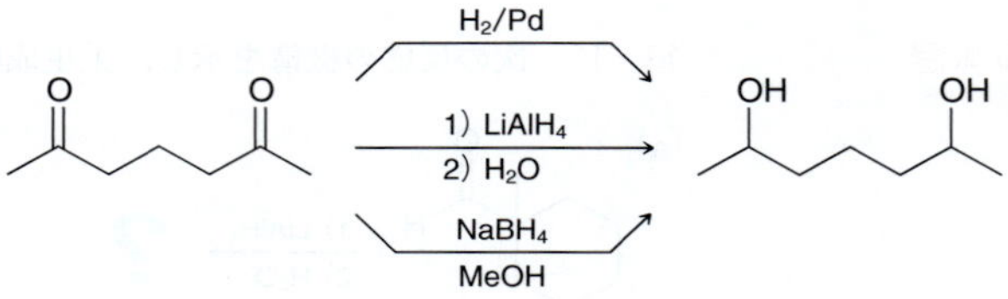

O　O　→（H_2/Pd）／（1）$LiAlH_4$　2）H_2O）／（$NaBH_4$　MeOH）→　OH　OH

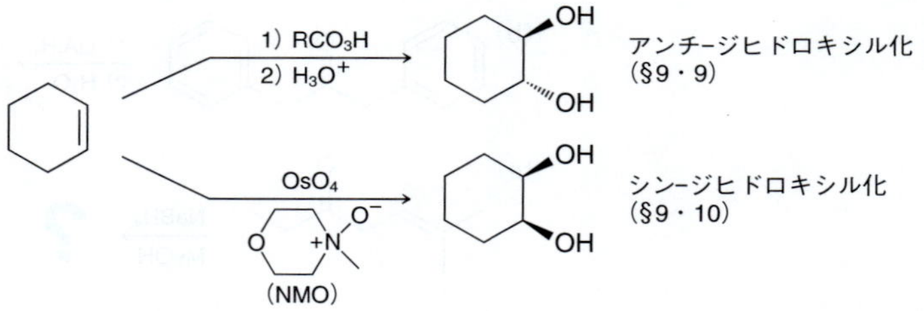

1）RCO_3H　2）H_3O^+　→　OH　OH　アンチ-ジヒドロキシル化（§9・9）

OsO_4　^+N　O^-　O　(NMO)　→　OH　OH　シン-ジヒドロキシル化（§9・10）

役立つ知識　不凍液

自動車は内燃エンジンを動力としており，エンジンのさまざまな場所が大変熱くなる．過熱による損傷を防ぐために，冷却液が用いられ，熱に弱いエンジンの部位から熱を逃がす．一般に，外気温が 0 °C 以下になると凍結するために，純水は冷却液として用いることができない．凍結を防止するために，不凍液（antifreeze）とよばれる冷却液が用いられる．不凍液とは，水にその凝固点を著しく下げる化合物を加えた溶液のことである．エチレングリコールやプロピレングリコールがこの目的のために一般的に用いられる．

13・6 Grignard 反応剤を用いるアルコールの合成

本節では，**Grignard 反応剤**（Grignard reagent）を用いるアルコールの合成について述べる．Grignard 反応剤は，ハロゲン化アルキルとマグネシウムの反応により生成する．

$$\text{R–X} \xrightarrow{\text{Mg}} \text{R–Mg–X}$$

Grignard 反応剤

これらの反応剤は，これがアルコールの合成に有用であることを示したフランスの化学者である Victor Grignard の名前をとって名づけられた．彼はその業績により 1912 年のノーベル化学賞を受賞した．Grignard 反応剤の例を示す．

Br（ブロモベンゼン） $\xrightarrow{\text{Mg}}$ MgBr　　Cl $\xrightarrow{\text{Mg}}$ MgCl

Grignard 反応剤は C−Mg 結合をもっていることが特徴である．炭素はマグネシウムよりも電気陰性度が大きいので，炭素はマグネシウムから誘起効果により電子を求引する．これにより，炭素に部分負電荷 δ− が生じる．実際，C と Mg の電気陰性度の差は非常に大きいので，その結合はイオン結合として扱うこともできる．Grignard 反応剤は，ケトンやアルデヒドのカルボニル基を含め，幅広い種類の求電子剤を攻撃することのできる炭素求核剤である（反応機構 13・4）．

δ− δ+ MgBr ≡ − +MgBr

反応機構 13・4 Grignard 反応剤とケトンまたはアルデヒドとの反応

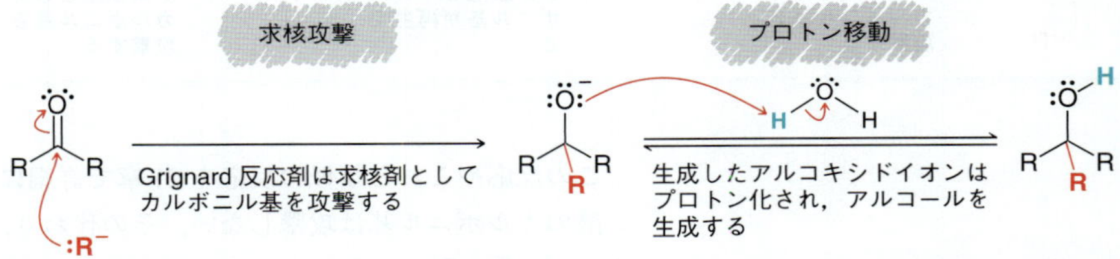

生成物はアルコールであり，反応機構 13・4 はヒドリド還元剤（$LiAlH_4$ または $NaBH_4$）による還元の機構と同様である．実際，この反応は一種の還元反応とみなせるが，ここではヒドリドの代わりに R 基が導入される．

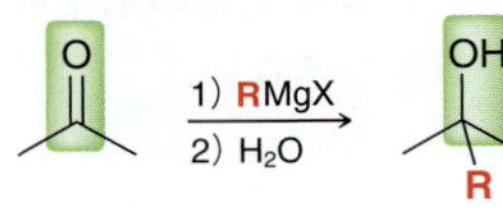

$LiAlH_4$ による還元と同様に，水はあとから反応容器に加えることに注意しよう．Grignard 反応剤も強い塩基であり水からプロトンを奪うので，水は Grignard 反応剤と共存できない．

$$\overset{-}{\text{R:}}\ \overset{+}{\text{MgX}} + \text{H–}\ddot{\text{O}}\text{–H} \longrightarrow \text{R–H} + \text{HOMgX}$$

pK_a 15.7　　pK_a 約 50

pK_a の差が非常に大きいので，この反応は事実上不可逆である．反応フラスコに存在する水分子は，Grignard 反応剤を分解する．Grignard 反応剤は，空気中の湿気とさえ反応するので，厳密な無水条件を用いることが必要である．Grignard 反応剤がケトンを攻撃した後に，アルコキシドイオンをプロトン化するために水を加える．

Grignard 反応剤はケトンまたはアルデヒドと反応してアルコールを生成する．Grignard 反応剤はエステルとも反応し，R 基が二つ導入されたアルコールを生じる．

1) CH_3MgBr　2) H_2O

1) CH_3MgBr　2) H_2O

1) CH_3MgBr（過剰量）　2) H_2O　　＋ MeOH

この反応の機構（反応機構 13・5）は，$LiAlH_4$ によるエステルの還元機構（反応機構 13・3）と同様である．

反応機構 13・5　Grignard 反応剤とエステルの反応

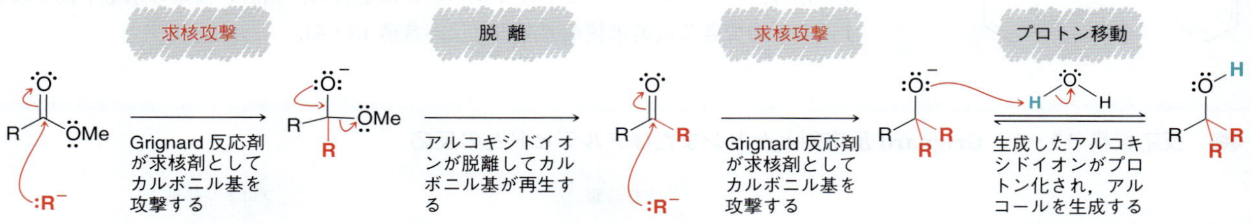

この反応やこれと類似の反応を 21 章で詳細に説明する．Grignard 反応剤はカルボン酸のカルボニル基は攻撃しない．その代わり，Grignard 反応剤は塩基として働き，カルボン酸を脱プロトンする．

R^- $\overset{+}{MgX}$ ＋ H–O–C(=O)–R ⟶ R–H ＋ $^-$O–C(=O)–R $\overset{+}{MgX}$

いいかえると，Grignard 反応剤はカルボン酸と共存できない．同様な理由で，ヒドロキシ基の水素のように，弱い酸性の水素が存在する場合，Grignard 反応剤を生成できない．

Mg　　共存できない　　$\overset{+}{MgBr}$

この Grignard 反応剤は生成できない

この Grignard 反応剤は自分自身がアルコールと反応してアルコキシドを生成するので，合成できない．次節でこの問題を解決する方法について述べる．しかし，まず Grignard 反応によりアルコールを合成する練習をしてみよう．

スキルビルダー 13・5　Grignard 反応を用いてアルコールを合成する

スキルを学ぶ

Grignard 反応を用いて次の化合物を合成する方法を示せ．

解 答

まず，ヒドロキシ基の結合している炭素（α 位）を明らかにする．

ステップ 1
α 位を明らかにする．

ステップ 2
α 位に結合している三つの基を明らかにする．

次に，この位置に結合しているすべての基を明らかにする．フェニル，メチル，エチル基の三つである．三つの基のうちの二つの基をもつケトンを出発物として用い，三つ目の基は Grignard 反応剤より導入する．ここでは，三つの可能性がある．

ステップ 3
Grignard 反応を用いて，それぞれの基がどのように導入できるか示す．

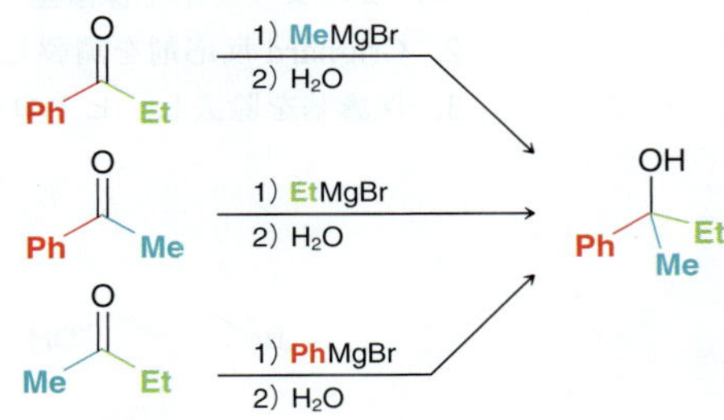

この問題には，完全に正しい解答が三つある．実際，合成の問題には解答が一つしかない場合は少なく，多くの場合，複数の正解がある．

スキルの演習

13・14　Grignard 反応を用いて次の化合物を合成する方法を示せ．

(a)　(b)　(c)

(d)　(e)　(f)

スキルの応用

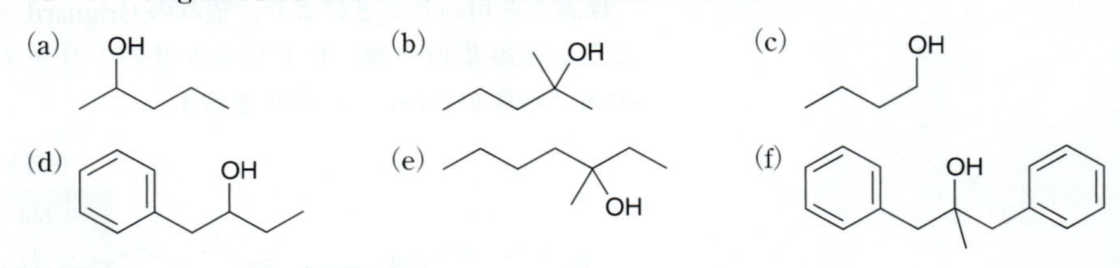

13・15　問題 13・14 のなかの二つの化合物は Grignard 反応剤とエステルとの反応で合成できる．その二つの化合物はどれか示し，ほかの化合物がエステルから合成できないのはなぜか，理由も述べよ．

13・16　問題 13・14 のなかの三つの化合物はヒドリド還元剤（$NaBH_4$ または $LiAlH_4$）とケトンまたはアルデヒドから合成できる．その三つの化合物はどれか示し，ほかの化合物がヒドリド還元剤を用いて合成できないのはなぜか，理由も述べよ．

13・17　次の反応の機構を示し，生成物を予想せよ．この場合，プロトン源として水の

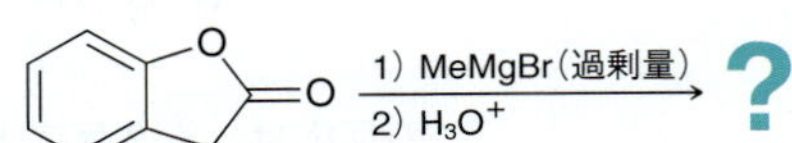

代わりに H_3O^+ を用いなければならない．その理由を述べよ．

問題 13·38，13·40(b)，13·52(b)〜(d)，(j)，(l)〜(r)，13·58 を解いてみよう．

13・7　アルコールの保護

次の変換反応を考えてみよう．

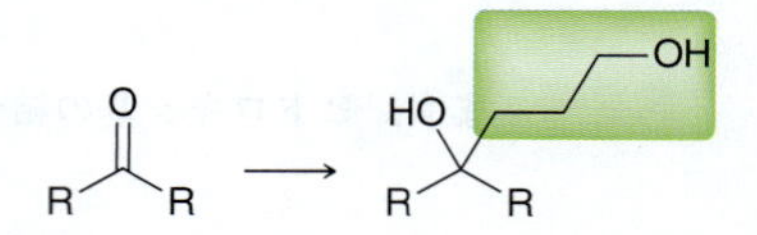

R(C=O)R ⟶ HO–C(R)(R)–$CH_2CH_2CH_2$–OH

BrMg–$CH_2CH_2CH_2$–OH

Grignard 反応を利用してこの変換を行うためには，左に示す Grignard 反応剤が必要である．前節で述べたように，この Grignard 反応剤は合成できない．それは，ヒドロキシ基と共存できないからである．この問題を解決するために，3 段階の反応を用いる．

1. ヒドロキシ基を Grignard 反応剤と共存可能な基に変換することにより，保護する．このような基を**保護基**（protecting group）とよぶ．
2. Grignard 反応剤を調製し，望みの Grignard 反応を行う．
3. 保護基を除去し，ヒドロキシ基に変換する．

保護基を用いることにより，望みの Grignard 反応を行うことが可能となる．そのような保護基の一例，ヒドロキシ基のトリメチルシリルエーテル（trimethylsilyl ether，略称 OTMS）への変換を示す．

Br–$CH_2CH_2CH_2$–OH ⟶ Br–$CH_2CH_2CH_2$–O–Si(Me)$_3$ ≡ Br–$CH_2CH_2CH_2$–OTMS

保護基

トリメチルシリルエーテル

トリメチルシリルエーテルはアルコールとクロロトリメチルシラン（塩化トリメチルシリル，TMSCl と略す）との反応により合成される．

$$\mathrm{R{-}\ddot{O}{-}H} \xrightarrow[\mathrm{Et_3N}]{\mathrm{Me_3SiCl\ (TMSCl)}} \mathrm{R{-}\ddot{O}{-}TMS} + \mathrm{Et_3N^+H}\ \ \mathrm{Cl^-}$$

この反応は，S_N2 反応と同様に（S_N2-Si とよばれる）進行すると考えられており，ヒドロキシ基が求核剤としてケイ素原子を攻撃し，塩化物イオンが脱離する．トリエチルアミンのような塩基が，酸素原子から脱プロトンするために用いられる．最初の段階に第三級の基質で進行する S_N2 反応が含まれていることに注意してほしい．立体的に込み合っている基質への求核攻撃は効率よく進行しないことを7章で述べたので，これは予想外と思うかもしれない．この場合は，求核攻撃を受けるのは炭素原子ではなくケイ素原子なので，事情が異なる．ケイ素原子との結合は，炭素原子との結合よりも一般的にずっと長く，そのため求核攻撃を受ける側に空間が広がる．これを理解するために，塩化 *tert*-ブチルと塩化トリメチルシリルの空間充塡モデルを比較してみてほしい（図 13・6）．

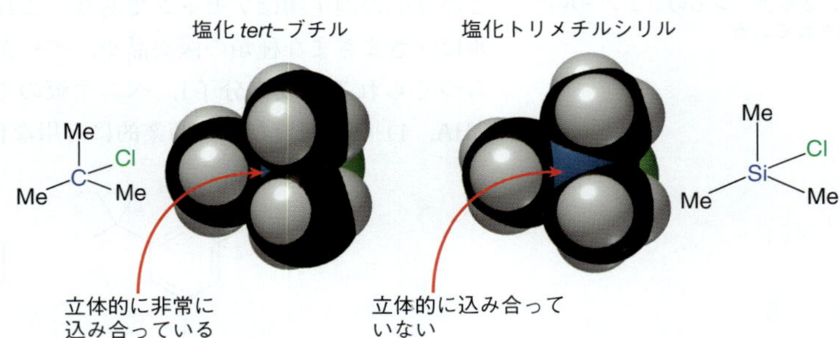

図 13・6 塩化 *tert*-ブチルと塩化トリメチルシリルの空間充塡モデル． 後者は立体的に込み合っていないので，求核剤の攻撃を受ける．

望みの Grignard 反応の後，トリメチルシリル（TMS）基は H_3O^+ またはフッ化物イオンにより容易に除去できる．

$$\text{R—O—TMS} \xrightarrow[\text{または } F^-]{H_3O^+} \text{R—OH}$$

一般に，フッ化物イオン源としては，フッ化テトラブチルアンモニウム（tetrabutyl ammonium fluoride, 略称 TBAF）が用いられる．全体の合成経路を以下に示す．

N^+ F^-

フッ化テトラブチルアンモニウム
（TBAF）

Br～OH —(TMS—Cl, Et_3N; 保護)→ Br～OTMS —(Grignard 反応剤を調製し Grignard 反応を行う: 1) Mg 2) R(C=O)R 3) H_2O)→ HO, R, R～OTMS —(TBAF; 脱保護)→ HO, R, R～OH

チェックポイント

13・18 次の変換を行うのに必要な反応剤を示せ．

(a) HO, Br → HO, OH

(b) HO, Br → HO, OH, OH

13・8 フェノールの合成

フェノールは，クメン（cumene）の生成と酸化反応を経る多段階反応により，工業的に合成されている．

ベンゼン → (H_3PO_4) クメン → (O_2) クメンヒドロペルオキシド → (H_3O^+) フェノール + アセトン

米国では，200万トンものフェノールが毎年製造されている．

この反応の副生物はアセトンであり，これも商業的に重要な化合物である．フェノールは，さまざまな種類の医薬品や，ベークライト（フェノールとホルムアルデヒドからつくられる合成高分子），ベニヤ板のための接着剤，食品用の抗酸化剤（BHT や BHA，11 章参照）などの商業的に有用な化合物の前駆体として用いられる．

ブチル化されたヒドロキシトルエン（BHT）　ブチル化されたヒドロキシアニソール（BHA）

13・9 アルコールの反応：置換と脱離

アルコールの S_N1 反応

$\xrightarrow{HX}$ + H_2O

§7・5で述べたように，第三級アルコールは，ハロゲン化水素と反応すると，置換反応を起こす．この反応は S_N1 機構で進行する．

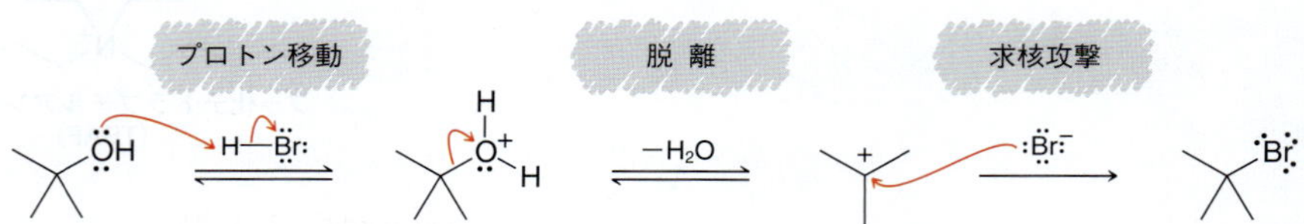

医薬の話題 抗真菌薬としてのフェノール

多くのフェノールやその誘導体は，局所抗真菌性を示す．カビの細胞膜の機能を阻害すると考えられており，白癬（水虫），頑癬（いんきんたむし），などの治療に用いられる．

p-クロロ-*m*-キシレノール *p*-chloro-*m*-xylenol　クリオキノール clioquinol　トルナフテート tolnaftate

S_N1 機構には二つの重要な段階（脱離と求核付加）があることを思い出してほしい．出発物がアルコールの場合，まずヒドロキシ基をプロトン化するためにさらにもう１段階必要である．この反応はカルボカチオン中間体を経て進行する．そのため，第三級アルコールが最も適している．第二級アルコールは S_N1 反応を起こすが，その速度は遅く，第一級アルコールは S_N1 反応をほとんど起こさない．第一級アルコールの場合，アルコールをハロゲン化アルキルへ変換するためには，S_N2 反応を利用する必要がある．

アルコールの S_N2 反応

第一級および第二級アルコールはさまざまな反応剤と置換反応を起こし，これらはすべて S_N2 機構で進行する．本項では，S_N2 機構で進行する三つの反応について取上げる．

1. 第一級アルコールは HBr と S_N2 機構で反応する．

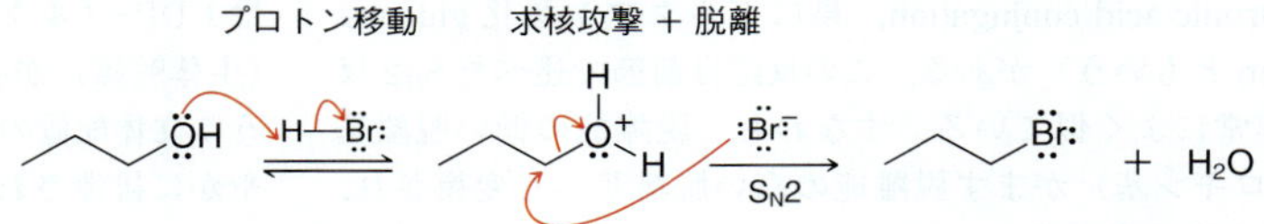

ヒドロキシ基がまずプロトン化され，脱離能の高い脱離基へと変換され，つづいて S_N2 反応が進行する．この反応は HBr を用いると効率よく進行するが，HCl では反応しない．ヒドロキシ基を塩素で置換するためには，$ZnCl_2$ を触媒として用いる．

$$\text{CH}_3\text{CH}_2\text{CH}_2\text{OH} \xrightarrow[\text{ZnCl}_2]{\text{HCl}} \text{CH}_3\text{CH}_2\text{CH}_2\text{Cl}$$

この触媒は Lewis 酸であり，ヒドロキシ基をより脱離能の高い脱離基へと変換する．

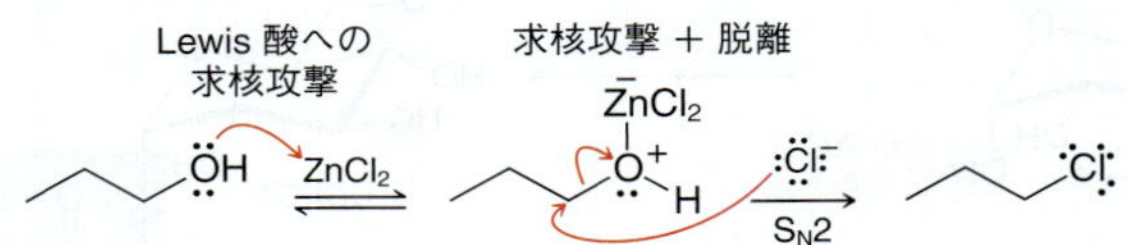

2. アルコールをトシラートへと変換した後，求核置換反応を行う（§7・8）．

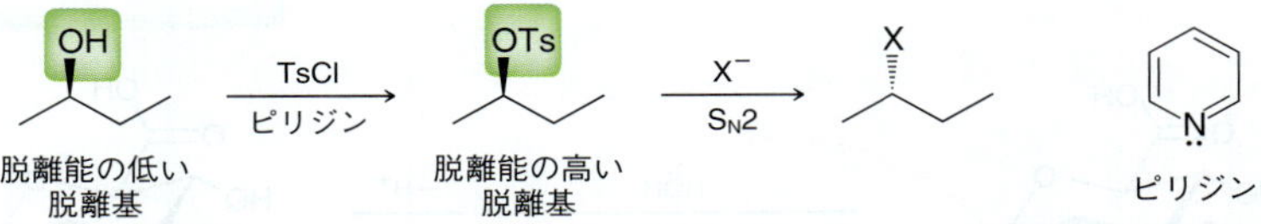

p-トルエンスルホニルクロリド（トシルクロリド）とピリジンを用いることで，ヒドロキシ基はトシラート（脱離能の高い脱離基）へと変換され，これは S_N2 反応を容易に起こす．前述の反応の立体化学に注目してほしい．キラル中心の立体配置は，トシラートの生成段階では変化しないが，S_N2 反応の段階では反転する．反応全体では立体配置は反転している．

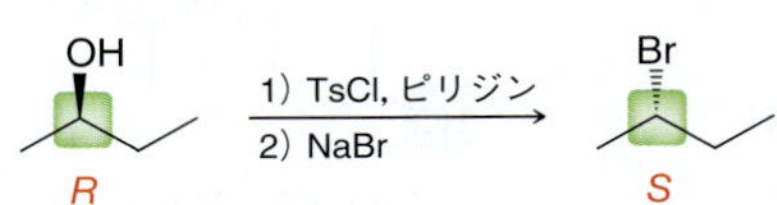

3. 第一級および第二級アルコールは $SOCl_2$ または PBr_3 と S_N2 機構で反応する．

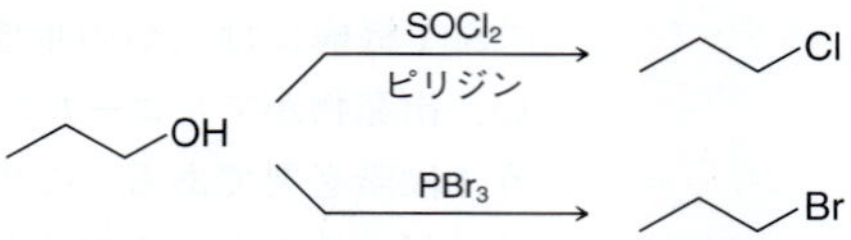

$$\text{CH}_3\text{CH}_2\text{CH}_2\text{OH} \xrightarrow[\text{ピリジン}]{SOCl_2} \text{CH}_3\text{CH}_2\text{CH}_2\text{Cl}$$

$$\text{CH}_3\text{CH}_2\text{CH}_2\text{OH} \xrightarrow{PBr_3} \text{CH}_3\text{CH}_2\text{CH}_2\text{Br}$$

これら二つの反応の機構は非常に類似している．最初に脱離能の低い脱離基を脱離能の高い脱離基に変換し，ついで，ハロゲン化物イオンが S_N2 機構により攻撃する* (反応機構 13・6)．

* 訳注: $SOCl_2$ によるアルコールの塩素化反応は，ピリジンを添加しないと立体化学を保持した生成物を生じる場合のあることが知られている．

役立つ知識　薬物代謝

薬物代謝とは，薬物が体内で利用されたり排出されたりする他の化合物へと変換される一連の化学反応のことである．生体は，摂取した薬物をさまざまな代謝経路で処理する．

よく知られる代謝経路のひとつに，グルクロン酸抱合反応 (glucuronic acid conjugation，単にグルクロン酸化 glucuronidation ともいう）がある．この反応は前節で述べた S_N2 反応と非常によく似ている．すなわち，脱離能の低い脱離基（ヒドロキシ基）がまず脱離能の高い脱離基へと変換され，ついで求核攻撃を受ける．グルクロン酸化は，同じ二つの鍵段階を経由する．

1. グルコースから UDPGA（ウリジン-5′-ジホスホ-α-D-グルクロン酸）を生成する反応は，脱離能の低い脱離基を脱離能の高い脱離基へ変換する反応を含んでいる．UDPGA は非常に脱離能の高い脱離基を有する化合物である．この大きな脱離基は UDP とよばれる．この変換において，グルコースのヒドロキシ基の一つが UDP に変換される．

2. 次に，S_N2 反応によりアルコールなどの代謝される薬物が UDPGA を攻撃し，脱離基と置換する．この S_N2 反応には UDP-グルクロニルトランスフェラーゼとよばれる酵素（生体触媒）が必要である．反応は S_N2 反応で期待されるように立体配置の反転を伴って進行し，水によく溶け尿から速やかに排泄される β-グルクロニド (β-glucuronide) が得られる．

多くの官能基がグルクロン酸抱合を起こすが，アルコールとフェノールがこの代謝を受けるおもな化合物である．たとえば，モルヒネ，アセトアミノフェン，クロラムフェニコールは，すべてグルクロン酸抱合により代謝される．UDPGA を攻撃するヒドロキシ基を緑で示す．

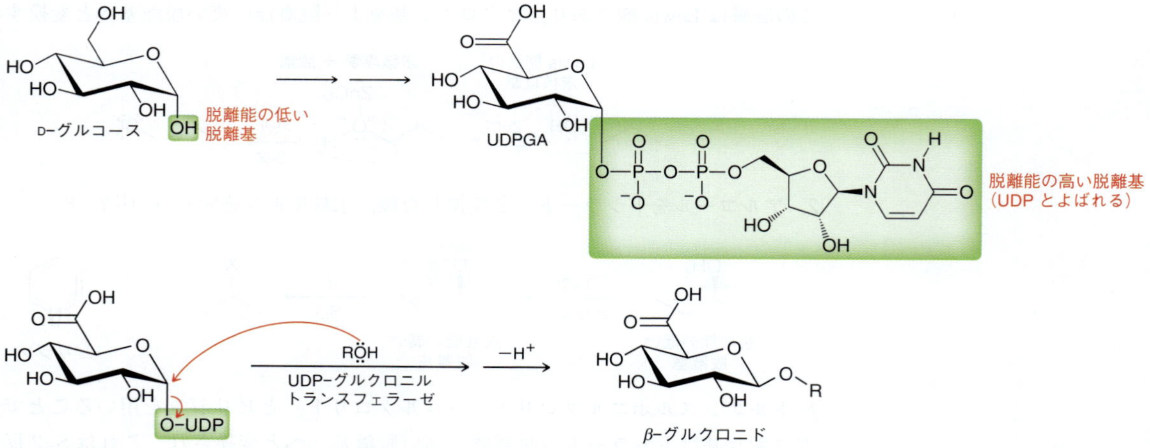

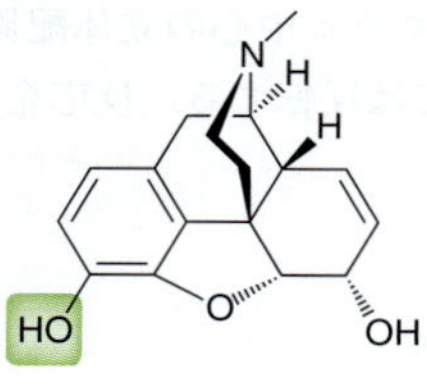

D-グルコース　OH 脱離能の低い脱離基 → → UDPGA　脱離能の高い脱離基 (UDP とよばれる)

O–UDP　ROH　UDP-グルクロニルトランスフェラーゼ → $-H^+$ → β-グルクロニド

モルヒネ　麻薬性鎮痛薬

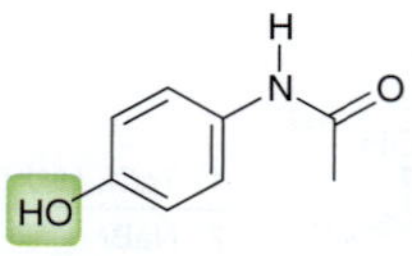

アセトアミノフェン　解熱鎮痛薬

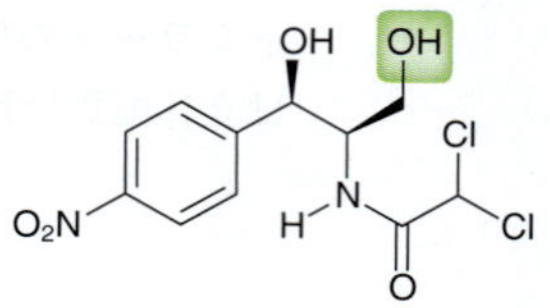

クロラムフェニコール　抗生物質　細菌性結膜炎の点眼薬

反応機構 13・6 $SOCl_2$ とアルコールの反応

訳注: アルコールと $SOCl_2$ は，S=O 結合を含む付加脱離型ではなく，硫黄原子で直接置換型の反応を起こす.

PBr_3 との反応も同様に，ヒドロキシ基をより脱離能の高い脱離基に変換し，求核攻撃を受ける（反応機構 13・7).

反応機構 13・7 PBr_3 とアルコールの反応

本節で述べた S_N2 反応はすべて非常に似ていることに注目しよう．どの反応も，ヒドロキシ基の脱離能の高い脱離基への変換と求核攻撃の段階を含んでいる．キラル中心で反応が進行する場合は，立体配置の反転が起こる.

スキルビルダー 13・6 アルコールをハロゲン化アルキルへ変換するのに必要な反応剤を提案する

スキルを学ぶ

次の変換を行うのに必要な反応剤を示せ.

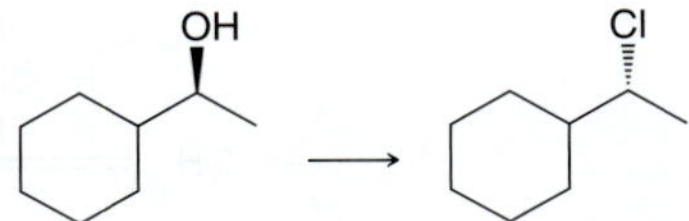

解 答

ステップ 1
基質の構造を考える.

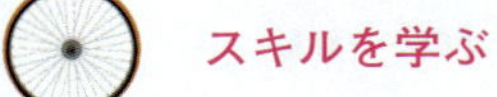

この変換は置換反応である．したがって，S_N1 条件と S_N2 条件のどちらを用いるか決める必要がある．鍵となる要因は基質である．この基質は第二級なので，原理的には S_N1 と S_N2 ともに進行する．しかし，この場合選択の余地はない．この変換は立体配置の

ステップ 2
反応の立体化学を考え，S_N2 反応が必要かどうか明らかにする．

ステップ 3
ステップ 2 で決めた反応を行うのに必要な反応剤を明らかにする．

反転が必要であり，それは S_N2 反応でのみ可能である（S_N1 反応では，§7・5 で述べたようにラセミ体が生じる）．さらに，S_N1 反応では，カルボカチオンの転位が起こる可能性がある．この二つの理由により，S_N2 反応を用いることが必要である．

ここまでで，S_N2 反応を行う反応剤をいくつか紹介した．どの方法を用いても，ヒドロキシ基は脱離能の高い脱離基に変換されたあと，求核攻撃を受ける．どの方法も利用可能である．

OH　→（$HCl, ZnCl_2$ または $SOCl_2$, ピリジン）　Cl

スキルの演習

13・19　次の変換を行うのに必要な反応剤を示せ．

(a)　(b)　(c)　(d)　(e)　(f)

スキルの応用

13・20　次の変換を行うのに必要な反応剤を示せ．

問題 13・35(a)～(c)，13・44，13・52(r) を解いてみよう．

アルコールの E1 および E2 反応

§8・9 で述べたように，アルコールは酸性条件で脱離反応を起こす．

OH　→（濃 H_2SO_4，加熱）　＋ H_2O

この反応は E1 機構で進行する．

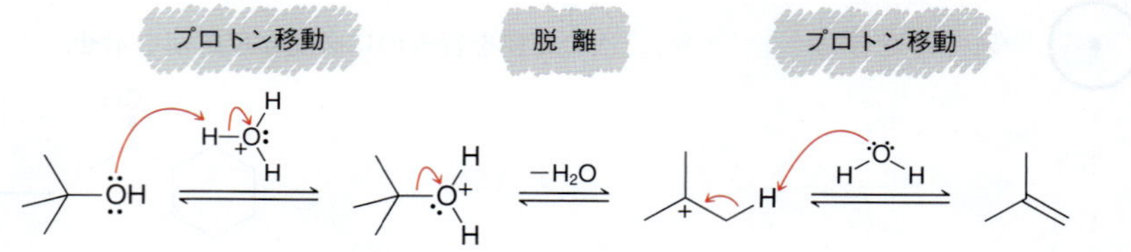

E1 反応のおもな二つの段階は脱離とそれに続くプロトン移動である．しかし，出発物がアルコールである場合，最初にヒドロキシ基をプロトン化する段階が必要である．この反応はカルボカチオン中間体を経て進行するので，第三級アルコールが最も

適している．脱離反応では，より多置換のアルケンが優先的に生成する．

この変換はヒドロキシ基をトシラートなどの脱離能の高い脱離基に変換することにより，E2 反応で行うことができる．E2 反応を行うために，強塩基が用いられる．

E2 反応でも，より多置換のアルケンが一般的に得られ，カルボカチオン転位は起こらない．

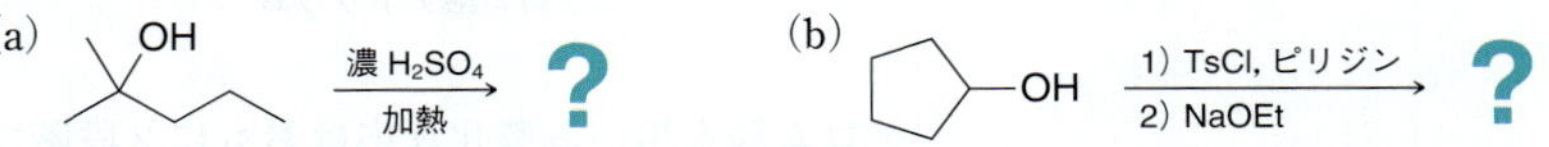

チェックポイント

13・21 次の反応の生成物を予想せよ．

13・10 アルコールの反応: 酸化

§13・4 で，アルコールは還元反応で得られることを述べた．本節では，これとは逆の反応，すなわち**酸化反応**について説明する．酸化反応では酸化状態が高くなる．

出発物のアルコールが，第一級，第二級，第三級であるかにより，酸化反応の生成物は異なる．まず，第一級アルコールの酸化反応を考えてみよう．

第一級アルコールは α 位（ヒドロキシ基の置換した炭素）に水素原子が二つ存在する．その結果，第一級アルコールは，2 回酸化される．最初の酸化反応によりアルデヒドが得られ，アルデヒドの酸化によりカルボン酸が生成する．

第二級アルコールは α 位に水素が一つしかないので，1 回だけ酸化され，ケトンが得られる．一般に，ケトンはそれ以上酸化されない．

この一般則の例外については§20・11 で，ケトンを酸化してエステルを生成する特殊な酸化剤について述べる．

第三級アルコールは α 位に水素がないので，酸化を受けない．

OH
R R R　—[O]→　反応しない

第一級および第二級アルコールを酸化する多数の反応剤が入手可能である．最もよく用いられる酸化剤はクロム酸 H_2CrO_4 であり，三酸化クロム CrO_3 または二クロム酸ナトリウム $Na_2Cr_2O_7$ から酸性水溶液中で調製できる．

三酸化クロム　—H_3O^+, アセトン→　クロム酸

二クロム酸ナトリウム　—H_2SO_4, H_2O→　クロム酸

クロム酸を用いる酸化反応はおもに2段階で進行する（反応機構 13・8）．最初の段階はクロム酸エステルの生成であり，第2段階は，E2反応による（炭素－炭素二重結合ではなく）炭素－酸素二重結合の生成である．

反応機構 13・8　クロム酸によるアルコールの酸化反応*

第1段階　アルコール + HO−Cr(=O)₂−OH　⇌（速く可逆）　クロム酸エステル + H_2O

第2段階　クロム酸エステル　—E2→　$R_2C=O$ + H_3O^+ + $HCrO_3^-$

* 訳注：クロム酸酸化の機構は1950年代から議論されてきたが，反応機構13・8第2段階のようにアルコールからプロトン移動が起こるような電子の動きではなく，現在ではヒドリド移動で，次に示すような電子の流れで反応が進むと考えられている．

第一級アルコールをクロム酸で酸化するとカルボン酸が得られる．アルデヒドが生成するように反応を制御することは一般に困難である．

アルコール　—$Na_2Cr_2O_7$, H_2SO_4, H_2O→　[アルデヒド（単離困難）]　→　カルボン酸

最終生成物としてアルデヒドを得るためには，アルコールと反応するがアルデヒドとは反応しない，より選択的な酸化剤を用いる必要がある．クロロクロム酸ピリジニウム（pyridinium chlorochromate: PCC）をはじめとして，そのような酸化剤が数多く知られている．PCCはピリジン，三酸化クロムと塩酸から調製する．

ピリジン + CrO_3 + HCl ⟶ クロロクロム酸ピリジニウム（PCC）

PCC を酸化剤として用いると，アルデヒドが主生成物として得られる．この反応条件では，アルデヒドはさらに酸化されカルボン酸になることはない．PCC を用いる際には，一般にジクロロメタン CH_2Cl_2 を溶媒として用いる．

第一級アルコール —PCC, CH_2Cl_2→ アルデヒド

二クロム酸ナトリウムは安価であるが，化合物中に反応性の高いほかの官能基を含む場合は，穏和な酸化剤である PCC がより好まれる．

第二級アルコールは，酸化されケトンを生じる．ケトンは酸化条件で安定である．したがって，第二級アルコールはクロム酸，PCC のどちらを用いても酸化できる．

第二級アルコール —$Na_2Cr_2O_7$, H_2SO_4, H_2O または PCC, CH_2Cl_2→ ケトン

スキルビルダー 13・7 酸化反応の生成物を予想する

スキルを学ぶ

次の反応の主生成物を予想せよ．

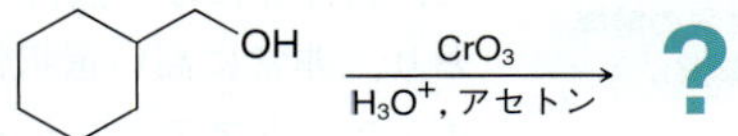

解答

ステップ 1
アルコールが第一級であるか第二級であるか明らかにする．

生成物を予想するために，アルコールが第一級であるか第二級であるかを明らかにする．この場合，アルコールは第一級なので，アルデヒドとカルボン酸のどちらが生成するか明らかにしなければならない．

ステップ 2
アルコールが第一級の場合，アルデヒドとカルボン酸のどちらが生成するか考える．

アルコール —[O]→ アルデヒド —[O]→ カルボン酸

生成物は，反応剤の種類により決まる．酸性条件で三酸化クロムからクロム酸が生成し，アルコールを 2 回酸化しカルボン酸を生成する．アルデヒドで止めるためには PCC を用いる．

ステップ 3
生成物を書く．

シクロヘキシルメタノール —CrO_3, H_3O^+, アセトン→ シクロヘキサンカルボン酸

スキルの演習

13・22　次の反応の主生成物を予想せよ．

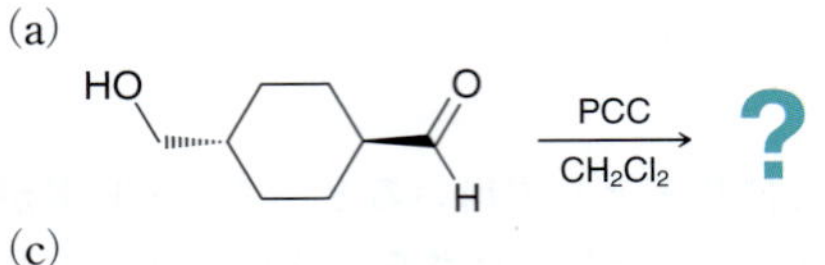

(a) HO–CH$_2$–(シクロヘキシル)–CHO $\xrightarrow[CH_2Cl_2]{PCC}$?

(b) (シクロペンチル)–CH$_2$OH $\xrightarrow[H_2SO_4,\ H_2O]{Na_2Cr_2O_7}$?

(c) OHC–CH$_2$CH$_2$CH$_2$–OH $\xrightarrow[H_3O^+,\ アセトン]{CrO_3（過剰量）}$?

(d) (シクロペンチル)–CH$_2$OH $\xrightarrow[CH_2Cl_2]{PCC}$?

(e) (シクロペンチル)–OH $\xrightarrow[CH_2Cl_2]{PCC}$?

(f) (シクロペンチル)–OH $\xrightarrow[H_2SO_4,\ H_2O]{Na_2Cr_2O_7}$?

スキルの応用

13・23　次の変換を行う方法を示せ．

(a) 1-ブロモブタン ⟶ ブタナール

(b) メチレンシクロヘキサン ⟶ シクロヘキサンカルボアルデヒド

(c) 1-ブテン ⟶ 2-ブタノン

(d) 3,3-ジメチル-1-ブテン ⟶ 3,3-ジメチル-2-ブタノン

問題 13·35(e)，(f)，13·37，13·48 を解いてみよう．

13・11　生体内での酸化還元反応

NADH は $NaBH_4$ や $LiAlH_4$ よりもずっと反応性が低く，反応を進行させるために触媒を必要とする．自然界の触媒は酵素とよばれる(§25・8 参照)．

本章では，化学者が実験室で用いるいくつかの還元剤と酸化剤について説明してきた．自然界には，独自の還元剤と酸化剤が存在し，それらは一般に複雑な構造をしており，非常に高い選択性を示す．生化学的に重要な還元剤のひとつが NADH（ニコチンアミドアデニンジヌクレオチド nicotinamide adenine dinucleotide の略）であり，

役立つ知識　血中のアルコール濃度を測定するための呼気検査

エタノールは第一級アルコールである．したがって，酸性条件で二クロム酸カリウムと反応して酢酸を生じる．

$$CH_3CH_2OH + Cr_2O_7^{2-} \xrightarrow{H^+} CH_3COOH + Cr^{3+}$$

エタノール　　オレンジ色　　酢酸　　緑色

この反応でエタノールは酸化され，クロム反応剤は還元される．生成した新しいクロム化合物は色が異なる．したがって反応系の色がオレンジ色から緑に変色するので，反応の進行を観察できる．この反応は血中のアルコール濃度を評価する初期の呼気検査の基礎となった．この反応を用いる呼気検査キットは現在も使われている．検査用の管の一方の端にマウスピースがつながっており，他端に袋がついている．管の中にはシリカゲルなどの不活性な固体の表面に吸着された二クロム酸ナトリウムが含まれている．使用者が管を通して息を吹きかけ袋を呼気でみたすと，呼気中のアルコールが管の中の酸化剤と反応し，色が変化する．色の変化の度合により，血中のアルコール濃度がわかる．

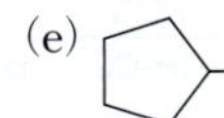

一定量の呼気が二クロム酸カリウムの酸性水溶液中に吹込まれ，色の変化が紫外可視（UV-Vis）分光計（§17・11）によって測定されるより正確なアルコール検知器もある．世間一般に信じられている説とは異なり，口臭清涼剤などを用いてもアルコールはごまかすことはできない．人をだますことはできても，二クロム酸カリウムはだませない．

図 13・7 に示すように，多くの部分からなる複雑な構造をしている．

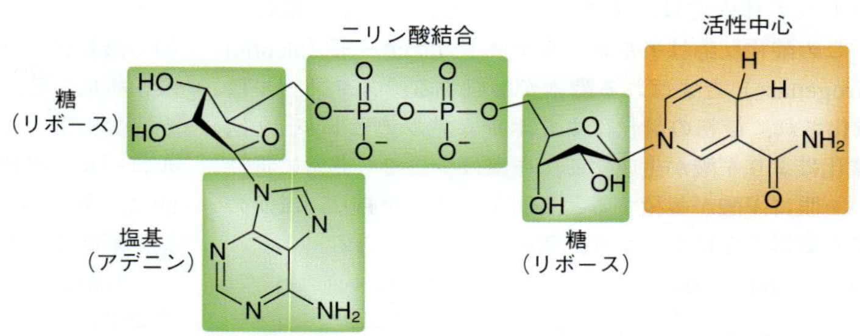

図 13・7 生体内の還元剤 NADH の構造

NADH の活性中心（オレンジで示す）は，$NaBH_4$ や $LiAlH_4$ と同様に，ヒドリドを供与する反応剤として機能し，ケトンやアルデヒドを還元し，アルコールを生成する．NADH は還元剤として働き，そのさい自身は酸化される．酸化型は NAD^+ とよばれる．

逆反応も進行する．すなわち，NAD^+ は酸化剤として働き，アルコールからヒドリドを受取る．同時に NAD^+ は還元されて NADH となる．

どちらが還元剤で，どちらが酸化剤か区別するために，NADH はヒドリドを供給する役割をするので，名前の最後に H があると覚えておこう．

NAD^+ と NADH はあらゆる生物の細胞中に存在し，さまざまな種類の酸化還元反応を起こす．NADH は還元剤であり，NAD^+ は酸化剤である．クエン酸回路と ATP 合成という二つの重要な生体反応で，NADH と NAD^+ は重要な役割を果たしている（図 13・8）．**クエン酸回路**（citric acid cycle）は食物が代謝される経路の一部である．NAD^+ から NADH への変換がこの過程に含まれている．もう一つの重要な生体反応は **ATP 合成**（ATP synthesis）とよばれる ADP（アデノシン二リン酸）から ATP（アデノシン三リン酸）への変換反応であり，これには NADH から NAD^+ への変換が含まれている．ATP は ADP よりも高エネルギー化合物であり，ADP から ATP への変換により，摂取した食物の代謝で得たエネルギーを貯蔵する．ATP に蓄えられたこのエネルギーは ADP に戻る際に放出され，貯蔵されたエネルギーは生体反応のエネルギー源として用いられる．

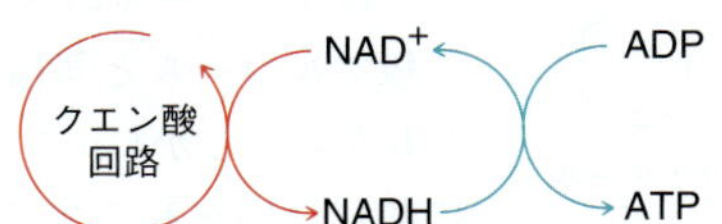

図 13・8 ATP 合成およびクエン酸回路において NADH と NAD^+ は重要な役割を果たす

役立つ知識　メタノールとエタノールの生体内での酸化反応

われわれの体内では，メタノールは NAD^+ により酸化される．この酸化反応はアルコールデヒドロゲナーゼ（alcohol dehydrogenase）とよばれる酵素が触媒する．メタノールは2回酸化され，最初の酸化によりホルムアルデヒドが，2回目の酸化によりギ酸が生成する．ギ酸は少量でも非常に毒性が高い．眼にギ酸が蓄積すると失明することがあり，ほかの臓器でも臓器不全になったり，死に至ることもある．

メタノール —(NAD^+ → NADH，アルコールデヒドロゲナーゼ)→ ホルムアルデヒド —(NAD^+ → NADH)→ ギ酸

メタノールを過剰に摂取した場合には，患者に対してエタノールを投与する．エタノールはメタノールよりも速く酸化されるために，メタノールの酸化反応は抑制され，グルクロン酸抱合反応などの他の代謝経路により，メタノールが体内から除去される．エタノールの酸化反応ではギ酸の代わりに酢酸が生成し，酢酸は毒性を示さない．

エタノール —(NAD^+ → NADH，アルコールデヒドロゲナーゼ)→ アセトアルデヒド —(NAD^+ → NADH)→ 酢酸

エタノールも第一級アルコールなので2回酸化される．最初の酸化によりアセトアルデヒドが，2回目の酸化により酢酸が生成する．酢酸は体内でさまざまな役割を果たしているが，アセトアルデヒドの有用性は低い．暴飲をして大量のアルコールを摂取すると，アセトアルデヒドの血中濃度が一時的に上昇する．アセトアルデヒドの濃度が高くなると吐き気，嘔吐などの不快な症状をひき起こす．

二日酔いはさまざまな要因によってひき起こされることを章頭で述べた．これらの要因のうちいくつかの影響，たとえば脱水症状は，飲酒中に水を飲むことで緩和される．しかし，アセトアルデヒドの蓄積などの他の要因は不可避である．高濃度となることを防ぐ唯一の方法は，少量のアルコールを長時間かけて飲むことである．暴飲をすると，必ず二日酔いになり不快な思いをする．二日酔いの予防薬が数多く市販されているが，それらが効果的であるとする科学的な根拠はほとんどない．二日酔いを防ぐ唯一の手段は，責任をもって飲むことである．すなわち，少量のアルコールを長時間かけて，多量の水とともに飲むことである．

二日酔いの不快な効果に加えて，暴飲により不整脈や急性膵炎（膵臓の炎症）などの致命的となりうる重篤な問題が生じる可能性もある．

クエン酸回路とATP合成は密接に関連しており，次のように一つの話にまとめることができる．太陽のエネルギーは，植物に吸収され CO_2 分子をより大きな有機化合物に変換する（炭素固定*とよばれる）ために用いられる．これらの有機化合物は，CO_2 の C=O 結合よりも高エネルギーである結合（C−C や C−H など）を含んでいる．したがって，有機化合物が CO_2 に戻るとエネルギーが放出される（これはまさにガソリンの燃焼がエネルギーを放出する理由である）．ヒトは植物を摂取する（あるいは，植物を摂取する動物を食べる）．そしてヒトの体は一連の化学反応を利用してこれらの大きな分子を CO_2 に戻し，これによりエネルギーが放出される．そのエネルギーは再び高エネルギーのATP分子の形で捕捉され貯蔵される．そのATP分子は体内の生化学反応にエネルギーを供給するために用いられる．このようにわれわれの体は究極的に太陽のエネルギーをエネルギー源としている．

＊ 訳注：炭素固定(carbon fixation)は二酸化炭素固定，炭酸固定，炭素同化ともよばれる．

13・12　フェノールの酸化

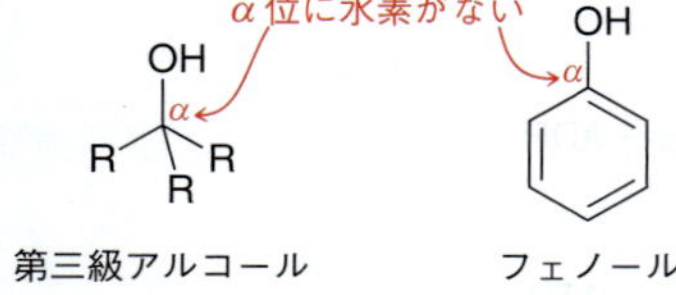

前の2節において，第一級および第二級アルコールの酸化反応について述べた．本節ではフェノールの酸化を取上げる．ここまで述べてきたことから，フェノールは第三級アルコールと同様α位に水素がないので，容易には酸化されないと考えるかもしれない．しかし，フェノールは第一級および第二級アルコールよりもきわめて容易に酸化反応を起こすことが知られている．生成物はベンゾキノン（benzoquinone）

である．キノン（quinone）は容易にヒドロキノン（hydroquinone）に変換されるので重要である．

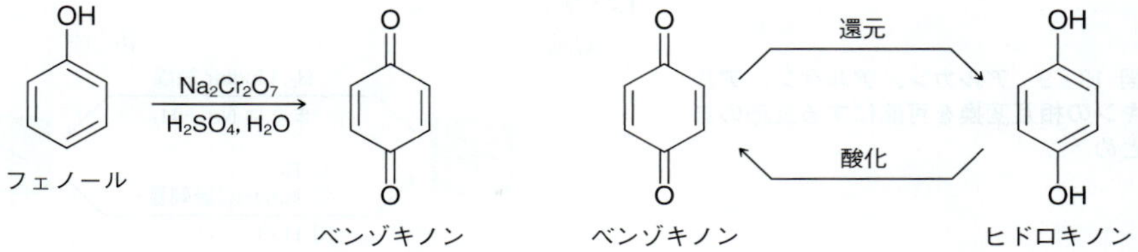

フェノール $\xrightarrow[H_2SO_4,\ H_2O]{Na_2Cr_2O_7}$ ベンゾキノン

ベンゾキノン ⇄（還元／酸化）ヒドロキノン

この反応が可逆的であることは，**細胞呼吸**（cellular respiration）においてきわめて重要である．細胞呼吸では，食物を CO_2，水，およびエネルギーに変換する際に酸素分子が用いられる．この反応の中心的存在はユビキノン*(ubiquinone）とよばれるキノン類である．ユビキノンの酸化還元能は，分子状酸素を水に変換する際に利用されている．

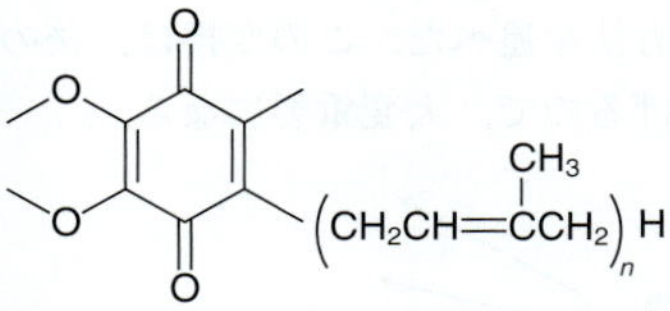

ユビキノン　$n = 6〜10$

* 自然界に広く存在する(ubiquitous)，すなわちすべての細胞中に存在しているのでユビキノン(ubiquinone)とよばれる．

段階 1

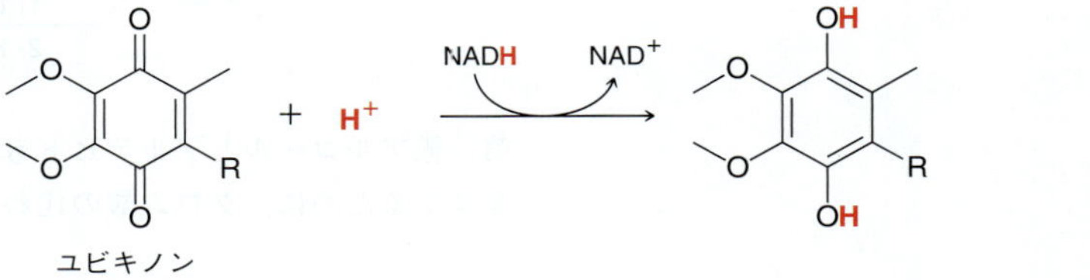

ユビキノン + H^+ $\xrightarrow{NADH \rightarrow NAD^+}$ ヒドロキノン

段階 2

ヒドロキノン + $\frac{1}{2}O_2$ ⟶ ユビキノン + H_2O

正味の反応：$NADH + \frac{1}{2}O_2 + H^+ \longrightarrow NAD^+ + H_2O$

この反応は2段階で進行する．最初の段階でユビキノンはヒドロキノンに還元される．2段階目で，ヒドロキノンは酸化されユビキノンが再生する．このように，ユビキノンはこの反応では消費されない．食物分子を分解し，化学結合に貯蔵されているエネルギーを放出する際の重要な段階である，分子状酸素を水へ変換する反応の触媒である．英国の生化学者であるPeter Mitchell（ミッチェル）はユビキノンのエネルギー生成（ATP合成）における役割を発見した業績で，1978年のノーベル化学賞を受賞した．

13・13 合 成 戦 略

合成方法を提案する際に，考慮すべき問題が二つあることを12章で述べた．

1. 炭素骨格に変化があるか．
2. 官能基の種類または位置に変化があるか．

本章では，これら二つの問題に対処する重要な方法を述べた．これらについて一つずつ考えていこう．

官能基の相互変換

12 章で，三重結合，二重結合，単結合を相互変換する方法について述べた（図 13・9）．

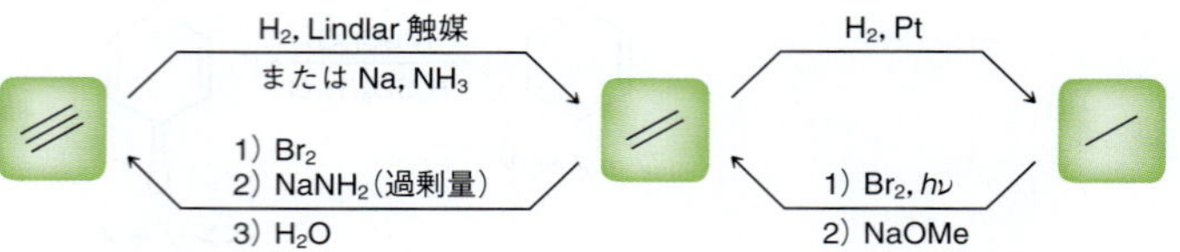

図 13・9　アルカン，アルケン，アルキンの相互変換を可能にする反応のまとめ

本章では，ケトンと第二級アルコールの相互変換の方法を述べた．この変換は，後の章でカルボニル基を含む化合物の反応を数多く取上げるので，大変重要になる．

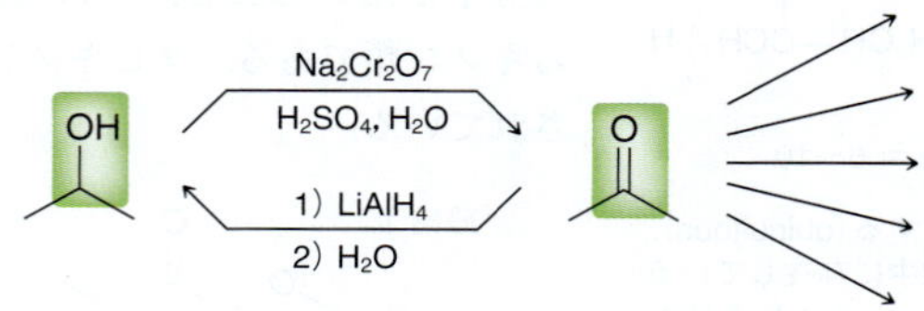

第一級アルコールとアルデヒドも相互に変換可能である．アルコールをアルデヒドに変換するために，クロム酸の代わりに PCC が用いられる．

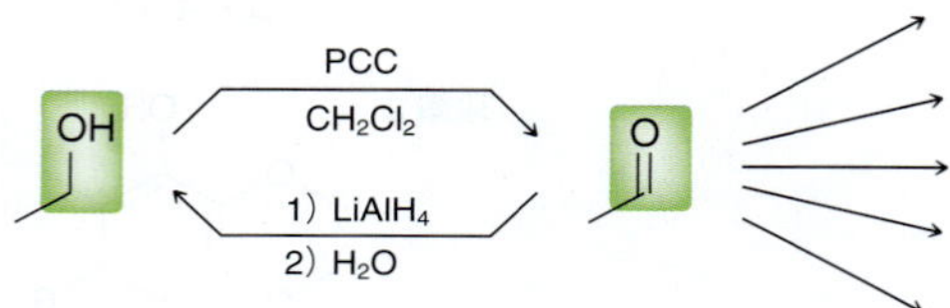

これまでの章で取上げたいくつかの重要な反応を一つの図にまとめて官能基の相互変換を行う反応を体系化してみよう．図 13・10 で強調する六つの官能基に着目しよう．これら六つの官能基は酸化状態により分類されている．一つの区分から他の区分への相互変換は，還元または酸化である．たとえば，アルカンからハロゲン化アルキルへの変換は酸化反応である．一方，同じ区分内での官能基変換は酸化でも還元でもない．たとえば，アルコールからハロゲン化アルキルへの変換は酸化状態の変化を伴わない．

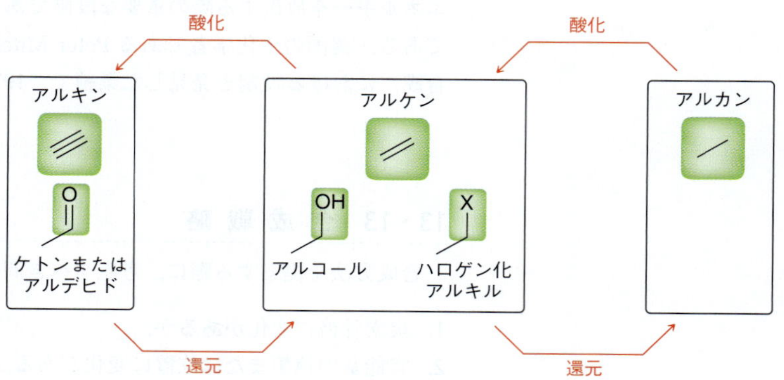

図 13・10　六つの異なった官能基とその酸化状態． アルケン，アルコール，およびハロゲン化アルキルの相互変換は酸化でも還元でもない．

同じ酸化状態あるいは異なる酸化状態（酸化/還元）の間で官能基の相互変換を行ういろいろな反応剤について述べてきた．それらの反応剤を図 13・11 に示す．それぞれの官能基は，ほかのどの官能基にも変換可能である．アルコールからケトンへの変換のように1段階で行えるものもあるし，アルカンからケトンへの変換のように多段階を要するものもある．この図をしっかりと覚えておくことは，合成の問題を解く際にきわめて重要である．例をみてみよう．

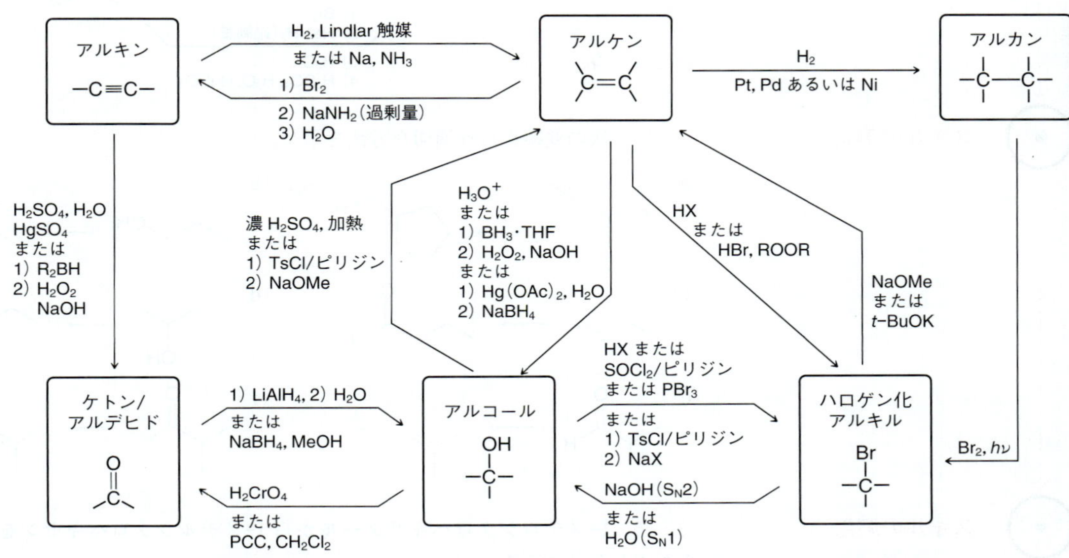

図 13・11　アルカン，アルケン，アルキン，ハロゲン化アルキル，アルコールおよびケトン/アルデヒドの相互変換を行うための反応のまとめ

スキルビルダー 13・8　官能基の変換

スキルを学ぶ

次の変換を行う適切な方法を示せ．

解答

この例では出発物と生成物は同じ炭素骨格をもち，官能基の種類のみが異なる．出発物は炭素−炭素二重結合をもち，一方，生成物は炭素−酸素二重結合（カルボニル基）をもつ．可能な限り少ない工程数で変換を行うのが望ましいので，まずこの変換を1段階で行うことができるか考える．図13・11からわかるように，望みの変換を1段階で達成する方法についてはまだ説明していない．したがって，出発物を2段階で生成物へと変換できるかどうか考えなければならない．図13・11には二つの可能な経路を示している．

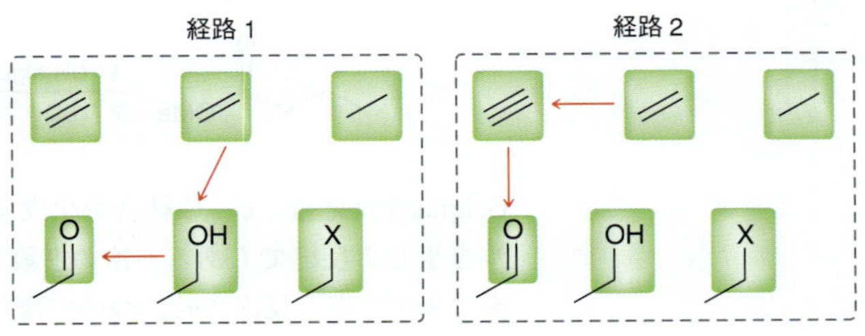

最初の経路はアルコールを経ており，2番目の経路はアルキンを経ている．したがって，この問に対して，完全に満足できる答が少なくとも二つある．

1) H_3O^+
2) H_2CrO_4

1) Br_2
2) $NaNH_2$(過剰量)
3) H_2O
4) H_2SO_4, H_2O, $HgSO_4$

スキルの演習

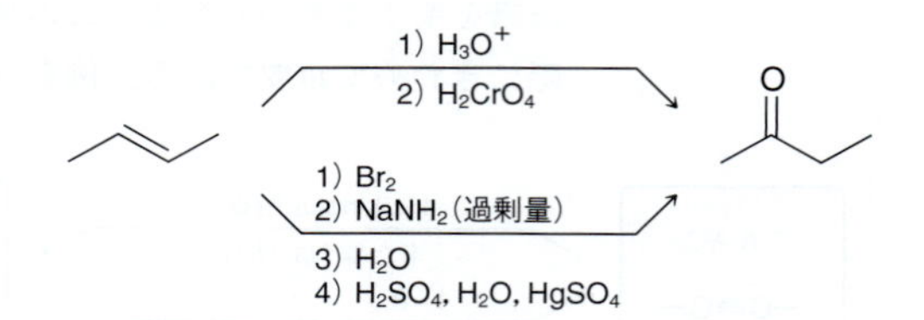

13・24　次の変換を行う適切な方法を示せ．

(a) (b) (c) (d) (e) (f)

OH　OH　O H　OH　O H　O

スキルの応用

13・25　1-メチルシクロヘキサノールから1-メチルシクロヘキセンを合成する方法を少なくとも二つ示せ．

13・26　*tert*-ブチルアルコールを2-メチル-1-プロパノールへと変換する方法を示せ．どのような反応剤を用いてもよい．

問題13·35，13·39，13·48，13·51を解いてみよう．

炭素−炭素結合生成

本章では，Grignard反応剤とケトンまたはアルデヒドとの反応による新しいC−C結合生成反応について述べた．

1) CH_3MgBr
2) H_2O

O　H_3C OH　O H　OH H CH_3

Grignard反応剤は，エステルを2回攻撃し，アルコールを生成することも述べた．この反応では，新しいC−C結合が二つ生成する．

1) CH_3MgBr(過剰量)
2) H_2O

O OMe　OH CH_3 CH_3　+ MeOH

Grignard反応は，C−C結合を生成するだけでなく，カルボニル基を還元しアルコールを生じる反応でもある．次の2段階の反応を考えてみよう．まずGrignard反応剤をアルデヒドと反応させ，ついで酸化によりケトンへと変換してみよう．

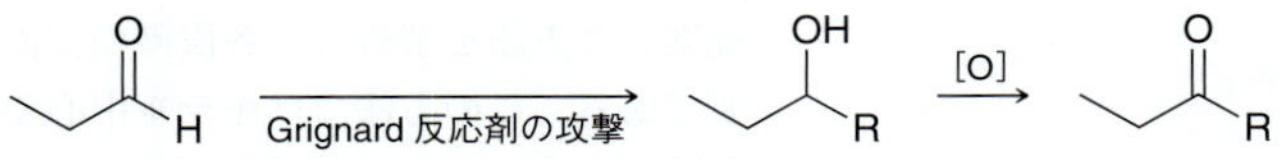

この2段階の反応の結果，アルデヒドはケトンに変換される．アルデヒドを直接ケトンへと変換する反応はまだ説明していないので，これは非常に有用な反応である．

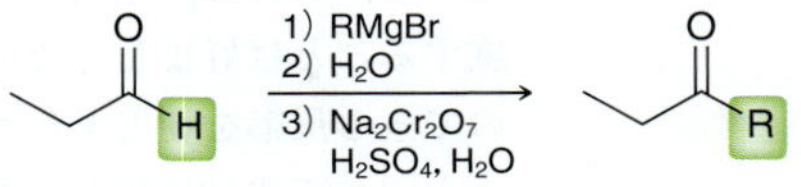

チェックポイント

13・27 次の変換を行うのに必要な反応剤を示せ．

(a) 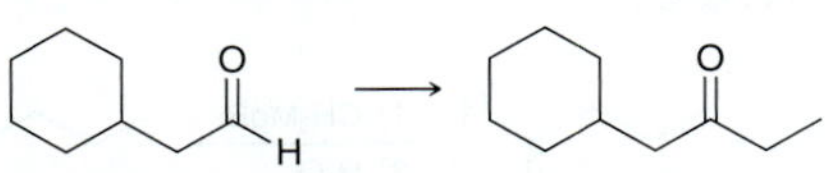 (b)

官能基変換と炭素－炭素結合生成

ここで，前の2節で述べた手法を組合わせ，官能基の相互変換とC－C結合生成を含む合成の問題に取組んでみよう．12章で述べたように，合成を逆向き（逆合成）に考えるだけでなく，合成を前向きに進めて考えることがとても有益であることを思い出そう．次の例で，これらのスキルをすべて利用しよう．

スキルビルダー 13・9 合成を提案する

スキルを学ぶ

次の変換を行う適切な方法を示せ．

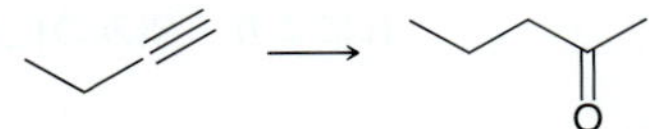

解答

常にまず二つの問いかけをしてから合成の問題に取組む．

1. 炭素骨格に変化があるか．Yes．炭素骨格は1炭素増炭している．
2. 官能基に変化があるか．Yes．出発物には三重結合があり，生成物にはカルボニル基がある．

1炭素を導入するためには，C－C結合を生成する反応を用いる必要がある．これまで，アルキンのアルキル化（§10・10），および，Grignard反応剤のカルボニル基への攻撃によりC－C結合を生成できることを述べた．出発物は末端アルキンなので，まずアルキンのアルキル化を試み，どうなるかみてみよう．

まず最初に提案する合成法は，アルキンをアルキル化し，三重結合を水和する方法である．

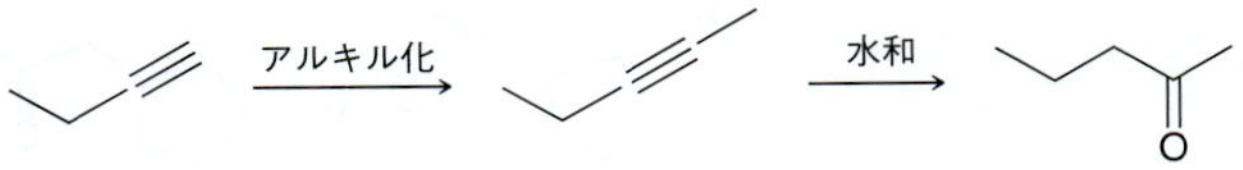

提案した方法を解析し，各段階の位置選択性や立体選択性が正しいか確認することが重要である．この方法ではキラル中心やアルケンの立体異性体を生じないので，立体化学の問題はない．しかし位置選択性には問題がある．2段階目のアルキンの水和によるケトンの合成に重大な問題がある．すなわち，この反応の位置選択性を制御することはできない．この反応では，二つのケトン（2-ペンタノンと3-ペンタノン）の混合物が得られる．これは，重大な欠点である．位置選択性を制御できない段階を含む合成法を提案することは好ましくない．すべての段階で，望みの化合物を主生成物として得ることのできる反応を利用するべきである．

上記の不成功に終わった合成法では，アルキンのアルキル化によりC−C結合を生成しようとした．そこで，もう一つのC−C結合生成反応であるGrignard反応剤のカルボニル基への攻撃を利用する方法を考えてみよう．この場合，合成の最後の2段階は次のようになる．

1）CH_3MgBr　2）H_2O　　$Na_2Cr_2O_7$　H_2SO_4, H_2O

この問題に対して，順方向に進める方法が不成功に終わったので，ここでは生成物から逆向きに考える方法を用いている．すなわち，最終生成物はアルデヒドから2段階で合成できる．出発物とアルデヒドの間を結びつければよいだけである．これは，ヒドロホウ素化とそれに続く酸化反応により可能である．

1）R_2BH　2）H_2O_2, NaOH　　$Na_2Cr_2O_7$　H_2SO_4, H_2O　　1）CH_3MgBr　2）H_2O

これにより，望みの位置選択性が得られる．答は次のようになる．

1）R_2BH
2）H_2O_2, NaOH
3）CH_3MgBr
4）H_2O
5）$Na_2Cr_2O_7$
H_2SO_4, H_2O

スキルの演習

13・28　次の変換を行う適切な方法を示せ．

(a)　(b)

(c)　(d)

(e)　(f)

スキルの応用

13・29　2炭素以下の化合物を用いて，次の化合物を合成する方法を示せ．

(a) 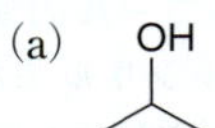 (b) (c) (d) 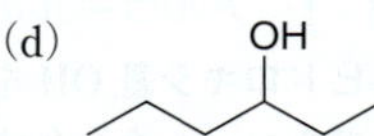

問題 13・37，13・38，13・40，13・45，13・52，13・59 を解いてみよう．

反応のまとめ

アルコキシドの調製

ROH → (NaH または Na) → RO^- Na^+

還元によるアルコールの合成

アルデヒド → ($NaBH_4$, MeOH ／ H_2, Pt, Pd, または Ni ／ 1) $LiAlH_4$ 2) H_2O) → 第一級アルコール

ケトン → ($NaBH_4$, MeOH ／ H_2, Pt, Pd, または Ni ／ 1) $LiAlH_4$ 2) H_2O) → 第二級アルコール

カルボン酸 → (1) $LiAlH_4$（過剰量） 2) H_2O) → RCH_2OH

エステル (RCOOMe) → (1) $LiAlH_4$（過剰量） 2) H_2O) → RCH_2OH + MeOH

Grignard 反応剤によるアルコールの合成

アセトン → (1) RMgX 2) H_2O) → 第三級アルコール

RCOOMe → (1) RMgX（過剰量） 2) H_2O) → R_3COH + MeOH

アルコールの保護および脱保護

R—OH ⇄ R—O—TMS（→ TMSCl, Et_3N；← TBAF）

アルコールの S_N1 反応

R_3C—OH → (HX) → R_3C—X + H_2O

アルコールの S_N2 反応

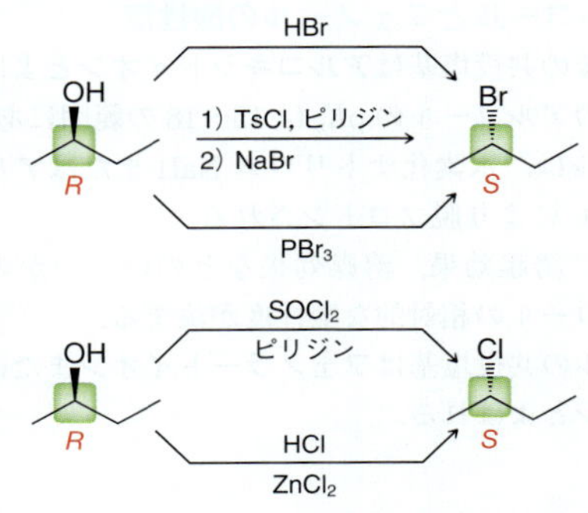

アルコールの E1 および E2 反応

t-ブチルアルコール → (濃 H_2SO_4, 加熱) → 2-メチルプロペン + H_2O

t-ブチルアルコール → (TsCl, ピリジン) → *t*-Bu—OTs → (NaOEt) → 2-メチルプロペン

アルコールとフェノールの酸化反応

クロム酸を用いる方法

第一級アルコール → ($Na_2Cr_2O_7$, H_2SO_4, H_2O) → カルボン酸

第二級アルコール → ($Na_2Cr_2O_7$, H_2SO_4, H_2O) → ケトン

フェノール → ($Na_2Cr_2O_7$, H_2SO_4, H_2O) → ベンゾキノン

PCC を用いる方法

第一級アルコール → (PCC, CH_2Cl_2) → アルデヒド

考え方と用語のまとめ

13・1　アルコールの構造と性質

- **ヒドロキシ基** OH をもつ化合物は**アルコール**とよばれる．
- アルコールを命名する場合，ヒドロキシ基を含む最長の鎖を主鎖とする．
- アルコールは**親水性**部位と**疎水性**部位をもつ．メタノール，エタノール，プロパノールなどの分子量の小さなアルコールは水と**混和**する．室温で，ある量の水に対し一定量の基質しか溶けない場合，水に**可溶**であるという．ブタノールは水に可溶である．

13・2　アルコールとフェノールの酸性度

- アルコールの共役塩基は**アルコキシドイオン**とよばれる．
- ほとんどのアルコールの pK_a は 15〜18 の範囲にある．
- アルコールは，水素化ナトリウム NaH またはアルカリ金属（Na, Li, K）により脱プロトンされる．
- 共鳴効果，誘起効果，溶媒効果などのいくつかの要因により，アルコールの相対的な酸性度が決まる．
- フェノールの共役塩基は**フェノラートイオン**または**フェノキシドイオン**とよばれる．

13・3　置換または付加反応によるアルコールの合成

- 置換反応によりアルコールを合成する場合，第一級の基質は S_N2 反応条件を，第三級の基質は S_N1 反応条件を必要とする．
- アルコールを生成する付加反応には，酸触媒による水和，オキシ水銀化–脱水銀，ヒドロホウ素化–酸化がある．

13・4　還元によるアルコールの合成

- アルコールは**カルボニル基**（C=O 結合）を**還元剤**と反応させると得られる．この反応は，**酸化状態**の減少を伴い，**還元**とよばれる．
- $LiAlH_4$ は $NaBH_4$ よりも反応性が高い．$LiAlH_4$ はカルボン酸やエステルを還元するが，$NaBH_4$ は還元しない．

13・5　ジオールの合成

- **ジオール**はヒドロキシ基を二つもつ化合物である．
- ジオールはジケトンを還元剤を用いて還元すると得られる．
- ジオールはアルケンのシン-ジヒドロキシル化またはアンチ-ジヒドロキシル化により得られる．

13・6　Grignard 反応剤を用いるアルコールの合成

- **Grignard 反応剤**は，ケトンやアルデヒドのカルボニル基を含むさまざまな種類の求電子剤と反応し，アルコールを生成する炭素求核剤である．
- Grignard 反応剤はエステルとも反応し，R 基が二つ導入されたアルコールを生成する．

13・7　アルコールの保護

- トリメチルシリル基などの**保護基**は，Grignard 反応剤と共存できない官能基を反応剤と共存できるようにするために用いられ，目的の Grignard 反応の後に容易に除去できる．

13・8　フェノールの合成

- フェノールはヒドロキシベンゼンともよばれ，幅広い種類の医薬品やほかの市販されている有用な化合物の合成の前駆体として用いられる．

13・9　アルコールの反応：置換と脱離

- 第三級アルコールはハロゲン化水素と反応させると S_N1 反応を起こす．
- 第一級および第二級アルコールは HX, $SOCl_2$, PBr_3 と反応させた場合や，ヒドロキシ基をトシラートに変換した後に求核攻撃を行うことにより，S_N2 反応を起こす．
- 第三級アルコールは硫酸と反応させると E1 脱離を起こす．
- E2 反応を行うには，まずヒドロキシ基をトシラートやハロゲン化アルキルに変換する必要がある．

13・10　アルコールの反応：酸化

- 第一級アルコールは**酸化反応**により，カルボン酸を生成する．
- 第二級アルコールは酸化されケトンを生成する．
- 第三級アルコールは酸化反応を起こさない．
- 最もよく用いられる酸化剤はクロム酸 H_2CrO_4 であり，酸性水溶液中，三酸化クロム CrO_3 または二クロム酸ナトリウム $Na_2Cr_2O_7$ から調製される．
- PCC は第一級アルコールをアルデヒドに変換するために用いられる．

13・11　生体内での酸化還元反応

- NADH は $NaBH_4$ や $LiAlH_4$ と同様に，ヒドリド還元剤として機能する生体内の還元剤である．NAD^+ は酸化剤である．
- NADH と NAD^+ は**クエン酸回路**や **ATP** 合成などの生体反応において重要な役割を果たす．

13・12　フェノールの酸化

- フェノールは酸化されてキノンを生成する．キノンの酸化還元能は**細胞呼吸**において重要な役割を果たしている．

13・13　合成戦略

- 合成法を提案する際に考慮すべき重要な問題が二つある．
  1. 炭素骨格に変化があるか．
  2. 官能基に変化があるか．

スキルビルダーのまとめ

13・1　アルコールを命名する

ステップ 1　ヒドロキシ基が結合した炭素を含む最長の炭素鎖を選択し，ヒドロキシ基に最も近い端から番号をつける．

Cl Cl, 1, 2, 3, 4, 5, 6, 7, 8, 9, OH

3-ノナノール

ステップ 2, 3　置換基を明確にし，位置番号をつける．

4,4-ジクロロ

Cl Cl, 1, 2, 3, 4, 5, 6, 7, 8, 9, OH

6-エチル

ステップ 4　置換基をアルファベット順に並べる．

Cl Cl, OH

4,4-ジクロロ-6-エチル-3-ノナノール

ステップ 5　キラル中心の絶対配置を決定する．

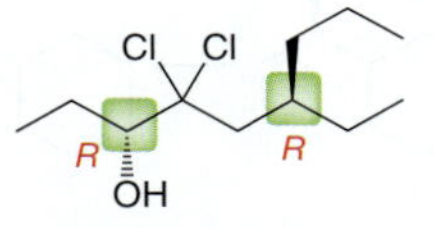

Cl Cl, *R*, OH, *R*

(3*R*,6*R*)-4,4-ジクロロ-6-エチル-3-ノナノール

13・2　アルコールの酸性度を比較する

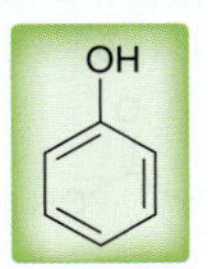

共鳴効果を比較する．

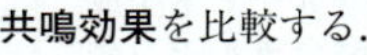

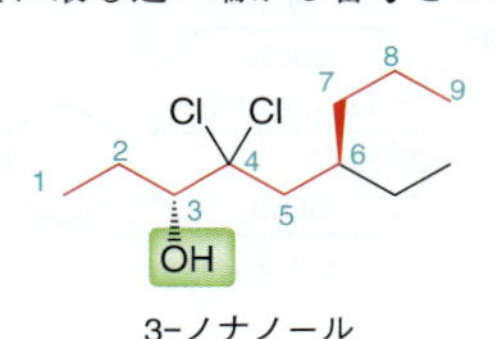

OH　OH

より酸性が強い

誘起効果を比較する．

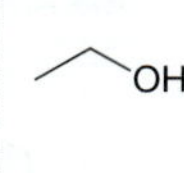

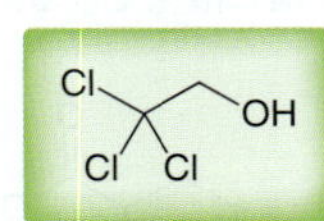
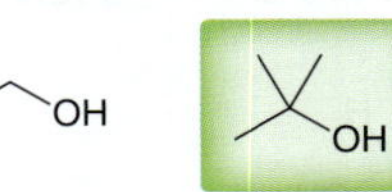

OH　Cl, Cl, Cl, OH

より酸性が強い

溶媒効果を比較する．

OH　OH

より酸性が弱い

13・3　酸化反応と還元反応を明らかにする

出発物が酸化されたか，還元されたか，そのどちらでもないか，明らかにせよ．

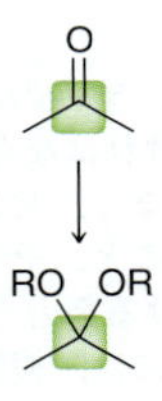

ステップ 1　出発物の酸化状態を明らかにする．C−C 結合を除いて，すべての結合を不均等開裂する．

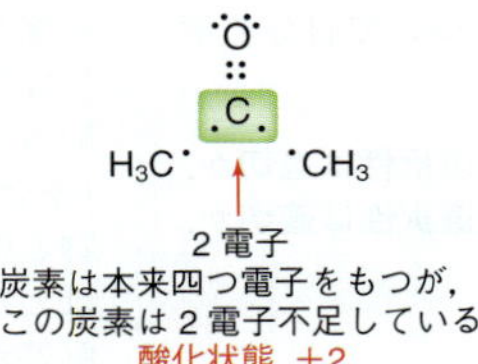

ステップ 2　生成物の酸化状態を明らかにする．C−C 結合を除いて，すべての結合を不均等開裂する．

R O　O R
C
H_3C CH_3
2 電子
炭素は本来四つ電子をもつが，この炭素は 2 電子不足している
酸化状態 +2

ステップ 3　酸化状態に変化があるかどうか比較する．

増加 ＝ 酸化
減少 ＝ 還元
変化なし ＝ どちらでもない

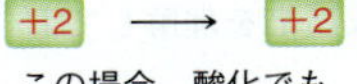

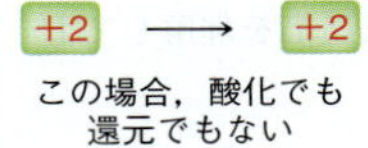

この場合，酸化でも還元でもない

13・4　ヒドリド還元の反応機構を書き，生成物を予想する

ステップ 1　$LiAlH_4$ の完全な構造を書き，巻矢印を二つ用いてヒドリドがカルボニル基を攻撃することを示す．

ステップ 2　アルコキシドイオン中間体を書く．

ステップ 3　巻矢印を二つ用いてアルコキシドイオン中間体がプロトン源によりプロトン化されることを示す．

O, H−Al−H (H, H), O⁻, H, H−O−H, O−H, H

13・5　Grignard 反応を用いてアルコールを合成する

ステップ 1　α 位を明らかにする．

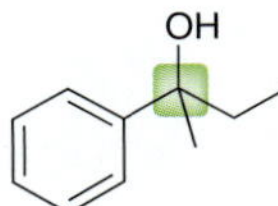

ステップ 2　α 位に結合している三つの基を明らかにする．

OH, Ph, Et, Me

ステップ 3　Grignard 反応を用いて，それぞれの基がどのように導入できるか示す．

Ph(C=O)Et　1) MeMgBr　2) H_2O
Ph(C=O)Me　1) EtMgBr　2) H_2O
Me(C=O)Et　1) PhMgBr　2) H_2O
→ OH, Ph, Et, Me

13・6　アルコールをハロゲン化アルキルへ変換するのに必要な反応剤を提案する

必要な反応剤を示せ．

ステップ 1　基質の構造を考える．

第一級 S_N2
第二級 S_N1

基質は第二級

ステップ 2　反応の立体化学を考える．

反転 S_N2

ステップ 3　反応は S_N2 で進行しなければならない．したがって S_N2 反応を起こしやすい反応剤を用いる．

HCl / $ZnCl_2$
1) TsCl, ピリジン　2) NaCl
$SOCl_2$ / ピリジン

13・7　酸化反応の生成物を予想する

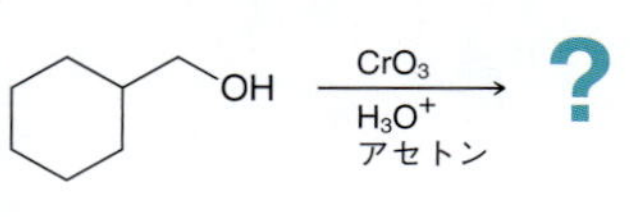

ステップ 1　アルコールが第一級であるか第二級であるか明らかにする．

第一級

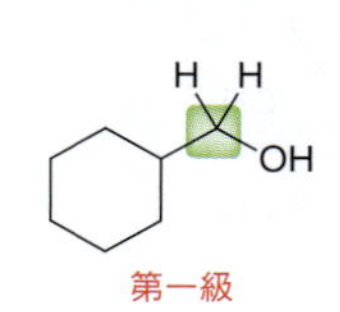

ステップ 2　第一級アルコールは，用いる反応剤により，アルデヒドまたはカルボン酸に酸化できる．

アルデヒド　　カルボン酸

ステップ 3　反応剤を考える．PCC はアルデヒド生成に，クロム酸はカルボン酸生成に用いられる．

13・8　官能基の変換

図 13・11 参照．

13・9　合成を提案する

ステップ 1　炭素骨格に変化があるか．これまで学んだすべての C−C 結合生成反応を理解しておく．

ステップ 2　官能基の種類または位置に変化があるか．図 13・11 に，これまで学んだ多くの重要な官能基相互変換をまとめてある．

ステップ 3　合成を提案したあと，次の 2 点について自分の解答を確認する．

- 各段階の位置選択性は適切か．
- 各段階の立体選択性は適切か．

さらなる助言

提案した合成において，望みの生成物は主生成物として得られなければならない．

順方向に考えるだけでなく，常に逆方向に(逆合成解析)も考えること．そして，出発物と生成物とを結びつける努力をすること．

ほとんどの合成の問題には，複数の正しい解答がある．"唯一の" 正解を見つけなければならないと思う必要はない．

練 習 問 題

13・30　次の化合物を命名せよ．

(a)

(b)
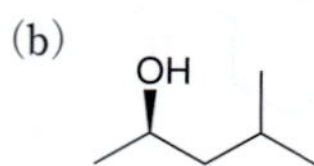

(c)
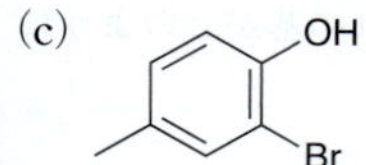

(d)
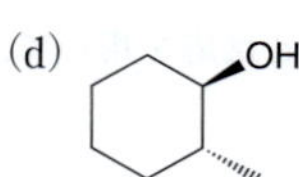

13・31　次の化合物の構造を書け．

(a)　*cis*-1,2-シクロヘキサンジオール
(b)　イソブチルアルコール
(c)　2,4,6-トリニトロフェノール
(d)　(*R*)-2,2-ジメチル-3-ヘプタノール
(e)　エチレングリコール
(f)　(*S*)-2-メチル-1-ブタノール

13・32　分子式 $C_4H_{10}O$ のアルコールの構造異性体をすべて書き，命名せよ．

13・33　次のアルコールを酸性の強い順に並べよ．

(a)
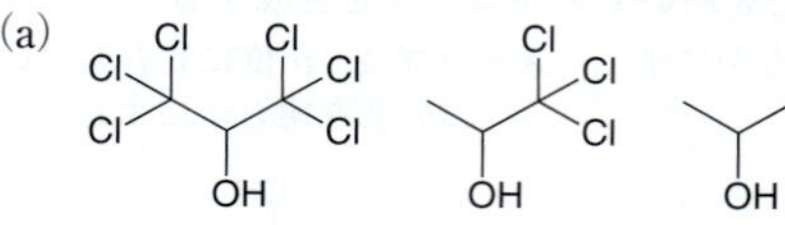

(b)
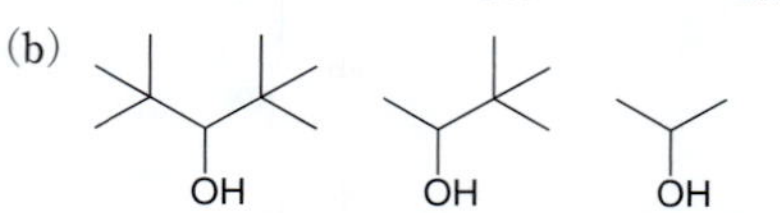

(c)
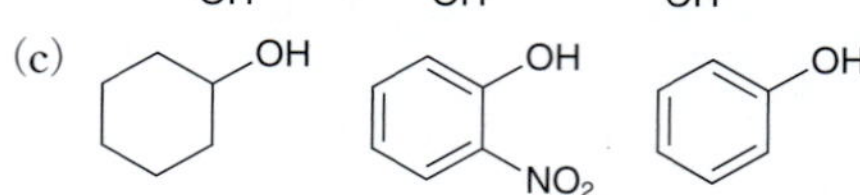

13・34　次のアニオンの共鳴構造を書け．

(a) 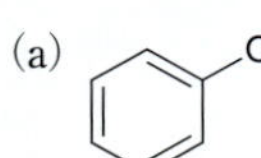

(b) O⁻　(c) O⁻

13・35　1-ブタノールと次の反応剤との反応で得られる主生成物を予想せよ．

(a) PBr_3	(b) $SOCl_2$, ピリジン
(c) HCl, $ZnCl_2$	(d) 濃 H_2SO_4, 加熱
(e) PCC, CH_2Cl_2	(f) $Na_2Cr_2O_7$, H_2SO_4, H_2O
(g) Li	(h) NaH
(i) TMSCl, Et_3N	(j) TsCl, ピリジン
(k) Na	(l) カリウム *tert*-ブトキシド

13・36　3,3-ジメチル-1-ブテンの酸触媒水和反応により 2,3-ジメチル-2-ブタノールが得られる．この反応の機構を示せ．

13・37　1-ブタノールを出発物とし，次の化合物を合成するのに必要な反応剤を示せ．

(a) 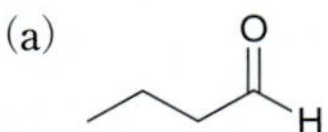

(b) 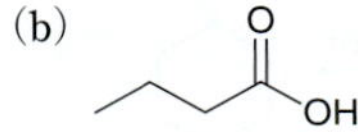

(c) OH　(d) OH

(e) O

13・38　Grignard 反応を用いて次のアルコールを合成する方法を示せ．

(a) OH

(b) 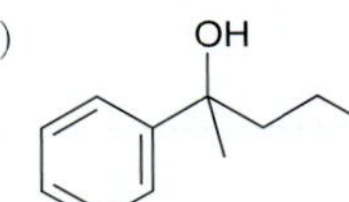

(c) OH　(d) OH

13・39　次のアルコールはケトンまたはアルデヒドの還元により得られる．それぞれ，どのようなアルデヒドまたはケトンを用いればよいか示せ．

(a) OH

(b) 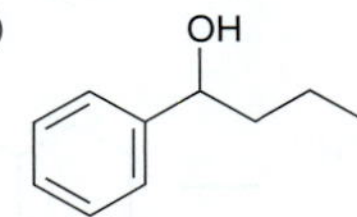

(c) OH

(d) 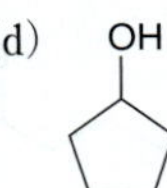

13・40　次の変換を行うのに必要な反応剤を示せ．

(a) O H ⟶ O

(b) O H ⟶ OH

13・41　次の反応の機構を示せ．

Br～OH —NaH→ O

13・42　1-メチルシクロヘキセンの酸触媒水和反応により，2種類のアルコールが生成する．主生成物は酸化反応を起こさないが，副生成物は酸化を起こす．その理由を説明せよ．

13・43　次の反応において，化合物 **A**, **B**, **C** の構造を書け．

化合物 **A** $C_6H_{11}Br$ —Mg→ 化合物 **B** —1) (アセトン) 2) H_2O→ 化合物 **C** —濃 H_2SO_4 加熱→

13・44　次の反応において，a〜h にあてはまる反応剤を示せ．

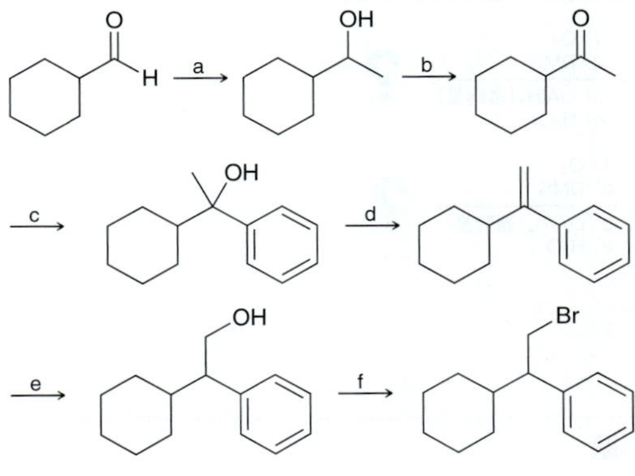

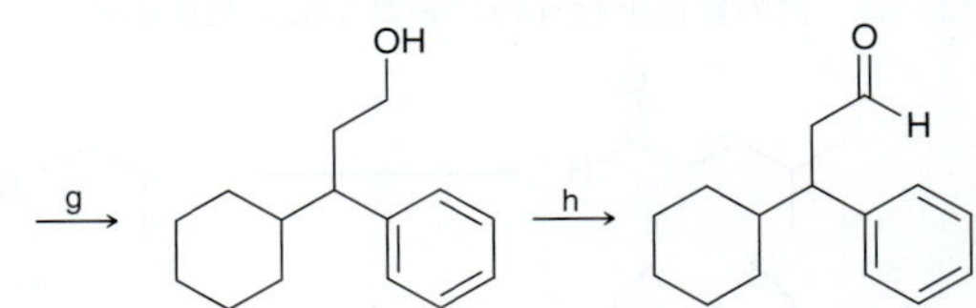

13・45　2-プロパノールを唯一の炭素源として 2-メチル-2-ペンタノールを合成する方法を示せ．

13・46　次の反応の生成物を予想し，その反応機構を示せ．

(a) O —1) $LiAlH_4$ 2) H_2O→ ?

(b) 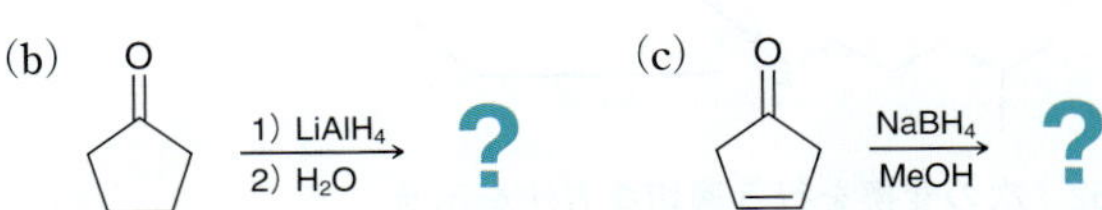

13・47　次の反応の機構を示せ．

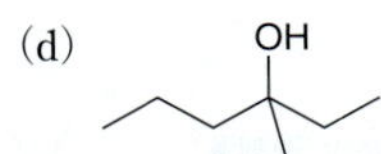

(a) OH —$SOCl_2$ ピリジン→ Cl

(b) PBr$_3$

(c) 1) LiAlH$_4$(過剰量) 2) H_2O ＋ CH_3OH

(c) 1) O_3 2) DMS 3) LiAlH$_4$(過剰量) 4) H_2O ?

(d) 1) EtMgBr 2) H_2O 3) $Na_2Cr_2O_7$, H_2SO_4, H_2O 4) EtMgBr 5) H_2O ?

(e) 1) LiAlH$_4$ 2) H_2O 3) TsCl, ピリジン ?

(f) 1) H_3O^+ 2) $Na_2Cr_2O_7$, H_2SO_4, H_2O 3) PhMgBr 4) H_2O ?

13・48　次の変換を行うのに必要な反応剤を示せ.

(a)　(b)　(c)　(d)　(e)　(f)

13・49　次の反応の生成物を示せ.

(a) 1) O_3 2) DMS 3) LiAlH$_4$(過剰量) 4) H_2O ?

(b) 1) O_3 2) DMS 3) LiAlH$_4$(過剰量) 4) H_2O ?

13・50　次の反応の機構を示せ.

(a) 1) MeMgBr 2) H_2O

(b) 1) MeMgBr(過剰量) 2) H_2O

発 展 問 題

13・51　次の変換を行うのに必要な反応剤を示せ.

13・52　次の変換を行う適切な方法を示せ.

(a)　(b)　(c)　(d)　(e)　(f)　(g)

(h)

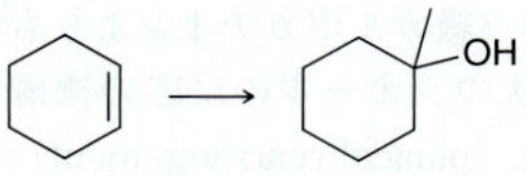

(i)

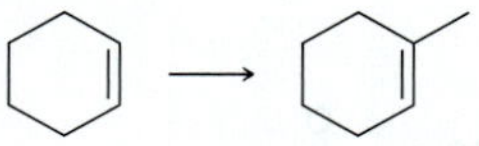

(j)

(k)

(l)

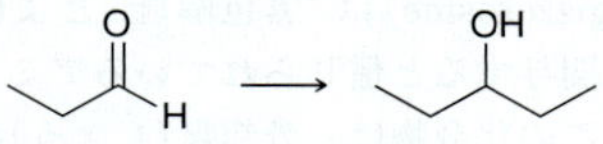

(m)

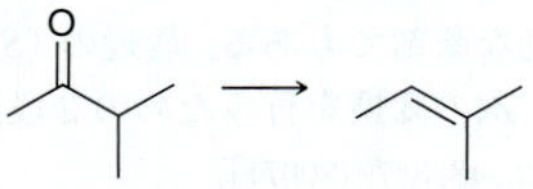

(n)

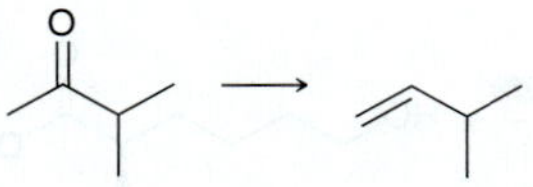

(o)

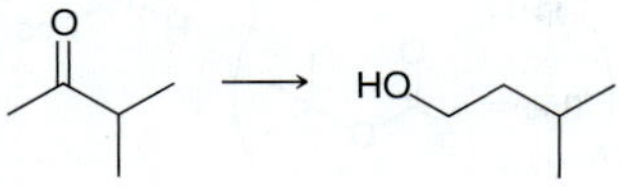

(p)

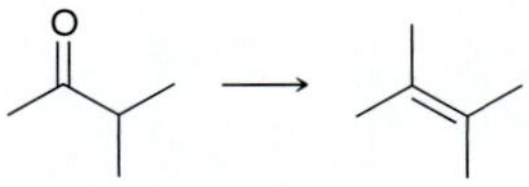

(q)

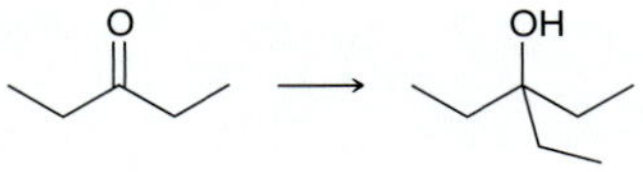

(r)

(s)

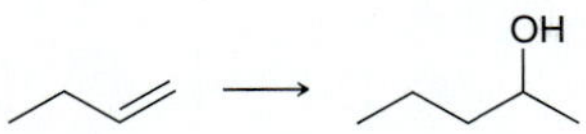

問題 13・53〜問題 13・56 はすでに分光法（15，16 章）を学んだ学生のための問題である．

13・53　分子式 $C_{10}H_{14}O$ で，次の ^{1}H NMR スペクトルを示す化合物の構造を書け．

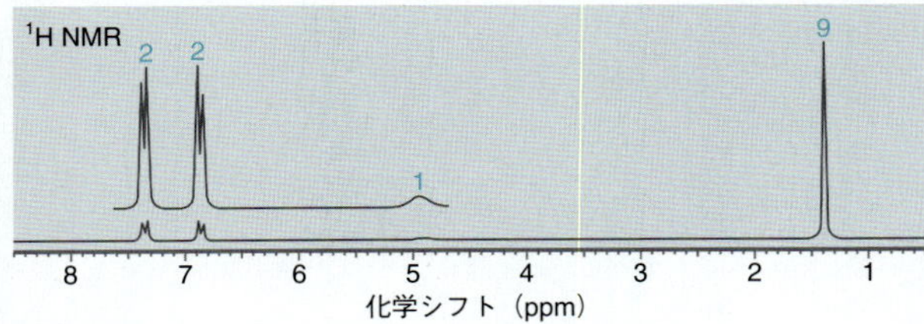

13・54　分子式 C_3H_8O で，次の ^{1}H NMR および ^{13}C NMR スペクトルを示す化合物の構造を書け．

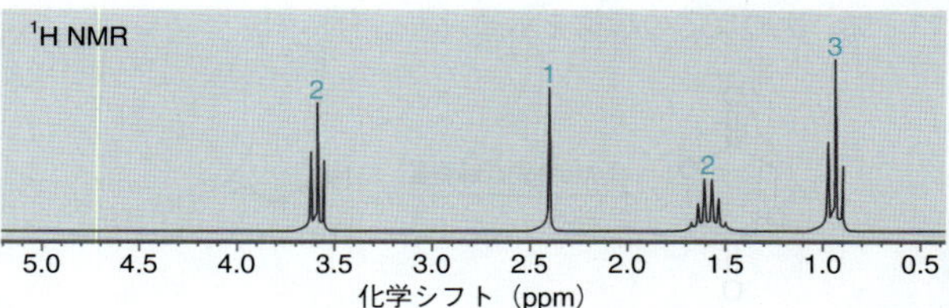

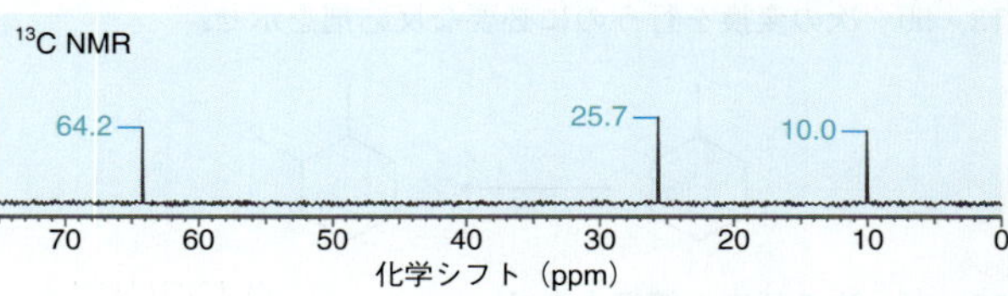

13・55　分子式 $C_5H_{12}O$ で，次の ^{13}C NMR および IR スペクトルを示す化合物として可能な構造を二つ書け．

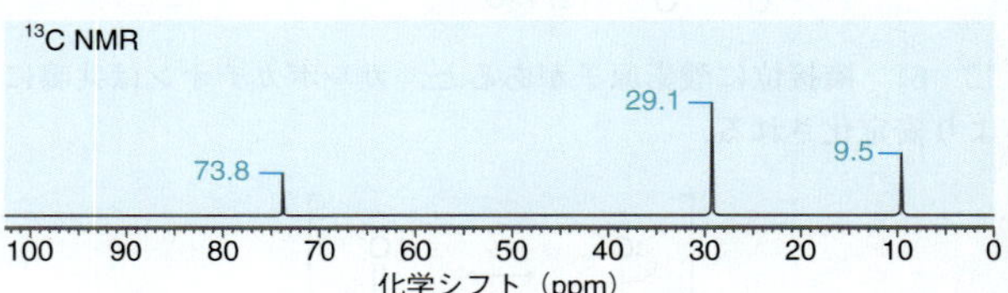

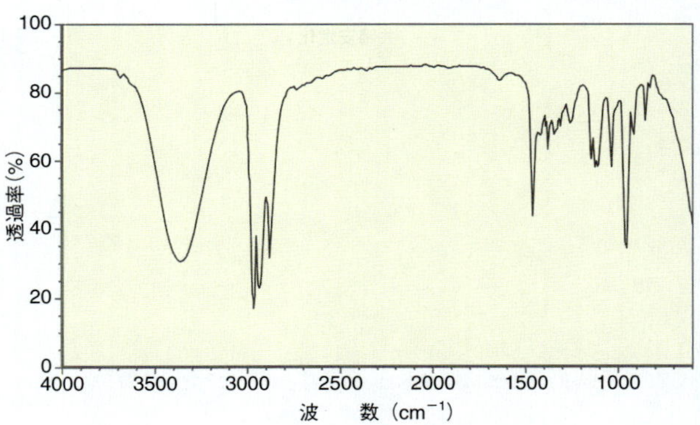

13・56　分子式 $C_8H_{10}O$ で，次の ^{1}H NMR スペクトルを示す化合物の構造を書け．

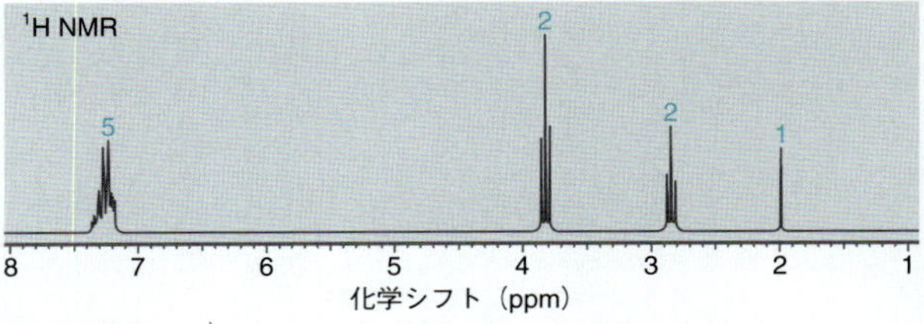

13・57　次の反応の機構を示せ．

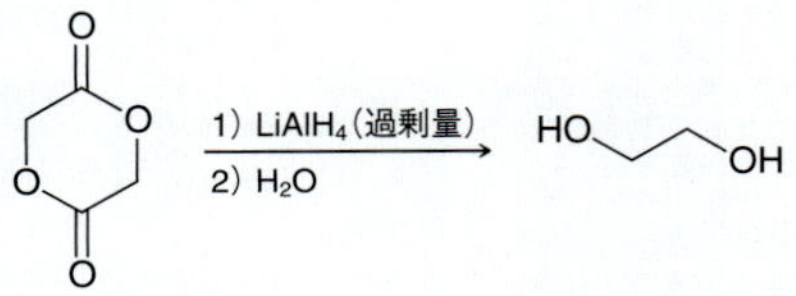

1）$LiAlH_4$（過剰量）
2）H_2O

13・58　次の反応の機構を示せ．

1) MeMgBr (過剰量)
2) H_2O

HO　OH

13・59　次の変換を行うのに必要な反応剤を示せ．

13・60　次の反応の機構を示せ．

1) $LiAlH_4$ (過剰量)
2) H_2O
CH_3OH

13・61　隣接位に酸素原子があると，カルボカチオンは共鳴により安定化される．

共鳴安定化

そのようなカルボカチオンは第三級カルボカチオンよりも安定である．この情報を用いて，次のジオールの反応の機構を示せ．この反応はピナコール転位（pinacol rearrangement）とよばれる．

HO　OH
濃 H_2SO_4
加熱

13・62　問題 13・61 のピナコール転位は，還元か，酸化か，あるいはそのどちらでもないか．

13・63　(*S*)-ギゼロシン (gizzerosine) は“黒色嘔吐”とよばれるニワトリの重篤な疾病に関与すると信じられているアミノ酸のひとつである．しかし，この化合物は，骨粗鬆(しょう)症および胃中の無酸症の治療に有効な薬剤でもある．最近の (*S*)-ギゼロシンの合成で用いられた，次の変換を行うための 2 段階合成法を提案せよ [*Tetrahedron Lett.*, 48, 8479 (2007)]．

2 段階

OCH_3　HO　OCH_3
H N Boc　H N Boc

(Boc =)

14

エーテルとエポキシド：チオールとスルフィド

本章の復習事項

- エネルギー図を読取る §6·6
- 反応機構と巻矢印 §6·8〜§6·11
- S_N2 反応 §7·4, §7·7
- オキシ水銀化–脱水銀反応 §9·5
- ハロヒドリンの生成 §9·8

たばこは，どのようにしてがんをひき起こすのだろうか．

たばこの煙には発がん物質が数多く含まれている．本章では，このような化合物のひとつを取上げ，最終的にがん細胞の発生に至る一連の化学反応について説明する．これらのなかにはエポキシドとよばれる高エネルギー化合物の生成と反応が含まれる．

エポキシドはエーテルの一種であり，本章の中心となる化合物である．本章ではエーテル，エポキシド，ならびに関連する化合物の性質および反応について述べる．そして，本章で述べた反応が，がんが発生する際にどのような役割を果たすかについて解説する．

14・1 エーテルとは

エーテル（ether）は酸素原子にR基が二つ結合した化合物であり，Rとしてアルキル基，アリール基，またはビニル基が用いられる．

R–O–R　エーテル

エーテルはさまざまな天然物にみられる特徴的な構造であり，多くの医薬品にもエーテル構造が含まれている．

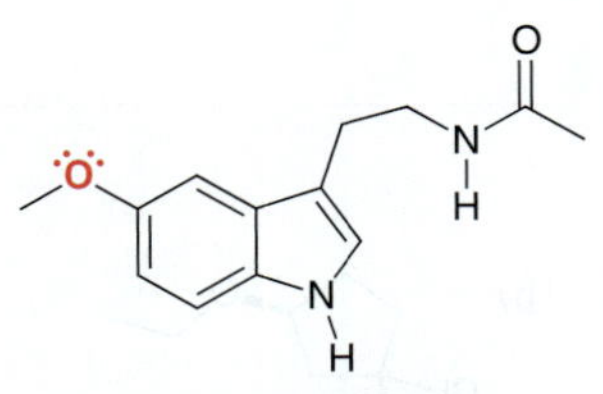

メラトニン melatonin
睡眠周期を制御するホルモン

モルヒネ morphine
麻薬性鎮痛薬

ビタミンE vitamin E
抗酸化剤

(*R*)–フルオキセチン (*R*)–fluoxetine
強力な抗うつ薬

タモキシフェン
tamoxifen
乳がん治療薬

プロパノロール propanolol
高血圧治療薬

14・2 エーテルの命名法

IUPAC 命名法では，エーテルの命名には 2 種類の方法が用いられる．

1. 基官能命名法では，それぞれの R 基を明らかにし，その置換基名をアルファベット順に並べ，“エーテル ether” をつけることにより命名する．

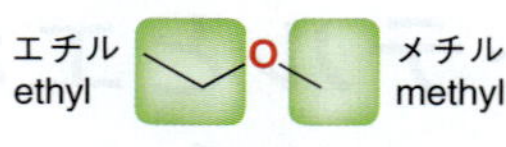

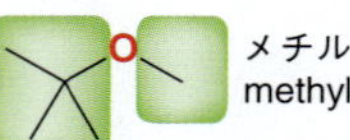

これらの例では，酸素原子に異なる二つのアルキル基が結合している．そのような化合物は**非対称エーテル**（unsymmetrical ether）とよばれる．二つのアルキル基が同一である場合は**対称エーテル**（symmetrical ether）とよばれ，“ジアルキルエーテル dialkyl ether” と命名する*．

＊ ジアルキルエーテルはジ(di)を省略して “アルキルエーテル” と命名してもよい．すなわち，ジエチルエーテルはエチルエーテルとしてもよい．

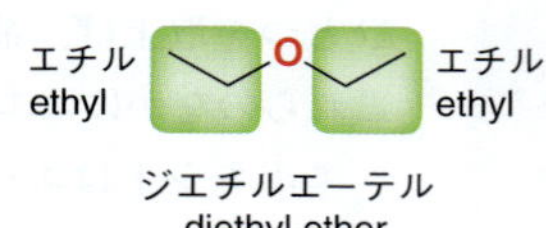

2. 置換命名法では，より大きな基を母体のアルカンとし，小さな基を**アルコキシ**（alkoxy）置換基として命名する．

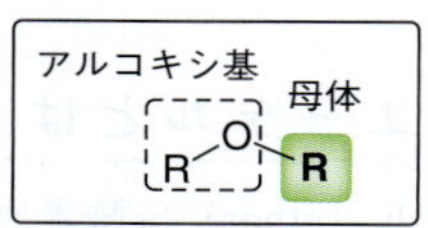

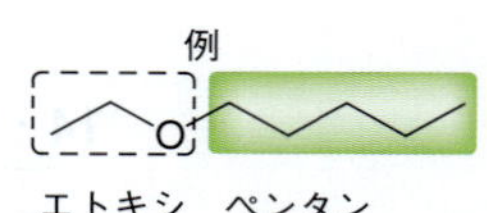

複数の置換基やキラル中心をもつ複雑なエーテルは，置換命名法を用いて命名しなければならない．練習してみよう．

スキルビルダー 14・1　エーテルを命名する

スキルを学ぶ

次の化合物を命名せよ．

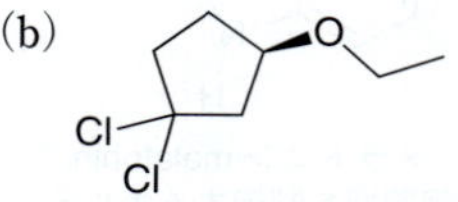

解　答

(a) 基官能名をつけるには，酸素原子に結合した二つの基を明らかにし，それらをアルファベット順に並べ，最後に “エーテル” をつける．

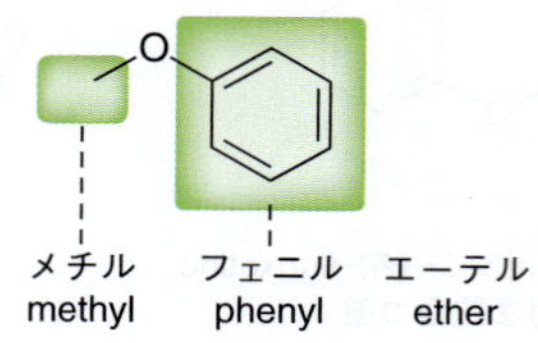

置換名をつけるには，より複雑な（大きな）基を母体とし，より小さな基をアルコキシ置換基として命名する．

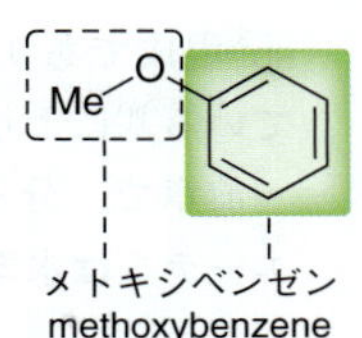

したがって，この化合物はメチルフェニルエーテルまたはメトキシベンゼンと命名することができる．ともにIUPAC命名法で認められている．

(b) 2番目の化合物はもっと複雑である．キラル中心と複数の置換基をもっている．したがって基官能名はない．置換名をつけるためにまず，より複雑な基を母体として選ぶ．

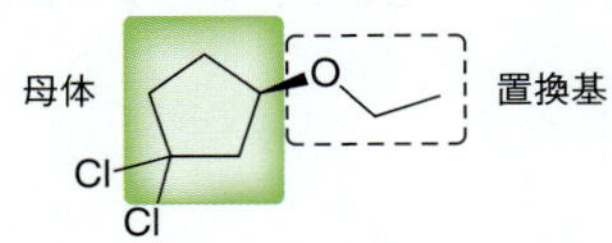

シクロペンタン環が母体となり，エトキシ基はシクロペンタン環の三つの置換基の一つとして考える．三つの置換基の位置番号が最も小さくなるように番号をつける（1,3,3ではなく，1,1,3）．

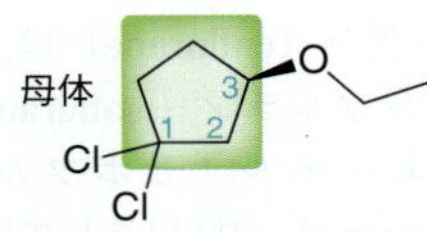

化合物名の最初に，キラル中心の絶対配置を示す．

(*R*)-1,1-ジクロロ-3-エトキシシクロペンタン

(*R*)-1,1-dichloro-3-ethoxycyclopentane

スキルの演習

14・1　次の化合物にIUPAC名をつけよ．

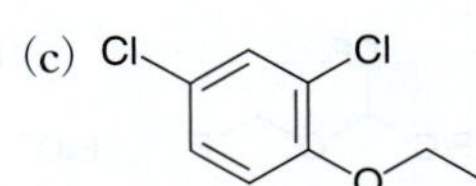

(a)

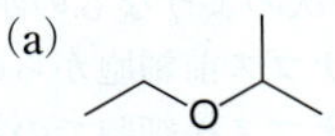

(b)

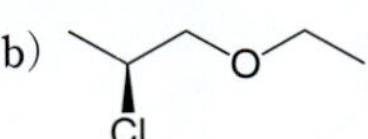

(c) Cl　Cl　O

(d)

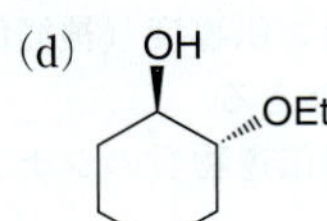

(e)

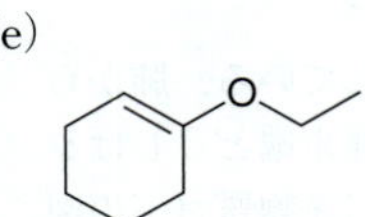

スキルの応用

14・2　次の化合物の構造を書け．

(a) (*R*)-2-エトキシ-1,1-ジメチルシクロブタン

(b) シクロプロピルイソプロピルエーテル

14・3　分子式が $C_5H_{12}O$ のエーテルには構造異性体が六つ存在する．

(a) 六つの構造異性体をすべて書け．

(b) 六つの化合物の置換名を示せ．

(c) 六つの化合物の基官能名を示せ．

(d) このなかでキラル中心があるものが一つある．どの化合物か示せ．

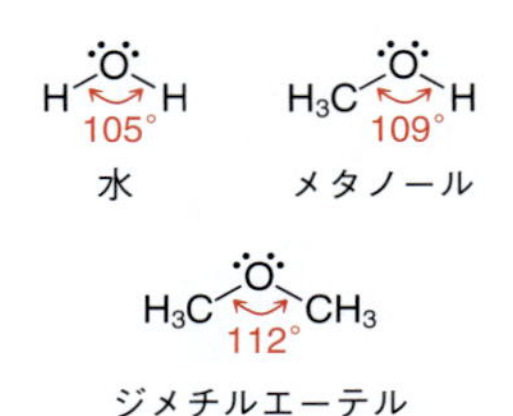

問題 14・30，14・32 を解いてみよう．

14・3 エーテルの構造と性質

水：H–O–H 105°　メタノール：H_3C–O–H 109°　ジメチルエーテル：H_3C–O–CH_3 112°

水，アルコール，エーテルの酸素原子の構造は類似している．酸素原子はすべて，sp^3 混成であり，その軌道は四面体構造に近い配置をとっている．酸素原子に結合している基により結合角は異なり，エーテルが最も結合角が大きい．

前章で，分子間水素結合のためにアルコールは比較的沸点が高いことを述べた．エーテルは水素結合受容体として働き，アルコールの水素と相互作用する．

エーテル 水素結合受容体　アルコール 水素結合供与体

しかし，エーテルは水素結合供与体として機能できない．したがって，エーテルは互

医薬の話題　吸入麻酔薬としてのエーテル

ジエチルエーテルはかつて吸入麻酔薬として用いられた．しかし不快な副作用があり，回復時に嘔気嘔吐を伴うことが多かったため，最終的に，次のようなハロゲン化されたエーテルに置き替わった．エンフルラン（enflurane）は，1970 年代半ばに導入され，ついでイソフルラン（isoflurane）に置き換わったが，新世代のエーテル（セボフルラン sevoflurane とデスフルラン desflurane）が繁用されているので，イソフルランの使用は現在減少している．

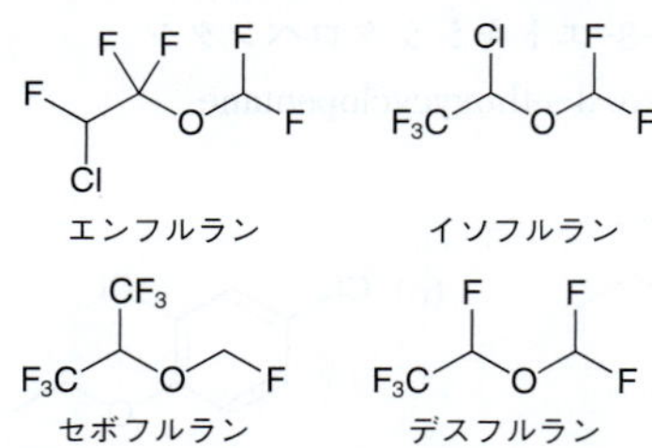

吸入麻酔薬は特に脳の神経末端を標的にしている．肺から吸入され，血液を介して脳に作用する．神経末端どうしはシナプス間隙により隔てられているが，神経伝達物質（下の図に青い球で示す）とよばれる低分子有機化合物によりシナプス間隙をシグナルが伝わる．

イオン伝導度の変化（電気シグナル）によりシナプス前細胞が神経伝達物質を放出し，神経伝達物質はシナプス間隙を拡散し，シナプス後細胞の受容体に到達する．神経伝達物質が受容体と結合すると，再び電気シグナルがひき起こされる．このようにして，神経伝達物質が働くか否かにより，シグナルはシナプス間隙を経て伝えられる場合もあり，あるいは遮断される場合もある．神経伝達物質の機能を阻害するか促進するかは，さまざまな要因によって決まる．シナプス間隙でのシグナル伝達の制御により，（コンピューターが 0 と 1 を用いてすべての機能を発揮するのと同様に）神経系は体内のさまざまなシステムを制御できる．

吸入麻酔薬が正常なシナプス伝達系を遮断する作用機序として，次のようなものが考えられている．

1. シナプス前細胞からの神経伝達物質の放出を阻害する．
2. シナプス後細胞での神経伝達物質の結合を阻害する．
3. イオン伝導度（神経伝達をひき起こす電気シグナル）に影響を与える．
4. 神経伝達物質のシナプス前細胞への再吸収に影響を与える．

主要な作用機序はこれらの要因の組合わせによるものだろう．

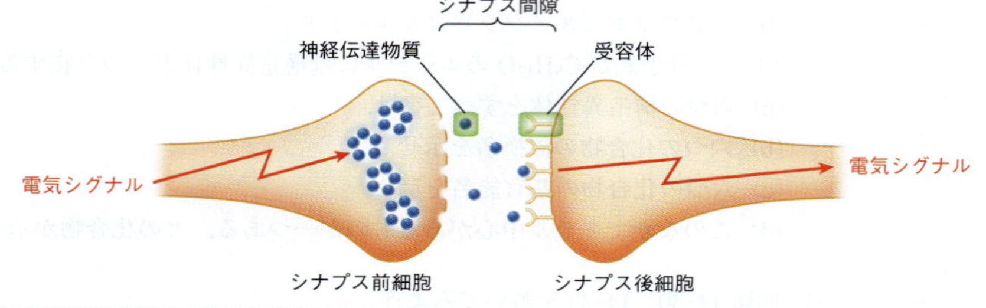

いに水素結合できない．その結果，エーテルの沸点は異性体のアルコールと比べて非常に低い．

	エタノール	ジメチルエーテル	プロパン
沸点	78 ℃	−25 ℃	−42 ℃

実際，ジメチルエーテルの沸点はプロパンの沸点と同じくらい低い．ジメチルエーテルとプロパンはともに水素結合を生成できない．ジメチルエーテルがわずかに沸点が高いのは，分子全体の双極子モーメントを考慮することで説明できる．

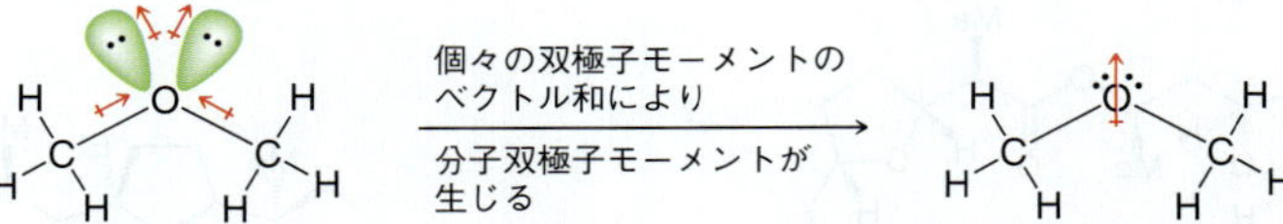

したがって，エーテルは双極子–双極子相互作用を示し，そのためプロパンよりもわずかに沸点が高くなる．より大きなアルキル基をもつエーテルは，他の分子のアルキル基との間の London（ロンドン）の分散力のために，沸点がより高い．この傾向は顕著である．

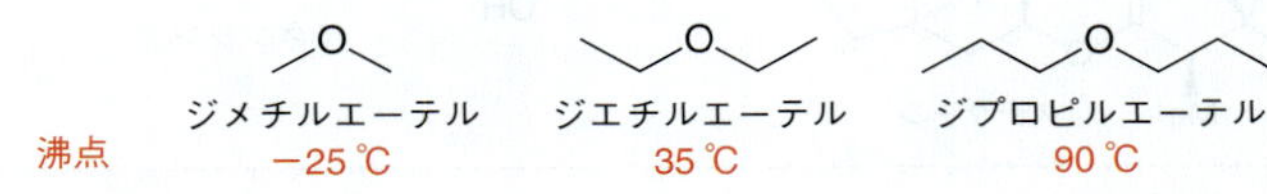

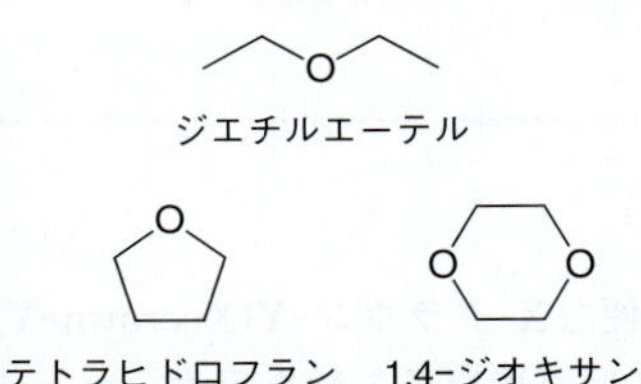

エーテルは有機反応の溶媒として用いられる．エーテルは反応性が低く，幅広い種類の有機化合物が可溶であり，また，沸点が低いため反応終了後に容易に留去することができるからである．左によく用いられる溶媒を三つ示す．

14・4 クラウンエーテル

R—X →(Mg) R—$Mg^{\delta+}$—X（上下にジエチルエーテルの酸素原子が配位）

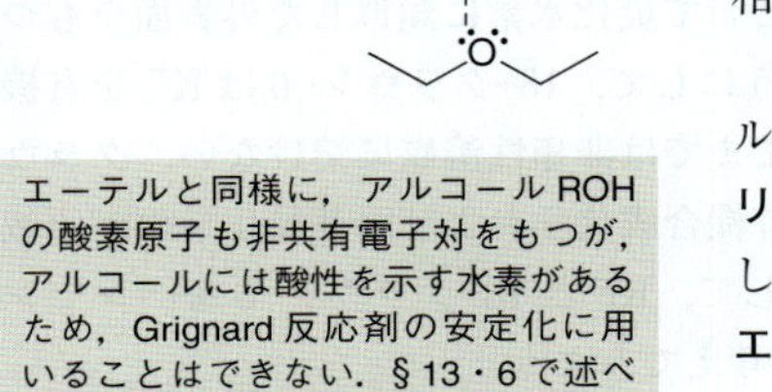

エーテルと同様に，アルコール ROH の酸素原子も非共有電子対をもつが，アルコールには酸性を示す水素があるため，Grignard 反応剤の安定化に用いることはできない．§13・6 で述べたように，Grignard 反応剤は酸性を示す水素の存在下では合成できない．

エーテルは，正電荷または部分正電荷をもつ金属と相互作用できる．たとえば，Grignard 反応剤はジエチルエーテルなどのエーテル存在下で生成する．エーテルの酸素原子の非共有電子対がマグネシウム原子の正電荷を安定化する働きをする．その相互作用は弱いが，Grignard 反応剤を生成する際には必要である．

デュポン社の Charles J. Pedersen（ペダーセン）は，複数のエーテル結合をもつ化合物はエーテルと金属イオンとの相互作用がきわめて強いことを発見した．そのような化合物は**ポリエーテル**（polyether）とよばれる．Pedersen は，多くの環状ポリエーテルを合成してその性質を調べ，それらの化合物の分子構造が王冠に似ているため，**クラウンエーテル**（crown ether）と名づけた．

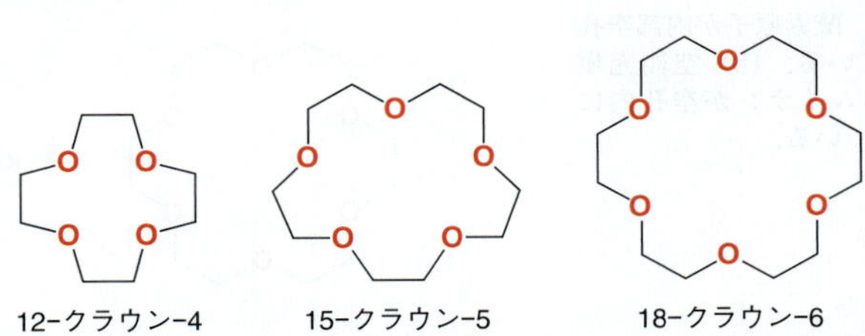

クラウンエーテルは複数の酸素原子をもつため，金属イオンとより強固に結合す

医薬の話題　ポリエーテル系抗生物質

抗生物質のなかにはクラウンエーテルのような働きをするものがある．たとえば，ノナクチン(nonactin)やモネンシン(monensin)の構造を考えてみよう．これらは**ポリエーテル**であり，クラウンエーテルのように金属イオンのホストとして働く．ポリエーテルは内孔に金属イオンを取込むことができるので**イオノホア**(ionophore)とよばれる．イオノホアの外部表面は炭化水素に類似(疎水性)しており，細胞膜を容易に透過できる．

細胞が正常に機能するために，細胞の内側と外側で Na^+ および K^+ の濃度勾配を維持する必要がある．K^+ が細胞内に流入し，Na^+ が細胞から流出するという特殊なイオンチャネルを経由する場合を除き，イオンは自由に細胞膜を通過することができないので，濃度勾配が生じる．イオノホアは効果的にこれらのイオンが細胞膜を通過できるようにする．イオンのホストとして機能して，イオンの細胞膜透過を促進し，必要な濃度勾配を破壊することにより，イオノホアは細胞の機能を阻害し，細菌を死滅させる．多くの新規なイオノホアが，新たな効果的な抗生物質として開発されている．

ノナクチン

モネンシン

イオノホア

る．これらの系統名は複雑なので，Pedersenはより簡便なX–クラウン–Y(X–crown–Y)という命名法を考案した．ここで，Xは環の員数，Yは酸素原子の数を示す．たとえば，18–クラウン–6は18員環で，18のうち六つが酸素原子である．

これらの化合物の特徴的な性質は，その環内の空孔の大きさに由来する．たとえば，18–クラウン–6の空孔の大きさはカリウムイオン K^+ がちょうど入る大きさである．図14・1(a)の静電ポテンシャル図から，酸素原子が空孔側を向いていることが明らかであり，静電相互作用により金属イオンを内包できる．図14・1(b)に示した空間充填モデルから，K^+ が環内の空孔にちょうどよく適合していることがわかる．いったん空孔内に入ると，この複合体は全体として炭化水素に類似した外表面をもつことになり，有機溶媒に可溶となる．このようにして，18–クラウン–6は K^+ を有機溶媒に可溶にする．通常，金属イオンはそのままでは非極性溶媒に溶けない．クラウンエーテルの金属イオンを溶解する能力は，有機合成化学および医薬品化学の両領域において，非常に重要な意味をもつ．一例として，KFと18–クラウン–6をベンゼン(汎用の有機溶媒）中で混ぜると何が起こるか考えてみよう．

(a)

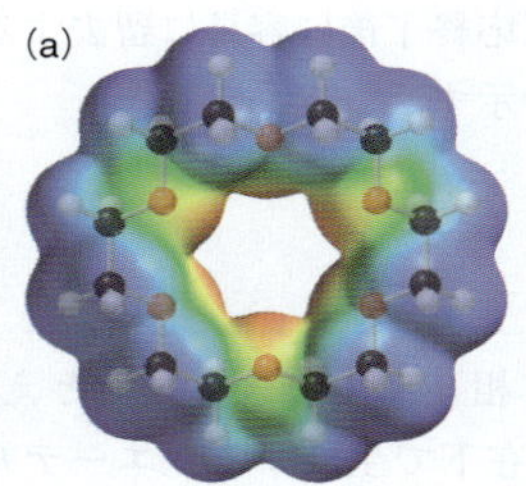

(b)

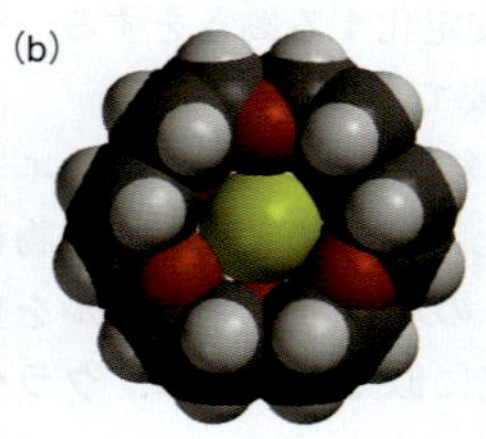

図 14・1　18–クラウン–6. (a) 静電ポテンシャル図．酸素原子が内部空孔の内側を向いている．(b) 空間充填モデル．カリウムイオンが空孔内にぴったりはまっている．

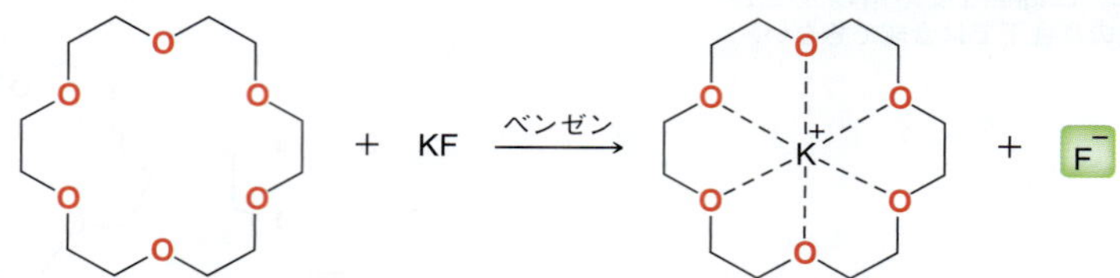

クラウンエーテルなしではKFはベンゼンに溶解しない．18–クラウン–6が存在すると，KFと複合体を形成しベンゼンに溶解する．これによりフッ化物イオンを含む

溶液となり，F^- を求核剤とする置換反応が行えるようになる．一般に，フッ化物イオンは極性溶媒に可溶であるが，極性溶媒と強く相互作用するため，F^- が遊離の求核剤として作用することは困難である．しかし 18-クラウン-6 を用いると，非極性溶媒中で遊離のフッ化物イオンが生成し，次の例に示すような置換反応が可能になる．

Br —(KF, ベンゼン / 18-クラウン-6)→ F　92%

もう一つの例として，18-クラウン-6 を添加すると，過マンガン酸カリウム $KMnO_4$ はベンゼンに溶解する．その溶液は幅広い種類の酸化反応を行うのに非常に有用である．

他の金属イオンもそれぞれ対応するクラウンエーテルによって溶媒和される．たとえば，リチウムイオンは 12-クラウン-4 に，ナトリウムイオンは 15-クラウン-5 によって溶媒和される．

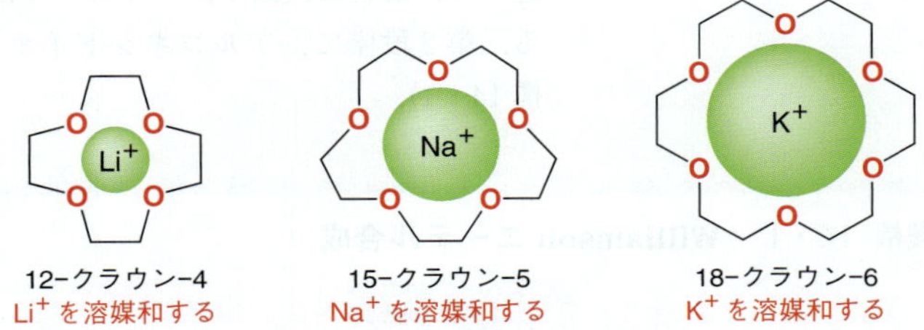

これら化合物の発見は，**ホスト-ゲスト化学**（host-guest chemistry）という，全く新しい化学の分野の創出へとつながった．この貢献により，Pedersen は，ホスト-ゲスト化学の開拓者である Donald Cram（クラム）と Jean-Marie Lehn（レーン）とともに，1987 年のノーベル化学賞を受賞した．

チェックポイント

14・4　次の反応を行うのに必要な反応剤を示せ．

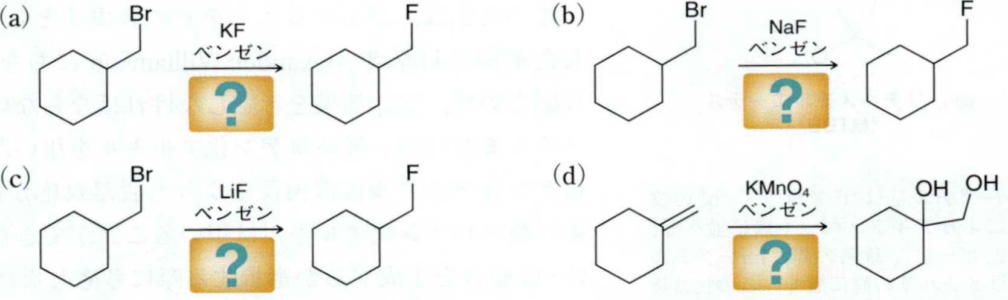

14・5 エーテルの合成

ジエチルエーテルの工業的製法

ジエチルエーテルはエタノールの酸触媒による脱水反応で合成できる．この反応の機構は S_N2 型の求核置換である．エタノール分子がプロトン化され，S_N2 機構により他のエタノール分子の攻撃を受ける．最後に脱プロトンにより生成物が得られる．プロトンは最初の段階で用いられ，最終段階で別のプロトンが遊離することに注意してほしい．したがって，酸は S_N2 反応を進行させる触媒である（反応により消費さ

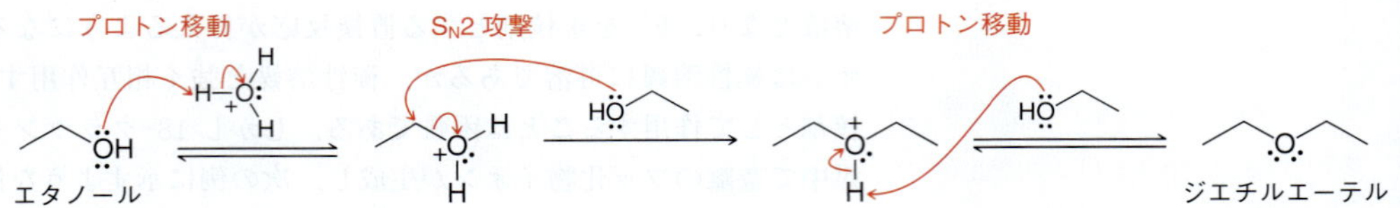

れない).

この反応には多くの制約がある．たとえば，S_N2 機構により進行するので第一級アルコールのみ効率よく進行し，対称エーテルを生成する．エーテルを合成するこの方法は，制限がきわめて多いために，有機合成化学における実用的な価値は乏しい．

Williamson エーテル合成

R—OH　1) NaH　2) RX　→　R—O—R

エーテルは**Williamson エーテル合成**（Williamson ether synthesis）とよばれる 2 段階反応により，容易に合成できる．この 2 段階のそれぞれの反応については前章で述べた．最初の段階で，アルコールが脱プロトンされ，アルコキシドイオンが生成する．第 2 段階で，アルコキシドイオンが S_N2 反応の求核剤として作用する（反応機構 14・1）．

反応機構 14・1　Williamson エーテル合成

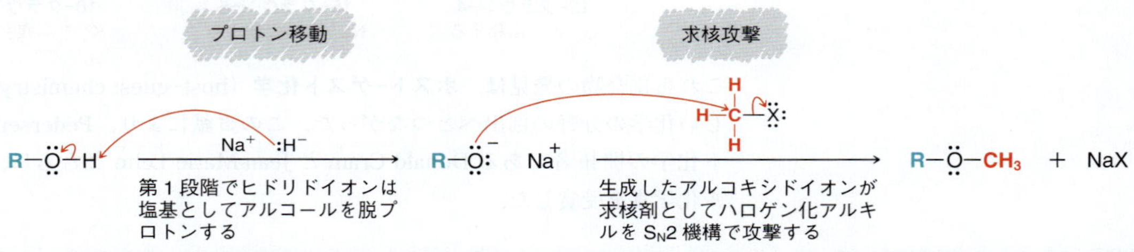

tert-ブチルメチルエーテル（MTBE）

> *tert*-ブチル基は "t" ではなく "b" の文字によりアルファベット順に並べる．したがって，命名の際，*tert*-ブチル基はメチル基の前に置く．この化合物は，誤った化合物名の頭字語を用いて，通常 MTBE とよばれる．

この反応は，ジエチルエーテルの合成法として 1850 年にこの方法を最初に見いだした英国の科学者 Alexander Williamson にちなんで名づけられた．第 2 段階は S_N2 反応なので，立体効果を考慮しなければならない．すなわち，この反応はハロゲン化メチルまたは第一級ハロゲン化アルキルを用いたときに効率的に進行する．第二級ハロゲン化アルキルは置換反応よりも脱離反応が優先するので，効率よく進行しない．第三級ハロゲン化アルキルは用いることができない．この立体的な要因は，どちらの C－O 結合を生成するか選択する際に考慮しなければならない．たとえば，*tert*-ブチルメチルエーテル（*tert*-butyl methyl ether: MTBE）の構造を考えてみよう．MTBE は，地下水の汚染の原因となる懸念が浮上するまで，ガソリンの添加物として広く用いられていたが，近年は使用量が減少した．MTBE の合成には二つの経路が考えられるが，一方のみが効率よく進行する．

1) NaH　2) CH_3I

CH_3OH　1) NaH　2)

MTBE

上段に示す経路は，S_N2 反応に適した基質であるハロゲン化メチルを用いるので，効率よく進行する．2番目の経路は，置換反応よりも脱離反応が優先する第三級ハロゲン化アルキルを用いるので，進行しない．

スキルビルダー 14・2 Williamson エーテル合成を用いてエーテルを合成する

スキルを学ぶ

次のエーテルを Williamson エーテル合成で合成するのに必要な反応剤を示せ．

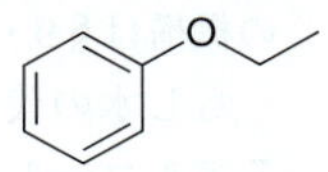

解 答

ステップ 1
酸素の両側の置換基を明らかにする．

Williamson エーテル合成でこのエーテルを合成するためには，どのようなアルコールとハロゲン化アルキルを用いるべきか，決めなければならない．正しい選択をするために，酸素原子の両側の置換基を明らかにする．

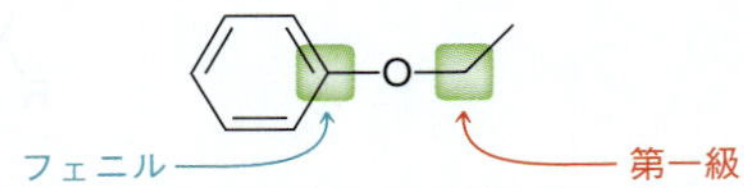

ステップ 2
どちらが S_N2 反応に適した置換基であるか明らかにする．

フェニル基側の炭素は sp^2 混成であり，S_N2 反応は sp^2 混成の炭素では進行しない．他方は第一級炭素であり，S_N2 反応は第一級の炭素では容易に進行する．したがって，フェノールとハロゲン化エチルを用いなければならない．

OH ＋ X

脱離基については§7・8参照．

ステップ 3
塩基を用いてアルコールを脱プロトンし，ハロゲン化アルキルと反応させる．

X としては，I, Br, Cl, OTs などの脱離能の高い脱離基を用いることができる．一般的に，ヨウ化物イオンやトシラートイオンが最もよい脱離基である．この場合アルコールはフェノールなので，水酸化ナトリウムを用いて脱プロトンできる（§13・2参照）．そこで，次の合成法が妥当である．

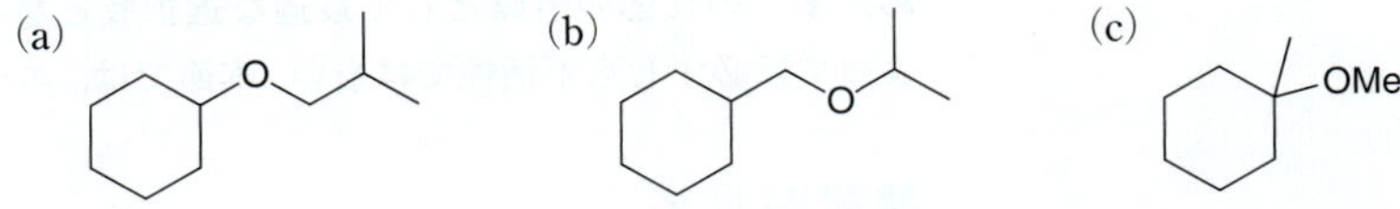

スキルの演習

14・5 次のエーテルを Williamson エーテル合成で合成するのに必要な反応剤を示せ．理由も述べよ．

(a) (b) (c) OMe

スキルの応用

14・6 右に示す環状エーテルを分子内 Williamson エーテル合成で合成するのに必要な反応剤を示せ．

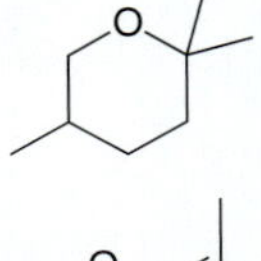

14・7 右に示す化合物は Williamson エーテル合成で合成できるだろうか，理由とともに答えよ．

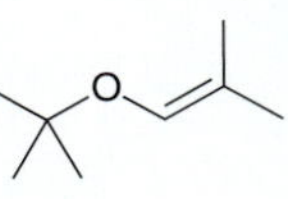

問題 14・33(a), (c), 14・37, 14・40, 14・42(d), 14・43(b) を解いてみよう．

アルコキシ水銀化-脱水銀反応

§9・5で，アルコールはオキシ水銀化-脱水銀とよばれる反応により，アルケンから合成できることを述べた．

正味の反応は，アルケンに対する水（H および OH）の Markovnikov 付加である．すなわち，最終的に，ヒドロキシ基はより置換基の多い炭素に導入される．この反応の機構は§9・3で説明した．

もし水の代わりにアルコール（ROH）を用いることができれば，アルケンに対するアルコール（RO および H）の Markovnikov 付加となる．この反応は，**アルコキシ水銀化-脱水銀**（alkoxymercuration–demercuration）とよばれ，エーテルを合成する方法のひとつである．

チェックポイント

14・8　次のエーテルをアルコキシ水銀化-脱水銀反応で合成するのに必要な反応剤を示せ．

(a)

(b)

(c)

(d)

14・9　シクロペンテンを唯一の炭素源とし，アルコキシ水銀化-脱水銀反応でジシクロペンチルエーテルを合成する方法を示せ．

14・10　プロペンを唯一の炭素源とし任意の反応剤を用い，アルコキシ水銀化-脱水銀反応でイソプロピルプロピルエーテルを合成する方法を示せ．

14・6　エーテルの反応

エーテルは，塩基性条件または穏和な酸性条件では一般に不活性である．そのため，多くの反応の溶媒として最適な選択肢となる．しかし，エーテルは反応条件によっては必ずしも不活性ではない．本節では，エーテルのかかわる反応を二つ述べる．

酸開裂反応

強酸の濃厚溶液中で加熱すると，エーテルは**酸開裂**（acidic cleavage）を起こし，2種類のハロゲン化アルキルへと変換される．この変換には2種類の置換反応が関与している（反応機構14・2）．

$$\text{R–O–R} \xrightarrow[\text{加熱}]{\text{HX（過剰量）}} \text{R–X} + \text{R–X} + H_2O$$

一つ目のハロゲン化アルキルの生成は，まずエーテルのプロトン化により脱離能の

反応機構 14・2　エーテルの酸開裂

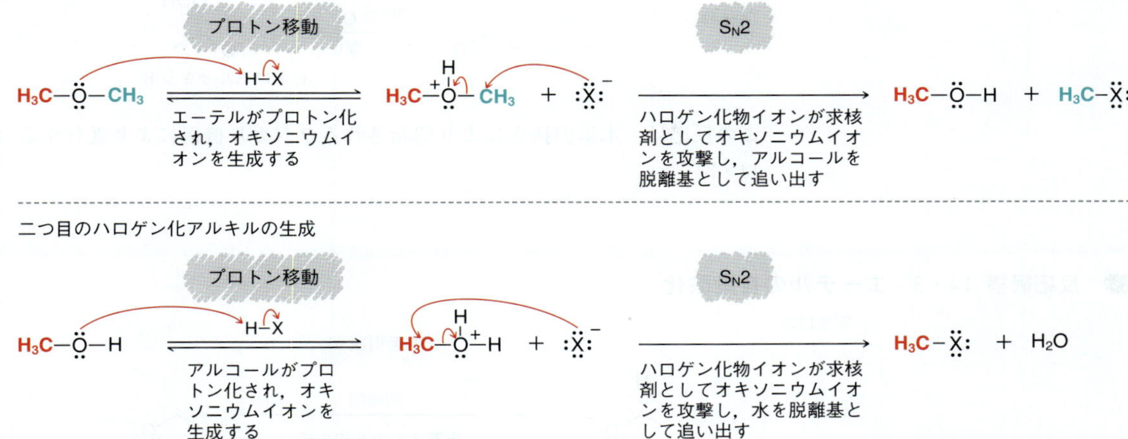

高い脱離基が生成し，つづいてハロゲン化物イオンが求核剤として働き，プロトン化したエーテルに対する S_N2 反応が進行する．二つ目のハロゲン化アルキルは，同様の2段階の反応，すなわちプロトン化にひき続く S_N2 反応により生成する．どちらかのRが第三級である場合，置換反応は S_N2 機構ではなく，S_N1 機構で進行する．

フェニルエーテルを酸性条件で開裂する場合，フェノールとハロゲン化アルキルが生成物として得られる．フェノールはハロゲン化物にまで変換されない．これは，sp^2 炭素では S_N2 反応，S_N1 反応ともに進行しないからである．

PhO−R $\xrightarrow[\text{加熱}]{\text{HX（過剰量）}}$ PhOH（フェノール） + RX

ハロゲン化物イオンの求核性の順序については§7・8参照．

エーテルを開裂するために，HI，HBr ともに用いられる．HCl は効率が悪く，HF はエーテルの切断を起こさない．この反応性の差は，ハロゲン化物イオンの求核性に依存している．

チェックポイント

14・11　次の反応の生成物を予想せよ．

(a) HBr（過剰量），加熱　?

(b) HI（過剰量），加熱　?

(c) HBr（過剰量），加熱　?

(d) HI（過剰量），加熱　?

(e) HI（過剰量），加熱　?

(f) HBr（過剰量），加熱　?

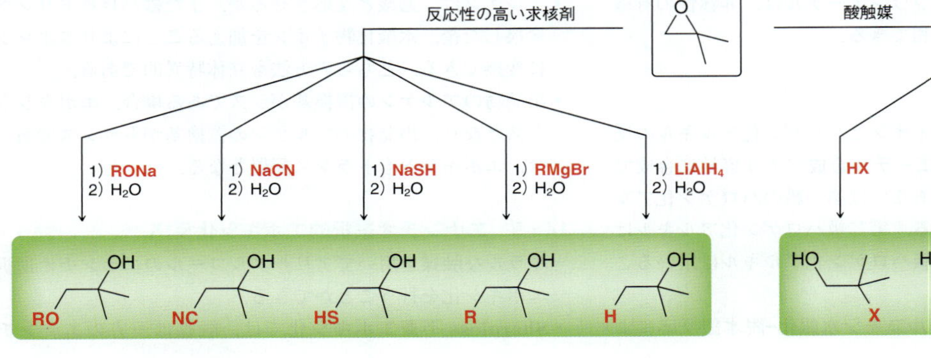

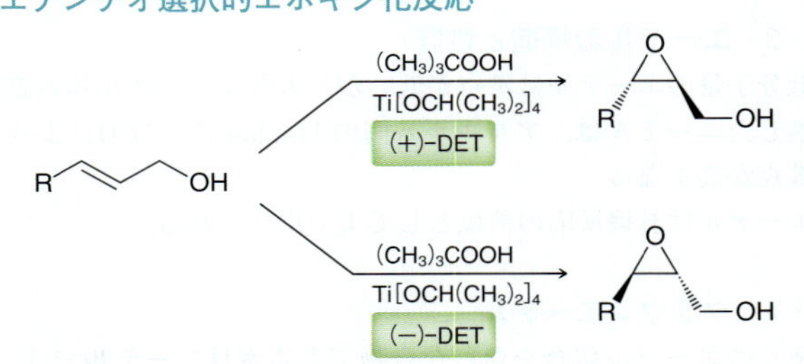

自動酸化

エーテルは，大気中の酸素の存在下で自動酸化を起こす．

O_2
遅い
OOH
ヒドロペルオキシド

この反応は，水素引抜きにより開始されるラジカル機構により進行する（反応機構 14・3）．

反応機構 14・3　エーテルの自動酸化

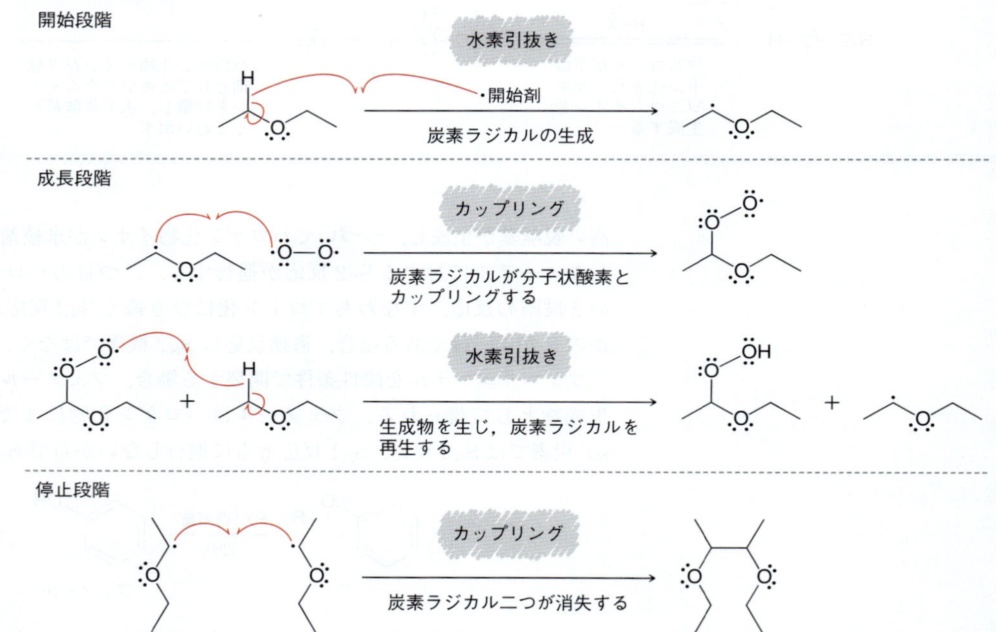

すべてのラジカル反応と同様に，正味の反応は成長段階を合わせたものである．

カップリング　R・ ＋ ・O−O・ ⟶ R−O−O・
水素引抜き　R−O−O・ ＋ H−R ⟶ R−O−OH ＋ R・

正味の反応　R−H ＋ O_2 ⟶ R−O−O−H

このヒドロペルオキシド生成反応は遅いが，エーテルの古い瓶には必ず少量のヒドロペルオキシドが含まれているので，溶媒として用いる際にとても危険になる．ヒドロペルオキシドは不安定であり，加熱すると爆発的に分解する．実験室での爆発の多くは，ヒドロペルオキシドを含むエーテルを蒸留する際に起こっている．実験室で用いるエーテルは，ヒドロペルオキシドの有無を頻繁にチェックし，使用する前に精製しなければならない．

14・7 エポキシドの命名法

環状エーテルは環内に酸素原子を含む化合物である．環の員数を示す個別の母体名が用いられる．

オキシラン　オキセタン　オキソラン　オキサン

> 慣用名である“エチレンオキシド”はエチレンから合成されていることを示している．

ここでは，3 員環の環状エーテルである**オキシラン**（oxirane）に焦点を当てよう．3 員環は顕著な環ひずみのため，他のエーテルよりも反応性が高い．置換オキシランは**エポキシド**（epoxide）ともよばれ，置換基を最大四つもつことができる．置換基をもたない最も単純なエポキシドは慣用名で**エチレンオキシド**（ethylene oxide）とよばれる．エポキシドはひずみが大きいが，天然に広く存在する．欄外に例を二つ示す．

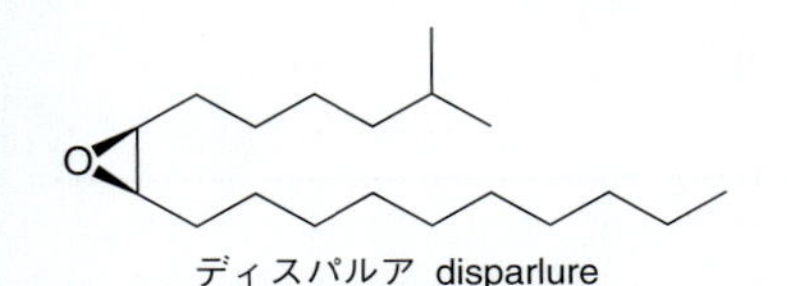

ディスパルア disparlure
マイマイガ雌の性ホルモン

ペリプラノン B periplanone B
ワモンゴキブリ雌の性ホルモン

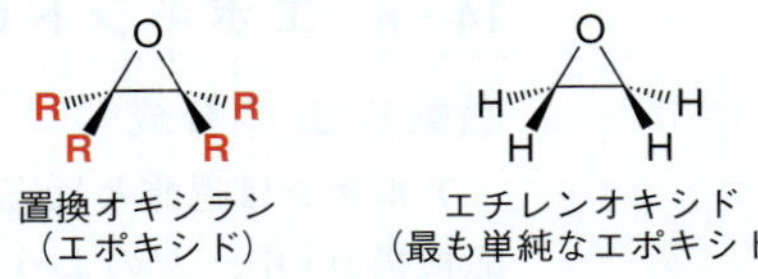

置換オキシラン
（エポキシド）

エチレンオキシド
（最も単純なエポキシド）

エポキシドには 2 通りの命名のしかたがある．一つは，酸素原子を母体の置換基であると考え，エポキシドの位置は二つの数字で表し，“エポキシ epoxy-”と続けて，命名する．

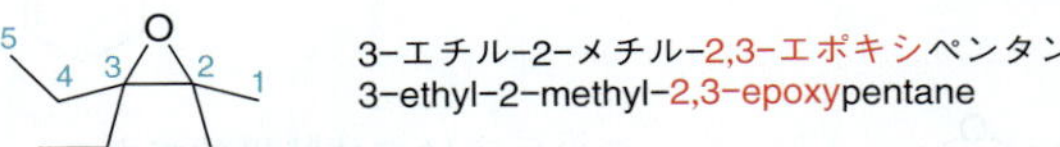

もう一つの方法は，母体化合物をエポキシド（母体名 = オキシラン）と考え，エポキシドに置換している基を置換基として命名する．

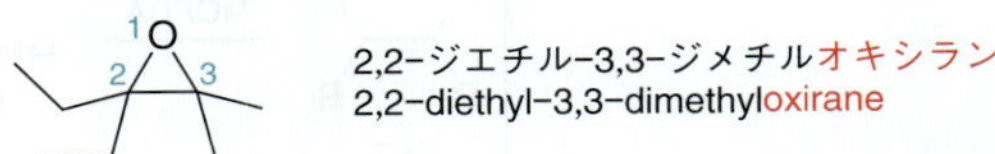

医薬の話題　新規な抗がん剤としてのエポチロン

エポチロン（epothilone）は粘液細菌 *Sorangium cellulosum* から単離された新規な化合物である．エポキシドを含む天然有機化合物が抗がん活性を示すことが見いだされ，よりすぐれた制がん活性や選択性を示す化合物の探索研究が行われた．

2007 年 10 月に米国食品医薬品局（FDA）が進行性乳がんの治療薬として承認したイクサベピロン（ixabepilone）はエポチロン B の類縁体である．赤で強調しているようにエステル結合がアミド結合に置き換わっている．

エポチロンの他の類縁体もさまざまながんの治療薬として臨床試験が行われており，10 年後には新規な抗がん剤として何種類かのエポチロン誘導体が用いられているであろう．

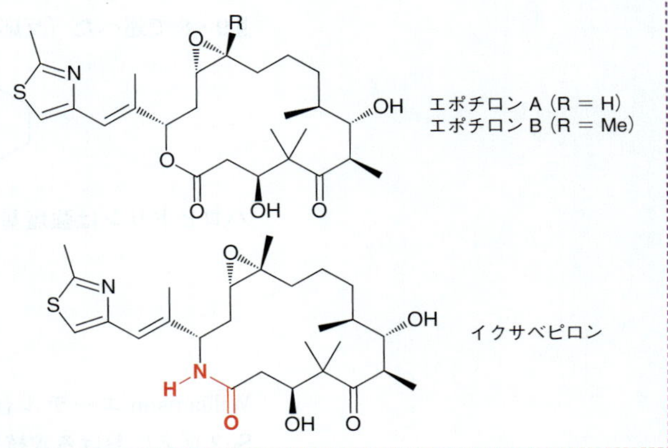

チェックポイント

14・12　次の化合物を命名せよ．

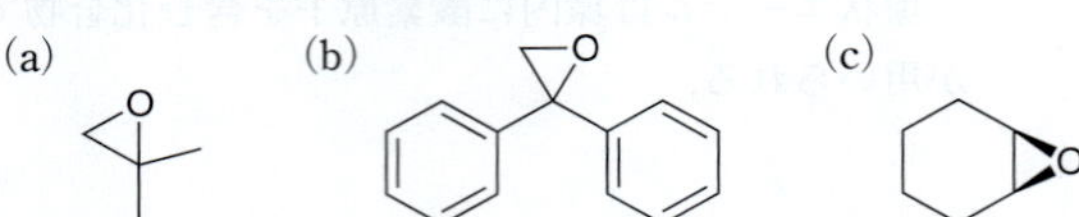

14・13　次の化合物を命名せよ．キラル中心の絶対配置を決め，化合物名の最初に絶対配置を示せ．

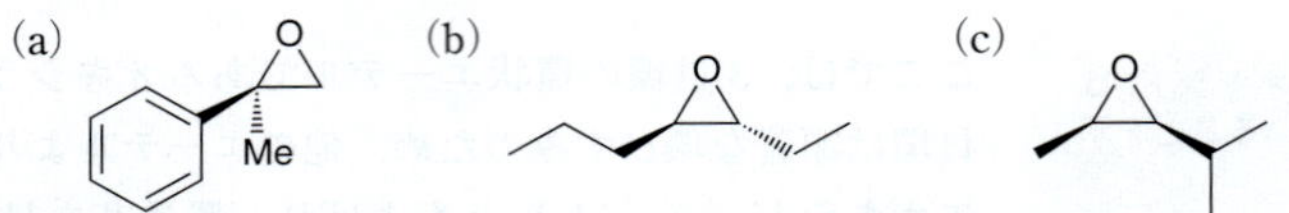

14・8　エポキシドの合成

過酸による合成

アルケンは過酸と反応し，エポキシドへと変換されることを§9・9で述べた（反応機構9・6）．どのような過酸でも用いることができるが，*m*-クロロ過安息香酸（*m*-chloroperoxybenzoic acid: MCPBA）や過酢酸が最も一般的である．

m-クロロ過安息香酸
（MCPBA）

過酢酸

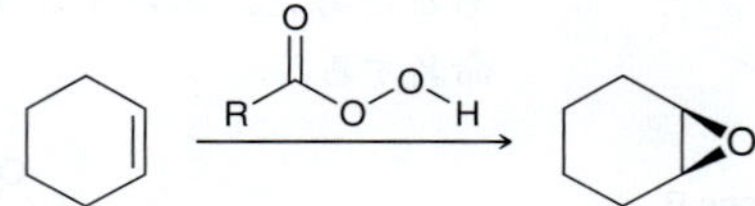

この反応は立体特異的である．すなわち，シス体のアルケンからはシス体のエポキシドが，トランス体のアルケンからはトランス体のエポキシドが生成する．

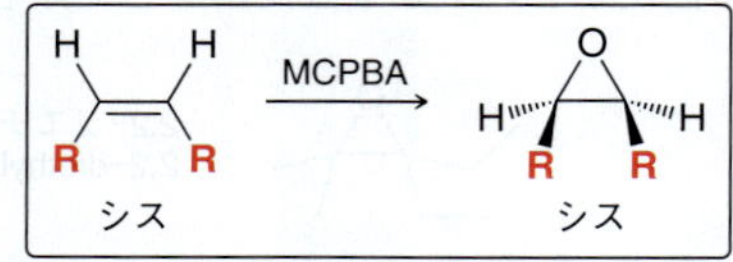

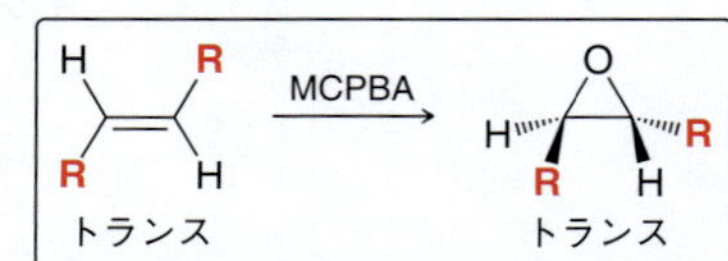

ハロヒドリンからの合成

アルケンは水存在下ハロゲンと反応させるとハロヒドリンへと変換されることを§9・8で述べた（反応機構9・5）．

Br_2, H_2O → OH, Br　＋　エナンチオマー

ハロヒドリンは強塩基と反応させるとエポキシドへと変換できる．この反応は分子内

OH, Br —NaOH→ O

Williamson エーテル合成により進行する．アルコキシドイオンが生成し，分子内 S_N2 反応における求核剤として働く（反応機構14・4）．

反応機構 14・4 ハロヒドリンからのエポキシドの生成

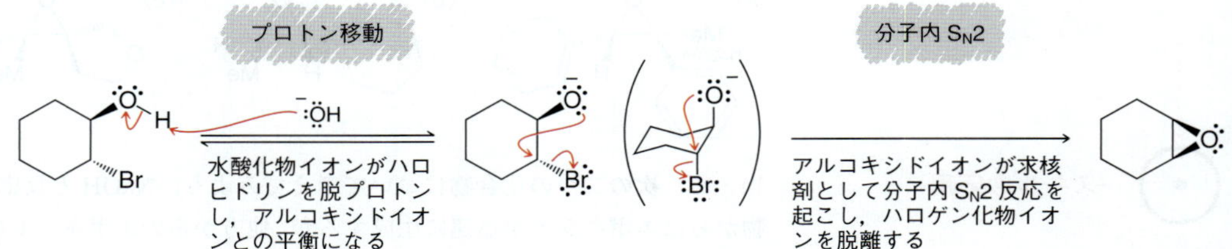

これは，アルケンからエポキシドを合成する方法として，MCPBA を用いる反応と並ぶ方法である．

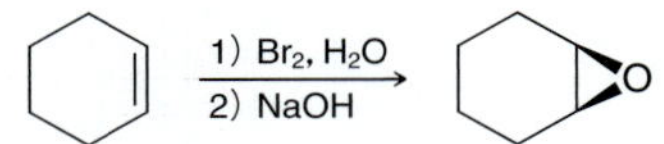

反応の立体選択性は，MCPBA による直接エポキシ化と同じである．すなわち，出発物のアルケンがシス体の場合エポキシドもシス体となり，トランス体のアルケンからはトランス体のエポキシドが得られる．

H H R R シス — MCPBA / 1) Br_2, H_2O 2) NaOH → H H R R シス

スキルビルダー 14・3 エポキシドの合成

スキルを学ぶ

次のエポキシドを合成するのに必要な反応剤を示せ．

O Me Et Me ＋ エナンチオマー

解 答

エポキシドに結合している四つの置換基を明らかにすることから始める．

ステップ 1
エポキシドに結合している四つの置換基を明らかにする．

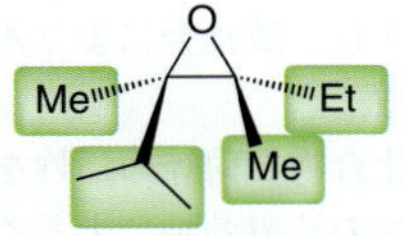

ステップ 2
出発物のアルケンの四つの置換基の相対立体配置を明らかにする．

出発物のアルケンは置換基を四つもつ．これらの置換基の相対配置を注意深くみてみよう．エポキシドの二つのメチル基は互いにトランス位にある．これは出発物のアルケンでも二つのメチル基は互いにトランスであることを意味する．このアルケンをエポキシドに変換するために，次に示すどちらの方法も用いることができる．

Me Et Me トランス — MCPBA / 1) Br_2, H_2O 2) NaOH → O Me Et Me ＋ エナンチオマー トランス

スキルの演習　**14・14**　次のエポキシドのラセミ体を合成するのに必要な反応剤を示せ．

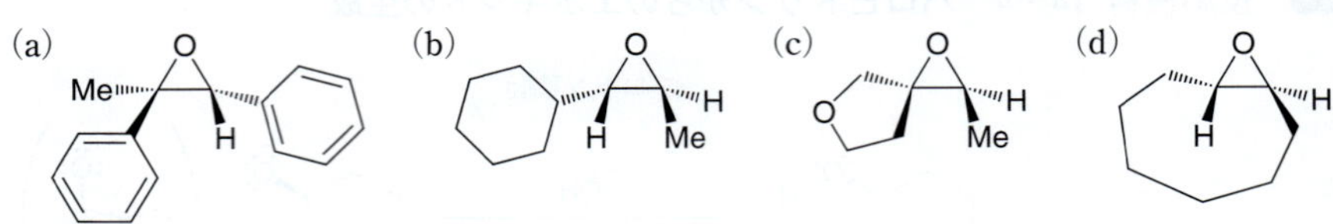

スキルの応用　**14・15**　次の二つの化合物について考えてみよう．NaOH と反応させると，一方の化合物からはエポキシドが迅速に生成するが，他方からのエポキシドの生成はきわめて遅い．どちらの化合物がより速く反応するか．理由とともに答えよ．［ヒント：§4・13 で述べた置換シクロヘキサンの立体配座について復習するとよい．］

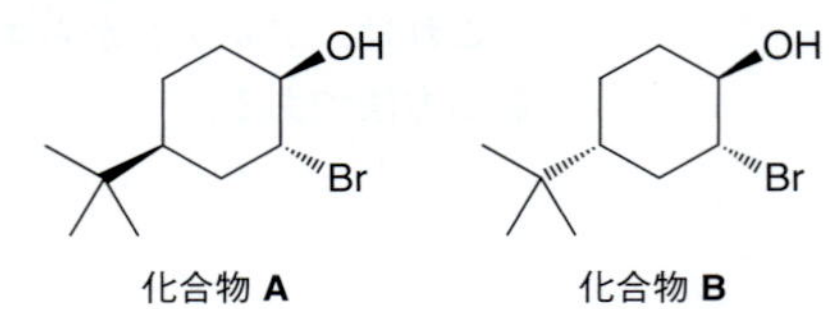

問題 14・39，14・51(t) を解いてみよう．

14・9　エナンチオ選択的エポキシ化反応

キラルなエポキシドを合成する場合，先に述べた方法ではラセミ体が得られる．

Me　Et　Me　MCPBA　1) Br_2, H_2O　2) NaOH　O　Me　Et　Me　+　O　Me　Me　Et　ラセミ体

医薬の話題　活性代謝産物と医薬品間の相互作用

カルバマゼピン（carbamazepine）は，てんかんと双極性障害の治療に用いられる抗けいれん薬，精神安定薬であり，また，ADD（注意欠陥障害）にも用いられる．肝臓中で代謝され，エポキシドを生成する．このエポキシドは，酵素であるエポキシドヒドロキシラーゼによりさらに代謝され，トランスジオールを生成し，グルクロン酸抱合により水溶性の付加体を与え，尿から排出される．

エポキシド代謝産物はもとの化合物と同等の活性を示すと考えられており，カルバマゼピンの治療効果に大きく貢献している．この事実は，患者が他の医薬品の投与を受ける場合に，考慮に入れる必要がある．たとえば，抗生物質であるクラリスロマイシン（clarithromycin）は，酵素であるエポキシドヒドロキシラーゼの作用を阻害することが知られている．これによりエポキシドの濃度が通常よりも高まり，カルバマゼピンの効能が増大する．内科医は患者にカルバマゼピンを投与する前に医薬品の作用により起こりうる相互作用を考慮しなければならない．これは実際に現役の内科医が考慮に入れなければならない重要な要因，すなわち，ある医薬品が他の医薬品の効能に与える影響を示す一例である．

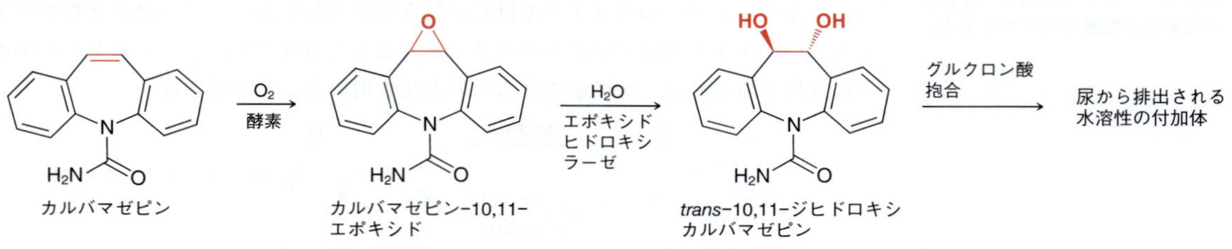

すなわち，二つのエナンチオマーが等量得られる．これはアルケンの面の両側から同じ確率で反応が進行するからである．

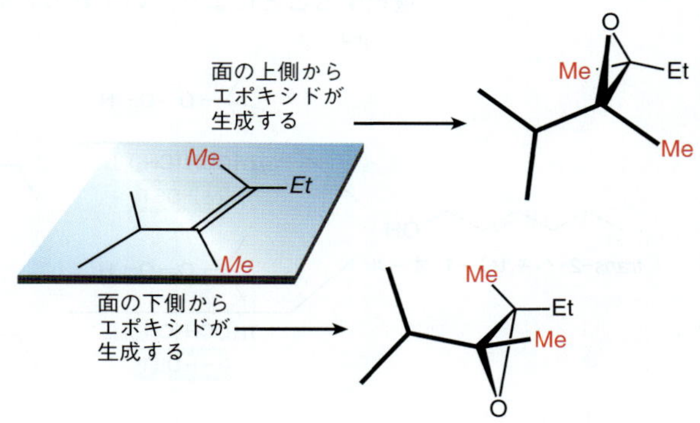

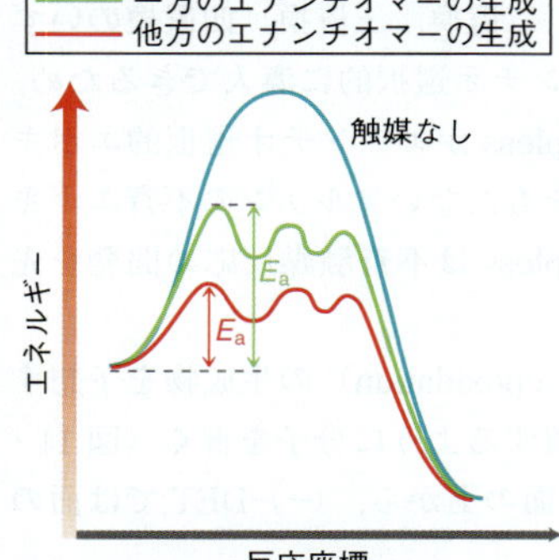

図 14・2 キラルな触媒の効果を示すエネルギー図. 触媒により一方のエナンチオマーが優先的に生成する．

一方のエナンチオマーのみを得たい場合，これまで述べたエポキシドの合成法では不十分である．生成物の半分は不要で，望みの生成物と分離する必要があるためである．一方のエナンチオマーのみを得るためには，アルケンの一方の面からエポキシ化を行わなければならない．米国スクリプス研究所の K. Barry Sharpless は，キラルな触媒を用いてこれを行うことができることに気がついた．彼は，キラルな触媒を用いることによりキラルな環境をつくり出し，アルケンの一方の面からのみエポキシ化を行うことができると考えた．すなわち，キラルな触媒は，一方のエナンチオマーが生成する反応の活性化エネルギーを他のエナンチオマーの生成反応に比べて，より大きく低下させることができる（図 14・2）．このようにしてキラルな触媒は，一方のエナンチオマーの生成を促進し，エナンチオマー過剰率（ee）を観測することができるようになる．Sharpless は，アリルアルコールのエナンチオ選択的なエポキシ化を行うことのできるキラルな触媒を開発することに成功した．アリルアルコールはヒドロキシ基がアリル位に置換したアルケンである．

H H H OH アリル位

アリル位は C=C 結合の隣の位置である．

Sharpless 触媒は，チタンテトライソプロポキシドと酒石酸ジエチル（DET）の一方のエナンチオマーからなる．

チタンテトライソプロポキシド
$Ti[OCH(CH_3)_2]_4$

＋

(+)-DET または (−)-DET

チタンテトライソプロポキシドは，(+)-DET または (−)-DET と光学活性錯体を形成し，これがキラルな触媒として作用する．この触媒の存在下で，*tert*-ブチルヒドロペルオキシド（ROOH，R = *tert*-ブチル）などの酸化剤を用いてアルケンをエポキシドに変換することができる．この反応の立体化学は，(+)-DET と (−)-DET のどちらを用いてキラルな触媒を調製したかにより決まる．DETの両エナンチオマーは容易に入手可能であり，どちらも用いることができる．(+)-DETと(−)-DETを選択することにより，いずれのエナンチオマーも得られる．

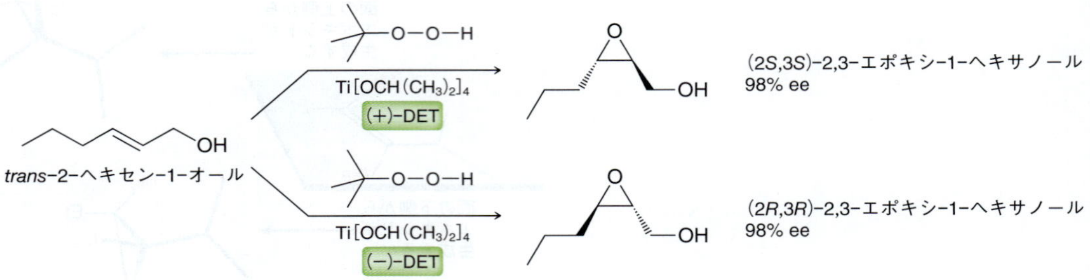

trans-2-ヘキセン-1-オール

→ (CH3)3C−O−O−H, Ti[OCH(CH3)2]4, (+)-DET → (2S,3S)-2,3-エポキシ-1-ヘキサノール 98% ee

→ (CH3)3C−O−O−H, Ti[OCH(CH3)2]4, (−)-DET → (2R,3R)-2,3-エポキシ-1-ヘキサノール 98% ee

この反応はエナンチオ選択性が高く，幅広い種類のアリルアルコールに対してきわめて効率よく進行する．出発物の二重結合は一置換，二置換，三置換，四置換のいずれでもかまわない．この反応は，キラル中心をエナンチオ選択的に導入できるため，有機合成化学者にとってきわめて有用である．Sharplessがエナンチオ選択的エポキシ化反応を開発して以来，アリル位にヒドロキシ基をもたないアルケンの不斉エポキシ化にも有効な数多くの反応剤が開発された．Sharplessは不斉触媒反応の開発を先導し，2001年のノーベル化学賞を共同受賞した．

2001年ノーベル化学賞の共同受賞者は，W. S. Knowlesと野依良治である．野依は§9・7で述べたように，不斉水素化反応の触媒を開発するために同様な考察を行った．

Sharpless不斉エポキシ化（Sharpless asymmetric epoxidation）の生成物を予想するために，アリル位のヒドロキシ基が上方右側に位置するように分子を書く（図14・3）．このように配置した場合，(+)-DETを用いると面の上から，(−)-DETでは面の下からエポキシドが生成する．

(+)-DETを用いると面の上側からエポキシドが生成する
(−)-DETを用いると面の下側からエポキシドが生成する
R1
R2
R3
OH
O

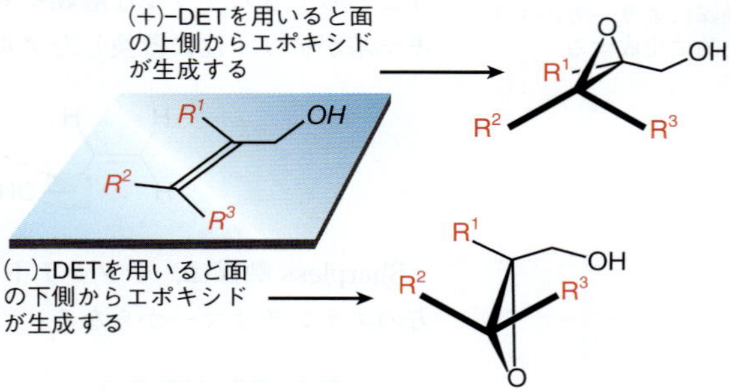

図14・3　Sharplessエポキシ化反応の生成物を予想する方法

チェックポイント

14・16　次の反応の生成物を予想せよ．

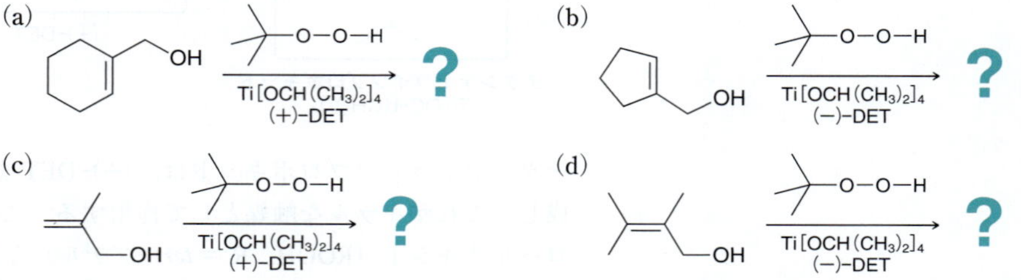

(a) 1-シクロヘキセニルメタノール →[(CH3)3C−O−O−H, Ti[OCH(CH3)2]4, (+)-DET] ?

(b) 1-シクロペンテニルメタノール →[(CH3)3C−O−O−H, Ti[OCH(CH3)2]4, (−)-DET] ?

(c) 2-メチル-2-プロペン-1-オール →[(CH3)3C−O−O−H, Ti[OCH(CH3)2]4, (+)-DET] ?

(d) 2,3-ジメチル-2-ブテン-1-オール →[(CH3)3C−O−O−H, Ti[OCH(CH3)2]4, (−)-DET] ?

14・10 エポキシドの開環反応

エポキシドは大きな環ひずみをもち，そのため特有の反応性を示す．すなわち，エポキシドはひずみが大きいため，開環反応を起こしやすい．本節では，反応性の高い求核剤を用いた場合や，酸触媒を用いたエポキシドの開環反応について説明する．

エポキシドと反応性の高い求核剤との反応

エポキシドに反応性の高い求核剤を作用させると，**開環反応**（ring-opening reaction）が起こる．たとえば，水酸化物イオンによるエチレンオキシドの開環を考えてみよう．この反応は2段階で進行する（反応機構 14・5）．

反応機構 14・5 反応性の高い求核剤によるエポキシドの開環

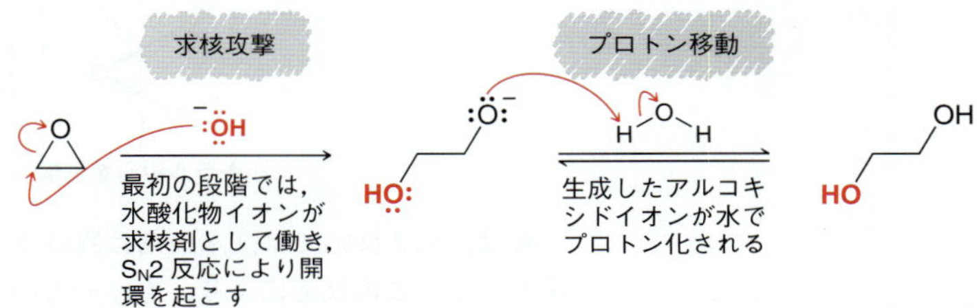

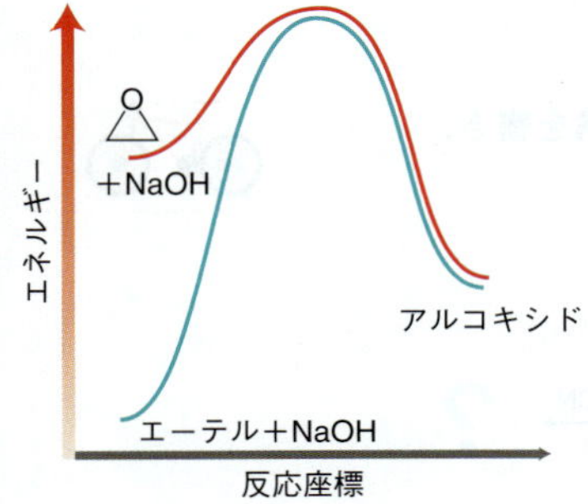

図 14・4 S_N2 反応において高エネルギー基質を用いる効果を示すエネルギー図

第一段階の反応は S_N2 反応であり，アルコキシドイオンが脱離基として働く．アルコキシドイオンは S_N2 反応の脱離基とはならないことを7章で述べたが，ここに示した例外的な反応は，基質であるエポキシドの非常に大きな環ひずみにより説明できる．高エネルギーの基質の効果をエネルギー図に示す（図 14・4）．エーテルを基質として用い，アルコキシドイオンが脱離基となる仮想的な S_N2 反応を青線で示す．この過程の活性化エネルギーは非常に大きく，さらに重要なことには，生成物は出発物よりもエネルギーが高いため，平衡は生成物側に偏らない．一方，赤線で示したエポキシドの反応では，基質のエネルギーが高いために，次の二つの顕著な効果が現れる．1) 活性化エネルギーが減少し，反応速度が増大する．そして，2) 生成物は出発物よりもエネルギーが低いので，反応は熱力学的に有利になる．すなわち，平衡は生成物側に偏る．これらの理由により，エポキシドの開環反応では，アルコキシドイオンは脱離基として働く．

エポキシドを開環するために，さまざまな反応性の高い求核剤が用いられる．

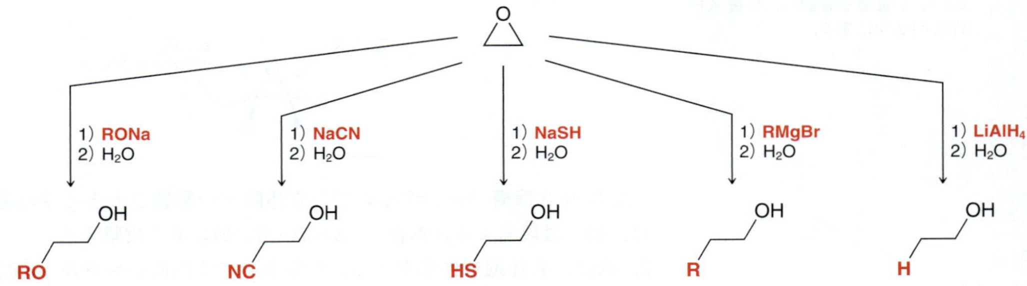

これらの求核剤については，すべてこれまでに説明しており，いずれもエポキシドを開環できる．これらの反応を行う際には，位置選択性と立体選択性という二つの重要な点を考慮しなければならない．

1. **位置選択性．** 出発物のエポキシドが非対称である場合，求核剤は置換基の少ない（込み合っていない）位置を攻撃する．この立体効果は S_N2 反応において予想されるものである．

1) Nuc⁻　2) H_2O　HO　Nuc

この位置のほうが立体障害が小さいので，求核剤はここを攻撃する

2. **立体選択性．** キラル中心を攻撃する場合，立体配置の反転を伴う．

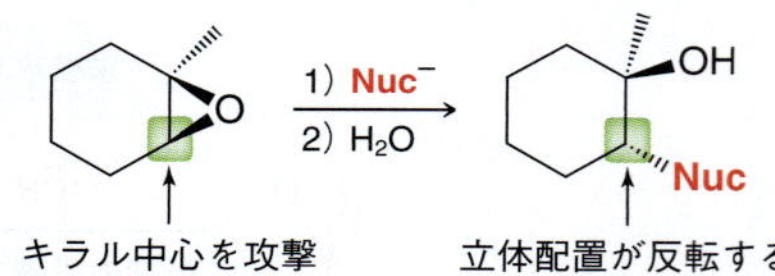

これは，S_N2 反応では，求核剤は脱離基の反対側から攻撃するので当然予想される結果である．この反応により，もう一方のキラル中心の立体配置は影響を受けない．攻撃を受けるキラル中心の立体配置のみが反転する．

スキルビルダー 14・4　反応性の高い求核剤とエポキシドとの反応の機構を書き，生成物を予想する

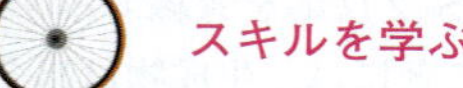

スキルを学ぶ

次の反応の生成物を予想し，その機構を示せ．

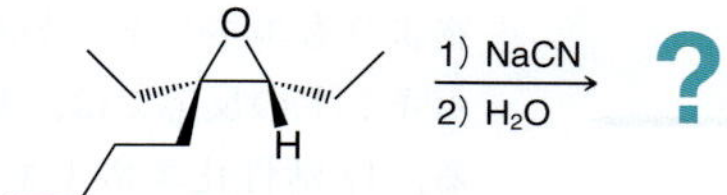

解答

シアン化物イオンは反応性の高い求核剤なので，開環反応が起こると考えられる．生成物を書くために，反応の位置選択性と立体選択性を考えなければならない．

ステップ 1
求核攻撃を受ける，より立体障害の小さい位置を確認し，位置選択性を明らかにする．

1. 位置選択性を予想するために，置換基のより少ない（込み合っていない）位置を明らかにする．

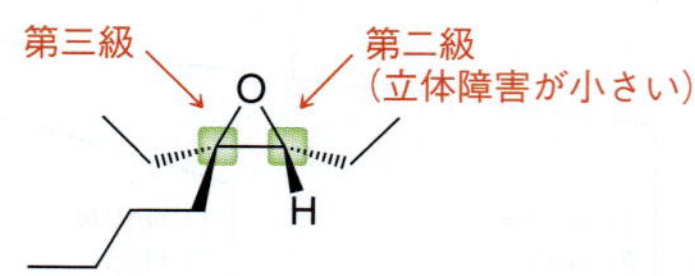

反応は S_N2 機構で進行するので，立体障害の影響を大きく受ける．その結果，求核剤は，第三級炭素より込み合っていない第二級炭素を攻撃する．

2. 次に，立体選択性を考える．攻撃を受ける位置がキラル中心であるかどうか確かめ

ステップ 2
求核剤がキラル中心を攻撃するかどうか確認し，立体選択性を明確にする．キラル中心の場合，立体配置は反転する．

る．この場合，キラル中心である．S_N2 反応は背面攻撃により立体配置が反転する．

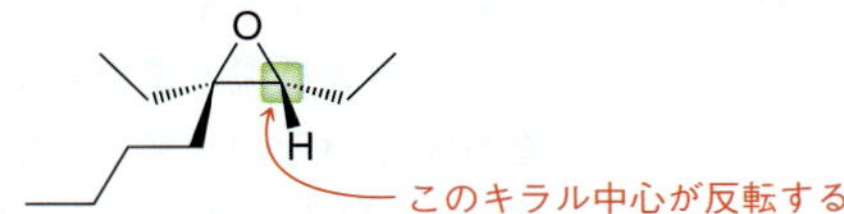

ステップ 3
2 段階の反応機構を書く．

位置選択性と立体選択性が予想できたので，反応機構が書ける．求核剤の攻撃による開環と，それにひき続くアルコキシドのプロトン化の二つの段階がある．

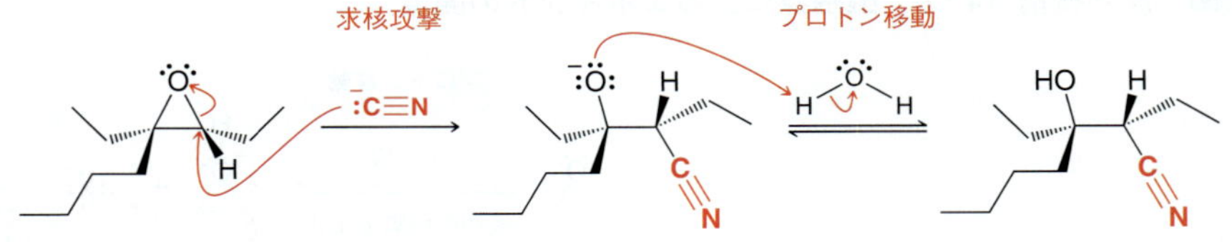

スキルの演習

14・17 次の反応の生成物を予想し，その機構を示せ．

(a) 1) PhMgBr 2) H_2O ?

(b) 1) NaCN 2) H_2O ?

(c) 1) NaSH 2) H_2O ?

(d) 1) $LiAlH_4$ 2) H_2O ?

(e) 1) NaSH 2) H_2O ?

(f) 1) $LiAlH_4$ 2) H_2O ?

スキルの応用

14・18 次のキラルなエポキシドを水酸化ナトリウム水溶液と反応させると，単一の化合物が得られ，これはアキラルである．生成物を書き，なぜ単一の化合物が得られるか説明せよ．

NaOH / H_2O ?

14・19 *meso*-2,3-エポキシブタンを水酸化ナトリウム水溶液と反応させると，2 種類の生成物が得られた．それぞれの生成物を書き，その関係を示せ．

問題 14・42(a)，(c)，(e)～(h)，14・43(a)，(c) を解いてみよう．

役立つ知識 医療器具の滅菌剤としてのエチレンオキシド

エチレンオキシドは引火性の無色気体で，温度に敏感な医療器具を消毒するのによく用いられる．この気体は多孔物質中を容易に拡散し，室温においてさえ，あらゆる種類の微生物を殺菌する．作用機序は，DNA 中の官能基がエポキシドを攻撃し，開環反応が起こり，効果的にアルキル化を行うことである．

DNA —NH_2 → (エポキシド) → DNA —NH—CH_2CH_2—OH

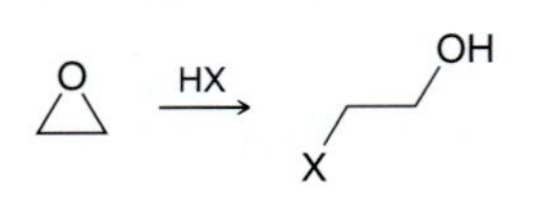

このアルキル化は DNA の正常な機能を阻害し，微生物を死滅させる．純粋なエチレンオキシドを用いることは，空気中の酸素と混ざると爆発を起こしやすくなるため安全上問題がある．エチレンオキシドと二酸化炭素との混合物を用いると爆発性がなくなるので，この問題を回避できる．そのような混合物は医療機器および農業用穀物の殺菌用に市販されている．

HX → X, OH

酸触媒による開環

前節で，エポキシドと反応性の高い求核剤との反応を述べた．これらの反応はエポキシドの 3 員環の環ひずみが解消されるため進行しやすい．開環反応は酸性条件でも進行する．その一例として，エチレンオキシドと HX の反応を考えてみよう．この反応は，2 段階で進行する（反応機構 14・6）．

反応機構 14・6　酸触媒によるエポキシドの開環

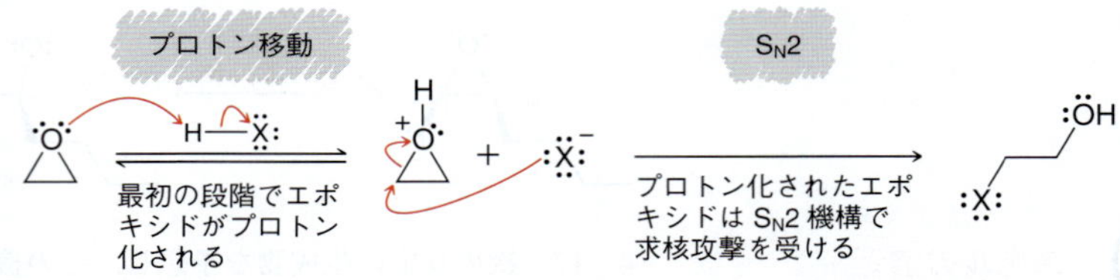

最初の段階はプロトン移動であり，2 段階目はハロゲン化物イオンによる求核攻撃（S_N2）である．この反応は，HCl, HBr, HI などで進行する．水やアルコールなどの求核剤も酸性条件でエポキシドを開環する．少量の酸（通常硫酸）が触媒として用いられる．[H^+] は酸が触媒として働くことを示す*.

＊［　］は酸触媒を表す一般的な表記法ではないが，本書では酸触媒を表すのに［　］を用いる．

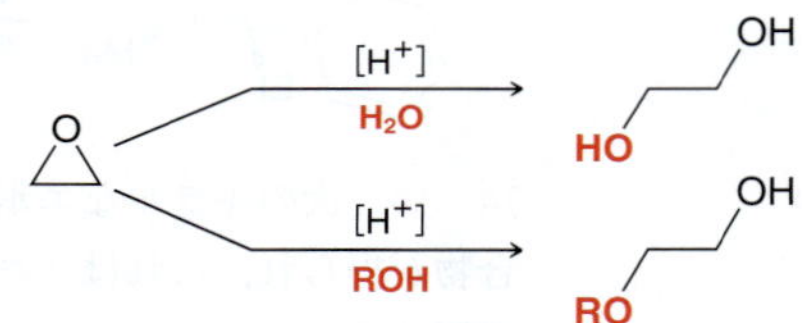

上記の両反応ともに，最後の段階はプロトン移動である．

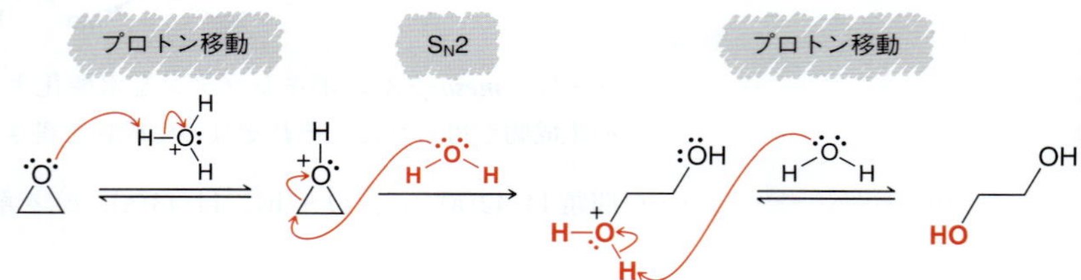

最初の二つの段階は，反応機構 14・6 の二つの段階に類似している．電気的に中性の求核剤が攻撃した後に生成する電荷を除くために，反応の終了時にさらにプロトン移動が必要である．上記の反応は，エチレングリコールの大量合成に用いられている．

エチレンオキシド　—[H_2SO_4], H_2O→　HO~OH エチレングリコール

米国では，エチレンオキシドの酸触媒開環反応により毎年 300 万トン以上のエチレングリコールが製造されている．そのほとんどは，不凍液として用いられる（13 章“役立つ知識”参照）．

前節で述べたように，開環反応には注目すべき点として位置選択性と立体選択性の二つがある．まず，位置選択性から始めよう．出発物のエポキシドが非対称な場合，位置選択性はエポキシドの構造に依存する．一方が第一級で他方が第二級である場

合，S_N2 反応から予想されるように，攻撃は立体的に込み合っていない第一級の炭素で起こる．しかし，他方が第三級である場合，反応はより多くの置換基が結合した第三級の炭素で進行する．

求核剤はここを攻撃する（立体障害が小さい）　第一級　第二級　HX
より込み合っているが，求核剤はここを攻撃する　第一級　第三級　HX

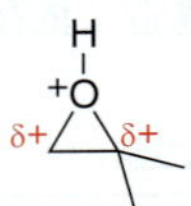

これはなぜだろうか．第一級の炭素のほうが確かに立体障害が小さい．しかし，立体効果よりももっと重要な要因がある．それは，**電子効果**（electronic effect）である．プロトン化されたエポキシドは正電荷をもっており，正電荷をもった酸素原子は，エポキシドの二つの炭素原子から電子を引き寄せる．

医薬の話題　たばこの煙と発がん性のあるエポキシド

これまでの章で述べたように，有機化合物の燃焼により CO_2 と水が生成する．しかし，燃焼によりこの二つの化合物のみが生成することはまれである．通常，不完全燃焼により，炎から発生する煙の原因となる有機化合物が生成する．そのような化合物のひとつはベンゾ[*a*]ピレン（benzo[*a*]-pyrene）とよばれる．この高い発がん性をもつ化合物は，ガソリン，木材，たばこなどの有機化合物の燃焼により生成する．近年，この化合物の発がん作用機構が解明され，ベンゾ[*a*]ピレンそのものが発がん物質ではないことが明らかにされた．むしろ，DNA をアルキル化し DNA の正常な機能を阻害する高活性な中間体は代謝生成物のひとつ（ベンゾ[*a*]ピレンの代謝過程で生成する化合物のひとつ）である．

ベンゾ[*a*]ピレン　O_2 シトクロム P_{450}　アレーンオキシド
H_2O エポキシドヒドロラーゼ
O_2 シトクロム P_{450}　ジオールエポキシド

ベンゾ[*a*]ピレンが代謝されると，エポキシド（アレーンオキシドとよばれる）が生成し，水により開環し，ジオールが得られる．この2段階は非常になじみの深いものである．最初の段階はエポキシドの生成であり，2段階目は触媒存在下での開環によるジオールの生成である．このジオールは再度エポキシ化を起こし，ジオールエポキシドを生じる．このジオールエポキシドは発がん性を示す代謝産物で，DNA をアルキル化できる．DNA 中のデオキシグアノシンのアミノ基はエポキシドを攻撃する．この反応により DNA の構造が変化し，遺伝情報が改変され，がん細胞の発生に至る．

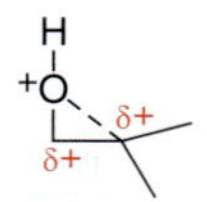

たばこの煙中の発がん物質はベンゾ[*a*]ピレンのみではない．本書を通じて，他の発がん物質についても取上げる．

炭素原子は二つとも部分正電荷 δ+ をもつ．すなわち，ともに部分的にカルボカチオン的な性質をもつ．しかし，部分正電荷を安定化する能力は二つの炭素で同じではない．第三級の炭素のほうが，部分正電荷をはるかに安定化できる．そのため，第三級の炭素は第一級の炭素よりも，カルボカチオン的な性質を示す．したがって，プロトン化されたエポキシドはより正確には左のように書くことができる．

この解析により次の二つの重要な結論が導き出される．1) より多置換の炭素はより求電子性が高く，求核攻撃を受けやすい，2) より多置換の炭素は，カルボカチオン的な性質が強く，そのためその構造は四面体と平面三方形の中間となり，第三級であるにもかかわらず求核攻撃を受けることができるようになる．

まとめると，酸触媒開環反応の位置選択性は，エポキシドの構造に依存する．

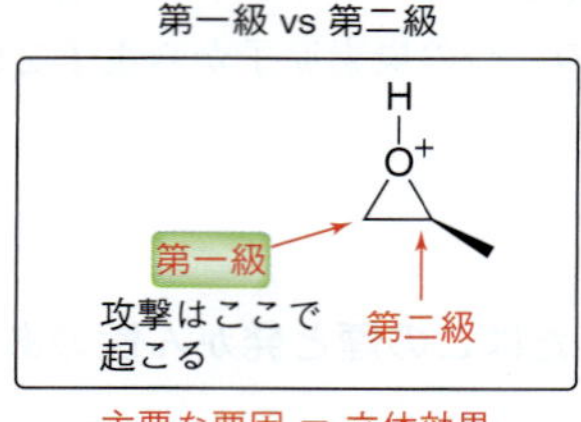

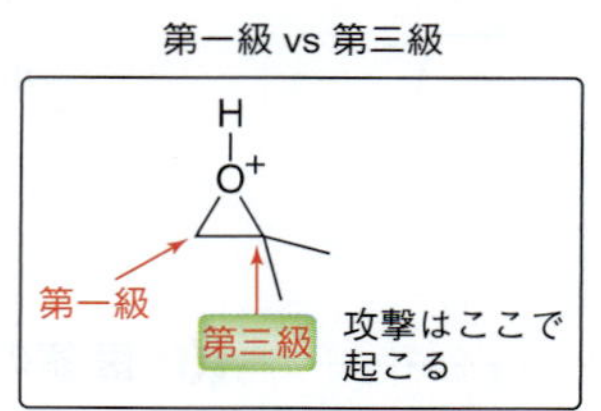

位置選択性を制御する際に電子効果と立体効果という競合する二つの要因がある．前者はより多置換の炭素への攻撃を促進し，後者はより置換基の少ない炭素への攻撃を有利にする．どちらの要因が支配的になるかを決めるために，エポキシドを解析する必要がある．エポキシドに第三級炭素があるならば，電子的な要因が支配的になる．第一級と第二級炭素しかないならば，立体的な要因が支配的になる．酸触媒による開環反応の位置選択性は，立体効果と電子効果が競合する例の一つである．以降の章で，電子効果と立体効果が競合する例についてさらにいくつか取上げる．

前節（反応性の高い求核剤による開環）では，電子的な要因は考慮する必要がないので，位置選択性は理解しやすかった．エポキシドはプロトン化される前に求核攻撃されるので，攻撃される際に正電荷をもたない．そのような場合，立体効果のみを考慮すればよい．

次に酸触媒条件での開環反応の立体化学に目を向けてみよう（左）．キラル中心を攻撃する場合，立体配置の反転が起こる．この結果は求核剤の背面攻撃が関与する S_N2 的な反応と合致する．

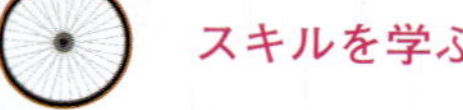

スキルビルダー 14・5　酸触媒による開環反応の機構を書き，生成物を予想する

スキルを学ぶ

次の反応の生成物を予想し，その機構を示せ．

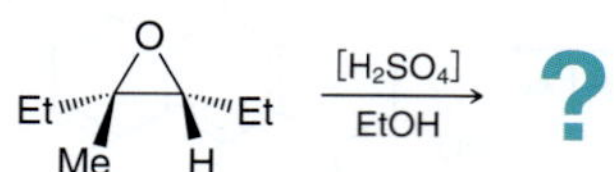

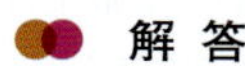

解答

硫酸が存在するので，エポキシドは酸触媒条件で開環する．生成物の構造を書く際には，

反応の位置選択性と立体選択性を考慮しなければならない．

ステップ 1
立体効果と電子効果のどちらが支配的であるか決め，位置選択性を明らかにする．

1. 立体選択性を予想するために，エポキシドの構造を解析する．

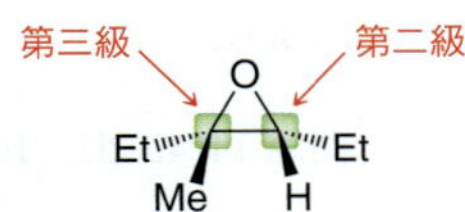

一方が第三級なので，位置選択性は電子効果に支配されると考えられ，求核攻撃はより多置換の第三級炭素で起こると予想される．

ステップ 2
求核剤がキラル中心を攻撃するか確かめ，立体化学を明らかにする．その場合，キラル中心は反転する．

2. 次に立体選択性を明らかにする．攻撃を受ける場所がキラル中心かどうかを確認する．この場合，キラル中心である．したがって，求核剤の背面攻撃により立体配置が反転すると予想される．

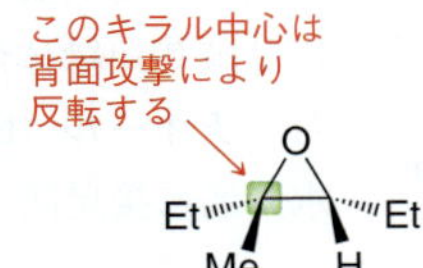

ステップ 3
反応機構を 3 段階で書く．

位置選択性と立体選択性を予想したので，反応機構を書くことができる．エポキシドはまずプロトン化され，ついで求核剤 EtOH の攻撃を受ける．

プロトン移動　S_N2

攻撃する求核剤は中性（EtOH）なので，開環中間体から正電荷を取除き最終生成物を得るためには，さらなるプロトン移動が必要である．

プロトン移動

スキルの演習

14・20 次の反応の生成物を予想し，その機構を示せ．

(a) HCl ?
(b) HBr ?
(c) $[H_2SO_4]$ / EtOH ?
(d) $[H_2SO_4]$ / H_2O ?
(e) $[H_2SO_4]$ / MeOH ?
(f) HBr ?

スキルの応用

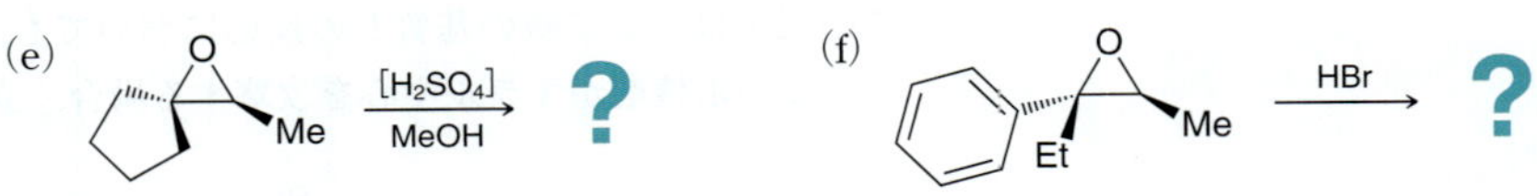

14・21 次の反応の機構を示せ．

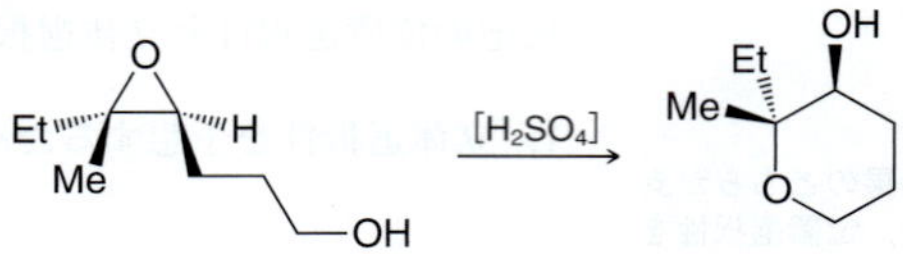

問題 14·43(d)，14·49，14·50 を解いてみよう．

14・11　チオールとスルフィド

チオール

硫黄は周期表で酸素の下（同じ族）に位置する．したがって，多くの含酸素化合物には硫黄類縁体が存在する．アルコールの硫黄類縁体は OH 基の代わりに SH 基をもち，**チオール**（thiol）とよばれる．チオールの命名はアルコールの命名と同様，炭化水素名に接尾語 "チオール thiol" を加える．

接尾語の "-thiol" の前の "e" が残っていることに注意してほしい．アルコールの場合は接尾語である "ン -e" とアルコールの "o" と母音が並ぶので e を省略する．

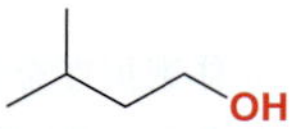

3-メチル-1-ブタノール
3-methyl-1-butanol

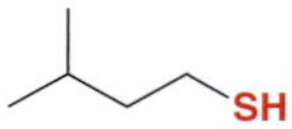

3-メチル-1-ブタンチオール
3-methyl-1-butanethiol

分子内に他の官能基がある場合には SH 基は置換基として命名し，**メルカプト基**（mercapto group）とよぶ*．

"メルカプト mercapto-" という名前はチオールがかつては "メルカプタン mercaptan" とよばれていたことに由来する．この名前は IUPAC により数十年前に廃止されたが，古い習慣はなかなか消えず，多くの化学者は未だメルカプタンという名前を用いている．この語はラテン語の mercurium captans（水銀を捕捉する）に由来しており，チオールが他の金属のみならず，水銀とも錯体を形成できることを表している．この能力は，ジメルカプロール（dimercaprol）とよばれる医薬品にうまく利用され，水銀や鉛中毒の治療に用いられている．

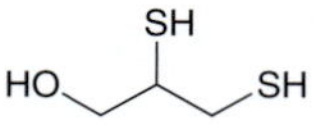

ジメルカプロール
(2,3-ジメルカプト-1-プロパノール)

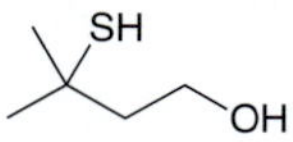

3-メルカプト-3-メチル-1-ブタノール
3-mercapto-3-methyl-1-butanol

チオールは，不快な刺激臭をもつことで悪名が高い化合物である．スカンクは，強力な悪臭を放つチオールの混合物を吹きかけることにより捕食者を撃退する．2-メチル-2-プロパンチオール（*tert*-ブチルメルカプタンともいう）$(CH_3)_3CSH$ はガス漏れをにおいで検知できるように天然ガスに加えられている．天然ガスは無臭なので，ガス漏れのにおいとされているのは天然ガスに加えられた 2-メチル-2-プロパンチオールのにおいである．驚くべきことに，チオールを用いたことのある科学者は，悪臭も長く嗅いでいると心地よく感じるようになると報告している．筆者も同様な経験がある．

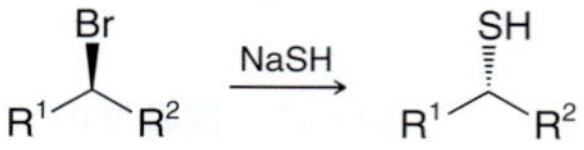

* 訳注：SH 基はスルファニル基ともよばれる．

チオールは硫化水素ナトリウム NaSH とハロゲン化アルキルから S_N2 反応により合成できる．

Br $\xrightarrow{\text{NaSH}}$ SH ＋ NaBr

硫化水素イオン HS^- はきわめて反応性の高い求核剤でありながら塩基性が低いので，この反応は，第二級の基質との反応においても，E2 反応と競合することなく進行する．この求核剤がキラル中心を攻撃する場合，立体配置の反転が起こる．

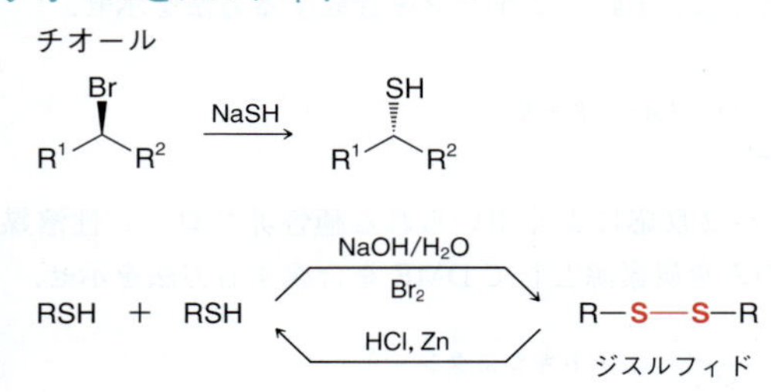

$R^1CH(Br)R^2 \xrightarrow{\text{NaSH}} R^1CH(SH)R^2$

チェックポイント

14・22　次のチオールを合成するのに必要な反応剤を示せ．

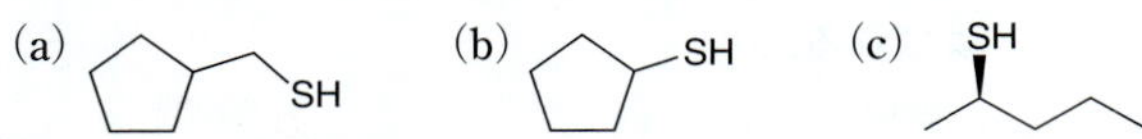

チオールは容易に酸化されて**ジスルフィド**（disulfide）を生成する．

$$\text{CH}_3\text{CH}_2\text{SH} + \text{HSCH}_2\text{CH}_3 \xrightarrow{\text{NaOH/H}_2\text{O, Br}_2} \text{CH}_3\text{CH}_2\text{S{-}SCH}_2\text{CH}_3$$

ジスルフィド

チオールのジスルフィドへの変換には，臭素の水酸化ナトリウム水溶液などの酸化剤を必要とする．この反応は，チオールの脱プロトンによる**チオラートイオン**（thiolate ion）の生成から始まる（反応機構 14・7）．水酸化物イオンは強塩基なので，平衡によりチオラートイオンが生成する．このチオラートイオンは反応性の高い求核剤であり，S_N2 反応により臭素分子を攻撃する．再度 S_N2 反応が進行しジスルフィドが生成する．

反応機構 14・7　チオールの酸化

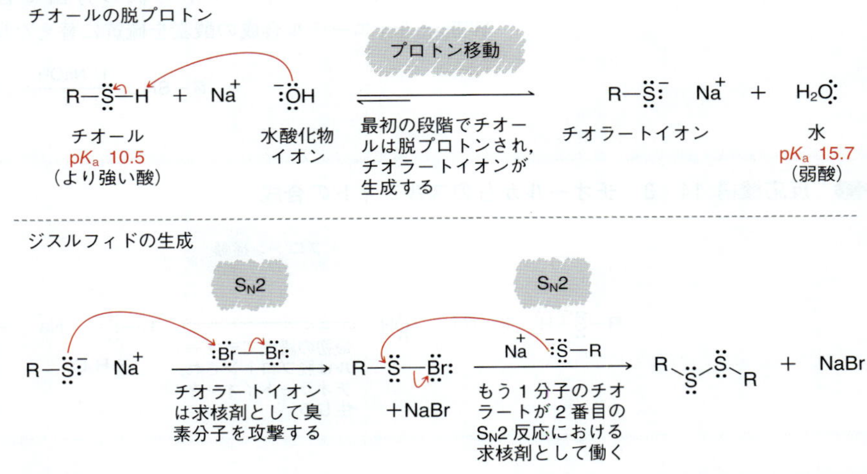

チオールをジスルフィドに変換するのに用いることのできる酸化剤は数多くある．実際，この反応はきわめて容易に進行し，大気中の酸素も酸化剤としてジスルフィド生成に用いることができる．触媒を用いて反応を加速することもできる．ジスルフィドは亜鉛存在下の HCl などの還元剤により，チオールへと容易に還元される．

$$\text{CH}_3\text{CH}_2\text{S{-}SCH}_2\text{CH}_3 \xrightarrow[\text{還元}]{\text{HCl, Zn}} \text{CH}_3\text{CH}_2\text{SH} + \text{HSCH}_2\text{CH}_3$$

チオールとジスルフィドの相互変換が容易なのは，S−S 結合の性質のためである．結合の強さは約 220 kJ/mol と，他の多くの共有結合のほぼ半分の強さである．§25・4 で述べるが，チオールとジスルフィドとの間の相互変換は多くの生物学的に活性な化合物の形を決定するのにきわめて重要である．

スルフィド

エーテルの硫黄類縁体は**スルフィド**（sulfide）または**チオエーテル**（thioether）とよばれる．

$$\mathrm{R{-}O{-}R}\qquad\qquad \mathrm{R{-}S{-}R}$$

エーテル　　スルフィド

スルフィドの命名はエーテルの命名と同様である．“エーテル ether”の代わりに“スルフィド sulfide”を用いて基官能名がつけられる．

ジエチルエーテル diethyl ether　　ジエチルスルフィド diethyl sulfide

より複雑なスルフィドはエーテルの命名と同様に，アルコキシ基を**アルキルチオ**（alkylthio-）基に替えて置換命名法で命名する．

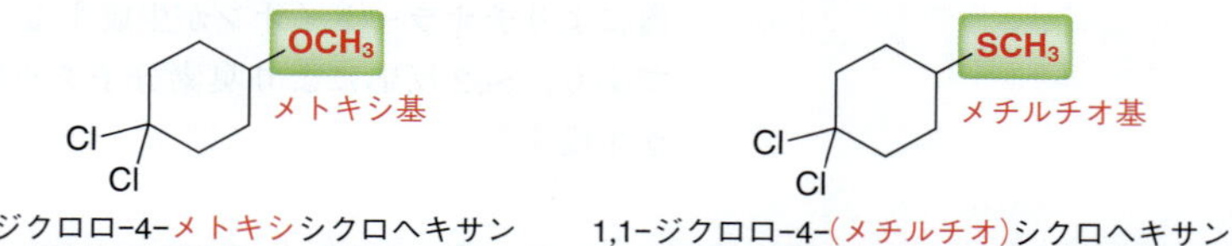

1,1-ジクロロ-4-メトキシシクロヘキサン 1,1-dichloro-4-methoxycyclohexane　　1,1-ジクロロ-4-(メチルチオ)シクロヘキサン 1,1-dichloro-4-(methylthio)cyclohexane

スルフィドはチオールから次の方法で合成される．この反応は，まさに Williamson エーテル合成の酸素を硫黄に替えた反応である（反応機構 14・8）．

$$\mathrm{R{-}SH} \xrightarrow[\text{2) RX}]{\text{1) NaOH}} \mathrm{R{-}S{-}R}$$

反応機構 14・8　チオールからのスルフィドの合成

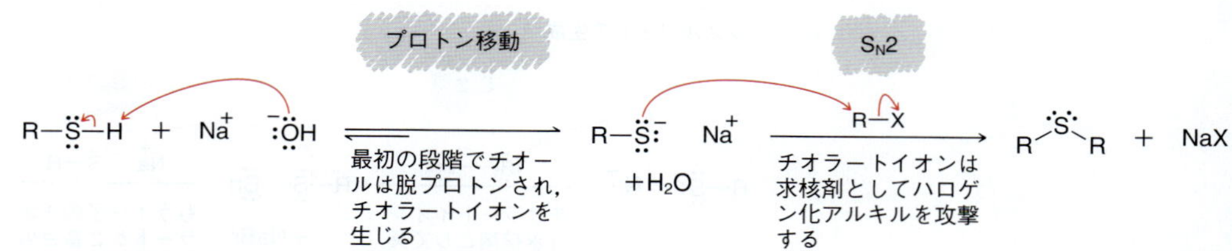

最初に，水酸化物イオンはチオールを脱プロトンし，チオラートイオンを生成する．チオラートイオンは求核剤としてハロゲン化アルキルを攻撃し，スルフィドを生成する．この反応は S_N2 機構で進行し，ここでもその制約が適用される．反応はメチルおよび第一級のハロゲン化アルキルと効率よく進行し，しばしば第二級ハロゲン化アルキルでも進行するが，第三級のハロゲン化アルキルとは反応しない．

スルフィドはエーテルと構造が似ているので，エーテル同様に反応性が低いと考えるかもしれないが，実際にはそうではない．スルフィドはいくつかの重要な反応を起こす．

1. スルフィドは S_N2 機構によりハロゲン化アルキルを攻撃する．

$$\mathrm{R{-}\ddot{S}{-}R} \xrightarrow{\mathrm{H_3C{-}X}} \mathrm{R{-}\overset{+}{S}(CH_3){-}R} + \mathrm{X^-}$$

この反応の生成物は，メチル基を求核剤に移動させることができるので，強力なアルキル化剤である．

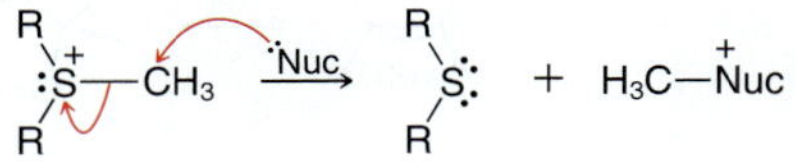

SAM を用いたアルキル化については§7・4参照．

すでに7章でこの反応の例を述べた．*S*-アデノシルメチオニン（SAM）は生体内のメチル化剤であることを思い出そう．

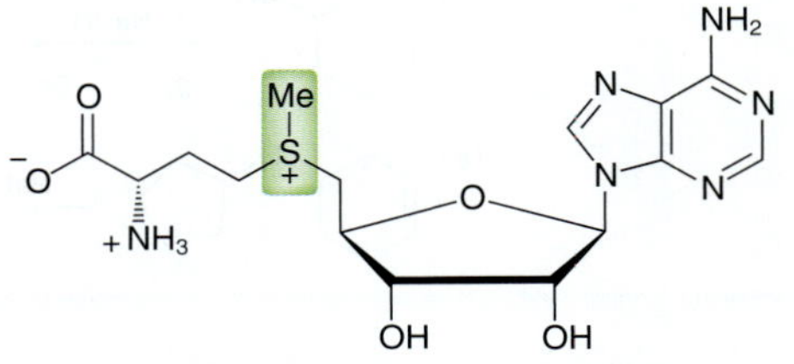

S-アデノシルメチオニン(SAM)

2. スルフィドを酸化することにより**スルホキシド**（sulfoxide）と**スルホン**（sulfone）が得られる．

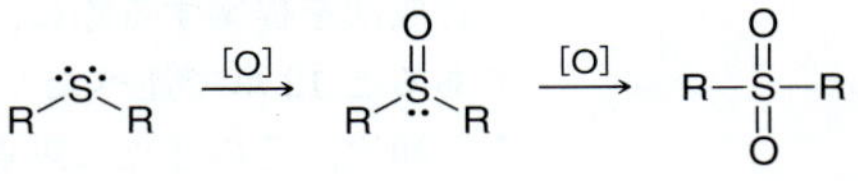

スルフィド sulfide　スルホキシド sulfoxide　スルホン sulfone

最初の生成物はスルホキシドである．もし酸化剤が十分に反応性が高く過剰にあれば，スルホキシドはさらに酸化されてスルホンが生成する．スルホンにまで酸化することなくスルホキシドを良好な収率で得るためには，スルホキシドを酸化しない酸化剤を用いる必要がある．そのような酸化剤としてメタ過ヨウ素酸ナトリウム $NaIO_4$ など，多くの反応剤が入手可能である．スルホンが望みの化合物である場合は，2倍モル量の過酸化水素が用いられる．

メチルフェニルスルフィド → ($NaIO_4$) メチルフェニルスルホキシド

メチルフェニルスルフィド → (2 H_2O_2) メチルフェニルスルホン

スルホキシドやスルホンのS=O結合はほとんど二重結合性がない．そのため，スルホキシドやスルホンは，しばしばS−O結合が単結合として書かれる．

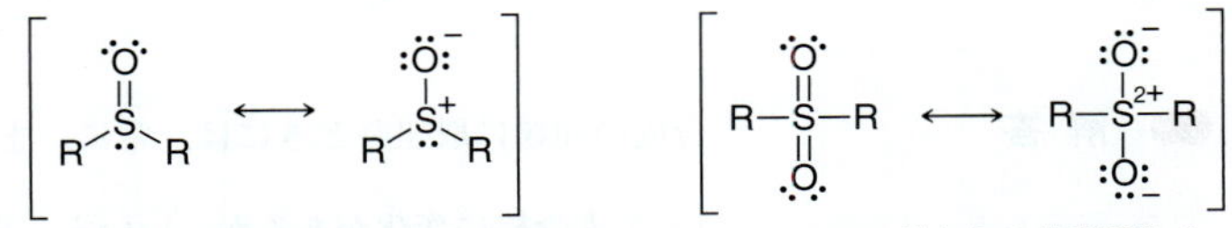

スルホキシドはどちらの共鳴構造で書いてもよい

スルホンはどちらの共鳴構造で書いてもよい

スルフィドは，それ自身が容易に酸化されるために，さまざまな用途において理想的な還元剤として用いられる．たとえば，ジメチルスルフィド（DMS）はオゾン分解における還元剤として用いられる（§9・11）．副生物はジメチルスルホキシド

(DMSO) である．

H_3C–S–CH_3 (DMS)　O_3　→　+　+　H_3C–S(=O)–CH_3 DMSO

チェックポイント

14・23　次の反応の生成物を予想せよ．

(a) 1) NaOH　2) Br　?

(b) SNa　?

(c) $NaIO_4$　?

(d) 2 H_2O_2　?

14・12　エポキシドを含む合成戦略

合成法を提案する際に，炭素骨格あるいは官能基に変化があるかをまず考えるべきであると 12 章で述べた．本章では，それぞれの範疇に関する重要な合成反応を述べた．順次，その 2 点に焦点を当てて解説する．

隣接した二つの官能基の導入

OH　Nuc

本章で述べた最も有用な合成手法はエポキシドの反応である．エポキシドを合成する手法と，エポキシドを開環する反応剤について述べた．エポキシドを開環することにより，隣接した炭素に二つの官能基を導入できることに注目してほしい．隣接した二つの官能基がある化合物の合成にはエポキシドを用いることを考えよう．練習してみよう．

スキルビルダー 14・6　隣接した二つの官能基の導入

スキルを学ぶ

次の変換を行う適切な方法を示せ．

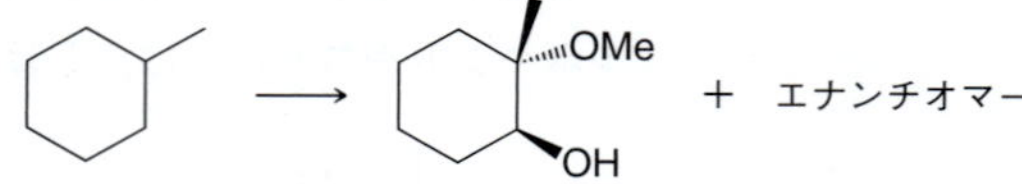

解答

合成の問題に取組むときには，常に，まず初めに次の二つの点を明らかにする．

1. 炭素骨格に変化があるか．いいえ，炭素骨格は変化していない．
2. 官能基に変化があるか．はい，出発物には官能基はないが，生成物は隣接した二つの官能基をもつ．

この問いに対する答により何をすべきかが決まる．ここでは，隣接した二つの官能基を導入しなければならない．これは，エポキシドの開環反応を利用するとよいことを示している．逆合成解析を利用して，必要なエポキシドを書く．

この反応では，メトキシ基はより置換基の多い炭素に導入する必要がある．これは求核剤 MeOH がより多置換の炭素を攻撃するようにエポキシドを酸性条件で開環させなければならないことを意味する．

次の段階は，どのようにしてエポキシドを合成するかである．エポキシドを合成する手法をいくつか述べたが，それらはともにアルケンを出発物とする方法である．

ここで，出発物を望みのアルケンに変換することに焦点を当てて，その合成法を考える．出発物には官能基がなく，アルカンに官能基を導入する方法を一つだけ学んでいる．すなわち，ラジカル臭素化である．

Br2, hν → Br

ここで，臭化物をアルケンに変換する必要がある．

OMe OH ＋ エナンチオマー

Br2, hν　MeOH, [H+]　Br　?　MCPBA　O

エトキシドイオンのような強塩基により脱離反応が進行し，望みのアルケンが得られる．したがって，次のような合成法が考えられる．

1) Br_2, hν
2) NaOEt
3) MCPBA
4) $[H^+]$, MeOH

OMe OH ＋ エナンチオマー

スキルの演習

14・24 次の変換を行う適切な方法を示せ．

(a) → HO CN

(b) → OH OH ＋ エナンチオマー

(c)

(d)

(e)

スキルの応用

14・25　自動車の不凍液の主成分であるエチレングリコールをヨードエタンを出発物として合成する方法を示せ．

問題 14・51 を解いてみよう．

Grignard 反応剤：官能基の位置の制御

本章では，Grignard 反応剤を用いてエポキシドを開環しながら C−C 結合を生成する新しい方法を述べた．ここまでエポキシドを中心にこの反応を考えてきた．すなわち，エポキシドを出発物として考え，Grignard 反応剤は出発物の構造を変化させるために用いた．たとえば，次の反応では，エポキシドが開環しアルキル基 R が構造中に導入される．

1) RMgBr, ジエチルエーテル
2) H_2O
出発物　生成物

この種の反応を考えるもう一つの方法としてハロゲン化アルキルを中心に考えることもできる．すなわち，ハロゲン化アルキルを出発物と考え，エポキシドはハロゲン化アルキルに炭素原子二つを導入するために用いる．

R—Br　1) Mg, ジエチルエーテル　2) エポキシド　3) H_2O
出発物　生成物

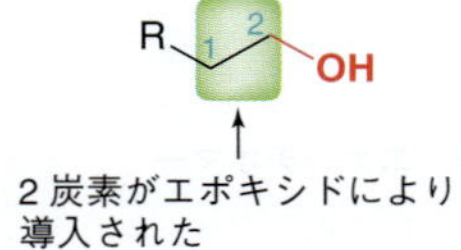

反応の重要な特徴が明らかになる場合があるので，反応を視点を変えて見ることは重要である．すなわち，上記の反応は二つ目の炭素に酸素官能基をもつ炭素鎖を導入するために用いられる．官能基の位置に注意してほしい．ヒドロキシ基は新たに導入された炭素鎖の二つ目の炭素にある．Grignard 反応剤がケトンやアルデヒドを攻撃した場合（§13・6），ヒドロキシ基は新たに導入された炭素鎖の最初の炭素に結合する．エポキシドの場合，これとは異なった結果になることは，きわめて重要な特徴である．

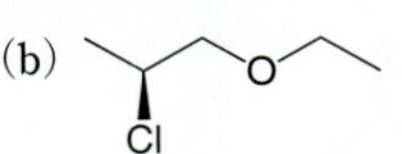

R—Br　1) Mg, ジエチルエーテル　2) アセトアルデヒド　3) H_2O
→ R（1, 2）OH

この違いに注目してほしい．新たに導入されたアルキル基に官能基が導入される場合，その正確な位置をしっかりと把握できるように訓練しなければならない．具体例で練習してみよう．

スキルビルダー 14・7 適切な Grignard 反応を選ぶ

スキルを学ぶ

次の変換を行う適切な方法を示せ．

(a)

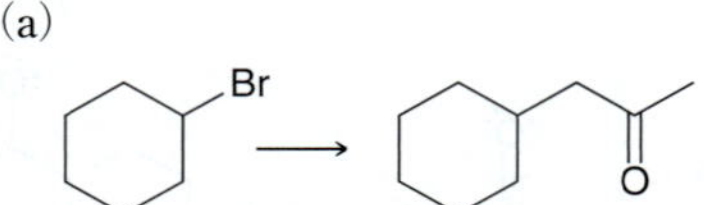

(b)

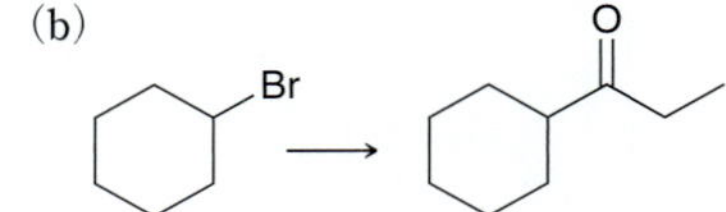

解 答

(a) 合成の問題に取組む場合は，常に，まず最初に炭素骨格または官能基に変化があるかどうか確認する．この場合，炭素骨格と官能基がともに変化している．3 炭素鎖が導入され，官能基の種類と位置がともに変化している．

これらの二つの問いに対する答から，3 炭素と官能基（C=O）を導入しなければならないことがわかる．この二つの課題を別べつに考えるのは非効率的である．最初に 3 炭素鎖を導入し，そこで初めてどのようにして C=O 結合を望みの位置に導入すればよいか考えると，カルボニル基の導入が非常に困難であることに気づく．官能基がすでに望みの位置にあるように 3 炭素を導入するほうがより効率的である．正確な位置を分析してみよう．

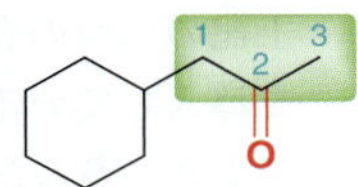

導入される 3 炭素を見ると，官能基は 2 番目の炭素にある．これはエポキシドの開環を用いるとよいことを示している．

この段階により，3 炭素鎖が導入され同時に官能基が正しい位置に導入される．官能基はカルボニル基ではなくヒドロキシ基である．しかし，ヒドロキシ基を望みの位置に導入できれば，酸化を行いカルボニル基にすることは容易である．

官能基は容易に相互変換できることを常に覚えておこう．いかにして官能基を望みの位置に導入するかが重要である．まとめると，合成は次のようになる．

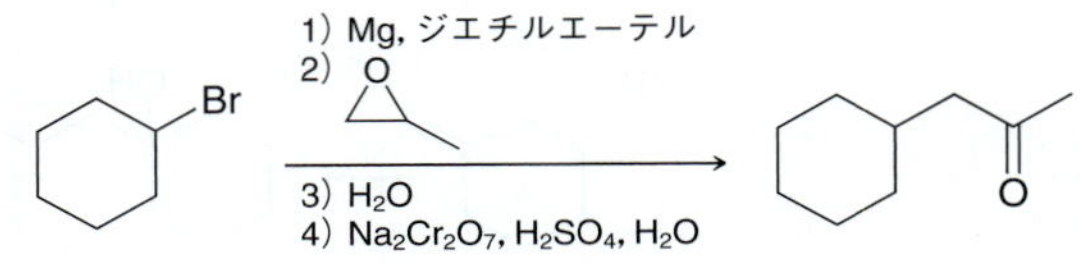

(b) この問題は前問と非常によく似ている．ここでも，3 炭素を導入しようとしているが，ここでは官能基は導入する炭素鎖の最初の炭素に位置している．

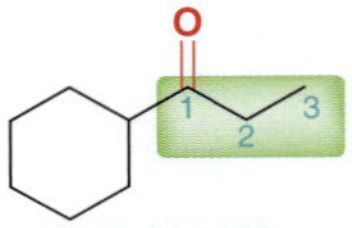

これは，この化合物がエポキシドの開環反応では合成できないことを意味している．この場合，Grignard 反応剤はエポキシドではなくアルデヒドを攻撃しなければならない．

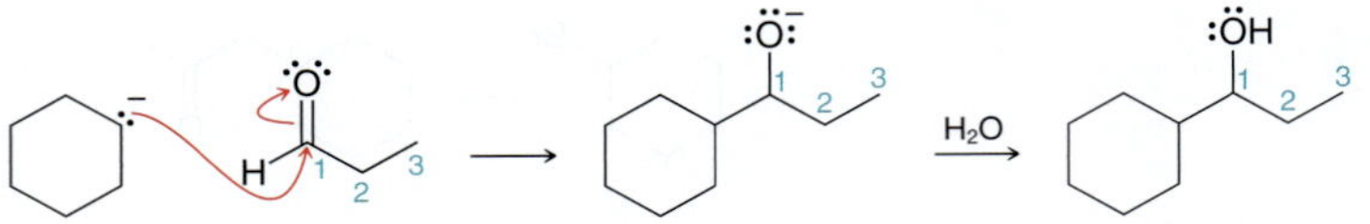

$\xrightarrow{H_2O}$

一連の反応により，官能基は望みの位置に導入される．前問同様に，この段階でアルコールを酸化して望みのケトンを合成することは容易である．まとめると，合成は次のようになる．

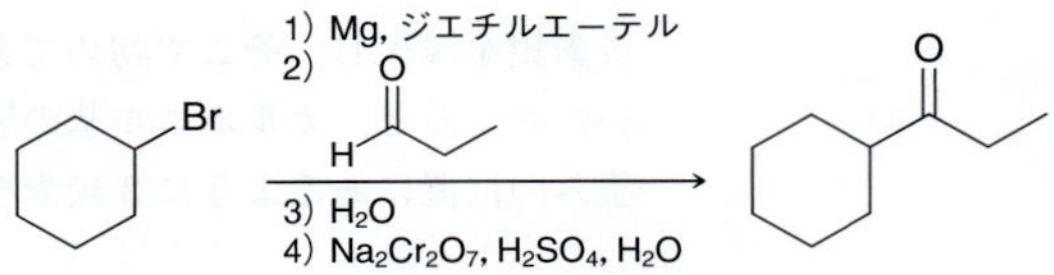

1) Mg, ジエチルエーテル
2) (プロパナール)
3) H_2O
4) $Na_2Cr_2O_7$, H_2SO_4, H_2O

上記の二つの合成の違いに注意してほしい．ともに，Grignard 反応剤を用いて炭素鎖を導入しているが，Grignard 反応剤がエポキシドとアルデヒドのどちらを攻撃するかにより，導入される官能基の位置が異なる．

スキルの演習

14・26 次の変換を行う適切な方法を示せ．

(a)

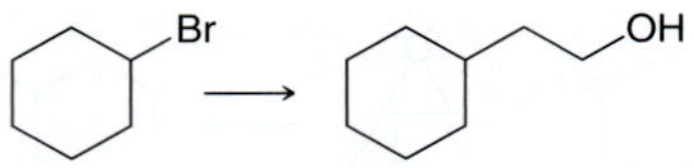

(b)

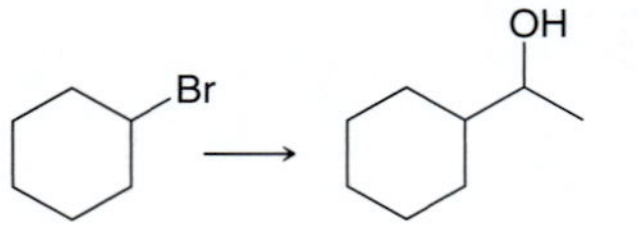

(c)

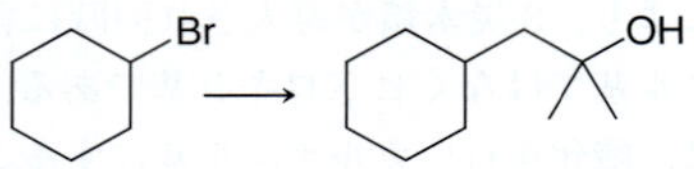

(d)

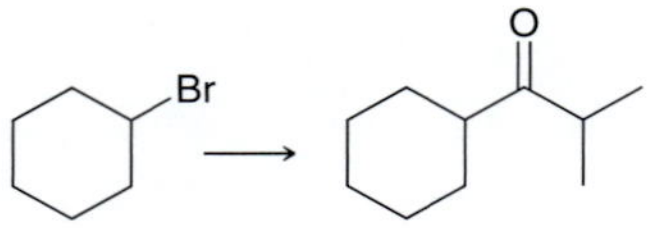

(e)

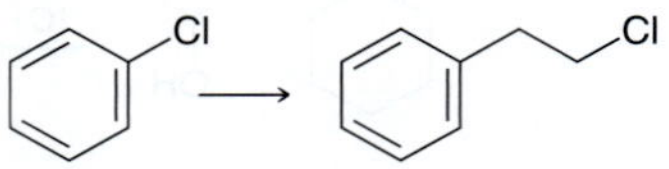

(f)

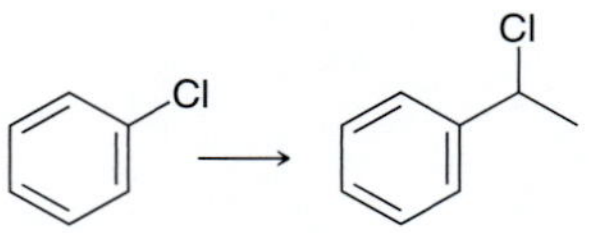

(g)

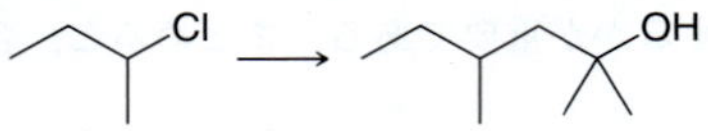

(h)

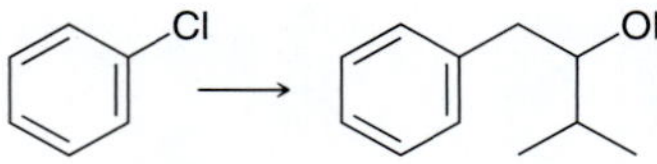

(i)

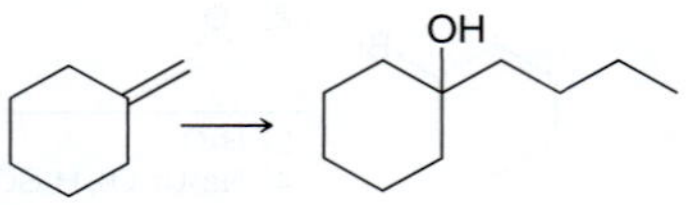

スキルの応用

14・27　アセチレンを唯一の炭素源として，1,4-ジオキサンを合成する方法を示せ．

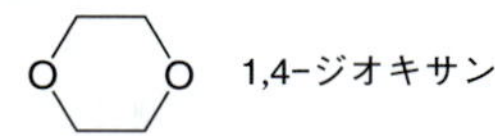

14・28　ジメトキシエタン(DME)はS_N2反応によく用いられる極性非プロトン性溶媒である．アセチレンとヨウ化メチルのみを炭素源としてDMEを合成する方法を示せ．

ジメトキシエタン

14・29　2炭素以下の化合物を用いて，次の化合物を合成する適切な方法を示せ．

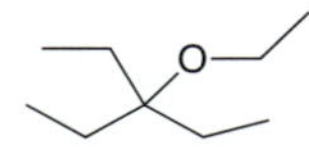

問題14・51を解いてみよう．

反応のまとめ

エーテルの合成

Williamson エーテル合成

R—OH —1) NaH, 2) RX→ R—O—R

アルコキシ水銀化-脱水銀反応

1) $Hg(OAc)_2$, ROH　2) $NaBH_4$

エポキシドの合成

MCPBA

1) Br_2, H_2O　2) NaOH

シス　シス

エーテルの反応

酸開裂反応　R—O—R —HX(過剰量), 加熱→ R—X ＋ R—X ＋ H_2O

—HX(過剰量), 加熱→ —OH ＋ R—X

自動酸化　—O_2, 遅い→ OOH

ヒドロペルオキシド

エナンチオ選択的エポキシ化反応

$(CH_3)_3COOH$, $Ti[OCH(CH_3)_2]_4$, (+)-DET

$(CH_3)_3COOH$, $Ti[OCH(CH_3)_2]_4$, (−)-DET

エポキシドの開環反応

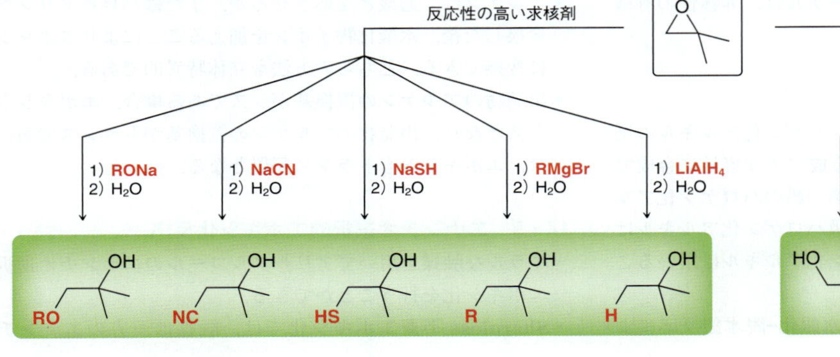

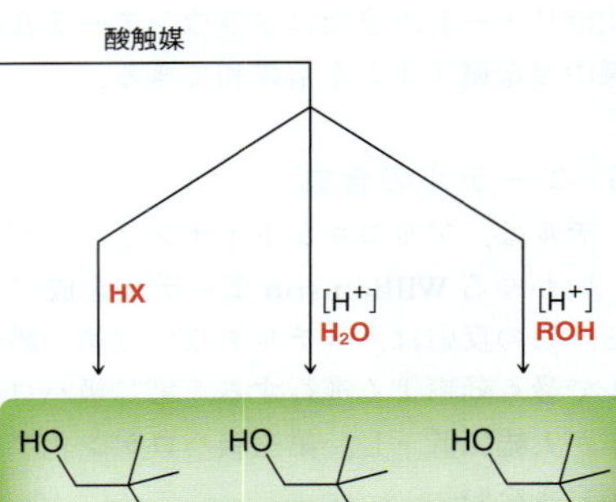

チオールとスルフィド

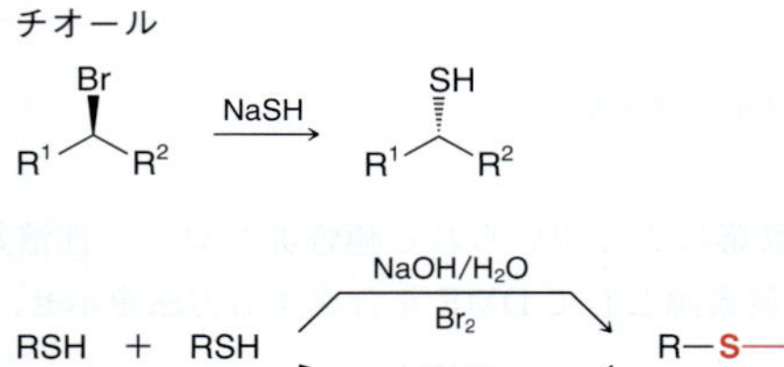

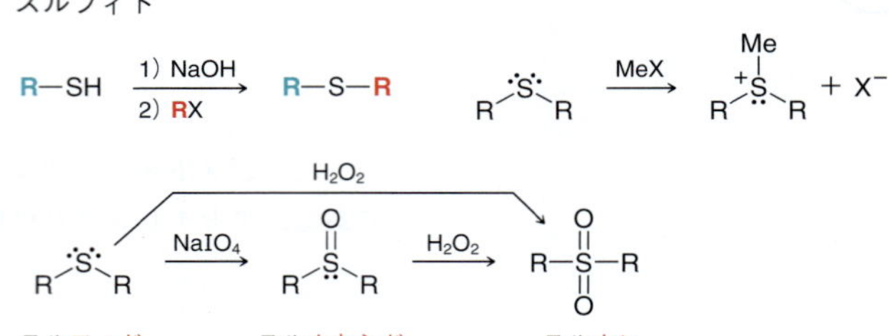

考え方と用語のまとめ

14・1　エーテルとは

- **エーテル**は，アルキル，アリール，ビニルなどの基が二つ酸素原子に結合している化合物である．
- エーテルは，多くの天然物や医薬品に含まれる構造である．

14・2　エーテルの命名法

- **非対称エーテル**は異なる二つのアルキル基をもち，**対称エーテル**は同一の二つの基をもつ．
- エーテルの基官能命名法では，おのおのの R 基の名前をアルファベット順に並べ，“エーテル ether”をつけることにより命名する．
- エーテルの置換命名法では，より大きな基を母体のアルカンとし，より小さな基を**アルコキシ**置換基として命名する．

14・3　エーテルの構造と性質

- 低分子量のエーテルは沸点が低いが，大きなアルキル基の置換したエーテルは，アルキル基間の London の分散力により沸点が高くなる．
- エーテルは有機反応の溶媒としてよく用いられる．

14・4　クラウンエーテル

- 多くのエーテル結合を含む化合物である**ポリエーテル**では，エーテルと金属イオンとの相互作用はきわめて強い．
- 環状ポリエーテルまたは**クラウンエーテル**は，非極性の有機溶媒中で金属イオンを溶媒和できる．

14・5　エーテルの合成

- エーテルは，アルコキシドイオンとハロゲン化アルキルの反応，いわゆる **Williamson エーテル合成**により容易に合成できる．この反応は，メチルあるいは第一級のハロゲン化アルキルで最も効率よく進行する．第二級ハロゲン化アルキルは効率が大幅に低下し，第三級ハロゲン化アルキルは用いることができない．
- エーテルはアルケンから**アルコキシ水銀化–脱水銀**反応により合成でき，RO と H がアルケンに対して Markovnikov 付加する．

14・6　エーテルの反応

- 強酸と反応させると，エーテルは**酸開裂**を起こし，二つのハロゲン化アルキルへと変換される．
- フェニルエーテルを酸性条件で開裂させると，フェノールとハロゲン化アルキルが生成物として得られる．
- エーテルは大気中の酸素の存在下自動酸化を起こし，ヒドロペルオキシドを生成する．

14・7　エポキシドの命名法

- 3 員環の環状エーテルは**オキシラン**とよばれる．大きな環ひずみをもち，そのため他のエーテルよりも反応性が高い．
- オキシランは**エポキシド**ともよばれ，次の二つの方法のどちらかにより命名される．
  - 酸素原子を母体の置換基と考え，エポキシドの正確な位置は二つの数字で表し，その後に“エポキシ epoxy-”を続ける．
  - 母体をエポキシド（母体名 ＝ オキシラン）と考え，エポキシドに結合している基は置換基として並べる．

14・8　エポキシドの合成

- アルケンは，過酸と反応させるか，またはハロヒドリンへと変換した後，水酸化物イオンを加えることによりエポキシドに変換できる．どちらの方法も立体特異的である．
- 出発物のアルケンの置換基がシスである場合，エポキシドもシスとなり，出発物のアルケンの置換基がトランスである場合，エポキシドもトランス配置となる．

14・9　エナンチオ選択的エポキシ化反応

- キラルな触媒を用いてアリルアルコールのエナンチオ選択的エポキシ化を行うことができる．
- **Sharpless 不斉エポキシ化**では，触媒は一方のエナンチオマーを優先的に生成する．

14・10　エポキシドの開環反応

- エポキシドは，反応性の高い求核剤の存在下または酸触媒条件で，**開環反応**を起こす．
- 反応性の高い求核剤を用いると，置換基の少ない（立体障害の小さい）位置を攻撃する．
- 酸触媒条件では，位置選択性はエポキシドの構造に依存し，**電子効果**と**立体効果**の競争により説明される．
- 立体化学に関しては，すべて立体配置が反転する．

14・11　チオールとスルフィド

- アルコールの硫黄類縁体は OH 基の代わりに SH 基を含み，**チオール**とよばれる．
- 化合物中に他の官能基が存在する場合，SH 基は置換基として命名され，メルカプト基とよばれる．
- チオールは硫化水素ナトリウム NaSH と適切なハロゲン化アルキルとの S_N2 反応により合成できる．
- チオールは容易に酸化され**ジスルフィド**を生成し，ジスルフィドは，還元剤を作用させると還元され容易にチオールに戻る．
- エーテルの硫黄類縁体は**スルフィド**とよばれる．スルフィドの命名はエーテルと同様である．基官能命名法では，“エーテル”の代わりに“スルフィド sulfide”を用いる．より複雑な構造のスルフィドは，アルコキシ基を**アルキルチオ基**に替えて，エーテルと同様に置換命名法で命名する．
- スルフィドは，アルコキシドの代わりにチオラートイオンを用いた Williamson エーテル合成の硫黄類似反応により，チオールから合成できる．
- スルフィドはハロゲン化アルキルを攻撃して生体内のアルキル化剤である SAM などを生成する．
- スルフィドは酸化により**スルホキシド**や**スルホン**を生成する．

14・12　エポキシドを含む合成戦略

- エポキシドの開環反応により，隣接した炭素原子に二つの官能基をもつ化合物が生成する．隣接した二つの官能基をもつ化合物をみたら，エポキシドの開環反応を利用することを考えるべきである．
- Grignard 反応剤がエポキシドと反応すると，C−C 結合が生成する．この反応は，2 番目の炭素に酸素官能基を含む炭素鎖を導入するのに利用できる．その一方，Grignard 反応剤がケトンまたはアルデヒドを攻撃すると，酸素官能基は導入された最初の炭素に存在する．
- 新たに導入されたアルキル鎖にある官能基の正確な位置がすぐにわかるように，練習しなければならない．

スキルビルダーのまとめ

14・1　エーテルを命名する

基官能名

酸素原子の両側を置換基として扱い，アルファベット順に並べる．

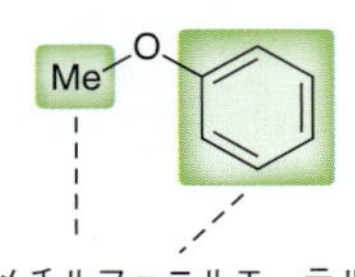

メチルフェニルエーテル

置換名

1）母体を選ぶ（より複雑な側）
2）置換基を明らかにする（アルコキシ基を含む）
3）位置番号をつける
4）置換基に位置番号をつけて，アルファベット順に並べる
5）キラル中心の立体配置を明らかにする

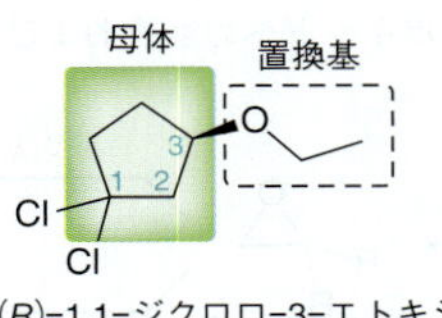

(*R*)-1,1-ジクロロ-3-エトキシシクロペンタン

14・2　Williamson エーテル合成を用いてエーテルを合成する

ステップ 1　酸素原子の両側の二つの置換基を明らかにする．

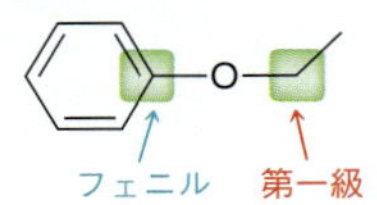

ステップ 2　S_N2 反応の基質としてどちらの側が適しているか明らかにする．

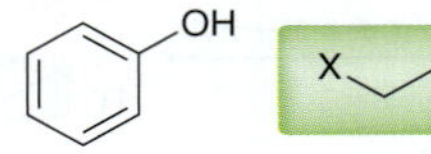

ステップ 3　塩基を用いてアルコールを脱プロトンし，ハロゲン化アルキルと反応させる．

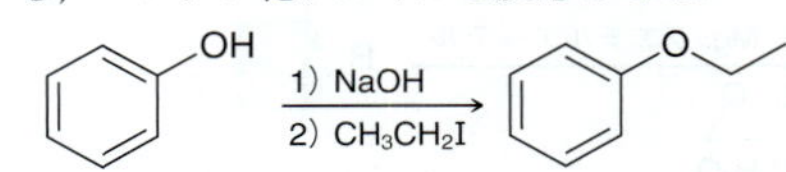

14・3　エポキシドの合成

ステップ 1　エポキシドに結合している四つの置換基を明らかにする．

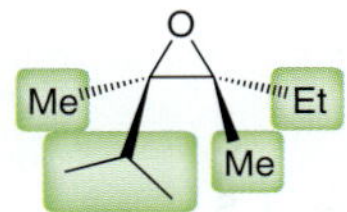

ステップ 2　四つの基の相対的な立体配置を明らかにし，出発物となるアルケンを書く．

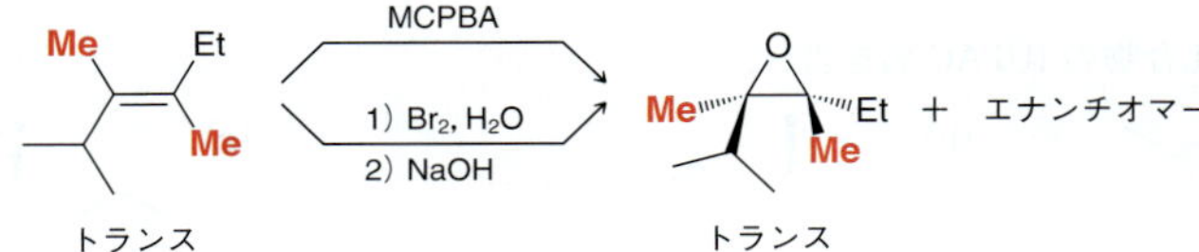

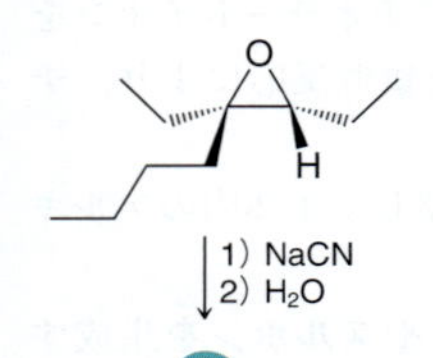

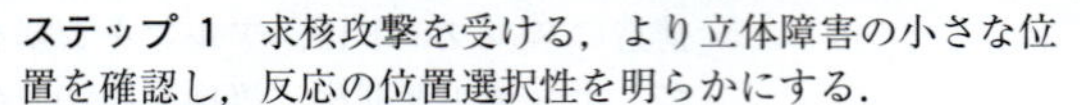

14・4　反応性の高い求核剤とエポキシドとの反応の機構を書き，生成物を予想する

生成物を予想し，その生成機構を書け．

1) NaCN
2) H_2O

?

ステップ 1　求核攻撃を受ける，より立体障害の小さな位置を確認し，反応の位置選択性を明らかにする．

第三級
第二級
立体障害がより小さい

ステップ 2　求核剤がキラル中心を攻撃するかどうか確認し，反応の立体化学を明確にする．その場合，立体配置は反転する．

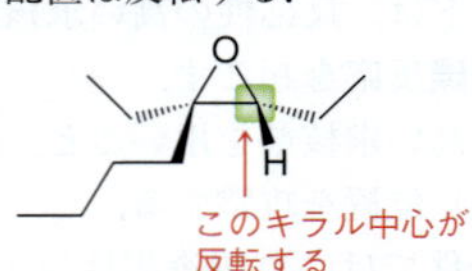

ステップ 3　両段階の反応機構を書く．

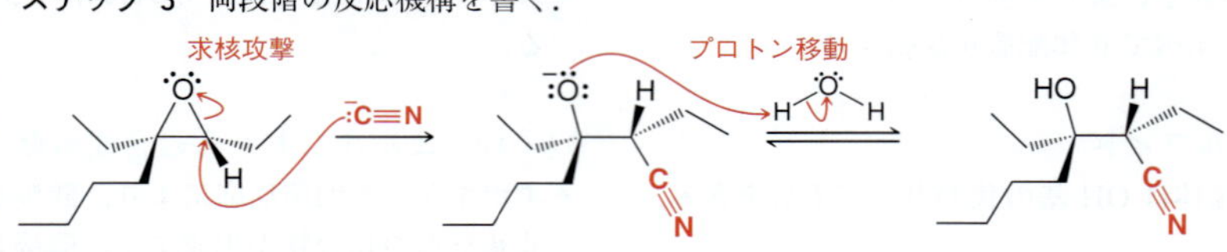

14・5　酸触媒による開環反応の機構を書き，生成物を予想する

生成物を予想し，その生成機構を書け．

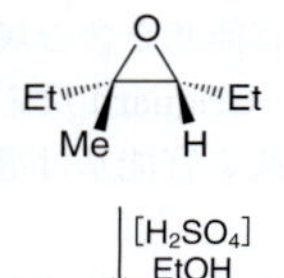

ステップ 1　立体効果と電子効果のどちらが支配的であるか決め，位置選択性を明らかにする．

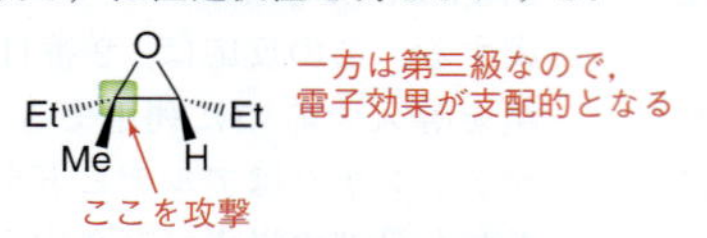

ステップ 2　立体化学を明らかにする．求核剤がキラル中心を攻撃する場合，立体配置が反転する．

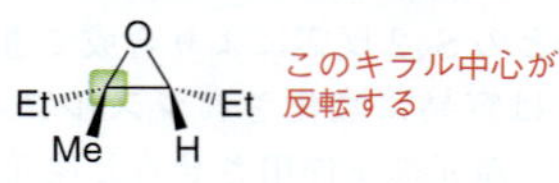

ステップ 3　次の 3 段階の機構を書く．1) プロトン移動，2) 求核攻撃，3) プロトン移動．

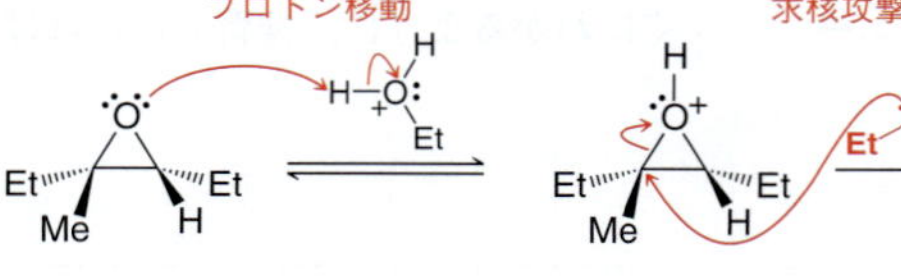

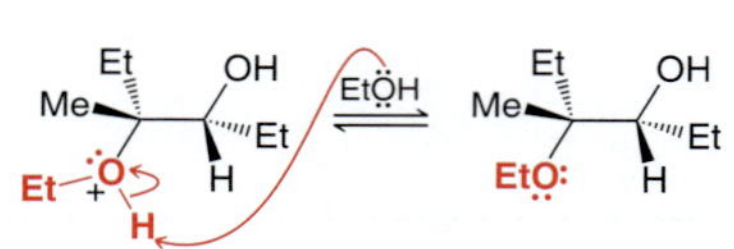

14・6　隣接した二つの官能基の導入

アルケンからエポキシドへの変換および位置選択的なエポキシドの開環

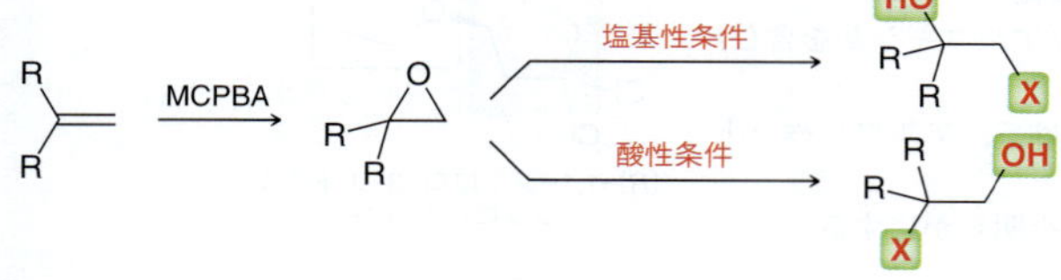

14・7　適切な Grignard 反応を選ぶ

エポキシドを攻撃する Grignard 反応剤

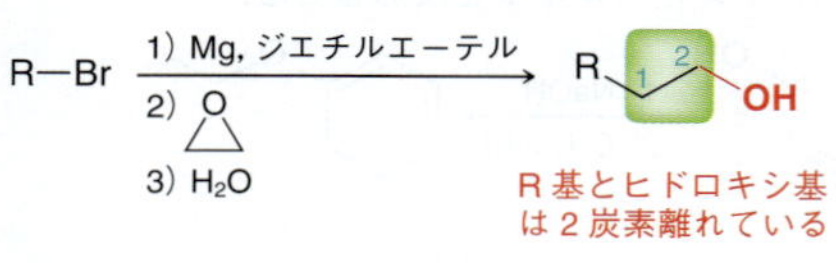

アルデヒドあるいはケトンを攻撃する Grignard 反応剤

R—Br
1) Mg, ジエチルエーテル
2)
3) H_2O
OH
R
R 基とヒドロキシ基は
同じ炭素に結合している

練 習 問 題

14・30　次の化合物の IUPAC 名を書け．

(a)
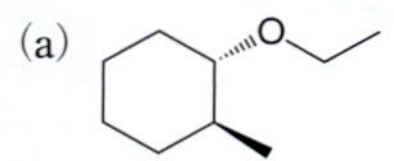

(b)
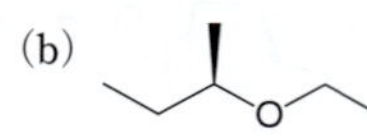

(c)
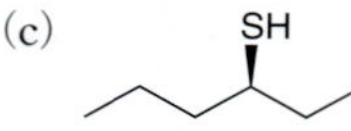

(d)
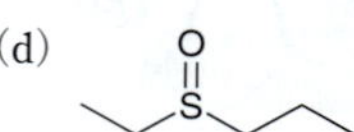

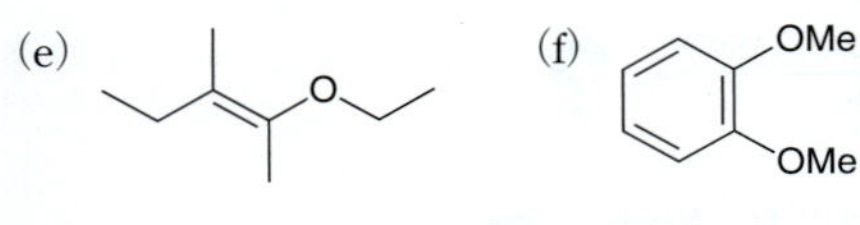

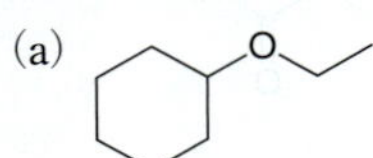

14・31　次の化合物を濃 HBr とともに加熱した際に得られる生成物を予想せよ．

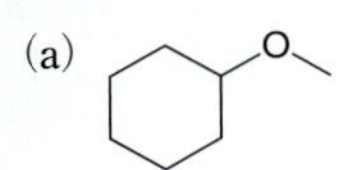

(a)　(b)

(c)　(d)

14・32　分子式が $C_4H_{10}O$ のエーテルの構造異性体をすべて書け．それぞれの基官能名と置換名を記せ．

14・33　シクロヘキセンと任意の反応剤を用いて，次の化合物を合成する方法を示せ．

(a)　(b)

(c)

14・34　1,4-ジオキサンを HI とともに加熱すると化合物 **A** が得られる．

HI（過剰量）、加熱 → 化合物 **A** ＋ 2 H_2O

(a)　化合物 **A** の構造を書け．

(b)　1 モルのジオキサンを用いると，何モルの化合物 **A** が得られるか．

(c)　ジオキサンから化合物 **A** が生成する機構を示せ．

14・35　1,4-ブタンジオールを硫酸と反応させるとテトラヒドロフラン（THF）が得られる．この変換の反応機構を示せ．

1,4-ブタンジオール → (H_2SO_4) → テトラヒドロフラン THF

14・36　エチレングリコールを硫酸と反応させると，1,4-ジオキサンが得られる．この変換の反応機構を示せ．

エチレングリコール → (H_2SO_4) → 1,4-ジオキサン

14・37　Williamson エーテル合成は，*tert*-ブチルフェニルエーテルの合成には用いることができない．

(a)　なぜこの方法を用いることができないか説明せよ．

(b)　*tert*-ブチルフェニルエーテルを合成する方法を示せ．

14・38　臭化メチルマグネシウムはエチレンオキシドとは速やかに，オキセタンとは徐々に反応し，テトラヒドロフランとは反応しない．この反応性の差を説明せよ．

エチレンオキシド　オキセタン　テトラヒドロフラン THF

14・39　次の変換を行うのに必要な反応剤を示せ．

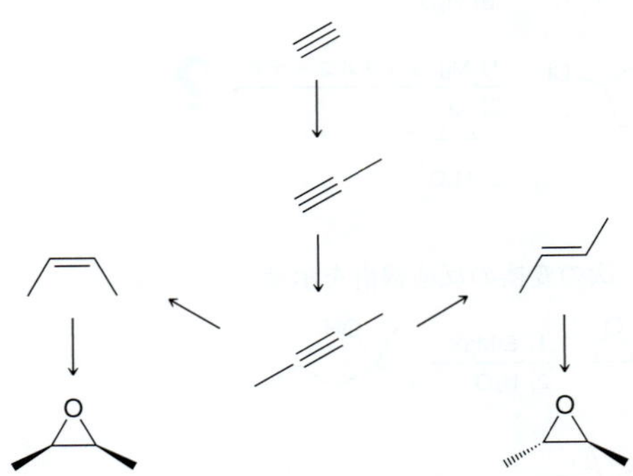

14・40　5-ブロモ-2,2-ジメチル-1-ペンタノールを水素化ナトリウムと反応させると，分子式 $C_7H_{14}O$ の化合物が得られる．この化合物の構造を書け．

HO–…–Br → (NaH) → $C_7H_{14}O$

14・41　問題 14・39 はシスおよびトランス二置換エポキシドを合成する一般的な方法を示している．この手法を用いて，アセチレンから次のエポキシドをラセミ体として合成する際に必要な反応剤を示せ．

(a)　(b)

(c)　(d)

14・42　次の反応の生成物を予想せよ．

(a)　1) RCO_3H　2) MeMgBr　3) H_2O　→ ?

(b)　1) $Hg(OAc)_2$, MeOH　2) $NaBH_4$　→ ?

(c)　1) MCPBA　2) NaSH　3) H_2O　→ ?

(d)　1) Na　2) EtCl　→ ?

(e) 1) Na 2) O 3) H_2O ?

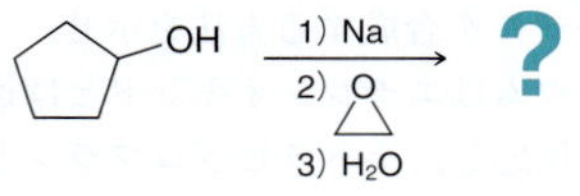

(f) Cl 1) Mg, ジエチルエーテル 2) O 3) H_2O ?

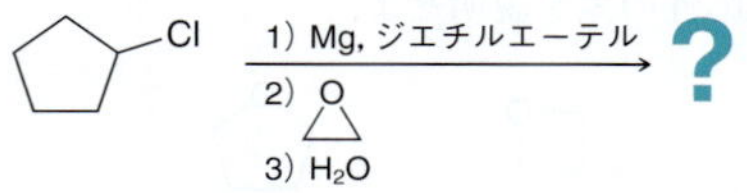

(g) OH 1) Na 2) O 3) H_2O ?

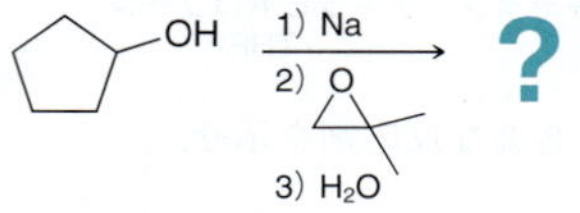

(h) Cl 1) Mg, ジエチルエーテル 2) O 3) H_2O ?

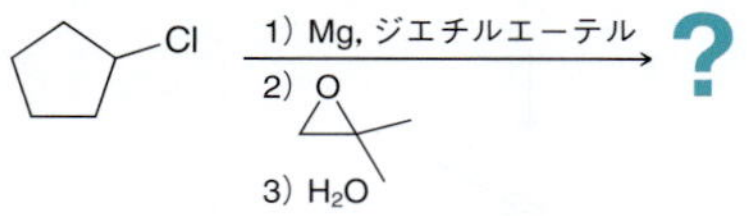

14・43 次の変換の反応機構を示せ．

(a) O 1) EtMgBr 2) H_2O OH

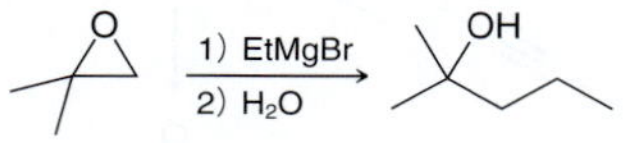

(b) OH 1) NaH 2) EtI OEt

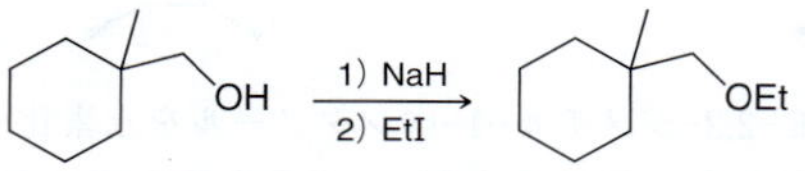

(c) O 1) $H-C{\equiv}C:^- \ Na^+$ 2) H_2O HO

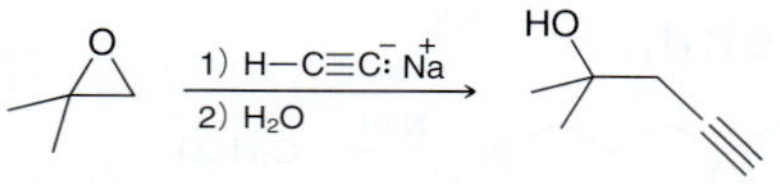

(d) O $[H_2SO_4]$ MeSH OH MeS

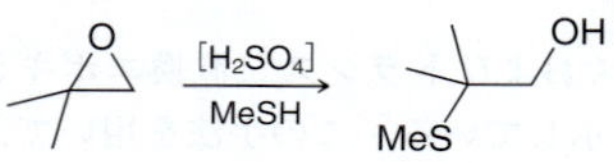

(e) Cl OH NaH O

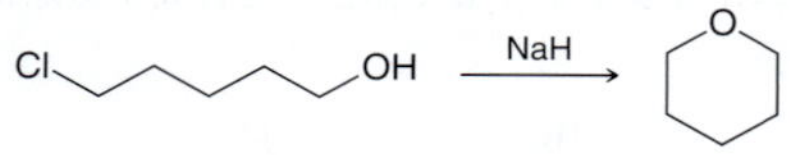

(f) Cl O Cl NaOH (過剰量) O O

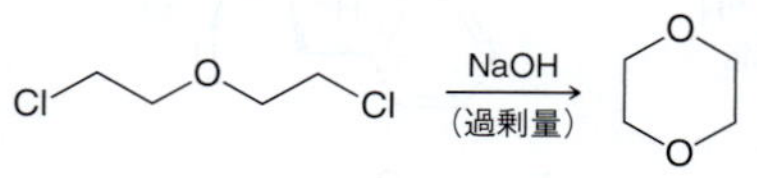

14・44 テトラヒドロフランを過剰の HBr の存在下加熱して得られる化合物を示せ．

14・45 化合物 **B** は分子式 $C_6H_{10}O$ で，π結合はもたない．濃 HBr と反応させると *cis*-1,4-ジブロモシクロヘキサンが生成する．化合物 **B** の構造を書け．

14・46 次の反応の段階的な機構を示せ．

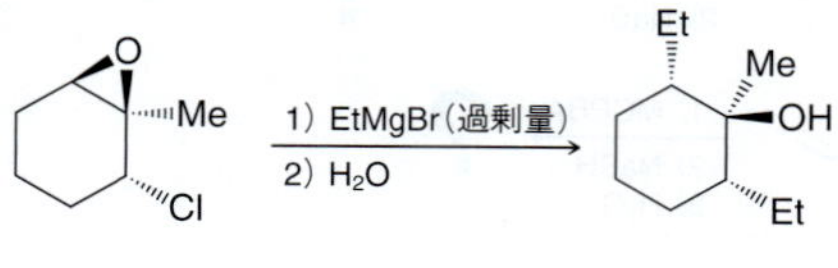

O Me Cl 1) EtMgBr (過剰量) 2) H_2O Et Me OH Et

14・47 次の反応の生成物を予想せよ．

(a) 1) $Hg(OAc)_2$, MeOH 2) $NaBH_4$?

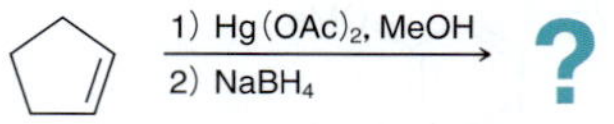

(b) 1) $Hg(OAc)_2$, MeOH 2) $NaBH_4$?

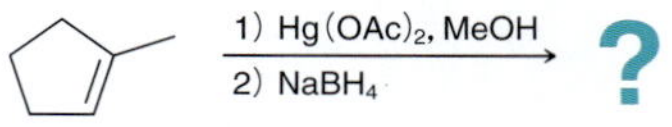

(c) 1) $Hg(OAc)_2$, OH 2) $NaBH_4$?

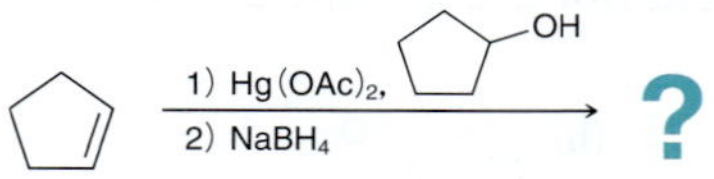

(d) 1) $Hg(OAc)_2$, OH 2) $NaBH_4$?

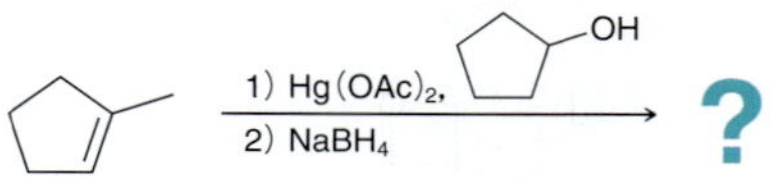

14・48 アセチレンとエチレンオキシドのみを炭素源として用いて，次の化合物を合成する方法を示せ．

(a) HO OH (b) O H H O

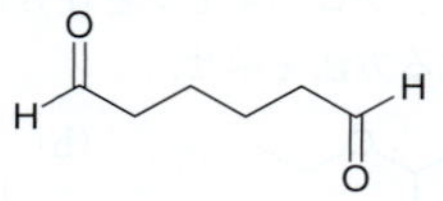

14・49 次の反応に必要な反応剤を示せ．

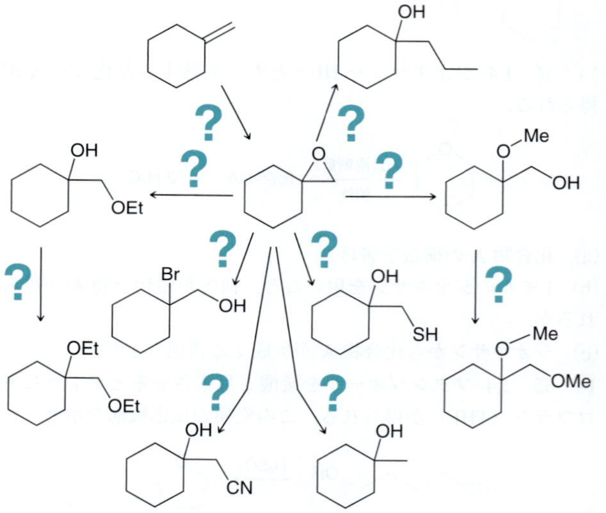

OH ? ? O ? ? OH OEt O Me OH ? ? ? ? Br OH OH SH O Me OMe OEt OEt ? ? OH CN OH

14・50 次の反応の生成物を書け．

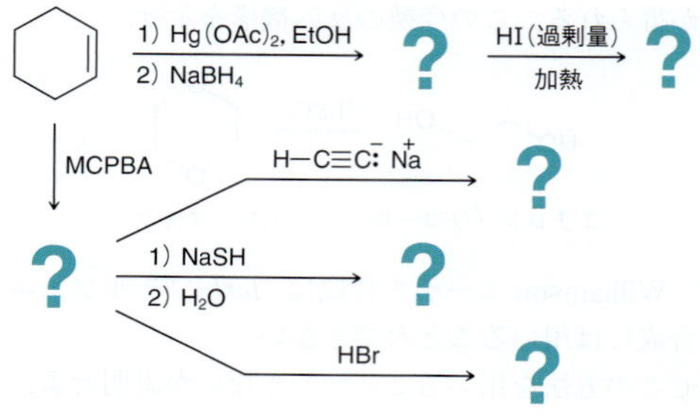

1) $Hg(OAc)_2$, EtOH 2) $NaBH_4$? HI (過剰量) 加熱 ?

MCPBA ? $H-C{\equiv}C:^- \ Na^+$?

1) NaSH 2) H_2O ?

HBr ?

発 展 問 題

14・51 次の変換を行う適切な方法を示せ．

(a)

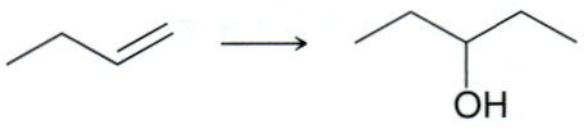

(b)

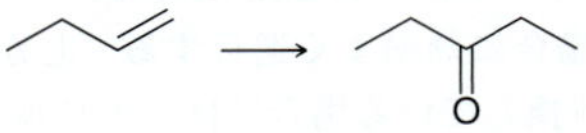

(c)

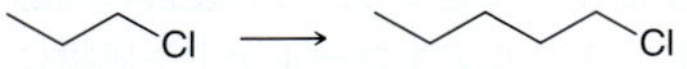

(d)

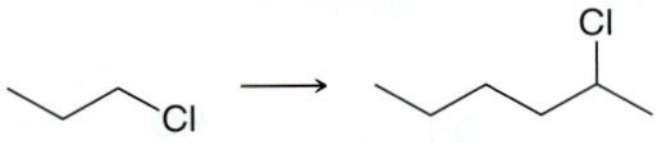

(e)

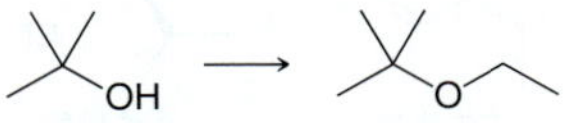

(f)

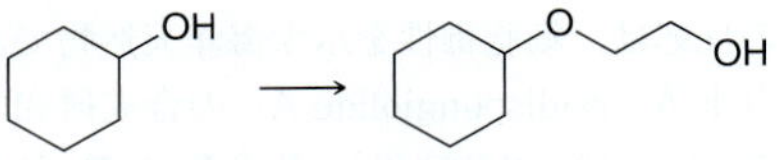

(g)

(h)

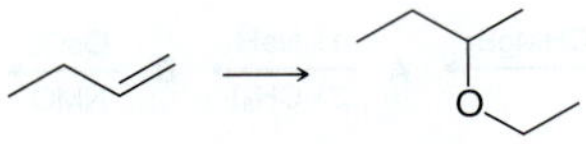

(i)

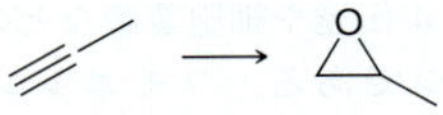

(j)

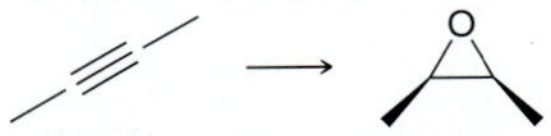

(k) 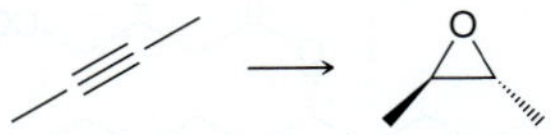 ＋ エナンチオマー

(l)

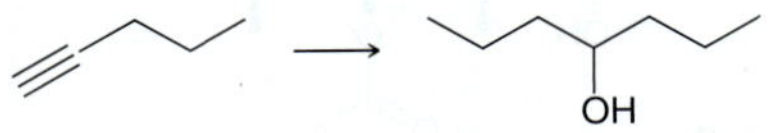

(m)

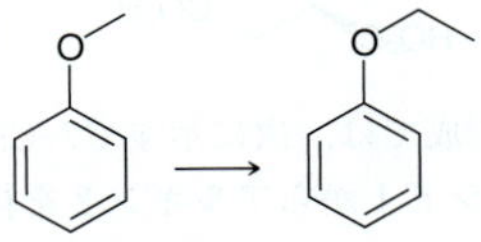

(n)

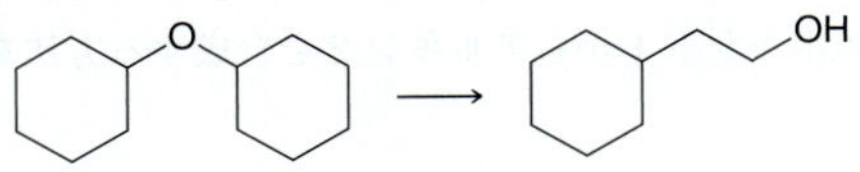

(o)

(p)

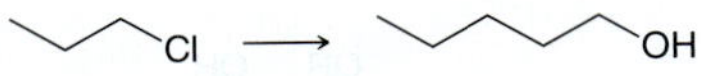

(q)

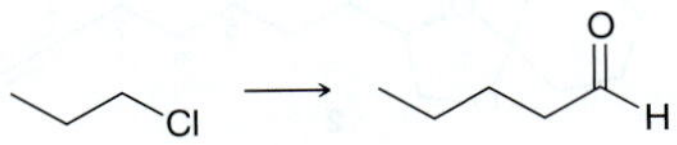

(r)

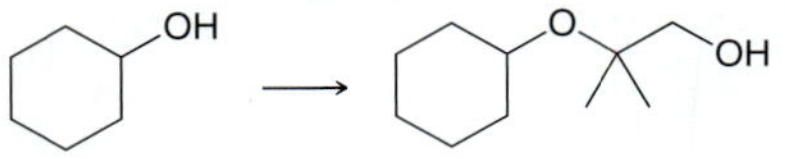

(s)

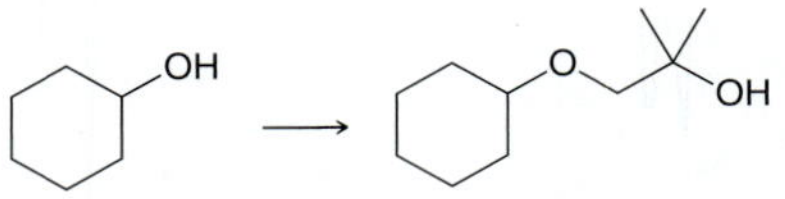

(t)  ＋ エナンチオマー

(u) ＋ エナンチオマー

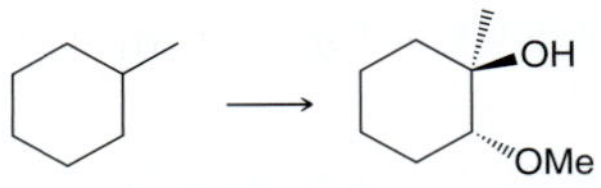

問題 14・52〜問題 14・55 はすでに分光法（15 章および 16 章）を学んだ学生のための問題である．

14・52 次の ^{13}C NMR スペクトルを示す分子式 C_7H_8O のエーテルの構造を書け．

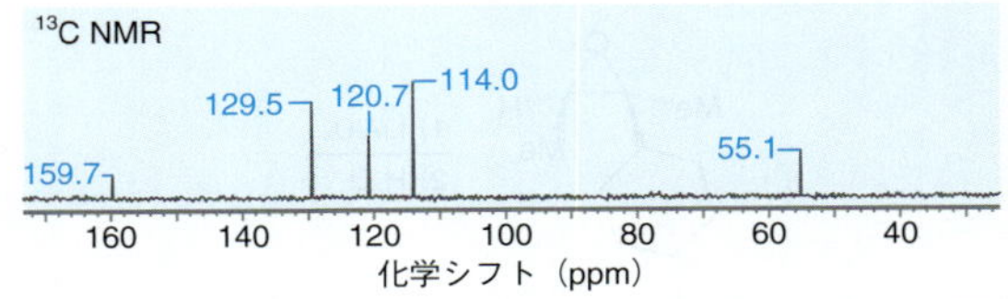

14・53 次の ^{1}H NMR および ^{13}C NMR スペクトルを示し，分子式 $C_8H_{18}O$ の化合物の構造を書け．

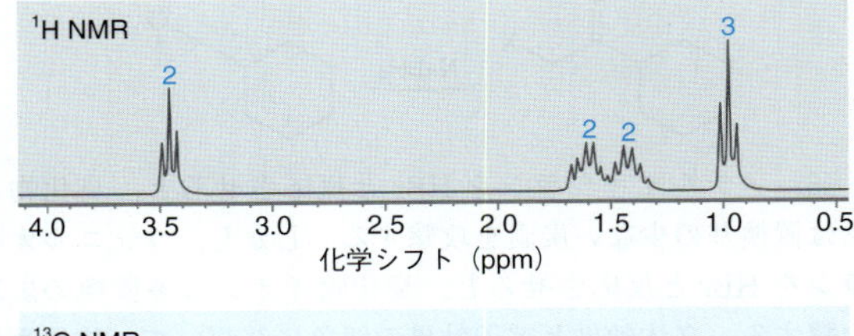

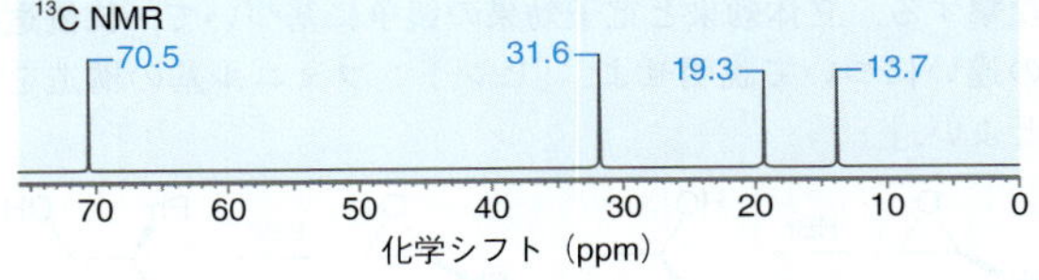

14・54 次の ^{13}C NMR および FT-IR スペクトルを示す分子式 C_4H_8O の化合物の構造を書け．

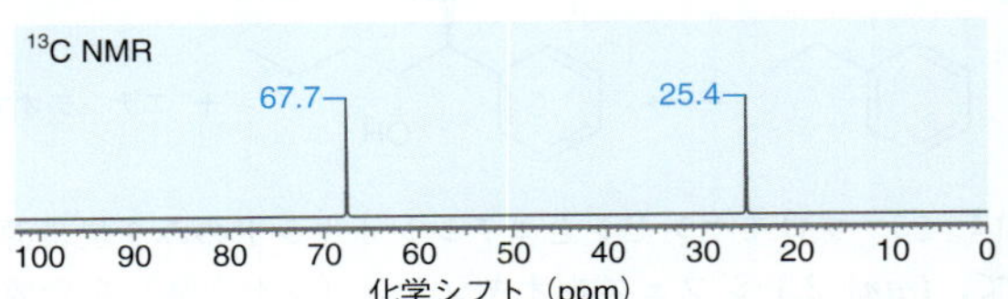

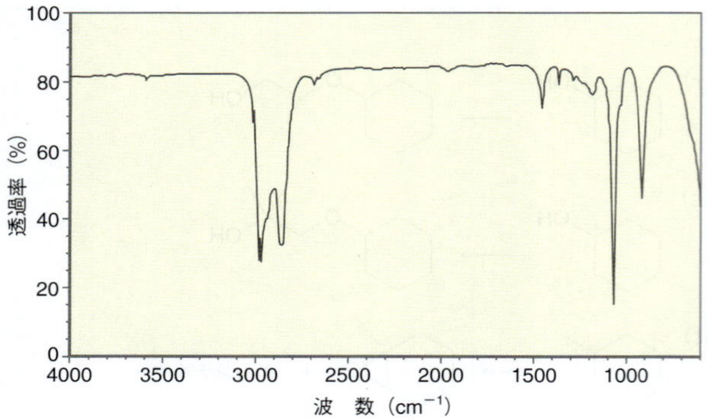

14・55　次の ¹H NMR スペクトルを示す分子式 $C_4H_{10}O$ の化合物の構造を書け．

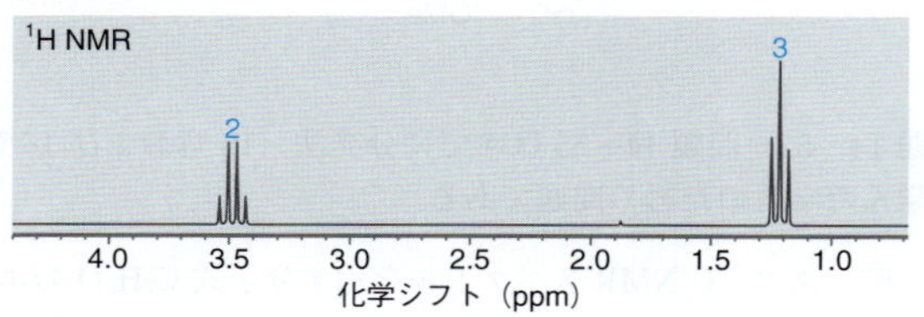

14・56　次の反応の生成物を予想せよ．

1) $LiAlD_4$
2) H_2O

14・57　エポキシドは α-ハロケトンを水素化ホウ素ナトリウムと反応させることにより得られる．次のエポキシドの生成機構を示せ．

$NaBH_4$

14・58　メチルオキシランを HBr と反応させると，臭化物イオンは置換基の少ない炭素を攻撃する．しかし，フェニルオキシランを HBr と反応させると，臭化物イオンは多置換の炭素を攻撃する．立体効果と電子効果の競争に基づいて，位置選択性の違いについて説明せよ．［ヒント：フェニル基の構造を書くとよい．］

14・59　次の変換を行う合成法を示せ．

＋ エナンチオマー

14・60　ブロモベンゼンとエチレンオキシドのみを炭素源として，*trans*-2,3-ジフェニルオキシラン（ラセミ体）を合成する方法を示せ．

＋ エナンチオマー

14・61　Grignard 反応剤とエポキシドの S_N2 反応は，エポキシドがエチレンオキシドの場合に効率よく進行する．しかし，エポキシドにかさ高い基が置換している場合には，アリルアルコールが生成する反応が優先して起こる．この変換の反応機構を示し，なぜこの場合に，アリルアルコールが主生成物になるか，§8・13 で述べた原理を用いて，説明せよ．

1) EtMgBr
2) H_2O
主生成物　　副生成物

14・62　次の一連の反応は，細胞毒性を示す海洋天然物であるレイジスポンギオリド A（reidispongiolide A）の合成研究で用いられた［*Tetrahedron Lett.*, 50, 5012 (2009)］．化合物 **A, B**, および **C** の構造を書け．

1) $CH_2{=}CHMgBr$　2) H_2O → **A**　1) NaH　2) CH_3I → **B**　OsO_4 / NMO → **C**

14・63　スフィンゴ脂質は，シグナル伝達や細胞認識などの重要な役割を果たす化合物のひとつである．フモニシン B_1（fumonisin B_1）は，スフィンゴ脂質の有力な生合成阻害剤である．

フモニシン B_1

最近報告されたフモニシン B_1 の合成では，次に示す C7–C9 を導入する変換反応により，エポキシド **1** からアルキン **2** を得ている［*Tetrahedron Lett.*, 53, 3233 (2012)］．3-ブロモ-1-プロピンを出発物として，エポキシド **1** からアルキン **2** を合成する方法を示せ．

1　→　**2**

索　　引

あ　行

か 行

さ 行

た　行

な 行

は 行

ま　行

や～わ

掲載図出典

カバー　フラスコ左から　黄色と赤のカプセル：rya sick/iStockphoto, 小さな丸薬：coulee/iStockphoto.　コーヒーすくい：Fuse/Getty images，コーヒー豆：Vasin Lee/Shutterstock，エスプレッソ：Rob Stark/Shutterstock.　トマトの成長過程：Alena Brozova/Shutterstock，チェリートマト：Natalie Erhova（summerky）/Shutterstock，チェリートマトの山：© Jessica Peterson/Tetra images/Corbis.　注射器：Stockcam/Getty images，液体：mkurthas/iStockphoto.　鍵：Gary S. Chapman/Photographer's Choice/Getty images，鍵の山：Olexiy Bayev/Shutterstock.　煙：stavklem/Shutterstock，トウガラシ：Ursula Alter/Getty images.

扉　煙：stavklem/Shutterstock，トウガラシ：Ursula Alter/Getty images.

全　章　スキルビルダー　自転車の前輪：jules2000/Shutterstock，自転車：Igor Shikov/Shutterstock.

1 章　図 1・6，1・13，1・23〜1・25，1・27〜1・29，1・32，1・33，1・36〜1・40，1・42，1・44，1・47，1・48，表 1・1，表 1・2：Solomons, G., *Organic Chemistry, 10e*, © 2011/John Wiley & Sons, Inc.

2 章　p. 52 医薬の話題　サンゴ：© Bob Shanley/Palm Beach Post/ZUMAPRESS.com.

4 章　図 4・19：Solomons, G., *Organic Chemistry, 10e*, © 2011/John Wiley & Sons, Inc.

5 章　図 5・2，5・5，5・6，5・10，p. 175 医薬の話題の図：Solomons, G., *Organic Chemistry, 10e*, © 2011/John Wiley & Sons, Inc.，図 5・9：Holum, J. R., *Organic Chemistry: A Brief Course*, p. 316, © 1975/John Wiley & Sons, Inc.

6 章　図 6・27：Solomons, G., *Organic Chemistry, 10e*, © 2011/John Wiley & Sons, Inc.

7 章　p. 273 医薬の話題　*PET scan*：Brookhaven National Laboratory 提供.

8 章　p. 290 役立つ知識　コドリンガ：© Nigel Cattlin/Alamy，コドリンガの幼虫，N A Callow/Photoshot.　図 8・4：Solomons, G., *Organic Chemistry, 10e*, © 2011/John Wiley & Sons, Inc.

12 章　p. 490 医薬の話題　セイヨウイチイの葉：Dennis Flaherty/Science Source.

13 章　問題 13・53〜問題 13・56 のスペクトル：© Dr. Richard A. Tomasi.

14 章　問題 14・52〜問題 14・55 のスペクトル：© Dr. Richard A. Tomasi.

監 訳 者

岩 澤 伸 治

1957 年 神奈川県に生まれる
1979 年 東京大学理学部 卒
現 東京工業大学 特任教授
東京工業大学名誉教授
専攻 有機合成化学，有機金属化学
理学博士

訳 者

秋 山 隆 彦

1958 年 岡山県に生まれる
1980 年 東京大学理学部 卒
現 学習院大学理学部 教授
専攻 有機合成化学，有機分子触媒化学
理学博士

市 川 淳 士

1958 年 東京に生まれる
1981 年 東京大学理学部 卒
現 公益財団法人
相模中央化学研究所 招聘研究員
筑波大学名誉教授
専攻 有機合成化学
理学博士

金 井 求

1967 年 東京に生まれる
1989 年 東京大学薬学部 卒
現 東京大学大学院薬学系研究科 教授
専攻 有機合成化学
博士(理学)

後 藤 敬

1966 年 愛媛県に生まれる
1989 年 東京大学理学部 卒
現 東京工業大学理学院 教授
専攻 有機元素化学，構造有機化学
博士(理学)

豊 田 真 司

1964 年 香川県に生まれる
1986 年 東京大学理学部 卒
現 東京工業大学理学院 教授
専攻 物理有機化学，構造有機化学
博士(理学)

林 高 史

1962 年 大阪に生まれる
1985 年 京都大学工学部 卒
現 大阪大学大学院工学研究科 教授
専攻 生体機能化学
工学博士

第 1 版 第 1 刷 2017 年 4 月 12 日 発 行
第 4 刷 2023 年 10 月 11 日 発 行

クライン 有機化学(上)(原著第 2 版)

訳者代表 岩 澤 伸 治
発 行 者 石 田 勝 彦
発 行 株式会社 東京化学同人
東京都文京区千石 3 丁目 36-7(〒112-0011)
電話 (03)3946-5311・FAX (03)3946-5317
URL: https://www.tkd-pbl.com/

印 刷 三美印刷株式会社
製 本 株式会社 松 岳 社

ISBN978-4-8079-0903-2 Printed in Japan

元素の周期表

原子番号→	6
元素記号→	**C**
元素名→	炭素
原子量→	12.01

1	2	3	4	5	6	7	8	9	10	11	12	13	14	15	16	17	18
1 **H** 水素 1.008																	2 **He** ヘリウム 4.003
3 **Li** リチウム 6.94†	4 **Be** ベリリウム 9.012											5 **B** ホウ素 10.81	6 **C** 炭素 12.01	7 **N** 窒素 14.01	8 **O** 酸素 16.00	9 **F** フッ素 19.00	10 **Ne** ネオン 20.18
11 **Na** ナトリウム 22.99	12 **Mg** マグネシウム 24.31											13 **Al** アルミニウム 26.98	14 **Si** ケイ素 28.09	15 **P** リン 30.97	16 **S** 硫黄 32.07	17 **Cl** 塩素 35.45	18 **Ar** アルゴン 39.95
19 **K** カリウム 39.10	20 **Ca** カルシウム 40.08	21 **Sc** スカンジウム 44.96	22 **Ti** チタン 47.87	23 **V** バナジウム 50.94	24 **Cr** クロム 52.00	25 **Mn** マンガン 54.94	26 **Fe** 鉄 55.85	27 **Co** コバルト 58.93	28 **Ni** ニッケル 58.69	29 **Cu** 銅 63.55	30 **Zn** 亜鉛 65.38*	31 **Ga** ガリウム 69.72	32 **Ge** ゲルマニウム 72.63	33 **As** ヒ素 74.92	34 **Se** セレン 78.97	35 **Br** 臭素 79.90	36 **Kr** クリプトン 83.80
37 **Rb** ルビジウム 85.47	38 **Sr** ストロンチウム 87.62	39 **Y** イットリウム 88.91	40 **Zr** ジルコニウム 91.22	41 **Nb** ニオブ 92.91	42 **Mo** モリブデン 95.95	43 **Tc** テクネチウム (99)	44 **Ru** ルテニウム 101.1	45 **Rh** ロジウム 102.9	46 **Pd** パラジウム 106.4	47 **Ag** 銀 107.9	48 **Cd** カドミウム 112.4	49 **In** インジウム 114.8	50 **Sn** スズ 118.7	51 **Sb** アンチモン 121.8	52 **Te** テルル 127.6	53 **I** ヨウ素 126.9	54 **Xe** キセノン 131.3
55 **Cs** セシウム 132.9	56 **Ba** バリウム 137.3	57～71 ランタノイド	72 **Hf** ハフニウム 178.5	73 **Ta** タンタル 180.9	74 **W** タングステン 183.8	75 **Re** レニウム 186.2	76 **Os** オスミウム 190.2	77 **Ir** イリジウム 192.2	78 **Pt** 白金 195.1	79 **Au** 金 197.0	80 **Hg** 水銀 200.6	81 **Tl** タリウム 204.4	82 **Pb** 鉛 207.2	83 **Bi** ビスマス 209.0	84 **Po** ポロニウム (210)	85 **At** アスタチン (210)	86 **Rn** ラドン (222)
87 **Fr** フランシウム (223)	88 **Ra** ラジウム (226)	89～103 アクチノイド	104 **Rf** ラザホージウム (267)	105 **Db** ドブニウム (268)	106 **Sg** シーボーギウム (271)	107 **Bh** ボーリウム (272)	108 **Hs** ハッシウム (277)	109 **Mt** マイトネリウム (276)	110 **Ds** ダームスタチウム (281)	111 **Rg** レントゲニウム (280)							

112 番以降の元素も発見されているが，有機化学では扱うことが少ないので省略．

ランタノイド	57 **La** ランタン 138.9	58 **Ce** セリウム 140.1	59 **Pr** プラセオジム 140.9	60 **Nd** ネオジム 144.2	61 **Pm** プロメチウム (145)	62 **Sm** サマリウム 150.4	63 **Eu** ユウロピウム 152.0	64 **Gd** ガドリニウム 157.3	65 **Tb** テルビウム 158.9	66 **Dy** ジスプロシウム 162.5	67 **Ho** ホルミウム 164.9	68 **Er** エルビウム 167.3	69 **Tm** ツリウム 168.9	70 **Yb** イッテルビウム 173.0	71 **Lu** ルテチウム 175.0
アクチノイド	89 **Ac** アクチニウム (227)	90 **Th** トリウム 232.0	91 **Pa** プロトアクチニウム 231.0	92 **U** ウラン 238.0	93 **Np** ネプツニウム (237)	94 **Pu** プルトニウム (239)	95 **Am** アメリシウム (243)	96 **Cm** キュリウム (247)	97 **Bk** バークリウム (247)	98 **Cf** カリホルニウム (252)	99 **Es** アインスタイニウム (252)	100 **Fm** フェルミウム (257)	101 **Md** メンデレビウム (258)	102 **No** ノーベリウム (259)	103 **Lr** ローレンシウム (262)

ここに示した原子量は実用上の便宜を考えて，国際純正・応用化学連合（IUPAC）で承認された最新の原子量に基づき，日本化学会原子量専門委員会が独自に作成した表によるものである．本来，同位体存在度の不確定さは，自然に，あるいは人為的に起こりうる変動や実験誤差のために，元素ごとに異なる．したがって，個々の原子量の値は，正確度が保証された有効数字の桁数が大きく異なる．本表の原子量を引用する際には，このことに注意を喚起することが望ましい．なお，本表の原子量の信頼性はリチウム，亜鉛の場合を除き有効数字の 4 桁目で ±1 以内である（両元素については脚注参照）．また，安定同位体がなく，天然で特定の同位体組成を示さない元素については，その元素の放射性同位体の質量数の一例を（ ）内に示した．したがって，その値を原子量として扱うことはできない． †人為的に ^{6}Li が抽出され，リチウム同位体比が大きく変動した物質が存在するために，リチウムの原子量は大きな変動幅をもつ．したがって本表では例外的に 3 桁の値が与えられている．なお，天然の多くの物質中でのリチウムの原子量は 6.94 に近い． ＊亜鉛に関しては原子量の信頼性は有効数字 4 桁目で ±2 である．